U0305822

混凝土结构工程施工及验收手册

国振喜 编

中国建筑工业出版社

图书在版编目（CIP）数据

混凝土结构工程施工及验收手册/国振喜编. —北京：
中国建筑工业出版社，2014.7
ISBN 978-7-112-16551-3

Ⅰ.①混…　Ⅱ.①国…　Ⅲ.①混凝土结构-混凝土施
工-技术手册　Ⅳ.①TU755-62

中国版本图书馆 CIP 数据核字（2014）第 046858 号

混凝土结构工程施工及验收手册
国振喜　编

*

中国建筑工业出版社出版、发行（北京海淀三里河路 9 号）
各地新华书店、建筑书店经销
北京密云红光制版公司制版
北京圣夫亚美印刷有限公司印刷

*

开本：787×1092 毫米　1/16　印张：44¼　字数：1105 千字
2015 年 1 月第一版　2017 年 8 月第二次印刷
定价：**101.00 元**
<u>ISBN 978-7-112-16551-3</u>
（30105）

本书是以国家最新颁布实施的中华人民共和国国家标准《混凝土结构工程施工规范》GB 50666—2011、《混凝土结构设计规范》GB 50010—2010（2015 年版）、《建筑抗震设计规范》GB 50011—2010（2016 年版）、《建筑地基基础设计规范》GB 50007—2011、《建筑结构荷载规范》GB 50009—2012、《地下工程防水技术规范》GB 50108—2008 等；及中华人民共和国行业标准《高层建筑混凝土结构技术规程》JGJ 3—2010、《钢筋焊接及验收规程》JGJ 18—2012、《钢筋机械连接技术规程》JGJ 107—2016、《建筑工程冬期施工规程》JGJ/T 104—2011、《建筑施工安全检查标准》JGJ 59—2011 等；以及其他国家现行的规范、标准、规程等，并结合工程实践和重要著述等编写而成。

本书内容包括：混凝土结构工程施工总则、术语及基本规定；混凝土结构工程施工模板工程；混凝土结构工程施工钢筋工程；混凝土结构工程施工预应力工程；混凝土结构工程施工混凝土制备与运输；混凝土结构工程施工现浇结构工程；混凝土结构工程施工装配式结构工程；混凝土结构工程冬期、高温和雨期施工；高层建筑混凝土结构工程施工；地下工程防水构造与做法；建筑施工安全检查规定；常用资料等共 12 章。

本书宗旨是帮助广大施工人员迅速、正确地解决各种施工技术问题，提高施工工作效率。全书重点推广新技术、新材料、新工艺；全书以表格化、条文化编写；充分体现先进性、实用性、便捷性，内容全面、系统、丰富，应用方便。

本书可供广大建筑施工人员、施工监理人员、管理人员及土建设计人员使用，也可供大专院校土建专业师生参考。

责任编辑：赵梦梅
责任设计：李志立
责任校对：李美娜　赵　颖

前　言

　　为在混凝土结构工程施工中贯彻国家技术经济政策，保证工程质量，做到技术先进、工艺合理、节约资源、保护环境，为满足工程建设需要，我们根据现行国家标准《混凝土结构工程施工规范》GB 50666—2011 及其他相关现行国家标准、行业标准、工程实践及有关重要著述等，编写了《混凝土结构工程施工及验收手册》一书，奉献给广大的建设工作者！

　　本书内容包括：混凝土结构工程施工总则、术语及基本规定；混凝土结构工程施工模板工程；混凝土结构工程施工钢筋工程；混凝土结构工程施工预应力工程；混凝土结构工程施工混凝土制配与运输；混凝土结构工程施工现浇结构工程；混凝土结构工程施工装配式结构工程；混凝土结构工程冬期、高温和雨期施工；高层建筑混凝土结构工程施工；地下工程防水构造与做法；建筑施工安全检查规定；常用资料等共12章。

　　本书宗旨是为从事混凝土结构工程施工人员提供一本较为完整的施工工具书，使其应用方便，提高工作效率。编写时，我们尽力使本书具有以下特点：

　　（1）简明实用。全书将混凝土建筑结构施工中最常用、最普遍的施工技术、施工方法、施工要求、施工机具、质量标准、应用数据等准确地提供给广大读者，以节省他们大量的查阅时间，提高工作效率。

　　（2）内容丰富。全书包括12个部分，并在各部分中增加了施工质量及验收标准等内容。

　　（3）应用方便。全书将繁复的内容进行精心筛选与梳理，务达条理清晰，而浓缩成表格、图形，而至问题一目了然，既可迅速查阅，又携带方便。

　　（4）技术标准新。全书均以国家最新颁布的现行设计规范、施工质量验收规范、材料标准、各类施工规程及相应的行业标准等为依据，并结合新中国成立以来的国内外先进技术及工程实践编写。

　　本书由国振喜编写。在编写过程中，李玉芝、国伟、孙谌、李树彬、国刚、陈金霞、高名游、李树凡、高振山、孙学、杨占荣、王茂、国忠琦、国馨月、焦芷薇、司文、刘云鹏、何桂娟、李兴武、焦德文、李艳荣、王枫、张树魁、孙澍宁、于英文、司念武、郭玉梅、司浩然、国英等参加了部分工作。

　　在本书的编写和出版过程中得到许多同志的支持和帮助，在此一并致谢！

　　编写此书，深感责任十分重大，虽然个人作了很大努力，但由于学识水平有限，难免还有不妥之处，敬请专家和广大读者提出宝贵意见，给予指正，以利改进！

目　　录

9

第1章 混凝土结构工程施工总则、术语及基本规定

1.1 混凝土结构工程施工总则、术语

1.1.1 总则

混凝土结构工程施工总则如表 1-1 所示。

混凝土结构工程施工总则   表 1-1

序号	项 目	内 容
1	施工要求	（1）为在混凝土结构工程施工中贯彻国家技术经济政策，保证工程质量，做到技术先进、工艺合理、节约资源、保护环境，则编写、制定本书 （2）本书所给出的混凝土结构工程施工要求，是为了保证工程的施工质量和施工安全，并为施工工艺提供技术指导，使工程质量满足设计文件和相关标准的要求。混凝土结构工程施工，还应贯彻节材、节水、节能、节地和保护环境等技术经济政策。本书主要依据我国科学技术成果、常用施工工艺和工程实践经验，并参考国内与国外先进标准编写、制定而成
2	适用条件	（1）本书适用于建筑工程混凝土结构的施工，不适用于轻骨料混凝土及特殊混凝土的施工 （2）本书适用的建筑工程混凝土结构施工包括现场施工及预拌混凝土生产、预制构件生产、钢筋加工等场外施工。轻骨料混凝土系指干表观密度不大于 $1950kg/m^3$ 的混凝土。特殊混凝土系指有特殊性能要求的混凝土，如膨胀、耐酸、耐碱、耐油、耐热、耐磨、防辐射等。"轻骨料混凝土及特殊混凝土的施工"系专指其混凝土分项工程施工；对其他分项工程（如模板、钢筋、预应力等），仍可按本书的规定执行。轻骨料混凝土和特殊混凝土的配合比设计、拌制、运输、泵送、振捣等有其特殊性、应按国家现行相关标准执行
3	基本要求	（1）本书为混凝土结构工程施工的基本要求；当设计文件对施工有专门要求时，尚应按设计文件执行 （2）本书总结了近年来我国混凝土结构工程施工的实践经验和研究成果，提出了混凝土结构工程施工管理和过程控制的基本要求。当设计文件对混凝土结构施工有不同于本书的专门要来时，应遵照设计文件执行
4	其他要求	混凝土结构工程的施工除应符合本书规定外，尚应符合国家现行有关标准的规定

1.1.2 术语

混凝土结构工程施工术语如表 1-2 所示。

混凝土结构工程施工术语   表 1-2

序号	项 目	内 容
1	混凝土结构工程施工	（1）混凝土结构。以混凝土为主制成的结构，包括素混凝土结构、钢筋混凝土结构和预应力混凝土结构，按施工方法可分为现浇混凝土结构和装配式混凝土结构 （2）现浇混凝土结构。在现场原位支模并整体浇筑而成的混凝土结构，简称现浇结构 （3）装配式混凝土结构。由预制混凝土构件或部件装配、连接而成的混凝土结构，简称装配式结构 （4）混凝土拌合物工作性。混凝土拌合物满足施工操作要求及保证混凝土均匀密实应具备的特性，主要包括流动性、黏聚性和保水性。简称混凝土工作性

序号	项 目	内 容
1	混凝土结构 工程施工	(5) 自密实混凝土。无需外力振捣，能够在自重作用下流动并密实的混凝土 (6) 先张法。在台座或模板上先张拉预应力筋并用夹具临时锚固，在浇筑混凝土并达到规定强度后，放张预应力筋而建立预应力的施工方法 (7) 后张法。结构构件混凝土达到规定强度后，张拉预应力筋并用锚具永久锚固而建立预应力的施工方法 (8) 成型钢筋。采用专用设备，按规定尺寸、形状预先加工成型的普通钢筋制品 (9) 施工缝。按设计要求或施工需要分段浇筑，先浇筑混凝土达到一定强度后继续浇筑混凝土所形成的接缝 (10) 后浇带。为适应环境温度变化、混凝土收缩、结构不均匀沉降等因素影响，在梁、板（包括基础底板）、墙等结构中预留的具有一定宽度且经过一定时间后再浇筑的混凝土带
2	混凝土强度 检验评定	(1) 混凝土。由水泥、骨料和水等按一定配合比，经搅拌、成型、养护等工艺硬化而成的工程材质 (2) 龄期。自加水搅拌开始，混凝土所经历的时间，按天或小时计 (3) 混凝土强度。混凝土的力学性能，表征其抵抗外力作用的能力。本标准中的混凝土强度是指混凝土立方体抗压强度 (4) 合格性评定。根据一定规则对混凝土强度合格与否所作的判定 (5) 检验批。由符合规定条件的混凝土组成，用于合格性评定的混凝土总体 (6) 检验期。为确定检验批混凝土强度的标准差而规定的统计时段 (7) 样本容量。代表检验批的用于合格评定的混凝土试件组数
3	普通混凝土 配合比设计	(1) 普通混凝土。干表观密度为 2000～2800kg/m³ 的混凝土 (2) 干硬性混凝土。拌合物坍落度小于 10mm 且须用维勃稠度（s）表示其稠度的混凝土 (3) 塑性混凝土。拌合物坍落度为 10～90mm 的混凝土 (4) 流动性混凝土。拌合物坍落度为 100～150mm 的混凝土 (5) 大流动性混凝土。拌合物坍落度不低于 160mm 的混凝土 (6) 抗渗混凝土。抗渗等级不低于 P6 的混凝土 (7) 抗冻混凝土。抗冻等级不低于 F50 的混凝土 (8) 高强混凝土。强度等级不低于 C60 的混凝土 (9) 泵送混凝土。可在施工现场通过压力泵及输送管道进行浇筑的混凝土 (10) 大体积混凝土。体积较大的、可能由胶凝材料水化热引起的温度应力导致有害裂缝的结构混凝土 (11) 胶凝材料。混凝土中水泥和活性矿物掺合料的总称 (12) 胶凝材料用量。每立方米混凝土中水泥用量和活性矿物掺合料用量之和 (13) 水胶比。混凝土中用水量与胶凝材料用量的质量比 (14) 矿物掺合料掺量。混凝土中矿物掺合料用量占胶凝材料用量的质量百分比 (15) 外加剂掺量。混凝土中外加剂用量相对于胶凝材料用量的质量百分比

序号	项 目	内　　容
4	大体积混凝土施工	(1) 大体积混凝土。混凝土结构物实体最小尺寸不小于 1m 的大体量混凝土，或预计会因混凝土中胶凝材料水化引起的温度变化和收缩而导致有害裂缝产生的混凝土 (2) 胶凝材料。用于配制混凝土的硅酸盐水泥与活性矿物掺合料的总称 (3) 跳仓施工法。在大体积混凝土工程施工中，将超长的混凝土块体分为若干小块体间隔施工，经过短期的应力释放，再将若干小块体连成整体，依靠混凝土抗拉强度抵抗下一段的温度收缩应力的施工方法 (4) 永久变形缝。将建筑物（构筑物）垂直分割开来的永久留置的预留缝，包括伸缩缝和沉降缝 (5) 竖向施工缝。混凝土不能连续浇筑时，因混凝土浇筑停顿时间有可能超过混凝土的初凝时间，在适当位置留置的竖向的预留缝 (6) 水平施工缝。混凝土不能连续浇筑时，因混凝土浇筑停顿时间有可能超过混凝土的初凝时间，在适当位置留置的水平方向的预留缝 (7) 温度应力。混凝土的温度变形受到约束时，混凝土内部所产生的应力 (8) 收缩应力。混凝土的收缩变形受到约束时，混凝土内部所产生的应力 (9) 温升峰值。混凝土浇筑体内部的最高温升值 (10) 里表温差。混凝土浇筑体中心与混凝土浇筑体表层温度之差 (11) 降温速率。散热条件下，混凝土浇筑体内部温度达到温升峰值后，单位时间内温度下降的值 (12) 入模温度。混凝土拌合物浇筑入模时的温度 (13) 有害裂缝。影响结构安全或使用功能的裂缝 (14) 贯穿性裂缝。贯穿混凝土全截面的裂缝 (15) 绝热温升。混凝土浇筑体处于绝热状态，内部某一时刻温升值 (16) 胶浆量。混凝土中胶凝材料浆体量占混凝土总量之比
5	混凝土泵送施工	(1) 泵送混凝土。可通过泵压作用沿输送管道强制流动到目的地并进行浇筑的混凝土 (2) 混凝土可泵性。表示混凝土在泵压下沿输送管道流动的难易程度以及稳定程度的特性 (3) 混凝土布料设备。可将臂架伸展覆盖一定区域范围对混凝土进行布料浇筑的装置或设备
6	滑动模板工程技术	(1) 滑动模板施工。以滑模千斤顶、电动提升机或手动提升器为提升动力，带动模板（或滑框）沿着混凝土（或模板）表面滑动而成型的现浇混凝土结构的施工方法的总称，简称滑模施工 (2) 滑框倒模施工。是传统滑模工艺的发展。用提升机具带动由提升架、围圈、滑轨组成的"滑框"沿着模板外表面滑动（模板与混凝土之间无相对滑动），当横向分块组合的模板从"滑框"下口脱出后，将该块模板取下再装入"滑框"上口，再浇灌混凝土，提升滑框，如此循环作业成型混凝土结构的施工方法的总称 (3) 模板。模板固定于围圈上，用以保证构件截面尺寸及结构的几何形状。模板随着提升架上滑且直接与新浇混凝土接触，承受新浇混凝土的侧压力和模板滑动时的摩阻力 (4) 围圈。是模板的支承构件，又称围梁，用以保持模板的几何形状。模板的自重、模板承受的摩阻力、侧压力以及操作平台直接传来的自重和施工荷载，均通过围圈传递至提升架的立柱。围圈一般设置上、下两道。为增大围圈的刚度，可在两道围圈间增加斜杆和竖杆，形成桁架式围圈 (5) 提升架。是滑模装置主要受力构件，用以固定千斤顶、围圈和保持模板的几何形状，并直接承受模板、围圈和操作平台的全部垂直荷载和混凝土对模板的侧压力

序号	项 目	内 容
6	滑动模板工程技术	(6) 操作平台。是滑模施工的主要工作面，用以完成钢筋绑扎、混凝土浇灌等项操作及堆放部分施工机具和材料。也是扒杆、井架等随升垂直运输机具及料台的支承结构。其构造型式应与所施工结构相适应，直接或通过围圈支于提升架上 (7) 支承杆。是滑模千斤顶运动的轨道，又是滑模系统的承重支杆，施工中滑模装置的自重、混凝土对模板的摩阻力及操作平台上的全部施工荷载，均由千斤顶传至支承杆承担，其承载能力、直径、表面粗糙度和材质均应与千斤顶相适应 (8) 液压控制台。是液压系统的动力源，由电动机、油泵、油箱、控制阀及电控系统（各种指示仪表、信号等）组成。用以完成液压千斤顶的给油、排油、提升或下降控制等项操作 (9) 围模合一大钢模。以 300mm 为模数，标准模板宽度为 900～2400mm，高度为 900～1200mm；模板和围圈合一，其水平槽钢肋起围圈的作用，模板水平肋与提升架直接相连的一种滑动模板组合形式 (10) 空滑、部分空滑。正常情况下，模板内允许有一个混凝土浇灌层处于无混凝土的状态，但施工中有时需要将模板提升高度加大，使模板内只存有少量混凝土或无混凝土，这种情况称为部分空滑或空滑 (11) 回降量。滑模千斤顶在工作时，上、下卡头交替锁固于支承杆上，由于荷载作用，处于销紧状态的卡头在支承杆上存在下滑过程，从而引起千斤顶的爬升行程损失，该行程损失量通常称为回降量 (12) 横向结构构件。指结构的楼板、挑檐、阳台、洞口四周的混凝土边框及腰线等横向凸出混凝土表面的结构构件或装饰线 (13) 复合壁。由内、外两种不同性能的现浇混凝土组成的竖壁结构 (14) 混凝土出模强度。结构混凝土从滑动模板下口露出时所具有的抗压强度 (15) 滑模托带施工。大面积或大重量横向结构（网架、整体桁架、井字架等）的支承结构采用滑模施工时，可在地面组装好，利用滑模施工的提升能力将其随滑模施工托带到设计标高就位的一种施工方法 (16) 滑架提模施工。利用滑模施工装置对脱模后的模板整体提升就位的一种施工方法。应用于双曲线冷却塔、圆锥形或变截面筒壁结构施工时，在提升架之间增加铰链式剪刀撑，调整剪刀撑的夹角，变动提升架之间的距离来收缩或放大筒体模板结构半径，实现竖向有较大曲率变化的筒壁结构的成型
7	建筑工程大模板技术	(1) 大模板。模板尺寸和面积较大且有足够承载能力，整装整拆的大型模板 (2) 整体式大模板。模板的规格尺寸以混凝土墙体尺寸为基础配置的整块大模板 (3) 拼装式大模板。以符合建筑模数的标准模板块为主、非标准模板块为辅组拼配置的大型模板 (4) 面板。与新浇筑混凝土直接接触的承力板 (5) 肋。支撑面板的承力构件，分为主肋、次肋和边肋等 (6) 背楞。支撑肋的承力构件 (7) 对拉螺栓。连接墙体两侧模板承受新浇混凝土侧压力的专用螺栓 (8) 自稳角。大模板竖向停放时，靠自重作用平衡风荷载保持自身稳定所倾斜的角度
8	建筑工程冬期施工	(1) 负温焊接。在室外或工棚内的负温下进行钢筋的焊接连接 (2) 受冻临界强度。冬期浇筑的混凝土在受冻以前必须达到的最低强度 (3) 蓄热法。混凝土浇筑后，利用原材料加热以及水泥水化放热，并采取适当保温措施延缓混凝土冷却，在混凝土温度降到 0℃ 以前达到受冻临界强度的施工方法

序号	项　目	内　　容
8	建筑工程冬期施工	（4）综合蓄热法。掺早强剂或早强型复合外加剂的混凝土浇筑后，利用原材料加热以及水泥水化放热，并采取适当保温措施延缓混凝土冷却，在混凝土温度降到0℃以前达到受冻临界强度的施工方法 （5）电加热法。冬期浇筑的混凝土利用电能进行加热养护的施工方法 （6）电极加效法。用钢筋作电极，利用电流通过混凝土所产生的热量对混凝土进行养护的施工方法 （7）电热毯法。混凝土浇筑后，在混凝土表面或模板外覆盖柔性电热毯，通电加热养护混凝土的施工方法 （8）工频涡流法。利用安装在钢模板外侧的钢管，内穿导线，通以交流电后产生涡流电，加热钢模板对混凝土进行加热养护的施工方法 （9）线圈感应加热法。利用缠绕在构件钢模板外侧的绝缘导线线圈，通以交流电后在钢模板和混凝土内的钢筋中产生电磁感应发热，对混凝土进行加热养护的施工方法 （10）暖棚法。将混凝土构件或结构置于搭设的棚中，内部设置散热器、排管、电热器或火炉等加热棚内空气，使混凝土处于正温环境下养护的施工方法 （11）负温养护法。在混凝土中掺入防冻剂，使其在负温条件下能够不断硬化，在混凝土温度降到防冻剂规定温度前达到受冻临界强度的施工方法 （12）硫铝酸盐水泥混凝土负温施工法。冬期条件下，采用快硬硫铝酸盐水泥且掺入亚硝酸钠等外加剂配制混凝土，并采取适当保温措施的负温施工法 （13）起始养护温度。混凝土浇筑结束，表面覆盖保温材料完成后的起始温度 （14）热熔法。防水层施工时，采用火焰加热器加热熔化热熔型防水卷材底层的热熔胶进行粘贴的施工方法 （15）冷粘法。采用胶粘剂将卷材与基层、卷材与卷材进行粘结，而不需加热的施工方法 （16）涂膜屋面防水。以沥青基防水涂料、高聚物改性沥青防水涂料或合成高分子防水涂料等材料，均匀涂刷一道或多道在基层表面上，经固化后形成整体防水涂膜层 （17）成熟度。混凝土在养护期间养护温度和养护时间的乘积 （18）等效龄期。混凝土在养护期间温度不断变化，在这一段时间内，其养护的效果与在标准条件下养护达到的效果相同时所需的时间
9	钢筋焊接	（1）热轧光圆钢筋。经热轧成型，横截面通常为圆形，表面光滑的成品钢筋 （2）普通热轧钢筋。按热轧状态交货的钢筋，其金相组织主要是铁素体加珠光体。不得有影响使用性能的其他组织（如基圆上出现的回火马氏体组织）存在 （3）细晶粒热轧钢筋。在热轧过程中，通过控轧和控冷工艺形成的细晶粒钢筋。其金相组织主要是铁素体加珠光体，不得有影响使用性能的其他组织（如基圆上出现的回火马氏体组织）存在，晶粒度不粗于9级 （4）余热处理钢筋。热轧后利用热处理原理进行表面控制冷却，并利用心部余热自身完成回火处理所得的成品钢筋。余热处理钢筋有多种牌号，需要焊接时，应选用RRB400W可焊接余热处理钢筋 （5）热轧带肋钢筋。热轧圆盘条经冷轧后，在其表面带有沿长度方向均匀分布的三面或二面横肋的钢筋 （6）冷拔低碳钢丝。低碳钢热轧圆盘条或热轧光圆钢筋经一次或多次冷拔制成的光圆钢丝 （7）钢筋电阻点焊。将两钢筋（丝）安放成交叉叠接形式，压紧于两电极之间，利用电阻热熔化母材金属，加压形成焊点的一种压焊方法 （8）钢筋闪光对焊。将两钢筋以对接形式水平安放在对焊机上，利用电阻热使接触点金属熔化，产生强烈闪光和飞溅，迅速加顶锻力完成的一种压焊方法

序号	项目	内　　容
9	钢筋焊接	（9）箍筋闪光对焊。将待焊箍筋两端以对接形式安放在对焊机上，利用电阻热使接触点金属熔化，产生强烈闪光和飞溅，迅速施加顶锻力，焊接形成封闭环式箍筋的一种压焊方法 （10）钢筋焊条电弧焊。钢筋焊条电弧焊是以焊条作为一极，钢筋为另一极，利用焊接电流通过产生的电弧热进行焊接的一种熔焊方法 （11）钢筋二氧化碳气体保护电弧焊。以焊丝作为一极，钢筋为另一极，并以二氧化碳气体作为电弧介质，保护金属熔滴、焊接熔池和焊接区高温金属的一种熔焊方法。二氧化碳气体保护电弧焊简称 CO_2 焊 （12）钢筋电渣压力焊。将两钢筋安放成竖向对接形式，通过直接引弧法或间接引弧法，利用焊接电流通过两钢筋端面间隙，在焊剂层下形成电弧过程和电渣过程，产生电弧热和电阻热，熔化钢筋，加压完成的一种压焊方法 （13）钢筋气压焊。采用氧乙炔火焰或氧液化石油气火焰（或其他火焰），对两钢筋对接处加热，使其达到热塑性状态（固态）或熔化状态（熔态）后，加压完成的一种压焊方法 （14）预埋件钢筋埋弧压力焊。将钢筋与钢板安放成 T 形接头形式，利用焊接电流通过，在焊剂层下产生电弧，形成熔池，加压完成的一种压焊方法 （15）预埋件钢筋埋弧螺柱焊。用电弧螺柱焊焊枪夹持钢筋，使钢筋垂直对准钢板，采用螺柱焊电源设备产生强电流、短时间的焊接电弧，在熔剂层保护下使钢筋焊接端面与钢板间产生溶池后，适时将钢筋插入熔池，形成 T 形接头的焊接方法 （16）待焊箍筋。用调直的钢筋，按箍筋的内净空尺寸和角度弯制成设计规定的形状，等待进行闪光对焊的半成品箍筋 （17）对焊箍筋。待焊箍筋经闪光对焊形成的封闭环式箍筋 （18）压入深度。在焊接骨架或焊接网的电阻点焊中，两钢筋（丝）相互压入的深度（图 1-1） （19）焊缝余高。焊缝表面两焊趾连线上的那部分金属高度（图 1-2） （20）熔合区。焊接接头中，焊缝与热影响区相互过渡的区域 （21）热影响区。焊接或热切割过程中，钢筋母材因受热的影响（但未熔化），使金属组织和力学性能发生变化的区域 （22）延性断裂。形成暗淡且无光泽的纤维状剪切断口的断裂 （23）脆性断裂。由解理断裂或许多晶粒沿晶界断裂而产生有光泽断口的断裂
10	钢筋机械连接	（1）钢筋机械连接。通过钢筋与连接件的机械咬合作用或钢筋端面的承压作用，将一根钢筋中的力传递至另一根钢筋的连接方法 （2）接头抗拉强度。接头试件在拉伸试验过程中所达到的最大拉应力值 （3）接头残余变形。接头试件按规定的加载制度加载并卸载后，在规定标距内所测得的变形 （4）接头试件的最大力总伸长率。接头试件在最大力下在规定标距内测得的总伸长率 （5）机械连接接头长度。接头连件长度加连接件两端钢筋横截面变化区段的长度 （6）丝头。钢筋端部的螺纹区段

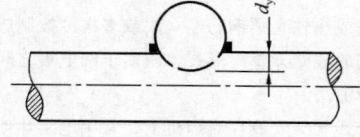

图 1-1　压入深度（d_y）

图 1-2　焊缝余高（h_y）

1.2　混凝土结构工程施工基本规定

1.2.1　施工管理与施工技术

混凝土结构工程施工管理与施工技术要求如表 1-3 所示。

施工管理与施工要求　　　　　　　　　　　　　　　　　表 1-3

序号	项　目	内　容
1	施工管理	(1) 承担混凝土结构工程施工的施工单位应具备相应的资质，并应建立相应的质量管理体系、施工质量控制和检验制度 　与混凝土结构施工相关的企业资质主要有：房屋建筑工程施工总承包企业资质；预拌商品混凝土专业企业资质、混凝土预制构件专业企业资质、预应力工程专业承包企业资质；钢筋作业分包企业资质、混凝土作业分包企业资质、脚手架作业分包企业资质、模板作业分包企业资质等 　施工单位的质量管理体系应覆盖施工全过程，包括材料的采购、验收和储存，施工过程中的质量自检、互检、交接检，隐蔽工程检查和验收，以及涉及安全和功能的项目抽查检验等环节。混凝土结构施工全过程中，应随时记录并处理出现的问题和质量偏差 (2) 施工项目部的机构设置和人员组成，应满足混凝土结构工程施工管理的需要。施工操作人员应经过培训，应具备各自岗位需要的基础知识和技能水平 　施工项目部应确定人员的职责、分工和权限，制定工作制度、考核制度和奖惩制度。施工项目部的机构设置应根据项目的规模、结构复杂程度、专业特点、人员素质等确定。施工操作人员应具备相应的技能，对有从业证书要求的，还应具有相应证书 (3) 施工前，应由建设单位组织设计、施工、监理等单位对设计文件进行交底和会审。由施工单位完成的深化设计文件应经原设计单位确认 　对预应力、装配式结构等工程，当原设计文件深度不够，不足以指导施工时，需要施工单位进行深化设计。深化设计文件应经原设计单位认可。对于改建、扩建工程，应经承担该改建、扩建工程的设计单位认可 (4) 施工单位应保证施工资料真实、有效、完整和齐全。施工项目技术负责人应组织施工全过程的资料编制、收集、整理和审核，并应及时存档、备案 　施工单位应重视施工资料管理工作，建立施工资料管理制度，将施工资料的形成和积累纳入施工管理的各个环节和有关人员的职责范围。在资料管理过程中应保证施工资料的真实性和有效性。除应建立配套的管理制度，明确责任外，还应根据工程具体情况采取措施，堵塞漏洞，确保施工资料真实、有效 (5) 施工单位应根据设计文件和施工组织设计的要求制定具体的施工方案，并应经监理单位审核批准后组织实施 (6) 混凝土结构工程施工前，施工单位应对施工现场可能发生的危害、灾害与突发事件制定应急预案。应急预案应进行交底和培训，必要时应进行演练 　混凝土结构施工现场应采取必要的安全防护措施，各项设备、设施和安全防护措施应符合相关强制性标准的规定。对可能发生的各种危害和灾害，应制定应急预案。本条中的突发事件主要是指天气骤变、停水、断电、道路运输中断、主要设备损坏、模板质量安全事故等
2	施工技术	(1) 混凝土结构工程施工前，应根据结构类型、特点和施工条件，确定施工工艺，并应做好各项准备工作 　混凝土结构施工前的准备工作包括：供水、用电、道路、运输、模板及支架、混凝土覆盖与养护、起重设备、泵送设备、振捣设备、施工机具和安全防护设施等 (2) 对体形复杂、高度或跨度较大、地基情况复杂及施工环境条件特殊的混凝土结构工程，宜进行施工过程监测，并应及时调整施工控制措施

序号	项 目	内 容
2	施工技术	施工阶段的监测内容可根据设计文件的要求和施工质量控制的需要确定。施工阶段的监测内容一般包括：施工环境监测（如风向、风速、气温、湿度，雨量、气压、太阳辐射等）、结构监测（如结构沉降观测、倾斜测量、楼层水平度测量、控制点标高与水准测量以及构件关键部位或截面的应变、应力监测和温度监测等） （3）混凝土结构工程施工中采用的新技术、新工艺、新材料、新设备，应按有关规定进行评审、备案。施工前应对新的或首次采用的施工工艺进行评价，制定专门的施工方案，并经监理单位核准 采用新技术、新工艺、新材料、新设备时，应经过试验和技术鉴定，并应制定可行的技术措施。设计文件中指定使用新技术、新工艺、新材料时，施工单位应依据设计要求进行施工。施工单位欲使用新技术、新工艺、新材料时，应经监理单位核准，并按相关规定办理。本条的"新的施工工艺"系指以前未在任何工程施工中应用的施工工艺，"首次采用的施工工艺"系指施工单位以前未实施过的施工工艺 （4）混凝土结构工程施工中采用的专利技术，不应违反本书的有关规定 （5）混凝土结构工程施工应采取有效的环境保护措施

1.2.2 施工质量与安全

混凝土结构工程施工质量与安全如表 1-4 所示。

施工质量与安全　　　　　　　　　　　　　　　　表 1-4

序号	项 目	内 容
1	施工质量	（1）混凝土结构工程各工序的施工，应在前一道工序质量检查合格后进行 （2）在混凝土结构工程施工过程中，应及时进行自检、互检和交接检，其质量不应低于本书中各章的"施工质量及验收"等的有关规定。对检查中发现的质量问题，应按规定程序及时处理 在混凝土结构施工过程中，应贯彻执行施工质量控制和检验的制度。每道工序均应及时进行检查，确认符合要求后方可进行下道工序施工。施工企业实行的"过程三检制"是一种有效的企业内部质量控制方法，"过程三检制"是指自检、互检和交接检三种检查方式。对发现的质量问题及时返修、返工，是施工单位进行质量过程控制的必要手段。本书第 2～7 章提出了施工质量检查的主要内容，在实际操作中可根据质量控制的需要调整、补充检查内容 （3）在混凝土结构工程施工过程中，对隐蔽工程应进行验收，对重要工序和关键部位应加强质量检查或进行测试，并应作出详细记录，同时宜留存图像资料 混凝土结构工程的隐蔽工程验收，主要包括钢筋、预埋件等，本书中各章的"施工质量及验收"中对此已有明确规定。本条强调除应对隐蔽工程进行验收外，还应对重要工序和关键部位加强质量检查或进行测试，并要求应有详细记录和宜有必要的图像资料，这些规定主要考虑隐蔽工程、重要工序和关键部位对于混凝土结构的重要性。当隐蔽工程的检查、验收与相应检验批的检查、验收内容相同时，可以合并进行 （4）混凝土结构工程施工使用的材料、产品和设备，应符合国家现行有关标准、设计文件和施工方案的规定 （5）材料、半成品和成品进场时，应对其规格、型号、外观和质量证明文件进行检查，并应按本书中各章的"施工质量及验收"等的有关规定进行检验 施工中使用的原材料、半成品和成品以及施工设备和机具，应符合国家相关标准的要求。为适当减少有关产品的检验工作量，本书有关章节对符合限定条件的产品进场检验作了适当调整。对来源稳定且连续检验合格，或经产品认证符合要求的产品，进场时可按本书的有关规定放宽检验。"经产品认证符合要求的产品"系指经产品认证机构认证，认证结论为符合认证要求的产品。产品认证机构应经国家认证认可监督管理部门批准。放宽检验系指扩大检验批量，不是放宽检验指标

序号	项 目	内 容
1	施工质量	（6）材料进场后，应按种类、规格、批次分开储存与堆放，并应标识明晰。储存与堆放条件不应影响材料品质 （7）混凝土结构工程施工前，施工单位应制定检测和试验计划，并应经监理（建设）单位批准后实施。监理（建设）单位应根据检测和试验计划制定见证计划 （8）施工中为各种检验目的所制作的试件应具有真实性和代表性。并应符合下列规定： 　1）试件均应及时进行唯一性标识 　2）混凝土试件的抽样方法、抽样地点、抽样数量、养护条件、试验龄期应符合本书中各章的"施工质量及验收"的规定、《混凝土强度检验评定标准》GB/T 50107 等的有关规定；混凝土试件的制作要求、试验方法应符合现行国家标准《普通混凝土力学性能试验方法标准》GB/T 50081 等的有关规定 　3）钢筋、预应力筋等试件的抽样方法、抽样数量、制作要求和试验方法应符合国家现行有关标准的规定 　试件留设是混凝土结构施工检测和试验计划的重要内容、混凝土结构施工过程中，确认混凝土强度等级达到要求应采用标准养护的混凝土试件；混凝土结构构件拆模、脱模、吊装、施加预应力及施工期间负荷时的混凝土强度，应采用同条件养护的混凝土试件。当施工阶段混凝土强度指标要求较低，不适宜用同条件养护试件进行强度测试时，可根据经验判断 （9）施工现场应设置满足需要的平面和高程控制点作为确定结构位置的依据，其精度应符合规划、设计要求和施工需要，并应防止扰动 　混凝土结构施工前，需确定结构位置、标高的控制点和水准点，其精度应符合规划管理和工程施工的需要。用于施工抄平、放线的水准点或控制点的位置，应保持牢固稳定，不下沉，不变形。施工现场应对设置的控制点和水准点进行保护，使其不受扰动，必要时应进行复测以确定其准确度
2	施工安全	（1）混凝土结构工程施工中的安全措施、劳动保护、防火要求等，应符合国家现行有关标准的规定 （2）应符合本书第 11 章的有关规定

1.2.3　环境保护

混凝土结构工程施工环境保护如表 1-5 所示。

环　境　保　护　　　　　　　　　　　　　　　　　　　　表 1-5

序号	项 目	内 容
1	一般规定	（1）施工项目部应制定施工环境保护计划，落实责任人员，并应组织实施。混凝土结构施工过程的环境保护效果，宜进行自评估 　施工环境保护计划一般包括环境因素分析、控制原则、控制措施、组织机构与运行管理、应急准备和响应、检查和纠正措施、文件管理、施工用地保护和生态复原等内容。环境因素控制措施一般包括对扬尘、噪声与振动、光、气、水污染的控制措施，建筑垃圾的减量计划和处理措施，地下各种设施以及文物保护措施等 　对施工环境保护计划的执行情况和实施效果可由现场施工项目部进行自评估。以利于总结经验教训，并进一步改进完善 （2）施工过程中，应采取建筑垃圾减量化措施。施工过程中产生的建筑垃圾，应进行分类、统计和处理 　对施工过程中产生的建筑垃圾进行分类，区分可循环使用和不可循环使用的材料，可促进资源节约和循环利用。对建筑垃圾进行数量或重量统计，可进一步掌握废弃物产生来源，为制定建筑垃圾减量化和循环利用方案提供基础数据

序号	项目	内 容
2	环境因素控制	（1）施工过程中，应采取防尘、降尘措施。施工现场的主要道路，宜进行硬化处理或采取其他扬尘控制措施。可能造成扬尘的露天堆储材料，宜采取扬尘控制措施 　为做好施工操作人员健康防护，需重点控制作业区扬尘。施工现场的主要道路，由于建筑材料运输等因素，较易引起较大的扬尘量，可采取道路硬化、覆盖、洒水等措施控制扬尘 （2）施工过程中，应对材料搬运、施工设备和机具作业等采取可靠的降低噪声措施。施工作业在施工场界的噪声级，应符合现行国家标准《建筑施工场界噪声限值》GB 12523 的有关规定 　在施工中（尤其是在噪声敏感区域施工时），要采取有效措施，降低施工噪声。根据现行国家标准《建筑施工场界噪声限值》GB 12523 的规定，钢筋加工、混凝土拌制、振捣等施工作业在施工场界的允许噪声级：昼间为 70dB（A 声级），夜间为 55dB（A 声级） （3）施工过程中，应采取无污染控制措施。可能产生强光的施工作业，应采取防护和遮挡措施。夜间施工时，应采用低角度灯光照明 　电焊作业产生的弧光即使在白昼也会造成光污染。对电焊等可能产生强光的施工作业，需对施工操作人员采取防护措施，采取避免弧光外泄的遮挡措施，并尽量避免在夜间进行电焊作业 　对夜间室外照明应加设灯罩，将透光方向集中在施工范围内。对于离居民区较近的施工地段，夜间施工时可设密目网屏障遮挡光线 （4）应采取沉淀、隔油等措施处理施工过程中产生的污水，不得直接排放 （5）宜选用环保型脱模剂。涂刷模板脱模剂时，应防止洒漏。含有污染环境成分的脱模剂，使用后剩余的脱模剂及其包装等不得与普通垃圾混放，并应由厂家或有资质的单位回收处理 　目前使用的脱模剂大多数是矿物油基的反应型脱模剂。这类脱模剂由不可再生资源制备，不可生物降解，并向空气中释放出具有挥发性的有机物。因此，剩余的脱模剂及其包装等需由厂家或者有资质的单位回收处理，不能与普通垃圾混放。随着环保意识的增强和脱模剂相关产品的创新与发展，也出现了环保型的脱模剂，其成分对环境不会产生污染。对于这类脱模剂，可不要求厂家或者有资质的单位回收处理 （6）施工过程中，对施工设备和机具维修、运行、存储时的漏油，应采取有效的隔离措施，不得直接污染土壤。漏油应统一收集并进行无害化处理 （7）混凝土外加剂、养护剂的使用，应满足环境保护人身健康的要求 　目前市场上还存在着采用污染性较大甚至有毒的原材料生产的外加剂、养护剂，不仅在建筑施工时，而且在建筑使用时都可能危害环境和人身健康。如某些早强剂、防冻剂中含有有毒的重铬酸盐、亚硝酸盐，致使洗刷混凝土搅拌机后排出的水污染周围环境。又如，掺入以尿素为主要成分的防冻剂的混凝土，在混凝土硬化后和建筑物使用中会有氨气逸出，污染环境，危害人身健康。因此要求外加剂、养护剂的使用应满足环保和健康要求 （8）施工中可能接触有害物质的操作人员应采取有效的防护措施 （9）不可循环使用的建筑垃圾，应集中收集，并应及时清运至有关部门指定的地点。可循环使用的建筑垃圾，应加强回收利用，并应做好记录 　施工单位应按照相关部门的规定处置建筑垃圾，将不可循环使用的建筑垃圾集中收集，并及时清运至指定地点 　建筑垃圾的回收利用，包括在施工阶段对边角废料在本工程中的直接利用，比如利用短的钢筋头制作楼板钢筋的上部钢筋支撑、地锚拉环等，利用剩余混凝土浇筑构造柱、女儿墙、后浇带预制盖板等小型构件等，还包括在其他工程中的利用，如建筑垃圾中的碎砂石块用于其他工程中作为路基材料、地基处理材料、再生混凝土中的骨料等

1.2.4 混凝土工程的绿色施工

混凝土工程的绿色施工如表 1-6 所示。

混凝土工程的绿色施工 表 1-6

序号	项目	内容
1	简述	绿色施工是指工程建设中,在保证质量、安全等基本要求的前提下,通过科学管理和技术进步,最大限度地节约资源与减少对环境负面影响的施工活动,实现四节一环保(节能、节地、节水、节材和环境保护)。绿色施工是建筑全寿命周期中的一个重要阶段。实施绿色施工,应进行总体方案优化。在规划、设计阶段,应充分考虑绿色施工的总体要求,为绿色施工提供基础条件。实施绿色施工,应对施工策划、材料采购、现场施工、工程验收等各阶段进行控制,加强对整个施工过程的管理和监督 绿色施工总体框架由施工管理、环境保护、节材与材料资源利用、节水与水资源利用、节能与能源利用、节地与施工用地保护六个方面组成。这六个方面涵盖了绿色施工的基本指标,同时包含了施工策划、材料采购、现场施工、工程验收等各阶段的指标的子集
2	绿色施工的施工管理	(1) 组织管理 1) 建立绿色施工管理体系,并制定相应的管理制度与目标 2) 项目经理为绿色施工第一责任人,负责绿色施工的组织实施及目标实现,并指定绿色施工管理人员和监督人员 (2) 规划管理 1) 编制绿色施工方案。该方案应在施工组织设计中独立成章,并按有关规定进行审批 2) 绿色施工方案应包括以下内容: ①环境保护措施,制定环境管理计划及应急救援预案,采取有效措施,降低环境负荷,保护地下设施和文物等资源 ②节材措施,在保证工程安全与质量的前提下,制定节材措施。如进行施工方案的节材优化,建筑垃圾减量化,尽量利用可循环材料等 ③节水措施,根据工程所在地的水资源状况,制定节水措施 ④节能措施,进行施工节能策划,确定目标,制定节能措施 ⑤节地与施工用地保护措施,制定临时用地指标、施工总平面布置规划及临时用地节地措施等 (3) 实施管理 1) 绿色施工应对整个施工过程实施动态管理,加强对施工策划、施工准备、材料采购、现场施工、工程验收等各阶段的管理和监督 2) 应结合工程项目的特点,有针对性地对绿色施工作相应的宣传,通过宣传营造绿色施工的氛围 3) 定期对职工进行绿色施工知识培训,增强职工绿色施工意识 (4) 评价管理 1) 对照本导则的指标体系,结合工程特点,对绿色施工的效果及采用的新技术、新设备、新材料与新工艺,进行自评估 2) 成立专家评估小组,对绿色施工方案、实施过程至项目竣工,进行综合评估 (5) 人员安全与健康管理 1) 制定施工防尘、防毒、防辐射等职业危害的措施,保障施工人员的长期职业健康 2) 合理布置施工场地,保护生活及办公区不受施工活动的有害影响。施工现场建立卫生急救、保健防疫制度,在安全事故和疾病疫情出现时提供及时救助 3) 提供卫生、健康的工作与生活环境,加强对施工人员的住宿、膳食、饮用水等生活环境卫生等管理,明显改善施工人员的生活条件

序号	项　目	内　　容
3	环境保护技术要点	（1）扬尘控制 1）运送土方、垃圾、设备及建筑材料等，不污损场外道路。运输容易散落、飞扬、流漏的物料的车辆，必须采取措施封闭严密，保证车辆清洁。施工现场出口应设置洗车槽 2）土方作业阶段，采取洒水、覆盖等措施，达到作业区目测扬尘高度小于 1.5m，不扩散到场区外 3）结构施工、安装装饰装修阶段，作业区目测扬尘高度小于 0.5m，对易产生扬尘的堆放材料应采取覆盖措施；对粉末状材料应封闭存放；场区内可能引起扬尘的材料及建筑垃圾搬运应有降尘措施，如覆盖、洒水等；浇筑混凝土前清理灰尘和垃圾时尽量使用吸尘器，避免使用吹风器等易产生扬尘的设备；机械剔凿作业时可用局部遮挡、掩盖、水淋等防护措施；高层或多层建筑清理垃圾应搭设封闭性临时专用道或采用容器吊运 4）施工现场非作业区达到目测无扬尘的要求。对现场易飞扬物质采取有效措施，如洒水、地面硬化、围挡、密网覆盖、封闭等，防止扬尘产生 5）构筑物机械拆除前，做好扬尘控制计划。可采取清理积尘、拆除体洒水、设置隔挡等措施 6）构筑物爆破拆除前，做好扬尘控制计划。可采用清理积尘、淋湿地面、预湿墙体、屋面敷水袋、楼面蓄水、建筑外设高压喷雾状水系统、搭设防尘排栅和直升机投水弹等综合降尘。选择风力小的天气进行爆破作业 7）在场界四周隔挡高度位置测得的大气总悬浮颗粒物（TSP）月平均浓度与城市背景值的差值不大于 0.08mg/m³ （2）噪声与振动控制 1）现场噪声排放不得超过国家标准《建筑施工场界环境噪声排放标准》GB 12523 的规定 2）在施工场界对噪音进行实时监测与控制。监测方法执行国家标准《建筑施工场界噪声测量方法》GB 12524 3）使用低噪声、低振动的机具，采取隔声与隔振措施、避免或减少施工噪声和振动 （3）光污染控制 1）尽量避免或减少施工过程中的光污染。夜间室外照明灯加设灯罩，透光方向集中在施工范围 2）电焊作业采取遮挡措施，避免电焊弧光外泄 （4）水污染控制 1）施工现场污水排放应达到国家标准《污水综合排放标准》GB 8978 的要求 2）在施工现场应针对不同的污水，设置相应的处理设施，如沉淀池、隔油池、化粪池等 3）污水排放应委托有资质的单位进行废水水质检测，提供相应的污水检测报告 4）保护地下水环境。采用隔水性能好的边坡支护技术。在缺水地区或地下水位持续下降的地区，基坑降水尽可能少地抽取地下水；当基坑开挖抽水量大于 50 万 m³ 时，应进行地下水回灌，并避免地下水被污染 5）对于化学品等有毒材料、油料的储存地，应有严格的隔水层设计，做好渗漏液收集和处理 （5）土壤保护 1）保护地表环境，防止土壤侵蚀、流失。因施工造成的裸土，及时覆盖砂石或种植速生草种，以减少土壤侵蚀；因施工造成容易发生地表径流土壤流失的情况，应采取设置地表排水系统、稳定斜坡、植被覆盖等措施，减少土壤流失 2）沉淀池、隔油池、化粪池等不发生堵塞、渗漏、溢出等现象。及时清掏各类池内沉淀物，并委托有资质的单位清运

序号	项　目	内　容
3	环境保护技术要点	3）对于有毒有害废弃物如电池、墨盒、油漆、涂料等应回收后交有资质的单位处理，不能作为建筑垃圾外运，避免污染土壤和地下水 4）施工后应恢复施工活动破坏的植被（一般指临时占地内）。与当地园林、环保部门或当地植物研究机构进行合作，在先前开发地区种植当地或其他合适的植物，以恢复剩余空地地貌或科学绿化，补救施工活动中人为破坏植被和地貌造成的土壤侵蚀 （6）建筑垃圾控制 1）制定建筑垃圾减量化计划，如住宅建筑，每 1 万 m^2 的建筑垃圾不宜超过 400t 2）加强建筑垃圾的回收再利用，力争建筑垃圾的再利用和回收率达到 30%，建筑物拆除产生的废弃物的再利用和回收率大于 40%。对于碎石类、土石方类建筑垃圾，可采用地基填埋、铺路等方式提高再利用率，力争再利用率大于 50% 3）施工现场生活区设置封闭式垃圾容器，施工场地生活垃圾实行袋装化，及时清运。对建筑垃圾进行分类，并收集到现场封闭式垃圾站，集中运出 （7）地下设施、文物和资源保护 1）施工前应调查清楚地下各种设施，做好保护计划，保证施工场地周边的各类管道、管线、建筑物、构筑物的安全运行 2）施工过程中一旦发现文物，立即停止施工，保护现场，及时通报文物部门并协助做好工作 3）避让、保护施工场区及周边的古树名木 4）逐步开展统计分析施工项目的 CO_2 排放量，以及各种不同植被和树种的 CO_2 固定量的工作
4	节材与材料资源利用技术要点	（1）图纸会审时，应审核节材与材料资源利用的相关内容，达到材料损耗率比定额损耗率降低 30% （2）根据施工进度、库存情况等合理安排材料的采购、进场时间和批次，减少库存 （3）现场材料堆放有序。储存环境适宜，措施得当。保管制度健全，责任落实 （4）材料运输工具适宜，装卸方法得当，防止损坏和遗洒。根据现场平面布置情况就近卸载，避免和减少二次搬运 （5）采取技术和管理措施提高模板、脚手架等的周转次数 （6）优化安装工程的预留、预埋、管线路径等方案 （7）应就地取材，施工现场 500km 以内生产的建筑材料用量占建筑材料总重量的 70% 以上 （8）推广使用预拌混凝土和商品砂浆。准确计算采购数量、供应频率、施工速度等，在施工过程中动态控制。结构工程使用散装水泥 （9）推广使用高强钢筋和高性能混凝土，减少资源消耗 （10）优化钢结构制作和安装方法。大型钢结构宜采用工厂制作，现场拼装；宜采用分段吊装、整体提升、滑移、顶升等安装方法，减少方案的措施用材量 （11）应选用耐用、维护与拆卸方便的周转材料和机具 （12）推广采用外墙保温板替代混凝土施工模板的技术 （13）现场办公和生活用房采用周转式活动房。现场围挡应最大限度地利用已有围墙，或采用装配式可重复使用围挡封闭。力争工地临房、临时围挡材料的可重复使用率达到 70%
5	节水与水资源利用的技术要点	（1）施工中采用先进的节水施工工艺 （2）施工现场喷洒路面、绿化浇灌不宜使用市政自来水。现场搅拌用水、养护用水应采取有效节水措施，严禁无措施浇水养护混凝土 （3）施工现场供水管网应根据用水量设计布置，管径合理、管路简捷，采取有效措施减少管网和用水器具的漏损

序号	项　目	内　　容
5	节水与水资源利用的技术要点	（4）现场机具、设备、车辆冲洗用水必须设立循环用水装置。施工现场办公区、生活区的生活用水采用节水系统和节水器具，提高节水器具配置比率。项目临时用水应使用节水型产品，安装计量装置，采取针对性的节水措施 （5）施工现场建立可再利用水的收集处理系统，使水资源得到梯级循环利用 （6）施工现场分别对生活用水与工程用水确定用水定额指标，并分别计量管理 （7）大型工程的不同单项工程、不同标段、不同分包生活区，凡具备条件的应分别计量用水量。在签订不同标段分包或劳务合同时，将节水定额指标纳入合同条款，进行计量考核 （8）对混凝土搅拌站点等用水集中的区域和工艺点进行专项计量考核。施工现场建立雨水、中水或可再利用水的搜集利用系统 （9）处于基坑降水阶段的工地，宜优先采用地下水作为混凝土搅拌用水、养护用水，冲洗用水和部分生活用水 （10）现场机具、设备、车辆冲洗、喷洒路面、绿化浇灌等用水，优先采用非传统水源，尽量不使用市政自来水 （11）大型施工现场，尤其是雨量充沛地区的大型施工现场建立雨水收集利用系统，充分收集自然降水用于施工和生活中适宜的部位 （12）力争施工中非传统水源和循环水的再利用量大于30%。在非传统水源和现场循环再利用水的使用过程中，应制定有效的水质检测与卫生保障措施，确保不对人体健康、工程质量以及周围环境产生不良影响
6	节能与能源利用的技术要点	（1）制定合理施工能耗指标，提高施工能源利用率 （2）优先使用国家、行业推荐的节能、高效、环保的施工设备和机具，如选用变频技术的节能施工设备等 （3）施工现场分别设定生产、生活、办公和施工设备的用电控制指标，定期进行计量、核算、对比分析，并有预防与纠正措施 （4）在施工组织设计中，合理安排施工顺序、工作面，以减少作业区域的机具数量，相邻作业区充分利用共有的机具资源。安排施工工艺时，应优先考虑耗用电能的或其他能耗较少的施工工艺。避免设备额定功率远大于使用功率或超负荷使用设备的现象 （5）根据当地气候和自然资源条件，充分利用太阳能、地热等可再生能源 （6）建立施工机械设备管理制度，开展用电、用油计量，完善设备档案，及时做好维修保养工作，使机械设备保持低耗、高效的状态 （7）选择功率与负载相匹配的施工机械设备，避免大功率施工机械设备低负载长时间运行。机电安装可采用节电型机械设备，如逆变式电焊机和能耗低、效率高的手持电动工具等，以利节电。机械设备宜使用节能型油料添加剂，在可能的情况下，考虑回收利用，节约油量 （8）合理安排工序，提高各种机械的使用率和满载率，降低各种设备的单位耗能 （9）利用场地自然条件，合理设计生产、生活及办公临时设施的体形、朝向、间距和窗墙面积比，使其获得良好的日照、通风和采光。南方地区可根据需要在其外墙围设遮阳设施 （10）临时设施宜采用节能材料，墙体、屋面使用隔热性能好的材料，减少夏天空调、冬天取暖设备的使用时间及耗能量 （11）合理配置采暖、空调、风扇数量，规定使用时间，实行分段分时使用，节约用电 （12）临时用电优先选用节能电线和节能灯具，临电线路合理设计、布置，临电设备宜采用自动控制装置。采用声控、光控等节能照明灯具 （13）照明设计以满足最低照度为原则，照度不应超过最低照度的20%

序号	项　目	内　　容
7	节地与施工用地保护的技术要点	（1）根据施工规模及现场条件等因素合理确定临时设施，如临时加工厂、现场作业棚及材料堆场、办公生活设施等的占地指标。临时设施的占地面积应按用地指标所需的最低面积设计 （2）要求平面布置合理、紧凑，在满足环境、职业健康与安全及文明施工要求的前提下尽可能减少废弃地和死角，临时设施占地面积有效利用率大于 90% （3）应对深基坑施工方案进行优化，减少土方开挖和回填量，最大限度地减少对土地的扰动，保护周边自然生态环境 （4）红线外临时占地应尽量使用荒地、废地，少占用农田和耕地。工程完工后，及时对红线外占地恢复原地形、地貌，使施工活动对周边环境的影响降至最低 （5）利用和保护施工用地范围内原有绿色植被。对于施工周期较长的现场，可按建筑永久绿化的要求，安排场地新建绿化 （6）施工总平面布置应做到科学、合理，充分利用原有建筑物、构筑物、道路、管线为施工服务 （7）施工现场搅拌站、仓库、加工厂、作业棚、材料堆场等布置应尽量靠近已有交通线路或即将修建的正式或临时交通线路，缩短运输距离 （8）临时办公和生活用房应采用经济、美观、占地面积小、对周边地貌环境影响较小，且适合于施工平面布置动态调整的多层轻钢活动板房、钢骨架水泥活动板房等标准化装配式结构。生活区与生产区应分开布置，并配置标准的分隔设施 （9）施工现场围墙可采用连续封闭的轻钢结构预制装配式活动围挡，减少建筑垃圾，保护土地 （10）施工现场道路按照永久道路和临时道路相结合的原则布置。施工现场内形成环形通路，减少道路占用土地 （11）临时设施布置应注意远近结合（本期工程与下期工程）、努力减少和避免大量临时建筑拆迁和场地搬迁

1.2.5　绿色施工在混凝土工程中的运用

绿色施工在混凝土工程中的运用如表 1-7 所示。

绿色施工在混凝土工程中的运用　　　　　　　　　　表 1-7

序号	项　目	内　　容
1	钢筋工程	（1）施工现场设置废钢筋池，收集现场钢筋断料、废料等制作钢筋马凳 （2）委派专人对现场的钢筋环箍、马凳进行收集，避免出现浪费现象 （3）严格控制钢筋绑扎搭界倍数，杜绝钢筋搭界过长产生的钢筋浪费现象 （4）推广钢筋专业化加工和配送 （5）优化钢筋配料和下料方案。钢筋及钢结构制作前应对下料单及样品进行复核，无误后方可批量下料
2	脚手架及模板工程	（1）围护阶段的支撑施工宜采用旧模板 （2）主体阶段利用钢模代替原有的部分木模板 （3）结构阶段宜尽量采用短方木再接长的施工工艺 （4）提高模板在标准层阶段的周转次数，其中模板周转次数一般为 4 次，方木周转次数为 6～7 次 （5）利用废旧模板，结构部位的洞口可采用废旧模板封闭 （6）优先选用制作、安装、拆除一体化的专业队伍进行模板工程施工 （7）模板应以节约自然资源为原则，推广使用定型钢模、钢框竹模、竹胶扳 （8）施工前应对模板工程的方案进行优化。多层、高层建筑使用可重复利用的模板体系，模板支撑宜采用工具式支撑 （9）优化高层建筑的外脚手架方案，采用整体提升、分段悬挑等方案

序号	项 目	内 容
3	混凝土工程	（1）在混凝土配制过程中尽量使用工业废渣，如粉煤灰、高炉矿渣等，来代替水泥，既节约了能源，保护环境，也能提高混凝土的各种性能 （2）可以使用废弃混凝土、废砖块、废砂浆作为骨料配制混凝土 （3）利用废混凝土制备再生水泥，作为配制混凝土的材料 （4）采取数字化技术，对大体积混凝土、大跨度结构等专项施工方案进行优化 （5）准确计算采购数量、供应频率、施工速度等。在施工过程中动态控制 （6）对现场模板的尺寸、质量复核、防上爆模、漏浆及模板尺寸大而产生的混凝土浪费。在钢筋上焊接标志筋，控制混凝土的面标高 （7）混凝土余料利用。结构混凝土多余的量用于浇捣现场道路、排水沟、混凝土整块及砌体工程门窗混凝土块

第 2 章　混凝土结构工程施工模板工程

2.1　模板的作用与分类

2.1.1　模板的作用与一般规定

混凝土结构工程施工模板的作用与一般规定如表 2-1 所示。

模板的作用与一般规定　　　　　　　　　　　　　　　　　　　表 2-1

序号	项　目	内　　容
1	说　明	（1）混凝土结构依靠模板系统成型。直接与混凝土接触的是模板面板，一般将模板面板、主次龙骨（肋、背楞、钢楞、托梁）、连接撑拉锁固件、支撑结构等统称为模板；亦可将模板与其支架、立柱等支撑系统的施工称为模架工程 （2）现浇混凝土施工，每 1 立方米混凝土构件，平均需用模板 4～5m²。模架工程所耗费的资源，在一般的梁板、框架和墙墙结构中，费用约占混凝土结构工程总造价的 30% 左右，劳动量占 28%～45%；在高大空间、大跨、异形等难度大和复杂的工程中的比重则更大。某些水平构件模架施工项目还存在较大的施工风险 （3）近年来，随着多种功能混凝土施工技术的开发，模架施工技术不断发展。采用安全、先进、经济的模架技术，对于确保混凝土构件的成型要求、降低工程事故风险、提高劳动生产率、降低工程成本和实现文明施工，具有十分重要的意义
2	模板的作用	（1）模板在混凝土工程中占着很重要的地位，是混凝土施工过程中的一个重要环节 （2）模板是使新拌制的混凝土满足设计要求的位置和几何形状，使之硬化成为钢筋混凝土结构或构件的模具。模板包括模板及其支架。模板亦称"模型板"，其形状与构件相适应。支承模板及作用在模板上荷载的结构，如支柱、桁架等均称为支架 （3）模板是一种按设计要求制作，使混凝土结构、构件按规定的位置、几何尺寸成型，保持其正确位置，并承受模板及其作用在模板上的荷载的临时性结构。模板工程设计的目的，是保证混凝土工程质量，保证混凝土工程的施工安全，加快施工进度和降低工程成本 （4）在现代建筑工程中，混凝土结构工程占主导地位。随着我国高层建筑、大跨度建筑、多层工业厂房及大型特种结构的发展，在混凝土结构中现浇结构的比重日益增大，由于混凝土必须用模板成型，模板的应用范围也随着混凝土应用领域的增加而不断扩大。模板的需用量也随之增大。用于支模、拆模耗去的劳动量约占混凝土工程中全部劳动量的 1/4～1/2；模板经费约占混凝土工程全部费用的 1/3 以上。从工期来看，模板工程施工工期在混凝土结构工程总施工工期中占的比重也很大。现浇钢筋混凝土框架结构一般占 50%～60%；内浇外挂高层民用住宅一般占 25%～30%
3	模板的一般规定	（1）模板工程应编制专项施工方案。滑模、爬模等工具式模板工程及高大模板支架工程的专项施工方案，应进行技术论证 模板工程主要包括模板和支架两部分。模板面板、支承面板的次楞和主楞以及对拉螺栓等组件统称为模板。模板背侧的支承（撑）架和连接件等统称为支架或模板支架 模板工程专项施工方案一般包括下列内容：模板及支架的类型；模板及支架的材料要求；模板及支架的计算书和施工图；模板及支架安装、拆除相关技术措施；施工安全和应急措施（预案）；文明施工、环境保护等技术要求 本条中高大模板支架工程是指搭设高度 8m 及以上；搭设跨度 18m 及以上，施工总荷载 15kN/m² 及以上；集中线荷载 20kN/m 及上的模板支架工程

序号	项 目	内 容
3	模板的一般规定	这里专门提出了对"滑模、爬模等工具式模板工程及高大模板支架工程的专项施工方案应进行技术论证"的要求。模板工程的安全一直是施工现场安全生产管理的重点和难点，根据住房和城乡建设部《危险性较大的分部分项工程安全管理办法》（建质［2009］87 号）的规定，超过一定规模的危险性较大的混凝土模板支架工程为：搭设高度 8m 及以上；搭设跨度 18m 及以上，施工总荷载 15kN/m² 及以上；集中线荷载 20kN/m 及以上。国外部分相关规范也有区分基本模板工程、特殊模板工程的类似规定。本条文规定高大模板工程和工具式模板工程所指对象按建质［2009］87 号文确定即可。提出"高大模板工程"术语是区别于浇筑一般构件的模板工程，并便于模板工程施工作业人员的简易理解。条文规定的专项施工方案的技术论证包括专家评审 关于模板工程现有多本专业标准，如行业标准《钢框胶合板模板技术规程》JGJ 96、《液压爬升模板工程技术规程》JGJ 195、《液压滑动模板施工安全技术规程》JGJ 65、《建筑工程大模板技术规程》JGJ 74，国家标准《组合钢模板技术规范》GB／T 50214 等，应遵照执行 （2）模板及支架应根据施工过程中的各种工况进行设计，应具有足够的承载力和刚度，并应保证其整体稳固性 模板及支架是施工过程中的临时结构，应根据结构形式，荷载大小等结合施工过程的安装、使用和拆除等主要工况进行设计，保证其安全可靠，具有足够的承载力和刚度，并保证其整体稳固性。根据现行国家标准《工程结构可靠性设计统一标准》GB 50153 的有关规定，本书中的"模板及支架的整体稳固性"系指在遭遇不利施工荷载工况时，不因构造不合理或局部支撑杆件缺失造成整体性坍塌。模板及支架设计时应考虑模板及支架自重、新浇筑混凝土自重、钢筋自重、新浇筑混凝土对模板侧面的压力、施工人员及施工设备荷载、混凝土下料产生的水平荷载、泵送混凝土或不均匀堆载等因素产生的附加水平荷载、风荷载等。本条直接影响模板及支架的安全，并与混凝土结构施工质量密切相关，故列为强制性条文，应严格执行 （3）模板及支架应保证工程结构和构件各部分形状、尺寸和位置准确，且应便于钢筋安装和混凝土浇筑、养护 （4）模板的接缝不应漏浆 （5）模板的材料宜选用钢材、木材、胶合板、塑料等，模板的支架材料宜选用钢材等，各材料的材质应符合有关的专门规定 （6）当采用木材时，其树种可根据各地区实际情况选用，材质不宜低于Ⅲ等材 （7）无论是新配制的模板，还是已用并清除了污、锈待用的模板，在使用前必须涂刷脱模剂，不宜采用油质类等影响结构或妨碍装饰工程施工的脱模剂。严禁脱模剂沾污钢筋 （8）对模板及其支架应定期维修，钢模板及钢支架应防止锈蚀

2.1.2 模板的分类与材料

模板的分类与材料如表 2-2 所示。

模板的分类与材料　　　　　　　　　表 2-2

序号	项 目	内 容
1	模板的分类	模板工程按材料性质分类如表 2-3 所示，按施工工艺条件分类如表 2-4 所示，按结构类型分类如表 2-5 所示
2	模板的材料要求	（1）模板及支架材料的技术指标应符合国家现行有关标准的规定 （2）模板及支架宜选用轻质、高强、耐用的材料。连接件宜选用标准定型产品 混凝土结构施工用的模板材料，包括钢材、铝材、胶合板、塑料、木材等。目前，国内建筑行业现浇混凝土施工的模板多使用木材作主、次楞、竹（木）胶合板作面板，但木材的大量使用不利于保护国家有限的森林资源，而且周转使用次数少的不耐用的木质模板在施工现场将会造成大量建筑垃圾，应引起重视。为符合"四节一环保"的要求，应提倡"以钢代木"，即提倡采用轻质、高强、耐用的模板材料，如铝合金和增强塑料等。支架材料宜选用钢或铝合金等轻质高强的可再生材料，不提倡采用木支架。连接件将面板和支架连接为可靠的整体，采用标准定型连接件有利于操作安全、连接可靠和重复使用

续表

序号	项目	内容
2	模板的材料要求	（3）接触混凝土的模板表面应平整，并应具有良好的耐磨性和硬度；清水混凝土模板的面板材料应能保证脱模后所需的饰面效果 模板脱模剂有油性、水性等种类。为不影响后期的混凝土表面实施粉刷、批腻子及涂料装饰等，宜采用水性的脱模剂 （4）脱模剂应能有效减小混凝土与模板间的吸附力，并应有一定的成膜强度，且不应影响脱模后混凝土表面的后期装饰

模板按材料性质分类　　　　　　　　　　　　　表 2-3

序号	项目	内容
1	木模板	以白松为主的木材组成，板厚在 20～30mm，可按模数要求形成标准系列。重复性低，便于加工
2	钢模板	以 2～3mm 厚的热轧或冷轧薄板经轧制形成，根据几何条件不同可分为： （1）定型组合钢模板：由 2.5mm 厚钢板轧制成槽状，再根据模数要求，形成不同宽度与长度的模板。由标准扣件与相应的支撑体系形成的模板系列，是目前我国使用较广泛的模板品种 （2）定型钢模板：由型钢与 6～8mm 较厚钢板组成骨架，再配合组合钢模板或 3～4mm 厚钢板形成整体而便于多次使用的模板，如：基础梁、吊车梁、屋面梁等结构的固定模板 （3）翻转模板：用于形状单一、重量不大的小型混凝土构件连续生产时的胎具，利用混凝土的干硬性翻转成型，一块模板重复使用，随即成型
3	复合模板	由金属材料与高分子材料或木材根据组成材料的各自长处组合的模板体系，如铝合金、玻璃钢、高密度板、五合板组成的模板等
4	竹模板	以竹材为主，铺以木材或金属边框组成的模板，或以竹材经胶合形成的大面积平板模板均属此类模板
5	混凝土模板	对巨大雄厚的结构，由结构本体的一部分，再配以钢筋形成的一次性模板，多用于水工结构、设备基础等。模板中配置的钢筋可以和结构统一使用；也可用于楼板体系，以叠合的形式形成一次性混凝土模板，也是楼板结构的一部分
6	土模板	在地下水位不高的硬塑黏性地层表面，经人工修挖，并抹以低强度的水泥砂浆。形成一次性凹性模板。多用于预制混凝土板、梁、柱构件。构件外表较粗糙，但经济效益较好
7	砖模板	由低强度等级砂浆与红砖砌成的一次性模板，多用于沉井刃脚，与形状单一的就地生产的柱、梁构件的边模及底模

模板按施工工艺条件分类　　　　　　　　　　　表 2-4

序号	项目	内容
1	现浇混凝土模板	根据混凝土结构形状不同就地形成的模板，多用于基础、梁、板、柱等现浇混凝土工程。模板支承系多通过支于地面或基坑侧壁以及对拉的螺栓承受混凝土的竖向和侧向压力。这种模板适应性强，但周转较慢
2	预组装模板	由定型模板分段预组成较大面积的模板及其支承体系，用起重设备吊运到混凝土浇筑位置。多用于大体积混凝土工程
3	大模板	由固定单元形成的固定标准系列的模板，多用于高层建筑的墙板体系，用于平面楼板的大模板又称为飞模
4	跃升模板	由二段以上固定形状的模板，通过埋设于混凝土中的固定件，形成模板支承条件承受混凝土施工荷载，当混凝土达到一定强度时，拆模上翻，形成新的模板体系。多用于变直径的双曲线冷却塔、水工结构以及设有滑升设备的高耸混凝土结构工程
5	水平滑动的隧道式模板	由短段标准模板组成的整体模板，通过滑道或轨道支于地面、沿结构纵向水平平行移动的模板体系。多用于地下直行结构，如隧道、地沟、封闭顶面的混凝土结构

序号	项 目	内 容
6	垂直滑动模板	由小段固定形状的模板与提升设备，以及操作平台组成的可沿混凝土成型方向垂直移动的模板体系，适用于高耸的框架、烟囱、圆形料仓等钢筋混凝土结构。根据提升设备的不同，又可分为液压滑模、螺旋丝杠滑模，以及手动起重机形成的拉力滑模等

模板按结构类型分类　　　　　　　　　　　　表 2-5

序号	项 目	内 容
1	普通钢筋混凝土结构	此类结构多以现浇混凝土为主，如板、梁、柱、设备基础，大多为直线组成的可展曲面，能够大量应用标准模数的模板。在设备基础、高层建筑等钢筋混凝土结构中，预组装模板、大模板都能得到应用
2	预应力钢筋混凝土结构	大体上与普通钢筋混凝土结构的模板相似，唯有先张法施工的结构模板应考虑预应力压力的作用
3	特种结构	这类结构多采用垂直滑动的模板或跃升模板，如烟囱、电视塔、圆形料仓、双曲线冷却塔等；而呈水平直线的结构，如大直径涵管和箱涵、地下通廊等，则多采用水平移动的滑动模板
4	水工结构	对采用跃升模板或钢筋混凝土模板，模板的支承部分，多由锚固在混凝土中的拉力装置承受
5	穹顶类结构	穹顶结构的模板除常采用移动式的整体模板外，尚可采用喷射混凝土形成的自承式模板或充气结构形成的大面积壳体结构的模板

2.1.3 模板设计

模板设计要求如表 2-6 所示。

模板设计要求　　　　　　　　　　　　表 2-6

序号	项 目	内 容
1	模板设计的内容和原则	(1) 设计的内容 模板设计的内容，主要包括模板和支撑系统的选型；支撑格构和模板的配置；计算简图的确定；模架结构承载力、刚度、稳定性核算；附墙柱、梁柱接头等细部节点设计和绘制模板施工图等。各项设计内容的详尽程度，根据工程的具体情况和施工条件确定 (2) 设计的主要原则 1) 实用性 ①保证构件的形状尺寸和相互位置的正确 ②接缝严密，不漏浆 ③模架构造合理，支拆方便 2) 安全性 保证在施工过程中，不变形，不破坏，不倒塌 3) 经济性 针对工程结构的具体情况，因地制宜，就地取材，在确保工期、质量的前提下，尽量减少一次性投入，降低模板在使用过程中的消耗，提高模板周转次数 减少支拆用工，实现文明施工
2	模板设计应符合的规定	(1) 模板及支架的形式和构造应根据工程结构形式、荷载大小、地基土类别、施工设备和材料供应等条件确定 (2) 模板及支架设计包括下列内容： 1) 模板及支架的选型及构造设计 2) 模板及支架上的荷载及其效应计算 3) 模板及支架的承载力、刚度验算 4) 模板及支架的抗倾覆验算 5) 绘制模板及支架施工图 (3) 模板及支架的设计应符合下列规定： 1) 模板及支架的结构设计宜采用以分项系数表达的极限状态设计方法

序号	项　目	内　　容
2	模板设计应符合的规定	2）模板及支架的结构分析中所采用的计算假定和分析模型，应有理论或试验依据，或经工程验证可行 3）模板及支架应根据施工过程中各种受力工况进行结构分析，并确定其最不利的作用效应组合 4）承载力计算应采用荷载基本组合；变形验算可仅采用永久荷载标准值 模板及支架中杆件之间的连接考虑了可重复使用和拆卸方便，设计计算分析的计算假定和分析模型不同于永久性的钢结构或薄壁型钢结构，本条要求计算假定和分析模型应有理论或试验依据，或经工程经验验证可行。设计中实际选取的计算假定和分析模型应尽可能与实际结构受力特点一致。模板及支架的承载力计算采用荷载基本组合；变形验算采用永久荷载标准值，即不考虑可变荷载，当所有永久荷载同方向时，即为永久荷载标准值的代数和
3	模板荷载计算	（1）模板及支架设计时，应根据实际情况计算不同工况下的各项荷载及其组合。各项荷载的标准值可按本表序号4确定 （2）模板及支架结构构件应按短暂设计状况进行承载力计算。承载力计算应符合下列公式要求： $$\gamma_0 S \leqslant \frac{R}{\gamma_R} \qquad (2\text{-}1)$$ 式中　γ_0——结构重要性系数，对重要的模板及支架宜取 $\gamma_0 \geqslant 1.0$；对一般的模板及支架应取 $\gamma_0 \geqslant 0.9$ S——模板及支架按荷载基本组合计算的效应设计值，可按下述（3）条的规定进行计算 R——模板及支架结构构件的承载力设计值，应按国家现行有关标准计算 γ_R——承载力设计值调整系数，应根据模板及支架重复使用情况取用，不应小于1.0 本条对模板及支架的承载力设计提出了基本要求。通过引入结构重要性系数 γ_0，区分了"重要"和"一般"模板及支架的设计要求，其中"重要的模板及支架"包括高大模板支架，跨度较大、承载较大或体型复杂的模板及支架等。另外，还引入承载力设计值调整系数 γ_R 以考虑模板及支架的重复使用情况，其中对周转使用的工具式模板及支架，γ_R 应大于1.0；对新投入使用的非工具式模板与支架，γ_R 可取1.0 模板及支架结构构件的承载力设计值可按相应材料的结构设计规范采用，如钢模板及钢支架的设计符合现行国家标准《钢结构设计规范》GB 50017的规定；冷弯薄壁型钢支架的设计符合现行国家标准《冷弯薄壁型钢结构技术规范》GB 50018的规定；铝合金模板及铝合金支架的设计符合现行国家标准《铝合金结构设计规范》GB 50429的规定 （3）模板及支架的荷载基本组合的效应设计值，可按下列公式计算： $$S = 1.35\alpha \sum_{i \geqslant 1} S_{G_{ik}} + 1.4\psi_{cj} \sum_{j \geqslant 1} S_{Q_{jk}} \qquad (2\text{-}2)$$ 式中　$S_{G_{ik}}$——第 i 个永久荷载标准值产生的效应值 $S_{Q_{jk}}$——第 j 个可变荷载标准值产生的效应值 α——模板及支架的类型系数；对侧面模板，取0.9；对底面模板及支架，取1.0 ψ_{cj}——第 j 个可变荷载的组合值系数，宜取 $\psi_{cj} \geqslant 0.9$ 基于目前房屋建筑的混凝土楼板厚度以120mm以上为主，其单位面积自重与施工荷载相当，因此，根据现行国家标准《建筑结构荷载规范》GB 50009相关规定的对由永久荷载效应控制的组合，应取1.35的永久荷载分项系数，为便于施工计算，统一取1.35系数。从理论和设计习惯两个方面考虑，侧面模板设计时模板侧压力永久荷载分项系数取1.2更为合理，本条公式中通过引入模板及支架的类型系数 α 解决此问题，1.35乘以0.9近似等于1.2

序号	项 目	内 容
3	模板荷载计算	（4）模板及支架承载力计算的各项荷载可按表 2-7 确定，并应采用最不利的荷载基本组合进行设计。参与组合的永久荷载应包括模板及支架自重（G_1）、新浇筑混凝土自重（G_2）、钢筋自重（G_3）及新浇筑混凝土对模板的侧压力（G_4）等；参与组合的可变荷载宜包括施工人员及施工设备产生的荷载（Q_1）、混凝土下料产生的水平荷载（Q_2）、泵送混凝土或不均匀堆载等因素产生的附加水平荷载（Q_3）及风荷载（Q_4）等 作用在模板及支架上的荷载分为永久荷载和可变荷载。将新浇筑混凝土的侧压力列为永久荷载是基于混凝土浇筑入模后侧压力相对稳定地作用在模板上，直至混凝土逐渐凝固而消失，符合"变化与平均值相比可以忽略不计或变化是单调的并能趋于限值"的永久荷载定义。对于塔吊钩住混凝土料斗等容器下料产生的荷载，美国规范 ACI347 认为可以按料斗的容量、料斗离楼面模板的距离、料斗下料的时间和速度等因素计算作用到模板面上的冲击荷载，考虑对浇筑混凝土地点的混凝土下料与施工人员作业荷载不同时，混凝土下料产生的荷载主要与混凝土侧压力组合，并作用在有效压头范围内 当支架结构与周边已浇筑混凝土并具有一定强度的结构可靠拉结时，可以不验算整体稳定。对相对独立的支架，在其高度方向上与周边结构无法形成有效拉结的情况下，可分别计算泵送混凝土或不均匀堆载等因素产生的附加水平荷载（Q_3）作用下和风荷载（Q_4）作用下支架的整体稳定性，以保证支架架体的构造合理性，防止突发性的整体坍塌事故
4	作用在模板及支架上的荷载标准值	（1）模板及支架自重（G_1）的标准值应根据模板施工图确定。有梁楼板及无梁楼板的模板及支架自重的标准值，可按表 2-8 采用 （2）新浇筑混凝土自重（G_2）的标准值宜根据混凝土实际重力密度 γ_c 确定，普通混凝土 γ_c 可取 24kN/m³ （3）钢筋自重（G_3）的标准值应根据施工图确定。一般梁板结构，楼板的钢筋自重可取 1.1kN/m³，梁的钢筋自重可取 1.5kN/m³ （4）采用插入式振动器且浇筑速度不大于 10m/h、混凝土坍落度不大于 180mm 时，新浇筑混凝土对模板的侧压力（G_4）的标准值，可按下列公式分别计算，并应取其中的较小值：$$F = 0.28\gamma_c t_0 \beta V^{\frac{1}{2}} \tag{2-3}$$ $$F = \gamma_c H \tag{2-4}$$ 当浇筑速度大于 10m/h，或混凝土坍落度大于 180mm 时，侧压力（G_4）的标准值可按公式（2-4）计算 式中 F——新浇筑混凝土作用于模板的最大侧压力标准值（kN/m²） γ_c——混凝土的重力密度（kN/m³） t_0——新浇混凝土的初凝时间（h），可按实测确定；当缺乏试验资料时可采用 $t_0 = 200/(T+15)$ 计算，T 为混凝土的温度（℃） β——混凝土坍落度影响修正系数：当坍落度大于 50mm 且不大于 90mm 时，β 取 0.85；坍落度大于 90mm 且不大于 130mm 时，β 取 0.9；坍落度大于 130mm 且不大于 180mm 时，β 取 1.0 V——浇筑速度，取混凝土浇筑高度（厚度）与浇筑时间的比值（m/h） H——混凝土侧压力计算位置处至新浇筑混凝土顶面的总高度（m） 混凝土侧压力的计算分布图形如图 2-1 所示，图中 $h = F/\gamma_c$ （5）施工人员及施工设备产生的荷载（Q_1）的标准值，可按实际情况计算，且不应小于 2.5kN/m² （6）混凝土下料产生的水平荷载（Q_2）的标准值可按表 2-9 采用，其作用范围可取为新浇筑混凝土侧压力的有效压头高度 h 之内 （7）泵送混凝土或不均匀堆载等因素产生的附加水平荷载（Q_3）的标准值，可取计算工况下竖向永久荷载标准值的 2%，并应作用在模板支架上端水平方向 （8）风荷载（Q_4）的标准值，可按现行国家标准《建筑结构荷载规范》GB 50009 及本书的有关规定确定，此时基本风压可按 10 年一遇的风压取值，但基本风压不应小于 0.20kN/m²

序号	项　目	内　容
5	模板及支架变形验算及其他	（1）模板及支架的变形验算应符合下列规定： $$a_{fG} \leqslant a_{f,lim} \qquad (2-5)$$ 式中　a_{fG}——按永久荷载标准值计算的构件变形值 　　　$a_{f,lim}$——构件变形限值，按下述（2）条的规定确定 　　模板面板的变形量直接影响混凝土构件的尺寸和外观质量。对于梁板等水平构件，其模板面板及面板背侧支撑的变形验算采用施加其上的混凝土、钢筋和模板自重的荷载标准值；对于墙等竖向模板，其模板面板及面板背侧支撑的变形验算采用新浇筑混凝土的侧压力的荷载标准值 　　（2）模板及支架的变形限值应根据结构工程要求确定，并宜符合下列规定： 　　1）对结构表面外露的模板，其挠度限值宜取为模板构件计算跨度的 1/400 　　2）对结构表面隐蔽的模板，其挠度限值宜取为模板构件计算跨度的 1/250 　　3）支架的轴向压缩变形限值或侧向挠度限值，宜取为计算高度或计算跨度的 1/1000 　　本条中"结构表面外露的模板"可以认为是拆模后不做水泥砂浆粉刷找平的模板，"结构表面隐蔽的模板"是拆模后需要做水泥砂浆粉刷找平的模板。对于模板构件的挠度限值，在控制面板的挠度时应注意面板背部主、次楞的弹性变形对面板挠度的影响，适当提高主楞的挠度限值 　　（3）支架的高宽比不宜大于 3；当高宽比大于 3 时，应加强整体稳固性措施 　　对模板支架高宽比的限定主要为了保证在周边无结构提供有效侧向刚性连接的条件下，防止细高形的支架倾覆整体失稳。整体稳固性措施包括支架体内加强竖向和水平剪刀撑的设置；支架体外设置抛撑、型钢桁架撑、缆风绳等 　　（4）支架应按混凝土浇筑前和混凝土浇筑时两种工况进行抗倾覆验算。支架的抗倾覆验算应满足下列公式要求： $$\gamma_0 M_0 \leqslant M_r \qquad (2-6)$$ 式中　M_0——支架的倾覆力矩设计值，按荷载基本组合计算，其中永久荷载的分项系数取 1.35，可变荷载的分项系数取 1.4 　　　M_r——支架的抗倾覆力矩设计值，按荷载基本组合计算，其中永久荷载的分项系数取 0.9，可变荷载的分项系数取 0 　　混凝土浇筑前，支架在搭设过程中，因为相应的稳固性措施未到位，在风力很大时可能会发生倾覆，倾覆力矩主要由风荷载（Q_4）产生；混凝土浇筑时，支架的倾覆力矩主要由泵送混凝土或不均匀堆载等因素产生的附加水平荷载（Q_3）产生，附加水平荷载（Q_3）以水平力的形式呈线荷载作用在支架顶部外边缘上。抗倾覆力矩主要由钢筋、混凝土和模板自重等永久荷载产生 　　（5）支架结构中钢构件的长细比不应超过表 2-10 规定的容许值 　　（6）多层楼板连续支模时，应分析多层楼板间荷载传递对支架和楼板结构的影响 　　在多、高层建筑的混凝土结构工程施工中，已浇筑的楼板可能还未达到设计强度，或者已经达到设计强度，但施工荷载显著超过其设计荷载，因此，必须考虑设置足够层数的支架，以避免相应各层楼板产生过大的应力和挠度。在设置多层支架时，需要确定各层楼板荷载向下传递时的分配情况。验算支架和楼板承载力可采用简化方法分析。当用简化方法分析时，可假定建筑基础为刚性板，模板支架层的立杆为刚性杆，由支架立杆相连的多层楼板的刚度假定为相等，按浇筑混凝土楼面新增荷载和拆除连续支架层的最底层荷载重新分布的两种最不利工况，分析计算连续多层模板支架立杆和混凝土楼面承担的最大荷载效应，决定合理的最少连续支模层数 　　（7）支架立柱或竖向模板支承在土层上时，应按现行国家标准《建筑地基基础设计规范》GB 50007 的有关规定对土层进行验算；支架立柱或竖向模板支承在混凝土结构构件上时，应按现行国家标准《混凝土结构设计规范》GB 50010 的有关规定对混凝土结构构件进行验算

序号	项 目	内 容
5	模板及支架变形验算及其他	支架立柱或竖向模板下的土层承载力设计值，应按现行国家标准《建筑地基基础设计规范》GB 50007 的规定或工程地质报告提供的数据采用 （8）采用钢管和扣件搭设的支架设计时，应符合下列规定： 1）钢管和扣件搭设的支架宜采用中心传力方式 2）单根立杆的轴力标准值不宜大于 12kN，高大模板支架单根立杆的轴力标准值不宜大于 10kN 3）立杆顶部承受水平杆扣件传递的竖向荷载时，立杆应按不小于 50mm 的偏心距进行承载力验算，高大模板支架的立杆应按不小于 100mm 的偏心距进行承载力验算 4）支承模板的顶部水平杆可按受弯构件进行承载力验算 5）扣件抗滑移承载力验算可按现行行业标准《建筑施工扣件式钢管脚手架安全技术规范》JGJ 130 的有关规定执行 在扣件钢管模板支架的立杆顶端插入可调托座，模板上的荷载直接传给立杆，为中心传力方式；模板搁置在扣件钢管支架顶部的水平钢管上，其荷载通过水平杆与立杆的直角扣件传至立杆，为偏心传力方式，实际偏心距为 53mm 左右，本条规定的 50mm 为取整数值、中心传力方式有利于立杆的稳定性，因此宜采用中心传力方式 本条第 2）款规定的单根立杆轴力标准值是基于支架顶部双向水平杆通过直角扣件扣接到立杆形成"双扣件"的传力形式确定的，根据试验，双扣件抗滑力范围在 17～20kN 之间，考虑一定安全系数后提出了 10kN、12kN 的要求。工程施工技术人员也可根据工地的钢管管径及壁厚、扣件的规格和质量，进行双扣件抗滑试验制定立杆的单根承载力限值 （9）采用门式、碗扣式、盘扣式或盘销式等钢管架搭设的支架，应采用支架立柱杆端插入可调托座的中心传力方式，其承载力及刚度可按国家现行有关标准的规定进行验算 门式、碗扣式和盘扣式钢管架的顶端插入可调托座，其传力方式均为中心传力方式，有利于立杆的稳定性，值得推广应用

参与模板及支架承载力计算的各项荷载　　　　表 2-7

序号		计算内容	参与荷载项
1	模板	底面模板的承载力	$G_1+G_2+G_3+Q_1$
2		侧面模板的承载力	G_4+Q_2
3	支架	支架水平杆及节点的承载力	$G_1+G_2+G_3+Q_1$
4		立杆的承载力	$G_1+G_2+G_3+Q_1+Q_4$
5		支架结构的整体稳定	$G_1+G_2+G_3+Q_1+Q_3$ $G_1+G_2+G_3+Q_1+Q_4$

注：表中的"+"仅表示各项荷载参与组合，而不表示代数相加。

模板及支架的自重标准值（kN/m²）　　　　表 2-8

序号	项目名称	木模板	定型组合钢模板
1	无梁楼板的模板及小楞	0.30	0.50
2	有梁楼板模板（包合梁的模板）	0.50	0.75
3	楼板模板及支架（楼层高度为 4m 以下）	0.75	1.10

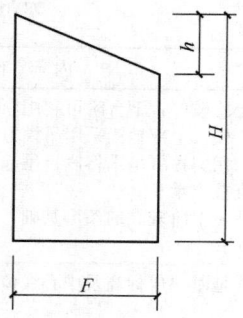

图 2-1 混凝土侧压力分布

h—有效压头高度；H—模板内混凝土总高度；F—最大侧压力

混凝土下料产生的水平荷载标准值（kN/m²）　　　　　表 2-9

序号	下料方式	水平荷载
1	溜槽、串筒、导管或泵管下料	2
2	吊车配备斗容器下料或小车直接倾倒	4

支架结构钢构件容许长细比　　　　　表 2-10

序号	构件类别	容许长细比
1	受压构件的支架立柱及桁架	180
2	受压构件的斜撑、剪刀撑	200
3	受拉构件的钢杆件	350

2.2　现浇混凝土模板

2.2.1　基础模板

基础模板的支设及施工要点如表 2-11 所示。

基础模板的支设及施工要点　　　　　表 2-11

序号	项　目	内　　容
1	基础模板的支设	（1）阶梯形独立基础模板 　　根据图纸尺寸制作每一阶梯形基础模板，支模顺序由下至上逐层向上安装，底层第一阶由四块边模拼成，其一对侧模与基础边尺寸相同，另一对侧板比基础尺寸长 150～200mm，在两端加钉木档，用以在拼装时固定另一对模板，并用斜撑撑牢。模板尺寸较大时，四角加钉斜拉杆。在模板上口顶轿杠木，将第二阶模板置于轿杠上，安装时应找准基础轴线及标高，上下阶中心线互相对准；在安装第二阶模板前应绑好钢筋，如图 2-2 所示 （2）杯形独立基础模板 　　杯形基础模板基本上与阶梯形基础模板相似，在模板的顶部中间装杯口芯模、杯口芯模有整体式和装配式两种，亦可用木模，杯口较大时可用组合钢模与异形角模拼成。杯口芯模借轿杠支承在杯颈模板上口中心并固定。混凝土灌筑后，在初凝后终凝前取出。杯口较小时，一般采用整体式；杯口较大时，可采用装配式。凡采用木板拼钉的杯口芯模，应采用竖直板拼钉，不宜用横板，以免拔出时困难，如图 2-3～图 2-6 所示 （3）长颈杯形独立基础模板 　　长颈杯形基础的模板构造和支模方法与杯形基础模板相同，但对长颈部分的模板应用钢管柱箍或夹木借螺栓夹紧以防胀模。当颈部较高时，模板底部应用混凝土支柱或铁脚支承以防下沉；颈部很高的模板上部应设斜撑支固，如图 2-7 所示 （4）条形基础模板 　　矩形截面条形基础模板，由两侧的木柱或组合钢模板组成，支设时应拉通线，将侧板校正后，用斜撑支牢，间距 600～800mm，上口加钉搭头木拉住

序号	项 目	内 容
1	基础模板的支撑	带地梁条形基础，如土质较好，下台阶可利用原土切削成形，不再支模；如土质较差，则下台阶应按矩形截面方法支模，上部地梁采用吊模方法支模。模板由侧板、轿杠、斜撑、吊木等组成。轿杠设在侧板上口用斜撑、吊木将侧板吊起加以固定；如基础上阶高度较大，可在侧模底部加设混凝土或钢筋支柱支承 对长度很长、截面一致，上阶较高的条形基础，底部矩形截面可先支模浇筑完成，上阶可采用拉模方法，如图 2-8 所示
2	基础模板施工要点	(1) 安装模板前先复查地基垫层标高及中心线位置，放出基础边线。基础模板面标高应符合设计要求 (2) 基础下段模板如果土质良好，可以用土模，但开挖基坑和基槽尺寸必须准确 (3) 杯口芯模要刨光、直拼。如没底板，应使侧板包底板；底板要钻几个孔以便排气。芯模外表面涂脱模剂，四角做成小圆角，灌混凝土时上口要临时遮盖 如杯口芯模做成敞口式的，不加底板，混凝土会由底部涌入。在混凝土浇捣过程中及初凝前，要指派专人将涌入芯模底部的混凝土及时清除干净，达到杯底平整，以免造成芯模被混凝土埋住而不易取出，或杯口底面标高不准 杯口芯模的拆除要掌握混凝土的凝固情况，一般在初凝前后即可用锤轻打，橇杠松动；较大的芯模，可用倒链将杯口芯模稍加松动后拔出 浇捣混凝土时要注意防止杯口芯模向上浮升或四面偏移，模板四周混凝土应均匀浇捣 脚手板不能搁置在基础模板上，脚手杆不能埋在混凝土中

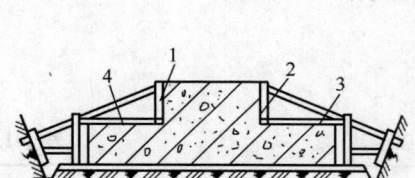

图 2-2 阶梯形独立基础模板

1—木或钢侧模；2—轿杠木；
3—斜撑；4—顶撑

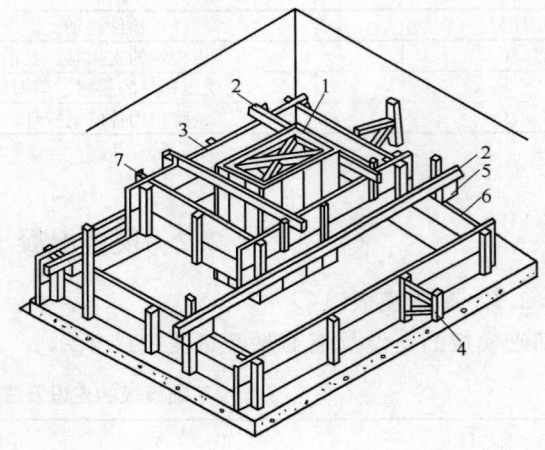

图 2-3 杯形独立基础模板

1—杯口芯模；2—轿杠模；3—杯口侧板；4—撑于
土壁上；5—托木；6—侧板；7—木档

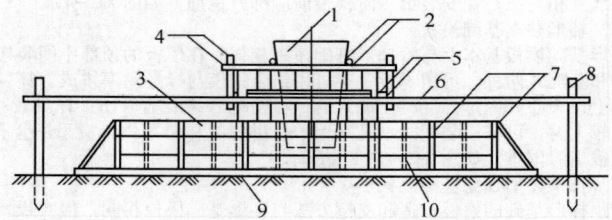

图 2-4 杯形独立基础模板（组合钢模板）

1—杯口芯模；2—杯芯定位杆（轿杠）$\phi48mm$；3—钢模板；
4—吊杆；5—钢楞 $\phi48mm$；6—轿杠 $\phi48mm$；7—斜撑 $\phi48mm$；
8—立桩 $\phi48mm$；9—混凝土垫块或钢筋撑脚；10—钢楞

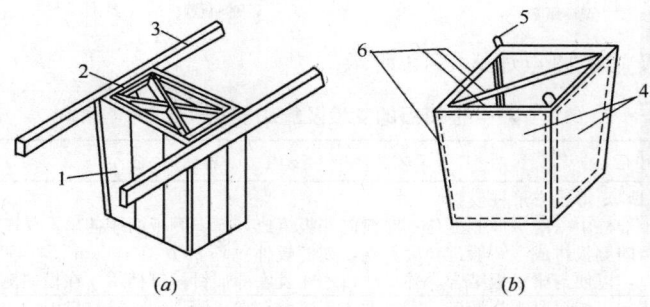

图 2-5　整体式杯口芯模

(a) 木模板；(b) 钢制杯口芯模

1—杯芯侧板；2—木档；3—轿杠；4—2mm 厚钢板；5—吊环；

6—∟ 40mm×4mm 角钢

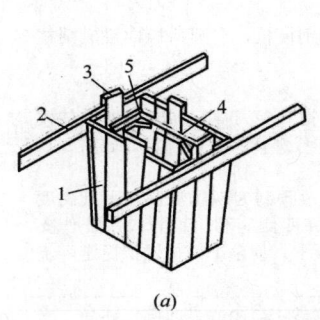
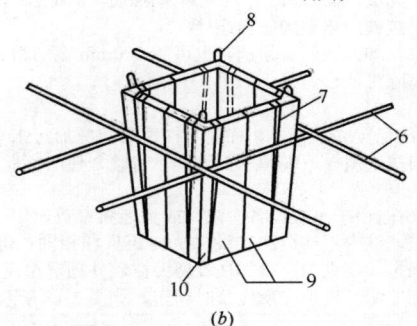

图 2-6　装配式杯口芯模

(a) 木模板；(b) 钢模板

1—杯芯侧板；2—轿杠；3—抽芯板；4—木档；5—三角木；6—杯芯
定位杆（轿杠）φ48mm；7—拼木；8—吊环；9—钢模；10—角模

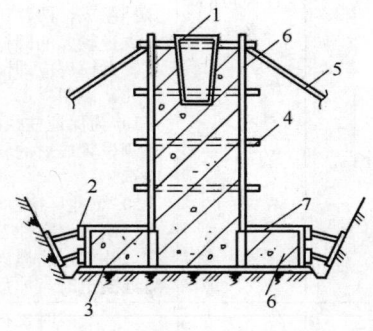

图 2-7　长颈杯形独立基础模板

1—杯芯；2—钢横楞；3—混凝土
支柱；4—钢管柱箍；5—斜撑；
6—钢侧模；7—顶撑

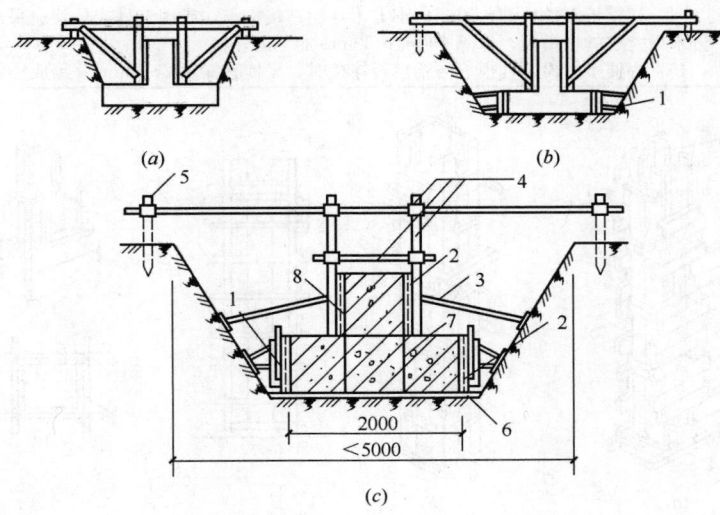

图 2-8　条形基础模板

(a) 土质较好，下半段利用原土削平不另支模；(b) 土质较差，上下两阶均支模；(c) 钢模板
1—斜托架@1500mm；2—钢模板；3—斜撑@30000mm；4—钢管吊架；5—钢管 φ48×3.5；
6—素混凝土垫层；7—钢架 φ16@500；8—钩头螺栓

2.2.2 柱模板

柱模板的支设及施工要点如表 2-12 所示。

柱模板的支设及施工要点 　　　　　　　　　　　　　　表 2-12

序号	项 目	内 容
1	柱模板的支设	（1）矩形、方形柱模板 矩形柱由一对竖向侧板与一对横向侧板组成，横向侧板两端伸出，便于拆除。方形柱可由四面竖向侧板拼成。一般拼合后竖立，在模板外每隔 500～1000mm 设柱箍。柱顶与梁交接处留缺口，以便与梁模板结合，并在缺口左右及底部加钉衬口档木。在横向侧板的底部和中部设活动清扫与混凝土浇灌口，完成两道工序后钉牢。清理孔和灌筑口上的盖板应该一起安装，到灌筑前再拆开使用。柱子一般有一个木框，用以固定柱子的水平位置，木框钉在底部的混凝土上，独立柱子还应在模板四周上斜撑，以保证其垂直度，如图 2-9 所示 （2）圆形柱模板 圆形柱木模由竖直狭条模板和圆弧横档做成两个半片组成，直径较大时，可做成 3～4 片，模外每隔 500～1000mm 加二道以上 10 号钢丝箍筋。圆形柱钢模板用 2～3mm 厚钢板加角钢圆弧档组成，两片拼接缝用角钢加螺栓连接 直径较大的圆柱，如外饰面有粉刷，也可用 100mm 宽的组合钢模板，在圆弧档内拼成圆柱模。拆模后应即清除模面水泥浆，如图 2-10 所示 （3）说明 1）为保证柱模的稳定和不变形，柱模与柱模之间应加钉水平撑和剪刀撑，同时在外排柱模外侧设置成对的斜撑，斜撑下端用木桩钉牢，将整个柱网模板连成整体并保持稳定，如图 2-11 所示 2）工业厂房柱有时由于吊装设备所限，或场地狭窄等原因，改预制为现场浇制，因其高度大，侧向稳定性差，柱模板构造和支设方法与矩形柱相同，但在四侧应利用钢管脚手架作支撑，并加设斜撑固定，在纵向与相邻柱子剪刀撑，并固定在模板上，使整个模板保持稳定，浇灌混凝土时，加强监测，发现变形应及时纠正，如图 2-12 所示
2	柱模板施工要点	（1）安装时先在基础面上放出纵横轴线和四周边线、固定小方盘，在小方盘面调整标高，立柱头板，小方盘一侧要留清扫口 （2）对通排柱模板，应先装两端柱模板，较正固定后，拉通长线校正中间各柱模板 （3）柱头板可用厚 20～30mm 长料木板，门子板一般用厚 20～30mm 的短料或定型模板。短料在装订时，要交错伸出柱头板，以便于拆模及操作工人上下。由地面起每隔 3m 左右，不少于振动器长度的 0.7 倍留一道施工口，以便灌入混凝土及放入振动器 （4）柱模板宜加设柱箍，用四根小方木互相搭接钉牢，或用工具式柱箍。采用 50mm×100mm 方木做立楞的柱模板，每隔 500～1000mm 加一道柱箍 （5）为便于拆模，柱模板与梁模板连接时，梁模宜缩短 2～3mm 并锯成小斜面

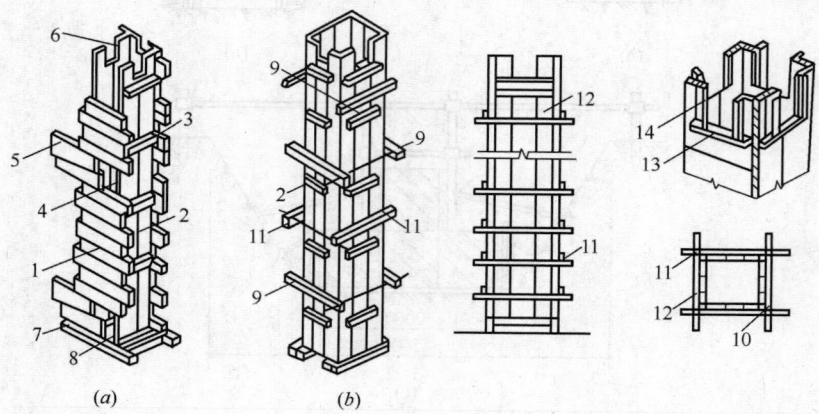

图 2-9 矩形、方形柱模板

（a）矩形柱；（b）方形柱

1—横向侧板；2—竖向侧板；3—横档；4—浇灌口；5—活动板；6—梁缺口；7—木框；8—清扫口；
9—对拉螺栓；10—连接角模；11—柱箍；12—钢模板；13—支座木；14—档木

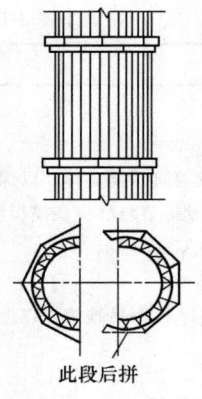
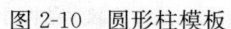
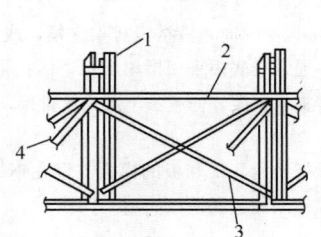
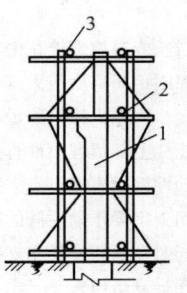
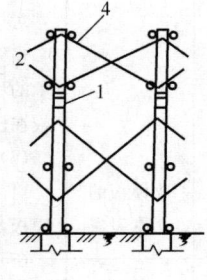

图 2-10　圆形柱模板　　图 2-11　柱模板支撑　　图 2-12　厂房柱模板支撑
　　　　　　　　　　　1—柱模板；2—水平撑；　　1—柱模板；2—斜支撑；3—钢管
　　　　　　　　　　　3—剪刀撑；4—斜撑　　　　脚手；4—剪刀撑

2.2.3　梁模板

梁模板的支设及施工要点如表 2-13 所示。

梁模板的支设及施工要点　　　　　　　　　　表 2-13

序号	项目	内　　容
1	梁模板的支设	（1）矩形单梁模板 梁模板由底板、侧板、夹木和斜撑等组成，下面用顶撑（支柱）支承，间距 1m 左右，当梁高度较大时，应在侧板上加钉斜撑。顶撑（柱）间设拉杆，一般离地面 500mm 设一道，以上每隔 2m 设一道，互相拉撑成一整体，如图 2-13 所示 （2）T 形梁模板 T 形梁支模时，一般按截面形状尺寸制作竖向小木档，钉完并校正好两侧模板后，再钉翼缘部分的斜板和立板，最后钉斜撑撑牢，并在模板上口钉搭头木，以保上口位置正确。用钢模板时，可用钢管脚手架支承并固定，如图 2-14 所示 （3）花篮梁模板 花篮梁支模方法与 T 形梁基本相同，但为支设花篮上部模板，应在水平搭木上加吊档木及短撑木，以支承固定上部侧模。亦可采取预先安装多孔板的支模方法，即先按板的安装标高，用 T 形梁的支模方法先支好梁的模板，然后安装多孔板，临时支承于梁模板上，再在板底部用支柱支牢。本法可省去花篮上部侧模板，同时便于混凝土的运输灌筑，并保证其良好的整体性，但模板应牢固，使能承受预制楼板的重量、混凝土的重量及全部施工荷载，如图 2-15 所示 （4）主、次梁模板 主次梁同时支模时，一般先支好主梁模板，经轴线标高检查校正无误后，加以固定，在主梁上留出安装次梁的缺口，尺寸与次梁截面相同，缺口底部加钉衬口档木，以便与次梁模板相接，主梁、次梁的支设和支撑方法均同矩形单梁支模方法，如图 2-16 所示 （5）深梁与高梁模板 当梁深在 700mm 以上时，由于混凝土侧压力大，仅在侧板外支设横档，斜撑不易撑牢，一般采取在中部用铁丝穿过横档对拉或用对拉螺栓将两侧模板拉紧，以防胀模，其他同一般梁支模方法。为便于深梁绑扎钢筋，可先装一面侧板，钢筋绑好后再装另一面侧板 更深的梁模板，可参照混凝土墙模板进行侧模的安装

序号	项 目	内　　容
1	梁模板的支设	对拉铁丝或对拉螺栓在钢筋入模后安装 　当梁底距地面高度很大（6m以上）时，宜搭设排架支模，或用钢管脚手架支撑，以保证支承的稳定。为减少排架数量，通常梁底模采用桁架支承，而在梁端设排架与已浇柱模板固定，或在已浇柱上部留埋设件直接支承桁架，而省去下部支承排架，如图2-17所示 　（6）劲性钢梁模板 　对采用工字梁作劲性筋的梁板结构，梁和板的模板支设在钢梁上焊Ⅱ形吊挂螺栓以悬吊梁模板，同时在梁侧设托木支撑桁架和板底模，如图2-18所示 　（7）深梁悬吊模板 　高度较大的大梁施工，在梁钢筋骨架中适当增加悬索筋和加固筋与主筋组成悬索结构骨架，在其上焊接吊挂螺栓来悬吊模板，并支承其全部荷载。支设时，梁要保持1/1000～3/1000的起拱，以防下沉。此种模板要多耗用一定数量的钢筋，但可省去全部支承，同时下部可进行其他工序作业，如图2-19所示
2	梁模板施工要点	（1）梁跨度大于或等于4m时，底板中部应起拱，如设计无规定时，起拱高度宜为全跨长度的1/1000～3/1000 　（2）支柱（琵琶撑）之间应设拉杆，互相拉撑形成一整体，离地面500mm一道，以上每隔2m设一道。支柱下均垫楔子（校正高低后钉固）和通长垫板（50mm×200mm或75mm×200mm），垫板下的土面应拍平夯实。采用工具式钢管支柱时，也要设水平拉杆及斜拉杆 　（3）当梁底距地面高度过高时（一般6m以上），宜搭排架支模，或用钢管满堂脚手式支撑 　（4）在架设支柱影响交通的地方，可以采用斜撑、两边对撑（俗称龙门撑）或架空支模 　（5）梁较高时，可先安装梁的底板与一面侧板，等钢筋绑扎好再装另一面侧板 　（6）上下层模板的支柱，一般应安装在同一条竖向中心线上

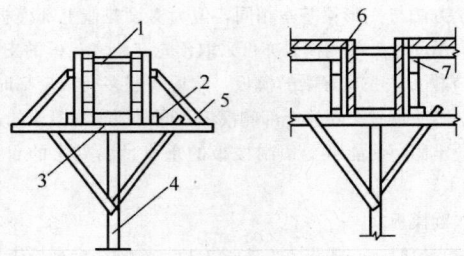

图 2-13　矩形单梁模板

1—撑木；2—夹木；3—底板；4—支撑；5—斜撑；

6—侧板；7—托木

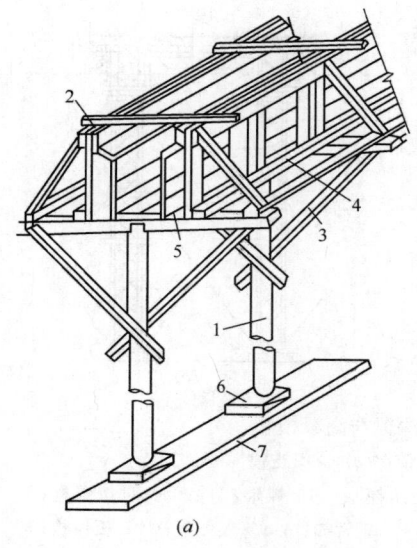
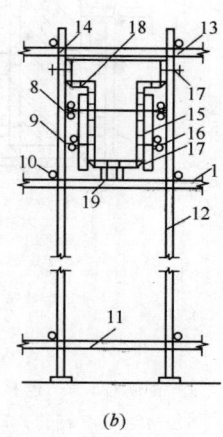

(a)
(b)

图 2-14　T 形梁模板

1—支柱；2—搭头木；3—斜撑；4—夹条；5—木档；6—楔子；7—垫板；8—对拉螺栓；9—钩头螺栓；
10—纵向连系杆；11—支撑横杆 φ48mm；12—支承杆 φ48mm；13—横杆；14—扣件；15—内钢楞；
16—外钢楞；17—连接角模；18—阴角模；19—钢管脚手

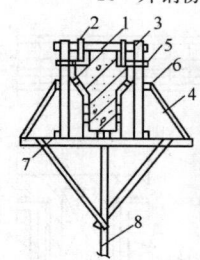
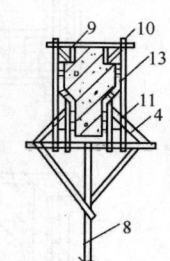
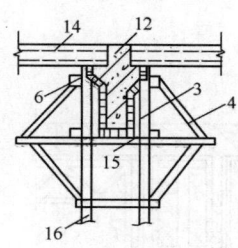

图 2-15　花篮梁模板

1—搭木；2—吊档；3—木档；4—斜撑；5—撑木；6—横档；7—夹木；8—支撑；
9—钢侧模；10—钢管夹架；11—对拉螺栓；12—斜板；13—花篮边模；
14—多孔板；15—横梁；16—支柱

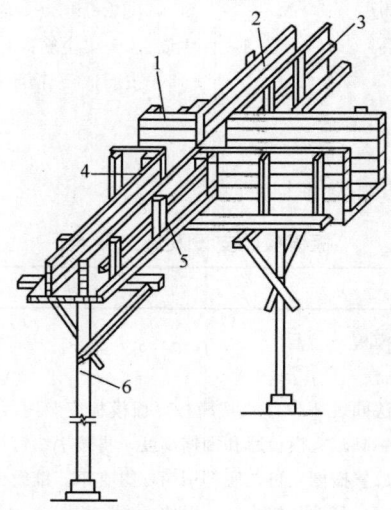

图 2-16　主次梁模板

1—主梁侧模；2—次梁侧模；3—横档；4—立档；5—夹木；6—支撑

31

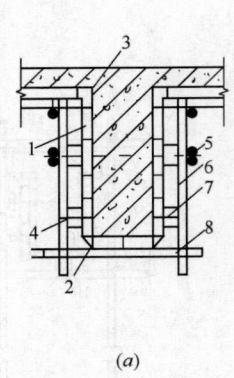

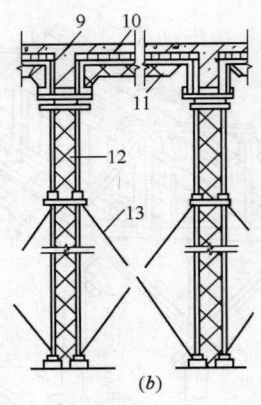

(a)   (b)

图 2-17　深梁与高梁模板

(a) 深梁支模；(b) 高梁支模

1—钢侧模；2—连接角模；3—阴角模板；4—蝶形扣件；5—对拉螺栓；
6—$\phi 48 \times 3.5$ 钢管；7—钩头螺栓；8—钢管扣件；9—梁侧板；10—板模板；
11—钢桁架；12—排架；13—$\phi 6$ 缆风绳

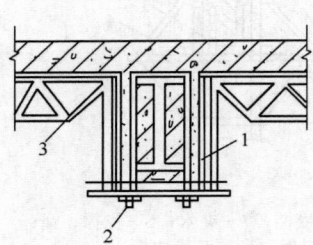

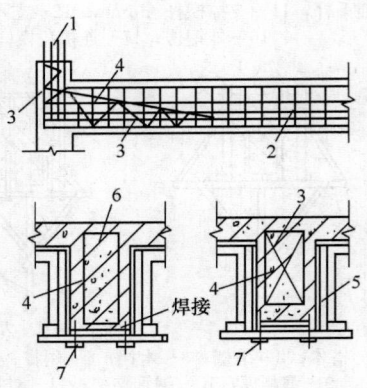

图 2-18　劲性钢梁模板   图 2-19　深梁悬吊模板

1—钢梁；2—吊挂螺栓；   1—柱主筋；2—梁主筋；3—加固筋；4—悬索筋；

3—桁架@1000mm   5—主筋；6—箍筋；7—吊柱螺栓

2.2.4　板模板

板模板的支设及施工要点如表 2-14 所示。

板模板的支设及施工要点   表 2-14

序号	项　目	内　　容
1	板模板的支设	(1) 有梁楼板模板 1) 一般木模支模 　主次梁支模方法同表 2-17 主次梁模板。板模板安装时，先在次梁模板的外侧弹水平线，其标高为楼板板底标高减去模板厚和搁栅高度，再按墨线钉托木，并在侧板木档上钉竖向小方木顶住托木，然后放置搁栅，再在底部用牵杠撑支牢。铺设板模板从一侧向另一侧密铺，在两端及接头处用钉钉牢，其他部位少钉，以便拆模，如图 2-20 所示

序号	项 目	内 容
1	板模板的支设	2）桁架支模 用钢桁架代替木搁栅及梁底支柱，桁架布置的间距和承载能力应经过核算，同时在梁两端设双支柱支撑或排架，将桁架置于其上，如柱子先浇灌，亦可在柱上设置埋设件，上放托木支承梁桁架。支承板桁架上要设小方木，并用钢丝绑牢。两端支承处要加木楔，在调整好标高后钉牢。桁架之间设拉接条，使其稳定，如图 2-21 所示 3）钢管脚手支模 在梁板底部搭设满堂红脚手架，脚手杆的间距根据梁板荷载而定，一般在梁两端设两根脚手杆，以便固定梁侧模，在梁间根据板跨度和荷载情况设 1～2 根脚手杆（板跨在 2m 以内），也可不设脚手杆，立管横管交接处用扣件固定。梁板支模同一般梁板支模方法。本法多用于组合钢模板支模配套使用，如图 2-22 所示 4）塑料模壳支模 对现浇井字梁楼板，可采用塑料开口模壳作为模板。用塑料模壳作为密肋的模板，采用钢结构工具式、用销钉组装的支撑系统。它由钢搁栅、支承角钢和钢支柱三部分组成，用销钉连接。铁搁栅用 3mm 厚薄壁型钢制成。三面压制，一面焊接，要求荷载作用下竖向变形不大于 $L/300$，钢支柱采用钢管制成，上带柱帽，柱高超过 3.5m 时，每隔 2m 设一道拉杆，模壳排列时，均由中间向两边或由柱中向两边进行，如图 2-23 所示 （2）无梁楼板模板 1）一般木模模板 由柱帽模板和楼板模板组成。楼板模板的支设与肋形梁板模板相同。柱帽为截锥体（方形或圆形），制作应按 1：1 大样放线制作成两半、四半或整体。安装时，柱帽模板的下口与柱模上口牢固相接，柱帽模板的上口与楼板模板镶平接牢，如图 2-24 所示 2）钢管脚手支模 当采用组合钢模板时，多用钢管作模板的支撑体系，按建筑柱网设置满堂钢管排撑作支柱，顶部用 $\phi 48mm$ 钢管作钢楞，以支承楼板钢模板，间距按设计荷载和楼层高而定，一般不大于 750mm，钢管交接处用扣件固定，板模板直接铺设在横管上，钢模间用 U 形扣件连接，但 U 形卡数量可适当减少，以方便拆模 柱帽模板实样作成工具式整体斗模，采用 4 块 3mm 厚梯形钢板组成，每块钢板用∟ 50×5 与钢板焊接，板间用螺栓连接，组成上口和下口要求的尺寸，柱帽斗模下口与柱上口、柱帽上口与钢平模紧密相接，如图 2-25 所示 3）台模（飞模）支模 当楼层的标准层较多，可将每一柱网楼板划分为若干张几何条件相同的"台子"组成台模（又称飞模）直接在现场组装而成。每一台模为一预拼装整体模板，它是由组合钢模板组成一定大小的大面积模块，再和 $\phi 48mm$ 钢管支撑系统组成一个整体。模板之间用 U 形卡（一倒一正对卡）连接，钢管支架用扣件连接，模板与钢管支撑间用钩头螺栓连接。每一台模采取现场整体安装，整体拆除。柱帽斗模制作与钢管脚手支模法相同，安装时下口支承于柱筒模上口，上口用 U 形卡与台模连接，当楼板混凝土浇筑并养护好后，用小液压千斤顶顶住台模下部横管，拆除木楔和砖墩（或拔出钢套管、连接螺栓），提起钢套管，推入四轮台车，使台模落于台车上即可移至楼板外侧搭设的平台上，用塔吊吊至上层重复使用，台模具有重量轻、承载力高（11kN/m²），简化工序，组装方便，配件标准化，可预先组装，一次配模，层层使用，省脚手，提高工效，加速进度等优点，但需有塔吊配合，适应于标准层多，柱网比较规则，层高变化不大的高层建筑和框架使用，最适于柱帽尺寸一致的多层无梁楼板应用，如图 2-26 所示
2	板模板施工要点	（1）楼板模板铺木板时只要在两端及接头处钉牢，中间层尽量少钉或不钉，以利拆模。如采用定型木模板，需按其规格距离铺设搁栅，不够一块定型木模板的空隙，可用木板镶满或用 0.75～2mm 厚薄钢板盖住。若用 20mm 厚胶合板作楼板模，搁栅间距不大于 500mm，采用组合式定型钢模板作楼板时，拼模处采用少量 U 形卡即可 （2）采用桁架支模时，应根据荷载情况确定桁架间距，桁架上弦要放小方木，用铁丝绑紧，两端支承处要设木楔，在调整标高后钉牢，桁架之间设拉接条，保持桁架垂直 （3）挑檐模板必须撑牢拉紧，防止向外倾覆，确保安全

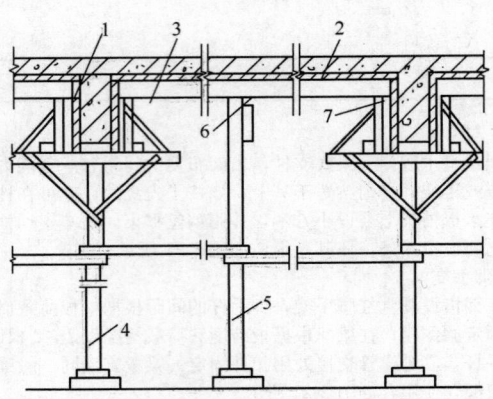

图 2-20　有梁楼板一般木模支模

1—梁侧模；2—楼板底模；3—搁栅；4—顶撑；

5—牵杠撑；6—牵杆；7—托木

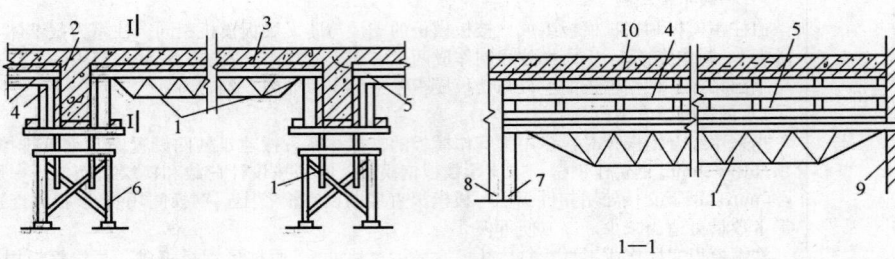

图 2-21　有梁楼板桁架支模

1—钢桁架；2—侧模；3—底模；4—托木；5—夹木；6—排架；7—支柱；

8—柱模；9—墙；10—搁栅

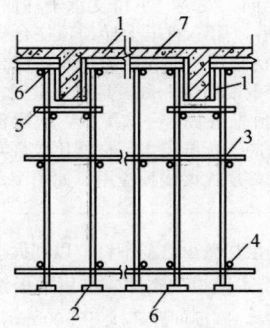

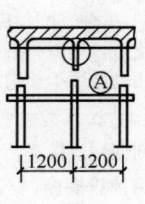

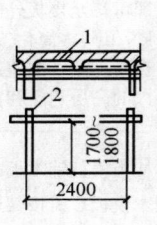

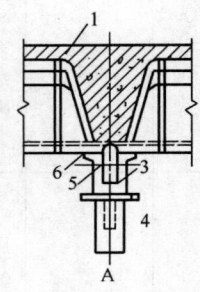

图 2-22　有梁楼板钢管脚手支模

1—钢模板；2—垫木；3—钢管脚手；4—扣件；5—横楞；6—木楔；7—40×60 木方或 φ48 钢管

图 2-23　有梁楼板塑料模壳支模

1—塑料模壳；2—钢支柱；3—钢龙骨；4—钢支柱；5—销钉或销片；6—L 50×5

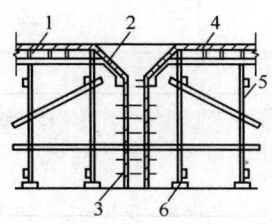

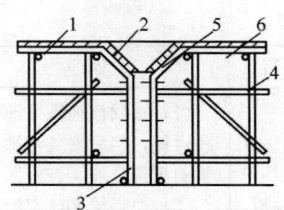

图 2-24 无梁楼板一般木模支模   图 2-25 无梁楼板钢管脚手支模

1—楼板模板；2—柱帽模板；3—柱模板；   1—钢模板；2—柱帽钢模板；3—柱钢模；

4—搁栅；5—木支撑；6—垫木   4—钢管支撑；5—内钢楞；6—外钢楞

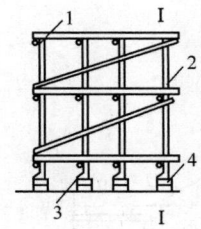
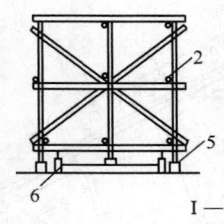
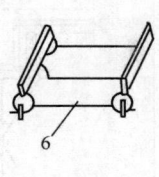

图 2-26 无梁楼板台模（飞模）支模

1—组合钢模板台面；2—钢管支架；3—木楔；4—砖墩或钢套筒；

5—拆除的砖墩；6—四轮台车

2.2.5 楼梯模板

楼梯模板的支设及施工要点如表 2-15 所示。

楼梯模板的支设及施工要点   表 2-15

序号	项 目	内 容
1	楼梯模板的支设	（1）板式楼梯模板 楼梯有梁式与板式之分，其支模方法基本相同，就板式楼梯而言，模板支设前，先根据层高放大样，一般先支基础和平台梁模板，再装楼梯底模板，外帮侧板。在外帮侧板内侧，放出楼梯底板厚度线，用样板划出踏步侧板的档木，再钉侧板。如楼梯宽度大，则应沿踏步中间上面设反扶梯基，加钉1～2道吊木加固，如图 2-27、图 2-28 所示 （2）组合钢模板楼梯模板 采用组合钢模板作楼梯模板的支撑方法是：楼梯底模用钢模平铺在斜杆上，楼梯外帮侧模可以制成异形钢模，也可用一般钢平模侧放。踏步级采用钢模，一头固定在外帮侧模上，另外一头用一至二道反扶梯基加三角撑定位，如图 2-29 所示 （3）螺旋式楼梯模板 螺旋式楼梯的内外一般是由同一圆心的两条半径不同的螺线组成螺旋面分级而成，如图 2-30 所示。支模前先做好地面垫层，在垫层上画出楼梯内外边轮廓线的两个半圆，并将圆弧分成若干等分，定出支柱基点，如图 2-31 的 ABCDE 及 $A_1C_1D_1E_1$，根据螺线原理以圆弧线上的梯级高度为总高度减去弧线外直线上的步数（图上 $h=3800-152=3648$），以内外弧线长度及高度画出坡度线，在 △aob 及 △$a_1o_1b_1$ 上量取各基点的垂直高度（相应的内外侧基点高度是相等的）。配顶撑立柱时，按各点高度减去楼梯混凝土厚度 350mm，再减去底模板、搁栅、牵杠及垫板等用料尺寸，加最下一步到地面垫层高度。在支柱顶部架设牵杠及搁栅，满铺底板。挑出台口线按一般双层模板施工法，在满铺底板上画出楼梯边线，随梯步口进行模板架设。由于上述外圈基点支柱的间距过大，在牵杠下按间距不大于 700mm 补充支柱，如图 2-32 所示

序号	项 目	内 容
2	楼梯模板施工要点	（1）楼梯模板施工前应根据实际层高放样，先安装平台梁及基础模板，再装楼梯斜梁或楼梯底模板，然后安装楼梯外帮侧板，外帮侧板应先在其内侧放出楼梯底板厚度线，用套板画出踏步侧板位置线，钉好固定踏步侧板的挡木，在现场装订侧板 （2）如果楼梯较宽时，沿踏步中间的上面加一或二道的反扶梯基，反扶梯基上端与平台梁外侧板固定，下端与基础外侧板固定撑牢 （3）如果先砌墙后安装楼梯模板时，则靠墙一边应设置一道反扶梯基以便吊装踏步侧板 （4）梯步高度要均匀一致，特别要注意最下一步及最上一步的高度，必须考虑到楼地面层粉刷厚度，防止由于粉面层厚度不同而形成梯步高度不协调

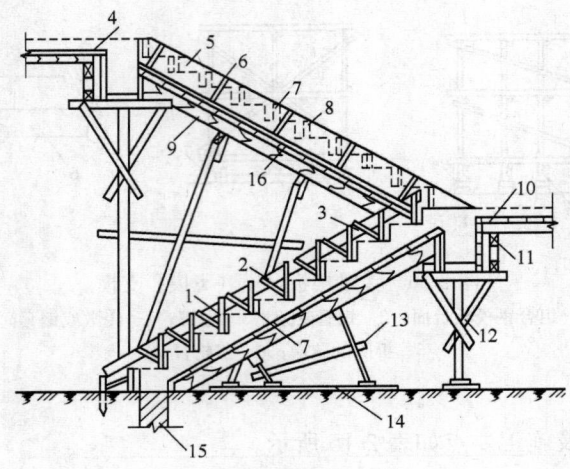

图 2-27　板式楼梯模板

1—反扶梯基；2—斜撑；3—吊木；4—楼面；5—外帮侧板；6—木档；7—踏步侧板；8—档木；9—搁栅；10—休息平台；11—托木；12—琵琶撑；13—牵杠撑；14—垫板；15—基础；16—楼梯底板

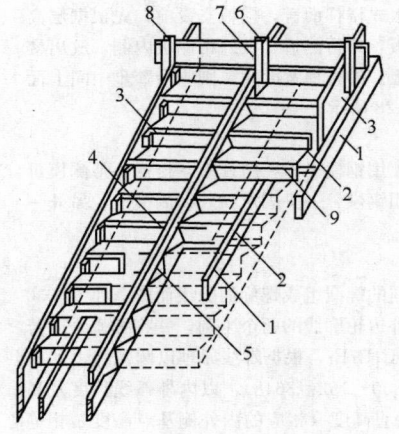

图 2-28　反扶梯基模板

1—搁栅；2—底模板；3—外帮侧模；4—反扶梯基；5—三角木；6—吊木；7—上横楞；8—立木；9—踏步侧板

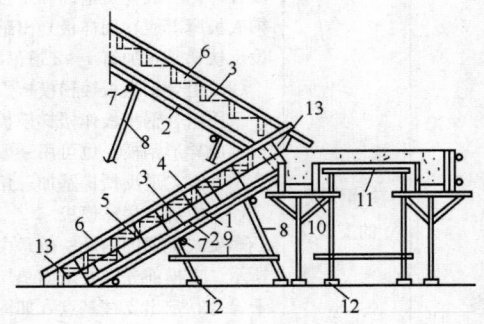

图 2-29　组合钢模板楼梯

1—钢模板；2—钢管斜楞；3—梯侧钢模；4—踏步级钢模；5—三角支撑；6—反扶梯基；7—钢管横梁；8—斜撑；9—水平撑；10—楼梯梁钢模；11—平台钢模；12—垫木及木楔；13—木模镶补三角侧模

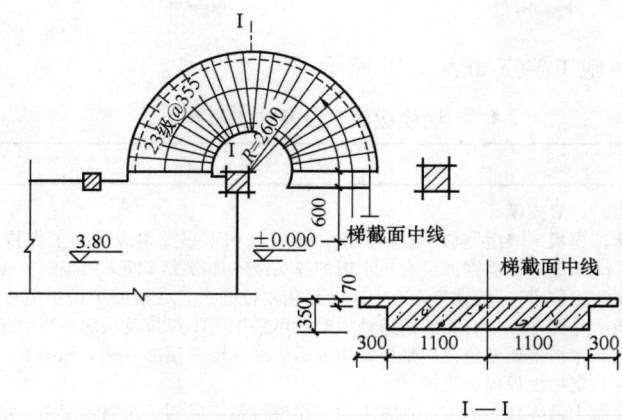

图 2-30　螺旋楼梯平面

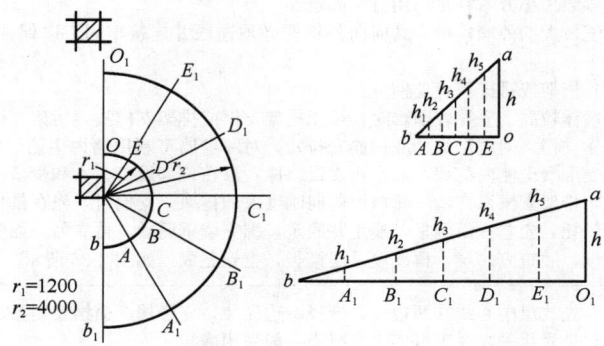

图 2-31　螺旋线各基点高度

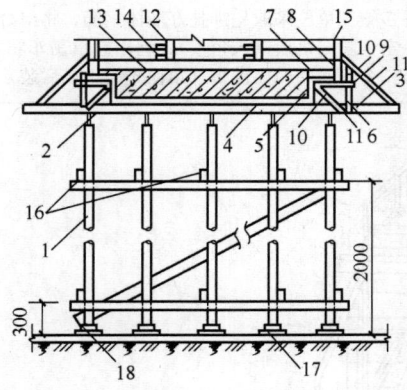

图 2-32　螺旋式楼梯模板

1—支柱；2—牵杠；3—搁栅；4—底模板；5—侧模；6—小顶撑；7—挑出台口底模板；8—挑出台口边模；9—挑出台口底搁栅；10—夹条；11—斜撑；12—反扶梯基；13—踏步侧板；14—踏步侧板水平撑；15—挡木；16—水平搭头；17—垫木；18—木楔

2.2.6 墙模板

墙模板的支设及施工要点如表 2-16 所示。

墙模板的支设及施工要点 表 2-16

序号	项 目	内 容
1	墙模板的支设	（1）一般支模 墙体模板一般由侧板、立档、横档、斜撑和水平撑组成。为了保持墙的厚度，墙板内加撑头。防水混凝土墙则加设有止水板的撑头或不加撑头（即采用临时撑头，在混凝土浇灌过程中逐层逐根取出）。斜撑垫板在泥地上可用木桩固定，在混凝土楼板上可利用预埋件或筑临时水泥墩子作固定。如有相邻两道墙模时，可采用上下对撑及顶部平搭以保证墙面垂直。同时尚应采取其他措施要避免仅用平搭，造成后浇灌的墙模顶部推移，如图 2-33 所示 （2）定型模板墙板支模 混凝土墙体较多的工程，宜采用定型模板施工以利多次周转使用。定型模板可用木模或组合钢模板，以斜撑及钢楞保持模板的垂直及位置，由穿墙螺栓（对拉螺栓）及横档、直档（钢楞）承受现浇混凝土的侧压力，墙模底部用砂浆找平层调整高度零数，或用方木垫平。墙模宽度的零数用小方木补足，用钉子固定 长度较大的外墙模板，其横向外钢楞必须连通并连接牢固，以保证外墙的平整，如图 2-34 所示 （3）桁架或排架模板支模 当墙体较高、支撑较困难时，可用桁架支模或排架支模法。桁架支模方法系在墙两侧设竖向桁架作立楞，两端用螺栓或钢筋套拉紧，对厚壁墙可利用墙内主筋焊成桁架与模板螺栓连接，以承受混凝土侧向荷载，而不用支设斜撑，只在顶部设搭头木和少量斜支撑，使模板保持竖向稳定。排架支模系在墙一侧搭设侧向刚度大的排架，支模时，先在排架立柱下放置垫木，以排架为依托，先立一面侧板，找正并固定，绑完墙钢筋后，再立另一面侧板。亦可按墙体高度分层支设，灌筑完一层，再支设一层模板，直到完成，如图 2-35 所示
2	墙模板施工要点	（1）先放出中心线和两边线，选择一边先装，立竖档、横档及斜撑、钉模板，在顶部用线坠吊直，拉紧找平；撑牢钉实。木模板一般采用横板 （2）待钢筋绑扎好后，墙基础清理干净，再竖立另一边模板，程序同上，但一般均加撑杆或对拉螺栓以保证混凝土墙体厚度 （3）近来有很多施工单位采取先绑扎好墙体钢筋，将组合式钢模板或定型木模预先组成大模板（四角留出一定空隙，最后镶入角模），利用起重吊车将一片片墙模吊装就位；甚至组成筒子模，整体吊入一个房间的四面模板（角模先缩进或后装）

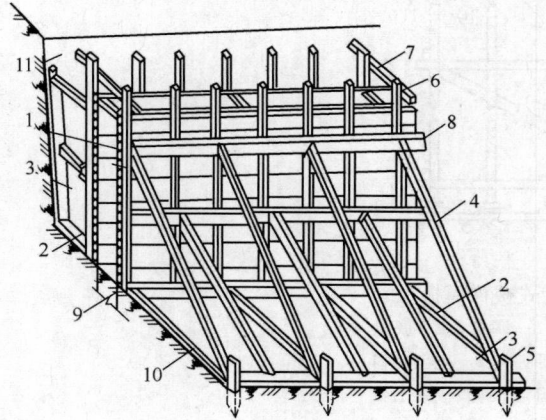

图 2-33 墙体模板一般支模
1—侧板；2—水平撑；3—垫板；4—斜撑；5—木桩；
6—立档；7—搭头木；8—横档@1000～1500；9—基础；10—泥地；11—土壁

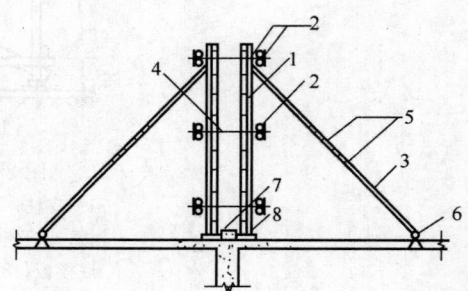

图 2-34 定型模板墙板支模
1—钢模板；2—钢楞；3—钢管斜撑；4—对拉螺栓；5—扣件；6—预埋铁件；7—导墙；8—找平层

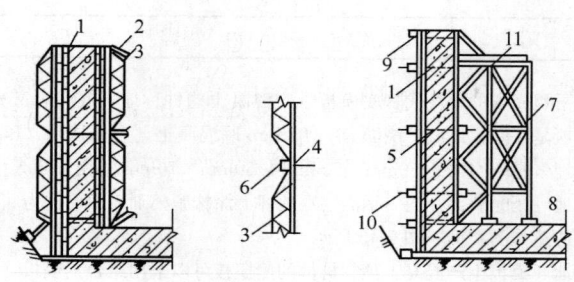

图 2-35　墙体桁架或排架模板支模

1—墙模板；2—支撑；3—桁架；4—钢筋套；5—对拉螺栓；6—木楔；
7—排架；8—垫板；9—立档；10—水平夹木；11—平台板

2.3　混凝土预制构件的模板

2.3.1　工厂生产混凝土预制构件的模板

工厂生产混凝土预制构件的模板如表 2-17 所示。

工厂生产混凝土预制构件的模板　　　　　　　　　　　　　　　　　表 2-17

序号	项目	内容
1	定型模板	一般用 4~6mm 薄钢板和型钢骨架焊接制成的定型钢模板。另有以 25~30mm 木模板方木以螺栓连接制成木制定型模板。如图 2-36、图 2-37 所示 适用于标准构件，如大型屋面板、吊车梁、空心楼板等
2	固定胎模	以混凝土浇筑或红砖砌筑，表面以 1∶1 水泥砂浆抹平压光制成固定胎模。如果用于生产预应力钢筋混凝土，则应沿预应力钢筋张拉线设置固定胎模。为了防止放松预应力钢筋时发生挤压损坏构件和胎模，除在混凝土浇筑之前涂抹脱模剂外，还应在预应力钢筋放张之前用油压千斤顶和铁扁担将构件顶起脱开固定胎模 10mm 左右。再行放张钢筋，构造如图 2-38、图 2-39 所示 常用于大型屋面板、梁、地基梁、吊车梁等
3	翻转模板	用两个或两个以上钢（木）制成半圆形轮子与钢（木）梁组成翻转架，在架上安装固定模板，有的在架上安装用木楔固定的活动模板，构造如图 2-40、图 2-41 所示 用翻转模板生产构件要在内模内侧铺设用水浸透的衬布，放置钢筋，垫保护层，再用低流动性混凝土（坍落度 0~30mm 内）浇筑振实成型翻转脱模，翻转脱模之前应将地面敷设的 100mm 左右厚的砂层用直尺刮平，翻转时各半圆轮要均匀受力同步动作，同时要扶稳防止重捶落地和平行移动。托起翻转模板要均匀同时平稳向上，以保证棱角整齐。掀除衬布要从两端向中间逐渐进行，勿过急过猛，每翻转一次，衬布要冲洗一次 用于一面是平面的小型构件，如盖板、槽板、过梁、短桩、楼梯踏步等 因该工艺生产的混凝土质量较差目前已不推广使用

序号	项目	内容
4	地坪底模（无底模板）	利用平坦光滑的地坪代替底模板生产混凝土构件称地坪底模，又称无底模板。地坪底模构造，一般是在坚实地面上浇灌 80～100mm 厚混凝土，表面抹平、压光，每间隔 500～600mm 左右，埋入浸防腐油的 50mm×50mm 或 50mm×70mm 的松方木，方木应制成梯形，短边上表面与地坪压光表面在同一平面，在地坪上涂抹脱模剂即可作为底模板生产各类混凝土预制构件。构造如图 2-42、图 2-43 所示 利用地坪模板生产混凝土预制构件的侧模板可以采用组合钢模板，也可以采用 25～50mm 厚木模板（有的内包 0.5～7.5mm 厚镀锌薄钢板，增加模板周转次数，保证质量）。模板支撑固定方法如图 2-44 所示 适用于大型构件，如桁架、柱子、吊车梁等。又适用于批量少、规格小的构件如桁架腹杆、天窗支架、天窗异型板梁平板、小梁、天沟等
5	拉模机生产空心楼板	拉模是将生产预应力空心楼板的边模及芯管组装成整体，用两台平板振动器振动芯管，一台平板振动器振平板面，用卷扬机使钢模框与芯管先后行走而达到抽芯脱模的生产工艺 拉模生产可减轻工人的劳动强度，提高产量，适用于断面相同的构件，并可根据需要改变长度。各地建筑机械制造厂及较大型钢模板加工厂家均有"自行式内外振拉模机"整机出售。构造示意图如图 2-45 所示 自行式拉模机的构造，主要有内模框（模板部分）与外模框（行走部分）两部分组成。分别由行走小车和卷扬机在前方行走和拉动内模框前进 工艺流程：清理台座、刷脱模剂→张拉预应力钢丝→拉模就位→开动行走小车外模框向前移动到生产构件长度位置→放保护层垫板，检查钢丝→台座洒水湿润→浇筑混凝土，振动芯管→用平板振动器复振表面→拔掉销子，拆去后堵头板→芯管转动 90°，卷扬机拉动内模框及芯管前移→重复外模框前移与内模框前移至芯管末端距已成构件约 100～200mm→继续生产 适用于预应力空心楼板，适用于中、小型混凝土预制构件厂
6	挤压成型机生产空心楼板	预应力混凝土空心楼板挤压机是由型钢和钢板焊制的机架、电动机（功率 15kW）、减速箱、混凝土喂料斗、螺旋绞刀、附着式平板振动器（功率 1.5kW，频率 2800r/min）、抹光板和托筋器等部件组成，该机具有结构简单，操作方便，生产效率高和制品质量好等特点。结构示意如图 2-46 所示 混凝土多孔板挤压机是一种本身带边模和顶模的机具。在长线台座上，通过挤压出来的混凝土空心楼板带产生的反作用力来推动机器前进。在机器边前进、边挤压过程中，又借助机架上的附着式振动器振实混凝土 混凝土空心板成型的操作过程是：首先将挤压机放至台座一端，校正位置，铺丝并穿好"托筋器（托筋器是控制钢丝保护层的装置），施加预应力，然后向喂料料斗连续输送混凝土拌合料。同时，开动螺旋绞刀及喂料装置，此时喂料斗内的混凝土拌合料通过螺旋绞刀的旋转开始向后输送。当混凝土拌合料旋送至螺旋绞刀顶端的芯管时，开动附着式平板振动器，施加外部振捣（附着式振动器不能提前开动，因空振容易烧坏电动机），当混凝土拌合料全部充满芯管的间隙时，机体即开始前移动，至此，挤压机全部进入工作状态。随着机体向前推进，挤压机后方就形成了多孔板带。在机器运行的中途最好不要停车，待挤压机达到台座另一端，即可停车，松开"托筋器"，将机器移至另一台座作业线上再继续生产

序号	项　目	内　容
6	挤压成型机生产空心楼板	混凝土空心板带的切断，目前有两种方法，一种是在混凝土初凝前，按所需长度切断混凝土部分，待混凝土达到一定强度后放松、切断预应力钢丝。另一种是在混凝土达到一定强度后，用钢筋混凝土切割机整体切断。切割机示意图如图 2-47 所示 　　混凝土切割机是由行走机架、切割锯片架、锯片架升降和横移系统、石材切割锯片和冷却水系统组成 　　用挤压成型机生产混凝土空心楼板应采用低稠度混凝土，混凝土应有较好的和易性，宜采用强制式搅拌机搅拌 　　适用于预应力空心楼板，适合于大、中型混凝土预制构件厂

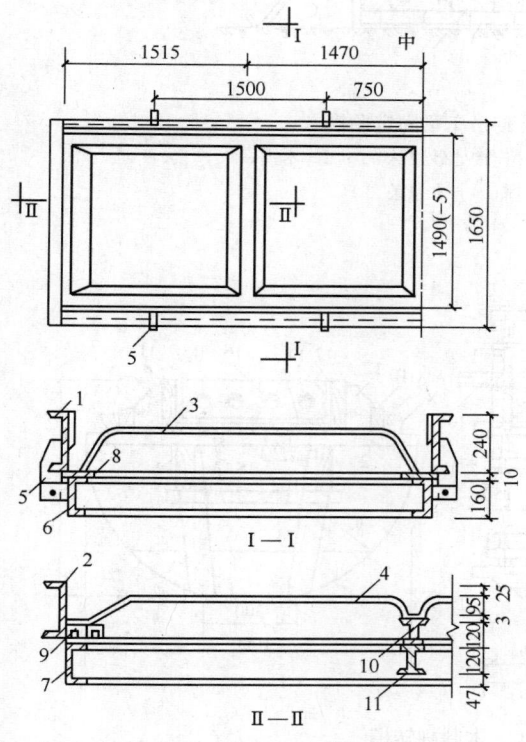

图 2-36　1.5m×6m 大型屋面板的钢模板

1—纵向侧面板；2—端部侧面板；3—中部芯模；

4—端部芯模；5—活动绞轴（折页）；6—底座侧梁；

7—底座端头梁；8—纵肋板；9—端头肋板；10—中

部横肋底梁；11—底座横梁

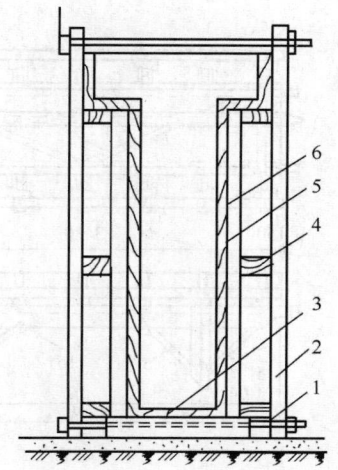

图 2-37　吊车梁大模板示意

1—φ16mm 螺栓；2—垂直夹

木；3—底模；4—水平夹木；

5—侧模；6—木档

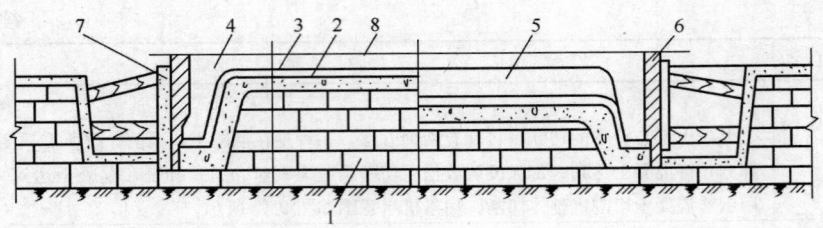

图 2-38 大型屋面板固定胎膜

1—红砖砌筑成型；2—60mm厚混凝土；3—25mm厚水泥砂浆；4—预制混凝土板；5—预制混凝土板肋；6—50mm厚木侧模；7—木楔；8—拉接横方木，有的不用混凝土层；有的只用混凝土层，而不用红砖层

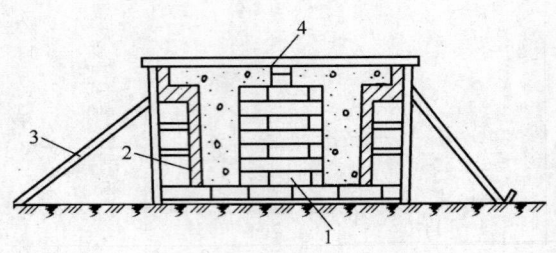

图 2-39 砖砌吊车梁固定胎模

1—砂浆砌砖（沿构件连接处砂浆抹光）；2—木模；3—支撑；4—木拉条

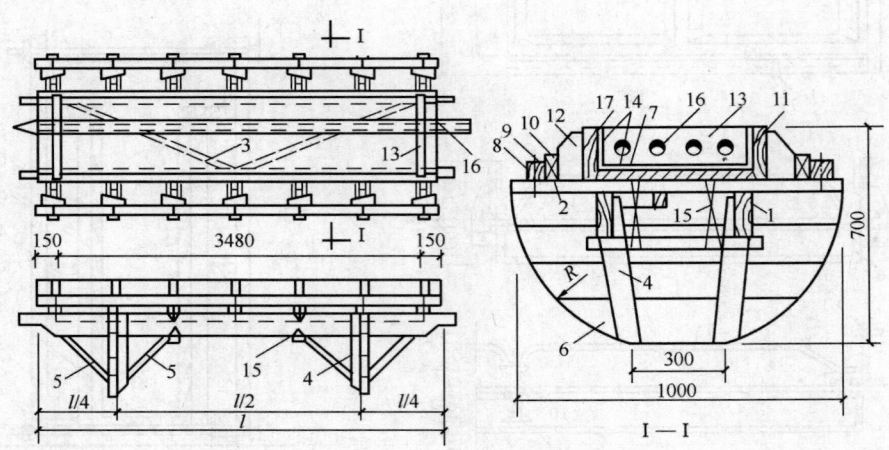

图 2-40 木制翻转模

1—50mm×150mm长牵杠；2—45mm×70mm搁栅；3—50mm×70mm斜撑；4—50mm×70mm拼档；5—50mm×50mm斜撑；6—50mm厚板轱辘；7—25mm厚底部；8—50mm×70mm轧条；9—φ10螺栓；10—硬木楔；11—60mm×150mm侧模；12—50mm×80mm三角木；13—50mm厚堵头板或20mm厚钢板镗孔；14—衬布；15—10号钢丝绞紧；16—钢管芯模；17—3mm×40mm压口扁钢

42

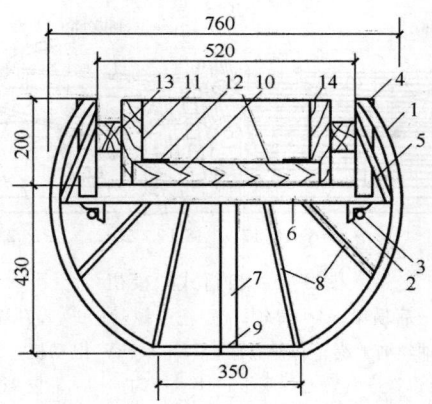

图 2-41 钢制翻转模板

1—65×5 扁钢钻辘；2—∟50×5 主梁；3—φ10 水管把手，l＝600mm；4—
∟40×4 侧模档@600mm；5—φ16 加固钢筋；6—∟50×5 搁栅，填方木；
7—∟40×4 支撑；8—φ16mm 支撑；9—φ20mm 水管；10—构件底模；11—
构件侧模；12—衬布；13—硬木楔；14—3mm 厚压口扁钢

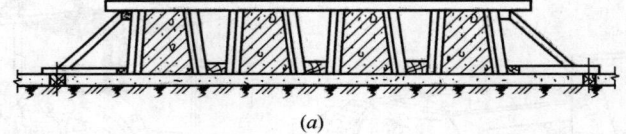

(a)

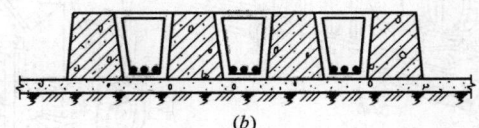

(b)

图 2-42 地坪底模利用构件间接支模生产地基梁

(a) 第一批构件支撑；(b) 利用构件支模

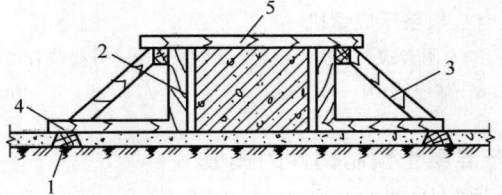

图 2-43 地坪底模生产矩形构件的模板

1—地坪内预埋方木；2—侧模板；3—斜支撑；4—水平支撑；5—横木撑

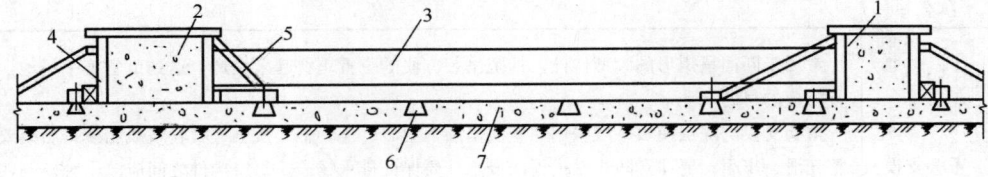

图 2-44 地坪底模生产桁架

1—桁架下弦；2—桁架上弦；3—预制桁架腹杆；4—侧模板；5—斜支撑；
6—预埋混凝土地坪内方木；7—混凝土地坪

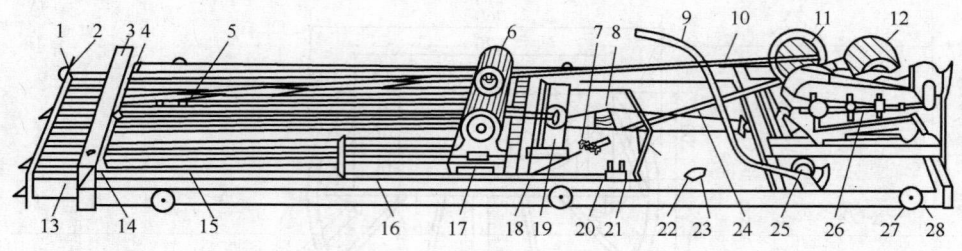

图 2-45　自行式拉模机

1—销子；2—后堵头板；3—后横梁；4—滑轮；5—花篮螺丝；6—1.7kW 振动器；7—手柄；8—两门滑轮；9—手柄；10—钢丝绳上绳；11—卷筒；12—7.5kW 电动机；13—内框架；14—限位开关；15—芯管；16—限位板；17—套管上焊底板；18—挂钩；19—芯管挡梁；20—芯管挡板；21—挡板；22—限位开关；23—内框架挡板；24—钢丝绳下绳；25—撑脚；26—卷扬机；27—行走轮；28—外框架

注：外框架行走方式可用双筒卷扬中的一筒用于行走，也可以减速箱传动小车自行行走。本图为用一个卷扬滚筒倒正转拉动的行走方式。

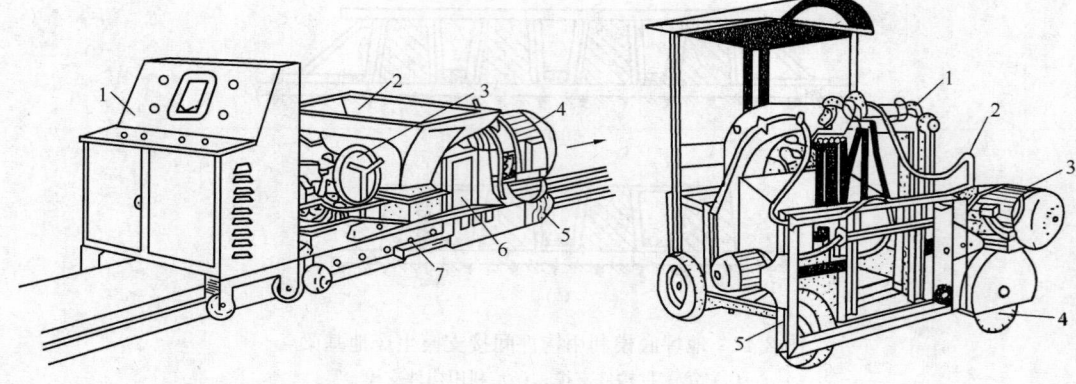

图 2-46　混凝土空心板挤压成型机	图 2-47　混凝土空心板切割机
1—操纵箱；2—混凝土喂料斗；3—附着式平板振动器；4—电动机；5—机架；6—减速箱；7—拖筋器	1—升降装置；2—锯片冷却水管；3—电动机；4—切割锯片；5—切割锯片架

2.3.2　施工现场生产混凝土预制构件的模板

施工现场生产混凝土预制构件的模板如表 2-18 所示。

施工现场生产混凝土预制构件的模板　　　　　　　　　　　　表 2-18

序号	项　目	内　　容
1	重叠支模	常用于断面呈矩形的大型构件，选定吊装方便的位置重叠起来生产，达到节省施工场地，节省模板的目的 重叠支模的底层模板一般采用在坚实基层上用砖、混凝土、灰土等材料筑成胎模，胎模要平整光滑、牢固。要注意防止胎模周围浸水，要保证排水畅通。每层构件之间应涂刷脱模剂，确保上下层间不粘接。侧模板和支撑系统可以采用组合钢模板或者木模 一般按固定方式大致可以分为：长夹木法、短夹木法、斜支撑法三种，如图 2-48 所示 适用于矩形断面的桁架、柱子、梁、管道等支模

序号	项　目	内　　容
2	分节脱底模	现场预制混凝土构件占用大量底模板，在构件吊装之前难以拆除周转，分节脱底模，则可以解决积压底模的弊端 　　分节脱底模一般采用固定支点和可拆支点组成底模支承系统，固定支点常以砖墩砌筑，可拆支点常以方木、旧枕木加木楔组成。底模的支点应按模板设计设置，各节模板应在同一平面上，高低差不得超过 3mm。可拆支点的拆除，当构件跨度不大于 8m 时，在混凝土强度符合设计的混凝土强度标准值的 75% 的要求后，方可拆除；当构件跨度大于 8m 时，在混凝土强度符合设计的混凝土强度标准值的 100% 的要求后，方可拆除，构造如图 2-49 所示 　　适用于梁、柱、屋面梁、板等支模
3	胎模	脱模常用土、灰土、砖、混凝土等材料筑成，符合构件外形的一种模座。可以节省大量模板材料，因而在现场预制构件模板工程中使用较广。按使用材料不同一般分为土胎模、砖胎模、混凝土胎模，也可三种混合使用 　　土胎模常用于地表滞水少，含水量较小的黏土、粉质黏土地区。在地面上按构件外形放线，直接切挖成模座，称为地下式土胎模 　　只切挖成型一半左右模底，其余在地表以上夯筑土制成模座称为半地下式土胎模，也有全部以地面以上夯筑而成的土胎模称为地上式胎模。土胎模的内壁均要按周转次数的多少要求抹 10~20mm 厚混合砂浆或白灰砂浆抹光层 　　砖砌胎模常用于底模。侧模多用木模和组合钢模板。混凝土胎模常用于多次周转构件的底模，常用于难于运输必须在现场制作的较大构件。砖砌胎模和混凝土胎模的工艺要求和工厂生产的胎模完全相同 　　适用于体积大、外形简单的柱子、梁、支架、门架等支模

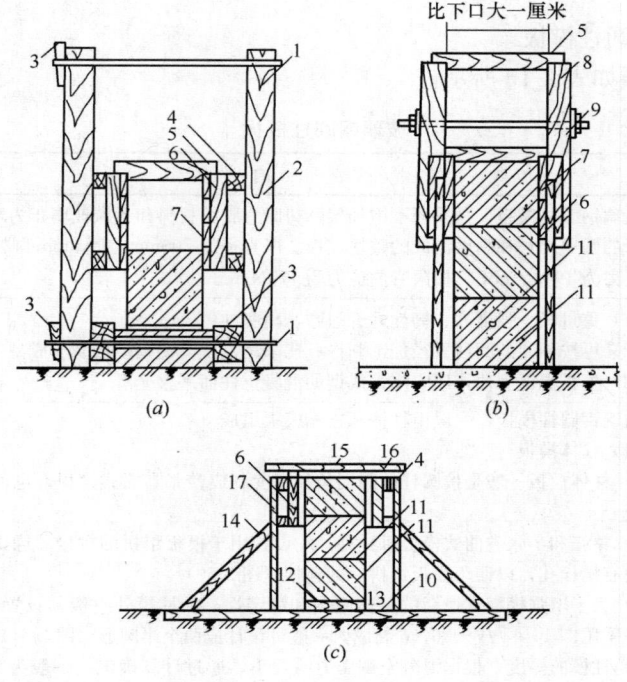

图 2-48　重叠支模

（a）长夹木法；（b）短夹木法；（c）重叠支模

1—φ10 钢筋箍（接头焊接）；2—长夹木；3—硬木楔；4—横档；5—临时撑头；
6—拼条；7—侧模；8—短夹木；9—φ10 螺栓；10—支脚；11—已捣构件；12—
隔离剂或隔离层；13—底模；14—斜撑；15—搭头木；16—小垫木；17—支脚

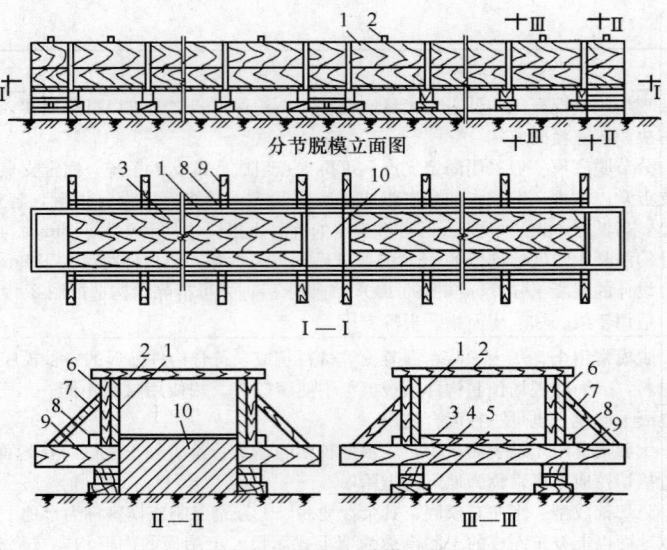

图 2-49 分节脱模示意

1—侧模；2—搭头木；3—底模（分节铺设）；4—木楔；5—垫板；
6—拼条；7—斜撑；8—夹木；9—横楞；10—固定支点

2.4 玻璃钢圆柱模板和圆柱钢模

2.4.1 玻璃钢圆柱模板

玻璃钢圆柱模板如表 2-19 所示。

玻璃钢圆柱模板

表 2-19

序号	项 目	内 容
1	简述	玻璃钢圆柱模板，是采用不饱和聚酯树脂为胶结材料和无碱玻璃布为增强材料，按照拟浇筑柱子的圆周周长和高度制成的整块模板。以直径为 700mm，厚 3mm 圆柱模板为例，模板极限拉应力为 194N/mm²，极限弯曲应力为 178N/mm²
2	特点	(1) 重量轻、强度高、韧性好、耐磨、耐腐蚀 (2) 可按不同的圆柱直径加工制作，比采用木模、钢模模板易于成型 (3) 模板支拆简便，用它浇筑成型的混凝土柱面平整光滑
3	构造	玻璃钢圆柱模板，一般由柱体和柱帽模板组成 (1) 柱体模板 1) 柱体模板一般是按圆柱的圆周长和高度制成整张卷曲式模板，也可制成两个半圆卷曲式模板 2) 整张和半张卷曲式模板拼缝处，均设置用于模板组拼的拼接翼缘，翼缘用扁钢加强，扁钢设有螺栓孔，以便于模板组拼后的连接（图 2-50） 3) 为了增强模板支设后的整体刚度和稳定性，在柱模外一般须设置上、中、下三道柱箍，柱箍采用∟40×4 或—56×6 制成，一般可设计成两个半圆形（图 2-51），拼接处用螺栓连接 4) 柱模的厚度，根据混凝土侧压力的大小，通过计算确定，一般为 3～5mm。考虑模板在承受侧压力后，模板断面会膨胀变形，因此，模板的直径应比圆柱直径小 0.6% 为妥 (2) 柱帽模板 1) 一般设计成两个半圆锥体，周边及接缝处用角钢加强（图 2-52） 2) 为了增强悬挑部分的刚度，一般在悬挑部位还应增设环梁（图 2-53），以承受浇筑混凝土时的荷载

序号	项　目	内　　容
4	加工质量要求	（1）模板内侧表面应平整、光滑，无气泡、皱纹、外露纤维、毛刺等现象 （2）模板拼接部位的边肋和加强肋，必须与模板连成一体，安装牢固 （3）模板拼接的接缝，必须严密，无变形现象
5	施工工艺	（1）柱模施工工艺 1）工艺流程为： 柱模就位安装→闭合（组拼）柱模并固定接口螺栓→安装柱箍→安设支撑或缆绳→校正垂直度后固定柱模→搭脚手架→浇筑混凝土→拆除脚手架、模板→清理模板、刷脱模剂 2）施工要点 ①整张卷曲式模板安装时，需要由二人将模板抬至柱钢筋一侧，将模板竖立，然后顺着模板接口由上往下用手将模板扒开，套钢筋外圈，再逐个拧紧接口螺栓 安装半圆卷曲式模板时，将两个柱模分别从柱钢筋两侧就位，对准接口后拧紧螺栓 ②安设柱箍与支撑（或缆绳）。每个柱箍至少设上、中、下三道，中间柱箍应设在柱模高度 2/3 处。其上安 3 根缆绳（φ10 钢筋），用花篮螺丝紧固，以此调整柱模的垂直，缆绳固定在楼板上，三根缆绳在水平方向按 120°夹角分开，与地面交角以的 45°～60°为宜。为了防止柱箍下滑，可用 50mm×50mm 方木或角钢支顶 需要注意的是：缆绳的延长线要通过圆柱模板的圆心，否则缆绳用力后，易使模板扭转 ③待混凝土强度达到 1N/mm² 时，即可拆除模板，拆模工艺流程为： 卸缆绳→拆柱箍→卸接口螺栓→自上而下松动接口→拆除模板→清理后涂脱模剂 （2）柱帽施工工艺 1）工艺流程为： 支设安装柱帽模板的支架→支设楼板模板→混凝土柱顶安装柱箍→安装柱帽模板→固定连接螺栓→调整柱帽模板标高→与楼板模板接缝处理→浇筑柱帽及楼板混凝土养护→拆除柱帽模板支架→拆除连接螺栓及模板→清理模板、涂刷脱模剂 2）施工要点 ①柱帽模板支架的安装必须牢固，支柱、横梁及斜撑必须形成结构整体 ②在柱顶安装定位柱箍，高度一定要准确，安装要牢固，以防止柱帽模板下滑 ③两片柱帽模板就位时，要对正接口，再连接螺栓。柱帽的下口要坐落在定位柱箍上 ④柱帽模板的环形梁安装在支架横梁上，以增加环梁和柱帽模板的承载能力。与横梁搭接要牢固，不平处可用木楔填实 ⑤校正柱帽模板的标高，处理好与楼板模板的接缝 ⑥待柱帽混凝土强度达到设计强度时方准拆模。先拆除柱帽模板的支架和柱顶的柱箍，再拆除连接螺栓。为了防止柱帽模板下落时摔坏，斜放两根 φ50mm 钢管或 10mm×10mm 方木，让模板沿着钢管或方木下滑，并在下边设专人接收，防止模板损坏 （3）施工注意事项 1）由于水泥的碱性较大，拆模后一定要及时清除模板表面的水泥残渣，防止腐蚀模板，并刷好脱模剂 2）圆柱模板要竖向放置，水平放置时必须单层码放 3）对于接口处的加强肋（图 2-54）要注意保护，不得摔碰

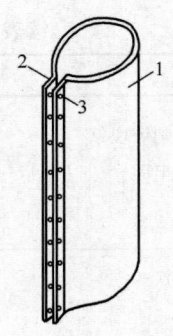

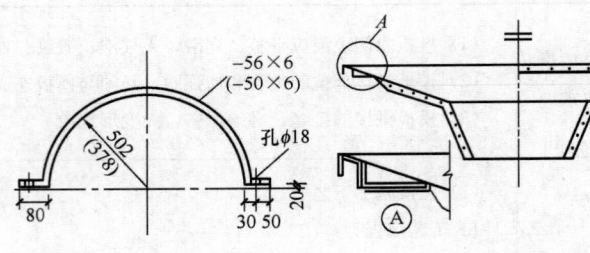

图 2-50　整张卷曲玻璃钢圆柱模板
1—模板；2—加强扁钢；3—螺栓孔

图 2-51　柱箍

图 2-52　柱帽模板

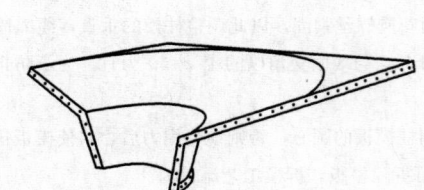

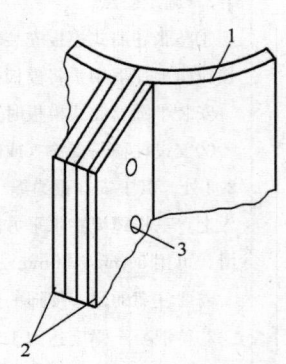

图 2-53　柱帽模板增设环梁

图 2-54　玻璃钢圆柱模板加强肋
1—模板；2—扁钢；3—螺栓孔

2.4.2　圆柱钢模

圆柱钢模如表 2-20 所示。

圆　柱　钢　模 表 2-20

序号	项　目	内　　容
1	简述	在某些工程中，从施工方便和成活效果的角度考虑，圆柱模板采用定型钢制模板。层高不合模数的圆柱则据各层图纸配置接高模板 　圆柱定型钢模板高度规格一般为 3.2m、0.9m、1.2m 等，具体组拼可见厂家设计。圆柱模加固剖面图、立面图如图 2-55 所示
2	大直径圆柱钢模	大直径圆柱钢模，采用 1/4 圆柱钢模组拼，圆柱钢模面板采用 $\delta=4mm$ 钢板，坚肋为 $\delta=5mm$ 钢板，横肋为 $\delta=6mm$ 钢板，竖龙骨采用 [10 槽钢；梁柱节点面板，竖肋和横肋均采用 $\delta=4mm$ 钢板。每根柱模均配有 4 个斜支撑，且沿柱高每 1.5m 增设 $\delta=6mm$ 加强肋
3	小直径圆柱钢模	小直径圆柱钢模，采用 1/2 圆柱钢模组拼（图 2-56）。柱子模板采用全钢定型模板，模板由两片板拼接而成，模板采用 6mm 厚的钢板作为板面，钢板弯成 180°。用 10 号槽钢作为背楞，竖向背楞间距 300mm。用槽钢作柱箍进行柱子加固，柱箍间距 600mm。如图 2-56 所示
4	工艺流程	工艺流程：施工准备→模板吊装→临时固定并就位→模板加固→加斜支撑→二次校正→验收
5	施工要点	（1）找平，在浇筑底板混凝土时，在柱子四边压光找平 200mm （2）弹好柱边 500mm 控制线、柱边线 （3）防止跑模，在柱子根部锁一根 100mm×100mm 方木 （4）在楼地面不平的模板下口，用干硬性水泥砂浆堵密实 （5）斜撑用 $\phi48×3.5$ 钢管，用 U 形托调节长度，柱子每侧上下各一道、拉杆采用 8 号钢丝绳，中间用花篮螺栓调节长度。如图 2-57 所示 （6）为了固定斜撑和拉杆，在柱子四周的楼板上每侧预埋 $\phi16mm$ 地锚和 $\phi16$ 锚环

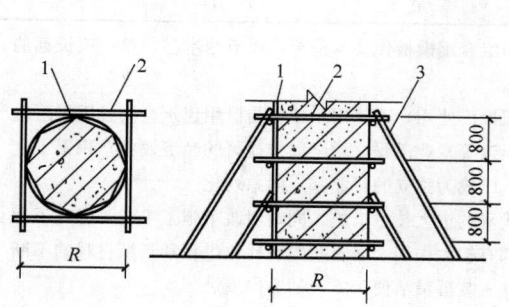

图2-55 圆柱模加固剖、立面示意图
1—柱模；2—柱箍φ48×3.5钢管；3—斜撑

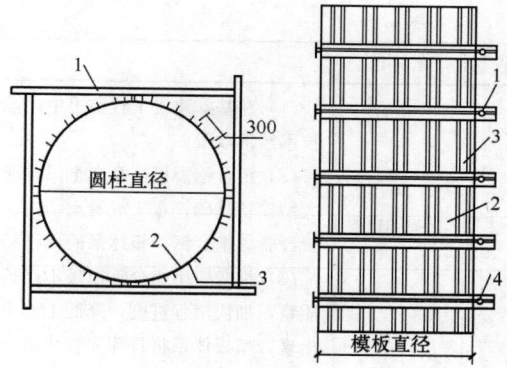

图2-56 小直径1/2圆柱模加固剖、立面示意图
1—柱箍；2—模板；3—背楞；4—栓接

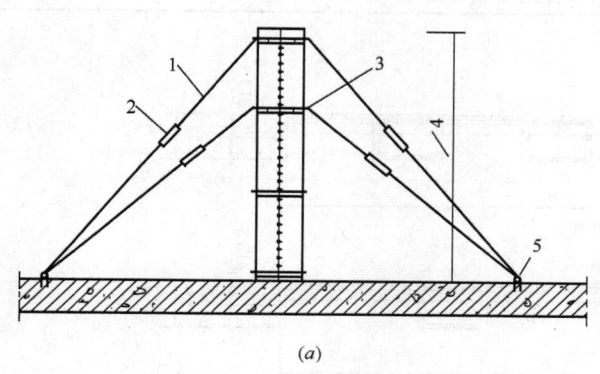

图2-57 圆柱斜撑示意图
(a) 立面图；(b) 剖面图
1—钢丝绳；2—花篮螺栓；3—柱箍；4—柱子模板；5—预埋φ16锚环

2.5 组合钢模板

2.5.1 组合钢模板的一般规定、应用及特点

组合钢模板的一般规定、应用及特点如表2-21所示。

组合钢模板的一般规定、应用及特点 表2-21

序号	项 目	内　容
1	一般规定	(1) 组合钢模板的设计应采用以概率理论为基础的极限状态计算方法，并采用分项系数的设计表达式进行设计计算 (2) 钢模板应具有足够的刚度和承载力。平面模板在规定荷载作用下的刚度和承载力应符合表2-22的要求。平面模板截面如图2-58所示，其截面特征应符合表2-23的要求 (3) 钢模板应拼缝严密，装拆灵活，搬运方便 (4) 钢模板纵、横肋的孔距与模板的模数应一致，模板横竖都可以拼装 (5) 根据工程特点的需要，可增加其他专用模板，但其模数应与钢模板的模数相一致

序号	项 目	内 容
2	应用	（1）在基本建设工程施工中，推广使用组合钢模板代替木模板，以节约木材，是一项长远的技术经济政策 （2）组合钢模板体系在全国各地大面积推广使用，不仅用于工业与民用建筑，而且用于冶金大型设备基础，水工混凝土结构、铁路隧道等专业工程，均已取得显著的经济效益，积累了宝贵经验。组合钢模板体系的设计和制作，已成为独立的行业并走向系列化 （3）推广应用组合钢模板不仅是以钢代木的重大技术措施，同时对改革施工工艺，提高工程质量，加快工程进度，降低工程费用等都有较大作用。随着我国现代化进程和新型材料的不断出现，模板体系将日臻完善并向轻质高强、装拆灵活便于施工的方向发展
3	特点	（1）模板设计采用模数制，使用灵活、通用性强 （2）模板制作采用压轧成型，加工精度高，混凝土成型质量好 （3）采用工具式配件，装拆灵活，运输方便 （4）能组合拼装成大块板面和整体模架，有利于现场机械化施工

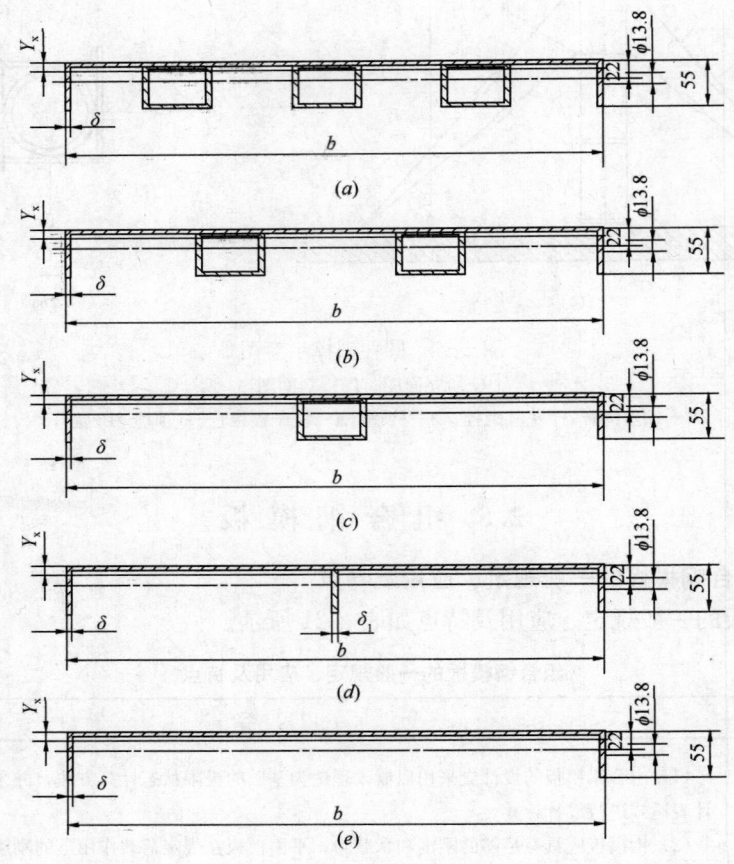

图 2-58 平面模板截面

(a) b＝1200、1050、900；(b) b＝750、600；(c) b＝550、500、450、400；(d) b＝350、300、250；(e) b＝200、150、100

钢模板及配件的容许挠度（mm）　　　　表2-22

序号	部件名称	容许挠度	序号	部件名称	容许挠度
1	钢模板的面积	1.5	4	柱箍	$b/500$
2	单块钢模板	1.5	5	桁架	$l/1000$
3	钢楞	$l/500$			

注：l 为计算宽度，b 为柱宽。

平面模板截面特征　　　　表2-23

序号	模板宽度 b (mm)	1200		1050		900		750		600		550		500		450	
1	板面厚度 δ (mm)	3.00	2.75	3.00	2.75	3.00	2.75	3.00	2.75	3.00	2.75	3.00	2.75	3.00	2.75	3.00	2.75
2	肋板厚度 δ_1 (mm)	3.00	2.75	3.00	2.75	3.00	2.75	3.00	2.75	3.00	2.75	3.00	2.75	3.00	2.75	3.00	2.75
3	净截面面积 $A(\text{cm}^2)$	52.00	48.80	47.50	44.60	43.00	40.50	34.20	32.10	29.70	28.00	23.90	22.30	22.40	20.90	20.90	19.60
4	中性轴位置 $Y_x(\text{cm})$	0.97	1.00	1.05	1.08	1.14	1.17	1.06	1.09	1.21	1.23	0.99	1.00	1.04	1.06	1.10	1.12
5	净截面惯性矩 $J_x(\text{cm}^4)$	135.40	131.00	132.00	128.00	128.00	123.90	95.10	91.80	90.70	87.50	60.60	58.00	59.50	57.00	58.20	55.70
6	净截面抵抗矩 $W_x(\text{cm}^3)$	29.90	29.10	29.70	29.00	29.40	28.60	21.40	20.80	21.10	20.50	13.40	12.90	13.30	12.80	13.20	12.70

序号	模板宽度 b (mm)	400		350		300		250		200		150		100	
1	板面厚度 δ (mm)	3.00	2.75	3.00	2.75	2.75	2.50	2.75	2.50	2.75	2.50	2.75	2.50	2.75	2.50
2	肋板厚度 δ_1 (mm)	3.00	2.75	3.00	2.75	2.75	2.50	2.75	2.50	—		—		—	
3	净截面面积 $A(\text{cm}^2)$	19.40	18.20	13.94	12.80	11.42	10.40	10.05	9.15	7.61	6.91	6.24	5.69	4.86	4.44
4	中性轴位置 $Y_x(\text{cm})$	1.18	1.20	1.00	0.99	1.08	0.96	1.20	1.07	1.08	0.96	1.27	1.14	1.54	1.43
5	净截面惯性矩 $J_x(\text{cm}^4)$	56.70	54.20	35.11	32.38	36.30	26.97	29.89	25.98	20.85	17.98	19.37	16.91	17.19	15.25
6	净截面抵抗矩 $W_x(\text{cm}^3)$	13.10	12.60	7.80	7.10	8.21	5.94	6.95	5.86	4.72	3.96	4.58	3.88	4.34	3.75

注：见图2-58。

2.5.2 组合钢模板的组成和要求

组合钢模板的组成和要求如表 2-24 所示。

组合钢模板的组成和要求 表 2-24

序号	项 目	内 容
1	组合钢模板的组成和采用的模数制设计	（1）组合钢模板由钢模板和配件（连接件、支承件）两大部分组成： 1）钢模板包括平面模板、阴角模板、阳角模板、连接角模等通用模板和倒棱模板、梁腋模板、柔性模板、搭接模板、可调模板及嵌补模板等专用模板 2）配件的连接件包括 U 形卡、L 形插销、钩头螺栓、紧固螺栓、对拉螺栓、扣件等 3）配件的支承件包括钢楞、柱箍、钢支柱、早拆柱头、斜撑、组合支架、扣件式钢管支架、门式支架、碗扣式支架、方塔式支架、梁卡具、圈梁卡和桁架等 4）组合钢模板的部件，主要由钢模板、连接件和支承件三部分组成 （2）钢模板采用模数制设计，通用模板的宽度模数以 50mm 进级，长度模数以 150mm 进级（长度超过 900mm 时，以 300mm 进级）
2	钢模板	钢模板采用 Q235 钢材制成，钢板厚度 2.5mm，对于≥400mm 宽面钢模板的钢板厚度应采用 2.75mm 或 3.0mm 钢板。主要包括平面模板、阴角模板、阳角模板、连接角模等 （1）钢模板的用途及规格如表 2-25 所示 （2）钢模板规格编码如表 2-26 所示 （3）组合钢模板面积、质量换算如表 2-27 所示
3	连接件	连接件由 U 形卡、L 形插销、钩头螺栓、紧固螺栓、扣件、对拉螺栓等组成 （1）连接件组成及用途如表 2-28 所示 （2）对拉螺栓的规格和性能如表 2-29 所示 （3）扣件容许荷载如表 2-30 所示
4	支承件	（1）钢楞 又称龙骨，主要用于支承钢模板并加强其整体刚度。钢楞的材料有 Q235 圆钢管、矩形钢管、内卷边槽钢、轻型槽钢、轧制槽钢等，可根据设计要求和供应条件选用 常用各种型钢钢楞的规格和力学性能，如表 2-31 所示 （2）柱箍 又称柱卡箍、定位夹箍，用于直接支承和夹紧各类柱模的支承件，可根据柱模的外形尺寸和侧压力的大小来选用（图 2-59） 常用柱箍的规格和力学性能，如表 2-32 所示 （3）梁卡具 又称梁托架。是一种将大梁、过梁等钢模板夹紧固定的装置，并承受混凝土侧压力，其种类较多，其中钢管型梁卡具（图 2-60），适用于断面为 700mm×500mm 以内的梁；扁钢和圆钢组合梁卡具（图 2-61），适用于断面为 600mm×500mm 以内的梁，上述两种梁卡具的高度和宽度都能调节。采用 Q235 钢 （4）钢支柱 用于大梁、楼板等水平模板的垂直支撑，采用 Q235 钢管制作，有单管支柱和四管支柱多种形式（图 2-62）。单管支柱分 C-18 型、C-22 型和 C-27 型三种，其规格（长度）分别为 1812～3112mm、2212～3512mm 和 2712～4012mm。单管钢支柱的截面特征见表 2-33。四管支柱截面特征见表 2-34 （5）早拆柱头 用于梁和模板的支撑柱头，以及模板早拆柱头（图 2-63） （6）斜撑

序号	项 目	内 容
4	支承件	用于承受墙、柱等侧模板的侧向荷载和调整竖向支模的垂直度（图 2-64） （7）桁架 有平面可调和曲面可变式两种，平面可调桁架用于支承楼板、梁平面构件的模板，曲面可变桁架支承曲面构件的模板 1）平面可调桁架（图 2-65）：用于楼板、梁等水平模板的支架。用它支设模板，可以节省模板支撑和扩大楼层的施工空间，有利于加快施工速度 平面可调桁架采用角钢、扁钢和圆钢筋制成，由两榀桁架组合后，其跨度可在 2100～3500mm 范围内调整，一个桁架的总承载力为 20kN（均匀放置） 2）曲面可变桁架（图 2-66）：曲面可变桁架由桁架、连接件、垫块、连接板、方垫块等组成。适用于筒仓、沉井、圆形基础、明渠、暗渠、水坝、桥墩、挡土墙等侧向构件，曲面构筑物模板的支撑 桁架用扁钢和圆钢筋焊制成，内弦与腹筋焊接固定，外弦可以伸缩，曲面弧度可以自由调节，最小曲率半径为 3m 桁架的截面特征，如表 2-35 所示 （8）钢管支架：用作梁、楼板及平台等模板支架、外脚手架等 （9）门式支架：用作梁、楼板及平台等模板支架、内外脚手架和移动脚手架等（图 2-67） （10）碗扣式支架：用作梁、楼板及平台等模板支架、外脚手架和移动脚手架等（图 2-68） （11）方塔式支架：用作梁、楼板及平台等模板支架等（图 2-69）

钢模板的用途及规格　　　　　　　　　　　　　　　　表 2-25

序号	名称		图 示	用途	宽度 （mm）	长度 （mm）	肋高 （mm）
1	平面模板		 1—插销孔；2—U 形卡孔；3—凸鼓；4—凸棱； 5—边肋；6—主板；7—无孔横肋；8—有孔纵肋； 9—无孔纵肋；10—有孔横肋；11—端肋	用于基础墙体、梁、柱和板等多种结构的平面部位	1200、1050、900、750、600、550、500、450、400、350、300、250、200、150、100	2100、1800、1500、1200、900、750、600、450	55
2	转角模板	阴角模板		用于墙体和各种构件的内角及凹角的转角部位	150×150、100×150	1800、1500、1200、900、750、600、450	
3		阳角模板		用于柱、梁及墙体等外角及凸角的转角部位	100×100、50×50		

序号	名称		图　示	用途	宽度（mm）	长度（mm）	肋高（mm）
4	转角模板	连接角模		用于柱、梁及墙体等外角及凸角的转角部位	50×50	1500、1200、900、750、600、450	55
5	倒棱模板	角棱模板		用于柱、梁及墙体等阳角的倒棱部位	17、45		
6		圆棱模板			R20、R25	1800、1500、1200、900、750、600、450	55
7	梁腋模板			用于暗渠、明渠、沉箱及高架结构等梁腋部位	50×150、50×100		
8	柔性模板			用于圆形筒壁、曲面墙体等部位	100	1500、1200、900、750、600、450	

序号	名称	图示	用途	宽度（mm）	长度（mm）	肋高（mm）
9	搭接模板	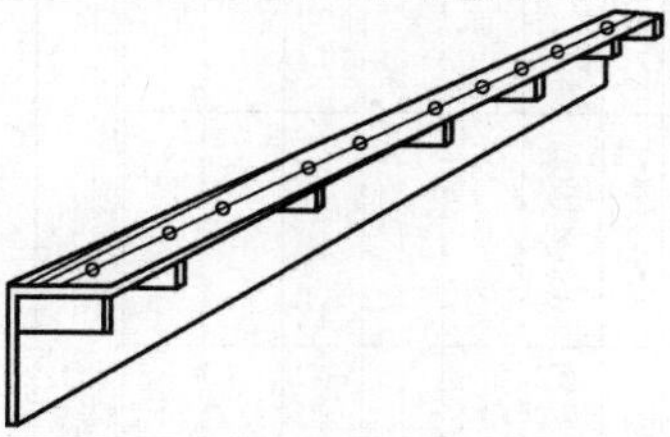	用于调节 50mm 以内的拼装模板拆除	75	1500、1200、900、750、600、450	55
10	可调模板 双曲	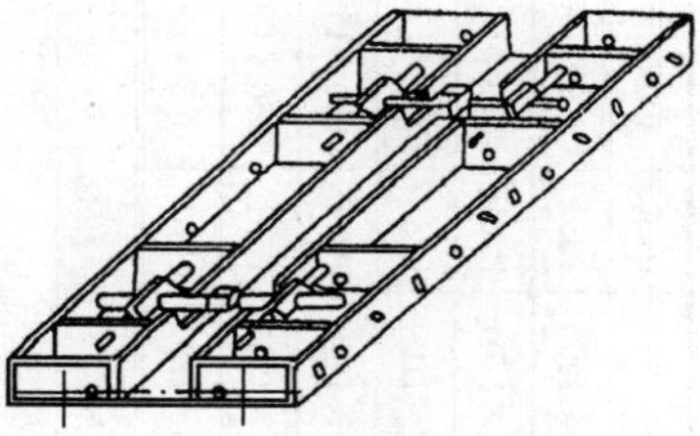	用于构筑物曲面部位	300 200	1500、900、600	55
11	变角	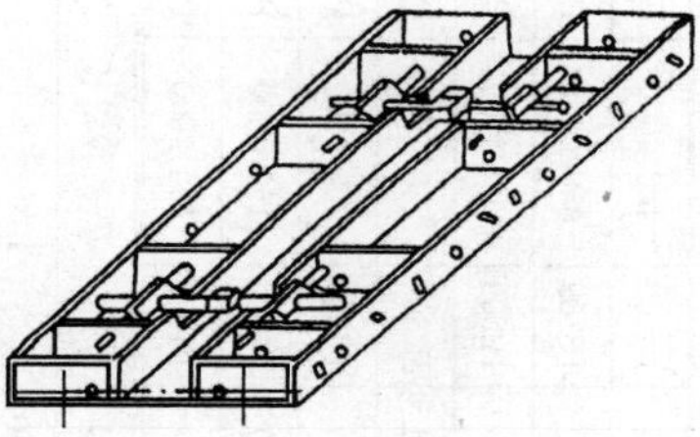	用于展开面为扇形或梯形的构筑物结构	200 160		
12	嵌补模板 平面嵌板		用于梁、柱、板、墙等结构接头部位	200、150、100	300、200、150	
13	阴角嵌板			150×150、100×150		
14	阳角嵌板			100×100、50×50		
15	连接模板			50×50		

混凝土结构工程施工及验收手册

钢模板规格编码（mm）

表 2-26

序号	模板名称 / 宽度	450 代号	450 尺寸	600 代号	600 尺寸	750 代号	750 尺寸	900 代号	900 尺寸	1200 代号	1200 尺寸	1500 代号	1500 尺寸	1800 代号	1800 尺寸	2100 代号	2100 尺寸
1	平面模板（代号 P） 1200	P12004	1200×450	P12006	1200×600	P12007	1200×750	P12009	1200×900	P12012	1200×1200	P12015	1200×1500	P12018	1200×1800	P12021	1200×2100
2	1050	P10504	1050×450	P10506	1050×600	P10507	1050×750	P10509	1050×900	P10512	1050×1200	P10515	1050×1500	P10518	1050×1800	P10521	1050×2100
3	900	P9004	900×450	P9006	900×600	P9007	900×750	P96009	900×900	P9012	900×1200	P9015	900×1500	P9018	900×1800	P9021	900×2100
4	750	P7504	750×450	P7506	750×600	P7507	750×750	P7509	750×900	P7512	750×1200	P7515	750×1500	P7518	750×1800	P7521	750×2100
5	600	P6004	600×450	P6006	600×600	P6007	600×750	P6009	600×900	P6012	600×1200	P6015	600×1500	P6018	600×1800	—	—
6	550	P5504	550×450	P5506	550×600	P5507	550×750	P5509	550×900	P5512	550×1200	P5515	550×1500	P5518	550×1800	—	—
7	500	P5004	500×450	P5006	500×600	P5007	500×750	P5009	500×900	P5012	500×1200	P5015	500×1500	P5018	500×1800	—	—
8	450	P4504	450×450	P4506	450×600	P4507	450×750	P4509	450×900	P4512	450×1200	P4515	450×1500	P4518	450×1800	—	—
9	400	P4004	400×450	P4006	400×600	P4007	400×750	P4009	400×900	P4012	400×1200	P4015	400×1500	P4018	400×1800	—	—
10	350	P3504	350×450	P3506	350×600	P3507	350×750	P3509	350×900	P3512	350×1200	P3515	350×1500	P3518	350×1800	—	—
11	300	P3004	300×450	P3006	300×600	P3007	300×750	P3009	300×900	P3012	300×1200	P3015	300×1500	—	—	—	—
12	250	P2504	250×450	P2506	250×600	P2507	250×750	P2509	250×900	P2512	250×1200	P2515	250×1500	—	—	—	—
13	200	P2004	200×450	P2006	200×600	P2007	200×750	P2009	200×900	P2012	200×1200	P2015	200×1500	—	—	—	—
14	150	P1504	150×450	P1506	150×600	P1507	150×750	P1509	150×900	P1512	150×1200	P1515	150×1500	—	—	—	—
15	100	P1004	100×450	P1006	100×600	P1007	100×750	P1009	100×900	P1012	100×1200	P1015	100×1500	—	—	—	—

模板长度

序号	模板名称	450 代号	450 尺寸	600 代号	600 尺寸	750 代号	750 尺寸	900 代号	900 尺寸	1200 代号	1200 尺寸	1500 代号	1500 尺寸	1800 代号	1800 尺寸
16	阴角模板（代号 E）	E1504	150×150×450	E1506	150×150×600	E1507	150×150×750	E1509	150×150×900	E1512	150×150×1200	E1515	150×150×1500	E1518	150×150×1800
17		E1004	100×150×450	E1006	100×150×600	E1007	100×150×750	E1009	100×150×900	E1012	100×150×1200	E1015	100×150×1500	E1018	100×150×1800

续表 2-26

序号	模板名称	模板长度													
		450		600		750		900		1200		1500		1800	
		代号	尺寸	代号	尺寸	代号	尺寸	代号	尺寸	代号	尺寸	代号	尺寸	代号	尺寸
18	阴角模板 (代号 Y)	Y1004	100×100×450	Y1006	100×100×600	Y1007	100×100×750	Y1009	100×100×900	Y1012	100×100×1200	Y1015	100×100×1500	Y1018	100×100×1800
19	(代号 Y)	Y0504	50×50×450	Y0506	50×50×600	Y0507	50×50×750	Y0509	50×50×900	Y0512	50×50×1200	Y0515	50×50×1500	Y0518	50×50×1800
20	连接角模板 (代号 J)	J0004	50×50×450	J0006	50×50×600	J0007	50×50×750	J0009	50×50×900	J0012	50×50×1200	J0015	50×50×1500	—	—
21	角棱模板 (代号 JL)	JL1704	17×450	JL1706	17×600	JL1707	17×750	JL1709	17×900	JL1712	17×1200	JL1715	17×1500	JL1718	17×1800
22	倒棱模板 (代号 JL)	JL4504	45×450	JL4506	45×600	JL4507	45×750	JL4509	45×900	JL4512	45×1200	JL4515	45×1500	JL4518	45×1800
23	圆棱模板 (代号 YL)	YL2004	20×450	YL2006	20×600	YL2007	20×750	YL2009	20×900	YL2012	20×1200	YL2015	20×1500	YL2018	20×1800
24	(代号 YL)	YL3504	35×450	YL3506	35×600	YL3507	35×750	YL3509	35×900	YL3512	35×1200	YL3515	35×1500	YL3518	35×1800
25	梁腋模板 (代号 IY)	IY1004	100×50×450	IY1006	100×50×600	IY1007	100×50×750	IY1009	100×50×900	IY1012	100×50×1200	IY1015	100×50×1500	IY1018	100×50×1800
26	(代号 IY)	IY1504	150×50×450	IY1506	150×50×600	IY1507	150×50×750	IY1509	150×50×900	IY1512	150×50×1200	IY1515	150×50×1500	IY1518	150×50×1800
27	柔性模板 (代号 Z)	Z1004	100×450	Z1006	100×600	Z1007	100×750	Z1009	100×900	Z1012	100×1200	Z1015	100×1500	—	—
28	搭接模板 (代号 D)	D7504	75×450	D7506	75×600	D7507	75×750	D7509	75×900	D7512	75×1200	D7515	75×1500	—	—
29	双曲可调模板 (代号 T)	—	—	T3006	300×600	—	—	T3009	300×900	—	—	T3015	300×1500	T3018	300×1800
30	(代号 T)	—	—	T2006	200×600	—	—	T2009	200×900	—	—	T2015	200×1500	T2018	200×1800
31	变角可调模板 (代号 B)	—	—	B2006	200×600	—	—	B2009	200×900	—	—	B2015	200×1500	B2018	200×1800
32	(代号 B)	—	—	B1606	160×600	—	—	B1609	160×900	—	—	B1615	160×1500	B1618	160×1800

组合钢模板面积、质量换算 表 2-27

序号	代号	尺寸（mm）	每块面积（m²）	每块质量（kg）			每平方米质量（kg）		
				$\delta=2.50$	$\delta=2.75$	$\delta=3.00$	$\delta=2.50$	$\delta=2.75$	$\delta=3.00$
1	P12021	1200×2100×55	2.520	—	92.79	99.18	—	36.82	39.36
2	P12018	1200×1800×55	2.160	—	79.24	85.43	—	36.69	39.55
3	P12015	1200×1500×55	1.800	—	67.05	71.68	—	37.25	39.82
4	P12012	1200×1200×55	1.440	—	54.18	57.93	—	37.63	40.23
5	P12009	1200×900×55	1.080	—	41.02	43.69	—	37.98	40.45
6	P12007	1200×750×55	0.900	—	34.28	36.26	—	38.09	40.29
7	P12006	1200×600×55	0.720	—	28.44	29.89	—	39.50	41.51
8	P12004	1200×450×55	0.540	—	21.41	22.43	—	39.65	41.54
9	P10521	1050×2100×55	2.205	—	84.48	90.11	—	38.31	40.87
10	P10518	1050×1800×55	1.890	—	72.75	77.60	—	38.40	41.06
11	P10515	1050×1500×55	1.575	—	61.01	65.10	—	38.74	41.33
12	P10512	1050×1200×55	1.260	—	49.26	52.59	—	39.10	41.74
13	P10509	1050×900×55	0.945	—	37.54	40.07	—	39.72	42.40
14	P10507	1050×750×55	0.787	—	31.17	33.27	—	39.61	42.27
15	P10506	1050×600×55	0.630	—	25.81	27.61	—	40.97	43.83
16	P10504	1050×450×55	0.473	—	19.44	20.79	—	41.10	43.95
17	P9021	900×2100×55	1.890	—	76.25	81.14	—	40.34	42.93
18	P9018	900×1800×55	1.620	—	65.65	69.86	—	40.52	43.12
19	P9015	900×1500×55	1.350	—	55.05	58.59	—	40.78	43.40
20	P9012	900×1200×55	1.080	—	44.44	47.31	—	41.15	43.81
21	P9009	900×900×55	0.810	—	33.84	36.04	—	41.78	44.49
22	P9007	900×750×55	0.675	—	28.11	29.94	—	41.64	44.36
23	P9006	900×600×55	0.540	—	22.67	24.13	—	41.98	44.69
24	P9004	900×450×55	0.405	—	17.79	18.97	—	43.92	46.84
25	P7021	750×2100×55	1.470	—	57.95	61.85	—	39.42	42.07
26	P7018	750×1800×55	1.260	—	49.90	53.26	—	39.60	42.27
27	P7015	750×1500×55	1.050	—	41.84	44.67	—	39.85	42.54
28	P7012	750×1200×55	0.840	—	33.79	36.08	—	40.23	42.95
29	P7009	750×900×55	0.630	—	25.74	27.49	—	40.86	43.63
30	P7007	750×750×55	0.525	—	21.37	22.83	—	40.70	43.48
31	P7006	750×600×55	0.420	—	17.68	18.87	—	42.10	44.93
32	P7004	750×450×55	0.315	—	13.32	14.23	—	42.28	45.17
33	P6018	600×1800×55	1.080	—	45.11	48.04	—	41.77	44.48
34	P6015	600×1500×55	0.900	—	37.82	40.28	—	42.02	44.76
35	P6012	600×1200×55	0.720	—	30.53	32.52	—	42.40	45.17
36	P6009	600×900×55	0.540	—	23.23	24.76	—	43.02	45.85
37	P6007	600×750×55	0.450	—	19.30	20.57	—	42.89	45.71
38	P6006	600×600×55	0.360	—	15.94	16.99	—	44.28	47.20
39	P6004	600×450×55	0.270	—	12.01	12.81	—	44.48	47.44
40	P5518	550×1800×55	0.990	—	36.62	39.36	—	36.99	39.76
41	P5515	550×1500×55	0.825	—	30.72	33.02	—	37.24	40.02
42	P5512	550×1200×55	0.660	—	24.82	26.69	—	37.61	40.44
43	P5509	550×900×55	0.495	—	18.94	20.35	—	38.26	41.11
44	P5507	550×750×55	0.412	—	15.69	16.88	—	38.08	40.97
45	P5506	550×600×55	0.330	—	13.03	14.00	—	39.48	42.42
46	P5504	550×450×55	0.247	—	9.77	10.50	—	39.55	42.51

序号	代号	尺寸（mm）	每块面积（m²）	每块质量（kg）			每平方米质量（kg）		
				$\delta=2.50$	$\delta=2.75$	$\delta=3.00$	$\delta=2.50$	$\delta=2.75$	$\delta=3.00$
47	P5018	500×1800×55	0.900	—	34.56	37.12	—	38.40	41.24
48	P5015	500×1500×55	0.750	—	28.99	31.13	—	38.65	41.51
49	P5012	500×1200×55	0.600	—	23.41	25.15	—	39.02	41.92
50	P5009	500×900×55	0.450	—	17.84	19.17	—	39.64	42.60
51	P5007	500×750×55	0.375	—	14.77	15.87	—	39.39	42.32
52	P5006	500×600×55	0.300	—	12.26	13.22	—	40.86	44.07
53	P5004	500×450×55	0.225	—	9.20	9.98	—	40.89	44.35
54	P4518	450×1800×55	0.810	—	31.87	34.61	—	39.35	42.73
55	P4515	450×1500×55	0.675	—	26.75	28.69	—	39.63	42.50
56	P4512	450×1200×55	0.540	—	21.62	23.19	—	40.04	42.94
57	P4509	450×900×55	0.405	—	16.49	17.70	—	40.72	43.70
58	P4507	450×750×55	0.337	—	13.67	14.67	—	40.56	43.53
59	P4506	450×600×55	0.270	—	11.36	12.20	—	42.07	45.18
60	P4504	450×450×55	0.202	—	8.54	9.17	—	42.28	45.40
61	P4018	400×1800×55	0.720	—	29.52	31.70	—	41.00	44.03
62	P4015	400×1500×55	0.600	—	24.76	26.53	—	41.27	44.22
63	P4012	400×1200×55	0.480	—	20.01	21.44	—	41.69	44.67
64	P4009	400×900×55	0.360	—	15.20	16.35	—	42.22	45.42
65	P4007	400×750×55	0.300	—	12.68	13.59	—	42.27	45.30
66	P4006	400×600×55	0.240	—	10.49	11.25	—	43.71	46.88
67	P4004	400×450×5	0.180	—	8.46	8.49	—	47.00	47.17
68	P3518	350×1800×55	0.630	—	22.96	25.05	—	36.44	39.76
69	P3515	350×1500×55	0.525	—	19.27	21.02	—	36.70	40.04
70	P3512	350×1200×55	0.420	—	15.57	16.90	—	37.07	40.24
71	P3509	350×900×55	0.315	—	11.77	12.74	—	37.37	40.44
72	P3507	350×750×55	0.262	—	9.67	10.55	—	36.91	40.27
73	P3506	350×600×55	0.210	—	8.09	8.83	—	38.52	42.05
74	P3504	350×450×55	0.157	—	6.05	6.61	—	38.53	42.10
75	P3015	300×1500×55	0.450	15.63	17.19	—	34.73	38.20	
76	P3012	300×1200×55	0.360	12.61	13.87	—	35.03	38.53	
77	P3009	300×900×55	0.270	9.61	10.57	—	35.59	39.15	
78	P3007	300×750×55	0.225	7.95	8.75	—	35.33	38.89	
79	P3006	300×600×55	0.180	6.61	7.27	—	36.72	40.39	
80	P3004	300×450×55	0.135	4.96	5.46	—	36.74	40.44	
81	P2515	250×1500×55	0.375	13.79	15.17	—	36.77	40.45	
82	P2512	250×1200×55	0.300	11.13	12.24	—	37.10	40.80	
83	P2509	250×900×55	0.225	8.47	9.32	—	37.64	41.42	
84	P2507	250×750×55	0.187	7.01	7.71	—	37.49	41.12	
85	P2506	250×600×55	0.150	5.81	6.39	—	38.73	42.60	
86	P2504	250×450×55	0.112	4.36	4.80	—	38.75	42.67	
87	P2015	200×1500×55	0.300	10.42	11.46	—	34.73	38.20	
88	P2012	200×1200×55	0.240	8.41	9.25	—	35.04	38.54	
89	P2009	200×900×55	0.180	6.41	7.05	—	35.61	39.17	
90	P2007	200×750×55	0.150	5.31	5.84	—	35.40	38.93	
91	P2006	200×600×55	0.120	4.41	4.85	—	36.75	40.42	
92	P2004	200×450×55	0.090	3.31	3.64	—	36.78	40.44	

续表 2-27

序号	代号	尺寸（mm）	每块面积（m²）	每块质量（kg）			每平方米质量（kg）		
				$\delta=2.50$	$\delta=2.75$	$\delta=3.00$	$\delta=2.50$	$\delta=2.75$	$\delta=3.00$
93	P1515	150×1500×55	0.225	8.58	9.44	—	38.13	41.96	—
94	P1512	150×1200×55	0.180	6.92	7.61	—	38.45	42.28	—
95	P1509	150×900×55	0.135	5.27	5.58	—	39.04	42.96	—
96	P1507	150×750×55	0.112	4.37	4.81	—	38.84	42.76	—
97	P1506	150×600×55	0.090	3.62	3.98	—	40.22	44.22	—
98	P1504	150×450×55	0.067	2.71	2.98	—	40.15	44.15	—
99	P1015	100×1500×55	0.150	6.74	7.41	—	44.93	49.40	—
100	P1012	100×1200×55	0.120	5.44	5.98	—	45.33	49.83	—
101	P1009	100×900×55	0.090	4.13	4.54	—	45.89	50.44	—
102	P1007	100×750×55	0.075	3.43	3.77	—	45.73	50.27	—
103	P1006	100×600×55	0.060	2.82	3.10	—	47.00	51.67	—
104	P1004	100×450×55	0.045	2.12	2.33	—	47.11	51.78	—
105	E1518	150×150×1800	0.540	16.32	18.06	—	30.22	33.45	—
106	E1515	150×150×1500	0.450	13.68	15.16	—	30.40	33.69	—
107	E1512	150×150×1200	0.360	11.04	12.26	—	30.67	34.06	—
108	E1509	150×150×900	0.270	8.40	9.34	—	31.11	34.59	—
109	E1507	150×150×750	0.225	6.96	7.77	—	30.93	34.53	—
110	E1506	150×150×600	0.180	5.76	6.46	—	32.00	35.89	—
111	E1504	150×150×450	0.135	4.32	4.87	—	32.00	36.07	—
112	E1018	100×150×1800	0.450	14.14	15.65	—	31.42	34.78	—
113	E1015	100×150×1500	0.375	11.85	13.13	—	31.60	35.01	—
114	E1012	100×150×1200	0.300	9.55	10.61	—	31.83	35.37	—
115	E1009	100×150×900	0.225	7.26	8.07	—	32.27	35.87	—
116	E1007	100×150×750	0.187	6.02	6.71	—	32.11	35.79	—
117	E1006	100×150×600	0.150	4.97	5.44	—	33.13	36.27	—
118	E1004	100×150×450	0.112	3.73	4.20	—	33.16	37.33	—
119	Y1018	100×100×1800	0.360	12.85	14.56	—	35.69	40.45	—
120	Y1015	100×100×1500	0.300	10.79	12.29	—	35.97	40.97	—
121	Y1012	100×100×1200	0.240	8.73	9.72	—	36.38	40.50	—
122	Y1009	100×100×900	0.180	6.67	7.46	—	37.06	41.45	—
123	Y1007	100×100×750	0.150	5.63	6.19	—	37.53	41.27	—
124	Y1006	100×100×600	0.120	4.61	5.19	—	38.42	43.25	—
125	Y1004	100×100×450	0.090	3.46	3.92	—	38.44	43.56	—
126	Y0518	50×50×1800	0.180	8.49	9.41	—	47.17	52.28	—
127	Y0515	50×50×1500	0.150	7.12	7.90	—	47.47	52.67	—
128	Y0512	50×50×1200	0.120	5.76	6.40	—	48.00	53.33	—
129	Y0509	50×50×900	0.090	4.39	4.90	—	48.78	54.44	—
130	Y0507	50×50×750	0.075	3.64	4.07	—	48.53	54.27	—
131	Y0506	50×50×600	0.060	3.02	3.40	—	50.33	56.67	—
132	Y0504	50×50×450	0.045	2.27	2.56	—	50.44	56.89	—
133	J0015	50×50×1500	—	3.33	3.66	—	—	—	—
134	J0012	50×50×1200	—	2.67	2.94	—	—	—	—
135	J0009	50×50×900	—	2.02	2.23	—	—	—	—
136	J0007	50×50×750	—	1.68	1.85	—	—	—	—
137	J0006	50×50×600	—	1.36	1.50	—	—	—	—
138	J0004	50×50×450	—	1.02	1.13	—	—	—	—

连接件组成及用途　　　　　　　　　　　　　　　表 2-28

序号	名称	图　示	用途	规格	备注
1	U 形卡		主要用于钢模板纵横向的自由拼接，将相邻钢模板夹紧固定	$\phi 12$	
2	L 形插销	L形插销　模板端部	用来增强钢模板的纵向拼接刚度，保证接缝处板面平整	$\phi 12$，$l=345$	
3	钩头螺栓	横楞 3形扣件 模板 钩头螺栓　直楞 横楞 模板 3形扣件 钩头螺栓	用于钢模板与内、外钢楞之间的连接固定	$\phi 12$，$l=345$、180	Q235 圆钢
4	紧固螺栓	横楞 3形扣件 紧固螺栓 直楞	用于紧固内、外钢楞，增强拼接模板的整体性	$\phi 12$，$l=180$	
5	对拉螺栓	外拉杆　顶帽 内拉杆 顶帽　外拉杆 L　混凝土壁厚　L	用于拉结两竖向侧模板，保持两侧模板的间距，承受混凝土侧压力和其他荷载，确保模板有足够的承载力和刚度	M12、M14、M16、M12、T14、T16、T18、T20	

序号	名称		图　　示	用途	规格	备注
6	扣件	3形扣件		用于钢楞与钢模板或钢楞之间的紧固连接，与其他配件一起将钢模板拼装连接成整体，扣件应与相应的钢楞配套使用。按钢楞的不同形状，分别采用蝶形和3形扣件，扣件的刚度与配套螺栓的强度相适应	26型、12型	Q235钢板
7		蝶形扣件			26型、18型	

对拉螺栓的规格和性能　　　　　　　　　　表 2-29

序号	螺栓直径（mm）	螺纹内径（mm）	净面积（mm²）	容许拉力（kN）
1	M12	10.11	76	12.90
2	M14	11.84	105	17.80
3	M16	13.84	144	24.50
4	T12	9.50	71	12.05
5	T14	11.50	104	17.65
6	T16	13.50	143	24.27
7	T18	15.50	189	32.08
8	T20	17.50	241	40.91

扣件容许荷载（kN）　　　　　　　　　　表 2-30

序号	项　　目	型　号	容许荷载
1	蝶形扣件	26型	26
2		18型	18
3	3形扣件	26型	26
4		12型	12

常用各种型钢钢楞的规格和力学性能　　　　　　表 2-31

序号	规格（mm）		截面积 A （cm²）	重量 （kg/m）	截面惯性矩 I_x （cm⁴）	最小截面模量 W_x （cm³）
1	圆钢管	$\phi48\times3.0$	4.24	3.33	10.78	4.49
		$\phi48\times3.5$	4.89	3.84	12.19	5.08
		$\phi51\times3.5$	5.22	4.10	14.81	5.81

序号	规格（mm）		截面积 A（cm²）	重量（kg/m）	截面惯性矩 I_x（cm⁴）	最小截面模量 W_x（cm³）
2	矩形钢管	□60×40×2.5	4.57	3.59	21.88	7.29
		□80×40×2.0	4.52	3.55	37.13	9.28
		□100×50×3.0	8.64	6.78	112.12	22.42
3	轻型槽钢	[80×40×3.0	4.50	3.53	43.92	10.98
		[100×50×3.0	5.70	4.47	88.52	12.20
4	内卷边槽钢	[80×40×15×3.0	5.08	3.99	48.92	12.23
		[100×50×20×3.0	6.58	5.16	100.28	20.06
5	轧制槽钢	[80×43×5.0	10.24	8.04	101.30	25.30

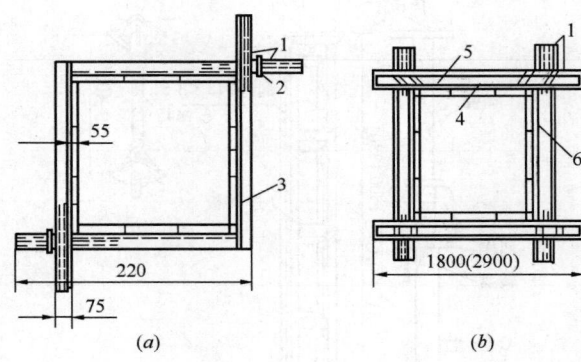

图 2-59　柱箍

（a）角钢型；（b）型钢型

1—插销；2—限位器；3—夹板；4—模板；

5—型钢；6—型钢 B

常用柱箍的规格和力学性能　　　　　　　　表 2-32

序号	材料	规格（mm）	夹板长度（mm）	截面积 A（cm²）	截面惯性矩 I_x（cm⁴）	最小截面模量 W_x（cm³）	适用柱宽范围（mm）
1	扁钢	—60×6	790	3.60	10.80	3.60	250～500
2	角钢	∟75×50×5	1068	6.12	34.86	6.83	250～750
3	轧制槽钢	[80×43×5	1340	10.24	101.30	25.30	500～1000
		[100×48×5.3	1380	10.74	198.30	39.70	500～1200
4	钢管	φ48×3.5	1200	4.89	12.19	5.08	300～700
		φ51×3.5	1200	5.22	14.81	5.81	300～700

注：采用 Q235。

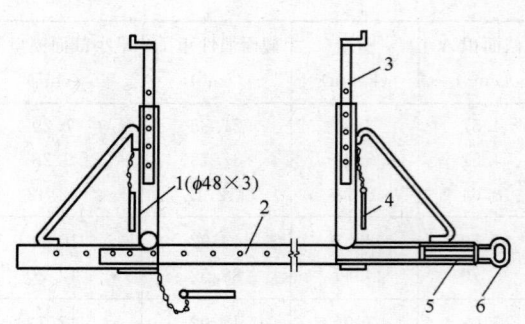

图 2-60 钢管型梁卡具

1—三脚架；2—底座；3—调节杆；4—插销；

5—调节螺栓；6—钢筋环

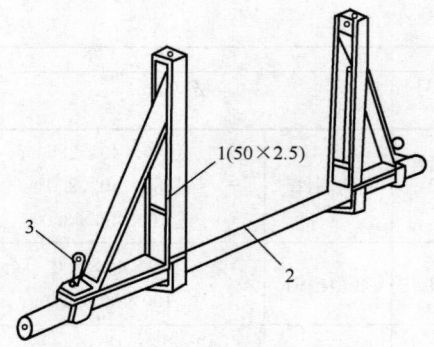

图 2-61 扁钢和圆钢管组合梁卡具

1—三脚架；2—底座；3—固定螺栓

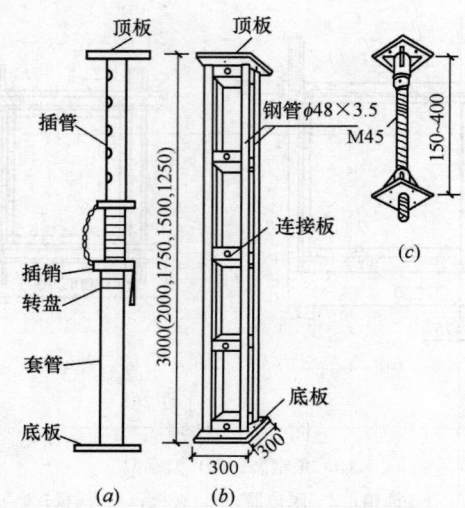

图 2-62 钢支柱

(a) 单管支柱；(b) 四管支柱；(c) 螺栓千斤顶

单管钢支柱截面特征　　表 2-33

| 序号 | 类型 | 项目 | 直径（mm） | | 壁厚（mm） | 截面积（cm²） | 截面积惯性矩 I（cm⁴） | 回转半径 r（cm） |
			外径	内径				
1	CH	插管	48	43	2.5	3.57	9.28	1.16
2		套管	60	55	2.5	4.52	18.70	2.03
3	YJ	插管	48	41	3.5	4.89	12.10	1.58
4		套管	60	53	3.5	6.21	24.88	2.00

四管钢支柱截面特征　　表 2-34

序号	管柱规格（mm）	四管中心距（mm）	截面积（cm²）	截面积惯性矩 I（cm⁴）	截面模量 W（cm³）	回转半径 r（cm）
1	$\phi 48 \times 3.5$	200	19.57	2005.34	121.24	10.12
2	$\phi 48 \times 3.0$	200	16.96	1739.06	105.14	10.13

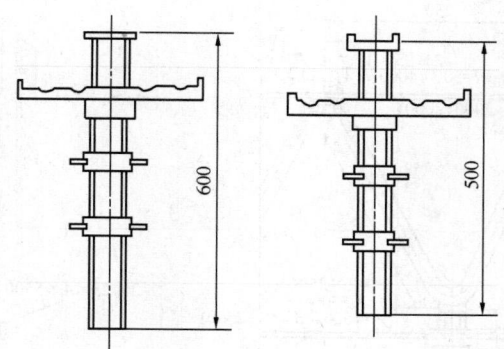

图 2-63　螺旋式早拆柱头

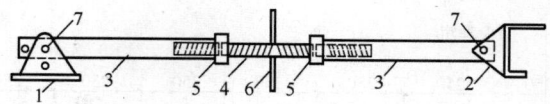

图 2-64　斜撑

1—底座；2—顶撑；3—钢管斜撑；4—花篮螺丝；
5—螺帽；6—旋杆；7—销钉

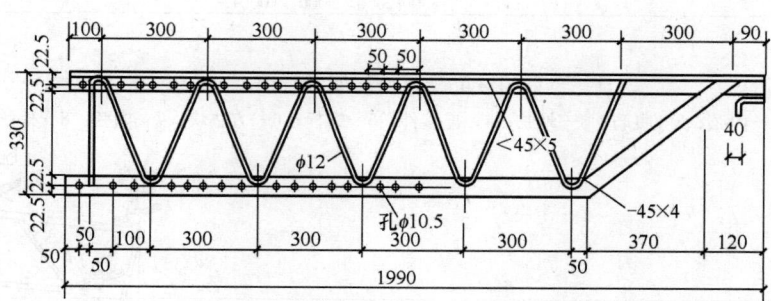

图 2-65　轻型桁架

桁架截面特征　　　　　　　　　　　　　　　　　表 2-35

序号	项　目	杆件名称	杆件规格（mm）	毛截面积 A（cm²）	杆件长度 l（mm）	惯性矩 I（cm⁴）	回转半径 r（cm）
1	平面可调桁架	上弦杆	∟63×6	7.2	600	27.19	1.94
2		下弦杆	∟63×6	7.2	1200	27.19	1.94
3		腹杆	∟36×4	2.72	876	3.3	1.1
4			∟36×4	2.72	639	3.3	1.1
5	曲面可变桁架	内外弦杆	25×4	2×1=2	250	4.93	1.57
6		腹杆	φ18	2.54	277	0.52	0.45

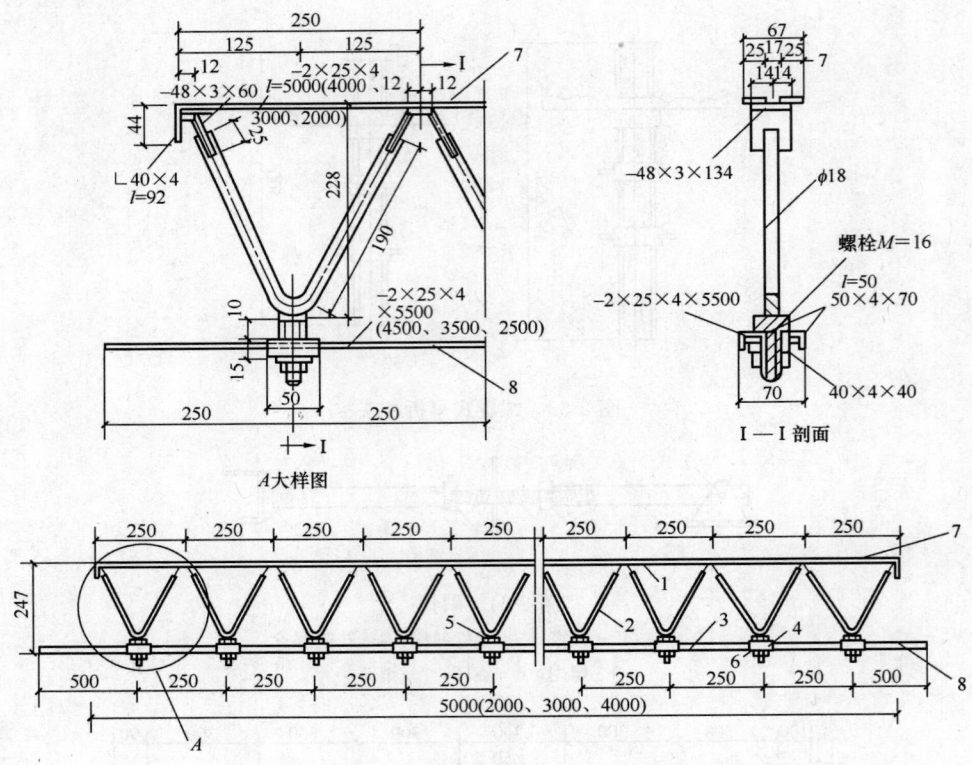

图 2-66　可变桁架示意图

1—内弦；2—腹筋；3—外弦；4—连接件；5—螺栓；6—方垫块；7—内弦；8—外弦

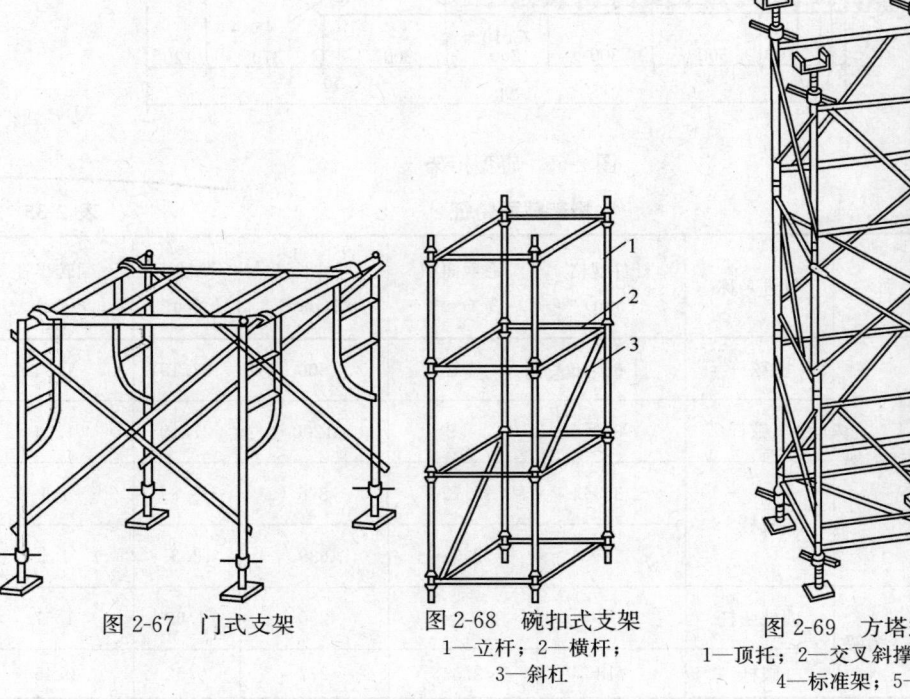

图 2-67　门式支架

图 2-68　碗扣式支架
1—立杆；2—横杆；
3—斜杠

图 2-69　方塔式支架
1—顶托；2—交叉斜撑；3—连接棒；
4—标准架；5—底座

2.5.3　组合钢模板的运输、维修与保管

组合钢模板的运输、维修与保管如表 2-36 所示。

组合钢模板的运输、维修与保管　　　　　　　　　表 2-36

序号	项　目	内　　容
1	运输	（1）不同规格的钢模板不得混装混运。运输时，必须采取有效措施，防止模板滑动、倾倒。长途运输时，应采用简易集装箱，支承件应捆扎牢固，连接件应分类装箱 （2）预组装模板运输时，应分隔垫实，支捆牢固，防止松动变形 （3）装卸模板和配件应轻装轻卸，严禁抛掷，并应防止碰撞损坏。严禁用钢模板作其他非模板用途
2	维修和保管	（1）钢模板和配件拆除后，应及时清除粘结的灰浆，对变形和损坏的模板和配件，宜采用机械整形和清理、钢模板及配件修复后的质量标准，如表 2-37 所示 （2）维修质量不合格的模板及配件，不得使用 （3）对暂不使用的钢模板，板面应涂刷脱模剂或防锈油。背面油漆脱落处，应补刷防锈漆，焊缝开裂时应补焊，并按规格分类堆放 （4）钢模板宜存放在室内或棚内，板底支垫离地面 100mm 以上。露天堆放，地面应平整坚实，有排水措施模板底支垫离地面 200mm 以上，两点距模板两端长度不大于模板长度的 1/6 （5）入库的配件，小件要装箱入袋，大件要按规格分类整数成垛堆放

钢模板及配件修复后的质量标准　　　　　　　　　表 2-37

序号	项　　目		允许偏差（mm）
1	钢模板	板面平整度	≤2.0
2		凸棱直线度	≤1.0
3		边肋不直度	不得超过凸棱高度
4	配件	U 形卡卡口残余变形	≤1.2
5		钢楞和支柱不直度	≤L/1000

注：L 为钢楞和支柱的长度。

2.6　大　模　板

2.6.1　大模板工程特点

大模板工程特点如表 2-38 所示。

大模板工程特点　　　　　　　　　表 2-38

序号	项　目	内　　容
1	简述	大模板施工就是采用大型工具式模板现浇混凝土墙体的施工工艺 大模板施工工艺的实质是一种以现浇为主，现浇与预制相结合的工业化施工方法，它能充分发挥现浇与预制装配两种工艺的优点，它不仅是施工工艺的改革，而且也是墙体改革的重要途径

序号	项 目	内 容
1	简述	现阶段，我国大模板施工建成的房屋一般是横墙承重，故内墙一般均采用大模板现浇钢筋混凝土墙体；而楼梯、楼梯平台、阳台、分间墙板等均为预制构件，楼板可采用现浇或预制板，按常规施工；外墙则可视情况采用预制外墙板，大模板现浇墙板或砌砖 　　大模板施工的特点是：模板尺寸与楼层高度，进深和开间相适应，因此，其平面尺寸大，重量大；模板本身如同装配式构件一样，必须采用起重机械吊装，要求机械化施工程度较高；墙板须经专门设计和验算，构造拼装较复杂；大模板施工，发挥了现浇和预制吊装工艺的优点，减轻了劳动强度，减少了用工量，缩短了工期，现场施工容易管理，方便了施工
2	优点	(1) 结构整体性好，抗震能力强，适宜建造高层建筑 　　在高层建筑中水平荷载成了控制设计的主要因素。对于住宅，旅馆之类横墙较多的高层建筑物，采用大模板现浇钢筋混凝土纵横墙体，使它同时承受垂直和水平荷载，结构的整体性好，抗震能力强，施工方便，即使建造一般多层住宅，大模板建筑的抗震能力也远比传统的砖混结构好 　　(2) 施工方便，机械化程度高，施工进度快 　　大模板建筑采用的是工具式模板，这种模板装拆较支模方便，并可多次重复使用，操作技术要求不高，较易掌握，而且都用起重机械整体装拆；至于混凝土的浇筑，预制构件的安装，也采用机械完成，所以施工进度快 　　(3) 劳动强度减轻，现场用工减少，提高了劳动生产率 　　采用大模板建筑，减少或取消了使用黏土砖的作业，从而减少或解除了瓦工繁重的体力劳动；由于浇筑的混凝土墙面平整，可以节省大量装修抹灰工作量，减少了现场湿作业；架子工、木工现场作业也大量减少，从而降低了单方用工量，提高了劳动生产率 　　(4) 提高了建筑面积平面利用系数 　　大模板建筑的墙体厚度比砖墙能减少1/3，与混合结构的同类建筑住宅相比，每户可增加建筑面积 2～3m²，提高了建筑面积平面利用系数
3	缺点	(1) 钢材一次性消耗量大 　　(2) 面积大、重量大、起吊较困难 　　(3) 通用性较差，改制费用高

2.6.2　大模板构造

大模板构造如表 2-39 所示。

大模板构造　　　　　　　　　　　　　　　　　　　　　　　表 2-39

序号	项 目	内 容
1	大模板的分类	(1) 按板面材料分类。大模板按板面材料分为木质模板、金属模板、化学合成材料模板 　　(2) 按组拼方式分类。大模板按组拼方式分为整体式模板、模数组合式模板、拼装式模板 　　(3) 按构造外形分类。大模板按构造外形分为平模、小角模、大角模、筒子模
2	大模板的面板材料	(1) 模板的板面是直接与混凝土接触的部分，它承受着混凝土浇筑时的侧压力，要求具有足够的刚度，表面平整，能多次重复使用。钢板、木（竹）胶合板以及化学合成材料面板等均可作为面板的材料，其中常用的为钢板和木（竹）胶合板

序号	项 目	内 容
2	大模板的面板材料	（2）整块钢板面 　　一般用 4～6mm（以 6mm 为宜）钢板拼焊而成。这种面板具有良好的强度和刚度，能承受较大的混凝土侧压力及其他施工荷载，重复利用率高，一般周转次数在 200 次以上。另外，由于钢板面平整光洁，耐磨性好，易于清理，这些均有利于提高混凝土表面的质量。缺点是耗钢量大，重量大（40kg/m²），易生锈，不保温，损坏后不易修复 　　（3）组合式钢模板组拼板面 　　这种面板一般以 2.75～3.0mm 厚的钢板为面板，虽然亦具有一定的强度和刚度，耐磨，自重较整块钢板面要轻，能做到一模多用，但拼缝较多，整体性差，周转使用次数不如整块钢板面多，在墙面质量要求不严的情况下可以采用。用中型组合钢模板拼制而成的大模板，拼缝较少 　　（4）木胶合板板面 　　大模板用木胶合板是由木段旋切成单板或由木方刨切成薄木，再用胶粘剂胶合而成的三层或多层的板状材料，通常用奇数层单板，并使相邻层单板的纤维方向互相垂直胶合而成。胶合板面板常用 7 层或 9 层胶合板，板面用树脂处理，一般周转次数在 50 次以上。以木材为主要原料生产的胶合板，由于其结构的合理性和生产过程中时精细加工，可大体上克服木材的缺陷，大大改善和提高木材的物理力学性能。木胶合板的厚度为 12mm、15mm、18mm 和 21mm。大模板用木胶合板的胶合强度指标如表 2-40 所示，纵向弯曲强度和弹性模量指标如表 2-41 所示 　　（5）竹胶合板板面 　　竹胶板是以毛竹材作主要架构和填充材料，经高压成坯的建材，组织紧密，质地坚硬而强韧，板面平整光滑，可锯、可钻、耐水、耐磨、耐撞击、耐低温；收缩率小、吸水率低、导热系数小、不生锈。其厚度一般有 9mm、12mm、15mm、18mm 　　（6）化学合成材料板面 　　采用玻璃钢或硬质塑料板等化学合成材料作板面，其优点是自重轻、板面平整光滑、易脱模、不生锈、遇水不膨胀；缺点是刚度小、怕撞击
3	大模板的构造形式	（1）大模板主要是由板面系统、支撑系统、操作平台和附件组成，分为桁架式大模板、组合式大模板、拆装式大模板、筒形模板以及外墙大模板 　　（2）组合式大模板 　　组合式大模板是目前最常用的一种模板形式。它通过固定于大模板板面的角模，能把纵横墙的模板组装在一起，房间的纵横墙体混凝土可以同时浇筑，故房屋整体性好。它还具有稳定，拆装方便，墙体阴角方正，施工质量好等特点，并可以利用模数条模板加以调整，以适应不同开间、进深的需要 　　组合式大模板由板面系统、支撑系统、操作平台及附件组成，如图 2-70 所示 　　1）板面系统 　　板面系统由面板、竖肋、横肋以及龙骨组成 　　面板通常采用 4～6mm 的钢板，面板骨架由竖肋和横肋组成，直接承受由面板传来的浇筑混凝土的侧压力。竖肋，一般采用 60mm×6mm 扁钢，间距 400～500mm。横肋（横龙骨），一般采用 8 号槽钢，间距为 300～350mm。保证了板面的双向受力。竖龙骨采用 12 号槽钢成对放置，间距一般为 1000～1400mm（图 2-71） 　　横肋与板面之间用断续焊缝焊接在一起，其焊点间距不得大于 200mm。竖肋与横肋满焊，形成一个结构整体。竖肋兼作支撑架的上弦

序号	项 目	内 容
3	大模板的构造形式	为加强整体性，横、纵墙大模板的两端为焊接边框（横墙边框采用扁钢，纵墙边框采用角钢）以使得整个板面系统形成一个封闭结构，并通过连接件将横墙模板与纵墙模板有机地结合在一起 　　2）支撑系统 　　支撑系统由支撑架和地脚螺栓组成，其功能是保持大模板在承受风荷载和水平力时的竖向稳定性，同时用以调节板面的垂直度 　　支撑架一般用槽钢和角钢焊接制成（图 2-72）。每块大模板设置 2 个以上支撑架。支撑架通过上、下两个螺栓与大模板竖向龙骨相连接 　　地脚螺栓设置在支撑架下部横杆槽钢端部，用来调整模板的垂直度和保证模板的竖向稳定。地脚螺栓的可调高度和支撑架下部横杆的长度直接影响到模板自稳角的大小 　　3）操作平台 　　操作平台是施工人员操作的场所和运行的通道，操作平台系统由操作平台、护身栏、铁爬梯等部分组成。操作平台设置于模板上部，用三脚架插入竖肋的套管内，三脚架上满铺脚手板。三脚架外端焊有 $\phi37.5mm$ 的钢管，用以插放护身栏的立杆。铁爬梯供操作人员上下平台之用，附设于大楼板上，用 $\phi20$ 钢筋焊接而成，随大模板一道起吊 　　4）附件 　　①穿墙螺栓与塑料套管 　　模板连接用穿墙螺栓与塑料套管。穿墙螺栓时承受混凝土侧压力、加强板面结构的刚度、控制模板间距的重要配件，它把墙体两侧大模板连接为一体。为了防止墙体混凝土与穿墙螺栓粘结，在穿墙螺栓外部套一根硬质塑料管，其长度与墙厚相同，两端顶住墙模板，内径比穿墙螺栓直径大 3～4mm，这样在拆除时可保证穿墙螺栓的顺利脱出。穿墙螺栓用 45 号钢加工而成，一端为梯形螺纹，长约 120mm，以适应不同墙体厚度的施工。另一端在螺栓杆上车上销孔，支模时用板销打入销孔内，以防止模板外涨。板销厚 6mm，做成斜头，以方便拆卸。详如图 2-73 所示 　　②上口卡子 　　在模板顶端与穿墙螺栓上下对直位置处利用槽钢或钢板焊制好卡子支座，并在支模完成后将上口卡子卡入支座内。上口卡子直径为 $\phi30mm$，其上根据不同的墙厚设置多个凹槽，以便与卡子支座相连接，达到控制墙厚的目的。详如图 2-74 所示 　　（3）拆装式大模板 　　1）拆装式大模板（图 2-75）与组合式大模板的最大区别在于其板面与骨架以及骨架中各钢杆件之间的连接全部采用螺栓组装而非焊接连接，这样比组合式大模板便于拆改，也可减少因焊接而变形的问题 　　2）板面。板面采用钢板或胶合板，通过 M6 螺栓将板面与横肋连接固定，其间距为 350mm。为了保证板面平整，板面材料在高度方向拼接时，应拼接在横肋上；在长度方向拼按时，应在接缝处后面铺设一道木龙骨 　　3）骨架。横肋以及周边边框全部用 M16 螺栓连接成骨架，连接螺孔直径为 18mm。如采用木质面板，则在木质面板四周加槽钢边框，槽钢型号应比中部槽钢大一个板面厚度，能够有效地防止木质板面四周损伤。例如当面板采用 20mm 厚胶合板时，普通横肋为 8 号槽钢，则边框应采用 10 号槽钢；当面板采用钢板时，其边框槽钢与中部槽钢尺寸相同。各边框之间焊以 8mm 厚钢板，钻 $\phi18mm$ 螺孔，用以互相连接 　　4）竖向龙骨。采用两根 10 号槽钢成对放置，用螺栓与横肋相连接 　　5）吊环。直径为 20mm，通过螺栓与板面上边框槽钢连接，吊环材质一般为 Q235A，不允许使用冷加工处理

序号	项　目	内　　容
3	大模板的构造形式	骨架与支撑架及操作平台的连接方法与组合式模板相同 （4）筒形模板 最初采用的筒形模板是将一个房间的三面现浇墙体模板，通过挂轴悬挂在同一钢架上，墙角用小角模封闭而构成的一个筒形单元体 其优点是由于模板的稳定性好，纵横墙体混凝土同时浇筑，故结构整体性好，施工简单，减少了模板的吊装次数，操作安全，劳动条件好 其缺点是模板每次都要落地，且模板自重大，需要大吨位起重设备，加工精度要求高，灵活性差，安装时必须按房间弹出的十字中线就位，施工起来比较麻烦，所以导致了其通用性差，目前已经很少采用 用于电梯井的筒形模板在表 2-42 中单独进行介绍 （5）外墙模板 1）外墙大模板的构造与组合式大模板基本相同，但由于对外墙面的垂直平整度要求更高，特别是需要做清水混凝土或装饰混凝土的外墙面，对外墙大模板的设计、制作也有其特殊的要求。主要需解决以下几个方面的问题： 2）门窗洞口的设置： 这个问题的习惯做法是：将门窗洞口部位的模板骨架取掉，按门窗洞口的尺寸，在骨架上做一边框，与大模板焊接为一体（图 2-76）。门窗洞口宜在内侧大模板上开设，以便在振捣混凝土时便于进行观察 另一种作法是：保存原有的大模板骨架，将门窗洞口部位的钢板面取掉。同样做一个型钢边框，并采取以下两种方法支设门洞模板 ①散装散拆方法。按门窗洞口尺寸加工好洞口的侧模和角模，钻好连接销孔。在大模板的骨架上按门窗洞口尺寸焊接角钢边框，其连接销孔位置要和门窗洞口模板上的销孔一致（图 2-77）。支模时将各片模板和角模按门窗洞口尺寸组装好，并用连接销将门窗洞口模板与钢边框连接固定。拆模时先拆侧帮模板，上口模板应保留至规定的拆模强度时才能拆除，或在拆除后加设临时支撑 ②板角结合方法。在模板板面门、窗洞口各个角的部位设专用角模，门、窗洞口的各面设条形板模、各板模用铰链固定在大模板板面上。支模时用钢筋钩将其支撑就位，然后安装角模。角模与侧模用企口缝连接 目前最新的做法是：大模板板面不再开门窗洞口，门洞和窄窗采用假洞口框固定在大模板上，装拆方便 3）外墙采用装饰混凝土时，要选用适当的衬模；装饰混凝土是利用混凝土浇筑时的塑性，依靠衬模形成有花饰线条和纹理质感的装饰图案，是一种新的饰面技术。它的成本低，耐久性好，能把结构与装修结合起来施工 目前国内应用的衬模材料及其做法如下： ①铁木衬模：用 2mm 厚铁皮加工成凹凸形图案，与大模板用螺栓固定。在铁皮的凸槽内、用木板填塞严实（图 2-78） ②角钢衬模：用∠30 角钢，按设计图案焊接在外墙外侧大模板板面即可。焊缝须磨光。角钢端部接头、角钢与模板的缝隙及板面不平处，均应用环氧砂浆嵌填、刮平，磨光，干后再涂刷环氧清漆两遍 ③橡胶衬模：若采用油类脱模剂、应选用耐热 耐油橡胶作衬模、一般在工厂按图案要求辊轧成型（图 2-79），在现场安装固定。线条的端部应做成 45°斜角，以利于脱模 ④梯形塑料条：将梯形塑料条用螺栓固定在大模板上。横向放置时要注意安装模板的标高，使其水平一致；竖向放置时，可长短不等，疏密相同

序号	项　目	内　　容
3	大模板的构造形式	4）保证外墙上下层不错台、不漏浆和相邻模板平顺：为了解决外竖线条上下层不顺直的问题，防止上、下楼层错台和漏浆，要在外墙外侧大楼板的上端固定一条宽 175mm、厚 30mm、长度与模板宽度相同的硬塑料板；在其下部固定一条宽 145mm、厚 30mm 的硬塑料板。为了能使下层墙体作为上层楼板的导墙，在其底部连接固定一条［12 槽钢，槽钢外面固定一条宽 120mm、厚 32mm 的橡胶板。浇筑混凝土后，墙体水平缝处形成两道腰线，可以作为外墙的装饰线。上部腰线的主要功能是在支模时将下部的橡胶板和硬塑料板卡在里边作导墙，橡胶板又起封浆条的作用。所以浇筑混凝土时，既可保证墙面平整，又可防止漏浆 　　为保证相邻模板平整，要在相邻模板垂直接缝处用梯形橡胶条、硬塑料条或∟30×4 角钢作堵缝条，用螺栓固定在两大模板中间（图 2-80），这样既可防止接缝处漏浆，又使相邻外墙中间有一个过渡带，拆模后可以作为装饰线或抹平 　　5）外墙大角的处理：外墙大角处相邻的大模板，采取在边框上钻连接销孔，将 1 根 80mm×80mm 的角模固定在一侧大模板上。两侧模板安装后，用"U"形卡与另一侧模板连接固定 　　6）外墙外侧大模板的支设：一般采用外侧安装平台方法。安装平台由三角挂架、平台板、安全护身栏和安全网所组成，是安放外墙大模板、进行施工操作和安全防护的重要设施。在有阳台的地方，外墙大模板安装在阳台上 　　三角挂架是承受模板和施工荷载的构件，必须保证有足够的强度和刚度。各杆件用 2∟50mm×5mm 角钢焊接而成，每个开间内设置两个，通过 φ40 的"L"形螺栓挂钩固定在下层外墙上（图 2-81） 　　平台板用型钢作横梁，上面焊接钢板或铺脚手板，宽度要满足支模和操作需要。其外侧设有可供两个楼层施工用的护身栏和安全网。为了施工方便，还可在三角挂架上用钢管和扣件做成上、下双层操作平台，即上层作结构施工用，下层平台进行墙面修补用

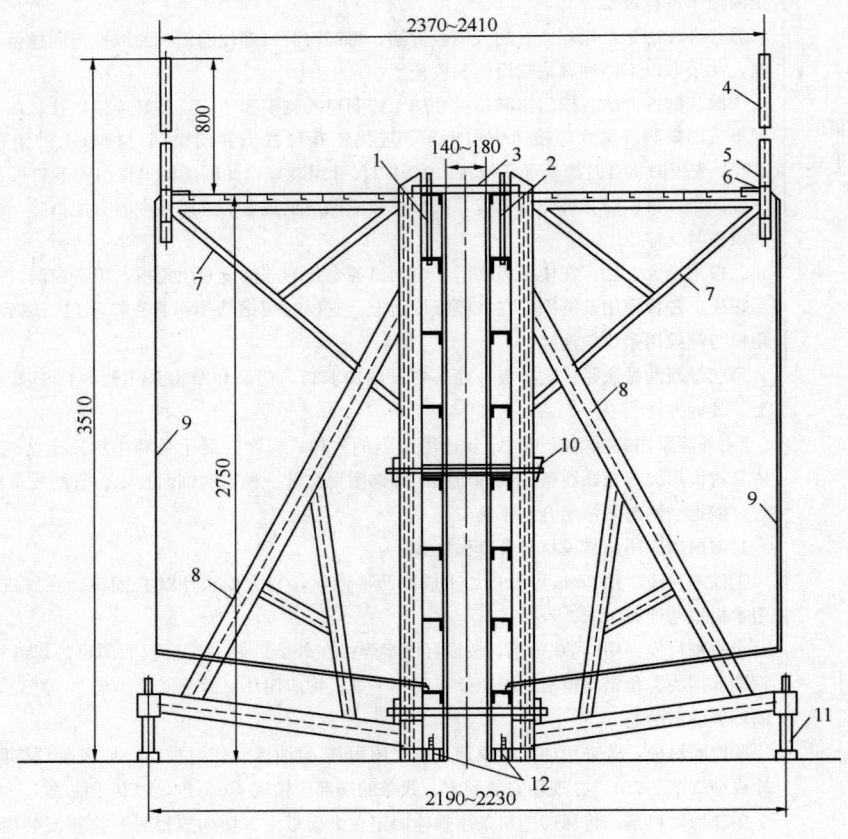

图 2-70　组合式大模板构造

1—反向模板；2—正向模板；3—上口卡板；4—活动护栏；5—爬梯横担；6—螺栓连接；
7—操作平台斜撑；8—支撑架；9—爬梯；10—穿墙螺栓；11—地脚螺栓；12—地脚

大模板用木胶合板的胶合强度指标值　　　　　　　表 2-40

序号	树　种	胶合强度（单个试件指标值）（N/m²）
1	桦木	≥1.0
2	克隆、阿必东、马尾松、云南松、荷木、枫香	≥0.80
3	柳安、拟赤杨	≥0.70

大模板用木胶合板纵向弯曲强度和弹性模量指标　　　　　　　表 2-41

序号	树　种	弹性模量（N/mm²）	静弯曲强度（N/mm²）
1	柳安	$3.5×10^3$	25
2	马尾松、云南松、落叶松	$4.0×10^3$	30
3	桦木、克隆、阿必东	$4.5×10^3$	35

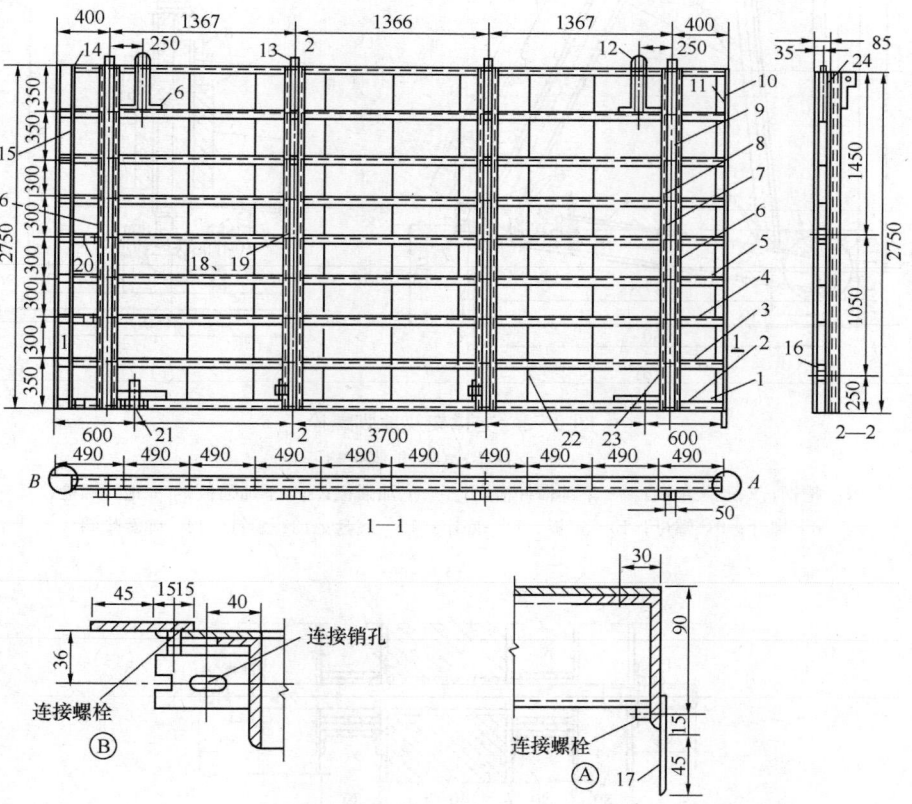

图 2-71　组合大模板板面系统构造

1—面板；2—底横肋（横龙骨）；3、4、5—横肋（横龙骨）；6、7—竖肋（竖龙骨）；8、9、22、23、24—小肋（扁钢竖肋）；10、17—拼缝扁钢；11、15—角龙骨；12—吊环；13—上卡板；14—顶横龙骨；16—撑板钢管；18—螺母；19—垫圈；20—沉头螺丝；21—地脚螺丝

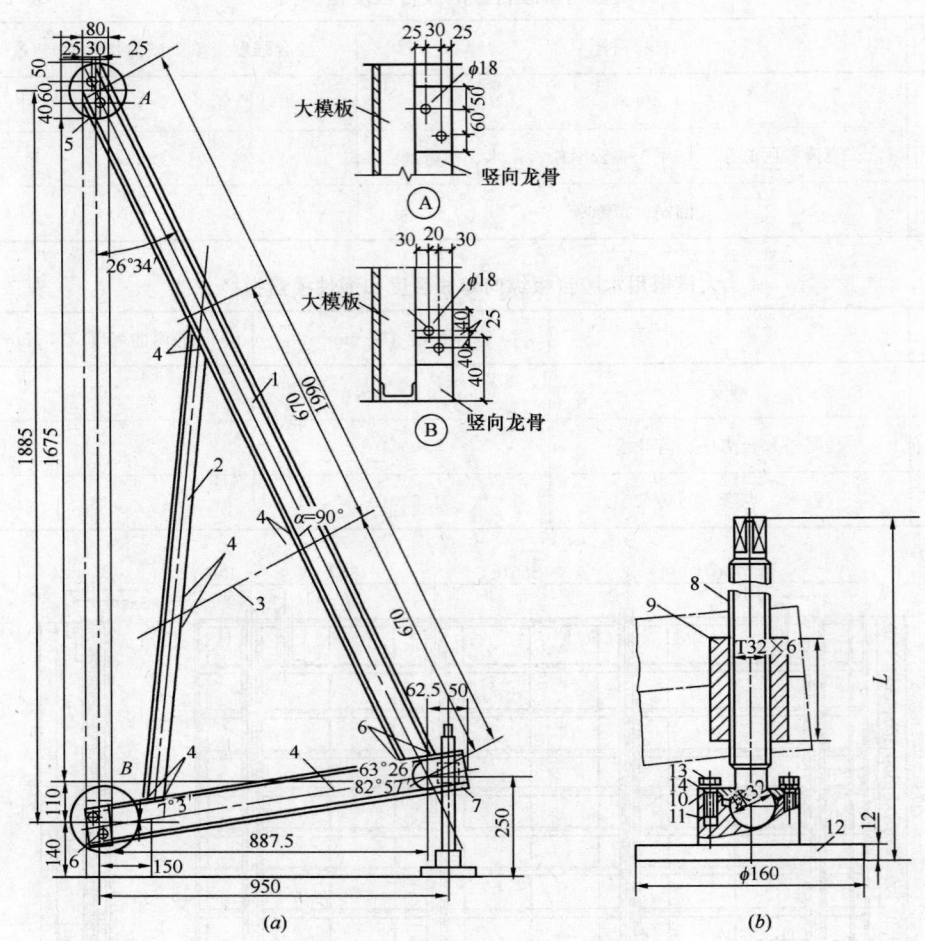

图 2-72 支撑架及地脚螺栓

(a) 支撑架；(b) 地脚螺栓

1—槽钢；2、3—角钢；4—下部横杆槽钢；5—上加强板；6—下加强板；7—地脚螺栓；
8—螺杆；9—螺母；10—盖板；11—底座；12—底盘；13—螺钉；14—弹簧垫圈

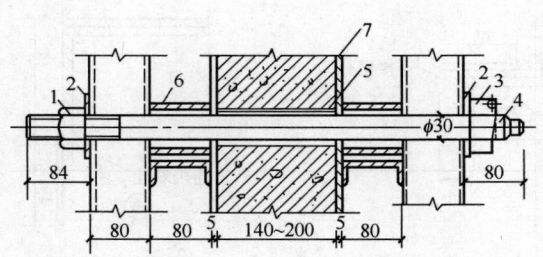

图 2-73 穿墙螺栓连接构造

1—螺母；2—垫板；3—板销；4—螺杆；5—套管；
6—钢板撑管；7—模板

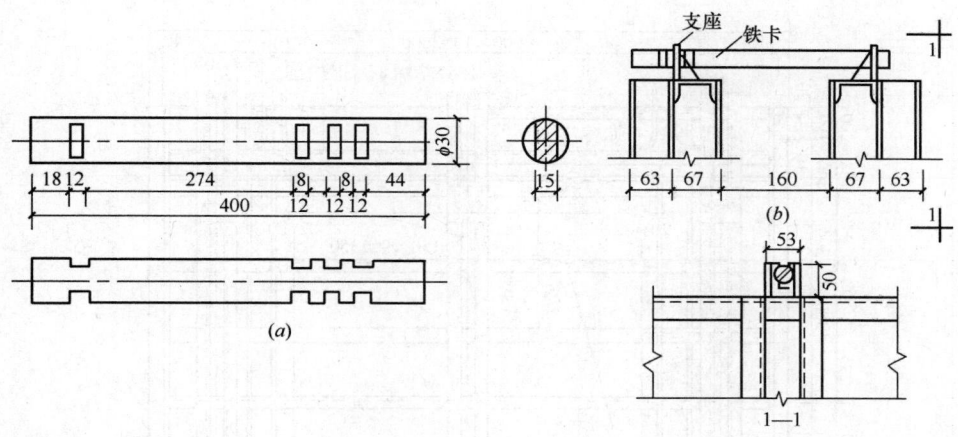

图 2-74　铁卡子与支座大样

(a) 铁卡子大样；(b) 支座大样

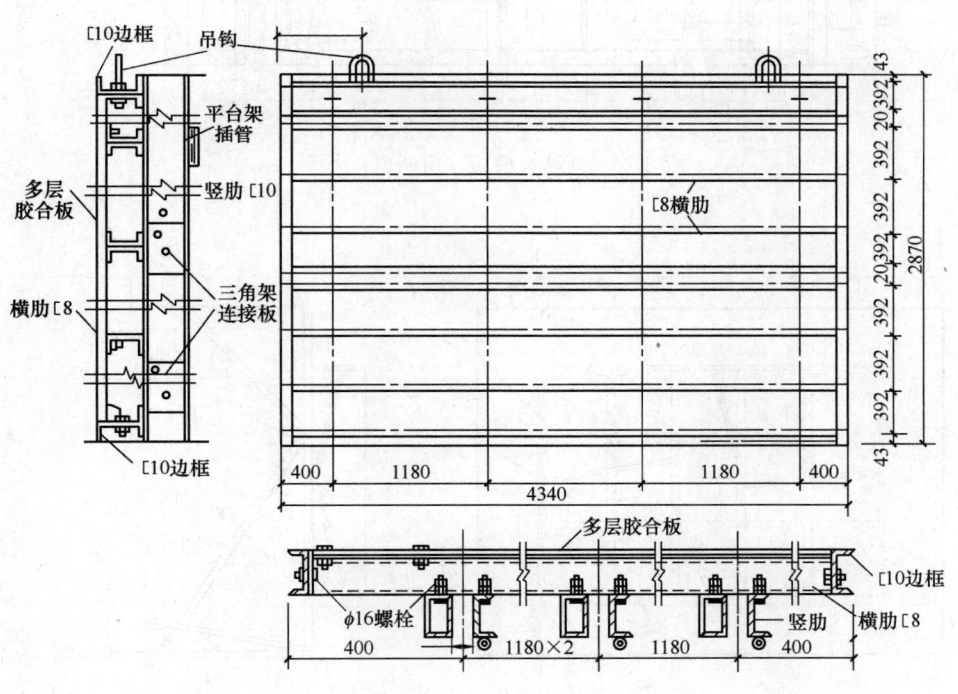

图 2-75　拼装式大模板

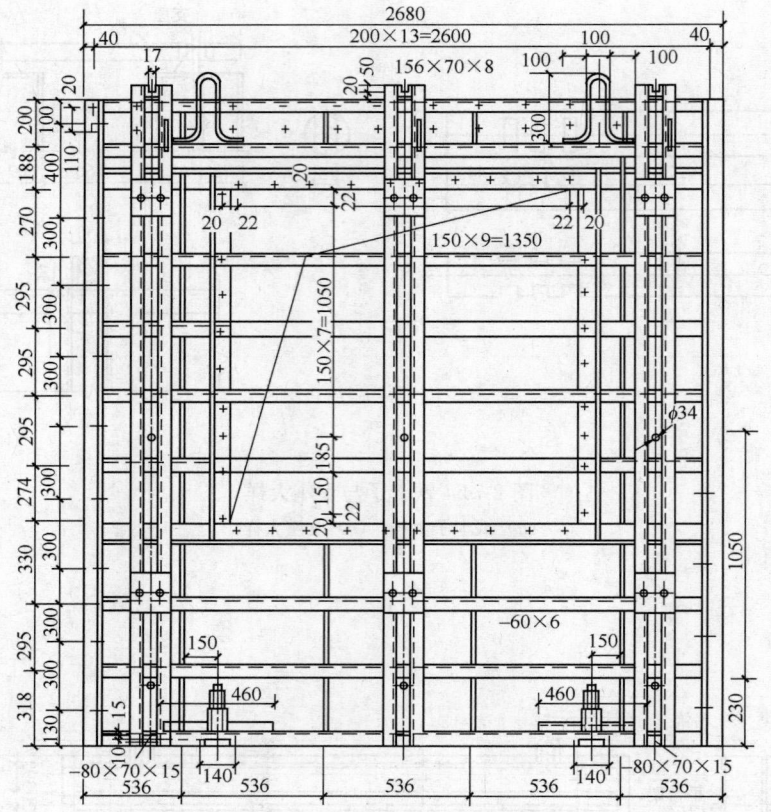

图 2-76　外墙大模板（窗洞口）

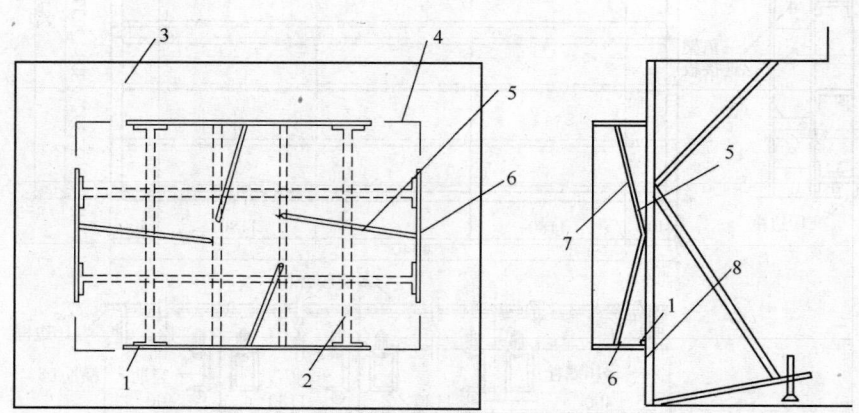

图 2-77　外墙窗洞口模板固定方法

1—6″铰链；2—模板支柱；3—5 厚模板面；4—∟ 100×100 角模；5—φ14 支撑；
6—窗口模板；7—回折方向；8—模板面

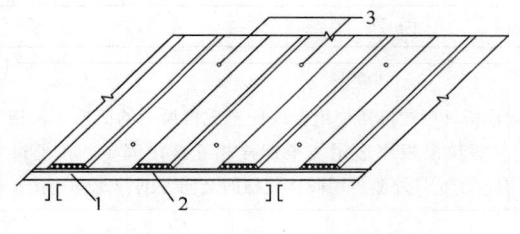

图 2-78 铁木衬模

1—大模板；2—木板条；3—固定螺栓

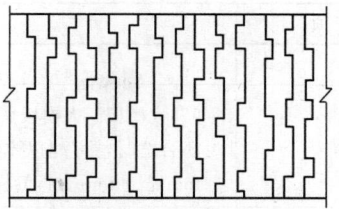

图 2-79 橡胶衬模

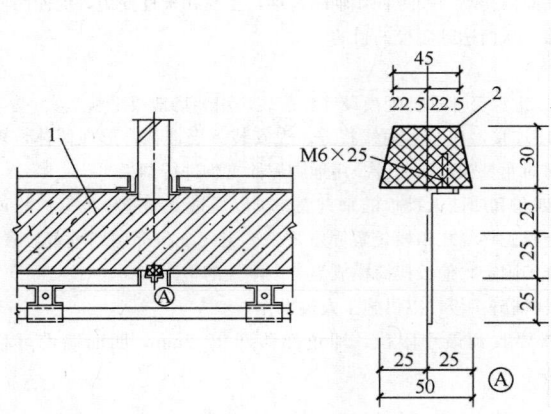

图 2-80 外墙外侧大模板垂直接缝构造处理

1—现浇外墙；2—橡胶条

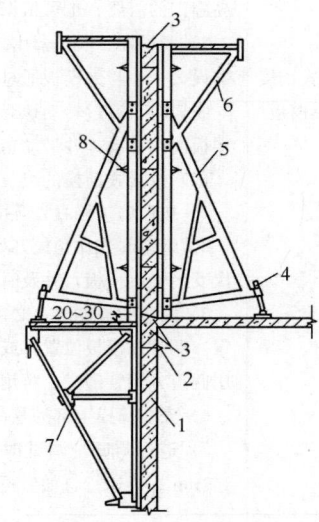

图 2-81 三角挂架支模示意图

1—混凝土墙体；2—钩头螺栓；3—混凝
土施工缝；4—调整螺栓；5—支腿；6—
操作平台；7—外挂架；8—穿墙螺栓

2.6.3 大模板电梯筒模

大模板电梯筒模如表 2-42 所示。

大模板电梯筒模   表 2-42

序号	项　目	内　　容
1	组合式铰接筒形模板	组合式铰接筒形模板，以铰链式角模作连接，各面墙体配以钢框胶合板大模板，如图 2-82 所示 （1）铰接筒形模板的构造：组合式铰接筒模是由组合式模板组合成大模板、铰接式角模、脱模器、横竖龙骨、悬吊架和紧固件组成

序号	项 目	内 容
1	组合式铰接筒形模板	1）大模板。大模板采用组合式模板，用铰接角模组合成任意规格尺寸的筒形大模板（如尺寸不合适时，可配以木模板条）。每块模板周边用 4 根螺栓相互连接固定，在模板背面用 50mm×100mm 方钢管横龙骨连接，在龙骨外侧再用同样规格的竖向方钢管龙骨连接。模板两端与角模连接，形成整体筒模 2）铰接角模：铰接式角模除作为筒形模的角部模板外，还具有进行支模和拆模的功能。支模时，角模张开、两翼呈 90°；拆模时，两翼收拢。角模有三个铰链轴，即 A、B1、B2，如图 2-83 所示。脱模时，脱模器牵动相邻的大模板，使大模板脱离墙面并带动内链板的 B1、B2 轴，使外链板移动，从而使 A 轴也脱离墙面，这样就完成了脱模工作 角模按 0.3m 模数设计，每个高 0.9m 左右，通常由三个角模连接在一起，以满足 2.7m 层高施工的需要，也可根据需要加工 3）脱模器：脱模器由梯形螺纹正反扣螺杆和螺套组成，可沿轴向往复移动。脱模器每个角安设 2 个，与大模板通过连接支架固定，如图 2-84 所示 脱模时，通过转动螺套，使其向内转动，使螺杆作轴向运动，正互扣螺杆变短，促使两侧大楼板向内移动，并带动角模滑移，从而达到脱模的目的 （2）铰接式筒模的组装 1）按照施工栋号设计的开间、进深尺寸进行配模设计和组装。组装场地要平整坚实 2）组装时先从角模开始按顺序连接，注意对角线找方。先安装下层楼板，形成筒体，再依次安装上层模板，并及时安装横向龙骨和经向龙骨。用地脚螺栓支脚进行调平 3）安装脱模器时，必须注意四角和四面大模板的垂直度，可以通过变动脱模器（放松或旋紧）调整好模板位置，或用固定板先将复式角模位置固定下来。当四个角都调到垂直位置后，用四道方钢管围拢，再用方钢管卡固定，使铰接筒模成为一个刚性的整体 4）安装筒模上部的悬吊撑架，铺脚手板，以供施工人员操作 5）进行调试。调试时脱模器要收到最小限位，即角部移开 42.5mm，四面墙模可移进 141mm。待运行自如后再行安装
2	滑板平台骨架筒模	滑板平台骨架筒模，是由装有连接定位滑板的型钢平台骨架，将井筒四周大模板组成单元筒体，通过定位滑板上的斜孔与大模板上的销钉相对滑动，来完成筒模的支拆工作，如图 2-85 所示 滑板平台骨架筒模，由滑板平台骨架、大模板、角模和模板支承平台等组成。根据梯井墙体的具体情况，可设置三面大模板或四面大模板 （1）滑板平台骨架：滑板平台骨架是连接大模板的基本构架，也是施工操作平台，它设有自动脱模的滑动装置。平台骨架由 12 号槽钢焊接而成，上盖 1.2mm 厚钢板，出入孔旁挂有爬梯，骨架四角焊有吊环，如图 2-86 所示 连接定位滑板是筒模整体支拆的关键部位 （2）大模板：采用 8 号槽钢或 φ50mm×100mm×2.5mm 薄壁型钢做骨架，焊接 5mm 厚钢板或用螺栓连接胶合板 （3）角模：按一般大模板的角模配置 （4）支承平台：支承平台是井筒中支承筒模的承重平台，用螺栓固定于井壁上

序号	项　目	内　　容
3	组合式提模	（1）组合式提模由模板、定位脱模架和底盘平台组成，将电梯井内侧四面模板固定在一个支撑架上。整体安装模板时，将支撑伸长，模板就位；拆模时，吊装支撑架，模板收缩位移，脱离混凝土墙体，即可将模板连同支撑架同时吊出。电梯井内底盘平台可做成工具式，伸入电梯间筒壁内的支撑杆可做成活动式，拆除时将活动支撑杆缩入套筒内即可。图 2-87 为组合式提模及工具式支模平台 组合式提模的特点是，把四面（或三面）模板及角模和底盘平台通过定位脱模架有机地连接在一起。三者随着模板整体提升，安装时随着底盘搁置脚伸入预留孔内而恢复水平状态，因而可以提高工效。这样，减少了电梯井筒作业时需逐层搭设施工平台的工序，同时底盘平台由于全部封闭，也提高了施工的安全度 （2）组合式提模的构造如下： 1）大楼板与角模 大模板可以做成整体式，也可以用组合钢模板进行拼装。角模要设置加劲肋，并在中部的加劲肋上设一吊钩，与三脚架的吊链连在一起。角模与大模板采用压板连接 在大模板上采用开洞的办法留出电梯井的门洞模板，并通过开洞口供施工人员出入作业。在开洞处的大模板上设置两根 $\phi48$ 的钢管，以增加洞口的刚度，又可与电梯井筒外模连在一起 2）底盘平台架 底盘平台架由底盘架及门形架两部分组成。底盘架用 2 根 12 号槽钢横梁与 4 根 12 号槽钢纵梁组成井字状，上面满铺钢板网。纵、横梁端部装焊导向条，单向伸缩的搁脚放在纵梁两端。门形架焊接在底盘的横梁上，用 10 号槽钢焊接而成 定位脱模装置由安装在门形架上的 8 个千斤顶和承力小车及可调卡具组成，用千斤顶调整高低。每面模板用两个承力小车及两个可调卡具支架，进行水平及竖向调整。在门形架四个角上还装有可调三脚架，用于悬吊角模。铁链与角模的夹角成 5°，当大模板移动时，角模被铁链吊住，使竖向无大的移动，这样既满足了大模板水平方向的调整，又解决了角模悬吊和拆除的问题
4	电梯井自升筒模	（1）这种模板的特点是将模板与提升机具及支架结合为一体，具有构造简单合理、操作简便和适用性强等特点 自升筒模由模板、托架和立柱支架提升系统两大部分组成，如图 2-88 所示 （2）模板 模板采用组合式模板及铁链式角模，其尺寸根据电梯井结构大小决定。在组合式模板的中间，安装一个可转动的直角形铰接式角模，在装、拆模板时，使四侧模板可进行移动，以达到安装和拆除的目的。模板中间设有花篮螺栓退模器，供安装、拆除模板时使用 （3）托架 筒模托架由型钢焊接而成，如图 2-89 所示。托架上面设置方木和脚手板，托架是支承筒模的受力部件，必须坚固耐用。托架与托架调节梁用 U 形螺栓组装在一起，并通过支腿支撑于墙体的预留孔中，形成一个模板的支承平台和施工操作平台 （4）立柱支架及提升系统 立柱支架用型钢焊接而成。其构造形式与筒模托架相似，它是由立柱、立柱支架、支架调节梁和支腿等部件组成。支架调节梁的调节范围必须与托架调节梁相一致。立柱上端起吊梁上安装一个捯链，起重量为 2～3t；用钢丝绳与筒模托架相连接，形成筒模的提升系统

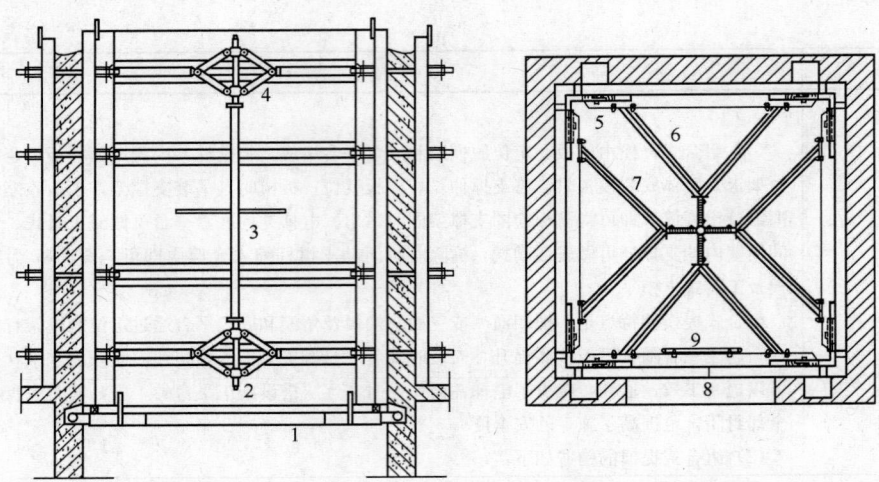

图 2-82　组合式铰接筒形模板构造

1—底盘；2—下面调节杆；3—旋转杆；4—上部调节杆；5—角模连接杆；6—支撑架 A；
7—支撑架 B；8—墙模板；9—钢爬梯

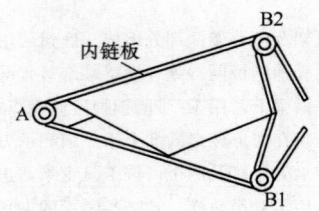

图 2-83　铰链角模

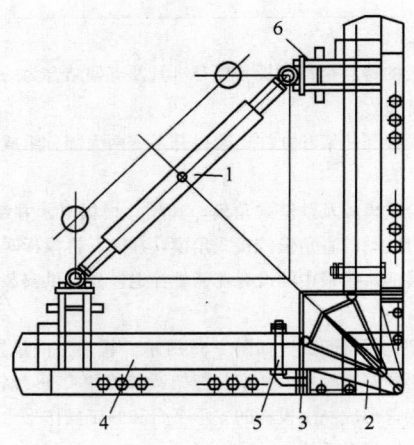

图 2-84　脱模器

1—脱模器；2—角模；3—内六角螺栓；4—模板；5—钩头螺栓；
6—脱模器固定支架

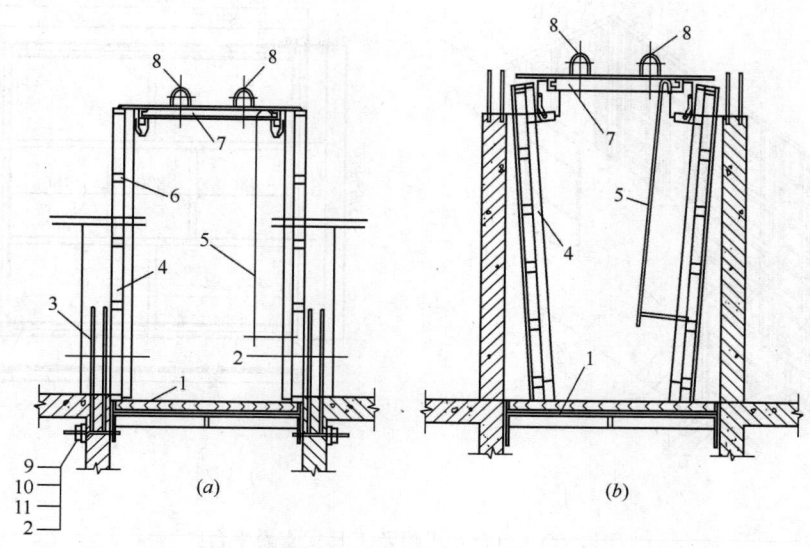

图 2-85　滑板平台骨架筒模安装示意

(*a*) 安装就位；(*b*) 拆模

1—支承平台；2—穿墙螺栓；3—竖筋；4—模板；5—爬梯；6—横龙骨；7—滑板

平台骨架；8—吊环；9—螺母；10—铁垫；11—方木

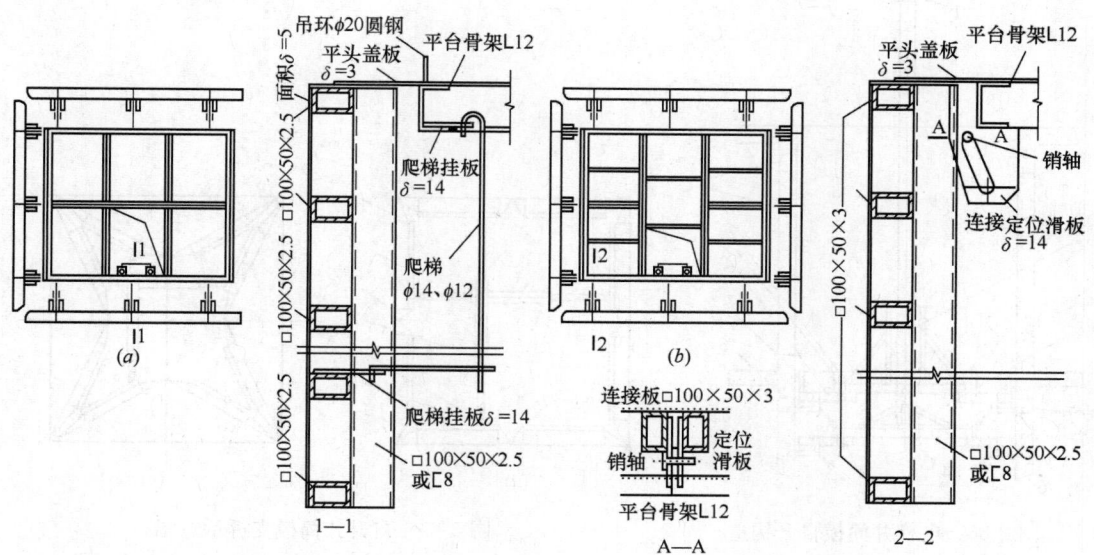

图 2-86　滑板平台骨架筒模构造

(*a*) 三面大模板；(*b*) 四面大模板

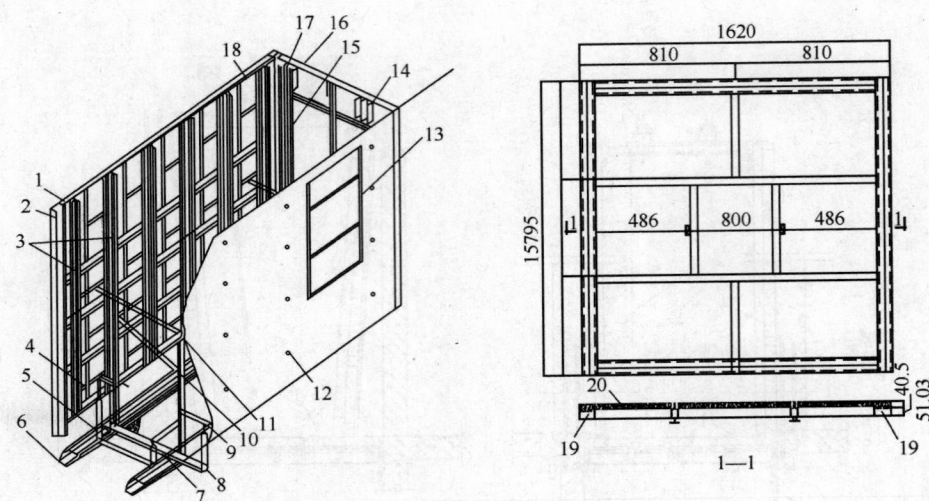

图 2-87　组合式提模及工具式支模平台

1—大模板；2—角模；3—角模骨架；4—拉杆；5—千斤顶；6—单向铰搁脚；7—底盘及钢板
网；8—导向条；9—承力小车；10—门形钢架；11—可调卡具；12—拉杆螺栓孔；13—门洞；
14—搁脚预留洞位置；15—角模骨架吊链；16—定位架；17—定位架压板螺杆；18—吊环；
19—伸缩固定端；20—铺设脚板

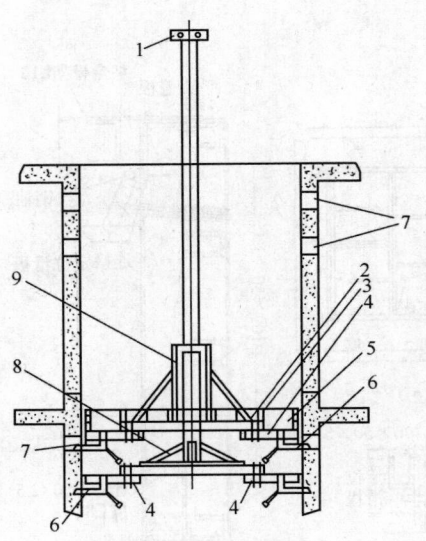

图 2-88　电梯井筒模自升构造

1—吊具；2—面板；3—方木；4—托架
调节梁；5—调节丝杆；6—支腿；7—
支腿洞；8—立柱支架；9—筒模托架

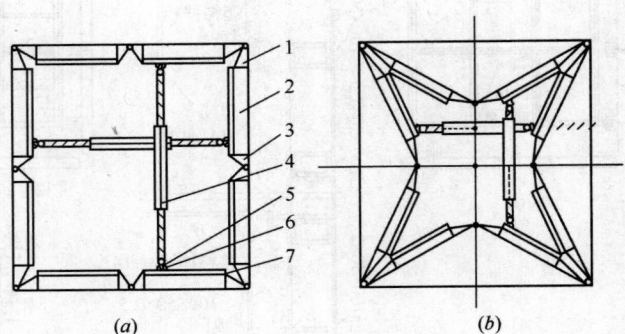

(a)　　　　　　(b)

图 5-89　自升式筒模支拆示意图

(a) 支模；(b) 拆模

1—四角角模；2—模板；3—直角形铰接式角模；
4—退模器；5—3 行扣件；6—竖龙骨；7—横龙骨

2.7　滑　动　模　板

2.7.1　滑动模板简述

滑动模板简述如表 2-43 所示。

滑动模板简述　　　　　　　　　　　　　　　表 2-43

序号	项　目	内　　　容
1	术语	滑动模板工程术语如本书表 1-2 序号 6 所示
2	滑模工艺与适用范围	（1）滑模工艺是混凝土工程施工方法之一。与常规施工方法相比，它具有施工速度快，机械化程度高，结构整体性能好，所占用的场地小、粉尘污染少，有利于绿色环保及安全文明施工，滑模设施易于拆散和灵活组配，可以重复利用等优点。通过精心设计和施工，使滑模和其他施工工艺相结合（如与预制装配、砌筑或其他支模方法相结合），就能为进一步简化施工工艺创造条件。因此，滑模工艺在我国工程建设中已被广泛应用，并取得了较好的经济效益和社会效益。 滑模工艺与普通的现浇支模方法比较有许多不同的特点，它主要表现在： 1）滑模结构混凝土的成型是靠沿其表面运动着的模板（滑框）来实现的，成型后很快脱模，结构即暴露在大气环境中，因而受气温条件及操作情况等方面因素的影响较多 2）滑模施工中的全部荷载都是依靠埋设在混凝土中或体外刚度较小的支承杆承受的，其上部混凝土强度很低，因而施工中的活动都必须保证与结构混凝土强度增长相协调 3）滑模工程是在动态下成型，为保证工程质量和施工安全，必须及时采取有效措施严格控制各项偏差，确保施工操作平台的稳定可靠 4）滑模工艺是一种连续成型的快速施工方法，工程所需的原材料准备，必须满足连续施工的要求，机具设备的性能要可靠，并保证长时间地连续运转 5）滑模施工是多工种紧密配合的循环作业，要求施工组织严密，指挥统一，各岗位职责要明确 近十多年来，随着我国高层建筑、新型结构以及特种工程的增多，滑模技术又有了许多创新和发展，例如：“滑框倒模”技术的应用，“围模合一大钢模”的应用，大（中）吨位滑模千斤顶的应用，支承杆设在结构体外或结构体内、外混合使用技术的应用，滑模高强度等级（高性能）混凝土的应用，泵送混凝土与滑模平台布料机配套技术的应用，以及竖井井壁、滑模托带、复合壁、抽孔滑模、滑架提模等特种滑模施工，均在工程中得到了成功应用，证明技术上是成熟的，应予以肯定并规范化 "滑框倒模工艺"是传统滑模施工技术的发展，该工艺对改善滑模工程表观质量有重要作用。其构造是在原滑模装置的围圈和模板之间加设"滑轨"，将提升架、围圈、滑轨组成滑框，模板用横向板组合，由"滑轨"支承，且能沿"滑轨"滑动。当混凝土充满模板提升滑框时，由于模板与滑轨之间的摩阻力小于模板与混凝土之间的摩阻力，滑轨随着提升架向上移动而模板维持原位。当最下一块横向模板露出滑轨下口时，即将其取下，并装入滑轨的上口，然后浇灌混凝土，再提升滑框，如此循环作业，成型竖向混凝土结构。由于施工中避免了模板与混凝土之间的相对运动、摩擦，而且可以随时对取出的模板涂刷脱模剂，从而较好地解决了早期滑模工艺由于管理不到位易发生的表面粗糙、掉楞掉角、拉裂等缺陷。"围模合一大钢模"是将常用的与围圈用挂钩连接的小块钢模板，改变为以 300mm 为模数，标准宽度为 900～2400mm，高 900～1200mm；模板与围圈合一的大型钢模板，其水平槽钢肋起围圈的作用并与提升架直接相连；由于这种模板刚度大，拼缝少，装拆较简便，对保证施工精度起到了积极作用。其他如大（中）吨位千斤顶的使用，支承杆布置在结构体外或体内外混合使用，高强度（高性能）混凝土的应用，想凝土泵送工艺和平台布料机的应用等新工艺、新装备、新材料在滑模施工中的使用，对提高滑模施工技术水平有着重要的作用，因此，本书肯定了这些新的技术成果，并有相应的条款作出技术规定 从事滑模工程的技术人员必须切实掌握滑模工程的特点，否则可能会出现工程设计不适于滑模，造成施工困难而降低综合效益；或因施工不当使工程质量低劣，出现混凝土掉楞掉角、表面粗糙、拉裂、门窗等洞口不正，结构偏斜等问题，影响结构的安全使用，甚至在施工中发生操作平台坍塌，造成人身伤亡、国家财产遭受严重损失等恶性事故。制定本条是为了使滑模工程的施工和验收由一个全国统一的标准，使工程能够做到技术先进、经济合理、安全适用、确保质量的要求，更好地推动滑模施工工艺的发展

序号	项 目	内 容
2	滑模工艺与适用范围	（2）本书主要用于指导采用滑模施工的混凝土（不含特种混凝土或有特殊要求的混凝土）结构工程的设计与施工，所考虑的工程对象，包括滑模施工的竖向或斜向的工程，如混凝土筒体结构（包括烟囱、井塔、水塔、造粒塔、电视塔、筒仓、油罐、桥墩等），框架结构（包括排架、大型独立混凝土柱、多层和高层框架等），墙板结构（包括多层、高层和超高层建筑物）。近年来，滑模施工的应用范围有了较大的扩展，这些工程对象大多出现在工业建设中，它们都是以滑模施工为主导工艺，但又附有一些其他特殊要求，需要在制定滑模方案的同时予以研究，增加或改变一些附加的技术和管理措施才能顺利完成。这类滑模工程的施工，我们统称为"特种滑模施工"。这里所指的"特"主要考虑两个方面，一是施工的结构对象比较特殊，二是所使用的滑模方法比较特殊。随着国民经济的发展，工业生产的扩大，这类工程结构不断增加，有必要将那些技术上比较成熟的特种滑模施工工艺列入书中，例如滑架提升施工（薄壁曲线变坡滑模）、竖井井壁施工（沿岩邦单侧滑模）、复合壁滑模施工（同一截面内两种不同性质混凝土滑模）、滑模托带施工（结构的支承体系在滑模施工时托带重、大结海如桁架、网架等就位）、抽孔滑模施工（在滑模施工的混凝土截面内同时抽芯留孔）等
3	滑模施工工程的设计	（1）一般规定 1）建筑结构的平面布置，可按设计需要确定。但在竖向布置方面，应使一次滑升的上下构件沿模板滑动方向的投影重合，有碍模板滑动的局部凸出结构应做设计处理 2）平面面积较大的结构物，宜设计成分区段或部分分区段进行滑模施工。当区段分界与变形缝不一致时，应对分界处做设计处理 3）平面面积较小而高度较高的结构物，宜按滑模施工工艺要求进行设计 4）竖向结构型式存在较大变异的结构物，可择其适合滑模施工的区段按滑模施工要求进行设计。其他区段宜配合其他施工方法设计 5）施工单位应与设计单位共同确定横向结构构件的施工程序，以及施工过程中保持结构稳定的技术措施 6）结构截面尺寸应符合下列规定： ①钢筋混凝土墙体的厚度不应小于 140mm ②圆形变截面筒体结构的筒壁厚度不应小于 160mm ③轻骨料混凝土墙体厚度不应小于 180mm ④钢筋混凝土梁的宽度不应小于 200mm ⑤钢筋混凝土矩形柱短边不应小于 300mm，长边不应小于 400mm 注：当采用滑框倒模等工艺时，可不受本条各款限制 7）采用滑模施工的结构，其混凝土强度等级应符合下列规定： ①普通混凝土不应低于 C20 ②轻骨料混凝土不应低于 C15 ③同一个滑升区段内的承重构件，在同一标高范围宜采用同一强度等级的混凝土 8）受力钢筋的混凝土保护层厚度（从主筋的外缘算起）应符合下列规定： ①墙体不应小于 20mm ②连续变截面筒壁不应小于 30mm ③梁、柱不应小于 30mm 9）沿模板滑动方向，结构的截面尺寸应减少变化，宜采取变换混凝土强度等级或配筋量来满足结构承载力的要求 10）结构配筋应符合下列规定： ①各种长度、形状的钢筋，应能在提升架横梁以下的净空内绑扎 ②施工设计时，对交汇于节点处的各种钢筋应做详细排列 ③对兼作结构钢筋的支承杆，其设计强度宜降低 10%～25%，并根据支承杆的位置进行钢筋代换，其接头的连接质量应与钢筋等强 ④预留与横向结构连接的连接筋，应采用圆钢，直径不宜大于 8mm，连接筋的外露部分不应先设弯钩，埋入部分宜为 U 形。当连接筋直径大于 10mm 时，应采取专门措施

序号	项　目	内　　　容
3	滑模施工工程的设计	11）滑模施工工程宜采用后锚固装置代替预埋件。当需要用预埋件时，其形状和尺寸应易于安装、固定，且与构件表面持平，不得凸出混凝土表面 12）各层预埋件或预留洞的位置宜沿垂直或水平方向规律排列 13）对二次施工的构件，其预留孔洞的尺寸应比构件的截面每边适当增大 （2）简体结构 1）当贮仓群的面积较大时，可根据施工能力和经济合理性，设计成若干个独立的贮仓组 2）贮仓简壁截面宜上下一致。当壁厚需要改变时，宜在简壁内侧采取阶梯式变化或变坡方式处理 3）贮仓底板以下的支承结构，当采用与贮仓简壁同一套滑模装置施工时，宜保持与上部简壁的厚度一致。当厚度不一致时，宜在简壁的内侧扩大尺寸 4）贮仓底板、漏斗和漏斗环梁与简壁设计成整体结构时，可采用空滑或部分空滑的方法浇筑成整体。设计应尽可能减低漏斗环梁的高度 5）结构复杂的贮仓，底板以下的结构宜支模浇筑。在生产工艺许可时，可将底板、漏斗设计成与简壁分离式，分离部分采用二次支模浇筑 6）贮仓的顶板结构应根据施工条件，选择预制装配或整体浇筑。顶板梁可设计成劲性承重骨架梁 7）井塔类结构的简壁，宜设计成带肋壁板，沿竖向保持壁板厚度不变，必要时可变更壁柱截面的长边尺寸。壁柱与壁板或壁板与壁板连接处的阴角宜设置斜角 8）井塔内楼层结构的二次施工设计宜采用以下几种方式： ①仅塔身简壁结构一次滑模施工，楼层结构（包括主梁、次梁及楼板）均为二次浇筑。应沿竖向全高度内保持壁柱的完整，由设计做出主梁与壁柱连接大样 ②楼层的主梁与简壁结构同为一次滑模施工，仅次梁和楼板为二次浇筑。主梁上预留次梁二次施工的槽口宜为锯齿状，槽口深度的选择，应满足主梁在次梁未浇筑前受弯压状态的强度；主梁端都上方负弯矩区，应配置双层负弯矩钢筋，其下层负弯矩钢筋应设置在楼板厚度线以下 ③塔体壁板与楼板二次浇筑的连接。在壁板内侧应预留与楼板连接的槽口，当采取预留"胡子筋"时，其埋入部分不得为直线单根钢筋 9）电梯井道单独采用滑模施工时，宜使井道平面的内部净空尺寸比安装尺寸每边放大 30mm 以上 10）烟囱等带有内衬的简体结构，当简壁与内衬同时滑模施工时，支承内衬的牛腿宜采用矩形，同时应处理好牛腿的隔热问题 11）简体结构的配筋宜采用热扎带肋钢筋，直径不应小于 10mm。两层钢筋网片之间应配置拉结筋，拉结筋的间距与形状应作设计规定 12）简体结构中的环向钢筋接头，宜采用机械方法可靠连接 （3）框架结构 1）框架结构布置应符合下列规定： ①各层梁的竖向投影应重合，宽度宜相等 ②同一滑升区段内宜避免错层横梁 ③柱宽宜比梁宽每边大 50mm 以上 ④柱的截面尺寸应减少变化，当需要改变时，边柱宜在同一侧变动，中柱宜按轴线对称变动 2）大型构筑物的框架结构造型，可设计成异形截面柱，以增大层间高度，减少横梁数量 3）当框架的楼层结构（包括次梁及楼板）采用在主梁上预留板厚及次梁梁窝做二次浇筑施工时，设计可按整体计算 4）柱上无梁侧的牛腿宽度宜与柱同宽，有梁侧的牛腿与梁同宽，当需加宽牛腿支承面时，加宽部分可采取二次浇筑

序号	项 目	内 容
3	滑模施工工程的设计	5）框架梁的配筋应符合下列规定： ①当楼板为二次浇筑时，在梁支座负弯矩区段，应配置承受施工阶段负弯矩的钢筋 ②梁内不宜设置弯起筋，宜根据计算加强箍筋。当有弯起筋时，弯起筋的高度应小于提升架横梁下缘距模板上口的净空尺寸 ③箍筋的间距应根据计算确定，可采用不等距排列 ④纵向筋端部伸入柱内的锚固长度不宜弯折，当需要时可朝上弯折 ⑤当主梁上预留次梁梁窝时，应根据验算需要对梁窝截面采取加强措施 6）当框架梁采用自承重的劲性骨架或柔性配筋的焊接骨架时，应符合下列规定： ①骨架的承载能力应大于梁体混凝土自重的 1.2 倍以上 ②骨架的挠度值不应大于跨度的 1/500 ③骨架的端腹杆宜采用下斜式 ④当骨架的高度大于提升架横梁下的净空高度时，骨架上弦杆的端部节间可采取二次拼接 7）柱的配筋应符合下列规定： ①纵向受力筋宜选配粗直径钢筋以减少根数，千斤顶底座及提升架横梁宽度所占据的竖向投影位置应避开纵向受力筋 ②纵向受力筋宜采用热轧带肋钢筋，钢筋直径不宜小于 16mm ③当各层柱的配筋量有变化时，宜保持钢筋根数不变而调整钢筋直径 ④箍筋形式应便于从侧面套入柱内。当采用组合式箍筋时，相邻两个箍筋的拼接点位置应交替错开 8）二次浇筑的次梁与主梁的连接构造，应满足施工期及使用期的受力要求 9）双肢柱及工字形柱采用滑模施工时，应符合下列规定： ①双肢柱宜设计成平腹杆，腹杆宽度宜与肢杆等宽，腹杆的间距宜相等 ②工字形柱的腹板加劲肋宜与翼缘等宽 （4）墙板结构 1）墙板结构各层平面布置在竖向的投影应重合 2）各层门窗洞口位置宜一致，同一楼层的梁底标高及门窗洞口的高度和标高宜统一 3）同一滑升区段内楼层标高宜一致 4）当外墙具有保温、隔热功能要求时，内外墙体可采用不同性能的混凝土 5）当墙板结构含暗框架时，暗框架柱的配筋率宜取下限值，暗柱的配筋还应符合上述（3）条中之 7）的要求 6）当墙体开设大洞口时，其梁的配筋应符合上述（3）条中之 5）的要求 7）各种洞口周边的加强钢筋配置，不宜在洞口角部设 45°斜钢筋，宜加强其竖向和水平钢筋。当各楼层门窗洞口位置一致时，其侧边的竖向加强钢筋宜连续配置 8）墙体竖向钢筋伸入楼板内的锚固段，其弯折长度不得超出墙体厚度。当不能满足钢筋的锚固长度时，可用焊接的方法接长 9）支承在墙体上的梁，其钢筋伸入墙体内的锚固段宜向上弯。当梁为二次施工时，梁端钢筋的形式及尺寸应适应二次施工的要求 10）墙板结构的配筋，应符合上述（2）条中之 11）的要求
4	组成	（1）滑模装置主要由模板系统、操作平台系统、液压系统以及施工精度控制系统和水、电配套系统等部分组成，如图 2-90 所示 （2）施工精度控制系统主要包括：提升设备本身的限位调平装置、滑模装置在施工中的水平度和垂直度的观测和调整控制设施等，见有关规定 （3）水、电配套系统包括动力、照明、信号、广播、通信、电视监控以及水泵、管路设施等，见有关规定

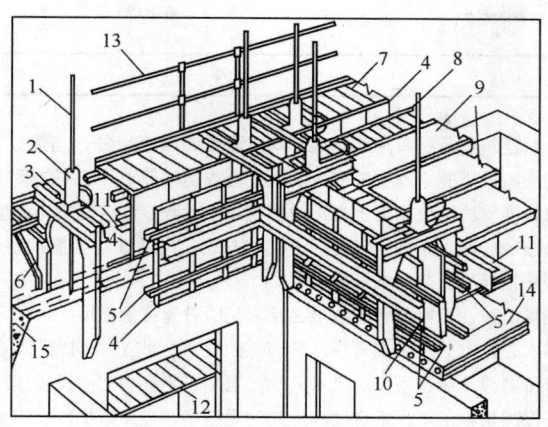

图 2-90　滑模装置示意图

1—支承杆；2—液压千斤顶；3—提升架；4—模板；5—围圈；6—外挑三脚架；7—外挑操作平台；8—固定操作平台；9—活动操作平台；10—内围梁；11—外围梁；12—吊脚手架；13—栏杆；14—楼板；15—混凝土墙体

2.7.2　滑模施工的准备

滑模施工的准备如表 2-44 所示。

滑模施工的准备　　　　　　　　　　　　　　表 2-44

序号	项　目	内　　　　容
1	简述	（1）滑模施工的准备工作应遵循以下原则：技术保障措施周全；现场用料充足；施工设备可靠；人员职责明确；施工组织严密高效 （2）滑模施工应根据工程结构特点及滑模工艺的要求对设计进行全面细化，提出对工程设计的局部修改意见，确定不宜滑模施工部位的处理方法以及划分滑模作业的区段等
2	施工组织设计	滑模施工必须根据工程结构的特点及现场的施工条件编制滑模施工组织设计，并应包括下列主要内容： （1）施工总平面布置（包含操作平台平面布置） （2）滑模施工技术设计 （3）施工程序和施工进度计划（包含对季节性气象条件的安排） （4）施工安全技术、质量保证措施 （5）现场施工管理机构、劳动组织及人员培训 （6）材料、半成品、预埋件、机具和设备等供应保障计划 （7）特殊部位滑模施工方案
3	施工总平面布置	施工总平面布置应符合下列要求： （1）应满足施工工艺要求，减少施工用地和缩短地面水平运输距离 （2）在施工建筑物的周围应设立危险警戒区。警戒线至建筑物边缘的距离不应小于高度的 1/10，且不应小于 10m。对于烟囱类变截面结构，警戒线距离应增大至其高度的 1/5，且不小于 25m。不能满足要求时，应采取安全防护措施

序号	项 目	内 容
3	施工总平面布置	（3）临时建筑物及材料堆放场地等均应设在警戒区以外，当需要在警戒区内堆放材料时，必须采取安全防护措施。通过警戒区的人行道或运输通道，均应搭设安全防护棚 （4）材料堆放场地应靠近垂直运输机械，堆放数量应满足施工速度的需要 （5）根据现场施工条件确定混凝土供应方式，当设置自备搅拌站时，宜靠近施工地点，其供应量必须满足混凝土连续浇灌的需要 （6）现场运输、布料设备的数量必须满足滑升速度的需要 （7）供水、供电必须满足滑模连续施工的要求。施工工期较长，且有断电可能时，应有双路供电或自备电源。操作平台的供水系统，当水压不够时，应设加压水泵 （8）确保测量施工工程垂直度和标高的观测站、点不遭损坏，不受振动干扰
4	滑模施工技术设计	滑模施工技术设计应包括下列主要内容： （1）滑模装置的设计 （2）确定垂直与水平运输方式及能力，选配相适应的运输设备 （3）进行混凝土配合比设计，确定浇灌顺序、浇灌速度、入模时限，混凝土的供应能力应满足单位时间所需混凝土量的 1.3～1.5 倍 （4）确定施工精度的控制方案，选配观测仪器及设置可靠的观测点 （5）制定初滑程序、滑升制度、滑升速度和停滑措施 （6）制定滑模施工过程中结构物和施工操作平台稳定及纠偏、纠扭等技术措施 （7）制定滑模装置的组装与拆除方案及有关安全技术措施 （8）制定施工工程某些特殊部位的处理方法和安全措施，以及特殊气候（低温、雷雨、大风、高温等）条件下施工的技术措施 （9）绘制所有预留孔洞及预埋件在结构物上的位置和标高的展开图 （10）确定滑模平台与地面管理点、混凝土等材料供应点及垂直运输设备操纵室之间的通信联络方式和设备，并应有多重系统保障 （11）制定滑模设备在正常使用条件下的更换、保养与检验制度 （12）烟囱、水塔、竖井等滑模施工，采用柔性滑道、罐笼及其他设备器材、人员上下时，应按现行相关标准做详细的安全及防坠落设计

2.7.3 滑模装置的总体设计

滑模装置的总体设计如表 2-45 所示。

滑模装置的总体设计　　　　　　　　　　　表 2-45

序号	项 目	内 容
1	滑模装置包括内容	（1）滑模装置应包括下列主要内容： 1）模板系统：包括模板、围圈、提升架、滑轨及倾斜度调节装置等 2）操作平台系统：包括操作平台、料台、吊脚手架、随升垂直运输设施的支承结构等 3）提升系统：包括液压控制台、油路、调平控制器、千斤顶、支承杆及电动提升机、手动提升器等 4）施工精度控制系统：包括建筑物轴线、标高、结构垂直度等的观测与控制设施等

序号	项　目	内　　　容
1	滑模装置包括内容	5）水、电配套系统：包括动力、照明、信号、广播、通信、电视监控以及水泵、管路设施、地下通风 （2）滑模装置的设计应符合本书和国家现行有关标准的规定，并包括下列主要内容： 1）绘制滑模初滑结构平面图及中间结构变化平面图 2）确定模板、围圈、提升架及操作平台的布置，进行各类部件和节点设计，提出规格和数量；当采用滑框倒模时，应专门进行模板与滑轨的构造设计 3）确定液压千斤顶、油路及液压控制台的布置或电动、手动等提升设备的布置，提出规格和数量 4）制定施工精度控制措施，提出设备仪器的规格和数量 5）进行特殊部位处理及特殊设施（包括与滑模装置相关的垂直和水平运输装置等）布置与设计 6）绘制滑模装置的组装图，提出材料、设备、构件一览表 （3）滑模装置设计计算必须包括下列荷载： 1）模板系统、操作平台系统的自重（按实际重量计算） 2）操作平台上的施工荷载，包括操作平台上的机械设备及特殊设施等的自重（按实际重量计算），操作平台上施工人员、工具和堆放材料等 3）操作平台上设置的垂直运输设备运转时的额定附加荷载，包括垂直运输设备的起重量及柔性滑道的张紧力等（按实际荷载计算）；垂直运输设备刹车时的制动力 4）卸料对操作平自的冲击力，以及向模板内倾倒混凝土时混凝土对模板的冲击力 5）混凝土对模板的侧压力 6）模板滑动时混凝土与模板之间的摩阻力，当采用滑框倒模施工时，为滑轨与模板之间的摩阻力 7）风荷载 （4）设计滑模装置时，荷载标准值应按本表序号 2 取值
2	设计滑模装置时荷载标准值	（1）操作平台上的施工荷载标准值 　施工人员、工具和备用材料： 设计平台铺板及檩条时，为 2.5kN/m^2 设计平台桁架时，为 2.0kN/m^2 设计围圈及提升架时，为 1.5kN/m^2 计算支承杆数量时，为 1.5kN/m^2 平台上临时集中存放材料，放置手推车、吊罐、液压操作台，电、气焊设备，随升井架等特殊设备时，应按实际重量计算 吊脚手架的施工荷载标准值（包括自重和有效荷载）按实际重量计算，且不得小于 2.0kN/m^2 （2）振捣混凝土时的侧压力标准值。对于浇灌高度为 800mm 左右的侧压力分布见图 2-91，其侧压力合力取 5.0～6.0kN/m，合力的作用点约在 $2/5H_p$ 处 （3）模板与混凝土的摩阻力标准值。钢模板为 1.5～3.0kN/m^2；当采用滑框倒模法施工时，模板与滑轨间的摩阻力标准值按模板面积计取 1.0～1.5kN/m^2

序号	项 目	内 容
2	设计滑模装置时荷载标准值	(4) 倾倒混凝土时模板承受的冲击力。用溜槽、串筒或 0.2m³ 的运输工具向模板内倾倒混凝土时，作用于模板侧面的水平集中荷载标准值为 2.0kN (5) 当采用料斗向平台上直接卸混凝土时，混凝土对平台卸料点产生的集中荷载按实际情况确定，且不应低于按公式 (2-7) 计算的标准值 W_k (kN) $$W_k = \gamma[(h_m + h)A_1 + B]　　　　(2-7)$$ 式中　γ——混凝土的重力密度（kN/m³） 　　　h_m——料斗内混凝土上表面至料斗口的最大高度（m） 　　　h——卸料时料斗口至平台卸料点的最大高度（m） 　　　A_1——卸料口的面积（m²） 　　　B——卸料口下方可能堆存的最大混凝土量（m³） (6) 随升起重设备刹车制动力标准值可按公式 (2-8) 计算： $$W = [(V_a/g) + 1]Q = K_dQ　　　　(2-8)$$ 式中　W——刹车时产生的荷载标准值（N） 　　　V_a——刹车时的制动减速度（m/s²） 　　　g——重力加速度（9.8m/s²） 　　　K_d——动荷载系数 　　　Q——料罐总重（N） 式中 V_a 值与安全卡的制动灵敏度有关，其数值应根据不同的传力零件和支承结构对象按经验确定，为简化计算因刹车制动而对滑模操作平台产生的附加荷载，K_d 值可取 1.1～2.0 (7) 风荷载按现行国家标准《建筑结构荷载规范》GB 50009 的规定采用，模板及其支架的抗倾倒系数不应小于 1.15 (8) 可变荷载的分项系数取 1.4
3	千斤顶和支承杆	(1) 液压提升系统所需千斤顶和支承杆的最小数量可按公式 (2-9) 确定： $$n_{min} = \frac{N}{P_0}　　　　(2-9)$$ 式中　N——总垂直荷载（kN），应取本表序号 1 之 (3) 条中所有竖向荷载之和 　　　P_0——单个千斤顶或支承杆的允许承载力（kN），支承杆的允许承载力应按本序号下述 (2) 条确定，千斤顶的允许承载力为千斤顶额定提升能力的 1/2，两者中取其较小者 (2) 支承杆允许承载能力确定方法 1) 当采用 ϕ25 圆钢支承杆，模板处于正常滑升状态时，即从模板上口以下，最多只有一个浇灌层高度尚未浇灌混凝土的条件下，支承杆的允许承载力按公式 (2-10) 计算： $$P_0 = \alpha 40EJ/[K(L_0 + 95)^2]　　　　(2-10)$$ 式中　P_0——支承杆的允许承载力（kN） 　　　α——工作条件系数，取 0.7～1.0，视施工操作水平、滑模平台结构情况确定。一般整体式刚性平台取 0.7，分割式平台取 0.8 　　　E——支承杆弹性模量（kN/cm²） 　　　J——支承杆截面惯性矩（cm⁴） 　　　K——安全系数，取值不应小于 2.0 　　　L_0——支承杆脱孔长度，从混凝土上表面至千斤顶下卡头距离（cm）

序号	项　目	内　　容
3	千斤顶和支承杆	2）当采用 $\phi48\times3.5$ 钢管支承杆时，支承杆的允许承载力按公式（2-11）计算： $$P_0 = (\alpha/K)\times(99.6-0.22L) \qquad (2-11)$$ 式中　L——支承杆长度（cm）。当支承杆在结构体内时，L 取千斤顶下卡头到浇筑混凝土上表面的距离；当支承杆在结构体外时，L 取千斤顶下卡头到模板下口第一个横向支撑扣件节点的距离
4	其他要求	（1）千斤顶的布置应使千斤顶受力均衡，布置方式应符合下列规定： 1）筒体结构宜沿筒壁均匀布置或成组等间距布置 2）框架结构宜集中布置在柱子上。当成串布置千斤顶或在梁上布置千斤顶时，必须对其支承杆进行加固。当选用大吨位千斤顶时，支承杆也可布置在柱、梁的体外，但应对支承杆进行加固 3）墙板结构宜沿墙体布置，并应避开门、窗洞口；洞口部位必须布置千斤顶时，支承杆应进行加固 4）平台上设有固定的较大荷载时，应按实际荷载增加千斤顶数量 （2）采用电动、手动的提升设备应进行专门的设计和布置 （3）提升架的布置应与千斤顶的位置相适应，其间距应根据结构部位的实际情况、千斤顶和支承杆允许承载能力以及模板和围圈的刚度确定 （4）操作平台结构必须保证足够强度、刚度和稳定性，其结构布置宜采用下列形式： 1）连续变截面筒体结构可采用辐射梁、内外环梁以及下拉环和拉杆（或随升井架和斜撑）等组成的操作平台 2）等截面筒体结构可采用桁架（平行或井字形布置）、梁和支撑等组成操作平台，或采用挑三脚架、中心环、拉杆及支撑等组成的环形操作平台，也可只用挑三脚架组成的内外悬挑环形平台 3）框架、墙板结构可采用桁架、梁和支撑组成的固定式操作平台，或采用桁架和带边框的活动平台板组成可拆装的围梁式活动操作平台 4）柱子或排架结构，可将若干个柱子的围圈、柱间桁架组成整体式操作平台

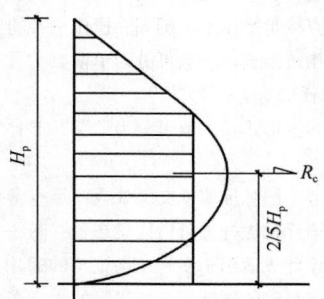

图 2-91　混凝土侧压力分布

注：H_p 为混凝土与模板接触的高度

2.7.4　滑模装置模板系统

滑模装置模板系统如表 2-46 所示。

滑模装置模板系统　　　　　　　　　　　表 2-46

序号	项　目	内　　　　　容
1	组成	见本书表 2-45 序号 1 的 (1) 的有关规定
2	模板	(1) 模板又称围板，固定于围圈上，用以保证构件截面尺寸及结构的几何形状。模板随着提升架上滑且直接与新浇混凝土接触，承受新浇混凝土的侧压力和模板滑动时的摩阻力 (2) 模板按其所在部位及作用不同，可分为内模板、外模板、堵头模板以及变截面工程的收分模板等。模板可采用钢材、木材或钢木混合制成，也可采用胶合板等其他材料制成 (3) 图 2-92 为一般墙体钢模板，也可采用组合模板改装 (4) 施工对象的墙体尺寸变化不大时，宜采用围圈与模板组合成一体的"围圈组合大模板" (图 2-93) (5) 墙体与框架结构的阴阳角处，宜采用同样材料制成的角模。角模的上下口倾斜度应与墙体模板相同 (6) 图 2-94 为收分模板，系应用于变断面结构的异型模板。模板面板两侧延长的"飞边"(又称"舌板")，用来适应变断面的缩小或扩大的需要，但"飞边"尺寸不宜过大，一般不宜大于 250mm。当结构断面变化较大时，可设置多块伸缩模板加以解决 (7) 对于圆锥形变截面工程，模板在滑升过程中，要按照设计要求的斜度及壁厚，不断调整内外模板的直径，使收分模板与活动模板的重叠部分逐渐增加，当收分模板与活动模板完全重叠且其边缘与另一块模板搭接时，即可拆去重叠的活动模板。收分模板必须沿圆周对称成双布置，每对的收分方向应相反。收分模板的搭接边必须严密，不得有间隙，以免漏浆 (8) 为了防止混凝土浇筑时外溅，以及采取滑空方法来处理建（构）筑物水平结构施工时，外模板上端应比内模板高出 S 距离，下端应比内模板长出 T 距离 (图 2-95)
3	围圈	(1) 它是模板的支撑构件，又称作围梁，用以保证模板的几何形状。模板的自重、模板承受的摩阻力、侧压力以及操作平台直接传来的自重和施工荷载，均通过围圈传递至提升架的立柱 (2) 围圈一般设置上、下两道。当提升架的距离较大时，或操作平台的桁架直接支承在围圈上时，可在上下围圈之间设腹杆，形成平面桁架，以提高承受荷载的能力。模板与围圈的连接，一般采用挂在围圈上的方式，当采用横卧工字钢作围圈时，可用双爪钩将模板与围圈钩牢，并用顶紧螺栓调节位置。围圈构造见图 2-96～图 2-98
4	提升架	(1) 提升架又称作千斤顶架。它是滑模装置的主要受力构件，用以固定千斤顶、围圈和保持模板的几何形状，并直接承受模板、围圈和操作平台的全部垂直荷载和混凝土对模板的侧压力 (2) 提升架的立面构造形式，一般可分为单横梁"Ⅱ"形，双横梁的"开"形或双横梁单立柱的"r"形等几种 (图 2-99) (3) 提升架的平面布置形式，一般可分为"Ⅰ"形、"Y"形、"X"形、"Ⅱ"形和"口"形等几种 (图 2-100) (4) 对于变形缝双墙、圆弧形墙壁交叉处或厚墙壁等摩阻力及局部荷载较大的部位，可采用双千斤顶提升架。双千斤顶提升架可沿横梁布置 (图 2-101)，也可垂直于横梁布置 (图 2-102) (5) 提升架一般可设计成适用于多种结构施工的通用型，对于结构的特殊部位也可设计成专用型。提升架必须具有足够的刚度，应按实际的水平荷载和垂直荷载进行计算。对多次重复使用的提升架，宜设计成装配式 (6) 提升架的横梁与立柱必须刚性连接，两者的轴线应在同一平面内，在使用荷载作用下，立柱的侧向变形应不大于 2mm

序号	项　目	内　　容
4	提升架	（7）提升架横梁至模板顶部的净高度，对于配筋结构不宜小于 500mm，对于无筋结构不宜小于 250mm （8）用于变截面结构的提升架，其立柱上应设有调整内外围圈间距和倾斜度的装置（图 2-103） （9）提升架的横梁，必须保证模板能满足壁厚（柱截面）的要求，并留出能适应结构截面尺寸变化的余量。提升架立柱的高度，应使模板上口到提升架横梁下皮间的净空能满足施工操作和固定围圈的需要 （10）如果采用工具式可回收支承杆时，应在提升架横梁下支承杆外侧加设内径大于支承杆直径 2～5mm 的套管，套管的上端与提升架横梁底部固定，套管的下端至模板底平，套管外径最好有上大下小的锥度，以减少滑升时的摩阻力。套管随千斤顶和提升架同时上升，在混凝土内形成管孔，以便最后拔出支承杆，如图 2-104 所示

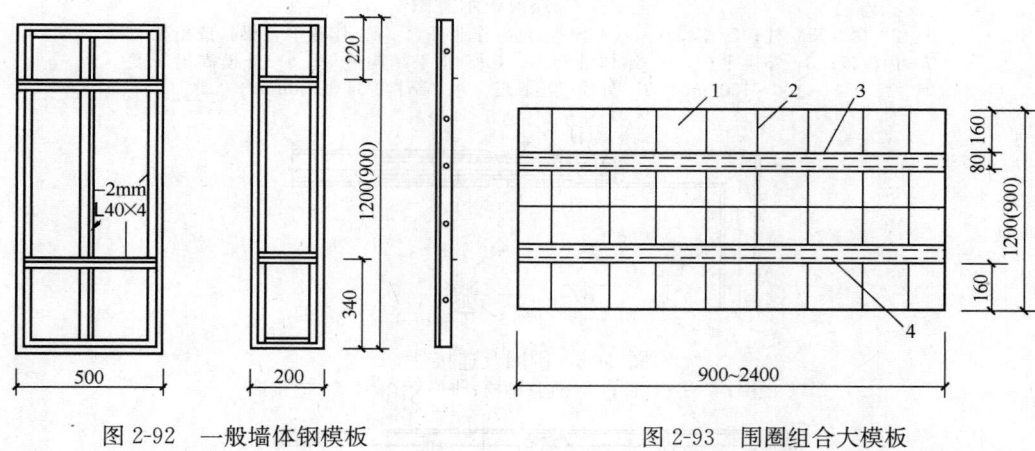

图 2-92　一般墙体钢模板　　　　　　　　　　图 2-93　围圈组合大模板

1—4mm 厚钢板；2—6mm 厚，80mm 宽肋板；

3—8 号槽钢上围圈；4—8 号槽钢下围圈

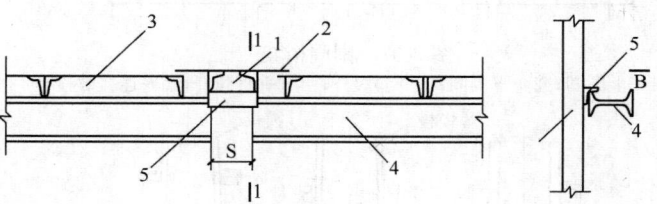

图 2-94　收分模板使用示意图

1—收分模板；2—延长边缘（飞边）；3—模板；4—围圈；5—悬挂件

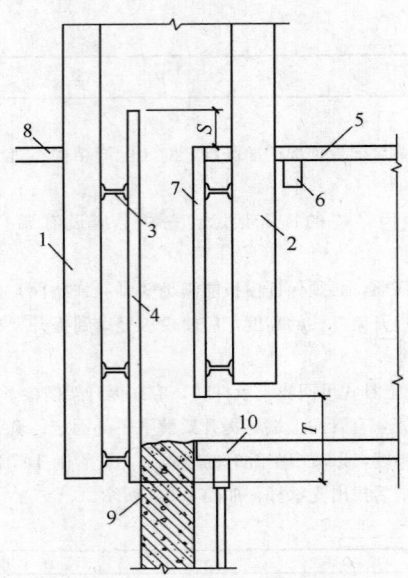

图 2-95　外模板示意图

1、2—提升架立柱；3—围圈；4—外模板；5—作业平台；6—作业平台梁（或桁架）；
7—内模板；8—外挑平台；9—墙体混凝土；10— 水平结构模板；S—外模高出长度
（100～150mm）；T—外模长出长度（水平结构厚度＋150mm）

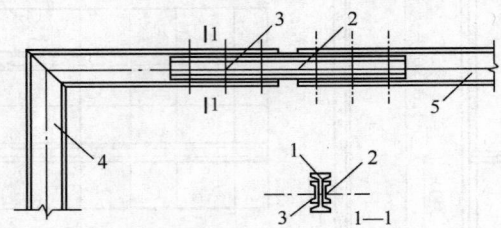

图 2-96　围圈及连接件

1—围圈；2—连接件；3—连接螺栓；4—角围圈；5—直围圈

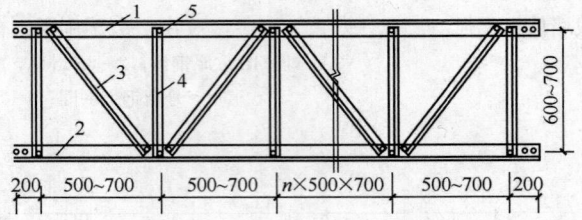

图 2-97　围圈桁架

1—上围圈；2—下围圈；3—斜腹杆；4—垂直腹杆；5—连接螺栓

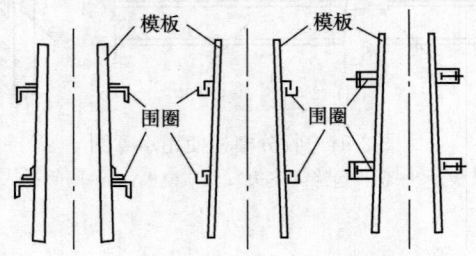

图 2-98　模板与围圈的连接

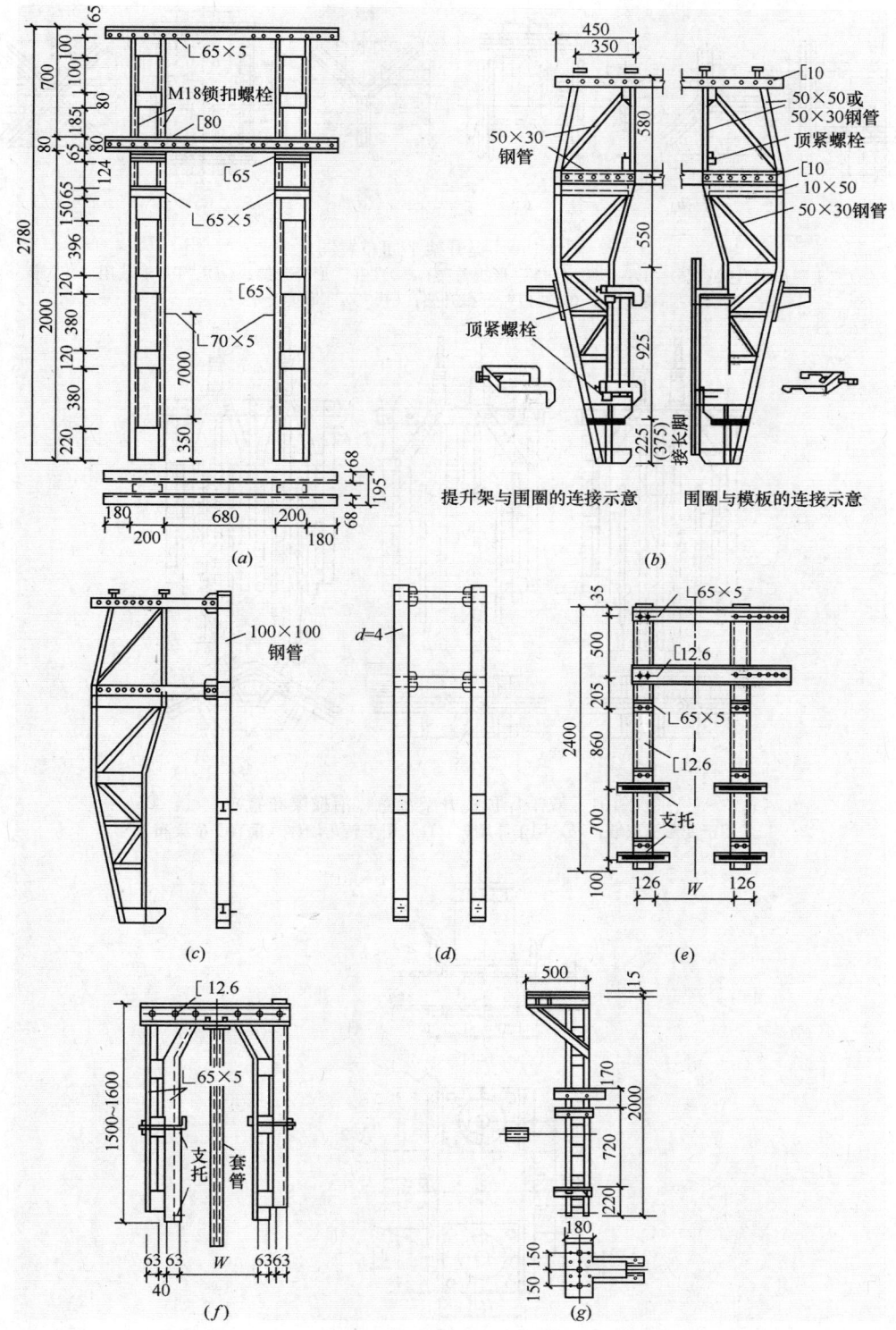

图 2-99　提升架立面构造图

(a)"开"形提升架;(b)钳形提升架;(c)转角处提升架;(d)十字交叉处提升架;

(e)变截面提升架;(f)"Ⅱ"形提升架;(g)"Γ"形提升架

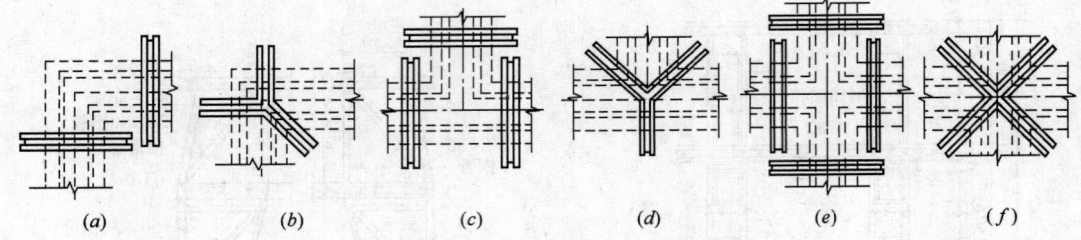

图 2-100　提升架平面布置图

（a）"Ⅰ"形提升架；（b）"L"形墙用"Y"形提升架；（c）"Ⅱ"形提升架；（d）"T"形墙用"Y"形
提升架；（e）"口"形提升架；（f）"X"形提升架

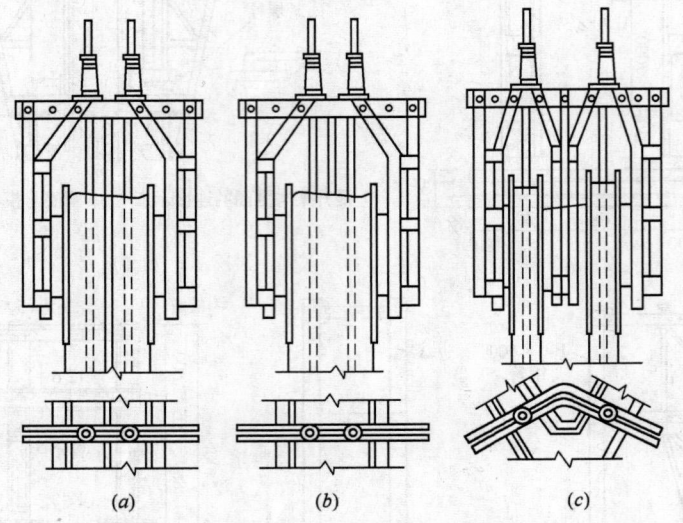

图 2-101　双千斤顶提升架示意（沿横梁布置）

（a）用于变形缝双墙；（b）用于厚墙体；（c）用于转角墙体（垂直于横梁布置）

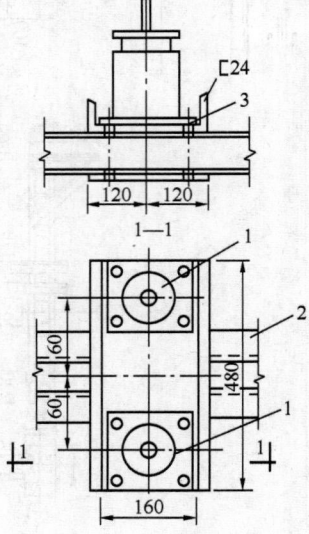

图 2-102　双千斤顶提升架示意

1—千斤顶；2—提升架横梁；3—底盘 160mm×160mm

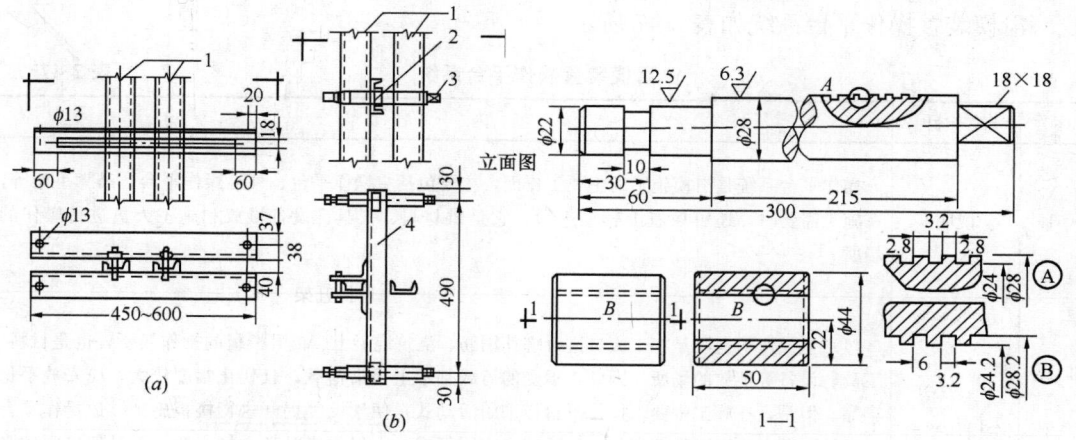

图 2-103　围圈调整装置

（a）固定围圈调整装置；（b）活动围圈调整装置

1—提升架；2—螺母；3—方牙丝杆；4—槽钢

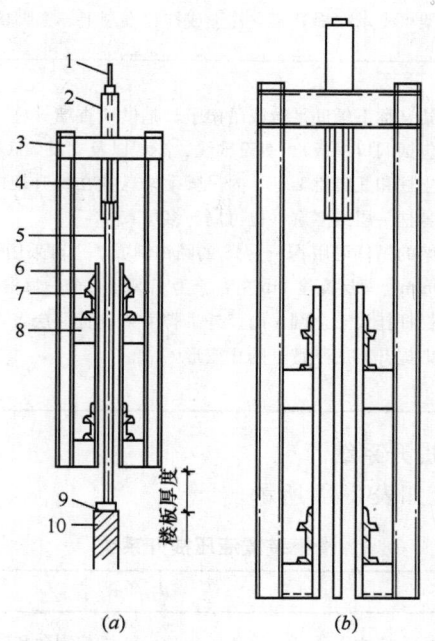

图 2-104　工具式支承杆回收装置

（a）活动套管伸出至楼板底部墙体；（b）活动套管缩回，下端与模板下口相平

1—支承杆；2—松卡式千斤顶；3—提升架；4—套管；5—活动套管；6—模板；

7—围圈；8—支托；9—钢垫板；10—混凝土墙体

2.7.5 滑模装置操作平台系统

滑模装置操作平台系统如表 2-47 所示。

滑模装置操作平台系统 表 2-47

序号	项 目	内 容
1	说明	操作平台系统是滑模施工的主要工作面，主要包括主操作平台、外挑操作平台、吊脚手架等，在施工需要时，还可设置上辅助平台，它是供材料、工具、设备堆放和施工人员进行操作的场所
2	主操作平台	(1) 主操作平台既是施工人员进行绑扎钢筋、浇筑混凝土、提升模板的操作场所，也是材料、工具、设备等堆放的场所。因此，承受的荷载基本上是动荷载，且变化幅度较大，应安放平稳牢靠。但是，在施工中要求操作平台板采用活动式，便于反复揭开进行楼板施工，故操作平台的设计，要考虑既要揭盖方便，又要结构牢固可靠。一般将提升架立柱内侧、提升架之间的平台板采用固定式，提升架立柱外侧的平台板采用活动式 (2) 按结构平面形状的不同，操作平台的平面可组装成矩形、圆形等各种形状
3	外挑操作平台	(1) 外挑操作平台一般由三脚挑架、楞木盒铺板组成。外挑宽度为 0.8～1.0m。为了操作安全起见，在其外侧需设置防护栏杆。防护栏杆立柱可采用承插式固定在三脚挑架上，该栏杆亦可作为夜间施工架设照明的灯杆 (2) 三脚挑架可支承在提升架立柱上或挂在围圈上。三脚挑架应用钢材制作
4	吊脚手架	(1) 吊脚手架又称下辅助平台或吊架子，是供检查墙（柱）体混凝土质量并进行修饰、调整和拆除模板（包括洞口模板）、引设轴线、高程以及支设梁底模板等操作之用。外吊脚手架悬挂在提升架外侧立柱和三脚挑架上，内吊脚手架悬挂在提升架内侧立柱和操作平台上。外吊脚手架可根据需要悬挂一层或多层（也可局部多层） (2) 吊脚手架的吊杆可用 $\phi16$～$\phi18$ 的圆钢制成，也可采用柔性链条。吊脚手架的铺板宽度一般为 600～800mm，每层高度 2m 左右。为了保证安全，每根吊杆必须安装双螺母予以锁紧，其外侧应设防护栏杆挂设安全网。内、外吊脚手架设置两层及两层以上时，除需验算吊杆本身强度外，尚应考虑提升架的刚度，防止变形

2.7.6 滑模装置液压提升系统

滑模装置液压提升系统如表 2-48 所示。

滑模装置液压提升系统 表 2-48

序号	项 目	内 容
1	组成	液压提升系统主要由支承杆、液压千斤顶、液压控制台和油路等部分组成
2	支承杆	(1) 支承杆又称爬杆、千斤顶杆或钢筋轴等，是千斤顶运动的轨道，并支承着作用于千斤顶的全部荷载。为了使支承杆不产生压屈变形，应采用一定强度的圆钢或钢管制作 近年来，我国研制的额定起重量为 60～100kN 的大吨位千斤顶得到广泛应用（其型号见表 2-49）。与之配套的支承杆采用 $\phi48\times3.5$ 钢管

序号	项 目	内　　容
2	支承杆	当采用 $\phi48\times3.5$ 钢管作支承杆且处于混凝土体外时，其最大脱空长度不能超过 2.5m（采用 60kN 的大吨位千斤顶工作起重量为 30kN），最好控制在 2.4m 以内，支承杆的稳定性才是可靠的 $\phi48\times3.5$ 钢管为常用脚手架钢管，由于其允许脱空长度较大，且可采用脚手架扣件进行连接，因此作为工具式支承杆在混凝土体外布置时，比较容易处理 （2）支承杆布置于内墙体外时，在逐层空滑楼板并进法施工中，支承杆穿过楼板部位时，可通过加设扫地横向钢管和扣件与其连接，并在横杆下部加设垫块或垫板（图 2-105）。为了保证楼板和扣件横杆有足够的支承力，使每个支承杆的荷载分别由三层楼板来承担，支承杆要保留三层楼的长度，支承杆的倒换在三层楼板以下才能进行，每次倒换的量不应大于支承杆总数的 1/3，以确保总体支承杆承载力不受影响 $\phi48\times3.5$ 支承杆的接长，既要确保上、下中心重合在一条垂直线上，以便千斤顶爬升时顺利通过；又要使接长处具有相当的支承垂直荷载能力和抗弯能力。同时要求支承杆接头装拆方便，便于周转使用（图 2-106） （3）支承杆布置在框架柱结构体外时，可来用钢管脚手架进行加固 （4）支承杆布置于外墙体外时，由于没有楼板可作为外部支承杆的传力层，可在外墙浇筑混凝土时，在每个楼层上部约 150～200mm 处的墙上，预留两个穿墙螺栓孔洞。通过穿墙螺栓把钢牛腿固定在已滑出的墙体外侧，以便通过横杆将支承杆所承受的荷载传递给钢牛腿（图2-107） 钢牛腿必须有一定的强度和刚度，受力后不发生变形和位移，且便于安装。其构造如图 2-108 所示 为了提高 $\phi48\times3.5$ 钢管支承杆的承载力和便于工具式支承杆的抽拔，在提升架安装千斤顶的下方，应加设 $\phi60\times3.5$ 或 $\phi63\times3.5$ 的钢套管
3	液压千斤顶	（1）滑模采用的液压千斤顶都为穿心式、固定于提升架上，中心穿支承杆，千斤顶沿支承杆向上爬升时，带动提升架、操作平台和模板一起上升 （2）液压千斤顶已由过去采用单一的 3t 级 GTD-35 型滚珠式千斤顶，发展为 3t、6t、9t、10t、16t、20t 级等系列产品，其中包括：采用滚珠卡具的 GYD-35、GYD-60、GSD-35（GYD-35 的改进型，增加了由上下卡头组成的松卡装置）；采用楔块卡具的 QYD-35、QYD-60、QYD-100、松卡式 SQD-90-35 型和滚珠楔块混合式 QGYD-60 型等型号。其主要技术参数如表 2-49 所示 （3）液压千斤顶出厂前，应按规定进行出厂检验。液压千斤顶使用前，应按下列要求检验： 1）耐油压 12N/mm² 以上。每次持压 5min，重复三次，各密封处无渗漏 2）卡头锁固牢靠，放松灵活 3）在 1.2 倍额定荷载作用下，卡头锁固时的回降量：滚珠式不大于 5mm，卡块式不大于 3mm 4）同一批组装的千斤顶，在相同荷载作用下，其行程应接近一致，用行程调整帽调整后，行程差不得大于 2mm

序号	项 目	内 容
4	液压控制台	(1) 液压控制台是液压传动系统的控制中心，是液压滑模的心脏。它主要由电动机、齿轮油泵、换向阀、溢流阀、液压分配器和油箱等组成（图 2-109） (2) 液压控制台按操作方式的不同，可分为手动和自动控制等形式；按油泵流量（L/min）的不同，可分为 15、36、56、72、100、120 等型号。常用的型号有 HY-36、HY-56 型以及 HY-72 型等。其基本参数如表 2-50 所示 (3) 每台液压控制台供给多少只千斤顶，可以根据每台千斤顶用油量和齿轮泵送油能力及时间计算。如果油箱容量不足，可以增设副油箱。对于工作面大、安装千斤顶较多的工程并采用同一操作平台时，可一起安装两套以上液压控制台 (4) 液压系统安装完毕，应进行试运转，首先进行充油排气，然后加压至 12N/mm²，每次持压 5min，重复 3 次，各密封处无渗漏，进行全面检查，待各部分工作正常后，插入支承杆 (5) 液压控制台应符合下列技术要求： 1) 液压控制台带电部位对机壳的绝缘电阻不得低于 0.5MΩ 2) 液压控制台带电部位（不包括 50V 以下的带电部位）应能承受 50Hz、电压 2000V，历时 1min 耐电试验，无击穿和闪烁现象 3) 液压控制台的液压管路和电路应排列整齐统一，仪表在台面上的安装布置应美观大方，固定牢靠 4) 液压系统在额定工作压力 10N/mm² 下保压 5min，所有管路、接头及元件不得漏油 5) 液压控制台在下列条件下应能正常工作： ①环境温度为 −10～40℃ ②电源电压为 380±38V ③液压油污染度不低于 20/18（注：液压油液样抽取方法按《液压油箱液样抽取法》JG/T 69，污染度测定方法按《油液中固体颗粒污染物的显微镜计数法》JG/T 70 进行） ④液压油的高油温不得超过 70℃，油温温升不得超过 30℃
5	油路系统	(1) 油路系统是连接控制台到千斤顶的液压通路，主要由油管、管接头、液压分配器和截止阀等元、器件组成 (2) 油管一般采用高压无缝钢管及高压橡胶管两种，根据滑升工程面积大小和荷载决定液压千斤顶的数量及编组形式 (3) 主油管内径应为 14～19mm，分油管内径应为 10～14mm，连接千斤顶的油管内径应为 6～10mm。高压橡胶管的耐压力标准如表 2-51 所示 (4) 无缝钢管一般采用内径为 8～25mm，试验压力为 32N/mm²。与液压千斤顶连接处最好用高压胶管。油管耐压力应大于油泵压力的 1.5 倍 (5) 油路的布置一般采取分级方式，即从液压控制台通过主油管到分油器，从分油器经分注管到支分油器，从支分油器经胶管到千斤顶，如图 2-110 所示 (6) 由液压控制台到各分油器及由分、支分油器倒各千斤顶的管线长度，设计时应尽量相近 (7) 油管接头的通径、压力应与油管相适应。胶管接头的连接方法是用接头外套将软管与接头芯子连成一体，然后再用接头芯子与其他油管或元件连接，一般采用扣压式胶管接头或可拆式胶管接头；钢管接头可采用卡套式管接头 (8) 截止阀又叫针形阀，用于调节管路及千斤顶的液体流量，控制千斤顶的升差。一般设置于分油器上或千斤顶与管路连接处 (9) 液压油应具有适当的黏度，当压力和温度改变时，黏度的变化不应太大。一般可根据气温条件选用不同黏度等级的液压油，其性能如表 2-52 所示 (10) 液压油在使用前和使用过程中均应进行过滤。冬季低温时可用 22 号液压油，常温用 32 号液压油，夏季酷热天气用 46 号液压油

液压千斤顶技术参数

表 2-49

序号	项 目	单位	型 号 与 参 数							
			GYD-35 滚珠式	GYD-60 滚珠式	QYD-35 垫块式	QYD-60 垫块式	QYD-100 垫块式	QGYD-60 滚珠楔块混合式	SQD-90-35 松卡式	GSD-35 松卡式
1	确定起重量	kN	30	60	30	60	100	60	90	30
2	工作起重量	kN	15	30	15	30	50	30	45	15
3	理论行程	mm	35	35	35	35	35	35	35	35
4	实际行程	mm	16~30	20~30	19~32	20~30	20~30	20~30	20~30	16~30
5	工作压力	N/mm²	8	8	8	8	8	8	8	8
6	自重	kg	13	25	14	25	36	25	31	13.5
7	外形尺寸	mm	160×160 ×245	160×160 ×400	160×160 ×280	160×160 ×430	180×180 ×440	160×160 ×420	202×176 ×580	160×160 ×300
8	适用支承杆	mm	φ25 圆钢	φ48× 3.5 钢管	φ25(三瓣) F28(四瓣)	φ48× 3.5 钢管	φ48× 3.5 钢管	φ48× 3.5 钢管	φ48× 3.5 钢管	φ25 圆钢
9	底座安装尺寸	mm	120×120	120×120	120×120	120×120	135×135	120×120	140×140	120×120

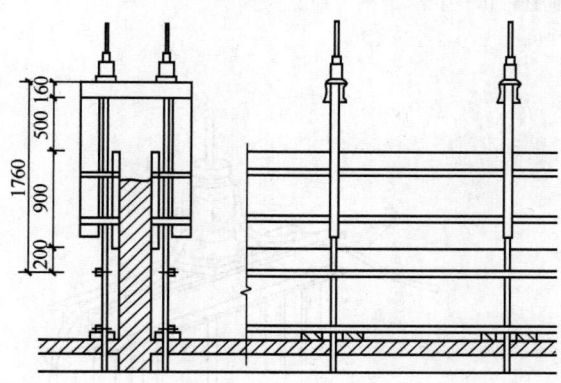

图 2-105　内墙钢管支承杆体外布置

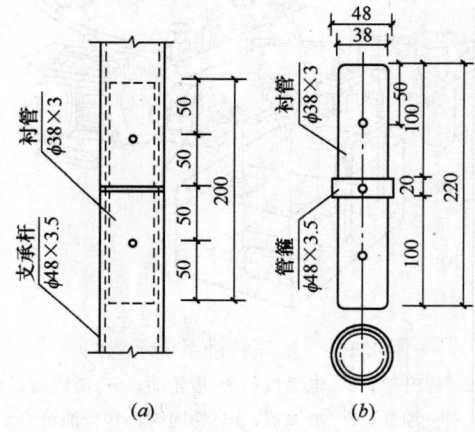

图 2-106　φ48 支承杆的连接

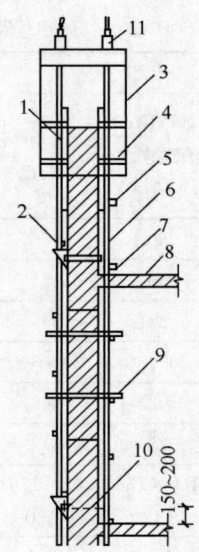

图 2-107 外墙支承杆体外布置

1—外模板；2—钢牛腿；3—提升架；
4—内模板；5—横向钢管；6—支承杆；
7—垫块；8—楼板；9—横向杆；10—穿
墙螺栓；11—千斤顶

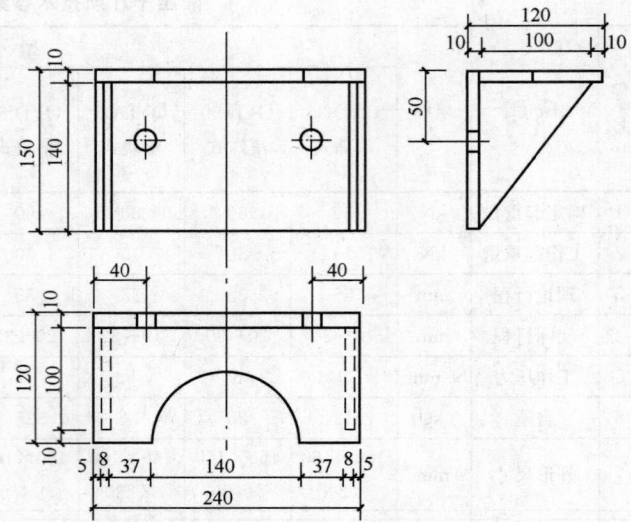

图 2-108 钢牛腿构造图

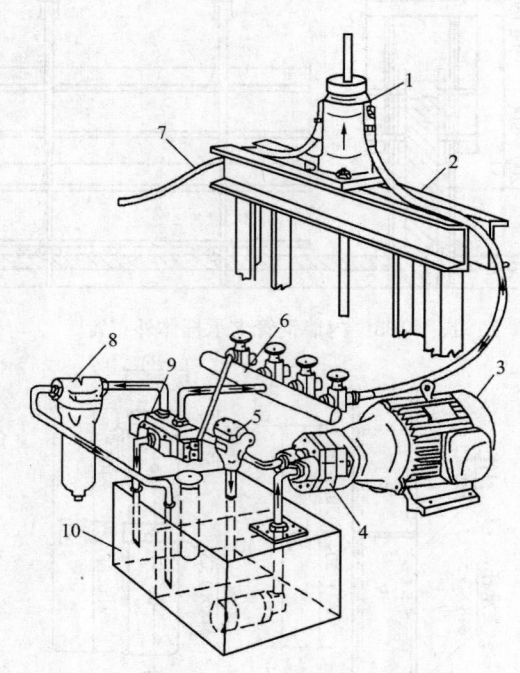

图 2-109 液压传动系统示意图

1—液压千斤顶；2—提升架；3—电动机；4—齿轮油；5—溢流阀；6—液压分配器；
7—油管；8—滤油器；9—换向阀；10—油箱

液压控制台基本参数 表 2-50

序号	项目	单位	基本参数						
			HYS-15	HYS-36	HY-36	HY-56	HY-72	HY-80	HY-100
1	公称流量	L/min	15	36	56		72		80
2	额定工作压力	N/mm²	8						
3	配套千斤顶数量	只	20	60	40	180	250	280	360
4	控制方式		HYS	HY	HY	HY	HY	HY	HY
5	外形尺寸	mm	700×450 ×1000	850×640 ×1090	850×695 ×1090	950×750 ×1200	1100×1000 ×1200	1100×1050 ×1200	1100×1100 ×1200
6	整机	kg	240	280	300	400	620	550	670

注：1. 配套千斤顶数量是额定起重量 30kN 滚珠式千斤顶的基本数量，如配备其他型号千斤顶，其数量可适当增减；

2. 控制方式：HYS—代表手动；HY—同时具有自动和手动功能。

钢丝增强液压橡胶软管和软管组合件（GB/T 3683—2011） 表 2-51

序号	内经 (mm)	设计工作压力		序号	内经 (mm)	设计工作压力	
		1 型、1T 型	2、3 型、2T、3T 型			1 型、1T 型	2、3 型、2T、3T 型
1	5	21.0	35.0	8	19	9.0	16.0
2	6.3	20.0	35.0	9	22	8.0	14.0
3	8	17.5	32.0	10	25	7.0	14.0
4	10	16.0	28.0	11	31.5	4.4	11.0
5	10.3	16.0	—	12	38	3.5	9.0
6	12.5	14.0	25.0	13	51	2.6	8.0
7	16	10.5	20.0				

注：1. 1 型：一层钢丝编织的液压橡胶软管；

2. 2 型：二层钢丝编织的液压橡胶软管；

3. 3 型：二层钢丝缠绕加一层钢丝编织的液压橡胶软管；

4. 1T、2T、3T 型软管增强层结构与 1、2、3 型对应相同，在组装管接头时不切除或部分切除外胶层；

5. 软管的试验压力与设计工作压力比率为 2，最小爆破压力与设计工作压力比率为 4。

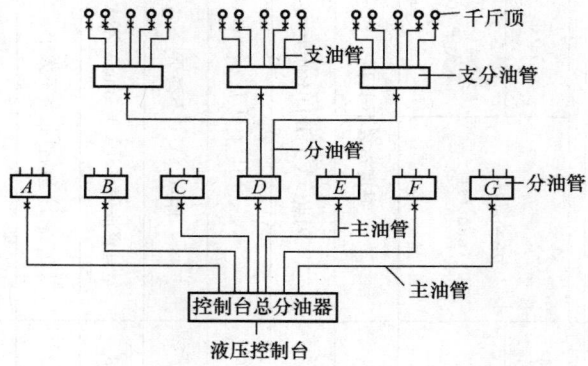

图 2-110 油路布置示意图

表2-52

L-HM 矿物油型液压油主要指标 (GB 11118.1)

序号	项目	优等品					一等品						试验方法
1	黏度等级（按 GB/T 3141）	15	22	32	46	68	22	32	46	68	100	150	
2	运动黏度(mm²/s) 0℃ 不大于	140	300	420	780	1400	300	420	780	1400	2560	—	GB/T 265
3	运动黏度(mm²/s) 40℃	13.5~16.5	19.8~24.2	28.8~35.2	41.4~50.6	61.2~74.8	19.8~24.2	28.8~35.2	41.4~50.6	61.2~74.8	90~110	135~165	
4	黏度指数不小于	95	95	95	95	95	95	95	95	95	90	90	GB/T 2541
5	闪点(℃) 开口不低于	140	140	160	180	180	140	160	180	180	180	180	GB/T 3536
6	闭口不低于	128	128	148	168	168	128	148	168	168	—	—	GB/T 261
7	倾点(℃) 不高于	−18	−15	−15	−15	−9	−15	−15	−15	−9	−9	−9	GB/T 3535
8	空气释放值(50℃)(min) 不大于	5	5	6	10	12	5	6	10	12	报告	报告	SH/T 0308
9	密封适应性指数不大于	15	13	12	10	8	13	12	10	8	报告	报告	SH/T 0305
10	氧化安定性氧化1000h后，酸值(mgKOH/g) 不大于	2.0	2.0	2.0	2.0	2.0	2.0	2.0	2.0	2.0	2.0	2.0	GB/T 12581
11	水分(%) 不大于	痕迹	痕迹	痕迹	痕迹	痕迹	痕迹	痕迹	痕迹	痕迹	痕迹	痕迹	GB/T 260
12	机械杂质(%) 不大于	无	无	无	无	无	无	无	无	无	无	无	GB/T 511

2.7.7　滑模装置施工精度控制系统

滑模装置施工精度控制系统如表 2-53 所示。

施工精度控制系统　　　　　　表 2-53

序号	项　目	内　　容
1	包括内容	施工精度控制系统主要包括：提升设备本身的限位调平装置、滑模装置在施工中的水平度和垂直度的观测和调整控制设施等
2	精度控制仪器、设备的选配应符合的规定	（1）千斤顶同步控制装置，可采用限位卡挡、激光水平扫描仪、水杯自动控制装置、计算机控制同步整体提升装置等 （2）垂直度观测设备可采用激光铅直仪、自动安平激光铅直仪、经纬议和线锤等，其精度不应低于 1/10000 （3）测量靶标及观测站的设置必须稳定可靠，便于测量操作，并应根据结构特征和关键控制部位（如：外墙角、电梯井、简壁中心等）确定其位置

2.7.8　滑模装置水、电配套系统

滑模装置水、电配套系统如表 2-54 所示。

水、电配套系统　　　　　　表 2-54

序号	项　目	内　　容
1	包括内容	水、电配套系统包括动力、照明、信号、广播、通信、电视监控以及水泵、管路设施等
2	选配应符合的规定	（1）动力及照明用电、通信与信号的设置均应符合现行的《液压滑动模板施工安全技术规程》JGJ 65 的规定 （2）电源线的规格选用应根据平台上全部电器设备总功率计算确定，其长度应大于从地面起滑开始至滑模终止所需的高度再增加 10m （3）平台上的总配电箱、分区配电箱均应设置漏电保护器，配电箱中的插座规格、数量应能满足施工设备的需要 （4）平台上的照明应满足夜间施工所需的照度要求，吊脚手架上及便携式的照明灯具，其电压不应高于 36V （5）通信联络设施应保证声光信号准确、统一、清楚，不扰民 （6）电视监控应能监视全面、局部和关键部位 （7）向操作平台上供水的水泵和管路，其扬程和供水量应能满足滑模施工高度、施工用水及局部消防的需要

2.7.9　滑模装置部件的设计与制作

滑模装置部件的设计与制作如表 2-55 所示。

滑模装置部件的设计与制作　　　　　　表 2-55

序号	项　目	内　　容
1	滑动模板	滑动模板应具有通用性、耐磨性、拼缝紧密、装拆方便和足够的刚度，并应符合下列规定： （1）模板高度宜采用 900～1200mm，对简体结构宜采用 1200～1500mm；滑框倒模的滑轨高

序号	项 目	内 容
1	滑动模板	度宜为 1200～1500mm；单块模板宽度宜为 300mm 　（2）框架、墙板结构宜采用围模合一大钢模，标准模板宽度为 900～2400mm；对筒体结构宜采用小型组合钢模板，模板宽度宜为 100～500mm，也可以采用弧形带肋定型模板 　（3）异形模板，如转角楼板、收分模板、抽拔模板等，应根据结构截面的形状和施工要求设计 　（4）围模合一大钢模的板面采用 4～5mm 厚的钢板，边框为 5～7mm 厚扁钢，竖肋为 4～6mm 厚、60mm 宽扁钢、水平加强肋宜为 [8 槽钢，直接与提升架相连，模板连接孔为 φ18mm、间距 300mm；模板焊接除节点外，均为间断焊；小型组合钢模板的面板厚度宜采用 2.5～3mm；角钢肋条不宜小于 ∟ 40×4，也可采用定型小钢模板 　（5）模板制作必须板面平整，无卷边、翘曲、孔洞及毛刺等；阴阳角模的单面倾斜度应符合设计要求 　（6）滑框倒摸施工所使用的模板宜选用组合钢模板。当混凝土外表面为直面时，组合钢模板应横向组装；若为弧面时，宜选用长 300～600mm 的模板竖向组装
2	围圈承受的荷载	围圈承受的荷载包括下列内容： 　（1）垂直荷载应包括模板的重量和模板滑动时的摩阻力；当操作平台直接支承在围圈上时，并应包括操作平台的自重和操作平台上的施工荷载 　（2）水平荷载应包括混凝土的侧压力；当操作平台直接支承在围圈上时，还应包括操作平台的重量和操作平台上的施工荷载所产生的水平分力
3	围圈的构造	围圈的构造应符合下列规定： 　（1）围圈截面尺寸应根据计算确定，上、下围圈的间距一般为 450～750mm，上围圈距模板上口的距离不宜大于 250mm 　（2）当提升架间距大于 2.5m 或操作平台的承重骨架直接支承在围圈上时，围圈宜设计成桁架式 　（3）围圈在转角处应设计成刚性节点 　（4）固定式围圈接头应用等刚度型钢连接，连接螺栓每边不得少于 2 个 　（5）在使用荷载作用下，两个提升架之间围圈的垂直与水平方向的变形不应大于跨度的 1/500 　（6）连续变截面筒体结构的围圈宜采用分段伸缩式 　（7）设计滑框倒模的围圈时，应在围圈内挂竖向滑轨，滑轨的断面尺寸及安放间距应与模板的刚度相适应 　（8）高耸烟囱筒壁结构上、下直径变化较大时，应按优化原则配置多套不同曲率的围圈
4	提升架	（1）提升架宜设计成适用于多种结构施工的型式。对于结构的特殊部位，可设计专用的提升架；对多次重复使用或通用的提升架，宜设计成装配式。提升架的横梁、立柱和连接支腿应具有可调性 　（2）提升架应具有足够的刚度，设计时应按实际的受力荷载验算，其构造应符合下列规定： 　1）提升架宜用钢材制作，可采用单横梁 "Ⅱ" 形架、双横梁的 "开" 形架或单立柱的 "Γ" 形

序号	项 目	内 容
4	提升架	架。横梁与立柱必须刚性连接，两者的轴线应在同一平面内。在施工荷载作用下，立柱下端的侧向变形应不大于 2mm 2）模板上口至提升架横梁底部的净高度：采用 ϕ25 圆钢支承杆时宜为 400～500mm，采用 ϕ48×3.5 钢管支承杆时宜为 500～900mm 3）提升架立柱上应设有调整内外模板间距和倾斜度的调节装置 4）当采用工具式支承杆设在结构体内时，应在提升架横梁下设置内径比支承杆直径大 2～5mm 的套管，其长度应达到模板下缘 5）当采用工具式支承杆设在结构体外时，提升架横梁相应加长，支承杆中心线距模板距离应大于 50mm
5	操作平台	操作平台、料台和吊脚手架的结构形式应按所施工工程的结构类型和受力确定，其构造应符合下列规定： （1）操作平台由桁架或梁、三脚架及铺板等主要构件组成，与提升架或围圈应连成整体。当桁架的跨度较大时，桁架间应设置水平和垂直支撑；当利用操作平台作为现浇混凝土顶盖、楼板的模板或模板支承结构时，应根据实际荷载对操作平台进行验算和加固，并应考虑与提升架脱离的措施 （2）当操作平台的桁架或梁支承于围圈上时，必须在支承处设置支托或支架 （3）外挑脚手架或操作平台的外挑宽度不宜大于 800mm，并应在其外侧设安全防护栏杆及安全网 （4）吊脚手架铺板的宽度宜为 500～800mm，钢吊杆的直径不应小于 16mm，吊杆螺栓必须采用双螺帽。吊脚手架的双侧必须设安全防护栏杆及挡脚板，并应满挂安全网
6	液压控制台	液压控制台的选用与检验必须符合下列规定： （1）液压控制台内，油泵的额定压力不应小于 12N/mm²，其流量可根据所带动的千斤顶数量、每只千斤顶油缸内容积及一次给油时间确定。大面积滑模施工时可多个控制台并联使用 （2）液压控制台内，换向阀和溢流阀的流量及额定压力均应等于或大于油泵的流量和液压系统最大工作压力，阀的公称内径不应小于 10mm，宜采用通流能力大、动作速度快、密封性能好、工作可靠的三通逻辑换向阀 （3）液压控制台的油箱应易散热、排污，并应有油液过滤的装置，油箱的有效容量应为油泵排油量的 2 倍以上 （4）液压控制台供电方式应采用三相五线制，电气控制系统应保证电动机、换内阀等按滑模千斤顶爬升的要求正常工作，并应加设多个备用插座 （5）液压控制台应设有油压表、漏电保护装置、电压及电流表、工作信号灯和控制加压、回油、停滑报警、滑升次数时间继电器等
7	油路的设计与检验	油路的设计与检验应符合下列规定： （1）输油管应采用高压耐油胶管或金属管，且耐压力不得低于 25N/mm²。主油管内径不得小于 16mm，二级分油管内径宜为 10～16mm，连接千斤顶的油管内径宜为 6～10mm （2）油管接头、针形阀的耐压力和通径应与输油管相适应 （3）液压油应定期进行过滤，并应有良好的润滑性和稳定性，其各项指标应符合国家现行有关标准的规定

序号	项目	内容
8	千斤顶	滑模千斤顶应逐个编号经过检验，并应符合下列规定： (1) 千斤顶在液压系统额定压力为 8N/mm² 时的额定提升能力，分别为 30kN、60kN、90kN 等 (2) 千斤顶空载启动压力不得高于 0.3N/mm² (3) 千斤顶最大工作油压为额定压力的 1.25 倍时，卡头应锁固牢靠、放松灵活，升降过程应连续平稳 (4) 千斤顶的试验压力为额定油压的 1.5 倍时，保压 5min. 各密封必须无渗漏 (5) 出厂前千斤顶在额定压力提升荷载时，下卡头锁固时的回降量对滚珠式千斤顶应不大于 5mm，对楔块式或滚楔混合式千斤顶应不大于 3mm (6) 同一批组装的千斤顶应调整其行程，使其行程差不大于 1mm
9	支承杆	支承杆的选用与检验应符合下列规定： (1) 支承杆的制作材料为 HPB300 级圆钢、HRB335 级钢筋或外径及壁厚精度较高的低硬度焊接钢管，对热轧退火的钢管，其表面不得有冷硬加工层 (2) 支承杆直径应与千斤顶的要求相适宜，长度宜为 3~6m (3) 采用工具式支承杆时应用螺纹连接。圆钢 $\phi25$ 支承杆连接螺纹宜为 M18，螺纹长度不宜小于 20mm；钢管 $\phi48$ 支承杆连接螺纹宜为 M30，螺纹长度不宜小于 40mm。任何连接螺纹接头中心位置处公差均为 ±0.15mm；支承杆借助连接螺纹对接后，支承杆轴线偏斜度允许偏差为 (2/1000)L（L 为单根支承杆长度） (4) HPB300 级圆钢和 HRB335 级钢筋支承杆采用冷拉调直时，其延伸率不得大于 3%；支承杆表面不得有油漆和铁锈 (5) 工具式支承杆的套管与提升架之间的连接构造，宜做成可使套管转动并能有 50mm 以上的上下移动量的方式 (6) 对兼作结构钢筋的支承杆，应按国家现行有关标准的规定进行抽样检验
10	精度控制仪器、设备	精度控制仪器、设备的选配应符合下列规定： (1) 千斤顶同步控制装置，可采用限位卡档、激光水平扫描仪、水杯自动控制装置、计算机同步整体提升控制装置等 (2) 垂直度观测设备可采用激光铅直仪、自动安平激光铅直仪、全站仪、经纬仪和线锤等，其精度不应低于 1/10000 (3) 测量靶标及观测站的设置必须稳定可靠，便于测量操作，并应根据结构特征和关键控制部位确定其位置
11	水、电系统的选配	水、电系统的选配应符合下列规定： (1) 动力及照明用电、通信与信号的设置均应符合国家现行有关标准的规定 (2) 电源线的选用规格应根据平台上全部电器设备总功率计算确定，其长度应大于从地面起滑开始至滑模终止所需的高度再增加 10m (3) 平台上的总配电箱、分区配电箱均应设置漏电保护器，配电箱中的插座规格、数量应能满足施工设备的需要 (4) 平台上的照明应满足夜间施工所需的照度要求，吊脚手架上及便携式的照明灯具，其电压不应高于 36V

序号	项 目	内 容
11	水、电系统的选配	（5）通信联络设施应保证声光信号准确、统一、清楚，不扰民 （6）电视监控应能监视全面、局部和关键部位 （7）向操作平台上供水的水泵和管路，其扬程和供水量应能满足滑模施工高度、施工用水及施工消防的需要
12	滑模装置各种构件制作的允许偏差	滑模装置各种构件的制作应符合现行国家标准《钢结构工程施工质量验收规范》GB 50205 和《组合钢模板技术规范》GB 50214 的规定，其允许偏差应符合表 2-56 的规定。其构件表面，除支承杆及接触混凝土的模板表面外，均应刷防锈涂料

构件制作的允许偏差　　　　　表 2-56

序号	名 称	内 容	允许偏差（mm）
1	钢模板	高度	±1
2		宽度	−0.7～0°
3		表面平整度	±1
4		侧面平直度	±1
5		连接孔位置	±0.5
6	围圈	长度	−5
7		弯曲长度≤3m	±2
8		弯曲长度＞3m	±4
9		连接孔位置	±0.5
10	提升架	高度	±3
11		宽度	±3
12		围圈支托位置	±2
13		连接孔位置	±0.5
14	支承杆	围圈	小于 (1/1000) L
15		$\phi25$ 圆钢 直径	−0.5～+0.5
16		$\phi48\times3.5$ 钢管 直径	−0.20～+0.5
17		椭圆度公差	−0.25～+0.25
18		对接焊缝凸出母材	＜+0.25

注：L 为支承杆加工长度。

2.7.10 滑模施工

滑模施工如表 2-57 所示。

滑 模 施 工   表 2-57

序号	项目	内　　容
1	滑模装置的组装	（1）滑模装置组装前，应做好各组装部件编号、操作平台水平标记，弹出组装线，做好墙与柱钢筋保护层标准垫块及有关的预埋铁件等工作 （2）滑模装置的组装宜按下列程序进行，并根据现场实际情况及时完善滑模装置系统 1）安装提升架，应使所有提升架的标高满足操作平台水平度的要求，对带有辐射梁或辐射桁架的操作平台，应同时安装辐射梁或辐射桁架及其环梁 2）安装内外围圈，调整其位置，使其满足模板倾斜度的要求 3）绑扎竖向钢筋和提升架横梁以下钢筋，安设预埋件及预留孔洞的胎模，对体内工具式支承杆套管下端进行包扎 4）当采用滑框倒模工艺时，安装框架式滑轨，并调整倾斜度 5）安装模板，宜先安装角模后再安装其他模板 6）安装操作平台的桁架、支撑和平台铺板 7）安装外操作平台的支架，铺板和安全栏杆等 8）安装液压提升系统，垂直运输系统及水、电、通信、信号精度控制和观测装置，并分别进行编号、检查和试验 9）在液压系统试验合格后，插入支承杆 10）安装内外吊脚手架及挂安全网，当在地面或横向结构面上组装滑模装置时，应待模板滑至适当高度后，再安装内外吊脚手架，挂安全网 （3）模板的安装应符合下列规定： 1）安装好的模板应上口小、下口大，单面倾斜度宜为模板高度的 0.1%～0.3%；对带坡度的筒体结构如烟囱等，其模板倾斜度应根据结构坡度情况适当调整 2）模板上口以下 2/3 模板高度处的净间距应与结构设计截面等宽 3）圆形连续变截面结构的收分模板必须沿圆周对称布置，每对模板的收分方向应相反，收分模板的搭接处不得漏浆 （4）滑模装置组装的允许偏差应满足表 2-58 的规定 （5）液压系统组装完毕，应在插入支承杆前进行试验和检查，并符合下列规定： 1）对千斤顶逐一进行排气，并做到排气彻底 2）液压系统在试验油压下持压 5min，不得渗油和漏油 3）空载、持压、往复次数、排气等整体试验指标应调整适宜，记录准确 （6）液压系统试验合格后方可插入支承杆，支承杆轴线应与千斤顶轴线保持一致，其偏斜度允许偏差为 2%
2	钢筋	（1）钢筋的加工应符合下列规定： 1）横向钢筋的长度不宜大于 7m 2）竖向钢筋的直径小于或等于 12mm 时，其长度不宜大于 5m；若滑模施工操作平台设计为双层并有钢筋固定架时，则竖向钢筋的长度不受上述限制 （2）钢筋绑扎时，应保证钢筋位置准确，并应符合下列规定： 1）每一浇灌层混凝土浇灌完毕后，在混凝土表面以上至少应有一道绑扎好的横向钢筋 2）竖向钢筋绑扎后，其上端应用限位支架等临时固定 3）双层配筋的墙或筒壁，其立筋应成对排列，钢筋网片间应用 V 字型拉结筋或用焊接钢筋骨架定位

序号	项　目	内　　容
2	钢筋	4）门窗等洞口上下两侧横向钢筋端头应绑扎平直、整齐，有足够钢筋保护层，下口横筋宜与竖钢筋焊接 5）钢筋弯钩均应背向模板面 6）必须有保证钢筋保护层厚度的措施 7）当滑模施工的结构有预应力钢筋时，对预应力筋的留孔位置应有相应的成型固定措施 8）顶部的钢筋如挂有砂浆等污染物，在滑升前应及时清除 （3）梁的配筋采用自承重骨架时，其起拱值应满足下列规定： 1）当梁跨度小于或等于 6m 时，应为跨度的 2‰～3‰ 2）当梁跨度大于 6m 时，应由计算确定
3	支承杆	（1）支承杆的直径、规格应与所使用的千斤顶相适应，第一批插入千斤顶的支承杆其长度不得少于 4 种，两相邻接头高差不应小于 1m，同一高度上支承杆接头数不应大于总量的 1/4 　　当采用钢管支承杆且设置在混凝土体外时，对支承杆的调直、接长、加固应作专项设计，确保支承体系的稳定 （2）支承杆上如有油污应及时清除干净，对兼作结构钢筋的支承杆其表面不得有油污 （3）对采用平头对接、榫接或螺纹接头的非工具式支承杆，当千斤顶通过接头部位后，应及时对接头进行焊接加固；当采用钢管支承杆并设置在混凝土体外时，应采用工具式扣件及时加固 （4）采用钢管做支承杆时应符合下列规定： 1）支承杆宜为 $\phi48\times3.5$ 焊接钢管，管径及壁厚允许偏差均为 $-0.2\sim+0.5$mm 2）采用焊接方法接长钢管支承杆时，钢管上端平头，下端倒角 $2\times45°$；接头处进入千斤顶前，先点焊 3 点以上并磨平焊点，通过千斤顶后进行围焊；接头处加焊衬管或加焊与支承杆同直径钢筋，衬管长度应大于 200mm 3）作为工具式支承杆时，钢管两端分别焊接螺母和螺杆，螺纹宜为 M30，螺纹长度不宜小于 40mm，螺杆和螺母应与钢管同心 4）工具式支承杆必须调直，其平直度偏差不应大于 1/1000，相连接的两根钢管应在同一轴线上，接头处不得出现弯折现象 5）工具式支承杆长度宜为 3m。第一次安装时可配合采用 4.5m、1.5m 长的支承杆，使接头错开；当建筑物每层净高（即层高减楼板厚度）小于 3m 时，支承杆长度应小于净高尺寸 （5）选用 $\phi48\times3.5$ 钢管支承杆时，支承杆可分别设置在混凝土结构体内或体外，也可体内、体外混合设置，并应符合下列要求： 1）当支承杆设置在结构体内时，一般采用埋入方式，不回收。当需要回收时，支承杆应增设套管，套管的长度应从提升架横梁下至模板下缘 2）设置在结构体外的工具式支承杆，其加工数量应能满足 5～6 个楼层高度的需要；必须在支承杆穿过楼板的位置用扣件卡紧，使支承杆的荷载通过传力钢板、传力槽钢传递到各层楼板上 3）设置在体外的工具式支承杆，可采用脚手架钢管和扣件进行加固。当支承杆为群杆时，相互间宜采用纵、横向钢管连接成整体；当支承杆为单根时，应采取其他措施可靠连接 （6）用于筒体结构施工的非工具式支承杆，当通过千斤顶后，应与横向钢筋点焊连接，焊点间距不宜大于 500mm，点焊时严禁损伤受力钢筋 （7）当发生支承杆局部失稳，被千斤顶带起或弯曲等情况时，应立即进行加固处理。对兼作受力钢筋使用的支承杆，加固时应满足受力钢筋的要求。当支承杆穿过较高洞口或模板滑空时，应对支承杆进行加固 （8）工具式支承杆可在滑模施工结束后一次拔出，也可在中途停歇时拔出。分批拔出时应按实际荷载确定每批拔出的数量。并不得超过总数的 1/4。对于 $\phi25$ 圆钢支承杆，其套管的外径不宜大于 $\phi36$；对于壁厚小于 200mm 的结构，其支承杆不宜抽拔 　　拔出的工具式支承杆应经检查合格后再使用

序号	项 目	内 容
4	混凝土	（1）用于滑模施工的混凝土，应事先做好混凝土配比的试配工作，其性能除应满足设计所规定的强度、抗渗性、耐久性以及季节性施工等要求外，尚应满足下列规定： 1）混凝土早期强度的增长速度，必须满足模板滑升速度的要求 2）混凝土宜用硅酸盐水泥或普通硅酸盐水泥配制 3）混凝土入模时的坍落度，应符合表 2-59 的规定 3）在混凝土中掺入的外加剂或掺合料，其品种和掺量应通过试验确定 （2）正常滑升时，混凝土的浇灌应满足下列规定： 1）必须均匀对称交圈浇灌；每一浇灌层的混凝土表面应在一个水平面上，并应有计划、均匀地变换浇灌方向 2）每次浇灌的厚度不宜大于 200mm 3）上层混凝土覆盖下层混凝土的时间间隔不得大于混凝土的凝结时间（相当于混凝土贯入阻力值为 $0.35kN/cm^2$ 时的时间），当间隔时间超过规定时，接茬处应按施工缝的要求处理 4）在气温高的季节，宜先浇灌内墙，后浇灌阳光直射的外墙；先灌墙角、墙垛及门窗洞口等的两侧，后浇灌直墙；先浇灌较厚的墙，后浇灌较薄的墙 5）预留孔洞、门窗口、烟道口、变形缝及通风管道等两侧的混凝土应对称均衡浇灌 注：当采用滑框倒模施工时，可不受本条第 2 款的限制 （3）当采用布料机布送混凝土时应进行专项设计，并符合下列规定： 1）布料机的活动半径宜能覆盖全部待浇混凝土的部位 2）布料机的活动高度应能满足模板系统和钢筋的高度 3）布料机不宜直接支承在滑模平台上，当必须支承在平台上时，支承系统必须专门设计，并有大于 2.0 的安全储备 4）布料机和泵送系统之间应有可靠的通信联系，混凝土宜先布料在操作平台上，再送入模板，并应严格控制每一区域的布料数量 5）平台上的混凝土残渣应及时清出，严禁铲入模板内或掺入新混凝土中使用 6）夜间作业时应有足够的照明 （4）混凝土的振捣应满足下列要求： 1）振捣混凝土时，振捣器不得直接触及支承杆、钢筋或模板 2）振捣器应插入前一层混凝土内，但深度不应超过 50mm （5）混凝土的养护应符合下列规定： 1）混凝土出模后应及时进行检查修整，且应及时进行养护 2）养护期间，应保持混凝土表面湿润，除冬施外，养护时间不少于 7d 3）养护方法宜选用连续均匀喷雾养护或喷涂养护液
5	预留孔和预埋件	（1）预埋件安装位置准确，固定牢靠，不得突出模板表面。预埋件出模板后应及时清理使其外露。其位置偏差应满足有关规定的要求 （2）预留孔洞的胎模应有足够的刚度，其厚度应比模板上口尺寸小 5～10mm，并与结构钢筋固定牢靠。胎模出模后，应及时校对位置，适时拆除胎模，预留孔洞中心线的偏差不应大于 15mm 当门、窗框采用预先安装时，门、窗和衬框（或衬模）的总宽度，应比模板上口尺寸小 5～10mm。安装应有可靠的固定措施，偏差应满足表 2-60 的规定

序号	项　目	内　　容
6	滑升	（1）滑升过程是滑模施工的主导工序，其他各工序作业均应安排在限定时间内完成，不宜以停滑或减缓滑升速度来迁就其他作业 　　注：当采用滑框倒模施工时，可不受本条的限制 （2）在确定滑升程序或平均滑升速度时，除应考虑混凝土出模强度要求外，还应考虑下列相关因素： 　　1）气温条件 　　2）混凝土原材料及强度等级 　　3）结构特点，包括结构形状、构件截面尺寸及配筋情况 　　4）模板条件，包括模板表面状况及清理维护情况等 （3）初滑时，宜将混凝土分层交圈浇筑至 $500\sim700$mm（或模板高度的 $1/2\sim2/3$）高度，待第一层混凝土强度达到 $0.2\sim0.4$N/mm² 或混凝土贯入阻力值达到 $0.30\sim1.05$kN/cm² 时，应进行 $1\sim2$ 个千斤顶行程的提升，并对滑模装置和混凝土凝结状态进行全面检查，确定正常后，方可转为正常滑升 　　混凝土贯入阻力值测定方法如本表序号 8 所示 （4）正常滑升过程中，相邻两次提升的时间间隔不宜超过 0.5h 　　注：当采用滑框倒模施工时，可不受本条的限制 （5）滑升过程中，应使所有的千斤顶充分进油、排油。当出现油压增至正常滑升工作压力值的 1.2 倍，尚不能使全部千斤顶升起时，应停止提升操作，立即检查原因，及时进行处理 （6）在正常滑升过程中，每滑升 $200\sim400$mm，应对各千斤顶进行一次调平，特殊结构或特殊部位应采取专门措施保持操作平台基本水平。各千斤顶的相对标高差不得大于 40mm，相邻两个提升架上千斤顶升差不得大于 20mm （7）连续变截面结构，每滑升 200mm 高度，至少应进行一次模板收分。模板一次收分量不宜大于 6mm。当结构的坡度大于 3％时，应减小每次提升高度；当设计支承杆数量时，应适当降低其设计承载能力 （8）在滑升过程中，应检查和记录结构垂直度、水平度、扭转、扭转及结构截面尺寸等偏差数值。检查及纠偏、纠扭应符合下列规定： 　　1）每滑升一个浇灌层高度应自检一次，每次交接班时应全面检查、记录一次 　　2）在纠正结构垂直度偏差时，应徐缓进行，避免出现硬弯 　　3）当采用倾斜操作平台的方法纠正垂直偏差时，操作平台的倾斜度应控制在 1％之内 　　4）对筒体结构，任意 3m 高度上的相对扭转值不应大于 30mm，且任意一点的全高最大扭转值不应大于 200mm （9）在滑升过程中，应检查操作平台结构、支承杆的工作状态及混凝土的凝结状态，发现异常时，应及时分析原因并采取有效的处理措施 （10）框架结构柱子模板的停歇位置，宜设在梁底以下 $100\sim200$mm 处 （11）在滑升过程中，应及时清理粘结在模板上的砂浆和转角模板、收分模板与活动模板之间的灰浆，不得将已硬结的灰浆混进新浇的混凝土中 （12）滑升过程中不得出现油污，凡被油污染的钢筋和混凝土，应及时处理干净 （13）因施工需要或其他原因不能连续滑升时，应有准备地采取下列停滑措施： 　　1）混凝土应浇灌至同一标高 　　2）模板应每隔一定时间提升 $1\sim2$ 个千斤顶行程，直至模板与混凝土不再粘结为止。对滑空部位的支承杆，应采取适当的加固措施 　　3）采用工具式支承杆时，在模板滑升前应先转动并适当托起套管，使之与混凝土脱离，以免将混凝土拉裂

序号	项 目	内 容
6	滑升	4）继续施工时，应对模板与液压系统进行检查 注：当采用滑框倒模施工时，可不受本条第 2 款的限制 （14）模板滑空时，应事先验算支承杆在操作平台自重、施工荷载、风荷载等共同作用下的稳定性，稳定性不满足要求时，应对支承杆采取可靠的加固措施 （15）混凝土出模强度应控制在 $0.2\sim0.4\text{N/mm}^2$ 或混凝土贯入阻力值在 $0.30\sim1.05\text{kN/cm}^2$；采用滑框倒模施工的混凝土出模强度不得小于 0.2N/mm^2 （16）模板的滑升速度，应按下列规定确定： 1）当支承杆无失稳可能时，应按混凝土的出模强度控制，按公式（2-12）确定： $$V = \frac{H - h_0 - a}{t} \qquad (2\text{-}12)$$ 式中 V——模板滑升速度（m/h） 　　　H——模板高度（m） 　　　h_0——每个混凝土浇筑层厚度（m） 　　　a——混凝土浇筑后其表面到模板上口的距离，取 $0.05\sim0.1\text{m}$ 　　　t——混凝土从浇灌到位至达到出模强度所需的时间（h） 2）当支承杆受压时，应按支承杆的稳定条件控制模板的滑升速度 ①对于 $\phi25$ 圆钢支承杆，按公式（2-13）确定： $$V = \frac{10.5}{T_1 \cdot \sqrt{KP}} + \frac{0.6}{T_1} \qquad (2\text{-}13)$$ 式中 P——单根支承杆承受的垂直荷载（kN） 　　　T_1——在作业班的平均气温条件下，混凝土强度达到 $0.7\sim1.0\text{N/mm}^2$ 所需的时间（h），由试验确定 　　　K——安全系数，取 $K=2.0$ ②对于 $\phi48\times3.5$ 钢管支承杆，按公式（2-14）确定： $$V = \frac{26.5}{T_2 \cdot \sqrt{KP}} + \frac{0.6}{T_2} \qquad (2\text{-}14)$$ 式中 T_2——在作业班的平均气温条件下，混凝土强度达到 2.5N/mm^2 所需的时间（h），由试验确定 3）当以滑升过程中工程结构的整体稳定控制模板的滑升速度时，应根据工程结构的具体情况，计算确定 （17）当 $\phi48\times3.5$ 钢管支承杆设置在结构体外且处于受压状态时，该支承杆的自由长度（千斤顶下卡头到模板下口第一个横向支撑扣件节点的距离）L_0（m）不应大于公式（2-15）的规定： $$L_0 = \frac{21.2}{\sqrt{KP}} \qquad (2\text{-}15)$$
7	横向结构的施工	（1）按整体结构设计的横向结构，当采用后期施工时，应保证施工过程中的结构稳定并满足设计要求 （2）滑模工程横向结构的施工，宜采取在竖向结构完成到一定高度后，采取逐层空滑现浇楼板或架设预制接板或用降模法或其他支模方法施工 （3）墙板结构采用逐层空滑现浇楼板工艺施工时应满足下列规定： 1）当墙体模板空滑时，其外周模板与墙体接触部分的高度不得小于 200mm 2）楼板混凝土强度达到 1.2N/mm^2 方能进行下道工序，支设楼板的模板时，不应损害下层楼板混凝土

序号	项 目	内 容
7	横向结构的施工	3）楼板模板支柱的拆除时间，除应满足现行国家标准《混凝土结构工程施工质量验收规范》GB 50204 的要求外，还应保证楼板的结构强度满足承受上部施工荷载的要求 （4）墙板结构的楼板采用逐层空滑安装预制楼板时，应符合下列规定： 1）非承重墙的模板不得空滑 2）安装楼板时，板下墙体混凝土的强度不得低于 4.0N/mm²，并严禁用撬棍在墙体上挪动楼板 （5）梁的施工应符合下列规定： 1）采用承重骨架进行滑模施工的梁，其支承点应根据结构配筋和模板构造绘制施工图；悬挂在骨架下的梁底模板，其宽度应比模板上口宽度小 3～5mm 2）采用预制安装方法施工的梁，其支承点应设置支托 （6）墙板结构、框架结构等的楼板及屋面板采用降模法施工时，应符合下列规定： 1）利用操作平台作楼板的模板或作模板的支承时，应对降模装置和设备进行验算 2）楼板混凝土的拆模强度，应满足现行国家标准《混凝土结构工程施工质量验收规范》GB 50204 的有关规定，并不得低于 15N/mm² （7）墙板结构的楼板采用在墙上预留孔洞或现浇牛腿支承预制楼板时，现浇区钢筋应与预制楼板中的钢筋连成整体。预制楼板应设临时支撑，待现浇区混凝土达到设计强度标准值 70％后，方可拆除支撑 （8）后期施工的现浇楼板，可采用早拆模板体系或分层进行悬吊支模施工 （9）所有二次施工的构件，其预留槽口的接触面不得有油污染，在二次浇筑之前，必须彻底消除酥松的浮渣、污物，并严格按施工缝的程序做好各项作业，加强二次浇筑混凝土的振捣和养护
8	用贯入阻力测量混凝土凝固的试验方法	（1）贯入阻力试验是在筛出混凝土拌合物中粗骨料的砂浆中进行。以一根测杆在 10±2s 的时间内垂直插入砂浆中 25±2mm 深度时，测杆端部单位面积上所需力——贯入阻力的大小来判定混凝土凝固的状态 （2）试验仪器与工具应符合下列要求： 1）贯入阻力仪：加荷装置的指示精度为 5N，最大荷载测量值不小于 1kN。测杆的承压面积有 100、50、20mm² 等三种。每根测杆在距贯入端 25mm 处刻一圈标记 2）砂浆试模：试模高度为 150mm，圆柱体试模的直径或立方体试模的边长不应小于 150mm。试模需要用刚性不吸水的材料制作 3）捣固棒：直径 16mm，长约 500mm，一端为半球形 4）标准筛：筛取砂浆用，筛孔孔径为 5mm，应符合现行国家标准《试验筛》GB/T 6005 的有关规定 5）吸液管：用以吸除砂浆试件表面的泌水 （3）砂浆试件的制备及养护应符合下列要求： 1）从要进行测试的混凝土拌合物中，取有代表性的试样，用筛子把砂浆筛落在不吸水的垫板上，砂浆数量满足需要后，再由人工搅拌均匀，然后装入试模中，捣实后的砂浆表面低于试模上沿约 10mm 2）砂浆试件可用振动器，也可用人工捣实。用振动器振动时，以砂浆平面大致形成为止；人工捣实时，可再试件表面每隔 20～30mm，用棒插捣一次，然后用棒敲击试模周边，使插捣的印穴弥合。表面用抹子轻轻抹平 3）把试件置于所要求的条件下进行养护，如标准养护、同条件养护，避免阳光直晒，为不使水分过快蒸发可加覆盖 （4）测试方法应符合下列要求： 1）在测试前 5min 吸除试件表面的泌水，在吸除时，试模可稍微倾斜，但要避免振动和强力摇动

序号	项 目	内 容
8	用贯入阻力测量混凝土凝固的试验方法	2）根据混凝土砂浆凝固情况，选用适当规格的贯入测杆，测试时首先将测杆端部与砂浆表面接触，然后约在 10s 的时间内，向测杆施以均匀向下的压力，直至测杆贯入砂浆表面下 25mm 深度，并记录贯入阻力仪指针读数、测试时间及混凝土龄期。更换测杆宜按表 2-61 选用 3）对于一般混凝土，在常温下，贯入阻力的测试时间可以从搅拌后 2h 开始进行，每隔 1h 测试一次，每次测 3 点（最少不少于 2 点），直至贯入阻力达到 2.8kN/cm² 时为止。各测点的间距应大于测杆直径的 2 倍且不小于 15mm，测点与试件边缘的距离应不小于 25mm。对于速凝或缓凝的混凝土及气温过高或过低时，可将测试时间适当调整 4）计算贯入阻力，将测杆贯入时所需的压力除以测杆截面面积，即得贯入阻力。每次测试的 3 点取平均值，当 3 点数值的最大差异超过 20% 时，取相近 2 点的平均值 （5）试验报告应符合下列要求： 1）给出试验的原始资料： ①混凝土配合比，水泥，粗细骨料品种，水胶比等 ②外加剂类型及掺量 ③混凝土坍落度 ④筛出砂浆的温度及试验环境温度 ⑤试验日期 2）绘制混凝土贯入阻力曲线，以贯入阻力为纵坐标（kN/cm²），以混凝土龄期（h）为横坐标，绘制曲线的试验数据不得少于 6 个 3）分析及应用： ①按规范所规定的混凝土出模时应达到的贯入阻力范围，从混凝土贯入阻力曲线上可以得出混凝土的最早出模时间（龄期）及适宜的滑升速度的范围，并可以此检查实际施工时的温升速度是否合适 ②当滑升速度已确定时，可从事先绘制好的许多混凝土凝固的贯入阻力曲线中，选择与已定滑升速度相适应的混凝土配合比 ③在现场施工中，及时测定所用混凝土的贯入阻力，校核混凝土出模强度是否满足要求，滑升时间是否合适

滑模装置组装的允许偏差　　　　　　　　　　　表 2-58

序号	内 容		允许偏差（mm）
1	模板结构轴线与相应结构轴线位置		3
2	围圈位置偏差	水平方向	3
3		垂直方向	3
4	提升架的垂直偏差	平面内	3
5		平面外	2
6	安放千斤顶的提升架横梁相对标高偏差		5
7	考虑倾斜度后模板尺寸的偏差	上口	−1
8		下口	+2
9	千斤顶位置安装的偏差	提升架平面内	5
10		提升架平面外	5
11	圆模直径、方模边长的偏差		−2～+3
12	相邻两块模板平面平整偏差		1.5

混凝土入模时的坍落度 表 2-59

序号	结 构 种 类	坍落度（mm）	
		非泵送混凝土	泵送混凝土
1	墙板、梁、柱	50～70	100～160
2	配筋密集的结构（筒体结构及细长柱）	60～90	120～180
3	配筋特密结构	90～120	120～200

注：采用人工捣实时，非泵送混凝土的坍落度可适当增大。

门、窗框安装的允许偏差 表 2-60

序号	项 目	允 许 偏 差（mm）	
		钢门窗	铝合金（或塑钢）门窗
1	中心线位移	5	5
2	框正、侧面垂直度	3	2
3	框对角线长度： ≤2000mm ＞2000mm	5 6	2 3
4	框的水平度	3	1.5

更换测杆选用表 表 2-61

序号	贯入阻力值（kN/cm²）	0.02～0.35	0.35～2.0	2.0～2.8
1	测杆面积（mm²）	100	50	20

2.7.11 特种滑模施工

特种滑模施工如表 2-62 所示。

特种滑模施工 表 2-62

序号	项 目	内 容
1	大体积混凝土施工	（1）水工建筑物中的混凝土坝、闸门井、闸墩及桥墩、挡土墙等无筋和配有少量钢筋的大体积混凝土工程，可采用滑模施工 （2）滑模装置的整体设计除满足本书表 2-45 的相关规定外，还应满足结构物曲率变化和精度控制要求，并能适应混凝土机械化和半机械化作业方式 （3）长度较大的结构物整体建筑时，其滑模装置应分段自成体系，分段长度不宜大于 20m，体系间接头处的模板应衔接平滑 （4）支承杆及千斤顶的布置，应力求受力均匀。宜沿结构物上、下游边缘及横缝面成组均匀布置。支承杆至混凝土边缘的距离不应小于 200mm （5）滑模装置的部件设计除满足本书表 2-55 的相关规定外，还应符合下列要求： 1）操作平台宜由主梁、连系梁及铺板构成；在变截面结构的滑模操作平台中，应制定外悬部分的拆除措施 2）主梁宜用槽钢制作，其最大变形量不应大于计算跨度的 1/500；并应根据结构物的体形特征平行或径向布置，其间距宜为 2～3m

序号	项 目	内　　容
1	大体积混凝土施工	3）围圈宜用型钢制作，其最大变形量不应大于计算跨度的 1/1000 4）梁端提升收分车行走的部位，必须平直光洁，上部应加保护盖 （6）滑模装置的组装应按本书表 2-57 序号 1 的相关规定制定专门的程序 （7）混凝土浇筑辅料厚度宜控制在 250～400mm；采取分段滑升时，相邻各段铺料厚度差不得大于一个铺料层厚；采用吊罐直接入仓下料时，混凝土吊罐底部至操作平台顶部的安全距离不应小于 600mm （8）大体积混凝土工程滑模施工时的滑升速度宜控制在 50～100mm/h，混凝土的出模强度宜控制在 0.2～0.4N/mm²，相邻两次提升的间隔时间不宜超过 1.0h；对反坡部位混凝土的出模强度，应通过试验确定 （9）大体积混凝土工程中的预埋件施工，应制定专门技术措施 （10）操作平台的偏移，应按以下规定进行检查与调整： 1）每提升一个浇灌层，应全面检查平台偏移情况，做出记录并及时调整 2）操作平台的累积偏移量超过 50mm 尚不能调平时，应停止滑升并及时进行处理
2	混凝土面板施工	（1）溢流面、泄水槽和渠道护面、隧洞底拱衬砌及堆石坝的混凝土面板等工程，可采用滑模施工 （2）面板工程的滑模装置设计，应包括下列主要内容： 1）模板结构系统（包括模板、行走机构、抹面架） 2）滑模牵引系统 3）轨道及支架系统 4）辅助结构及通信、照明、安全设施等 （3）模板结构的设计荷载应包括下列各项： 1）模板结构的自重（包括配重），按实际重量计 2）施工荷载。机具、设备按实际重量计；施工人员可按 1.0kN/m² 计 3）新浇混凝土对模板的上托力。模板倾角小于 45°时，可取 3～5kN/m²；模板倾角大于或等于 45°时，可取 5～15kN/m²；对曲线坡面，宜取较大值 4）混凝土与模板的摩阻力，包括粘结力和摩擦力。新浇混凝土与钢模板的粘结力，可按 0.5kN/m² 计；在确定混凝土与钢模板的摩擦力时，其两者间的摩擦系数可按 0.4～0.5 计 5）模板结构与滑轨的摩擦力。在确定该力时，对滚轮与轨道间的摩擦系数可取 0.05，滑块与轨道间的摩擦系数可取 0.15～0.5 （4）模板结构的主梁应有足够的刚度。在设计荷载作用下的最大挠度应符合下列规定： 1）溢流面模板主梁的最大挠度不应大于主梁计算跨度的 1/800 2）其他面板工程模板主梁的最大挠度不应大于主梁计算跨度的 1/500 （5）模板牵引力 R（kN）应按公式（2-16）计算： $$R = [FA + G\sin\varphi + f_1 \mid G\cos\varphi - P_c \mid + f_2 G\cos\varphi]K \qquad (2\text{-}16)$$ 式中　F——模板与混凝土的粘结力（kN/m²） 　　　A——模板与混凝土的接触面积（m²） 　　　G——模板系统自重（包括配重及施工荷载）（kN） 　　　φ——模板的倾角（°） 　　　f_1——模板与混凝土间的摩擦系数 　　　P_c——混凝土的上托力（kN） 　　　f_2——滚轮或滑块与轨道间的摩擦系数 　　　K——牵引力安全系数，可取 1.5～2.0 （6）滑模牵引设备及其固定支座应符合下列规定： 1）牵引设备可选用液压千斤顶、爬轨器、慢速卷扬机等；对溢流面的牵引设备，宜选用爬轨器

续表 2-62

序号	项 目	内 容
2	混凝土面板施工	2）当采用卷扬机和钢丝绳牵拉时，支承架、锚固装置的设计能力，应为总牵引力的 3～5 倍 3）当采用液压千斤顶牵引时，设计能力应为总牵引力的 1.5～2.0 倍 4）牵引力在模板上的牵引点应设在模板两端，至混凝土面的距离应不大于 300mm；牵引力的方向与滑轨切线的夹角不应大于 10°，否则应设置导向滑轮 5）模板结构两端应设同步控制机构 （7）轨道及支架系统的设计应符合下列规定： 1）轨道可选用型钢制作，其分节长度应有利于运输、安装 2）在设计荷载作用下，支点间轨道的变形不应大于 2mm 3）轨道的接头必须布置在支承架的顶板上 （8）滑模装置的组装应符合下列规定： 1）组装顺序宜为轨道支承架、轨道、牵引设备、模板结构及辅助设施 2）轨道安装的允许偏差应符合表 2-76 的规定 3）对牵引设备应按国家现行的有关规范进行检查并试运转，对液压设备应按本书表 2-55 序号 8 进行检验 （9）混凝土的浇灌与模板的滑升应符合下列规定： 1）混凝土应分层浇灌，每层厚度宜为 300mm 2）混凝土的浇罐顺序应从中间开始向两端对称进行，振捣时应防止模板上浮 3）混凝土出模后，应及时修整和养护 4）因故停泊时，应采取相应的停滑措施 （10）混凝土的出模强度宜通过试验确定，亦可按下列规定选用： 1）当模板倾角小于 45°时，可取 0.05～0.1N/mm² 2）当模板倾角等于或大于 45°时，可取 0.1～0.3N/mm² （11）对于陡坡上的滑模施工，应设有多重安全保险措施。牵引机具为卷扬机钢丝绳时，地锚要安全可靠；牵引机具为液压千斤顶时，还应对千斤顶的配套拉杆做整根试验检查 （12）面板成型后，其外形尺寸的允许偏差应符合下列规定： 1）溢流面表面平整度（用 2m 直尺检查）不应超过 ±3mm 2）其他护面面板表面平整度（用 2m 直尺检查）不应超过 ±5mm
3	竖井井壁施工	（1）竖井井筒的混凝土或钢筋混凝土井壁，可采用滑模施工。采用滑模施工的竖井，除遵守本规定外，还应遵守国家现行有关标准的规定 （2）滑模施工的竖井混凝土强度不宜低于 C25，井壁厚度不宜小于 150mm，井壁内径不宜小于 2m。当井壁结构设计为内、外两层或内、中、外三层时，采用滑模施工的每层井壁厚度不宜小于 150mm （3）竖井为单侧滑模施工，滑模设施包括凿井绞车、提升井架、防护盘、工作盘（平台）、提升架、提升罐笼、通风、排水、供水、供电管线以及常规滑模施工的机具 （4）井壁滑模应设内围圈和内模板。围圈宜用型钢加工成桁架形式；模板宜用 2.5～3.5mm 厚钢板加工成大块模板，按井径可分为 3～6 块，高度以 1200～1500mm 为宜；在接缝处配以收分或楔形抽拔模板，模板的组装单面倾斜度以 5‰～8‰为宜。提升架为单腿"r"形 （5）防护盘应根据井深和井筒作业情况设置 4～5 层。防护盘的承重骨架宜用型钢制作，上铺 60mm 以上厚度的木板，2～3mm 厚钢板，其上再铺一层 500mm 厚的松软缓冲材料。防护盘除用绞车悬吊外，还应用卡具（或千斤顶）与井壁固定牢固。其他配套设施应按国家现行有关标准的规定执行

序号	项 目	内 容
3	竖井井壁施工	（6）外层井壁宜采用边掘边砌的方法，由上而下分段进行滑模施工，分段高度以 3～6m 为宜。当外层井壁采用掘进一定深度再施工该段井壁时，分段滑模的高度以 30～60m 为宜。在滑模施工前，应对井筒岩（土）帮进行临时支护 （7）竖井滑模使用的支承杆，可分为压杆式和拉杆式，并应符合下列规定： 1）拉杆式支承杆宜布置在结构体外，支承杆接长采用丝扣连接 2）拉杆式支承杆的上端固定在专用环梁或上层防护盘的外环梁上 3）固定支承杆的环梁宜用槽钢制作，由计算确定其尺寸 4）环梁使用绞车悬吊在井筒内，并用 4 台以上千斤顶或紧固件与井壁固定 5）边掘边砌施工井壁时，宜采用拉杆式支承杆和升降式千斤顶 6）压杆式支承杆承受千斤顶传来的压力，同普遍滑模的支承杆 （8）竖井井壁的滑模装置，应在地面进行预组装，检查调整达到质量标准，再进行编号，按顺序吊运到井下进行组装 每段滑模施工完毕，应按国家现行的安全质量标准对滑模机具进行检查，符合要求后，再送到下一工作面使用。需要拆散重新组装的部件，应编号拆、运，按号组装 （9）滑模设备安装时，应对井筒中心与滑模工作盘中心，提升罐笼中心以及工作平台预留提升孔中心进行检查；应对拉杆式支承杆的中心与千斤顶中心、各层工作盘水平度进行检查 （10）外层井壁在基岩中分段滑模施工时，应将深孔爆破的最后一茬炮的碎石留下并整平，作为滑模机具组装的工作面。碎石的最大粒径不宜大于 200mm （11）在组装滑模装置前，沿井壁四周安放的刃脚模板应先固定牢固，滑升时，不得将刃脚模板带起 （12）滑模中遇到与井壁相连的各种水平或倾斜巷道口、峒室时，应对滑模系统进行加固，并做好滑空处理。在滑模施工前，应对巷道口、峒室靠近井壁的 3～5m 的范围内进行永久性支护 （13）滑模施工中必须严格控制井筒中心的位移情况。边掘边砌的工程每一滑模段应检查一次；当分段滑模的高度超过 15m 时，每 10m 高应检查一次；其最大偏移不得大于 15mm （14）滑模施工期间应绘制井筒实测纵横断面图，并应填写混凝土和预埋件检查验收记录 （15）井壁质量应符合下列要求： 1）与井筒相连的各水平巷道或峒室的标高应符合设计要求，其最大允许偏差为 ±100mm 2）井筒的最终深度，不得小于设计值 3）井筒的内半径最大允许偏差：有提升设备时不得大于 50mm，无提升设备时不得超过 ±50mm 4）井壁厚度局部相差不得大于设计厚度 50mm，每平方米的表面不平整度不得大于 10mm
4	复合壁施工	（1）复合壁滑模施工适用于保温复合壁贮仓、节能型高层建筑、双层墙壁的冷库、冻结法施工的矿井复合井壁及保温、隔音等工程 （2）复合壁施工的滑模装置应在内外模板之间（双层墙壁的分界处）增加一隔离板，防止两种不同的材料在施工时混合 （3）复合壁滑板施工用的隔离板应符合下列规定： 1）隔离板用钢板制作 2）在面向有配筋的墙壁一侧，隔离板竖向焊有与其底部相齐的圆钢，圆钢的上端与提升架间的联系梁刚性连接，圆钢的直径为 φ25～28，间距为 1000～1500mm 3）隔离板安装后应保持垂直，其上口应高于模板上口 50～100mm，深入模板内的高度可根据现场施工情况确定，应比混凝土的浇灌层厚减少 25mm （4）滑模用的支承杆应布置在强度较高一侧的混凝土内

序号	项　目	内　　容
4	复合壁施工	（5）浇灌两种不同性质的混凝土时，应先浇灌强度高的混凝土，后浇灌强度较低的混凝土；振捣时，先振捣强度高的混凝土，再振捣强度较低的混凝土，直至密实 　　同一层两种不同性质的混凝土浇灌层厚度应一致，浇灌振捣密实后其上表面应在同一平面上 （6）隔离板上粘结的砂浆应及时清除。两种不同的混凝土内应加入合适的外加剂调整其凝结时间、流动性和强度增长速度。轻质混凝土内宜加入早强剂、微沫剂和减水剂，使两种不同性能的混凝土均能满足在同一滑升速度下的需要 （7）在复合壁滑模施工中，不宜进行空滑施工，除非另有防止两种不同性质混凝土混淆的措施，停滑时应按本书表 2-57 序号 6 之（13）条的规定采取停滑措施，但模板总的提升高度不应大于一个混凝土浇灌层的厚度 （8）复合壁滑模施工结束，最上一层混凝土浇筑完毕后，应立即将隔离板提出混凝土表面，再适当振捣混凝土，使两种混凝土间出现的隔离缝弥合 （9）预留洞或门窗洞口四周的轻质混凝土宜用普通混凝土代替，代替厚度不宜小于 60mm （10）复合壁滑模施工的壁厚允许偏差应符合表 2-64 的规定
5	抽孔滑模施工	（1）滑模施工的墙、柱在设计中允许留设或要求连续留设竖向孔道的工程，可采用抽孔工艺施工，孔的形状应为圆形 （2）采用抽孔滑模施工的结构，柱的短边尺寸不宜小于 300mm，壁板的厚度不宜小于 250mm，抽孔率及孔位应由设计确定。抽孔率宜按下列公式计算： 　1）筒壁和墙（单排孔）： $$抽孔率(\%) = \frac{单孔的净面积}{相邻孔中心距离 \times 壁(墙)厚度} \times 100\%　(2-17)$$ 　2）柱子： $$抽孔率(\%) = \frac{柱内孔的总面积}{柱子的全截面积} \times 100\%　(2-18)$$ 　3）当模板与芯管设计为先提升模板后提升芯管时，壁板、柱的孔边净距可适当减少，壁板的厚度可降至不小于 200mm （3）抽孔芯管的直径不应大于结构短边尺寸的 1/2，且孔壁距离结构外边缘不得小于 100mm，相邻两孔孔边的距离应大于或等于孔的直径，且不得小于 100mm （4）抽孔滑模装置应符合下列规定： 　1）按设计的抽孔位置，在提升架的横梁下或提升架之间的联系梁下增设抽孔芯管 　2）芯管上端与梁的连接构造宜做成的使芯管转动，并能有 50mm 以上的上下活动量 　3）芯管宜用钢管制作，模板上口处外径与孔的直径相同，深入模板内的部分宜有 0～0.2％锥度，有锥度的芯管壁在最小外径处厚度不宜小于 1.5mm，其表面应打磨光滑 　4）芯管安装后，其下口应与模板下口齐平 　5）抽孔滑模装置宜设计成模板与芯管能分别提升，也可同时提升的作业装置 　6）每次滑升前应先转动芯管 （5）抽孔芯管表面应涂刷隔离剂。芯管在脱出混凝土后或做空滑处理时，应随即清理粘结在上面的砂浆，再重新施工时，应再刷隔离剂 （6）抽孔滑模施工允许偏差应符合表 2-65 的规定
6	滑架提模施工	（1）滑架提模施工适用于双曲线冷却塔或锥度较大的筒体结构的施工 （2）滑架提模装置应满足塔身的曲率和精度控制要求，其装置设计应符合下列规定： 　1）提升架以直型门架式为宜，其千斤顶与提升架之间联系应设计为铰接，铰链式剪刀撑应有足够的刚度，既能变化灵活又支撑稳定

序号	项 目	内 容
6	滑架提模施工	2）塔身中心位移控制标记应明显、准确、可靠，便于测量操作，可设在塔身中央，也可在塔身周边多点设置 3）滑动提升模板与围圈滑动联结固定，而此固定块与提升架为相对滑动固定，以便模板与混凝土脱离，但又能在混凝土浇灌凝固过程中有足够的稳定性 （3）采用滑架提模法施工时，其一次提升高度应依据所选用的支承杆承载能力而定。模板的空滑高度宜为 1～1.5m。模板与下一层混凝土的搭接处应严密不露浆 （4）混凝土浇灌应均匀、对称，分层进行。松动模板时的混凝土强度不应低于 1.5N/mm²；模板归位后，操作平台上开始负荷运送混凝土浇灌时，模板搭接处的混凝土强度应不低于 3N/mm² （5）混凝土入模前面板位置允许偏差应符合下列规定： 1）模板上口轮圆半径偏差±5mm 2）模板上口标高偏差±10mm 3）模板上口内外间距偏差±3mm （6）采用滑架提模法施工的混凝土筒体，其质量标准还应满足本书的有关要求
7	滑模托带施工	（1）整体空间结构等重大结构物，其支承结构采用滑模工艺施工时，可采用滑模托带方法进行整体就位安装 （2）滑模托带施工时，应先在地面将被托带结构组装完毕，并与滑模装置连接成整体；支承结构滑模施工时，托带结构随同上升直到其支座就位标高，并固定于相应的混凝土顶面 （3）滑模托带装置的设计，应能满足钢筋混凝土结构滑模和托带结构就位安装的双重要求。其施工技术设计应包括下列主要内容： 1）滑模托带施工程序设计 2）墙、柱、梁、筒壁等支承结构的滑模装置设计 3）被托带结构与滑模装置的连接措施与分离方法 4）千斤顶的布置与支承杆的加固方法 5）被托带结构到顶滑模机具拆除时的临时固定措施和下降就位措施 6）托带结构的变形观测与防止托带结构变形的技术措施 （4）对被托带结构应进行应力和变形验算，确定在托带结构自重和施工荷载作用下各支座的最大反力值和最大允许升差值，作为计算千斤顶最小数量和施工中升差控制的依据之一 （5）滑模托带装置的设计荷载除按一般滑模应考虑的荷载外，还应包括下列各项： 1）被托带结构施工过程中的支座反力，依据托带结构的自重、托带结构上的施工荷载、风荷载以及施工中支座最大升差引起的附加荷载计算出各支承点的最大作用荷载 2）滑模托带施工总荷载 （6）滑模托带施工的千斤顶和支承杆的承载能力应有较大安全储备；对楔块式和滚楔混合式千斤顶，安全系数不应小于 3.0；对滚珠式千斤顶，安全系数不应小于 2.5 （7）施工中应保持被托带结构同步稳定提升，相邻两个支承点之间的允许升差值不得大于20mm，且不得大于相邻两支座距离的 1/400，最高点和最低点允许升差值应小于托带结构的最大允许升差值，并不得大于 40mm；网架托带到顶支座就位后的高度允许偏差，应符合现行国家标准《钢结构工程施工质量验收规范》GB 50205 的规定 （8）当采用限位调平法控制升差时，支承杆上的限位卡应每 150～200mm 限位调平一次 （9）混凝土浇灌应严格做到均衡布料，分层浇筑，分层振捣；混凝土的出模强度宜控制在0.2～0.4N/mm² （10）当滑模托带结构到达预定标高后，可采用一般现浇施工方法浇灌固定支座的混凝土

安装轨道允许偏差 表 2-63

序 号	项 目	允 许 偏 差（mm）	
		溢流面	其 他
1	标高	−2	±5
2	轨距	±3	±3
3	轨道中心线	3	3

复合壁滑模施工的壁厚允许偏差 表 2-64

序号	项 目	壁厚允许偏差（mm）		
		混凝土强度较高的壁	混凝土强度较低的壁	总壁厚
1	允许偏差	−5～+10	−10～+5	−5～+8

抽孔滑模施工允许偏差 表 2-65

序号	项 目	管或孔的直径偏差	芯管安装位置偏差	管中心垂直度偏差	芯管的长度偏差	芯管的锥度范围
1	允许偏差	±3mm	<10mm	<2‰	±10mm	0～0.2%

注：不得出现塌孔及混凝土表面裂缝等缺陷。

2.7.12 滑模系统的拆除

滑模系统的拆除如表 2-66 所示。

滑模系统的拆除 表 2-66

序号	项 目	内 容
1	说明	滑模系统的拆除主要分整体分段拆除和高空解体散拆。无论哪种拆模方法，均必须先做到以下几点： （1）切断全部电源，撤掉一切机具 （2）拆除液压设施，但千斤顶及支承杆必须保留 （3）揭去操作平台板，拆除平台梁或桁架 （4）高空解体散拆时，还必须先将挂架子及外挑架拆除
2	整体分段拆除，地面解体	这种方法可以充分利用现场起重机械，既快又比较安全。整体分段拆除前，应作好分段方案设计。主要考虑以下几点： （1）现场起重机械的吊运能力，做到既充分利用起重机械的起吊能力，又避免超载 （2）每一房间墙壁（或梁）的整体两侧模板作为一个单元同时吊运拆除；外墙（外围轴线梁）模板连同外挑梁、挂架亦可同时吊运；筒壁结构模板应按均匀分段设计 （3）外围模板与内墙（梁）模板间围圈连接点不能过早松开（如先松开，必须对外围模板进行拉结，防止模板向外倾覆），待起重设备挂好吊钩并绷紧钢丝绳后，再及时将连接点松开 （4）若模板下脚有较可靠的支承点，内墙（梁）提升架上的千斤顶可提前拆除，否则需待起重设备挂好吊钩并绷紧钢丝绳时，将支承杆割断，再起吊、运下 （5）模板吊运前，应挂好溜绳，模板落地前用溜绳引导，平稳落地，防止模板系统部件损坏。外围模板有挂架子时，更需如此 （6）模板落地解体前，应根据具体情况作好拆解方案，明确拆解顺序，制定好临时支撑措施，防止模板系统部件出现倾倒事故

序号	项 目	内 容
3	高空解体散拆	高空散拆模板虽不需要大型吊装设备，但占用工期长，耗用劳动力多，且危险性较大，故无特殊原因尽量不采用此方法。若必须采用高空解体散拆时，必须编制好详细、可行的施工方案，并在操作层下方设置卧式安全网防护，高空作业人员系好安全带。一般情况下，模板系统解体前拆除提升系统及操作平台系统的方法与分段整体拆除相同，模板系统解体散拆的施工顺序如下： 拆除外吊架脚手架、护身栏，自外墙无门窗洞口处开始，向后倒退拆除→拆除外吊架吊杆及外挑架→拆除内固定平台、拆除外墙（柱）模板→拆除外墙（柱）围圈→拆除外墙（柱）提升架→将外墙（柱）千斤顶从支承杆上端抽出→拆除内墙模板→拆除一个轴线段围圈，相应拆除一个轴线段提升架→千斤顶从支承杆上端抽出 高空解体散拆模板必须掌握的原则是：在模板散拆的过程中，必须保证模板系统的总体稳定和局部稳定，防止模板系统整体或局部倾倒塌落。因此，制定方案、技术交底和实施过程中，务必有专职人员统一组织、指挥

2.7.13 质量检查及工程验收

滑模工程质量检查及工程验收如表 2-67 所示。

滑模工程质量检查及工程验收   表 2-67

序号	项 目	内 容
1	质量检查	（1）滑模工程施工应按本书和国家现行的有关强制性标准的规定进行质量检查和隐藏工程验收。滑模施工常用记录表按有关规定表格记录 （2）工程质量检查工作必须适应滑模施工的基本条件 （3）兼作结构钢筋的支承杆的连接接头、预埋插筋、预埋件等应做隐蔽工程验收 （4）施工中的检查应包括地面上和平台上两部分： 1）地面上进行的检查应超前完成，主要包括： ①所有原材料的质量检查 ②所有加工件及半成品的检查 ③影响平台上作业的相关因素和条件检查 ④各工种技术操作上岗资格的检查等 2）滑模平台上的跟班作业检查，必须紧随各工种作业进行，确保隐蔽工程的质量符合要求 （5）滑模施工中操作平台上的质量检查工作除作常规项目外，尚应包括下列主要内容： 1）检查操作平台上各观测点与相对应的标准控制点之间的位置偏差及平台的空间位置状态 2）检查各支承杆的工作状态 3）检查各千斤顶的升差情况，复核调平装置 4）当平台处于纠偏或纠扭状态时，检查纠正措施及效果 5）检查滑模装置质量，检查成型混凝土的壁厚、模板上口的宽度及整体几何形状等 6）检查千斤顶和液压系统的工作状态 7）检查操作平台的负荷情况，防止局部超载 8）检查钢筋的保护层厚度、节点处交汇的钢筋及接头质量 9）检查混凝土的性能及浇灌层厚度 10）滑升作业前，检查障碍物及混凝土的出模强度 11）检查结构混凝土表面质量状态 12）检查混凝土的养护 （6）混凝土质量检验应符合下列规定： 1）标准养护混凝土试块的组数，应按现行国家标准《混凝土结构工程施工质量验收规范》GB 50204 的要求进行 2）混凝土出模强度的检查，应在滑模平台现场进行测定，每一工作班应不少于一次；当在一个工作班上气温有骤变或混凝土配合比有变动时，必须相应增加检查次数 3）在每次模板提升后，应立即检查出模混凝土的外观质量，发现问题应及时处理，重大问题应做好处理记录 （7）对于高耸结构垂直度的测量，应考虑结构自振、风荷载及日照的影响，并宜以当地时间6：00～9：00 间的观测结果为准
2	工程验收	（1）滑模工程的验收应按本书的有关要求进行 （2）滑模施工工程混凝土结构的允许偏差应符合表 2-68 的规定 钢筋混凝土烟囱的允许偏差，应符合现行国家标准《烟囱工程施工及验收规范》的规定。特种滑模施工的混凝土结构允许偏差，尚应符合国家现行有关专业标准的规定

滑模施工工程混凝土结构的允许偏差　　　　　　表 2-68

序号	项　　目			允许偏差（mm）
1	轴线间的相对位移			5
2	圆形筒体结构	半径	≤5m	5
3			>5m	半径的 0.1%，不得大于 10
4	标高	每层	高层	±5
5			多层	±10
6		全高		±30
7	垂直度	每层	层高小于或等于 5m	5
8			层高大于 5m	层高的 0.1%
9		全高	高度小于 10m	10
10			高度大于或等于 10m	高度的 0.1%，不得大于 30
11	墙、柱、梁、壁截面尺寸偏差			+8，−5
12	表面平整（2m 靠尺检查）		抹灰	8
			不抹灰	5
14	门窗洞口及预留洞口位置偏差			15
15	预埋件位置偏差			20

2.8　爬　升　模　板

2.8.1　爬升模板简述及特点

爬升模板简述及特点如表 2-69 所示。

爬升模板简述及特点　　　　　　表 2-69

序号	项　目	内　　容
1	简述	爬升模板简称爬模，是通过附着装置支承在建筑结构上，以液压油缸或千斤顶为爬升动力，以导轨为爬升轨道，随建筑结构逐层爬升、循环作业的施工工艺。它是钢筋混凝土竖向结构施工继大模板、滑升模板之后的一种较新工艺 爬升模板，由于它综合了大模板和滑升模板的优点，已形成了一种施工中模板不落地，混凝土表面质量易于保证的快捷、有效的施工方法，特别适用于高耸建（构）筑物竖向结构浇筑施工。爬升模板既有大模板施工的优点，如：模板板块尺寸大，成型的混凝土表面光滑平整，能够达到清水混凝土质量要求；又有滑升模板的特点，如：自带模板、操作平台和脚手架随结构的增高而升高，抗风能力强，施工安全，速度快等；同时又比大模板和滑升模板有所发展和进步，如：施工精度更高，施工速度和节奏更快更有序，施工更加安全，适用范围更广阔
2	工艺特点	爬升模板施工工艺一般具有以下特点： （1）施工方便，安全。爬升模板顶升（或提升）脚手架和模板，在爬升过程中，全部施工静荷载及活荷载都由建筑结构承受，从而保证安全施工 （2）可减少耗工量。架体爬升、楼板施工和绑扎钢筋等各工序互不干扰 （3）工程质量高，施工精确度高 （4）提升高度不受限制，就位方便 （5）通用性和适用性强，可用于多种截面形状的结构施工，还可用于有一定斜度的构筑物施工，如桥墩、塔身、大坝等 目前爬升模板技术有多种形式，常用的有：模板与爬架互爬技术、新型导轨式液压爬楼（提升或顶升）技术、新型液压钢平台爬升（提升或顶升）技术

2.8.2　模板与爬架互爬技术

模板与爬架互爬技术如表 2-70 所示。

模板与爬架互爬技术　　　　　　　　　　　　　　　表 2-70

序号	项　目	内　　　容
1	技术特点	（1）架体与模板分离爬升。架体不带模板爬升，但提供支模平台；架体爬升到位后固定在结构上，然后借助塔式起重机或捯链拉升模板，到位后坐落在架体上 （2）架体结构简单，承载力小，主要为工人施工提供多层作业平台，并起到支撑防护的作用 （3）架体爬升采用自动化施工，与传统的施工方法相比在一定程度上减轻了工人劳动强度，简化了施工工艺 （4）模板作业需要单独进行，爬升靠塔式起重机或捯链提升，模板的合模、分模、清理维护，也需要工人借助捯链完成，增加了工人的劳动强度及作业时间 （5）架体通用性好，可重复使用
2	结构组成及原理	现有的模板与爬架互爬技术，按爬升动力不同分为液压顶升式爬升、电动葫芦提升式爬升，不论哪一种技术，其核心组成包括附着装置、升降机构、防坠装置架体系统、模板系统 （1）附着装置 　　附着在建（构）筑物结构上，与架体的竖向主框架连接并将架体固定，承受并传递架体荷载的连接结构，由预埋件和固定套（承力件）组成，具有附着、导向，防倾功能。预埋件埋在结构中，其位置的准确性保证了架体的爬升定位准确，因此预埋件起到导向、定位的作用；固定套承受整个架体的自重及架体上的施工荷载，并将架体固定在附着装置上，起到防止架体倾覆作用 （2）升降机构 　　由导轨、爬升动力设备组成，可自动爬升并锁定架体，通过爬升动力作用，可以实现导轨沿附着装置、架体沿导轨的互爬过程 （3）架体系统 　　架体系统由竖向主框架、水平连接桁架、各作业平台组成，架体系统的主要作用是为工人施工提供多层作业平台，为模板作业提供支模平台 （4）楼板系统 　　模板系统由模板及其提升装置组成，架体爬升到位后模板通过塔式起重机或起吊葫芦提升至上一层作业平台，人工操作完成合模、分模作业
3	施工工艺及要点	（1）模板与爬架互爬技术施工工艺流程如图 2-111 所示 （2）模板与爬架互爬技术施工要点： 　　1）架体与模板安装使用前应制定施工组织方案，对相关施工人员进行技术交底和安全技术培训 　　2）架体设计、安装应由有资质的单位施工 　　3）架体使用前进行安全检查，对于液压动力设备检查是否有漏油现象，对于电动葫芦应理顺提升捯链，不得出现翻链、扭接现象 　　4）架体爬升前，要清理架体杂物，墙体混凝土强度应达到设计要求后方可爬升 　　5）爬升时应实行统一指挥、规范指令，爬升指令只能由一人下达，但当有异常情况出现的，任何人均可立即发出停止指令 　　6）架体爬升到位后，必须及时进行附着固定和防护，检查无误后方可进行模板提升作业 　　7）模板提升到位后应靠近墙体，并用模板对拉螺栓将模板与墙体进行刚性拉结，确保架体上端有足够的稳定性 　　8）当遇到 6 级以上大风、雷雨、大雪、浓雾等恶劣天气时禁止爬升和装拆作业，大风天气要对架体进行拉结，夜间严禁进行升降和装拆作业 　　9）架体施工荷载（限两层同时作业）小于 $3kN/m^2$，与爬升无关的物体均不应在脚手架上堆放，严格控制施工荷载，不允许超载 　　10）架体施工区域内应有防雷设施，并应设置消防设施 　　11）当完成架体施工任务时，对架体进行拆除，先清理架上杂物及各种材料，并在拆除范围内做醒目标识，同时对拆除区域进行警戒，经检查符合拆除要求后方可进行

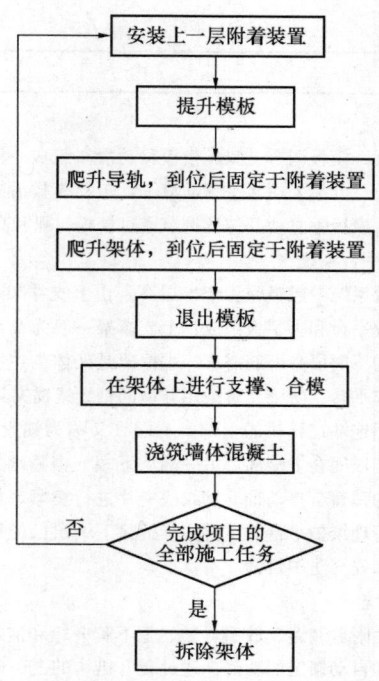

图 2-111　典型的模板与爬架互爬技术施工工艺流程图

2.8.3　新型导轨式液压爬升（顶升、提升）模板

新型导轨式液压爬升（顶升、提升）模板如表 2-71 所示。

新型导轨式液压爬升（顶升、提升）模板　　　　表 2-71

序号	项　目	内　　容
1	导轨式液压顶升模板	（1）技术特点 1）结构设计遵循：《液压爬升模板工程技术规程》JGJ 195—2010，《液压升降整体脚手架安全技术规程》JGJ 183—2009，本书第 11 章和建建［2000］230 号关于颁布《建筑施工附着升降脚手架管理暂行规定》的通知、《建筑结构荷载规范》GB 50009、《钢结构设计规范》GB 50017 等标准、规范、规定的有关要求 2）采用架体与模板一体化式爬升方式。架体爬升时带动模板一起爬升，架体既是模板爬升的动力系统，也是支撑体系 3）爬升动力为顶升力。动力设备通常采用液压油缸、液压千斤顶；操作简单、顶升力大、爬升速度快、具有过载保护 4）采用同步控制器，架体爬升同步性好，爬升平稳、安全 5）模板作业简单。模板随架体爬升，省时省力；模板支撑系统中设计模板移动滑车及调节支腿，可方便地完成合模、分模及模板多方位微调，有助于模板施工；架体提供模板作业平台，可进行模板的清理与维护 6）架体设计多层绑筋施工作业平台，满足不同层高绑筋要求，方便工人施工 7）架体结构合理，强度高，承载力大，高空抗风性好，安全性高 8）带模板自动爬升，节省塔式起重机吊次和现场施工用地；施工工艺简单，施工进度快，劳动强度低 9）架体一次性投入较大，但周转使用次数多，综合经济性好 （2）结构组成及原理 导轨式液压顶升模板技术由模板系统、架体与操作平台系统、液压爬升系统、电气控制系统组成

127

序号	项 目	内 容
1	导轨式液压顶升模板	1）模板系统 　　模板系统由模板、模板调节支腿、模板移动滑车组成。模板爬升完全借助架体，不需要单独作业；模板的合模、分模采用水平移动滑车，带动模板沿架体主梁水平移动，模板到位后用楔铁进行定位锁紧。模板垂直度及位置调节通过模板支腿和高低调节器完成 　　2）架体与操作平台系统 　　型体与操作平台系统一般竖跨 4 个半层高，由上支撑架、架体主框架、防坠装置、挂架、水平桁架、各层作业平台和脚手板组成。上支撑架一般为 2 个层高，提供 3～4 层绑筋作业平台，可以满足建筑结构不同层高绑筋需求。主框架是架体的主支撑和承力部分，主框架提供模板作业平台和爬升操作平台。防坠装置采用新型的钢绞线锚夹具结构 　　防坠装置上端固定端在导轨的上部，下端（又称为锁紧端）安装在架体主承力架的主梁上，预应力钢绞线一端锚固在上端部，另一端从下端（锁紧端）穿过，当出现架体突然下坠时，下端（锁紧端）内的弹簧会自动推动钢绞线夹片进行楔紧，使架体立刻停止下坠，达到防坠落的目的。挂架提供清理维护平台，主要用于拆除下一层已使用完毕的附着装置。水平桁架与脚手板主要起到连接和安全防护目的 　　3）液压爬升系统 　　液压爬升系统由附着装置、H 型导轨、上下爬升箱和液压油缸等组成，具有自动爬升、自动导向、自动复位和自动锁定的功能。通过爬升机构的上下爬升箱、液压油缸、H 型导轨上的踏步承力块和导向板以及电控液压系统的相互动作，可以实现 H 型导轨沿着附着装置升降，架体沿着 H 型导轨升降的互爬功能。附着装置采用预埋式或穿墙套管式，直接承受传递全套设备自重及施工荷载和风荷载，具有附着、承力、导向、防倾功能 　　4）电气控制系统 　　电气控制系统由电动机、主控制器、分控制器、传输线路等部分组成，控制方式为多点同步式，具有同步性、精确性、爬升动力大等特点 　　（3）施工工艺及要点 　　1）导轨式液压顶升模板技术总体施工工艺流程（图 2-112） 　　2）导轨式液压顶升模板技术施工要点 　　①架体与模板安装使用前应制定施工组织方案，且必须经专家论证，对相关施工人员进行技术交底和安全技术培训 　　②架体设计、安装应由有资质的单位施工 　　③安装前需要完成主承力架、导轨及上下爬升箱的组装，借助塔式起重机整体安装，安装完成后应检查验收，并作记录，合格后方可使用 　　④架体使用前进行安全检查，检查液压油缸是否有漏油现象 　　⑤架体爬升前，要清理架体杂物，解除相邻分段架体之间、架体与建（构）筑物之间的连接，确认各部件处于爬升工作状态，墙体混凝土强度应达到设计要求后方可爬升 　　⑥启动电控液压升降装置先爬升导轨，导轨爬升到位后固定在附着装置的导轨挂板上，再次启动升降装置顶升架体，到位后固定在附着装置上 　　⑦爬升时应实行统一指挥、规范指令，爬升指令只能由一人下达，但当有异常情况出现时，任何人均可立即发出停止指令 　　⑧非标准层层高大于标准层高时，爬升模可多爬升一次或在模板上口支模接高，定位预埋件必须同标准层一样在模板口以下规定位置预埋 　　⑨对于爬模面积较大或不宜整体爬升的工程，可分区段爬升施工，在分段部位要有施工安全措施 　　⑩油缸同步爬升，整体升差应控制在 50mm 以内。相邻机位升差应控制在机位间距的 1/100 以内

序号	项 目	内 容
1	导轨式液压顶升模板	⑪模板应采取分段整体脱模，宜采用脱模器脱模，不得采取撬、砸等手段脱模 ⑫板滞后施工应根据工程结构和爬模工艺确定，应有楼板滞后施工技术安全措施 ⑬当遇到 6 级以上大风、雷雨、大雪、浓雾等恶劣天气时禁止爬升和装拆作业，大风天气要对架体进行拉结，夜间严禁进行升降和装拆作业 ⑭架体施工区域内应有防雷设施，并设置消防设施 ⑮架体施工荷载（限两层同时作业）小于 3kN/m²，应保持均匀分布，与爬升无关的其他东西均不应在脚手架上堆放，严格控制施工荷载，不允许超载 ⑯当完成架体施工任务时，对架体进行整体拆除 （4）适用范围 适合任何结构形式的高层、超高层建筑结构施工，能够快速、安全、高质高量完成墙体结构施工
2	导轨式（穿心式）液压提升模板	（1）技术特点 1）采用架体与模板一体化式爬升方式。与前节中介绍的导轨式液压顶升模板类似，架体爬升时带动模板一起爬升，架体既是模板爬升的动力系统，也是支撑体系 2）爬升动力为提升力。动力设备一般采用穿心式液压千斤顶，操作简单、顶升力大，具有过载保护，但爬升速度慢、行程短 3）可带单侧模板或双面模板爬升，使用方便 4）模板随架体爬升，不需要单独作业；模板合模、分模过程采用模板滚轮，即在模板顶端与架体连接处安装滚轮，推动模板依靠滚轮在相应的架体支架轨道上滚动，完成模板进、退模作业 5）架体结构简单，但模板采用滚轮方式在一定程度上限制了利用架体进行绑筋作业，给施工带来不便 6）带模板自动爬升，可有效节省塔式起重机吊次和现场施工用地，加快施工进度 7）架体一次性投入较大，但周转使用次数多，综合经济性好 （2）结构组成及原理 导轨式液压提升模板技术由模板系统、架体与操作平台系统、液压提升系统、电气控制系统组成 1）模板系统 模板系统由模板、模板支腿组成，内外模板通过模板支腿连接在内外提升架上，并随主梁一起爬升；进行墙体混凝土施工时，模板合模、退模通过模板支腿进行调节 2）架体与操作平台系统 架体与操作平台系统由内外提升架、外挂架、水平桁架、脚手板组成。内外提升架通常一个半到两个层高，提供模板作业、提升作业操作平台；提升架上端与主梁连接处安装滚轮，可以沿主梁前后移动，并通过销轴定位，能够满足变截面墙厚施工；外挂架提供导向作业平台 3）液压提升系统 液压提升系统由限位卡、支撑杆、液压千斤顶、主梁、附着导向座、导轨等组成，支撑杆是爬升过程的主要承力部件，单次爬升最大距离由限位卡控制，附着导向座和导轨具有爬升导向作用。在结构施工中，支撑杆埋入墙体结构内，模板及施工作业架挂在主梁上，在液压油压的作用下，千斤顶提升主梁、模板、架体系统一起沿支撑杆爬升，到位后固定在支撑杆上 4）电气控制系统 电气控制系统由电动机、控制器、传输线路等部分组成，控制方式为单点式，具有控制简单、爬升动力大等特点 （3）施工工艺及要点 1）导轨式液压提升模板技术总体施工工艺流程如图 2-113 所示

序号	项 目	内 容
2	导轨式（穿心式）液压提升模板	2）导轨式液压提升模板技术施工要点： ①在架体与模板安装使用之前应制定施工组织方案，对相关施工人员进行技术交底和安全技术培训 ②安装前首先在墙体结构中埋设支撑架 ③借助塔式起重机对架体、模板、提升设备整体安装 ④架体爬升前，要清理架体杂物，墙体混凝土强度应达到设计要求后方可爬升 ⑤启动液压千斤顶整体爬升架体及导轨，到位后固定在支撑杆上 ⑥千斤顶的支撑杆上应设限位卡，每隔 500～1000mm 调平一次，整体升差值宜在 50mm 以内 ⑦对于爬模面积较大或不宜整体爬升的工程，可分区段爬升施工，在分段部位要有施工安全措施 ⑧模板应采取分段整体脱模，宜采用脱模器脱模，不得采取撬、砸等手段脱模 ⑨爬升时应实行统一指挥、规范指令 ⑩当遇到 6 级以上大风、雷雨、大雪、浓雾等恶劣天气时禁止爬升和装拆作业，大风天气要对架体进行拉结，夜间严禁进行升降和装拆作业 ⑪架体内外挂架上施工荷载（限两层同时作业）小于 3kN/m²，应保持均匀分布与爬升无关的物体均不应在脚手架上堆放，严格控制施工荷载，不允许超载 ⑫当完成架体施工任务时，对架体进行整体拆除 （4）适用范围 适合筒仓、柱形结构墙体施工

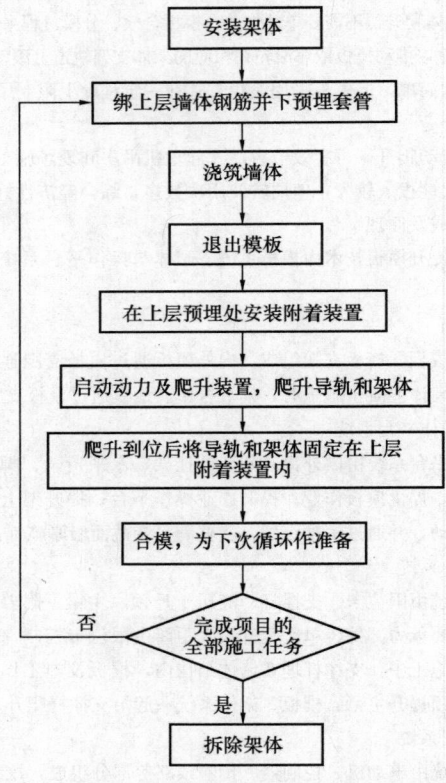

图 2-112　典型的导轨式液压顶升模板施工工艺流程图

2.8.4　各类型爬模对比、安全规定与使用及环保措施

各类型爬模对比、安全规定与使用及环保措施如表 2-72 所示。

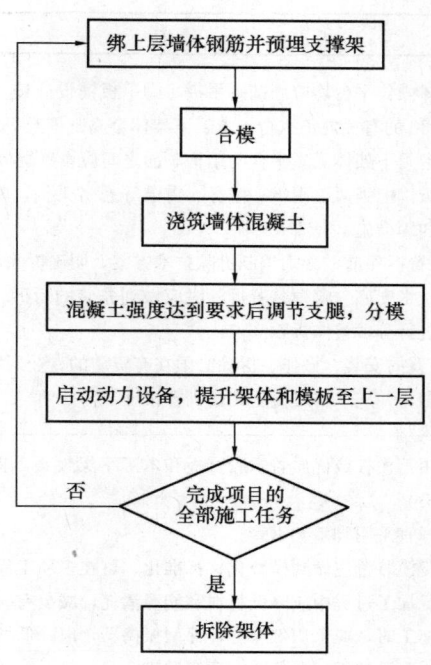

图 2-113　典型的导轨式液压提升模板
施工工艺流程图

各类型爬模对比、安全规定与使用及环保措施　　表 2-72

序号	项　目	内　　容
1	爬模对比	各种爬模技术特点的对比如表 2-73 所示
2	安全规定与使用	（1）爬模施工应按照《建筑施工高处作业安全技术规范》JGJ 80 的要求进行 （2）爬模工程在编制施工组织设计时，必须制定施工安全措施 （3）爬模工程使用应设专职安全员，负责爬模施工安全和检查爬模装置的各项安全设施，每层填写安全检查表 （4）操作平台上应在显著位置标明允许荷载值，设备、材料及人员等荷载应均匀分布，人员、物料不得超过允许荷载；爬楼装置爬升时不得堆放钢筋等施工材料，非操作人员应撤离操作平台 （5）爬模施工临时用电线路架设及架体接地、避雷措施等应按《施工现场临时用电安全技术规范》JGJ 46 的有关规定执行 （6）机械操作人员应执行机械安全操作技术规程，定期对机械、液压设备等进行检查、维修，确保使用安全 （7）操作平台上必须设置灭火器，施工消防供水系统应随爬模施工同步设置。在操作平台上进行电、气焊作业时应有防火措施和专人看护

序号	项目	内　　容
2	安全规定与使用	（8）上下架体操作平台均应满铺脚手板，脚手板铺设应按《建筑施工扣件钢管脚手架安全技术规范》JGJ 130 的有关规定执行；上、下架体全高范围及下端平台底部均应安装防护栏及安全网；主操作平台及下架体下端平台与结构表面之间应设置翻板和兜网 （9）遇有六级以上强风、雨雪、浓雾、雷电等恶劣天气，禁止进行爬模施工及装拆作业，并应采取可靠的加固措施 （10）爬模装置拆除前，必须编制拆除技术方案，明确拆除部件的先后顺序、规定拆除安全措施，进行安全技术交底。爬模装置拆除时应做到先装的后拆，后装的先拆，独立高空作业宜采用塔式起重机进行分段整体拆除 （11）爬模装置的安装、操作、拆除必须在有资质的专业厂家指导下进行，专业操作人员应进行技术安全培训，并应取得爬模施工培训合格证
3	环保措施	（1）模板选用钢模板或优质竹木胶合板和木工字梁模板，提高周转使用次数，减少木材资源消耗和环境污染 （2）平台栏杆宜采用脚手架钢管 （3）模板和爬模装置应做到模数化、标准化，可在多项工程使用，减少能源消耗 （4）爬模装置加工过程中应降低材料和能源消耗，减少有害气体排放 （5）混凝土施工时，应采用低噪声环保型振捣器，以降低城市噪声污染 （6）及时清运施工垃圾，严禁随意凌空抛撒 （7）液压系统采用耐腐蚀、防老化、具备优良密封性能的油管，防止漏油造成环境污染

各种爬模技术特点对比　　　　　　　　　　　　　　　　　　表 2-73

序号	类型　　参数	模板与架体互爬	导轨式液压爬模		液压钢平台	
			顶升模板（液压油缸）	提升模板（穿心式千斤顶）	顶升（液压油缸、液压千斤顶）	提升（升板机）
1	结构形式	简单，强度低	简单，强度高	简单，强度高	简单，强度高	简单，强度高
2	技术水平	低	高	中	高	中
3	自动化程度	低	高	中	高	中
4	施工速度	慢	快	中	快	快
5	爬升动力	小	大	大	大	大
6	施工工艺	复杂	简单	简单	简单	复杂
7	劳动强度	高	地	中	低	中
8	占用场地	多	少	少	少	少
9	占用塔式起重机	多	少	少	少	较少
10	经济性	综合经济性差	一次性投入多，重复使用率高，综合经济性好	一次性投入多，重复使用率高，综合经济性好	一次性投入多，重复使用率高，综合经济性好	一次性投入多，可重复使用

2.9　飞　模

2.9.1　飞模简述及特点

飞模简述及特点如表 2-74 所示。

飞模简述及特点　　　　　　　　　　　　表 2-74

序号	项　目	内　　容
1	简述	飞模又称台模，因其形状像一个台面，使用时利用起重机械将该模板体系直接从浇筑完毕的楼板下整体吊运飞出，周转到上层布置而得名 　飞模是一种水平模板体系，属于大型工具式模板，主要由台面、支撑系统（包括纵横梁、各种支架支腿）、行走系统（如升降和滑轮）和其他配套附件（如安全防护装置）等组成。其适用于大开间、大柱网、大进深的现浇钢筋混凝土楼板施工，对于无柱帽现浇板柱结构楼盖尤其适用
2	特点	飞模的规格尺寸主要根据建筑物的开间和进深尺寸以及起重机械的吊运能力来确定。飞模使用的优点是：只需一次组装成型，不再拆开，每次整体运输吊装就位，简化了支拆脚手架模板的程序、加快了施工进度，节约了劳动力。而且其台面面积大，整体性好，板面拼缝好，能有效提高混凝土的表面质量。通过调整台面尺寸，还可以实现板、梁一次浇筑。同时使用该体系可节约模架堆放场地 　飞模的缺点是：对构筑物的类型要求较高，如不适用于框架或框架-剪力墙体系，对于梁柱接头比较复杂的工程，也难以采用飞模体系。由于它对工人的操作能力要求较高，起重机械的配合也同样重要，而且在施工中需要采取多种措施保证其使用安全性。故施工企业应灵活选择飞模进行施工

2.9.2　常用的几种飞模

常用的几种飞模如表 2-75 所示。

常用的几种飞模　　　　　　　　　　　　表 2-75

序号	项　目	内　　容
1	说明	飞模的种类形式较多，应用范围也不一样。如按照飞模的构架材料分类，可分为钢架飞模、铝合金飞模和铝木结合飞模等 　如按照飞模的结构形式分类，飞模可分为立柱式飞模、桁架式飞模和悬空式飞模等
2	立柱式飞模	（1）立柱式飞模结构简单，制作和应用也不复杂，所以在施工中最为常见，是飞模最基本的形式。立柱式飞模的基本结构可描述为：使用伸缩立柱做支腿支撑主次梁，最后铺设面板。支腿间有连接件相连，支腿、梁和板通过连接件连接牢固，成为整体 　（2）立柱式飞模又分为多种形式： 　1）钢管组合式飞模 　这种飞模结构比较简单，可满足多种工程的需要，而且它可由施工人员自行设计搭设，十分方便。钢管组合式飞模的立柱为普通钢管，底部使用丝杠作伸缩调节。主次梁一般采用型钢。面板则可根据情况灵活选择组合钢模、钢边框胶板模板或普通竹木胶合板 　钢管组合式飞模的关键在于各部分选材规范，同时各部分连接的强度足够牢固，整体结构稳定耐用，其具体构造为： 　①立柱：柱体可采用脚手管 $\phi48\times3.5$ 或无缝钢管 $\phi38\times4$。柱脚一般使用螺纹丝杆或插孔式伸

序号	项　目	内　　容
2	立柱式飞模	缩支腿，用于调节高低，适应楼层变化。立柱之间使用水平支撑和斜拉杆连接。一般使用脚手管、扣件连接 ②主梁：如采用组合钢模板，可用方钢 70×50×3。主次梁采用 U 形扣件连接。主梁与立柱同样可采用 U 形扣件连接 如图 2-114 所示 ③次梁：如采用组合钢模板，可用方钢 60×40×2.5；如采用其他面板，可使用 φ48×3.5 脚手管，并用勾头螺栓与蝶形扣件与面板连接 ④面板：如采用组合钢模板，应用 U 卡和 L 销连接。如采用竹（木）多层复合板材，应尽量选择幅面较大的板，以减少拼缝 钢管组合式飞模的一种形式，如图 2-115 所示 钢管组合式飞模的优点： 结构简单，材料普遍，无特殊构件，一般现场均可自行制作，普及面较广 a. 结构形式灵活，可自由设计开间进深，满足不同结构尺寸的需要，应用范围较广 b. 部件均采用常用件，搭设方便快捷。可在短期内显出效益 钢管组合式飞模的缺点： a. 虽然其组合方式简便，但稳定性也受到相应影响，需要经常检查各部件的功能和连接稳定性 b. 其自重较大，移动时需借助专门工具，且高低调节较为吃力 2）构架式飞模 构架式飞模由构架、主次梁和面板组成。有的构架底部装有可调节升降的丝杆。构架飞模的支架体系由一榀榀专用构架组成，每榀宽 1～1.4m，榀间距根据荷载约设置为 1.2～1.5m。构架的高度，应与建筑物层高相符 构架式飞模与钢管组合式飞模的主要区别在于其构架支柱形式，构架飞模的构架为定制。其具体构造如下： ①构架：分为竖杆、水平杆和斜杆。采用薄壁钢管。竖杆一般采用 φ42×2.5，其他连杆可适当缩减用材。竖杆上的连接一般为焊接碗扣型连接件，使各连杆连接稳固可靠 ②剪刀撑：各榀构架之间采用剪刀撑相连。剪刀撑可使用薄壁细管或钢片制作。每两根中心铰接。剪刀撑与构架竖杆采用装配式插销连接 ③主次梁：主梁一般采用标准型材，为减轻自重，可采用铝合金工字梁，在强度允许的范围内，还可采用质量较好的木工字梁，主梁间隔即构架竖杆宽度。次梁一般采用标准方木、次梁间隔根据荷载决定 ④面板：采用普通竹木胶合板，平整光滑，可钉可锯，易于更换 这种构架式飞模比钢管组合式飞模更为专业，各部分连接更加可靠。其拆装也方便，重量相对较小，安装一次成型后，可连续可靠地使用。构架飞模的缺点是，需要专门的设计人员进行设计，并专门加工，制作需要周期。部分材料（如铝合金型材）成本稍高 3）门架飞模 门架飞模，是利用门式脚手架作支撑架，将其按构筑物所需要的尺寸进行组装而成的飞模。门架飞模由于采用了成熟的门架技术，使其构造简单，组装简便，稳定耐用。其基本构造是： ①架体：使用标准门式脚手架。其规格丰富，连接可靠，承载力较高。门架下端插入可调底托，方便高度调整。各榀门架之间使用 φ48×3.5 脚手管进行拉结，以保证整体刚度。同时设置交叉拉杆，把支撑飞模的门式架组成一个整体。拉杆同样使用脚手管，扣件相连 ②主梁：使用 45mm×80mm×3mm 方钢管，使用蝶形扣件固定在门架顶托上 ③次梁：使用 50×100mm 方木。根据荷载可选择间距在 800mm 左右。其基本形式如图2-116所示

序号	项 目	内 容
2	立柱式飞模	门式脚手架飞模的优点： ①选用成熟的门式脚手架作为构架支撑，一方面可使用现成的材料，减少了加工步骤，缩短了工期。同时门式脚手架连接件配套比较成熟，使用起来较为方便 ②门架受力合理，形式简单，可减少杆件使用量，减轻飞模重量，提高飞模承载能力 ③门架飞模结束使用后，拆卸完毕，门架可继续单独使用，提高了利用效率，使方案经济可行 门架式飞模的缺点： 对建筑物的层高要求较为苛刻，层高变化过大，将影响飞模的使用效率
3	桁架式飞模	桁架式飞模与立柱式飞模的区别在于其支撑体系从简单的立柱架换为结构稳定的桁架。桁架上下弦平行，中间连有腹杆，可两榀拼装，也可多榀连接。桁架材料可根据情况灵活选用，具体有铝合金和型钢等，各有其特点 （1）铝木桁架式飞模 这是一种引进型的成熟的工具式飞模体系，其制造商在美国。桁架的主要构件用铝合金制作。重量轻，每平方米自重约41kg。承载力高，整体刚度好，可拼装成较大的整体飞模，适用于大开间、大进深的楼面工程，是一种比较先进的飞模体系 这种飞模引进后，最早在北京贵宾楼饭店工程中得到应用，其具体结构如下： 1）桁架：使用槽型铝合金作材料，分为上弦、下弦和腹杆。上下弦断面由两根槽型铝合金组成，中留间隙夹入腹杆。桁架长度最短为1.5m，最长可达10余米。高度可随建筑物层高而选择。桁架宽度可根据开间大小设置。桁架可接长，使用铝合金方管和螺栓作连接构件，但要注意上下弦接缝应错开 组装好的桁架承载能力较高，一般支撑间距在3m时，可承受49kN/m² 的荷载。当支撑间距在4.5m时，可承载27kN/m²。间距6m时，承载力约为21kN/m² 2）梁：由于桁架上弦可作主梁，只需再配备次梁即可。铝木桁架飞模使用中空铝合金工字梁。可依据飞模的宽度选择多种长度。使用专用卡板与桁架上弦相连。中空铝梁内嵌有方木，方便与面板钉接。铝梁单重6.8kg/m 3）面板：使用18mm厚多层板。面板表面覆膜，光滑耐水，可锯可钉 4）支腿：使用专用支腿组件支撑飞模，便于调节飞模高低及入模脱模。支腿组件由内套管、外套管及螺旋起重器组成，使用高碳钢制作。支腿内套管的高度与桁架高度基本相同，支腿的外套管一般较短，并于桁架下弦做固定连接。支模时，支腿可在其长度范围内任意调节。支腿下部放置螺栓起重器，以便支模时找平及脱模时落模作微调 护身栏及吊装盒：在飞模的最外端设护身栏插座，与桁架的上弦连接。另外每榀飞模有四个吊点，设在飞模中心两边大致对称布置的桁架节点上，四个吊装点设有钢制吊装盒 桁架间剪刀撑：剪刀撑由边长38mm和44mm的铝合金方管组成，两种规格的方管均在相同的间距上打孔，组装时将小管插入大管，调整好安装尺寸，然后将方管两端与桁架腹杆用螺栓固定，再将两种规格管子用螺栓固定。如图2-117所示 该飞模体系的优点是结构成熟，整体重量轻，承载力高，工具性强，操作简便 缺点是成本较高，在国外应用较为广泛，但并不适合国情，难以大面积推广 （2）跨越式钢管桁架飞模 跨越式钢管桁架飞摸，是一种适用于有反梁的现浇楼盖施工的工具式飞模，其特点与钢管组合式飞模相同。具体结构形式如下： 1）钢管组合桁架：采用φ48×3.5钢管用扣件相连。每台飞模由三榀平面桁架拼接而成。两边的桁架下弦焊有导轨钢管，导轨至模板面高按实际情况确定

序号	项 目	内 容
3	桁架式飞模	2）龙骨：桁架上弦铺设 50mm×100mm 方木龙骨，间距 350mm，使用 U 形卡扣将龙骨与桁架上弦连接 3）面板：采用 18mm 厚胶合板，用木螺钉与木龙骨固定 4）前后撑脚和中间撑脚：每榀桁架设前后撑脚和中间撑脚各一根，均采用 φ48×3.5 钢管。它们的作用是承受飞模自重和施工荷载，且将飞模支撑到设计标高 撑脚上端用旋转扣件与桁架连接。当飞模安装就位后，在撑脚中部用十字扣件与桁架连接。当飞模跨越窗台时，可打开十字扣件，将撑脚移离楼面向后旋转收起，并用钢丝临时固定在桁架的导轨上方 5）窗台边梁滑轮：是把飞模送出窗口的专用工具，由滑轮和角钢架组成。吊运飞模时，将窗边梁滑轮角钢架子固定在窗边梁上，当飞模导轨前端进入滑轮槽后，即可将飞模平移推出楼外 6）升降行走杆：是飞模升降和短距离行走的专用工具。支模时将其插入前后撑脚钢管内。脱模后，当飞模推出窗口时，可从撑脚钢管中取出 7）操作平台：由栏杆、脚手板和安全网组成，主要用于操作人员通行和进行窗边梁支模、绑扎钢筋用
4	悬架式飞模	悬架式飞模与前两类飞模的区别在于其不设立柱，支撑设在钢筋混凝土建筑结构的柱子或墙体所设置的托架上。这样，模板的支设不需要考虑到楼面的承载力或混凝土结构强度发展的因素，可以减少模板的配置量 而且，由于没有支撑，其使用不受建筑物层高的影响，从而能适应层高变化较多的建筑物施工，并且飞模下部有空间可供利用，有利于立体交叉施工作业 飞模的体积小，可以多层叠放，减少施工现场堆放场地 缺点是托架与墙柱的连接要通过计算确定，并且要复核施工中支撑飞模的结构在最不利荷载下的强度稳定性 悬架式飞模主要由桁架、次梁、面板、活动翻转翼板和剪刀撑组成，如图 2-118 所示。其具体结构形式如下： （1）桁架：桁架沿进深方向设置，它是飞模的主要承重件。一般上下弦采用 70mm×50mm×3mm 的方钢管组成。下弦表面要求平整光滑，以利滚轮滑移。腰杆采用 φ48×3.5 钢管。加工时桁架上弦应稍拱起，设计允许挠度不大于跨度的 1/1000 （2）次梁：沿开间方向放置在桁架上弦，用蝶形扣件和筋骨螺栓紧密连接。为了防止次梁在横向水平荷载作用下产生松动，可在腹杆上焊接螺栓扣紧 为了使飞模从柱网开间或剪力墙开间中间顺利拖出，尽量减少柱间拼缝的宽度，在飞模两侧需装有能翻转的翼板。翼板需用次梁支撑，因此在次梁两端需要做可伸缩的悬臂 （3）面板：可采用组合钢模板，亦可采用钢板、胶合板等 （4）活动反转翼板：活动翻转翼板与面板应用同一种模板，两者之间可用活动钢铰链连接，这样易于装拆，便于交换，并可做 90°向下翻转 （5）阳台模板：阳台楼板搁置在桁架下弦挑出部分的伸缩支架上，伸缩支架用来调节标高 （6）剪刀撑：包括水平和垂直剪刀撑，设置在每台飞模的两端和中部，选用与腹杆同样规格的钢管，用扣件与腹杆相连 （7）支设点：支撑悬架式飞模的托架，可采用钢牛腿。钢牛腿采用预埋在柱子中的螺栓固定。如果将螺栓插入预埋的塑料管内，螺栓还可以抽出重复利用。螺栓和钢牛腿的截面需根据飞模支点的荷载计算确定 柱箍设在楼板底部标高附近的位置，在相对两个方向分别用一副角钢以螺栓连接，固定在柱子上。飞模就位后，柱子之间的空隙部位用钢盖板铺盖

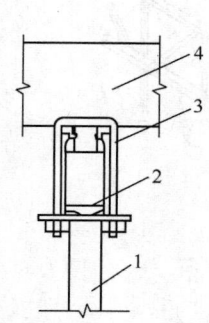

图 2-114　主梁与立柱连接节点

1—伸缩内管；2—主龙骨；

3—U 型螺栓；4—次龙骨

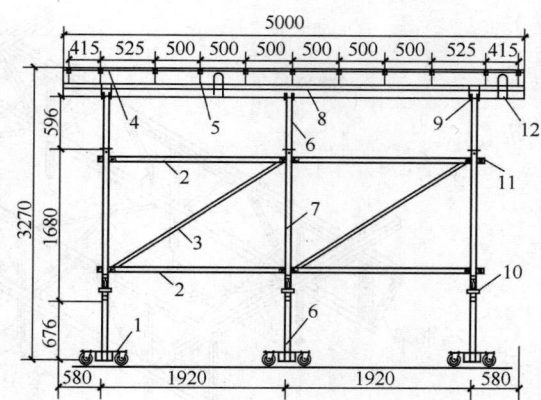

图 2-115　钢管组合式飞模的一种形式

1—行走轮；2—水平杆；3—斜撑杆；4—维萨板；5—次龙骨；6—伸缩内管；7—标准立柱；8—主龙骨；9—U 形螺栓；10—钢销；11—连接耳板；12—吊环

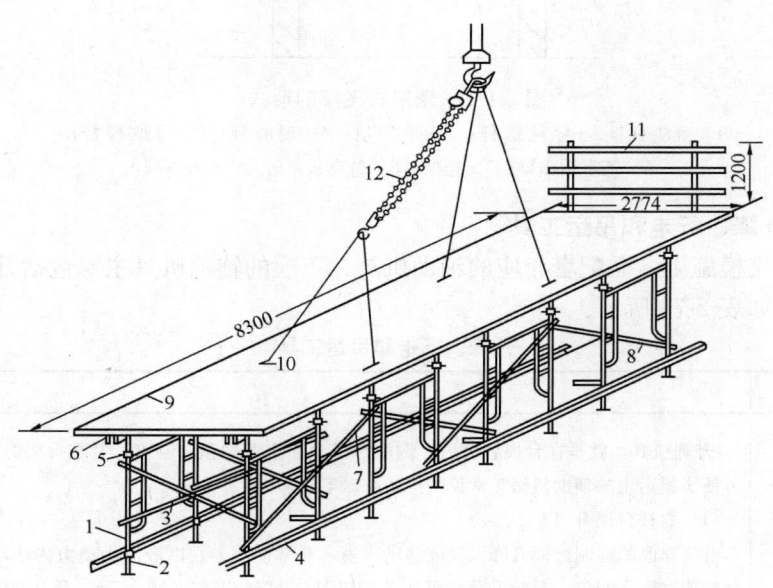

图 2-116　门架式飞模的结构形式

1—门架；2—底托；3—交叉拉杆；4—通长角钢；5—顶托；6—大龙骨；7—人字支撑；8—水平拉杆；9—面板；10—吊环；11—护身栏；12—电动环链

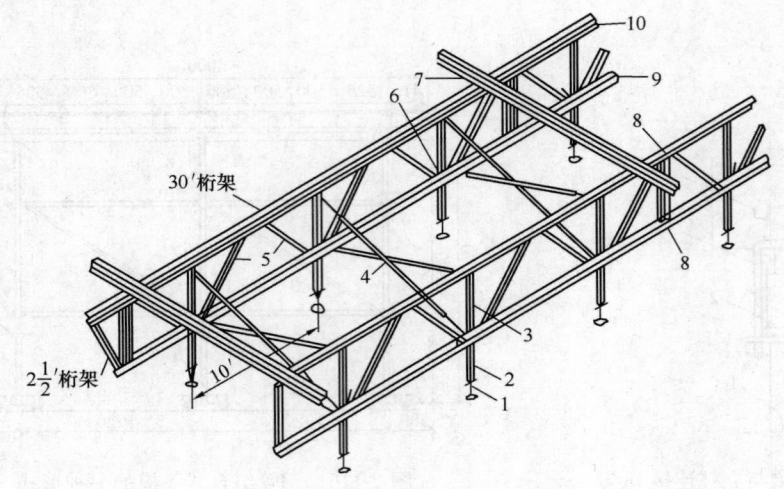

图 2-117　铝木桁架式飞模的形式

1—螺栓支座；2—伸缩式支腿；3—支腿套管；4—剪刀撑；5—腹杆；6—支托；7—龙骨；

8—拼接处；9—下弦；10—上弦

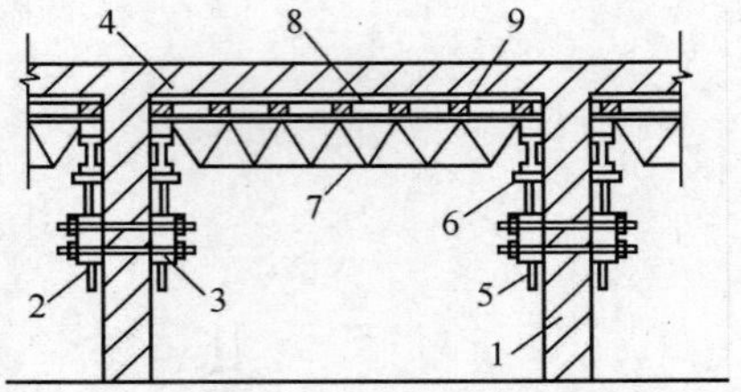

图 2-118　悬架式飞模的形式

1—现浇柱；2—穿柱螺杆；3—千斤顶；4—现浇板；5—可调螺杆；

6—工字钢横梁；7—桁架；8—竹夹板；9—90×60方料

2.9.3　升降、行走和吊运工具

为了便于飞模施工，需配套相应的辅助机具。飞模的辅助机具主要包括升降、行走和吊运三大类。如表 2-76 所示。

升降、行走和吊运工具　　　　　　　　　　　　　　表 2-76

序号	项　目	内　　　　容
1	升降机具	升降机具，就是在台模就位后，调整台模台面上升的预定高度，并在拆模时，使台面下降，方便飞模运出的辅助机械。常见的形式有以下几种： 　　（1）立柱台模升降车 　　升降车既能控制台模升降，又能移动飞模，非常便利。它以液压为动力传动，由多个功能部分构成（图 2-119）。其顶升荷载可达 5～10kN，升降调节高度达 0.5m，顶升速度为 0.5m/min，下降速度最快可达 5m/min，重量 200kg 　　（2）悬架飞模升降车 　　由行走转向轮、立柱、手摇千斤顶、伸缩构架和导轮等部分组成。伸缩构架为门形悬臂横梁，上装有导轮，承载飞模和滑移飞模。当飞模升降车承载后，将手摇绳筒的钢丝绳取出，固定在飞模出口处，然后摇动绞筒手柄，使飞模行走。其顶升荷载较大，可达 10～20kN，但升降幅度较小，只有 30mm，重约 400kg

序号	项 目	内 容
1	升降机具	(3) 螺旋起重器 螺旋起重器顶部设 U 形托板, 托住桁架。中部为螺杆、调节螺母及套管, 套管上留有一排销孔, 便于固定位置。升降时, 旋动调节螺母即可。下部放置在底座下, 可根据施工的具体情况选用不同底座。通常一台飞模用 4~6 个起重器 (4) 杠杆式液压升降器 简单方便的液压升降装置, 多使用在桁架飞模上。可使用操纵杆非常方便地通过液压装置, 将托板提升, 使飞模就位
2	行走装置	(1) 行走轮 它是最常见的行走工具。一般是在轮上装上杆件, 当飞模需要移动时, 将其插入飞模的立杆中, 从而实现飞模的各向行走 (2) 滚轴 常见于桁架飞模的移动。滚轴的形式分为单轴、双轴和组合轴。使用时, 将飞模降落在滚轴上, 用人工将飞模推动 (3) 滚杠 滚杠也常见于桁架式飞模, 即用普通脚手架钢管滚动来移动飞模。这种方法虽然简便操作, 但其移动难以控制, 也存在不安全因素, 所以不推荐使用
3	吊运装置	(1) 电动葫芦 可用于调节飞模飞出建筑物后的平衡, 使其保持水平, 保证飞模安全上升 (2) 外挑平台 形同外挑料台。飞模从外挑料台使用吊车吊走, 可减少飞模的飞出动作, 降低不安全因素。该操作平台使用型钢制作, 根部与建筑物锚固, 端部使用钢丝拉绳斜拉于建筑物的上方可靠部位 (3) C 型平衡起吊架 由起重臂、上下部构件和紧固件组成。上下部构架的截面可做成立体三角形桁架形式, 上下弦和腹杆用钢管焊接而成, 起重臂与上部构架用避震弹簧和销轴连接, 起重臂可随上部构架灵活平稳地转动

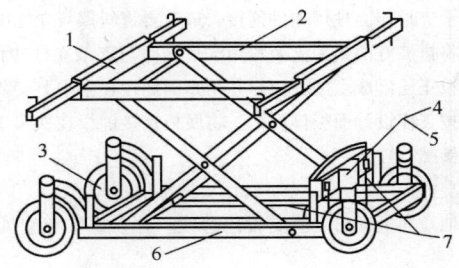

图 2-119 立柱台模升降车

1—伸缩臂架；2—升降架；3—行走铁轮；4—升降机构；
5—千斤顶；6—底座；7—提升钢丝绳

2.9.4 飞模的选用和设计布置原则

飞模的选用和设计布置原则如表 2-77 所示。

飞模的选用和设计布置原则 表 2-77

序号	项目	内容
1	选用原则	(1) 飞模的选用，主要取决于建筑物的结构形式。板柱结构最适于使用飞模施工，而框架、框剪和剪力墙体系，由于结构形式复杂，飞模施工较为困难 (2) 十层以上的民用建筑使用飞模在经济上会比较合理。另外，层高及开间大的建筑，也可考虑使用飞模 (3) 飞模的选择一方面要考虑经济成本，能否因地制宜使用现有资源，降低成本。另外要结合施工项目的规模，如相同的建筑结构较多，可选择相对定型的飞模，可取得较好的经济效果
2	飞摸的设计布置原则	(1) 飞摸的结构设计，必须按照国家现行有关规范进行计算。引进型飞模或以前使用过的飞模，也需对关键部位和改动部分进行结构校核。各种临时支撑、操作平台都需通过设计计算才可使用。在飞模组装完毕后，应先进行荷载试验 (2) 飞模的布置应着重考虑飞模的自重和尺寸，必须适应吊装设备的起重能力。另外，为了便于飞模的飞出，应尽量减少飞模的侧向移动

2.9.5 飞模施工工艺

飞模施工工艺如表 2-78 所示。

飞模施工工艺 表 2-78

序号	项目	内容
1	飞模施工的准备工作	飞模施工准备工作主要包括：平整场地；弹出飞模位置线；预留的洞口必须盖好；验收飞模的部件和零配件。面板使用木胶合板时，要准备好板面封边剂及模板脱模剂等。另外，飞模施工必需的量具，如钢卷尺、水平尺以及吊装所用的钢丝绳、安全卡环和其他手工用具，如扳手、锤子、螺丝刀等，均应事先准备好
2	立柱式飞模施工工艺	(1) 钢管组合式飞模施工工艺 1) 组装 钢管组合式飞模根据飞模设计图纸的规格尺寸按以下步骤组装： 首先装支架片：将立柱、主梁及水平支撑组装成支架片。一般顺序为先将主梁与立柱用螺栓连接，再将水平支撑与立柱用扣件连接，最后再将斜撑与立柱用扣件连接 拼装骨架：将拼装好的两片支架片用水平支撑与支架立柱扣件相连，再用斜撑将支架片用扣件相连。应当校正已经成型的骨架，并用紧固螺栓在主梁上安装次梁 拼装面板：按飞模设计面板排列图，将面板直接铺设在次梁上，面板之间用 U 形卡连接，面板与次梁用勾头螺栓连接 2) 吊装就位 ①先在楼（地）面上弹出飞模支设的边线，并在墨线相交处分别测出标高，标出标高的误差值 ②飞模应按预先编好的序号顺序就位 ③飞模就位后，即将面板调至设计标高，然后垫上垫块，并用木楔楔紧。当整个楼层标高调整一致后，在用 U 形卡将相邻的飞模连接 ④飞模就位，经验收合格后，方可进行下道工序

序号	项 目	内 容
2	立柱式飞模施工工艺	3）脱模 ①脱模前，先将飞模之间的连接件拆除，然后将升降运输车推至飞模水平支撑下部合适位置，拔出伸缩臂架，并用伸缩臂架上的钩头螺栓与飞模水平支撑临时固定 ②退出支垫木楔 ③脱模时，应有专人统一指挥，使各道工序顺序、同步进行 4）转移 ①飞模由升降运输车用人力运至楼层出口处（图 2-120） ②飞模出口处可根据需要安设外挑操作平台 ③当飞模运抵外挑操作平台上时，可利用起重机械将飞模调至下一流水段就位 （2）门架式飞模施工工艺 1）组装 　平整场地，铺垫板，放足线尺寸，安放底托。将门式架插入底托内，安装连接件和交叉拉杆。安装上部顶托，调平后安装大龙骨。安装下部角铁和上部连接件。在大龙骨上安装小龙骨，然后铺放本板，并将面板刨平，接着安装水平和斜拉杆，安装剪刀撑。最后加工吊装孔，安装吊环及护身栏 2）吊装就位 ①飞模吊装就位前，先在楼（地）面上准备好 4 个已调好高度的底托，换下飞模上的 4 个底托。待飞模在楼（地）面上落实后，再安放其他底托 ②一般一个开间（柱网）采用两吊飞模，这样形成一个中缝和两个边缝，边缝考虑柱子的影响，可将面板设计成折叠式。较大的缝隙在缝上盖厚 5mm、宽 150mm 的钢板，钢板锚固在边龙骨下面。较小的缝隙可用麻绳堵严，再用砂浆抹平，以防止漏浆而影响脱模 ③飞模应按照事先在楼层上弹出的位置线就位，并进行找平、调直、顶实等工序。调整标高应同步进行。门架支腿垂直偏差应小于 8mm。另外，边角缝隙、板面之间及孔洞四周要严密 ④将加工好的圆形铁筒临时固定在板面上，作为安装水暖立管的预留洞 3）脱模和转移 ①拆除飞摸外侧护身栏和安全网 ②每架飞模除留 4 个底托，松开并拆除其他底托。在 4 个底托处，安装 4 个飞模 ③用升降装置勾住飞模的下角铁，启动升降装置，使其上升顶住飞模 ④松开底托，使飞模脱离混凝土楼板底面，启动升降机构，使飞模降落在地滚轮上 ⑤将飞模向建筑物外推到能挂在外部（前部）一对吊点处，用吊钩挂好前吊点 ⑥在将飞模继续推出的过程中，安装电动环链，直到挂好后部吊点，然后启动电动环链使飞模平衡 ⑦飞模完全推出建筑物后，调整飞模平衡，将飞模吊往下一个施工部位
3	铝木桁架式飞模施工工艺	（1）组装 1）平整组场地，支搭拼装台。拼装台由 3 个 800mm 高的长凳组成，间距为 2m 左右 2）按图纸尺寸要求，将两根上弦、下弦槽铝用弦杆接头夹板和螺栓连接 3）将上弦、下弦槽铝与方铝管腹杆用螺栓拼成单片桁架，安装钢支腿组件，安装吊装盒 4）立起桁架并用方木作临时支撑。将两榀或三榀桁架用剪刀撑组装成稳定的飞模骨架。安装梁模、操作平台的挑梁及护身栏（包括立杆） 5）将方木镶入工字铝梁中，并用螺栓拧牢，然后将工字铝梁安放在桁架的上弦上 6）安装边角龙骨。铺好面板，在吊装盒处留活动盖板。面板用电钻打孔，用木螺栓（或钉子）与工字梁方木固定

序号	项 目	内 容
3	铝木桁架式飞模施工工艺	7) 安装边梁底模和里侧模（外侧模在飞模就位后组装） 8) 铺操作平台脚手板，绑护身栏（安全网在飞模就位后安装） （2）吊装就位 1) 在楼（地）面上放出飞模位置线和支腿十字线，在墙体或柱子上弹出 1m（或 500mm）水平线 2) 在飞模支腿处放好垫板 3) 飞模吊装就位。当距楼面 1m 左右时，拔出伸缩支腿的销钉，放下支腿套管，安好可调支座，然后飞模就位 4) 用可调支座调整板面标高，安装附加支撑 5) 安装四周的接缝模板及边梁、柱头或柱帽模板 6) 模板面板上刷脱模剂 （3）脱模和转移 1) 脱模时，应拆除边梁侧模、柱头或柱帽模板，拆除飞模之间、飞模与墙柱之间的模板和支撑，拆除安全网 2) 每榀桁架分别在桁架前方、前支腿下和桁架中间各放置一个滚轮 3) 在紧靠四个支腿部位，用升降机构托住桁架下弦并调节可调支腿，使升降机构承力 4) 将伸缩支腿收入桁架内，可调支座插入支座夹板缝隙内 5) 操纵升降机构，使面板脱离混凝土，并为飞模挂好安全绳 6) 将飞模人工推出，当飞模的前两个吊点超出边梁后，锁紧滚轮，将塔式起重机钢丝绳和卡环把飞模前面的两个吊装盒内的吊点卡牢，将装有平衡吊具电动环链的钢丝绳把飞模后面的两个吊点卡牢 7) 松开滚轮 继续将飞模推出，同时放松安全绳，操纵平衡吊具，调整环链长度，使飞模保持水平状态 8) 飞模完全推出建筑物后，拆除安全绳，提升飞模，如图 2-121 所示
4	悬架式飞模施工工艺	（1）组装 悬架飞模可在施工现场设专门拼装场地组装，亦可在建筑物底层内进行组装，组装方法可参考以下程序： 1) 在结构柱子的纵横向区域内分别用 $\phi48 \times 3.5$ 钢管搭设两个组装架，高约 1m。为便于能够重复组装，在组装架两端横杆上安装四只铸铁扣件，作为组织飞模桁架的标准。铸铁扣件的内壁净即为飞模桁架下弦的外壁间距 2) 组装完毕应进行校正，使两端横杆顶部的标高处于同一水平，然后紧固所有的节点扣件，使组装架牢固、稳定 3) 将桁架用吊车起吊安放在组装架上，使桁架两端分别紧靠铸铁扣件。安放妥当后，在桁架两端各用一根钢管将两根桁架作临时扣接，然后校正桁架上下弦垂直度、桁架中心间距、对角线等尺寸，无误后方可安装次梁 4) 桁架两端先安放次梁，并与桁架紧固。然后放置其他次梁在桁架节点处或节点中间部位，并加以紧固。所有次梁挑出部分均应相等，防止因挑出的差异而影响翻转翼板正常工作 5) 全部次梁经校正无误后，在其上铺设面板，面板之间用 U 形卡卡紧。面板铺设完毕后，应进行质量检查 6) 翻转翼板由组合钢模板与角钢、铰链、伸缩套管等组合而成。翻转翼板应单块设置，以便翻转。铰链的角钢与面板用螺栓连接。伸缩套管的底面焊上承力支块，当装好翼板后即将套管插入次梁的端部 7) 每座飞模在其长向两端和中部分别设置剪刀撑。在飞模底部设置两道水平剪刀撑，以防止飞模变形。剪刀撑用 $\phi48 \times 3.5$ 钢管，用扣件与桁架腹杆连接 8) 组装阳台梁、板模板，并安装外挑操作平台 （2）飞模支设 1) 待柱墙模板拆除，且强度达到要求后，方可支设飞模 2) 支设飞楼前，先将钢牛鹏与柱墙上的预埋螺栓连接，并在钢牛腿上安放一对硬木楔，使木楔的顶面符合标高要求

序号	项　目	内　　容
4	悬架式飞模施工工艺	3）吊装飞模入位，经校正无误后，卸除吊钩 4）支起翻转翼板，处理好梁板柱等处的节点和缝隙 5）连接相邻飞模，使其形成整体 6）面板涂刷脱模剂 （3）脱模和转移 拆模时，先拆除柱子节点处柱箍，推进伸缩内管，翻下反转翼板和拆除盖缝板。然后卸下飞模之间的连接件，拆除连接阳台梁、板的 U 形卡，使阳台模板便于脱模 在飞模四个支撑柱子内侧，斜靠上梯架，梯架备有吊钩，将电动葫芦悬于吊钩下。待四个吊点将靠柱梯架与飞模桁架连接后，用电动葫芦将飞模同步微微受力，随即退出钢牛腿上的木楔及钢牛腿 降模前，先在承接飞模的楼面预先放置六只滚轮，然后用电动葫芦将飞模降落在楼面的地滚轮上，随后将捅模推出 待部分飞模推至楼层口外约 1.2m 时，将四根吊索与飞模吊耳扣牢，然后使安装在吊车主钩下的两只捯链收紧 起吊时，先使靠外两根吊索受力，使飞模处于外略高于内的状态，随着主吊构上升，要使飞模一直保持平衡状态外移

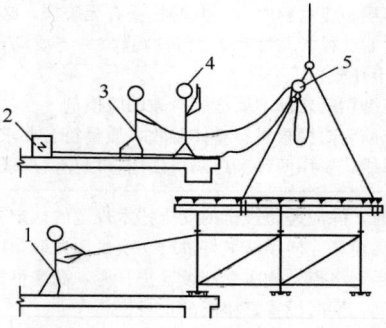

图 2-120　钢管组合飞模转移示意图

1—拉绳员；2—电箱；3—电动葫芦操作员；4—指挥工；5—电动葫芦

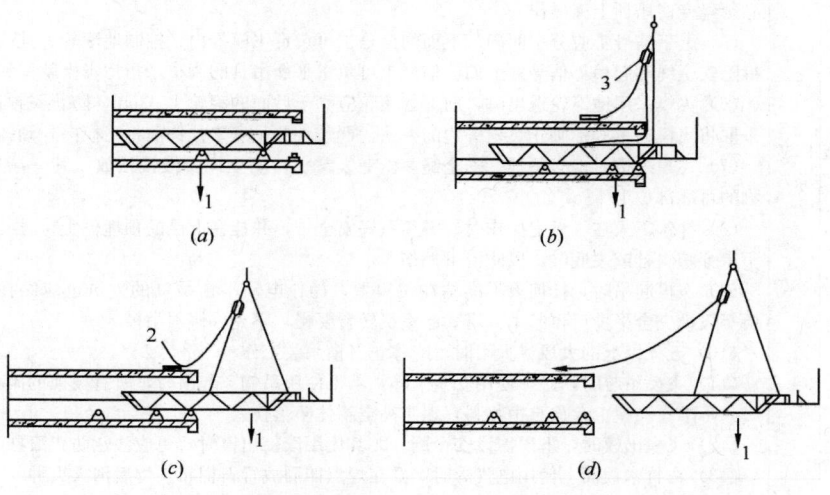

图 2-121　铝木桁架飞模转移示意图

1—重心；2—控制器；3—平衡吊具

2.9.6 飞模施工质量与安全要求

飞模施工质量与安全要求如表 2-79 所示。

飞模施工质量与安全要求 表 2-79

序号	项 目	内 容
1	飞模施工的质量要求	(1) 质量要求 1) 采用飞模施工，除应遵照本书的有关规定，还需要对飞模的稳定性进行设计计算，并进行试压试验，以保证飞模各部件有足够的强度和刚度 2) 飞模组装应严密，几何尺寸要准确，防止跑模和漏浆，允许偏差如下： 模板标高与设计标高偏差±5mm；面板方正≤3mm（对角线）；面板平整≤5mm（塞尺）；相邻面板高差≤2mm (2) 保证质量措施 1) 组装时要对照图纸设计检查零部件是否合格，安装位置是否正确，各部位的紧固件是否拧紧 2) 各类飞模面板要求拼接严密。竹木类面板的边缘和孔洞的边缘，要涂刷模板的封边剂 3) 立柱式飞模组装前，要逐件检查门式架、构架和钢管是否完整无缺陷，所用紧固件、扣件是否工作正常，必要时做荷载试验 4) 所用木材应无劈裂、糟朽等现象 5) 面板使用多层板类材料时，要及时检查有无破损，必要时翻面使用 6) 飞模模板之间、模板与柱和墙之间的缝隙一定要堵严，并要注意防止堵缝物嵌入混凝土中，造成脱模时卡住模板 7) 各类面板在绑钢筋之前，要涂刷有效的脱模剂 8) 浇筑混凝土前要对模板进行整体验收，质量符合要求后方能使用 9) 飞模上的弹线，要用两种颜色隔层使用，以免两层线混淆不清
2	飞模施工的安全要求	采用飞模施工时，除应遵照现行的安全技术规范的规定外，还需要采取以下安全措施： (1) 组装好的飞模，在使用前最好进行一次试压试验，以检验各部件无隐患 (2) 飞模就位后，飞模外侧应立即设置护身栏，高度可根据需要确定，但不得小于 1.2m，其外侧需再加设安全网，同时设置好楼层的护身栏 (3) 施工上料前，所有支撑都应支设好，同时要严格控制施工荷载。上料不得太多或过于集中，必要时应作核算 (4) 升降飞模时，应统一指挥，步调一致，信号明确，最好采用步话机联络。所有操作人员必须经专门培训上岗操作 (5) 上下信号工应分工明确。下面的信号工可负责飞模推出、控制地滚轮、挂安全绳和挂钩、拆除安全绳和起吊等信号；上面的信号工可负责平衡吊具的调整，指挥飞模就位和摘钩的信号 (6) 飞模采用地滚轮退出时，前面的滚轮应高于后面的滚轮 1～2cm，防止飞模向外滑移。可采取将飞模的重心标画在飞模旁边的办法。严禁外侧吊点未挂钩前将飞模向外倾斜 (7) 飞模外推时，必须挂好安全绳，由专人掌握。安全绳要慢慢松放，其一端要固定在建筑物的可靠部位上 (8) 挂钩工人在飞模上操作时，必须系好安全带，并挂在上层的预埋件上。挂钩工人操作时，不得穿塑料鞋或硬底鞋，以防滑倒摔伤 (9) 飞模起吊时，任何人不准站在飞模上，操作电动平衡吊具的人员也应站在楼面上操作。要等飞模完全平衡后再起吊，塔式起重机转臂要慢，不允许倾斜吊模 (10) 五级以上的大风或大雨时，应停止飞模吊装工作 (11) 飞模吊装时，必须使用安全卡环，不得使用吊钩。起吊时，所有飞模的附件应事先固定好，不准在飞模上存放自由物料，以防高空物体坠落伤人 (12) 飞模出模时，下层需设安全网。尤其使用滚杠出模时，更应注意防止滚杠坠落 (13) 在竹木板面上使用电气焊时，要在焊点四周放置石棉布，焊后消灭火种 (14) 飞模在施工一定阶段后，应仔细检查各部有无损坏现象，同时对所有的紧固件进行一次加固

2.10　隧　道　模

2.10.1　隧道模简述

隧道模简述如表 2-80 所示。

隧道模简述　　　　　　　　　　　　　　　　　　　　　　表 2-80

序号	项　目	内　　　　　容
1	组合式定型钢制模板	隧道模是一种组合式定型钢制模板,是用来同时施工浇筑房屋的纵横墙体、楼板及上一层的导墙混凝土结构的模板体系。若把许多隧道摸排列起来,则一次浇灌就可以完成一个楼层的楼板和全部墙体。对于开间大小都统一的建筑物,这种施工方法较为适用。该种模板体系的外形结构类似于隧道形式。故称之为隧道模。采用隧道模施工的结构构件其表面光滑,能达到清水混凝土的效果,与传统模板相比,隧道模的穿墙孔位少,稍加处理即可进行油漆、贴墙纸等装饰作业
2	建筑的结构布局	采用隧道模施工对建筑的结构布局和房间的开间、进深、层高等尺寸要求较严格,比较适用于标准开间。隧道模是适用于同时整体浇筑竖向和水平结构的大型工具式模板体系,进行建筑物墙与楼板的同步施工,可将各标准开间沿水平方向逐段、逐层整体浇筑。对于非标准开间,可以通过加入插入式调节模板或与台模结合使用,还可以解体改装作其他模板使用。因其使用效率较高,施工周期短,用工量较少,隧道模与常用的组合钢模板相比,可节省一半以上的劳动力,工期缩短 50% 以上
3	隧道模的种类与应用	总体上隧道模有断面呈 Ⅱ 字形的整体式隧道模和断面呈 Γ 形的双拼式隧道模两种。整体式隧道模自重大、移动困难,目前已很少应用。双拼式隧道模应用较广泛,特别在内浇外挂和内浇外砌的多、高层建筑中应用较多

2.10.2　双拼式隧道模

双拼式隧道模如表 2-81 所示。

双拼式隧道模　　　　　　　　　　　　　　　　　　　　　　表 2-81

序号	项　目	内　　　　　容
1	隧道模构造	隧道模体系由墙体大模板和顶板台模组合而构成,用作现浇墙体和楼板混凝土的整体浇筑施工,它由顶板模板系统、墙体模板系统、横梁、结构支撑和移动滚轮等组成单元隧道角模,若干个单元隧道角模连接成半隧道模 (图 2-122),再由两个半隧道模拼成门型整体隧道模 (图 2-123),脱模后现成矩形墙板结构构件。单元隧道角模用后通过可调节支撑杆件,使墙、板模板回缩脱离,脱模后可从开间内整体移出 　　(1) 隧道模的基本构件 　　隧道模的基本构件为单元角模。单元角模由以下基本部件组合而成:水平模板、垂直模板、调节插板、堵头模板、螺旋 (液压) 千斤顶、移动滚轮 (与底梁连接)、顶板斜支撑、垂直支撑杆、穿墙螺栓、定位块等组成,如图 2-124 所示 　　(2) 隧道模的主要配件 　　隧道模的主要配件为:支卸平台、外墙工作平台、楼梯间墙工作平台、导墙模板、垂直缝伸缩模板、吊装用托梁及悬托装置、配套小型用具等

序号	项 目	内 容
1	隧道模构造	（3）隧道模的工作过程 　　双拼式隧道模由两个半隧道模和一道独立的调节插板组成。根据调节插板宽度的变化，使隧道模适应于不同的开间，在不拆除中间楼板及支撑的情况下，半隧道模可提早拆除，增加周转次数、半隧道模的竖向墙体模板和水平楼板模板间用斜支撑连接。在半隧道模下部设行走装置，一般是在模板纵向方向，沿墙体模板下部设置两个移动滚轮。在行走装置附近设置两个螺旋或液压顶升装置，模板就位后，顶升装置将模板整体顶起，使行走轮离开楼板，施工荷载全部由顶升装置承担。脱模时，松动顶升装置，使半隧道模在自重作用下，完成下降脱模，移动滚轮落至楼板面。半隧道模脱模后，将专用支卸平台从半隧道模的一端插入墙模板与斜撑之间，将半隧道模吊升至下一工作面
2	隧道模模板配置	（1）隧道模的配置及组成 　　隧道模的组成如图 2-125 所示 　　1）单元角模：主要由 4～5mm 厚热轧钢板作为模板面板，采用轻型槽钢或"几"字型钢作为模板次肋，采用 10～12 号槽钢作为主肋，焊接成顶板模板（水平模板）和纵、横墙模板（竖直模板），水平模板和竖直模板间连结简易可靠，一般采用连接螺栓组装，模板间互相用竖直立杆、斜支撑杆和水平撑杆联结成三角单元，使其成为整体单无角模 　　2）调节插板：调节插板根据单元的结构尺寸设计，结构形式同角模的组成模板。两个角模单元顶板模板及墙体模板间一般采用压板连接，对于单元开间和进深变化的结构，一般在角模单元模板间设置调节插板。调节插板面板根据拆模顺序先后，可设计成企口的拼接方式，调节插板肋板的连接采用压板连接，压板一端安于一侧角模水平模板上，另一侧插板就位后，采用螺栓紧固压板，必要时根据情况设置加强背楞，以保证插板位置的整体刚度 　　3）墙头模板：分为纵、横墙和楼板墙头模板，墙头模板由钢板及角钢组焊而成，墙体堵头模板内置于纵横墙模板的端部，通过螺栓与其形成固定连接 　　4）导墙模板：导墙模板是控制隧道模的安装及结构尺寸的关键，进行墙板混凝土浇筑施工前，该施工层的导墙应在上一层浇筑时完成，导墙模板高度根据导墙的高度确定，一般控制在 100～150mm，导墙模板根据内外墙体划分为单肩导墙模板及双肩导墙模板，外墙施工采用单肩导墙模板，内墙施工采用双肩导墙模板，导墙模板由内外卡具控制导墙尺寸及位置，其结构形式主要根据隧道模体系配套设计，采用钢板和角钢设计加工 　　5）外墙模板：楼电梯间，外山墙的模板可统称为外墙模板。由于采用隧道模的施工必须设置在楼地面或坚固的施工平台上进行，而对于外墙外侧因无水平构件作为施工平台，且其外墙体模板刚度要求较大，外墙模板除采用对拉螺栓承担混凝土侧压力外，根据墙体浇筑高度的不同，一般设计采用简易桁架式模板，桁架除保证模板刚度外，还起到外侧模板支撑的作用 　　6）门窗洞口模板：采用隧道模施工，门窗洞口模板须预先安装就位。洞口模板一般采用带调节伸缩装置的定制钢制洞口模板，脱模后整体吊装至下一作业段。也可根据施工作业条件的不同采用现场加工的木质洞口模板拼装，并采用钢制连接角模组合，以便于人工搬运 　　7）外墙模板作业平台：楼电梯间及外山墙的模板的施工承重平台由外墙作业平台承担，作业平台根据所处位置的不同分为外山墙作业平台和楼梯间作业平台，其结构形式均为简易三角外挂架方式，外挂架通过穿墙螺栓与已浇筑墙体连接，外挂架根据设置位置的不同，外围附加水平挑网和密目网等组成安全封闭围护装置（图 2-126） 　　8）支卸平台：也称为吊装平台梁，由于半隧道模体积大、作业面长，其流水吊装过程中必须设计专用的支卸平台进行隧道模的周转和吊装工作。支卸平台分为简易型桁架或格构式钢桁架，一般根据隧道模的结构尺寸进行专用设计配置，其设计必须满足扭转刚度和整体稳定，一般大型隧道模均采用格构式钢桁架支卸平台（图 1-127），平台由上下两个空间桁架经端部的格构式短

序号	项　目	内　　容
2	隧道模模板配置	柱焊接形成∏形构件。支卸平台利用其下部桁架插入半隧道模的顶板模板，下部进行固定，利用吊装机械缓慢平移出，完成隧道模的周转就位 　　9）变形缝模板：采用隧道施工遇到结构的变形缝位置时，可采用变形缝模板配置。变形缝模板根据建筑物垂直构件间的尺寸确定，采用双侧模板，一侧模板固定，一侧模板可收缩形式，利用穿墙螺栓和隧道模构件完成模板定位，混凝土达到拆模强度后，通过收缩装置使两侧模板脱模 　　（2）其他辅配件 　　采用隧道模施工，其模板安装组合过程中，需要配置标准配件完成辅助定位及加固工作，如穿墙螺栓、连接压板、稳定支撑、临时支撑等
3	隧道模的设计	隧道模的设计根据建筑物的单元开间尺寸及数量，水平及垂直流水段的划分进行。一般根据单元开间及进深的变化确定标准角模的水平模板和垂直模板的单元尺寸，及顶板与墙体模板的调节插板的规格形式；根据水平构件及垂直构件的尺寸确定导墙模板、墙头模板；根据水平构件和垂直构件的施工荷载确定模板的结构体系、穿墙螺栓布置间距、承重支撑的布置形式；根据隧道模的整体规格和重量设计支卸平台的结构尺寸及吊点位置 　　在隧道模设计过程中应注意以下几点： 　　（1）隧道模各组成模板的强度及刚度必须通过设计验算，其模板组合拼接的位置及连接应安全可靠 　　（2）隧道角模单元间及调节插板的拼接位置及导墙、堵头板位置须进行模板结构的细化设计和定位装置 　　（3）隧道模支撑系统的设计须进行稳定承载力验算，模板整体组拼刚度须有构造措施予以保证 　　（4）隧道模的支卸平台的设计须进行杆件的稳定性验算，保证整体抗扭转刚度，吊点位置的选择须满足支卸平台与隧道模重心位置重合 　　（5）隧道模的各模板组成部分的设计尺寸须根据建筑构件的结构尺寸制定，模板单元设计应满足通用标准模数，设计加工过程中应控制累计误差
4	施工要点及注意事项	（1）隧道模施工工艺流程如图 2-128 所示 　　（2）隧道模施工要点： 　　1）施工前，对施工作业人员先进行技术交底和操作工艺的安全交底，并根据施工作业人员水平进行必要的技术安全培训 　　2）在施工中，根据提升能力合理安排垂直运输设备，合理划分流水段，采取流水作业施工 　　3）根据施工段进度安排，合理组织好钢筋绑扎、模板拆立、混凝土浇筑振捣等流水程序及作业人员用工 　　4）隧道模的墙体模板安装，在墙体钢筋绑扎后，安装半隧道模要间隔进行，以便检查预埋管线及预留孔洞的位置、数量及模板安装质量。隧道模合模后应及时调整，检查整体模板的定位尺寸、平整度、垂直度是否满足安装质量要求，并着重检查施工缝位置、导墙位置、堵头板位置的模板安装质量，经检查合格并做好隐蔽检查记录后，方可进行混凝土浇筑作业 　　5）模板拆除。拆模时，应首先检查支卸平台的安装是否平稳牢固，然后放下支卸平台上的护栏。拆除调节插板和穿墙螺栓，旋转可调节支撑丝杆，使顶板模板下落，垂直支撑底端滑轮落地就位。脱模完成后借助人工或机械将半隧道模推出到支卸平台上，当露出第一个吊点时，即应挂钩，绷紧吊绳，但模板的滚轮不得离开作业面，以利于模板继续外移。在模板完全脱离构件单元前，应立即挂上另一吊点，起吊到新的工作面上。按此步骤，再将另一个半隧道模拆出。当拆出第一块半隧道模时，应在跨中用顶撑支紧

序号	项 目	内 容
4	施工要点及注意事项	6）隧道模进入下一标准单元后，应及时清除模板表面混凝土，并进行隔离剂涂刷，涂刷过程中注意避免污染钢筋 （3）隧道模施工注意事项 1）导墙的施工 导墙是保证隧道模施工质量的重要基础，导墙是指为隧道模安装所必须先浇筑的墙体下部距楼地面 100～150mm 高度范围内的一段混凝土墙。导墙是控制隧道模的安装质量和保证结构尺寸的标准和依据，它的质量直接影响隧道模的混凝土成型质量。为此施工时必须严格要求。施工时应注意以下几点： ①每个单元层施工前均应用经纬仪将纵横轴线投放在楼地面上，并认真弹好各墙边线及门洞位置线 ②导墙模板单元应方正、顺直，表面粘附的水泥浆应清理干净，并在安装前刷一遍隔离剂。导墙模板内撑及外夹具应对称设置，撑夹牢固 ③认真检查校正混凝土墙插筋的间距，清除模内的垃圾杂物和松散混凝土块 ④浇混凝土前必须洒水湿润模板。混凝土振捣应密实，操作过程中必须控制模板外移、变形和垂直度偏差 ⑤拆模时应避免损伤构件边角，及时清除墙与楼地面阴角处的混凝土浆，以便下一单元隧道模的安装和拆除 ⑥用水平仪将楼层控制标高线投放在导墙两侧并弹线，以利于模板安装时控制标高 2）隧道模的吊装周转 隧道模吊装周转前，详细检查隧道模板的安装位置是否可靠，支卸平台的吊点设置是否合理，插入支卸平台后，隧道模与平台间须有刚性连接装置，隧道模脱模平移过程中，应在吊装的外力牵引和人工辅助作用下，借助隧道模的下部滑动滚轮使其缓慢水平滑移撤出。同时根据作业前后的偏移重心位置不同，设置钢丝绳辅助吊点调整，确保吊装过程重心平稳，重力平衡（图2-129、图 2-130） 3）隧道模冬期施工养护 隧道模冬期施工，采用蒸汽排管加热器、红外线辐射加热器、辐射对流加热装置均可。其中红外线辐射加热养护方法效果较好。其拆模强度须同条件养护试块达到规定强度要求，对于开间较大结构顶板须设置必要的临时支撑，以保证混凝土水平构件的拆模强度及跨度满足规定要求

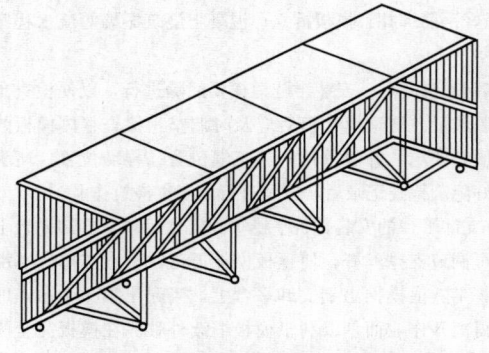

图 2-122 单元角模组拼成半隧道模

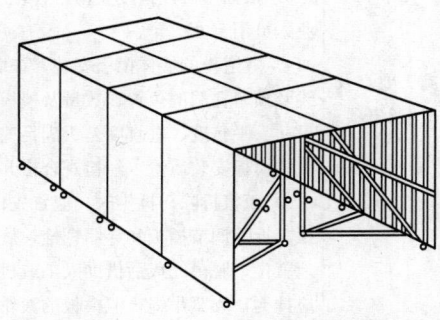

图 2-123 半隧道模组拼成整体隧道模

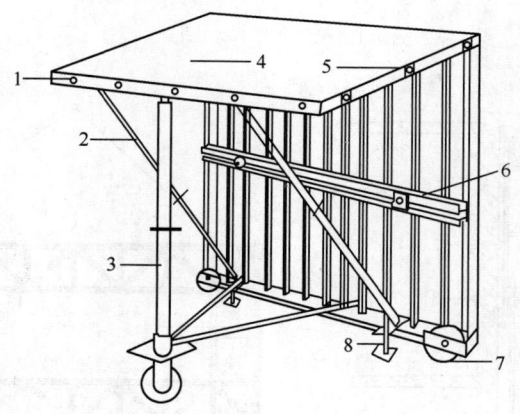

图 2-124　单元角模构造示意图
1—连接螺栓；2—斜支撑；3—垂直支撑；4—水平模板；5—定位块；
6—穿墙螺栓；7—滚轮；8—螺旋千斤顶

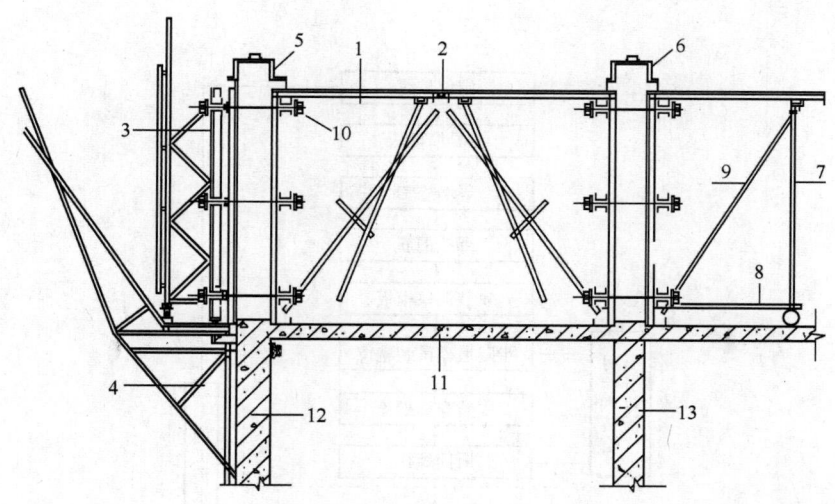

图 2-125　隧道模结构组成示意图
1—单元角模板；2—调节插入模板；3—外墙模板；4—外墙模作业平台；
5—单肩导墙模板；6—双肩导墙模板；7—垂直支撑；8—水平支撑；9—斜
支撑；10—穿墙螺栓；11—楼板；12—外墙；13—内墙

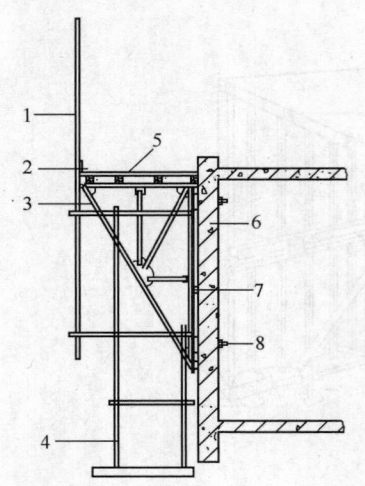

图 2-126 外墙模板作业平台示意
1—外脚手架及密目网；2—踢脚板；3—三
角外挂架；4—外挂操作平台；5—施工作业
平台；6—外墙体；7—挂架垫板；8—外挂
架连接螺栓

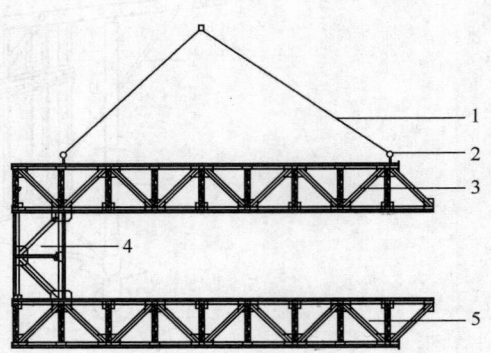

图 2-127 格构式钢桁架支卸平台
1—拉索；2—焊接卡具；3—上部钢桁架；
4—格构式短柱；5—下部钢桁架

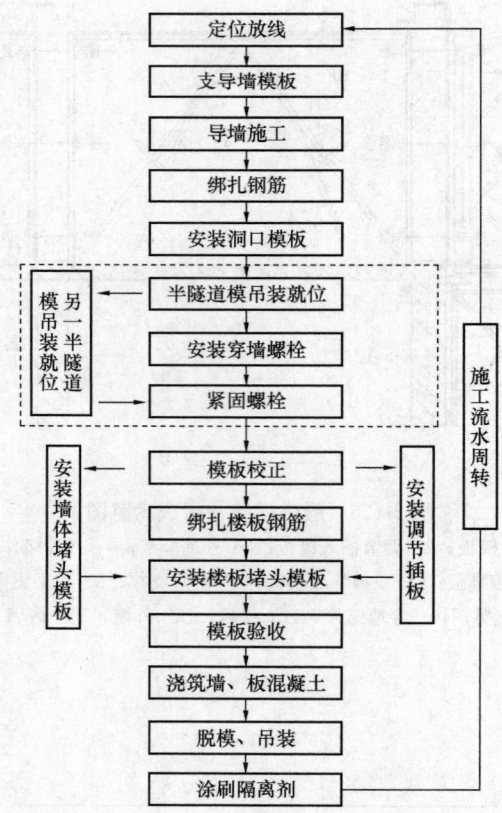

图 2-128 隧道模施工工艺流程

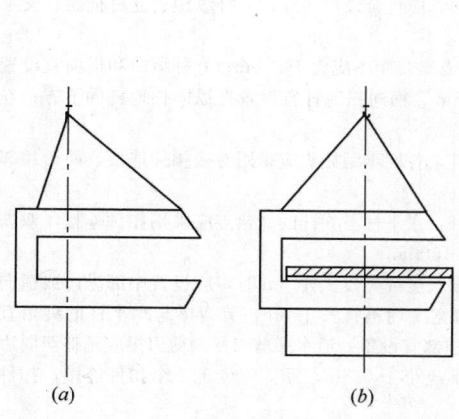

图 2-129　纵向水平重心调整
(a) 作业前重心位置；(b) 作业中重心位置

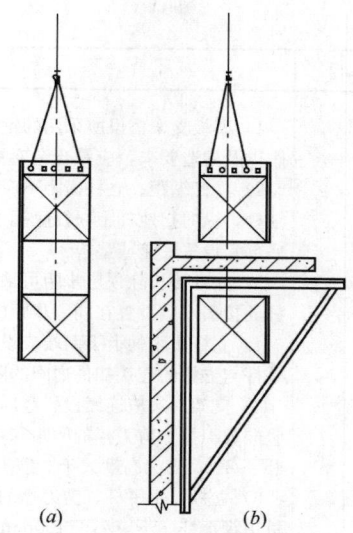

图 2-130　横向水平重心调整
(a) 作业前重心位置；(b) 作业中重心位置

2.11　模板制作与安装、质量检查及模板拆除

2.11.1　模板制作与安装、质量检查

模板制作与安装、质量检查如表 2-82 所示。

模板制作与安装、质量检查　　　　　　　　　　　表 2-82

序号	项 目	内 容
1	模板制作与安装	(1) 模板应按图加工、制作。通用性强的模板宜制作成定型模板 (2) 模板面板背楞的截面高度宜统一。模板制作与安装时，面板拼缝应严密。有防水要求的墙体，其模板对拉螺栓中部应设止水片，止水片应与对拉螺栓环焊 (3) 与通用钢管支架匹配的专用支架，应按图加工、制作。搁置于支架顶端可调托座上的主梁，可采用木方、木工字梁或截面对称的型钢制作 (4) 支架立柱和竖向模板安装在土层上时，应符合下列规定： 　1) 应设置具有足够强度和支承面积的垫板 　2) 土层应坚实，并应有排水措施；对湿陷性黄土、膨胀土，应有防水措施；对冻胀性土，应有防冻胀措施 　3) 对软土地基，必要时可采用堆载预压的方法调整模板面板安装高度 (5) 安装模板时，应进行测量放线，并应采取保证模板位置准确的定位措施。对竖向构件的模板及支架，应根据混凝土一次浇筑高度和浇筑速度，采取竖向模板抗侧移、抗浮和抗倾覆措施。对水平构件的模板及支架，应结合不同的支架和模板面板形式，采取支架间、模板间、模板与支架间的有效拉结措施。对可能承受较大风荷载的模板，应采取防风措施 (6) 对跨度不小于 4m 的梁、板，其模板施工起拱高度宜为梁、板跨度的 1/1000～3/1000。起拱不得减少构件的截面高度 (7) 采用扣件式钢管作模板支架时，支架搭设应符合下列规定：

序号	项 目	内 容
1	模板制作与安装	1）模板支架搭设所采用的钢管、扣件规格，应符合设计要求；立杆纵距、立杆横距、支架步距以及构造要求，应符合专项施工方案的要求 2）立杆纵距、立杆横距不应大于1.5m，支架步距不应大于2.0m；立杆纵向和横向宜设置扫地杆，纵向扫地杆距立杆底部不宜大于200mm，横向扫地杆宜设置在纵向扫地杆的下方；立杆底部宜设置底座或垫板 3）立杆接长除顶层步距可采用搭接外，其余各层步距接头应采用对接扣件连接，两个相邻立杆的接头不应设置在同一步距内 4）立杆步距的上下两端应设置双向水平杆，水平杆与立杆的交错点应采用扣件连接，双向水平杆与立杆的连接扣件之间的距离不应大于150mm 5）支架周边应连续设置竖向剪刀撑。支架长度或宽度大于6m时，应设置中部纵向或横向的竖向剪刀撑，剪刀撑的间距和单幅剪刀撑的宽度均不宜大于8m，剪刀撑与水平杆的夹角宜为45°～60°；支架高度大于3倍步距时，支架顶部宜设置一道水平剪刀撑，剪刀撑应延伸至周边 6）立杆、水平杆、剪刀撑的搭接长度，不应小于0.8m，且不应少于2个扣件连接，扣件盖板边缘至杆端不应小于100mm 7）扣件螺栓的拧紧力矩不应小于40N·m，且不应大于65N·m 8）支架立杆搭设的垂直偏差不宜大于1/200 （8）采用扣件式钢管作高大模板支架时，支架搭设应符合上述（7）条的规定外，尚应符合下列规定： 1）宜在支架立杆顶端插入可调托座，可调托座螺杆外径不应小于36mm，螺杆插入钢管的长度不应小于150mm，螺杆伸出钢管的长度不应大于300mm，可调托座伸出顶层水平杆的悬臂长度不应大于500mm 2）立杆纵距、横距不应大于1.2m，支架步距不应大于1.8m 3）立杆顶层步距内采用搭接时，搭接长度不应小于1m，且不应少于3个扣件连接 4）立杆纵向和横向应设置扫地杆，纵向扫地杆距立杆底部不宜大于200mm 5）宜设置中部纵向或横向的竖向剪刀撑，剪刀撑的间距不宜大于5m；沿支架高度方向搭设的水平剪刀撑的间距不宜大于6m 6）立杆的搭设垂直偏差不宜大于1/200，且不宜大于100mm 7）应根据周边结构的情况，采取有效的连接措施加强支架整体稳固性 （9）采用碗扣式、盘扣式或盘销式钢管架作模板支架时，支架搭设应符合下列规定： 1）碗扣架、盘扣架或盘销架的水平杆与立柱的扣接应牢靠，不应滑脱 2）立杆上的上、下层水平杆间距不应大于1.8m 3）插入立杆顶端可调托座伸出顶层水平杆的悬臂长度不应大于650mm，螺杆插入钢管的长度不应小于150mm，其直径应满足与钢管内径间隙不大于6mm的要求。架体最顶层的水平杆步距应比标准步距缩小一个节点间距 4）立柱间应设置专用斜杆或扣件钢管斜杆加强模板支架 （10）采用门式钢管架搭设模板支架时，应符合现行行业标准《建筑施工门式钢管脚手架安全技术规范》JGJ 128的有关规定。当支架高度较大或荷载较大时，主立杆钢管直径不宜小于45mm，并应设水平加强杆 （11）支架的竖向斜撑和水平斜撑应与支架同步搭设，支架应与成型的混凝土结构拉结。钢管支架的竖向外撑和水平外撑的搭设，应符合国家现行有关钢管脚手架标准的规定 （12）对现浇多层、高层混凝土结构，上、下楼层模板支架的立杆宜对准。模板及支架杆件等应分散堆放 （13）模板安装应保证混凝土结构构件各部分形状、尺寸和相对位置准确，并应防止漏浆 （14）模板安装应与钢筋安装配合进行，梁柱节点的模板宜在钢筋安装后安装 （15）模板与混凝土接触面应清理干净并涂刷脱模剂，脱模剂不得污染钢筋和混凝土接槎处 （16）后浇带的模板及支架应独立设置 （17）固定在模板上的预埋件、预留孔和预留洞，均不得遗漏，且应安装牢固、位置准确

序号	项　目	内　容
2	质量检查	（1）模板、支架杆件和连接件的进场检查，应符合下列规定： 1）模板表面应平整；胶合板模板的胶合层不应脱胶翘角；支架杆件应平直，应无严重变形和锈蚀；连接件应无严重变形和锈蚀，并不应有裂纹 2）模板的规格和尺寸，支架杆件的直径和壁厚，及连接件的质量，应符合设计要求 3）施工现场组装的模板，其组成部分的外观和尺寸，应符合设计要求 4）必要时，应对模板、支架杆件和连接件的力学性能进行抽样检查 5）应在进场时和周转使用前全数检查外观质量 （2）模板安装后应检查尺寸偏差。固定在楼板上的预埋件、预留孔和预留洞，应检查其数量和尺寸 （3）采用扣件式钢管作模板支架时，质量检查应符合下列规定： 1）梁下支架立杆间距的偏差不宜大于 50mm，板下支架立杆间距的偏差不宜大于 100mm；水平杆间距的偏差不宜大于 50mm 2）应检查支架顶部承受模板荷载的水平杆与支架立杆连接的扣件数量，采用双扣件构造设置的抗滑移扣件，其上下应顶紧，间隙不应大于 2mm 3）支架顶部承受模板荷载的水平杆与支架立杆连接的扣件拧紧力矩，不应小于 40N·m，且不应大于 65N·m；支架每步双向水平杆应与立杆扣接，不得缺失 （4）采用碗扣式、盘扣式或盘销式钢管作模板支架时，质量检查应符合下列规定： 1）插入立杆顶端可调托座伸出顶层水平杆的悬臂长度，不应超过 650mm 2）水平杆杆端与立杆连接的碗扣、插接和盘销的连接状况，不应松脱 3）按规定设置的竖向和水平斜撑

2.11.2　模板拆除

模板拆除如表 2-83 所示。

模　板　拆　除　　　　　　　　　　　　　　　　　　表 2-83

序号	项　目	内　容
1	拆模时机与控制要求	混凝土结构浇筑后，达到一定强度方可拆模。模板拆卸时间应按照结构特点和混凝土所达到的强度来确定。拆模要掌握好时机，应保证混凝土达到必要的强度，同时又要及时，以便于模板周转和加快施工进度 （1）侧模拆除时，混凝土强度应能保证其表面及棱角不因拆模而受损坏，预埋件或外露钢筋插铁不因拆模碰挠而松动。冬期施工时，应视其施工方法和混凝土强度增长情况及测温情况决定拆模时间 （2）底模及其支架的拆除，结构混凝土强度应符合设计要求。当设计无要求时，同条件养护试件的混凝土强度应符合表 2-84 的规定 （3）位于楼层间连续支模层的底层支架的拆除时间，应根据各支模层已浇筑混凝土强度的增长情况以及顶部支模层的施工荷载在连续支模层与楼层间的荷载传递计算确定。模板支架拆除后，应对其结构上施工荷载及堆放料具进行严格控制，或经验算在结构底部增设临时支撑。悬挑结构按施工方案加临时支撑 （4）采用快拆支架体系时，且立柱间距不大于 2m 时，板底模板可在混凝土强度达到设计强度等级值的 50% 时，保留支架体系并拆除模板板块；梁底模板应在混凝土强度达到设计强度等级值的 75% 时，保留支架体系并拆除模板板块 （5）后张预应力混凝土结构的侧模宜在施加预应力前拆除，底模及支架的拆除应按施工技术方案执行，并不应在预应力建立前拆除 （6）大体积混凝土的拆模时间除应满足混凝土强度要求外，还应使混凝土内外温差降低到 25℃ 以下时方可拆模。否则应采取有效措施防止产生温度裂缝

序号	项目	内　容
2	拆模顺序与方法	（1）一般要求 1）模板拆除的顺序和方法，应按照配板设计的规定进行，遵循先支后拆，后支先拆，先非承重部位，后承重部位以及自上而下的原则。拆模时，严禁用大锤和撬棍硬砸硬撬 2）组合大模板宜大块整体拆除 3）支承件和连接件应逐件拆卸，模板应逐块拆卸传递，拆除时不得损伤模板和混凝土 4）拆下的模板和配件不得抛扔，均应分类堆放整齐，附件应放在工具箱内 （2）支架立柱拆除 1）当拆除钢楞、木楞、钢桁架时，应在其下面临时搭设防护支架，使所拆楞梁及桁架先落在临时防护支架上 2）当立柱的水平拉杆超过2层时，应首先拆除2层以上的拉杆。当拆除最后一道水平拉杆时，应与拆除立柱同时进行 3）当拆除4～8m跨度的梁下立柱时，应先从跨中开始，对称地分别向两端拆除。拆除时，严禁采用连梁底板向旁侧一片拉倒的拆除方法 4）对于多层楼板模板的立柱，当上层及以上楼板正在浇筑混凝土时，下层楼板立柱的拆除，应根据下层楼板结构混凝土强度的实际情况，经过计算确定 5）阳台模板应保持三层原模板支撑，不宜拆除后再加临时支撑 6）后浇带模板应保持原支撑，如果因施工方法需要也应先加临时支撑支顶后拆模 （3）普通模板拆除 1）拆除条形基础、杯形基础、独立基础或设备基础的模板时，应符合下列要求： ①拆除前应先检查基槽（坑）土壤的安全状况，发现有松软、龟裂等不安全因素时，应采取安全防范措施后，方可进行作业 ②模板和支撑应随拆随运，不得在离槽（坑）上口边缘1m以内堆放 ③拆除模板时，应先拆内外木楞、再拆木面板；钢模板应先拆钩头螺栓和内外钢楞，后拆U形卡和L形插销 2）拆除柱模应符合下列要求： ①柱模拆除可分别采用分散拆和分片拆两种方法 ②分散拆除的顺序为：拆除拉杆或斜撑→自上而下拆除柱箍或横楞→拆除竖楞→自上而下拆除配件及模板→运走分类堆放→清理→拔钉→钢模维修→刷防锈油或脱模剂→入库备用 ③分片拆除的顺序为：拆除全部支撑系统→自上而下拆除柱箍及横楞→拆除柱角U形卡→分片拆除模板→原地清理→刷防锈油或脱模剂→分片运至新支模地点备用 3）拆除墙模应符合下列要求： ①墙模分散拆除顺序为：拆除斜撑或斜拉杆→自上而下拆除外楞及对拉螺栓→分层自上而下拆除木楞或钢楞及零配件和模板→运走分类堆放→拔钉清理或清理检修后刷防锈油或脱模剂→入库备用 ②预组拼大块墙模拆除顺序为：拆除全部支撑系统→拆卸大块墙模接缝处的连接型钢及零配件→拧去固定埋设件的螺栓及大部分对拉螺栓→挂上吊装绳扣并略拉紧吊绳后拧下剩余对拉螺栓→用方木均匀敲击大块墙模立楞及钢模板，使其脱离墙体→用撬棍轻轻外撬大块墙模板使全部脱离→起吊、运走、清理→刷防锈油或脱模剂备用 ③拆除每一大块墙模的最后2个对拉螺栓后，作业人员应撤离大楼板下侧，以后的操作均应在上部进行。个别大块模板拆除后产生局部变形者应及时整修好 ④大块模板起吊时，速度要慢，应保持垂直，严禁模板碰撞墙体 4）拆除梁、板模板应符合下列要求：

序号	项　目	内　　容
2	拆模顺序与方法	①梁、板模板应先拆梁侧模，再拆板底模，最后拆除梁底模，并应分段分片进行，严禁成片撬落或成片拉拆 ②拆除模板时，严禁用铁棍或铁锤乱砸，已拆下的模板应妥善传递或用绳钩放至地面 ③待分片、分段的模板全部拆除后，将模板、支架、零配件等按指定地点运出堆放，并进行拨钉、清理、整修、刷防锈油或脱模剂，入库备用 （4）特殊模板拆除 1）对于拱、薄壳、圆穹屋顶和跨度大于 8m 的梁式结构。应按设计规定的程序和方式从中心沿环圈对称向外或从跨中对称向两边均匀放松模板支架立柱 2）拆除圆形屋顶、筒仓下漏斗模板时，应从结构中心处的支架立柱开始，按同心圆层次对称地拆向结构的周边 3）拆除带有拉杆拱的模板时，应在拆除前先将拉杆拉紧
3	安全措施及注意事项	模板及支架拆除工作的安全，包括吊落地面和转运、存放的安全。要注意防止顶模板掉落、支架倾倒、落物和碰撞等伤害事故的发生。模板拆除应有可靠的技术方案和安全保证措施，并应经过技术主管部门或负责人批准 （1）拆模前应检查所使用的工具是否有效和可靠，扳手等工具必须装入工具袋或系挂在身上，并应检查拆模场所范围内的安全措施 （2）模板的拆除工作应设专人指挥。作业区应设围栏，其内不得有其他工种作业，并应设专人负责监护 （3）多人同时操作时，应明确分工、统一信号或行动，应具有足够的操作面，人员应站在安全处 （4）高处拆除模板时，应符合有关高处作业的规定，应搭脚手架，并设防护栏杆，防止上下在同一垂直面操作。搭设临时脚手架必须牢固，不得用拆下的模板作脚手板 （5）操作层上临时拆下的模板不得集中堆放，要及时清运。高处拆下的模板及支撑应用垂直升降设备运至地面，不得乱抛乱扔 （6）在提前拆除互相搭连并涉及其他后拆模板的支撑时，应补设临时支撑。拆模时，应逐块拆卸，不得成片撬落或拉倒 （7）拆模必须拆除干净彻底，如遇特殊情况需中途停歇，应将已拆松动、悬空、浮吊的模板或支架进行临时支撑牢固或相互连接稳固。对活动部件必须一次拆除 （8）已拆除了模板的结构，应在混凝土强度达到设计强度值后方可承受全部设计荷载。若在未达到设计强度以前，需在结构上加置施工荷载时，应另行核算，强度不足时，应加设临时支撑 （9）遇 6 级或 6 级以上大风时，应暂停室外的高处作业。雨、雪、霜后应先清扫施工现场，方可进行工作 （10）拆除有洞口的模板时，应采取防止操作人员坠落的措施。洞口模板拆除后，应及时进行防护 （11）拆除平台、楼板下的立柱时，作业人员应站在安全处，严禁站在已拆或松动的模板上进形拆除作业，严禁站在悬臂结构边缘敲拆下面的底模

底模拆除时的混凝土强度要求 表 2-84

序号	构件类型	构件跨度（m）	达到设计的混凝土立方体抗压强度标准值的百分率（%）
1		≤2	≥50
2	板	>2，≤8	≥75
3		>8	≥100
4	梁、拱、壳	≤8	≥75
5		>8	≥100
6	悬臂构件	—	≥100

2.12 模板工程施工质量及验收

2.12.1 一般规定

模板工程施工质量及验收的一般规定如表 2-85 所示。

一 般 规 定 表 2-85

序号	项 目	内 容
1	基本要求	模板及其支架应根据工程结构形式、荷载大小、地基土类别、施工设备和材料供应等条件进行设计。模板及其支架应具有足够的承载能力、刚度和稳定性，能可靠地承受浇筑混凝土的重量、侧压力以及施工荷载
2	对模板的验收及处理	在浇筑混凝土之前，应对模板工程进行验收 模板安装和浇筑混凝土时，应对模板及其支架进行观察和维护。发生异常情况时，应按施工技术方案及时进行处理
3	模板的拆除顺序及安全措施	模板及其支架拆除的顺序及安全措施应按施工技术方案执行

2.12.2 模板安装

模板安装如表 2-86 所示。

模 板 安 装 表 2-86

序号	项目	内 容
1	主控项目	（1）模板及支架用材料的技术指标应符合国家现行有关标准的规定。进场时应抽样检验模板和支架材料的外观、规格和尺寸 检查数量：按国家现行有关标准的规定确定 检验方法：检查质量证明文件；观察，尺量 （2）现浇混凝土结构模板及支架的安装质量，应符合国家现行有关标准的规定和施工方案的要求 检查数量：按国家现行有关标准的规定确定 检验方法：按国家现行有关标准的规定执行 （3）后浇带处的模板及支架应独立设置 检查数量：全数检查 检验方法：观察 （4）支架竖杆或竖向模板安装在土层上时，应符合下列规定： 1）土层应坚实、平整，其承载力或密实度应符合施工方案的要求 2）应有防水、排水措施；对冻胀性土，应有预防冻融措施 3）支架竖杆下应有底座或垫板 检查数量：全数检查 检验方法：观察；检查土层密实度检测报告、土层承载力验算或现场检测报告

序号	项 目	内 容
2	一般项目	（1）模板安装应符合下列规定： 1）模板的接缝应严密 2）模板内不应有杂物、积水或冰雪等 3）模板与混凝土的接触面应平整、清洁 4）用作模板的地坪、胎膜等应平整、清洁，不应有影响构件质量的下沉、裂缝、起砂或起鼓 5）对清水混凝土及装饰混凝土构件，应使用能达到设计效果的模板 检查数量：全数检查 检验方法：观察 （2）隔离剂的品种和涂刷方法应符合施工方案的要求。隔离剂不得影响结构性能及装饰施工；不得沾污钢筋、预应力筋、预埋件和混凝土接槎处；不得对环境造成污染 检查数量：全数检查 检验方法：检查质量证明文件；观察 （3）模板的起拱应符合本书有关的规定，并应符合设计及施工方案的要求 检查数量：在同一检验批内，对梁，跨度大于 18m 时应全数检查，跨度不大于 18m 时应抽查构件数量的 10％，且不应少于 3 件；对板，应按有代表性的自然间抽查 10％，且不应少于 3 间；对大空间结构，板可按纵、横轴线划分检查面，抽查 10％，且不应少于 3 面 检验方法：水准仪或尺量 （4）现浇混凝土结构多层连续支模应符合施工方案的规定。上下层模板支架的竖杆宜对准。竖杆下垫板的设置应符合施工方案的要求 检查数量：全数检查 检验方法：观察 （5）固定在模板上的预埋件和预留孔洞不得遗漏，且应安装牢固。有抗渗要求的混凝土结构中的预埋件，应按设计及施工方案的要求采取防渗措施 预埋件和预留孔洞的位置应满足设计和施工方案的要求。当设计无具体要求时，其位置偏差应符合表 2-87 的规定 检查数量：在同一检验批内，对梁、柱和独立基础，应抽查构件数量的 10％，且不应少于 3 件；对墙和板，应按有代表性的自然间抽查 10％，且不应少于 3 间；对大空间结构，墙可按相邻轴线间高度 5m 左右划分检查面，板可按纵、横轴线划分检查面，抽查 10％，且均不应少于 3 面 检验方法：观察，尺量 （6）现浇结构模板安装的偏差及检验方法应符合表 2-88 的规定 检查数量：在同一检验批内，对梁、柱和独立基础，应抽查构件数量的 10％，且不应少于 3 件；对墙和板，应按有代表性的自然间抽查 10％，且不应少于 3 间；对大空间结构，墙可按相邻轴线间高度 5m 左右划分检查面，板可按纵、横轴线划分检查面，抽查 10％，且均不应少于 3 面 （7）预制构件模板安装的偏差及检验方法应符合表 2-89 的规定 检查数量：首次使用及大修后的模板应全数检查；使用中的模板应抽查 10％，且不应少于 5 件，不足 5 件时应全数检查

预埋件和预留孔洞的允许偏差   表 2-87

序号	项 目		允许偏差（mm）
1	预埋钢板中心线位置		3
2	预埋管、预留孔中心线位置		3
3	插筋	中心线位置	5
4		外露长度	+10，0
5	预埋螺栓	中心线位置	2
6		外露长度	+10，0
7	预留洞	中心线位置	10
8		尺寸	+10，0

注：检查中心线位置时，应沿纵、横两个方向量测，并取其中偏差的较大值。

现浇结构模板安装的允许偏差及检验方法 表 2-88

序号	项 目		允许偏差（mm）	检验方法
1	轴线位置		5	尺量
2	底模上表面标高		±5	水准仪或拉线、尺量
3	模板内部尺寸	基础	±10	尺量
4		柱、墙、梁	±5	尺量
5		楼梯相邻踏步高差	5	尺量
6	柱、墙垂直度	层高≤6m	8	经纬仪或吊线、尺量
7		层高>6m	10	经纬仪或吊线、尺量
8	相邻模板表面高差		2	尺量
9	表面平整度		5	2m靠尺和塞尺量测

注：检查轴线位置，当有纵横两个方向时，沿纵、横两个方向量测，并取其中偏差的较大值。

预制构件模板安装的允许偏差及检验方法 表 2-89

序号	项 目		允许偏差（mm）	检 验 方 法
1	长度	板、梁	±5	尺量两侧边，取其中较大值
2		薄腹梁、桁架	±10	
3		柱	0，−10	
4		墙板	0，−5	
5	宽度	板、墙板	0，−5	尺量两端及中部，取其中较大值
6		梁、薄腹梁、桁架、柱	+2，−5	
7	高（厚）度	板	+2，−3	尺量两端及中部，取其中较大值
8		墙板	0，−5	
9		梁、薄腹梁、桁架、柱	+2，−5	
10	侧向弯曲	梁、板、柱	$l/1000$ 且≤15	拉线、尺量最大弯曲处
11		墙板、薄腹梁、桁架	$l/1500$ 且≤15	
12	板的表面平整度		3	2m靠尺和塞尺量测
13	相邻两板表面高低差		1	尺量
14	对角线差	板	7	尺量两对角线
15		墙板	5	
16	翘曲	板、墙板	$l/1500$	水平尺在两端量测
17	设计起拱	薄腹梁、桁架、梁	±3	拉线、尺量跨中

注：l 为构件长度（mm）。

2.12.3 模板拆除

模板拆除如表 2-90 所示。

模 板 拆 除 表 2-90

序号	项目	内 容
1	主控项目	（1）底模及其支架拆除时的混凝土强度应符合设计要求；当设计无具体要求时，混凝土强度应符合表 2-84 的规定 检查数量：全数检查 检验方法：检查同条件养护试件强度试验报告 （2）对后张法预应力混凝土结构构件，侧模宜在预应力张拉前拆除；底模支架的拆除应按施工技术方案执行，当无具体要求时，不应在结构构件建立预应力前拆除 检查数量：全数检查 检验方法：观察 （3）后浇带模板的拆除和支顶应按施工技术方案执行 检查数量：全数检查 检验方法：观察

续表

序号	项目	内　容
2	一般项目	（1）侧模拆除时的混凝土强度应能保证其表面及棱角不受损伤 检查数量：全数检查 检验方法：观察 （2）模板拆除时，不应对楼层形成冲击荷载。拆除的模板和支架宜分散堆放并及时清运 检查数量：全数检查 检验方法，观察

2.13　绿　色　施　工

2.13.1　水电、天然资源的节约和替代

水电、天然资源的节约和替代如表 2-91 所示。

水电、天然资源的节约和替代　　　　　　　　　　表 2-91

序号	项　目	内　容
1	简述	（1）绿色施工的宗旨是四节一环保（节能、节地、节水、节材和环境保护）。体现在模架施工中，同样是以最大限度地节约资源和减少对环境的负面影响为目的。在保证工程质量、施工安全基础上，通过科学管理和技术进步来实现 模架施工是建筑结构施工中的一个重要环节。作为大宗的工具型的周转材料，模架占用资源量大，垂直和水平运输量大；施工过程中，噪声和脱模剂的使用对环境产生一定的污染；在施工、倒运、清理过程中形成一些建筑垃圾。现浇混凝土结构的项目要实施绿色施工，模架具有举足轻重的地位，应首先在工程总体方案中进行策划。在施工组织设计阶段，就充分考虑绿色施工的总体要求，在施工方法上为模板、支撑系统的绿色施工提供基础条件 （2）降低资源占用，减少资源消耗，是模板绿色施工第一要务；建筑工地节能是一个系统的、延续的过程，从工程的规划设计阶段开始，直至工程竣工验收。在施工过程中，合理制定施工组织设计并严格实施则可以使各类机械和劳动力资源的效率发挥到最大化。目前，建筑施工现场的窝工、机械闲置时有发生，一方面资源紧张，另一方面却又普遍存在浪费。这些问题可以通过优化施工方案、合理安排人力物力资源得到解决。例如实行一定程度的立体交叉流水作业、细化施工进度计划、大力开发和使用环保型工程机械、开展施工废弃物（建设固体废弃物、建筑垃圾）的再生利用、努力提高工程机械及零部件的可重复使用、可循环使用、可再生使用率等 模板施工不直接消耗水电，但施工工艺有些与水电消耗密切相关。比如木模板，如果拼缝不严，往往需要浇水，使木板膨胀将板缝涨严；模板堆放不合理，二次搬运会浪费机械工时和电力。合理的规划和管理，能产生节约潜力
2	技术措施	（1）适当延迟模板拆除时间，起码在混凝土水化剧烈反应阶段（即混凝土持续温升阶段），暂不拆除模板；在已拆除模板的构件表面及时覆盖塑料薄膜或涂刷混凝土养护剂，不但可以减少构件表面水分的蒸发，减少表面龟裂；还可以减少养护用水的消耗，为绿色施工的节水指标做出贡献 木模板板面拼缝须严密，不得采用浇水膨胀板缝的方法解决模板接缝漏浆的问题 （2）我国森林资源贫乏，造林绿化、改善环境是基本国策。支模龙骨所用的板材、方材，模板面板所用的木质胶合板，大量消耗宝贵的森林资源。而相对于生长较慢的木材，南方的竹子生长迅速，资源较丰富。国家技术政策倡导多采用竹胶合板，少使用天然木质材料，以从根本上保护森林绿化。当然，竹材模板在加工性能和成型效果方面，与木质模板还有一定差距。基于竹资源存量丰富的国情，我国的竹材模板的加工制造水平还有待提高 （3）坚持以钢代木的技术政策。20世纪70年代，国家提出在模板材料上以钢代木的技术政策。钢模板成型准确、强度高、抗老化、防火、防水，周转次数多。钢模体系均为工业产品，所用辅助支撑配套，操作相对简单。虽然钢铁生产中消耗焦炭矿石、排放污染气体，但废旧钢模可回收再利用，属可循环利用的再生资源。在绿色环保等方面，与其他材料模板相比，其技术经济指标与环境影响等方面综合性能具有优势

序号	项 目	内 容
3	管理措施	（1）图纸会审时，应审核节材与材料资源利用的相关内容，制定为达到材料损耗率所应采取的措施 （2）在模架系统的选择上，在满足施工工期、质量、机械、工艺水平和经济承受能力等条件限制基础上，充分考虑节能要求 （3）材料运输工具适宜，装卸方法得当，防止损坏和遗撒。根据现场平面布置情况就近卸载，避免和减少二次搬运 （4）采取技术和管理措施提高模板、脚手架等的周转次数 （5）制定相应的模板施工节能考核指标和相应的奖罚制度，将责任落实到具体管理和操作岗位

2.13.2 可再生资源的循环利用

可再生资源的循环利用如表 2-92 所示。

可再生资源的循环利用 表 2-92

序号	项 目	内 容
1	使模板成为再生资源的可能性	（1）目前，一些单位为了充分利用废旧方木，使用开榫、胶粘的方法，将散碎木材接起来重复使用；将破损断裂的木制胶合板破成木条，拼制为再生模板，都为木质模板的再生利用提供了一种开拓性的思维，进行的有益尝试也取得了实质性的进展。当然这项工作绝不是一蹴而就，距离木质模板成为可再生资源还需要进行艰苦的探索 （2）在钢制、塑料、玻璃钢等模板的再生利用上，不应只限于回用到模板上。目前的再生资源的循环利用，评价指标集中在使用过的模架材料、经过简单的修整、改制，仍然用于模板。其实模板材料作为再生资源的循环利用，应当有一个下游产业链。比如塑料、玻璃钢模板重新解体加工可在原制造厂进行，回收模板中不能重复使用的玻璃纤维要进行妥善的无害化处理；而金属模板则需要重新冶炼 （3）需要研制、采用可降解的（如蜂窝纸板模板）、可回收的材料（刚度好、温度稳定性好的塑料模板），作为模板材料
2	模板设计思路与理念	在现浇混凝土结构施工中，建筑模板是成本较高的消耗性材料。除了本身的使用损耗之外，运输、现场倒运、垂直运输机械、场地占用、清洗、装拆工时等方面的费用，对于不同的模板体系有很大差异。因此在模板设计时应综合考虑上述影响，选择高强轻质材料；少消耗材料，少污染环境 （1）合理选用模板体系：如筒仓、烟囱、水塔采用滑模；平面布局基本一致的高层剪力墙住宅采用大模板；地铁、输水管道等连续结构采用隧道模；剪力墙旅馆建筑采用飞模；圆柱采用玻璃钢模等 （2）施工前应对模板工程的方案进行优化。多层、高层建筑使用可重复利用的模板体系，模板支撑宜采用工具式支撑 （3）推广早拆模板体系，利用混凝土结构早期强度增长迅速的特点，充分利用混凝土早期自身形成的强度，加快模板周转，减少施工过程投入 （4）模板选用以节约自然资源为原则，推广使用定型钢模、钢框竹模、竹胶板。采用非木质的新材料或人造板材替代木质板材 （5）改善模板的耐久性能，延长模板确保施工质量的使用年限。重视模板对混凝土早期的保温、保湿、防裂的养护功能 （6）应选用耐用、维护与拆卸方便的周转材料和机具。优先选用制作、安装、拆除一体化的专业队伍进行模板工程施工 （7）采用新型免拆模板。保温砌模的混凝土网格式剪力墙施工体系，改革传统的支模工艺。推广采用外墙保温板替代混凝土施工模板的技术

2.13.3　施工降噪和减少污染

施工降噪和减少污染如表 2-93 所示。

表 2-93

施工降噪和减少污染

序号	项　目	内　容
1	说明	（1）模板施工的污染源，主要有钢模板、金属模板在装卸、安装拆除过程中敲击碰撞或在清理粘连混凝土等污染物的过程中所产生的噪声和粉尘；废弃的塑料、玻璃钢模板对环境所形成的不可降解的建筑垃圾污染 （2）钢、铝等金属模板与混凝土形成的吸附力较强，因此必须使用化学脱模剂，故而产生了污染的问题。在模板表面涂刷脱模剂时，还可能出现所涂刷脱模剂粘附到钢筋上，影响了混凝土与钢筋之间粘结握裹力。脱模剂对环境的次生影响发生在水洗残留在模板表面的化学脱模剂时，不仅浪费大量宝贵水资源，还会污染现场或直接污染地下水资源等 （3）除了污染问题，脱模剂还会渗入到混凝土墙体表面，影响混凝土的观感以及后续装饰工程做法。比如造成粘贴瓷砖空鼓、腻子开裂等装饰质量问题
2	技术管理	（1）推行文明施工，杜绝野蛮作业。提高施工操作人员的文明素质。充分利用农民工夜校等宣教阵地，向施工人员宣讲绿色施工的社会意义，建立社会公德和社会责任感，为创建社会主义的和谐社会承担起历史责任 （2）进行周密的施工环境保护策划，分析施工过程中可能产生污染的环节，研究对策制定措施，利用技术交底等文件贯彻到施工管理层和作业层，在可能产生污染的环节明确相关责任，落实到人 （3）解决脱模剂污染问题可以采用非金属类模板，如木质纤维类层压板、塑料类高分子建筑模板，可在允许的周转次数内，实现无需涂刷或少量涂刷建筑脱模隔离剂，即可在现浇混凝土施工与水泥等胶凝材料制品生产中实现易脱模的实用功效。使用钢模板和金属模板可以采用一些专利技术实现无脱模剂的自脱模： 1）采用电作用自脱模器实现自脱模。其原理为：通过插入新浇混凝土的电极棒与钢模板之间的电效应作用，在钢模板与新浇混凝土紧密接触的表面之间，形成的水汽等混合物的润滑隔离层，完成现浇混凝土成品表面与模板之间易于脱模的效果。此法可减轻劳动强度，节约时间、材料，保证混凝土成型质量 2）喷涂坚韧防腐涂料饰面实现自脱模。其原理为：通过在被处理的钢模板表面喷涂坚韧防腐涂料，固化后所形成的饰面涂料膜坚韧，不怕碰撞不易破损，形成一种长效脱模隔离壳体。实现无需在钢模板表面重复涂刷常规的传统建筑脱模剂而实现自脱模效能的目的
3	管理措施	（1）降低污染，节能减排，实施绿色施工。这是一项系统工作，应对施工策划、材料采购、现场施工、工程验收等各阶段进行控制，加强对整个施工过程的管理和监督 （2）按照总体控制要求，分解到模板施工各个环节，制定具体指标（如噪声分贝值、粉尘控制值、垃圾利用率、循环材料使用率等）以及节材措施，在保证工程安全与质量的前提下，进行施工方案的节材优化，建筑垃圾减量化，尽量利用可循环材料等 （3）严格控制脱模剂的品种和消耗量 （4）合理规划模板占用场地，组织流水施工，争取做到模板不落地。落实节地与施工用地保护措施，制定临时用地指标、严格控制施工总平面布置规划及临时用地节地措施等

2.13.4 改善施工作业条件

改善施工作业条件如表 2-94 所示。

改善施工作业条件
表 2-94

序号	项 目	内 容
1	说明	提倡绿色施工是人类文明和技术进步的结果，必然对施工环境、操作条件、劳动卫生具有积极的推动作用
2	提高机械化水平	(1) 目前在所有模板体系中，机械化程度最高、劳动强度最低的模板是电动爬模。由于技术所限，电动爬模还仅应用于剪力墙、筒体结构，不适于所有混凝土结构。且由于使用成本较高，一般使用在混凝土超高层建筑。随着电动爬模技术的发展，这项技术会在更大的范围得到应用 (2) 滑模应用早于爬模，也是机械化程度较高的模板体系。特别适用于连续、高大、周长很长的筒仓、水塔。施工速度快，省去了搭设脚手架的工序 (3) 采用免拆永久模板、保温砌模等模板，简化施工工艺，提高建筑物综合性能 (4) 对大量性、较为定型的楼板、楼梯等水平构件，采用预制混凝土构件，可大量减少施工现场的模板工作量。工厂化生产的预制混凝土构件，产品质量稳定、模板消耗量小、减少现场污染、加快工程进度，应适度发展
3	促进施工标准化	(1) 建筑业相对于其他工业体系，工作环境艰苦，施工技术在不同企业存在较大差异，模板和支撑材料的工业化生产，使得在材料上有了较为统一的局面，为促进施工工艺的统一和标准化奠定了基础。在国家绿色施工战略目标的原则基础和政策引导下，重新评估和规划模架施工系统在建筑施工过程中的角色，在材料、工艺等方面无疑会进一步促进模板施工的技术进步 (2) 脚手架工程，由于扣件钢管的应用，使施工工艺在标准化方面有了全国统一的共识。竹胶合板、木质多层板、钢制大楼板、滑模、电动爬楼等模板的应用以及相关配套规程规范的指导，会在宏观上使模板施工过程在操作、使用、安装和拆除等方面实现施工的标准化 (3) 绿色施工在我国还是一个全新的概念，它在中国的倡导和推行虽然还有一个过程，但走绿色施工之路势在必行，不容置疑。2007 年 9 月，建设部发布了《绿色施工导则》，对建筑工程实施绿色施工提供指导，积极推动建筑业发展绿色施工，使建筑业肩负起可持续发展的社会责任。相信随着绿色施工在我国的逐步推行，我国模板行业也会逐渐改变资源消耗型的发展模式

第3章 混凝土结构工程施工钢筋工程

3.1 材料标准与相关规定

3.1.1 一般规定

钢筋工程的一般规定如表 3-1 所示。

一 般 规 定 表 3-1

序号	项 目	内 容
1	成型钢筋	(1) 钢筋工程宜采用专业化生产的成型钢筋 (2) 成型钢筋的应用可减少钢筋损耗且有利于质量控制，同时缩短钢筋现场存放时间，有利于钢筋的保护。成型钢筋的专业化生产应采用自动化机械设备进行钢筋调直、切割和弯折，其性能应符合现行行业标准《混凝土结构用成型钢筋》JG/T 226 的有关规定
2	钢筋连接方式	(1) 钢筋连接方式应根据设计要求和施工条件选用 (2) 混凝土结构施工的钢筋连接方式由设计确定，且应考虑施工现场的各种条件。如设计要求的连接方式因施工条件需要改变，需办理变更文件。如设计没有规定，可由施工单位根据本书的有关规定及国家现行相关标准的有关规定和施工现场条件与设计共同商定
3	钢筋代换	(1) 当需要进行钢筋代换时，应办理设计变更文件 (2) 钢筋代换主要包括钢筋品种、级别、规格、数量等的改变，涉及结构安全，故本条予以强制。钢筋代换后应经设计单位确认，并按规定办理相关审查手续。钢筋代换应按国家现行相关标准的有关规定，考虑构件承载力、正常使用（裂缝宽度、挠度控制）及配筋构造等方面的要求，需要时可采用并筋的代换形式。不宜用光圆钢筋代换带肋钢筋。本条为强制性要求，应严格执行

3.1.2 钢筋性能

钢筋性能如表 3-2 所示。

钢 筋 性 能 表 3-2

序号	项 目	内 容
1	应符合现行的国家标准	钢筋的性能应符合国家现行有关标准的规定。常用钢筋的公称直径、公称截面面积、计算截面面积及理论重量，应符合下列的规定： (1) 钢筋的计算截面面积及理论重量，应符合表 3-3 的规定 (2) 钢绞线的公称直径、公称截面面积及理论重量，应符合表 3-4 的规定 (3) 钢丝的公称直径、公称截面面积及理论重量，应符合表 3-5 的规定

序号	项 目	内 容
2	钢筋力学性能	（1）热轧钢筋 1）热轧钢筋的屈服强度 R_{eL}、抗拉强度 R_m、断后伸长率 A、最大力总伸长率 A_{gt} 等力学性能特征值应符合表 3-6 的规定。表 3-6 所列各力学特征值，可作为交货检验的最小保证值 2）根据供需双方协议，伸长率类型可从 A 或 A_{gt} 中选定。如伸长率类型未经协议确定，则伸长率采用 A，仲裁检验时采用 A_{gt} 3）直径 28～40mm 各牌号钢筋断后伸长率 A 可降低 1%，直径大于 40mm 各牌号钢筋的断后伸长率 A 可降低 2% 4）对有抗震要求的结构，其纵向受力钢筋的性能应满足设计要求；当设计无具体要求时，对按一、二、三级抗震等级设计的框架和斜撑构件（含梯段）中的纵向受力钢筋应采用 HRB335E、HRB400E、HRB500E、HRBF335E、HRBF400E、HRBF500E 钢筋。GB 1499.2 规定，对有较高要求的抗震结构，其强度和最大力下总伸长率的实测值应符合下列规定： ①钢筋的抗拉强度实测值与屈服强度实测值的比值不应小于 1.25 ②钢筋的屈服强度实测值与屈服强度标准值的比值不应大于 1.30 ③钢筋的最大力下总伸长率不应小于 9% 5）对没有明显屈服强度的钢，屈服强度特征值 R_{eL} 应采用规定非比例延伸强度 $R_{p0.2}$ 6）除采用冷拉方法调直钢筋外，带肋钢筋不得经过冷拉后使用 7）施工中发现钢筋脆断、焊接性能不良或力学性能显著不正常等现象时，应停止使用该批钢筋，并应对该批钢筋进行化学成分检验或其他专项检验 （2）冷轧带肋钢筋 冷轧带肋钢筋的力学性能和工艺性能应符合表 3-7 的规定 （3）冷轧扭钢筋 冷轧扭钢筋力学性能应符合表 3-8 规定 （4）冷拔螺旋钢筋 1）冷拔螺旋钢筋的力学性能应符合表 3-9 的规定 2）螺旋钢筋的力学性能和工艺性能应符合表 3-9 的规定。当其进行冷弯试验时，受弯曲部位表面不得产生裂纹 3）钢筋的强屈比 $\sigma_b/\sigma_{0.2}$ 应不小于 1.05 4）主产厂在保证 1000h 应力松弛率合格的基础上，经常性试验可进行 10h 应力松弛试验 （5）冷拔低碳钢丝 冷拔低碳钢丝的力学性能应符合表 3-10 的规定
3	钢筋锚固性能与连接及计算用表	在混凝土中的钢筋，由于混凝土对其具有粘结、摩擦、咬合作用，形成一种握裹力，使钢筋不容易被轻易地拔出，钢筋和混凝土便能够共同受力，从而使钢筋混凝土结构具有一定的承载能力 根据有关规定，当计算中充分利用钢筋的抗拉强度时，受拉钢筋的锚固应符合下列要求： （1）基本锚固长度应按下列公式（3-1）、公式（3-2）计算： 普通钢筋 $$l_{ab} = \alpha \frac{f_y}{f_t} d \qquad (3-1)$$ 预应力筋 $$l_{ab} = \alpha \frac{f_{py}}{f_t} d \qquad (3-2)$$

序号	项　目	内　容
3	钢筋锚固性能与连接及计算用表	（2）当采取不同的埋置方式和构造措施时，锚固长度应按公式（3-3）计算： $$l_a = \zeta_a l_{ab} \qquad (3\text{-}3)$$ 式中　l_{ab}——受拉钢筋的基本锚固长度 　　　l_a——受拉钢筋的锚固长度，不应小于 $15d$，且不小于 200mm 　　　f_y，f_{py}——钢筋、预应力筋的抗拉强度设计值 　　　f_t——混凝土轴心抗拉强度设计值；当混凝土强度等级高于 C60 时，按 C60 取值 　　　d——钢筋的公称直径 　　　ζ_a——锚固长度修正系数，多个系数可以连乘计算 　　　α——锚固钢筋的外形系数，按表 3-11 取用 （3）纵向受拉带肋钢筋的锚固长度修正系数应根据钢筋的锚固条件按下列规定取用： 1）当钢筋的公称直径大于 25mm 时，修正系数取 1.10 2）对环氧树脂涂层钢筋，修正系数取 1.25 3）施工过程中易受扰动的钢筋 修正系数取 1.10 4）当纵向受力钢筋的实际配筋面积大于其设计计算面积时，修正系数取设计计算面积与实际配筋面积的比值，但对有抗震设防要求及直接承受动力荷载的结构构件，不应考虑此项修正 5）锚固区混凝土保护层厚度较大时，锚固长度修正系数可按表 3-12 确定 （4）受拉钢筋的抗震基本锚固长度 l_{abE} 由受拉钢筋的基本锚固长度 l_{ab} 与钢筋的抗震锚固长度修正系数 ζ_{aE} 相乘而得，即 $$l_{abE} = \zeta_{aE} \, l_{ab} \qquad (3\text{-}4)$$ （5）受拉钢筋的抗震锚固长度 l_{aE} 由受拉钢筋的锚固长度 l_a 与受拉钢筋的抗震锚固长度修正系数 ζ_{aE} 相乘而得，即： $$l_{aE} = \zeta_{aE} \, l_a \qquad (3\text{-}5)$$ 式中　抗震锚固长度修正系数，如表 3-15 所示 　　　其他式中符号意义同前 （6）同一构件中相邻纵向受力钢筋的绑扎搭接接头宜互相错开。钢筋绑扎搭接接头连接区段的长度为 1.3 倍搭接长度，凡搭接接头中点位于该连接区段长度内的搭接接头均属于同一连接区段（图 3-1）。同一连接区段内纵向受力钢筋搭接接头面积百分率为该区段内所有搭接接头的纵向受力钢筋与全部纵向受力钢筋截面面积的比值。当直径不同的钢筋搭接时，按直径较小的钢筋计算 （7）纵向受拉钢筋绑扎搭接接头的搭接长度，应根据位于同一连接区段内的钢筋搭接接头面积百分率按下列公式计算，且不应小于 300mm $$l_l = \zeta_l l_a \qquad (3\text{-}6)$$ 式中　l_l——纵向受拉钢筋的搭接长度； 　　　ζ_l——纵向受拉钢筋搭接长度修正系数，按表 3-35 取用。当纵向搭接钢筋接头面积百分率为表的中间值时，修正系数可按内插法取值 （8）当采用搭接连接时，纵向受拉钢筋的抗震搭接长度 l_{lE} 应按下列公式计算： $$l_{lE} = \zeta_l \, l_{aE} \qquad (3\text{-}7)$$ 式中　ζ_l——纵向受拉钢筋搭接长度修正系数，按表 3-16 确定 同一构件中相邻纵向受拉钢筋的绑扎搭接接头宜互相错开（见图 3-2）

续表 3-2

序号	项　目	内　　容
3	钢筋锚固性能与连接及计算用表	（9）纵向受力钢筋的机械连接接头宜相互错开。钢筋机械连接区段的长度为 $35d$，d 为连接钢筋的较小直径。凡接头中点位于该连接区段长度内的机械连接接头均属于同一连接区段（见图 3-3）
4	钢筋冷弯性能	（1）热轧钢筋 1）热轧钢筋按表 3-13 规定的弯芯直径弯曲 180°后，钢筋受弯曲部位表面不得产生裂纹 2）根据需方要求，钢筋可进行反向弯曲性能试验 ①反向弯曲试验的弯芯直径比弯曲试验相应增加一个钢筋公称直径 ②反向弯曲试验：先正向弯曲 90°后再反向弯曲 20°，两个弯曲角度均应在去载之前测量。经反向弯曲试验后，钢筋受弯曲部位表面不得产生裂纹 （2）冷轧带肋钢筋 1）冷轧带肋钢筋进行弯曲试验时，受弯曲部位表面不得产生裂纹。反复弯曲试验的弯曲半径应符合表 3-14 的规定 2）钢筋的强屈比 $R_m/R_{p0.2}$ 比值不应小于 1.03，经供需双方协议可用 $A_{gt} \geqslant 2.0\%$ 代替 A 3）供方在保证 1000h 松弛率合格基础上，允许使用推算法确定 1000h 松弛
5	钢筋焊接性能	（1）钢筋的焊接工艺及接头的质量检验与验收应符合相关行业标准的规定 （2）普通热轧钢筋在生产工艺、设备有重大变化及新产品生产时进行形式检验 （3）细晶粒热轧钢筋的焊接工艺应经试验确定 （4）余热处理钢筋不宜进行焊接

钢筋的计算截面面积及理论重量　　　　表 3-3

序号	公称直径（mm）	不同根数钢筋的计算截面面积（mm²）									单根钢筋理论重量（kg/m）
		1	2	3	4	5	6	7	8	9	
1	6	28.3	57	85	113	142	170	198	226	255	0.222
2	8	50.3	101	151	201	252	302	352	402	453	0.395
3	10	78.5	157	236	314	393	471	550	628	707	0.617
4	12	113.1	226	339	452	565	678	791	904	1017	0.888
5	14	153.9	308	461	615	769	923	1077	1231	1385	1.21
6	16	201.1	402	603	804	1005	1206	1407	1608	1809	1.58
7	18	254.5	509	763	1017	1272	1527	1781	2036	2290	2.00
8	20	314.2	628	942	1256	1570	1884	2199	2513	2827	2.47
9	22	380.1	760	1140	1520	1900	2281	2661	3041	3421	2.98

续表 3-3

序号	公称直径 (mm)	不同根数钢筋的计算截面面积（mm²）									单根钢筋理论重量 (kg/m)
		1	2	3	4	5	6	7	8	9	
10	25	490.9	982	1473	1964	2454	2945	3436	3927	4418	3.85
11	28	615.8	1232	1847	2468	3079	3695	4310	4926	5542	4.83
12	32	804.2	1609	2413	3217	4021	4826	5630	6434	7238	6.31
13	36	1017.9	2036	3054	4072	5089	6107	7125	8143	9161	7.99
14	40	1256.6	2513	3770	5027	6283	7540	8796	10053	11310	9.87
15	50	1963.5	3928	5892	7856	9820	11784	13748	15712	17676	15.42

钢绞线的公称直径、公称截面面积及理论重量　　表 3-4

序号	种类	公称直径（mm）	公称截面面积（mm²）	理论重量（kg/m）
1		8.6	37.7	0.296
2	1×3	10.8	58.9	0.462
3		12.9	84.8	0.666
4		9.5	54.8	0.430
5		12.7	98.7	0.775
6	1×7 标准型	15.2	140	1.101
7		17.8	191	1.500
8		21.6	285	2.237

钢丝的公称直径、公称截面面积及理论重量　　表 3-5

序号	公称直径（mm）	公称截面面积（mm²）	理论重量（kg/m）
1	5.0	19.63	0.154
2	7.0	38.48	0.302
3	9.0	63.62	0.490

热轧钢筋力学性能　　表 3-6

序号	牌号	R_{eL} (N/mm²)	R_m (N/mm²)	A (%)	A_{gt} (%)
		不小于			
1	HPB235	235	370	25.0	10.0
2	HPB300	300	420		
3	HRB335 HRBF335	335	455	17.0	7.5

序号	牌号	R_{eL} (N/mm²)	R_m (N/mm²)	A (%)	A_{gt} (%)
		不小于			
4	HRB335E HRBF335E	335	455	17.0	9.0
5	HRB400 HRBF400	400	540	16.0	7.5
6	HRB400E HRBF400E	400	540	16.0	9.0
7	HRB500 HRBF500	500	630	15.0	7.5
8	HRB500E HRBF500E	500	630	15.0	9.0

冷轧带肋钢筋的力学性能和工艺性能　　表 3-7

序号	牌号	$R_{p0.2}$ (N/mm²) 不小于	R_m (N/mm²) 不小于	伸长率（%）不小于 $A_{11.3}$	伸长率（%）不小于 A_{100}	弯曲试验 180°	反复弯曲次数	应力松弛初始应力相对于公称抗拉强度的70% 1000h 松弛率（%）不大于
1	CRB550	500	550	8.0	—	$D=3d$		—
2	CRB650	585	650	—	4.0		3	8
3	CRB800	720	800	—	4.0		3	8
4	CRB970	875	970	—	4.0		3	8

注：表中 D 为弯芯直径，d 为钢筋公称直径。

力学性能和工艺性能指标　　表 3-8

序号	强度级别	型号	抗拉强度 σ_b (N/mm²)	伸长率 A (%)	180°弯曲试验（弯心直径＝3d）	应力松弛率（%）（当 $\sigma_{con}=0.7f_{ptk}$）10h	1000h
1	CTB550	Ⅰ	≥550	$A_{11.3}$≥4.5	受弯曲部位钢筋表面不得产生裂纹	—	—
2		Ⅱ	≥550	A≥10		—	—
3		Ⅲ	≥550	A≥12		—	—
4	CTB650	Ⅲ	≥650	A_{100}≥4		≤5	≤8

注：1. d 为冷轧扭钢筋标志直径；

2. A、$A_{11.3}$ 分别表示以标距 5.65$\sqrt{S_0}$ 或 11.3$\sqrt{S_0}$（S_0 为试样原始截面面积）的试样拉断伸长率，A_{100} 表示标距为 100mm 的试样拉断伸长率；

3. σ_{con} 为预应力钢筋张拉控制应力；f_{ptk} 为预应力冷轧扭钢筋抗拉强度标准值。

冷拔螺旋钢筋力学性能 表3-9

序号	级别代号	屈服强度 $\sigma_{0.2}$ (N/mm²) 不小于	抗拉强度 σ_b (N/mm²) 不小于	伸长率不小于（%）		冷弯180°		应力松弛 $\sigma_{con}=0.7\sigma_b$	
				δ_{10}	δ_{100}	D=弯心直径		1000h 不大于（%）	10h 不大于（%）
1	LX550	500	550	8	—	$D=3d$	受弯曲部位表面不得产生裂缝	—	
2	LX650	520	650	—	4	$D=4d$		8	5
3	LX800	540	800	—	4	$D=5d$		8	5

注：1. 抗拉强度值应按公称直径 d 计算；

2. 伸长率测量标距 δ_{10} 为10d；δ_{100} 为100mm；

3. 对成盘供应的 LX650 和 LX800 及钢筋，经调直后的抗拉强度仍符合表中规定。

冷拔低碳钢丝的力学性能 表3-10

序号	级别	公称直径 d （mm）	抗拉强度 R (N/mm²) 不小于	断后伸长率 A_{100}（%）不小于	反复弯曲次数 /（次/180°）不小于
1	甲级	5.0	650	3.0	4
			600		
2		4.0	700	2.5	
			650		
3	乙级	3.0、4.0、5.0、6.0	550	2.0	

注：甲级冷拔低碳钢丝作预应力筋用时，如经机械调直则抗拉强度标准值应降低50N/mm²。

锚固钢筋的外形系数 表3-11

序号	钢筋类型	光面钢筋	带肋钢筋	螺旋肋钢筋	三股钢绞线	七股钢绞线
1	α	0.16	0.14	0.13	0.16	0.17

保护层厚度较大时的锚固长度修正系数 ζ_a 表3-12

序号	保护层厚度	不小于 3d	不小于 5d
1	侧边、角部	0.8	0.7

钢 筋 弯 芯 直 径 表3-13

序号	牌 号	公称直径 d （mm）	弯芯直径
1	HPB235 HPB300	6～22	d
2	HRB335 HRB335E HRBF335E	6～25	3d
		28～40	4d
		>40～50	5d
3	HRB400 HRB400E HRBF400 HRBF400E	6～25	4d
		28～40	5d
		>40～50	6d

序号	牌　号	公称直径 d（mm）	弯芯直径
4	HRB500 HRB500E HRBF500 HRBF500E	6～25	$6d$
		28～40	$7d$
		>40～50	$8d$

注：d 为钢筋直径。

冷轧带肋钢筋反复弯曲试验的弯曲半径（mm）　　　　表 3-14

序号	钢筋公称直径	4	5	6
1	弯曲半径	10	15	15

受拉钢筋的抗震锚固长度修正系数　　　　表 3-15

序号	抗震等级	一、二级	三级	四级
1	ζ_{aE}	1.15	1.05	1.0

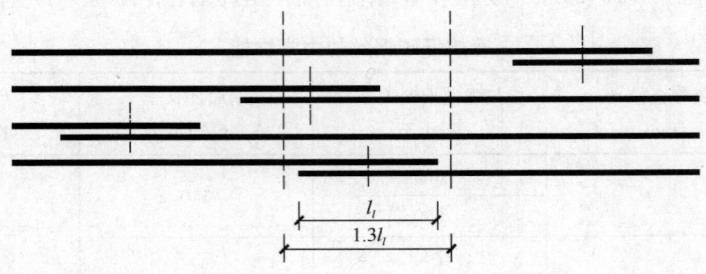

图 3-1　非抗震同一连接区段内纵向受拉钢筋的绑扎搭接接头

注：图中所示同一连接区段内的搭接接头钢筋为两根，当钢筋直径相同时，钢
　　筋搭接接头面积百分率为 50%

纵向受拉钢筋搭接长度修正系数　　　　表 3-16

序号	纵向搭接钢筋接头面积百分率（%）	≤25	50	100
1	ζ_l	1.2	1.4	1.6

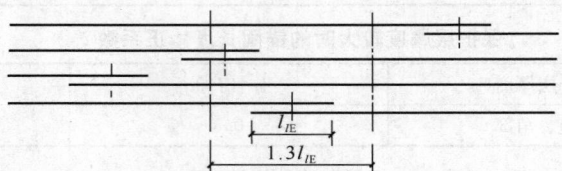

图 3-2　抗震同一连接区段内纵向受拉钢筋的绑扎搭连接头

注：图中所示同一连接区段内的搭接接头钢筋为两根，当钢筋直径相同时，钢筋搭接接头面
　　积百分率为 50%

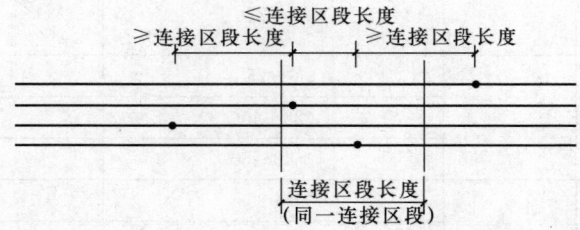

图 3-3　同一连接区段内纵向受拉钢筋机械连接、焊接接头

连接区段长度：机械连接为 $35d$；焊接为 $35d$ 且≥500mm

3.1.3　钢筋现场存放与保护

钢筋现场存放与保护如表 3-17 所示。

钢筋现场存放与保护　　　　　　　　　　　　　　　　　　　　　表 3-17

序号	项　目	内　容
1	施工中	(1) 施工过程中应采取防止钢筋混淆、锈蚀或损伤的措施 (2) 施工中发现钢筋脆断、焊接性能不良或力学性能显著不正常等现象时，应停止使用该批钢筋，并应对该批钢筋进行化学成分检验或其他专项检验
2	其他要求	(1) 施工现场的钢筋原材料及半成品存放及加工场地应采用混凝土硬化，且排水效果良好、对非硬化的地面，钢筋原材料及半成品应架空放置 (2) 钢筋在运输和存放时，不得损坏包装和标志，并应按牌号、规格、炉批分别堆放整齐，避免锈蚀或油污 (3) 钢筋存放时，应挂牌标识钢筋的级别、品种、状态，加工好的半成品还应标识出使用的部位 (4) 钢筋轻微的浮锈可以在除锈后使用。但锈蚀严重的钢筋，应在除锈后，根据锈蚀情况，降规格使用 (5) 冷加工钢筋应及时使用，不能及时使用的应做好防潮和防腐保护 (6) 当钢筋在加工过程中出现脆裂、裂纹、剥皮等现象，或施工过程中出现焊接性能不良或力学性能显著不正常等现象时，应停止使用该批钢筋，并重新对该批钢筋的质量进行检测、鉴定

3.2　钢　筋　计　算　标　准

3.2.1　钢筋混凝土结构的钢筋选用规定

钢筋混凝土结构的钢筋选用规定如表 3-18 所示。

钢筋混凝土结构的钢筋选用规定　　　　　　　　　　　　　　　表 3-18

序号	项　目	内　容
1	钢筋的选用规定	钢筋混凝土结构的钢筋应按下列规定选用： (1) 纵向受力普通钢筋可采用 HRB400、HRB500、HRBF400、HRBF500、HRB335、RRB400、HPB300 钢筋；梁、柱和斜撑构件的纵向受力普通钢筋宜采用 HRB400、HRB500、HRBF400、HRBF500 钢筋 (2) 箍筋宜采用 HRB400、HRBF400、HRB335、HPB300、HRB500、HRBF500 钢筋
2	各种牌号钢筋的选用原则	根据钢筋产品标准的修改，不再限制钢筋材料的化学成分和制作工艺，而按性能确定钢筋的牌号和强度级别，并以相应的符号表达 根据"四节一环保"的要求，提倡应用高强、高性能钢筋。根据混凝土构件对受力的性能要求，规定了各种牌号钢筋的选用原则： (1) 增加强度为 $500N/mm^2$ 级的热轧带肋钢筋；推广 $400N/mm^2$、$500N/mm^2$ 级高强热轧带肋钢筋作为纵向受力的主导钢筋；限制并准备逐步淘汰 $335N/mm^2$ 级热轧带肋钢筋的应用；用 $300N/mm^2$ 级光圆钢筋取代 $235N/mm^2$ 级光圆钢筋。在规定的过渡期及对既有结构进行设计时，$235N/mm^2$ 光圆钢筋的设计值仍按原规定取值 (2) 推广具有较好的延性、可焊性、机械连接性能及施工适应性的 HRB 系列普通热轧带肋钢筋。列入采用控温轧制工艺生产的 HRBF 系列细晶粒带肋钢筋

序号	项　目	内　　容
2	各种牌号钢筋的选用原则	（3）RRB 系列余热处理钢筋由轧制钢筋经高温淬水，余热处理后提高强度。其延性、可焊性、机械连接性能及施工适应性降低，一般可用于对变形性能及加工性能要求不高的构件中，如基础、大体积混凝土、楼板、墙体以及次要的中小结构构件等 （4）箍筋用于抗剪、抗扭及抗冲切设计时，其抗拉强度设计值受到限制，不宜采用强度高于 400N/mm² 的钢筋。当用于约束混凝土的间接配筋（如连续螺旋配箍或封闭焊接箍）时，其高强度可以得到充分发挥，采用 500N/mm² 钢筋具有一定的经济效益

3.2.2　普通钢筋强度标准值

钢筋的强度标准值应具有不小于 95% 的保证率。

普通钢筋的屈服强度标准值 f_{yk}、极限强度标准值 f_{stk} 应按表 3-19 采用。预应力钢丝、钢绞线和预应力螺纹钢筋的屈服强度标准值 f_{pyk}、极限强度标准值 f_{ptk} 应按表 3-20 采用。

普通钢筋强度标准值（N/mm²）　　　　表 3-19

序号	牌号	符号	公称直径 d（mm）	屈服强度标准值 f_{yk}	极限强度标准值 f_{stk}
1	HPB300	Φ	6～14	300	420
2	HRB335	Φ	6～14	335	455
3	HRB400	Φ	6～50	400	540
4	HRBF400	ΦF			
5	RRB400	ΦR			
6	HRB500	Φ	6～50	500	630
7	HRBF500	ΦF			

预应力筋强度标准值（N/mm²）　　　　表 3-20

序号	种　　类		符号	公称直径 d（mm）	屈服强度标准值 f_{pyk}	极限强度标准值 f_{ptk}
1	中强度预应力钢丝	光面螺旋肋	ΦPM ΦHM	5、7、9	620	800
2					780	970
3					980	1270
4	预应力螺纹钢筋	螺纹	ΦT	18、25、32、40、50	785	980
5					930	1080
6					1080	1230
7	消除应力钢丝	光面	ΦP	5	—	1570
8					—	1860
9		螺旋肋	ΦH	7	—	1570
10					—	1470
11				9	—	1570

序号	种 类		符号	公称直径 d（mm）	屈服强度标准值 f_{pyk}	极限强度标准值 f_{ptk}
12	钢绞线	1×3（三股）	ϕ^S	8.6、10.8、12.9	—	1570
13					—	1860
14					—	1960
15		1×7（七股）		9.5、12.7、15.2、17.8	—	1720
16					—	1860
17					—	1960
18				21.6	—	1860

注：极限强度标准值为 1960N/mm² 的钢绞线做后张预应力配筋时，应有可靠的工程经验。

3.2.3 钢筋强度设计值

普通钢筋的抗拉强度设计值 f_y、抗压强度设计值 f'_y 应按表 3-21 采用。预应力筋的抗拉强度设计值 f_{py}、抗压强度设计值 f'_{py} 应按表 3-22 采用。

当构件中配有不同种类的钢筋时，每种钢筋应采用各自的强度设计值。因为尽管强度不同，但极限状态下按各种钢筋强度设计值进行计算。

对轴心受压构件，当采用 HRB500、HRBF500 钢筋时，钢筋的抗压强度设计值 f'_y 应取 400N/mm²。横向钢筋的抗拉强度设计值 f_{yv} 应按表中 f_y 的数值采用：当用作受剪、受扭、受冲切承载力计算时，其数值大于 360N/mm² 时应取 360N/mm²；但用作围箍约束混凝土的间接配筋时，其强度设计值不受此限。

普通钢筋强度设计值（N/mm²）　　　　　　　表 3-21

序号	牌 号	抗拉强度设计值 f_y	抗压强度设计值 f'_y
1	HPB300	270	270
2	HRB335	300	300
3	HRB400、HRBF400、RRB400	360	360
4	HRB500、HRBF500	435	435

预应力筋强度设计值（N/mm²）　　　　　　　表 3-22

序号	种 类	极限强度标准值 f_{ptk}	抗拉强度设计值 f_{py}	抗压强度设计值 f'_{py}
1	中强度预应力钢丝	800	510	410
2		970	650	
3		1270	810	
4	消除应力钢丝	1470	1040	410
5		1570	1110	
6		1860	1320	
7	钢绞线	1570	1110	390
8		1720	1220	
9		1860	1320	
10		1960	1390	
11	预应力螺纹钢筋	980	650	410
12		1080	770	
13		1230	900	

注：当预应力筋的强度标准值不符合表 3-22 的规定时，其强度设计值应进行相应的比例换算。

3.2.4 钢筋的弹性模量及其他计算标准

(1) 普通钢筋和预应力钢筋的弹性模量 E_s 应按表 3-23 采用。

钢筋的弹性模量（$\times 10^5 \mathrm{N/mm^2}$）　　　　　　　　　表 3-23

序号	牌号或种类	弹性模量 E_s
1	HPB300	2.10
2	HRB335、HRB400、HRB500	2.00
3	HRBF400、HRBF500	
4	RRB400	
5	预应力螺纹钢筋	
6	消除应力钢丝、中强度预应力钢丝	2.05
7	钢绞线	1.95

注：必要时可采用实测的弹性模量。

(2) 普通钢筋及预应力筋在最大力下的总伸长率 δ_{gt} 不应小于表 3-24 规定的数值。

普通钢筋在最大力下的总伸长率限值　　　　　　　表 3-24

序号	钢筋品种	普通钢筋			预应力筋
		HPB300	HRB335、HRB400、HRBF400、HRB500、HRBF500	RRB400	
1	δ_{gt}（%）	10.0	7.5	5.0	3.5

(3) 普通钢筋和预应力筋的疲劳应力幅限值 Δf_y^f 和 Δf_{py}^f 应根据钢筋疲劳应力比值 ρ_s^f、ρ_p^f，分别按表 3-25、表 3-26 线性内插法取值。

普通钢筋疲劳应力幅限值（N/mm²）　　　　　　表 3-25

序号	疲劳应力比值 ρ_s^f	疲劳应力幅限值 Δf_y^f	
		HRB335	HRB400
1	0	175	175
2	0.1	162	162
3	0.2	154	156
4	0.3	144	149
5	0.4	131	137
6	0.5	115	123
7	0.6	97	106
8	0.7	77	85
9	0.8	54	60
10	0.9	28	31

注：当纵向受拉钢筋采用闪光接触对焊连接时，其接头处的钢筋疲劳应力幅限值应按表中数值乘以 0.8 取用。

预应力筋疲劳应力幅限值（N/mm²）　　　　　　表 3-26

序号	疲劳应力比值 ρ_p^f	钢绞线 $f_{ptk}=1570$	消除应力钢丝 $f_{ptk}=1570$
1	0.7	144	240
2	0.8	118	168
3	0.9	70	88

注：1. 当 ρ_{sv}^f 不小于 0.9 时，可不作预应力筋疲劳验算；

2. 当有充分依据时，可对表中规定的疲劳应力幅限值作适当调整。

普通钢筋疲劳应力比值 ρ_s^f 应按下列公式计算：

$$\rho_s^f = \frac{\sigma_{s,min}^f}{\sigma_{s,max}^f}$$

(3-8)

式中 $\sigma_{s,min}^f$、$\sigma_{s,max}^f$——构件疲劳验算时，同一层钢筋的最小应力、最大应力。

预应力筋疲劳应力比值 ρ_p^f 应按下列公式计算：

$$\rho_p^f = \frac{\sigma_{p,min}^f}{\sigma_{p,max}^f}$$

(3-9)

式中 $\sigma_{p,min}^f$、$\sigma_{p,max}^f$——构件疲劳验算时，同一层钢筋的最小应力、最大应力。

3.2.5 并筋的配置形式及钢筋代换

并筋的配置形式及钢筋代换如表 3-27 所示。

并筋的配置形式及钢筋代换 　　　　　　　　　　　　　　　表 3-27

序号	项　目	内　容
1	并筋的配置形式	构件中的钢筋可采用并筋（钢筋束）的配置形式。直径 28mm 及以下的钢筋并筋数量不应超过 3 根；直径 32mm 的钢筋并筋数量宜为 2 根；直径 36mm 及以上的钢筋不应采用并筋。并筋应按单根等效钢筋进行计算，等效钢筋的等效直径应按截面面积相等的原则换算确定 相同直径的二并筋等效直径可取为 1.41 倍单根钢筋直径；三并筋等效直径可取为 1.73 倍单根钢筋直径。二并筋可按纵向（表 3-28 附图 a）或横向（表 3-28 附图 b）的方式布置；三并筋宜按品字形布置，并均按并筋的重心作为等效钢筋的重心
2	钢筋代换	当进行钢筋代换时，除应符合设计要求的构件承载力、最大力下的总伸长率、裂缝宽度验算以及抗震规定以外，尚应满足最小配筋率、钢筋间距、保护层厚度、钢筋锚固长度、接头面积百分率及搭接长度等构造要求
3	钢筋焊接网片或钢筋骨架配筋时	当构件中采用预制的钢筋焊接网片或钢筋骨架配筋时，应符合国家现行有关标准的规定

梁并筋等效直径、最小净距 　　　　　　　　　　　　　　　表 3-28

序号	单筋直径 d（mm）	25	28	32	附　图
1	并筋根数	2	2	2	
2	等效直径 d_{eq}（mm）	35	39	45	
3	层净距 S_1（mm）	35	39	45	
4	上部钢筋净距 S_2（mm）	53	59	68	
5	下部钢筋净距 S_3（mm）	35	39	45	

3.3 钢 筋 配 料

3.3.1 简述

钢筋配料简述如表 3-29 所示。

简　述　　　　　　　　　　　　　表 3-29

序号	项　目	内　容
1	深化设计	钢筋配料是现场钢筋的深化设计，即根据结构配筋图，先绘出各种形状和规格的单根钢筋简图并加以编号，然后分别计算钢筋下料长度和根数，填写配料单
2	优化配料	钢筋配料时应优化配料方案。钢筋配料优化可采用编程法和非编程法，编程法钢筋配料优化是运用计算机编程软件，通过编制钢筋优化配料程序，寻找用量最省的下料方法，快速而准确地提供钢筋利用率最佳的优化下料方案，并以表格、文字形式输出，供钢筋加工时使用；非编程法钢筋配料优化是通过电子表格软件（如 Excel）中构造钢筋截断方案，进行配料优化计算，选择较优化的下料方案，并以表格、文字形式输出，供钢筋加工时使用
3	钢筋头充分利用	钢筋配料剩下的钢筋头应充分利用，可通过机械连接或焊接、加工等工艺手段，提高钢筋利用率，节约资源

3.3.2 钢筋下料长度计算

钢筋下料长度计算如表 3-30 所示。

钢筋下料长度计算　　　　　　　　　　　表 3-30

序号	项　目	内　容
1	说明	钢筋因弯曲或弯钩会使其长度变化，在配料中不能直接根据图纸中尺寸下料；必须了解混凝土保护层、钢筋弯曲、弯钩等规定，再根据图中尺寸计算其下料长度
2	钢筋下料长度计算	各种钢筋下料长度计算如下： 直钢筋下料长度＝构件长度－保护层厚度＋弯钩增加长度 弯起钢筋下料长度＝直段长度＋斜段长度－弯曲调整值＋弯钩增加长度 箍筋下料长度＝箍筋周长＋箍筋调整值 上述钢筋如需搭接，应增加钢筋搭接长度
3	弯曲调整值	（1）钢筋弯曲后的特点：一是沿钢筋轴线方向会产生变形，主要表现为长度的增加或减小，即以轴线为界，往外凸的部分（钢筋外皮）受拉伸而长度增加，而往里凹的部分（钢筋内皮）受压缩而长度减小；二是弯曲处形成圆弧（如图 3-4）。而钢筋的量度方法一般沿直线量外包尺寸（如图 3-5），因此，弯曲钢筋的量度尺寸大于下料尺寸，而两者之间的差值称为弯曲调整值 （2）对钢筋进行弯折时，图 3-5 中用 D 表示弯折处圆弧所属圆的直径，通常称为"弯弧内直径"。钢筋弯曲调整值与钢筋弯弧内直径和钢筋直径有关 （3）光圆钢筋末端应做 $180°$ 弯钩，其弯弧内直径不应小于钢筋直径的 2.5 倍；当设计要求钢筋末端需做 $135°$ 弯钩时，HRB335、HRB400、HRB500 级钢筋的弯弧内直径不应小于钢筋直径的 4 倍；钢筋作不大于 $90°$ 弯折时，弯折处的弯弧内直径不应小于钢筋直径的 5 倍。据理论推算并结合实践经验，钢筋弯曲调整值列于表 3-31 所示 （4）对于弯起钢筋，中间部位弯折处的弯曲直径 D 不应小于 $5d$。按弯弧内直径 $D＝5d$ 推算，并结合实践经验，可得常见弯起钢筋的弯曲调整值如表 3-32 所示

序号	项　目	内　　容
4	弯钩增加长度	钢筋的弯钩形式有三种：半圆弯钩、直弯钩及斜弯钩（图 3-6）。半圆弯钩是最常用的一种弯钩。直弯钩一般用在柱钢筋的下部、板面负弯矩筋、箍筋和附加钢筋中。斜弯钩只用在直径较小的钢筋中 　　光圆钢筋的弯钩增加长度，按图 3-6 所示的简图（弯弧内直径为 2.5d、平直部分为 3d）计算：对半圆弯钩为 6.25d，对直弯钩为 3.5d，对斜弯钩为 4.9d 　　在生产实践中，由于实际弯内直径与理论弯弧内直径有时不一致，钢筋粗细和机具条件不同等而影响平直部分的长短（手工弯钩时平直部分可适当加长，机械弯钩时可适当缩短），因此在实际配料计算时，对弯钩增加长度常根据具体条件，采用经验数据，如表 3-33 所示
5	弯起钢筋斜长	弯起钢筋斜长计算简图，如图 3-7 所示。弯起钢筋斜长系数如表 3-34 所示
6	箍筋下料长度	箍筋的量度方法有"量外包尺寸"和"量内皮尺寸"两种。箍筋尺寸的特点是一般以量内皮尺寸计值，并且采用与其他钢筋不同的弯钩大小 （1）箍筋形式 　　一般情况下，箍筋做成"闭式"，即四面都为封闭。箍筋的末端一般有半圆弯钩、直弯钩、斜弯钩三种。用热轧光圆钢筋或冷拔低碳钢丝制作的箍筋，其弯钩的弯曲直径应大于受力钢筋直径，且不小于箍筋直径的 2.5 倍；弯钩平直部分的长度；对一般结构，不宜小于箍筋直径的 5 倍，对有抗震要求的结构，不应小于箍筋直径的 10 倍和 75mm （2）箍筋下料长度 　　按量内皮尺寸计算，并结合实践经验，常见的箍筋下料长度如表 3-35 所示

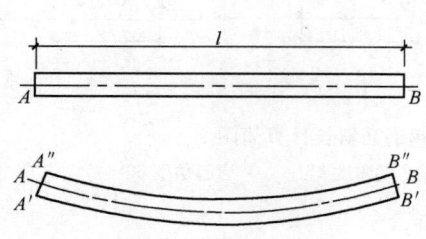 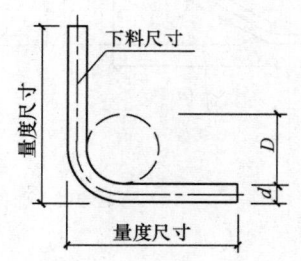

图 3-4　钢筋弯曲变形示意图　　　　图 3-5　钢筋弯曲时的量度方法
$A'B' \geqslant AB \geqslant A''B''$

钢筋弯曲调整值　　　　　　　　　　　　　　　　　　　表 3-31

序号	钢筋弯曲角度	30°	45°	60°	90°	135°
1	光圆钢筋弯曲调整值	0.3d	0.54d	0.9d	1.75d	0.38d
2	热轧带肋钢筋调整值	0.3d	0.54d	0.9d	2.08d	0.11d

注：d 为钢筋直径。

常见弯起钢筋的弯曲调整值 表 3-32

序号	弯起角度	30°	45°	60°
1	弯曲调整值	0.34 d	0.67d	1.22d

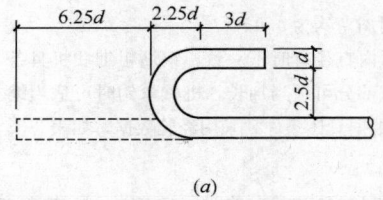 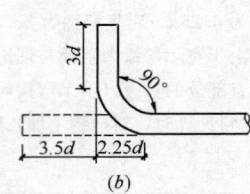 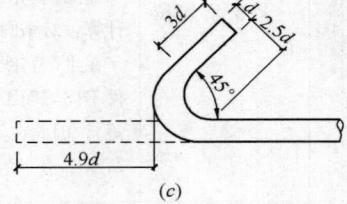

图 3-6 钢筋弯钩计算简图

（a）半圆弯钩；（b）直弯钩；（c）斜弯钩

半圆弯钩增加长度参考表 （用机械弯） 表 3-33

序号	钢筋直径（mm）	≤6	8～10	12～18	20～28	32～36
1	一个弯钩长度（mm）	40	6d	5.5d	5d	4.5d

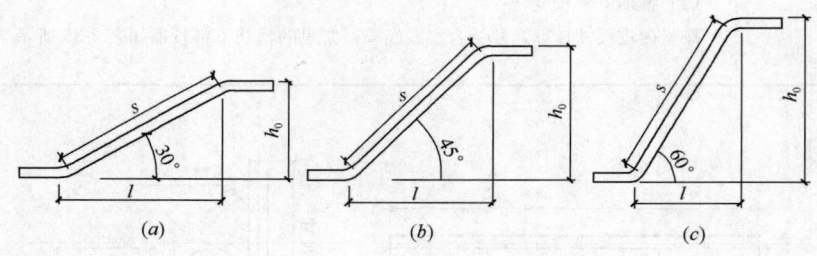

图 3-7 弯起钢筋斜长计算简图

（a）弯起角度 30°；（b）弯起角度 45°；（c）弯起角度 60°

弯起钢筋斜长系数 表 3-34

序号	弯起角度	$\alpha = 30°$	$\alpha = 45°$	$\alpha = 60°$
1	斜边长度 s	$2h_0$	$1.41h_0$	$1.15h_0$
2	底边长度 l	$1.732h_0$	h_0	$0.575h_0$
3	增加长度 s-l	$0.268h_0$	$0.41h_0$	$0.575h_0$

注：h_0 为弯起高度。

箍 筋 下 料 长 度　　　　　　　　　　表 3-35

序号	式　　样	钢筋种类	下料长度
1		光圆钢筋	$2a+2b+16.5d$
		热轧带肋钢筋	$2a+2b+17.5d$
2		光圆钢筋 热轧带肋钢筋	$2a+2b+14d$
3		光圆钢筋	有抗震要求：$2a+2b+27d$ 无抗震要求：$2a+2b+17d$
		热轧带肋钢筋	有抗震要求：$2a+2b+28d$ 无抗震要求：$2a+2b+18d$

3.3.3　钢筋长度计算中的特殊问题

钢筋长度计算中的特殊问题如表 3-36 所示。

钢筋长度计算中的特殊问题　　　　　　　　　　表 3-36

序号	项　　目	内　　容
1	特殊情况钢筋长度计算	（1）变截面构件箍筋 根据比例原理，每根箍筋的长短差数 Δ，可按公式（3-10）计算（图 3-8）： $$\Delta = \frac{l_c - l_d}{n-1} \qquad (3\text{-}10)$$ 式中　l_c——箍筋的最大高度； 　　　l_d——箍筋的最小高度； 　　　n——箍筋个数，等于 $s/a+1$（s/a 不一定是整数，但 n 应为整数，所以，s/a 要从带小数的数进为整数）； 　　　s——最长箍筋和最短箍筋之间的总距离； 　　　a——箍筋间距 （2）圆形构件钢筋 在平面为圆形的构件中，配筋形式有两种：按弦长布置、按圆形布置 1）按弦长布置。先根据下列公式算出钢筋所在处弦长，再减去两端保护层厚度，得出钢筋长度 当配筋为单数间距时（图 3-9a）： $$l_i = a\sqrt{(n+1)^2-(2i-1)^2} \qquad (3\text{-}11)$$

序号	项　目	内　　容
1	特殊情况钢筋长度计算	当配筋为双数间距时（图 3-9b）： $$l_i = a \sqrt{(n+1)^2 - (2i)^2} \tag{3-12}$$ 式中　l_i——第 i 根（从圆心向两边计数）钢筋所在的弦长； 　　　a——钢筋间距； 　　　n——钢筋根数，等于 $D/a-1$（D——圆直径）； 　　　i——从圆心向两边计数的序号数 2）按圆形布置 一般可用比例方法先求出每根钢筋的圆直径，再乘圆周率算得钢筋长度（图 3-10） （3）曲线构件钢筋 1）曲线钢筋长度，根据曲线形状不同，可分别采用下列方法计算： 圆曲线钢筋的长度，可用圆心角 θ 与圆半径 R 直接算出 抛物线钢筋的长度 L 可按公式（3-13）计算（图 3-11） $$L = \left(1 + \frac{8h^2}{3l^2}\right)l \tag{3-13}$$ 式中　l——抛物线的水平投影长度； 　　　h——抛物线的矢高 其他曲线状钢筋的长度，可用渐近法计算，即分段按直线计，然后总加 图 3-12 所示的曲线构件，设曲线方程式 $y=f(x)$，沿水平方向分段，每段长度为 l（一般取为 0.5m），求已知 x 值时的相应 y 值，然后计算每段长度。例如，第三段长度为 $\sqrt{(y_3 - y_2)^2 + l^2}$ 2）曲线构件箍筋高度，可根据已知曲线方程式求解。其法是先根据箍筋的间距确定 x 值，代入曲线方程求 y 值，然后计算该处的梁高 $h = H-y$，在扣除上下保护层厚度，即得箍筋高度 （4）螺旋箍筋长度 在圆形截面的构件（如桩、柱等）中，经常配置螺旋状箍筋，这种箍筋绕着主筋圆表面缠绕，如图 3-13 所示 用 p、D 分别表示螺旋箍筋的螺距、圆直径，则下料长度（以每米长的钢筋骨架计）按公式（3-14）计算： $$l = \frac{2\pi a}{p}\left(1 - \frac{t}{4} - \frac{3}{64}t^2\right) \tag{3-14}$$ 其中　l——每米长钢筋骨架所缠绕的螺旋箍筋长度（m）； 　　　p——螺距（mm）； 　　　a——按下式取用（mm） $$a = \frac{1}{4}\sqrt{p^2 + 4D^2} \tag{3-15}$$ 　　　D——螺旋箍筋的圆直径（取箍筋中心距）（mm） 　　　t——按公式（3-16）取用： $$t = \frac{4a^2 - D^2}{4a^2} \tag{3-16}$$ 　　　π——圆周率 考虑在钢筋施工过程中对螺旋箍筋下料长度并不要求过高（一般是用盘条状钢筋直接放盘卷成），而且还受到某些具体因素的影响（例如钢筋回弹力大小、钢筋接头的多少等），使计算结果与实际产生人为的误差，因此，过分强调计算精确度也并不具有实际意义，所

序号	项　目	内　容
1	特殊情况钢筋长度计算	以在实际施工中，也可以套用机械工程中计算螺杆行程的公式计算螺旋箍筋的长度，见下述公式（3-17）为 $$l = \frac{1}{p}\sqrt{(\pi D)^2 + p^2} \qquad (3\text{-}17)$$ 式中　$1/p$——每 1m 长钢筋骨架缠多少圈箍筋；将螺旋线展开成一直角三角形，其高为螺距 p，底宽为展开的圆周长，便得等号右边的第二个因式 　　对一些外形比较复杂的构件，用数学方法计算钢筋长度有困难时，也可利用 CAD 软件进行电脑放样的办法求钢筋长度
2	其他	（1）配料计算的注意事项 1）在设计图纸中，钢筋配置的细节问题没有注明时，一般可按构造要求处理 2）配料计算时，应考虑钢筋的形状和尺寸在满足设计要求的前提下有利于加工安装 3）配料时，还要考虑施工需要的附加钢筋。例如，基础双层钢筋网中保证上层钢筋网位置用的钢筋撑脚，墙板双层钢筋网中固定钢筋间距用的钢筋撑铁，柱钢筋骨架增加四面斜筋撑，后张预应力构件固定预留孔道位置的定位钢筋等 （2）配料单与料牌 钢筋配料计算完毕，填写配料单 列入加工计划的配料单，将每一编号的钢筋制作一块料牌，作为钢筋加工的依据与钢筋安装的标志 钢筋配料单和料牌，应严格校核，必须准确无误，以免返工浪费

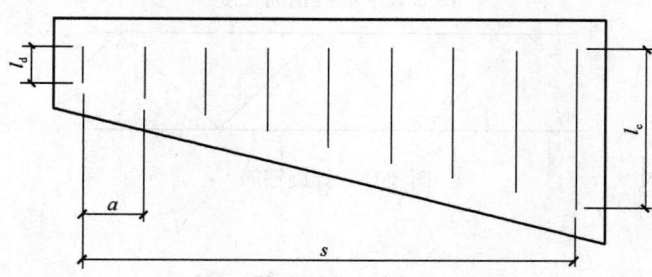

图 3-8　变截面构件箍筋

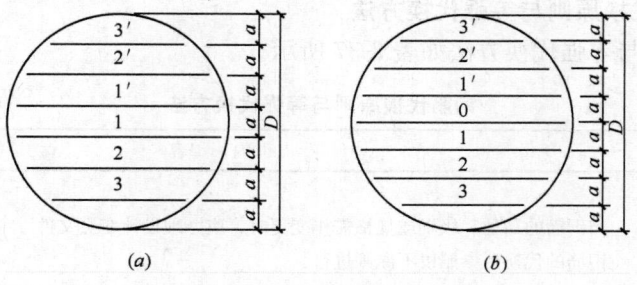

图 3-9　圆形构件钢筋（按弦长布置）

(a) 单数间距；(b) 双数间距

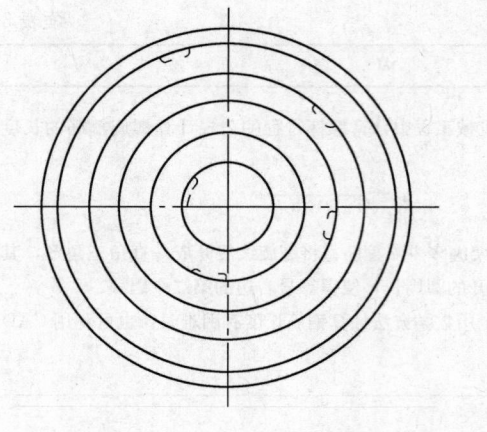

图 3-10 圆形构件钢筋（按圆形布置）

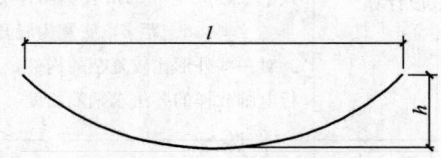

图 3-11 抛物线钢筋长度

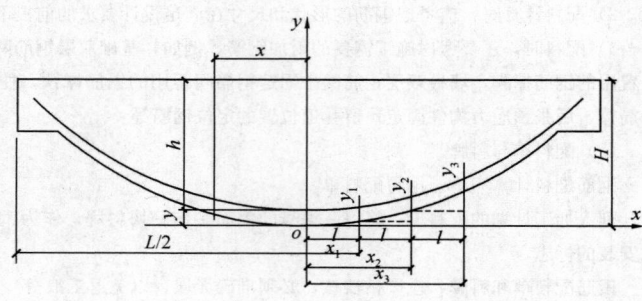

图 3-12 曲线钢筋长度

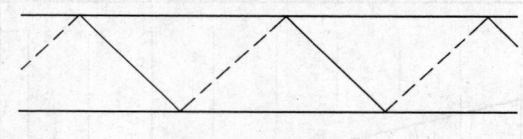

图 3-13 螺旋箍筋

3.4 钢 筋 代 换

3.4.1 钢筋代换原则与等强代换方法

钢筋代换原则与等强代换方法如表 3-37 所示。

钢筋代换原则与等强代换方法   表 3-37

序号	项　　目	内　　容
1	钢筋代换原则	当钢筋的品种、级别或规格需作变更时，应办理设计变更文件 钢筋的代换可参照以下原则进行： （1）等强度代换：当构件受强度控制时，钢筋可按强度相等的原则进行代换 （2）等面积代换：当构件按最小配筋率配筋时，钢筋可按面积相等的原则进行代换 （3）当构件受裂缝宽度或挠度控制时，代换后应进行裂缝宽度或挠度验算

序号	项　　目	内　　容
2	钢筋等强代换方法	建立钢筋代换公式的依据为：代换后的钢筋强度≥代换前的钢筋强度，按公式（3-18）、公式（3-19）、公式（3-20）计算： $$A_{S2}\,f_{y2}\,n_2 \geqslant A_{S1}\,f_{y1}\,n_1 \tag{3-18}$$ $$n_2 \geqslant A_{S1}\,f_{y1}\,n_1 / A_{S2}\,f_{y2} \tag{3-19}$$ 即： $$n_2 \geqslant \frac{n_1 d_1^2 f_{y1}}{d_2^2 f_{y2}} \tag{3-20}$$ 式中　A_{S2}——代换钢筋的计算面积； 　　　A_{S1}——原设计钢筋的计算面积； 　　　n_2——代换钢筋根数； 　　　n_1——原设计钢筋根数； 　　　d_2——代换钢筋直径； 　　　d_1——原设计钢筋直径； 　　　f_{y2}——代换钢筋抗拉强度设计值，如本书表 3-21 所示； 　　　f_{y1}——原设计钢筋抗拉强度设计值，如本书表 3-21 所示 公式（3-20）有两种特例： （1）当代换前后钢筋牌号相同，即 $f_{y1}=f_{y2}$，而直径不同时，简化为公式（3-21）： $$n_2 \geqslant n_1 \frac{d_1^2}{d_2^2} \tag{3-21}$$ （2）当代换前后钢筋直径相同，即 $d_1=d_2$，而牌号不同时，简化为公式（3-22）： $$n_2 \geqslant n_1 \frac{f_{y1}}{f_{y2}} \tag{3-22}$$
3	构件截面的有效高度影响	对于受弯构件，钢筋代换后，有时由于受力钢筋直径加大或钢筋根数增多，而需要增加排数，则构件的有效高度 h_0 减小，使截面强度降低。通常对这种影响可凭经验适当增加钢筋面积，然后再作截面强度复核 对矩形截面的受弯构件，可根据弯矩相等，按公式（3-23）复核截面强度： $$N_2 \left(h_{02} - \frac{N_2}{2f_c b} \right) \geqslant N_1 \left(h_{01} - \frac{N_1}{2f_c b} \right) \tag{3-23}$$ 式中　N_1——原设计的钢筋拉力（N），即 $N_1 = A_{s1}\,f_{y1}$； 　　　N_2——代换钢筋拉力（N），即 $N_2 = A_{s2}\,f_{y2}$； 　　　h_{01}——代换前构件有效高度（mm），即原设计钢筋的合力点至构件截面受压边缘的距离； 　　　h_{02}——代换后构件有效高度（mm），即代换钢筋的合力点至构件截面受压边缘的距离； 　　　f_c——混凝土的抗压强度设计值（N/mm²），对 C20 混凝土为 9.6N/mm²，对 C25 混凝土为 11.9N/mm²，对 C30 混凝土为 14.3N/mm²； 　　　b——构件截面宽度（mm）

3.4.2 钢筋代换注意事项

钢筋代换注意事项如表 3-38 所示。

钢筋代换注意事项 表 3-38

序号	项 目	内 容
1	了解设计意图	钢筋代换时，要充分了解设计意图、构件特征和代换材料性能，并严格遵守现行混凝土结构设计规范的各项规定；凡重要结构中的钢筋代换，应征得设计单位同意
2	代换注意事项	(1) 代换后，仍能满足各类极限状态的有关计算要求及必要的配筋构造规定（如受力钢筋和箍筋的最小直径、间距、锚固长度、配筋百分率以及混凝土保护层厚度等）；在一般情况下代换钢筋还必须满足截面对称的要求 (2) 对抗裂要求高的构件（如吊车梁、薄腹梁、屋架下弦等），不得用光圆钢筋代替 HRB335、HRB400、HRB500 带肋钢筋，以免降低抗裂度 (3) 梁内纵向受力钢筋与弯起钢筋应分别进行代换，以保证正截面与斜截面强度 (4) 偏心受压构件或偏心受拉构件（如框架柱、受力吊车荷载的柱、屋架上弦等）钢筋代换时，应按受力状态和构造要求分别代换 (5) 吊车梁等承受反复荷载作用的构件，应在钢筋代换后进行疲劳验算 (6) 当构件受裂缝宽度控制时，代换后应进行裂缝宽度验算。如代换后裂缝宽度有一定增大（但不超过允许的最大裂缝宽度，被认为代换有效），还应对构件作挠度验算 (7) 当构件受裂缝宽度控制时，如以小直径钢筋代换大直径钢筋，强度等级低的钢筋代替强度等级高的钢筋，则可不作裂缝宽度验算 (8) 同一截面内配置不同种类和直径的钢筋代换时，每根钢筋拉力差不宜过大（同品种钢筋直径差一般不大于 5mm），以免构件受力不匀 (9) 进行钢筋代换的效果，除应考虑代换后仍能满足结构各项技术性要求之外，同时还要保证用料的经济性和加工操作的要求 (10) 对有抗震要求的框架，不宜以强度等级较高的钢筋代替原设计中的钢筋；当必须代换时，应按钢筋受拉承载力设计值相等的原则进行代换，并应满足正常使用极限状态和抗震构造措施要求 (11) 受力预埋件的钢筋应采用未经冷拉的 HPB300、HRB335、HRB400 级钢筋；预制构件的吊环应采用未经冷拉的 HPB300 级钢筋制作，严禁用其他钢筋代换

3.5 钢 筋 加 工

3.5.1 一般规定及钢筋除锈

一般规定及钢筋除锈如表 3-39 所示。

一般规定及钢筋除锈 表 3-39

序号	项 目	内 容
1	一般规定	(1) 钢筋加工前应将表面清理干净。表面有颗粒状、片状老锈或有损伤的钢筋不得使用 (2) 钢筋加工宜在常温状态下进行，加工过程中不应对钢筋进行加热。钢筋应一次弯折到位 (3) 钢筋宜采用机械设备进行调直，也可采用冷拉方法调直。当采用机械设备调直时，调直设备不应具有延伸功能。当采用冷拉方法调直时，HPB300 光圆钢筋的冷拉率不宜大于 4%；HRB335、HRB400、HRB500、HRBF400、HRBF500 及 RRB400 带肋钢筋的冷拉

序号	项　目	内　容
1	一般规定	率，不宜大于1%。钢筋调直过程中不应损伤带肋钢筋的横肋。调直后的钢筋应平直，不应有局部弯折 （4）钢筋弯折的弯弧内直径应符合下列规定： 1）光圆钢筋，不应小于钢筋直径的2.5倍 2）335N/mm² 级、400N/mm² 级带肋钢筋，不应小于钢筋直径的4倍 3）500N/mm² 级带肋钢筋，当直径为28mm 以下时不应小于钢筋直径的6倍，当直径为28mm 及以上时不应小于钢筋直径的7倍 4）位于框架结构顶层端节点处的梁上部纵向钢筋和柱外侧纵向钢筋，在节点角部弯折处，当钢筋直径为28mm 以下时不宜小于钢筋直径的12倍，当钢筋直径为28mm 及以上时不宜小于钢筋直径的16倍 5）箍筋弯折处尚不应小于纵向受力钢筋直径；箍筋弯折处纵向受力钢筋为搭接钢筋或并筋时，应按钢筋实际排布情况确定箍筋弯弧内直径 （5）纵向受力钢筋的弯折平直段长度应符合设计要求及本书中的有关规定。光圆钢筋末端做180°弯钩时，弯钩的弯折后平直段长度不应小于钢筋直径的3倍 （6）箍筋、拉筋的末端应按设计要求做弯钩，并应符合下列规定： 1）对一般结构构件，箍筋弯钩的弯折角度不应小于90°，弯折后平直段长度不应小于箍筋直径的5倍；对有抗震设防要求或设计有专门要求的结构构件，箍筋弯钩的弯折角度不应小于135°，弯折后平直段长度不应小于箍筋直径的10倍和75mm 两者之中的较大值 2）圆形箍筋的搭接长度不应小于其受拉锚固长度，且两末端均应做不小于135°的弯钩，弯折后平直段长度对一般结构构件不应小于箍筋直径的5倍，对有抗震设防要求的结构构件不应小于箍筋直径的10和75mm 的较大值 3）拉筋用作梁、柱复合箍筋中单肢箍筋或梁腰筋间拉结筋时，两端弯钩的弯折角度均不应小于135°，弯折后平直段长度应符合本条第1）款对箍筋的有关规定；拉筋用作剪力墙、楼板等构件中拉结筋时，两端弯钩可采用一端135°另一端90°，弯折后平直段长度不应小于拉筋直径的5倍 （7）焊接封闭箍筋宜采用闪光对焊，也可采用气压焊或单面搭接焊，并宜采用专用设备进行焊接。焊接封闭箍筋下料长度和端头加工应按焊接工艺确定。焊接封闭箍筋的焊点设置，应符合下列规定： 1）每个箍筋的焊点数量应为1个，焊点宜位于多边形箍筋中的某边中部，且距箍筋弯折处的位置不宜小于100mm 2）矩形柱箍筋焊点宜设在柱短边，等边多边形柱箍筋焊点可设在任一边；不等边多边形柱箍筋焊点应位于不同边上 3）梁箍筋焊点应设置在顶边或底边 （8）当钢筋采用机械锚固措施时，钢筋锚固端的加工应符合国家现行相关标准的规定。采用钢筋锚固板时，应符合现行行业标准《钢筋锚固板应用技术规程》JGJ 256 的有关规定
2	钢筋除锈	（1）钢筋的表面应洁净。油渍、漆污和用锤敲击时能剥落的浮皮，铁锈等应在使用前消除干净。在焊接前，焊点处的水锈应清除干净。钢筋除锈可采用机械除锈和手工除锈两种方法： 1）机械除锈可采用钢筋除锈机或钢筋冷拉、调直过程除锈 对直径较细的盘条钢筋，通过冷拉和调直过程自动去锈；粗钢筋采用圆盘钢丝刷除锈机除锈

序号	项 目	内 容
2	钢筋除锈	除锈机如图 3-14 所示。该机的圆盘钢丝刷有成品供应，其直径为 200～300mm、厚度为 50～100mm、转速一般为 1000r/min，电动机功率为 1.0～1.5kW。为了减少除锈时灰尘飞扬，应装设排尘罩和排尘管道 2）手工除锈可采用钢丝刷、砂盘、喷砂等除锈或酸洗除锈 工作量不大或在工地设置的临时工棚中操作时，可用麻袋布擦或用钢刷子刷；对于较粗的钢筋，用砂盘除锈法，即制作钢槽或木槽，槽内放置干燥的粗砂和细石子，将有锈的钢筋穿进砂盘中来回抽拉 （2）对于有起层锈片的钢筋，应先用小锤敲击，使锈片剥落干净，再用砂盘或除锈机除锈；对于因麻坑、斑点以及锈皮去层而使钢筋截面损伤的钢筋，使用前应鉴定是否降级使用或另作其他处置

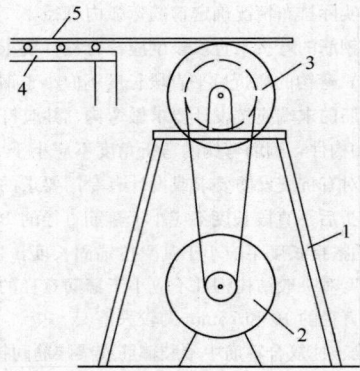

图 3-14　电动除锈机

1—支架；2—电动机；3—圆盘钢丝刷；4—滚轴台；5—钢筋

3.5.2　钢筋调直

钢筋调直如表 3-40 所示。

钢 筋 调 直　　　　　　　　　　　　表 3-40

序号	项 目	内 容
1	说明	钢筋应平直，无局部曲折。对于盘条钢筋在使用前应调直，调直可采用调直机调直和卷扬机冷拉调直两种方法
2	机具设备	（1）钢筋调直机 钢筋调直机的技术性能，如表 3-41 所示 （2）数控钢筋调直切断机 数控钢筋调直切断机是在原有调直机的基础上，采用光电测长系统和光电计数装置，准确控制断料长度，并自动计数。该机的工作原理，如图 3-15 所示。在该机摩擦轮（周长 100mm）的同一轴上装有一个穿孔光电盘（分为 100 等分），光电盘的一侧装有一只小灯泡，另一侧装有一只光电管。当钢筋通过摩擦轮带动光电盘时，灯泡光线通过每个小孔照射光电管，就被光电管接收而产生脉冲信号（每次信号为钢筋长 1mm），控制仪长度部位数字上立即示出相应读数。当信号积累到给定数字（即钢丝调直到所指定长度）时，控制

序号	项　目	内　　容
2	机具设备	仅立即发出指令，使切断装置切断钢丝。与此同时长度部位数字回到零，根数部位数字显示出根数，这样连续作业，当根数信号积累至给定数字时，即自动切断电源，停止运转 　　钢筋数控调直切断机断料精度高（偏差仅约 1～2mm），并实现了钢丝调直切断自动化 　　（3）卷扬机拉直设备 　　卷扬机拉直设备见图 3-16 所示。该法设备简单，宜用于施工现场或小型构件厂 　　钢筋夹具常用的有：月牙式夹具和偏心式夹具 　　月牙式夹具主要靠杠杆力和偏心力夹紧，使用方便，适用于 HPB235 级、HPB300 级及 HRB335 级粗细钢筋 　　偏心式夹具轻巧灵活，适用于 HPB235 级盘圆钢筋拉直，特别是当每盘最后不足定尺长度时，可将其钩在挂链上，使用方便
3	调直工艺	（1）要根据钢筋的直径选用牵引辊和调直模，并要正确掌握牵引辊的压紧程度和调直模的偏移量 　　牵引辊槽宽，一般在钢筋穿过辊间之后，保证上下压辊间有 3mm 以内的间隙为宜。压辊的压紧程度要做到既保证钢筋能顺利地被牵引前进，却无明显的转动，而在被切断的瞬时钢筋和压辊间又能允许发生打滑 　　调直模的偏移量（图 3-17），根据其磨耗程度及钢筋品种通过试验确定；调直筒两端的调直模一定要在调直前后导孔的轴心线上，这是钢筋能否调直的一个关键 　　应当注意：冷拔低碳钢丝经调直机调直后，其抗拉强度一般要降低 10%～15%。使用前应加强检验，按调直后的抗拉强度选用 　　（2）当采用冷拉方法调直盘圆钢筋时，可采用控制冷拉率方法。HPB235 级及 HPB300 级钢筋的冷拉率不宜大于 4%；HRB335 级、HRB400 级及 RRB400 级冷拉率不宜大于 1% 　　钢筋伸长值 Δl 按公式（3-24）计算： $$\Delta l = rL \qquad (3-24)$$ 　　式中　r——钢筋的冷拉率（%）； 　　　　　L——钢筋冷拉前的长度（mm） 　　1）冷拉后钢筋的实际伸长值应扣除弹性回缩值，一般为 0.2%～0.5%。冷拉多根连接的钢筋，冷拉率可按总长计，但冷拉后每根钢筋的冷拉率应符合要求 　　2）钢筋应先量直，然后量其长度再行冷拉 　　3）钢筋冷拉速度不宜过快，一般直径 6～12mm 盘圆钢筋控制在 6～8m/min，待拉到规定的冷拉率后，须稍停 2～3min，然后再放松，以免弹性回缩值过大 　　4）在负温下冷拉调直时，环境温度不应低于 -20℃

钢筋调直机技术性能　　　　　　　　　　　　　　　　表 3-41

序号	机械型号	钢筋直径 （mm）	调直速度 （m/min）	断料长度 （mm）	电机功率 （kW）	外形尺寸（mm） 长×宽×高	机重 （kg）
1	GT 3/8	3～8	40、65	300～6500	9.25	1854×741×1400	1280
2	GT 4/10	4～14	30、54	300～8000	5.5	1700×800×1365	1200
3	GT 6/12	6～12	36、54、72	300～6500	12.6	1770×535×1457	1230

注：表中所列的钢筋调直机断料长度误差均≤3mm。

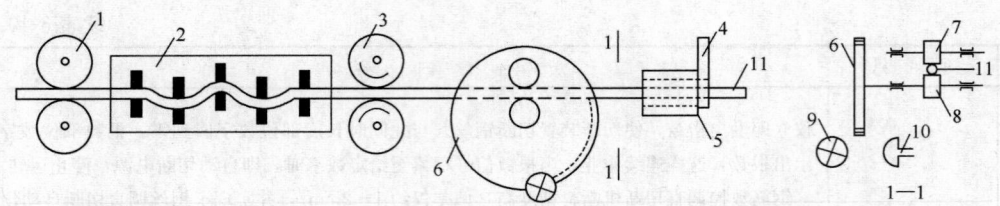

图 3-15　数控钢筋调直切断机工作简图

1—送料辊；2—调直装置；3—牵引轮；4—上刀口；5—下刀口；

6—光电盘；7—压轮；8—摩擦轮；9—灯泡；10—光电管；11—钢筋

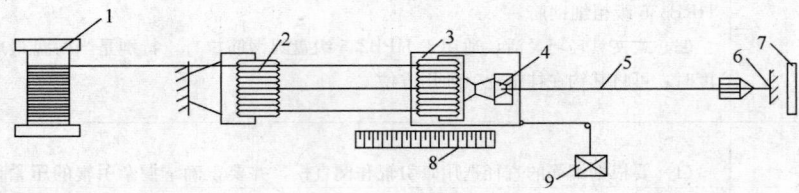

图 3-16　卷扬机拉直设备设置

1—卷扬机；2—滑轮组；3—冷拉小车；4—钢筋夹具；5—钢筋

6—地锚；7—防护壁；8—标尺；9—荷重架

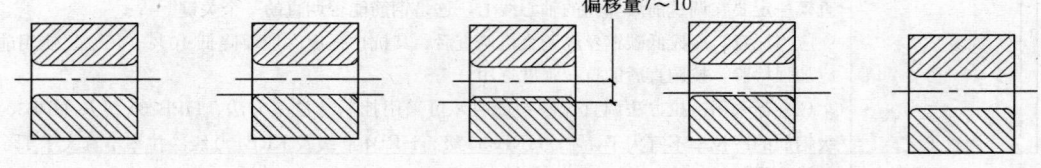

图 3-17　调直模的安装

3.5.3　钢筋切断

钢筋切断如表 3-42 所示。

钢　筋　切　断　　　　　　　　　　　　　　　　　　　　表 3-42

序号	项　　目	内　　容
1	机具设备	钢筋切断机具有断线钳、手压切断器、手动液压切断器、钢筋切断机等 （1）手动液压切断器 　　SYJ-16 型手动液压切断器（图 3-18）的工作原理：把放油阀按顺时针方向旋紧；搬动压杆 6 使柱塞 5 提升，吸油阀 8 被打开，工作抽进入油室；提起压杆，工作油便被压缩进入缸体内腔，压力油推动活塞 3 前进，安装在活塞杆前部的刀片 2 即可断料。切断完毕后立即按逆时针方向旋开放油阀，在回位弹簧的作用下，压力油又流回油室，刀头自动缩回缸内，如此重复动作，以实现钢筋的切断 　　SYJ-16 型手动液压切断器的工作总压力为 80kN，活塞直径为 36mm，最大行程 30mm，液压泵柱塞直径为 8mm，单位面积上的工作压力 79N/mm²，压杆长度 438mm，压杆作用力 220N，切断器长度为 680mm，总重 6.5kg，可切断直径 16mm 以下的钢筋。这种机具体积小、重量轻，操作简单，便于携带 　　SYJ-16 型手动液压切断器易发生的故障及其排除方法如表 3-43 所示

续表 3-42

序号	项　　目	内　　容
1	机具设备	（2）电动液压切断机 DYJ-32 型电动液压切断机（图 3-19）的工作总压力为 320kN，活塞直径为 95mm，最大行程 28mm，液压泵柱塞直径为 12mm，单位面积上的工作压力 45.5N/mm²，液压泵输油率为 4.5L/min，电动机功率为 3kW，转数 1440r/min。机器外形尺寸为 889mm（长）×396mm（宽）×398mm（高），总重 145kg （3）钢筋切断机 常用的钢筋切断机（表 3-44）可切断钢筋最大公称直径为 40mm GQ40 型钢筋切断机的外形如图 3-20 所示
2	切断工艺	在切断过程中，如发现钢筋有劈裂、缩头或严重的弯头等必须切除 （1）将同规格钢筋根据不同长度长短搭配，统筹排料；一般应先断长料，后断短料，以减少短头接头和损耗 （2）断料应避免用短尺量长料，以防止在量料中产生累计误差。宜在工作台上标出尺寸刻度并设置控制断料尺寸用的挡板 （3）钢筋切断机的刀片应由工具钢热处理制成，刀片的形状可参考图 3-21 所示，使用前应检查刀片安装是否正确、牢固，润滑及空车试运转应正常。固定刀片与冲切刀片的水平间隙以 0.5～1mm 为宜；固定刀片与冲切刀片刀口的距离：对直径≤20mm 的钢筋宜重叠 1～2mm，对直径>20mm 的钢筋宜留 5mm 左右 （4）如发现钢筋的硬度异常（过硬或过软，与钢筋牌号不相称），应及时向有关人员反映，查明情况 （5）钢筋的断口，不得有马蹄形或起弯等现象 （6）向切断机送料时，应将钢筋摆直，避免弯成弧形。操作者应将钢筋握紧，并应在冲切刀片向后退时送进钢筋；切断较短钢筋时，钢筋套在钢管内送料，防止发生人身或设备安全事故 （7）在机器运转时，不得进行任何修理、校正工作；不得触及运转部位，不得取下防护罩，严禁将手置于刀口附近 （8）禁止切断机切断技术性能规定范围以外的钢材以及超过刀刃硬度的钢筋 （9）使用电动液压切断机时，操作前应检查油位是否满足要求，电动机旋转方向是否正确

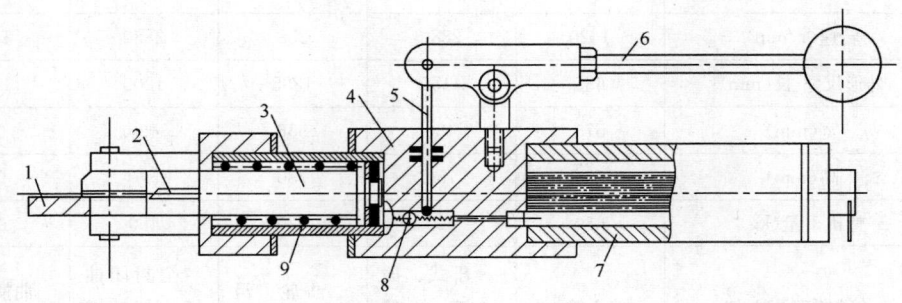

图 3-18　SYJ-16 型手动液压切断器

1—滑轨；2—刀片；3—活塞；4—缸体；5—柱塞；6—压杆；7—贮油筒；8—吸油阀；9—回位弹簧

SYJ-16 型手动液压切断器易发生的故障及其排除　　　　　表 3-43

序号	故障现象	故障原因	排除方法
1	揿动压杆，活塞不上长升	(1) 没有旋紧开关 (2) 液压油黏度太大或没有装入液压油 (3) 吸油钢球被污物堵塞	(1) 按顺时针方向旋紧开关 (2) 调换或装入液压油 (3) 清除污物
2	揿动压杆，活塞一上一下	(1) 进油钢球渗漏或被污物垫起 (2) 连接不良，开并没旋紧	(1) 修磨阀门线口或清除污物 (2) 更换零件，旋紧开关
3	活塞上升后不回位	(1) 超载过大，活塞杆弯曲 (2) 回位弹簧失灵 (3) 滑道与刀头间夹垫铁物	(1) 拆修更换活塞 (2) 拆修更换弹簧 (3) 清除铁屑及杂物
4	漏油和渗油	(1) 密封失效 (2) 连接处松动	(1) 换新密封环 (2) 检修、旋紧

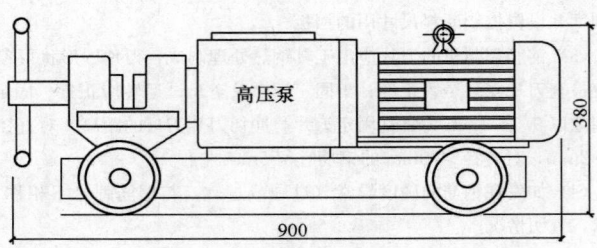

图 3-19　DYJ-32 型电动液压切断机

钢筋切断机主要技术性能　　　　　表 3-44

序号	参数名称	型　号				
		GQL40	GQ40	GQ40A	GQ40B	GQ50
1	切断钢筋直径(mm)	6～40	6～40	6～40	6～40	6～50
2	切断次数(次/min)	38	40	40	40	30
3	电动机型号	Y100L2-4	Y100L-2	Y100L2	Y100L-2	Y132S-4
4	功率(kW)	3	3	3	3	5.5
5	转速(r/min)	1420	2880	288	2880	1450
6	外形尺寸　长(mm)	685	1150	1395	1200	1600
7	宽(mm)	575	430	556	490	695
8	高(mm)	984	750	780	570	915
9	整机重量(kg)	650	600	720	450	950
10	传动原理及特点	偏心轴	开式、插销离合器曲柄	凸轮、滑键离合器	全封闭曲柄连杆转键离合器	曲柄连杆传动半开式

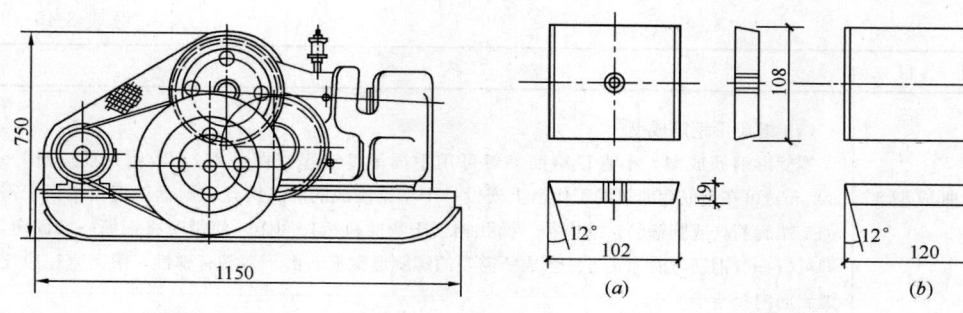

图 3-20　GQ40 型钢筋切断机

图 3-21　钢筋切断机的刀片形状

（a）冲切刀片；（b）固定刀片

3.5.4　钢筋弯曲

钢筋弯曲如表 3-45 所示。

钢 筋 弯 曲　　　　　　　　　　　　　　　　　表 3-45

序号	项　目	内　　　　容
1	机具设备	（1）钢筋弯曲机 常用弯曲机、弯箍机型号及技术性能如图 3-22 和表 3-46、表 3-47 所示 （2）手工弯曲工具 手工弯曲成型所用的工具一般在工地自制，可采用手摇扳手弯制细钢筋、卡筋与扳头弯制粗钢筋。手动弯曲工具的尺寸，如表 3-48 与表 3-49 所示
2	弯曲成型工艺	（1）画线 钢筋弯曲前，对形状复杂的钢筋（如弯起钢筋），根据钢筋料牌上标明的尺寸，用石笔将各弯曲点位置画出。画线时应注意： 1）根据不同的弯曲角度扣除弯曲调整值，其扣法是从相邻两段长度中各扣一半 2）钢筋端部带半圆弯钩时，该段长度画线时增加 $0.5d$（d 为钢筋直径） 3）画线工作宜从钢筋中线开始向两边进行；两边不对称的钢筋，也可从钢筋一端开始画线，如画到另一端有出入时，则应重新调整 （2）钢筋弯曲成型 钢筋在弯曲机上成型时（图 3-23），心轴直径应是钢筋直径的 2.5～5.0 倍，成型轴宜加偏心轴套，以便适应不同直径的钢筋弯曲需要。弯曲细钢筋时，为了使弯弧一侧的钢筋保持平直，挡铁轴宜做成可变挡架或固定挡架（加铁板调整） 钢筋弯曲点线和心轴的关系，如图 3-24 所示。由于成型轴和心轴在同时转动，就会带动钢筋向前滑移。因此，钢筋弯 90°时，弯曲点线约与心轴内边缘齐；弯 180°时，弯曲点线距心轴内边缘为 1.0～1.5d（钢筋硬时取大值） 注意：对 HRB335、HRB400、HRB500 钢筋，不能过量弯曲再回弯，以免弯曲点处发生裂纹 第 1 根钢筋弯曲成型后与配料表进行复核，符合要求后再成批加工；对于复杂的弯曲钢筋（如预制柱牛腿、屋架节点等）宜先弯 1 根，经过试组装后，方可成批弯制 （3）曲线形钢筋成型 弯制曲线形钢筋时（图 3-25），可在原有钢筋弯曲机的工作盘中央，放置一个十字架和钢套；另外在工作盘四个孔内插上短轴和成型钢套（和中央钢套相切）。插座板上的挡铁钢套尺寸，可根据钢筋线形状选用。钢筋成型过程中，成型钢套起顶弯作用，十字架只协助推进

序号	项 目	内 容
2	弯曲成型工艺	（4）螺旋形钢筋成型 螺旋形钢筋成型，小直径钢筋一般可用手摇滚筒成型（图 3-26），较粗钢筋（φ16～30mm）可在钢筋弯曲机的工作盘上安设一个型钢制成的加工圆盘，圆盘外直径相当于需加工螺旋筋（或圆箍筋）的内径，插孔相当于弯曲机板柱间距。使用时将钢筋一端固定，即可按一般钢筋弯曲加工方法弯成所需要的螺旋形钢筋。由于钢筋有弹性，滚筒直径应比螺旋筋内径略小

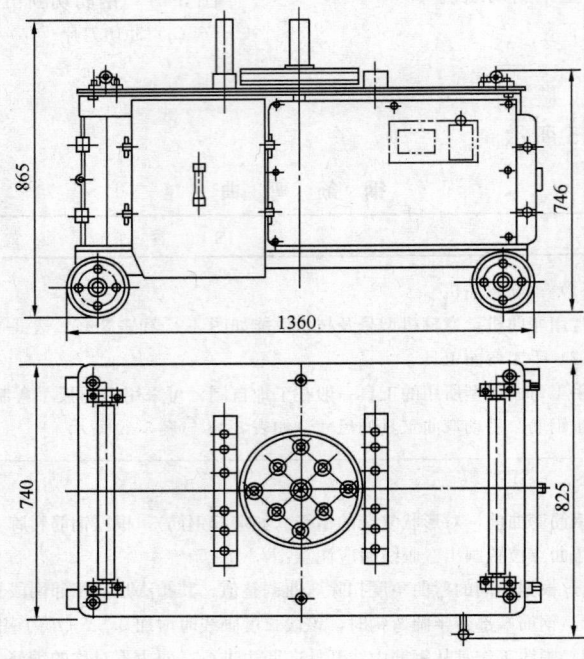

图 3-22　GW40 型钢筋弯曲机

钢筋弯曲机主要技术性能　　　　　　　　　　　表 3-46

序号	参数名称		型 号				
			GW32	GW32A	GW40	GW40A	GW50
1	弯曲钢筋直径 d(mm)		6～32	6～32	6～40	6～40	25～50
2	钢筋抗拉强度(N/mm²)		450	450	450	450	450
3	弯起速度(r/min)		10/20	8.8/16.7	5	9	2.5
4	工作盘直径 d(mm)		360		350	350	320
5	电动机	功率(kW)	2.2	4	3	3	4
		转速(r/min)	1420		1420	1420	1420
6	外形尺寸	长(mm)	875	1220	870	1050	1450
		宽(mm)	615	1010	760	760	800
		高(mm)	945	865	710	828	760
7	整机重量(kg)		340	755	400	450	580
8	结构原理及特点		齿轮传动，角度控制半自动双速	全齿轮传动，半自动双速	蜗轮蜗杆传动单速	齿轮传动，角度控制半自动单速	蜗轮蜗杆传动，角度控制半自动单速

钢筋弯箍机主要技术性能　　　　　表 3-47

序号	参数名称		型　号			
			SGWK8B	GJG4/10	GJG4/12	LGW60Z
1	弯曲钢筋直径 d(mm)		4～8	4～10	4～12	4～10
2	钢筋抗拉强度(N/mm²)		450	450	450	450
3	工作盘转速(r/min)		18	30	18	22
4	电动机	功率(kW)	2.2	2.2	2.2	3
		转速(r/min)	1420	1430	1420	
5	外形尺寸	长(mm)	1560	910	1280	2000
		宽(mm)	650	710	810	950
		高(mm)	1550	860	790	950

手摇扳手主要尺寸（mm）　　　　　表 3-48

图例	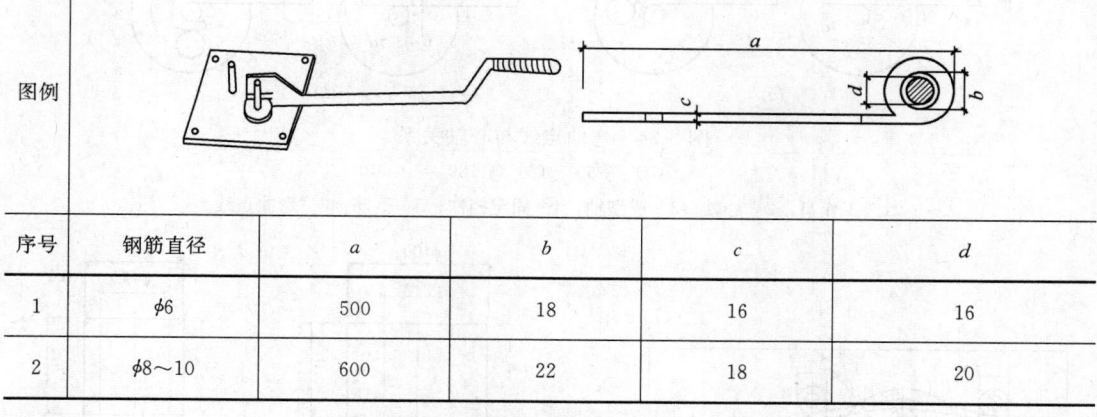				
序号	钢筋直径	a	b	c	d
1	$\phi6$	500	18	16	16
2	$\phi8～10$	600	22	18	20

卡盘与扳手（横口扳手）主要尺寸（mm）　　　　　表 3-49

图例	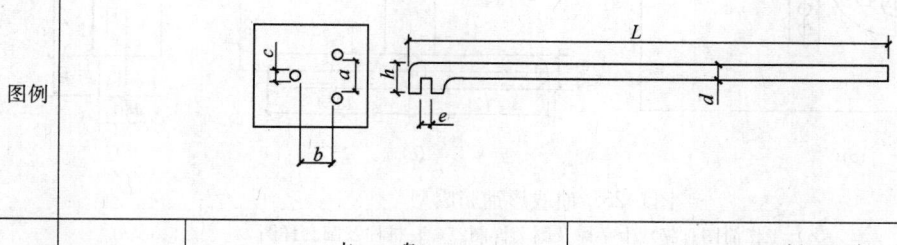						
序号	钢筋直径	卡　盘			扳　头			
		a	b	c	d	e	h	L
1	$\phi12～16$	50	80	20	22	18	40	1200
2	$\phi18～22$	65	90	25	28	24	50	1350
3	$\phi25～32$	80	100	30	38	34	76	2100

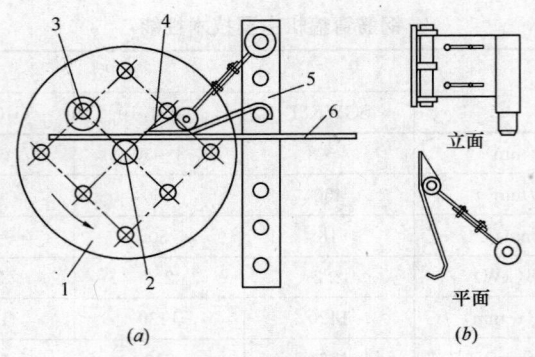

图 3-23　钢筋弯曲成型

（a）工作简图；（b）可变挡架构造

1—工作盘；2—心轴；3—成型轴；4—可变挡架；5—插座；6—钢筋

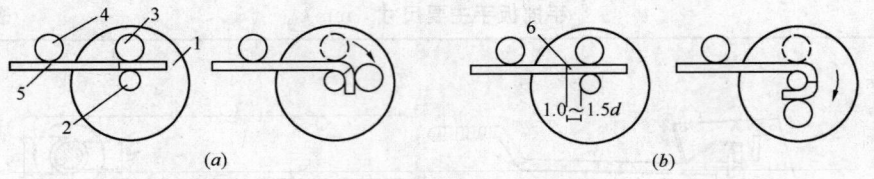

图 3-24　弯曲点线与心轴关系

（a）弯 90°；（b）弯 180°

1—工作盘；2—心轴；3—成型轴；4—固定挡铁；5—钢筋；6—弯曲点线

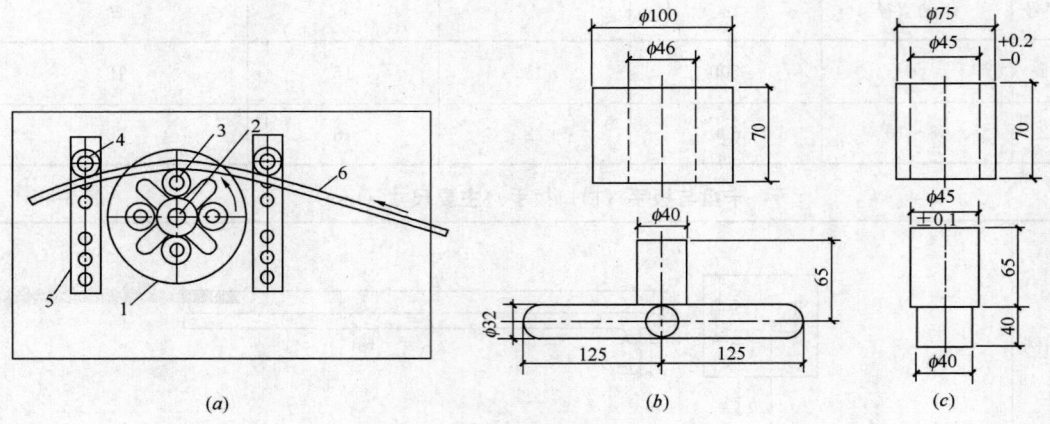

图 3-25　曲线形钢筋成型

（a）工作简图；（b）十字撑及圆套详图；（c）桩柱及圆套详图

1—工作盘；2—十字撑及圆套；3—桩柱及圆套；4—挡轴钢套；5—插座板；6—钢筋

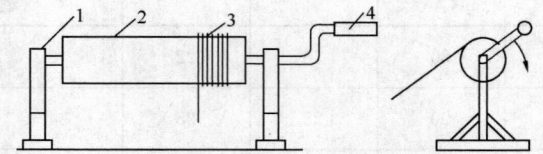

图 3-26　螺旋形钢筋成型

1—支架；2—卷筒；3—钢筋；4—摇把

3.5.5 现场钢筋加工场地的布置

现场钢筋加工场地的布置如表 3-50 所示。

现场钢筋加工场地的布置 表 3-50

序号	项 目	内 容
1	布置原则	（1）应根据本单位所承担的工作任务特点、设备情况、施工处所的场地、原材料供应方式、运输条件等确定布置方案 （2）工艺布置应能使各加工工序实现流水作业、减少场内二次搬运；应使各加工工序流程短，运输便利；各工序之间应有合理的堆放场地 （3）应考虑服务对象的施工要求，区别集中或分散供应钢筋成品的必要性，按任务量大小划分 （4）应根据本单位的实际条件确定机械化水平，按现有设备或有可能尽力添置的设备情况，力求减轻操作人员的劳动强度，改善劳动环境，并要结合加工质量和生产效率的提高、料耗的降低以及操作安全等因素统筹安排 （5）如施工场地狭窄或没有加工条件，可委托专业加工厂（场）进行加工
2	布置方案	（1）场地位置选择 钢筋加工场地宜设置在施工现场各单体工程的周边，并应在塔吊覆盖区域之内 （2）场地布置 1）场地布置应按照原材→加工→半成品的加工流程，将场地分成钢筋原材存放区、钢筋加工成型区和半成品钢筋存放区。在不同施工阶段，对钢筋施工场地进行适当调整，以满足结构施工需要 2）多单体同时施工的工程或单体建筑较大的工程，钢筋加工场地应设置明显的标志；比如：1号加工场地或者4号楼加工场地 3）钢筋加工场地应作混凝土硬化处理，通水通电，并应有良好的排水设施。钢筋堆场、加工场、成品堆放场地应有紧密的联系，保证最大程度减少二次用工 4）场地布置时，应根据施工需要，充分考虑钢筋的调直、切断、弯曲、对焊、机械连接等加工场地，并应根据钢筋机械的布置确定钢筋原材料的堆放位置 5）钢筋原材料不得直接放置在地面上，直条钢筋原材料堆场通常设置条形基础。条形基础可以是砖基础，也可以是钢筋混凝土基础，应符合下列要求： ①条形基础的地基必须进行处理，保证其具有足够的承载力 ②条形基础必须具有足够的抗压、抗拉强度。一般如果是砖基础，应在其顶部设置钢筋混凝土圈梁或设置型钢作为圈梁用 ③条形基础间距以 2m 为宜，条形基础之间部分应作简单的硬化，并设置好排水坡度。条形基础的长度根据阶段性需要进场的钢筋数量确定，空间上必须保证各种规格的钢筋能够被很好地标识 6）圆盘钢筋堆场可和调直场地一并考虑布设，并应做硬化处理 7）在钢筋的加工区应搭设钢筋棚。钢筋棚应安全、合理和适用，宜工具化、定型化，并应做好安全防护

3.6 钢筋焊接连接

3.6.1 术语与材料

钢筋焊接连接术语与材料如表 3-51 所示。

表 3-51

术 语 与 材 料

序号	项 目	内 容
1	术语	钢筋焊接术语如本书表 1-2 序号 9 所示
2	材料	（1）焊接钢筋的化学成分和力学性能应符合国家现行有关标准的规定 （2）对上述（1）条的说明： 目前我国生产的钢筋（丝）品种比较多，其中，进行焊接的有 5 种： 1）热轧光圆钢筋 2）热轧带肋钢筋（含普通热轧钢筋和细晶粒热轧钢筋） 3）余热处理钢筋 4）冷轧带肋钢筋 5）冷拔低碳钢丝 这些钢筋（丝）的力学性能和化学成分应分别符合国家现行标准的规定，不同牌号钢筋（丝）的主要力学性能如表 3-52 所示 （3）预埋件钢筋焊接接头、熔槽帮条焊接头和坡口焊接头中的钢板和型钢，可采用低碳钢或低合金钢，其力学性能和化学成分应符合现行国家标准《碳素结构钢》GB/T 700 或《低合金高强度结构钢》GB/T 1591 中的规定 （4）钢筋焊条电弧焊所采用的焊条，应符合现行国家标准《碳钢焊条》GB/T 5117 或《低合金钢焊条》GB/T 5118 的规定。钢筋二氧化碳气体保护电弧焊所采用的焊丝，应符合现行国家标准《气体保护电弧焊用碳钢、低合金钢焊丝》GB/T 8110 的规定。其焊条型号和焊丝型号应根据设计确定；若设计无规定时，可按表 3-53 选用 （5）焊接用气体质量应符合下列规定： 1）氧气的质量应符合现行国家标准《工业氧》GB/T 3863 的规定，其纯度应大于或等于 99.5% 2）乙炔的质量应符合现行国家标准《溶解乙炔》GB 6819 的规定，其纯度应大于或等于 98.0% 3）液化石油气应符合现行国家标准《液化石油气》GB 11174 或《油气田液化石油气》GB 9052.1 的各项规定 4）二氧化碳气体应符合现行化工行业标准《焊接用二氧化碳》HG/T 2537 中优等品的规定 （6）在电渣压力焊、预埋件钢筋埋弧压力焊和预埋件钢筋埋弧螺柱焊中，可采用熔炼型 HJ431 焊剂；在埋弧螺柱焊中，亦可采用氟碱型烧结焊剂 SJ101 （7）施焊的各种钢筋、钢板均应有质量证明书；焊条、焊丝、氧气、溶解乙炔、液化石油气、二氧化碳气体、焊剂应有产品合格证 钢筋进场时，应按国家现行相关标准的规定抽取试件并做力学性能和重量偏差检验，检验结果必须符合国家现行有关标准的规定 检验数量：按进场的批次和产品的抽样检验方案确定 检验方法：检查产品合格证、出厂检验报告和进场复验报告 （8）各种焊接材料应分类存放、妥善处理；应采取防止锈蚀、受潮变质等措施

不同牌号钢筋（丝）的主要力学性能　　表 3-52

序号	钢筋牌号	屈服强度 R_{eL}（或 $R_{p0.2}$）（N/mm²）	抗拉强度 R_m（N/mm²）	伸长率（%） A	伸长率（%） $A_{11.3}$	符号
		不小于				
1	HPB300	300	420	25		ϕ
2	HRB335 HRBF335	335	455	17		Φ ΦF
3	HRB400 HRBF400	400	540	16		Φ ΦF
4	HRB500 HRBF500	500	630	15		Φ ΦF
5	RRB400W	430	570	16		Φ^{RW}
6	CRB550	500	550		8	ϕ^R
7	CDW550		550			ϕ^b

注：RRB400W 钢筋牌号和主要力学性能摘自国家标准《钢筋混凝土用余热处理钢筋》GB 13014，W 表示可焊，指的是闪光对焊和电弧焊等工艺，其化学成分规定为：碳（C）不大于 0.25%，硅（Si）不大于 0.80%，锰、磷、硫含量与 RRB400 相同，碳当量（Ceq）不大于 0.50%。

钢筋电弧焊所采用焊条、焊丝推荐　　表 3-53

序号	钢筋牌号	电弧焊接头形式 帮条焊 搭接焊	电弧焊接头形式 坡口焊 熔槽帮条焊 预埋件穿孔塞焊	电弧焊接头形式 窄间隙焊	电弧焊接头形式 钢筋与钢板搭接焊 预埋件 T 形角焊
1	HPB300	E4303 ER50-X	E4303 ER50-X	E4316 E4315 ER50-X	E4303 ER50-X
2	HRB335 HRBF335	E5003 E4303 E5016 E5015 ER50-X	E5003 E5016 E5015 ER50-X	E5016 E5015 ER50-X	E5003 E4303 E5016 E5015 ER50-X
3	HRB400 HRBF400	E5003 E5516 E5515 ER50-X	E5503 E5516 E5515 ER55-X	E5516 E5515 ER55-X	E5003 E5516 E5515 ER50-X
4	HRB500 HRBF500	E5503 E6003 E6016 E6015 ER55-X	E6003 E6016 E6015	E6016 E6015	E5503 E6003 E6016 E6015 ER55-X

续表 3-53

序号	钢筋牌号	电弧焊接头形式			
		帮条焊 搭接焊	坡口焊 熔槽帮条焊 预埋件穿孔塞焊	窄间隙焊	钢筋与钢板搭接焊 预埋件 T 形角焊
5	RRB400W	E5003 E5516 E5515 ER50-X	E5503 E5516 E5515 ER55-X	E5516 E5515 ER55-X	E5003 E5516 E5515 ER50-X

3.6.2 基本规定

钢筋焊接基本规定如表 3-54 所示。

基本规定 表 3-54

序号	项目	内容
1	钢筋焊接方法适用范围	钢筋焊接时，各种焊接方法的适用范围应符合表 3-55
2	钢筋焊接应符合的规定	（1）电渣压力焊应用于柱、墙等构筑物现浇混凝土结构中竖向受力钢筋的连接；不得用于梁、板等构件中水平钢筋的连接 （2）在钢筋工程焊接开工之前，参与该项工程施焊的焊工必须进行现场条件下的焊接工艺试验，应经试验合格后，方准于焊接生产 （3）钢筋焊接施工之前，应清除钢筋、钢板焊接部位以及钢筋与电极接触处表面上的锈斑、油污、杂物等；钢筋端部当有弯折、扭曲时，应予以矫直或切除 （4）带肋钢筋进行闪光对焊、电弧焊、电渣压力焊和气压焊时，应将纵肋对纵肋安放和焊接 （5）焊剂应存放在干燥的库房内、若受潮时，在使用前应经 250℃～350℃烘焙 2h。使用中回收的焊剂应清除熔渣和杂物，并应与新焊剂混合均匀后使用 （6）两根同牌号、不同直径的钢筋可进行闪光对焊、电渣压力焊或气压焊。闪光对焊时钢筋径差不得超过 4mm，电渣压力焊或气压焊时，钢筋径差不得超过 7mm。焊接工艺参数可在大、小直径钢筋焊接工艺参数之间偏大选用，两根钢筋的轴线应在同一直线上，轴线偏移的允许值应按较小直径钢筋计算；对接头强度的要求，应按较小直径钢筋计算 （7）两根同直径、不同牌号的钢筋可进行闪光对焊、电弧焊、电渣压力焊或气压焊，其钢筋牌号应在表 3-55 规定的范围内。焊条、焊丝和焊接工艺参数应按较高牌号钢筋选用，对接头强度的要求应按较低牌号钢筋强度计算 （8）进行电阻点焊、闪光对焊、埋弧压力焊、埋弧螺柱焊时，应随时观察电源电压的波动情况；当电源电压下降大于 5%、小于 8%时，应采取提高焊接变压器级数等措施；当大于或等于 8%时，不得进行焊接 （9）在环境温度低于－5℃条件下施焊时，焊接工艺应符合下列要求： 1）闪光对焊时，宜采用预热闪光焊或闪光-预热闪光焊 2）电弧焊时，宜增大焊接电流，降低焊接速度。电弧帮条焊或搭接焊时，第一层焊缝应从中间引弧，向两端施焊；以后各层控温施焊，层间温度应控制在 150℃～350℃之间。多层施焊时，可采用回火焊道施焊 （10）对上述（9）条的说明：

序号	项　目	内　　容
2	钢筋焊接应符合的规定	根据试验资料表明，在实验室条件下对普通低合金钢钢筋 23 个钢种、2300 个负温焊接接头的工艺性能、力学性能、金相、硬度以及冷却速度等做了系统的试验研究，认为闪光对焊在 −28℃施焊，电弧焊在 −50℃下进行焊接时，如焊接工艺和参数选择适当，其接头的综合性能良好。但是考虑到试点工程最低温度为 −23℃，以及由于温度过低，工人操作不便，为确保工程质量，故规定当环境温度低于 −20℃时，不应进行各种焊接 　　负温焊接与常温焊接相比，主要是一个负温引起的冷却速度加快的问题。因此，其接头构造和焊接工艺必须遵守常温焊接的规定外，还需在焊接工艺参数上作一些必要的调整 　　1）预热：在负温条件下进行帮条电弧焊或搭接电弧焊时，从中部引弧，对两端就起到了预热的作用 　　2）缓冷：采用多层施焊时，层间温度控制在 150℃～350℃之间，使接头热影响区附近的冷却速度减慢 1 倍～2 倍左右，从而减弱了淬硬倾向，改善了接头的综合性能 　　3）回火：如果采用上述两种工艺，还不能保证焊接质量时，则采用"回火焊道施焊法"，其作用是对原来的热影响区起到回火的效果。回火温度为 500℃左右。如一旦产生淬硬组织，经回火后将产生回火马氏体、回火索氏体组织，从而改善接头的综合性能（图 3-27） 　　(11) 当环境温度低于 −20℃时，不应进行各种焊接 　　(12) 雨天、雪天进行施焊时，应采取有效遮蔽措施。焊后未冷却接头不得碰到雨和冰雪，并应采取有效的防滑、防触电措施，确保人身安全 　　(13) 当焊接区风速超过 8m/s 在现场进行闪光对焊或焊条电弧焊时；当风速超过 5m/s 进行气压焊时；当风速超过 2m/s 进行二氧化碳气体保护电弧焊时，均应采取挡风措施 　　风速为 7.9m/s 时，为四级风力；风速为 5.4m/s 时，为三级风力 　　(14) 焊机应经常维护保养和定期检修，确保正常使用

钢筋焊接方法的适用范围　　　　　　　　　　　　　　　　表 3-55

序号	焊接方法	接头形式	适用范围	
			钢筋牌号	钢筋直径（mm）
1	电阻点焊		HPB300	6～14
			HRB335	6～14
			HRB400　HRBF400	6～14
			HRB500　HRBF500	6～14
			CRB550	4～12
			CDW550	3～8
2	闪光对焊		HPB300	8～14
			HRB335	8～14
			HRB400　HRBF400	8～40
			HRB500　HRBF500	8～40
			RRB400W	8～32
3	箍筋闪光对焊		HPB300	6～14
			HRB335	6～14
			HRB400　HRBF400	6～18
			HRB500　HRBF500	6～18
			RRB400W	8～18

序号	焊接方法		接头形式	适用范围	
				钢筋牌号	钢筋直径（mm）
4	电弧焊	帮条焊	双面焊	HPB300	10～14
				HRB335	10～14
				HRB400　HRBF400	10～40
				HRB500　HRBF500	10～32
				RRB400W	10～25
5			单面焊	HPB300	10～14
				HRB335	10～14
				HRB400　HRBF400	10～40
				HRB500　HRBF500	10～32
				RRB400W	10～25
6		搭接焊	双面焊	HPB300	10～14
				HRB335	10～14
				HRB400　HRBF400	10～40
				HRB500　HRBF500	10～32
				RRB400W	10～25
7			单面焊	HPB300	10～14
				HRB335	10～14
				HRB400　HRBF400	10～40
				HRB500　HRBF500	10～32
				RRB400W	10～25
8		熔槽帮条焊		HPB300	10～14
				HRB335	10～14
				HRB400　HRBF400	20～40
				HRB500　HRBF500	20～32
				RRB400W	20～25
9		坡口焊	平焊	HPB300	10～14
				HRB335	10～14
				HRB400　HRBF400	18～40
				HRB500　HRBF500	18～32
				RRB400W	18～25
10			立焊	HPB300	10～14
				HRB335	10～14
				HRB400　HRBF400	18～40
				HRB500　HRBF500	18～32
				RRB400W	18～25

序号	焊接方法		接头形式	适用范围	
				钢筋牌号	钢筋直径（mm）
11		钢筋与钢板搭接焊		HPB300 HRB335 HRB400 HRBF400 HRB500 HRBF500 RRB400W	8～14 8～14 8～40 8～32 8～25
12	电弧焊	窄间隙焊		HPB300 HRB335 HRB400 HRBF400 HRB500 HRBF500 RRB400W	10～14 10～14 16～40 18～32 18～25
13		预埋件钢筋 / 角焊		HPB300 HRB335 HRB400 HRBF400 HRB500 HRBF500 RRB400W	6～14 6～14 6～25 10～20 10～20
14		预埋件钢筋 / 穿孔塞焊		HPB300 HRB335 HRB400 HRBF400 HRB500 RRB400W	10～14 10～14 20～32 20～28 20～28
15		埋弧压力焊		HPB300 HRB335 HRB400 HRBF400	6～14 6～14 6～28
16		埋弧螺杆焊			
17		电渣压力焊		HPB300 HRB335 HRB400 HRB500	12～14 12～14 12～32 12～32
18	气压焊	固体		HPB300 HRB335	12～14 12～14
19		熔态		HRB400 HRB500	12～40 12～32

注：1. 电阻点焊时，适用范围的钢筋直径指两根不同直径钢筋交叉叠接中较小钢筋的直径；
2. 电弧焊含焊条电弧焊和二氧化碳气体保护电弧焊两种工艺方法；
3. 在生产中，对于有较高要求的抗震结构用钢筋，在牌号后加F，焊接工艺可按同级别热轧钢筋施焊；焊条应采用低氢型碱性焊条；
4. 生产中，如果有HPB335钢筋需要进行焊接时，可按HPB300钢筋的焊接材料和焊接工艺参数，以及接头质量检验与验收的有关规定施焊；
5. 各种焊接方法及要求见《钢筋焊接及验收规程》（JGJ 18—2012）规定。

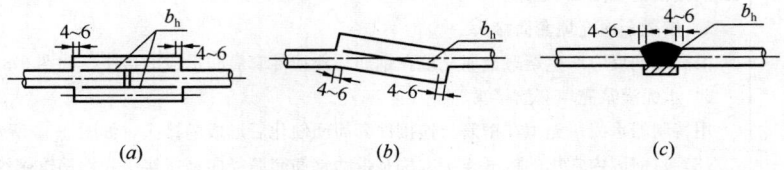

图 3-27　钢筋负温电弧焊回火焊道示意

b_h—回火焊道

（a）帮条焊；（b）搭接焊；（c）坡口焊

3.7 钢 筋 机 械 连 接

3.7.1 钢筋机械连接术语、符号、连接的类型和特点及适用范围

钢筋机械连接术语、符号、连接的类型和特点及适用范围如表 3-56 所示。

钢筋机械连接术语、符号、连接的类型和特点及适用范围 表 3-56

序号	项 目	内 容
1	术语	钢筋机械连接术语如本书表 1-2 序号 10 所示
2	符号	钢筋机械连接符号如下： A_{sgt}——接头试件的最大力总伸长率 d——钢筋公称直径 f_{yk}——钢筋屈服强度标准值 f_{stk}——钢筋抗拉强度标准值 f^0_{mst}——接头试件实测抗拉强度 u_0——接头试件加载至 $0.6f_{yk}$ 并卸载后在规定标距内的残余变形 u_{20}——接头试件按本书表 3-61 序号 2 加载制度经高应力反复拉压 20 次后的残余变形 u_4——接头试件按本书表 3-61 加载制度经大变形反复拉压 4 次后的残余变形 u_8——接头试件按本书表 3-61 序号 2 加载制度经大变形反复拉压 8 次后的残余变形 ε_{yk}——钢筋应力为屈服强度标准值时的应变
3	钢筋机械连接的类型和特点	(1) 钢筋的机械连接是通过钢筋与连接件的直接或间接的机械咬合作用或钢筋端面的承压作用，将一根钢筋中的力传递到另一根钢筋的连接方法 用于机械连接的钢筋应符合现行国家标准《钢筋混凝土用热轧带肋钢筋》GB 1499.2 及《钢筋混凝土用余热处理钢筋》GB 13014 的要求 (2) 国内外常用的钢筋机械连接的方法有以下 6 种： 1) 挤压套筒接头 通过挤压力使连接用的钢套筒塑性变形与带肋钢筋紧密咬合形成的接头；可分为径向挤压套筒接头和轴向挤压套筒接头两种，如图 3-28 所示 2) 锥螺纹接头 通过钢筋端头特制的锥形螺纹和连接件锥螺纹咬合形成的接头，如图 3-29 所示 3) 镦粗直螺纹钢筋接头 镦粗直螺纹接头：通过钢筋端头镦粗后制作的直螺纹和连接件螺纹咬合形成的接头，如图 3-30 所示 4) 滚轧直螺纹钢筋接头 滚轧直螺纹接头：通过钢筋端头直接滚轧或剥肋后滚轧制作的直螺纹和连接件螺纹咬合形成的接头，如图 3-31 所示 5) 熔融金属充填套筒接头 由高热剂反应产生熔融金属充填在钢筋与连接件套筒间形成的接头，如图 3-32 所示 6) 水泥灌浆充填套筒接头 用特制的水泥浆充填在钢筋与连接件套筒间硬化后形成的接头，如图 3-33 所示 (3) 目前国内常用的机械连接方法是带肋钢筋套筒径向挤压接头和钢筋锥螺纹接头和直螺纹钢筋接头 (4) 钢筋机械连接的技术特点： 1) 所需设备功率小，一般小于 3kW，在一个工地可以多台设备同时作业

序号	项　目	内　容
3	钢筋机械连接的类型和特点	2) 设备采用三相电源，作业时对电网干扰少 3) 不同级别、不同直径的连接方便、快捷 4) 不受气候影响，可以全天候作业 5) 作业无明火，无火灾隐患，改善工人劳动条件 6) 部分作业在加工区完成，不占用施工时间，有利于缩短工期 7) 作业效率高，人为影响质量的因素少，接头的质量好，品质稳定 8) 工人经短时间培训，便可上岗操作
4	适用范围	钢筋连接时，宜选用机械连接接头，并优先采用直螺纹接头。钢筋机械连接方法分类及适用范围，如表 3-57 所示

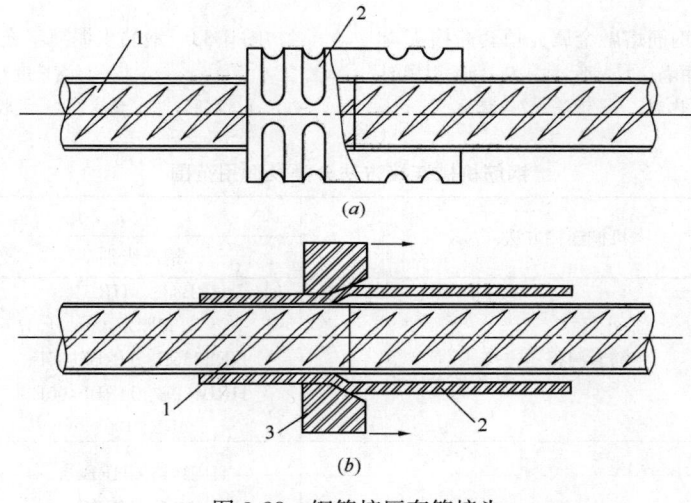

图 3-28　钢筋挤压套筒接头

(a) 径向挤压接头；(b) 轴向挤压接头

1—钢筋；2—套筒；3—压模

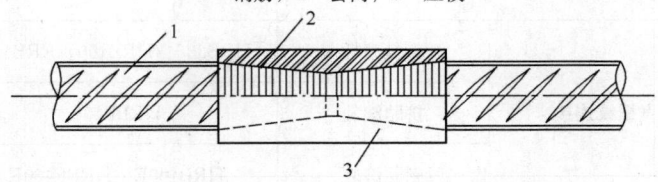

图 3-29　钢筋锥螺纹套筒接头

1—钢筋；2—锥螺纹；3—锥螺纹套筒

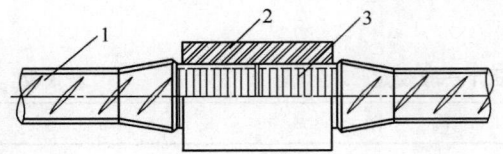 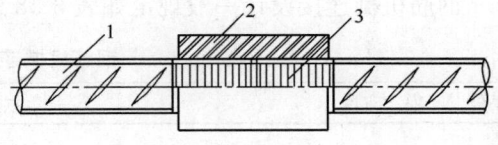

图 3-30　镦粗直螺纹钢筋接头　　　　　　图 3-31　滚轧直螺纹钢筋接头

1—钢筋；2—套筒；3—直螺纹（圆柱螺纹）　　1—钢筋；2—套筒；3—滚轧直螺纹

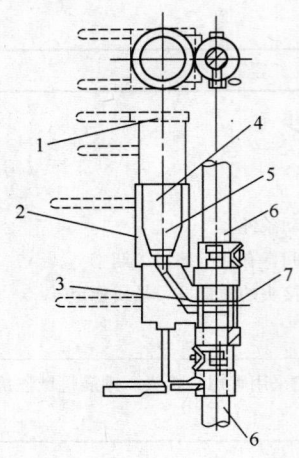 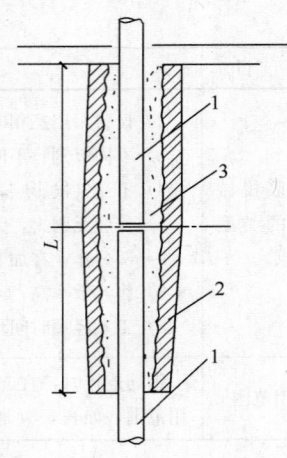

图 3-32　钢筋熔融金属充填套筒接头　　　　图 3-33　钢筋水泥灌浆充填套筒接头
1—盖子；2—坩埚；3—钢水注入口；4—引燃剂；　　　　　　L—套筒长度
5—高热剂；6—钢筋；7—套筒　　　　　　　1—钢筋；2—套筒；3—无收缩水泥砂浆

钢筋机械连接方法分类及适用范围　　　　　　表 3-57

序号	机械连接方法	适用范围	
		钢筋级别	钢筋直径（mm）
1	钢筋套筒挤压连接	HRB335、HRB400 HRBF400 HRB335E、HRBF335E HRB400E、HRBF400E RRB400	6～40 6～40
2	钢筋镦粗直螺纹套筒连接	HRB335、HRB400 HRB335、HRBF400 HRB335E、HRBF335E HRB400E、HRBF400E	6～40
3	钢筋滚轧直螺纹连接	直接滚轧　HRB335、HRB400、RRB400	6～40
4		挤肋滚轧　HRBF400	16～40
5		剥肋滚轧　HRB400E、HRBF400E	16～40

3.7.2　钢筋机械连接设计一般规定

钢筋机械连接设计一般规定如表 3-58 所示。

钢筋机械连接设计一般规定　　　　　　表 3-58

序号	项目	内容
1	接头的设计原则和性能等级	（1）接头设计应满足强度及变形性能的要求 （2）钢筋连接用套筒应符合现行行业标准《钢筋机械连接用套筒》JG/T 163 的有关规定；套筒原材料采用 45 号钢冷拔或冷轧精密无缝钢管时，钢管应进行退火处理，并应满足现行

序号	项　目	内　容
1	接头的设计原则和性能等级	行业标准《钢筋机械连接用套筒》JG/T 163 对钢管强度限值和断后伸长率的要求。不锈钢钢筋连接套筒原材料宜采用与钢筋母材同材质的棒材或无缝钢管，其外观及力学性能应符合现行国家标准《不锈钢棒》GB/T 1220、《结构用不锈钢无缝钢管》GB/T 14975 的规定 　(3) 接头性能应包括单向拉伸、高应力反复拉压、大变形反复拉压和疲劳性能，应根据接头的性能等级和应用场合选择相应的检验项目 　(4) 接头应根据极限抗拉强度、残余变形、最大力下总伸长率以及高应力和大变形条件下反复拉压性能，分为Ⅰ级、Ⅱ级、Ⅲ级三个等级，其性能应分别符合本书表 3-59、表 3-60 的规定 　(5) Ⅰ级、Ⅱ级、Ⅲ级接头的极限抗拉强度必须符合表 3-59 的规定 　(6) Ⅰ级、Ⅱ级、Ⅲ级接头应能经受规定的高应力和大变形反复拉压循环，且在经历拉压循环后，其极限抗拉强度仍应符合本书表 3-59 的规定 　(7) Ⅰ级、Ⅱ级、Ⅲ级接头变形性能应符合表 3-60 的规定 　(8) 对直接承受重复荷载的结构构件，设计应根据钢筋应力幅提出接头的抗疲劳性能要求。当设计无专门要求时，剥肋滚轧直螺纹钢筋接头、镦粗直螺纹钢筋接头和带肋钢筋套筒挤压接头的疲劳应力幅限值不应小于本书表 3-25 中普通钢筋疲劳应力幅限值的 80% 　(9) 钢筋套筒灌浆连接应符合现行行业标准《钢筋套筒灌浆连接应用技术规程》JGJ 355 的有关规定
2	接头的应用	(1) 接头等级的选用应符合下列规定： 　1) 混凝土结构中要求充分发挥钢筋强度或对延性要求高的部位应选用Ⅱ级或Ⅰ级接头；当在同一连接区段内钢筋接头面积百分率为 100% 时，应选用Ⅰ级接头 　2) 混凝土结构中钢筋应力较高但对延性要求不高的部位可选用Ⅲ级接头 　(2) 连接件的混凝土保护层厚度宜符合现行国家标准《混凝土结构设计规范》GB 50010 中的规定，且不应小于 0.75 倍钢筋最小保护层厚度和 15mm 的较大值。必要时可对连接件采取防锈措施 　(3) 结构构件中纵向受力钢筋的接头宜相互错开。钢筋机械连接的连接区段长度应按 35d 计算，当直径不同的钢筋连接时，按直径较小的钢筋计算。位于同一连接区段内的钢筋机械连接接头的面积百分率应符合下列规定： 　1) 接头宜设置在结构构件受拉钢筋应力较小部位，高应力部位设置接头时，同一连接区段内Ⅲ级接头的接头面积百分率不应大于 25%，Ⅱ级接头的接头面积百分率不应大于 50%。Ⅰ级接头的接头面积百分率除本条第 2) 款和第 4) 款所列情况外可不受限制。 　2) 接头宜避开有抗震设防要求的框架的梁端、柱端箍筋加密区；当无法避开时，应采用Ⅱ级接头或Ⅰ级接头，且接头面积百分率不应大于 50%。 　3) 受拉钢筋应力较小部位或纵向受压钢筋，接头面积百分率可不受限制。 　4) 对直接承受重复荷载的结构构件，接头面积百分率不应大于 50%。 　(4) 对直接承受重复荷载的结构，接头应选用包含有疲劳性能的型式检验报告的认证产品。

接头的抗拉强度　　　　　　　　　　　　　　　表 3-59

序号	接头等级	Ⅰ级	Ⅱ级	Ⅲ级
1	抗拉强度	$f_{mst}^0 \geq f_{stk}$ 钢筋拉断 或 $f_{mst}^0 \geq 1.10 f_{stk}$ 连接件破坏	$f_{mst}^0 \geq f_{stk}$	$f_{mst}^0 \geq 1.25 f_{stk}$

注：1. 钢筋拉断指断于钢筋母材、套筒外钢筋丝头和钢筋镦粗过渡段；
　　2. 连接件破坏指断于套筒、套筒纵向开裂或钢筋从套筒中拔出以及其他连接组件破坏。

接头的变形性能   表 3-60

序号	接头等级		Ⅰ级	Ⅱ级	Ⅲ级
1	单向拉伸	残余变形（mm）	$u_0 \leqslant 0.10$（$d \leqslant 32$） $u_0 \leqslant 0.14$（$d > 32$）	$u_0 \leqslant 0.14$（$d \leqslant 32$） $u_0 \leqslant 0.16$（$d > 32$）	$u_0 \leqslant 0.14$（$d \leqslant 32$） $u_0 \leqslant 0.16$（$d > 32$）
2		最大力总伸长率（%）	$A_{sgt} \geqslant 6.0$	$A_{sgt} \geqslant 6.0$	$A_{sgt} \geqslant 3.0$
3	高应力反复拉压	残余变形（mm）	$u_{20} \leqslant 0.3$	$u_{20} \leqslant 0.3$	$u_{20} \leqslant 0.3$
4	大变形反复拉压	残余变形（mm）	$u_4 \leqslant 0.3$ 且 $u_8 \leqslant 0.6$	$u_4 \leqslant 0.3$ 且 $u_8 \leqslant 0.6$	$u_4 \leqslant 0.6$

注：当频遇荷载组合下，构件中钢筋应力明显高于 $0.6f_{yk}$ 时，设计部门可对单向拉伸残余变形 u_0 的加载峰值提出调整要求。

3.7.3 接头的形式检验

接头的形式检验如表 3-61 所示。

接头的形式检验   表 3-61

序号	项目	内容
1	接头的形式检验	（1）在下列情况应进行形式检验： 1）确定接头性能等级时 2）材料、工艺、规格进行改动时 3）形式检验报告超过 4 年时 （2）用于形式检验的钢筋应符合有关钢筋标准的规定 （3）对每种形式、级别、规格、材料、工艺的钢筋机械连接接头，形式检验试件不应少于 9 个：单向拉伸试件不应少于 3 个，高应力反复拉压试件不应少于 3 个，大变形反复拉压试件不应少于 3 个。同时应另取 3 根钢筋试件作抗拉强度试验。全部试件均应在同一根钢筋上截取 （4）用于形式检验的直螺纹或锥螺纹接头试件应散件送达检验单位，由形式检验单位或在其监督下由接头技术提供单位按本书表 3-64 或表 3-65 规定的拧紧扭矩进行装配，拧紧扭矩值应记录在检验报告中，形式检验试件必须采用未经过预拉的试件 （5）形式检验的试验方法应按本表序号 2 中的规定进行，当试验结果符合下列规定时评为合格： 1）强度检验。每个接头试件的强度实测值均应符合本书表 3-59 中相应接头等级的强度要求 2）变形检验：对残余变形和最大力总伸长率，3 个试件实测值的平均值应符合本书表 3-60 的规定 （6）形式检验应由国家、省部级主管部门认可的检测机构进行，并应按有关规定的格式出具检验报告和评定结论
2	接头试件的试验方法	（1）形式检验试验方法 1）形式检验试件的仪表布置和变形测量标距应符合下列规定： ①单向拉伸和反复拉压试验时的变形测量仪表应在钢筋两侧对称布置（图 3-34），取钢筋两侧仪表读数的平均值计算残余变形值 ②变形测量标距　　　　　　　　$L_1 = L + 4d$　　　　　　　　（3-25） 式中　L_1——变形测量标距 　　　　L——机械接头长度 　　　　d——钢筋公称直径

序号	项　　目	内　　容
2	接头试件的试验方法	2）形式检验试件最大力总伸长率 A_{sgt} 的测量方法应符合下列要求： ①试件加载前，应在其套筒两侧的钢筋表面（图 3-35）分别用细划线 A、B 和 C、D 标出测量标距为 L_{01} 的标记线，L_{01} 不应小于 100mm，标距长度应用最小刻度值不大于 0.1mm 的量具测量 ②试件应按表 3-62 单向拉伸加载制度加载并卸载，再次测量 A、B 和 C、D 间标距长度为 L_{02}。并应按下列公式计算试件最大力总伸长率 A_{sgt}： $$A_{sgt} = \left[\frac{L_{02} - L_{01}}{L_{01}} + \frac{f^0_{mst}}{E} \right] \times 100 \qquad (3-26)$$ 式中　f^0_{mst}、E——分别是试件达到最大力时的钢筋应力和钢筋理论弹性模量 　　　　L_{01}——加载前 A、B 或 C、D 间的实测长度 　　　　L_{02}——卸载后 A、B 或 C、D 间的实测长度 应用上式计算时，当试件颈缩发生在套筒一侧的钢筋母材时，L_{01} 和 L_{02} 应取另一侧标记间加载前和卸载后的长度。当破坏发生在接头长度范围内时，L_{01} 和 L_{02} 应取套筒两侧各自读数的平均值 3）接头试件型式检验应按表 3-62 和图 3-36～图 3-38 所示的加载制度进行试验 4）测量接头试件的残余变形时加载时的应力速率宜采用 2N/mm² · s⁻¹，最高不超过 10N/mm² · s⁻¹；测量接头试件的最大力总伸长率或抗拉强度时，试验机夹头的分离速率宜采用 $0.05L_c/min$，L_c 为试验机夹头间的距离 （2）接头试件现场抽检试验方法 1）现场工艺检验接头残余变形的仪表布置、测量标距和加载速度应符合本序号上述（1）之1）和4）的要求。现场工艺检验中，按本序号上述（1）之3）加载制度进行接头残余变形检验时，可采用不大于 $0.012A_s f_{stk}$ 的拉力作为名义上的零荷载 2）施工现场随机抽检接头试件的抗拉强度试验应采用零到破坏的一次加载制度

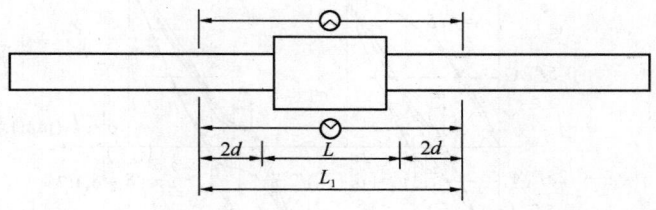

图 3-34　接头试件变形测量标距和仪表布置

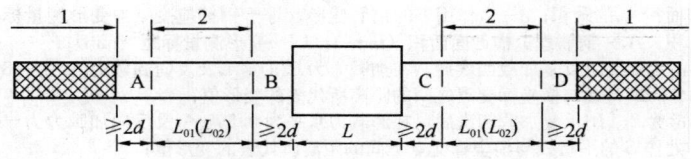

图 3-35　总伸长率 A_{sgt} 的测点布置

1—夹持区；2—测量区

接头试件形式检验的加载制度

表 3-62

序号	试验项目		加 载 制 度
1	单向拉伸		$0 \rightarrow 0.6f_{yk} \rightarrow 0$（测量残余变形）→最大拉力（记录抗拉强度）→破坏（测定最大力总伸长率）
2	高应力反复拉压		$0 \rightarrow (0.9f_{yk} \rightarrow -0.5f_{yk}) \rightarrow$ 破坏 （反复 20 次）
3	大变形反复拉压	Ⅰ级 Ⅱ级	$0 \rightarrow (2\varepsilon_{yk} \rightarrow -0.5f_{yk}) \rightarrow (5\varepsilon_{yk} \rightarrow -0.5f_{yk}) \rightarrow$ 破坏 （反复 4 次）　　　　（反复 4 次）
4		Ⅲ级	$0 \rightarrow (2\varepsilon_{yk} \rightarrow -0.5f_{yk}) \rightarrow$ 破坏 （反复 4 次）

注：荷载与变形测量偏差不应大于±5%。

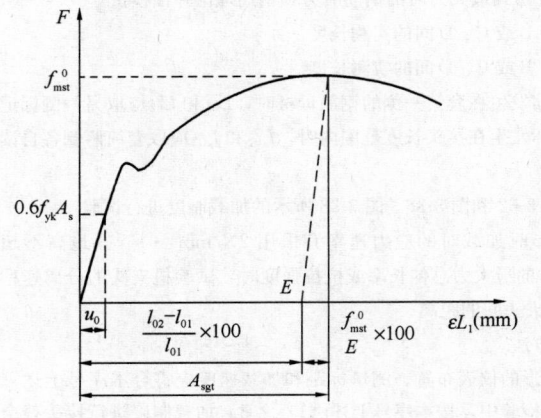

图 3-36　单向拉伸　　　　　　　　　　图 3-37　高应力反复拉压

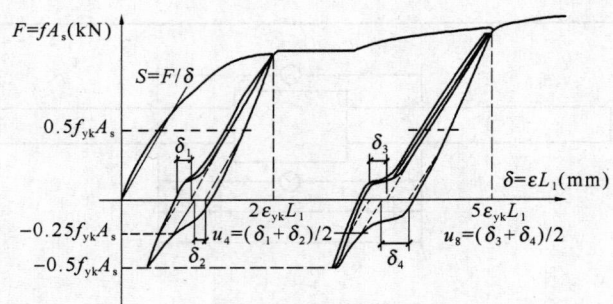

图 3-38　大变形反复拉压

注：1. S 线表示钢筋的拉、压刚度；F—钢筋所受的力，等于钢筋应力 f 与钢筋理论横截面面积 A_s 的乘积；δ—力作用下的钢筋变形，等于钢筋应变 ε 与变形测量标距 L_1 的乘积；A_s—钢筋理论横截面面积（mm^2）；L_1—变形测量标距（mm）；

2. δ_1 为 $2\varepsilon_{yk}L_1$ 反复加载四次后，在加载力为 $0.5f_{yk}A_s$ 及反向卸载力为 $-0.25f_{yk}A_s$ 处作 S 的平行线与横坐标交点之间的距离所代表的变形值；

3. δ_2 为 $2\varepsilon_{yk}L_1$ 反复加载四次后，在卸载力水平为 $0.5f_{yk}A_s$ 及反向加载力为 $-0.25f_{yk}A_s$ 处作 S 的平行线与横坐标交点之间的距离所代表的变形值；

4. δ_3、δ_4 为在 $5\varepsilon_{yk}L_1$ 反复加载四次后，按与 δ_1、δ_2 相同方法所得的变形值。

3.7.4　施工现场接头的加工与安装及接头的检验与验收

施工现场接头的加工与安装及接头的检验与验收如表 3-63 所示。

施工现场接头的加工与安装及接头的检验与验收　　　　　　表 3-63

序号	项　　目	内　　容
1	接 头 的加 工	（1）直螺纹钢筋丝头加工应符合下列规定： 1）钢筋端部应采用带锯、砂轮锯或带圆弧形刀片的专用钢筋切断机切平 2）镦粗头不应有与钢筋轴线相垂直的横向裂纹 3）钢筋丝头长度应满足产品设计要求，极限偏差应为 0～2.0p 4）钢筋丝头宜满足 6f 级精度要求，应采用专用直螺纹量规检验，通规应能顺利旋入并达到要求的拧入长度，止规旋入不得超过 3p。各规格的自检数量不应少于 10%，检验合格率不应小于 95% （2）锥螺纹钢筋丝头加工应符合下列规定： 1）钢筋端部不得有影响螺纹加工的局部弯曲 2）钢筋丝头长度应满足产品设计要求，拧紧后的钢筋丝头不得相互接触，丝头加工长度极限偏差应为 −0.5p～−1.5p 3）钢筋丝头的锥度和螺距应采用专用锥螺纹量规检验；各规格丝头的自检数量不应少于 10%，检验合格率不应小于 95%
2	接 头 的安 装	（1）直螺纹接头的安装应符合下列规定： 1）安装接头时可用管钳扳手拧紧，钢筋丝头应在套筒中央位置相互顶紧，标准型、正反丝型、异径型接头安装后的单侧外露螺纹不宜超过 2p；对无法对顶的其他直螺纹接头，应附加锁紧螺母、顶紧凸台等措施紧固 2）接头安装后应用扭力扳手校核拧紧扭矩，最小拧紧扭矩值应符合表 3-64 的规定 3）校核用扭力扳手的准确度级别可选用 10 级 （2）锥螺纹接头的安装应符合下列规定： 1）接头安装时应严格保证钢筋与连接件的规格相一致 2）接头安装时应用扭力扳手拧紧，拧紧扭矩值应满足表 3-65 的要求 3）校核用扭力扳手与安装用扭力扳手应区分使用，校核用扭力扳手应每年校核 1 次，准确度级别不应低于 5 级 （3）套筒挤压接头的安装应符合下列规定： 1）钢筋端部不得有局部弯曲，不得有严重锈蚀和附着物 2）钢筋端部应有挤压套筒后可检查钢筋插入深度的明显标记，钢筋端头离套筒长度中点不宜超过 10mm 3）挤压应从套筒中央开始，依次向两端挤压，挤压后的压痕直径或套筒长度的波动范围应用专用量规检验；压痕处套筒外径应为原套筒外径的 0.80～0.90 倍，挤压后套筒长度应为原套筒长度的 1.10～1.15 倍 4）挤压后的套筒不应有可见裂纹
3	接 头 的 检验 与 验收	（1）工程应用接头时，应对接头技术提供单位提交的接头相关技术资料进行审查与验收，并应包括下列内容： 1）工程所用接头的有效型式检验报告 2）连接件产品设计、接头加工安装要求的相关技术文件 3）连接件产品合格证和连接件原材料质量证明书 （2）接头工艺检验应针对不同钢筋生产厂的钢筋进行，施工过程中更换钢筋生产厂或接头技术提供单位时，应补充进行工艺检验。工艺检验应符合下列规定： 1）各种类型和型式接头都应进行工艺检验，检验项目包括单向拉伸极限抗拉强度和残余变形 2）每种规格钢筋接头试件不应少于 3 根 3）接头试件测量残余变形后可继续进行极限抗拉强度试验，并宜按本书表 3-62 中单向拉伸加载制度进行试验 4）每根试件极限抗拉强度和 3 根接头试件残余变形的平均值均应符合本书表 3-59 和表 3-60 的规定 5）工艺检验不合格时，应进行工艺参数调整，合格后方可按最终确认的工艺参数进行接头批量加工 （3）钢筋丝头加工应按本书表 3-63 序号 1 要求进行自检，监理或质检部门对现场丝头加工质量有异议时，可随机抽取 3 根接头试件进行极限抗拉强度和单向拉伸残余变形检验，如有 1 根试件极限抗拉强度或 3 根试件残余变形值的平均值不合格时，应整改后重新检验，检验合格后方可继续加工

序号	项 目	内 容
3	接头的检验与验收	（4）接头安装前的检验与验收应满足有关规定的要求 （5）接头现场抽检项目应包括极限抗拉强度试验、加工和安装质量检验。抽检应按验收批进行，同钢筋生产厂、同强度等级、同规格、同类型和同型式接头应以 500 个为一个验收批进行检验与验收，不足 500 个也应作为一个验收批 （6）接头安装检验应符合下列规定： 1）螺纹接头安装后应按上述（5）条的验收批，抽取其中 10% 的接头进行拧紧扭矩校核，拧紧扭矩值不合格数超过被校核接头数的 5% 时，应重新拧紧全部接头，直到合格为止 2）套筒挤压接头应按验收批抽取 10% 接头，压痕直径或挤压后套筒长度应满足本表序号 2 之（3）的要求；钢筋插入套筒深度应满足产品设计要求，检查不合格数超过 10% 时，可在本批外观检验不合格的接头中抽取 3 个试件做极限抗拉强度试验，按下述（7）条进行评定 （7）对接头的每一验收批，应在工程结构中随机截取 3 个接头试件做极限抗拉强度试验，按设计要求的接头等级进行评定。当 3 个接头试件的极限抗拉强度均符合本书表 3-59 中相应等级的强度要求时，该验收批应评为合格。当仅有 1 个试件的极限抗拉强度不符合要求，应再取 6 个试件进行复检。复检中仍有 1 个试件的极限抗拉强度不符合要求，该验收批应评为不合格 （8）对封闭环形钢筋接头、钢筋笼接头、地下连续墙预埋套筒接头、不锈钢筋接头、装配式结构构件间的钢筋接头和有疲劳性能要求的接头，可见证取样，在已加工并检验合格的钢筋丝头成品中随机割取钢筋试件，按本表序号 2 要求与随机抽取的进场套筒组装成 3 个接头试件做极限抗拉强度试验，按设计要求的接头等级进行评定。验收批合格评定应符合上述（7）条的规定 （9）同一接头类型、同型式、同等级、同规格的现场检验连续 10 个验收批抽样试件抗拉强度试验一次合格率为 100% 时，验收批接头数量可扩大为 1000 个；当验收批接头数量少于 200 个时，可按上述（7）条或（8）条相同的抽样要求随机抽取 2 个试件做极限抗拉强度试验，当 2 个试件的极限抗拉强度均满足本书表 3-59 的强度要求时，该验收批应评为合格。当有 1 个试件的极限抗拉强度不满足要求，应再取 4 个试件进行复检，复检中仍有 1 个试件极限抗拉强度不满足要求，该验收批应评为不合格 （10）对有效认证的接头产品，验收批数量可扩大至 1000 个；当现场抽检连续 10 个验收批抽样试件极限抗拉强度检验一次合格率为 100% 时，验收批数量可扩大为 1500 个。当扩大后的各验收批中出现抽样试件极限抗拉强度检验不合格的评定结果时，应将随后的各验收批数量恢复为 500 个，且不得再次扩大验收批数量 （11）设计对接头疲劳性能要求进行现场检验的工程，可按设计提供的钢筋应力幅和最大应力，或根据有关规定的接头试件进行疲劳试验。全部试件均通过 200 万次重复加载未破坏，应评定该批接头试件疲劳性能合格。每组中仅一根试件不合格，应再取相同类型和规格的 3 根接头试件进行复检，当 3 根复检试件均通过 200 万次重复加载未破坏，应评定该批接头试件疲劳性能合格，复检中仍有 1 根试件不合格时，该验收批应评定为不合格 （12）现场截取抽样试件后，原接头位置的钢筋可采用同等规格的钢筋进行绑扎搭接连接、焊接或机械连接方法补接 （13）对抽检不合格的接头验收批，应由工程有关各方研究后提出处理方案

直螺纹接头安装时的最小拧紧扭矩值 表 3-64

序号	钢筋直径（mm）	≤16	18～20	22～25	28～32	36～40	50
1	拧紧扭矩（N·m）	100	200	260	320	360	460

锥螺纹接头安装时的拧紧扭矩值 表 3-65

序号	钢筋直径（mm）	≤16	18～20	22～25	28～32	36～40	50
1	拧紧扭矩（N·m）	100	180	240	300	360	460

3.7.5 钢筋套筒挤压连接

钢筋套筒挤压连接如表 3-66 所示。

续表 3-66

序号	项　目	内　容
2	挤压设备	钢筋冷挤压设备主要有挤压设备（超高压电动油泵、挤压连接钳、超高压油管）、挤压机、悬挂平衡器（手动葫芦）、吊挂小车、划标志用工具以及检查压痕卡板等 　　YJ 型挤压设备的型号与参数见表 3-69 所示
3	挤压工艺	操作人员必须持证上岗 （1）挤压前应准备 1）钢筋端头和套管内壁的锈皮、泥砂、油污等应清理干净 2）钢筋端部要平直，弯折应矫直，被连接的带肋钢筋应花纹完好 3）对套筒作外观尺寸检查，钢套筒的几何尺寸及钢筋接头位置必须符合设计要求，套筒表面不得有裂纹、折叠、结疤等缺陷，以免影响压接质量 4）应对钢筋与套筒进行试套，如钢筋有马蹄、弯折或纵肋尺寸过大者，应预先矫正或用砂轮打磨 5）不同直径钢筋的套筒不得相互混用 6）钢筋连接端要画线定位，确保在挤压过程中能按定位标记检查钢筋伸入套筒内的长度 7）检查挤压设备情况，并进行试挤压，符合要求后才能正式挤压 （2）挤压操作要求 1）应按标记检查钢筋插入套筒内深度，钢筋端头离套筒长度中点不宜超过 10mm 2）挤压时挤压机与钢筋轴线应保持垂直 3）压接钳就位，要对正钢套筒压痕位置标记，压模运动方向与钢筋两纵肋所在的平面相垂直 4）挤压宜从套筒中央开始，依次向两端挤压 5）施压时，主要控制压痕深度。宜先挤压一端套筒（半接头），在施工作业区插入待接钢筋后再挤压另一端套筒 （3）挤压工艺 1）钢筋半接头连接工艺 装好高压油管和钢筋配用限位器、套管压模→插入钢筋顶到限位器上扶正、挤压→退回柱塞、取下压模和半套管接头 2）连接钢筋挤压工艺 半套管插入待连接的钢筋上→放置压模和垫块、挤压→退回柱塞及导向板，装上垫块、挤压→退回柱塞再加整块、挤压→退回柱塞、取下垫块、压模，卸下挤压机
4	工艺参数	施工前在选择合适材质和规格的钢套筒以及压接设备、压模后，接头性能主要取决于挤压变形量这一关键的工艺参数。挤压变形量包括压痕最小直径和压痕总宽度。参数选择见表3-70、表 3-71 所示
5	异常现象及消除措施	在套筒挤压连接中，当出现异常现象或连接缺陷时，宜按表 3-72 查找原因，采取措施，及时消除

钢套筒的规格和尺寸　　　　　　　　　　　　　　　　表 3-67

序号	钢套筒型号	钢套筒尺寸（mm）			压接标志道数
		外径	壁厚	长度	
1	G40	70	12	240	8×2
2	G36	63	11	216	7×2
3	G32	56	10	192	6×2

续表 3-67

序号	钢套筒型号	钢套筒尺寸（mm）			压接标志道数
		外径	壁厚	长度	
4	G28	50	8	168	5×2
5	G25	45	7.5	150	4×2
6	G22	40	6.5	132	3×2
7	G20	36	6	120	3×2

套筒的尺寸偏差（mm）　　　　　　表 3-68

序号	套筒外径 D	外径允许偏差	壁厚（t）允许偏差	长度允许偏差
1	≤50	±0.5	+0.12t −0.10t	±2
2	>50	±0.01D	+0.12t −0.10t	±2

钢筋挤压设备的主要技术参数　　　　　表 3-69

序号	设备型号		YJH-25	YJH-32	YJH-40	YJ650Ⅲ	YJ800Ⅲ
1	压接钳	额定压力（N/mm²）	80	80	80	53	52
2		额定挤压力（kN）	760	760	900	650	800
3		外形尺寸（mm）	φ150×433	φ150×480	φ170×530	φ155×370	φ170×450
4		重量（kg）	28	33	41	32	48
5		适用钢筋（mm）	20～25	25～32	32～40	20～28	32～40
6	超高压泵站	电机	380V，50Hz，1.5kW			380V，50Hz，1.5kW	
7		高压泵	80N/mm²，0.8L/min			80N/mm²，0.8L/min	
8		低压泵	2.0N/mm²，4.0～6.0L/min			—	
9		外形尺寸（mm）	790×540×785（长×宽×高）			390×525（高）	
10		质量（kg）	96	油箱容积（L）	20	40，油箱 12	
11		超高压胶管 100N/mm²，内径 6.0mm，长度 3.0m（5.0m）					

不同规格钢筋连接时的参数选择　　　　　表 3-70

序号	连接钢筋规格	钢套筒型号	压膜型号	压痕最小直径允许范围（mm）	压痕最小总宽度（mm）
1	φ40～φ36	G40	φ40 端 M40	60～63	≥80
			φ36 端 M36	57～60	≥80
2	φ36～φ32	G36	φ36 端 M36	54～57	≥70
			φ32 端 M32	51～54	≥70
3	φ32～φ28	G32	φ32 端 M32	48～51	≥60
			φ28 端 M28	45～48	≥60
4	φ28～φ25	G28	φ28 端 M28	41～44	≥55
			φ25 端 M25	38～41	≥55

续表 3-70

序号	连接钢筋规格	钢套筒型号	压膜型号	压痕最小直径允许范围（mm）	压痕最小总宽度（mm）
5	$\phi25\phi\sim\phi22$	G25	$\phi25$端 M25	37～39	≥50
			$\phi22$端 M22	35～37	≥50
6	$\phi25\sim\phi20$	G25	$\phi25$端 M25	37～39	≥50
			$\phi20$端 M20	33～35	≥50
7	$\phi22\sim\phi20$	G22	$\phi22$端 M22	32～34	≥45
			$\phi20$端 M20	31～33	≥45
8	$\phi22\sim\phi18$	G22	$\phi22$端 M22	32～34	≥45
			$\phi18$端 M18	29～31	≥45
9	$\phi20\sim\phi18$	G20	$\phi20$端 M20	29～31	≥45
			$\phi18$端 M18	28～30	≥45

简规格钢筋连接时的参数选择　　　　　　　　　　　表 3-71

序号	连接钢筋规格	钢套筒型号	压膜型号	压痕最小直径允许范围（mm）	压痕最小总宽度（mm）
1	$\phi40\sim\phi40$	G40	M40	60～63	≥80
2	$\phi36\sim\phi36$	G36	M36	54～57	≥70
3	$\phi32\sim\phi32$	G32	M32	48～51	≥60
4	$\phi28\sim\phi28$	G28	M28	41～44	≥55
5	$\phi25\sim\phi25$	G25	M25	37～39	≥50
6	$\phi22\sim\phi22$	G22	M22	32～34	≥45
7	$\phi20\sim\phi20$	G20	M20	29～31	≥45
8	$\phi18\sim\phi18$	G18	M18	27～29	≥40

钢筋套筒挤压连接异常现象及消除措施　　　　　　　表 3-72

序号	异常现象和缺陷	原因或消除措施
1	挤压机无挤压力	（1）高压油管连接位置不正确 （2）油泵故障
2	钢套筒套不进钢筋	（1）钢筋弯折或纵肋超偏差 （2）砂轮修磨纵肋
3	压痕分布不匀	压接时将压模与钢套筒的压接标志对正
4	接头弯折超过规定值	（1）压接时摆正钢筋 （2）切除或调直钢筋弯头
5	压接程度不够	（1）泵压不足 （2）钢套筒材料不符合要求
6	钢筋伸入套筒内长度不够	（1）未按钢筋伸入位置、标志挤压 （2）钢套筒材料不符要求
7	压痕明显不均	检查钢筋在套筒内伸入度

3.7.6 钢筋毛镦粗直螺纹套筒连接

钢筋毛镦粗直螺纹套筒连接如表 3-73 所示。

钢筋毛镦粗直螺纹套筒连接　　　　　表 3-73

序号	项　目	内　容
1	机具设备	(1) 钢筋液压冷镦机，是钢筋端头镦粗的专用设备。其型号有：HJC200 型，适用于 φ18～40 的钢筋端头镦粗；HJC250 型，适用于 φ20～40 的钢筋端头镦粗；另外还有：GZD40、CDJ-50 型等 (2) 钢筋直螺纹套丝机，是将已镦粗或未镦粗的钢筋端头切削成直螺纹的专用设备。其型号有：GZL-40、HZS-40、GTS-50 型等 (3) 扭力扳手、量规（通规、止规）等
2	镦粗直螺纹套筒	(1) 材质要求 对 HRB335 级钢筋，采用 45 号优质碳素钢；对 HRB400 级钢筋，采用 45 号经调质处理，或用性能不低于 HRB400 钢筋性能的其他钢材 (2) 规格型号及尺寸 1) 同径连接套筒，分右旋和左右旋两种（图 3-39），其尺寸见表 3-74 和表 3-75 2) 异径连接套筒如表 3-76 所示 3) 可调节连接套筒如表 3-77 所示
3	其他	应符合本书表 3-63 中有关规定

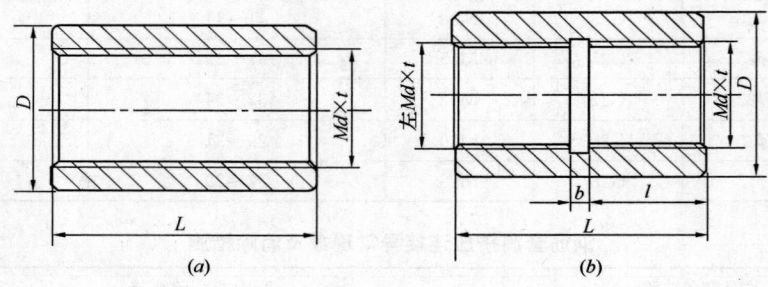

图 3-39　同径连接套筒
(a) 右旋；(b) 左右旋

同径右旋连接套筒　　　　　表 3-74

序　号	型号与标记	Md×t	D (mm)	L (mm)
1	A20S-G	24×2.5	36	50
2	A22S-G	26×2.5	40	55
3	A25S-G	29×2.5	43	60
4	A28S-G	32×3	46	65
5	A32S-G	36×3	52	72
6	A36S-G	40×3	58	80
7	A40S-G	44×3	65	90

注：$Md×t$ 为套筒螺纹尺寸；D 为套筒外径；L 为套筒长度。

同径左右旋连接套筒 表 3-75

序 号	型号与标记	$Md\times t$	D (mm)	L (mm)	l (mm)	B (mm)
1	A20SLR-G	24×2.5	38	56	24	8
2	A22SLR-G	26×2.5	42	60	26	8
3	A25SLR-G	29×2.5	45	66	29	8
4	A28SLR-G	32×3	48	72	31	10
5	A32SLR-G	36×3	54	80	35	10
6	A36SLR-G	40×3	60	86	38	10
7	A40SLR-G	44×3	67	96	43	10

异径连接套筒（mm） 表 3-76

序号	简 图	型号与标记	$Md_1\times t$	$Md_2\times t$	b	D	l	L
1		AS20-22	M26×2.5	M24×2.5	5	$\phi42$	26	57
2		AS22-25	M29×2.5	M26×2.5	5	$\phi45$	29	63
3		AS25-28	M32×3	M29×2.5	5	$\phi48$	31	67
4		AS28-32	M36×3	M32×3	6	$\phi54$	35	76
5		AS32-36	M40×3	M36×3	6	$\phi60$	38	82
6		AS36-40	M44×3	M40×3	6	$\phi67$	43	92

可调节连接套筒 表 3-77

序号	简图	型号和规格	钢筋规格 ϕ (mm)	D_0 (mm)	L_0 (mm)	L' (mm)	L_1 (mm)	L_2 (mm)
1		DSJ-22	22	40	73	52	35	35
2		DSJ-25	25	45	79	52	40	40
3		DSJ-28	28	48	87	60	45	45
4		DSJ-32	32	55	89	60	50	50
5		DSJ-36	36	64	97	66	55	55
6		DSJ-40	40	68	121	84	60	60

3.7.7 钢筋滚轧直螺纹连接

钢筋滚轧直螺纹连接如表 3-78 所示。

钢筋滚轧直螺纹连接 表 3-78

序号	项 目	内 容
1	说明	滚轧直螺纹根据螺纹成型方式不同可分为三种：直接滚轧直螺纹、挤压肋滚轧直螺纹、剥肋滚轧直螺纹 钢筋滚轧直螺纹连接是利用金属材料塑性变形后冷作硬化增强金属强度的特性，使接头母材等强的连接方法。根据滚轧直螺纹成型方式，又可分为：直接滚轧螺纹、挤压肋滚轧螺纹、剥肋滚轧螺纹三种类型

序号	项 目	内 容
1	说明	（1）直接滚轧螺纹 螺纹加工简单，设备投入少，但螺纹精度差，由于钢筋粗细不均，导致螺纹直径出现差异，接头质量受一定的影响 （2）挤肋滚轧螺纹 采用专用挤压机先将钢筋端头的横肋和纵肋进行预压平处理，然后再滚轧螺纹。其目的是减轻钢筋肋对成型螺纹的影响。此法对螺纹精度有一定的提高，但仍不能从根本上解决钢筋直径差异对螺纹精度的影响 （3）剥肋滚轧螺纹 采用剥肋滚丝机，先将钢筋端头的横肋和纵肋进行剥切处理，使钢筋滚丝前的直径达到同一尺寸，然后进行螺纹滚轧成型。此法螺纹精度高，接头质量稳定
2	滚轧直螺纹加工与检验	（1）主要机械 钢筋滚丝机型号；GZL-32、GYZL-40、GSJ-40、HGS-40 等；钢筋端头专用挤压型；钢筋剥肋滚丝机等 （2）主要工具 卡尺、量规、通端环规、止端环规、管钳、力矩扳手等
3	滚轧直螺纹套筒	滚轧直螺纹接头用连接套筒，采用优质碳素钢。连接套筒的类型有：标准型、正反丝型、变径型、可调节连接套筒等，与镦粗直螺纹套筒类型基本相同。滚轧直螺纹套筒的规格尺寸应符合表 3-79～表 3-81 的规定
4	其他	应符合本书表 3-63 中有关规定

标准型套筒几何尺寸（mm）　　　　　　表 3-79

序 号	规 格	螺纹直径	套筒外径	套筒长度
1	16	M16.5×2	25	45
2	18	M19×2.5	29	55
3	20	M21×2.5	31	60
4	22	M23×2.5	33	65
5	25	M26×3	39	70
6	28	M29×3	44	80
7	32	M33×3	49	90
8	36	M37×3.5	54	98
9	40	M41×3.5	59	105

常用变径型套筒几何尺寸（mm）　　　　　　表 3-80

序 号	套筒规格	外 径	小端螺纹	大端螺纹	套筒长度
1	16～18	29	M16.5×2	M19×2.5	50
2	16～20	31	M16.5×2	M21×2.5	53
3	18～20	31	M19×2.5	M21×2.5	58
4	18～22	33	M19×2.5	M23×2.5	60

序 号	套筒规格	外 径	小端螺纹	大端螺纹	套筒长度
5	20～22	33	M21×2.5	M23×2.5	63
6	20～25	39	M21×2.5	M26×3	65
7	22～25	39	M23×2.5	M26×3	68
8	22～28	44	M23×2.5	M29×3	73
9	25～28	44	M26×3	M29×3	75
10	25～32	49	M26×3	M33×3	80
11	28～32	49	M29×3	M33×3	85
12	28～36	54	M29×3	M37×3.5	89
13	32～36	54	M33×3	M37×3.5	94
14	32～40	59	M33×3	M41×3.5	98
15	36～40	59	M37×3.5	M41×3.5	102

可调型套筒几何尺寸（mm）　　　　　　　　　　　　　　表 3-81

序 号	规 格	螺纹直径	套筒总长	旋出后长度	增加长度
1	16	M16.5×2	118	141	96
2	18	M19×2.5	141	169	114
3	20	M21×2.5	153	183	123
4	22	M23×2.5	166	199	134
5	25	M26×3	179	214	144
6	28	M29×3	199	239	159
7	32	M33×3	222	267	117
8	36	M37×3.5	244	293	195
9	40	M41×3.5	261	314	209

3.8 钢 筋 安 装

3.8.1 钢筋现场绑扎

钢筋现场绑扎如表 3-82 所示。

钢筋现场绑扎　　　　　　　　　　　　　　表 3-82

序号	项 目	内 容
1	准备工作	（1）熟悉设计图纸，并根据设计图纸核对钢筋的牌号、规格，根据下料单核对钢筋的规格、尺寸、形状、数量等 （2）准备好绑扎用的工具，主要包括钢筋钩或全自动绑扎机、撬棍、扳子、绑扎架、钢丝刷、石笔（粉笔）、尺子等 （3）绑扎用的铁丝一般采用 20～22 号镀锌铁丝，直径≤12mm 的钢筋采用 22 号铁丝，直径＞12mm 的钢筋采用 20 号铁丝。铁丝的长度只要满足绑扎要求即可，一般是将整捆的铁丝切割为 3～4 段

序号	项 目	内 容
1	准备工作	（4）准备好控制保护层厚度的砂浆垫块或塑料垫块、塑料支架等 砂浆垫块需要提前制作，以保证其有一定的抗压强度，防止使用时粉碎或脱落。其大小一般为 50mm×50mm，厚度为设计保护层厚度。墙、柱或梁侧等竖向钢筋的保护层垫块在制作时需埋入绑扎丝 塑料垫块有两类，一类是梁、板等水平构件钢筋底部的垫块，另一类是墙、柱等竖向构件钢筋侧面保护层的垫块（支架） （5）绑轧墙、柱钢筋前，先搭设好脚手架，一是作为绑扎钢筋的操作平台，二是用于对钢筋的临时固定，防止钢筋倾斜 （6）弹出墙、柱等结构的边线和标高控制线，用于控制钢筋的位置和高度
2	钢筋绑扎搭接接头	钢筋的绑扎接头应在接头中心和两端用铁丝扎牢。同一构件中相邻纵向受力钢筋的绑扎搭接接头宜相互错开。绑扎搭接接头中钢筋的横向净距不应小于钢筋直径，且不应小于 25mm
3	基础钢筋绑扎	（1）按基础的尺寸分配好基础钢筋的位置，用石笔（粉笔）将其位置画在垫层上 （2）将主次钢筋按画出的位置摆放好 （3）当有基础底板和基础梁时，基础底板的下部钢筋应放在梁筋的下部。对基础底板的下部钢筋，主筋在下分布筋在上；对基础底板的上部钢筋，主筋在上分布筋在下 （4）基础底板的钢筋可以采用八字扣或顺扣，基础梁的钢筋应采用八字扣，防止其倾斜变形。绑扎铁丝的端部应弯入基础内，不得伸入保护层内 （5）根据设计保护层厚度垫好保护层垫块。整块间距一般为 1~1.5m。下部钢筋绑扎完后，穿插进行预留、预埋的管道安装 （6）钢筋马凳可用钢筋弯制、焊制，当上部钢筋规格较大、较密时，也可采用型钢等材料制作，其规格及间距应通过计算确定 （7）桩钢筋成型及安装 1）分段制作的钢筋笼，其接头宜采用焊接或机械式接头，并应符合本书中的有关规定 2）加劲箍宜设在主筋外侧，当因施工工艺有特殊要求时也可置于内侧 3）钢筋笼一般先在钢筋场制作成型，然后用吊车吊起送入桩孔 4）当钢筋笼的长度较长时，可采用双吊在现场吊装。吊装时，先用一台吊车将钢筋笼上部吊起，再用另一台吊车吊起钢筋笼下部，离地高度约 1m 左右，然后第一台吊车再继续起吊并调整吊钩的位置，直至钢筋笼完全竖直，将钢筋笼吊至桩孔上方并与桩孔对正，最后将钢筋笼缓慢送入桩孔 5）在下放钢筋笼时，设置好保护层垫块 6）也可采用简易的方法先在桩孔上方搭设绑扎钢筋的脚手架，将钢管水平放在桩孔上用于临时支撑钢筋笼，并在脚手架顶部用手拉葫芦（电动葫芦）将第一段钢筋笼吊挂，待第一段钢筋笼绑扎完后，将水平支撑钢管抽出，用手拉葫芦（电动葫芦）将已经绑扎完钢筋笼缓缓放入桩孔内，再在桩孔上方继续绑扎上面一段钢筋笼。然后将第二段放入桩孔，依次类推，直至钢筋笼全部完成
4	柱钢筋绑扎	（1）根据柱边线调整钢筋的位置，使其满足绑扎要求 （2）计算好本层柱所需的箍筋数量，将所有箍筋套在柱的主筋上 （3）将柱子的主筋接长，并把主筋顶部与脚手架做临时固定，保持柱主筋垂直。然后将箍筋从上至下依次绑扎

序号	项　目	内　　容
4	柱钢筋绑扎	（4）柱箍筋要与主筋相互垂直，矩形柱箍筋的端头应与模板面成135°角。柱角部主筋的弯钩平面与模板面的夹角，对矩形柱应为45°角；对多边形柱应为模板内角的平分角；对圆形柱钢筋的弯钩平面应与模板的切平面垂直；中间钢筋的弯钩平面应与模板面垂直；当采用插入式振捣器浇筑小型截面柱时，弯钩平面与模板面的夹角不得小于15° （5）柱箍筋的弯钩叠合处，应沿受力钢筋方向错开设置，不得在同一位置 （6）绑扎完成后，将保护层垫块或塑料支架固定在柱主筋上
5	墙钢筋绑扎	（1）根据墙边线调整墙插筋的位置，使其满足绑扎要求 （2）每隔2～3m绑扎一根竖向钢筋，在高度1.5m左右的位置绑扎一根水平钢筋。然后把其余竖向钢筋与插筋连接，将竖向钢筋的上端与脚手架作临时固定并校正垂直 （3）在竖向钢筋上画出水平钢筋的间距，从下往上绑扎水平钢筋。墙的钢筋网，除靠近外围两行钢筋的相交点全部扎牢外，中间部分交叉点可间隔交错扎牢，但应保证受力钢筋不产生位置偏移；双向受力的钢筋，必须全部扎牢。绑扎应采用八字扣，绑扎丝的多余部分应弯入墙内（特别是有防水要求的钢筋混凝土墙、板等结构，更应注意这一点） （4）应根据设计要求确定水平钢筋是在竖向钢筋的内侧还是外侧，当设计无要求时，按竖向钢筋在里水平钢筋在外布置 （5）墙筋的拉结筋应勾在竖向钢筋和水平钢筋的交叉点上，并绑扎牢固。为方便绑扎，拉结筋一般做成一端135°弯钩，另一端90°弯钩的形状，所以在绑扎完后还要用钢筋扳子把90°的弯钩弯成135° （6）在钢筋外侧绑上保护层垫块或塑料支架
6	梁板钢筋绑扎	（1）梁钢筋可在梁侧模安装前在梁底模板上绑扎，也可在梁侧模安装完后在模板上方绑扎，绑扎成钢筋笼后再整体放入梁模板内。第二种绑扎方法一般只用于次梁或梁高较小的梁 （2）梁钢筋绑扎前应确定好主梁和次梁钢筋的位置关系，次梁的主筋应在主梁的主筋上面。楼板钢筋则应在主梁和次梁主筋的上面 （3）先穿梁上部钢筋，再穿下部钢筋，最后穿弯起钢筋，然后根据在事先画好的箍筋控制点将箍筋分开，间隔一定距离先将其中的几个箍筋与主筋绑扎好，然后再依次绑扎其他箍筋 （4）梁箍筋的接头部位应在梁的上部，除设计有特殊要求外，应与受力钢筋垂直设置；箍筋弯钩叠合处，应沿受力钢筋方向错开设置 （5）梁端第一个箍筋应在距支座边缘50mm处 （6）当梁主筋为双排或多排时，各排主筋间的净距不应小于25mm，且不小于主筋的直径。现场可用短钢筋作垫铁在两排主筋之间，以控制其间距，短钢筋方向与主筋垂直。当梁主筋最大直径不大于25mm时，采用25mm短钢筋作垫铁；当梁主筋最大直径大于25mm时，采用与梁主筋规格相同的短钢筋作垫铁。短钢筋的长度为梁宽减两个保护层厚度，短钢筋不应伸入混凝土保护层内 （7）板钢筋绑扎前先在模板上画出钢筋的位置，然后将主筋和分布筋摆在模板上，主筋在下分布筋在上，调整好间距后依次绑扎。对于单向板钢筋，除靠近外围两行钢筋的相交点全部扎牢外，中间部分交叉点可间隔交错绑扎牢固，但应保证受力钢筋不产生位置偏移；双向受力的钢筋，必须全部扎牢。相邻绑扎扣应成八字形，防止钢筋变形 （8）板底层钢筋绑扎完，穿插预留预埋管线的施工，然后绑扎上层钢筋 （9）在两层钢筋间应设置马镫，以控制两层钢筋间的距离。马镫的间距一般为1m。如上层钢筋的规格较小容易弯曲变形时，其间距应缩小 （10）对楼梯钢筋，应先绑扎楼梯梁钢筋，再绑扎休息平台板和斜板的钢筋。休息平台板或斜板钢筋绑扎时，主筋在下分布筋在上，所有交叉点均应绑扎牢固

序号	项 目	内 容
7	特殊节点 钢筋绑扎	（1）钢筋绑扎的细部构造要求 1）过梁箍筋应有一根在暗柱内，且距暗柱边 50mm 2）楼板的纵横钢筋距墙边（或梁边）50mm 3）梁、柱接头处的箍筋距柱边 50mm 4）次梁两端箍筋距主梁 50mm 5）阳台留出竖向钢筋距墙边 50mm 6）墙面水平筋或暗柱箍筋距楼（地）面 30～50mm；墙面纵向筋距暗柱、门口边 50mm 7）钢筋绑扎时的绑扣应朝向内侧 （2）复合箍筋的安装 1）复合箍筋的外围应选用封闭箍筋。梁类构件复合箍筋宜尽量选用封闭箍筋，单数肢也可采用拉筋；柱类构件复合箍筋可全部采用拉筋 2）复合箍筋的局部重叠不宜少于 2 层。当构件两个方向均采用复合箍筋时，外围封闭箍筋应位于两个方向的内部箍筋（或拉筋）中间。当拉筋设置在复合箍筋内部不对称的一边时，沿构件周线方向相邻箍筋应交错布置 3）拉筋宜紧靠封闭箍筋，并勾住纵向钢筋 （3）体育场看台钢筋的绑扎 体育场看台板有平板、折板等形式。平板式看台板钢筋的绑扎方法与普通楼板的钢筋的绑扎方法相同。折板钢筋应在折板的竖向模板支设前绑扎，钢筋的位置应满足设计要求 （4）斜柱钢筋的绑扎 斜柱钢筋的绑扎方法与普通柱基本相同，但应在绑扎过程中，对斜柱钢筋进行临时支撑，防止其倾斜或扭曲 （5）预埋件的安装 1）柱、墙、梁等结构侧面的预埋件，应在模板支设前安装。混凝土底部或顶部的预埋件安装前，要先在模板或钢筋上画出预埋件的位置 2）结构侧面的预埋件安装时，先根据结构轴线及标高控制线确定预埋件的位置和高度，与钢筋骨架临时固定，然后再根据保护层厚度调整其伸出钢筋骨架的尺寸，然后再与钢筋骨架固定牢固 3）梁底或板底的预埋件，应在模板安装完成后安装就位，并临时固定，钢筋绑扎时再与钢筋绑扎牢固 4）混凝土顶面的预埋件，应在模板及钢筋安装完成后安装 （6）墙体拉结筋的留置 1）填充墙拉结筋的留置有以下几种常用的方法： ①在模板上打孔，留插筋。为方便拆模，其外露端部先不做弯钩，拆模后再将末端弯成 90°弯钩。墙体拉结筋可以一次留足长度，也可先预埋 100～200mm 长插筋，墙体砌筑前再采用搭接焊接长至所需长度。焊缝长度为：单面搭接焊 10d，双面搭接焊 5d ②预埋铁件，拆模后将拉结筋与铁件进行焊接。对于钢模板，一般无法在楼板上打孔，可采用这种方法。预埋铁件的样式如图 3-40 所示 ③植筋。这种方法安装简便，拉结筋位置容易控制，但是由于锚固胶的耐久性还不是十分确切，而且植筋的质量也存在很多问题，因此有些地区不允许采用植筋的方法留置拉结筋。如需采用这种方法，事先应与当地主管部门和设计单位进行协商 2）砖混结构的拉结筋，在砌筑时随砌随放 3）拉结筋采用 ϕ6 钢筋，竖向间距为 500mm，长度应根据设计要求及有关图集确定

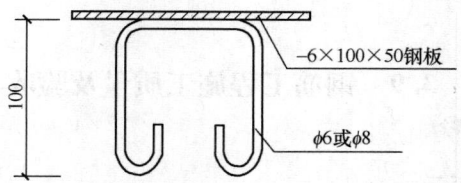

图 3-40 拉结筋预埋件

3.8.2 钢筋网与钢筋骨架安装

钢筋网与钢筋骨架安装如表 3-83 所示。

表 3-83

钢筋网与钢筋骨架安装

序号	项 目	内 容
1	绑扎钢筋网与钢筋骨架安装	（1）为便于运输，绑扎钢筋网的尺寸不宜过大，一般以两个方向的边长均不超过 5m 为宜。对钢筋骨架，如果是在现场绑扎成型，长度一般不超过 12m；如果是在场外绑扎成型，长度一般不超过 9m （2）对于尺寸较大的钢筋网，运输和吊装时应采取防止变形的措施，如在钢筋网上绑扎两道斜向钢筋形成"X"形。钢筋骨架也可采取类似方法，形式见图 3-41。防变形钢筋应在吊装就位后拆除 （3）钢筋骨架的长度不大于 6m 时，可采用两点吊装，当长度大于 6m 时，应采用钢扁担 4 点吊装
2	钢筋焊接网安装	（1）钢筋焊接网在运至现场后，应按不同规格分类堆放，并设置料牌，防止错用 （2）对两端需要伸入梁内的钢筋焊接网，在安装时将两侧梁的钢筋向两侧移动，将钢筋焊接网就位后，再将梁的钢筋复位。如果上述方法仍不能将钢筋焊接网放入，也可先将钢筋焊接网的一边伸入架内，然后将钢筋焊接网适当向上弯曲，把钢筋焊接网的另一侧也深入梁内，并慢慢将钢筋焊接网恢复平整 （3）钢筋焊接网安装时，下层钢筋网需设置保护层垫块，其间距应根据焊接钢筋的规格大小适当调整，一般为 500～1000mm （4）双层钢筋网之间应设置钢筋马凳或支架，以控制两层钢筋网的间距。马凳或支架的间距一般为 500～1000mm

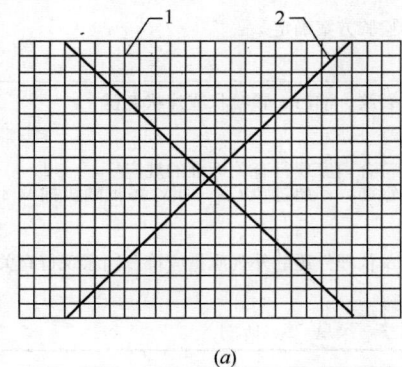 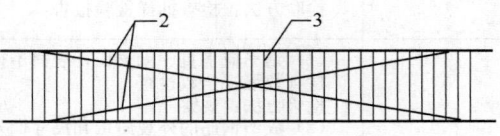

(a)　　　　　(b)

图 3-41 绑扎钢筋网和钢筋骨架的防变形措施

1—钢筋网；2—防变形钢筋；3—钢筋骨架

3.9 钢筋工程施工质量及验收

3.9.1 一般规定

一般规定如表 3-84 所示。

一 般 规 定 表 3-84

序号	项 目	内 容
1	钢筋的品种、级别或规格	钢钢筋的品种、级别或规格需做变更时,应办理设计变更文件
2	隐蔽工程验收	在浇筑混凝土之前,应进行钢筋隐蔽工程验收,其内容包括: (1) 纵向受力钢筋的品种、规格、数量、位置等 (2) 钢筋的连接方式、接头位置、接头数量、接头面积百分率等 (3) 箍筋、横向钢筋的品种、规格、数量、间距等 (4) 预埋件的规格、数量、位置等

3.9.2 原材料

原材料要求如表 3-85 所示。

原 材 料 表 3-85

序号	项 目	内 容
1	主控项目	(1) 钢筋进场时,应按国家现行相关标准的规定抽取试件作屈服强度、抗拉强度、伸长率、弯曲性能和重量偏差检验,检验结果应符合相应标准的规定 检查数量:按进场批次和产品的抽样检验方案确定 检验方法:检查质量证明文件和抽样检验报告 (2) 成型钢筋进场时,应抽取试件作屈服强度、抗拉强度、伸长率和重量偏差检验,检验结果应符合国家现行有关标准的规定 对由热轧钢筋制成的成型钢筋,当有施工单位或监理单位的代表驻厂监督生产过程,并提供原材钢筋力学性能第三方检验报告时,可仅进行重量偏差检验 检查数量:同一厂家、同一类型、同一钢筋来源的成型钢筋,不超过 30t 为一批,每批中每种钢筋牌号、规格均应至少抽取 1 个钢筋试件,总数不应少于 3 个 检验方法:检查质量证明文件和抽样检验报告 (3) 对按一、二、三级抗震等级设计的框架和斜撑构件(含梯段)中的纵向受力普通钢筋应采用 HRB335E、HRB400E、HRB500E、HRBF335E、HRBF400E 或 HRBF500E 钢筋,其强度和最大力下总伸长率的实测值应符合下列规定: 1) 抗拉强度实测值与屈服强度实测值的比值不应小于 1.25 2) 屈服强度实测值与屈服强度标准值的比值不应大于 1.30 3) 最大力下总伸长率不应小于 9% 检查数量:按进场的批次和产品的抽样检验方案确定 检验方法:检查抽样检验报告
2	一般项目	(1) 钢筋应平直、无损伤,表面不得有裂纹、油污、颗粒状或片状老锈 检查数量:全数检查 检验方法:观察 (2) 成型钢筋的外观质量和尺寸偏差应符合国家现行有关标准的规定 检查数量:同一厂家、同一类型的成型钢筋,不超过 30t 为一批,每批随机抽取 3 个成型钢筋 检验方法:观察,尺量 (3) 钢筋机械连接套筒、钢筋锚固板以及预埋件等的外观质量应符合国家现行有关标准的规定 检查数量:按国家现行有关标准的规定确定 检验方法:检查产品质量证明文件;观察,尺量

3.9.3 钢筋加工

钢筋加工要求如表 3-86 所示。

钢 筋 加 工　　　　　　　　　　　　　　　　　　　　表 3-86

序号	项　目	内　容
1	主控项目	（1）钢筋弯折的弯弧内直径应符合下列规定： 1）光圆钢筋，不应小于钢筋直径的 2.5 倍 2）335N/mm² 级、400N/mm² 级带肋钢筋，不应小于钢筋直径的 4 倍 3）500N/mm² 级带肋钢筋，当直径为 28mm 以下时不应小于钢筋直径的 6 倍，当直径为 28mm 及以上时不应小于钢筋直径的 7 倍 4）箍筋弯折处尚不应小于纵向受力钢筋的直径 检查数量：同一设备加工的同一类型钢筋，每工作班抽查不应少于 3 件 检验方法：尺量 （2）纵向受力钢筋的弯折后平直段长度应符合设计要求。光圆钢筋末端做 180°弯钩时，弯钩的平直段长度不应小于钢筋直径的 3 倍 检查数量：同一设备加工的同一类型钢筋，每工作班抽查不应少于 3 件 检验方法：尺量 （3）箍筋、拉筋的末端应按设计要求做弯钩，并应符合下列规定： 1）对一般结构构件，箍筋弯钩的弯折角度不应小于 90°，弯折后平直段长度不应小于箍筋直径的 5 倍；对有抗震设防要求或设计有专门要求的结构构件，箍筋弯钩的弯折角度不应小于 135°，弯折后平直段长度不应小于箍筋直径的 10 倍 2）圆形箍筋的搭接长度不应小于其受拉锚固长度，且两末端弯钩的弯折角度不应小于 135°，弯折后平直段长度对一般结构构件不应小于箍筋直径的 5 倍，对有抗震设防要求的结构构件不应小于箍筋直径的 10 倍 3）梁、柱复合箍筋中的单肢箍筋两端弯钩的弯折角度均不应小于 135°，弯折后平直段长度应符合本条第 1 款对箍筋的有关规定 检查数量：同一设备加工的同一类型钢筋，每工作班抽查不应少于 3 件 检验方法：尺量 （4）盘卷钢筋调直后应进行力学性能和重量偏差检验，其强度应符合国家现行有关标准的规定，其断后伸长率、重量偏差应符合表 3-87 的规定。力学性能和重量偏差检验应符合下列规定： 1）应对 3 个试件先进行重量偏差检验，再取其中 2 个试件进行力学性能检验。 2）重量偏差应按下式计算： $$\Delta = \frac{W_d - W_0}{W_0} \times 100$$ 式中：Δ——重量偏差（%） 　　　W_d——3 个调直钢筋试件的实际重量之和（kg） 　　　W_0——钢筋理论重量（kg），取每米理论重量（kg/m）与 3 个调直钢筋试件长度之和（m）的乘积 3）检验重量偏差时，试件切口应平滑并与长度方向垂直，其长度不应小于 500mm；长度和重量的量测精度分别不应低于 1mm 和 1g 采用无延伸功能的机械设备调直的钢筋，可不进行本条规定的检验 检查数量：同一设备加工的同一牌号、同一规格的调直钢筋，重量不大于 30t 为一批，每批见证抽取 3 个试件 检验方法：检查抽样检验报告。
2	一般项目	钢筋加工的形状、尺寸应符合设计要求，其偏差应符合表 3-88 的规定； 检查数量：同一设备加工的同一类型钢筋，每工作班抽查不应少于 3 件； 检验方法：尺量

盘卷钢筋和直条钢筋调直后的断后伸长率、重量负偏差要求　　　　　表 3-87

序号	钢筋牌号	断后伸长率 A（%）	重量负偏差（%）	
			直径 6～12mm	直径 14～20mm
十	HPB300	≥21	≥-10	—
2	HRB335	≥16	≥-8	≥-6
3	HRB400、HRBF400	≥15		
4	RRB400	≥13		
5	HRB500、HRBF500	≥14		

注：断后伸长率 A 的量测标距为 5 倍钢筋公称直径。

223

序 号	项 目	允许偏差（mm）
1	受力钢筋顺长度方向全长的净尺寸	±10
2	弯起钢筋的弯折位置	±20
3	箍筋外廓尺寸	±5

钢筋加工的允许偏差　　　　　　　　表 3-88

3.9.4　钢筋连接

钢筋连接要求如表 3-89 所示。

钢　筋　连　接　　　　　　　　表 3-89

序号	项目	内容
1	主控项目	（1）钢筋的连接方式应符合设计要求 检查数量：全数检查 检验方法：观察 （2）钢筋采用机械连接或焊接连接时，钢筋机械连接接头、焊接接头的力学性能、弯曲性能应符合国家现行有关标准的规定。接头试件应从工程实体中截取 检查数量：按现行行业标准《钢筋机械连接技术规程》JGJ 107 和《钢筋焊接及验收规程》JGJ 18 的规定确定 检验方法：检查质量证明文件和抽样检验报告 （3）钢筋采用机械连接时，螺纹接头应检验拧紧扭矩值，挤压接头应检查压痕直径，检验结果应符合现行行业标准《钢筋机械连接技术规程》JGJ 107 的相关规定 检查数量：按现行行业标准《钢筋机械连接技术规程》JGJ 107 的规定确定 检验方法：采用专用扭力扳手或专用量规检查
2	一般项目	（1）钢筋接头的位置应符合设计和施工方案要求。有抗震设防要求的结构中，梁端、柱端箍筋加密区范围内不应进行钢筋搭接。接头末端至钢筋弯起点的距离不应小于钢筋直径的 10 倍 检查数量：全数检查 检验方法：观察，尺量 （2）钢筋机械连接接头、焊接接头的外观质量应符合现行行业标准《钢筋机械连接技术规程》JGJ 107 和《钢筋焊接及验收规程》JGJ 18 的规定 检查数量：按现行行业标准《钢筋机械连接技术规程》JGJ 107 和《钢筋焊接及验收规程》JGJ 18 的规定确定 检验方法：观察，尺量 （3）当纵向受力钢筋采用机械连接接头或焊接接头时，同一连接区段内纵向受力钢筋的接头面积百分率应符合设计要求；当设计无具体要求时，应符合下列规定： 1）受拉接头，不宜大于 50%；受压接头，可不受限制 2）直接承受动力荷载的结构构件中，不宜采用焊接；当采用机械连接时，不应超过 50% 检查数量：在同一检验批内，对梁、柱和独立基础，应抽查构件数量的 10%，且不应少于 3 件；对墙和板，应按有代表性的自然间抽查 10%，且不应少于 3 间；对大空间结构，墙可按相邻轴线间高度5m左右划分检查面，板可按纵横轴线划分检查面，抽查 10%，且均不应少于 3 面 检验方法：观察，尺量 注：1. 接头连接区段是指长度为 35d 且不小于 500mm 的区段，d 为相互连接两根钢筋的直径较小值 　　2. 同一连接区段内纵向受力钢筋接头面积百分率为接头中点位于该连接区段内的纵向受力钢筋截面面积与全部纵向受力钢筋截面面积的比值

序号	项 目	内 容
2	一般项目	（4）当纵向受力钢筋采用绑扎搭接接头时，接头的设置应符合下列规定： 1）接头的横向净间距不应小于钢筋直径，且不应小于 25mm 2）同一连接区段内，纵向受拉钢筋的接头面积百分率应符合设计要求；当设计无具体要求时，应符合下列规定： ① 梁类、板类及墙类构件，不宜超过 25%；基础筏板，不宜超过 50% ②柱类构件，不宜超过 50% ③ 当工程中确有必要增大接头面积百分率时，对梁类构件，不应大于 50% 检查数量：在同一检验批内，对梁、柱和独立基础，应抽查构件数量的 10%，且不应少于 3 件；对墙和板，应按有代表性的自然间抽查 10%，且不应少于 3 间；对大空间结构，墙可按相邻轴线间高度 5m 左右划分检查面，板可按纵横轴线划分检查面，抽查 10%，且均不应少于 3 面 检验方法：观察，尺量 注：1. 接头连接区段是指长度为 1.3 倍搭接长度的区段。搭接长度取相互连接两根钢筋中较小直径计算 　　　2. 同一连接区段内纵向受力钢筋接头面积百分率为接头中点位于该连接区段长度内的纵向受力钢筋截面面积与全部纵向受力钢筋截面面积的比值 （5）梁、柱类构件的纵向受力钢筋搭接长度范围内箍筋的设置应符合设计要求；当设计无具体要求时，应符合下列规定： 1）箍筋直径不应小于搭接钢筋较大直径的 1/4 2）受拉搭接区段的箍筋间距不应大于搭接钢筋较小直径的 5 倍，且不应大于 100mm 3）受压搭接区段的箍筋间距不应大于搭接钢筋较小直径的 10 倍，且不应大于 200mm 4）当柱中纵向受力钢筋直径大于 25mm 时，应在搭接接头两个端面外 100mm 范围内各设置二道箍筋，其间距宜为 50mm 检查数量：在同一检验批内，应抽查构件数量的 10%，且不应少于 3 件 检验方法：观察，尺量

3.9.5 钢筋安装

钢筋安装要求如表 3-90 所示。

钢 筋 安 装　　　　　　　　　　　　　　　表 3-90

序号	项 目	内 容
1	主控项目	（1）钢筋安装时，受力钢筋的牌号、级别、规格和数量必须符合设计要来 检查数量：全数检查 检验方法：观察，尺量 （2）钢筋应安装牢固，受力钢筋的安装位置、锚固方式应符合设计要求 检查数量：全数检查 检验方法：观察，尺量
2	一般项目	钢筋安装偏差及检验方法应符合表 3-91 的规定，受力钢筋保护层厚度的合格点率应达到 90% 及以上，且不得有超过表中数值 1.5 倍的尺寸偏差 检查数量：在同一检验批内，对梁、柱和独立基础，应抽查构件数量的 10%，且不应少于 3 件；对墙和板，应按有代表性的自然间抽查 10%，且不应少于 3 间；对大空间结构，墙可按相邻轴线间高度 5m 左右划分检查面，板可按纵、横轴线划分检查面，抽查 10%，且均不应少于 3 面

钢筋安装允许偏差和检验方法　　　　　　表 3-91

序号	项　　　目		允许偏差 （mm）	检　验　方　法
1	绑扎钢筋网	长、宽	±10	尺量
2		网眼尺寸	±20	尺量连续三档， 取最大偏差值
3	绑扎钢筋骨架	长	±10	尺量
4		宽、高	±5	尺量
4	纵向受力钢筋	锚固长度	−20	尺量
5		间距	±10	尺量两端、中间各一点， 取最大偏差值
6		排距	±5	
8	纵向受力钢筋、箍筋的 混凝土保护层厚度	基础	±10	尺量
9		柱、梁	±5	尺量
10		板、墙、壳	±3	尺量
11	绑扎箍筋、横向钢筋间距		±20	尺量连续三档， 取最大偏差值
12	钢筋弯起点位置		20	尺量
13	预埋件	中心线位置	5	尺量
14		水平高差	+3, 0	塞尺量测

注：检查中心线位置时，沿纵、横两个方向量测，并取其中偏差的较大值。

3.10　绿　色　施　工

3.10.1　绿色施工原则

实施绿色施工，应对施工策划、材料采购、现场施工、工程验收等各阶段进行控制，加强对整个施工过程的管理和监督。

3.10.2　绿色施工要点

绿色施工要点如表 3-92 所示。

绿色施工要点　　　　　　　　表 3-92

序号	项　　　目	内　　　　容
1	环境保护 技术要点	（1）钢材堆放区和加工区地面应进行硬化，防止扬尘 （2）钢筋加工采用低噪声、低振动的机具，采取隔音与隔振措施，避免或减少施工噪声和振动。在施工场界对噪声进行实时监测与控制。现场噪声排放不得超过国家标准《建筑施工场界环境噪声排放标准》GB 12523 的规定 （3）电焊作业采取遮挡措施，避免电焊弧光外泄 （4）对于化学品等有毒材料、油料的储存地，应有严格的隔水层设计，做好渗漏液收集和处理
2	节材与材 料资源利用 技术要点	（1）图纸会审时，应审核节材与材料资源利用的相关内容，尽可能降低材料损耗 （2）根据施工进度、库存情况等合理安排材料的采购、进场时间和批次，减少库存 （3）现场材料堆放有序，储存环境适宜，措施得当。保管制度健全，责任落实

序号	项　目	内　容
2	节材与材料资源利用技术要点	（4）材料运输工具适宜，装卸方法得当，减少损坏和变形。根据现场平面布置情况就近卸载，避免和减少二次搬运 （5）就近取材，施工现场 500km 以内生产的钢材及其他材料用量占总用量的 70% 以上 （6）推广使用高强钢筋，减少资源消耗 （7）尽量采用钢筋工厂化加工和配送 （8）优化钢筋配料下料方案。钢筋制作前应对下料单及样品进行复核，无误后方可批量下料 （9）现场钢筋加工棚采用工具式可周转的防护棚 （10）在施工现场进行钢筋加工时，应设置钢筋废料专用收集槽
3	节能与能源利用的技术要点	（1）优先使用国家、行业推荐的节能、高效、环保的钢筋设备和机具，如选用变频技术的节能设备等 （2）在施工组织设计中，合理安排钢筋工程的施工顺序、工作面，以减少作业区域的机具数量，相邻作业区应充分利用共有的机具资源。安排施工工艺时，应优先考虑耗用电能的或其他能耗较少的施工工艺。避免设备额定功率远大于使用功率或超负荷使用设备的现象 （3）建立施工机械设备管理制度，开展用电、用油计量，完善设备档案，及时做好维修保养工作，使机械设备保持低耗、高效的状态 （4）选择功率与负载相匹配的钢筋机械设备，避免大功率钢筋机械设备低负载长时间运行。机械设备宜使用节能型油料添加剂，在可能的情况下，考虑回收利用，节约油量 （5）临时用电优先选用节能电线和节能灯具，线路合理设计、布置，用电设备宜采用自动控制装置。采用声控、光控等节能照明灯具 （6）照明设计以满足最低照度为原则，照度不应超过最低照度的 20%
4	节地与施工用地保护的技术要点	（1）根据施工规模及现场条件等因素合理确定临时设施，如临时加工厂、现场钢筋棚及材料堆场等 （2）钢筋加工棚及材料堆放场地应做到科学、合理、紧凑，充分利用原有建筑物、构筑物、道路。在满足环境、职业健康与安全及文明施工要求的前提下尽可能减少废弃地和死角，钢筋施工设施占地面积有效利用率大于 90% （3）施工现场的加工厂、作业棚、材料堆场等布置应尽量靠近已有交通线路或即将修建的正式或临时交通线路，缩短运输距离 4）钢筋工程临时设施布置应注意远近结合（本期工程与下期工程），努力减少和避免大量临时建筑拆迁和场地搬迁

第4章 混凝土结构工程施工预应力工程

4.1 预应力工程一般规定

4.1.1 预应力施工规定

预应力施工应遵循以下规定：

（1）预应力施工必须由具有预应力专项施工资质的专业施工单位进行。

（2）预应力专业施工单位或预制构件的生产商所完成的深化设计应经原设计单位认可。

（3）在施工前，预应力专业施工单位或预制构件的生产商应根据设计文件，编制专项施工方案。

（4）预应力混凝土工程应依照设计要求的施工顺序施工，并应考虑各施工阶段偏差对结构安全度的影响。必要时应进行施工监测，并采取相应调整措施。

4.1.2 预应力工程规定

预应力工程规定如表 4-1 所示。

预应力工程规定 表 4-1

序号	项 目	内 容
1	专项施工方案	（1）预应力工程应编制专项施工方案。必要时，施工单位应根据设计文件进行深化设计 （2）预应力专项施工方案内容一般包括：施工顺序和工艺流程；预应力施工工艺，包括预应力筋制作、孔道预留、预应力筋安装、预应力筋张拉、孔道灌浆和封锚等；材料采购和检验、机具配备和张拉设备标定；施工进度和劳动力安排、材料供应计划；有关分项工程的配合要求；施工质量要求和质量保证措施；施工安全要求和安全保证措施；施工现场管理机构等 预应力混凝土工程的施工图深化设计内容一般包括：材料、张拉锚固体系、预应力筋束形定位坐标图、张拉端及固定端构造、张拉控制应力、张拉或放张顺序及工艺、锚具封闭构造、孔道摩擦系数取值等。根据本书表 1-3 序号 1 之（3）的规定，预应力专业施工单位完成的深化设计文件应经原设计单位确认
2	环境温度	（1）预应力工程施工应根据环境温度采取必要的质量保证措施，并应符合下列规定： 1）当工程所处环境温度低于 -15℃ 时，不宜进行预应力筋张拉 2）当工程所处环境温度高于 35℃ 或日平均环境温度连续 5 日低于 5℃ 时，不宜进行灌浆施工；当在环境温度高于 35℃ 或日平均环境温度连续 5 日低于 5℃ 条件下进行灌浆施工时，应采取专门的质量保证措施 （2）工程经验表明，当工程所处环境温度低于 -15℃ 时，易造成预应力筋张拉阶段的脆性断裂，不宜进行预应力筋张拉；灌浆施工会受环境温度影响，高温下因水分蒸发水泥浆的稠度将迅速提高，而冬期的水泥浆易受冻结冰，从而造成灌浆操作困难，且难以保证质量，因此应尽量避开高温环境下灌浆和冬期灌浆。如果不得已在冬期环境下灌浆施工，应通过采用抗冻水泥浆或对构件采取保温措施等来保证灌浆质量

序号	项　目	内　容
3	预应力筋代换	（1）当预应力筋需要代换时，应进行专门计算，并应经原设计单位确认 （2）预应力筋的品种、级别、规格、数量由设计单位根据相关标准选择，并经结构设计计算确定，任何一项参数的变化都会直接影响预应力混凝土的结构性能。预应力筋代换意味着其品种、级别、规格、数量以及锚固体系的相应变化，将会带来结构性能的变化，包括构件承载能力、抗裂度、挠度以及锚固区承载能力等，因此进行代换时，应按现行国家标准《混凝土结构设计规范》GB 50010 等进行专门的计算，并经原设计单位确认，应严格执行

4.2　预 应 力 筋 材 料

4.2.1　预应力筋品种与规格

预应力筋品种与规格如表 4-2 所示。

预应力筋品种与规格　　　　　　　　　　　　　　　　　　　　表 4-2

序号	项　目	内　容
1	预应力钢丝	预应力钢丝是用优质高碳钢盘条经过表面准备、拉丝及稳定化处理而成的钢丝总称。预应力钢丝根据深加工要求不同和表面形状不同分类如下： （1）冷拉钢丝 冷拉钢丝是用盘条通过拔丝模拔轧辊经冷加工而成产品，以盘卷供货的钢丝，可用于制造铁路轨枕、压力水管、电杆等预应力混凝土先张法构件 （2）消除应力钢丝（普通松弛型 WNR） 消除应力钢丝（普通松弛型）是冷拔后经高速旋转的矫直辊筒矫直，并经回火处理的钢丝。钢丝经矫直回火后，可消除钢丝冷拔中产生的残余应力，提高钢丝的比例极限、屈强比和弹性模量，并改善塑性；同时获得良好的伸直性，施工方便 （3）消除应力钢丝（低松弛型 WLR） 消除应力钢丝（低松弛型）是冷拔后在张力状态下（在塑性变形下）经回火处理的钢丝。这种钢丝，不仅弹性极限和屈服强度提高，而且应力松弛率大大降低，因此特别适用于抗裂要求高的工程，同时钢材用量减少，经济效益显著，这种钢丝已逐步在建筑、桥梁、市政、水利等大型工程中推广应用 （4）刻痕钢丝 刻痕钢丝是用冷轧或冷拔方法使钢丝表面产生规则间隔的凹痕或凸纹的钢丝，如图 4-1 所示。这种钢丝的性能与矫直回火钢丝基本相同，但由于钢丝表面凹痕或凸纹可增加与混凝土的握裹粘结力，故可用于先张法预应力混凝土构件 （5）螺旋肋钢丝 螺旋肋钢丝是通过专用拔丝模冷拔方法使钢丝表面沿长度方向上产生规则间隔的肋条的钢丝，如图 4-2 所示。钢丝表面螺旋肋可增加与混凝土的握裹力。这种钢丝可用于先张法预应力混凝土构件 预应力钢丝的规格与力学性能应符合国家标准《预应力混凝土用钢丝》GB/T 5223—2002/XG2—2008 的规定

序号	项　　目	内　　容
2	预应力钢绞线	（1）简述 预应力钢绞线是由多根冷拉钢丝在绞线机上成螺旋形绞合，并经连续的稳定化处理而成的总称。钢绞线的整根破断力大，柔性好，施工方便，在土木工程中的应用非常广泛 预应力钢绞线按捻制结构不同可分为：1×2 钢绞线、1×3 钢筋线、1×3 钢绞线和 1×7 钢绞线等，外形示意如图 4-3 所示。其中 1×7 钢绞线用途最为广泛，即适用先张法，又适用于后张法预应力混凝土结构。它是由 6 根外层钢丝围绕着一根中心钢丝顺一个方向扭结而成。1×2 钢绞线和 1×3 钢绞线仅用于先张法预应力混凝土构件 钢绞线根据加工要求不同又可分为：标准型钢绞线、刻痕钢绞线和模拔钢绞线 （2）标准型钢绞线 标准型钢绞线即消除应力钢绞线，是由冷拉光圆钢丝捻制成的钢绞线，标准型钢绞线力学性能优异、质量稳定、价格适中，是我国土木建筑工程中用途最广、用量最大的一种预应力筋 （3）刻痕钢绞线 刻痕钢绞线是由刻痕钢丝捻制成的钢绞线，可增加钢绞线与混凝土的握裹力。其力学性能与标准型钢绞线相同 （4）模拔钢绞线 模拔钢绞线是在捻制成形后，再经模拔处理制成。这种钢绞线内的各根钢丝为面接触，使钢绞线的密度提高约 18%。在相同截面面积时，该钢绞线的外径较小，可减少孔道直径；在相同直径的孔道内，可使钢绞线的数量增加，而且它与锚具的接触面较大，易于锚固 钢绞线的规格和力学性能应符合现行国家标准《预应力混凝土用钢绞线》GB/T 5224 的规定
3	螺纹钢筋及钢拉杆	（1）螺纹钢筋 精轧螺纹钢筋是一种用热轧方法在整根钢筋表面上轧出带有不连续的外螺纹、不带纵肋的直条钢筋，如图4-4所示。该钢筋用连接器进行接长，端头锚固直接用螺母进行锚固。这种钢筋具有连接可靠、锚固简单、施工方便，无需焊接等优点 螺纹钢筋的规格和力学性能应符合现行国家标准《预应力混凝土用螺纹钢筋》GB/T 20065 的规定 （2）预应力钢拉杆 预应力钢拉杆是由优质碳素结构钢。低合金高强度结构钢和合金结构钢等材料经热处理后制成的一种光圆钢棒，钢棒两端装有耳板或叉耳，中间装有调节套筒组成的钢拉杆，如图 4-36所示。其直径一般是 $\phi20\sim\phi210$。预应力钢拉杆按杆体屈服强度分为 345、460、550 和 650N/mm^2 四种强度级别。预应力钢拉杆主要用于大跨度空间钢结构、船坞，码头及坑道等领域 预应力钢拉杆的力学性能应符合现行国家标准《钢拉杆》GB/T 20934 的规定

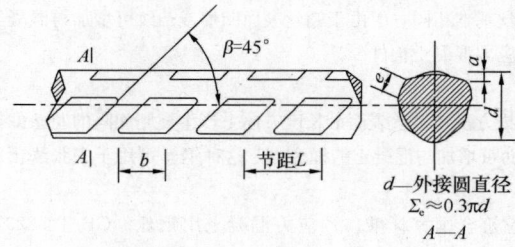

图 4-1　三面刻痕钢丝示意图

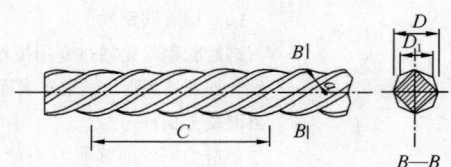

图 4-2　螺旋肋钢丝示意图

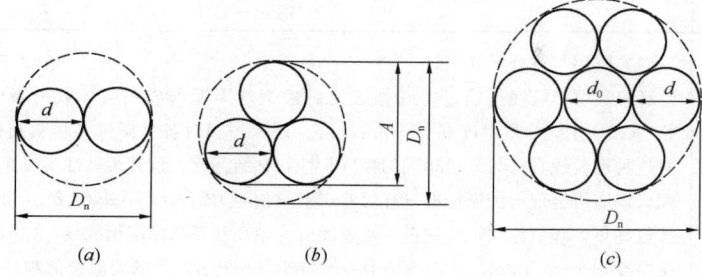

图 4-3　预应力钢绞线

（a）1×2 钢绞线；（b）1×3 钢绞线；（c）1×7 钢绞线；

d—外层钢丝直径；d_0—中心钢丝直径；

D_n—钢绞线公称直径；A—1×3 钢绞线测量尺寸

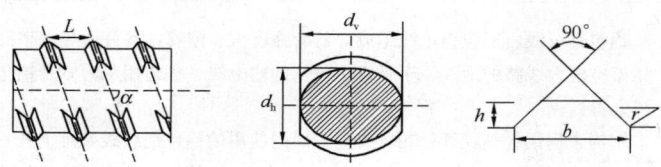

图 4-4　螺纹钢筋外形

d_h—基圆直径；d_v—基圆直径；h—螺纹高；b—螺纹底宽；

L—螺距；r—螺纹根弧；α—导角

4.2.2　涂层与二次加工预应力筋

涂层与二次加工预应力筋如表 4-3 所示。

涂层与二次加工预应力筋　　　　　　　　　　　　表 4-3

序号	项　目	内　容
1	镀锌钢丝和钢绞线	（1）应用与符合标准 镀锌钢丝是用热镀方法在钢丝表面镀锌制成。镀锌钢绞线的钢丝应在捻制钢绞线之前进行热镀锌。镀锌钢丝和钢绞线的抗腐蚀能力强，主要用于缆索、体外索及环境条件恶劣的工程结构等。镀锌钢丝应符合现行国家标准《桥梁缆索用热镀锌钢丝》GB/T 17101 的规定，镀锌钢绞线应符合现行行业标准《高强度低松弛预应力热镀锌钢绞线》YB/T 152 的规定 （2）力学性能 镀锌钢丝和镀锌钢绞线的规格和力学性能，分别列于表 4-4 和表 4-5。钢丝和钢绞线经热镀锌后，其屈服强度稍微降低 镀锌钢丝和镀锌钢绞线锌层表面质量应具有连续的锌层，光滑均匀，不得有局部脱锌、露铁等缺陷，但允许有不影响锌层质量的局部轻微刻痕

序号	项　　目	内　　容
2	环氧涂层钢绞线	（1）应用与符合标准 环氧涂层钢绞线是通过特殊加工使每根钢丝周围形成一层环氧树脂保护膜制成，如图4-5（a）所示，涂层厚度0.12～0.18mm。该保护膜对各种腐蚀环境具有优良的耐蚀性，同时这种钢绞线具有与母材相同的强度特性和粘结强度，且其柔软性与喷涂前相同。环氧涂层钢绞线应符合现行国家标准《环氧涂层七丝预应力钢绞线》GB/T 21073的规定 近些年，环氧涂层钢绞线进一步发展成为填充型环氧涂层钢绞线，如图4-5（b）所示，涂层厚度0.4～1.1mm，其特点是中心丝与外围6根边丝间的间隙全部被环氧树脂填充，从而避免了因钢丝间存在毛细现象而导致内部钢丝锈蚀。由于钢丝间隙无相对滑动，提高了抗疲劳性能。填充型环氧涂层钢绞线应符合现行行业标准《填充型环氧涂层钢绞线》JT/T 737的规定 （2）适用条件 填充型环氧涂层钢绞线具有良好的耐蚀性和粘附性、适用于腐蚀环境下的先张法或后张法构件、海洋构筑物、斜拉索、吊索等
3	铝包钢绞线	铝包钢绞线由铝包钢单线组成，具有强度大、耐腐蚀性好、导电率高等优点，广泛用于高压架空电力线路的地线、千米级大跨越的输电线、铁道用承力索及铝包钢芯系列产品的加强单元等 结构索用铝包钢绞线是在原有电力部门使用的铝包钢绞线基础上开发的新产品。该产品表面发亮、耐蚀性好，已用于一些预应力索网结构等工程。表4-6列出了一种铝包钢绞线的企业标准参数
4	无粘结钢绞线	无粘结钢绞线是以专用防腐润滑油脂涂敷在钢绞线表面上作涂料层并用塑料作护套的钢绞线制成，如图4-6所示。是一种在施加预应力后沿全长与周围混凝土不粘结的预应力筋 无粘结钢绞线主要用于后张预应力混凝土结构中的无粘结预应力筋，也可用于暴露、腐蚀或可更换要求环境中的体外索、拉索等。无粘结钢绞线应符合现行行业标准《无粘结预应力钢绞线》JG 161的规定，如表4-7所示 无粘结筋组成材料质量要求，其钢绞线的力学性能应符合现行国家标准《预应力混凝土用钢绞线》GB/T 5224的规定。并经检验合格后，方可制作无粘结预应力筋。防腐油脂其质量应符合现行行业标准《无粘结预应力筋专用防腐润滑脂》JG 3007的要求。护套材料应采用高密度聚乙烯树脂，其质量应符合现行国家标准《高密度聚乙烯树脂》GB 11116的规定。护套颜色宜采用黑色，也可采用其他颜色，但此时添加的色母材料不能降低护套的性能
5	缓粘结钢绞线	缓粘结钢绞线是用缓慢凝固的水泥基缓凝剂或特种树脂涂料涂敷在钢绞线表面上，并外包压波的塑料护套制成，如图4-7所示。这种缓粘结钢绞线既有无粘结预应力筋施工工艺简单，不用预埋管和灌浆作业，施工方便、节省工期的优点；同时在性能上又具有有粘结预应力抗震性能好、极限状态预应力钢筋强度发挥充分、节省钢材的优势，具有很好的结构性能和推广应用前景 这种缓粘结钢绞线的涂料经过一定时间固化后，伴随着固化剂的化学作用，特种涂料不仅有较好的内聚力，而且和被粘结物表面产生很强的粘结力，由于塑料护套表面压波，又与混凝土产生了较好的粘结力，最终形成有粘结预应力筋的安全性高，并具有较强的防腐蚀性能等优点。国内外均有成功应用的工程，如北京市新少年宫工程等 缓粘结型涂料采用特种树脂与固化剂配制而成。根据不同工程要求，可选用固化时间3～6个月或更长的涂料

镀锌钢丝的规格和力学性能　　　　　　　　表 4-4

序号	公称直径 d_n (mm)	公称截面积 S_n (mm²)	每米参考质量 (g/m)	强度等级 R_m (N/mm²)	规定非比例伸长强度 $R_{p0.2}$ (N/mm²)		断后伸长率 (L_0=250mm) A (%) 不小于	应力松弛性能		
					无松弛或 I 级松弛要求 不小于	II 级松弛要求 不小于		初始荷载 (公称荷载) (%) 对所有钢丝	1000h 后应力松弛率 r (%) 不大于	
									I 级松弛	II 级松弛
1	5.00	19.6	153	1670	1340	1490	4.0	70	7.5	2.5
				1770	1420	1580				
				1860	1490	1660				
2	7.00	38.5	301	1670	—	1490	4.0	70	7.5	2.5
				1770		1580				

注：1. 钢丝的公称直径、公称截面积，每米参考质量均应包含锌层在内；

　　2. 按钢丝公称面积确定其荷载值，公称面积应包括锌层厚度在内；

　　3. 强度级别为实际允许抗拉强度的最小值。

镀锌钢绞线的规格和力学性能　　　　　　　　表 4-5

序号	公称直径 (mm)	公称截面积 (mm²)	理论质量 (kg/m)	强度级别 (N/mm²)	最大负载 F_b (kN)	屈服负载 $F_{p0.2}$ (kN)	伸长率 δ (%)	松弛	
								初载为公称负载的 (%)	1000h 应力松弛损失 R_{1000} (%)
1	12.5	93	0.730	1770	164	146			
				1860	173	154			
2	12.9	100	0.785	1770	177	158	≥3.5	70	≤2.5
				1860	186	166			
3	15.2	139	1.091	1770	246	220			
				1860	259	230			
4	15.7	50	1.178	1770	265	236			
				1860	279	248			

注：弹性模量为 $(1.95\pm0.17)\times10^5$ N/mm²。

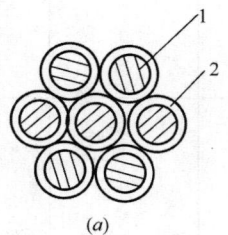
(a)

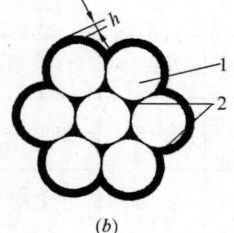
(b)

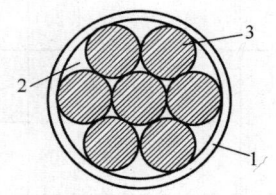

图 4-5　环氧涂层钢绞线

（a）环氧涂层钢绞线；（b）填充型环氧涂层钢绞线

1—钢绞线；2—环氧树脂涂层；h—涂层厚度

图 4-6　无粘结钢绞线

1—塑料护套；2—油脂；

3—钢绞线

铝包钢绞线的结构和近似性能 表 4-6

序号	型号	标称面积（mm²）	结构根数/直径（Nos/mm）	外径 D（mm）	计算拉断力（kN）	计算质量（kN/km）	弹性模量（kN/mm²）	线膨胀系数	最小铝层厚度 D（%）
1		50	7/3.00	9.00	70.81	356.8			
2		55	7/3.20	9.60	78.54	406.0			
3		65	7/3.50	10.50	93.95	485.7			
4		70	7/3.60	10.80	97.47	513.8			
5		80	7/3.80	11.40	108.61	572.5			
6		90	7/4.16	12.48	130.15	686.1			
7		100	19/2.60	13.00	144.36	730.4			
8		120	19/2.85	14.25	173.45	877.6			
9	JLB14	150	19/3.15	15.75	206.56	1072.0	161.4	12.0×10⁻⁶	5
10		185	19/3.50	17.50	255.01	1323.5			
11		210	19/3.75	18.75	287.07	1519.3			
12		240	19/4.00	20.00	326.62	1728.6			
13		300	37/3.20	22.40	415.11	2167.1			
14		380	37/3.60	25.20	515.22	2742.8			
15		420	37/3.80	26.60	574.07	3056.0			
16		465	37/4.00	28.00	636.07	3386.2			
17		510	37/4.20	29.40	701.25	3733.2			
18		50	7/3.00	9.00	59.67	329.3			
19		55	7/3.20	9.60	67.90	374.7			
20	JLB20	65	7/3.50	10.50	76.98	448.3	147.2	13.0×10⁻⁶	10
21		70	7/3.60	10.80	81.44	474.2			
22		80	7/3.80	11.40	89.31	528.4			

续表 4-6

序号	型号	标称面积(mm²)	结构根数/直径(Nos/mm)	外径 D(mm)	计算拉断力(kN)	计算质量(kN/km)	弹性模量(kN/mm²)	线膨胀系数	最小铝层厚度 D(%)
23		90	7/4.16	12.48	101.04	633.2			
24		100	19/2.60	13.00	121.66	674.1			
25		120	19/2.85	14.25	146.18	810.0			
26		150	19/3.15	15.75	178.57	989.4			
27		185	19/3.50	17.50	208.94	1221.5			
28	JLB20	210	19/3.75	18.75	236.08	1402.3	147.2	13.0×10⁻⁶	10
29		240	19/4.00	20.00	260.01	1595.5			
30		300	37/3.20	22.40	358.87	2000.2			
31		380	37/3.60	25.20	430.48	2531.6			
32		420	37/3.80	26.60	472.07	2820.6			
33		465	37/4.00	28.00	493.79	3125.4			
34		510	37/4.20	29.40	544.39	3445.7			

无粘结预应力钢绞线规格及性能　　　　　　　表 4-7

序号	钢 绞 线			防腐润滑脂重量 W_3(g/m)不小于	护套厚度(mm)不小于	μ	κ
	公称直径(mm)	公称截面积(mm²)	公称强度(N/mm²)				
1	9.50	54.8	1720	32	0.8	0.04~0.10	0.003~0.004
			1860				
			1960				
2	12.70	98.7	1720	43	1.0	0.04~0.10	0.003~0.004
			1860				
			1960				
3	15.20	140.0	1570	50	1.0	0.04~0.10	0.003~0.004
			1670				
			1720				
			1860				
			1960				
4	15.70	150.0	1770	53	1.0	0.04~0.10	0.003~0.004
			1860				

注：经供需双方协商，也生产供应其他强度和直径的无粘结预应力钢绞线。

4.2.3 预应力质量检验

预应力质量检验如表 4-8 所示。

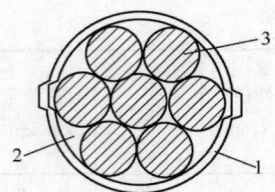

图 4-7　缓粘结钢绞线

1—塑料护套；2—缓粘结涂料；3—钢绞线

预应力质量检验　　　　　　　　　　　　　　　　　　　　表 4-8

序号	项　目	内　容
1	说明	预应力筋进场时，每一合同批应附有质量证明书，在每捆（盘）上都应挂有标牌。在质量证明书中应注明供方、预应力筋品种、强度级别、规格、重量和件数、执行标准号、盘号和检验结果、检验日期、技术监督部门印章等。在标牌上应注明供方、预应力筋品种、强度级别、规格、盘号、净重、执行标准号等
2	钢丝验收	（1）外观检查 预应力钢丝的外观质量应逐盘（卷）检查。钢丝表面不得有油污、氧化铁皮、裂纹或机械损伤，但表面上允许有回火色和轻微浮锈 （2）力学性能试验 钢丝的力学性能应按批抽样试验，每一检验批应由同一牌号、同一规格、同一生产工艺制度的钢丝组成，重量不应大于 60t；从同一批中任意选取 10％盘（不少于 6 盘），在每盘中任意一端截取 2 根试件，分别做拉伸试验和弯曲试验，拉伸或弯曲试件每 6 根为一组，当有一项试验结果不符合现行国家标准《预应力混凝土用钢丝》GB 5223 的规定时，则该盘钢丝为不合格品；再从同一批未经试验的钢丝盘中取双倍数量的试件重做试验，如仍有一项试验结果不合格，则该批钢丝判为不合格品，也可逐盘检验取用合格品；在钢丝的拉伸试验中，同时可测定弹性模量，但不作为交货条件 对设计文件中指定要求的钢丝疲劳性能、可镦性等，在订货合同中注明交货条件和验收要求并再进行抽样试验
3	钢绞线验收	（1）外观检查 钢绞线的外观质量应逐盘检查，钢绞线表面不得带有油污、锈斑或机械损伤，但允许有轻微浮锈和回火色；钢绞线的捻距应均匀，切断后不松散 （2）力学性能试验 钢绞线的力学性能应按批抽样试验，每一检验批应由同一牌号、同一规格、同一生产工艺制度的钢绞线组成，重量不应大于 60t；从同一批中任意选取 3 盘，在每盘中任意一端截取 1 根试件进行拉伸试验；当有一项试验结果不符合现行国家标准《预应力混凝土用钢绞线》GB／T 5224 的规定时，则不合格盘报废；再从未试验过的钢绞线中取双倍数量的试件进行复验，如仍有一项不合格，则该批钢绞线判为不合格品 对设计文件中指定要求的钢绞线疲劳性能、偏斜拉伸性能等，在订货合同中注明交货条件和验收要求并再进行抽样试验

序号	项　目	内　　容
4	螺纹钢筋及钢拉杆验收	（1）螺纹钢筋 1）外观检查 精轧螺纹钢筋的外观质量应逐根检查，钢筋表面不得有锈蚀、油污、裂纹、起皮或局部缩颈，其螺纹制作面不得有凹凸、擦伤或裂痕，端部应切割平整 允许有不影响钢筋力学性能、工艺性能以及连接的其他缺陷 2）力学性能试验 精轧螺纹钢筋的力学性能应按批抽样试验，每一检验批重量不应大于 60t，从同一批中任取 2 根，每根取 2 个试件分别进行拉伸和冷弯试验。当有一项试验结果不符合有关标准的规定时，应取双倍数量试件重做试验，如仍有一项复验结果不合格，该批高强精轧螺纹钢筋判为不合格品 （2）钢拉杆 1）外观检查 钢拉杆的表面应光滑，不允许有目视可见的裂纹、折叠、分层、结疤和锈蚀等缺陷。经机加工的钢拉杆组件表面粗糙度应不低于 $Ra12.5$，钢拉杆表面防护处理按有关规范规定 2）力学性能试验 钢拉杆的力学性能检查，应符合现行国家标准《钢拉杆》GB/T 20934 的规定。对以同一炉批号原材料、按同一热处理制度制作的同一规格杆体，组装数量不超过 50 套的钢拉杆为一批，每批抽取 2 套进行成品拉力试验，若不符合要求时，允许加倍抽样复验，如果复验中仍有一套不符合要求时，则需逐套检验 钢拉杆其他检验项目，如无损检测等，应符合现行国家标准《钢拉杆》GB/T 20934 的规定
5	其他预应力钢材验收	（1）外观检查 1）镀锌钢丝、镀锌钢绞线和环氧钢绞线的涂层表面应连续完整、均匀光滑、无裂纹、无明显褶皱和机械损伤 2）无粘结钢绞线的外观质量应逐盘检查，其护套表面应光滑、无凹陷、无裂纹、无孔、无明显褶皱和机械损伤 （2）力学性能试验 1）镀锌钢丝、镀锌钢绞线的力学性能应符合现行国家标准《桥梁缆索用热镀锌钢丝》GB/T 17101 和现行行业标准《高强度低松弛预应力热镀锌钢绞线》YB/T 152 的规定 2）涂层预应力筋中所用的钢丝或钢绞线的力学性能必须按本表序号 2 或序号 3 的要求进行复验 （3）其他 1）镀锌钢丝、镀锌钢绞线和环氧钢绞线的涂层厚度、连续性和粘附力应符合国家现行有关标准的规定 2）无粘结钢绞线的涂包质量、油脂重量和护套厚度应符合现行行业标准《无粘结预应力钢绞线》JG 161 的规定 3）缓粘结钢绞线的涂层材料、厚度、缓粘结时间应符合有关标准的规定

4.2.4　预应力筋存放

预应力筋存放如表 4-9 所示。

预应力筋存放 表 4-9

序号	项 目	内 容
1	简述	预应力筋对腐蚀作用较为敏感。预应力筋在运输与存放过程中如遭受雨淋、湿气或腐蚀介质的侵蚀，易发生锈蚀，不仅质量降低，而且可能出现腐蚀，严重情况下会造成钢材张拉脆断。因此，预应力材料必须保持清洁，在装运和存放过程中应避免机械损伤和锈蚀。进场后需长期存放时，应定期进行外观检查
2	预应力筋运输与储存应满足的要求	(1) 成盘卷的预应力筋，宜在出厂前加防潮纸、麻布等材料包装。应确保其盘径不致过小而影响预应力材料的力学性能 (2) 装卸无轴包装的钢绞线、钢丝时，宜采用 C 形钩或三根吊索，也可采用叉车。每次吊运一件，避免碰撞而损害钢绞线。涂层预应力筋装卸时，吊索应包橡胶、尼龙等柔性材料并应轻装轻卸，不得摔掷或在地上拖拉，严禁锋利物品损坏涂层和护套 (3) 预应力筋应分类、分规格运送和堆放。在室外存放时，不得直接堆放在地面上，必须采取垫枕木并用防水布覆盖等有效措施，防止雨露和各种腐蚀性气体、介质的影响 (4) 长期存放应设置仓库，仓库应干燥、防潮、通风良好、无腐蚀气体和介质。在潮湿环境中存放，宜采用防锈包装产品、防潮纸内包装、涂敷水溶性防锈材料等 (5) 无粘结预应力筋存放时，严禁放置在受热影响的场所。环氧涂层预应力筋不得存放在阳光直射的场所。缓粘结预应力筋的存放时间和温度应符合相关标准的规定 (6) 如储存时间过长，宜用乳化防锈剂喷涂预应力筋表面

4.3 预应力锚固体系

4.3.1 简述

预应力锚固体系简述如表 4-10 所示。

简 述 表 4-10

序号	项 目	内 容
1	锚固体系	锚固体系是保证预应力混凝土结构的预加应力有效建立的关键装置。锚固系统通常是指锚具、夹具、连接器及锚下支撑系统等。锚具用以永久性保持预应力筋的拉力并将其传递给混凝土，主要用于后张法结构或构件中；夹具是先张法构件施工时为了保持预应力筋拉力，并将其固定在张拉台座（或钢模）上用的临时性锚固装置，后张法夹具是将千斤顶（或其他张拉设备）的张拉力传递到预应力筋的临时性锚固装置，因此夹具属于工具类的临时锚固装置，也称工具锚；连接器是预应力筋的连接装置，用于连续结构中，可将多段预应力筋连接成完整的长束，是先张法或后张法施工中将预应力从一段预应力筋传递到另一段预应力筋的装置；锚下支撑系统包括锚垫板、喇叭管、螺旋筋或网片等
2	锚具、夹具和连接器	预应力筋用锚具、夹具和连接器按锚固方式不同，可分为夹片式（单孔与多孔夹片锚具）、支承式（镦头锚具、螺母锚具）、铸锚式（冷铸锚具、热铸锚具）、锥塞式（钢质锥形锚具）和握裹式（挤压锚具、压接锚具、压花锚具）等。支承式锚具锚固过程中预应力筋的内缩量小，即锚具变形与预应力筋回缩引起的损失小，适用于短束筋，但对预应力筋下料长度的准确性要求严格；夹片式锚具对预应力筋的下料长度精度要求较低，成本方便，但锚固过程中内缩量大，预应力筋在锚固端损失较大，适用于长束筋，当用于锚固短束时应采取专门的措施 工程设计单位应根据结构要求、产品技术性能、适用性和张拉施工方法等选用匹配的锚固体系

4.3.2　性能要求

锚具、夹具和连接器的性能要求如表 4-11 所示。

性 能 要 求　　　　　　　　　　　　　　　　　　　表 4-11

序号	项　　目	内　　容
1	说明	锚具、夹具和连接器应具有可靠的锚固性能、足够的承载能力和良好的适用性，以保证充分发挥预应力筋的强度，并安全地实现预应力张拉作业。锚具、夹具和连接器的性能应符合现行国家标准《预应力筋用锚具、夹具和连接器》GB/T 14370 和现行行业标准《预应力筋用锚具、夹具和连接器应用技术规程》JGJ 85 的规定
2	锚具的基本性能	（1）锚具静载锚固性能 锚具的静载锚固性能，应由预应力筋—锚具组装件静载试验测定的锚具效率系数 η_a 和达到实测极限拉力时组装件受力长度的总应变 ε_{apu} 确定 锚具效率系数 η_a 应按公式（4-1）计算： $$\eta_a = \frac{F_{apu}}{\eta_p \cdot F_{pm}} \qquad (4-1)$$ 式中　F_{apu}——预应力筋-锚具组装件的实测极限拉力 　　　F_{pm}——预应力筋的实际平均极限抗拉力，由预应力筋试件实测破断荷载平均值计算得出 　　　η_p——预应力筋的效率系数，应按下列规定取用：预应力筋—锚具组装件中预应力筋为 1～5 根时，$\eta_p=1$；6～12 根时，$\eta_p=0.99$；13～19 根时，$\eta_p=0.98$；20 根以上时，$\eta_p=0.97$ 预应力筋-锚具组装件的静载锚固性能，应同时满足下列两项要求： $$\eta_a \geq 0.95;\ \varepsilon_{apu} \geq 20\% \qquad (4-2)$$ 当预应力筋-锚具组装件达到实测极限拉力时，应当是由预应力筋的断裂，而不应由锚具的破坏所导致；试验后锚具部件会有残余变形，但应能确认锚具的可靠性。夹片式锚具的夹片在预应力筋拉应力未超过 $0.8f_{ptk}$ 时不允许出现裂纹 预应力筋-锚具组装件破坏时，夹片式锚具的夹片可出现微裂或一条纵向断裂裂缝 （2）疲劳荷载性能 用于主要承受静、动荷载的预应力混凝土结构，预应力筋-锚具组装件除应满足静载锚固性能要求外，尚需满足循环次数为 200 万次的疲劳性能试验 当锚固的预应力筋为钢丝、钢绞线或热处理钢筋时，试验应力上限取预应力钢材抗拉强度标准值 f_{ptk} 的 65%，疲劳应力幅度不小于 80N/mm²。如工程有特殊需要，试验应力上限及疲劳应力幅度取值可以另定。当锚固的预应力筋为有明显屈服台阶的预应力钢材时，试验应力上限取预应力钢材抗拉强度标准值 f_{ptk} 的 80%，疲劳应力幅度取 80N/mm² 试件经受 200 万次循环荷载后，锚具零件不应疲劳破坏。预应力筋在锚具夹持区域发生疲劳破坏的截面面积不应大于总截面面积的 5% （3）周期荷载性能 用于有抗震要求结构中的锚具，预应力筋-锚具组装件还应满足循环次数为 50 次的周期荷载试验。当锚固的预应力筋为钢丝、钢绞线或热处理钢筋时，试验应力上限取预应力钢材抗拉强度标准值 f_{ptk} 的 80%，下限取预应力钢材抗拉强度标准值 f_{ptk} 的 40%；当锚固的预应力筋为有明显屈服台阶的预应力钢材时，试验应力上限取预应力钢材抗拉强度标准值 f_{ptk} 的 90%，下限取预应力钢材抗拉强度标准值 f_{ptk} 的 40% 试件经 50 次循环荷载后预应力筋在锚具夹持区域不应发生破断

续表 4-11

序号	项 目	内 容
2	锚具的基本性能	（4）工艺性能 1）锚具应满足分级张拉、补张拉和放松拉力等张拉工艺要求。锚固多根预应力筋用的锚具，除应具有整束张拉的性能外，尚应具有单根张拉的可能性 2）承受低应力或动荷载的夹片式锚具应具有防止松脱的性能 3）当锚具使用环境温度低于 $-50℃$ 时，锚具尚应符合低温锚固性能要求 4）夹片式锚具的锚板应具有足够的刚度和承载力，锚板性能由锚板的加载试验确定，加载至 $0.95f_{ptk}$ 后卸载，测得的锚板中心残余挠度不应大于相应锚垫板上口直径的 $1/600$；加载至 $12f_{ptk}$ 时，锚板不应出现裂纹或破坏 5）与后张预应力筋用锚具（或连接器）配套的锚垫板、锚固区域局部加强钢筋，在规定的试件尺寸及混凝土强度下，应满足锚固区传力性能要求
3	夹具的基本性能	预应力筋-夹具组装件的静载锚固性能，应由预应力筋-夹具组装件静载试验测定的夹具效率系数 η_g 确定。夹具的效率系数 η_g 应按公式（4-3）计算： $$\eta_g = \frac{F_{gpu}}{F_{pm}} \qquad (4-3)$$ 式中 F_{gpu}——预应力筋-夹具组装件的实测极限拉力 预应力筋-夹具组装件的静载锚固性能试验结果应满足：$\eta_g \geqslant 0.92$ 当预应力筋-夹具组装件达到实测极限拉力时，应当是由预应力筋的断裂，而不应由夹具的破坏所导致 夹具应具有良好的自锚性能、松锚性能和安全的重复使用性能。主要锚固零件应具有良好的防锈性能。夹具的可重复使用次数不宜少于 300 次
4	连接器的基本性能	在张拉预应力后永久留在混凝土结构或构件中的预应力筋连接器，都必须符合锚具的性能要求；如在张拉后还须放张和拆除的连接器，则必须符合夹具的性能要求

4.3.3 钢绞线锚固体系

钢绞线锚固体系如表 4-12 所示。

钢绞线锚固体系   表 4-12

序号	项 目	内 容
1	单孔夹片锚固体系	单孔夹片锚固体系如图 4-8 所示 单孔夹片锚具是由锚环与夹片组成，如图 4-9 所示。夹片的种类很多，按片数可分为三片式或二片式。二片式夹片的背面上部锯有一条弹性槽，以提高锚固性能，但夹片易沿纵向开裂；也有通过优化夹片尺寸和改进热处理工艺，取消了弹性槽。按开缝形式可分为直开缝与斜开缝。直开缝夹片最为常用；斜开缝夹片主要用于锚固 $7\phi5$ 平行钢丝束，在 20 世纪 90 年代后张预应力结构工程中有相当数量的应用。国内各厂家的单孔夹片锚具型号与规格略有不同，应注意配套使用。采用限位自锚张拉工艺时，预应力筋锚固时夹片自动跟进，不需要顶压；采用带顶压器张拉工艺时，锚固时预压夹片以减小回缩损失 单孔夹片锚具的锚环，也可与承压钢板合一，采用铸钢制成，图 4-10 为一种带承压板的锚具 单孔夹片锚具主要用于锚固 $\phi^s12.7$、$\phi^s15.2$ 钢绞线制成的预应力筋，也可用于先张法夹具 单孔二夹片式锚具的参考尺寸如表 4-13 所示

序号	项　目	内　容
2	多孔夹片锚固体系	多孔夹片锚固体系一般称为群锚，是由多孔夹片锚具、锚垫板（也称喇叭管）、螺旋筋等组成，如图 4-11 所示。这种锚具是在一块多孔的锚板上，利用每个锥形孔装一副夹片，夹持 1 根钢绞线，形成一个独立锚固单元，选择锚固单元数量即可确定锚固预应力筋的根数。其优点是任何 1 根钢绞线锚固失效，都不会引起整体锚固失效。每束钢绞线的根数不受限制。对锚板与夹片的要求，与单孔夹片锚具相同 多孔夹片锚固体系在后张法有粘结预应力混凝土结构中用途最广。表 4-14 列出了多孔夹片锚固体系的参考尺寸，锚固单元从 2 孔至 55 孔可供选择。工程设计施工时可参考国内生产厂家的技术参数选用
3	扁形夹片锚固体系	扁形夹片锚固体系是由扁形夹片锚具、扁形锚垫板等组成，如图 4-12 所示。该锚固体系的参考尺寸如表 4-15 所示 扁锚具有张拉槽口扁小，可减少混凝土板厚，钢绞线单根张拉，施工方便等优点；主要适用于楼板、扁梁、低高度箱梁，以及桥面横向预应力束等
4	固定端锚固体系	（1）类型与应用 固定端锚固体系有：挤压锚具、压花锚具、环形锚具等类型。其中，挤压锚具既可埋在混凝土结构内，也可安装在结构之外，对有粘结预应力钢绞线、无粘结预应力钢绞线都适用，是应用范围最广的固定端锚固体系。压花锚具适用于固定端空间较大且有足够的粘结长度的固定端。环形锚具可用于墙板结构、大型构筑物墙、墩等环形结构 在一些特殊情况下，固定端锚具也可选用夹片锚具，但必须安装在构件外，并需要有可靠的防松脱处理，以免浇筑混凝土时或有外界干扰时夹片松开 （2）挤压锚具 挤压锚具是在钢绞线一端安装异形钢丝衬圈（或开口直夹片）和挤压套，利用专用挤压设备将挤压套挤过模孔后，使其产生塑性变形而握紧钢绞线，异形钢丝衬圈（或开口直夹片）的嵌入，增加钢套筒与钢绞线之间的摩阻力，挤压套与钢绞线之间没有任何空隙，紧紧握住，形成可靠的锚固，如图 4-13 所示 挤压锚具后设钢垫板与螺旋筋，用于单根预应力钢绞线时如图 4-13；用于多根有粘结预应力钢绞线时如图 4-14。当一束钢绞线根数较多，设置整块钢垫板有困难时，可采用分块或单根挤压锚具形式，但应散开布置，各个单根钢垫板不能重叠 表 4-16 列出了固定端挤压锚具的参考尺寸 （3）压花锚具 压花锚具是利用专用液压轧花机将钢绞线端头压成梨形头的一种握裹式锚具，如图 4-15。这种锚具适用于固定端空间较大且有足够的粘结长度的有粘结钢绞线 如果是多根钢绞线的梨形头应分排埋置在混凝土内。为提高压花锚四周混凝土及散花头根部混凝土抗裂强度，在梨形头头部配置构造筋，在梨形头根部配置螺旋筋。混凝土强度不低于 C30，压花锚具距离构件截面边缘不小于 30mm，第一排压花锚的锚固长度，对 ϕ^s15.2 钢绞线不小于 900mm，每排相隔至少为 300mm （4）U 形锚具 U 形锚具，即钢绞线固定端在外形上形成 180° 的弧度，使钢绞线束的末端可重新回复到起始点的附近地点，如图 4-16 所示 U 形锚具的加固筋尺寸、数量与锚固长度应通过计算确定。U 形锚具的波纹管外径与混凝土表面之间的距离，应不小于波纹管外径尺寸 因该锚具的特殊形状，预埋管再穿束难度大，因此一般采用预先将钢绞线穿入波纹管内，并置入结构中定位固定后再浇筑混凝土的方法

序号	项　目	内　　容
5	钢绞线连接器	（1）单根钢绞线连接器 　　单根钢绞线锚头连接器是由带外螺纹的夹片锚具、挤压锚具与带内螺纹的套筒组成，如图 4-17 所示。前段筋采用带外螺纹的夹片锚具锚固，后段筋的挤压锚具穿在带内螺纹的套筒内，利用该套筒的内螺纹拧在夹片锚具锚环的外螺纹上，达到连接作用 　　单根钢绞线接长连接器是由 2 个带内螺纹的夹片锚具和 1 个带外螺纹的连接头组成，如图 4-18 所示。为了防止夹片松脱，在连接头与夹片之间装有弹簧 （2）多根钢绞线连接器 　　多根钢绞线锚头连接器主要由连接体、夹片、挤压锚具、护套、约束圈等组成，如图 4-19。其连接体是一块增大的锚板。锚板中部锥形孔用于锚固前段预应力束，锚板外周边的槽口用于挂后段预应力束的挤压锚具 　　多根钢绞线接长连接器设置在孔道的直线区段，用于接长预应力筋。接长连接器与锚头连接器的不同处是将锚板上的锥形孔改为孔眼，两段钢绞线的端部均用挤压锚具固定。张拉时连接器应有足够的活动间隙。接长连接器的构造如图 4-20 所示
6	环锚	环锚应用于圆形结构的环状钢绞线束，或使用在两端不能安装普通张拉锚具的钢绞线束 　　该锚具的预应力筋首尾锚固在同一块锚板上，如图 4-21 所示。张拉时需加变角块在一个方向进行张拉。表 4-17 列出了环形锚具的参考尺寸

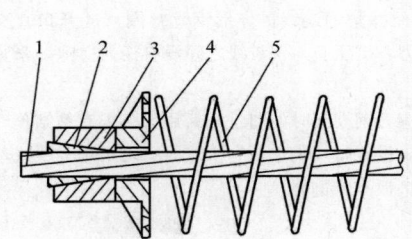

图 4-8　单孔夹片
锚固体系示意图

1—预应力筋；2—夹片；3—锚环；

4—承压板；5—螺栓筋

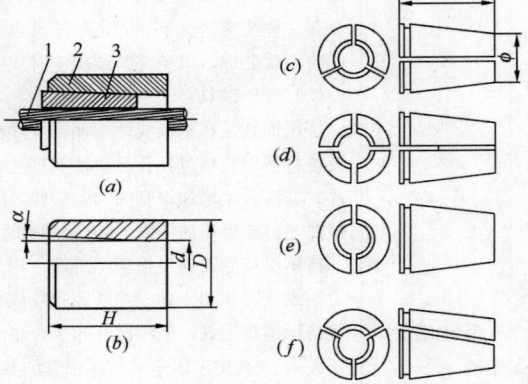

图 4-9　单孔夹片锚具

（a）组装图；（b）锚环；（c）三片式夹片；

（d）二片式夹片；（e）二片式夹片；（f）斜开缝夹片

1—预应力筋；2—锚环；3—夹片

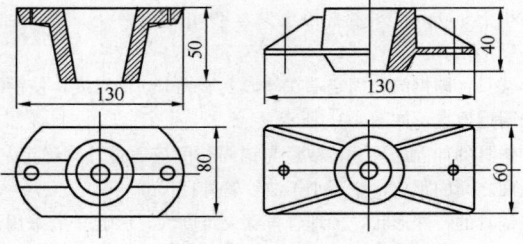

图 4-10　带承压板的锚环示意图

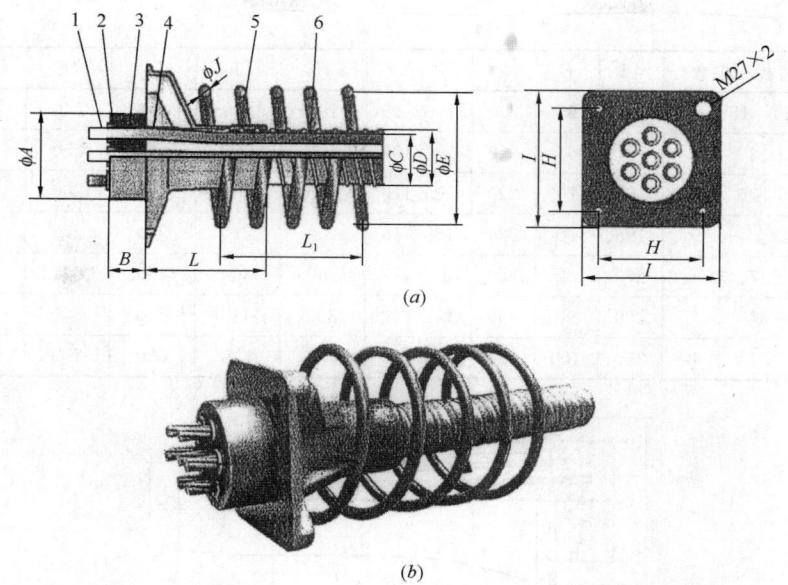

图 4-11　多孔夹片锚固体系

（*a*）尺寸示意图；（*b*）外观图片

1—钢绞线；2—夹片；3—锚环；4—锚垫板（喇叭口）；5—螺旋筋；6—波纹管

单孔二夹片式锚具参考尺寸　　　　　　　　　　　　　表 4-13

序号	锚具型号	锚　　环				夹　　片		
		D	H	d	a	ϕ	h	形式
1	M13-1	40	42	16	6°30′	17	40	二片直开缝（带钢丝圈）
2	M15-1	46	48	18		20	45	
3	M13-1	43	13	16	6°00′	17	38	二片直开缝（无弹性槽）
4	M15-1	46	48	18		19	43	

多孔夹片锚固体系参考尺寸　　　　　　　　　　　　　表 4-14

序号	钢绞线直径-根数	ϕA	B	L	$\phi C/\phi D$	H	I	L_1	ϕE	ϕJ	圈数
1	15-2	83	45				120	150	120	8	4
2	15-3	83	45	85	50/55	100	130	160	130	10	4
3	15-4	98	45	90	55/60	110	140	200	140	12	4
4	15-5	108	50	110	55/60	120	150	200	150	12	4
5	15-6	125	50	120	70/75	140	180	200	180	12	4
6	15-7	125	55	120	70/75	140	180	200	180	12	4
7	15-8	135	55	140	80/85	160	200	250	200	14	5
8	15-9	147	55	160	80/85	170	210	250	210	14	5
9	15-10	158	55	180	90/95	170	210	300	210	14	5
10	15-11	158	60	180	90/95	170	210	300	210	14	5
11	15-12、13	168	60	190	90/95	180	225	300	225	16	5

续表 4-14

序号	钢绞线直径一根数	ϕA	B	L	$\phi C/\phi D$	H	I	L_1	ϕE	ϕJ	圈数
12	15-14、15	178	65	200	100/105	190	240	300	240	16	5
13	15-16	187	65	210	100/105	200	250	300	250	18	5
14	15-17	195	70	220	105/110	200	260	300	260	18	5
15	15-18、19	198	70	220	105/110	200	270	360	270	18	6
16	15-25、27、31	270	80	350	130/137	260	360	480	510	20	8
17	15-37	290	90	450	140/150	350	440	540	570	22	9
18	15-55	350	100	530	160/170	400	520	630	700	26	9

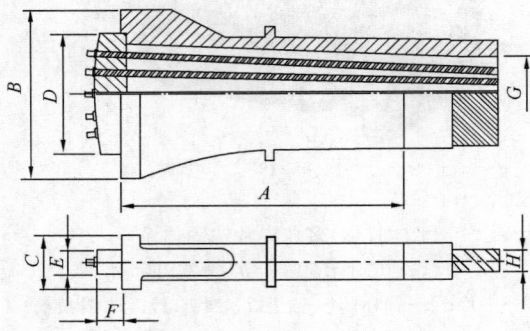

图 4-12　扁形夹片锚固体系

扁形夹片锚固体系参考尺寸　　　　　　　　　　表 4-15

序　号	钢绞线直径-根数	扁形锚垫板（mm）			扁形模板（mm）		
		A	B	C	D	E	F
1	15-2	150	160	80	80	48	50
2	15-3	190	200	90	115	48	50
3	15-4	230	240	90	150	48	50
4	15-5	270	280	90	185	48	50

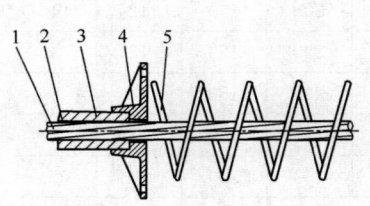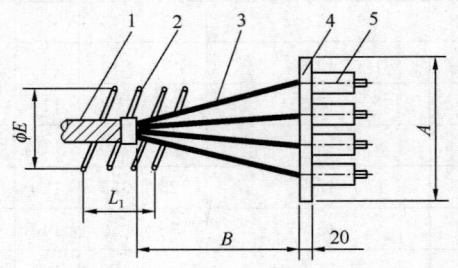

图 4-13　单根挤压锚锚固体系示意图　　　图 4-14　多根钢绞线挤压锚锚固体系示意图

1—钢绞线；2—挤压片；3—挤压锚环；　　　1—波纹管；2—螺旋筋；3—钢绞线；

4—挤压锚垫板；5—螺旋筋　　　　　　　　4—垫板；5—挤压锚具

挤压式固定端锚具参考尺寸（mm）　　　　表 4-16

序号	型　号	A	B	L_1	ϕE	螺旋筋直径	圈数
1	JYM15-2	100×100	180	150	120	8	3
2	JYM15-3	120×120	180	150	130	10	3
3	JYM15-4	150×150	240	200	150	12	4
4	JYM15-5	170×170	300	220	170	12	4
5	JYM15-6、7	200×200	380	250	200	14	5
6	JYM15-8、9	220×220	440	270	240	14	5
7	JYM15-12	250×250	500	300	270	16	6

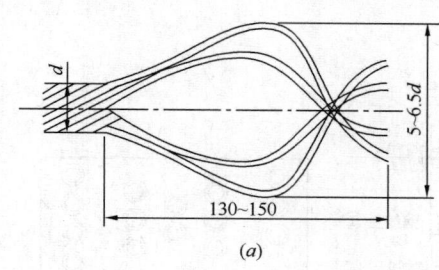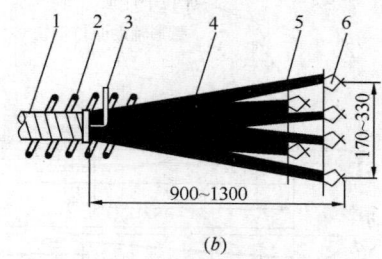

图 4-15　压花锚具示意图

（a）单根钢绞线压花锚具；（b）多根钢绞线压花锚具

1—波纹管；2—螺旋筋；3—排气孔；4—钢绞线；5—构造筋；6—压花锚具

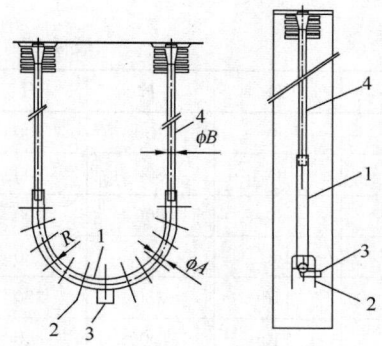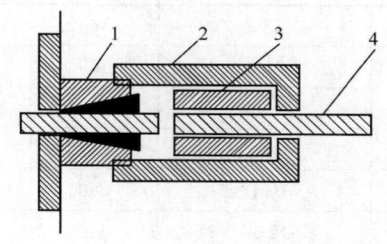

图 4-16　U 形锚具示意图

1—ϕA 环形波纹管；2—U 形加固筋；

3—灌浆管；4—ϕB 直线波纹管

图 4-17　单根钢绞线连接器

1—带外螺纹的锚环；2—带内螺纹的套筒；

3—挤压锚具；4—钢绞线

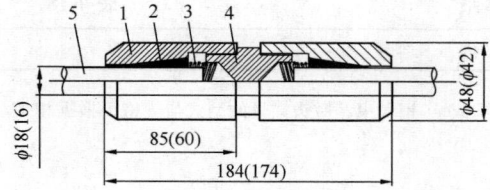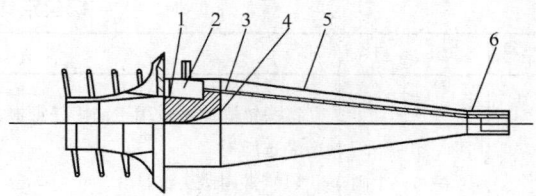

图 4-18　单根钢绞线接长连接器

1—带内螺纹的加长锚环；2—带外螺纹的连接头；

3—连接器弹簧；4—夹片；5—钢绞线

图 4-19　多根钢绞线连接器

1—连接体；2—挤压锚具；3—钢绞线；

4—夹片锚具；5—护套；6—约束圈

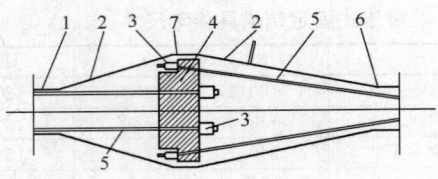

图 4-20 多根钢绞线接长连接器

1—波纹管；2—护套；3—挤压锚具；4—锚板；5—钢绞线；6—钢环；7—打包钢条

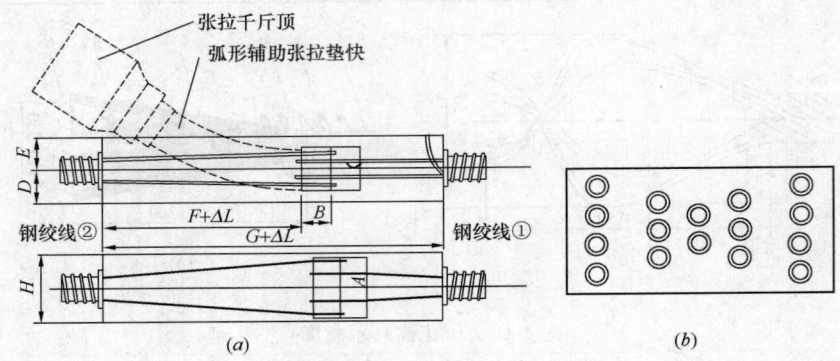

图 4-21 环锚示意图

(a) 环锚有关尺寸；(b) 环锚锥孔

环形锚具参考尺寸 表 4-17

序号	钢绞线直径—根数	A	B	C	D	F	H
1	15-2	160	65	50	50	150	200
2	15-4	160	80	90	65	800	200
3	15-6	160	100	130	80	800	200
4	15-8	210	120	160	100	800	250
5	15-12	290	120	180	110	800	320
6	15-14	320	125	180	110	1000	340

注：参数 E、G 应根据工程结构确定，ΔL 为环形锚索张拉伸长值。

4.3.4 钢丝束锚固体系

钢丝束锚固体系如表 4-18 所示。

钢丝束锚固体系 表 4-18

序号	项　目	内　容
1	镦头锚固体系	镦头锚固体系适用于锚固任意根数的 $\phi5$ 或 $\phi7$ 钢丝束。镦头锚具的型式与规格可根据相关产品选用 （1）常用镦头锚具 常用的镦头锚具分为 A 型与 B 型。A 型由锚杯与螺母组成，用于张拉端。B 型为锚板，用于固定端，其构造如图 4-22 所示 镦头锚具的锚杯与锚板一般采用 45 号钢，螺母采用 30 号钢或 45 号钢

序号	项　目	内　容
1	镦头锚固体系	（2）特殊型镦头锚具 1）锚杆型锚具。由锚杆、螺母和半环形垫片组成，如图 4-23 所示。锚杆直径小，构件端部无需扩孔 2）锚板型锚具。由带外螺纹的锚板与垫片组成，如图 4-24 所示。但另一端锚板应由锚板芯与锚板环用螺纹连接，以便锚芯穿过孔道 3）钢丝束连接器 当采用镦头锚具时，钢丝束的连接器，可采用带内螺纹的套筒或带外螺纹的连杆，如图 4-25 所示
2	钢质锥形锚具	钢质锥形锚具由锚环与锚塞组成，适用于锚固 6～30φ5 和 12～24φ7 钢丝束，如图 4-26 所示
3	单根钢丝夹具	（1）锥销式夹具 锥销式夹具由套筒与锥塞组成，如图 4-27 所示，适用于夹持单根直径 4～7mm 的冷拉钢丝和消除应力钢丝等 （2）夹片式夹具 夹片式夹具由套筒和夹片组成，如图 4-28 所示，适用于夹持单根直径 5～7mm 的消除应力钢丝等。套筒内装有弹簧圈，随时将夹片顶紧，以确保成组张拉时夹片下滑脱

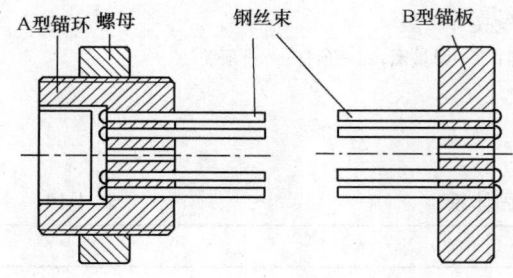

图 4-22　钢丝束镦头锚具

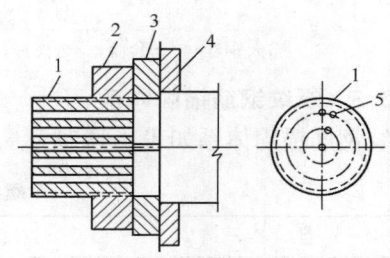

图 4-23　锚杆型镦头锚具

1—锚杆；2—螺母；3—半环形垫片；

4—预埋钢板；5—锚孔

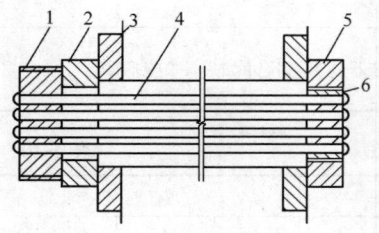

图 4-24　锚板型镦头锚具

1—带外螺纹的锚板；2—半环形垫片；

3—预埋钢板；4—钢丝绳；5—锚板环；

6—锚芯

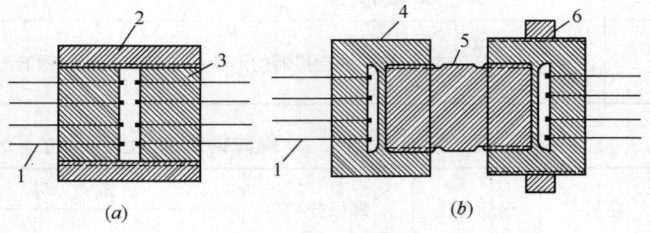

图 4-25　钢丝束连接器

（a）带内螺纹的套筒；（b）带外螺纹的套筒

1—钢丝；2—套筒；3—锚板；4—锚杆；

5—连杆；6—螺母

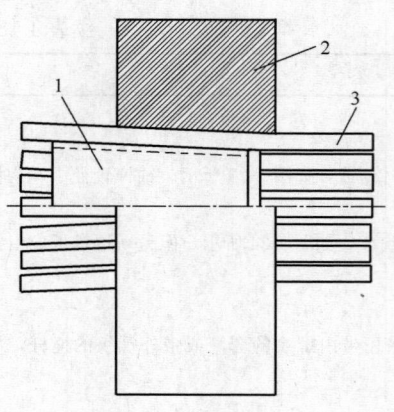

图 4-26　钢质锥形锚具
1—锚塞；2—锚环；3—钢丝束

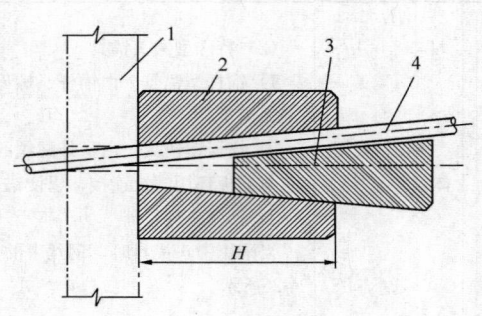

图 4-27　锥销夹具
1—定位板；2—套筒；3—齿板；4—钢丝

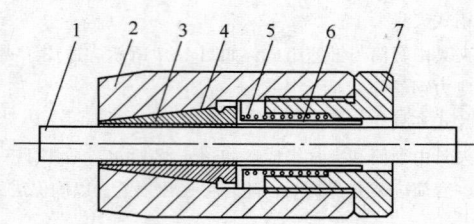

图 4-28　单根钢丝夹片夹具
1—钢丝；2—套筒；3—夹片；4—钢丝圈；5—弹簧圈；6—顶杆；7—顶盖

4.3.5　螺纹钢筋锚固体系

螺纹钢筋锚固体系如表 4-19 所示。

螺纹钢筋锚固体系　　　　　　　　　　　　　表 4-19

序号	项　目	内　容
1	螺纹钢筋锚具	螺纹钢筋锚具包括螺母与垫板，是利用与该钢筋螺纹匹配的特制螺母锚固的一种支承式锚具，如图 4-29。表 4-20 列出了螺纹钢筋锚具的参考尺寸 螺纹钢筋锚具螺母分为平面螺母和锥面螺母两种，垫板相应地分为平面垫板与锥面垫板两种。由于螺母传给垫板的压力沿 45°方向向四周传递，垫板的边长等于螺母最大外径加 2 倍垫板厚度
2	螺纹钢筋连接器	螺纹钢筋连接器的形状如图 4-30。螺纹钢筋连接器的参考尺寸如表 4-21 所示

螺纹钢筋锚具参考尺寸（mm）　　　　　　　表 4-20

序号	钢筋直径	螺母分类	螺　母				垫　板			
			D	S	H	H_1	A	H	ϕ	ϕ'
1	25	锥面	57.7	50	54	13	120	20	35	62
		平面				—				—
2	32	锥面	75	65	72	16	140	24	45	76
		平面				—				—

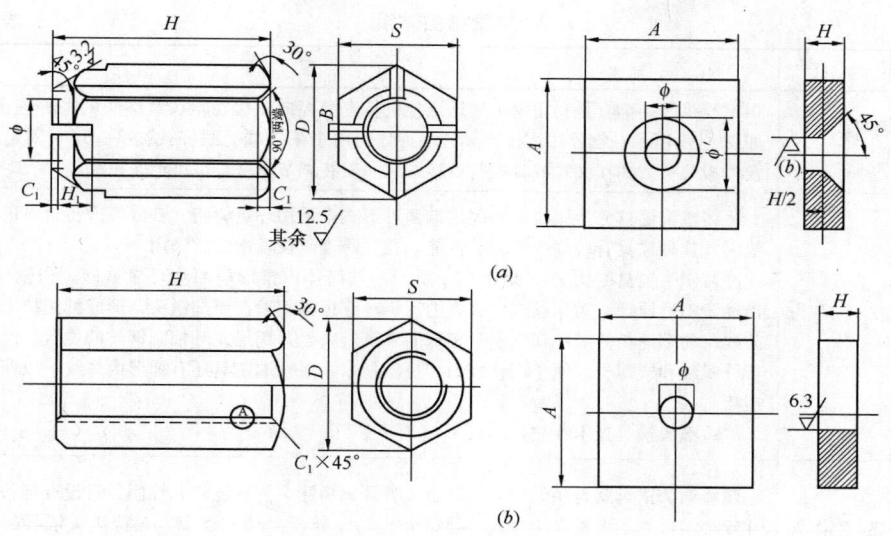

图 4-29　螺纹钢筋锚具

（a）锥面螺母与垫板；（b）平面螺母与垫板

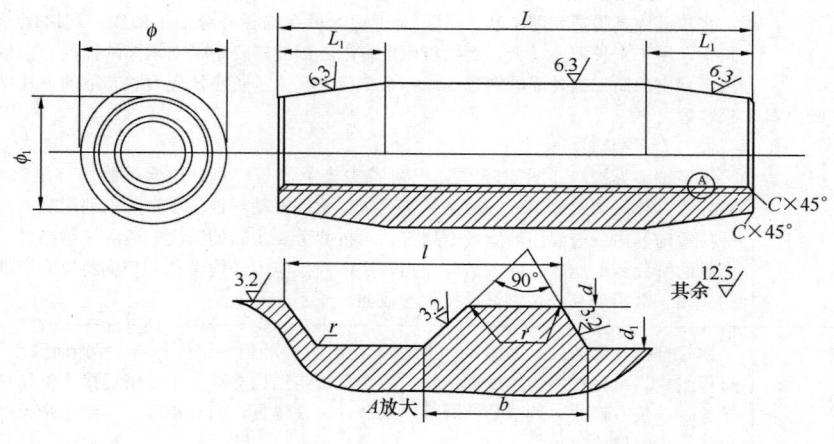

图 4-30　螺纹钢筋连接器

螺纹钢筋连接器尺寸（mm） 表 4-21

序号	公称直径	ϕ	ϕ_1	L	L_1	d	d_1	l	b
1	25	50	45	126	45	25.5	29.7	12	8
2	32	60	54	168	60	32.5	37.5	16	9

4.3.6　拉索锚固体系

拉索锚固体系如表 4-22 所示。

拉索锚固体系 表 4-22

序号	项 目	内 容
1	钢绞线压接锚具	钢绞线压接锚具是利用钢索液压压接机将套筒径向压接在钢绞线端头的一种握裹式锚具,如图 4-31 所示。钢绞线压接锚具的端头分为用于张拉端的螺杆式端头、用于固定端的叉耳及耳板端头。如在叉耳或耳板与压接段之间安装调节螺杆,也可用张拉端
2	冷铸镦头锚具	冷铸镦头锚具分为张拉端和固定端两种形式,采用环氧树脂、铁砂等冷铸材料进行浇筑和锚固。这种锚具有较高的抗疲劳性能,在大跨度斜拉索中广泛采用 冷铸镦头锚具的构造,如图 4-32 所示。其筒体内锥形段灌注环氧铁砂。当钢丝受力时,借助于楔形原理,对钢丝产生夹紧力。钢丝穿过锚板后在尾部镦头,形成抵抗拉力的第二道防线。前端延长筒灌注弹性模量较低的环氧岩粉,并用尼龙环控制钢丝的位置。筒体上有梯形外螺纹和圆螺母,便于调整索力和更换新索。张拉端锚具还有梯形内螺纹,以便与张拉杆连接 冷铸镦头锚具技术参数,如表 4-23 所示
3	热铸镦头锚具	热铸镦头锚具就是用低熔点的合金代替环氧树脂、铁砂浇筑和锚固,且设有延长筒,其尺寸较小,可用于大跨度结构、特种结构等 19～42ϕ5、ϕ7 钢丝束。热铸镦头锚具的构造与冷铸镦头大体相同。热铸镦头锚具分为叉耳式、单(双)螺杆式、单耳式(耳环式)、单(双)耳内旋式等形式锚具
4	钢绞线拉索锚具	钢绞线拉索锚具的构造,如图 4-33 所示 (1)张拉端锚具 张拉端锚具构造如图 4-34 所示。对于短索可在锚板外缘加工螺纹,配以螺母承压;对于长索,由于索长调整量大,而锚板厚度有限,因此需要用带支承筒的锚具,锚板位于支承筒顶面,支承筒依靠外面的螺母支承在锚垫板上。为了防止低应力状态下的夹片松动,设有防松装置 (2)固定端锚具 固定端锚具构造如图 4-35 所示。可省去支承筒与螺母。拉索过渡段有锚垫板、预埋管、索导管、减振装置等组成。减振装置可减轻索的振动对锚具产生的不利影响 拉索锚具内一般灌注油脂或石蜡等;对抗疲劳要求高的锚具一般灌注粘结料。钢绞线拉索锚具的抗疲劳性能好,施工适应性强,在体外预应力结构索和大跨度斜拉索中得到日益广泛的应用。常用钢绞线拉索锚具技术参数如表 4-24 所示
5	钢拉杆	钢拉杆锚具组装件,如图 4-36 所示。它由两端耳板、钢棒拉杆、调节套筒、锥形锁紧螺母等组成。拉杆材料为热处理钢材。两端耳板与结构支承点用轴销连接。钢棒拉杆可由多根接长,端头有螺纹。调节套筒既是连接器,又是锚具,内有正反牙。钢棒张拉时,收紧调节套筒,使钢棒建立预应力

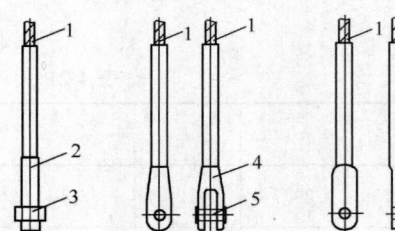

图 4-31 钢绞线压接锚具

(a)螺杆端头;(b)叉耳端头;(c)耳板端头
1—钢绞线;2—螺杆;3—螺母;
4—叉耳;5—轴销;6—耳板

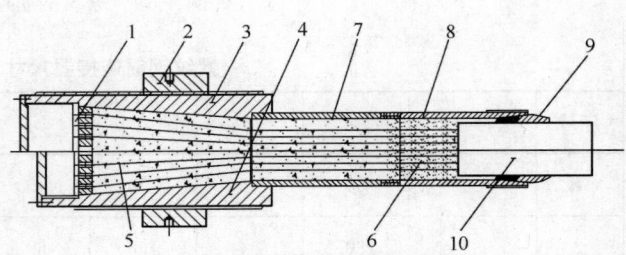

图 4-32 冷铸镦头锚具构造

1—锚头锚板;2—螺母;3—张拉端锚杯;4—固定端锚杯;
5—冷铸料;6—密封料;7—下连接筒;8—上连接筒;
9—热收缩套管;10—索体

冷铸镦头锚具技术参数　　　　表 4-23

序号	规格	D_1（mm）	L_1（mm）	D_2（mm）	L_2（mm）	拉索外径（mm）	破断索力（kN）
1	5-55	$\phi135$	300	$\phi185$	70	51	1803
2	5-85	$\phi165$	335	$\phi215$	90	61	2787
3	5-127	$\phi185$	355	$\phi245$	90	85	4164
4	7-55	$\phi175$	350	$\phi225$	90	68	3535
5	7-85	$\phi205$	410	$\phi275$	110	83	5463
6	7-127	$\phi245$	450	$\phi315$	135	105	8162

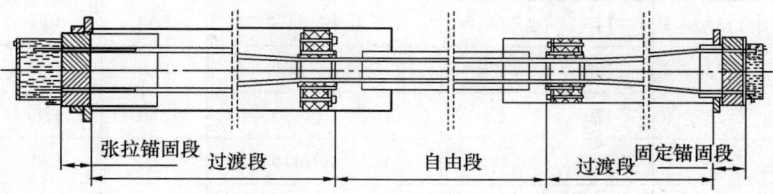

图 4-33　钢绞线拉索锚具构造

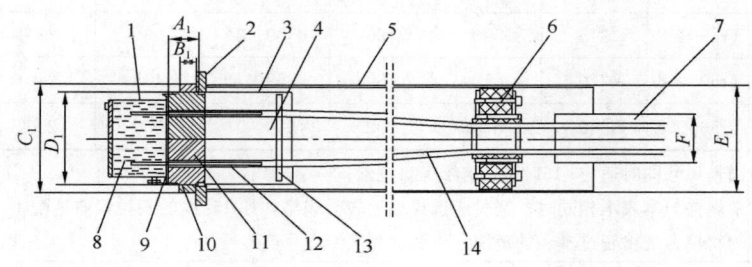

图 4-34　张拉锚固段及过渡段结构示意图

1—防护帽；2—锚垫板；3—过渡管；4—定位浆体；5—导管；6—定位器；
7—索套管；8—防腐润滑脂；9—夹片；10—调整螺母；11—锚板；
12—穿线管；13—密封装置；14—钢绞线

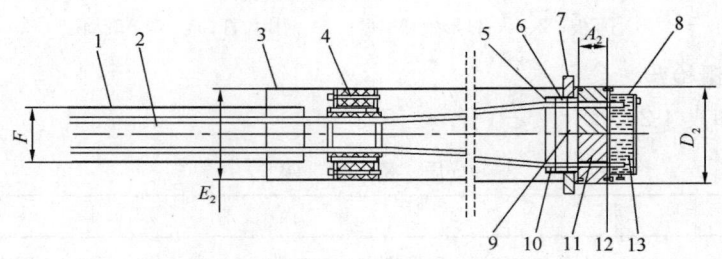

图 4-35　固定锚固段及过渡段结构示意图

1—索套管；2—钢绞线；3—导管；4—定位器；5—过渡管；6—密封装置；
7—锚垫板；8—防护帽；9—定位浆体；10—穿线管；11—锚板；
12—夹片；13—防腐润滑脂

常用钢绞线拉索锚具技术（mm）　　　　　　　　　　表 4-24

序号	斜拉索规格型号	DR 张拉端					DS 固定端		
		锚板外径 D_1	锚板厚度 A_1	螺母外径 C_1	螺母厚度 B_1	导管参考尺寸 E_1	锚板外径 D_2	锚板厚度 A_2	导管参考尺寸 E_2
1	15-12	Tr190×6	90	230	50	$\phi219×6.5$	185	85	$\phi180×4.5$
2	15-19	Tr235×8	105	285	65	$\phi297×6.5$	230	100	$\phi219×6.5$
3	15-22	Tr255×8	115	310	75	$\phi299×8$	250	100	$\phi219×6.5$
4	15-31	Tr285×8	135	350	95	$\phi325×8$	280	125	$\phi245×6.5$
5	15-37	Tr310×8	145	380	105	$\phi356×8$	300	150	$\phi273×6.5$
6	15-43	Tr350×8	150	425	115	$\phi406×9$	340	155	$\phi325×8$
7	15-55	Tr385×8	170	470	130	$\phi419×10$	380	175	$\phi325×8$
8	15-61	Tr385×8	185	470	145	$\phi419×10$	380	190	$\phi356×8$
9	15-73	Tr440×8	185	530	145	$\phi508×11$	430	190	$\phi406×9$
10	15-85	Tr440×8	215	540	175	$\phi508×11$	430	220	$\phi406×9$
11	15-91	Tr490×8	215	590	160	$\phi559×13$	480	230	$\phi457×10$
12	15-109	Tr505×8	220	610	240	$\phi559×13$	495	240	$\phi457×10$
13	15-127	Tr560×8	260	670	200	$\phi610×13$	550	290	$\phi508×11$

注：1. 本表的锚具尺寸同时适应 $\phi15.7$mm 钢绞线斜拉索；

　　2. 当斜拉索规格与本表不相同时，锚具应选择临近较大规格，如 15-58 的斜拉索应选配 15-61 斜拉索锚具；

　　3. 当所选的斜拉索规格超过本表的范围，可咨询相关专业厂商。

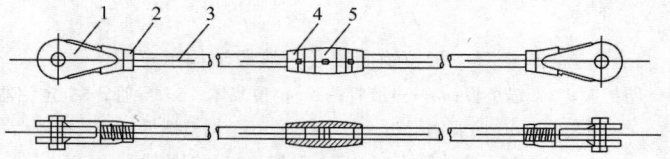

图 4-36　钢拉杆锚具组装件
1—耳板；2、4—锥形锁紧螺母；3—钢棒拉杆；5—调节套筒

4.3.7　质量检验

质量检验如表 4-25 所示。

质　量　检　验　　　　　　　　　　表 4-25

序号	项　目	内　容
1	说明	锚具、夹具和连接器的质量验收，应符合现行国家标准《预应力筋用锚具、夹具和连接器》GB/T 14370、现行行业标准《预应力筋用锚具、夹具和连接器应用技术规程》JGJ 85 和本书的规定 锚具、夹具和连接器进场时，应按合同核对锚具的型号、规格、数量及适用的预应力筋品种、规格和强度等。生产厂家应提供产品质量保证书和产品技术手册。产品按合同验收后，应按规定进行进场检验，检验合格后方可在工程中应用

序号	项　目	内　容
2	检验项目与要求	进场验收时，同一种材料和同一生产工艺条件下生产的产品，同批进场时可视为同一检验批。每个检验批的锚具不宜超过 2000 套。连接器的每个检验批不宜超过 500 套。夹具的检验批不宜超过 500 套。获得第三方独立认证的产品，其检验批的批量可扩大 1 倍。验收合格的产品，存放期超过 1 年，重新使用时应进行外观检查 （1）锚具检验项目 1）外观检查 从每批产品中抽取 2％且不少于 10 套锚具，检查外形尺寸、表面裂纹及锈蚀情况。其外形尺寸应符合产品质保书所示的尺寸范围，且表面不得有机械损伤、裂纹及锈蚀；当有下列情况之一时，本批产品应逐套检查，合格者方可进入后续检验： ①当有 1 个零件不符合产品质保书所示的外形尺寸，则应另取双倍数量的零件重做检查，仍有 1 件不合格 ②当有 1 个零件表面有裂纹或夹片、锚孔锥面有锈蚀 对配套使用的锚垫板和螺旋筋可按以上方法进行外观检查，但允许表面有轻度锈蚀。螺旋筋的钢筋不应采用焊接连接 2）硬度检验 对硬度有严格要求的锚具零件，应进行硬度检验。从每批产品中抽取 3％且不少于 5 套样品（多孔夹片式锚具的夹片，每套抽取 6 片）进行检验，硬度值应符合产品质保书的要求。如有 1 个零件硬度不合格时，应另取双倍数量的零件重做检验，如仍有 1 件不合格，则应对本批产品逐个检验，合格者方可进入后续检验 3）静载锚固性能试验 在外观检查和硬度检验都合格的锚具中抽取样品，与相应规格和强度等级的预应力筋组装成 3 个预应力筋-锚具组装件，进行静载锚固性能试验。每束组装件试件试验结果都必须符合本书表 4-11 序号 2 的要求。当有一个试件不符合要求时，应取双倍数量的锚具重做试验，如仍有一个试件不符合要求，则该批锚具判为不合格品 （2）夹具检验项目 夹具进场验收时，应进行外观检查、硬度检验和静载锚固性能试验。检验和试验方法与锚具相同；静载锚固性能试验结果都必须符合本书表 4-11 序号 3 的要求 （3）连接器的检验 永久留在混凝土结构或构件中的预应力筋连接器，应符合锚具的性能要求；在施工中临时使用并需要拆除的连接器，应符合夹具的性能要求 另外，用于主要承受动荷载、有抗震要求的重要预应力混凝土结构，当设计提出要求时，应按现行国家标准《预应力筋用锚具、夹具和连接器》GB/T 14370 的规定进行疲劳性能、周期荷载性能试验；锚具应用于环境温度低于−50℃的工程时，尚应进行低温锚固性能试验 根据有关规定：对于锚具用量较少的一般工程，如供货方提供有效的试验报告，可不做静载锚固性能试验。为了便于执行，中国工程建设标准化协会标准《建筑工程预应力施工规程》CECS 180：2005 有关条文进行了如下补充说明： 1）设计单位无特殊要求的工程可作为一般工程 2）多孔夹片锚具不大于 200 套或钢绞线用量不大于 30t，可界定为锚具用量较少的工程 3）生产厂家提供的由专业检测机构测定的静载锚固性能试验报告，应与供应的锚具为同条件同系列的产品，有效期一年，并以生产厂有严格的质保体系、产品质量稳定为前提 4）如厂家提供的单孔和多孔夹片锚具的夹片是通用产品，对一般工程可采用单孔锚具静载锚固性能试验考核夹片质量 5）单孔夹片锚具、新产品锚具等仍按正常规定做静载锚固性能试验

序号	项　目	内　　容
3	锚固性能试验	预应力筋-锚具或夹具组装件应按图 4-37 的装置进行静载试验；预应力筋-连接器组装件应按图 4-38 的装置进行静载试验 （1）一般规定 1）试验用预应力筋可由检测单位或受检单位提供，同时还应提供该批钢材的质保书。试验用预应力筋应先在有代表性的部位至少取 6 根试件进行母材力学性能试验，试验结果必须符合国家现行标准的规定。其实测抗拉强度平均值 f_{pm} 应符合本工程选定的强度等级，超过上一等级时不应采用 2）试验用预应力筋-锚具（夹具或连接器）组装件中，预应力筋的受力长度不宜小于 3m。单根钢绞线的组装件试件，不包括夹持部位的受力长度不应小于 0.8m 3）如预应力筋在锚具夹持部位有偏转角度时，宜在该处安设轴向可移动的偏转装置（如钢环或多孔梳子板等） 4）试验用锚固零件应擦拭干净，不得在锚固零件上添加影响锚固性能的介质，如金刚砂、石墨、润滑剂等 5）试验用测力系统，其不确定度不得大于 2%；测量总应变的量具，其标距的不确定度不得大于标距的 0.2%；其指示应变的不确定度不得大于 0.1% （2）试验方法 预应力筋-锚具组装件应在专门的装置进行静载锚固性能试验，如图 4-37。预应力筋-连接器组装件应按图 4-38 进行静载锚固性能试验。加载之前应先将各根预应力筋的初应力调匀，初应力可取钢材抗拉强度标准值 f_{ptk} 的 5%～10%。正式加载步骤为：按预应力筋抗拉强度标准值 f_{ptk} 的 20%、40%、60%、80%，分 4 级等速加载，加载速度每分钟宜为 100N/mm^2；达到 80% 后，持荷 1h；随后用低于 100N/mm^2/min 加载速度逐渐加载至完全破坏，荷载达到最大值 F_{apu} 或预应力筋破断 用试验机进行单根预应力筋-锚具组装件静载试验时，在应力达到 $0.8f_{ptk}$ 时，持荷时间可以缩短，但不应少于 10min （3）测量与观察的项目 试验过程中，应选取有代表性的预应力筋和锚具零件，测量其间的相对位移。加载速度不应超过 100N/mm^2/min；在持荷期间，如其相对位移继续增加、不能稳定，表明已失去可靠的锚固能力

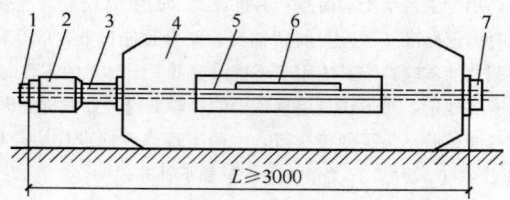

图 4-37　预应力筋-锚具组装件静载试验装量

1—张拉端试验锚具；2—加荷载用千斤顶；3—荷载传感器；

4—承力台座；5—预应力筋；6—测量总应变的装置；

7—固定端试验锚具

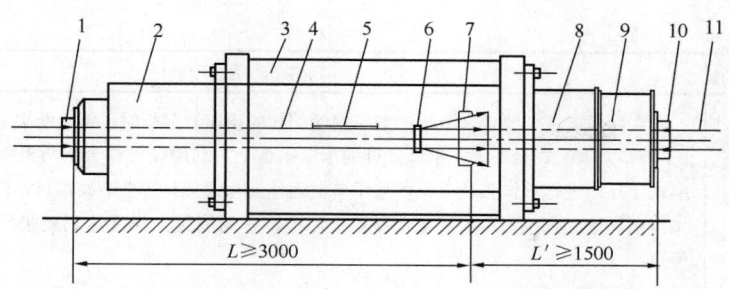

图 4-38 预应力筋-连接器组装件静载试验装置

1—张拉端试验锚具；2—加荷载用千斤顶；3—承力台座；4—连续段预应力筋；
5—测量总应变的量具；6—转向约束钢环；7—试验连接器；8—附加承力圆筒
或穿心式千斤顶；9—荷载传感器；10—固定端锚具；11—被接段预应力筋

4.4 预应力混凝土先张法施工

4.4.1 一般先张法工艺

一般先张法工艺如表 4-26 所示。

一般先张法工艺 表 4-26

序号	项 目	内 容
1	工艺流程	一般先张法的施工工艺流程包括：预应力筋的加工、铺设；预应力筋张拉；预应力筋放张；质量检验等
2	预应力筋的加工与铺设	（1）预应力筋的加工 预应力钢丝和钢绞线下料，应采用砂轮切割机，不得采用电弧切割 （2）预应力筋的铺设 长线台座台面（或胎模）在铺设预应力筋前应涂隔离剂。隔离剂不应沾污预应力筋，以免影响预应力筋与混凝土的粘结。如果预应力筋遭受污染，应使用适宜的溶剂加以清洗干净。在生产过程中应防止雨水冲刷台面上的隔离剂 预应力筋与工具式螺杆连接时，可采用套筒式连接器（图 4-39） （3）预应力筋夹具 夹具是将预应力筋锚固在台座上并承受张拉力的临时锚固装置，夹具应具有良好的锚固性能和重复使用性能，并有安全保障。先张法的夹具可分为用于张拉的张拉端夹具和用于锚固的锚固端夹具，夹具的性能应满足国家现行标准《预应力筋用锚具、夹具和连接器》GB/T 14370 和《预应力筋用锚具、夹具和连接器应用技术规程》JGJ 85 的要求 夹具可按照所夹持的预应力筋种类分为钢丝夹具和钢绞线夹具 钢丝夹具：可夹持直径 3～5mm 的钢丝，钢丝夹具包括锥形夹具和墩头夹具 钢绞线夹具：可采用两片式或三片式夹片锚具，可夹持不同直径的钢绞线
3	预应力筋张拉	（1）预应力钢丝张拉 1）单根张拉 张拉单根钢丝，由于张拉力较小，张拉设备可选择小型千斤顶或专用张拉机张拉 2）整体张拉 ①在预制厂以机组流水法或传送带法生产预应力多孔板时，还可在钢模上用镜头梳筋板夹具整体张拉。钢丝两端镦头，一端卡在固定梳筋板上，另一端卡在张拉端的活动梳筋板上。用张拉钩钩住活动梳筋板，再通过连接套筒将张拉钩和拉杆式千斤顶连接，即可张拉

序号	项 目	内 容
3	预应力筋张拉	②在两横梁式长线台座上生产刻痕钢丝配筋的预应力薄板时，钢丝两端采用单孔镦头锚具（工具锚）安装在台座两端钢横梁外的承压钢板上，利用设置在台墩与钢横梁之间的两台台座式千斤顶进行整体张拉。也可采用单根钢丝夹片式夹具代替镦头锚具，便于施工 当钢丝达到张拉力后，锁定台座式千斤顶，直到混凝土强度达到放张要求后，再放松千斤顶 3) 钢丝张拉程序 预应力钢丝由于张拉工作量大，宜采用一次张拉程序。0→（1.03～1.05）σ_{con}（锚固）其中，1.03～1.05 是考虑测力的误差、温度影响、台座横梁或定位板刚度不足、台座长度不符合设计取值、工人操作影响等 （2）预应力钢绞线张拉 1) 单根张拉 在两横梁式台座上，单根钢绞线可采用与钢绞线张拉力配套的小型前卡式千斤顶张拉，单孔夹片工具锚固定。为了节约钢绞线，也可采用工具式拉杆与套筒式连接器，如图 4-40 所示 预制空心板梁的张拉顺序可先从中间向两侧逐步对称张拉。对预制梁的张拉顺序也要左右对称进行。如梁顶与梁底均配有预应力筋，则也要上下对称张拉，防止构件产生较大的反拱 2) 整体张拉 在三横梁式台座上，可采用台座式千斤顶整体张拉预应力钢绞线，如图 4-41 所示。台座千斤顶与活动横梁组装在一起，利用工具式螺杆与连接器将钢绞线挂在活动横梁上。张拉前，宜采用小型千斤顶在固定端逐根调整钢绞线初应力。张拉时，台座式千斤顶推动活动横梁带动钢绞线整体张拉。然后用夹片锚或螺母锚固在固定横梁上。为了节约钢绞线，其两端可再配置工具式螺杆与连接器。对预制构件较少的工程，可取消工具式螺杆，直接将钢绞线用夹片式锚具锚固在活动横梁上。如利用台座式千斤顶整体放张，则可取消锚固端放张装置。在张拉端固定横梁与锚具之间加 U 形垫片，有利于钢绞线放张 3) 钢绞线张拉程序 采用低松弛钢绞线时，可采取一次张拉程序 对单根张拉：0→σ_{con}（锚固） 对整体张拉：0→初应力调整→σ_{con}（锚固） （3）预应力张拉值校核 预应力筋的张拉力，一般采用张拉力控制，伸长值校核，张拉时预应力筋的理论伸长值与实际伸长值的允许偏差为±6% 预应力筋张拉锚固后，应采用测力仪检查所建立的预应力值，其偏差不得大于或小于设计规定相应阶段预应力值的 5% 预应力筋张拉应力值的测定有多种仪器可以选择使用，一般对于测定钢丝的应力值多采用弹簧测力仪、电阻应变式传感仪和弓式测力仪。对于测定钢绞线的应力值，可采用压力传感器、电阻式应变传感器或通过连接在油泵上的液压传感器读数仪直接采集张拉力等 预应力钢丝内力的检测，一般在张拉锚固后 1h 内进行。此时，锚固损失已完成，钢筋松弛损失也部分产生。检测时预应力设计规定值应在设计图纸上注明，当设计无规定时，可按有关规定取用 （4）张拉注意事项 1) 张拉时，张拉机具与预应力筋应在一条直线上；同时在台面上每隔一定距离放一根圆钢筋头或相当于保护层厚度的其他垫块，以防预应力筋因自重下垂，破坏隔离剂，沾污预应力筋

序号	项　目	内　容
3	预应力筋张拉	2）预应力筋张拉并锚固后，应保证测力表读数始终保持设计所需的张拉力 3）预应力筋张拉完毕后，对设计位置的偏差不得大于 5mm，也不得大于构件截面最短边长的 4% 4）在张拉过程中发生断丝或滑脱钢丝时，应予以更换 5）台座两端应有防护设施。张拉时沿台座长度方向每隔 4～5m 放一个防护架，两端严禁站人，也不能进入台座
4	预应力筋放张	预应力筋放张时，混凝土的强度应符合设计要求；如设计无规定，不应低于设计的混凝土强度标准值的 75% （1）放张顺序 预应力筋放张顺序，应按设计与工艺要求进行。如无相应规定，可按下列要求进行： 1）轴心受预压的构件（如拉杆、桩等），所有预应力筋应同时放张 2）偏心受预压的构件（如梁等），应先同时放张预压力较小区域的预应力筋，再同时放张预压力较大区域的预应力筋 3）如不能满足以上两项要求时，应分阶段、对称、交错地放张，防止在放张过程中构件产生弯曲、裂纹和预应力筋断裂 （2）放张方法 预应力筋的放张，应采取缓慢释放预应力的方法进行，防止对混凝土结构的冲击。常用的放张方法如下： 1）千斤顶放张 用千斤顶拉动单根拉杆或螺杆，松开螺母。放张时由于混凝土与预应力筋已结成整体，松开螺母所需的间隙只能是最前端构件外露钢筋的伸长，因此，所加的应力需要超过控值 采用两台台座式千斤顶整体缓慢放松（图 4-42），应力均匀，安全可靠。放张用台座式千斤顶可专用或与张拉合用。为防止台座式千斤顶长期受力，可采用垫块顶紧，替换千斤顶承受压力 2）机械切割或氧炔焰切割 对先张法板类构件的钢丝或钢绞线，放张时可直接用机械切割或氧炔焰切割。放张工作宜从生产线中间处开始，以减少回弹量且有利于脱模；对每一块板，应从外向内对称放张，以免构件扭转而端部开裂 （3）放张注意事项 1）为了检查构件放张时钢丝与混凝土的粘结是否可靠，切断钢丝时应测定钢丝往混凝土内的回缩数值 钢丝回缩值的简易测试方法是在板端贴玻璃片和在靠近板端的钢丝上贴胶带纸用游标卡尺读数，其精度可达 0.1mm 钢丝的回缩值不应大于 1.0mm。如果最多只有 20% 的测试数据超过上述规定值的 20%，则检查结果是令人满意的。如果回缩值大于上述数值，则应加强构件端部区域的分布钢筋、提高放张时混凝土强度等 2）放张前，应拆除侧模，使放张时构件能自由变形，否则将损坏模板或使构件开裂。对有横肋的构件（如大型屋面板），其端横肋内侧面与板面交接处做出一定的坡度或做成大圆弧，以便预应力筋放张时横肋能沿着坡面滑动。必要时在胎模与台面之间设置滚动支座。这样，在预应力筋放张时，构件与胎模可随着钢筋的回缩一起自由移动 3）用氧炔焰切割时。应采取隔热措施，防止烧伤构件端部混凝土

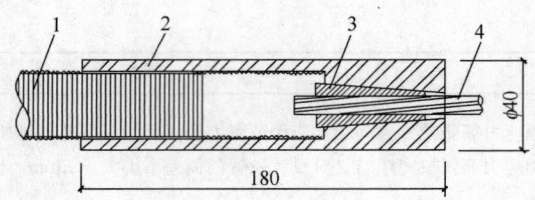

图 4-39　套筒式连接器

1—螺杆或精轧螺纹钢筋；2—套筒；3—工具式夹片；4—钢绞线

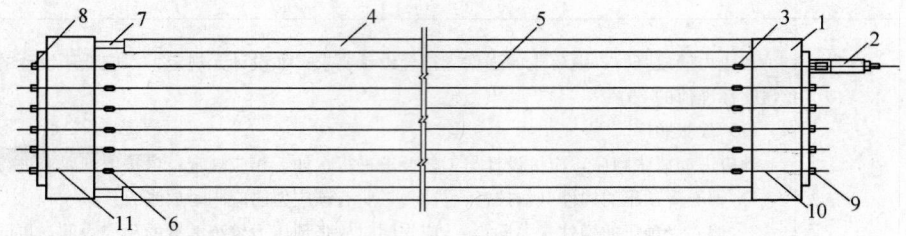

图 4-40　单根钢绞线张拉示意图

1—横梁；2—千斤顶；3、6—连接器；4—槽式承力架；5—预应力筋；7—放张装置；

8—锚固端锚具；9—张拉端螺帽锚具；10、11—钢绞线连接拉杆

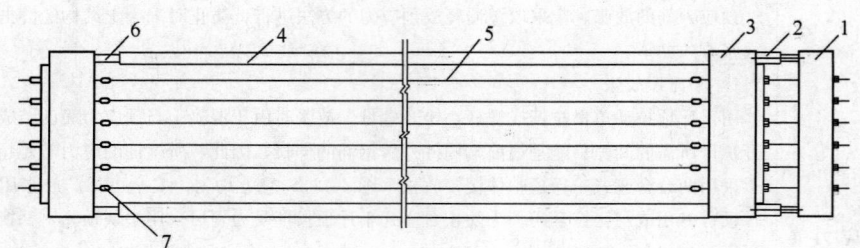

图 4-41　三横梁式成组张拉装置

1—活动横梁；2—千斤顶；3—固定横梁；4—槽式台座；

5—预应力筋；6—放张装置；7—连接器

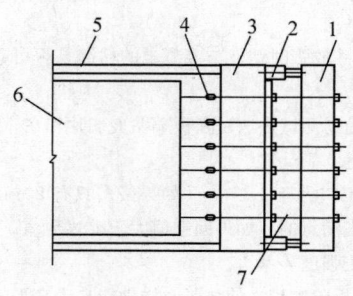

图 4-42　两台千斤顶放张

1—活动横梁；2—千斤顶；3—横梁；4—绞线连接器；

5—承力架；6—构件；7—拉杆

4.4.2　折线张拉工艺

折线张拉工艺如表 4-27 所示。

折线张拉工艺　　　　　　　　　　　　　　　　　表 4-27

序号	项　目	内　容
1	说明	桁架式或拆线式吊车梁配置折线预应力筋，可充分发挥结构受力性能，节约钢材，减轻自重。折线预应力筋可采用垂直折线张拉（构件竖直浇筑）和水平折线张拉（构件平卧浇筑）两种方法
2	垂直折线张拉	图 4-43 为利用槽形台座制作折线式吊车梁的示意图，共 12 个转折点。在上下转折点处设置上下承力架，以支撑竖向力。预应力筋张拉可采用两端同时或分别按 $25\%\sigma_{con}$ 逐级加荷至 $100\%\sigma_{con}$ 的方式进行，以减少预应力损失 为了减少预应力损失，应尽可能减少转角次数，据实测，一般转折点不宜超过 10 个（故台座也不宜过长）。为了减少摩擦，可将下承力架做成摆动支座，摆动位置用临时拉索控制。上承力架焊在两根工字钢架上，工字钢梁搁置在台座上，为使应力均匀，还可在工字钢梁下设置千斤顶，将钢梁交及承力架向上顶升一定的距离，以补足预应力（成为横向张拉） 钢筋张拉完毕后浇筑混凝土。当混凝土达一定强度后，两端同时放松钢筋，最后抽出转折点的圆柱轴 8、13，只剩下支点钢管 7、12 埋在混凝土构件内（钢管直径 $D \geqslant 2.5$ 倍钢筋直径）
3	水平折线张拉	图 4-44 为利用预制钢筋混凝土双肢柱作为台座压杆，在现场对生产桁架式吊车梁的示意图。在预制柱上相应于钢丝弯折点处，套以钢筋抱箍 5，并装置短槽钢 7，连以焊接钢筋网片，预应力筋通过网片而弯折。为承受张拉时产生的横向水平力，在短槽钢上安置木撑 6、8 两根折线钢筋可用 4 台千斤顶在两端同时张拉，或采用两台千斤顶同时在一端张拉后，再在另一端补张拉。为减少应力损失，可在转折点处采取横向张拉，以补足预应力

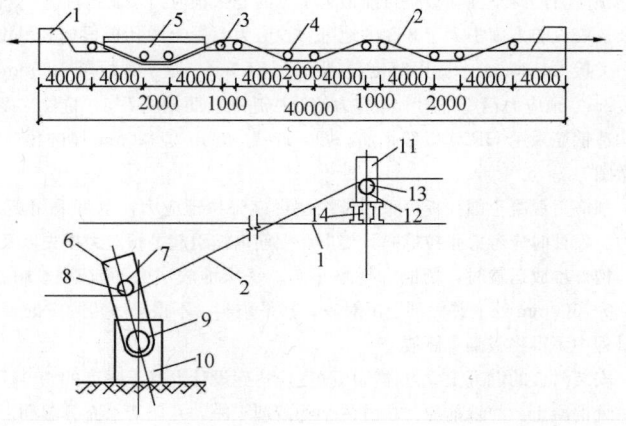

图 4-43　折线形吊车梁预应力筋垂直折线张拉示意图

1—台座；2—预应力筋；3—上支点（即圆钢管 12）；4—下支点（即圆钢管 7）；

5—吊车梁；6—下承力架；7、12—钢管；8、13—圆柱轴；9—连销；

10—地锚；11—上承力架；14—工字钢梁

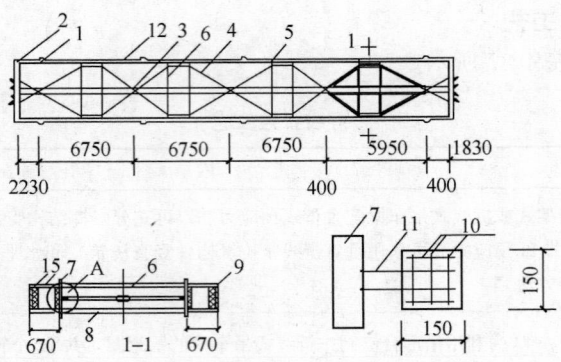

图 4-44 预应力筋水平折线张拉示意图

1—台座；2—横梁；3—直线预应力筋；4—折线预应力筋；5—钢筋抱箍；

6、8—木撑；7—8 号槽钢；9—70×70 方木；10—3φ10 钢筋；

11—2φ18 钢筋；12—砂浆填缝

4.4.3 先张预制构件

先张预制构件如表 4-28 所示。

先张预制构件   表 4-28

序号	项　目	内　容
1	说明	先张法主要适用于生产预制预应力混凝土构件。采用先张法生产的预制预应力混凝土构件包括预制预应力混凝土板、梁、桩等众多种类
2	先张预制板	目前国内应用的先张预应力混凝土板的种类较多，包括预应力混凝土圆孔板、SP 预应力空心板、预应力混凝土叠合板的实心底板、预应力混凝土双 T 板等 （1）预应力混凝土圆孔板 预应力混凝土圆孔板是目前最为常见的先张预应力预制构件之一，主要适用于非抗震设计及抗震设防烈度不大于 8 度的地区。预应力混凝土圆孔板根据其厚度和适用跨度分为两类，一类板厚 120mm，适用跨度范围 2.1～4.8m；另一类板厚 180mm；适用跨度范围 4.8～7.2m。预应力钢筋采用消除应力的低松弛螺旋肋钢丝 φ^H5，抗拉强度标准值为 1570N/mm²，构造钢筋采用 HRB335 级钢筋。图 4-45 为 0.5m 宽 120mm 厚的预应力混凝土圆孔板截面示意图 预应力混凝土圆孔板可采用长线法台座张拉预应力，也可采用短线法钢模模外张拉预应力。设计时应考虑张拉端锚具变形和钢筋内缩引起的预应力损失以及温差引起的预应力损失 构件堆放运输时，场地应平整压实。每垛堆放层数不宜超过 10 层。垫木应放在距板端 200～300mm 处，并做到上下对齐，垫平垫实，不得有一角脱空的现象。堆放、起吊、运输过程中不得将板翻身侧放 安装时板的混凝土立方体抗压强度应达到设计混凝土强度的 100%，板安装后应及时浇筑拼缝混凝土。灌缝前应将拼缝内杂物清理干净，并用清水充分湿润。灌缝应采用强度等级不低于 C20 的细石混凝土并掺微膨胀剂。混凝土振捣应密实，并注意浇水养护 施工均布荷载不应大于 2.5kN/m²，荷载不均匀时单板范围内折算均布荷载不宜大于 2.0kN/m²，施工中应防止构件受到冲击作用 在有抗震设防要求的地区安装圆孔板时，板支座宜采用硬架支模的方式，并保证板与支座实现可靠的连接

序号	项　目	内　容
2	先张预制板	（2）SP 预应力空心板 SP 预应力空心板特指美国 SPANCRETE 公司及其授权的企业生产的预应力混凝土空心板。主要适用于抗震设防烈度不大于 8 度的地区。SP 预应力空心板一般板宽为 1200mm，板的厚度为 100～380mm，适用跨度范围为 3～18m。有关 SP 板轴跨与板厚的对应关系如表 4-29 所示 SP 板的预应力钢筋多采用 1860 级的 1×7 低松弛钢绞线，直径包括 9.5、11.1、12.7mm 三种，有时也采用 1570 级的 1×3 低松弛钢绞线，直径 8.6mm。图 4-46 为 1.2m 宽 200mm 厚的 SP 板截面示意图 放张预应力钢绞线时板的混凝土立方体抗压强度必须达到设计混凝土强度等级值的 75%，并应同时在两端左右对称放张，严禁采用骤然放张 生产时应对板采取有效措施，并确认钢绞线放张时不会导致板面开裂。对采用 12 根和 12 根以上直径 12.7mm 钢绞线的板，更应采用加强板端部抗裂能力或取消部分钢绞线端部一定长度内的握裹力等特殊措施，以防止放张板面开裂。如采取降低预应力张拉控制值时，应注意其对板允许荷载表的影响，采取取消部分钢绞线端部一定长度内的握裹力措施时应考虑对板端部抗裂和承载能力的影响 空心板端部预应力钢绞线的实测回缩（缩入混凝土切割面）值应符合下列规定： 每块板各端的所有钢绞线回缩值的平均值，不得大于 2mm；并且单根钢绞线的回缩值不得大于 3mm（板端部涂油的钢绞线的允许回缩值另行确定）。回缩值不合格的板应根据实际情况经特殊处理后方可使用 构件堆放、运输时，场地应平整压实。每垛堆放总高度不宜超过 2.0m，垫木应放在距板端 200～300mm 处，并做到上下对齐，垫平垫实，不得有一角脱空的现象。堆放、起吊、运输过程中不得将板翻身侧放。SP 板的支承处应平整，保证板端在支承处均匀受力。为减轻承重墙对板端的约束和便于拉齐板缝，在板底设置塑胶垫片会取得较好效果 安装 SP 板时，一般宜将两块板之间板底靠紧安置。但板顶缝宽不宜小于 20mm 为了保证空心板楼（屋）盖体系中，相邻 SP 板之间能相互传递剪力和协调相邻板间垂直变位，应做好板缝的灌缝工作。因此，应注意以下事项： 一般应采用强度不小于 20N/mm² 的水泥砂浆，或强度不小于 C20 的细石混凝土灌实。灌缝用砂浆或细石混凝土应有良好的和易性，保证板间的键槽能浇注密实。所有 SP 板 SPD 板的灌浆工作，均应在吊装后，进行其他工序前尽快实施。在灌缝砂浆强度小于 10N/mm² 时，板面不得进行任何施工工作。灌缝前应采取措施（加临时支撑或在相邻板间加夹具等）保证相邻板底平整。灌缝前应清除板缝中的杂物，按具体工程设计要求设置好缝中钢筋，并使板缝保持清洁湿润状态，灌筑后应注意养护，必须保证板缝浇灌密实 SPD 板顶面应有凹凸差不小于 4mm 的人工粗糙面。以保证合合面的抗剪强度大于 0.4N/mm²。应在 SPD 板叠合层中间配置直径≥6mm，间距 200mm 的钢筋网，或直径 4～5mm 间距 200mm 的焊接钢筋网片。浇筑叠合层混凝土前，SP 板板面必须清扫干净并浇水充分湿润（冬季施工除外），但不能积水。浇筑叠合层混凝土时，采用平板振动器振捣密实，以保证与 SP 板结合成一整体。浇筑后采用覆盖浇水养护。SPD 板在浇注叠合层阶段，应设有可靠支撑，支撑位置应按下列规定： 当跨度 L≤9m 时，在跨中设一道支撑 当跨度 L>9m 时，除在跨中设一道支撑外，尚应在 L/4 处各增设一道支撑 支撑顶面应严格找平，以保证 SP 板底平整，跨中支撑顶面应与 SP 板底顶紧，保证在浇注叠合层过程中 SP 板不产生挠度

序号	项　目	内　　容
2	先张预制板	SP 板施工安装时要求布料均匀，施工荷载（包括叠合层重）不得超过 2.5kN/mm²。在多层建筑中，上层支柱必须对准下层支柱，同时支撑应设在板肋上，并铺设垫板，以免板受支柱的冲击。临时支撑的拆除应在叠合层混凝土达到强度设计值后根据施工规定执行 （3）预应力混凝土叠合板 预应力混凝土叠合板指施工阶段设有可靠支撑的叠合式受弯构件。其采用 50mm 或 60mm 厚实心预制预应力混凝土底板，上浇叠合层混凝土，形成完全粘结。主要适用于非抗震设计及抗震设防烈度不大于 8 度的地区 预应力混凝土叠合板的材料和规格详如表 4-30 所示 图 4-47 为典型的 50mm 厚的预制预应力混凝土底板示意图 叠合板如需开洞，需在工厂生产中先在板底中预留孔洞（孔洞内预应力钢筋暂不切除），叠合层混凝土浇筑时留出孔洞，叠合板达到强度后切除孔洞内预应力钢筋。洞口处加强钢筋及洞板承载能力由设计人员根据实际情况进行设计 底板上表面应做成凹凸不小于 4mm 的人工粗糙面，可用网状滚筒等方法成型 底板吊装时应慢起慢落，并防止与其他物体相撞 堆放场地应平整夯实，堆放时使板与地面之间应有一定的空隙，并设排水措施。板两端（至板端 200mm）及跨中位置均应设置垫木，当板标志长度≤3.6m 时跨中设一条垫木，板标志长度＞3.6m 时跨中设两条垫木，垫木应上下对齐。不同板号应分别堆放，堆放高度不宜多于 6 层。堆放时间不宜超过两个月 混凝土的强度达到设计要求后方能出厂。运输时板的堆放要求同上，但要设法在支点处绑扎牢固，以防移动或跳动。在板的边缘或与绳索接触处的混凝土，应采用衬垫加以保护 底板就位前应在跨中及紧贴支座部位均设置由柱和横撑等组成的临时支撑。当轴跨 l≤3.6m 时跨中设一道支撑；当轴跨 3.6m＜l≤5.4m 时跨中设两道支撑；当轴跨 l＞5.4m 时跨中设三道支撑。支撑顶面应严格抄平，以保证底板板底面平整。多层建筑中各层支撑应设置在一条竖直线上，以免板受上层立柱的冲切 临时支撑拆除应根据施工规范规定，一般保持连续两层有支撑。施工均布荷载不应大于1.5kN/mm²，荷载不均匀时单板范围内折算均布荷载不宜大于 1kN/mm²，否则应采取加强措施。施工中应防止构件受到冲击作用 （4）预应力混凝土双 T 板 预应力混凝土双 T 板通常采用先张法工艺生产，适用于非抗震设计及抗震设防烈度不大于 8 度的地区 预应力混凝土双 T 板混凝土强度等级为 C40、C45、C50。当环境类别为二 b 类时，双 T 坡板的混凝土强度等级均为 C50。预应力钢筋采用低松弛的螺旋肋钢丝或 1×7 钢绞线 双 T 板板面、肋梁、横肋中钢筋网片采用 CRB550 级冷轧带肋钢筋及 HPB300 级钢筋，钢筋网片宜采用电阻点焊，其性能应符合相关标准的规定。预埋件锚板采用 Q235B 级钢，锚筋采用 HPB300 级钢筋或 HRB335 级钢筋。预埋件制作及双 T 坡板安装焊接采用 E43 型焊条。吊钩采用未经冷加工的 HPB300 级钢筋或 Q235 热轧圆钢 预应力混凝土双 T 板标志宽度为 3m，实际宽度 2.98m。跨度 9～24m，屋面坡度 2%，典型的双 T 板模板图如图 4-48 所示 放张时双 T 板混凝土强度一般应达到设计混凝土强度等级的 100% 当肋梁与支座混凝土梁采用螺栓连接时，应在肋梁端部预埋 ϕ20（内径）钢管。预埋钢管应避开预应力筋。对于标志宽度小于 3.0m 的非标准双 T 板，应在构件制作时去掉部分翼板，但不应伤及肋梁

序号	项 目	内 容
2	先张预制板	双 T 板吊装时应保证所有吊钩均匀受力，并宜采用专用吊具。双 T 板堆放场地应平整压实。堆放时，除最下层构件采用通长垫木外，上层的垫木宜采用单独垫木。垫木应放在距板端 200～300mm 处，并做到上下对齐，垫平整实。构件堆放层数不宜超过 5 层，如图 4-49 所示 双 T 板运输时应有可靠的锚固措施，运输时垫木的摆放要求与堆放时相同。运输时构件层数不宜超过 3 层 安装过程中双 T 板承受的荷载（包括双 T 板自重）不应大于该构件的标准组合荷载限值。安装过程中应防止双 T 板遭受冲击作用。安装完毕后，外露铁件应做防腐、防锈处理
3	先张预制桩	（1）预应力混凝土空心方桩 预应力混凝土空心方桩一般采用离心成型方法制作，预应力通过先张法施加。作为一种新型的预制混凝土桩，预应力混凝土空心方桩具有承载力高、生产周期短、节约材料等优点。目前我国的预应力混凝土空心方桩适用于非抗震区及抗震设防烈度不超过 8 度的地区，因此可在我国大部分地区应用。常见预应力混凝土空心方桩的截面如图 4-50 所示 预应力钢筋镦头应采用热墩工艺，镦头强度不得低于该材料标准强度的 90%。采用先张法施加预应力工艺，张拉应计算后确定，并采用张拉应力和张拉伸长值双重控制来确保张拉力的控制 成品放置应标明合格印章及制造厂、产品商标、标记、生产日期或编号等内容。堆放场地与堆放层数的要求应符合国家现行标准《预应力混凝土空心方桩》JG 197 的规定 空心方桩吊装宜采用两支点法，支点位置距桩端 0.21L（L 为桩长）。若采用其他吊法，应进行吊装验算 预应力混凝土空心方桩可采用锤击法和静压法进行施工。采用锤击法时，应根据不同的工程地质条件以及桩的规格等，并结合各地区的经验，合理选择锤重和落距。采用静压法时，可根据具体工程地质情况合理选择配重，压桩设备应有加载反力读数系统 蒸汽养护后的空心方桩应在常温下静停 3d 后方可沉桩施工。空心方桩接桩可采用钢端板焊接法，焊缝应连续饱满。桩帽和送桩器应与方桩外形相匹配，并应有足够的强度、刚度和耐打性。桩帽和送桩器的下端面应开孔，使桩内腔与外界相通 在沉桩过程中不得任意调整和校正桩的垂直度。沉桩时，出现贯入度、桩身位移等异常情况时，应停止沉桩，待查明原因并进行必要的处理后方可继续施工。桩穿越硬土层或进入持力层的过程中除机械故障外，不得随意停止施工。空心方桩一般不宜截桩，如遇特殊情况确需截桩时，应采用机械法截桩 （2）预应力混凝土管桩 预应力混凝土管桩包括预应力高强混凝土管桩（PHC）、预应力混凝土管桩（PC）、预应力混凝土薄壁管桩（PTC）。预应力均通过先张法施加。PHC、PC 桩适用于非抗震和抗震设防烈度不超过 7 度的地区，PTC 桩适用于非抗震和抗震设防烈度不超过 6 度的地区。常见预应力混凝土管桩的截面如图 4-51 所示 制作管桩的混凝土质量应符合现行国家标准《混凝土质量控制标准》GB 50164、《先张法预应力混凝土管桩》GB 13476、《先张法预应力混凝土薄壁管桩》JC 888 的规定，并应按上述标准的要求进行检验 沉桩施工时，应根据设计文件、地勘报告、场地周边环境等选择合适的沉桩机械。管桩的施工也分锤击法和静压法两种，锤击法沉桩机械采用柴油锤、液压锤，不宜采用自由落锤打桩机；静压法沉桩宜采用液压式机械，按施工方法分为顶压式和抱压式两种

序号	项 目	内 容
3	先张预制桩	管桩的混凝土必须达到设计强度及龄期（常压养护为 28d，压蒸养护为 1d）后方可沉桩 锤击法沉桩：桩帽或送桩器与管桩周围的间隙应为 5~10mm；桩锤与桩帽、桩帽与桩顶之间加设弹性衬垫，衬垫厚度应均匀，且经锤击压实后的厚度不宜小于 120mm，在打桩期间应经常检查，及时更换和补充 静压法沉桩：采用顶压式桩机时，桩帽或送桩器与桩之间应加设弹性衬垫；抱压式桩机时，夹持机构中夹具应避开桩身两侧合缝位置。PTC 桩不宜采用抱压式沉桩 沉桩过程中应经常观测桩身的垂直度，若桩身垂直度偏差超过 1%，应找出原因并设法纠正；当桩尖进入较硬土层后，严禁用移动桩架等强行回扳的方法纠偏 每一根桩应一次性连续打（压）到底，接桩、送桩连续进行，尽量减少中间停歇时间 沉桩过程中，出现贯入度反常、桩身倾斜、位移、桩身或桩顶破损等异常情况时，应停止沉桩，待查明原因并进行必要的处理后，方可继续进行施工 上、下节桩拼接成整桩时，宜采用端板焊接连接或机械快速接头连接，接头连接强度应不小于管桩桩身强度 冬期施工的管桩工程应按现行行业标准《建筑工程冬期施工规程》JGJ/T 104 的有关规定，根据地基的主要冻土性能指标，采用相应的措施。宜选用混凝土有效预压应力值较大且采用蒸压养护工艺生产的 PHC 桩

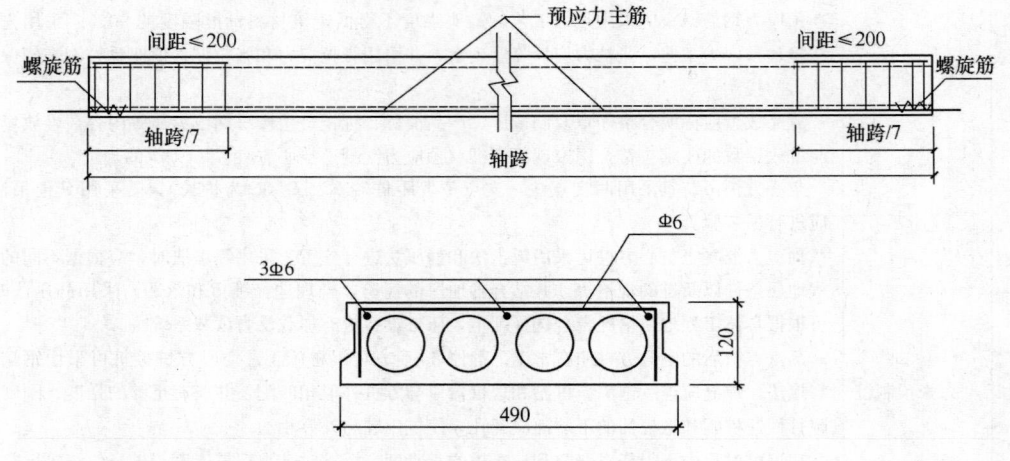

图 4-45 预应力圆孔板截面示意图

SP 板轴跨与板厚对应关系（单位：mm） 表 4-29

板 厚		100	120	150
轴跨	SP	3000~5100	3000~6000	4500~7500
	SPD	4200~6300	4800~7200	5400~9000
板厚		180	200	250
轴跨	SP	4800~9000	5100~10200	5700~12600
	SPD	6900~10200	7200~10800	8400~3800
	40SP	4800~9000	5100~10200	5700~12600
板厚		300	380	
轴跨	SP	6900~15000	8400~18000	
	SPD	9600~15000	12000~18000	
	40SP	6900~15000	8400~18000	

注：表中 SP 指无叠合层的 SP 板，钢绞线保护层厚度 20mm；40SP 指无叠合层的 SP 板，钢绞线保护层厚度 40mm；SPD 指在 SP 板顶面现浇 50~60mm 厚细石混凝土叠合层的板。

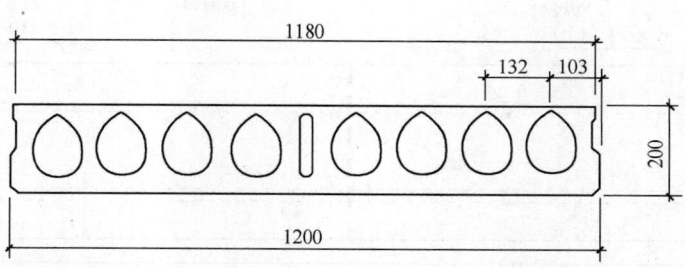

图 4-46 SP 板截面示意图

预应力混凝土叠合板规格   表 4-30

底板厚度（mm）/叠合层厚（mm）		50/60、70、80	
		60/80、90	
底板预应力筋	钢筋种类	螺旋肋钢丝	冷轧带肋钢筋
	直径（mm）	$\phi^H 5$	$\phi^R 5$
	抗拉强度标准值（N/mm²）	1570	800
	抗拉强度设计值（N/mm²）	1110	530
	弹性模量	2.05×10^5	1.9×10^5
底板构造钢筋种类		冷轧带肋钢筋 CRB550（$\phi^H 5$）也可采用 HPB300 或 HRB335 级钢筋	
支座负钢筋种类		HRB335、HRB400 级钢筋	
吊钩		HPB300 级钢筋	
底板混凝土强度等级		C40	
叠合层混凝土强度等级		C30	

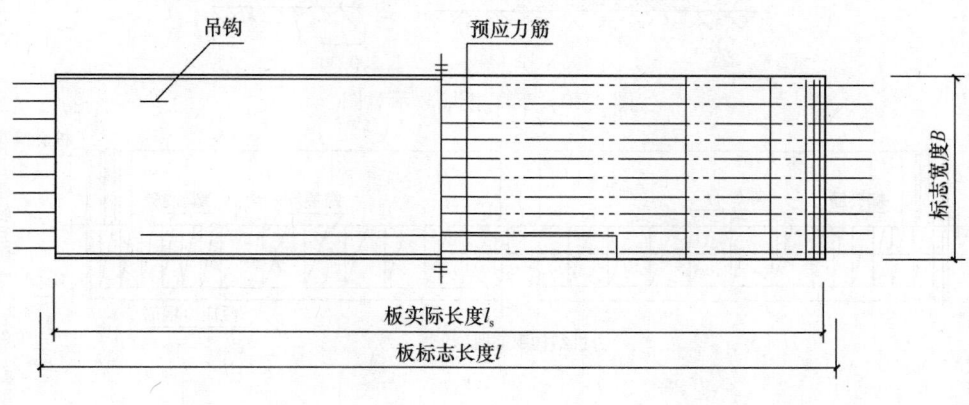

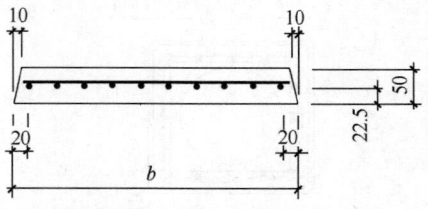

图 4-47 预制预应力混凝土底板示意图

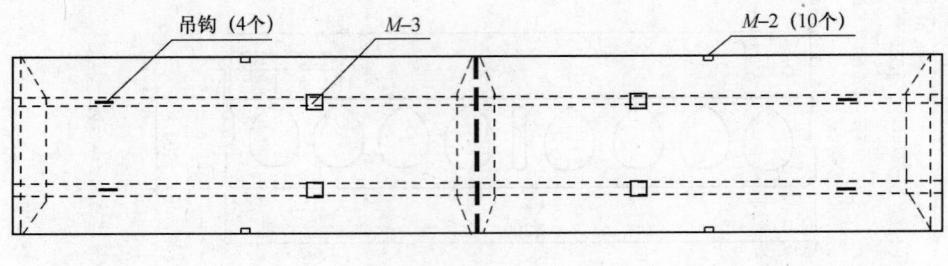

平面图

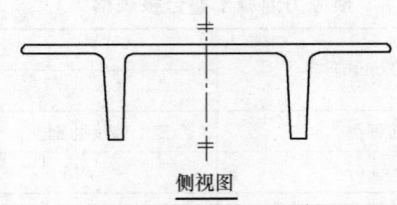

侧视图

图 4-48　双 T 板模板图

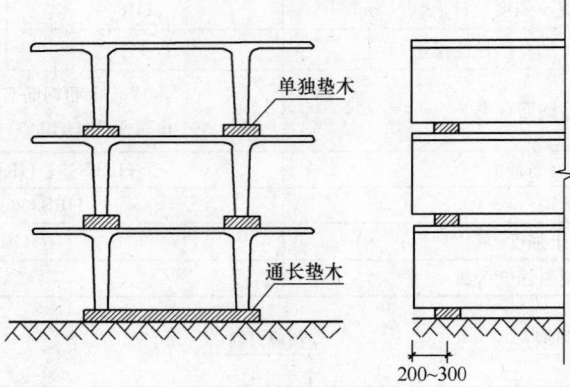

图 4-49　双 T 板堆放示意图

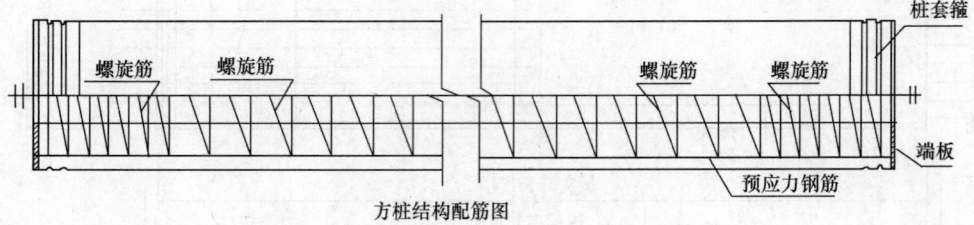

方桩结构配筋图

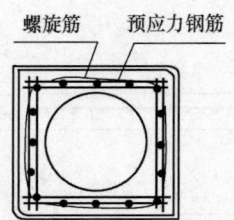

图 4-50　空心方桩截面示意

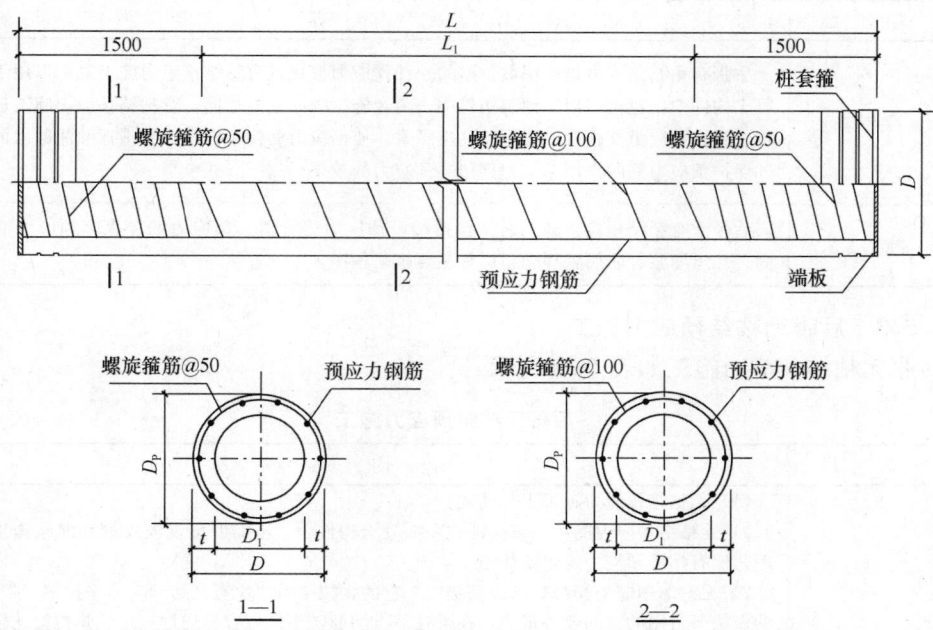

图 4-51　预应力混凝土管桩截面示意

4.5　预应力混凝土后张法施工

4.5.1　简述

预应力混凝土后张法施工简述如表 4-31 所示。

简　述 表 4-31

序号	项　目	内　容
1	后张法	后张法是指结构或构件成型之后，待混凝土达到要求的强度后，在结构或构件中进行预应力筋的张拉，并建立预压应力的方法 　　由于后张法预应力施工不需要台座，比先张法预应力施工灵活便利，目前现浇预应力混凝土结构和大型预制构件均采用后张法施工。后张法预应力施工按粘结方式可以分为有粘结预应力、无粘结预应力和缓粘结预应力三种形式
2	后张法施工	后张法施工所用的成孔材料，通常是金属波纹管和塑料波纹管等 　　后张法施工所用的预应力筋主要是预应力钢绞线、预应力钢丝及精轧螺纹钢，也有在高腐蚀环境中采用非金属材料制成的预应力筋等

4.5.2　有粘结预应力施工

有粘结预应力施工如表 4-32 所示。

	有粘结预应力施工	表 4-32

序号	项 目	内 容
1	特点	后张有粘结预应力是应用最普遍的一种预应力形式，有粘结预应力施工既可以用于现浇混凝土构件中，也可以用于预制构件中，两者施工顺序基本相同。有粘结预应力施工最主要的特点是在预应力筋张拉后要进行孔道灌浆，使预应力筋包裹在水泥浆中，灌注的水泥浆即起到保护预应力筋的作用，又起到传递预应力的效果
2	施工工艺	后张法有粘结预应力施工通常包括铺设预应力筋管道、预应力筋穿束、预应力筋张拉锚固、孔道灌浆、防腐处理和封堵等主要施工程序

4.5.3 后张无粘结预应力施工

后张无粘结预应力施工如表 4-33 所示。

	后张无粘结预应力施工	表 4-33

序号	项 目	内 容
1	特点	（1）无粘结预应力施工工艺简述： 1）无粘结预应力筋可以直接铺放在混凝土构件中，不需要铺设波纹管和灌浆施工，施工工艺比有粘结预应力施工要简便 2）无粘结预应力筋都是单根筋锚固，它的张拉端做法比有粘结预应力张拉端（带喇叭管）的做法所占用的空间要小很多，在梁柱节点钢筋密集区域容易通过，组装张拉端比较容易 3）无粘结预应力筋的张拉都是逐根进行的，单根预应力筋的张拉力比群锚的张拉力要小，因此张拉设备要轻便 （2）无粘结预应力筋耐腐蚀性优良：无粘结预应力筋由于有较厚的高密度聚乙烯包裹层和里面的防腐润滑油脂保护，因此它的抗腐蚀能力优良 （3）无粘结预应力适合楼盖体系：通常单根无粘结预应力筋直径较小，在板、扁梁结构构件中容易形成二次抛物线形状，能够更好地发挥预应力矢高的作用
2	施工工艺	无粘结预应力主要施工工艺包括：无粘结预应力铺放、混凝土浇筑养护、预应力筋张拉、张拉端的切筋和封堵处理等

4.6 预应力工程施工质量及验收

4.6.1 一般规定与原材料

预应力工程施工质量及验收的一般规定与原材料要求如表 4-34 所示。

	一般规定与原材料	表 4-34

序号	项 目	内 容
1	一般规定	（1）浇筑混凝土之前，应进行预应力隐蔽工程验收。隐蔽工程验收应包括下列主要内容： 1）预应力筋的品种、规格、级别、数量和位置 2）成孔管道的规格、数量、位置、形状、连接以及灌浆孔、排气兼泌水孔 3）局部加强钢筋的牌号、规格、数量和位置 4）预应力筋锚具和连接器及锚垫板的品种、规格、数量和位置 （2）预应力筋、锚具、夹具、连接器、成孔管道的进场检验，当满足下列条件之一时，其检验批容量可扩大一倍： 1）获得认证的产品 2）同一厂家、同一品种、同一规格的产品，连续三批均一次检验合格 （3）预应力筋张拉机具及压力表应定期维护。张拉设备和压力表应配套标定和使用，标定期限不应超过半年

序号	项　目	内　容
2　 *	原材料	(1) 主控项目 1) 预应力筋进场时，应按国家现行相关标准的规定抽取试件作抗拉强度、伸长率检验，其检验结果应符合相应标准的规定 检查数量：按进场的批次和产品的抽样检验方案确定 检验方法：检查质量证明文件和抽样检验报告 2) 无粘结预应力钢绞线进场时，应进行防腐润滑脂量和护套厚度的检验，检验结果应符合现行行业标准《无粘结预应力钢绞线》JG 161 的规定 经观察认为涂包质量有保证时，无粘结预应力筋可不作油脂量和护套厚度的抽样检验 检查数量：按现行行业标准《无粘结预应力钢绞线》JG 161 的规定确定 检验方法：观察，检查质量证明文件和抽样检验报告 3) 预应力筋用锚具应和锚垫板、局部加强钢筋配套使用，锚具、夹具和连接器进场时，应按现行行业标准《预应力筋用锚具、夹具和连接器应用技术规程》JGJ 85 的相关规定对其性能进行检验，检验结果应符合该标准的规定 锚具、夹具和连接器用量不足检验批规定数量的 50%，且供货方提供有效的检验报告时，可不作静载锚固性能检验 检查数量：按现行行业标准《预应力筋用锚具、夹具和连接器应用技术规程》JGJ 85 的规定确定 检验方法：检查质量证明文件、锚固区传力性能试验报告和抽样检验报告 4) 处于三 a、三 b 类环境条件下的无粘结预应力筋用锚具系统，应按现行行业标准《无粘结预应力混凝土结构技术规程》JGJ 92 的相关规定检验其防水性能，检验结果应符合该标准的规定 检查数量：同一品种、同一规格的锚具系统为一批，每批抽取 3 套 检验方法：检查质量证明文件和抽样检验报告 5) 孔道灌浆用水泥应采用硅酸盐水泥或普通硅酸盐水泥，水泥、外加剂的质量应分别符合本书有关的规定；成品灌浆材料的质量符合现行国家标准《水泥基灌浆材料应用技术规范》GB/T 50448 的规定 检查数量：按进场批次和产品的抽样检验方案确定 检验方法：检查质量证明文件和抽样检验报告 (2) 一般项目 1) 预应力筋进场时，应进行外观检查，其外观质量应符合下列规定： ①有粘结预应力筋的表面不应有裂纹、小刺、机械损伤、氧化铁皮和油污等，展开后应平顺、不应有弯折 ②无粘结预应力钢绞线护套应光滑、无裂缝，无明显褶皱；轻微破损处应外包防水塑料胶带修补，严重破损者不得使用 检查数量：全数检查 检验方法：观察 2) 预应力筋用锚具、夹具和连接器进场时，应进行外观检查，其表面应无污物、锈蚀、机械损伤和裂纹 检查数量：全数检查 检验方法：观察 3) 预应力成孔管道进场时，应进行管道外观质量检查、径向刚度和抗渗漏性能检验，其检验结果应符合下列规定： ①金属管道外观应清洁，内外表面应无锈蚀、油污、附着物、孔洞；金属波纹管不应有不规则褶皱，咬口应无开裂、脱扣；钢管焊缝缝连续 ②塑料波纹管的外观应光滑、色泽均匀，内外壁不应有气泡、裂口、硬块、油污、附着物、孔洞及影响使用的划伤 ③径向刚度和抗渗漏性能应符合现行行业标准《预应力混凝土桥梁用塑料波纹管》JT/T 529 或《预应力混凝土用金属波纹管》JG 225 的规定 检查数量：外观应全数检查；径向刚度和抗渗漏性能的检查数量应按进场的批次和产品的抽样检验方案确定 检验方法：观察，检查质量证明文件和抽样检验报告

4.6.2 预应力筋的制作与安装、张拉和放张及灌浆与封锚

预应力筋的制作与安装、张拉和放张及灌浆与封锚如表 4-35 所示。

预应力筋的制作与安装、张拉和放张及灌浆与封锚　　表 4-35

序号	项　目	内　　容
1	制作与安装	（1）主控项目 1）预应力筋安装时，其品种、规格、级别和数量必须符合设计要求 检查数量：全数检查 检验方法：观察，尺量 2）预应力筋的安装位置应符合设计要求 检查数量：全数检查 检验方法：观察，尺量 （2）一般项目 1）预应力筋端部锚具的制作质量应符合下列规定： ①钢绞线挤压锚具挤压完成后，预应力筋外端露出挤压套筒的长度不应小于 1mm ②钢绞线压花锚具的梨形头尺寸和直线锚固段长度不应小于设计值 ③钢丝镦头不应出现横向裂纹，镦头的强度不得低于钢丝强度标准值的 98% 检查数量：对挤压锚，每工作班抽查 5%，且不应少于 5 件；对压花锚，每工作班抽查 3 件；对钢丝镦头强度，每批钢丝检查 6 个镦头试件 检验方法：观察，尺量，检查镦头强度试验报告 2）预应力筋或成孔管道的安装质量应符合下列规定： ①成孔管道的连接应密封 ②预应力筋或成孔管道应平顺，并应与定位支撑钢筋绑扎牢固 ③当后张有粘结预应力筋曲线孔道波峰和波谷的高差大于 300mm，且采用普通灌浆工艺时，应在孔道波峰设置排气孔 ④锚垫板的承压面应与预应力筋或孔道曲线末端垂直，预应力筋或孔道曲线末端直线段长度应符合有关的规定 检查数量：第 1~3 款应全数检查；第④款应抽查预应力束总数的 10%，且不少于 5 束 检验方法：观察，尺量 3）预应力筋或成孔管道定位控制点的竖向位置偏差应符合表 4-36 的规定，其合格点率应达到 90% 及以上，且不得有超过表中数值 1.5 倍的尺寸偏差 检查数量：在同一检验批内，应抽查各类型构件总数的 10%，且不少于 3 个构件，每个构件不应少于 5 处 检验方法：尺量

序号	项　目	内　容
2	张拉和放张	（1）主控项目 1）预应力筋张拉或放张前，应对构件混凝土强度进行检验。同条件养护的混凝土立方体试件抗压强度应符合设计要求，当设计无具体要求时应符合下列规定： ①应达到配套锚固产品技术要求的混凝土最低强度且不应低于设计混凝土强度等级值的 75% ②对采用消除应力钢丝或钢绞线作为预应力筋的先张法构件，不应低于 30N/mm² 检查数量：全数检查 检验方法：检查同条件养护试件抗压强度试验报告 2）对后张法预应力结构构件，钢绞线出现断裂或滑脱的数量不应超过同一截面钢绞线总根数的 3%，且每根断裂的钢绞线断丝不得超过一丝；对多跨双向连续板，其同一截面应按每跨计算 检查数量：全数检查 检验方法：观察，检查张拉记录 3）先张法预应力筋张拉锚固后，实际建立的预应力值与工程设计规定检验值的相对允许偏差为 ±5% 检查数量：每工作班抽查预应力筋总数的 1%，且不应少于 3 根 检验方法：检查预应力筋应力检测记录 （2）一般项目 1）预应力筋张拉质量应符合下列规定： ①采用应力控制方法张拉时，张拉力下预应力筋的实测伸长值与计算伸长值的相对允许偏差为 ±6% ②最大张拉应力应符合现行国家标准《混凝土结构工程施工规范》GB 50666 的规定 检查数量：全数检查 检验方法：检查张拉记录 2）先张法预应力构件，应检查预应力筋张拉后的位置偏差，张拉后预应力筋的位置与设计位置的偏差不应大于 5mm，且不应大于构件截面短边边长的 4% 检查数量：每工作班抽查预应力筋总数的 3%，且不应少于 3 束 检验方法：尺量 3）锚固阶段张拉端预应力筋的内缩量应符合设计要求；当设计无具体要求时，应符合表 4-37 的规定 检查数量：每工作班抽查预应力筋总数的 3%，且不少于 3 束 检验方法：尺量
3	灌浆及封锚	（1）主控项目 1）预留孔道灌浆后，孔道内水泥浆应饱满、密实 检查数量：全数检查 检验方法：观察，检查灌浆记录 2）灌浆用水泥浆的性能应符合下列规定： ①3h 自由泌水率宜为 0，且不应大于 1%，泌水应在 24h 内全部被水泥浆吸收 ②水泥浆中氯离子含量不应超过水泥重量的 0.06% ③当采用普通灌浆工艺时，24h 自由膨胀率不应大于 6%；当采用真空灌浆工艺时，24h 自由膨胀率不应大于 3%

序号	项 目	内 容
3	灌浆及封锚	检查数量：同一配合比检查一次 检验方法：检查水泥浆性能试验报告 3）现场留置的灌浆用水泥浆试件的抗压强度不应低于 30N/mm² 试件抗压强度检验应符合下列规定： ①每组应留取 6 个边长为 70.7mm 的立方体试件，并应标准养护 28d ②试件抗压强度应取 6 个试件的平均值；当一组试件中抗压强度最大值或最小值与平均值相差超过 20％时，应取中间 4 个试件强度的平均值 检查数量：每工作班留置一组 检验方法：检查试件强度试验报告 4）锚具的封闭保护措施应符合设计要求。当设计无具体要求时，外露锚具和预应力筋的混凝土保护层厚度不应小于：一类环境时 20mm，二 a、二 b 类环境时 50mm，三 a、三 b 类环境时 80mm 检查数量：在同一检验批内，抽查预应力筋总数的 5％，且不应少于 5 处 检验方法：观察，尺量 （2）一般项目 后张法预应力筋锚固后，锚具外预应力筋的外露长度不应小于其直径的 1.5 倍，且不应小于 30mm 检查数量：在同一检验批内，抽查预应力筋总数的 3％，且不应少于 5 束 检验方法：观察，尺量

束形控制点的竖向位置允许偏差 表 4-36

截面高（厚）（mm）	$h \leqslant 300$	$300 < h \leqslant 1500$	$h > 1500$
允许偏差（mm）	±5	±10	±15

张拉端预应力筋的内缩量限值 表 4-37

序号	锚 具 类 别		内缩量限值（mm）
1	支承式锚具（镦头锚具等）	螺帽缝隙	1
2		每块后加垫板的缝隙	1
3	锥塞式锚具		5
4	夹片式锚具	有顶压	5
5		无顶压	6～8

第 5 章　混凝土结构工程施工混凝土制备与运输

5.1　混凝土结构施工一般规定及计算指标

5.1.1　混凝土结构施工一般规定与混凝土强度等级及选用规定

混凝土结构施工一般规定与混凝土强度等级及选用规定如表 5-1 所示。

混凝土结构施工一般规定与混凝土强度等级及选用规定　表 5-1

序号	项　目	内　　容
1	一般规定	（1）混凝土结构施工宜采用预拌混凝土 （2）混凝土制备应符合下列规定： 1）预拌混凝土应符合现行国家标准《预拌混凝土》GB 14902 的有关规定 2）现场搅拌混凝土宜采用具有自动计量装置的设备集中搅拌 3）当不具备本条第 1）、2）款规定的条件时，应采用符合现行国家标准《混凝土搅拌机》GB/T 9142 的搅拌机进行搅拌，并应配备计量装置 （3）混凝土运应符合下列规定： 1）混凝土宜采用搅拌运输车运输，运输车辆应符合国家现形有关标准的规定 2）运输过程中应保证混凝土拌合物的均匀性和工作性 3）应采取保证连续供应的措施，并应满足现场施工的需要
2	混凝土强度等级	混凝土强度等级应按立方体抗压强度标准值确定。立方体抗压强度标准值系指按标准方法制作、养护的边长为 150mm 的立方体试件，在 28d 或设计规定龄期以标准试验方法测得的具有 95% 保证率的抗压强度值 混凝土强度等级分为 C15、C20、C25、C30、C35、C40、C45、C50、C55、C60、C65、C70、C75、C80 共 14 个强度等级
3	选用规定	素混凝土结构的混凝土强度等级不应低于 C15；钢筋混凝土结构的混凝土强度等级不应低于 C20；采用强度等级 400N/mm² 及以上的钢筋时，混凝土强度等级不应低于 C25 预应力混凝土结构的混凝土强度等级不宜低于 C40，且不应低于 C30 承受重复荷载的钢筋混凝土构件，混凝土强度等级不应低于 C30

5.1.2　混凝土轴心抗压强度的标准值与轴心抗拉强度的标准值

（1）混凝土轴心抗压强度的标准值 f_{ck} 应按表 5-2 采用。

混凝土轴心抗压强度标准值（N/mm²）　表 5-2

序号	强度	混凝土强度等级													
		C15	C20	C25	C30	C35	C40	C45	C50	C55	C60	C65	C70	C75	C80
1	f_{ck}	10.0	13.4	16.7	20.1	23.4	26.8	29.6	32.4	35.5	38.5	41.5	44.5	47.4	50.2

（2）混凝土轴心抗拉强度的标准值 f_{tk} 应按表 5-3 采用。

序号	强度	混 凝 土 强 度 等 级												
		C15	C20	C25	C30	C35	C40	C45	C50	C55	C60	C65	C70	C75	C80
1	f_{tk}	1.27	1.54	1.78	2.01	2.20	2.39	2.51	2.64	2.74	2.85	2.93	2.99	3.05	3.11

5.1.3　混凝土轴心抗压强度的设计值与轴心抗拉强度的设计值

（1）混凝土轴心抗压强度的设计值 f_c 应按表 5-4 采用。

序号	强度	混 凝 土 强 度 等 级												
		C15	C20	C25	C30	C35	C40	C45	C50	C55	C60	C65	C70	C75	C80
1	f_c	7.2	9.6	11.9	14.3	16.7	19.1	21.1	23.1	25.3	27.5	29.7	31.8	33.8	35.9

（2）混凝土轴心抗拉强度的设计值 f_t 应按表 5-5 采用。

序号	强度	混 凝 土 强 度 等 级												
		C15	C20	C25	C30	C35	C40	C45	C50	C55	C60	C65	C70	C75	C80
1	f_t	0.91	1.10	1.27	1.43	1.57	1.71	1.80	1.89	1.96	2.04	2.09	2.14	2.18	2.22

5.1.4　混凝土弹性模量及其他计算标准

（1）混凝土受压和受拉的弹性模量 E_c 宜按表 5-6 采用。

混凝土的剪切变形模量 G_c 可按相应弹性模量值的 40% 采用。

混凝土泊松比 ν_c 可按 0.2 采用。

序号	混凝土强度等级	C15	C20	C25	C30	C35	C40	C45	C50	C55	C60	C65	C70	C75	C80
1	E_c	2.20	2.55	2.80	3.00	3.15	3.25	3.35	3.45	3.55	3.60	3.65	3.70	3.75	3.80

注：1. 当有可靠试验依据时，弹性模量可根据实测数据确定；

　　2. 当混凝土中掺有大量矿物掺合料时，弹性模量可按规定龄期根据实测数据确定。

（2）混凝土轴心抗压疲劳强度设计值 f_c^f、轴心抗拉疲劳强度设计值 f_t^f 应分别按表 5-4、表 5-5 中的强度设计值乘疲劳强度修正系数 γ_ρ 确定。混凝土受压或受拉疲劳强度修正系数 γ_ρ 应根据疲劳应力比值 ρ_c^f 分别按表 5-7、表 5-8 采用；当混凝土承受拉-压疲劳应力作用时，疲劳强度修正系数 γ_ρ 取 0.60。

疲劳应力比值 ρ_c^f 应按下列公式计算：

$$\rho_c^f = \frac{\sigma_{c,min}^f}{\sigma_{c,max}^f} \tag{5-1}$$

式中　　$\sigma_{c,min}^f$、$\sigma_{c,max}^f$ ——构件疲劳验算时，截面同一纤维上混凝土的最小应力、最大应力。

混凝土受压疲劳强度修正系数 γ_ρ　　表 5-7

序号	ρ_c^f	$0 \leqslant \rho_c^f < 0.1$	$0.1 \leqslant \rho_c^f < 0.2$	$0.2 \leqslant \rho_c^f < 0.3$	$0.3 \leqslant \rho_c^f < 0.4$	$0.4 \leqslant \rho_c^f < 0.5$	$\rho_c^f \geqslant 0.5$
1	γ_ρ	0.68	0.74	0.80	0.86	0.93	1.00

混凝土受拉疲劳强度修正系数 γ_ρ　　表 5-8

序号	ρ_c^f	$0 < \rho_c^f < 0.1$	$0.1 \leqslant \rho_c^f < 0.2$	$0.2 \leqslant \rho_c^f < 0.3$	$0.3 \leqslant \rho_c^f < 0.4$	$0.4 \leqslant \rho_c^f < 0.5$
1	γ_ρ	0.63	0.66	0.69	0.72	0.74

序号	ρ_c^f	$0.5 \leqslant \rho_c^f < 0.6$	$0.6 \leqslant \rho_c^f < 0.7$	$0.7 \leqslant \rho_c^f < 0.8$	$\rho_c^f \geqslant 0.8$	—
1	γ_ρ	0.76	0.80	0.90	1.00	—

注：直接承受疲劳荷载的混凝土构件，当采用蒸汽养护时，养护温度不宜高于 60℃。

（3）混凝土疲劳变形模量 E_c^f 应按表 5-9 采用。

混凝土的疲劳变形模量（$\times 10^4 \text{N/mm}^2$）　　表 5-9

序号	强度等级	C30	C35	C40	C45	C50	C55	C60	C65	C70	C75	C80
1	E_c^f	1.30	1.40	1.50	1.55	1.60	1.65	1.70	1.75	1.80	1.85	1.90

（4）当温度在 0℃～100℃ 范围内时，混凝土的热工参数可按下列规定取值：

线膨胀系数 α_c：$1 \times 10^{-5}/℃$；

导热系数 λ：$10.6 \text{kJ}/(\text{m} \cdot \text{h} \cdot ℃)$；

比热容 c：$0.96 \text{kJ}/(\text{kg} \cdot ℃)$。

5.2　混凝土的原材料标准

5.2.1　水泥

水泥材料如表 5-10 所示。

水　泥　材　料　　表 5-10

序号	项　目	内　　容
1	说明	（1）水泥是一种最常用的水硬性胶凝材料。水泥呈粉末状，加入适量水后，成为塑性浆体，既能在空气中硬化，又能在水中硬化，并能把沙、石散状材料牢固地胶结在一起。土木建筑工程中最为常用的是通用硅酸盐水泥（以下简称通用水泥） （2）通用水泥分为：硅酸盐水泥、普通硅酸盐水泥、矿渣硅酸盐水泥、火山灰质硅酸盐水泥、粉煤灰硅酸盐水泥、复合硅酸盐水泥
2	通用硅酸盐水泥的定义与分类及组分与材料	通用硅酸盐水泥的定义与分类及组分与材料如表 5-11 所示
3	通用硅酸盐水泥强度等级与技术要求	通用硅酸盐水泥强度等级与技术要求如表 5-13 所示
4	通用硅酸盐水泥检验规则及包装、标志、运输与贮存	通用硅酸盐水泥检验规则及包装、标志、运输与贮存如表 5-16 所示

通用硅酸盐水泥的定义与分类及组分与材料　　　表 5-11

序号	项　目	内　　　容
1	定义与分类	（1）定义 以硅酸盐水泥熟料和适量的石膏，及规定的混合材料制成的水硬性胶凝材料 （2）分类 本规定的通用硅酸盐水泥按混合材料的品种和掺量分为硅酸盐水泥、普通硅酸盐水泥、矿渣硅酸盐水泥、火山灰质硅酸盐水泥、粉煤灰硅酸盐水泥和复合硅酸盐水泥 1）硅酸盐水泥 ①特性 优点：强度等级高，快硬，早强，抗冻性好，耐磨性和不透水性好 缺点：水化热高，抗水性差，耐蚀性差 ②适用范围。适用于配制高强度等级混凝土、先张法预应力制品、道路及低温下施工的工程。不适用于大体积混凝土和地下工程 2）普通硅酸盐水泥 ①特性。与硅酸盐水泥相比无根本区别，但以下性能有所改变：早期强度增进率有减少，抗冻性、耐磨性稍有下降，低温凝结时间有所延长，抗硫酸盐侵蚀能力有所增强 ②适用范围。适应性较强，无特殊要求的工程都可使用 3）矿渣硅酸盐水泥 ①特性 优点：水化热低，抗硫酸盐侵蚀性好，蒸汽养护有较好的效果，耐热性能较普通硅酸盐水泥高 缺点：早期强度低，后期强度增进率大，保水性差，抗冻性差 ②适用范围。适用于地面、地下水中各种混凝土工程，高温车间建筑。不适用于需要早强和受冻融循环或干湿交替的工程 4）火山灰质硅酸盐水泥 ①特性 优点：保水性好、水化热低、抗硫酸盐侵蚀能力强 缺点：早期强度低，但后期强度增进率大；需水性大，干缩性大，抗冻性差 ②适用范围。适用于地下、水下工程，大体积混凝土工程，一般工业和民用建筑。不适用于需要早强、冻融循环或干湿交替的工程 5）粉煤灰硅酸盐水泥 ①特性 优点：保水性好、水化热低，抗硫酸盐侵蚀能力强，后期强度发展高，需水性及干缩率较小，抗裂性较好 缺点：早期强度增进率比矿渣水泥还低，其余缺点同火山灰水泥 ②适用范围。适用大体积混凝土工程、地下工程、一般工业和民用建筑。不适用范围与矿渣水泥相同 6）复合硅酸盐水泥 ①特性。复合水泥比矿渣水泥、火山灰水泥和粉煤灰水泥有较高的早期强度、比普通水泥有较好的和易性，易于成型、捣实，需水性较大，配制的混凝土耐久性不及普通水泥配制的混凝土 ②适用范围。适用于一般混凝土工程以及工业与民用建筑工程。不适用于耐腐蚀工程

序号	项 目	内 容
2	组分与材料	(1) 组分 通用硅酸盐水泥的组分应符合表 5-12 的规定 (2) 材料 1) 硅酸盐水泥熟料 由主要含 CaO、SiO_2、Al_2O_3、Fe_2O_3 的原料，按适当比例磨成细粉烧至部分熔融所得以硅酸钙为主要矿物成分的水硬性胶凝物质。其中硅酸钙矿物含量（质量分数）不小于 66%，氧化钙和氧化硅质量比不小于 2.0 2) 石膏 ①天然石膏：应符合《石膏和硬石膏》GB/T 5483 中规定的 G 类或 M 类二级（含）以上的石膏或混合石膏 ②工业副产石膏：以硫酸钙为主要成分的工业副产物。采用前应经过试验证明对水泥性能无害 3) 活性混合材料 应符合现行《用于水泥中的粒化高炉矿渣》GB/T 203、《用于水泥和混凝土中的粒化高炉矿渣粉》GB/T 18046、《用于水泥和混凝土中的粉煤灰》GB/T 1596、《用于水泥中的火山灰质混合材料》GB/T 2847 标准要求的粒化高炉矿渣、粒化高炉矿渣粉、粉煤灰、火山灰质混合材料 4) 非活性混合材料 活性指标分别低于现行《用于水泥中的粒化高炉矿渣》GB/T 203、《用于水泥和混凝土中粒化高炉矿渣粉》GB/T 18046、《用于水泥和混凝土中的粉煤灰》GB/T 1596、《用于水泥中的火山灰质混合材料》GB/T 2847 标准要求的粒化高炉矿渣、粒化高炉矿渣粉、粉煤灰、火山灰质混合材料；石灰石和沙岩，其中石灰石中的三氧化二铝含量（质量分数）应不大于 2.5% 5) 窑灰 应符合现行《掺入水泥中的回转窑窑灰》JC/T 742 的规定 6) 助磨剂 水泥粉磨时允许加入助磨剂，其加入量应不大于水泥质量的 0.5%，助磨剂应符合 JC/T 667 的规定

通用硅酸盐水泥组分（%）　　　　　　　　　　　　　　表 5-12

序号	品 种	代 号	组分（质量分数）				
			熟料+石膏	粒化高炉矿渣	火山灰质混合材料	粉煤灰	石灰石
1	硅酸盐水泥	P·I	100	—	—	—	—
		P·II	≥95	≤5	—	—	—
			≥95	—	—	—	—
2	普通硅酸盐水泥	P·O	≥80 且＜95		＞5 且≤20①		≤5
3	矿渣硅酸盐水泥	P·S·A	≥50 且＜80	＞20 且≤50②	—	—	—
		P·S·B	≥30 且＜50	＞50 且≤70②	—	—	—
4	火山灰质硅酸盐水泥	P·P	≥60 且＜80	—	＞20 且≤40③	—	—

续表 5-12

序号	品　种	代　号	组分（质量分数）				
			熟料＋石膏	粒化高炉矿渣	火山灰质混合材料	粉煤灰	石灰石
5	粉煤灰硅酸盐水泥	P·F	≥60 且<80	—	—	>20 且≤40④	
6	复合硅酸盐水泥	P·C	≥50 且<80	>20 且≤50⑤			

①本组分材料为复合表 5-11 序号 2 的（2）条之 3）的活性混合材料，其中允许用不超过水泥质量 8% 且符合表 5-11 序号 2 的（2）条之 4）的非活性混合材料或不超过水泥质量 5% 符合表 5-11 序号 2 的（2）条之 5）的窑灰代替；

②本组分材料为符合现行 GB/T 203《用于水泥中的粒化高炉矿渣》或现行 GB/T 18046《用于水泥和混凝土中的粒化高炉矿渣粉》的活性混合材料，其中允许用不超过水泥质量 8% 且符合表 5-11 序号 2 的（2）条之 3）的非活性混合材料或符合表 5-11 序号 2 的（2）条之 4）非活性混合材料或符合表 5-11 序号 2 的（2）条之 5）的窑灰中的任一种材料代替；

③本组分材料为符合 GB/T 2847《用于水泥中的火山灰质混合材料》的活性混合材料；

④本组分材料为符合 GB/T 1596《用于水泥和混凝土中的粉煤灰》的活性混合材料；

⑤本组分材料为由两种（含）以上符合表 5-11 序号 2 的（2）条之 3）的活性混合材料或符合表 5-11 序号 2 的（2）条之 4）的非活性混合材料组成，其中允许用不超过水泥质量 8% 且符合表 5-11 序号 2 之（2）条的 5）的窑灰代替。掺矿渣时混合材料掺量不得与矿渣硅酸盐水泥重复。

5.2.2　通用硅酸盐水泥强度等级与技术要求

通用硅酸盐水泥强度等级与技术要求如表 5-13 所示。

通用硅酸盐水泥强度等级与技术要求　　　　　表 5-13

序号	项　目	内　　容
1	强度等级	通用硅酸盐水泥的强度等级为： （1）硅酸盐水泥的强度等级分为 42.5、42.5R、52.5、52.5R、62.5、62.5R 六个等级 （2）普通硅酸盐水泥的强度等级分为 42.5、42.5R、52.5、52.5R 四个等级 （3）矿渣硅酸盐水泥、火山灰质硅酸盐水泥、粉煤灰硅酸盐水泥、复合硅酸盐水泥的强度等级分为 32.5、32.5R、42.5、42.5R、52.5、52.5R 六个等级 上述水泥强度等级带"R"者为早强型
2	技术要求	（1）化学指标 通用硅酸盐水泥化学指标如表 5-14 所示 （2）碱含量（选择性指标） 水泥中碱含量按 $Na_2O+0.658K_2O$ 计算值表示。若使用活性骨料，用户要求提供低碱水泥时，水泥中的碱含量应不大于 0.60% 或由买卖双方协商确定 （3）物理指标 1）凝结时间 硅酸盐水泥初凝时间不小于 45min，终凝时间不大于 390min 普通硅酸盐水泥、矿渣硅酸盐水泥、火山灰质硅酸盐水泥、粉煤灰硅酸盐水泥和复合硅酸盐水泥初凝不小于 45min，终凝不大于 600min 2）安定性 沸煮法合格

序号	项　目	内　　容
2	技术要求	3）强度 不同品种不同强度等级的通用硅酸水泥，其不同龄期的强度应符合表 5-15 的规定 4）细度（选择性指标） 硅酸盐水泥和普通硅酸盐水泥的细度以比表面积表示，其比表面积不小于 300m²/kg；矿渣硅酸盐水泥、火山灰质硅酸盐水泥、粉煤灰硅酸盐水泥和复合硅酸盐水泥的细度以筛余表示，其 80μm 方孔筛筛余不大于 10% 或 45μm 方孔筛筛余不大于 30%
3	试验方法	（1）组分 由生产者按现行《水泥组分的定量测定》GB/T 12960 或选择准确度更高的方法进行。在正常生产情况下，生产者应至少每月对水泥组分进行校核，年平均值应符合表 5-11 序号 2 的规定，单次检验值应不超过本书规定最大限量的 2% 为保证组分测定结果的准确性，生产者应采用适当的生产程序和适宜的方法对所选方法的可靠性进行验证，并将经验证的方法形成文件 （2）不溶物、烧失量、氧化镁、三氧化硫和碱含量 按现行《水泥化学分析方法》GB/T 176 进行试验 （3）压蒸安定性 按现行《水泥压蒸安定性试验方法》GB/T 750 进行试验 （4）氯离子 按现行《水泥原料中氯离子的化学分析方法》JC/T 420 进行试验 （5）标准稠度用水量、凝结时间和安定性 按现行《水泥标准稠度用水量、凝结时间、安定性检验方法》GB/T 1346 进行试验 （6）强度 按现行《水泥胶砂强度检验方法》GB/T 17671（ISO）进行试验。火山灰质硅酸盐水泥、粉煤灰硅酸盐水泥、复合硅酸盐水泥和掺火山灰质混合材料的普通硅酸盐水泥在进行胶砂强度检验时，其用水量按 0.50 水胶比和胶砂流动度不小于 180mm 来确定。当流动度小于 180mm 时，应以 0.01 的整倍数递增的方法将水胶比调整至胶砂流动度不小于 180mm 胶砂流动度试验按现行《水泥胶砂流动度测定方法》GB/T 2419 进行，其中胶砂制备按现行《水泥胶砂强度检验方法》GB/T 17671（ISO）规定进行 （7）比表面积 按现行《水泥比表面积测定方法》GB/T 8074（勃氏法）进行试验 （8）80μm 和 45μm 筛余 按现行《水泥细度检验方法》GB/T 1345（筛析法）进行试验

通用硅酸盐水泥化学指标（%）　　　　　　　　表 5-14

序号	品　　种	代　号	不溶物 （质量分数）	烧失量 （质量分数）	三氧化硫 （质量分数）	氧化镁 （质量分数）	氯离子 （质量分数）
1	硅酸盐水泥	P·Ⅰ	≤0.75	≤3.0	≤3.5	≤5.0	≤0.06
2		P·Ⅱ	≤1.50	≤3.5			
3	普通硅酸盐水泥	P·O	—	≤5.0			
4	矿渣硅酸盐水泥	P·S·A	—	—	≤4.0	≤6.0	
5		P·S·B	—	—			

续表 5-14

序号	品 种	代 号	不溶物 （质量分数）	烧失量 （质量分数）	三氧化硫 （质量分数）	氧化镁 （质量分数）	氯离子 （质量分数）
6	火山灰质硅酸盐水泥	P·P	—	—	≤3.5	≤6.0	≤0.06
7	粉煤灰硅酸盐水泥	P·F	—	—			
8	复合硅酸盐水泥	P·C	—	—			

注：1. 硅酸盐水泥压蒸试验合格时，其氧化镁的含量（质量分数）可放宽至 6.0%；

2. A 型矿渣硅酸盐水泥（P·S·A）、火山灰质硅酸盐水泥、粉煤灰硅酸盐水泥、复合硅酸盐水泥中氧化镁的含量（质量分数）大于 6.0% 时，应进行水泥压蒸安定性试验并合格；

3. 氯离子含量有更低要求时，该指标由供需双方协商确定。

通用硅酸盐水泥不同龄期的强度（N/mm²）　　　表 5-15

序号	品 种	强度等级	抗压强度		抗折强度	
			3d	28d	3d	28d
1	硅酸盐水泥	42.5	≥17.0	≥42.5	≥3.5	≥6.5
2		42.5R	≥22.0		≥4.0	
3		52.5	≥23.0	≥52.5	≥4.0	≥7.0
4		52.5R	≥27.0		≥5.0	
5		62.5	≥28.0	≥62.5	≥5.0	≥8.0
6		62.5R	≥32.0		≥5.5	
7	普通硅酸盐水泥	42.5	≥17.0	≥42.5	≥3.5	≥6.5
8		42.5R	≥22.0		≥4.0	
9		52.5	≥23.0	≥52.5	≥4.0	≥7.0
10		52.5R	≥27.0		≥5.0	
11	矿渣硅酸盐水泥 火山灰质硅酸盐水泥 粉煤灰硅酸盐水泥 复合硅酸盐水泥	32.5	≥10.0	≥32.5	≥2.5	≥5.5
12		32.5R	≥15.0		≥3.5	
13		42.5	≥15.0	≥42.5	≥3.5	≥6.5
14		42.5R	≥19.0		≥4.0	
15		52.5	≥21.0	≥52.5	≥4.0	≥7.0
16		52.5R	≥23.0		≥4.5	

通用硅酸盐水泥检验规则及包装、标志、运输与贮存　　　表 5-16

序号	项 目	内 容
1	检验规则	（1）编号及取样 水泥出厂前按同品种、同强度等级编号和取样。袋装水泥和散装水泥应分别进行编号和取样。每一编号为一取样单位。水泥出厂编号按年生产能力规定为： 200×10⁴t 以上，不超过 4000t 为一编号 120×10⁴t～200×10⁴t，不超过 2400t 为一编号 60×10⁴t～120×10⁴t，不超过 1000t 为一编号 30×10⁴t～60×10⁴t，不超过 600t 为一编号

序号	项　目	内　　　容
1	检验规则	$10 \times 10^4 t \sim 30 \times 10^4 t$，不超过 400t 为一编号 $10 \times 10^4 t$ 以下，不超过 200t 为一编号 取样方法按现行《水泥取样方法》GB 12573 进行。可连续取，亦可从 20 个以上不同部位取等量样品，总量至少 12kg。当散装水泥运输工具的容量超过该厂规定出厂编号吨数时，允许该编号的数量超过取样规定吨数 （2）水泥出厂 经确认水泥各项技术指标及包装质量符合要求时方可出厂 （3）出厂检验 出厂检验项目为表 5-13 序号 2 之（1）、（3）条 （4）判定规则 1）检验结果符合表 5-13 序号 2 之（1）、（3）条的规定为合格品 2）检验结果不符合表 5-13 序号 2 之（1）、（3）条中的任何一项技术要求为不合格品 （5）检验报告 检验报告内容应包括出厂检验项目、细度、混合材料品种和掺加量、石膏和助磨剂的品种及掺加量、属旋窑或立窑生产及合同约定的其他技术要求。当用户需要时，生产者应在水泥发出之日起 7d 内寄发除 28d 强度以外的各项检验结果，32d 内补报 28d 强度的检验结果 （6）交货与验收 1）交货时水泥的质量验收可抽取实物试样以其检验结果为依据，也可以生产者同编号水泥的检验报告为依据。采取何种方法验收由买卖双方商定，并在合同或协议中注明。卖方有告知买方验收方法的责任。当无书面合同或协议，或未在合同、协议中注明验收方法的，卖方应在发货票上注明"以本厂同编号水泥的检验报告为验收依据"字样 2）以抽取实物试样的检验结果为验收依据时，买卖双方应在发货前或交货地共同取样和签封。取样方法按现行《水泥取样方法》GB 12573 进行，取样数量为 20kg，缩分为二等份。一份由卖方保存 40d，一份由买方按本标准规定的项目和方法进行检验 在 40d 以内，买方检验认为产品质量不符合本标准要求，而卖方又有异议时，则双方应将卖方保存的另一份试样送省级或省级以上国家认可的水泥质量监督检验机构进行仲裁检验。水泥安定性仲裁检验时，应在取样之日起 10d 以内完成 3）以生产者同编号水泥的检验报告为验收依据时，在发货前或交货时买方在同编号水泥中取样，双方共同签封后由卖方保存 90d，或认可买方自行取样、签封并保存 90d 的同编号水泥的封存样 在 90d 内，买方对水泥质量有疑问时，则买卖双方应将共同认可的试样送省级或省级以上国家认可的水泥质量监督检验机构进行仲裁检验
2	包装、标志、运输与贮存	（1）包装 水泥可以散装或袋装，袋装水泥每袋净含量为 50kg，且应不少于标志质量的 99%；随机抽取 20 袋总质量（含包装袋）应不少于 1000kg。其他包装形式由供需双方协商确定，但有关袋装质量要求，应符合上述规定。水泥包装袋应符合现行《水泥包装袋》GB 9774 的规定 （2）标志 水泥包装袋上应清楚标明：执行标准、水泥品种、代号、强度等级、生产者名称、生产许可证标志（QS）及编号、出厂编号、包装日期、净含量。包装袋两侧应根据水泥的品种采用不同的颜色印刷水泥名称和强度等级，硅酸盐水泥和普通硅酸盐水泥采用红色，矿渣

序号	项 目	内 容
2	包装、标志、运输与贮存	硅酸盐水泥采用绿色；火山灰质硅酸盐水泥、粉煤灰硅酸盐水泥和复合硅酸盐水泥采用黑色或蓝色 散装发运时应提交与袋装标志相同内容的卡片 (3) 运输与贮存 水泥在运输与贮存时不得受潮和混入杂物，不同品种和强度等级的水泥在贮运中避免混杂

5.2.3 石

混凝土中用石如表 5-17 所示。

石　　　　　　　　　　　　　　　　　　　　　　　　表 5-17

序号	项 目	内 容
1	石的分类	石可分为碎石或卵石。由天然岩石或卵石经破碎、筛分而成的，公称粒径大于 5.00mm 的岩石颗粒，称为碎石；由自然条件作用形成的，公称粒径大于 5.00mm 的岩石颗粒，称为卵石，详如表 5-18 所示
2	石的技术要求	(1) 颗粒级配 碎石或卵石的颗粒级配，应符合表 5-19 的规定 混凝土用石宜采用连续粒级 单粒级宜用于组合成满足要求的连续粒级，也可与连续粒级混合使用，以改善其级配或配成较大粒度的连续粒级 (2) 质量指标 碎石和卵石的质量指标应符合表 5-20 的规定
3	碎石和卵石的选用	制备混凝土拌合物时，宜选用粒形良好、质地坚硬、颗粒洁净的碎石或卵石。碎石或卵石宜采用连续粒级，也可用单粒级组合成满足要求的连续粒级 (1) 混凝土用的碎石或卵石，其最大颗粒粒径不得超过构件截面最小尺寸的 1/4，且不得超过钢筋最小净间距的 3/4 (2) 对实心混凝土板，碎石或卵石的最大粒径不宜超过板厚的 1/3，且不得超过 40mm (3) 泵送混凝土用碎石的最大粒径不应大于输送管内径的 1/3，卵石的最大粒径不应大于输送管内径的 2/5
4	碎石和卵石的质量控制	(1) 验收 使用单位应按碎石或卵石的同产地同规格分批验收。采用大型工具运输的，以 400m³ 或 600t 为一验收批。采用小型工具运输的，以 200m³ 或 300t 为一验收批。不足上述量者，应按验收批进行验收 每验收批碎石或卵石至少应进行颗粒级配、含泥量、泥块含量和针、片状颗粒含量检验 当碎石或卵石的质量比较稳定、进料量又较大时，可以 1000t 为一验收批 当使用新产源的碎石或卵石时，应由生产单位或使用单位按质量要求进行全面检验，质量应符合国家现行标准《普通混凝土用砂、石质量及检验方法标准》JGJ 52 的规定 (2) 运输和堆放 碎石或卵石在运输、装卸和堆放过程中，应防止颗粒离析、混入杂质，并按产地、种类和规格分别堆放。碎石或卵石的堆放高度不宜超过 5m，对于单粒级或最大粒径不超过 20mm 的连续粒级，其堆料高度可增加到 10m

石 子 的 分 类　　　　　　　　　表 5-18

序号	分类方法	类别	说明
1	按粒型分	(1) 卵石	卵石系天然岩石风化而成，依产地和来源不同，可分为河卵石、海卵石和山卵石。河卵石和海卵石较纯净，颗粒光洁圆滑，大小不等，不需加工即可利用，配制成的混凝土具有流动性好、孔隙率小、水泥用量较少等优点，但与水泥浆的粘结力稍差。山卵石则常掺有较多杂质，颗粒表面较粗糙，与水泥浆的粘结力较好。一般采用的卵石规格为 5～150mm 卵石的松散空隙率约在 35%～45%，空隙率大于 45% 的卵石与碎石不宜用于配制混凝土
		(2) 碎石	碎石系坚硬岩石或卵石由机械或人工破碎、筛分而得的粒径大于 5mm 的岩石颗粒而成。花岗岩、辉绿岩、石灰岩、沙岩等大量用作于混凝土粗骨料，火成岩和沉积岩可视当地出产状况加以使用。碎石的强度应为混凝土强度的 1.5 倍以上 碎石的强度大而均匀，表面粗糙，与水泥浆粘结力强，在水泥强度和水胶比相同的条件下，碎石混凝土的强度比卵石混凝土的强度高，但由它拌合的混凝土的工作性能稍差
2	按石质分	(1) 火成岩	深火成岩（花岗岩、正长岩）；喷出火成岩（玄武岩、辉绿岩）
		(2) 水成岩	石灰岩、砂岩
		(3) 变质岩	片麻岩、石英岩
3	按级配分	(1) 连续级配	即从某一最大粒级以下依次有其他粒级的级配
		(2) 单粒级配	即省去一级或几级中间粒级的级配

注：1. 按卵石、碎石的技术要求分为Ⅰ类、Ⅱ类、Ⅲ类；

　　2. Ⅰ类卵石、碎石宜用于强度等级大于 C60 的混凝土；Ⅱ类卵石、碎石宜用于强度等级 C30～C60 及抗冻、抗渗或其他要求的混凝土；Ⅲ类卵石、碎石宜用于强度等级小于 C30 的混凝土。

碎石或卵石的颗粒级配范围　　　　　　　　　表 5-19

序号	级配情况	公称粒级 (mm)	累计筛余，按质量（%）方孔筛筛孔边长尺寸（mm）											
			2.36	4.75	9.5	16.0	19.0	26.5	31.5	37.5	53.0	63.0	75.0	90.0
1	连续粒级	5～10	95～100	80～100	0～15	0	—	—	—	—	—	—	—	—
		5～16	95～100	85～100	30～60	0～10	0	—	—	—	—	—	—	—
		5～20	95～100	90～100	40～80	—	0～10	0	—	—	—	—	—	—
		5～25	95～100	90～100	—	30～70	—	0～5	0	—	—	—	—	—
		5～31.5	95～100	90～100	70～90	—	15～45	—	0～5	0	—	—	—	—
		5～40	—	95～100	70～90	—	30～65	—	—	0～5	0	—	—	—
2	单粒级	10～20	—	95～100	85～100	—	0～15	—	—	—	—	—	—	—
		16～31.5	—	95～100	—	85～100	—	—	0～10	—	0	—	—	—
		20～40	—	—	95～100	—	80～100	—	—	0～10	—	0	—	—
		31.5～63	—	—	—	95～100	—	—	75～100	45～75	—	0～10	0	—
		40～80	—	—	—	—	95～100	—	—	70～100	—	30～60	0～10	0

碎石和卵石的质量指标　　　表 5-20

序号	碎石和卵石的质量标准			质量指标
1	含泥量 （按质量计,%）	混凝土 强度等级	≥C60	≤0.5
			C55～C30	≤1.0
			≤C25	≤2.0
2	泥块含量 （按质量计,%）	混凝土 强度等级	≥C60	≤0.2
			C55～C30	≤0.5
			≤C25	≤0.7
3	针、片状颗粒含量 （按质量计,%）	混凝土 强度等级	≥C60	≤8
			C55～C30	≤15
			≤C25	≤25
4	碎石 压碎指标值 （%）	混凝土 强度等级	沉积岩　C60～C40	≤10
			沉积岩　≤C35	≤16
			变质岩或深层的火成岩　C60～C40	≤12
			变质岩或深层的火成岩　≤C35	≤20
			喷出的火成岩　C60～C40	≤13
			喷出的火成岩　≤C35	≤30
5	卵石、碎卵石 压碎指标值（%）	混凝土强度等级	C60～C40	≤12
			≤C35	≤16
6	硫化物及硫酸盐含量 （折算成 SO₃，按质量计,%）			≤1.0
7	有害物质含量	卵石中有机物含量（用比色法试验）		颜色应不深于标准色。当颜色深于标准色时，应配制成混凝土进行强度对比试验，抗压强度比不应低于0.95
8	坚固性	混凝土所处的环境条件及其性能要求	在严寒及寒冷地区室外使用并经常处于潮湿或干湿交替状态下的混凝土 对于有抗疲劳、耐磨、抗冲击要求的混凝土 有腐蚀介质作业或经常处于水位变化区的地下结构混凝土	5次循环后的质量损失（%）　≤8
			其他条件下使用的混凝土	≤12
9	含碱量（kg/m³）	当活性骨料时，混凝土中的含碱量		≤3

5.2.4 砂

混凝土中用沙如表 5-21 所示。

砂　　　　　　　　　　　　　　　　　　　　　　　　　　　　　　　　表 5-21

序号	项　目	内　　容
1	砂的分类	(1) 按加工方法不同，砂分为天然砂、人工砂和混合砂 由自然条件作用形成的，公称粒径小于 5.00mm 的岩石颗粒，称为天然砂。天然砂分为河砂、海砂和山砂 由岩石经除土开采、机械破碎、筛分而成的，公称粒径小于 5.00mm 的岩石颗粒，称为人工砂 由天然砂与人工砂按一定比例组合而成的砂，称为混合砂 (2) 按细度模数不同，砂分为粗砂、中砂、细砂和特细砂，其范围应符合表 5-22 的规定
2	砂的技术要求	(1) 颗粒级配 混凝土用砂除特细砂以外，砂的颗粒级配按公称直径 $630\mu m$ 筛孔的累计筛余量（以质量百分率计），分成三个级配区，且砂的颗粒级配应处于表 5-23 中的某一区内 (2) 天然砂的质量指标 天然砂的质量指标应符合表 5-24 的规定 (3) 人工砂或混合砂的质量标准 人工砂或混合砂的质量标准应符合表 5-25 的规定
3	砂的选用	制备混凝土拌合物时，宜选用级配良好、质地坚硬、颗粒洁净的天然砂、人工砂和混合砂 配制混凝土时宜优先选用Ⅱ区砂 当采用Ⅰ区砂时，应提高砂率，并保持足够的水泥用量，以满足混凝土的和易性 当采用Ⅲ区砂时，在适当降低砂率，以保证混凝土强度 当采用特细砂时，应符合相应的规定 配制泵送混凝土时，宜选用中砂 使用海砂时，其质量指标应符合现行行业标准《海砂混凝土应用技术规范》JGJ 206 的规定
4	砂的质量控制	(1) 验收 使用单位应按砂的同产地同规格分批验收。采用大型工具运输的，以 400m³ 或 600t 为一验收批。采用小型工具运输的，以 200m³ 或 300t 为一验收批。不足上述量者，应按验收批进行验收 每验收批砂至少应进行颗粒级配、含泥量、泥块含量检验。对于海砂或有氯离子污染的砂，还应检验其氯离子含量；对于海砂，还应检验贝壳含量；对于人工砂及混合砂，还应检验石粉含量 当砂的质量比较稳定、进料量又较大时，可以 1000t 为一验收批 当使用新产源的砂时，应由生产单位或使用单位按质量要求进行全面检验，质量应符合国家现行标准《普通混凝土用砂、石质量及检验方法标准》JGJ 52 的规定 (2) 运输和堆放 砂在运输、装卸和堆放过程中，应防止颗粒离析、混入杂质，并按产地、种类和规格分别堆放

砂 的 分 类 表 5-22

序号	分类方法	名 称	说 明
1	按来源分类	人造砂	如陶砂
2		天然砂	河砂、海砂、山砂
3	按细度模数的大小分类	粗砂	细度模数为 3.7～3.1；平均粒径不小于 0.5mm
4		中砂	细度模数为 3.0～2.3；平均粒径为 0.5～0.35mm
5		细砂	细度模数为 2.2～1.6；平均粒径为 0.35～0.25mm
6		特细砂	细度模数为 1.5～0.7；平均粒径小于 0.25mm

注：1. 河砂和海砂因生成过程中受水的冲刷，颗粒形成较圆滑，质地紧固，但海砂内常夹有疏松的石灰质贝壳碎屑，会影响混凝土的强度；山砂系岩石风化后在原地沉积而成，其颗粒多棱角，并含有黏土及有机杂质等；因此，这三种砂子中，河砂的质量较好；

2. 用粗砂配制混凝土，用水量少，强度高，但和易性较差；用细砂配制混凝土，用水量多，和易性好，但强度较差。因此采用中砂最为合适。但在实际使用中，还应尽量就地取材，如当地没有中砂，可将粗、细砂按一定比例搭配使用；

3. 按砂的技术要求分为Ⅰ类、Ⅱ类、Ⅲ类；

4. Ⅰ类砂宜用于强度等级大于 C60 的混凝土；Ⅱ类砂宜用于强度等级 C30～C60 及抗冻、抗渗或其他要求的混凝土；Ⅲ类砂宜用于强度等级小于 C30 的混凝土和建筑砂浆。

砂的颗粒级配区 表 5-23

序号	公称粒径	级 配 区		
		Ⅰ区	Ⅱ区	Ⅲ区
		累计筛余（%）		
1	5.00mm	10～0	10～0	10～0
2	2.50mm	35～5	25～0	15～0
3	1.25mm	65～35	50～10	25～0
4	630μm	85～71	70～41	40～16
5	315μm	95～80	92～70	85～55
6	160μm	100～90	100～90	100～90

天然砂的质量指标 表 5-24

序号	质 量	项 目		质量指标
1	含泥量（按质量计%）	混凝土强度等级	≥C60	≤2.0
			C55～C30	≤3.0
			≤C25	≤5.0
2	泥块含量（按质量计%）	混凝土强度等级	≥C60	≤0.5
			C55～C30	≤1.0
			≤C25	≤2.0
3	海砂中的贝壳含量（按质量计，%）	混凝土强度等级	≥C40	≤3
			C35～C30	≤5
			C25～C15	≤8

序号	质　量	项　　目		质量指标
4	有害物质限量	云母含量（按质量计，%）		≤2.0
		轻物质含量（按质量计，%）		≤1.0
		硫化物及硫酸含量（折算成 SO₃，按质量计，%）		≤1.0
		有机物含量（用比色法试验）		颜色不应深于标准色，当颜色深于标准色，应按水泥胶砂强度试验方法进行强度对比试验，抗压强度比不应低于 0.95
5	坚固性	混凝土所处的环境条件及性能要求	在严寒及寒冷地区室外使用并经常处于潮湿或干湿交替状态下的混凝土	5 次循环后的质量损失（%）≤8
			对于有抗疲劳、耐磨、抗冲击要求的混凝土	
			有腐蚀介质作用或经常处于水位变化区的地下结构混凝土	
			其他条件下使用的混凝土	≤10
6	氯离子含量（%）	对于钢筋混凝土用砂		≤0.06
7		对于预应力混凝土用砂		≤0.02
8	碱含量（kg/m³）	当活性骨料时，混凝土中的碱含量		≤3

人工砂或混合砂的质量指标　　　　　　　　　表 5-25

序号	项　　目		质量指标	
			MB<1.40（合格）	MB≥1.40（不合格）
1	石粉含量（%）	混凝土强度等级	≥C60 ≤5.0	≤2.0
			C55～C30 ≤7.0	≤3.0
			≤C25 ≤10.0	≤5.0
2	总压碎值指标（%）		<30	
3	碱含量（kg/m³）	当活性骨料时，混凝土中的碱含量	≤3	

5.2.5　掺合料

掺合料如表 5-26 所示。

掺　合　料　　　　　　　　　表 5-26

序号	项　　目	内　　容
1	说明	掺合料是混凝土的主要组成材料，它起着改善混凝土性能的作用。在混凝土中加入适量的掺合料，可以起到降低温升，改善工作性，增进后期强度，改善混凝土内部结构，提高耐久性，节约资源的作用

序号	项　目	内　容
2	掺合料的分类	(1) 粉煤灰 粉煤灰是指电厂煤粉炉烟道气体中收集的粉末 粉煤灰按煤种分为 F 类和 C 类；按其技术要求分为Ⅰ级、Ⅱ级、Ⅲ级 (2) 粒化高炉矿渣粉 粒化高炉矿渣粉是指以粒化高炉矿渣为主要原料，掺加少量石膏磨细制成一定细度的粉体 粒化高炉矿渣粉按其技术要求分为 S105、S95、S75 (3) 沸石粉 沸石粉是指用天然沸石粉配以少量无机物经细磨而成的一种良好的火山灰质材料 沸石粉按其技术要求分为Ⅰ级、Ⅱ纽、Ⅲ级 (4) 硅灰 硅灰是指铁合金厂在冶炼硅铁合金或金属硅时，从烟尘中收集的一种飞灰
3	掺合料的技术要求	(1) 粉煤灰的技术要求 粉煤灰的技术要求应符合表 5-27 的规定 (2) 粒化高炉矿渣粉的技术要求 粒化高炉矿渣粉的技术要求应符合表 5-28 的规定 (3) 沸石粉的技术要求 沸石粉的技术要求应符合表 5-29 的规定 (4) 硅灰的技术要求 硅灰的技术要求应符合表 5-30 的规定
4	掺合料的选用	(1) 粉煤灰的选用 Ⅰ级粉煤灰允许用于后张预应力钢筋混凝土构件及跨度小于 6m 的先张预应力钢筋混凝土构件 Ⅱ级粉煤灰主要用于普通钢筋混凝土和轻骨料钢筋混凝土 Ⅲ级粉煤灰主要用于无筋混凝土和砂浆 (2) 粒化高炉矿渣粉的选用 S105 级粒化高炉矿渣粉主要用于高性能钢筋混凝土 S95 级粒化高炉矿渣粉主要用于普通钢筋混凝土 S75 级粒化高炉矿渣粉主要用于无筋混凝土和砂浆 (3) 沸石粉的选用 主要用于高性能混凝土，以降低新拌混凝土的泌水与离析，提高混凝土的密实性，改善混凝土的力学性能和耐久性能 (4) 硅灰的选用 主要用于高强混凝土，能显著提高混凝土的强度和耐久性能
5	掺合料的质量控制	(1) 粉煤灰验收 使用单位以连续供应的 200t 相同厂家、相同等级、相同种类的粉煤灰为一验收批。不足上述量者，应按验收批进行验收 每验收批粉煤灰至少应进行细度、需水量比、含水量和雷氏法安定性（F 类粉煤灰可每季度测定一次）检验。当有要求时尚应进行其他项目检验 (2) 粒化高炉矿渣粉验收

序号	项　目	内　　　容
5	掺合料的质量控制	使用单位以连续供应的 200t 相同厂家、相同等级、相同种类的粒化高炉矿渣粉为一验收批。不足上述量者，应按验收批进行验收 　　每验收批粒化高炉矿渣粉至少应进行活性指数和流动度比检验。当有要求时尚应进行其他项目检验 　　(3) 沸石粉验收 　　使用单位以连续供应的 200t 相同厂家、相同等级、相同种类的沸石粉为一验收批。不足上述量者，应按验收批进行验收 　　每验收批沸石粉至少应进行吸铵值、细度、活性指数和需水量比检验。当有要求时尚应进行其他项目检验 　　(4) 硅灰验收 　　使用单位以连续供应的 50t 相同厂家、相同等级、相同种类的硅灰为一验收批。不足上述量者，应按验收批进行验收 　　每验收批硅灰至少应进行烧失量、活性指数和需水量比检验。当有要求时尚应进行其他项目检验 　　(5) 运输和贮存 　　掺合料在运输和贮存时不得受潮、混入杂物，应防止污染环境，并应标明掺合料种类及其厂名、等级等

粉煤灰的技术要求　　　　　　　　　　　　表 5-27

序号	项　　目		技 术 要 求		
			Ⅰ级	Ⅱ级	Ⅲ级	Ⅲ级
1	细度（45μm 方孔筛筛余），不大于（%）	F 类粉煤灰	12.0	25.0	45.0
		C 类粉煤灰			
2	需水量比，不大于（%）	F 类粉煤灰	95	105	115
		C 类粉煤灰			
3	烧失量，不大于（%）	F 类粉煤灰	5.0	8.0	15.0
		C 类粉煤灰			
4	含水量，不大于（%）	F 类粉煤灰	1.0		
		C 类粉煤灰			
5	三氧化硫，不大于（%）	F 类粉煤灰	3.0		
		C 类粉煤灰			
6	游离氧化钙，不大于（%）	F 类粉煤灰	1.0		
		C 类粉煤灰	4.0		
7	安全性 雷氏夹沸煮后增加距离，不大于（mm）	C 类粉煤灰	5.0		
8	放射性	F 类粉煤灰	合格		
		C 类粉煤灰			
9	碱含量	F 类粉煤灰	由买卖双方协商确定		
		C 类粉煤灰			

粒化高炉矿渣粉的技术要求　　　　表 5-28

序号	项 目		技 术 要 求		
			S105	S95	S75
1	密度（g/cm³） ≥		2.8		
2	比表面积（m²/kg） ≥		500	400	300
3	活性指数（%）　≥	7d	95	75	55
		28d	105	95	75
4	流动度比（%） ≥		95		
5	含水量（质量分数,%） ≤		1.0		
6	三氧化硫（质量分数,%） ≤		4.0		
7	氯离子（质量分数,%） ≤		0.06		
8	烧失量（质量分数,%） ≤		3.0		
9	玻璃体含量（质量分数,%） ≥		85		
10	放射性		合格		

沸石粉的技术要求　　　　表 5-29

序号	项 目		技 术 要 求		
			Ⅰ级	Ⅱ级	Ⅲ级
1	吸铵值（mmol/100g） ≥		130	100	90
2	细度（80μm 筛筛余,%） ≤		4.0	10	15
3	需水量比（%） ≤		125	120	120
4	28d 抗压强度比（%） ≥		75	70	62

硅灰的技术要求　　　　表 5-30

序号	项 目	指 标	序号	项 目	指 标
1	固含量（液料）	按生产厂控制值的±2%	7	需水量比	≤125%
2	总碱量	≤1.5%	8	比表面积（BET 法）	≥15m²/g
3	SiO_2 含量	≥85.0%	9	活性指数（7d 快速法）	≥105%
4	氯含量	≤0.1%	10	放射性	I_{ra}≤1.0 和 I_r≤1.0
5	含水率（粉料）	≤3.0%	11	抑制碱骨料反应性	14d 膨胀率降低值≥35%
6	烧失量	≤4.0%	12	抗氯离子渗透性	28d 电通量之比≤40%

注：1. 硅灰浆折算为固体含量按此表进行检验；
　　2. 抑制碱骨料反应性和抗氯离子渗透性为选择性试验项目，由供需双方协商决定。

5.2.6　外加剂

混凝土掺外加剂如表 5-31 所示。

外 加 剂

表 5-31

序号	项　目	内　　容
1	说明	在混凝土拌合过程中掺入，并能按要求改善混凝土性能，一般不超过水泥质量的5％（特殊情况除外）的材料称为混凝土外加剂
2	外加剂的分类	混凝土外加剂按其主要功能分为： (1) 改善混凝土拌合物流动性能的外加剂，包括各种减水剂、引气剂和泵送剂等 (2) 调节混凝土凝结时间、硬化性能的外加剂，包括缓凝剂、早强剂和速凝剂等 (3) 改善混凝土耐久性能的外加剂，包括引气剂、防水剂和阻锈剂等 (4) 改善混凝土其他性能的外加剂，包括加气剂、膨胀剂、防冻剂等
3	外加剂的技术要求	(1) 掺外加剂混凝土的性能指标 1) 减水率、泌水率比、含气量 掺外加剂混凝土的减水率、泌水率比、含气量指标应符合表5-32的规定 2) 凝结时间之差、1h经时变化量 掺外加剂混凝土的凝结时间之差、1h经时变化量指标应符合表5-33的规定 3) 抗压强度比、收缩率比 掺外加剂混凝土的抗压强度比、收缩率比指标应符合表5-34的规定 4) 相对耐久性 掺外加剂混凝土的相对耐久性指标应符合表5-35的规定 (2) 匀质性指标 匀质性指标应符合表5-36的规定
4	外加剂的选用	(1) 高性能减水剂 高性能减水剂是国内外近年来开发的新型外加剂品种，目前主要为聚羧酸盐类产品。它使混凝土在减水、保坍、增强、收缩及环保等方面具有优良性能的系列减水剂 高性能减水剂适用于各类预制和现浇钢筋混凝土、预应力钢筋混凝土工程，适用于超高强、清水、自密实等高性能混凝土 (2) 高效减水剂 高效减水剂具有较高的减水率，较低引气量，是我国使用量大、面广的外加剂品种 高效减水剂适用于各类预制和现浇钢筋混凝土、预应力钢筋混凝土工程。适用于高强、中等强度混凝土，早强、浅度抗冻、大流动混凝土 (3) 普通减水剂 普通减水剂的主要成分为木质素磺酸盐，通常由亚硫酸盐法生产纸浆的副产品制得。具有一定的缓凝、减水和引气作用 普通减水剂适用于各种现浇及预制（不经蒸养工艺）混凝土、钢筋混凝土及预应力混凝土，中低强度混凝土。适用于大楼板施工、滑模施工及日最低气温＋5℃以上混凝土施工。多用于大体积混凝土、泵送混凝土、有轻度缓凝要求的混凝土。不宜单独用于蒸养混凝土 (4) 引气剂及引气减水剂 引气剂是一种在搅拌过程中具有在砂浆或混凝土中引入大量、均匀分布的微气泡，而且在硬化后能保留在其中的一种外加剂 引气减水剂是兼有引气和减水功能的外加剂，它是由引气剂与减水剂复合组成 引气剂及引气减水剂适用于抗渗混凝土、抗冻混凝土、抗硫酸盐混凝土、贫混凝土、轻骨料混凝土以及对饰面有要求的混凝土，引气剂不宜用于蒸养混凝土及预应力混凝土

序号	项　目	内　　容
4	外加剂的选用	（5）泵送剂 泵送剂是用于改善混凝土泵送性能的外加剂，它由减水剂、缓凝剂、引气剂、润滑剂等多种成分复合而成 泵送剂适用于各种需要采用泵送工艺的混凝土 （6）早强剂 早强剂是能加速水泥水化和硬化，促进混凝土早期强度增长的外加剂，可缩短混凝土养护龄期，加快施工进度，提高模板和场地周转率 早强剂适用于蒸养混凝土及常温、低温和最低温度不低于－5℃环境中施工的有早强要求或防冻要求的混凝土工程。严禁用于饮水工程及与食品相接触的工程 （7）缓凝剂 缓凝剂是可在较长时间内保持混凝土工作性，延缓混凝土凝结和硬化时间的外加剂 缓凝剂适用于炎热气候条件下施工的混凝土、大体积混凝土，以及需长距离运输或较长时间停放的混凝土。不宜用于日最低气温5℃以下施工的混凝土，也不宜单独用于有早强要求的混凝土及蒸养混凝土
5	外加剂的质量控制	（1）外加剂验收 使用单位以连续供应的10t相同厂家、相同等级、相同种类的外加剂为一验收批。不足上述量者，应按验收批进行验收 每验收批外加剂至少应进行密度、减水率、含固量（含水率）和pH值检验。当有要求时尚应进行其他项目检验 （2）运输和贮存 外加剂应按不同厂家、不同品种、不同等级分别存放，标识清晰 液体外加剂应放置在阴凉干燥处，防止日晒、受冻、污染、进水和蒸发，如发现有沉淀等现象，需经性能检验合格后方可使用 粉状外加剂应防止受潮结块，如发现有结块等现象，需经性能检验合格后方可使用

掺外加剂混凝土的减水率、泌水率比、含气量指标　　　　表 5-32

序号	外加剂品种及代号		减水率（%），不小于	泌水率比（%），不大于	含气量（%）
1	高性能减水剂	早强型　HPWR-A	25	50	≤6.0
		标准型　HPWR-S	25	60	≤6.0
		缓凝型　HPWR-R	25	70	≤6.0
2	高效减水剂	标准型　HWR-S	14	90	≤3.0
		缓凝型　HWR-R	14	100	≤4.5
3	普通减水剂	早强型　WR-A	8	95	≤4.0
		标准型　WR-S	8	100	≤4.0
		缓凝型　WR-R	8	100	≤5.5
4	引气减水剂	AEWR	10	70	≥3.0
5	泵送剂	PA	12	70	≤5.5
6	早强剂	Ac	—	100	—
7	缓凝剂	Re	—	100	—
8	引气剂	AE	6	70	≥3.0

注：1. 减水率、泌水率比、含气量为推荐性指标；
　　2. 表中所列数据为掺外加剂混凝土与基准混凝土的差值或比值。

掺外加剂混凝土的粘结时间、1h 经时变化量指标　　　　表 5-33

序号	外加剂品种及代号			凝结时间（min）		1h 经时变化量	
				初凝	终凝	坍落度（mm）	含气量（%）
1	高性能减水剂	早强型	HPWR-A	−90～+90		—	—
		标准型	HPWR-S	−90～+120		≤80	—
		缓凝型	HPWR-R	>+90		≤60	—
2	高效减水剂	标准型	HWR-S	−90～+120		—	—
		缓凝型	HWR-R	>+90		—	—
3	普通减水剂	早强型	WR-A	−90～+90		—	—
		标准型	WR-S	−90～+120		—	—
		缓凝型	WR-R	>+90		—	—
4	引气减水剂		AEWR	−90～+120		—	−1.5～+1.5
5	泵送剂		PA	—		≤80	—
6	早强剂		Ac	−90～+90		—	—
7	缓凝剂		Re	>+90		—	—
8	引气剂		AE	−90～+120		—	−1.5～+1.5

注：1. 粘结时间之差、1h 经时变化量为推荐性指标；

2. 表中所列数据为掺外加剂混凝土与基准混凝土的差值或比值；

3. 凝结时间之差性能指标中的"—"号表示提前，"+"号表示延缓；

4.1h 含气量经时变化指标中的"—"号表示含气量增加，"+"号表示含气量减少。

掺外加剂混凝土的抗压强度比、收缩率比指标　　　　表 5-34

序号	外加剂品种及代号			抗压强度比（%），不小于				收缩率比（%），不大于
				1d	3d	7d	28d	28d
1	高性能减水剂	早强型	HPWR-A	180	170	145	130	110
		标准型	HPWR-S	170	160	150	140	110
		缓凝型	HPWR-R	—	—	140	130	110
2	高效减水剂	标准型	HWR-S	140	130	125	120	135
		缓凝型	HWR-R	—	—	125	120	135
3	普通减水剂	早强型	WR-A	135	130	110	100	135
		标准型	WR-S	—	115	115	110	135
		缓凝型	WR-R	—	—	110	110	135
4	引气减水剂		AEWR	—	115	110	100	135
5	泵送剂		PA	—	—	115	110	135
6	早强剂		Ac	135	130	100	100	135
7	缓凝剂		Re	—	—	100	100	135
8	引气剂		AE	—	95	95	90	135

注：1. 抗压强度比、收缩率比为强制性指标；

2. 表中所列数据为掺外加剂混凝土与基准混凝土的差值或比值。

掺外加剂混凝土的相对耐久性指标　　　　　　　表 5-35

序号	外加剂品种及代号			相对耐久性（200 次,％），不小于
1	高性能减水剂	早强型	HPWR-A	—
		标准型	HPWR-S	—
		缓凝型	HPWR-R	—
2	高效减水剂	标准型	HWR-S	—
		缓凝型	HWR-R	—
3	普通减水剂	早强型	WR-A	—
		标准型	WR-S	—
		缓凝型	WR-R	—
4	引气减水剂		AEWR	80
5	泵送剂		PA	—
6	早强剂		Ac	—
7	缓凝剂		Re	—
8	引气剂		AE	80

注：1. 相对耐久性为强制性指标；
　　2. 相对耐久性（200 次）性能指标中的"≥80"表示将 28d 龄期的受检混凝土试件快速冻融循环 200 次后，动弹性模量保留值≥80％。

匀 质 性 指 标　　　　　　　　　　表 5-36

序号	项　目	指　标
1	氯离子含量（％）	不超过生产厂控制值
2	总碱量（％）	不超过生产厂控制值
3	含固量（％）	$S>25\%$时，应控制在 0.95s～1.05s $S\leqslant25\%$时，应控制在 0.90s～1.10s
4	含水率（％）	$W>5\%$时，应控制在 0.90W～1.10W $W\leqslant5\%$时，应控制在 0.80W～1.20W
5	密度（g/cm³）	$D>1.1\%$时，应控制在 $D\pm0.03$ $D\leqslant1.1\%$时，应控制在 $D\pm0.02$
6	细度	应在生产厂控制范围内
7	pH 值	应在生产厂控制范围内
8	硫酸钠含量（％）	不超过生产厂控制值

注：1. 生产厂应在相关的技术资料中表示产品匀质性指标的控制值；
　　2. 对相同和不同批次之间的匀质性和等效性的其他要求，可由供需双方商定；
　　3. 表中 S、W 和 D 分别为含固量、含水率和密度的生产厂控制值。

5.2.7　拌合用水

拌合用水如表 5-37 所示。

拌 合 用 水　　　　　　　　　　　　　　　表 5-37

序号	项　目	内　容
1	说明	一般符合国家标准的生活饮用水,可直接用于拌制、养护各种混凝土、其他来源的水使用前,应按有关标准进行检验后方可使用
2	拌合用水的分类	拌合用水按其来源不同分为饮用水、地表水、地下水、再生水、混凝土企业设备洗涮水和海水等
3	拌合用水的技术要求	(1) 混凝土拌合用水水质要求应符合表 5-38 的规定 (2) 地表水、地下水、再生水的放射性应符合现行国家标准《生活饮用水卫生标准》GB 5749 的规定 (3) 被检验水样与饮用水样进行水泥凝结时间对比试验,试验所得的水泥初凝时间差及终凝时间差均不应大于 30min (4) 被检验水样与饮用水样进行水泥胶砂强度对比试验,被检验水样配制的水泥胶砂 3d 和 28d 强度不应低于饮用水配制的水泥胶砂 3d 和 28d 强度的 90%
4	拌合用水的选用	(1) 符合国家标准的生活饮用水是最常使用的混凝土拌合用水、可直接用于拌制各种混凝土 (2) 地表水和地下水首次使用前,应按有关标准进行检验后方可使用 (3) 海水可用于拌制素混凝土,但未经处理的海水严禁用于拌制钢筋混凝土、预应力混凝土。有饰面要求的混凝土也不应用海水拌制 (4) 混凝土企业设备洗涮水不宜用于预应力混凝土、装饰混凝土、加气混凝土和暴露于腐蚀环境的混凝土;不得用于使用磁活性或潜在碱活性骨料的混凝土
5	拌合用水的质量管理	水质检验、水样取样、检验期限和频率应符合现行行业标准《混凝土用水标准》JGJ 63 的规定

混凝土拌合用水水质要求　　　　　　　　　　表 5-38

序号	项　　目	预应力混凝土	钢筋混凝土	素混凝土
1	pH 值	$\geq$5.0	$\geq$4.5	$\geq$4.5
2	不溶物（mg/L）	$\leq$2000	$\leq$2000	$\leq$5000
3	可溶物（mg/L）	$\leq$2000	$\leq$5000	$\leq$10000
4	氯化物（以 CL^- 计,mg/L）	$\leq$500	$\leq$1000	$\leq$3500
5	硫酸盐（以 SO_4^{2-} 计,mg/L）	$\leq$600	$\leq$2000	$\leq$2700
6	碱含量（mg/L）	$\leq$1500	$\leq$1500	$\leq$1500

注：1. 对于设计使用年限为 100 年的结构混凝土,氯离子含量不得超过 500mg/L;

　　2. 对使用钢丝或经热处理钢筋的预应力混凝土,氯离子含量不得超过 350mg/L;

　　3. 碱含量按 $Na_2O+0.658K_2O$ 计算值来表示。采用非碱活性骨料时,可不检验碱含量。

5.3　混凝土配合比设计

5.3.1　混凝土配合比设计原则

混凝土配合比设计原则如表 5-39 所示。

混凝土配合比设计原则 表 5-39

序号	项目	内容
1	简述	混凝土的配合比是指混凝土的组成材料之间用量的比例关系，一般用水泥：水：沙：石来表示。混凝土配合比的选择应根据工程的特点，组成原材料的质量、施工方法等因素及对混凝土的技术要进行计算，并经试验室试配试验再进行调整后确定，使拌出的混凝土符合设计要求的强度等级及施工对和易性的要求，并符合合理使用材料和节省水泥等经济原则，必要时还应满足混凝土在抗冻性、抗渗性等方面的特殊要求
2	一般规定	（1）最少用水量。混凝土在满足施工和易性的条件下，当水泥用量维持不变时，用水量越少，水胶比越小，则混凝土密实性越好，收缩值越小；当水胶比维持不变时，在保证混凝土强度的前提下，用水量越少，水泥用量越省，同时混凝土的体积变化也越小。因此，应力求最少的用水量 （2）最大石子粒径。石子最大粒径越大，则总表面越小，表面上需要包裹的水泥浆就越小，混凝土的密实性提高。但是石子最大粒径要受到结构断面尺寸和钢筋最小间距等条件限制下选择确定 （3）最多石子用量。混凝土是以石子为主体，沙子填充石子的空隙，水泥浆则使砂石胶成一体。石子用量越多，则需要用的水泥浆越少。但石子用量不可任意增多，否则不利于混凝土拌合物黏聚性和浇捣后的密实性。因此，在原材料与混凝土和易性一定的条件下，应选择一个最优石子用量 （4）最密骨料级配。要使石子用量最多，砂石骨料混合物级配合适，密度最大，空隙率最小，且骨料级配并应与混凝土和易性相适应
3	满足强度要求	由于各个混凝土工程对混凝土的强度等级有不同的要求，因此，设计配合比时，首先要满足混凝土设计强度的要求，即达到要求的混凝土强度等级
4	满足耐久性要求	由于混凝土所处的自然环境（如冷热、干湿、冻融和水侵蚀等）以及使用条件（如荷载情况、冲击、磨损等）对混凝土的耐久性有影响，所以设计配合比时，均应事先查明，并把这些因素考虑进去，以选用适宜的水泥品种和相应条件的骨料、砂石级配以及掺入不同要求的掺和料等来满足耐久性要求
5	满足和易性要求	和易性的好坏关系到施工操作的难易和工程质量的好坏，设计配合比时，必须保证混凝土拌合物有良好的和易性，以满足耐久性要求
6	满足节约要求	在满足上述各项要求的前提下，应尽量就地取材，节约水泥用量，降低混凝土成本

5.3.2 混凝土配合比设计基本规定

混凝土配合比设计基本规定如表 5-40 所示。

混凝土配合比设计基本规定 表 5-40

序号	项目	内容
1	配合比设计要求	（1）混凝土配合比设计应满足混凝土配制强度及其他力学性能、拌合物性能、长期性能和耐久性能的设计要求。混凝土拌合物性能、力学性能、长期性能和耐久性能的试验方法应分别符合现行国家标准《普通混凝土拌合物性能试验方法标准》GB/T 50080、《普通混凝土力学性能试验方法标准》GB/T 50081 和《普通混凝土长期性能和耐久性能试验方法标准》GB/T 50082 的规定

序号	项　目	内　　容
1	配合比设计要求	混凝土配合比设计不仅仅应满足配制强度要求，还应满足施工性能、其他力学性能、长期性能和耐久性能的要求 （2）混凝土配合比设计应采用工程实际使用的原材料；配合比设计所采用的细骨料含水率应小于 0.5%，粗骨料含水率应小于 0.2% 基于我国骨料的实际情况和技术条件，我国长期以来一直在建设工程中采用以干燥状态骨料为基准的混凝土配合比设计，具有可操作性，应用情况良好 （3）混凝土的最大水胶比应符合表 5-41 的规定 胶凝材料用量。每立方米混凝土中水泥用量和活性矿物掺合料用量之和。水胶比：混凝土中用水量与胶凝材料用量的质量比 控制最大水胶比是保证混凝土耐久性能的重要手段，而水胶比又是混凝土配合比设计的首要参数
2	最小胶凝材料用量	（1）除配制 C15 及其以下强度等级的混凝土外，混凝土的最小胶凝材料用量应符合表 5-42 的规定 （2）在控制最大水胶比的条件下，表 5-42 中最小胶凝材料用量是满足混凝土施工性能和掺加矿物掺合料后满足混凝土耐久性能的胶凝材料用量下限
3	矿物掺合料掺量	（1）矿物掺合料掺量。混凝土中矿物掺合料用量占胶凝材料用量的质量百分比 （2）矿物掺合料在混凝土中的掺量应通过试验确定。采用硅酸盐水泥或普通硅酸盐水泥时，钢筋混凝土中矿物掺合料最大掺量宜符合表 5-43 的规定，预应力混凝土中矿物掺合料最大掺量宜符合表 5-44 的规定。对基础大体积混凝土，粉煤灰、粒化高炉矿渣粉和复合掺合料的最大掺量可增加 5%。采用掺量大于 30% 的 C 类粉煤灰的混凝土应以实际使用的水泥和粉煤灰掺量进行安定性检验 （3）规定矿物掺合料最大掺量主要是为了保证混凝土耐久性能。矿物掺合料在混凝土中的实际掺量是通过试验确定的，在配合比调整和确定步骤中规定了耐久性试验验证，以确保满足工程设计提出的混凝土耐久性要求。当采用超出表 5-43 和表 5-44 给出的矿物掺合料最大掺量时，全盘否定不妥，通过对混凝土性能进行全面试验论证，证明结构混凝土安全性和耐久性可以满足设计要求后，还是能够采用的
4	氯离子含量、引气剂掺量及其矿物掺合料	（1）混凝土拌合物中水溶性氯离子最大含量应符合表 5-45 的规定，其测试方法应符合现行行业标准《水运工程混凝土试验规程》JTJ 270 中混凝土拌合物中氯离子含量的快速测定方法的规定 这里按环境条件影响氯离子引起钢筋锈蚀的程度简明地分为四类，并规定了各类环境条件下的混凝土中氯离子最大含量。采用测定混凝土拌合物中氯离子的方法，与测试硬化后混凝土中氯离子的方法相比，时间大大缩短，有利于配合比设计和控制。表 5-45 中的氯离子含量是相对混凝土中水泥用量的百分比，与控制氯离子相对混凝土中胶凝材料用量的百分比相比，偏于安全 （2）长期处于潮湿或水位变动的寒冷和严寒环境以及盐冻环境的混凝土应掺用引气剂。引气剂掺量应根据混凝土含气量要求经试验确定，混凝土最小含气量应符合表 5-46 的规定，最大不宜超过 7.0% 掺加适量引气剂有利于混凝土的耐久性，尤其对于有较高抗冻要求的混凝土，掺加引气剂可以明显提高混凝土的抗冻性能。引气剂掺量要适当，引气量太少作用不够，引气量太多混凝土强度损失较大

序号	项 目	内 容
4	氯离子含量、引气剂掺量及其矿物掺合料	（3）对于有预防混凝土碱骨料反应设计要求的工程，宜掺用适量粉煤灰或其他矿物掺合料，混凝土中最大碱含量不应大于 3.0kg/m³；对于矿物掺合料碱含量，粉煤灰碱含量可取实测值的 1/6，粒化高炉矿渣粉碱含量可取实测值的 1/2 将混凝土中碱含量控制在 3.0kg/m³ 以内，并掺加适量粉煤灰和粒化高炉矿渣粉等矿物掺合料，对预防混凝土碱-骨料反应具有重要意义。混凝土中碱含量是测定的混凝土各原材料碱含量计算之和，而实测的粉煤灰和粒化高炉矿渣粉等矿物掺合料碱含量并不是参与碱-骨料反应的有效碱含量，对于矿物掺合料中有效碱含量，粉煤灰碱含量取实测值的 1/6，粒化高炉矿渣粉碱含量取实测值的 1/2，已经被混凝土工程界采纳

结构混凝土材料的耐久性基本要求　　　　　　　　表 5-41

序号	环境等级	最大水胶比	最低强度等级	最大氯离子含量（％）	最大碱含量（kg/m³）
1	一	0.60	C20	0.30	不限制
2	二 a	0.55	C25	0.20	3.0
3	二 b	0.50（0.55）	C30（C25）	0.15	
4	三 a	0.45（0.50）	C35（C30）	0.15	
5	三 b	0.40	C40	0.10	

注：1. 氯离子含量系指其占胶凝材料总量的百分比；

　　2. 预应力构件混凝土中的最大氯离子含量为 0.06％；其最低混凝土强度等级宜按表中的规定提高两个等级；

　　3. 素混凝土构件的水胶比及最低强度等级的要求可适当放松；

　　4. 有可靠工程经验时，二类环境中的最低混凝土强度等级可降低一个等级；

　　5. 处于严寒和寒冷地区二 b、三 a 类环境中的混凝土应使用引气剂，并可采用括号中的有关参数；

　　6. 当使用非碱活性骨料时，对混凝土中的碱含量可不作限制。

混凝土的最小胶凝材料用量　　　　　　　　表 5-42

序号	最大水胶比	最小胶凝材料用量（kg/m³）		
		素混凝土	钢筋混凝土	预应力混凝土
1	0.60	250	280	300
2	0.55	280	300	300
3	0.50	320		
4	≤0.45	330		

钢筋混凝土中矿物掺合料最大掺量　　　　　　　　表 5-43

序号	矿物掺合料种类	水胶比	最大掺量（％）	
			采用硅酸盐水泥时	采用普通硅酸盐水泥时
1	粉煤灰	≤0.40	45	35
2		>0.40	40	30
3	粒化高炉矿渣粉	≤0.40	65	55
4		>0.40	55	45
5	钢渣粉	—	30	20

续表 5-43

序号	矿物掺合料种类	水胶比	最大掺量（％）	
			采用硅酸盐水泥时	采用普通硅酸盐水泥时
6	磷渣粉	—	30	20
7	硅灰	—	10	10
8	复合掺合料	≤0.40	65	55
9		>0.40	55	45

注：1. 采用其他通用硅酸盐水泥时，宜将水泥混合材掺量 20％以上的混合材量计入矿物掺合料；
　　2. 复合掺合料各组分的掺量不宜超过单掺时的最大掺量；
　　3. 在混合使用两种或两种以上矿物掺合料时，矿物掺合料总掺量应符合表中复合掺合料的规定。

预应力混凝土中矿物掺合料最大掺量　　　　　表 5-44

序号	矿物掺合料种类	水胶比	最大掺量（％）	
			采用硅酸盐水泥时	采用普通硅酸盐水泥时
1	粉煤灰	≤0.40	35	30
2		>0.40	25	20
3	粒化高炉矿渣粉	≤0.40	55	45
4		>0.40	45	35
5	钢渣粉	—	20	10
6	磷渣粉	—	20	10
7	硅灰	—	10	10
8	复合掺合料	≤0.40	55	45
9		>0.40	45	35

注：1. 采用其他通用硅酸盐水泥时，宜将水泥混合材掺量 20％以上的混合材量计入矿物掺合料；
　　2. 复合掺合料各组分的掺量不宜超过单掺时的最大掺量；
　　3. 在混合使用两种或两种以上矿物掺合料时，矿物掺合料总掺量应符合表中复合掺合料的规定。

混凝土拌合物中水溶性氯离子最大含量　　　　　表 5-45

序号	环境条件	水溶性氯离子最大含量（％，水泥用量的质量百分比）		
		钢筋混凝土	预应力混凝土	素混凝土
1	干燥环境	0.30	0.06	1.00
2	潮湿但不含氯离子的环境	0.20		
3	潮湿且含有氯离子的环境、盐渍土环境	0.10		
4	除冰盐等侵蚀性物质的腐蚀环境	0.06		

混凝土最小含气量　　　　　表 5-46

序号	粗骨料最大公称粒径（mm）	混凝土最小含气量（％）	
		潮湿或水位变动的寒冷和严寒环境	盐冻环境
1	40.0	4.5	5.0
2	25.0	5.0	5.5
3	20.0	5.5	6.0

注：含气量为气体占混凝土体积的百分比。

5.3.3 混凝土配制强度的确定

混凝土配制强度的确定如表 5-47 所示。

混凝土配置强度的确定　　　　　　　　　　　　　　　　　　　　　　**表 5-47**

序号	项　目	内　　容
1	混凝土配制强度的确定	混凝土配制强度应按下列规定确定： (1) 当混凝土的设计强度等级小于 C60 时，配制强度应按下列公式确定： $$f_{cu,0} \geqslant f_{cu,k} + 1.645\sigma \tag{5-2}$$ 式中　$f_{cu,0}$——混凝土配制强度（N/mm²） 　　　$f_{cu,k}$——混凝土立方体抗压强度标准值，这里取混凝土的设计强度等级值（N/mm²） 　　　　σ——混凝土强度标准差（N/mm²） (2) 当设计强度等级不小于 C60 时，配制强度应按下列公式确定： $$f_{cu,0} \geqslant 1.15 f_{cu,k} \tag{5-3}$$
2	混凝土强度标准差的确定	混凝土强度标准差应按下列规定确定： (1) 当具有近 1～3 个月的同一品种、同一强度等级混凝土的强度资料，且试件组数不小于 30 时，其混凝土强度标准差 σ 应按下列公式计算： $$\sigma = \sqrt{\dfrac{\sum\limits_{i=1}^{n} f_{cu,i}^2 - nm^2 f_{cu}}{n-1}} \tag{5-4}$$ 式中　σ——混凝土强度标准差 　　$f_{cu,i}$——第 i 组的试件强度（N/mm²） 　　m_{fcu}——n 组试件的强度平均值（N/mm²） 　　n——试件组数 对于强度等级不大于 C30 的混凝土，当混凝土强度标准差计算值不小于 3.0N/mm² 时，应按公式 (5-4) 计算结果取值；当混凝土强度标准差计算值小于 3.0N/mm² 时，应取 3.0N/mm² 对于强度等级大于 C30 且小于 C60 的混凝土，当混凝土强度标准差计算值不小于 4.0N/mm² 时，应按公式 (5-4) 计算结果取值；当混凝土强度标准差计算值小于 4.0N/mm² 时，应取 4.0N/mm² (2) 当没有近期的同一品种、同一强度等级混凝土强度资料时，其强度标准差 σ 可按表 5-48 取值
3	混凝土的配制强度计算用表	当施工单位不具有近期的同一品种混凝土强度资料时，其混凝土强度标准差 σ 可按表 5-48 取用，则混凝土的施工配制强度如表 5-49 所示

标准差 σ 值（N/mm²）　　　　　　　　　　　　　　　　　　　　　**表 5-48**

序号	混凝土强度标准值	C20	C25～C45	C50～C55
1	σ	4.0	5.0	6.0

混凝土的配制强度（N/mm²） 表 5-49

序号	混凝土强度等级	σ 值					
		2.0	2.5	3.0	4.0	5.0	6.0
1	C15	18.29	19.11	19.94	21.58		
2	C20		24.11	24.94	26.58		
3	C25		29.11	29.94	31.58	33.22	
4	C30			34.94	36.58	38.22	
5	C35			39.94	41.58	43.22	
6	C40			44.94	46.58	48.22	
7	C45			49.94	51.58	53.22	
8	C50			54.94	56.58	58.22	59.87
9	C55			59.94	61.58	63.22	64.87
10	C60			69.00			
11	C65			74.75			
12	C70			80.50			
13	C75			86.25			
14	C80			92.00			

5.3.4 混凝土配合比计算

混凝土配合比计算如表 5-50 所示。

混凝土配合比计算 表 5-50

序号	项 目	内 容

1	水胶比	(1) 当混凝土强度等级小于 C60 时，混凝土水胶比宜按下列公式计算：
		
		$$W/B = \frac{\alpha_a f_b}{f_{cu,0} + \alpha_a \alpha_b f_b}$$ (5-5)
		
		式中 W/B ——混凝土水胶比
		    α_a、α_b——回归系数，按下述（2）条的规定取值
		    f_b——胶凝材料 28d 胶砂抗压强度（N/mm²），可实测，且试验方法应按现行国家标准《水泥胶砂强度检验方法（ISO）法》GB/T 17671 执行；也可按下述（3）条确定
		(2) 回归系数（α_a、α_b）宜按下列规定确定：
		1) 根据工程所使用的原材料，通过试验建立的水胶比与混凝土强度关系式来确定
		2) 当不具备上述试验统计资料时，可按表 5-51 选用
		(3) 当胶凝材料 28d 胶砂抗压强度值（f_b）无实测值时，可按下列公式计算：
		
		$$f_b = \gamma_f \gamma_s f_{ce}$$ (5-6)
		
		式中 γ_f、γ_s——粉煤灰影响系数和粒化高炉矿渣粉影响系数，可按表 5-52 选用
		    f_{ce}——水泥 28d 胶砂抗压强度（N/mm²），可实测，也可按下述（4）条确定
		(4) 当水泥 28d 胶砂抗压强度（f_{ce}）无实测值时，可按下列公式计算：
		
		$$f_{ce} = \gamma_c f_{ce,g}$$ (5-7)
		
		式中 γ_c——水泥强度等级值的富余系数，可按实际统计资料确定；当缺乏实际统计资料时，也可按表 5-53 选用
		    $f_{ce,g}$——水泥强度等级值（N/mm²）

序号	项　目	内　　容
2	用水量和外加剂用量	(1) 每立方米干硬性或塑性混凝土的用水量（m_{w0}）应符合下列规定： 1) 混凝土水胶比在 0.40～0.80 范围时，可按表 5-54 和表 5-55 选取 2) 混凝土水胶比小于 0.40 时，可通过试验确定 (2) 掺外加剂时，每立方米流动性或大流动性混凝土的用水量（m_{w0}）可按下列公式计算： $$m_{w0} = m'_{w0}\,(1-\beta) \qquad (5\text{-}8)$$ 式中　m_{w0}——计算配合比每立方米混凝土的用水量（kg/m^3） 　　　m'_{w0}——未掺外加剂时推定的满足实际坍落度要求的每立方米混凝土用水量（kg/m^3），以表 5-55 中 90mm 坍落度的用水量为基础，按每增大 20mm 坍落度相应增加 $5kg/m^3$ 用水量来计算，当坍落度增大到 180mm 以上时，随坍落度相应增加的用水量可减少 　　　β——外加剂的减水率（%），应经混凝土试验确定 (3) 每立方米混凝土中外加剂用量（m_{a0}）应按下列公式计算： $$m_{a0} = m_{b0}\beta_a \qquad (5\text{-}9)$$ 式中　m_{a0}——计算配合比每立方米混凝土中外加剂用量（kg/m^3） 　　　m_{b0}——计算配合比每立方米混凝土中胶凝材料用量（kg/m^3）计算应符合本表序号 3 之（1）条的规定 　　　β_a——外加剂掺量（%），应经混凝土试验确定 (4) 混凝土定义及维勃稠度与坍落度 1) 目前我国普通混凝土的定义是按干表观密度范围确定的，即干表观密度为 2000～2800kg/m^3 的抗渗混凝土、抗冻混凝土、高强混凝土、泵送混凝土和大体积混凝土等均属于普通混凝土范畴。在建工行业，普通混凝土简称混凝土，是指水泥混凝土 2) 用维勃稠度（s）可以合理表示坍落度很小甚至为零的混凝土拌合物稠度，维勃稠度等级划分应符合表 5-56 的规定 3) 用坍落度可以合理表示塑性或流动性混凝土拌合物稠度，坍落度等级划分应符合表 5-57 的规定
3	胶凝材料、矿物掺合料和水泥用量	(1) 每立方米混凝土的胶凝材料用量（m_{b0}）应按公式（5-10）计算，并应进行试拌调整，在拌合物性能满足的情况下，取经济合理的胶凝材料用量 $$m_{b0} = \frac{m_{w0}}{W/B} \qquad (5\text{-}10)$$ 式中　m_{b0}——计算配合比每立方米混凝土中胶凝材料用量（kg/m^3） 　　　m_{w0}——计算配合比每立方米混凝土的用水量（kg/m^3） 　　　W/B——混凝土水胶比 (2) 每立方米混凝土的矿物掺合料用量（m_{f0}）应按下列公式计算： $$m_{f0} = m_{b0}\beta_f \qquad (5\text{-}11)$$ 式中　m_{f0}——计算配合比每立方米混凝土中矿物掺合料用量（kg/m^3） 　　　β_f——矿物掺合料掺量（%），可结合本书表 5-40 序号 3 之（2）条和本表序号 1 之（1）条的规定确定 (3) 每立方米混凝土的水泥用量（m_{c0}）应按下列公式计算： $$m_{c0} = m_{b0} - m_{f0} \qquad (5\text{-}12)$$ 式中　m_{c0}——计算配合比每立方米混凝土中水泥用量（kg/m^3）

序号	项　目	内　　容
4	砂率	(1) 砂率（β_s）应根据骨料的技术指标、混凝土拌合物性能和施工要求，参考既有历史资料确定 (2) 当缺乏砂率的历史资料时，混凝土砂率的确定应符合下列规定： 1) 坍落度小于 10mm 的混凝土，其砂率应经试验确定 2) 坍落度为 10～60mm 的混凝土，其砂率可根据粗骨料品种、最大公称粒径及水胶比按表 5-58 选取 3) 坍落度大于 60m 的混凝土，其砂率可经试验确定，也可在表 5-58 的基础上，按坍落度每增大 20mm、砂率增大 1％的幅度予以调整
5	粗、细骨料用量	(1) 当采用质量法计算混凝土配合比时，粗、细骨料用量应按公式（5-13）计算；砂率应按公式（5-14）计算： $$m_{f0}+m_{c0}+m_{g0}+m_{s0}+m_{w0}=m_{cp} \qquad (5\text{-}13)$$ $$\beta_s=\frac{m_{s0}}{m_{g0}+m_{s0}}\times100\% \qquad (5\text{-}14)$$ 式中　m_{g0}——计算配合比每立方米混凝土的粗骨料用量（kg/m³） 　　　　m_{s0}——计算配合比每立方米混凝土的细骨料用量（kg/m³） 　　　　β_s——砂率（％） 　　　　m_{cp}——每立方米混凝土拌合物的假定质量（kg），可取 2350～2450kg/m³ (2) 当采用体积法计算混凝土配合比时，砂率应按公式（5-14）计算，粗、细骨料用量应按公式（5-15）计算： $$\frac{m_{c0}}{\rho_c}+\frac{m_{f0}}{\rho_f}+\frac{m_{g0}}{\rho_g}+\frac{m_{s0}}{\rho_s}+\frac{m_{w0}}{\rho_w}+0.01\alpha=1 \qquad (5\text{-}15)$$ 式中　ρ_c——水泥密度（kg/m³），可按现行国家标准《水泥密度测定方法》GB/T 208 测定，也可取 2900～3100kg/m³ 　　　　ρ_f——矿物掺合料密度（kg/m³），可按现行国家标准《水泥密度测定方法》GB/T 208 测定 　　　　ρ_g——粗骨料的表观密度（kg/m³），应按现行行业标准《普通混凝土用砂、石质量及检验方法标准》JGJ 52 测定 　　　　ρ_s——细骨料的表观密度（kg/m³），应按现行行业标准《普通混凝土用砂、石质量及检验方法标准》JGJ 52 测定 　　　　ρ_w——水的密度（kg/m³），可取 1000kg/m³ 　　　　α——混凝土的含气量百分数，在不使用引气剂或引气型外加剂时，α 可取 1

回归系数（α_a、α_b）取值表　　　　　　表 5-51

序号	系数 ＼ 粗骨料品种	碎　石	卵　石
1	α_a	0.53	0.49
2	α_b	0.20	0.13

粉煤灰影响系数（γf）和粒化高炉矿渣粉影响系数（γs）　　表 5-52

序号	掺量（%）	种类	粉煤灰影响系数 γf	粒化高炉矿渣粉影响系数 γs
1	0		1.00	1.00
2	10		0.85～0.95	1.00
3	20		0.75～0.85	0.95～1.00
4	30		0.65～0.75	0.90～1.00
5	40		0.55～0.65	0.80～0.90
6	50		—	0.70～0.85

注：1. 采用 Ⅰ 级、Ⅱ 级粉煤灰宜取上限值；
　　2. 采用 S75 级粒化高炉矿渣粉宜取下限值，采用 S95 级粒化高炉矿渣粉宜取上限值，采用 S105 级粒化高炉矿渣粉可取上限值加 0.05；
　　3. 当超出表中的掺量时，粉煤灰和粒化高炉矿渣粉影响系数应经试验确定。

水泥强度等级值的富余系数（γc）　　表 5-53

序号	水泥强度等级值	32.5	42.5	52.5
1	富余系数	1.12	1.16	1.10

干硬性混凝土的用水量（kg/m³）　　表 5-54

序号	拌合物稠度		卵石最大公称粒径（mm）			碎石最大公称粒径（mm）		
1	项目	指标	10.0	20.0	40.0	16.0	20.0	40.0
2		16～20	175	160	145	180	170	155
3	维勃稠度（s）	11～15	180	165	150	185	175	160
4		5～10	185	170	155	190	180	165

塑性混凝土的用水量（kg/m³）　　表 5-55

序号	拌合物稠度		卵石最大公称粒径（mm）				碎石最大公称粒径（mm）			
1	项目	指标	10.0	20.0	31.5	40.0	16.0	20.0	31.5	40.0
2		16～30	190	170	160	150	200	185	175	165
3	坍落度（mmn）	35～50	200	180	170	160	210	195	185	175
4		55～70	210	190	180	170	220	205	195	185
5		75～90	215	195	185	175	230	215	205	195

注：1. 本表用水量系采用中砂时的取值。采用细砂时，每立方米混凝土用水量可增加 5～10kg；采用粗砂时，可减少 5～10kg；
　　2. 掺用矿物掺合料和外加剂时，用水量应相应调整。

混凝土拌合物的维勃稠度等级划分　　表 5-56

序号	等级	维勃时间（s）
1	V0	≥31
2	V1	30～21
3	V2	20～11
4	V3	10～6
5	V4	5～3

混凝土拌合物的坍落度等级划分　　表 5-57

序号	等级	坍落度（mm）
1	S1	10～40
2	S2	50～90
3	S3	100～150
4	S4	160～210
5	S5	≥220

混凝土的砂率（%） 表 5-58

序号	水胶比	卵石最大公称粒径（mm）			碎石最大公称粒径（mm）		
		10.0	20.0	40.0	16.0	20.0	40.0
1	0.40	26～32	25～31	24～30	30～35	29～34	27～32
2	0.50	30～35	29～34	28～33	33～38	32～37	30～35
3	0.60	33～38	32～37	31～36	36～41	35～40	33～38
4	0.70	36～41	35～40	34～39	39～44	38～43	36～41

注：1. 本表数值系中砂的选用砂率，对细砂或粗砂，可相应地减少或增大砂率；

2. 采用人工砂配制混凝土时，砂率可适当增大；

3. 只用一个单粒级粗骨料配制混凝土时，砂率应适当增大。

5.3.5 混凝土配合比的试配、调整与确定

混凝土配合比的试配、调整与确定如表 5-59 所示。

混凝土配合比的试配、调整与确定 表 5-59

序号	项 目	内 容
1	试配	（1）混凝土试配应采用强制式搅拌机进行搅拌，并应符合现行行业标准《混凝土试验用搅拌机》JG 244 的规定，搅拌方法宜与施工采用的方法相同 （2）试验室成型条件应符合现行国家标准《普通混凝土拌合物性能试验方法标准》GB/T 50080 的规定 （3）每盘混凝土试配的最小搅拌量应符合表 5-60 的规定，并不应小于搅拌机公称容量的 1/4 且不应大于搅拌机公称容量 （4）在计算配合比的基础上应进行试拌。计算水胶比宜保持不变，并应通过调整配合比其他参数使混凝土拌合物性能符合设计和施工要求，然后修正计算配合比，提出试拌配合比 （5）在试拌配合比的基础上应进行混凝土强度试验，并应符合下列规定： 1）应采用三个不同的配合比，其中一个应为上述第 4 条确定的试拌配合比，另外两个配合比的水胶比宜较试拌配合比分别增加和减少 0.05，用水量应与试拌配合比相同，砂率可分别增加和减少 1% 2）进行混凝土强度试验时，拌合物性能应符合设计和施工要求 3）进行混凝土强度试验时，每个配合比应至少制作一组试件，并应标准养护到 28d 或设计规定龄期时试压 调整好混凝土拌合物并形成试拌配合比后，即开始混凝土强度试验。无论是计算配合比还是试拌配合比，都不能保证混凝土配制强度是否满足要求，混凝土强度试验的目的是通过三个不同水胶比的配合比的比较，取得能够满足配制强度要求的、胶凝材料用量经济合理的配合比。由于混凝土强度试验是在混凝土拌合物调整适宜后进行，所以强度试验采用三个不同水胶比的配合比的混凝土拌合物性能应维持不变，即维持用水量不变，增加和减少胶凝材料用量，并相应减少和增加砂率，外加剂掺量也作减少和增加的微调 在没有特殊规定的情况下，混凝土强度试件在 28d 龄期进行抗压试验；当规定采用 60d 或 90d 等其他龄期的设计强度时，混凝土强度试件在相应的龄期进行抗压试验
2	配合比的调整与确定	（1）配合比调整应符合下列规定： 1）根据本表序号 1 之（5）条混凝土强度试验结果，宜绘制强度和水胶比的线性关系图或插值法确定略大于配制强度对应的水胶比

序号	项　目	内　　　　容
2	配合比的调整与确定	2）在试拌配合比的基础上，用水量（m_w）和外加剂用量（m_a）应根据确定的水胶比作调整 3）胶凝材料用量（m_b）应以用水量乘以确定的胶水比计算得出 4）粗骨料和细骨料用量（m_g 和 m_s）应根据用水量和胶凝材料用量进行调整 （2）混凝土拌合物表观密度和配合比校正系数的计算应符合下列规定： 1）配合比调整后的混凝土拌合物的表观密度应按下式计算： $$\rho_{c,c}=m_c+m_f+m_g+m_s+m_w \qquad (5\text{-}16)$$ 式中　$\rho_{c,c}$——混凝土拌合物的表观密度计算值（kg/m³） m_c——每立方米混凝土的水泥用量（kg/m³） m_f——每立方米混凝土的矿物掺合料用量（kg/m³） m_g——每立方米混凝土的粗骨料用量（kg/m³） m_s——每立方米混凝土的细骨料用量（kg/m³） m_w——每立方米混凝土的用水量（kg/m³） 2）混凝土配合比校正系数应按下列公式计算： $$\delta = \frac{\rho_{c,t}}{\rho_{c,c}} \qquad (5\text{-}17)$$ 式中　δ——混凝土配合比校正系数 $\rho_{c,t}$——混凝土拌合物的表观密度实测值（kg/m³） （3）当混凝土拌合物表观密度实测值与计算值之差的绝对值不超过计算值的 2% 时，按上述（1）条调整的配合比可维持不变；当二者之差超过 2% 时，应将配合比中每项材料用量均乘以校正系数（δ） （4）配合比调整后，应测定拌合物水溶性氯离子含量，试验结果应符合表 5-45 的规定 （5）对耐久性有设计要求的混凝土应进行相关耐久性试验验证 （6）生产单位可根据常用材料设计出常用的混凝土配合比备用，并应在启用过程中予以验证或调整。遇有下列情况之一时，应重新进行配合比设计： 1）对混凝土性能有特殊要求时 2）水泥、外加剂或矿物掺合料等原材料品种、质量有显著变化时

混凝土试配的最小搅拌量　　　　　　　　　　　　　表 5-60

序号	粗骨料最大公称粒径（mm）	拌合物数量（L）
1	≤31.5	20
2	40.0	25

5.3.6　有特殊要求的混凝土

有特殊要求的混凝土如表 5-61 所示。

有特殊要求的混凝土　　　　　　　　　　　　　表 5-61

序号	项　目	内　　　　容
1	抗渗混凝土	（1）抗渗混凝土的原材料应符合下列规定： 1）水泥宜采用普通硅酸盐水泥 2）粗骨料宜采用连续级配，其最大公称粒径不宜大于 40.0mm，含泥量不得大于 1.0%，泥块含量不得大于 0.5%

序号	项　目	内　　容
1	抗渗混凝土	3）细骨料宜采用中砂，含泥量不得大于 3.0%，泥块含量不得大于 1.0% 4）抗渗混凝土宜掺用外加剂和矿物掺合料，粉煤灰等级应为Ⅰ级或Ⅱ级 　原材料的选用和质量控制对抗渗混凝土非常重要。大量抗渗混凝土用于地下工程，为了提高抗渗性能和适合地下环境特点，掺加外加剂和矿物掺合料十分有利，也是普遍的做法。在以胶凝材料最小用量作为控制指标的情况下，采用普通硅酸盐水泥有利于提高混凝土耐久性能和进行质量控制。骨料粒径太大和含泥（包括泥块）较多都对混凝土抗渗性能不利 　（2）抗渗混凝土配合比应符合下列规定： 　1）最大水胶比应符合表 5-62 的规定 　2）每立方米混凝土中的胶凝材料用量不宜小于 320kg 　3）砂率宜为 35%~45% 　采用较小的水胶比可提高混凝土的密实性，从而使其有较好的抗渗性，因此，控制最大水胶比是抗渗混凝土配合比设计的重要法则。另外，胶凝材料和细骨料用量太少也对混凝土抗渗性能不利 　（3）配合比设计中混凝土抗渗技术要求应符合下列规定： 　1）配制抗渗混凝土要求的抗渗水压值应比设计值提高 0.2N/mm² 　2）抗渗试验结果应满足下列公式要求： $$P_t \geqslant \frac{P}{10} + 0.2 \qquad (5\text{-}18)$$ 式中　P_t —— 6 个试件中不少于 4 个未出现渗水时的最大水压值 　　　　P ——设计要求的抗渗等级值 　抗渗混凝土的配制抗渗等级比设计值要求高，有利于确保实际工程混凝土抗渗性能满足设计要求 　（4）掺用引气剂或引气型外加剂的抗渗混凝土，应进行含气量试验，含气量宜控制在 3.0%~5.0% 　在混凝土中掺用引气剂适量引气，有利于提高混凝土抗渗性能
2	抗冻混凝土	（1）抗冻混凝土的原材料应符合下列规定： 　1）水泥应采用硅酸盐水泥或普通硅酸盐水泥 　2）粗骨料宜选用连续级配，其含泥量不得大于 1.0%，泥块含量不得大于 0.5% 　3）细骨料含泥量不得大于 3.0%，泥块含量不得大于 1.0% 　4）粗、细骨料均应进行坚固性试验，并应符合现行行业标准《普通混凝土用砂、石质量及检验方法标准》JGJ 52 的规定 　5）抗冻等级不小于 F100 的抗冻混凝土宜掺用引气剂 　6）在钢筋混凝土和预应力混凝土中不得掺用含有氯盐的防冻剂；在预应力混凝土中不得掺用含有亚硝酸盐或碳酸盐的防冻剂 　采用硅酸盐水泥或普通硅酸盐水泥配制抗冻混凝土是一个基本做法，目前寒冷或严寒地区一般都这样做。骨料含泥（包括泥块）较多和骨料坚固性差对混凝土抗冻性能不利。一些混凝土防冻剂中掺用氯盐，采用后会引起混凝土中钢筋锈蚀，导致严重的结构混凝土耐久性问题。本书规定含亚硝酸盐或碳酸盐的防冻剂严禁用于预应力混凝土结构 　（2）抗冻混凝土配合比应符合下列规定： 　1）最大水胶比和最小胶凝材料用量应符合表 5-63 的规定 　2）复合矿物掺合料掺量宜符合表 5-64 的规定；其他矿物掺合料掺量宜符合表 5-43 的规定

序号	项 目	内 容
2	抗冻混凝土	3）掺用引气剂的混凝土最小含气量应符合本书表 5-40 序号 4 之（2）条的规定 混凝土水胶比大则密实性差，对抗冻性能不利，因此要控制混凝土最大水胶比。在通常水胶比情况下，混凝土中掺入过量矿物掺合料也对混凝土抗冻性能不利。混凝土中掺用引气剂是提高混凝土抗冻性能的有效方法之一
3	高强混凝土	（1）高强混凝土的原材料应符合下列规定： 1）水泥应选用硅酸盐水泥或普通硅酸盐水泥 2）粗骨料宜采用连续级配，其最大公称粒径不宜大于 25.0mm，针片状颗粒含量不宜大于 5.0%，含泥量不应大于 0.5%，泥块含量不应大于 0.2% 3）细骨料的细度模数宜为 2.6～3.0，含泥量不应大于 2.0%，泥块含量不应大于 0.5% 4）宜采用减水率不小于 25% 的高性能减水剂 5）宜复合掺用粒化高炉矿渣粉、粉煤灰和硅灰等矿物掺合料；粉煤灰等级不应低于 Ⅱ 级；对强度等级不低于 C80 的高强混凝土宜掺用硅灰 （2）对上述（1）条的理解与应用 1）在水泥方面，由于高强混凝土强度高，水胶比低，所以采用硅酸盐水泥或普通硅酸盐水泥无论是技术还是经济都比较合理：不仅胶砂强度较高，适合配制高强等级混凝土；而且水泥中混合材较少，可掺加较多的矿物掺合料来改善高强混凝土的施工性能 2）在骨料方面，如果粗骨料粒径太大或（和）针片状颗粒含量较多，不利于混凝土中骨料合理堆积和应力合理分布，直接影响混凝土强度，也影响混凝土拌合物性能。细度模数为 2.6～3.0 的细骨料更适用于高强混凝土，使胶凝材料较多的高强混凝土中总体材料颗粒级配更加合理；骨料含泥（包括泥块）较多将明显降低高强混凝土强度 3）在减水剂方面，目前采用具有高减水率的聚羧酸高性能减水剂配制高强混凝土相对较多，其主要优点是减水率高，可不低于 28%，混凝土拌合物保塑性较好，混凝土收缩较小；在矿物掺合料方面，采用复合掺用粒化高炉矿渣粉和粉煤灰配制高强混凝土比较普遍，对于强度等级不低于 C80 的高强混凝土，复合掺用粒化高炉矿渣粉、粉煤灰和硅灰比较合理，硅灰掺量一般为 3%～8% （3）高强混凝土配合比应经试验确定，在缺乏试验依据的情况下，配合比设计宜符合下列规定： 1）水胶比、胶凝材料用量和砂率可按表 5-65 选取，并应经试配确定 2）外加剂和矿物掺合料的品种、掺量，应通过试配确定矿物掺合料掺量宜为 25%～40%；硅灰掺量不宜大于 10% 3）水泥用量不宜大于 500kg/m³ 近年来，高强混凝土研究已经较多，工程应用也逐渐增多。根据国内外研究成果和工程应用的实践经验，推荐高强混凝土配合比参数范围对高强混凝土配合比设计具有指导意义。当经过充分试验验证，确认所设计的混凝土配合比满足拌合物性能、力学性能、长期性能和耐久性能要求时，可不受此条限制 （4）在试配过程中，应采用三个不同的配合比进行混凝土强度试验，其中一个可为依据表 5-65 计算后调整拌合物的试拌配合比，另外两个配合比的水胶比，宜较试拌配合比分别增加和减少 0.02 高强混凝土水胶比变化对强度影响比一般强度等级混凝土敏感，因此，在试配的强度试验中，三个不同配合比的水胶比间距为 0.02 比较合理 （5）高强混凝土设计配合比确定后，尚应采用该配合比进行不少于三盘混凝土的重复试验，每盘混凝土应至少成型一组试件，每组混凝土的抗压强度不应低于配制强度 （6）高强混凝土抗压强度测定宜采用标准尺寸试件，使用非标准尺寸试件时，尺寸折算系数应经试验确定

序号	项　　目	内　　　　容
4	泵送混凝土	（1）泵送混凝土所采用的原材料应符合下列规定： 1）水泥宜选用硅酸盐水泥、普通硅酸盐水泥、矿渣硅酸盐水泥和粉煤灰硅酸盐水泥 2）粗骨科宜采用连续级配，其针片状颗粒含量不宜大于 10%；粗骨料的最大公称粒径与输送管径之比宜符合表 5-66 的规定 3）细骨料宜采用中砂，其通过公称直径为 $315\mu m$ 筛孔的颗粒含量不宜少于 15% 4）泵送混凝土应掺用泵送剂或减水剂，并宜掺用矿物掺合料 　　硅酸盐水泥、普通硅酸盐水泥、矿渣硅酸盐水泥和粉煤灰硅酸盐水泥配制的混凝土的拌合物性能比较稳定，易于泵送。良好的骨料颗粒型和级配有利于配制泵送性能良好的混凝土。在混凝土中掺用泵送剂或减水剂以及粉煤灰，并调整其合适掺量，是配制泵送混凝土的基本方法 （2）泵送混凝土配合比应符合下列规定： 1）胶凝材料用量不宜小于 300kg/m³ 2）砂率宜为 35%～45% 　　如果胶凝材料用量太少，水胶比大则浆体太稀，黏度不足，混凝土容易离析，水胶比小则浆体不足，混凝土中骨料量相对过多，这些都不利于混凝土的泵送。泵送混凝土的砂率通常控制在 35%～45% （3）泵送混凝土试配时应考虑坍落度经时损失 　　泵送混凝土的坍落度经时损失值可以通过调整外加剂进行控制，通常坍落度经时损失控制在 30mm/h 以内比较好
5	大体积混凝土	（1）大体积混凝土所用的原材料应符合下列规定： 1）水泥宜采用中、低热硅酸盐水泥或低热矿渣硅酸盐水泥，水泥的 3d 和 7d 水化热应符合现行国家标准《中热硅酸盐水泥　低热硅酸盐水泥　低热矿渣硅酸盐水泥》GB 200 规定。当采用硅酸盐水泥或普通硅酸盐水泥时，应掺加矿物掺合料，胶凝材料的 3d 和 7d 水化热分别不宜大于 240kJ/kg 和 270kJ/kg。水化热试验方法应按现行国家标准《水泥水化热测定方法》GB/T 12959 执行 2）粗骨料宜为连续级配，最大公称粒径不宜小于 31.5mm，含泥量不应大于 1.0% 3）细骨料宜采用中砂，含泥量不应大于 3.0% 4）宜掺用矿物掺合料和缓凝型减水剂 （2）当采用混凝土 60d 或 90d 龄期的设计强度时，宜采用标准尺寸试件进行抗压强度试验 （3）大体积混凝土配合比应符合下列规定： 1）水胶比不宜大于 0.55，用水量不宜大于 175kg/m³ 2）在保证混凝土性能要求的前提下，宜提高每立方米混凝土中的粗骨料用量；砂率宜为 38%～42% 3）在保证混凝土性能要求的前提下，应减少胶凝材料中的水泥用量，提高矿物掺合料掺量，矿物掺合料掺量应符合本书表 5-40 序号 3 之（3）条的规定 （4）在配合比试配和调整时，控制混凝土绝热温升不宜大于 50℃ （5）大体积混凝土配合比应满足施工对混凝土凝结时间的要求

抗渗混凝土最大水胶比　　　　　表 5-62

序号	设计抗渗等级	最大水胶比	
		C20～C30	C30 以上
1	P6	0.60	0.55
2	P8～P12	0.55	0.50
3	＞P12	0.50	0.45

最大水胶比和最小胶凝材料用量　　　　　表 5-63

序号	设计抗冻等级	最大水胶比		最小胶凝材料用量（kg/m³）
		无引气剂时	掺引气剂时	
1	F50	0.55	0.60	300
2	F100	0.50	0.55	320
3	不低于 F150	—	0.50	350

复合矿物掺合料最大掺量　　　　　表 5-64

序号	水胶比	最大掺量（%）	
		采用硅酸盐水泥时	采用普通硅酸盐水泥时
1	≤0.40	60	50
2	＞0.40	50	40

注：1. 采用其他通用硅酸盐水泥时，可将水泥混合材掺量 20% 以上的混合材量计入矿物掺合料；
　　2. 复合矿物掺合料中各矿物掺合料组分的掺量不宜超过表 5-43 中单掺时的限量。

水胶比、胶凝材料用量和砂率　　　　　表 5-65

序号	强度等级	水胶比	胶凝材料用量（kg/m³）	砂率（%）
1	≥C60，＜C80	0.28～0.34	480～560	
2	≥C80，＜C100	0.26～0.28	520～580	35～42
3	C100	0.24～0.26	550～600	

粗骨料的最大公称粒径与输送管径之比　　　　　表 5-66

序号	粗骨料品种	泵送高度（m）	粗骨料最大公称粒径与输送管径之比
1	碎 石	＜50	≤1∶3.0
2		50～100	≤1∶4.0
3		＞100	≤1∶5.0
4	卵 石	＜50	≤1∶2.5
5		50～100	≤1∶3.0
6		＞100	≤1∶4.0

5.3.7　混凝土强度检验评定标准

混凝土强度检验评定标准如表 5-67 所示。

混凝土强度检验评定标准

表 5-67

序号	项　目	内　容
1	基本规定	（1）混凝土的强度等级应按立方体抗压强度标准值划分。混凝土强度等级应采用符号 C 与立方体抗压强度标准值（以 N/mm² 表示 （2）立方体抗压强度标准值应为按标准方法制作和养护的边长为 150mm 的立方体试件，用标准试验方法在 28d 龄期测得的混凝土抗压强度总体分布中的一个值，强度低于该值的概率应为 5% （3）混凝土强度应分批进行检验评定。一个检验批的混凝土应由强度等级相同、试验龄期相同、生产工艺条件和配合比基本相同的混凝土组成 （4）对大批量、连续生产混凝土的强度应按本表序号 3 之（1）条中规定的统计方法评定。对小批量或零星生产混凝土的强度应按本表序号 3 之（2）条中规定的非统计方法评定
2	混凝土的取样与试验	（1）混凝土的取样 1）混凝土的取样，宜根据本表规定的检验评定方法要求制定检验批的划分方案和相应的取样计划 2）混凝土强度试样应在混凝土的浇筑地点随机抽取 3）试件的取样频率和数量应符合下列规定： ①每 100 盘，但不超过 100m³ 的同配合比混凝土，取样次数不应少于一次 ②每一工作班拌制的同配合比混凝土，不足 100 盘和 100m³ 时其取样次数不应少于一次 ③当一次连续浇筑的同配合比混凝土超过 1000m³ 时，每 200m³ 取样不应少于一次 ④对房屋建筑，每一楼层、同一配合比的混凝土，取样不应少于一次 4）每批混凝土试样应制作的试件总组数，除满足本表序号 3 规定的混凝土强度评定所必需的组数外，还应留置为检验结构或构件施工阶段混凝土强度所必需的试件 （2）混凝土试件的制作与养护 1）每次取样应至少制作一组标准养护试件 2）每组 3 个试件应由同一盘或同一车的混凝土中取样制作 3）检验评定混凝土强度用的混凝土试件，其成型方法及标准养护条件应符合现行国家标准《普通混凝土力学性能试验方法标准》GB/T 50081 的规定 4）采用蒸汽养护的构件，其试件应先随构件同条件养护，然后应置入标准养护条件下继续养护，两段养护时间的总和应为设计规定龄期 （3）混凝土试件的试验 1）混凝土试件的立方体抗压强度试验应根据现行国家标准《普通混凝土力学性能试验方法标准》GB/T 50081 的规定执行。每组混凝土试件强度代表值的确定，应符合下列规定： ①取 3 个试件强度的算术平均值作为每组试件的强度代表值 ②当一组试件中强度的最大值或最小值与中间值之差超过中间值的 15% 时，取中间值作为该组试件的强度代表值 ③当一组试件中强度的最大值和最小值与中间值之差均超过中间值的 15% 时，该组试件的强度不应作为评定的依据 注：对掺矿物掺合料的混凝土进行强度评定时，可根据设计规定，可采用大于 28d 龄期的混凝土强度 2）当采用非标准尺寸试件时，应将其抗压强度乘以尺寸折算系数，折算成边长为 150mm 的标准尺寸试件抗压强度。尺寸折算系数按下列规定采用：

序号	项　目	内　　容
2	混凝土的取样与试验	①当混凝土强度等级低于 C60 时，对边长为 100mm 的立方体试件取 0.95，对边长为 200mm 的立方体试件取 1.05 ②当混凝土强度等级不低于 C60 时，宜采用标准尺寸试件；使用非标准尺寸试件时，尺寸折算系数应由试验确定，其试件数量不应少于 30 对组
3	混凝土强度的检验评定	(1) 统计方法评定 1) 采用统计方法评定时，应按下列规定进行： ①当连续生产的混凝土，生产条件在较长时间内保持一致，且同一品种、同一强度等级混凝土的强度变异性保持稳定时，应按下述 2) 的规定进行评定 ②其他情况应按下述 3) 的规定进行评定 2) 一个检验批的样本容量应为连续的 3 组试件，其强度应同时符合下列规定： $$m_{f_{cu}} \geqslant f_{cu,k} + 0.7\sigma_0 \qquad (5\text{-}19)$$ $$f_{cu,min} \geqslant f_{cu,k} - 0.7\sigma_0 \qquad (5\text{-}20)$$ 检验批混凝土立方体抗压强度的标准差应按下列公式计算： $$\sigma_0 = \sqrt{\dfrac{\sum_{i=1}^{n} f_{cu,i}^2 - mn f_{cu}^2}{n-1}} \qquad (5\text{-}21)$$ 当混凝土强度等级不高于 C20 时，其强度的最小值尚应满足下列公式要求： $$f_{cu,min} \geqslant 0.85 f_{cu,k} \qquad (5\text{-}22)$$ 当混凝土强度等级高于 C20 时，其强度的最小值尚应满足下列要求： $$f_{cu,min} \geqslant 0.90 f_{cu,k} \qquad (5\text{-}23)$$ 式中　$m_{f_{cu}}$——同一检验批混凝土立方体抗压强度的平均值（N/mm²），精确到 0.1 (N/mm²) 　　　$f_{cu,k}$——混凝土立方体抗压强度标准值（N/mm²），精确到 0.1 (N/mm²) 　　　σ_0——检验批混凝土立方体抗压强度的标准差（N/mm²），精确到 0.01 (N/mm²)；当检验批混凝土强度标准差内计算值小于 2.5N/mm² 时，应取 2.5N/mm² 　　　$f_{cu,i}$——前一个检验期内同一品种、同一强度等级的第 i 组混凝土试件的立方体抗压强度代表值（N/mm²），精确到 0.1 (N/mm²)；该检验期不应少于 60d，也不得大于 90d 　　　n——前一检验期内的样本容量，在该期间内样本容量不应少于 45 　　　$f_{cu,min}$——同一检验批混凝土立方体抗压强度的最小值（N/mm²），精确到 0.1 (N/mm²) 3) 当样本容量不少于 10 组时，其强度应同时满足下列要求： $$m_{f_{cu}} \geqslant f_{cu,k} + \lambda_1 \cdot S_{f_{cu}} \qquad (5\text{-}24)$$ $$f_{cu,min} \geqslant \lambda_2 \cdot f_{cu,k} \qquad (5\text{-}25)$$ 同一检验批混凝土立方体抗压强度的标准差应按下列公式计算： $$S_{f_{cu}} = \sqrt{\dfrac{\sum_{i=1}^{n} f_{cu,i}^2 - mn f_{cu}^2}{n-1}} \qquad (5\text{-}26)$$

序号	项　目	内　　　容
3	混凝土强度的检验评定	式中　S_{fcu}——同一检验批混凝土立方体抗压强度的标准差（N/mm²），精确到 0.01（N/mm²）；当检验批混凝土强度标准差 S_{fcu} 计算值小于 2.5N/mm² 时，应取 2.5N/mm² 　　　　λ_1，λ_2——合格评定系数，按表 5-68 取用 　　　　n——本检验期内的样本容量 （2）非统计方法评定 1）当用于评定的样本容量小于 10 组时，应采用非统计方法评定混凝土强度 2）按非统计方法评定混凝土强度时，其强度应同时符合下列规定： $$m_{f_{cu}} \geqslant \lambda_3 \cdot f_{cu,k} \qquad (5\text{-}27)$$ $$f_{cu,min} \geqslant \lambda_4 \cdot f_{cu,k} \qquad (5\text{-}28)$$ 式中　λ_3，λ_4——合格评定系数，应按表 5-69 取用 （3）混凝土强度的合格性评定 1）当检验结果满足本表序号 3 之（1）条的 2）或 3）或（2）条的 2）的规定时，则该批混凝土强度应评定为合格；当不能满足上述规定时，该批混凝土强度应评定为不合格 2）对评定为不合格批的混凝土，可按国家现行的有关标准进行处理

混凝土强度的合格评定系数　　　　　　　　　　表 5-68

序号	试件组数	10～14	15～19	≥20
1	λ_1	1.15	1.05	0.95
2	λ_2	0.90	0.85	

混凝土强度的非统计法合格评定系数　　　　　　　表 5-69

序号	混凝土强度等级	＜C60	≥C60
1	λ_3	1.15	1.10
2	λ_4	0.95	

5.4　混　凝　土　拌　制

5.4.1　常用混凝土搅拌机

常用混凝土搅拌机如表 5-70 所示。

常用混凝土搅拌机　　　　　　　　　　　表 5-70

序号	项　目	内　　　容
1	搅拌机分类	常用的混凝土搅拌机按其搅拌原理主要分为自落式搅拌机和强制式搅拌机两类： （1）自落式搅拌机 这种搅拌机的搅拌鼓筒是垂直放置的。随着鼓筒的转动，混凝土拌合料在鼓筒内做自落体式翻转搅拌，从而达到搅拌的目的。自落式搅拌机多用以搅拌塑性混凝土和低流动性混凝土。筒体和叶片磨损较小，易于清理，但动力消耗大，效率低。搅拌时间一般为 90～120s/盘，其构造如图 5-1～图 5-3 所示 鉴于此类搅拌机对混凝土骨料有较大的磨损，从而影响混凝土质量，现已逐步被强制式搅拌机所取代

序号	项 目	内 容
1	搅拌机分类	（2）强制式搅拌机 　　强制式搅拌机的鼓筒筒内有若干组叶片，搅拌时叶片绕竖轴或卧轴旋转，将材料强行搅拌，直至搅拌均匀。这种搅拌机的搅拌作用强烈，适宜于搅拌干硬性混凝土和轻骨料混凝土，也可搅拌流动性混凝土，具有搅拌质量好、搅拌速度快、生产效率高、操作简便及安全等优点。但机件磨损严重，一般需用高强合金钢或其他耐磨材料做内衬，多用于集中搅拌站。外形如图 5-4 所示，构造如图 5-5 和图 5-6 所示
2	搅拌机主要技术性能	常用混凝土搅拌机的主要技术性能如表 5-71 ～表 5-75 所示
3	搅拌机使用注意事项	（1）安装。搅拌机应设置在平坦的位置，用方木垫起前后轮轴，使轮胎搁高架空，以免在开动时发生走动。固定式搅拌机要装在固定的机座或底架上 　　（2）检查。电源接通后，必须仔细检查，经 2～3min 空车试转认为合格后，方可使用。试运转时应校验拌筒转速是否合适，一般情况下，空车速度比重车（装料后）稍快 2～3 转，如相差较多，应调整动轮与传动轮的比例。搅拌筒的旋转方向应符合箭头指示方向，如不符时，应更正电机接线检查传动离合器和制动器是否灵活可靠，钢丝绳有无损坏，轨道滚轮是否良好，周围有无障碍及各部位的润滑情况等 　　（3）保护。电动机应装设外壳或采用其他保护措施，防止水分和潮气浸入而损坏。电动机必须安装启动开关，速度由缓变快 　　开机后，经常注意搅拌机各部件的运转是否正常。停机时，经常检查搅拌机叶片是否打弯，螺丝有否打落或松动 　　当混凝土搅拌完毕或预计停歇 1h 以上时，除将余料出净外，应用石子和清水倒入拌筒内，开机转动 5～10min，把粘在料筒上的砂浆冲洗干净后全部卸出。料筒内不得有积水，以免料筒和叶片生锈。同时还应清理搅拌筒外积灰，使机械保持清洁完好。下班后及停机不用时，将电动机保险丝取下，以保安全

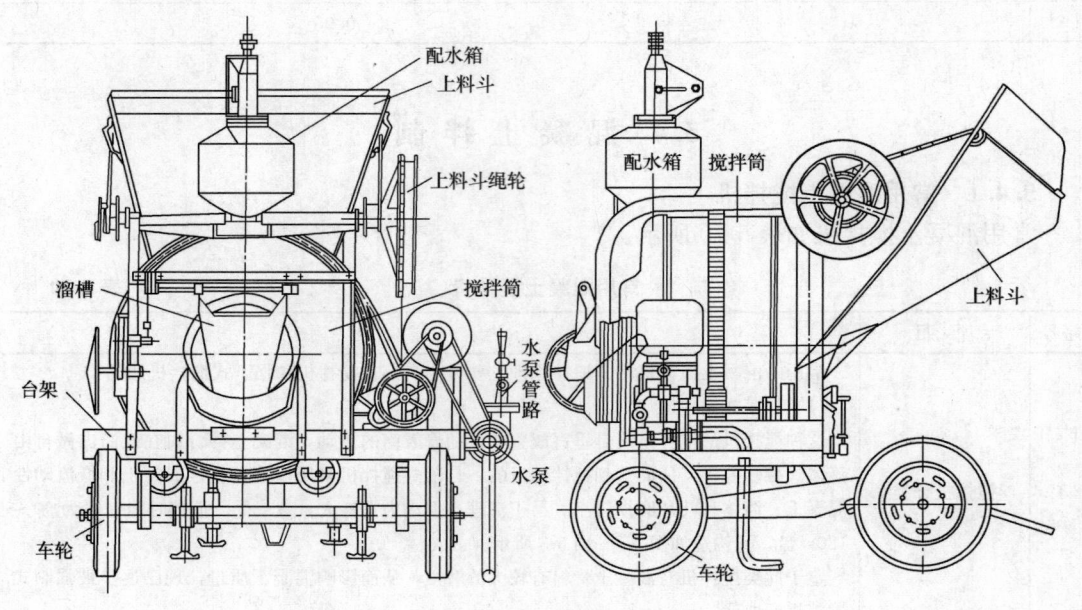

图 5-1　自落式搅拌机

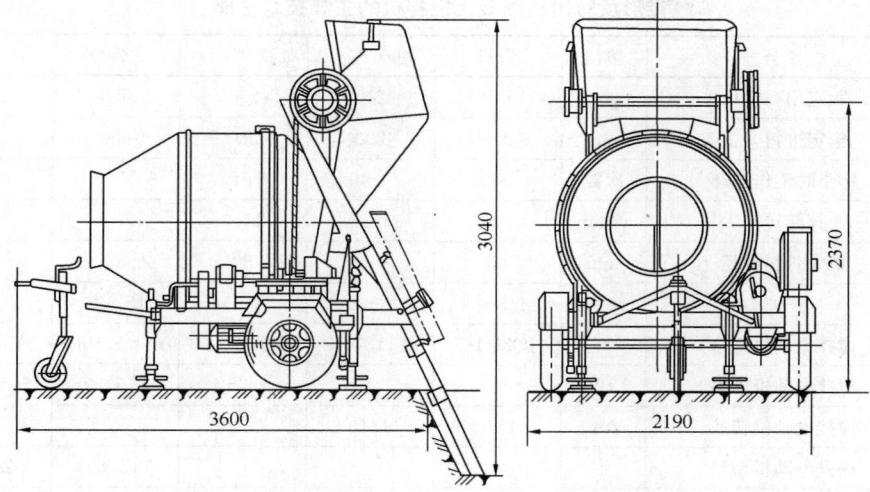

图 5-2　自落式锥形反转出料搅拌机

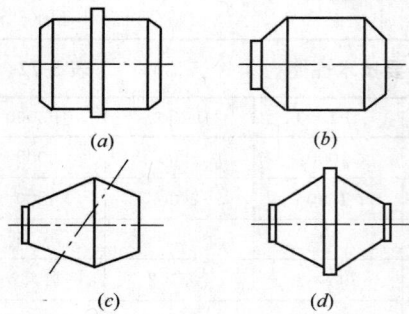

图5-3　自落式混凝土搅拌机搅拌筒的几种形式
（a）鼓筒式搅拌机；（b）锥形反转出料搅拌机；
（c）单开口双锥形倾翻出料搅拌机；（d）双开口
双锥形倾翻出料搅拌机

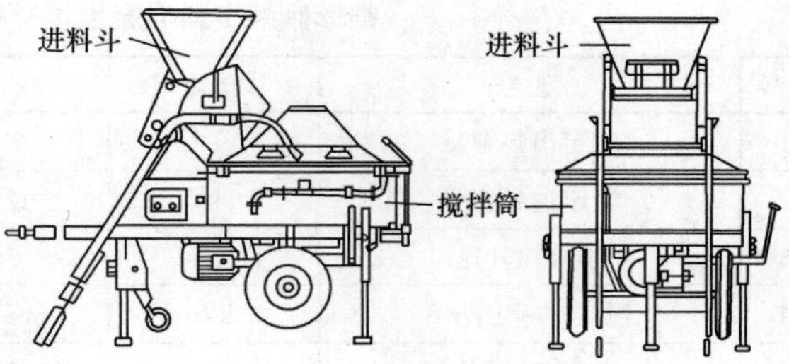

图 5-4　涡桨式强制搅拌机

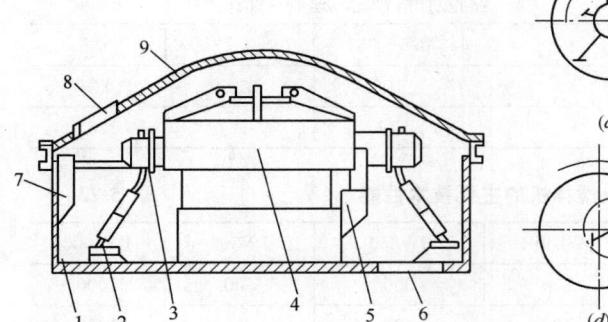

图 5-5　涡桨式强制搅拌机构造图
1—搅拌盘；2—搅拌叶片；3—搅拌臂；4—转
子；5—内壁铲刮叶片；6—出料口；7—外壁铲
刮叶片；8—进料口；9—盖板

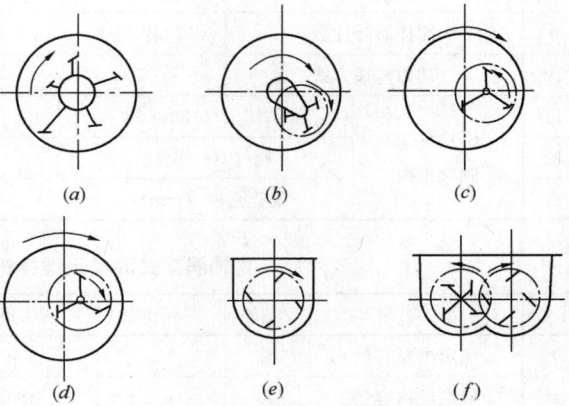

图 5-6　强制式混凝土搅拌机的几种形式
（a）涡桨式；（b）搅拌盘固定的行星式；（c）搅拌盘反向旋转
的行星式；（d）搅拌盘同向旋转的行星式；（e）单卧轴式；
（f）双卧轴式

锥形反转出料混凝土搅拌机的主要技术性能　　　表 5-71

序号	型　号	单位	JZY150	JZC200	JZC350	JZ500	JZ750
1	额定出料容量	L	150	200	350	500	750
2	额定进料容量	L	240	200	350	500	1200
3	每小时工作循环	次数	＞30	＞40	＞40		
4	拌筒转速	r/min	18	16.3	14.5	16	13
5	最大骨料粒径	mm	60	60	60	80	80
6	生产能力	m³/h	4.5～6	6～8	12～14	18～20	22.5
7	搅拌电动机型号		JO2-41-2	Y112M-4	Y132S-4-B3	Y132S-4bB5	Y132M-4B5
8	搅拌电动机功率	kW	4	4	5.5	5.5×2	7.5×2
9	搅拌电动机转速	r/min	1440	1440	1440		1440
10	提升电动机型号					YEZ32-4	ZD₁-41-4
11	提升电动机功率	kW				4.5	7.5
12	提升电动机转速	r/min					1400

锥形倾翻出料混凝土搅拌机的主要技术性能　　　表 5-72

序号	型　号	单　位	JF750	JF1000	JF1500	JF3000
1	额定出料容量	L	750	1000	1500	3000
2	额定进料容量	L	1200	1600	2400	4800
3	搅拌筒转速	r/min	16	14	13	10.5
4	搅拌时额定功率	kW	5.5×2	7.5×2	7.5×2	17×2
5	工作时倾角	(°)	15	15	15	15
6	倾料时倾角	(°)	55	55	55	55
7	搅拌最少时间	s/次	60～90	60～90	60～90	60～90
8	骨料最大粒径	mm	80	120	150	250
9	搅拌筒叶片数	片	4	3	3	3
10	动力传递方式		\<td colspan="4">行星摆线针轮减速器（速比1：7）\</td>			
11	电控气动倾翻机构	工作气压（N/mm²）		0.5～0.7	0.7	0.7
12		耗气（L/次）		106	137	449
13		气管直径（mm）		12	12	25

立轴涡桨式混凝土搅拌机的主要技术性能　　　表 5-73

序号	型　号	单位	JW250	JW250R	JW350	JW500	JW1000
1	额定出料容量	L	250	250	350	500	1000
2	额定进料容量	L	400	400	560	800	1000
3	搅拌叶片转速	r/min	36	32	32	28.5	20
4	搅拌时间	s/次	72	72	90	90	120
5	碎石最大粒径	mm	40	40	40	40	60
6	卵石最大粒径	mm	60	60	60	80	60

续表 5-73

序号	型　　号		单位	JW250	JW250R	JW350	JW500	JW1000
7	生产率		m³/h	10~12	12.5	14~21	20~25	40
8	搅拌电动机	型号		Y160L-4	290B 柴油机	JO3-1801M-4	Y225M-6	JO3-280S-8
9		功率	kW	15	13.2	22	30	55
10		转速	r/min	1460	1800	1460	980	970
11	水箱容量（L）			50	42		20~120	20~190
12	液压泵电动机	型号				JW6324		
13		功率	kW			0.25	0.25	
14		转速	r/min			137		

单卧轴式混凝土搅拌机的主要技术性能　　　　表 5-74

序号	型　　号		单位	JD150Ⅰ	JD250Ⅱ	JD200	JD250	JD350
1	额定出料容量		L	150	150	200	250	350
2	额定进料容量		L	240	240	300	400	560
3	搅拌时间		s/次		30	35~50	30~45	
4	碎石最大粒径		mm	40	40	40	40	40
5	卵石最大粒径		mm	60	60	60	80	60
6	搅拌轴转速		r/min	43.7	38.6	36.3	30	29.2
7	料斗提升速度		m/s		0.34	0.3		0.27
8	伸长率		m³/h	7.5~9	7.5~9	10~14	12~15	17~21
9	搅拌电动机	型号		Y132-4	Y132S-4	Y132M-4	Y132M-4	Y160H
10		功率	kW	5.5		7.5	11	15
11		转速	r/min			1500	1460	1450

双卧轴式混凝土搅拌机的主要技术性能　　　　表 5-75

序号	型　　号		单位	JS350	JS500	JS500B	JS1000	JS1500
1	额定出料容量		L	350	500	500	1000	1500
2	额定进料容量		L	560	800	800	1600	2400
3	搅拌时间		s/次	30~50	35~45			
4	碎石最大粒径		mm	40	60	60	60	60
5	卵石最大粒径		mm	60	80	80	80	80
6	搅拌轴转速		r/min	36	35.4	33.7	24.3	22.5
7	料斗提升速度		m/s	19	19	18		
8	伸长率		m³/h	14~21	25~35	20~24	50~60	70~90
9	搅拌电动机	型号		Y160L-4-B5	Y180-4-B3	JO2-62-4	XWD37-11	
10		功率	kW	15	18.5	17	37	44
11		转速	r/min	1460	1450	1460		

5.4.2 混凝土搅拌技术要求

混凝土搅拌技术要求如表 5-76 所示。

混凝土搅拌技术要求 表 5-76

序号	项 目	内 容
1	混凝土原材料	（1）当粗、细骨料的实际含水量发生变化时，应及时调整粗、细骨料和拌合用水的用量 （2）混凝土搅拌时应对原材料用量准确计量，并应符合下列规定： 1）计量设备的精度应符合现行国家标准《混凝土搅拌站（楼）》GB 10171 的有关规定，并应定期校准。使用前设备应归零 2）原材料的计量应按重量计，水和外加剂溶液可按体积计，其允许偏差应符合表 5-77 的规定
2	混凝土搅拌要求	（1）采用分次投料搅拌方法时，应通过试验确定投料顺序、数量及分段搅拌的时间等工艺参数。矿物掺合料宜与水泥同步投料，液体外加剂宜滞后于水和水泥投料；粉状外加剂宜溶解后再投料 （2）混凝土应搅拌均匀，宜采用强制式搅拌机搅拌。混凝土搅拌的最短时间可按表 5-78 采用，当能保证搅拌均匀时可适当缩短搅拌时间。搅拌强度等级 C60 及以上的混凝土时，搅拌时间应适当延长 （3）对首次使用的配合比进行开盘鉴定，开盘鉴定应包括下列内容： 1）混凝土的原材料与配合比设计所采用原材料的一致性 2）出机混凝土工作性与配合比设计要求的一致性 3）混凝土强度 4）混凝土凝结时间 5）工程有要求时，尚应包括混凝土耐久性能等

混凝土原材料计量允许偏差（%） 表 5-77

序号	原材料品种	水泥	细骨料	粗骨料	水	矿物掺合料	外加剂
1	每盘计量允许偏差	±2	±3	±3	±1	±2	±1
2	累计计量允许偏差	±1	±2	±2	±1	±1	±1

注：1. 现场搅拌时原材料计量允许偏差应满足每盘计量允许偏差要求；

2. 累计计量允许偏差指每一运输车中各盘混凝土的每种材制累计称量的偏差，该项指标仅适用于采用计算机控制计量的搅拌站；

3. 骨料含水率应经常测定，雨、雪天施工应增加测定次数。

混凝土搅拌的最短时间（s） 表 5-78

序号	混凝土坍落度（mm）	搅拌机机型	搅拌机出料量（L）		
			<250	250～500	>500
1	≤40	强制式	60	90	120
2	>40，且<100	强制式	60	60	90
3	≥100	强制式	60		

注：1. 混凝土搅拌时间指从全部材料装入搅拌筒中起，到开始卸料时止的时间段；

2. 当掺有外加剂与矿物掺合料时，搅拌时间应适当延长；

3. 采用自落式搅拌机时，搅拌时间宜延长 30s；

4. 当采用其他形式的搅拌设备时，搅拌的最短时间也可按设备说明书的规定或经试验确定。

5.5　混凝土运输与质量检查

5.5.1　混凝土运输

混凝土运输如表 5-79 所示。

混凝土运输　　　　　　　　　　　　　　　　　　　　　　　表 5-79

序号	项　目	内　　容
1	搅拌运输车	(1) 混凝土搅拌车是在汽车底盘上安装搅拌筒，直接将混凝土拌合物装入搅拌筒内，运至施工现场，供浇筑作业需要。它是一种用于长距离输送混凝土的高效能机械。为保证混凝土经长途运输后，仍不致产生离析现象，混凝土搅拌筒在运输途中始终在不停地慢速转动，从而使筒内的混凝土拌合物可连续得到搅拌 (2) 采用混凝土搅拌运输车运输混凝土时，应符合下列规定： 1) 接料前，搅拌运输车应排净罐内积水 2) 在运输途中及等候卸料时，应保持搅拌运输车罐体正常转速，不得停转 3) 卸料前，搅拌运输车罐体宜快速旋转搅拌 20s 以上后再卸料 (3) 采用搅拌运输车运输混凝土时，施工现场车辆出入口处应设置交通安全指挥人员，施工现场道路应顺畅，有条件时宜设置循环车道；危险区域应设置警戒标志；夜间施工时，应有良好的照明 (4) 采用搅拌运输车运输混凝土，当混凝土坍落度损失较大不能满足施工要求时，可在运输车罐内加入适量的与原配合比相同成分的减水剂。减水剂加入量应事先由试验确定，并应做出记录。加入减水剂后，搅拌运输车罐体应快速旋转搅拌均匀，并应达到要求的工作性能后再泵送或浇筑
2	翻斗车	(1) 翻斗车具有轻便灵活、结构简单、转弯半径小、速度快、能自动卸料、操作维护简便等特点，适用于短距离水平运输混凝土以及砂、石等散装材料。翻斗车仅限于运送坍落度小于 80mm 的混凝土拌合物，并应保证运送容器不漏浆，内壁光滑平整，具有覆盖设施 (2) 当采用机动翻斗车运输混凝土时，道路应通畅，路面应平整、坚实，临时坡道或支架应牢固，铺板接头应平顺

5.5.2　混凝土运输的质量控制

混凝土运输的质量控制如表 5-80 所示。

混凝土运输的质量控制　　　　　　　　　　　　　　　　　　表 5-80

序号	项　目	内　　容
1	一般要求	(1) 预拌混凝土应采用符合规定的运输车运送。运输车在运送时应能保持混凝土拌合物的均匀性，不应产生分层离析现象 (2) 运输车在装料前应将筒内积水排尽 当需要在卸料前掺入外加剂时，外加剂掺入后搅拌运输车应快速进行搅拌，搅拌的时间应由试验确定 (3) 严禁向运输车内的混凝土任意加水 (4) 运输车在运送过程中应采取措施，避免遗撒

续表 5-80

序号	项 目	内 容
2	运送时间	混凝土的运送时间系指从混凝土由搅拌机卸入运输车开始至该运输车开始卸料为止。运送时间应满足合同规定，当合同未做规定时，采用搅拌运输车运送的混凝土，宜在 1.5h 内卸料；采用翻斗车运送的混凝土，宜在 1.0h 内卸料；当最高气温低于 25℃时，运送时间可延长 0.5h。如需延长运送时间，则应采取相应的技术措施，并应通过试验验证 混凝土的运送频率，应能保证混凝土施工的连续性

5.6 质量检查

5.6.1 原材料

原材料质量检查如表 5-81 所示。

原材料质量检查 表 5-81

序号	项 目	内 容
1	原材料进场	（1）原材料进场时，供方应对进场材料按材料进场验收所划分的检验批提供相应的质量证明文件，外加剂产品尚应提供使用说明书。当能确认连续进场的材料为同一厂家的同批出厂材料时，可按出厂的检验批提供质量证明文件 （2）原材料进场时，应对材料外观、规格、等级、生产日期等进行检查，并应对其主要技术指标按本表序号 2 的规定划分检验批进行抽样检验，每个检验批检验不得少于 1 次 经产品认证符合要求的水泥、外加剂，其检验批量可扩大一倍。在同一工程中，同一厂家、同一品种、同一规格的水泥、外加剂，连续三次进场检验均一次合格时，其后的检验批量可扩大一倍
2	原材料进场质量检查	原材料进场质量检查应符合下列规定： （1）应对水泥的强度、安定性及凝结时间进行检验。同一生产厂家、同一等级、同一品种、同一批号且连续进场的水泥，袋装水泥不超过 200t 应为一批，散装水泥不超过 500t 应为一批 （2）应对粗骨料的颗粒级配、含泥量、泥块含量、针片状含量指标进行检验，压碎指标可根据工程需要进行检验，应对细骨料颗粒级配、含泥量、泥块含量指标进行检验。当设计文件有要求或结构处于易发生碱骨料反应环境中时，应对骨料进行碱活性检验。抗冻等级 F100 及以上的混凝土用骨料，应进行坚固性检验。骨料不超过 400m³ 或 600t 为一检验批 （3）应对矿物掺合料细度（比表面积）、需水量比（流动度比）、活性指数（抗压强度比）、烧失量指标进行检验。粉煤灰、矿渣粉、沸石粉不超过 200t 应为一检验批，硅灰不超过 30t 应为一检验批 （4）应按外加剂产品标准规定对其主要匀质性指标和掺外加剂混凝土性能指标进行检验。同一品种外加剂不超过 50t 应为一检验批 （5）当采用饮用水作为混凝土用水时，可不检验。当采用中水、搅拌站清洗水或施工现场循环水等其他水源时，应对其成分进行检验
3	水泥质量	当使用中水泥质量受不利环境影响或水泥出厂超过三个月（快硬硅酸盐水泥超过一个月）时，应进行复验，并应按复验结果使用

5.6.2　混凝土在生产过程中的质量检查及其他

混凝土在生产过程中的质量检查及其他如表 5-82 所示。

混凝土在生产过程中的质量检查及其他　　　　表 5-82

序号	项　目	内　　容
1	混凝土在生产过程中的质量检查	混凝土在生产过程中的质量检查应符合下列规定： （1）生产前应检查混凝土所用原材料的品种、规格是否与施工配合比一致。在生产过程中应检查原材料实际称量误差是否满足要求，每一工作班应至少检查 2 次 （2）生产前应检查生产设备和控制系统是否正常、计量设备是否归零 （3）混凝土拌合物的工作性检查每 100m³ 不应少于 1 次，且每一工作班不应少于 2 次，必要时可增加检查次数 （4）骨料含水率的检验每工作班不应少于 1 次；当雨雪天气等外界影响导致混凝土骨含水率变化时，应及时检验
2	其他	（1）混凝土应进行抗压强度试验。有抗冻、抗修等耐久性要求的混凝土，还应进行抗冻性、抗渗性等耐久性指标的试验。其试件留置方法和数量，应按本书的有关规定执行 （2）采用预拌混凝土时，供方应提供混凝土配合比通知单、混凝土抗压强度报告、混凝土质量合格证和混凝土运输单；当需要其他资料时，供需双方应在合同中明确约定。预拌混凝土质量控制资料的保存期限，应满足工程质量追溯的要求 （3）混凝土坍落度、维勃稠度的质量检查应符合下列规定： 1）坍落度和维勃稠度的检验方法，应符合现行国家标准《普通混凝土拌合物性能试验方法标准》GB/T 50080 的有关规定 2）坍落度、维勃稠度的允许偏差应符合表 5-83 的规定 3）预拌混凝土的坍落度检查应在交货地点进行 4）坍落度大于 220mm 的混凝土，可根据需要测定其坍落扩展度，扩展度的允许偏差为 ±30mm （4）掺引气剂或引气型外加剂的混凝土拌合物，应按现行国家标准《普通混凝土拌合物性能试验方法标准》GB/T 50080 的有关规定检验含气量，含气量宜符合表 5-84 的规定

混凝土坍落度、维勃稠度的允许偏差　　　　表 5-83

序号	坍落度（mm）				维勃稠度（s）			
1	设计值（mm）	≤40	50～90	≥100	设计值（s）	≥11	10～6	≤5
2	允许偏差（mm）	±10	±20	±30	允许偏差（s）	±3	±2	±1

混凝土含气量限值　　　　表 5-84

序号	粗骨料最大公称粒径（mm）	混凝土含气量（%）
1	20	≤5.5
2	25	≤5.0
3	40	≤4.5

第6章 混凝土结构工程施工现浇结构工程

6.1 现浇结构工程简述

6.1.1 一般规定

一般规定如表 6-1 所示。

一般 规 定   表 6-1

序号	项 目	内 容
1	混凝土浇筑前应完成的工作	混凝土浇筑前应完成下列工作： (1) 隐蔽工程验收和技术复核 (2) 对操作人员进行技术交底 (3) 根据施工方案中的技术要求，检查并确认施工现场具备实施条件 (4) 施工单位填报浇筑申请单，并经监理单位签认
2	其他规定	(1) 混凝土拌合物入模温度不应低于 5℃，且不应高于 35℃ (2) 混凝土运输、输送、浇筑过程中严禁加水；混凝土运输、输送、浇筑过程中散落的混凝土严禁用于混凝土结构构件的浇筑 (3) 混凝土应布料均衡。应对模板及支架进行观察和维护，发生异常情况应及时进行处理。混凝土浇筑和振捣应采取防止模板、钢筋、钢构、预埋件及其定位件移位的措施

6.1.2 混凝土输送

混凝土输送如表 6-2 所示。

混 凝 土 输 送   表 6-2

序号	项 目	内 容
1	说明	(1) 在混凝土施工过程中，混凝土的现场输送和浇筑是一项关键的工作。它要求迅速、及时，并且保证质量以及降低劳动消耗，从而在保证工程要求的条件下降低工程造价。混凝土输送方式应按施工现场条件，根据合理、经济的原则确定 (2) 混凝土输送是指对运输至现场的混凝土，采用输送泵、溜槽、吊车配备斗容器、升降设备配备小车等方式送至浇筑点的过程。为提高机械化施工水平、提高生产效率，保证施工质量，宜优先选用预拌混凝土泵送方式。输送混凝土的管道、容器、溜槽不应吸水、漏浆，并应保证输送通畅。输送混凝土时应根据工程所处环境条件采取保温、隔热、防雨等措施。常见的混凝土垂直输送有借助起重机械的混凝土垂直输送和泵管混凝土垂直输送

序号	项　目	内　　容
2	混凝土输送规定	（1）混凝土输送宜采用泵送方式 （2）混凝土输送泵的选择及布置应符合下列规定： 　1）输送泵的选型应根据工程特点、混凝土输送高度和距离、混凝土工作性确定 　2）输送泵的数量应根据混凝土浇筑量和施工条件确定，必要时应设置备用泵 　3）输送泵设置的位置应满足施工要求，场地应平整、坚实，道路应畅通 　4）输送泵的作业范围不得有阻碍物；输送泵设置位置应有防范高空坠物的设施 （3）混凝土输送泵管与支架的设置应符合下列规定： 　1）混凝土输送泵管应根据输送泵的型号、拌合物性能、总输出量、单位输出量、输送距离以及粗骨料粒径等进行选择 　2）混凝土粗骨料最大粒径不大于 25mm 时，可采用内径不小于 125mm 的输送泵管；混凝土粗骨料最大粒径不大于 40mm 时，可采用内径不小于 150mm 的输送泵管 　3）输送泵管安装连接应严密，输送泵管道转向宜平缓 　4）输送泵管应采用支架固定，支架应与结构牢固连接，输送泵管转向处支架应加密；支架应通过计算确定，设置位置的结构应进行验算，必要时应采取加固措施 　5）向上输送混凝土时，地面水平输送泵管的直管和弯管总的折算长度不宜小于竖向输送高度的 20%，且不宜小于 15m 　6）输送泵管倾斜或垂直向下输送混凝土，且高差大于 20m 时，应在倾斜或竖向管下端设置直管或弯管，直管或弯管总的折算长度不宜小于高差的 1.5 倍 　7）输送高度大于 100m 时，混凝土输送泵出料口处的输送泵管位置应设置截止阀 　8）混凝土输送泵管及其支架应经常进行检查和维护 （4）混凝土输送布料设备的设置应符合下列规定： 　1）布料设备的选择应与输送泵相匹配；布料设备的混凝土输送管内径宜与混凝土输送泵管内径相同 　2）布料设备的数量及位置应根据布料设备工作半径、施工作业面大小以及施工要求确定 　3）布料设备应安装牢固，且应采取抗倾覆措施；布料设备安装位置处的结构或专用装置应进行验算，必要时应采取加固措施 　4）应经常对布料设备的弯管壁厚进行检查，磨损较大的弯管应及时更换 　5）布料设备作业范围不得有阻碍物，并应有防范高空坠物的设施 （5）输送混凝土的管道、容器、溜槽不应吸水、漏浆，并保证输送通畅。输送混凝土时，应根据工程所处环境条件采取保温、隔热、防雨等措施 （6）输送泵输送混凝土应符合下列规定： 　1）应先进行泵水检查，并应湿润输送泵的料斗、活塞等直接与混凝土接触的部位；泵水检查后，应清除输送泵内积水 　2）输送混凝土前，宜先输送水泥砂浆对输送泵和输送管进行润滑，然后开始输送混凝土 　3）输送混凝土应先慢后快、逐步加速，应在系统运转顺利后再按正常速度输送 　4）输送混凝土过程中，应设置输送泵集料斗网罩，并应保证集料斗有足够的混凝土余量 （7）吊车配备斗容器输送混凝土应符合下列规定： 　1）应根据不同结构类型以及混凝土浇筑方法选择不同的斗容器 　2）斗容器的容量应根据吊车吊运能力确定 　3）运输至施工现场的混凝土宜直接装入斗容器进行输送 　4）斗容器宜在浇筑点直接布料

序号	项　目	内　　容
2	混凝土输送规定	(8) 升降设备配备小车输送混凝土应符合下列规定： 1) 升降设备和小车的配备数量、小车行走路线及卸料点位置应能满足混凝土浇筑需要 2) 运输至施工现场的混凝土宜直接装入小车进行输送，小车宜在靠近升降设备的位置进行装料
3	借助起重机械的混凝土垂直输送	(1) 吊斗混凝土垂直输送 吊车配备斗容器输送混凝土时应符合下列规定： 1) 应根据不同结构类型以及混凝土浇筑方法选择不同的斗容器 2) 斗容器的容量应根据吊车吊运能力确定 3) 运输至施工现场的混凝土宜直接装入斗容器进行输送 4) 斗容器宜在浇筑点直接布料 5) 输送过程中散落的混凝土严禁用于结构浇筑 (2) 推车混凝土垂直输送 1) 升降设备 升降设备包括用于运载人或物料的升降电梯、用于运载物料的升降井架以及混凝土提升机。采用升降设备配合小车输送混凝土在工程中时有发生，为了保证混凝土浇筑质量，要求编制具有针对性的施工方案。运输后的混凝土若采用先卸料，后进行小车装运的输送方式，装料点应采用硬地坪或铺设钢板形式与地基土隔离，硬地坪或钢板面应湿润并不得有积水。为了减少混凝土拌合物转运次数，通常情况下不宜采用多台小车相互转载的方式输送混凝土。升降设备配备小车输送混凝土时应符合下列规定： ①升降设备和小车的配备数量、小车行走路线及卸料点位置应能满足混凝土浇筑需要 ②运输至施工现场的混凝土宜直接装入小车进行输送，小车宜在靠近升降设备的位置进行装料 2) 施工电梯配合推车混凝土垂直输送 按施工电梯的驱动形式，可分为钢索牵引、齿轮齿条拽引和星轮滚道拽引三种形式。目前国内外大部分采用的是齿轮齿条拽引的形式，星轮滚道是最新发展起来的，传动形式先进，但目前其载重能力较小 按施工电梯的动力装置又可分为电动和电动—液压两种。电力驱动的施工电梯，工作速度约 40m/min，而电动—液压驱动的施工电梯其工作速度可达 96m/min 施工电梯的主要部件由基础、立柱导轨井架、带有底笼的平面主框架、梯笼和附墙支撑组成 其主要特点是用途广泛，适应性强，安全可靠，运输速度高，提升高度最高可达 400m 以上 3) 井架配合推车混凝土垂直输送 主要用于高层建筑混凝土灌注时的垂直运输机械，由井架、抬灵扒杆、卷扬机、吊盘、自动倾泻吊斗及钢丝缆风绳等组成，具有一机多用、构造简单、装拆方便等优点。起重高度一般为 25～40m 4) 混凝土提升机配合推车混凝土垂直输送 混凝土提升机是供快速输送大量混凝土的提升设备。它是由钢井架、混凝土提升斗、高速卷扬机等组成，其提升速度可达 50～100m/min。当混凝土提升到施工楼层后，卸入楼面受料斗，再采用其他楼面运输工具（如手推车等）运送到施工部位浇筑。一般每台容量为 $0.5m^3 \times 2$ 的双斗提升机，当其提升速度为 75m/min，最高高度可达 120m，混凝土输送能力可达 $20m^3/h$。因此对混凝土浇筑量较大的工程，特别是高层建筑，是很经济适用的混凝土垂直运输机具

序号	项　目	内　　容
4	借助溜槽的混凝土输送	借助溜槽的混凝土输送应符合下列规定： （1）溜槽内壁应光滑，开始浇筑前应用砂浆润滑槽内壁；当用水润滑时应将水引出舱外，舱面必须有排水措施 （2）使用溜槽，应经过试验论证，确定溜槽高度与合适的混凝土坍落度 （3）溜槽宜平顺，每节之间应连接牢固，应有防脱落保护措施 （4）运输和卸料过程中，应避免混凝土分离，严禁向溜槽内加水 （5）当运输结束或溜槽堵塞经处理后，应及时清洗，且应防止清洗水进入新浇混凝土仓内

6.1.3　混凝土浇筑的准备工作

混凝土浇筑的准备工作如表 6-3 所示。

混凝土浇筑的准备工作　　　　　　　　　　　　　表 6-3

序号	项　目	内　　容
1	制定施工方案	现浇混凝土结构的施工方案应包括下列内容： （1）混凝土输送、浇筑、振捣、养护的方式和机具设备的选择 （2）混凝土浇筑，振捣技术措施 （3）施工缝、后浇带的留设 （4）混凝土养护技术措施
2	现场具备浇筑的施工实施条件	（1）机具准备及检查 搅拌机、运输车、料斗、串筒、振动器等机具设备按需要准备充足，并考虑发生故障时的修理时间。重要工程，应有备用的搅拌机和振动器。特别是采用泵送混凝土，一定要有备用泵。所用的机具均应在浇筑前进行检查和试运转，同时配有专职技工，随时检修。浇筑前，必须核实一次浇筑完毕或浇筑至某施工缝前的工程材料，以免停工待料 （2）保证水电及原材料的供应 在混凝土浇筑期间，要保证水、电、照明不中断。为了防备临时停水停电，事先应在浇筑地点储备一定数量的原材料（如沙、石、水泥、水等）和人工拌合捣固用的工具，以防出现意外的施工停歇缝 （3）掌握天气季节变化情况 加强气象预测预报的联系工作。在混凝土施工阶段应掌握天气的变化情况，特别在雷雨台风季节和寒流突然袭击之际，更应注意，以保证混凝土连续浇筑顺利进行，确保混凝土质量 根据工程需要和季节施工特点，应准备好在浇筑过程中所必需的抽水设备和防雨、防暑、防寒等物资 （4）隐蔽工程验收，技术复核与交底 模板和隐蔽工程项目应分别进行预检和隐蔽验收，符合要求后，方可进行浇筑。检查时应注意以下几点： 1）模板的标高、位置与构件的截面尺寸是否与设计符合，构件的预留拱度是否正确 2）所安装的支架是否稳定，支柱的支撑和模板的固定是否可靠 3）模板的紧密程度 4）钢筋与预埋件的规格、数量、安装位置及构件接点连接焊缝，是否与设计符合

序号	项　目	内　　容
2	现场具备浇筑的施工实施条件	在浇筑混凝土前，模板内的垃圾、木片、刨花、锯屑、泥土和钢筋土的油污、鳞落的铁皮等杂物，应清除干净 木模板应浇水加以润湿，但不允许留有积水。湿润后，木模板中尚未胀密的缝隙应贴严，以防漏浆 金属模板中的缝隙和孔洞也应予以封闭，现场环境温度高于35℃时宜对金属模板进形洒水降温 （5）其他 输送浇筑前应检查混凝土送料单，核对配合比，检查坍落度，必要时还应测定混凝土扩展度，在确认无误后方可进行混凝土浇筑

6.2　泵送混凝土输送

6.2.1　简述及混凝土泵的类型

简述及混凝土泵的类型如表 6-4 所示。

简述及混凝土泵的类型　　　　　　　　　　　　　　　　　表 6-4

序号	项　目	内　　容
1	简述	（1）泵送混凝土是在混凝土泵的压力推动下沿输送管道进行运输并在管道出口处直接浇筑的混凝土。混凝土的泵送施工已经成为高层建筑和大体积混凝土施工过程中的重要方法，泵送施工不仅可以改善混凝土施工性能、提高混凝土质量，而且可以改善劳动条件、降低工程成本。随着商品混凝土应用的普及，各种性能要求不同的混凝土均可泵送，如高性能混凝土、补偿收缩混凝土等 （2）混凝土泵能一次连续地完成水平运输和垂直运输，效率高、劳动力省、费用低，尤其对于一些工地狭窄和有障碍物的施工现场，用其他运输工具难以直接靠近施工工程，混凝土泵则能有效地发挥作用。混凝土泵运输距离长，单位时间内的输送量大，三四百米高的高层建筑可一泵到顶，上万立方米的大型基础亦能在短时间内浇筑完毕，非其他运输工具所能比拟，优越性非常显著，因而在建筑行业已推广应用多年，尤其是预拌混凝土生产与泵送施工相结合，彻底改变了施工现场混凝土工程的面貌
2	混凝土泵的类型	（1）常用的混凝土输送泵有汽车泵、拖泵（固定泵）、车载泵三种类型。按驱动方式，混凝土泵分为两大类，即活塞（亦称柱塞式）泵和挤压式泵。目前我国主要应用活塞式混凝土泵，它结构紧凑、传动平稳，又易于安装在汽车底盘上组成混凝土泵车 根据其能否移动和移动的方式，分为固定式拖式和汽车式。汽车式泵移动方便，灵活机动，到新的工作地点不需进行准备作业即可进行浇筑，因而是目前大力发展的机种。汽车式泵又分为带布料杆和不带布料杆两种，大多数是带布料杆的 挤压式泵按其构造形式，又分为转子式双滚轮型、直管式三滚轮型和带式双槽型三种。目前尚在应用的为第一种。挤压式泵一般均为液压驱动 将液压活塞式混凝土泵固定安装在汽车底盘上，使用时开至需要施工的地点，进行混凝土泵送作业，称为混凝土汽车泵或移动泵车。这种泵车使用方便，适用范围广，它既可以利用在工地配置装接的管道输送到较远、较高的混凝土浇筑部位，也可以发挥随车附带的

序号	项　目	内　　　容
2	混凝土泵的类型	布料杆作用，把混凝土直接输送到需要浇筑的地点。混凝土泵车的输送能力一般为 80m³/h。常用混凝土泵车基本参数如表 6-5 所示 （2）拖泵使用时，需用汽车将它拖带到施工地点，然后进行混凝土输送。这种形式的混凝土泵主要由混凝土推送机构、分配闸机构、料斗搅拌装置、操作系统、清洗系统等组成。它具有输送能力大、输送高度高等特点，一般最大水平输送距离超过 1000m，最大垂直输送高度超过 400m，输送能力为 85m³/h 左右，适用于高层及超高层建筑的混凝土输送，如图 6-1 所示。常用混凝土拖泵基本参数如表 6-6 所示

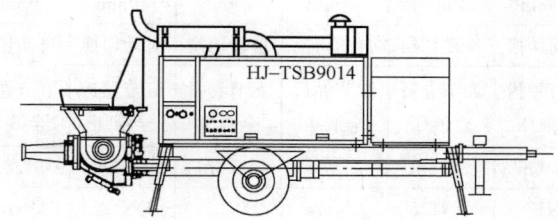

图 6-1　固定式混凝土泵

常用混凝土泵车基本参数　　　　　　　　　　　表 6-5

序号	设备名称	37m 输送泵车	37m 输送泵车	42m 输送泵车	45m 输送泵车	48m 输送泵车	52m 输送泵车	56m 输送泵车	66m 输送泵车
1	生产厂商	三一重工	三一重工	三一重工	三一重工	三一重工	三一重工	三一重工	三一重工
2	型号	SY5295 THB-37	SY5271 THB-37Ⅲ	SY5363 THB-42	SY5401 THB-45	SY5416 THB-48	SY5500 THB-52	SY5500 THB-56V	SY5600 THB-66
3	自重	28800kg	27495kg	36300kg	40000kg	41120kg	48500kg	49500kg	63800kg
4	全长	11700mm	11800mm	13780mm	12590mm	13050mm	14366mm	14880mm	15800mm
5	总宽	2500mm	2500mm	2500mm	2500mm	2500mm	2500mm	2500mm	2500mm
6	总高	3920mm	3990mm	3990mm	3990mm	3990mm	3995mm	3995mm	3995mm
7	最小转弯半径	19.8mm	18.4m	25.9m	25.9m	24.6m	25m	25m	
8	最大速度	80km/h	80km/h	80km/h	80km/h	80km/h	80km/h	80km/h	80km/h
9	驱动方式	液压式	液压式	液压式	液压式	液压式	液压式	液压式	液压式
10	混凝土理论排量	低压 120m³/h	低压 120m³/h	低压 120m³/h	低压 140m³/h	低压 140m³/h	低压 140m³/h	低压 120m³/h	低压 200m³/h
11		高压 67m³/h	高压 67m³/h	高压 67m³/h	高压 100m³/h	高压 100m³/h	高压 100m³/h	高压 67m³/h	高压 110m³/h
12	理论泵送压力	高压 11.8N/mm²	高压 11.8N/mm²	高压 11.8N/mm²	高压 12N/mm²	高压 12N/mm²	高压 12N/mm²	高压 12N/mm²	高压 11.8N/mm²
13		低压 6.3N/mm²	低压 6.3N/mm²	低压 6.3N/mm²	低压 8.5N/mm²	低压 8.5N/mm²	低压 8.5N/mm²	低压 6.3N/mm²	低压 6.3N/mm²

序号	设备名称	37m输送泵车	37m输送泵车	42m输送泵车	45m输送泵车	48m输送泵车	52m输送泵车	56m输送泵车	66m输送泵车
14	理论泵送次数	高压 13 次/min	高压 13 次/min	高压 13 次/min	高压 14 次/min	高压 14 次/min	高压 14 次/min	高压 13 次/min	高压 16 次/min
15		低压 24 次/min	低压 24 次/min	低压 24 次/min	低压 20 次/min	低压 20 次/min	低压 20 次/min	低压 24 次/min	低压 28 次/min
16	坍落度	140~ 230mm	140~ 230mm	140~ 230mm	140~ 230mm	140~ 230mm	140~ 230mm	140~ 230mm	140~ 230mm
17	最大骨料尺寸	40mm	40mm	40mm	40mm	40mm	40mm	40mm	40mm
18	高低压切换	自动切换	自动切换	自动切换	自动切换	自动切换	自动切换	自动切换	自动切换
19	臂架形式	四节卷折 全液压	四节卷折 全液压	四节卷折 全液压	五节卷折 全液压	五节卷折 全液压	五节卷折 全液压	五节卷折 全液压	五节卷折 全液压
20	最大垂直高度	36.6m	36.6m	41.7m	44.8m	47.8m	51.8m	55.6m	65.6m
21	输送管径	DN125	DN125	DN125	DN125	DN125	DN125	DN125	DN125
22	末端软管长	3m	3m	3m	3m	3m	3m	3m	3m
23	臂架水平长度	32.6m	32.6m	38m	40.8m	43.8m	47.4m	51.6m	61.1m
24	臂架垂直高度	36.6m	36.6m	41.7m	44.8m	47.8m	51.8m	55.6m	65.6m
25	液压系统压力	32N/mm²	32N/mm²	32N/mm²	32N/mm²	32N/mm²	32N/mm²	32N/mm²	32N/mm²
26	臂架垂直深度	19.9m	19.9m	23.8m	27.8m	30m	32.9m	35.9m	45.3m
27	最小展开高度	8.4m	8.4m	10m	8.6m	10.8m	11.2m	10.8m	26.5m
28	前支腿展开宽度	7160mm	6200mm	8800mm	9030mm	9780mm	10640mm	10640mm	12300mm
29	后支腿展开宽度	6870mm	7230mm	8450mm	9570mm	9860mm	10560mm	10560mm	13800mm
30	前后支腿距离	6980mm	6850mm	8300mm	9090mm	9470mm	10320mm	10320mm	13100mm

常用混凝土拖泵基本参数　　　　　表6-6

序号	拖泵型号技术参数		HBT60C-1816DⅢ	HBT80C-1816DⅢ	HBT80C-2118D	HBT80C-2122	HBT80C-2013DⅢ	HBT90C-2016DⅢ	HBT80CH-2122D	HBT80CH-2135D
1	混凝土理论输送排量（m³/h）	低压大排量	75	85	87.8	85	85	95	90	87
		高压小排量	45	55	55	50	50	60	60	53
2	混凝土理论输送压力（N/mm²）	低压大排量	10	10	10.8	10	8	10	14	19
		高压小排量	16	16	18	22	14	16	22	35
3	输送缸直径×行程（mm）		φ200×1800	φ200×1800	φ200×2100	φ200×2100	φ230×2000	φ230×2000	φ200×2100	φ180×2100
4	主油泵排量（mL/r）		190	320	554	380	190	260	380	520

续表6-6

序号	拖泵型号技术参数	HBT60C-1816DⅢ	HBT80C-1816DⅢ	HBT80C-2118D	HBT80C-2122	HBT80C-2013DⅢ	HBT90C-2016DⅢ	HBT80CH2122D	HBT80CH2135D
5	最大骨料尺寸（混凝土管径φ150）(mm)				50				
6	最大骨料尺寸（混凝土管径φ125）(mm)				40				
7	混凝土坍落度（mm）				100～230				
8	主动力功率（kW）	161	132	181	160	161	181	360	546
9	料斗容积（m³）	0.7	0.7	0.7	0.7	0.7	0.7	0.7	0.7
10	上料高度（mm）	1450	1420	1420	1420	1420	1420	1420	1420
11	理论输送距离（m）(φ125) 水平	850	850	1000	1000	700	850	1300	2500
	垂直	250	250	320	320	200	250	480	850
12	外形尺寸 长（mm）	6691	6891	7385	7390	7190	7190	7126	7450
	宽（mm）	2075	2075	2099	2099	2075	2075	2330	2480
	高（mm）	2628	2295	2635	2900	2628	2628	2750	1950
13	整机质量（kg）	6300	6800	8500	7300	6800	6800	12000	13000

6.2.2 混凝土泵送施工方案设计

混凝土泵送施工方案设计如表6-7所示。

混凝土泵送施工方案设计　　　　表6-7

序号	项目	内容
1	一般规定	（1）混凝土泵送施工方案应根据混凝土工程特点、浇筑工程量、拌合物特性以及浇筑进度等因素设计和确定 （2）混凝土泵送施工方案应包括下列内容： 1）编制依据 2）工程概况 3）施工技术条件分析 4）混凝土运输方案 5）混凝土输送方案 6）混凝土浇筑方案 7）施工技术措施 8）施工安全措施 9）环境保护技术措施 10）施工组织 （3）当多台混凝土泵同时泵送或与其他输送方法组合输送混凝土时，应根据各自的输送能力，规定浇筑区域和浇筑顺序

序号	项　目	内　　容
2	混凝土可泵性分析	（1）在混凝土泵送方案设计阶段，应根据施工技术要求、原材料特性、混凝土配合比、混凝土拌制工艺、混凝土运输和输送方案等技术条件分析混凝土的可泵性 （2）混凝土的骨料级配、水胶比、砂率、最小胶凝材料用量等技术指标应符合本书中有关泵送混凝土的要求 （3）不同入泵坍落度或扩展度的混凝土，其泵送高度宜符合表 6-8 的规定 （4）泵送混凝土宜采用预拌混凝土。当需要在现场搅拌混凝土时，宜采用具有自动计量装置的集中搅拌方式，不得采用人工搅拌的混凝土进行泵送 （5）混凝土供应应有严格的质量保障体系，供应能力应符合连续泵送的要求。混凝土的性能除应符合设计要求外，尚应符合现行国家标准《预拌混凝土》GB/T 14902 的有关规定 （6）泵送混凝土搅拌的最短时间，应符合现行国家标准《预拌混凝土》GB/T 14902 的有关规定。当混凝土强度等级高于 C60 时，泵送混凝土的搅拌时间应比普通混凝土延长 20～30s （7）拌制强度等级高于 C60 的泵送混凝土时，应根据现场具体情况增加坍落度和经时坍落度损失的检测频率，并做好相应记录
3	混凝土泵的选配	（1）应根据混凝土输送管路系统布置方案及浇筑工程量、浇筑进度以及混凝土坍落度、设备状况等施工技术条件，确定混凝土泵的选型 （2）混凝土泵的实际平均输出量可根据混凝土泵的最大输出量、配管情况和作业效率，按下列公式计算： $$Q_1 = \eta \alpha_1 Q_{max} \qquad (6\text{-}1)$$ 式中　Q_1——每台混凝土泵的实际平均输出量（m³/h） 　　　Q_{max}——每台混凝土泵的最大输出量（m³/h） 　　　α_1——配管条件系数，可取 0.8～0.9 　　　η——作业效率。根据混凝土搅拌运输车向混凝土泵供料的间断时间、拆装混凝土输送管和布料停歇等情况，可取 0.5～0.7 （3）混凝土泵的配备数量可根据混凝土浇筑体积量、单机的实际平均输出量和计划施工作业时间，按下列公式计算： $$N_2 = \frac{Q}{Q_1 T_0} \qquad (6\text{-}2)$$ 式中　N_2——混凝土泵的台数，按计算结果取整，小数点以后的部分应进位 　　　Q——混凝土浇筑体积量（m³） 　　　Q_1——每台混凝土泵的实际平均输出量（m³/h） 　　　T_0——混凝土泵送计划施工作业时间（h） （4）混凝土泵的额定工作压力应大于按下列公式计算的混凝土最大泵送阻力： $$P_{max} = \frac{\Delta P_H L}{10^6} + P_f \qquad (6\text{-}3)$$ 式中　P_{max}——混凝土最大泵送阻力 　　　L——各类布置状态下混凝土输送管路系统的累计水平换算距离，可按表 6-9 及图 6-2 换算累加确定（m） 　　　ΔP_H——混凝土在水平输送管内流动每米产生的压力损失，可按本表序号 7 公式（6-6）计算（Pa/m） 　　　P_f——混凝土泵送系统附件及泵体内部压力损失，当缺乏详细资料时，可按表 6-11 取值累加计算（N/mm²）

序号	项　目	内　　容
3	混凝土泵的选配	(5) 混凝土泵的最大水平输送距离，可按下列方法之一确定： 1) 由试验确定 2) 根据混凝土泵的最大出口压力、配管情况、混凝土性能指标和输出量，按下列公式计算： $$L_{\max} = \frac{P_c - P_f}{\Delta P_H} \times 10^6 \qquad (6\text{-}4)$$ 式中　$L_{\max}$——混凝土泵最大水平输送距离（m） 　　　P_c——混凝土泵额定工作压力（N/mm²） 　　　P_f——混凝土泵送系统附件及泵体内部压力损失（N/mm²） 　　　ΔP_H——混凝土在水平输送管内流动每米产生的压力损失（Pa/m） 3) 根据产品的性能表（曲线）确定 (6) 混凝土泵不宜采用接力输送的方式。当必须采用接力泵输送混凝土时，接力泵的设置位置应使上、下泵的输送能力匹配。对设置接力泵的结构部位应进行承载力验算，必要时应采取加固措施 (7) 混凝土泵集料斗应设置网筛
4	混凝土运输车的选配	(1) 泵送混凝土宜采用搅拌运输车运输，运输车性能应符合现行行业标准《混凝土搅拌运输车》GB/T 26408 的有关规定 (2) 当混凝土泵连续作业时，每台混凝土泵所需配备的混凝土搅拌运输车数量，可按下列公式计算 $$N_1 = \frac{Q_1}{60 V_1 \eta_v} \left(\frac{60 L_1}{S_0} + T_1 \right) \qquad (6\text{-}5)$$ 式中　N_1——混凝土搅拌运输车台数，按计算结果取整数，小数点以后的部分应进位 　　　Q_1——每台混凝土泵的实际平均输出量，按公式（6-1）计算（m³/h） 　　　V_1——每台混凝土搅拌运输车容量（m³） 　　　η_v——搅拌运输车容量折减系数，可取 0.90～0.95 　　　S_0——混凝土搅拌运输车平均行车速度（km/h） 　　　L_1——混凝土搅拌运输车往返距离（km） 　　　T_1——每台混凝土搅拌运输车总计停歇时间（min）
5	混凝土输送管的选配	(1) 混凝土输送管应根据工程特点、施工场地条件、混凝土浇筑方案等进行合理选型和布置。输送管布置宜平直，宜减少管道弯头用量 (2) 混凝土输送管规格应根据粗骨料最大粒径、混凝土输出量和输送距离以及拌合物性能等进行选择；宜符合表 6-10 规定，并应符合现行国家标准《无缝钢管尺寸、外形、重量及允许偏差》GB/T 17395 的有关规定 (3) 混凝土输送管强度应满足泵送要求，不得有龟裂、孔洞、凹凸损伤和弯折等缺陷。应根据最大泵送压力计算出最小壁厚值 (4) 管接头应具有足够强度，并能快速装拆，其密封结构应严密可靠
6	布料设备的选配	(1) 布料设备的选型与布置应根据浇筑混凝土的平面尺寸、配管、布料半径等要求确定；并应与混凝土输送泵相匹配 (2) 布料设备的输送管最小内径应符合表 6-10 的规定 (3) 布料设备的作业半径宜覆盖整个混凝土浇筑范围

序号	项 目	内 容
7	混凝土泵送阻力计算	（1）混凝土泵送系统附件的估算压力损失宜按表 6-11 取值累加计算 （2）混凝土在水平输送管内流动每米产生的压力损失宜按下列公式计算，采用其他方法确定压力损失时，宜通过试验验证 $$\Delta P_{\mathrm{H}} = \frac{2}{r}\left[K_1 + K_2\left(1+\frac{t_2}{t_1}\right)V_2\right]\alpha_2 \qquad (6\text{-}6)$$ $$K_1 = 300 - S_1 \qquad (6\text{-}7)$$ $$K_2 = 400 - S_2 \qquad (6\text{-}8)$$ 式中 ΔP_{H}——混凝土在水平输送管内流动每米产生的压力损失（Pa/m） r——混凝土输送管半径（m） K_1——粘着系数（Pa） K_2——速度系数（Pa·s/m） S_1——混凝土坍落度（mm） $\dfrac{t_2}{t_1}$——混凝土泵分配阀切换时间与活塞推压混凝土时间之比，当设备性能未知时，可取 0.3 V_2——混凝土拌合物在输送管内的平均流速（m/s） α_2——径向压力与轴向压力之比，对普通混凝土取 0.90

混凝土入泵坍落度与泵送高度关系　　　　表 6-8

序号	最大泵送高度（m）	50	100	200	400	400 以上
1	入泵坍落度（mm）	400～140	150～180	190～220	230～260	—
2	入泵扩展度（mm）	—	—	—	450～590	600～740

混凝土输送管水平换算长度　　　　表 6-9

序号	管类别或布置状态	换算单位	管 规 格		水平换算长度（m）
1	向上垂直管	每米	管径（mm）	100	3
2				125	4
3				150	5
4	倾斜向上管 （输送管倾斜角为 α，图 6-2）	每米	管径（mm）	100	$\cos\alpha + 3\sin\alpha$
5				125	$\cos\alpha + 4\sin\alpha$
6				150	$\cos\alpha + 5\sin\alpha$
7	垂直向下及倾斜向下管	每米	—		1
8	锥形管	每根	锥径变化（mm）	175→150	4
9				150→125	8
10				125→100	16
11	弯管 （弯头张角为 β，$\beta \leqslant 90°$ 图 6-2）	每只	弯曲半径（mm）	500	$12\beta/90$
12				1000	$9\beta/90$
13	胶管	每根	长 3～5m		20

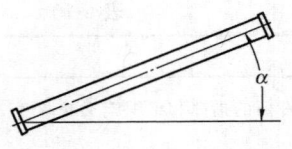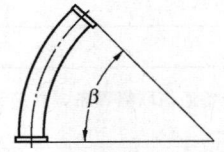

图 6-2　布管计算角度示意

混凝土输送管最小内径要求　表 6-10

序号	粗骨料最大粒径（mm）	输送管最小内径（mm）
1	25	125
2	40	150

混凝土泵送系统附件的估算压力损失　表 6-11

序号	附件名称		换算单位	估算压力损失（N/mm²）
1	管路截止阀		每个	0.1
2	泵体附属结构	分配阀	每个	0.2
3		启动内耗	每台泵	1.0

6.2.3　泵送混凝土的运输

泵送混凝土的运输如表 6-12 所示。

泵送混凝土的运输　表 6-12

序号	项　目	内　　容
1	一般规定	（1）泵送混凝土的供应，应根据技术要求、施工进度、运输条件以及混凝土浇筑量等因素编制供应方案。混凝土的供应过程应加强通信联络、调度，确保连续均衡供料 （2）混凝土在运输、输送和浇筑过程中，不得加水
2	泵送混凝土的运输	（1）混凝土搅拌运输车的施工现场行驶道路，应符合下列规定： 1）宜设置环形车道，并应满足重车行驶要求 2）车辆出入口处，宜设交通安全指挥人员 3）夜间施工时，现场交通出入口和运输道路上应有良好照明，危险区域应设安全标志 （2）混凝土搅拌运输车装料前，应排净拌筒内积水 （3）泵送混凝土的运输延续时间应符合现行国家标准《预拌混凝土》GB/T 14902 的有关规定 （4）混凝土搅拌运输车向混凝土泵卸料时，应符合下列规定： 1）为了使混凝土拌合均匀，卸料前应高速旋转拌筒 2）应配合泵送过程均匀反向旋转拌筒向集料斗内卸料；集料斗内的混凝土应满足最小集料量的要求 3）搅拌运输车中断卸料阶段，须保持拌筒低速转动 4）泵送混凝土卸料作业应由具备相应能力的专职人员操作

6.2.4　混凝土的泵送

混凝土的泵送如表 6-13 所示。

333

混凝土的泵送

表 6-13

序号	项目	内容
1	一般规定	（1）混凝土泵送施工现场，应配备通信联络设备，并应设专门的指挥和组织施工的调度人员 （2）当多台混凝土泵同时泵送或与其他输送方法组合输送混凝土时，应分工明确、互相配合、统一指挥 （3）炎热季节或冬期施工时，应采取专门技术措施。并符合本书及冬期施工尚应符合现行行业标准《建筑工程冬期施工规程》JGJ/T 104 的有关规定 （4）混凝土泵的操作应严格按照使用说明书和操作规程进行 （5）混凝土泵送宜连续进行。混凝土运输、输送、浇筑及间歇的全部时间不应超过国家现行标准的有关规定；如超过规定时间时，应临时设置施工缝，继续浇筑混凝土，并应按施工缝要求处理
2	混凝土泵送设备安装	（1）混凝土泵安装场地应平整坚实、道路畅通、接近排水设施、便于配管 （2）同一管路宜采用相同管径的输送管，除终端出口处外，不得采用软管 （3）垂直向上配管时，地面水平管折算长度不宜小于垂直管长度的 1/5，且不宜小于15m；垂直泵送高度超过 100m 时，混凝土泵机出料口处应设置截止阀 （4）倾斜或垂直向下泵送施工时，且高差大于 20m 时，应在倾斜或垂直管下端设置弯管或水平管，弯管和水平管折算长度不宜小于 1.5 倍高差 （5）混凝土输送管的固定应可靠稳定。用于水平输送的管路应采用支架固定；用于垂直输送的管路支架应与结构牢固连接。支架不得支承在脚手架上，并应符合下列规定： 1）水平管的固定支撑宜具有一定离地高度 2）每根垂直管应有两个或两个以上固定点 3）如现场条件受限，可另搭设专用支承架 4）垂直管下端的弯管不应作为支承点使用，宜设钢支撑承受垂直管重量 5）应严格按要求安装接口密封圈，管道接头处不得漏浆 （6）手动布料设备不得支承在脚手架上，也不得直接支承在钢筋上，宜设置钢支撑将其架空
3	混凝土的泵送	（1）泵送混凝土时，混凝土泵的支腿应伸出调平并插好安全销，支腿支撑应牢固 （2）混凝土泵与输送管连通后，应对其进行全面检查。混凝土泵送前应进行空载试运转 （3）混凝土泵送施工前应检查混凝土送料单，核对配合比，检查坍落度，必要时还应测定混凝土扩展度，在确认无误后方可进行混凝土泵送 （4）泵送混凝土的入泵坍落度不宜小于 100mm，对强度等级超过 C60 的泵送混凝土，其入泵坍落度不宜小于 180mm （5）混凝土泵启动后，应先泵送适量清水以湿润混凝土泵的料斗、活塞及输送管的内壁等直接与混凝土接触部位。泵送完毕后，应清除泵内积水 （6）经泵送清水检查，确认混凝土泵和输送管中无异物后，应选用下列浆液中的一种润滑混凝土泵和输送管内壁： 1）水泥净浆 2）1：2 水泥砂浆 3）与混凝土内除粗骨料外的其他成分相同配合比的水泥砂浆 润滑用浆料泵出后应妥善回收，不得作为结构混凝土使用 （7）开始泵送时，混凝土泵应处于匀速缓慢运行并随时可反泵的状态。泵送速度应先慢后快，逐步加速。同时，应观察混凝土泵的压力和各系统的工作情况，待各系统运转正常后，方可以正常速度进行泵送

序号	项目	内容
3	混凝土的泵送	（8）泵送混凝土时，应保证水箱或活塞清洗室中水量充足 （9）在混凝土泵送过程中，如需加接输送管，应预先对新接管道内壁进行湿润 （10）当混凝土泵出现压力升高且不稳定、油温升高、输送管明显振动等现象而泵送困难时，不得强行泵送，并应立即查明原因，采取措施排除故障 （11）当输送管堵塞时，应及时拆除管道，排除堵塞物。拆除的管道重新安装前应湿润 （12）当混凝土供应不及时，宜采取间歇泵送方式，放慢泵送速度。间歇泵送可采用每隔 4～5min 进行两个行程反泵，再进行两个行程正泵的泵送方式 （13）向下泵送混凝土时，应采取措施排除管内空气 （14）泵送完毕时，应及时将混凝土泵和输送管清洗干净

6.2.5 泵送混凝土的浇筑与施工安全及环境保护

泵送混凝土的浇筑与施工安全及环境保护如表 6-14 所示。

泵送混凝土的浇筑与施工安全及环境保护　　　　　　　　　表 6-14

序号	项目	内容
1	泵送混凝土的浇筑	（1）一般规定 1）泵送混凝土的浇筑应符合本书的有关规定 2）应有效控制混凝土的均匀性和密实性，混凝土应连续浇筑使其成为连续的整体 3）泵送浇筑应预先采取措施避免造成楼板内钢筋、预埋件及其定位件移动 （2）混凝土的浇筑 1）混凝土的浇筑顺序，应符合下列规定： ①当采用输送管输送混凝土时，宜由远而近浇筑 ②同一区域的混凝土，应按先竖向结构后水平结构的顺序分层连续浇筑 2）混凝土的布料方法，应符合下列规定： ①混凝土输送管末端出料口宜接近浇筑位置。浇筑竖向结构混凝土，布料设备的出口离模板内侧面不应小于 50mm。应采取减缓混凝土下料冲击的措施，保证混凝土不发生离析 ②浇筑水平结构混凝土，不应在同一处连续布料，应水平移动分散布料
2	施工安全及环境保护	（1）一般规定 1）混凝土泵送施工应符合国家安全与环境保护方面的有关规定 2）混凝土输送泵及布料设备在转移、安装固定、使用时的安全要求，应符合产品安装使用说明书及相关标准的规定 （2）安全规定 1）用于泵送混凝土的模板及其支承件的设计，应考虑混凝土泵送浇筑施工所产生的附加作用力，并按实际工况对模板及其支撑件进行强度、刚度、稳定性验算。浇筑过程中应对模板和支架进行观察和维护，发现异常情况应及时进行处理 2）对安装于垂直管下端钢支撑、布料设备及接力泵的结构部位应进行承载力验算，必要时应采取加固措施。布料设备尚应验算其使用状态的抗倾覆稳定性 3）在有人员通过之处的高压管段、距混凝土泵出口较近的弯管，宜设置安全防护设施

序号	项 目	内 容
2	施工安全及环境保护	4）当输送管发生堵塞而需拆卸管夹时，应先对堵塞部位混凝土进行卸压，混凝土彻底卸压后方可进行拆卸。为防止混凝土突然喷射伤人，拆卸人员不应直接面对输送管管夹进行拆卸 5）排除堵塞后重新泵送或清洗混凝土泵时，末端输送管的出口应固定，并应朝向安全方向 6）应定期检查输送管道和布料管道的磨损情况，弯头部位应重点检查，对磨损较大、不符合使用要求的管道应及时更换 7）在布料设备的作业范围内，不得有高压线或影响作业的障碍物。布料设备与塔吊和升降机械设备不得在同一范围内作业，施工过程中应进行监护 8）应控制布料设备出料口位置，避免超出施工区域，必要时应采取安全防护设施，防止出料口混凝土坠落 9）布料设备在出现雷雨、风力大于 6 级等恶劣天气时，不得作业 （3）环境保护 1）施工现场的混凝土运输通道，或现场拌制混凝土区域，宜采取有效的扬尘控制措施 2）设备油液不能直接泄漏在地面上，应使用容器收集并妥善处理 3）废旧油品、更换的油液过滤器滤芯等废物应集中清理，不得随地丢弃 4）设备废弃的电池、塑料制品、轮胎等对环境有害的零部件，应分类回收，依据相关规定处理 5）设备在居民区施工作业时，应采取降噪措施。搅拌、泵送、振捣等作业的允许噪声，昼间为 70dB（A 声级），夜间为 55dB（A 声级） 6）输送管的清洗，应采用有利于节水节能、减少排污量的清洗方法 7）泵送和清洗过程中产生的废弃混凝土或清洗残余物，应按预先确定的处理方法和场所，及时进行妥善处理，并不得将其用于未浇筑的结构部位中

6.2.6 混凝土泵送的质量控制

混凝土泵送的质量控制如表 6-15 所示。

混凝土泵送的质量控制 　　　　　　　　　　　　　　　　　表 6-15

序号	项 目	内 容
1	说明	混凝土运送至浇筑地点，如混凝土拌合物出现离析或分层现象，应对混凝土拌合物进行二次搅拌 混凝土运至浇筑地点时，应检测其稠度，所测稠度值应符合设计和施工要求，其允许偏差值应符合有关标准的规定 优良品质的泵送混凝土必须满足设计强度、耐久性及经济性三方面的要求。要使其达到优良的质量，除了在管理体系上（如施工单位的质量保证体系、建设和监理单位的质量检查体系）加以控制外，还应对影响混凝土品质的主要因素加以控制，关键在于对原材料的质量、施工工艺的控制及混凝土的质量检测等。混凝土的质量状况直接影响结构的设计可靠性。因此，保证结构设计可靠度的有效办法，是对混凝土的生产进行控制。混凝土质量控制一般可分为生产控制和合格控制。而混凝土质量控制的内容，又可分为结构和构件的外观质量和内在质量（即混凝土强度）的控制

序号	项　目	内　　　容
2	混凝土泵送的质量控制	（1）对于混凝土几何尺寸变形的预防措施 　　要防止模板的变形，首先得从模板的支撑系统分析解决问题。模板的支撑系统主要由模板、横挡、竖挡、内撑、外撑和穿墙对拉螺杆组成。为了使整个模板系统承受混凝土侧压力的不变形、不发生胀模现象，必须注意以下几个问题： 　　1）在模板制作过程中，尽量使模板统一规格，使用面积较大的模板，对于中小型构造物，一般使用木模，经计算中心压力后，在保证模板刚度的前提下，统一钻拉杆孔，以便拉杆和横挡或竖挡连接牢固，形成一个统一的整体，防止模板变形 　　2）确保模板加固牢靠。不管采用什么支撑方式，混凝土上料运输的脚手架不得与模板系统发生联系，以免运料和工人操作时引起模板变形。浇筑混凝土时，应经常观察模板、支架、堵缝等情况。如发现有模板走动，应立即停止浇筑，并应在混凝土凝结前修整完好 　　3）每次使用之前，要检查模板变形情况，禁止使用弯曲、凹凸不平或缺棱少角等变形模板 　　（2）对于混凝土表面产生蜂窝、麻面、气泡的预防措施 　　1）严格控制配合比，保证材料计量准确。现场必须注意砂石材料的含水量，根据含水量调整现场配合比。加水时应制作加水曲线，校核搅拌机的加水装置，从而控制好混凝土的水胶比，减少施工配合比与设计配合比的偏差，保证混凝土质量 　　2）混凝土拌合要均匀，搅拌时间不得低于规定的时间，以保证混凝土良好的和易性及均匀性，从而预防混凝土表面产生蜂窝 　　3）浇筑时如果混凝土倾倒高度超过 2m，为防止产生离析要采取串筒、溜槽等措施下料 　　4）振捣应分层捣固，振捣间距要适当，必须掌握好每一层插振的振捣时间。注意掌握振捣间距，使插入式振捣器的插入点间距不超过其作用半径的 1.5 倍（方格形排列）或 1.75 倍（交错形排列）。平板振捣器应分段振捣，相邻两段间应搭接振捣 50mm 左右。附着式振捣器安装间距为 1.0～1.5m，振捣器与模板的距离不应大于振捣器有效作用半径的 1/2。在振捣上层混凝土时，应将振动棒插入下层混凝土 50～100mm，以保证混凝土的整体性，防止出现分层产生蜂窝 　　5）控制好拆模时间，防止过早拆模。夏季混凝土施工不少于 24h 拆模；当气温低于 20℃时，不应小于 30h 拆模，以免使混凝土粘在模板上产生蜂窝 　　6）板面要清理干净，浇筑混凝土前应用清水充分洗净模板，不留积水，模板缝隙要堵严，模板接缝控制在 2mm 左右，并采用玻璃胶涂密实、平整以防止漏浆 　　7）尽量采用钢模代替木模，钢模脱模剂涂刷要均匀，不得漏刷。脱模剂选择轻机油较好，拆模后在阳光下不易挥发，不会留下任何痕迹，并且可以防止钢模生锈 　　（3）对产生露筋的预防措施 　　1）要注意固定好整块，水泥砂浆垫块要植入铁丝并绑扎在钢筋上以防止振捣时移位，检查时不得踩踏钢筋，如有钢筋踩踏或脱扣者，应及时调直，补扣绑好。要避免撞击钢筋以防止钢筋移位，钢筋密集处可采用带刀片的振捣棒来振捣，配料所用石子最大粒径不超过结构截面最小尺寸的 1/4，且不得大于钢筋净距的 3/4 　　2）壁较薄、高度较大的结构，钢筋多的部位应采用以 30mm 和 50mm 两种规格的振捣棒为主，每次振捣时间控制在 5～10s。对于锚固区等钢筋密集处，除用振捣棒充分振捣外，还应配以人工插捣及模皮锤敲击等辅助手段 　　3）振捣时先使用插入式振捣器振捣梁腹混凝土，使其下部混凝土溢出与箱梁底板混凝土相结合，然后再充分振捣使两部分混凝土完全融合在一起，从而消除底板与腹板之间出现脱节和空虚不实的现象

序号	项 目	内 容
2	混凝土泵送的质量控制	4）操作时不得踩踏钢筋。采用泵送混凝土时，由于布料管冲击力很大，不得直接放在钢筋骨架上，要放在专用脚手架上或支架上，以免造成钢筋变形或移位 （4）预防缝隙夹层产生的措施 1）用压缩空气或射水清除混凝土表面杂物及模板上粘着的灰浆 2）在模板上沿施工缝位置通条开口，以便清理杂物和进行冲洗。全部清理干净后，再将通条开口封板，并抹水泥浆等，然后再继续浇筑混凝土。浇筑前，施工缝宜先铺、抹水泥浆或与混凝土相同配比的石子砂浆一起浇筑 （5）对骨料显露、颜色不匀及砂痕的预防措施 1）模板应尽量采用有同种吸收能力的内衬，防止钢筋锈蚀 2）严格控制沙、石材料级配，水泥、沙尽量使用同一产地和批号的产品，严禁使用山沙或深颜色的河沙，采用泌水性小的水泥 3）尽可能采用同一条件养护，结构物各部分物件在拆模之前应保持连续湿润 （6）对于混凝土裂缝的处理 混凝土裂缝出现后，要根据设计允许裂缝宽度、裂缝实际宽度和裂缝出现的原因，综合考虑是否需要处理。一般对裂缝宽度超过 0.3mm 或由于承载力不够产生的裂缝，必须进行处理。表面裂缝较细、较浅，数量不多时，可将裂缝处理干净，刷环氧树脂；对较深、较宽的裂缝，需剔开混凝土保护层，确定裂缝的深度和走向，然后采用压力灌注环氧树脂 混凝土工程外观质量的检测指标包括：混凝土构件的轴线、标高和尺寸是否准确；门窗口、洞口位置是否准确；阴阳角是否顺直；主体垂直度是否符合要求；施工缝、接槎处是否严密；结构表面是否密实，有无蜂窝、孔洞、漏筋、缝隙、夹渣层等缺陷

6.3　混 凝 土 浇 筑

6.3.1　混凝土浇筑规定

混凝土浇筑规定如表 6-16 所示。

混凝土浇筑规定 表 6-16

序号	项 目	内 容
1	混凝土浇筑前准备	浇筑混凝土前，应清除模板内或垫层上的杂物。表面干燥的地基、垫层、模板上应洒水湿润；现场环境温度高于 35℃时，宜对金属模板进形洒水降温；洒水后不得留有积水
2	混凝土浇筑规定	（1）混凝土浇筑应保证混凝土的均匀性和密实性。混凝土宜一次连续浇筑 （2）混凝土应分层浇筑，分层厚度应符合本书表 6-25 的规定，上层混凝土应在下层混凝土初凝之前浇筑完毕 （3）混凝土运输、输送入模的过程应保证混凝土连续浇筑，从运输到输送入模的延续时间不宜超过表 6-17 的规定，且不应超过表 6-18 的规定。掺早强型减水剂、早强剂的混凝土，以及有特殊要求的混凝土，应根据设计及施工要求，通过试验确定允许时间 （4）混凝土浇筑的布料点宜接近浇筑位置，应采取减少混凝土下料冲击的措施，并应符合下列规定：

序号	项　目	内　　容
2	混凝土浇筑规定	1）宜先浇筑竖向结构构件，后浇筑水平结构构件 2）浇筑区域结构平面有高差时，宜先浇筑低区部分，再浇筑高区部分 （5）柱、墙模板内的混凝土浇筑不得发生离析，倾落高度应符合表 6-19 的规定；当不能满足要求时，应加设串筒、溜管、溜槽等装置 （6）混凝土浇筑后，在混凝土初凝前和终凝前，宜分别对混凝土裸露表面进行抹面处理

运输到输送入模的延续时间（min）　　表 6-17

序号	条　件	气　温	
		≤25℃	>25℃
1	不掺外加剂	90	60
2	掺外加剂	150	120

运输、输送入模及其间歇总的时间限值（min）　　表 6-18

序号	条　件	气　温	
		≤25℃	>25℃
1	不掺外加剂	180	150
2	掺外加剂	240	210

柱、墙模板内混凝土浇筑倾落高度限值（m）　　表 6-19

序号	条　件	浇筑倾落高度限值
1	粗骨料粒径大于 25mm	≤3
2	粗骨料粒径小于等于 25mm	≤6

注：当有可靠措施能保证混凝土不产生离析时，混凝土倾落高度可不受本表限制。

6.3.2　混凝土浇筑其他规定

混凝土浇筑其他规定如表 6-20 所示。

混凝土浇筑其他规定　　表 6-20

序号	项　目	内　　容
1	柱、墙与梁、板混凝土浇筑规定	柱、墙混凝土设计强度等级高于梁、板混凝土设计强度等级时，混凝土浇筑应符合下列规定： （1）柱、墙混凝土设计强度比梁、板混凝土设计强度高一个等级时，柱、墙位置梁、板高度范围内的混凝土经设计单位确认，可采用与梁、板混凝土设计强度等级相同的混凝土进行浇筑 （2）柱、墙混凝土设计强度比梁、板混凝土设计强度高两个等级及以上时，应在交界区域采取分隔措施；分隔位置应在低强度等级的构件中，且距高强度等级构件边缘不应小于 500mm，柱梁板结构分隔位置可参考图 6-3 设置；墙梁板结构分隔位置可参考图 6-4 设置 （3）宜先浇筑强度等级高的混凝土，后浇筑强度等级低的混凝土 （4）柱、剪力墙混凝土浇筑应符合下列规定：

序号	项　目	内　　容
1	柱、墙与梁、板混凝土浇筑规定	1）浇筑墙体混凝土应连续进行，间隔时间不应超过混凝土初凝时间 2）墙体混凝土浇筑高度应高出板底 20～30mm。柱混凝土墙体浇筑完毕之后，将上口甩出的钢筋加以整理，用木抹子按标高线将墙上表面混凝土找平 3）柱墙浇筑前底部应先填 50～100mm 厚与混凝土配合比相同的石子砂浆，混凝土应分层浇筑振捣，使用插入式振捣器时每次厚度不大于 500mm，振捣棒不得触动钢筋和预埋件 4）柱墙混凝土应一次浇筑完毕，如需留施工缝时应留在主梁下面。无梁楼板应留在柱帽下面。在墙柱与梁板整体浇筑时，应在柱浇筑完毕后停歇 2h，使其初步沉实，再继续浇筑 5）浇筑一排柱的顺序应从两端同时开始，向中间推进，以免因浇筑混凝土后由于模板吸水膨胀，断面增大而产生横向推力，最后使柱发生弯曲变形 6）剪力墙浇筑应采取长条流水作业，分段浇筑，均匀上升。墙体混凝土的施工缝一般宜设在门窗洞口上，接槎处混凝土应加强振捣，保证接槎严密 （5）梁、板同时浇筑，浇筑方法应由一端开始用"赶浆法"，即先浇筑梁，根据梁高分层浇筑成阶梯形，当达到板底位置时再与板的混凝土一起浇筑，随着阶梯形不断延伸，梁板混凝土浇筑连续向前进行 （6）和板连成整体高度大于 1m 的梁，允许单独浇筑，其施工缝应留在板底以下 2～3mm 处。浇捣时，浇筑与振捣必须紧密配合，第一层下料慢些，梁底充分振实后再下第二层料，用"赶浆法"保持水泥浆沿梁底包裹石子向前推进，每层均应振实后再下料，梁底及梁侧部位要注意振实，振捣时不得触动钢筋及预埋件 （7）浇筑板混凝土的虚铺厚度应略大于板面，用平板振捣器垂直浇筑方向来回振捣，厚板可用插入式振捣器顺浇筑方向托拉振捣，并用铁插尺检查混凝土厚度，振捣完毕后用长木抹子抹平。施工缝处或有预埋件及插筋处用木抹子找平。浇筑板混凝土时不允许用振捣棒铺摊混凝土 （8）肋形楼板的梁板应同时浇筑，浇筑方法应先将梁根据高度分层浇捣成阶梯形，当达到板底位置时即与板的混凝土一起浇捣，随着阶梯形的不断延长，则可连续向前推进。倾倒混凝土的方向应与浇筑方向相反 （9）浇筑无梁楼盖时，在离柱帽下 50mm 处暂停，然后分层浇筑柱帽，下料必须倒在柱帽中心，待混凝土接近板底面时，即可连同楼板一起浇筑 （10）当浇筑柱梁及主次梁交叉处的混凝土时，一般钢筋较密集，特别是上部负钢筋又粗又多，因此，既要防止混凝土下料困难，又要注意砂浆挡住石子不下去。必要时，这一部分可改用细石混凝土进行浇筑，与此同时，振捣棒头可改用片式并辅以人工捣固配合
2	泵送混凝土浇筑规定	泵送混凝土浇筑应符合下列规定： （1）宜根据结构形状及尺寸、混凝土供应、混凝土浇筑设备、场地内外条件等划分每台输送泵的浇筑区域及浇筑顺序 （2）采用输送管浇筑混凝土时，宜由远而近浇筑；采用多根输送管同时浇筑时，其浇筑速度宜保持一致 （3）润滑输送管的水泥砂浆用于湿润结构施工缝时，水泥砂浆应与混凝土浆液成分相同；接浆厚度不应大于 30mm，多余水泥砂浆应收集后运出 （4）混凝土泵送浇筑应连续进行；当混凝土不能及时供应时，应采取间歇泵送方式 （5）混凝土浇筑后，应清洗输送泵和输送管

序号	项 目	内 容
3	施工缝或后浇带处混凝土浇筑规定	施工缝或后绕带处浇筑混凝土，应符合下列规定： （1）结合面应为粗糙面，并应清除浮浆、松动石子、软弱混凝土层 （2）结合面处应洒水湿润，但不得有积水 （3）施工缝处已浇筑混凝土的强度不应小于 1.2N/mm² （4）柱、墙水平施工缝水泥砂浆接浆层厚度不应大于 30mm，接浆层水泥砂浆应与混凝土浆液成分相同 （5）后浇带混凝土强度等级及性能应符合设计要求；当设计无具体要求时，后绕带混凝土强度等级宜比两侧混凝土提高一级，并宜采用减少收缩的技术措施
4	超长结构混凝土浇筑规定	超长结构混凝土浇筑应符合下列规定： （1）可留设施工缝分仓浇筑，分仓浇筑间隔时间不应少于 7d （2）当留设后浇带时，后浇带封闭时间不得少于 14d （3）超长整体基础中调节沉降的后浇带，混凝土封闭时间应通过监测确定，应在差异沉降稳定后封闭后浇带 （4）后浇带的封闭时间尚应经设计单位确认
5	型钢混凝土结构浇筑规定	型钢混凝土结构浇筑应符合下列规定： （1）混凝土粗骨料最大粒径不应大于型钢外侧混凝土保护层厚度的 1/3，且不宜大于 25mm （2）浇筑应有足够的下料空间，并应使混凝土充盈整个构件各部位 （3）型钢周边混凝土浇筑宜同步上升，混凝土浇筑高差不应大于 500mm （4）在梁柱接头处和梁的型钢翼缘下部，由于浇筑混凝土时有部分空气不易排出，或因梁的型钢混凝土翼缘过宽影响混凝土浇筑，需在型钢翼缘的一些部位预留排气孔和混凝土浇筑孔 （5）梁混凝土浇筑时，在工字钢梁下翼缘板以下从钢梁一侧下料，用振捣器在工字钢梁一侧振捣，将混凝土从钢梁底挤向另一侧，待混凝土高度超过钢梁下翼缘板 100mm 以上时，改为两侧两人同时对称下料，对称振捣，待浇至上翼缘板 100mm 时再从梁跨中开始下料浇筑，从梁的中部开始振捣，逐渐向两端延伸，至上翼缘下的全部气泡从钢梁梁端及梁柱节点位置穿钢筋的孔中排出为止
6	钢管混凝土结构浇筑规定	钢管混凝土结构浇筑应符合下列规定： （1）宜采用自密实混凝土浇筑 （2）混凝土应采取减少收缩的技术措施 （3）钢管截面较小时，应在钢管壁适当位置留有足够的排气孔，排气孔孔径不应小于 20mm；浇筑混凝土应加强排气孔观察，并应确认浆体流出和浇筑密实后再封堵排气孔 （4）当采用粗骨料粒径不大于 25mm 的高流态混凝土或粗骨料粒径不大于 20mm 的自密实混凝土时，混凝土最大倾落高度不宜大于 9m；倾落高度大于 9m 时，宜采用串筒、溜槽、溜管等辅助装置进行浇筑 （5）混凝土从管顶向下浇筑时应符合下列规定： 1）浇筑应有足够的下料空间，并应使混凝土充盈整个钢管 2）输送管端内径或斗容器下料口内径应小于钢管内径，且每边应留有不小于 100mm 的间隙

序号	项 目	内 容
6	钢管混凝土结构浇筑规定	3) 应控制浇筑速度和单次下料量,并应分层浇筑至设计标高 4) 混凝土浇筑完毕后应对管口进行临时封闭 (6) 混凝土从管底顶升浇筑时应符合下列规定: 1) 应在钢管底部设置进料输送管,进料输送管应设止流阀门,止流阀门可在顶升浇筑的混凝土达到终凝后拆除 2) 应合理选择混凝土顶升浇筑设备;应配备上、下方通信联络工具,并应采取可有效控制混凝土顶升或停止的措施 3) 应控制混凝土顶升速度,并均衡浇筑至设计标高
7	自密实混凝土浇筑规定	自密实混凝土浇筑应符合下列规定: (1) 应根据结构部位、结构形状、结构配筋等确定合适的浇筑方案 (2) 自密实混凝土粗骨料最大粒径不宜大于 20mm (3) 浇筑应能使混凝土充填到钢筋、预埋件、预埋钢构件周边及模板内各部位 (4) 自密实混凝土浇筑布料点应结合拌合物特性选择适宜的间距,必要时可通过试验确定混凝土布料点下料间距
8	清水混凝土结构浇筑规定	清水混凝土结构浇筑应符合下列规定: (1) 应根据结构特点进行构件分区,同一构件分区应采用同批混凝土,并应连续浇筑 (2) 同层或同区内混凝土构件所用材料牌号、品种、规格应一致,并应保证结构外观色泽符合要求 (3) 竖向构件浇筑时应严格控制分层浇筑的间歇时间
9	基础大体积混凝土结构浇筑规定	基础大体积混凝土结构浇筑应符合下列规定: (1) 采用多条输送泵管浇筑时,输送泵管间距不宜大于 10m,并宜由远及近浇筑 (2) 采用汽车布料杆输送浇筑时,应根据布料杆工作半径确定布料点数量,各布料点浇筑速度应保持均衡 (3) 宜先浇筑深坑部分再浇筑大面积基础部分 (4) 基础大体积混凝土浇筑最常采用的方法为斜面分层;如果对混凝土流淌距离有特殊要求的工程,混凝土可采用全面分层或分块分层的浇筑方法。斜面分层浇筑方法见图 6-5;全面分层浇筑方法见图 6-6;分块分层浇筑方法见图 6-7。在保证各层混凝土连续浇筑的条件下,层与层之间的间歇时间应尽可能缩短,以满足整个混凝土浇筑过程连续 (5) 混凝土分层浇筑应采用自然流淌形成斜坡,并应沿高度均匀上升,分层厚度不宜大于 500mm。混凝土每层的厚度 H 应符合表 6-21 的规定,以保证混凝土能够振捣密实 (6) 抹面处理应符合本书表 6-16 序号 2 之 (6) 的规定,抹面次数宜适当增加 (7) 应有排除积水或混凝土泌水的有效技术措施
10	预应力结构混凝土浇筑规定	预应力结构混凝土浇筑应符合下列规定: (1) 应避免成孔管道破损、移位或连接处脱落,并应避免预应力筋、锚具及铺垫板等移位 (2) 预应力锚固区等配筋密集部位应采取保证混凝土浇筑密实的措施 (3) 先张法预应力混凝土构件,应在张拉后及时浇筑混凝土

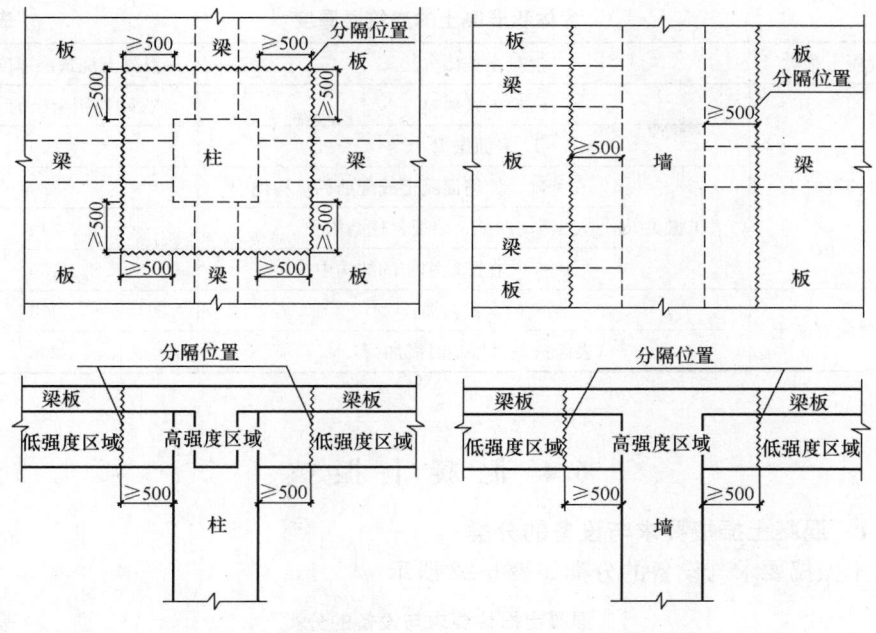

图 6-3　柱梁板结构分隔方法　　　　　图 6-4　墙梁板结构分隔方法

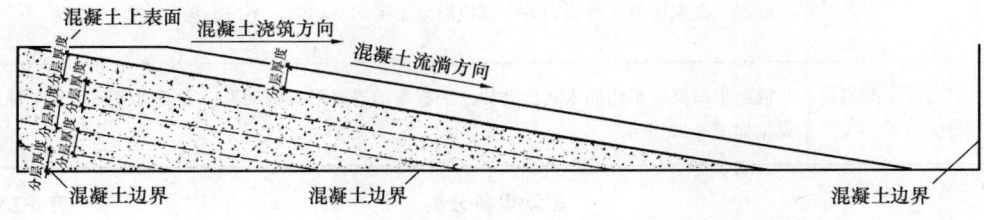

图 6-5　基础大体积混凝土斜面分层浇筑方法示意图

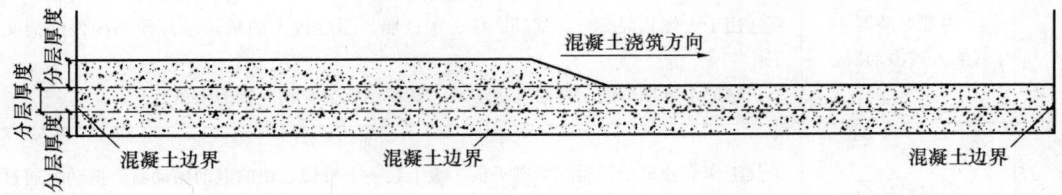

图 6-6　基础大体积混凝土全面分层浇筑方法示意图

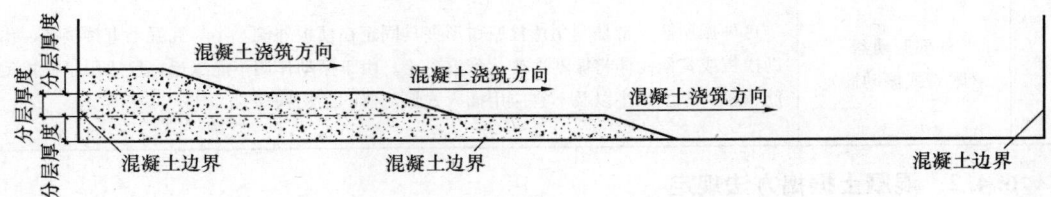

图 6-7　基础大体积混凝土分块分层浇筑方法示意图

大体积混凝土的浇筑层厚度 表 6-21

序号	混凝土种类	混凝土振捣方法		混凝土浇筑层厚度（mm）
1	普通混凝土	插入式振捣		振动作用半径的1.25倍
2		表面振捣		200
3		人工振捣	在基础、无筋混凝土或配筋稀疏构件中	250
4			在梁、墙板、柱结构中	240
5			在配筋稠密的结构中	150
6	轻骨料混凝土	插入式振捣		300
7		表面振捣（振动时需加荷）		200

6.4 混凝土振捣

6.4.1 混凝土振捣要求与设备的分类

混凝土振捣要求与设备的分类如表 6-22 所示。

混凝土振捣要求与设备的分类 表 6-22

序号	项目	内容
1	混凝土振捣要求	混凝土振捣应能使模板内各个部位混凝土密实、均匀，不应漏振、欠振、过振
2	混凝土振捣设备的分类	混凝土振捣应采用插入式振动棒、平板振动器或附着振动器，必要时可采用人工辅助振捣。如表 6-23 所示

振动设备分类 表 6-23

序号	分类	说明
1	内部振动器（插入式振动器）	形式有硬管的、软管的。振动部分有锤式、棒式、片式等。振动频率有高有低。主要适用于大体积混凝土、基础、柱、梁、墙、厚度较大的板，以及预制构件的捣实工作 当钢筋十分稠密或结构厚度很薄的，其使用就会受到一定的限制
2	表面振动器（平板式振动器）	其工作部分是一钢制或木制平板，板上装一个带偏心块的电动振动器。振动力通过平板传递给混凝土，由于其振动作用深度较小，仅使用于表面积大而平整的结构物，如平板、地面、屋面等构件
3	外部振动器（附着式振动器）	这种振动器通常是利用螺栓或钳形夹具固定在模板外侧，不与混凝土直接接触，借助模板或其他物体将振动力传达到混凝土。由于振动作用不能深远，仅适用于振捣钢筋较密、厚度较小以及不宜应用插入式振动器的结构构件

6.4.2 混凝土振捣方法规定

混凝土振捣方法规定如表 6-24 所示。

混凝土振捣方法规定　　　　　　　　　　表 6-24

序号	项　目	内　　容
1	采用振动棒振捣混凝土	振动棒振捣混凝土应符合下列规定： （1）应按分层浇筑厚度分别进行振捣，振动棒的前端应插入前一层混凝土中，插入深度不应小于 50mm （2）振动棒应垂直于混凝土表面并快插慢拔均匀振捣；当混凝土表面无明显塌陷、有水泥浆出现、不再冒气泡时，可结束该部位振捣 （3）混凝土振动棒移动的间距应符合下列规定： 1）振动棒与模板的距离不应大于振动棒作用半径的 0.5 倍 2）采用方格形排列振捣方式时，振捣间距应满足 1.4 倍振动棒的作用半径要求（图 6-8）；采用三角形排列振捣方式时，振捣间距应满足 1.7 倍振动棒的作用半径要求（图 6-9）。综合两种情况，对振捣间距作出 1.4 倍振动棒的作用半径要求 （4）振动棒振捣混凝土应避免碰撞模板、钢筋、钢构、预埋件等
2	平板振动器振捣混凝土	平板振动器振捣混凝土应符合下列规定： （1）平板振动器振捣应覆盖振捣平面边角 （2）平板振动器移动间距应覆盖已振实部分混凝土边缘 （3）振捣倾斜表面时，应由低处向高处进行振捣
3	附着振动器振捣混凝土	附着振动器振捣混凝土应符合下列规定： （1）附着振动器应与模板紧密连接，设置间距应通过试验确定 （2）附着振动器应根据混凝土浇筑高度和浇筑速度，依次从下往上振捣 （3）模板上同时使用多台附着振动器时，应使各振动器的频率一致，并应交错设置在相对面的模板上
4	混凝土分层振捣	混凝土分层振捣的最大厚度应符合表 6-25 的规定
5	特殊部位的混凝土振捣	特殊部位的混凝土应采取下列加强振捣措施： （1）宽度大于 0.3m 的预留洞底部区域，应在洞口两侧进行振捣，并应适当延长振捣时间；宽度大于 0.8m 的洞口底部，应采取特殊的技术措施 （2）后浇带及施工缝边角处应加密振捣点，并应适当延长振捣时间 （3）钢筋密集区域或型钢与钢筋结合区域，应选择小型振动棒辅助振捣、加密振捣点，并应适当延长振捣时间 （4）基础大体积混凝土浇筑流淌形成的坡脚，不得漏振

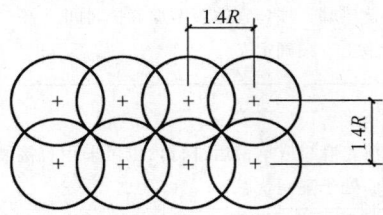　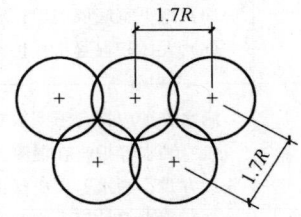

图 6-8　方格形排列振动棒插点布置图　　图 6-9　三角形排列振动棒插点布置图

注：R 为振动棒的作用半径

混凝土分层振捣的最大厚度 表 6-25

序号	振捣方法	混凝土分层振捣最大厚度
1	振动棒	振动棒作用部分长度的 1.25 倍
2	平板振动器	200mm
3	附着振动器	根据设置方式，通过试验确定

6.5 混凝土养护

6.5.1 混凝土养护的目的与标准养护

混凝土养护的目的与标准养护如表 6-26 所示。

混凝土养护的目的与标准养护 表 6-26

序号	项目	内容
1	养护目的	混凝土养护的目的，一是创造各种条件，使水泥充分水化，加速混凝土硬化；二是防止混凝土成型后因曝晒、风吹、干燥、寒冷等自然因素影响，出现不正常的收缩、裂缝、破坏等现象
2	标准养护	气温保持 20±3℃，相对湿度保持 90％以上，时间 28d

6.5.2 混凝土养护规定

混凝土养护规定如表 6-27 所示。

混凝土养护规定 表 6-27

序号	项目	内容
1	保湿养护	混凝土浇筑后应及时进行保湿养护，保温养护可采用洒水、覆盖、喷涂养护剂等方式。养护方式应根据现场条件、环境温湿度、构件特点、技术要求、施工操作等因素确定
2	养护时间	混凝土的养护时间应符合下列规定： （1）采用硅酸盐水泥、普通硅酸盐水泥或矿渣硅酸盐水泥配制的混凝土，不应少于 7d；采用其他品种水泥时，养护时间应根据水泥性能确定 （2）采用缓凝型外加剂、大掺量矿物掺合料配制的混凝土，不应少于 14d （3）抗渗混凝土、强度等级 C60 及以上的混凝土，不应少于 14d （4）后浇带混凝土的养护时间不应少于 14d （5）地下室底层墙、柱和上部结构首层墙、柱，宜适当增加养护时间 （6）大体积混凝土养护时间应根据施工方案确定
3	洒水养护	洒水养护应符合下列规定： （1）洒水养护宜在混凝土裸露表面覆盖麻袋或草帘后进行，也可采用直接洒水、蓄水等养护方式；洒水养护应保证混凝土表面处于湿润状态 （2）洒水养护用水应符合本书表 5-37 序号 5 的规定 （3）当日最低温度低于 5℃时，不应采用洒水养护

序号	项 目	内 容
4	覆盖养护	覆盖养护应符合下列规定： （1）覆盖养护宜在混凝土裸露表面覆盖塑料薄膜、塑料薄膜加麻袋、塑料薄膜加草帘进行 （2）塑料薄膜应紧贴混凝土裸露表面，塑料薄膜内应保持有凝结水 （3）覆盖物应严密，覆盖物的层数应按施工方案确定
5	喷涂养护	喷涂养护剂养护应符合下列规定： （1）应在混凝土裸露表面喷涂覆盖致密的养护剂进行养护 （2）养护剂应均匀喷涂在结构构件表面，不得漏喷；养护剂应具有可靠的保湿效果，保湿效果可通过试验检验 （3）养护剂使用方法应符合产品说明书的有关要求
6	其他养护	（1）基础大体积混凝土裸露表面应采用覆盖养护方式；当混凝土浇筑体表面以内 40～100mm 位置的温度与环境温度的差值小于 25℃时，可结束覆盖养护。覆盖养护结束但尚未达到养护时间要求时，可采用洒水养护方式直至养护结束 （2）柱、墙混凝土养护方法应符合下列规定： 1）地下室底层和上部结构首层柱、墙混凝土带模养护时间，不应少于 3d；带模养护结束后，可采用洒水养护方式继续养护，也可采用覆盖养护或喷涂养护剂养护方式继续养护 2）其他部位柱、墙混凝土可采用洒水养护，也可采用覆盖养护或喷涂养护剂养护 （3）混凝土强度达到 1.2N/mm² 前，不得在其上踩踏、堆放物料、安装模板及支架 （4）同条件养护试件的养护条件应与实体结构部位养护条件相同，并应妥善保管 （5）施工现场应具备混凝土标准试件制作条件，并应设置标准试件养护室或养护箱。标准试件养护应符合国家现行有关标准的规定

6.6 混凝土施工缝与后浇带

6.6.1 简述及施工缝与后浇带的类型

简述及施工缝与后浇带的类型如表 6-28 所示。

简述及施工缝与后浇带的类型　　　　　　　　　　　　　表 6-28

序号	项 目	内 容
1	简述	（1）随着钢筋混凝土结构的普遍运用，在现浇混凝土施工过程中由于技术或施工组织上的原因不能连续浇筑，且停留时间超过混凝土的初凝时间，前后浇筑混凝土之间的接缝处便形成了混凝土施工缝。施工缝是结构受力薄弱部位，一旦设置和处理不当就会影响整个结构的性能与安全。因此，施工缝不能随意设置，必须严格按照规定预先选定合适的部位设置施工缝 （2）高层建筑、公共建筑及超长结构的现浇整体钢筋混凝土结构中通常设置后浇带，使大体积混凝土可以分块施工，加快施工进度及缩短工期。由于不设永久性的沉降缝，简化了建筑结构设计，提高了建筑物的整体性，也减少了渗漏水的现象 （3）施工缝和后浇带的留设位置应在混凝土浇筑前确定。施工缝和后浇带宜留设在结构受剪力较小且便于施工的位置。受力复杂的结构构件或有防水抗渗要求的结构构件，施工缝留设位置应经设计单位确认

续表 6-28

序号	项　目	内　容
2	施工缝的类型	混凝土施工缝的设置一般分两种：水平施工缝和竖直施工缝。水平施工缝一般设置在竖向结构中，一般设置在墙、柱或厚大基础等结构。垂直施工缝一般设置在平面结构中，一般设置在梁、板等构件中
3	后浇带的类型	混凝土后浇带的设置一般分两种：沉降后浇带和伸缩后浇带。沉降后浇带有效地解决了沉降差的问题，使高层建筑和裙房的结构及基础设计为整体。伸缩后浇带可减少温度、收缩的影响，从而避免有害裂缝的产生

6.6.2　施工缝与后浇带的留设

施工缝与后浇带的留设如表 6-29 所示。

施工缝与后浇带的留设　　　　　　　　　　　　　表 6-29

序号	项　目	内　容
1	水平施工缝的留设	水平施工缝的留设位置应符合下列规定： （1）柱、墙施工缝可留设在基础、楼层结构顶面，柱施工缝与结构上表面的距离宜为 0～100mm，墙施工缝与结构上表面的距离宜为 0～300mm；基础、楼层结构顶面的水平施工缝留设如图 6-10 所示 （2）柱、墙施工缝也可留设在楼层结构底面，施工缝与结构下表面的距离宜为 0～50mm；当板下有梁托时，可留设在梁托下 0～20mm；柱在楼层结构底面的水平施工缝留设见图 6-11，墙在楼层结构底面的水平施工缝留设如图 6-12 所示 （3）高度较大的柱、墙、梁以及厚度较大的基础，可根据施工需要在其中部留设水平施工缝；当因施工缝留设改变受力状态而需要调整构件配筋时，应经设计单位确认 （4）特殊结构部位留设水平施工缝应经设计单位确认
2	竖向施工缝	竖向施工缝的留设位置应符合下列规定： （1）有主次梁的楼板施工缝应留设在次梁跨度中间 1/3 范围内；有主次梁的楼板施工缝留设位置如图 6-13 所示 （2）单向板施工缝应留设在与跨度方向平行的任何位置 （3）楼梯梯段施工缝宜设置在梯段板跨度端部 1/3 范围内；楼梯梯段施工缝留设位置如图 6-14 所示 （4）墙的施工缝宜设置在门洞口过梁跨中 1/3 范围内，也可留设在纵横墙交接处 （5）后浇带留设位置应符合设计要求 （6）特殊结构部位留设竖向施工缝应经设计单位确认
3	设备基础施工缝留设	设备基础施工缝留设位置应符合下列规定： （1）水平施工缝应低于地脚螺栓底端，与地脚螺栓底端的距离应大于 150mm；当地脚螺栓直径小于 30mm 时，水平施工缝可留设在深度不小于地脚螺栓埋入混凝土部分总长度的 3/4 处 （2）竖向施工缝与地脚螺栓中心线的距离不应小于 250mm，且不应小于螺栓直径的 5 倍

序号	项　目	内　　容
4	承受动力作用的设备基础施工缝	承受动力作用的设备基础施工缝留设位置，应符合下列规定： (1) 标高不同的两个水平施工缝，其高低结合处应留设成台阶形，台阶的高宽比不应大于 1.0 (2) 竖向施工缝或台阶形施工缝的断面处应加插钢筋，插筋数量和规格应由设计确定 (3) 施工缝的留设应经设计单位确认
5	后浇带	(1) 施工缝、后绕带留设界面，应垂直于结构构件和纵向受力钢筋。结构构件厚度或高度较大时，施工缝或后烧带界面宜采用专用材料封挡 (2) 混凝土浇筑过程中，因特殊原因需临时设置施工缝时，施工缝留设应规整，并宜垂直于构件表面，必要时可采取增加插筋、事后修凿等技术措施 (3) 施工缝和后浇带应采取钢筋防锈或阻锈等保护措施 (4) 后绕带的宽度应考虑便于施工及避免集中应力，并按结构构造要求而定，一般宽度以 700～1000mm 为宜 (5) 后浇带处的钢筋必须贯通，不许断开。如果跨度不大，可一次配足钢筋；如果跨度较大，可按规定断开，在浇筑混凝土前按要求焊接断开钢筋 (6) 后浇带在未浇筑混凝土前不能将部分模板、支柱拆除，否则会导致梁板形成悬臂造成变形 (7) 为使后浇带处的混凝土浇筑后连接牢固，一般应避免留直缝。对于板，可留斜缝；对于梁及基础，可留企口缝，而企口缝又有多种形式，可根据结构断面情况确定。后浇带的构造如图 6-15 所示

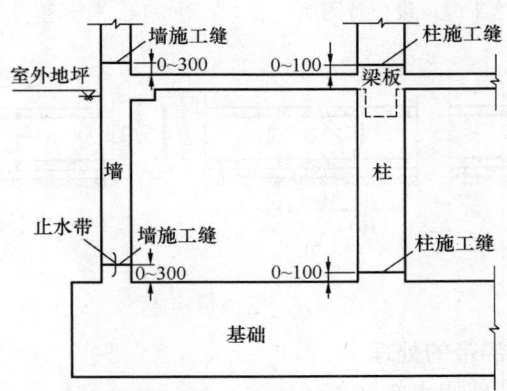

图 6-10　基础、楼层结构顶面留设水平施工缝图例

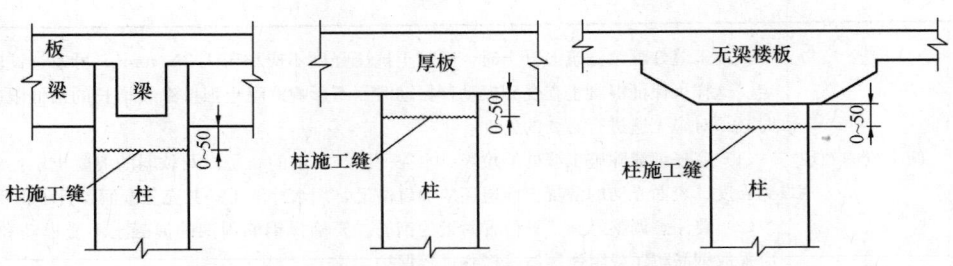

图 6-11　柱在楼层结构底面留设水平施工缝图例

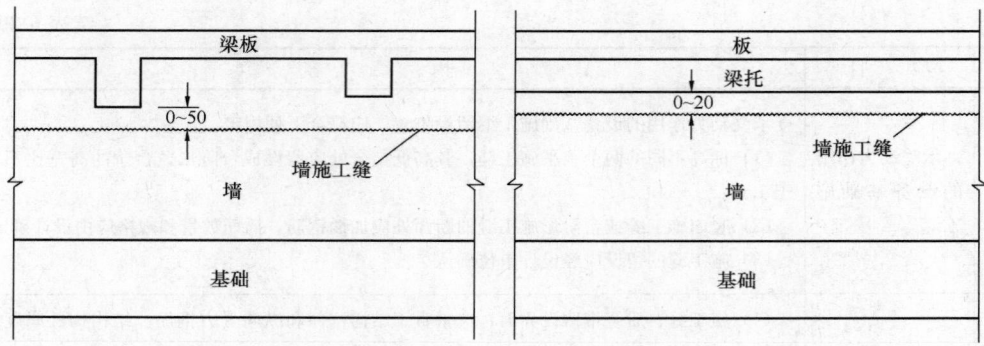

图 6-12　墙在楼层结构底面留设水平施工缝图例

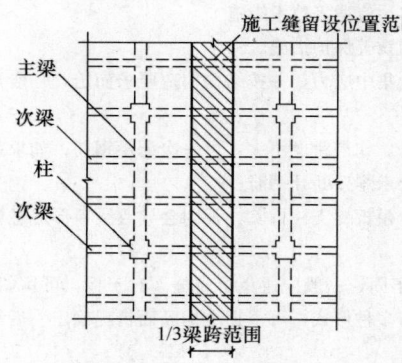

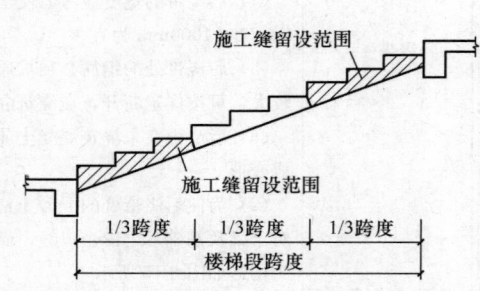

图 6-13　主次梁结构竖向施工缝留设位置图例　　图 6-14　楼梯垂直施工缝留设位置图例

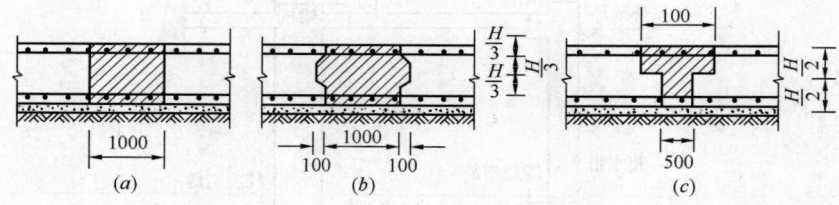

图 6-15　后浇带构造

6.6.3　施工缝和后浇带的处理

施工缝和后浇带的处理如表 6-30 所示。

施工缝和后浇带的处理　　　　　　　　　　表 6-30

序号	项　　目	内　　　　容
1	施工缝的处理	在施工缝处继续浇筑混凝土时，混凝土抗压强度不应小于 1.2N/mm²，可通过试验来确定。这样可保证混凝土在受到振动棒振动时而不影响混凝土强度继续增长的最低限度。同时必须对施工缝进行必要的处理 　　(1) 应仔细清除施工缝处的垃圾、水泥薄膜、松动的石子以及软弱的混凝土层。对于达到强度、表面光洁的混凝土面层还应加以凿毛，用水冲洗干净并充分湿润，且不得积水 　　(2) 要注意调整好施工缝位置附近的钢筋。要确保钢筋周围的混凝土不受松动和损坏，应采取钢筋防锈或阻锈等技术措施进行保护

序号	项　目	内　容
1	施工缝的处理	（3）在浇筑前，为了保证新旧混凝土的结合，施工缝处应先铺一层厚度为 1～1.5cm 的水泥砂浆，其配合比与混凝土内的砂浆成分相同 （4）从施工缝处开始继续浇筑时，要注意避免直接向施工缝边投料。机械振捣时，宜向施工缝处渐渐靠近，并距 80～100mm 处停止振捣。但应保证对施工缝的捣实工作，使其结合紧密 （5）对于施工缝处浇筑完新混凝土后要加强养护。当施工缝混凝土浇筑后，新浇混凝土在 12h 以内就应根据气温等条件加盖草帘浇水养护。如果在低温或负温下则应该加强保温，还要覆盖塑料布阻止混凝土水分的散失 （6）水池、地坑等特殊结构要求的施工缝处理，要严格按照施工图纸要求和有关规范执行 （7）承受动力作用的设备基础的水平施工缝继续浇筑混凝土前，应对地脚螺栓进行一次观测校准
2	后浇带的处理	（1）在后浇带四周应做临时的保护措施，防止施工用水流进后浇带内，以免施工过程中污染钢筋、堆积垃圾 （2）不同类型后浇带混凝土的浇筑时间是不同的，应按设计要求进行浇筑。收缩后浇带应根据在先浇部分混凝土的收缩完成情况而定，一般为施工后 60d；沉降后浇带宜在建筑物基本完成沉降后进行 （3）在浇筑混凝土前，将整个混凝土表面按照施工缝的要求进行处理。后浇带混凝土必须采用减少收缩的技术措施，混凝土的强度应比原结构强度提高一个等级，其配合比通过试验确定，宜掺入早强减水剂，精心振捣，浇筑后并保持至少 15d 的湿润养护

6.7　高性能混凝土施工要求

6.7.1　高性能混凝土简述

高性能混凝土简述如表 6-31 所示。

高性能混凝土简述　　　　　　　　　　　　　　　　　表 6-31

序号	项　目	内　容
1	定义	高性能混凝土是指具有高强度、高工作性、高耐久性的混凝土，这种混凝土的拌合物具有大流动性和可泵性，不离析，而且保塑时间可根据工程需要来调整，便于浇捣密实。它是一种以耐久性和可持续发展为基本要求并适合工业化生产与施工的混凝土，是一种环保型、集约型的绿色混凝土
2	性能特点	（1）高性能混凝土必须是高强度混凝土，或者可以说，高强混凝土属于高性能混凝土的范畴 （2）高性能混凝土必须是流动性好，可泵性好的混凝土，以保证混凝土施工后的密实性，从而提高耐久性 （3）高性能混凝土一般需要控制坍落度损失，以保证施工要求 当然，高性能混凝土还具有设备方面的要求及投料顺序方面的要求等

序号	项　目	内　　容
3	适用范围	（1）在未来的几十年里，海底隧道、海上采油平台与堤坝、污水管道、核反应堆外壳、有害化学物的容器等恶劣环境下的结构物，对混凝土要求的使用寿命将为几百年，而不是普通混凝土要求的 40～50 年、十分明显，对混凝土要求的性能更高 （2）在很多特种结构中，混凝土是一种必不可少的建筑工程材料；而对这些结构工程来说，混凝土的耐久性与长期性能显得更加重要，甚至比强度都重要
4	施工要点	（1）制备高流动不振捣混凝土，需要强制式搅拌机、储存、称量、检测设备等。可用现场或商品混凝土厂的现有设备制备 （2）因混凝土的高流动化，混凝土对模板侧壁的压力增加。设计模板时，应以混凝土自身质量传递的湿压力（侧压力）大小为作用压力，同时考虑分隔板影响、模板形状、大小、配筋状况、浇筑速度，凝结速度、温度等因素。凝结之前是最危险的时刻，若分隔板间压力差太大，模板的刚度不够或组模不当，下部崩裂后会导致混凝土流出，造成危害。因此，选择高强钢材制作模板，提高设计安全系数，以最不利因素为设计取值 （3）浇筑高性能混凝土时，不能正常通过钢筋障碍状物的混凝土不能浇筑，否则会损害整体质量。为保证浇筑速度，应经常作坍落度流动及罗托等项试验，掌握充填性能好坏，及时采取措施 （4）在泵送时，高性能混凝土因材料不易分离，变形性优良，在弯管和锥管处堵管的可能性减小。但另一方面，混凝土与管壁的摩擦阻力增加，混凝土与管壁间的滑动膜层形成困难。混凝土作用于轴向的压力增大。与普通泵送混凝土相比，在两种输送方式下，其压力损失约增大 30%～40%。若浇筑停止后，再浇筑时需增大压送力。因此，泵送工艺时应制定周密计划，合理布置配管 （5）浇筑高性能混凝土时，应控制好浇筑速度，不能太快。要防止过量空气的卷入与混凝土供应不足而中断浇筑。因随着浇筑速度的增加，不振捣混凝土比一般混凝土输送阻力的增加明显增大，且呈直线性增长，故浇筑时应保持缓和而连续的浇筑，注意制定好浇筑及泵送工艺配管计划。大型结构物可采用分枝配管工法 （6）高性能混凝土充填性优良，浇灌高度较大。箱形断面有可能一次浇筑到顶，其顶部模型受推力大，应考虑模型设计与安装条件。另外，混凝土的下落高度应小于 3m，防止粗骨料的离散。此外，高性能混凝土不泌水，施工缝处不会有浮浆，但应注意防止干燥，遵守有关施工缝设置与处理的规定 （7）高性能混凝土相对来说胶凝材料用量大，水胶比低，结构粘度大，流动慢，与其他混凝土相比，坍落度相同时，振动捣实所需时间长。因此，混凝土浇筑完毕后，视情况相应延长振捣时间 （8）由于高性能混凝土混合物中相对粉体用量多，而水胶比小，故浇筑完毕后为了充分发展混凝土的后期强度，加强养护是十分必要的，特别要注意采取保湿措施

6.7.2　高性能混凝土的原材料

高性能混凝土的原材料如表 6-32 所示。

高性能混凝土的原材料　　　　　　　　　　　　　　　　表 6-32

序号	项　目	内　　容
1	水泥	宜选用与外加剂相容性好，强度等级大于 42.5 级的硅酸盐水泥、普通硅酸盐水泥或特种水泥（调粒水泥、球状水泥）。为保证混凝土体积稳定，宜选用 C_3S 含量高、而 C_3A 含量低（小于 8%）的水泥。一般不宜选用 C_3A 含量高、细度小的早强型水泥。在含碱活性骨料应用较集中的环境下，应限制水泥的总碱含量不超过 0.6%
2	外加剂	外加剂要有较好的分散减水效果，能减少用水量，改善混凝土的工作性，从而提高混凝土的强度和耐久性。高效减水剂是配制高性能混凝土必不可少的。宜选用减水率高（20%～30%），与水泥相容性好，含碱量低，坍落度经时损失小的品种，如聚羟基羧酸系、接枝共聚物等，掺量一般为胶凝材料总量的 0.8%～2.0%
3	矿物掺合料	在高性能混凝土中加入较大量的磨细矿物掺合料，可以起到降低温升，改善工作性，增进后期强度，改善混凝土内部结构，提高耐久性，节约资源等作用。常用的矿物掺合料有粉煤灰、粒化高炉矿渣微粉、沸石粉、硅粉等。矿物掺合料不仅有利于提高水化作用和强度、密实性和工作性，降低空隙率，改善孔径结构，而且对抵抗侵蚀和延缓性能退化等均有较大的作用 （1）粉煤灰 粉煤灰在混凝土中发挥火山灰效应、形态效应、微骨料效应等作用。高性能混凝土所用粉煤灰对性能有所要求，要选用含碳量低、需水量小以及细度小的Ⅰ级或Ⅱ级粉煤灰（烧失量低于 5%，需水量比小于 105%，细度 $45\eta m$ 筛余量小于 25%） （2）粒化高炉矿渣粉 粒化高炉矿渣通过水淬后形成大量的玻璃体，另外还含有少量的 C_2S 结晶组分，具有轻微的自硬性，矿渣的活性与碱度、玻璃体含量及细度等因素有关。粒化高炉矿渣粉（简称矿粉）是粒化高炉矿渣磨细到比表面积 400～800 m^2/kg 而成的。在配制高性能混凝土时，磨细矿渣的适宜掺量随矿渣细度的增加而增大，最高可占胶凝材料的 70% （3）超细沸石粉 超细沸石粉主要成分有 SiO_2、Al_2O_3、Fe_2O_3、CaO 等，是一种结晶矿物。用于高性能混凝土的细沸石粉，与其他火山灰质掺合料类似，平均粒径<10μm，具有微填充效应与火山灰活性效应。掺量以 5%～10% 为宜。超细沸石粉配制的高性能混凝土，还具有优良的抗渗性和抗冻性，对混凝土中的碱骨料反应有很强的抑制作用。但是这种混凝土的收缩与徐变系数均略大于相应的普通混凝土 （4）硅灰 硅灰主要成分是无定形 SiO_2。SiO_2 含量越高、细度越细其活性越高。以 10% 的硅灰等量取代水泥，混凝土强度可提高 25% 以上。硅灰掺量越高，需水量越大，自收缩增大。一般将硅灰的掺量控制在 5%～10% 之间，并用高效减水剂来调节需水量
4	骨料	混凝土中骨料体积约占混凝土总体积的 65%～85%。粗骨料的岩石种类、粒径、粒形、级配以及软弱颗粒和石粉含量将会影响拌合物的和易性及硬化后的强度，而细骨料的粗细和级配对混凝土流变性能的影响更为显著 （1）粗骨料 粗骨料宜选用质地坚硬、级配良好的石灰岩、花岗岩、辉绿岩、玄武岩等碎石或碎卵石，母岩的立方体抗压强度应比所配制的混凝土强度至少高 20%；针、片状含量不大于 5.0%，不得混入软弱颗粒；含泥量不大于 0.5%；泥块含量不大于 0.2%；一般最大粒径不大于 25mm，高性能混凝土石子合理最大粒径如表 6-33 所示 （2）细骨料 细骨料宜选用质地坚硬、级配良好的河砂或人工砂，细度模量为 2.6～3.2，已通过公称粒径为 315μm 筛孔的砂不应少于 15%；含泥量不大于 1.0%；泥块含量不大于 0.5%。当采用人工砂时，更应注意控制砂子的级配和含粉量
5	拌合水	高性能混凝土的单方用水量不宜大于 175kg/m^3

		高性能混凝土石子的合理最大粒径			表 6-33
序号	强度等级	石子最大粒径（mm）	序号	强度等级	石子最大粒径（mm）
1	C50 及 C50 以下	按施工要求选择	3	C70	≤15
2	C60	≤20	4	C80	≤10

6.7.3 高性能混凝土配合比设计

高性能混凝土配合比设计设计如表 6-34 所示。

		高性能混凝土配合比设计 表 6-34

序号	项 目	内 容
1	说明	高性能混凝土配合比设计不同于普通混凝土配合比设计。至今为止，还没有比较规范的高性能混凝土配合比设计方法，绝大多数高性能混凝土配合比是研究人员在粗略计算的基础上通过试验来确定的。由于矿物细掺合料和化学外加剂的应用，混凝土拌合物组分增加了，影响配合比的因素也增加了，这又给配合比设计带来一定难度，这里仅参照部分研究人员的试验结果，提出高性能混凝土配合比设计的一些原则
2	高性能混凝土配合比设计依据	高性能混凝土的配合比设计应根据混凝土结构工程的要求，确保其施工要求的工作性，以及结构混凝土的强度和耐久性。耐久性设计应针对混凝土结构所处外部环境中劣化因素作用，使结构在设计使用年限内不超过容许劣化状态 （1）试配强度确定 1）当高性能混凝土的设计强度等级小于 C60 时，配制强度应按公式（5-2）确定，这里 $f_{cu,k}$ 取混凝土的设计强度等级值（N/mm²） 2）当高性能混凝土的设计强度等级不小于 C60 时，配制强度应按公式（5-3）确定 （2）抗碳化耐久性设计 高性能混凝土的水胶比宜按下列公式确定： $$\frac{W}{B} \leqslant \frac{5.83c}{\alpha \times \sqrt{t}} + 38.3 \qquad (6-9)$$ 式中 $\dfrac{W}{B}$——水胶比 c——钢筋的混凝土保护层厚度（cm） α——碳化区分系数，室外取 1.0，室内取 1.2 t——设计使用年限（年） （3）抗冻害耐久性设计 冻害地区可分为微冻地区、寒冷地区、严寒地区。应根据冻害设计外部劣化因素的强弱，按不同冻害地区或盐冻地区混凝土水胶比最大值（表 6-35）的规定确定水胶比的最大值 高性能混凝土的抗冻性（冻融循环次数）可采用现行国家标准《普通混凝土长期性能和耐久性能试验方法标准》GB/T 50082 规定的快冻法测定。应根据混凝土的冻融循环次数按表（6-40）确定混凝土的抗冻耐久性指数，并符合下列公式的要求： $$K_m = \frac{PN}{300} \qquad (6-10)$$ 式中 K_m——混凝土的抗冻耐久性指数 N——混凝土试件冻融试验进行至相对弹性模量等于 60% 时的冻融循环次数 P——参数，取 0.6 受海水作用的海港工程混凝土的抗冻性测定时，应以工程所在地的海水代替普通水制作的混凝土试件。当无海水时可用 3.5% 的氯化钠溶液代替海水，并按现行国家标准《普通混凝土长期性能和耐久性能试验方法标准》GB/T 50082 规定的快冻法测定。抗冻耐久性指数可按表 6-36 确定，并应符合相应的要求

序号	项　目	内　　容
2	高性能混凝土配合比设计依据	高性能混凝土的骨料除应满足上述的规定外，其品质尚应符合表 6-37 的要求 对抗冻性混凝土宜采用引气剂或引气型减水剂。当水胶比小于 0.30 时，可不掺引气剂；当水胶比不小于 0.30 时 宜掺入引气剂。经过试验鉴定，高性能混凝土的含气量应达到 3%～5% 的要求 （4）抗盐害耐久性设计 抗盐害耐久性设计时，对海岸盐害地区，可根据盐害外部劣化因素分为：准盐害环境地区（离海岸 250～1000m）；一般盐害环境地区（离海岸 50～250m）；中盐害环境地区（离海岸 50m 以内）。盐湖周边 250m 以内范围也属重盐害环境地区 高性能混凝土中氯离子含量宜小于胶凝材料用量的 0.06%，并应符合现行国家标准《混凝土质量控制标准》GB 50164 的规定 盐害地区、高耐久性混凝土的表面裂缝宽度宜小于 $c/30$（c—混凝土保护层厚度，mm） 高性能混凝土抗氯离子渗透性、扩散性. 应以 56d 龄期、6h 的总导电量（C）确定，其测定方法应符合《普通混凝土长期性能和耐久性能试验方法标准》GB/T 50082 的规定。根据混凝土导电量和抗氯离子渗透性，可按表 6-38 进行混凝土定性分类 混凝土的水胶比应按混凝土结构所处环境条件采用，如表 6-39 所示 （5）抗硫酸盐腐蚀耐久性设计 抗硫酸盐腐蚀混凝土采用的水泥，其矿物组成应符合 C_3A 小于 5%，C_3S 含量小于 50% 的要求；其矿物微细粉应选用低钙粉煤灰、偏高岭土、矿渣、天然沸石粉或硅粉等 胶凝材料的抗硫酸盐腐蚀性应按规定方法进行检测。并按表 6-40 评定 抗硫酸盐腐蚀混凝土的最大水胶比宜按表 6-41 确定 （6）抑制碱-骨料反应有害膨胀 混凝土结构或构件在设计使用期限内，不应因发生碱-骨料反应而导致开裂和强度下降 为预防碱-硅反应破坏，混凝土中碱含量不宜超过表 6-42 的要求 检验骨料的碱活性，宜按《普通混凝土长期性能和耐久性能试验方法标准》GB/T 50082 的规定进行 当骨料含有碱-硅反应活性时，应掺入矿物微细粉，并宜采用玻璃砂浆棒法确定各种微细粉的掺量及其抑制碱-硅反应的效果 当骨料中含有碱-碳酸盐反应活性时，应掺入粉煤灰、沸石与粉煤灰复合粉、沸石与矿渣复合粉或者沸石与硅灰复合粉等，并宜采用小混凝土柱法确定其掺量和检验其抑制效果
3	高性能混凝土配合比设计步骤	（1）强度与拌合水用量估算 高性能混凝土的强度等级小于 C60 的拌合物用水量可参照《普通混凝土配合比设计规程》JGJ/T 55 选用。高性能混凝土的强度等级在 C60～C100，取 5 个平均强度为 75N/mm²、85N/mm²、95N/mm²、105N/mm²、115N/mm² 等，对应的强度等级分别为 A、B、C、D、E，最大用水量按表 5-54 估计，骨料最大粒径为 10～20mm，对外加剂、粗细骨料中的含水量进行修正 （2）估算水泥浆体体积组成 表 6-43 是在浆体体积 0.35m³ 时按细掺料掺加的三种情况分别列出，即情况 1 为不加细掺料；情况 2 为 25% 的粉煤灰矿渣粉；情况 3 为 10% 的硅灰加 15% 的粉煤灰。粉煤灰和矿渣粉的密度分别为 2.9g/cm³ 和 2.3g/cm³；硅灰密度取为 2.1g/cm³。减去拌合水和 0.01m³ 的含气量，按细掺料的三种情况计算浆体体积组成 （3）估算骨料用量 根据骨料总体积为 0.65m³，假设强度等级 A 的第一盘配料组粗—细骨料体积比为 3:2，则得出粗、细骨料体积分别为 0.39m³ 和 0.26m³。其他等级的混凝土（B～E），由于随着强度的提高，其用水量减少，高效减水剂用量增加，故粗、细骨料的体积比可大一些。如 B 级取 3.05:1.95，C 级取 3.10:1.90，D 级取 3.15:1.85，E 级取 3.20:1.80

序号	项　目	内　　容
3	高性能混凝土配合比设计步骤	（4）计算混凝土各组成材料用量 利用上述的数据可计算出各种材料饱和面干质量，得出第一盘试配料配合比实例，如表6-44 所示 （5）高效减水剂用量 减水剂用量应通过试验，减水剂品种应根据与胶结料的相容量试验选择。掺量按固体计。可以为胶凝材料总量的 0.8%～2.0%。建议第一盘试配用 1% （6）配合比试配和调整 上述步骤是建立在许多假设的基础上，需要应用实际材料在试验室进行多次试验，逐步调整。混凝土拌合物的坍落度，可用增减高效减水剂来调整，增加高效减水用量，可能引起拌合物离析、泌水或缓凝。此时可增加砂率和减小沙的细度模数来克服离析、泌水现象。对于缓凝，可采用其他品种的减水剂和水泥进行试验。应当注意，混凝土拌合物工作性不良是由水泥与外加剂适应性差引起的，若调整高效减水剂用量可能作用不大时，应更换水泥品种和厂家。如果混凝土 28d 强度低于预计强度，可减少用水量，并重新进行试配验证 高性能混凝土配制强度同普通混凝土一样也必须大于设计要求的强度标准值，以满足强度保证率的要求。混凝土配制强度（$f_{cu,0}$）仍可按公式（5-2）和公式（5-3）计算 混凝土强度标准差，当试件组数不小于 30 时，应按公式（5-4）计算 对于强度等级不大于 C30 的混凝土，当混凝土强度标准差计算值不小于 3.0N/mm² 时，应按上式计算结果取值；当混凝土强度标准差计算值小于 3.0N/mm² 时，应取 3.0N/mm² 对于强度等级大于 C30 且小于 C60 的混凝土，当混凝土强度标准差计算值不小于 4.0N/mm² 时，应按上式计算结果取值；当混凝土强度标准差计算值小于 4.0N/mm² 时，应取 4.0N/mm² 当没有近期的同一品种、同一强度等级混凝土强度资料时，其强度标准差 σ 可按表5-48 取值 高性能混凝土试配时，应采用工程中实际使用的原材料并采用强制式搅拌机搅拌。制作混凝土强度试件的同时，应检验混凝土的工作性，非免振捣混凝土可用坍落度和坍落流动度来评定，同时观察拌合物的黏聚性、保水性，并测定拌合物的表观密度。试配时的强度试件最好按 1d、7d、28d 和 90d 制作，以便找出该混凝土强度发展规律 高性能混凝土配合比设计要求高，考虑的因素多，原材料的选择与组合范围宽，因此配合比设计及试验工作量大。随着高性能混凝土技术的发展与经验的积累，其配合比设计和质量控制的计算机化是今后配合比设计的发展方向 （7）高性能混凝土应用配合比参考 现将 C60～C100 高性能混凝土的典型配合比列表，如表 6-45 所示。当强度降低或提高时，参数范围可适当延伸

不同冻害地区或盐冻地区混凝土水胶比最大值　　　　表 6-35

序号	外部劣化因素	水胶比（W/B）最大值
1	微冻地区	0.50
2	寒冷地区	0.45
3	严寒地区	0.40

高性能混凝土的抗冻耐久性指数　　　　表 6-36

序号	混凝土结构所处环境条件	冻融循环次数	抗冻耐久性指数 K_m
1	严寒地区	≥300	≥0.8
2	寒冷地区	≥300	0.60～0.79
3	微冻地区	所要求的冻融循环次数	<0.60

骨料的品质要求　　　　表 6-37

序号	混凝土结构所处环境	细骨料		粗骨料	
		吸水率（%）	坚固性试验质量损失（%）	吸水率（%）	坚固性试验质量损失（%）
1	严寒地区	≤3.5	≤10	≤3.0	≤12
2	寒冷地区	≤3.0		≤2.0	
3	微冻地区				

根据混凝土导电量试验结果对混凝土的分类　　　　表 6-38

序号	6h 导电量（C）	氯离子渗透性	可采用的典型混凝土种类
1	2000～4000	中	中等水胶比（0.40～0.60）普通混凝土
2	1000～2000	低	低水胶比（<0.40）普通混凝土
3	500～1000	非常低	低水胶比（<0.38）混凝土
4	<500	可忽略不计	低水胶比（<0.30）混凝土

混凝土结构所处不同环境的水胶比最大值　　　　表 6-39

序号	混凝土结构所处环境	水胶比最大值
1	准盐害环境地区	0.50
2	一般盐害环境地区	0.45
3	重盐害环境地区	0.40

胶砂膨胀率、抗蚀系数抗硫酸性能评定指标　　　　表 6-40

序号	试件膨胀率	抗蚀系数	抗硫酸盐等级	抗硫酸盐性能
1	>0.4%	<1.0	低	受侵蚀
2	0.4%～0.35%	1.0～1.1	中	耐侵蚀
3	0.34%～0.25%	1.2～1.3	高	抗侵蚀
4	≤0.25%	>1.4	很高	高抗侵蚀

注：检验结构如出现试件膨胀率与抗蚀系数不一致的情况，应以试件的膨胀率为准。

抗硫酸盐腐蚀混凝土的最大水胶比　　　　表 6-41

序号	外部劣化因素	水胶比（W/B）最大值
1	微冻地区	0.50
2	寒冷地区	0.45
3	严寒地区	0.40

预防碱-硅反应破坏的混凝土碱含量　　　　　　　表 6-42

序号	试件膨胀率	抗蚀系数	抗硫酸盐等级	抗硫酸盐性能
1	＞0.4％	＜1.0	低	受侵蚀
2	0.4％～0.35％	1.0～1.1	中	耐侵蚀
3	0.34％～0.25％	1.2～1.3	高	抗侵蚀
4	≤0.25％	＞1.4	很高	高抗侵蚀

0.35m³ 浆体中各组分体积含量（m³）　　　　　　　表 6-43

序号	强度等级	水	空气	胶凝材料总量	情况 1 PC	情况 2 PC＋FA（或 BFS）	情况 3 PC＋FA（或 BFS）＋CSF
1	A	0.16	0.02	0.17	0.17	0.1275＋0.0425	0.1275＋0.0255＋0.0170
2	B	0.15	0.02	0.18	0.18	0.1350＋0.0450	0.1350＋0.0270＋0.0180
3	C	0.14	0.02	0.19	0.19	0.1425＋0.0475	0.1425＋0.0285＋0.0190
4	D	0.13	0.02	0.20	—	0.1500＋0.0500	0.1500＋0.0300＋0.0200
5	E	0.12	0.02	0.19	—	0.1575＋0.0525	0.1575＋0.0315＋0.0210

注：1. 表中符号 A～E 为强度等级；

　　2. PC 为硅酸盐水泥；FA 为粉煤灰；BFS 为矿渣粉；CSF 为凝聚硅灰。

第一盘试配料配合比实例　　　　　　　表 6-44

序号	强度等级	平均强度（N/mm²）	细掺料情况	胶凝掺料（kg/m³） PC	FA BFS	CSF	总用水量[①]（kg/m³）	粗集料（kg/m³）	细集料（kg/m³）	材料总量（kg/m³）	W/B
1	A	75	1	534	—	—	160	1050	690	2434	0.30
			2	400	106	—	160	1050	690	2406	0.32
			3	400	64	36	160	1050	690	2400	0.32
2	B	85	1	565	—	—	150	1070	670	2455	0.27
			2	423	113	—	150	1070	670	2426	0.28
			3	423	68	38	150	1070	670	2419	0.28
3	C	95	1	597	—	—	145	1090	650	2482	0.24
			2	477	119	—	145	1090	650	2481	0.24
			3	477	71	40	145	1090	650	2473	0.25
4	D	105	2	471	125	—	140	1110	630	2476	0.23
			3	471	75	42	140	1110	630	2468	0.24
5	E	115	2	495	131	—	140	1120	630	2506	0.22
			3	495	79	44	135	1120	620	2493	0.22

①未扣除塑化剂中的水。

高性能混凝土的典型配比　　　　　　　　　　　表 6-45

序号	强度等级		C60~C100
1	胶凝材料浆体体积（%）		28~32
2	水泥用量（kg/m³）		330~500
3	胶凝材料	粉煤灰（%）	15~30
4		矿渣粉（%）	20~30
5		硅灰（%）	5~15
6		超细沸石粉（%）	5~10
7	高效减水剂①（%）		0.5~2.0
8	水胶比		0.22~0.32
9	砂率	碎石（%）	0.34~0.42
10		卵石（%）	0.26~0.36
11	最大用水量	塑性混凝土（kg/m³）	140~160
12		自流平混凝土（kg/m³）	130~150

①按总胶凝材料重量计。

6.7.4　高性能混凝土制备与施工技术

高性能混凝土制备与施工技术如表 6-46 所示。

高性能混凝土制备与施工技术　　　　　　　表 6-46

序号	项　目	内　　　容
1	说明	高性能混凝土的形成不仅取决于原材料、配合比以及硬化后的物理力学性能，也与混凝土的制备与施工有决定性关系。高性能混凝土的制备与施工应同工程设计紧密结合，制作者必须了解设计的要求、结构构件的使用功能、使用环境以及使用寿命等
2	高性能混凝土的拌制	（1）高性能混凝土的配料 　　高性能混凝土的配料可以采用各种类型配料设备，但更适宜商品化生产方式。混凝土搅拌站应配有精确的自动称量系统和计算机自动控制系统，并能对原材料品质均匀性、配比参数的变化等，通过人机对话进行监控、数据采集与分析。但无论哪种配料方式，均必须严格按配合比重量计量。计量允许偏差严于普通混凝土施工规范：水泥和掺合科±1%，粗、细骨料±2%，水和外加剂±1%。配制高性能混凝土必须准确控制用水量，沙、石中的含水量应及时测定，并按测定值调整用水量和沙、石用量。严禁在拌合物出机后加水，必要时可在搅拌车中二次添加高效减水剂。高效减水剂可采用粉剂或水剂，并应采用后掺法。当采用水剂时，应在混凝土用水量中扣除溶液中水量；当采用粉剂时，应适当延长搅拌时间（不少于 30s） 　　（2）高性能混凝土的搅拌 　　高性能混凝土由于水胶比低，胶凝材料总量大，黏性大，同时又有较高的密实度要求，不易拌合均匀，所以对搅拌机的型式与搅拌工艺有一定要求。应采用卧轴强制式搅拌机搅拌。搅拌时应注意外加剂的投入时间，应在其他材料充分搅拌均匀后再加入，而不能使其与水泥接触，否则将影响高性能混凝土的质量 　　高性能混凝土的搅拌时间，应该按照搅拌设备的要求，一般现场搅拌时间不少于 120s，预拌混凝土搅拌时间不少于 90s

序号	项　　目	内　　　　　容
3	高性能混凝土拌合物的运输和浇筑	(1) 高性能混凝土拌合物的运输 长距离运输拌合物应使用混凝土搅拌车，短距离运输可用翻斗车或吊斗。装料前应考虑坍落度损失，湿润容器内壁和清除积水 第一盘混凝土拌合物出料后应先进行开盘鉴定。按规定检测拌合物工作度（包括冬季施工出罐温度），并按计划留置各种试件。混凝土拌合物的输送应根据混凝土供应申请单，按照混凝土计算用量以及混凝土的初凝、终凝时间、运输时间、运距，确定运输间隔。混凝土拌合物进场后，除按规定验收质量外，还应记录预拌混凝土出场时间、进场时间、入摸时间和浇筑完毕的时间 (2) 高性能混凝土拌合物的浇筑 现场搅拌的混凝土出料后，应尽快浇筑完毕。使用吊斗浇筑时，浇筑下料高度超过 3m 时应采用串筒。浇筑时要均匀下料，控制速度，防止空气进入。除自密实高性能混凝土外，应采用振捣器捣实，一般情况下应用高频振捣器，垂直点振，不得平拉。浇筑方式，应分层浇筑、分层振捣，用振捣棒振捣应控制在振捣棒有较大振动半径范围之内。混凝土浇筑应连续进行，施工缝应在混凝土浇筑之前确定，不得随意留置。在浇筑混凝土的同时按照施工试验计划，留置好必要的试件。不同强度等级混凝土现浇相连接时，接缝应设置在低强度等级构件中，并离开高强度等级构件一定距离。当接缝两侧混凝土强度等级不同且分先后施工时，可在接缝位置设置固定的筛网（孔径 5mm×5mm），先浇筑高强度等级混凝土，后浇筑低强度等级混凝土 高性能混凝土最适于泵送，泵送的高性能混凝土宜采用预拌混凝土，也可以现场搅拌。高性能混凝土泵送施工时，应根据施工进度，加强组织管理和现场联络调度，确保连续均匀供料，泵送混凝土应遵守《混凝土泵送施工技术规程》JCJ/T 10 的规定 使用泵送进行浇筑，坍落度应为 120～200mm（由泵送高度确定）。泵管出口应与浇筑面形成一个 50～80cm 高差，便于混凝土下落产生压力，推动混凝土流动。输送混凝土的起始水平管段长度不应小于 15m。现场搅拌的混凝土应在出机后 60min 内泵送完毕。预拌混凝土应在其 1/2 初凝时间内入泵，并在初凝前浇筑完毕。冬期以及雨季浇筑混凝土时，要专门制定冬、雨期施工方案 高性能混凝土的工作性还包括易抹性。高性能混凝土胶凝材料含量大，细粉增加，低水胶比，使高性能混凝土拌合物十分黏稠，难以被抹光，表面会很快形成一层硬壳，容易产生收缩裂纹，所以要求尽早安排多道抹面程序，建议在浇筑后 30min 之内抹光。对于高性能混凝土的易抹性，目前仍缺少可行的试验方法
4	高性能混凝土的养护	混凝土的养护是混凝土施工的关键步骤之一。对于高性能混凝土，由于水胶比小，浇筑以后泌水量很少。当混凝土表面蒸发失去的水分得不到充分补充时，使混凝土塑性收缩加剧，而此时混凝土尚不具有抵抗变形所需的强度，就容易导致塑性收缩裂缝的产生，影响耐久性和强度。另外高性能混凝土胶凝材料用量大，水化温升高，由此导致的自收缩和温度应力也在加大，对于流动性很大的高性能混凝土，由于胶凝材料量大，在大型竖向构件成型时，会造成混凝土表面浆体所占比例较大，而混凝土的耐久性受近表层影响最大，所以加强表层的养护对高性能混凝土显得尤为重要 为了提高混凝土的强度和耐久性，防止产生收缩裂缝，很重要的措施是混凝土浇筑后立即喷养护剂或用塑料薄膜覆盖。用塑料薄膜覆盖时，应使薄膜紧贴混凝土表面，初凝后掀开塑料薄膜，用木抹子搓平表面，至少搓 2 遍。搓完后继续覆盖，待终凝后立即浇水养护。

序号	项 目	内 容
4	高性能混凝土的养护	养护日期不少于 7d（重要构件养护 14d）。对于楼板等水平构件，可采用覆盖草帘或麻袋湿养护，也可采用蓄水养护；对墙柱等竖向构件，采用能够保水的木模板对养护有利，也可在混凝土硬化后，用草帘、麻袋等包裹，并在外面再裹以塑料薄膜，保持包裹物潮湿。应该注意：尽量减少用喷洒养护剂来代替水养护，养护剂也绝非不透水，且有效时间短，施工中很容易损坏。 混凝土养护除保证合适的湿度外，也是保证混凝土有合适的温度。高性能混凝土比普通混凝土对温度和湿度更加敏感，混凝土的入模温度、养护湿度应根据环境状况和构件所受内、外约束程度加以限制。养护期间混凝土内部最高温度不应高于 75℃，并采取措施使混凝土内部与表面的温度差小于 25℃

6.8 质量检查与混凝土缺陷修整

6.8.1 质量检查

质量检查如表 6-47 所示。

质 量 检 查　　　　表 6-47

序号	项 目	内 容
1	混凝土浇筑前检查	混凝土浇筑前应检查混凝土送料单，核对混凝土配合比，确认混凝土强度等级，检查混凝土运输时间，测定混凝土坍落度，必要时还应测定混凝土扩展度
2	混凝土施工质量检查	（1）混凝土结构施工质量检查可分为过程控制检查和拆模后的实体质量检查。过程控制检查应在混凝土施工全过程中，按施工段划分和工序安排及时进行；拆模后的实体质量检查应在混凝土表面未作处理和装饰前进行 （2）混凝土结构施工的质量检查，应符合下列规定： 1）检查的频率、时间、方法和参加检查的人员，应根据质量控制的需要确定 2）施工单位应对完成施工的部位或成果的质量进行自检，自检应全数检查 3）混凝土结构施工质量检查应作出记录；返工和修补的构件，应有返工修补前后的记录，并应有图像资料 4）已经隐蔽的工程内容，可检查隐蔽工程验收记录 5）需要对混凝土结构的性能进行检验时，应委托有资质的检测机构检测，并应出具检测报告 （3）混凝土结构施工过程中，应进行下列检查： 1）模板： ①模板及支架位置、尺寸 ②模板的变形和密封性 ③模板涂刷脱模剂及必要的表面湿润 ④模板内杂物清理 2）钢筋及预埋件： ①钢筋的规格、数量

序号	项　目	内　　容
2	混凝土施工质量检查	②钢筋的位置 ③钢筋的混凝土保护层厚度 ④预埋件规格、数量、位置及固定 3）混凝土拌合物 ①坍落度、入模温度等 ②大体积混凝土的温度测控 4）混凝土施工： ①混凝土输送、浇筑、振捣等 ②混凝土浇筑时模板的变形、漏浆等 ③混凝土浇筑时钢筋和预埋件位置 ④混凝土试件制作 ⑤混凝土养护 （4）混凝土结构拆除模板后应进行下列检查： 1）构件的轴线位置、标高、截面尺寸、表面平整度、垂直度 2）预埋件的数量、位置 3）构件的外观缺陷 4）构件的连接及构造做法 5）结构的轴线位置、标高、全高垂直度 （5）混凝土结构拆模后实体质量检查方法与判定，应符合本书的有关规定

6.8.2　混凝土缺陷修整

混凝土缺陷修整如表 6-48 所示。

混凝土缺陷修整 表 6-48

序号	项　目	内　　容
1	混凝土结构缺陷	（1）混凝土结构缺陷可分为尺寸偏差缺陷和外观缺陷。尺寸偏差缺陷和外观缺陷可分为一般缺陷和严重缺陷。混凝土结构尺寸偏差超出规范规定，但尺寸偏差对结构性能和使用功能未构成影响时，应属于一般缺陷；而尺寸偏差对结构性能和使用功能构成影响时，应属于严重缺陷。外观缺陷分类应符合表 6-49 的规定 （2）施工过程中发现混凝土结构缺陷时，应认真分析缺陷产生的原因。对严重缺陷施工单位应制定专项修整方案，方案应经论证审批后再实施，不得擅自处理
2	混凝土结构外观缺陷的修整	（1）混凝土结构外观一般缺陷修整应符合下列规定： 1）露筋、蜂窝、孔洞、夹渣、疏松、外表缺陷，应凿除胶结不牢固部分的混凝土，应清理表面，洒水湿润后应用 1∶2～1∶2.5 水泥砂浆抹平 2）应封闭裂缝 3）连接部位缺陷、外形缺陷可与面层装饰施工一并处理 （2）混凝土结构外观严重缺陷修整应符合下列规定： 1）露筋、蜂窝、孔洞、夹渣、疏松、外表缺陷，应凿除胶结不牢固部分的混凝土至密实部位，清理表面，支设模板，洒水湿润，涂抹混凝土界面剂，应采用比原混凝土强度等级高一级的细石混凝土浇筑密实，养护时间不应少于 7d

序号	项　目	内　容
2	混凝土结构外观缺陷的修整	2）开裂缺陷修整应符合下列规定： ①民用浇筑的地下室、卫生间、屋面等接触水介质的构件，均应注浆封闭处理。民用建筑不接触水介质的构件，可采用注浆封闭、聚合物砂浆粉刷或其他表面封闭材料进行封闭 ②无腐蚀介质工业建筑的地下室、屋面、卫生间等接触水介质的构件，以及有腐蚀介质的所有构件，均应注浆封闭处理。无腐蚀介质工业建筑不接触水介质的构件，可采用注浆封闭、聚合物砂浆粉刷或其他表面封闭材料进行封闭 3）清水混凝土的外形和外表严重缺陷，宜在水泥砂浆或细石混凝土修补后用磨光机械磨平 （3）混凝土结构尺寸偏差一般缺陷，可结合装饰工程进行修整 （4）混凝土结构尺寸偏差严重缺陷，应会同设计单位共同制定专项修整方案，结构修整后应重新检查验收

现浇结构外观质量缺陷　　　　　　　　　　表 6-49

序号	名　称	现　象	严重缺陷	一般缺陷
1	露筋	构件内钢筋未被混凝土包裹而外露	纵向受力钢筋有露筋	其他钢筋有少量露筋
2	蜂窝	混凝土表面缺少水泥砂浆而形成石子外露	构件主要受力部位有蜂窝	其他部位有少量蜂窝
3	孔洞	混凝土中孔穴深度和长度均超过保护层厚度	构件主要受力部位有孔洞	其他部位有少量孔洞
4	夹渣	混凝土中夹有杂物且深度超过保护层厚度	构件主要受力部位有夹渣	其他部位有少量夹渣
5	疏松	混凝土中局部不密实	构件主要受力部位有酥松	其他部位有少量酥松
6	裂缝	缝隙从混凝土表面延伸至混凝土内部	构件主要受力部位有影响结构性能或使用功能的裂缝	其他部位有少量不影响结构性能或使用功能的裂缝
7	连接部位缺陷	构件连接处混凝土缺陷及连接钢筋、连接件松动	连接部位有影响结构传力性能的缺陷	连接部位有基本不影响结构传力性能的缺陷
8	外形缺陷	缺棱掉角、棱角不直、翘曲不平、飞边凸肋等	清水混凝土构件有影响使用功能或装饰效果的外形缺陷	其他混凝土构件有不影响使用功能的外形缺陷
9	外表缺陷	构件表面麻面、掉皮、起砂、沾污等	具有重要装饰效果的清水混凝土表面有外表缺陷	其他混凝土构件有不影响使用功能的外表缺陷

6.9 混凝土工程施工质量及验收

6.9.1 混凝土工程

混凝土工程施工质量及验收如表 6-50 所示。

混凝土工程施工质量及验收 表 6-50

序号	项 目	内 容
1	说明	本内容也适用于本书第 5 章
2	一般规定	(1) 混凝土强度应按现行国家标准《混凝土强度检验评定标准》GB/T 50107 的规定分批检验评定。划入同一检验批的混凝土，其施工持续时间不宜超过 3 个月 检验评定混凝土强度时，应采用 28d 或设计规定龄期的标准养护试件 试件成型方法及标准养护条件应符合现行国家标准《普通混凝土力学性能试验方法标准》GB/T 50081 的规定。采用蒸汽养护的构件，其试件应先随构件同条件养护，然后再置入标准养护条件下继续养护至 28d 或设计规定龄期 (2) 当采用非标准尺寸试件时，应将其抗压强度乘以尺寸折算系数，折算成边长为 150mm 的标准尺寸试件抗压强度。尺寸折算系数应按表 6-51 采用 (3) 当混凝土试件强度评定不合格时，应委托具有资质的检测机构按国家现行有关标准的规定对结构构件中的混凝土强度进行检测推定，并应按有关的规定进行处理 (4) 混凝土有耐久性指标要求时，应按现行行业标准《混凝土耐久性检验评定标准》JGJ/T 193 的规定检验评定 (5) 大批量、连续生产的同一配合比混凝土，混凝土生产单位应提供基本性能试验报告 (6) 预拌混凝土的原材料质量、制备等应符合现行国家标准《预拌混凝土》GB/T 14902 的规定 (7) 水泥、外加剂进场检验，当满足下列条件之一时，其检验批容量可扩大一倍： 1) 获得认证的产品 2) 同一厂家、同一品种、同一规格的产品，连续三次进场检验均一次检验合格
3	原材料	(1) 主控项目 1) 水泥进场时，应对其品种、代号、强度等级、包装或散装编号、出厂日期等进行检查，并应对水泥的强度、安定性和凝结时间进行检验，检验结果应符合现行国家标准《通用硅酸盐水泥》GB 175 等的相关规定 检查数量：按同一厂家、同一品种、同一代号、同一强度等级、同一批号且连续进场的水泥，袋装不超过 200t 为一批，散装不超过 500t 为一批，每批抽样数量不应少于一次 检验方法：检查质量证明文件和抽样检验报告 2) 混凝土外加剂进场时，应对其品种、性能、出厂日期等进行检查，并应对外加剂的相关性能指标进行检验，检验结果应符合现行国家标准《混凝土外加剂》GB 8076 和《混凝土外加剂应用技术规范》GB 50119 等的规定 检查数量：按同一厂家、同一品种、同一性能、同一批号且连续进场的混凝土外加剂，不超过 50t 为一批，每批抽样数量不应少于一次 检验方法：检查质量证明文件和抽样检验报告 (2) 一般项目 1) 混凝土用矿物掺合料进场时，应对其品种、技术指标、出厂日期等进行检查，并应对矿物掺合料的相关技术指标进行检验，检验结果应符合国家现行有关标准的规定

序号	项　目	内　　容
3	原材料	检查数量：按同一厂家、同一品种、同一技术指标、同一批号且连续进场的矿物掺合料，粉煤灰、石灰石粉、磷渣粉和钢铁渣粉不超过 200t 为一批，粒化高炉矿渣粉和复合矿物掺合料不超过 500t 为一批，沸石粉不超过 120t 为一批，硅灰不超过 30t 为一批，每批抽样数量不应少于一次 检验方法：检查质量证明文件和抽样检验报告 2）混凝土原材料中的粗骨料、细骨料质量应符合现行行业标准《普通混凝土用砂、石质量及检验方法标准》JGJ 52 的规定，使用经过净化处理的海砂应符合现行行业标准《海砂混凝土应用技术规范》JGJ 206 的规定，再生混凝土骨料应符合现行国家标准《混凝土用再生粗骨料》GB/T 25177 和《混凝土和砂浆用再生细骨料》GB/T 25176 的规定 检查数量：按现行行业标准《普通混凝土用砂、石质量及检验方法标准》JGJ 52 的规定确定 检验方法：检查抽样检验报告 3）混凝土拌制及养护用水应符合现行行业标准《混凝土用水标准》JGJ 63 的规定。采用饮用水时，可不检验；采用中水、搅拌站清洗水、施工现场循环水等其他水源时，应对其成分进行检验 检查数量：同一水源检查不应少于一次 检验方法：检查水质检验报告
4	混凝土拌合物	（1）主控项目 1）预拌混凝土进场时，其质量应符合现行国家标准《预拌混凝土》GB/T 14902 的规定 检查数量：全数检查 检验方法：检查质量证明文件 2）混凝土拌合物不应离析 检查数量：全数检查 检验方法：观察 3）混凝土中氯离子含量和碱总含量应符合现行国家标准《混凝土结构设计规范》GB 50010 的规定和设计要求 检查数量：同一配合比的混凝土检查不应少于一次 检验方法：检查原材料试验报告和氯离子、碱的总含量计算书 4）首次使用的混凝土配合比应进行开盘鉴定，其原材料、强度、凝结时间、稠度等应满足设计配合比的要求 检查数量：同一配合比的混凝土检查不应少于一次 检验方法：检查开盘鉴定资料和强度试验报告 （2）一般项目 1）混凝土拌合物稠度应满足施工方案的要求 检查数量：对同一配合比混凝土，取样应符合下列规定： ①每拌制 100 盘且不超过 100m³ 时，取样不得少于一次 ②每工作班拌制不足 100 盘时，取样不得少于一次 ③连续浇筑超过 1000m³ 时，每 200m³ 取样不得少于一次 ④每一楼层取样不得少于一次 检验方法：检查稠度抽样检验记录

序号	项 目	内 容
4	混凝土拌合物	2）混凝土有耐久性指标要求时，应在施工现场随机抽取试件进行耐久性检验，其检验结果应符合国家现行有关标准的规定和设计要求 检查数量：同一配合比的混凝土，取样不应少于一次，留置试件数量应符合国家现行标准《普通混凝土长期性能和耐久性能试验方法标准》GB/T 50082 和《混凝土耐久性检验评定标准》JGJ/T 193 的规定 检验方法：检查试件耐久性试验报告 3）混凝土有抗冻要求时，应在施工现场进行混凝土含气量检验，其检验结果应符合国家现行有关标准的规定和设计要求 检查数量：同一配合比的混凝土，取样不应少于一次，取样数量应符合现行国家标准《普通混凝土拌合物性能试验方法标准》GB/T 50080 的规定 检验方法：检查混凝土含气量试验报告
5	混凝土施工	（1）主控项目 混凝土的强度等级必须符合设计要求。用于检验混凝土强度的试件应在浇筑地点随机抽取 检查数量：对同一配合比混凝土，取样与试件留置应符合下列规定： 1）每拌制 100 盘且不超过 100m³ 时，取样不得少于一次 2）每工作班拌制不足 100 盘时，取样不得少于一次 3）连续浇筑超过 1000m³ 时，每 200m³ 取样不得少于一次 4）每一楼层取样不得少于一次 5）每次取样应至少留置一组试件 检验方法：检查施工记录及混凝土强度试验报告 （2）一般项目 1）后浇带的留设位置应符合设计要求。后浇带和施工缝的留设及处理方法应符合施工方案要求 检查数量：全数检查 检验方法：观察 2）混凝土浇筑完毕后应及时进行养护，养护时间以及养护方法应符合施工方案要求 检查数量：全数检查 检验方法：观察，检查混凝土养护记录

混凝土试件尺寸及强度的尺寸换算系数　　　　表 6-51

序号	骨料最大粒径（mm）	试件尺寸（mm）	强度的尺寸换算系数
1	≤31.5	100×100×100	0.95
2	≤40	150×150×150	1.00
3	≤63	200×200×200	1.05

注：对强度等级为 C60 及以上的混凝土试件，其强度的尺寸换算系数可通过试验确定。

6.9.2 现浇结构工程

现浇结构工程施工质量及验收如表 6-52 所示。

现浇结构工程施工质量及验收   表 6-52

序号	项目	内容
1	一般规定	(1) 现浇结构质量验收应符合下列规定: 1) 现浇结构质量验收应在拆模后、混凝土表面未作修整和装饰前进行,并应作出记录 2) 已经隐蔽的不可直接观察和量测的内容,可检查隐蔽工程验收记录 3) 修整或返工的结构构件或部位应有实施前后的文字及图像记录 (2) 现浇结构的外观质量缺陷应由监理单位、施工单位等各方根据其对结构性能和使用功能影响的严重程度按表 6-49 确定
2	外观质量	(1) 主控项目 现浇结构的外观质量不应有严重缺陷 对已经出现的严重缺陷,应由施工单位提出技术处理方案,并经监理(建设)单位认可后进行处理。对经处理的部位,应重新检查验收 检查数量:全数检查 检验方法:观察,检查技术处理方案 (2) 一般项目 现浇结构的外观质量不宜有一般缺陷 对已经出现的一般缺陷,应由施工单位按技术处理方案进行处理,并重新检查验收 检查数量:全数检查 检验方法:观察,检查技术处理方案
3	位置和尺寸偏差	(1) 主控项目 现浇结构不应有影响结构性能和使用功能的尺寸偏差。混凝土设备基础不应有影响结构性能和设备安装的尺寸偏差 对超过尺寸允许偏差且影响结构性能和安装、使用功能的部位,应由施工单位提出技术处理方案,并经监理(建设)单位认可后进行处理。对经处理的部位,应重新检查验收 检查数量:全数检查 检验方法:量测,检查技术处理方案 (2) 一般项目 现浇结构和混凝土设备基础拆模后的尺寸偏差应符合表 6-53、表 6-54 的规定 检查数量:按楼层、结构缝或施工段划分检验批。在同一检验批内,对梁、柱和独立基础,应抽查构件数量的 10%,且不少于 3 件;对墙和板,应按有代表性的自然间抽查 10%,且不少于 3 间;对大空间结构,墙可按相邻轴线间高度 5m 左右划分检查面,板可按纵、横轴线划分检查面,抽查 10%,且均不少于 3 面;对电梯井,应全数检查。对设备基础,应全数检查

现浇结构位置和尺寸允许偏差及检验方法   表 6-53

序号	项目		允许偏差(mm)	检验方法
1	轴线位置	整体基础	15	经纬仪及尺量
2		独立基础	10	经纬仪及尺量
3		柱、墙、梁	8	尺量

序号	项 目		允许偏差（mm）	检验方法
4	垂直度	层高 ≤6m	10	经纬仪或吊线、尺量
5		层高 >6m	12	经纬仪或吊线、尺量
6		全高（H）≤300m	H/30000+20	经纬仪、尺量
7		全高（H）>300m	H/10000 且≤80	经纬仪、尺量
8	标高	层高	±10	水准仪或拉线、尺量
9		全高	±30	水准仪或拉线、尺量
10	截面尺寸	基础	+15，−10	尺量
11		柱、梁、板、墙	+10，−5	尺量
12		楼梯相邻踏步高差	6	尺量
13	电梯井	中心位置	10	尺量
14		长、宽尺寸	+25，0	尺量
15	表面平整度		8	2m 靠尺和塞尺量测
16	预埋件中心位置	预埋板	10	尺量
17		预埋螺栓	5	尺量
18		预埋管	5	尺量
19		其他	10	尺量
20	预留洞、孔中心线位置		15	尺量

注：1. 检查柱轴线、中心线位置时，沿纵、横两个方向测量，并取其中偏差的较大值；

2. H 为全高，单位为 mm。

现浇设备基础位置和尺寸允许偏差及检验方法　　　　表 6-54

序号	项 目		允许偏差（mm）	检验方法
1	坐标位置		20	经纬仪及尺量
2	不同平面标高		0，−20	水准仪或拉线、尺量
3	平面外形尺寸		±20	尺量
4	凸台上平面外形尺寸		0，−20	尺量
5	凹槽尺寸		+20，0	尺量
6	平面水平度	每米	5	水平尺、塞尺量测
7		全长	10	水准仪或拉线、尺量
8	垂直度	每米	5	经纬仪或吊线、尺量
9		全高	10	经纬仪或吊线、尺量
10	预埋地脚螺栓	中心位置	2	尺量
11		顶标高	+20，0	水准仪或拉线、尺量
12		中心距	±2	尺量
13		垂直度	5	吊线、尺量
14	预埋地脚螺栓孔	中心线位置	10	尺量
15		截面尺寸	+20，0	尺量
16		深度	+20，0	尺量
17		垂直度	h/100 且≤10	吊线、尺量
18	预埋活动地脚螺栓锚板	中心线位置	5	尺量
19		标高	+20，0	水准仪或拉线、尺量
20		带槽锚板平整度	5	直尺、塞尺量测
21		带螺纹孔锚板平整度	2	直尺、塞尺量测

注：1. 检查坐标、中心线位置时，应沿纵、横两个方向测量，并取其中偏差的较大值；

2. h 为预埋地脚螺栓孔孔深，单位为 mm。

第7章 混凝土结构工程施工装配式结构工程

7.1 一般规定及施工验算

7.1.1 一般规定

一般规定如表7-1所示。

一　般　规　定　　　　　　　　　　　　　表 7-1

序号	项　　目	内　　　　容
1	说明	装配式结构混凝土是以构件加工单位工厂化制作而形成的成品混凝土构件，其经装配、连接，结合部分现浇而形成的混凝土结构即为装配式混凝土结构。装配混凝土构件生产、模具制作、现场装配各流程和环节，应有健全的技术质量及安全保证体系。施工前，应熟悉图纸，掌握有关技术要求及细部构造，编制专项施工方案，构件生产、现场吊装、成品验收等应制定专项技术措施
2	一般规定	(1) 装配式结构工程应编制专项施工方案。必安时，专业施工单位应根据设计文件进行深化设计 　装配式结构工程，应编制专项施工方案，并经监理单位审核批准，为整个施工过程提供指导。根据工程实际情况，装配式结构专项施工方案内容一般包括：预制构件生产、预制构件运输与堆放、现场预制构件的安装与连接、与其他有关分项工程的配合、施工质量要求和质量保证措施、施工过程的安全要求和安全保证措施、施工现场管理机构和质量管理措施等 　装配式混凝土结构深化设计应包括施工过程中脱模、堆放、运输、吊装等各种工况，并应考虑施工顺序及支撑拆除顺序的影响。装配式结构深化设计一般包括：预制构件设计详图、构件模板图、配筋图、预埋件设计详图、构件连接构造详图及装配详图、施工工艺要求等。对采用标准预制构件的工程，也可根据有关的标准设计图集进行施工。根据本书表 1-3 序号 1 之 (3) 条规定，装配式结构专业施工单位完成的深化设计文件应经原设计单位认可 　(2) 装配式结构正式施工前，宜选择有代表性的单元或部分进行试制作、试安装 　当施工单位第一次从事某种类型的装配式结构施工或结构形式比较复杂时，为保证预制构件制作、运输、装配等施工过程的可靠，施工前可针对重点过程进行试制作和试安装，发现问题要及时解决，以减少正式施工中可能发生的问题和缺陷 　(3) 预制构件的吊运应符合下列规定： 　1) 应根据预制构件形状、尺寸、重量和作业半径等要求选择吊具和起重设备，所采用的吊具和起重设备及其施工操作，应符合国家现行有关标准及产品应用技术手册的规定 　2) 应采取保证起重设备的主钩位置、吊具及构件重心在竖直方向上重合的措施；吊索与构件水平夹角不宜小于 60°，不应小于 45°；吊运过程应平稳，不应有大幅度摆动，且不应长时间悬停 　3) 应设专人指挥，操作人员应位于安全位置

序号	项　目	内　　容
2	一般规定	上述中的"吊运"包括预制构件的起吊、平吊及现场吊装等。预制构件的安全吊运是装配式结构工程施工中最重要的环节之一。"吊具"是起重设备主钩与预制构件之间连接的专用吊装工具。"起重设备"包括起吊、平吊及现场吊装用到的各种门式起重机、汽车起重机、塔式起重机等。尺寸较大的预制构件常采用分配梁或分配桁架作为吊具，此时分配梁、分配桁架要有足够的刚度。吊索要有足够长度满足吊装时水平夹角要求。以保证吊索和各吊点受力均匀。自制、改造、修复和新购置的吊具需按国家现行相关标准的有关规定进行设计验算或试验检验，并经认定合格后方可投入使用。预制构件的吊运尚应参照现行行业标准《建筑施工高处作业安全技术规范》JGJ80 的有关规定执行 　　（4）预制构件经检查合格后，应在构件上设置可靠标识。在装配式结构的施工全过程中，应采取防止预制构件损伤或污染的措施 　　对预制构件设置可靠标识有利于在施工中发现质量问题并及时进行修补、更换。构件标识要考虑与构件装配图的对应性；如设计要求构件只能以某一特定朝向搬运，则需在构件上作出恰当标识；如有必要时，尚需通过约定标识表示构件在结构中的位置和方向。预制构件的保护范围包括构件自身及其预留预埋配件、建筑部件等 　　（5）装配式结构施工中采用专用定型产品时，专用定型产品及施工操作应符合国家现行有关标准及产品应用技术手册的规定 　　专用定型产品主要包括预埋吊件、临时支撑系统等，专用定型产品的性能及使用要求均应符合有关国家现行标准及产品应用手册的规定。应用专用定型产品的施工操作，同样应按相关操作规定执行

7.1.2　施工验算

施工验算如表 7-2 所示。

施 工 验 算　　　　　　　　　　　　　　　　　表 7-2

序号	项　目	内　　容
1	说明	装配式混凝土结构施工前，应根据设计要求和施工方案进行必要的施工验算 　　施工验算是装配式混凝土结构设计的重要环节，一般考虑构件脱模、翻转、运输、堆放、吊装、临时固定、节点连接以及预应力筋张拉或放张等施工全过程。装配式结构施工验算的主要内容为临时性结构以及预制构件、预埋吊件及预埋件、吊具、临时支撑等，这里仅规定了预制构件、预埋吊件、临时支撑的施工验算，其他施工验算可按国家现行相关标准的有关规定进行 　　装配式混凝土结构的施工验算除要考虑自重、预应力和施工荷载外，尚需考虑施工过程中的温差和混凝土收缩等不利影响；对于高空安装的预制结构，构件装配工况和临时支撑系统验算还需考虑风荷载的作用；对于预制构件作为临时施工阶段承托模板或支撑时，也需要进行相应工况的施工验算
2	施工验算	（1）预制构件在脱模、吊运、运输、安装等环节的施工验算，应将构件自重标准值乘以脱模吸附系数或动力系数作为等效荷载标准值，并应符合下列规定： 　　1）脱模吸附系数宜取 1.5，也可根据构件和模具表面状况适当增减；复杂情况，脱模吸附系数宜根据试验确定 　　2）构件吊运、运输时，动力系数宜取 1.5；构件翻转及安装过程中就位、临时固定时，动力系数可取 1.2。当有可靠经验时，动力系数可根据实际受力情况和安全要求适当增减

序号	项　目	内　　容
2	施工验算	预制构件的施工验算应采用等效荷载标准值进行，等效荷载标准值由预制构件的自重乘以脱模吸附系数或动力系数后得到。脱模时，构件和模板间会产生吸附力，本书通过引入脱模吸附系数来考虑吸附力。脱模吸附系数与构件和模具表面状况有很大关系，但为简化和统一，基于国内施工经验，本书将脱模吸附系数取为 1.5，并规定可根据构件和模具表面状况适当增减。复杂情况的脱模吸附系数还需要通过试验来确定。根据不同的施工状态，动力系数取值也不一样，本书给出了一般情况下的动力系数取值规定。计算时，脱模吸附系数和动力系数是独立考虑的，不进行连乘 　　(2) 预制构件的施工验算应符合设计要求。当设计无具体要求时，宜符合下列规定： 　　1) 钢筋混凝土和预应力混凝土构件正截面边缘的混凝土法向压应力，应满足下式的要求： $$\sigma_{cc} \leqslant 0.8 f'_{ck} \qquad (7\text{-}1)$$ 　　式中　σ_{cc}——各施工环节在荷载标准组合作用下产生的构件正截面边缘混凝土法向压应力（N/mm²），可按毛截面计算 　　　　　f'_{ck}——与各施工环节的混凝土立方体抗压强度相应的抗压强度标准值（N/mm²），按本书表 5-2 以线性内插法确定 　　2) 钢筋混凝土和预应力混凝土构件正截面边缘的混凝土法向拉应力，宜满足下列公式的要求： $$\sigma_{ct} \leqslant 1.0 f'_{ck} \qquad (7\text{-}2)$$ 　　式中　σ_{ct}——各施工环节在荷载标准组合作用下产生的构性正截面边缘混凝土法向拉应力（N/mm²），可按毛截面计算 　　　　　f'_{tk}——与各施工环节的混凝土立方体抗压强度相应的抗拉强度标准值（N/mm²），按本书表 5-2 以线性内插法确定 　　3) 预应力混凝土构件的端部正截面边缘的混凝土法向拉应力，可适当放松，但不应大于 $1.2 f'_{tk}$ 　　4) 施工过程中允许出现裂缝的钢筋混凝土构件，其正截面边缘混凝土法向拉应力限值可适当放松，但开裂截面处受拉钢筋的应力，应满足下列公式的要求： $$\sigma_s \leqslant 0.7 f_{yk} \qquad (7\text{-}3)$$ 　　式中　σ_s——各施工环节在荷载标准组合作用下产生的构件受拉钢筋应力，应按开裂截面计算（N/mm²） 　　　　　f_{yk}——受拉钢筋强度标准值（N/mm²） 　　5) 叠合式受弯构件尚应符合现行国家标准《混凝土结构设计规范》GB 50010 的有关规定。在叠合层施工阶段验算中，作用在叠合板上的施工活荷载标准值可按实际情况计算，且取值不宜小于 1.5kN/m² 　　上述规定了钢筋混凝土和预应力混凝土预制构件的施工验算要求。如设计规定的施工验算要求与这里规定不同，可按设计要求执行。通过施工验算可确定各施工环节预制构件需要的混凝土强度，并校核预制构件的截面和配筋参考国内外规范的相关规定，本书以限制正截面混凝土受压、受拉应力及受拉钢筋应力的形式给出了预制构件施工验算控制指标 　　这里的公式 (7-1)～公式 (7-3) 中计算混凝土压应力 σ_{cc}、混凝土拉应力 σ_{ct}、受拉钢筋应力 σ_s 均采用荷载标准组合，其中构件自重取本序号上述 (1) 条规定的等效荷载标准值。受拉钢筋应 σ_s 按开裂截面计算，可按国家标准《混凝土结构设计规范》GB 50010—2010 第 7.1.3 条规定的正常使用极限状态验算平截面基本假定计算；对于单排配筋的简单情况，也可按该规范第 7.1.4 条的简化公式计算 σ_s

序号	项　目	内　　容
2	施工验算	这里第 4 款规定的施工过程中允许出现裂缝的情况，可由设计单位与施工单位根据设计要求共同确定，且只适用于配置纵向受拉钢筋屈服强度不大于 500N/mm² 的构件 （3）预制构件中的预埋吊件及临时支撑，宜按下列公式进行计算： $$K_c S_c \leqslant R_c \qquad (7\text{-}4)$$ 式中　K_c——施工安全系数，可按表 7-3 的规定取值；当有可靠经验时，可根据实际情况适当增减 　　　S_c——施工阶段荷载标准组合作用下的效应值，施工阶段的荷载标准值按本书表 9—4 序号 4 及本序号上述（2）条的有关规定取值 　　　R_c——按材料强度标准值计算或根据试验确定的预埋吊件、临时支撑、连接件的承载力；对复杂或特殊情况，宜通过试验确定 预埋吊件是指在混凝土浇筑成型前埋入预制构件内用于吊装连接的金属件，通常为吊钩或吊环形式。临时支撑是指预制构件安放就位后到与其他构件最终连接之前，为保证构件的承载力和稳定性的支撑设施，经常采用的有斜撑、水平撑、牛腿、悬臂托梁以及竖向支架等。预埋吊件和临时支撑均可采用专用定型产品或经设计计算确定 对于预埋吊件、临时支撑的施工验算，本书采用安全系数法进行设计，主要考虑几个因素：工程设计普遍采用安全系数法，并已为国外和我国香港、台湾地区的预制结构相关标准所采纳；预埋吊件、临时支撑多由单自由度或超静定次数较少的钢构（配）件组成，安全系数法有利于判断系统的安全度，并与螺栓、螺纹等机械加工设计相比较、协调；缺少采用概率极限状态设计法的相关基础数据；现行国家标准《工程结构可靠性设计统一标准》GB50153 中规定当缺乏统计资料时，工程结构设计可根据可靠的工程经验或必要的试验研究进行，也可采用容许应力或单一安全系数等经验方法进行 这里的施工安全系数为预埋吊件、临时支撑的承载力标准值或试验值与施工阶段的荷载标准组合作用下的效应值之比、表 7-3 的规定系参考了国内外相关标准的数值并经校准后给出的。施工安全系数的取值需要考虑较多的因素，例如需要考虑构件自重荷载分项系数、钢筋弯折后的应力集中对强度的折减、动力系数、钢丝绳角度影响、临时结构的安全系数、临时支撑的重复使用性等，从数值上可能比永久结构的安全系数大。施工安全系数也可根据具体施工实际情况进行适当增减。另外，对复杂或特殊情况，预埋吊件、临时支撑的承载力则建议通过试验确定

预埋吊件及临时支撑的施工安全系数 K_c 表 7-3

序号	项　目	施工安全系数（K_c）
1	临时支撑	2
2	临时支撑的连接件预制构件中用于连接临时支撑的预埋件	3
3	普通预埋吊件	4
4	多用途的预埋吊件	5

注：对采用 HPB300 钢筋吊环形式的预埋吊件，应符合现行国家标准《混凝土结构设计规范》GB 50010 的有关规定。

7.2　构件制作规定及材料要求与生产工艺

7.2.1　构件制作规定

构件制作规定如表 7-4 所示。

构件制作规定　　　　　　　　　　　　表 7-4

序号	项目	内容
1	场地要求	制作预制构件的场地应平整、坚实，并应采取排水措施。当采用台座生产预制构件时，台座表面应光滑平整，2m 长度内表面平整度不应大于 2mm，在气温变化较大的地区宜设置伸缩缝 台座是直接在上面制作预制构件的"地坪"，主要采用混凝土台座、钢台座两种。台座主要用于长线法生产预应力预制构件或不用模具的中小构件。表面平整度可用靠尺和塞尺配合进行量测
2	构件制作要求	（1）模具应具有足够的强度、刚度和整体稳定性，并应能满足预制构件预留孔、插筋、预埋吊件及其他预埋件的定位要求。模具设计应满足预制构件质量、生产工艺、模具组装与拆卸、周转次数等要求。跨度较大的预制构件的模具应根据设计要求预设反拱 模具是专门用来生产预制构件的各种模板系统，可为固定在构件生产场地的固定模具，也可为方便移动的模具。定型钢模生产的预制构件质量较好，在条件允许的情况下建议尽量采用；对于形状复杂、数量少的构件也可采用木模或其他材料制作。清水混凝土预制构件建议采用精度较高的模具制作。预制构件预留孔设施、插筋、预埋吊件及其他预埋件要可靠地固定在模具上，以避免在浇筑混凝土过程中产生移位。对于跨度较大的预制构件，如设计提出反拱要求，则模具需根据设计要求设置反拱 （2）混凝土振捣除可采用本书表 6-22 序号 2 条规定的方式外，尚可采用振动台等振捣方式 预制构件的振捣与现浇结构不同之处就是可采用振动台的方式。振动台多用于中小预制构件和专用模具生产的先张法预应力预制构件。选择振捣机械时应注意对模具稳定性的影响 （3）当采用平卧重叠法制作预制构件时，应在下层构件的混凝土强度达到 5.0N/mm² 后，再浇筑上层构件混凝土，上、下层构件之间应采取隔离措施 实践中混凝土强度控制可根据当地生产经验的总结，根据不同混凝土强度、不同气温采用时间控制的方式。上、下层构件的隔离措施可采用各种类型的隔离剂，但应注意环保要求 （4）预制构件可根据需要选择洒水、覆盖、喷涂养护剂养护，或采用蒸汽养护、电加热养护。采用蒸汽养护时，应合理控制升温、降温速度和最高温度，构件表面宜保持 90%～100% 的相对湿度 （5）预制构件的饰面应符合设计要求。带面砖或石材饰面的预制构件宜采用反打成型法制作，也可采用后贴工艺法制作 在带饰面的预制构件制作的反打一次成型系指将面砖先铺放于模板内，然后直接在面砖上浇筑混凝土，用振动器振捣成型的工艺。采用反打一次成型工艺，取消了砂浆层，使混凝土直接与面砖背面凹槽粘结，从而有效提高了二者之间的粘接强度，避免了面砖脱落引发的不安全因素及给修复工作带来的不便，而且可做到饰面平整、光洁，砖缝清晰、平直，整体效果较好。饰面一般为面砖或石材，面砖背面宜带有燕尾槽，石材背面应做涂覆防水处理，并宜采用不锈钢卡件与混凝土进行机械连接

序号	项　目	内　　容
2	构件制作要求	（6）带保温材料的预制构件宜采用水平浇筑方式成型。采用夹芯保温的预制构件，宜采用专用连接件连接内外两层混凝土，其数量和位置应符合设计要求 　有保温要求的预制构件保温材料的性能需符合设计要求，主要性能指标为吸水率和热工性能。水平浇筑方式有利于保温材料在预制构件中的定位。如采用竖直浇筑方式成型，保温材料可在浇筑前放置并固定 　采用夹心保温构造时，需要采取可靠连接措施保证保温材料外的两层混凝土可靠连接，专用连接件或钢筋桁架是常用的两种措施。部分有机材料制成的专用连接件热工性能较好，可以完全达到热工"断桥"，而钢筋桁架只能做到部分"断桥"。连接措施的数量和位置需要进行专项设计，专用连接件可根据使用手册的规定直接选用。必要时在构件制作前应进行专项试验，检验连接措施的定位和锚固性能 　（7）清水混凝土预制构件的制作应符合下列规定： 　1）预制构件的边角宜采用倒角或圆弧角 　2）模具应满足清水表面设计精度要求 　3）应控制原材料质量和混凝土配合比，并应保证每班生产构件的养护温度均匀一致 　4）构件表面应采取针对清水混凝土的保护和防污染措施。出现的质量缺陷应采用专用材料修补，修补后的混凝土外观质量应满足设计要求 　（8）带门窗、预埋管线预制构件的制作，应符合下列规定： 　1）门窗框、预埋管线应在浇筑混凝土前预先放置并固定，固定时应采取防止窗破坏及污染窗体表面的保护措施 　2）当采用铝窗框时，应采取避免铝窗框与混凝土直接接触发生电化学腐蚀的措施 　3）应采取控制温度或受力变形对门窗产生的不利影响的措施 　（9）采用现浇混凝土或砂浆连接的预制构件结合面，制作时应按设计要求进行处理。设计无具体要求时，宜进行拉毛或凿毛处理，也可采用露骨料粗糙面 　上述规定主要适用需要通过现浇混凝土或砂浆进行连接的预制构件结合面。拉毛或凿毛的具体要求应符合设计文件及相关标准的有关规定。露骨料粗糙面的施工工艺主要有两种：在需要露骨料部位的模板表面涂刷适量的缓凝剂；在混凝土初凝或脱模后，采用高压水枪、人工喷水加手刷等措施冲洗掉未凝结的水泥砂浆。当设计要求预制构件表面不需要进行粗糙处理时，可按设计要求执行 　（10）预制构件脱模起吊时的混凝土强度应根据计算确定，且不宜小于 $15N/mm^2$。后张有粘结预应力混凝土预制构件应在预应力筋张拉并灌浆后起吊，起吊时同条件养护的水泥浆试块抗压强度不宜小于 $15N/mm^2$ 　预制构件脱模起吊时，混凝土应具有足够的强度，并根据本书表 7-2 的有关规定进行施工验算。实践中，预先留设混凝土立方体试件，与预制构件同条件养护，并用该同条件养护试件的强度作为预制构件混凝土强度控制的依据。施工验算应考虑脱模方法（平放竖直起吊、单边起吊、倾斜或旋转后竖直吊等）和预埋吊件的验算，需要时应进行必要调整

7.2.2　构件制作的材料要求

构件制作的材料要求如表 7-5 所示。

构件制作的材料要求　　　　　　　　　　　　　　　表 7-5

序号	项　目	内　　容
1	模具	构件制作的精度控制，模具是一个重要组成部分。模具制作应尺寸准确、具有足够的刚度、强度和稳定性，严密、不漏浆，构造合理，适合钢筋入摸、混凝土浇捣和养护等要求，且在过程控制、调节及重复、多次使用中，能够始终处于尺寸正确和感观良好状况 　模具应便于清理和隔离剂的涂刷。模具每次使用后，必须清理干净

序号	项　目	内　　容
2	钢筋	钢筋质量必须符合现行有关标准的规定。钢筋成品中配件、埋件、连接件等应符合有关标准规定和设计文件要求 钢筋进场后应按钢筋的品种、规格、批次等分别堆放，并有可靠的措施避免锈蚀和玷污 钢筋的骨架尺寸应准确，宜采用专用成型架绑扎成型。加强筋应有两处以上个部位绑扎确定。钢筋入模时应严禁表面沾上作为隔离剂的油类物质
3	饰面材料	石材、面砖灯饰面材料质量应符合现行有关标准的规定。饰面砖、石材应按编号、品种、数量、规格、尺寸、颜色、用途等分类放置，标识清楚并登记入册 面砖在入模铺设前，应先将单块面砖根据构件加工图的要求分块制成套件、套件的尺寸应根据构件饰面转的大小、图案、颜色取一个或若干个单元组成，每块套件尺寸不宜大于 200mm×600mm。面砖套件制作前，应检查入套面砖是否有破损、翘曲和变形等质量问题，不合格的面砖不得用于面砖套件。面砖套件制作时，应在定型模具中进行。饰面材料的图案、排列、色泽和尺寸应符合设计要求 石材在入模铺设前，应根据构件加工图核对石材尺寸，并提前 24h 在石材背面涂刷处理剂
4	门窗框	门窗的品种、规格、尺寸、性能和开启方向、型材壁厚和连接方式等应符合设计要求

7.2.3　构件制作的生产工艺

构件制作的生产工艺如表 7-6 所示。

构件制作的生产工艺

表 7-6

序号	项　目	内　　容
1	模具组装	在生产模位区，根据生产操作空间进行模具的布置排列。模具组装前，模板必须清理干净，在与混凝土接触的模板表面应均匀涂刷脱模剂，饰面材料铺贴范围内不得涂刷脱模剂 模具的安装与固定，要求平直、紧密、不倾斜、尺寸准确
2	饰面铺贴	饰面砖、石材铺贴前应清理模具，按预制加工图分类编号与对号铺放。饰面砖、石材铺放应按控制尺寸和标高在模具上设置标记，并按标记固定和校正饰面砖、石材。入模后，应根据模具设置基准进行预铺设，待全部尺寸调整无误后，再用双面胶带或硅胶将面砖套件或石材位置固定牢固。饰面材料与混凝土的结合应牢固，之间连接件的结构、数量、位置和防腐处理应符合设计要求。满粘法施工的石材和面砖等饰面材料与混凝土之间应无空鼓。饰面材料铺设后表面应平整，接缝应顺直，接缝的宽度和深度应符合设计要求 涂料饰面的构件表面应平整、光滑，棱角、线槽应顺畅，大于 1mm 的气孔应进行填充修补。预制构件装饰涂饰施工应按现行国家标准《住宅装饰装修工程施工规范》GB 50327 执行

序号	项　目	内　　容
3	门窗框安装	门窗框应直接安装在墙板构件的模具中，门窗框安装的位置应符合设计要求。生产时，应在模具体系上设置限位框或限位件进行固定，防止门框和窗框移位。门窗框与模板接触面应采用双面胶密封保护，与混凝土的连接可依靠专用金属拉片固定。门窗框应采取纸包裹和遮盖等保护措施，不得污染、划伤和损坏门窗框。在生产、吊装完成纸包裹和遮盖等之前，禁止撕除门窗保护
4	钢筋安装	在模外成型的钢筋骨架，吊到模内整体拼装连接。钢筋骨架尺寸必须准确，骨架吊运时应用多吊点的专用吊架进行，防止钢筋骨架在吊运时变形。钢筋骨架应轻放入模，在模具内应放置塑料垫块，防止钢筋骨架直接接触饰面砖或石材。入模后尽量避免移动钢筋骨架，防止引起饰面材料移动、走位。钢筋骨架应采用垫、吊等可靠方式，确保钢筋各部位的保护层厚度
5	成型	构件浇筑成型前必须逐件进行隐蔽项目检测和检查。隐蔽项目检测和检查的主要项目有模具、隔离剂及隔离剂涂刷、钢筋成品（骨架）质量、保护层控制措施、预留孔道、配件和埋件等 混凝土投料高度应小于 500mm，混凝土的铺设应均匀，构件表面应平整。可采用插入式振动棒振捣，逐排振捣密实，振动器不应碰到面砖、预埋件。单块预制构件混凝土浇筑过程应连续进行，以避免单块构件施工缝或冷缝出现 配件、埋件、门框和窗框处混凝土应密实，配件、埋件和门窗外露部分应有防止污损的措施，并应在混凝土浇筑后将残留的混凝土及时擦拭干净。混凝土表面应及时用泥板抹平提浆，需要时还应对混凝土表面进行二次抹面
6	养护	预制构件混凝土浇筑完毕后，应及时养护。构件采用低温蒸汽养护，蒸养可在原生产模位上进行。蒸养分静停、升温、恒温和降温四个阶段。静停从构件混凝土全部浇捣完毕开始计算，静停时间不宜少于 2h。升温速度不得大于 15℃/h。恒温时最高温度不宜超过 55℃，恒温时间不宜少于 3h。降温速度不宜大于 10℃/h。为确保蒸养质量，蒸养的过程尽量采用自动控制，不能自动控制的，车间要安排专人进行人工控制
7	脱模	预制构件蒸汽养护后，蒸养罩内外温差小于 20℃时，方可进行脱罩作业。预制构件拆模起吊前应检验其同条件养护混凝土的试块强度，达到设计强度 75% 方能拆模起吊。应根据模具结构按序拆除模具，不得使用振动构件方式拆模。预制构件起吊前，应确认构件与模具间的连接部分完全拆除后方可起吊。预制构件起吊的吊点设置，除强度应符合设计要求外，还应满足预制构件平稳起吊的要求，构件起吊宜以 4～6 点吊进行

7.3　构件运输和堆放

7.3.1　构件运输与堆放一般规定

构件运输与堆放的一般规定如表 7-7 所示。

构件运输与堆放一般规定　　　　　　　　　　　　　　　　　　表 7-7

序号	项目	内　　　　容
1	构件运输规定	(1) 构件运输时的混凝土强度，当设计无具体规定时，不应小于设计的混凝土强度标准值的 75％；对桁架、薄壁构件，混凝土强度等级不宜低于 100％；对于孔道灌浆的预应力混凝土构件，孔道水泥浆强度不宜低于 15N/mm² (2) 构件支承的位置和方法，应根据其受力情况确定，亦可按正常受力结构进行计算，但在任何情况下混凝土强度等级不得低于 C30，不得引起混凝土的超应力或损伤构件，对于悬挑构件应予以认真换算 (3) 构件装运时应绑扎牢固，防止移动或倾倒；对构件边部或与链索接触处的混凝土，应采用衬垫加以保护 (4) 运输细长构件时，行车应平稳，并可根据需要设置临时水平支撑
2	运输准备工作	(1) 公路运输道路的路基应坚实，路面应平整，路面宽度与转弯半径应符合要求；单行路宽度不小于 4m，双行路宽度不小于 6m，最小转弯半径当用载重汽车时不小于 10m，当用半拖式拖车时不小于 15m，当采用全拖式拖车时不小于 20m (2) 应了解运输道路上的桥梁涵洞等的安全载重量。运输车辆超过安全载重量时，必须加固，并取得公路桥梁管理部门允许 (3) 运输途中的桥洞、隧道及横跨线路的净空尺寸必须能保证安全通过 (4) 公路、铁路运输必须严格按照公路、铁路运行有关规定执行 (5) 公路、铁路运输构件装载并封车前必须经公路、铁路运输管理部门检查核准
3	运输与堆放其他规定	(1) 预制构件运输与堆放时的支承位置应经计算确定 (2) 预制构件的运输应符合下列规定： 1) 预制构件的运输线路应根据道路、桥梁的实际条件确定，场内运输宜设置循环线路 2) 运输车辆应满足构件尺寸和载重要求 3) 装卸构件过程中，应采取保证车体平衡、防止车体倾覆的措施 4) 应采取防止构件移动或倾倒的绑扎固定措施 5) 运输细长构件时应根据需要设置水平支架 6) 构件边角部或绳索接触处的混凝土，宜采用垫衬加以保护 (3) 预制构件的堆放应符合下列规定： 1) 场地应平整、坚实，并应采取良好的排水措施 2) 应保证最下层构件垫实，预埋吊件宜向上，标识宜朝向堆垛间的通道 3) 垫木或垫块在构件下的位置宜与脱模、吊装时的起吊位置一致；重叠堆放构件时，每层构件间的垫木或垫块应在同一垂直线上 4) 堆垛层数应根据构件与垫木或垫块的承载力及堆垛的稳定性确定，必要时应设置防止构件倾覆的支架 5) 施工现场堆放的构件，宜按安装顺序分类堆放，堆垛宜布置在吊车工作范围内且不受其他工序施工作业影响的区域 6) 预应力构件的堆放应根据反拱影响采取措施 (4) 墙板类构件应根据施工要求选择堆放和运输方式。外形复杂墙板宜采用插放架或靠放架直立堆放和运输。插放架、靠放架应安全可靠。采用靠放架直立堆放的墙板宜对称靠放、饰面朝外，与竖向的倾斜角不宜大于 10° (5) 吊运平卧制作的混凝土屋架时，应根据屋架跨度、刚度确定吊索绑扎形式及加固措施。屋架堆放时，可将几榀屋架绑扎成整体

7.3.2 汽车运输

汽车运输的要求如表 7-8 所示。

汽车运输 表 7-8

序号	项目	内容
1	汽车运输大型屋面板	(1) 长度在 6m 左右的构件一般采用汽车运输。按构件重量和外形尺寸按有关规定选用载重汽车型号。每车装 4～5 块（按车型确定） (2) 屋面板之间同一位置垫木，必须在一条垂直线上，装车时应使屋面板的纵向中心线与汽车底盘纵向中心线一致 (3) 为防止屋面板左右移动，一般均设侧向固定杆
2	汽车运输墙板	(1) 汽车运输墙板一般要制作专用钢制三角型固定支架 (2) 外挂式墙板由专门设计的外挂式墙板运输车运输
3	汽车运输吊车梁	(1) 吊车梁形状规整，运输比较稳定，而且含筋率高，断面较大，不易发生断裂 (2) 鱼腹式吊车梁一般曲面向上放置
4	汽车运输柱子、屋面梁等长构件	(1) 长构件悬出部分最低点距路面高度不宜小于 1m，防止坡道运输中碰地面 (2) 支点设置一般采用两支点，亦可设平衡梁三支点支承

7.3.3 构件堆放

构件的堆放应符合表 7-9 的规定。

构件堆放 表 7-9

序号	项目	内容
1	构件堆放规定	(1) 堆放构件的场地应平整坚实，并具有排水设施，堆放构件时应使构件与地面之间留有一定空隙，一般不少于 150mm (2) 应根据构件的刚度及受力情况，确定构件平放，并应保持其稳定 (3) 重叠堆放的构件，吊环应向上，标志应向外；其堆垛高度应根据构件与垫木的承载能力及堆垛的稳定性确定；各层垫木的位置应在一条垂直线上 (4) 采用靠放架立放的构件，必须对称靠放和吊运，其倾斜角度应保持大于 80°，构件上部宜用木块隔开 (5) 要按施工组织设计平面图分类堆放，防止二次倒运 (6) 等截面构件（如矩形梁）堆放时，其两端均应外伸两支点 $0.207l$（l 为构件长度），以使内力最小
2	预制柱的堆放	预制柱堆放位置和采用吊装作业方法有关。采用旋转法吊装的平面位置图如图 7-1 所示，采用滑行法吊装的平面位置图如图 7-2 所示
3	预制桁架的堆放	现场预制的混凝土桁架一般均为平面预制的，因此必须扶起直立（翻身）堆放，扶起直立（翻身）一般采用一台吊车以铁扁担、滑轮、两根以上钢绳进行吊起直立

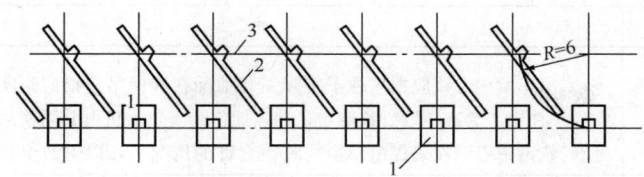

图 7-1　采用旋转法吊装，厂房柱子平面放置

1—基坑；2—预制柱；3—起重机行驶路线

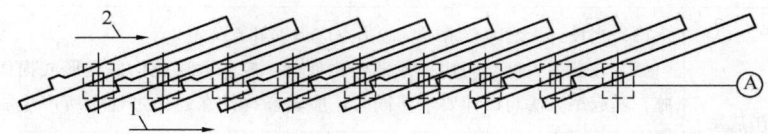

图 7-2　采用滑行法吊装，厂房柱子平面放置

1、2—起重机行驶路线

7.4　构　件　安　装

7.4.1　一般规定

构件安装的一般规定如表 7-10 所示。

构件安装的一般规定　　　　　　　　　　　　　　　表 7-10

序号	项　　目	内　　　　容
1	混凝土强度	构件安装时的混凝土强度，当设计无具体要求时，不应小于设计的混凝土强度标准值的 75%；预应力混凝土构件孔道灌浆的强度，不应小于 15.0N/mm²
2	技术要求	（1）施工前应详细审查图纸，了解设计要求，按有关规定及施工组织设计要求，落实好结构安装中各操作细节的要求，并反复核对其可行性 （2）构件进入现场后，应按事先指定的位置与要求的支承条件就位，并注意各有支承点下地基的密实性 （3）安装前应对构件外观变形情况与几何尺寸进行检查，特别是长度、支承面、主要埋设件以及螺栓孔、洞位置的偏差，发现问题应及时进行处理 （4）经检查后的构件，安装前必须在适当的位置沿长度方向放好纵横两个方向的中心标志线或标志点 （5）各基础顶面螺栓或杯口均应清理干净，并放好各行、列中心线与高程标志点 （6）校核各量具的准确性，并进行必要的检定，确保施测仪表的精度： 1）柱基或基础杯口底面标高，应根据设计给定的吊车轨面标高，加上施工期间可能的沉降（一般取为预估基础沉降的 30%，但不少于 20mm），作为施工控制的轨面标高，再结合已到现场柱子的牛腿顶面至柱底的实际长度逐个确定 2）为方便施工，亦可在上述确定标高的基础上，根据实际施工需要，再统一增加垫板余量作为实际控制标高 （7）根据给出的基础顶面或杯口底部标高，设置相应的坐浆垫板或抹灰找平层：

序号	项　目	内　　容
2	技术要求	1）吊车梁中心线应根据柱子实际安装情况在确保吊车横向跨距的情况下，以全长适宜的小柱中心为准，取直线确定，并以此作为土建、机电共同使用的施测控制线 2）轨道中心线在确保吊车横向跨距允许的情况下，以安装全长适宜的吊车梁或腹板的中心为准，取直线作为最终的吊车轨道中心 3）吊车梁安装前应实测梁的端部高度并尽可能将同一误差范围的吊车梁搭配安装，以求得轨面标高的统一
3	构件起吊规定	（1）当设计无具体要求时，起吊点应根据计算确定 （2）在起吊大型空间构件或薄壁构件前，应采取避免构件变形或损伤的临时加固措施，当起吊方法与设计要求不同时，应验算构件在起吊过程中所产生的内力能否符合要求 （3）构件起吊时，绳索与构件水平面所成夹角不宜小于45°，当小于45°时，应经过验算或采用吊架起吊
4	构件安装就位与校正	（1）构件安装就位后，应采取保证构件稳定性的临时固定措施 （2）安装就位的构件，必须经过校正后方准焊接或浇筑接头混凝土，根据需要焊后可再进行一次复查 （3）结构构件的校正工作，应根据水准点和主轴线进行校正，并作好记录；吊车梁的校正，应在房屋结构校正和固定后进行
5	保证结构安装体系稳定性的措施	（1）结构体系未按设计要求形成整体以前，均不能满足设计的承载条件，因此安装中必须十分注意已安装结构的稳定性，以确保结构安装的施工安全 （2）任何情况下，安装工作不得在几何可变体系中进行，为避免结构失稳，结构的支撑系统均应尽早形成，只要具备条件即应安装。屋面体系安装中，每一安装区间的桁架必须首先形成一个以上完整的支撑体系后，方可进行下一工序安装。对柱例如遇支撑供应不及时等情况，要采取可靠的临时稳定措施，以确保安全施工 （3）各柱、梁灌浆混凝土，应在结构就位调整焊接完毕，经检验合格后，立即进行。因故不能进行的，必须采取措施确保安装结构体系的稳定性 （4）大跨度结构体系安装时必须对施工过程中结构平面外的稳定，给予可靠的保证。当具备这种条件时，方能摘钩进行下一工序；小于18m的桁架平面外必须具有间距大致相等的三点支撑，方可进行下一工序；大于18m，小于36m的桁架，平面外应设置间距大致相等的四点支撑，方能进行下一工序；跨度大于36m的结构应根据结构类型通过计算确定 （5）各不动支撑允许以焊于上弦的屋面板与稳定的相邻结构体系相焊接组成，也可采用具有足够锚固能力的拖拉绳组成，此时绳索的角度应不小于45° （6）框架结构必须在该层节点全部形成后，方能进行下一结构体系安装。钢筋混凝土结构的湿接头未灌浆前，应视为铰接体系；必须进行下一工序施工时，必须在具有一定刚度的拉杆交互形成几何不变体系后进行
6	其他规定	（1）装配式结构安装现场应根据工期要求以及工程量、机械设备等现场条件，组织立体交叉、均衡有效的安装施工流水作业 （2）预制构件安装前的准备工作应符合下列规定：

序号	项　目	内　　容
6	其他规定	1）应核对已施工完成结构的混凝土强度、外观质量、尺寸偏差等符合设计要求和本书的有关规定 2）应核对预制构件混凝土强度及预制构件和配件的型号、规格、数量等符合设计要求 3）应在已施工完成结构及预制构件上进行测量放线，并应设置安装定位标志 4）应确认吊装设备及吊具处于安全操作状态 5）应核实现场环境、天气、道路状况满足吊装施工要求 （3）安放预制构件时，其搁置长度应满足设计要求。预制构件与其支承构件间宜设置厚度不大于 30mm 坐浆或垫片 （4）预制构件安装过程中应根据水准点和轴线校正位置，安装就位后应及时采取临时固定措施。预制构件与吊具的分离应在校准定位及临时固定措施安装完成后进行。临时固定措施的拆除应在装配式结构能达到后续施工承载要求后进行 （5）采用临时支撑时，应符合下列规定： 1）每个预制构件的临时支撑不宜少于 2 道 2）对预制柱、墙板的上部斜撑，其支撑点距离底部的距离不宜小于高度的 2/3，且不应小于高度的 1/2 3）构件安装就位后，可通过临时支撑对构件的位置和垂直度进行微调 （6）装配式结构采用现浇混凝土或砂浆连接构件时，除应符合本书其他章节的有关规定外，尚应符合下列规定： 1）构件连接处现浇混凝土或砂浆的强度及收缩性能应满足设计要求。设计无具体要求时，应符合下列规定： ①承受内力的连接处采用混凝土浇筑，混凝土强度等级值不应低于连接处构件混凝土强度设计等级值的较大值 ②非承受内力的连接处可采用混凝土或砂浆浇筑，其强度等级不应低于 C15 或 M15 ③混凝土粗骨料最大粒径不宜大于连接处最小尺寸的 1/4 2）浇筑前，应清除浮浆、松散骨料和污物，并宜洒水湿润 3）连接节点、水平拼缝应连续浇筑；竖向拼缝可逐层浇筑，每层浇筑高度不宜大于 2m，应采取保证混凝土或砂浆浇筑密实的措施 4）混凝土或砂浆强度达到设计要求后，方可承受全部设计荷载 （7）装配式结构采用焊接或螺栓连接构件时，应符合设计要求或国家现行有关钢结构施工标准的规定，并应对外露铁件采取防腐和防火措施。采用焊接连接时，应采取避免损伤已施工完成结构、预制构件及配件的措施 （8）装配式结构采用后张预应力筋连接构件时，预应力工程施工应符合本书第 4 章的规定 （9）装配式结构构件间的钢筋连接可采用焊接、机械连接、搭接及套筒灌浆连接等方式。钢筋锚固及钢筋连接长度应满足设计要求。钢筋连接施工应符合国家现行有关标准的规定 （10）叠合式受弯构件的后浇混凝土层施工前，应按设计要求检查结合面粗糙度和预制构件的外露钢筋。施工过程中，应控制施工荷载不超过设计取值，并应避免单个预制构件承受较大的集中荷载 （11）当设计对构件连接处有防水要求时，材料性能及施工应符合设计要求及国家现行有关标准的规定

7.4.2 常用构件的就位、校正方法

常用构件的就位、校正方法如表 7-11 所示。

常用构件的就位、校正方法　　　　　　　　　　　　　　　表 7-11

序号	项　　目	内　　　容
1	一般规定	见表 7-10 的有关规定
2	柱	(1) 柱的就位 1) 柱吊入杯口后，当柱脚距杯口底 50mm 左右时每面插入两个铁楔 2) 将柱基杯口上表面中心线和柱子短边两面中心对齐，然后再平移柱子对准长边一面中心线 3) 初步调整柱子垂直度（用垂球线坠自测），吊车落钩使柱落入杯口底面，均衡打紧四面楔子后吊车回钩 (2) 柱的校正 1) 用两台经纬仪校正纵向轴线和横向轴线中心，当两个方向中心线校正到位后固定 2) 柱基杯口上表面中心线，与柱子矩形长边中心线及短边中心线的校正，可用钢板尺直接进行 (3) 柱的固定 1) 当柱中心线与垂直度校正达到标准后，再次轮流打紧四面钢楔，浇筑杯口细石混凝土前应再次确定垂直与中心，达到标准后方可进行一般浇筑至铁楔底部 2) 混凝土二次灌浆层强度达到标准强度50%且不低于 10N/mm² 时，将铁楔拆掉，再浇筑混凝土至杯口平齐 (4) 注意事项 1) 柱子必须根据各自不同长度对正就位以配合杯口底面不同的标高形成统一的标高 2) 超过 9m 长度的柱子及细长柱子，在阳光照射条件下进行校正时要考虑阴阳面温度差引起变形的影响，最好以早晨温差小时校正为宜
3	吊车梁	(1) 吊车梁就位 1) 根据柱子校正完成后重新测定的标高，调整吊车梁垫板（支座处）厚度 2) 根据柱子牛腿上测量给定的纵向，横向中心线与吊车梁纵横向线的位置就位一致。就位时应使吊车梁稍靠向小柱方向以利由小柱向外调整 (2) 吊车梁校正 1) 以柱牛腿上和小柱上测出的中心线为准，用千斤顶作用于小柱向外移动调整吊车梁 2) 标高必须于吊车梁就位前以梁下垫板一次性调整完 3) 以线坠校正吊车梁垂直度 (3) 吊车梁固定 1) 按设计要求拧紧螺丝帽，焊牢梁柱间连接焊缝（点焊） 2) 待房屋安装完成后重新校正后焊好连接处，并浇筑梁柱间混凝土 (4) 注意事项 1) 吊车梁的高宽比小于 4 的可不必临时固定，但高宽比大于 4 的梁端一般用 8 号铁线临时固定 2) 调整吊车梁纵向位置时，应避免影响柱的偏移

序号	项　目	内　　　　　　容
4	屋架	（1）屋架就位 1）屋架吊装前在柱顶支点处应按纵横轴线校正测量结果给出定位线 2）屋架吊升至超过柱顶，对好轴线缓慢落钩，同时确保柱顶纵横轴线与屋架给出的轴线对准一致 3）屋架支点与柱顶支点间如有间隙应以钢板垫平 4）第一榀屋架应以不少于 4 条缆风绳临时固定 （2）屋架校正 1）第二榀屋架之后的各榀安装要以屋架校正器或脚手杆校正后临时固定 2）在屋架跨中从上弦挂线坠垂至下弦，以桁架校正器或缆风绳找准垂直度后固定 （3）屋架固定 1）屋架找正后要同时进行上、下弦系杆、十字撑和水平撑的安装与固定 2）屋架找正后同时进行端部支点与柱顶支点的连接，拧紧螺栓，焊好连接焊缝 （4）注意事项 第一榀屋架临时固定的缆风绳必须安装到有垂直支撑的空间后，全部屋架系统和支撑系统焊牢，形成空间稳定系统后方可拆下，要特别防止局部失稳造成倒塌事故
5	屋面板	（1）屋面板就位 1）大型屋面板安装可以采用一钩吊 4~6 块 2）就位前应根据屋面板实际宽度，确定就位方向，以免形成端部屋面板支承不足 （2）屋面板校正：屋面板就位后一般不进行二次校正，因此一次安装时位置必须准确，缝隙均匀 （3）屋面板固定：屋面板四角埋设件必须与桁架支点埋设件紧密贴连，如有空隙，要用钢板垫平后再行焊接 （4）注意事项 1）每块屋面板必须保证三个点与屋架埋设件焊牢 2）焊接必须及时配合屋面板就位情况进行

7.4.3　构件接头

构件接头的一般要求如表 7-12 所示。

构件接头　　　　　　　　　　　　　　　　　　　　表 7-12

序号	项　目	内　　　　　　容
1	一般规定	（1）构件接头的焊接，应符合本书 3.7 的有关规定，并符合本书表 7-10 的有关规定。经检查合格后，填写记录单 当混凝土在高温作用下易受损伤时，可采用间隔流水焊接或分层流水焊接的方法 （2）装配式结构中承受内力的接头和接缝，应采用混凝土或砂浆浇筑，其强度等级宜比构件混凝土强度等级高二级；对不承受内力的接缝，应采用混凝土或水泥砂浆浇筑，其强度不应低于 C20 对接头或接缝的混凝土或砂浆宜采取快硬措施，在浇筑过程中，必须捣实 （3）承受内力的接头和接缝，当其混凝土强度未达到设计要求时，不得吊装上一层结构构件；当设计无具体要求时，应在混凝土强度不小于 C20 或具有足够的支承时，方可吊装上一层结构构件 （4）已安装完毕的装配式结构，应在混凝土强度达到设计要求后，方可承受全部设计荷载

序号	项　目	内　　容
2	柱与柱连接	（1）湿式（榫式）接头 特点是上柱带有小榫头，与下柱相接承受施工阶段荷载，将上柱与下柱外露的受力筋用剖口焊焊接，配置相应的箍筋，最后浇筑接头混凝土，使上下柱之间形成整体结构 （2）干式（钢帽式）接头 特点是将柱子钢筋焊于用钢板制成的框箍上，用钢板将上下两柱框箍联接焊牢形成整体，因此，柱子必须通过垫于柱心的垫板调整其倾斜程度以利安装就位，钢框箍和联接钢板均应刷油防腐
3	梁与柱的接头	（1）钢筋混凝土牛腿上搭接梁后，将钢筋采用坡口焊后灌混凝土形成刚性联接整体结构 （2）钢牛腿上搭接将梁主筋已经焊于梁端埋设钢件上的梁支点，将钢牛腿和梁端钢件焊接牢固，将其缝隙灌浆形成整体结构，金属埋件均应刷油防腐 （3）槽齿式刚性联接的特点是，将柱与梁连接处按设计要求作出齿槽、插筋和设置承载梁安装过程中临时支承的钢支点，待安装就位、连接插筋、焊接主筋后浇筑细石混凝土二次灌浆，达到强度后形成整体结构
4	接头焊接	（1）坡口焊分为平焊和立焊，按本书 3.6 的有关规定进行 （2）熔槽帮条焊接头及其他钢筋焊接接头详见本书 3.6 的有关规定

7.4.4　预制构件质量检查

预制构件质量检查如表 7-13 所示。

预制构件质量检查　　　　　　　　　　　　　　　　　　　　　　　　　表 7-13

序号	项　目	内　　容
1	台座或模具检查	制作预制构件的台座或模具在使用前应进行下列检查： （1）外观质量 （2）尺寸偏差
2	其他检查	（1）预制构件制作过程中应进行下列检查： 1）预埋吊件的规格、数量、位置及固定情况 2）复合墙板夹芯保温层和连接件的规格、数量、位置及固定情况 3）门窗框和预埋管线的规格、数量、位置及固定情况 4）本书表 6-51 序号 1 规定的检查内容 （2）预制构件的质量应进行下列检查： 1）预制构件的混凝土强度 2）预制构件的标识 3）预制构件的外观质量、尺寸偏差 4）预制构件上的预埋件、插筋、预留孔洞的规格、位置及数量 5）结构性能检验应符合本书的有关规定 （3）预制构件的起吊、运输应进行下列检查： 1）吊具和起重设备的型号、数量、工作性能

序号	项　目	内　　容
2	其他检查	2）运输线路 3）运输车辆的型号、数量 4）预制构件的支座位置、固定措施和保护措施 （4）预制构件的堆放应进行下列检查： 1）堆放场地 2）垫木或垫块的位置、数量 3）预制构件堆垛层数、稳定措施 （5）预制构件安装前应进行下列检查： 1）已施工完成结构的混凝土强度、外观质量和尺寸偏差 2）预制构件的混凝土强度，预制构件、连接件及配件的型号、规格和数量 3）安装定位标识 4）预制构件与后浇混凝土结合面的粗糙度，预留钢筋的规格、数量和位置 （6）吊具及吊装设备的型号、数量、工作性能 （7）预制构件安装连接应进行下列检查： 1）预制构件的位置及尺寸偏差 2）预制构件临时支撑、垫片的规格、位置、数量 3）连接处现浇混凝土或砂浆的强度、外观质量 4）连接处钢筋连接及其他连接质量
3	检查说明	（1）模具质量检查主要包括外观和尺寸偏差检查 （2）预制构件制作过程中的质量检查除应符合现浇结构要求外，尚应包括预埋吊件、复合墙板夹心保温层及连接件、门窗框和预埋管线等检查 （3）预制构件的质量检查为构件出厂前（场内生产的预制构件为工序交接前）进行，主要包括混凝土强度、标识、外观质量及尺寸偏差、预埋预留设施质量及结构性能检验情况；根据现行的相关规定，预制构件的结构性能检验应按批进行，对于部分大型构件或生产较少的构件，当采取加强材料和制作质量检验的措施时，也可不作结构性能检验，具体的结构性能检验要求也可根据工程合同约定 （4）预制构件起吊、运输的质量检查包括吊具和起重设备、运输线路、运输车辆、预制构件的固定保护等检查 （5）预制构件堆放的质量检查包括堆放场地、垫木或垫块、堆垛层数、稳定措施等检查 （6）预制构件安装前的质量检查包括已施工完成结构质量、预制构件质量复核、安装定位标识、结合面检查、吊具及现场吊装设备等检 （7）预制构件安装连接的质量检查包括预制构件的位置及尺寸偏差、临时固定措施、连接处现浇混凝土或砂浆质量、连接处钢筋连接及锚板等其他连接质量的检查

7.5　装配式结构工程施工质量及验收

7.5.1　一般规定、预制构件和结构性能检验

装配式结构工程施工质量及验收的一般规定、预制构件和结构性能检验如表 7-14 所示。

<table>
<tr><td colspan="3">一般规定、预制构件和结构性能检验</td><td>表 7-14</td></tr>
</table>

序号	项　目	内　容
1	一般规定	(1) 装配式结构连接部位及叠合构件浇筑混凝土之前，应进行隐蔽工程验收。隐蔽工程验收应包括下列主要内容： 1) 混凝土粗糙面的质量，键槽的尺寸、数量、位置 2) 钢筋的牌号、规格、数量、位置、间距，箍筋弯钩的弯折角度及平直段长度 3) 钢筋的连接方式、接头位置、接头数量、接头面积百分率、搭接长度、锚固方式及锚固长度 4) 预埋件、预留管线的规格、数量、位置 (2) 装配式结构的接缝施工质量及防水性能应符合设计要求和国家现行有关标准的规定
2	预制构件	(1) 主控项目 1) 预制构件的质量应符合本规范、国家现行有关标准的规定和设计的要求 检查数量：全数检查 检验方法：检查质量证明文件或质量验收记录 2) 专业企业生产的预制构件进场时，预制构件结构性能检验应符合下列规定： ①梁板类简支受弯预制构件进场时应进行结构性能检验，并应符合下列规定： a. 结构性能检验应符合国家现行有关标准的有关规定及设计的要求，检验要求和试验方法应符合本表序号 3 及表 7-18 有关规定 b. 钢筋混凝土构件和允许出现裂缝的预应力混凝土构件应进行承载力、挠度和裂缝宽度检验；不允许出现裂缝的预应力混凝土构件应进行承载力、挠度和抗裂检验 c. 对大型构件及有可靠应用经验的构件，可只进行裂缝宽度、抗裂和挠度检验 d. 对使用数量较少的构件，当能提供可靠依据时，可不进行结构性能检验 ②对其他预制构件，除设计有专门要求外，进场时可不做结构性能检验 ③对进场时不做结构性能检验的预制构件，应采取下列措施： a. 施工单位或监理单位代表应驻厂监督生产过程 b. 当无驻厂监督时，预制构件进场时应对其主要受力钢筋数量、规格、间距、保护层厚度及混凝土强度等进行实体检验 检验数量：同一类型预制构件不超过 1000 个为一批，每批随机抽取 1 个构件进行结构性能检验 检验方法：检查结构性能检验报告或实体检验报告 注："同类型"是指同一钢种、同一混凝土强度等级、同一生产工艺和同一结构形式。抽取预制构件时，宜从设计荷载最大、受力最不利或生产数量最多的预制构件中抽取 3) 预制构件的外观质量不应有严重缺陷，且不应有影响结构性能和安装、使用功能的尺寸偏差 检查数量：全数检查 检验方法：观察，尺量；检查处理记录 4) 预制构件上的预埋件、预留插筋、预埋管线等的规格和数量以及预留孔、预留洞的数量应符合设计要求 检查数量：全数检查 检验方法：观察 (2) 一般项目 1) 预制构件应有标识 检查数量：全数检查 检验方法：观察 2) 预制构件的外观质量不应有一般缺陷 检查数量：全数检查 检验方法：观察，检查处理记录 3) 预制构件尺寸偏差及检验方法应符合表 7-15 的规定；设计有专门规定时，尚应符合设计要求。施工过程中临时使用的预埋件，其中心线位置允许偏差可取表 7-15 中规定数值的 2 倍 检查数量：同一类型的构件，不超过 100 个为一批，每批应抽查构件数量的 5%，且不应少于 3 个 4) 预制构件的粗糙面的质量及键槽的数量应符合设计要求 检查数量：全数检查 检验方法：观察

序号	项　　目	内　　容
3	结构性能检验	（1）预制构件应按标准图或设计要求的试验参数及检验指标进行结构性能检验 检验内容：钢筋混凝土构件和允许出现裂缝的预应力混凝土构件进行承载力、挠度和裂缝宽度检验；不允许出现裂缝的预应力混凝土构件进行承载力、挠度和抗裂检验；预应力混凝土构件中的非预应力杆件按钢筋混凝土构件的要求进行检验。对设计成熟、生产数量较少的大型构件，当采取加强材料和制作质量检验的措施时，可仅作挠度、抗裂和裂缝宽度检验；当采取上述措施并有可靠的实践经验时，可不作结构性能检验 检验数量：对成批生产的构件，应按同一工艺正常生产的不超过 1000 件且不超过 3 个月的同类型产品为一批。当连续检验 10 批且每批的结构性能检验结果均符合规定的要求时，对同一工艺正常生产的构件，可改为不超过 2000 件且不超过 3 个月的同类型产品为一批。在每批中应随机抽取一个构件作为试件进行检验 检验方法：按表 7-18 规定的方法采用短期静力加载检验 注：1. "加强材料和制作质量检验的措施"包括下列内容： 　　　1）钢筋进场检验合格后，在使用前再对用作构件受力主筋的同批钢筋按不超过 5t 抽取一组试件，并经检验合格；对经逐盘检验的预应力钢丝，可不再抽样检查 　　　2）受力主筋焊接接头的力学性能，应按国家现行标准《钢筋焊接及验收规程》JGJ 18 检验合格后，再抽取一组试件，并经检验合格 　　　3）混凝土按 5m³ 且不超过半个工作班生产的相同配合比的混凝土，留置一组试件，并经检验合格 　　　4）受力主筋焊接接头的外观质量、入模后的主筋保护层厚度、张拉预应力总值和构件的截面尺寸等，应逐件检验合格 　　2. "同类型产品"是指同一钢种、同一混凝土强度等级、同一生产工艺和同一结构形式的构件。对同类型产品进行抽样检验时，试件宜从设计荷载最大、受力最不利或生产数量最多的构件中抽取。对同类型的其他产品，也应定期进行抽样检验 （2）预制构件承载力应按下列规定进行检验： 1）当按现行国家标准《混凝土结构设计规范》GB 50010 的规定进行检验时，应符合下列公式的要求： $$\gamma_u^0 \geqslant \gamma_0[\gamma_u] \qquad (7\text{-}5)$$ 式中　γ_u^0——构件的承载力检验系数实测值，即试件的荷载实测值与荷载设计值（均包括自重）的比值 　　　γ_0——结构重要性系数，按设计要求确定，当无专门要求时取 1.0 　　　$[\gamma_u]$——构件的承载力检验系数允许值，按表 7-16 取用 2）当按构件实配钢筋进行承载力检验时，应符合下列公式的要求： $$\gamma_u^0 \geqslant \gamma_0 \eta[\gamma_u] \qquad (7\text{-}6)$$ 式中　η——构件承载力检验修正系数，根据现行国家标准《混凝土结构设计规范》GB 50010 按实配钢筋的承载力计算确定 承载力检验的荷载设计值是指承载能力极限状态下，根据构件设计控制截面上的内力设计值与构件检验的加载方式，经换算后确定的荷载值（包括自重） （3）预制构件的挠度应按下列规定进行检验： 1）当按现行国家标准《混凝土结构设计规范》GB50010 规定的挠度允许值进行检验时，应符合下列公式的要求： $$a_s^0 \leqslant [a_s] \qquad (7\text{-}7)$$ $$[a_s] = \frac{M_k}{M_q(\theta-1)+M_k}[a_f] \qquad (7\text{-}8)$$ 式中　a_s^0——在荷载标准值下的构件挠度实测值 　　　$[a_s]$——挠度检验允许值 　　　$[a_f]$——受弯构件的挠度限值，按现行国家标准《混凝土结构设计规范》GB 50010 确定 　　　M_k——按荷载标准组合计算的弯矩值 　　　M_q——按荷载准永久组合计算的弯矩值 　　　θ——考虑荷载长期作用对挠度增大的影响系数，按现行国家标准《混凝土结构设计规范》GB 50010 确定 2）当按构件实配钢筋进行挠度检验或仅检验构件的挠度、抗裂或裂缝宽度时，应符合下列公式的要求： $$a_s^0 \leqslant 1.2a_s^c \qquad (7\text{-}9)$$ 同时，还应符合公式（7-7）的要求 式中　a_s^c——在荷载标准值下按实配钢筋确定的构件挠度计算值，按现行国家标准《混凝土结构设计规范》GB 50010 确定 正常使用极限状态检验的荷载标准值是指正常使用极限状态下，根据构件设计控制截面上的荷载标准组合效应与构件检验的加载方式，经换算后确定的荷载值

序号	项　目	内　　容
3	结构性能检验	注：直接承受重复荷载的混凝土受弯构件，当进行短期静力加荷试验时，a_s^0 值应按正常使用极限状态下静力荷载标准组合相应的刚度值确定 （4）预制构件的抗裂检验应符合下列公式的要求： $$\gamma_{cr}^0 \geqslant [\gamma_{cr}] \qquad (7\text{-}10)$$ $$[\gamma_{cr}] = 0.95\frac{\sigma_{pc} + \gamma f_{tk}}{\sigma_{ck}} \qquad (7\text{-}11)$$ 式中　γ_{cr}^0——构件的抗裂检验系数实测值，即试件的开裂荷载实测值与荷载标准值（均包括自重）的比值 　　　$[\gamma_{cr}]$——构件的抗裂检验系数允许值 　　　σ_{pc}——由预加力产生的构件抗拉边缘混凝土法向应力值，按现行国家标准《混凝土结构设计规范》GB 50010 确定 　　　γ——混凝土构件截面抵抗矩塑性影响系数，按现行国家标准《混凝土结构设计规范》GB 50010 计算确定 　　　f_{tk}——混凝土抗拉强度标准值 　　　σ_{ck}——由荷载标准值产生的构件抗拉边缘混凝土法向应力值，按现行国家标准《混凝土结构设计规范》GB 50010 确定 （5）预制构件的裂缝宽度检验应符合下列公式的要求： $$w_{s,max}^0 \leqslant [w_{max}] \qquad (7\text{-}12)$$ 式中　$w_{s,max}^0$——在荷载标准值下，受拉主筋处的最大裂缝宽度实测值（mm） 　　　$[w_{max}]$——构件检验的最大裂缝宽度允许值，按表 7-17 取用 （6）预制构件结构性能的检验结果应按下列规定验收： 　1）当试件结构性能的全部检验结果均符合上述（2）、（3）、（4）、（5）的检验要求时，该批构件的结构性能应通过验收 　2）当第一个试件的检验结果不能全部符合上述要求，但又能符合第二次检验的要求时，可再抽两个试件进行检验。第二次检验的指标，对承载力及抗裂检验系数的允许值应取上述（2）和（4）规定的允许值减 0.05；对挠度的允许值应取上述（3）规定允许值的 1.10 倍。当第二次抽取的两个试件的全部检验结果均符合第二次检验的要求时，该批构件的结构性能可通过验收 　3）当第二次抽取的第一个试件的全部检验结果均已符合上述（2）～（5）的要求时，该批构件的结构性能可通过验收

预制构件尺寸的允许偏差及检验方法　　　　　　　　　　　　　　　表 7-15

序号	项　　目		允许偏差（mm）	检验方法
1	长度	楼板、梁、柱、桁架 ＜12m	±5	尺量
2		楼板、梁、柱、桁架 ≥12m 且＜18m	±10	
3		楼板、梁、柱、桁架 ≥18m	±20	
4		墙板	±4	
5	宽度、高（厚）度	楼板、梁、柱、桁架	±5	尺量一端及中部，取其中偏差绝对值较大处
6		墙板	±4	

序号	项　目		允许偏差（mm）	检验方法
7	表面平整度	楼板、梁、柱、墙板内表面	5	2m 靠尺和塞尺量测
8		墙板外表面	3	
9	侧向弯曲	楼板、梁、柱	L/750 且≤20	拉线、直尺量测最大侧向弯曲处
10		墙板、桁架	L/1000 且≤20	
11	翘曲	楼板	L/750	调平尺在两端量测
12		墙板	L/1000	
13	对角线	楼板	10	尺量两个对角线
14		墙板	5	
15	预留孔	中心线位置	5	尺量
16		孔尺寸	±5	
17	预留洞	中心线位置	10	尺量
18		洞口尺寸、深度	±10	
19	预埋件	预埋板中心线位置	5	尺量
20		预埋板与混凝土面平面高差	0，−5	
21		预埋螺栓	2	
22		预埋螺栓外露长度	+10，−5	
23		预埋套筒、螺母中心线位置	2	
24		预埋套筒、螺母与混凝土面平面高差	±5	
25	预留插筋	中心线位置	5	尺量
26		外露长度	+10，−5	
27	键槽	中心线位置	5	尺量
28		长度、宽度	±5	
29		深度	±10	

注：1. L 为构件长度，单位为 mm；
　　2. 检查中心线、螺栓和孔道位置偏差时，沿纵、横两个方向量测，并取其中偏差较大值。

构件的承载力检验系数允许值　　　　表 7-16

序号	受力情况	达到承载能力极限状态的检验标志		$[\gamma_u]$
1	受弯	受拉主筋处的最大裂缝宽度达到1.5mm；或挠度达到跨度的1/50	有屈服点热轧钢筋	1.20
2			无屈服点钢筋（钢丝、钢绞线、冷加工钢筋、无屈服点热轧钢筋）	1.35
3		受压区混凝土破坏	有屈服点热轧钢筋	1.30
4			无屈服点钢筋（钢丝、钢绞线、冷加工钢筋、无屈服点热轧钢筋）	1.50
5		受拉主筋拉断		1.50

序号	受力情况	达到承载能力极限状态的检验标志	$[\gamma_u]$
6	受弯构件的受剪	腹部斜裂缝达到 1.5mm，或斜裂缝末端受压混凝土剪压破坏	1.40
7		沿斜截面混凝土斜压、斜拉破坏；受拉主筋在端部滑脱或其他锚固破坏	1.55
8		叠合构件叠合面、接槎处	1.45

构件检验的最大裂缝宽度允许值（mm）　　　　表 7-17

设计要求的最大裂缝宽度限值	0.1	0.2	0.3	0.4
$[w_{max}]$	0.07	0.15	0.20	0.25

预制构件结构性能检验方法　　　　表 7-18

序号	项　目	内　　容
1	结构性能试验条件	预制构件结构性能试验条件应满足下列要求： （1）构件应在 0℃ 以上的温度中进行试验 （2）蒸汽养护后的构件应在冷却至常温后进行试验 （3）构件在试验前应量测其实际尺寸，并检查构件表面，所有的缺陷和裂缝应在构件上标出 （4）试验用的加荷设备及量测仪表应预先进行标定或校准
2	构件的支承方式	试验构件的支承方式应符合下列规定： （1）板、梁和桁架等简支构件，试验时应一端采用铰支承，另一端采用滚动支承。铰支承可采用角钢、半圆型钢或焊于钢板上的圆钢，滚动支承可采用圆钢 （2）四边简支或四角简支的双向板，其支承方式应保证支承处构件能自由转动，支承面可以相对水平移动 （3）当试验的构件承受较大集中力或支座反力时，应对支承部分进行局部受压承载力验算 （4）构件与支承面应紧密接触；钢垫板与构件、钢垫板与支墩间，宜铺砂浆垫平 （5）构件支承的中心线位置应符合标准图或设计的要求
3	荷载布置	试验构件的荷载布置应符合下列规定： （1）构件的试验荷载布置应符合标准图或设计的要求 （2）当试验荷载布置不能完全与标准图或设计的要求相符时，应按荷载效应等效的原则换算，即使构件试验的内力图形与设计的内力图形相似，并使控制截面上的内力值相等，但应考虑荷载布置改变后对构件其他部位的不利影响
4	加载要求	加载方法应根据标准图或设计的加载要求、构件类型及设备条件等进行选择。当按不同形式荷载组合进行加载试验（包括均布荷载、集中荷载、水平荷载和竖向荷载等）时，各种荷载应按比例增加 （1）荷重块加载 荷重块加载适用于均布加载试验。荷重块应按区格成垛堆放，垛与垛之间间隙不宜小于 50mm （2）千斤顶加载 千斤顶加载适用于集中加载试验。千斤顶加载时，可采用分配梁系统实现多点集中加载。千斤顶的加载值宜采用荷载传感器量测，也可采用油压表量测 （3）梁与桁架可采用水平对顶加载方法，此时构件应垫平且不应妨碍构件在水平方向的位移。梁也可采用竖直对顶的加载方法 （4）当屋架仅作挠度、抗裂或裂缝宽度检验时，可将两榀屋架并列，安放屋面板后进行加载试验

序号	项　目	内　　容
5	分级加载	构件应分级加载。当荷载小于荷载标准值时，每级荷载不应大于荷载标准值的 20%。当荷载大于荷载标准值时，每级荷载不应大于荷载标准值的 10%；当荷载接近抗裂检验荷载值时，每级荷载不应大于荷载标准值的 5%；当荷载接近承载力检验荷载值时，每级荷载不应大于承载力检验荷载设计值的 5% 对仅作挠度、抗裂或裂缝宽度检验的构件应分级卸载 作用在构件上的试验设备重量及构件自重应作为第一次加载的一部分 注：构件在试验前，宜进行预压，以检查试验装置的工作是否正常，同时应防止构件因预压而产生裂缝
6	加载后持续时间	每级加载完成后，应持续 10～15min；在荷载标准值作用下，应持续 30min。在持续时间内，应观察裂缝的出现和开展，以及钢筋有无滑移等；在持续时间结束时，应观察并记录各项读数
7	承载力检验	对构件进行承载力检验时，应加载至构件出现表 7-16 所列承载能力极限状态的检验标志。当在规定的荷载持续时间内出现上述检验标志之一时，应取本级荷载值与前一级荷载值的平均值作为其承载力检验荷载实测值；当在规定的荷载持续时间结束后出现上述检验标志之一时，应取本级荷载值作为其承载力检验荷载实测值 注：当受压构件采用试验机或千斤顶加载时，承载力检验荷载实测值应取构件直至破坏的整个试验过程中所达到的最大荷载值
8	试验与计算	构件挠度可用百分表、位移传感器、水平仪等进行观测。接近破坏阶段的挠度，可用水平仪或拉线、钢尺等测量 试验时，应量测构件跨中位移和支座沉陷。对宽度较大的构件，应在每一量测截面的两边或两肋布置测点，并取其量测结果的平均值作为该处的位移 当试验荷载竖直向下作用时，对水平放置的试件，在各级荷载下的跨中挠度实测值应按下列公式计算： $$a_t^0 = a_q^0 + a_g^0 \quad (7\text{-}13)$$ $$a_q^0 = v_m^0 - \frac{1}{2}(v_l^0 + v_r^0) \quad (7\text{-}14)$$ $$a_g^0 = \frac{M_g}{M_b} a_b^0 \quad (7\text{-}15)$$ 式中　a_t^0——全部荷载作用下构件跨中的挠度实测值（mm） 　　　a_q^0——外加试验荷载作用下构件跨中的挠度实测值（mm） 　　　a_g^0——构件自重及加荷设备重产生的跨中挠度值（mm） 　　　v_m^0——外加试验荷载作用下构件跨中的位移实测值（mm） 　　　v_l^0、v_r^0——外加试验荷载作用下构件左、右端支座沉陷位移的实测值（mm） 　　　M_g——构件自重和加荷设备重产生的跨中弯矩值（kN·m） 　　　M_b——从外加试验荷载开始至构件出现裂缝的前一级荷载为止的外加荷载产生的跨中弯矩值（kN·m） 　　　a_b^0——从外加试验荷载开始至构件出现裂缝的前一级荷载为止的外加荷载产生的跨中挠度实测值（mm）
9	等效集中力加载	当采用等效集中力加载模拟均布荷载进行试验时，挠度实测值应乘以修正系数 ψ；当采用三分点加载时 ψ 可取为 0.98；当采用其他形式集中力加载时，ψ 应经计算确定
10	试验中裂缝的观测	试验中裂缝的观测应符合下列规定： （1）观察裂缝出现可采用放大镜。若试验中未能及时观察到正截面裂缝的出现，可取荷载－挠度曲线上的转折点（曲线第一弯转段两端点切线的交点）的荷载值作为构件的开裂荷载实测值 （2）构件抗裂检验中，当在规定的荷载持续时间内出现裂缝时，应取本级荷载值与前一级荷载值的平均值作为其开裂荷载实测值；当在规定的荷载持续时间结束后出现裂缝时，应取本级荷载值作为其开裂荷载实测值 （3）裂缝宽度可采用精度为 0.05mm 时刻度放大镜等仪器进行观测 （4）对正截面裂缝，应量测受拉主筋处的最大裂缝宽度；对斜截面裂缝，应量测腹部斜裂缝的最大裂缝宽度。确定受弯构件受拉主筋处的裂缝宽度时，应在构件侧面量测

续表 7-18

序号	项 目	内 容
11	安全事项	试验时必须注意下列安全事项： (1) 试验的加荷设备、支架、支墩等，应有足够的承载力安全储备 (2) 对屋架等大型构件进行加载试验时，必须根据设计要求设置侧向支承，以防止构件受力后产生侧向弯曲和倾倒；侧向支承应不妨碍构件在其平面内的位移 (3) 试验过程中应注意人身和仪表安全；为了防止构件破坏时试验设备及构件坍落，应采取安全措施（如在试验构件下面设置防护支承等）
12	试验报告	构件试验报告应符合下列要求： (1) 试验报告应包括试验背景、试验方案、试验记录、检验结论等内容，不得漏项缺检 (2) 试验报告中的原始数据和观察记录必须真实、准确，不得任意涂抹篡改 (3) 试验报告宜在试验现场完成，及时审核、签字、盖章，并登记归档

7.5.2　安装与连接施工质量及验收

安装与连接施工质量及验收如表 7-19 所示。

装配式结构施工质量及验收　　　　　　　表 7-19

序号	项 目	内 容
1	主控项目	(1) 预制构件临时固定措施应符合施工方案的要求 检查数量：全数检查 检验方法：观察 (2) 钢筋采用套筒灌浆连接时，灌浆应饱满、密实，其材料及连接质量应符合国家现行行业标准《钢筋套筒灌浆连接应用技术规程》JGJ 355 的规定 检查数量：按国家现行行业标准《钢筋套筒灌浆连接应用技术规程》JGJ 355 的规定确定 检验方法：检查质量证明文件、灌浆记录及相关检验报告 (3) 钢筋采用焊接连接时，其接头质量应符合现行行业标准《钢筋焊接及验收规程》JGJ 18 的规定 检查数量：按现行行业标准《钢筋焊接及验收规程》JGJ 18 的有关规定确定 检验方法：检查质量证明文件及平行加工试件的检验报告 (4) 钢筋采用机械连接时，其接头质量应符合现行行业标准《钢筋机械连接技术规程》JGJ 107 的规定 检查数量：按现行行业标准《钢筋机械连接技术规程》JGJ 107 的规定确定 检验方法：检查质量证明文件、施工记录及平行加工试件的检验报告 (5) 预制构件采用焊接、螺栓连接等连接方式时，其材料性能及施工质量应符合国家现行标准《钢结构工程施工质量验收规范》GB 50205 和《钢筋焊接及验收规程》JGJ 18 的相关规定 检查数量：按国家现行标准《钢结构工程施工质量验收规范》GB 50205 和《钢筋焊接及验收规程》JGJ 18 的规定确定 检验方法：检查施工记录及平行加工试件的检验报告 (6) 装配式结构采用现浇混凝土连接构件时，构件连接处后浇混凝土的强度应符合设计要求 检查数量：按本书表 6-50 序号 5 之 (1) 的规定确定 检验方法：检查混凝土强度试验报告 (7) 装配式结构施工后，其外观质量不应有严重缺陷，且不应有影响结构性能和安装、使用功能的尺寸偏差 检查数量：全数检查 检验方法：观察，量测；检查处理记录

序号	项　目	内　容
2	一般项目	（1）装配式结构施工后，其外观质量不应有一般缺陷 检查数量：全数检查 检验方法：观察，检查处理记录 （2）装配式结构施工后，预制构件位置、尺寸偏差及检验方法应符合设计要求；当设计无具体要求时，应符合表7-20的规定。预制构件与现浇结构连接部位的表面平整度应符合表7-20的规定 检查数量：按楼层、结构缝或施工段划分检验批。在同一检验批内，对梁、柱和独立基础，应抽查构件数量的10%，且不应少于3件；对墙和板，应按有代表性的自然间抽查10%，且不应少于3间；对大空间结构，墙可按相邻轴线间高度5m左右划分检查面，板可按纵、横轴线划分检查面，抽查10%，且均不应少于3面

装配式结构构件位置和尺寸允许偏差及检验方法　　　表 7-20

序号	项　目		允许偏差（mm）	检验方法
1	构件轴线位置	竖向构件（柱、墙板、桁架）	8	经纬仪及尺量
2		水平构件（梁、楼板）	5	
3	标高	梁、柱、墙板 楼板底面或顶面	±5	水准仪或拉线、尺量
4	构件垂直度	柱、墙板安装后的高度 ≤6m	5	经纬仪或吊线、尺量
5		>6m	10	
6	构件倾斜度	梁、桁架	5	经纬仪或吊线、尺量
7	相邻构件平整度	梁、楼板底面 外露	3	2m靠尺和塞尺量测
8		不外露	5	
9		柱、墙板 外露	5	
10		不外露	8	
11	构件搁置长度	梁、板	±10	尺量
12	支座、支垫中心位置	板、梁、柱、墙板、桁架	10	尺量
13	墙板接缝宽度		±5	尺量

第8章 混凝土结构工程冬期、高温和雨期施工

8.1 冬期施工简述

8.1.1 四季的划分

四季的划分如表 8-1 所示。

四季的划分   表 8-1

序号	项 目	内 容
1	说明	我国"三北"(东北、西北、华北)地区,冬期施工期一般 3 个月~6 个月,工程所占比重最高者可达 30%。在工业及民用建筑工程建设项目中,要求加快建设速度,使工程早日投入使用,充分发挥其经济效益和社会效益的项目不断增多。如果在长达近半年的冬期中,停止或放弃工程建设,将会严重制约项目建设速度和资金、设备等的周转效率,因此,研究与发展、推广应用建筑工程冬期施工技术势在必行。由于冬期施工有其特殊性及复杂性,加之我国建筑施工队伍技术水平高低不一,据多年经验,在这个季节进行施工,也是工程质量问题出现的多发季节。所以,选好施工方法,制定较佳的质量保证措施,是确保工程质量,加快工程建设进度,并减少能耗及材料消耗的关键 为保证冬期施工顺利进行,在总结我国以往经验的基础上,在国家有关技术、经济政策的指导下,制定出相应的规定以利指导施工,是非常必要的 如能在这些地区利用冬期进行施工,对加速基本建设有着重要意义
2	四季的划分	我国在气候上通常用候平均气温划分四季,如表 8-2 所示

四季的划分   表 8-2

序号	季节名称	候平均气温要求
1	冬季	<10℃
2	夏季	>22℃
3	春季和秋季	同时要求满足>10℃,<22℃

注:候平均气温是指连续 5d 的日平均气温的平均值。日平均气温是 1d 内 2、8、14 和 20 时等四次室外温度观测结果的平均值。

8.1.2 冬期施工定义、特点及基本要求

冬期施工定义与冬期施工特点及基本要求如表 8-3 所示。

冬期施工定义、特点及基本要求 表 8-3

序号	项 目	内 容
1	冬期施工定义	(1) 根据当地多年气象资料统计，当室外日平均气温连续 5d 稳定低于 5℃即进入冬期施工；当室外日平均气温连续 5d 高于 5℃时解除冬期施工 (2) 根据当地多年气温资料，室外日平均气温连续 5d 稳定低于 5℃时，混凝土结构工程应采取冬期施工措施；并应及时采取气温突然下降的防冻措施 (3) 当室外日平均气温连续 5d 稳定低于 5℃时，砌体工程施工应采取冬期施工措施，并应在气温突然下降时及时采取防冻措施
2	冬期施工特点	(1) 冬期施工由于施工条件及环境不利，是工程质量事故易出现的多发季节，其质量事故出现约占全年事故的三分之二以上，尤以混凝土工程居多 (2) 质量事故出现的隐蔽性、滞后性。即工程是冬天干的，大多数在春季开始才暴露出来，因而给事故处理带来很大的难度，轻者进行修补，重者返工重来，不仅给工程带来损失，而且影响工程使用寿命 (3) 冬期施工的计划性和准备工作时间性强。这是由于准备工作时间短，技术要求复杂。往往有一些质量事故的发生，都是由于这一环节跟不上，仓促施工造成的
3	冬期施工基本要求	(1) 加强计划安排。在北方地区进行工程建设，冬期计划安排极其重要。在全年计划期中，当预计要进行冬期施工时，一般每年冬期施工前两个月即应进行战略性的安排，因为它涉及到我国各地区 3～6 个月的施工量 (2) 抓紧施工准备工作。其中包括材料、专用设备、能源、暂设工程等。通常每年冬期施工前一个月即要抓紧进行，这一环节上不去，仓促施工，既误工期，又影响质量 (3) 编好技术措施。这是指导施工的纲领性文件，要确定主要技术关键，规定单项工程施工方案编制原则和主要工程的技术规定。通常在冬期施工前一个月即应编制完毕 (4) 制定单项工程施工方案。在冬期施工技术措施等文件指导下，根据有关的规定，针对某单项工程特点，编制单项工程施工方案。内容包括工程进度、施工方法、劳动组织、操作要点、质量要求和试验检测规定等内容，这是进行技术交底和技术培训的主要技术文件之一 (5) 重视技术培训和技术交底工作。这是保证工程质量，加快工程进度的关键。要学习冬期施工的有关规定，要贯彻冬期施工技术措施和施工方案，提出工长、工人应知应会的基本要求，必要时尚应对主要技术骨干、工长和班组长进行考核，通过后方可上岗。经验表明，许多事故常常是由于忽视这一工作环节而造成的

8.1.3 冬期施工起讫日期

根据冬期施工定义，确定冬期施工起讫日期。按当地多年气温资料，并查阅国家或地区气象局资料集即可定出。根据我国中央气象局 1951～1980 年间观测资料，定出我国东北、西北、华北地区主要城市的冬期施工起讫日期如表 8-4 所示。

我国东北、西北、华北地区主要城市冬期施工起讫日期（日/月） 表 8-4

序号	城 市	日最低气温 0℃初、终日		日平均气温稳定 5℃初、终日	
		初日	终日	初日	终日
一	辽宁省				
1	开原	6/10	28/4	22/10	10/4
2	彰武	11/10	22/4	23/10	8/4

序号	城　　市	日最低气温 0℃初、终日		日平均气温稳定 5℃初、终日	
		初日	终日	初日	终日
3	清原	30/9	5/4	16/10	13/4
4	阜新	10/10	24/4	21/10	7/4
5	抚顺	4/10	29/4	21/10	8/4
6	沈阳	13/10	19/4	25/10	6/4
7	黑山	15/10	17/4	29/10	7/4
8	朝阳	6/10	24/4	27/10	5/4
9	建平（叶柏寿）	11/10	21/4	25/10	6/4
10	本溪	13/10	16/4	27/10	7/4
11	桓仁	4/10	30/4	23/10	9/4
12	锦州	20/10	11/4	3/11	2/4
13	鞍山	17/10	17/4	31/10	4/4
14	宽甸	5/10	3/4	27/10	9/4
15	营口	22/10	26/4	2/11	3/4
16	兴城	18/10	11/4	3/11	3/4
17	绥中	18/10	15/4	5/11	2/4
18	岫岩	10/10	12/4	29/10	7/4
19	盖州市	14/10	16/4	2/11	3/4
20	丹东	24/10	11/4	6/11	6/4
21	复县	22/10	11/4	7/11	3/4
22	新金	29/10	9/4	8/11	4/4
23	大连	10/10	31/4	14/11	1/4
二	吉林省				
24	前郭尔罗斯	6/10	29/4	13/9	25/5
25	乾安	5/10	1/5	12/9	24/5
26	扶余	3/10	2/4	11/9	29/5
27	通榆	6/10	29/4	14/9	23/5
28	长岭	6/10	29/4	12/9	25/5
29	吉林	30/9	4/5	11/9	28/5
30	长春	6/10	29/4	14/9	28/5
31	汪清	23/9	19/5	10/10	22/4
32	双辽	5/10	27/4	18/10	11/4
33	敦化	23/9	14/5	9/10	23/4
34	盘石	29/9	8/5	15/10	14/4
35	四平	7/10	28/4	17/10	13/4
36	桦甸	30/9	3/5	15/10	15/4

序号	城　　市	日最低气温 0℃初、终日		日平均气温稳定 5℃初、终日	
		初日	终日	初日	终日
37	延吉	30/9	4/5	17/10	13/4
38	安图（松江）	18/9	27/5	8/10	24/4
39	靖宇	19/9	26/5	10/10	21/4
40	抚松	20/9	19/5	11/10	21/4
41	安图（天池）	2/9	21/6	30/8	28/4
42	临江	3/10	2/5	17/10	14/4
43	通化	4/10	30/4	18/10	16/4
44	长白	22/9	15/5	9/10	26/4
45	集安	12/10	22/4	25/10	8/4
三	黑龙江省				
46	呼玛（漠河）	10/9	6/6	22/9	6/5
47	塔河	6/9	29/5	26/9	8/5
48	呼中	17/9	24/5	30/9	3/5
49	新林	3/9	6/6	23/9	10/5
50	加格达奇	9/9	29/5	28/9	2/5
51	爱晖	25/9	13/5	4/10	29/4
52	孙吴	6/9	4/6	30/9	1/5
53	嫩江	21/9	19/5	4/10	27/4
54	北安	23/9	15/5	5/10	26/4
55	克山	29/9	9/5	7/10	25/4
56	富裕	28/9	10/5	8/10	21/4
57	伊春	21/9	22/5	5/10	26/4
58	海伦	1/10	7/5	7/10	25/4
59	齐齐哈尔	4/10	3/5	11/10	19/4
60	鹤岗	4/10	29/4	13/10	25/4
61	富锦	6/10	2/5	13/10	22/4
62	明水	29/9	10/5	8/10	24/4
63	铁力	23/9	19/5	7/10	25/4
64	绥化	29/9	3/5	11/10	22/4
65	泰来	5/10	3/5	15/10	16/4
66	安达	3/10	7/5	11/10	19/4
67	保清	2/10	3/5	14/10	20/4
68	依兰	2/10	5/5	14/10	18/4
69	通河	28/9	11/5	11/10	21/4
70	虎林	6/10	28/4	14/10	21/4

序号	城　　市	日最低气温 0℃初、终日		日平均气温稳定 5℃初、终日	
		初日	终日	初日	终日
71	哈尔滨	5/10	2/5	13/10	23/4
72	鸡西	2/10	4/5	16/10	19/4
73	尚志	25/9	16/5	8/10	22/4
74	牡丹江	1/10	5/5	13/10	22/4
75	绥芬河	21/9	18/5	9/10	25/4
四	陕西省				
76	榆林	12/10	23/4	25/10	4/4
77	横山	14/10	19/4	27/10	1/4
78	绥德	20/10	12/4	1/11	27/3
79	吴堡	12/10	1/5	26/10	2/4
80	延安	16/10	16/4	31/10	26/3
81	洛川	19/10	12/4	30/10	31/3
82	长武	24/10	17/4	28/10	27/3
83	铜川	31/10	2/4	7/11	26/3
84	华阴（华山）	13/10	3/5	15/10	26/4
85	宝鸡	17/11	19/3	19/11	12/3
86	西安	12/11	21/3	18/11	9/3
87	武功	12/11	23/3	9/11	11/3
88	商县	13/11	26/3	21/11	13/3
89	佛坪	9/11	25/3	21/11	17/3
90	镇安	9/11	26/3	19/11	15/3
91	略阳	20/11	13/3	26/11	27/2
92	汉中	26/11	10/3	27/11	2/3
93	石泉	28/11	5/3	29/11	27/2
五	甘肃省				
94	肃北（党城湾）	23/9	18/5	5/10	28/4
95	金塔	9/10	1/5	20/10	9/4
96	安西	4/10	24/4	26/10	31/3
97	金塔（鼎新）	8/10	25/4	25/10	5/4
98	玉门	4/10	1/5	20/10	8/4
99	敦煌	6/10	18/4	27/10	27/3
100	酒泉	9/10	24/4	21/10	8/4
101	张掖	7/10	29/4	22/10	7/4
102	山丹	3/10	7/5	19/10	12/4
103	民勤	6/10	27/4	23/10	6/4

序号	城 市	日最低气温 0℃初、终日		日平均气温稳定 5℃初、终日	
		初日	终日	初日	终日
104	永昌	25/9	16/5	13/10	18/4
105	天祝（乌鞘岭）	11/9	8/6	14/9	28/5
106	景泰	14/10	21/4	27/10	2/4
107	天祝（松山）	15/9	1/6	23/9	15/5
108	环县	17/10	23/4	27/10	31/3
109	靖远	18/10	17/4	29/10	26/3
110	兰州	25/10	9/4	26/10	23/3
111	榆中	13/10	25/4	24/10	7/4
112	庆阳	24/10	15/4	27/10	4/4
113	会宁	16/10	3/4	20/10	15/4
114	临夏	16/10	22/4	26/10	6/4
115	平凉	20/10	16/4	28/10	1/4
116	都胃	7/10	15/4	5/10	4/5
117	临洮	15/10	27/4	26/10	3/4
118	夏河	3/9	9/6	30/9	11/5
119	天水	1/11	30/3	7/11	18/3
120	岷县	8/10	3/5	22/10	14/4
121	碌曲	18/8	4/7	18/9	21/5
122	玛曲	14/8	6/7	18/9	23/5
123	武都	2/12	25/2	3/12	21/2
六	青海省				
124	冷湖	2/9	16/9	4/10	25/4
125	祁连（托勒）	11/8	7/7	9/9	3/6
126	祁连（野牛沟）	14/8	22/7	3/9	12/6
127	茫崖	6/9	7/6	28/9	11/5
128	祁连	2/9	10/6	27/9	11/5
129	大柴旦	3/9	8/6	28/9	4/5
130	门源	22/8	29/6	26/9	15/5
131	乌兰（德令哈）	26/9	26/5	10/10	20/4
132	刚察	26/8	23/6	15/9	30/5
133	格尔木（小灶火）	7/9	5/6	1/10	22/4
134	乌兰（茶卡）	6/9	7/6	29/9	2/5
135	西宁	13/10	29/4	20/10	10/4
136	都兰（察汗乌苏）	16/9	21/5	13/10	15/4
137	格尔木	19/9	18/5	12/10	16/4

序号	城　　市	日最低气温 0℃初、终日		日平均气温稳定 5℃初、终日	
		初日	终日	初日	终日
138	民和	19/10	15/4	27/10	1/4
139	都兰	17/9	25/5	3/10	1/5
140	共和	18/9	25/5	10/10	22/4
141	贵德	7/10	5/5	24/10	29/3
142	兴海	20/8	24/6	23/9	9/5
143	同德	9/8	5/7	19/9	11/5
144	五道梁	6/8	27/7	13/8	25/7
145	泽库	14/8	28/7	29/8	16/6
146	玛多	10/8	21/7	20/8	4/7
147	曲麻莱	20/8	23/7	1/9	25/6
148	玛心（大武）	11/8	20/7	23/8	1/7
149	格尔木（托久河）	15/8	25/7	26/8	1/7
150	河南（外斯）	16/8	5/7	16/9	20/5
151	治多	15/8	21/7	1/9	14/6
152	称多（清水河）	4/8	21/7	16/8	17/7
153	达日	10/8	13/7	4/9	14/6
154	久治	11/8	14/7	9/9	5/6
155	玉树	28/8	13/6	4/10	2/5
156	班玛	27/8	3/7	27/9	8/5
157	杂多	29/8	4/7	23/9	28/5
158	囊谦	15/9	27/5	10/10	29/4
七	宁夏回族自治区				
159	石嘴山	10/10	26/4	26/10	3/4
160	陶乐	9/10	29/4	25/10	3/4
161	银川	16/10	23/4	29/10	1/4
162	盐池	4/10	3/5	23/10	5/4
163	中卫	13/10	28/4	28/10	30/4
164	中宁	15/10	23/4	30/10	29/3
165	同心	13/10	24/4	26/10	1/4
166	海原	13/10	25/4	21/10	14/4
167	固原	4/10	4/5	21/10	17/4
168	西吉	29/9	13/5	16/10	18/4
八	新疆维吾尔自治区				
169	哈巴河	29/9	5/5	9/10	16/4
170	阿勒泰	30/9	2/5	10/10	16/4

序号	城　　市	日最低气温 0℃初、终日		日平均气温稳定 5℃初、终日	
		初日	终日	初日	终日
171	吉木乃	26/9	11/5	3/10	26/4
172	福海	29/9	3/5	11/10	13/4
173	富蕴	25/9	8/5	6/10	17/4
174	和布克塞尔	21/9	14/5	30/9	27/4
175	塔城	30/9	3/5	13/10	12/4
176	青河	4/9	23/5	1/10	26/4
177	托里	26/9	8/5	8/10	22/4
178	克拉玛依	19/10	6/4	26/10	31/3
179	奇台（北塔山）	18/9	17/5	29/9	30/4
180	博乐（阿拉山口）	20/10	9/4	26/10	31/3
181	温泉	29/9	28/4	7/10	16/4
182	精河	10/10	15/4	23/10	2/4
183	米泉（蔡家湖）	30/9	21/4	18/10	4/4
184	奇台	2/10	28/4	13/10	11/4
185	伊宁	9/10	14/4	27/10	27/3
186	乌鲁木齐	10/10	25/4	12/10	11/4
187	巴里坤	6/9	25/5	1/10	29/4
188	哈密（七角井）	7/10	22/4	25/10	1/4
189	达坂城	28/9	28/4	14/10	11/4
190	伊吾	22/9	11/5	4/10	25/4
191	昭苏	15/9	19/5	5/10	29/4
192	和静（巴音布鲁克）	1/8	1/7	12/9	29/4
193	吐鲁番	1/11	20/3	6/11	8/3
194	哈密	15/10	15/4	28/10	26/3
195	和静（巴仑台）	3/10	22/4	16/10	7/4
196	托克逊（库米什）	7/10	23/4	28/10	27/3
197	拜称	12/10	11/4	28/10	22/3
198	轮台	25/10	4/4	2/11	16/3
199	库尔勒	26/10	29/3	3/11	15/3
200	库车	2/11	18/3	7/11	11/3
201	阿合奇	11/10	12/4	22/10	8/4
202	蔚犁	15/10	11/4	31/10	18/3
203	乌恰（托云）	6/8	22/7	21/8	5/7
204	柯坪	28/10	25/3	8/11	11/3
205	阿克苏（阿拉尔）	25/10	28/3	4/11	13/3

序号	城　　市	日最低气温 0℃初、终日		日平均气温稳定 5℃初、终日	
		初日	终日	初日	终日
206	巴楚	27/10	22/3	8/11	9/3
207	乌恰	7/10	21/4	21/10	5/4
208	喀什	30/10	22/3	10/11	10/3
209	若芜	19/10	7/4	2/11	13/3
210	莎车	29/10	19/3	7/10	8/3
211	且末	12/10	9/4	29/10	16/3
212	民丰（安得河）	4/10	12/4	31/10	13/3
213	皮山	26/10	18/3	8/11	9/3
214	和田	2/11	15/3	10/11	7/3
215	民丰	13/10	4/4	3/11	11/3
216	于田	25/10	25/3	5/11	9/3
217	北京市	28/10	3/4	12/11	22/3
218	天津市	11/11	27/3	15/11	21/3
九	河北省				
219	围场	29/9	6/5	16/11	17/4
220	丰宁	27/9	6/5	22/10	9/4
221	承德	17/10	15/4	1/11	31/3
222	张家口	11/10	23/4	23/10	5/4
223	怀来	14/10	17/4	30/10	31/3
224	青龙	11/10	18/4	31/10	1/4
225	遵化	20/10	10/4	7/11	25/3
226	蔚县	30/9	6/5	21/10	7/4
227	唐山	1/11	4/4	10/11	24/3
228	乐亭	27/10	11/4	19/11	29/3
229	霸州市	28/10	11/4	11/11	20/3
230	保定	3/11	28/3	14/11	17/3
231	黄骅	7/11	2/4	14/11	27/3
232	沧州	10/11	31/3	16/11	20/3
233	饶阳	30/10	3/4	14/11	17/3
234	石家庄	3/11	27/3	15/11	14/3
235	南宫	2/11	1/4	16/11	16/3
236	邢台	1/11	28/3	16/11	13/3
十	山西省				
237	大同	5/10	5/5	20/10	9/4
238	右玉	16/9	23/5	11/10	18/4

续表 8-4

序号	城　市	日最低气温 0℃初、终日		日平均气温稳定 5℃初、终日	
		初日	终日	初日	终日
239	河曲	7/10	2/5	26/10	3/4
240	五台山	8/9	14/5	30/8	12/6
241	五寨	25/9	15/5	14/10	14/4
242	原平	8/10	21/4	27/10	1/4
243	兴县	14/10	19/4	26/10	4/4
244	阳泉	31/10	2/4	11/11	24/3
245	太原	12/10	17/4	1/11	26/3
246	离石	12/10	21/4	29/10	29/3
247	榆社	15/10	19/4	1/11	31/3
248	介休	20/10	10/4	7/11	24/3
249	隰县	22/10	15/4	29/10	1/4
250	阳城	2/11	2/4	15/11	16/3
251	运城	30/10	31/3	17/11	11/3
十一	内蒙古自治区				
252	喜桂图旗（图里河）	25/8	25/6	18/9	10/5
253	额尔古纳旗	5/9	5/6	25/9	6/5
254	满洲里	15/9	26/5	26/9	5/5
255	海拉尔	15/9	25/5	28/9	5/5
256	鄂伦春旗（小二沟）	10/9	30/5	30/9	29/5
257	博克图	26/9	26/5	27/9	7/5
258	新巴尔虎右旗	16/9	16/5	4/10	30/4
259	新巴尔虎左旗	19/9	19/5	2/10	1/5
260	科右前阿尔山	11/8	11/5	20/9	13/5
261	科右前索伦	19/9	19/5	7/10	24/4
262	东乌珠木沁旗	17/9	21/5	3/10	28/4
263	阿巴嘎旗	15/9	24/5	1/10	29/4
264	那仁宝力格西乌珠木沁旗	13/9	27/5	2/10	30/4
265	扎鲁特旗	8/10	27/4	16/10	13/4
266	阿巴嘎旗	16/9	20/5	3/10	29/4
267	巴林左旗	23/9	10/5	14/10	17/4
268	阿巴哈纳尔旗	17/9	20/5	4/10	24/4
269	苏尼特左旗	25/9	14/5	6/10	25/4
270	二连浩特	24/9	14/5	9/10	19/4
271	林西	27/9	5/5	10/10	19/4
272	开鲁	5/10	29/4	17/10	11/4

续表 8-4

序号	城　　市	日最低气温0℃初、终日		日平均气温稳定5℃初、终日	
		初日	终日	初日	终日
273	通辽	4/10	27/4	17/10	11/4
274	翁牛特旗	30/9	1/5	18/10	14/4
275	额济纳旗	6/10	26/4	21/10	6/4
276	苏尼特右旗	26/9	14/5	11/10	18/4
277	敖汗旗	6/10	24/4	23/10	9/4
278	赤峰	5/10	27/4	22/10	10/4
279	多伦	14/10	24/5	3/10	26/4
280	化德	18/9	23/5	3/10	29/4
281	达尔罕茂名安联合旗	19/9	19/5	8/10	21/4
282	乌拉特中后联合旗	24/9	15/5	10/10	16/4
283	四子王旗	19/9	21/5	6/10	23/4
284	潮格旗海力索	26/9	26/5	13/10	20/4
285	集宁	20/9	20/5	8/10	20/4
286	呼和浩特	30/9	5/5	17/10	13/4
287	临河	3/10	4/5	20/10	9/4
288	阿拉善左旗（巴彦毛道）	5/10	2/5	19/10	10/4
289	东胜	3/10	7/5	17/10	16/4
290	阿拉善左旗（吉兰太）	9/10	25/4	25/10	4/4
291	伊金霍洛旗	3/10	5/5	18/10	12/4
292	阿拉善右旗（鄂肯呼都克）	10/10	22/4	25/10	6/4
293	鄂托克旗	3/10	6/5	18/10	10/4

8.1.4　冬期施工准备及术语

冬期施工准备及术语如表 8-5 所示。

| | 冬期施工准备及术语 | 表 8-5 |

序号	项　目	内　　容
1	组织准备	（1）进行冬期施工的工程项目，在入冬前应组织专人编制冬期施工方案。编制的原则是：确保工程质量；经济合理，使增加的费用为最少；所需的热源和材料有可靠的来源，并尽量减少能源消耗；确实能缩短工期。冬期施工方案应包括以下内容：施工程序；施工方法；现场布置；设备、材料、能源、工具的供应计划；安全防火措施；测温制度和质量检查制度等。方案确定后，要组织有关人员学习，并向队组进行交底 （2）进入冬期施工前，对技术人员、施工员、电工、掺外加剂人员、测温保温人员、锅炉司炉工和火炉管理人员，应专门组织技术业务培训，学习本工作范围内的有关知识，明确职责，经考试合格后，方准上岗工作 （3）安排专人进行气温观测并作记录。与当地气象台站保持联系，及时接收天气预报，防止寒流突然袭击

序号	项 目	内 容
2	图纸准备	(1) 会同设计单位对冬期施工图纸进行专门审查，查对其是否能满足冬期施工要求 (2) 根据选用的冬期施工方法，由设计单位对原施工图纸进行必要的验算、修改或补充说明等
3	现场准备	(1) 根据实物工程量提前组织有关机具、化学外加剂和保温材料进场 (2) 搭建加热用的锅炉房、搅拌站，敷设管道，对锅炉进行试火试压，对各种加热的材料、设备要检查其安全可靠性 (3) 计算变压器容量，接通电源 (4) 工地的临时供水管道及白灰膏等材料做好保温防冻工作 (5) 做好冬期施工混凝土、砂浆及掺外加剂的试配试验工作，提出施工配合比
4	安全与防火	(1) 冬期施工时，要采取防滑措施 (2) 大雪后必须将架子上的积雪清扫干净，并检查马道平台，如有松动下沉现象，务必及时处理 (3) 施工时如接触汽源、热水，要防止烫伤；使用氯化钙、漂白粉时，要防止腐蚀皮肤 (4) 亚硝酸钠有剧毒，要严加保管，防止发生误食中毒 (5) 现场火源，要加强管理；使用天然气、煤气时，要防止爆炸；使用焦炭炉、煤炉或天然气、煤气时，应注意通风换气，防止煤气中毒 (6) 电源开关、控制箱等设施要加锁，并设专人负责管理，防止漏电触电
5	冬期施工术语	冬期施工术语见本书表 1-2 序号 8

8.2 钢筋工程冬期施工

8.2.1 一般规定

钢筋工程冬期施工一般规定如表 8-6 所示。

一 般 规 定 表 8-6

序号	项 目	内 容
1	钢筋冷拉	(1) 钢筋调直冷拉温度不宜低于－20℃。预应力钢筋张拉温度不宜低于－15℃ (2) 钢筋张拉与冷拉设备、仪表和液压工作系统油液应根据环境温度选用，并应在使用温度条件下进行配套校验
2	钢筋负温施工	(1) 钢筋负温焊接，可采用闪光对焊、电弧焊、电渣压力焊等方法。当采用细晶粒热轧钢筋时，其焊接工艺应经试验确定。当环境温度低于－20℃时，不宜进行施焊 (2) 负温条件下使用的钢筋，施工过程中应加强管理和检验，钢筋在运输和加工过程中应防止撞击和刻痕
3	环境温度	当环境温度低于－20℃时，不得对 HRB335、HRB400 钢筋进行冷弯加工

8.2.2 钢筋负温焊接

钢筋负温焊接如表 8-7 所示。

| | | 钢筋负温焊接 | 表 8-7 |

序号	项　　目	内　　　　容
1	钢筋负温焊接规定	(1) 雪天或施焊现场风速超过三级风焊接时，应采取遮蔽措施，焊接后未冷却的接头应避免碰到冰雪 (2) 热轧钢筋负温闪光对焊，宜采用预热——闪光焊或闪光——预热——闪光焊工艺。钢筋端面比较平整时，宜采用预热——闪光焊；端面不平整时，宜采用闪光——预热——闪光焊 (3) 钢筋负温闪光对焊工艺应控制热影响区长度。焊接参数应根据当地气温按常温参数调整 采用较低变压器级数，宜增加调整长度、预热流量、预热次数、预热间歇时间和预热接触压力，并宜减慢烧化过程的中期速度 (4) 钢筋负温电弧焊宜采取分层控温施焊。热轧钢筋焊接的层间温度宜控制在 150～350℃之间 (5) 钢筋负温电弧焊可根据钢筋牌号、直径、接头形式和焊接位置选择和焊接电流。焊接时应采取措施防止产生过热、烧伤、咬肉和裂缝等 (6) HRB335 和 HRB400 钢筋多层施焊时，焊后可采用回火焊道施焊，其回火焊道的长度应比前一层焊道的两端缩短 4～6mm，如图 8-1 所示
2	钢筋负温帮条焊或搭接焊的焊接工艺规定	钢筋负温帮条或搭接焊的焊接工艺应符合下列规定： (1) 帮条与主筋之间应采用四点定位焊固定，搭接焊时应采用两点固定；定位焊缝与帮条或搭接端部的距离不应小于 20mm (2) 帮条焊的引弧应在帮条钢筋的一端开始，收弧应在帮条钢筋端头上，弧坑应填满 (3) 焊接时，第一层焊缝应具有足够的熔深，主焊缝或定位焊缝应熔合良好；平焊时，第一层焊缝应先从中间引弧，再向两端运弧；立焊时，应先从中间向上方运弧，再从下端向中间运弧；在以后各层焊缝焊接时，应采用分层控温施焊 (4) 帮条接头或搭接接头的焊缝厚度不应小于钢筋直径的 30％，焊缝宽度不应小于钢筋直径的 70％
3	钢筋负温坡口焊的工艺规定	钢筋负温坡口焊的工艺应符合下列规定： (1) 焊缝根部、坡口端面以及钢筋与钢垫板之间均应熔合，焊接过程中应经常除渣 (2) 焊接时，宜采用几个接头轮流施焊 (3) 加强焊缝的宽度应超出 V 形坡口边缘 3mm，高度应超出 V 形坡口上下边缘 3mm，并应平缓过渡至钢筋表面 (4) 加强焊缝的焊接，应分两层控温施焊
4	钢筋负温电渣压力焊规定	钢筋负温电渣压力焊应符合下列规定： (1) 电渣压力焊宜用于 HRB335、HRB400 热轧带肋钢筋 (2) 电渣压力焊机容量应根据所焊钢筋直径选定 (3) 焊剂应存放于干燥库房内，在使用前经 250～300℃烘焙 2h 以上 (4) 焊接前，应进行现场负温条件下的焊接工艺试验，经检验满足要求后方可正式作业 (5) 电渣压力焊焊接参数可按表 8-8 进行选用 (6) 焊接完毕，应停歇 20s 以上方可卸下夹具回收焊剂，回收的焊剂内不得混入冰雪，接头渣壳应待冷却后清理

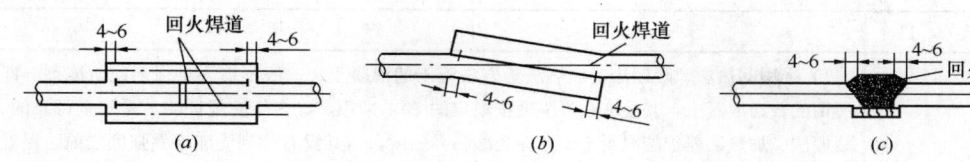

图 8-1 钢筋负温电弧焊回火焊道

（a）帮条焊；（b）搭接焊；（c）坡口焊

钢筋负温电渣压力焊焊接参数   表 8-8

序号	钢筋直径（mm）	焊接温度（℃）	焊接电流（A）	焊接电压（V）		焊接通电时间（s）	
				电弧过程	电渣过程	电弧过程	电渣过程
1	14～18	−10	300～350	35～45	18～22	20～25	6～8
		−20	350～400				
2	20	−10	350～400				
		−20	400～450				
3	22	−10	400～450			25～30	8～10
		−20	500～550				
4	25	−10	450～500				
		−20	550～600				

注：本表系采用常用 HJ431 焊剂盒半自动焊机参数。

8.3 混凝土工程冬期施工

8.3.1 一般规定

混凝土工程冬期施工一般规定如表 8-9 所示。

一 般 规 定   表 8-9

序号	项 目	内 容
1	冬期浇筑混凝土的受冻临界强度	（1）冬期浇筑的混凝土，其受冻临界强度应符合下列规定： 1）采用蓄热法、暖棚法、加热法等施工的普通混凝土，采用硅酸盐水泥、普通硅酸盐水泥配制时，其受冻临界强度不应小于设计混凝土强度等级值的 30%；采用矿渣硅酸盐水泥、粉煤灰硅酸盐水泥、火山灰质硅酸盐水泥、复合硅酸盐水泥时，不应小于设计混凝土强度等级值的 40% 2）当室外最低气温不低于−15℃时，采用综合蓄热法、负温养护法施工的混凝土受冻临界强度不应小于 4.0N/mm²；当室外最低气温不低于−30℃时，采用负温养护法施工的混凝土受冻临界强度不应小于 5.0N/mm² 3）对强度等级等于或高于 C50 的混凝土，不宜小于设计混凝土强度等级值的 30% 4）对有抗渗要求的混凝土，不宜小于设计混凝土强度等级值的 50% 5）对有抗冻耐久性要求的混凝土，不宜小于设计混凝土强度等级值的 70% 6）当采用暖棚法施工的混凝土中掺入早强剂时，可按综合蓄热法受冻临界强度取值 7）当施工需要提高混凝土强度级级时，应按提高后的强度等级确定受冻临界强度 （2）对上述（1）的理解与应用

407

序号	项　目	内　　容
1	冬期浇筑混凝土的受冻临界强度	1）采用蓄热法、暖棚法、加热法等方法施工的混凝土，一般不掺入早强剂或防冻剂，即所谓的普通混凝土，其受冻临界强度按规定的30％采用，经多年实践证明，是安全可靠的。暖棚法、加热法养护的混凝土也存在受冻临界强度，当其没有达到受冻临界强度之前，保温层或暖棚的拆除、电热或蒸汽的停止加热，都有可能造成混凝土受冻。因此，将采用这三种方法施工的混凝土归为一类进行受冻临界强度的规定，是考虑到混凝土性质类似，混凝土在达到受冻临界强度后方可拆除保温层，或拆除暖棚，或停止通蒸汽加热，或停止通电加热 这里明确将蓄热法、暖棚法、加热法等方法施工的混凝土受冻临界强度规定为设计混凝土强度等级值的30％和40％，也是本着节能、节材的宗旨，即采用蓄热法、暖棚法、加热法养护的混凝土，在达到受冻临界强度后即可停止保温，或停止加热，从而降低工程造价，减少不必要的能源浪费 2）采用综合蓄热法、负温养护法施工的混凝土，在混凝土配制中掺入了早强剂或防冻剂，混凝土液相拌合水结冰时的冰晶形态皆发生畸变，对混凝土产生的冻胀破坏力减弱。根据20世纪80年代北京建工总局的研究以及多年的工程实践结果表明，采用综合蓄热法和负温养护法（防冻剂法）施工的混凝土，其受冻临界强度值定为 $4.0N/mm^2$、$5.0N/mm^2$ 是安全合理的 3）根据黑龙江省寒地建筑科学研究院的研究以及国内一些大专院校的研究表明，高强混凝土的受冻临界强度一般在混凝土设计强度等级值的21％～34％之间，鉴于负温高强混凝土的研究数据还不充分，因此，根据现有的研究结果，将C50及C50级以上的高强混凝土受冻临界强度最低值确定为30％，施工单位也可根据工程实际情况，经试验确定 4）负温混凝土可以通过增加水泥用量，降低用水量，掺加外加剂等措施来提高强度，虽然受冻后可保证强度达到设计要求，但由于其内部因冻结会产生大量缺陷，如微裂缝，孔隙等，造成混凝土抗渗性能大幅降低。原黑龙江省低温建筑科学研究所科研数据表明，掺早强型防冻剂C20、C30混凝土分别达到 $10N/mm^2$、$15N/mm^2$ 后受冻，其抗渗等级可达到P6；掺防冻型防冻剂时，抗渗等级可达到P8。经折算，混凝土受冻前的抗压强度达到设计强度等级值的50％。一般工业与民用建筑的设计抗渗等级多为P6～P8，因此，规定有抗渗要求的混凝土受冻临界强度不宜小于设计混凝土强度等级值的50％，是保证有抗渗要求混凝土工程冬期施工质量和结构耐久性的重要技术要求 5）对于有抗冻融要求的混凝土结构，例如建筑中的水池、水塔等，在使用中将与水直接接触，混凝土中的含水率很易达到饱和临界值，受冻环境较严峻，很容易破坏，在设计中提出的抗冻指标，施工过程中应予以保证。目前国内设计中有抗冻融耐久性要求的负温混凝土冬期施工研究试验资料很少，参考国外规范的规定，如国际 RILEM（39－BH）委员会在《混凝土冬季施工国际建议》中规定："对于有抗冻要求的混凝土，考虑耐久性时不得小于设计强度的30％～50％"；美国混凝土学会306委员会（ACI306）在《混凝土冬季施工建议》中规定："对有抗冻要求的掺引气剂混凝土为设计强度的60％～80％"；俄罗斯国家建筑标准与规范 СНИП3.03.01-87 规定："在使用期间遭受冻融的构件，不小于设计强度的70％；预应力混凝土不小于设计强度的80％"；我国《水工建筑抗冰冻设计规范》DL/T 5082—1998规定："在受冻期间可能有外来水分时，大体积混凝土和钢筋混凝土均不应低于设计强度等级的85％"。综合分析这类结构的工作条件和特点，参考国内外规范，在这里增加了有抗冻要求的混凝土，其受冻临界强度值应大于或等于设计强度的70％，以指导此类工程的冬期施工
2	混凝土工程冬期施工热工计算	混凝土工程冬期施工应按本书表 8-10 进行混凝土热工计算

序号	项目	内容
3	混凝土的配制	(1) 混凝土的配制宜选用硅酸盐水泥或普通硅酸盐水泥，并应符合下列规定： 1) 当采用蒸汽养护时，宜选用矿渣硅酸盐水泥 2) 混凝土最小水泥用量不宜低于 280kg/m³，水胶比不应大于 0.55 3) 大体积混凝土的最小水泥用量，可根据实际情况决定 4) 强度等级不大于 C15 的混凝土，其水胶比和最小水泥用量可不受以上限制 (2) 拌制混凝土所用骨料应清洁，不得含有冰、雪、冻块及其他易冻裂物质。掺加含有钾、钠离子的防冻剂混凝土，不得采用活性骨料或在骨料中混有此类物质的材料
4	外加剂选用规定	冬期施工混凝土选用外加剂应符合现行国家标准《混凝土外加剂应用技术规范》GB 50119 的相关规定。非加热养护法混凝土施工，所选用的外加剂应含有引气组分或掺入引气剂，含气量宜控制在 3.0%～5.0%
5	掺用氯盐规定	(1) 钢筋混凝土掺用氯盐类防冻剂时，氯盐掺量不得大于水泥质量的 1.0%。掺用氯盐的混凝土应振捣密实，且不宜采用蒸汽养护 (2) 在下列情况下，不得在钢筋混凝土结构中掺用氯盐： 1) 排出大量蒸汽的车间、浴池、游泳馆、洗衣房和经常处于空气相对湿度大于 80% 的房间以及有顶盖的钢筋混凝土蓄水池等在高湿度空气环境中使用的结构 2) 处于水位升降部位的结构 3) 露天结构或经常受雨、水淋的结构 4) 有镀锌钢材或铝铁相接触部位的结构，和有外露钢筋、预埋件而无防护措施的结构 5) 与含有酸、碱或硫酸盐等侵蚀介质相接触的结构 6) 使用过程中经常处于环境温度为 60℃ 以上的结构 7) 使用冷拉钢筋或冷拔低碳钢丝的结构 8) 薄壁结构，中级和重级工作制吊车梁、屋架、落锤或锻锤基础结构 9) 电解车间和直接靠近直流电源的结构 10) 直接靠近高压电源（发电站、变电所）的结构 11) 预应力混凝土结构
6	其他规定	(1) 模板外和混凝土表面覆盖的保温层，不应采用潮湿状态的材料，也不应将保温材料直接铺盖在潮湿的混凝土表面，新浇混凝土表面应铺一层塑料薄膜 (2) 采用加热养护的整体结构，浇筑程序和施工缝位置的设置，应采取能防止产生较大温度应力的措施。当加热温度超过 45℃ 时，应进行温度应力核算 (3) 型钢混凝土组合结构，浇筑混凝土前应对型钢进行预热，预热温度宜大于混凝土入模温度、预热方法可按本书表 8-20 的相关规定进行

混凝土的热工计算 表 8-10

序号	项目	内容
1	混凝土搅拌、运输、浇筑温度计算	(1) 混凝土拌合物温度可按下列公式计算： $$T_0 = 0.92(m_{ce}T_{ce} + m_s T_s + m_{sa}T_{sa} + m_g T_g) + 4.2T_w(m_w - w_{sa}m_{sa} - w_g m_g)$$ $$+ c_w(w_s a m_{sa}T_{sa} + w_g m_g T_g) - c_i(w_{as}m_{sa} + w_g m_g)/4.2m_w$$ $$+ 0.92(m_{ce} + m_s + m_{sa} + m_g)$$ (8-1) 式中 T_0——混凝土拌合物温度（℃） T_s——掺合料的温度（℃）

序号	项　目	内　　容
1	混凝土搅拌、运输、浇筑温度计算	T_{ce}——水泥的温度（℃） T_{sa}——沙子的温度（℃） T_{g}——石子的温度（℃） T_{w}——水的温度（℃） m_{w}——拌合水用量（kg） m_{ce}——水泥用量（kg） m_{s}——掺合料用量（kg） m_{sa}——沙子用量（kg） m_{g}——石子用量（kg） w_{sa}——沙子的含水率（%） w_{g}——石子的含水率（%） c_{w}——水的比热容［kJ/（kg·K）］ c_{i}——冰的溶解热（kJ/kg）；当骨科温度大于 0℃时，$c_{w}=4.2$，$c_{i}=0$；当骨料温度小于或等于 0℃时，$c_{w}=2.1$，$c_{i}=335$ （2）混凝土拌合物出机温度可按下列公式计算： $$T_1 = T_0 - 0.16(T_0 - T_p) \tag{8-2}$$ 式中　T_1——混凝土拌合物出机温度（℃） 　　　T_p——搅拌机棚内温度（℃） （3）混凝土拌合物运输与输送至浇筑地点时的温度可按下列公式计算： 1）现场拌制混凝土采用装卸式运输工具时： $$T_2 = T_1 - \Delta T_y \tag{8-3}$$ 2）现场拌制混凝土采用泵送施工时： $$T_2 = T_1 - \Delta T_b \tag{8-4}$$ 3）采用商品混凝土泵送施工时： $$T_2 = T_1 - \Delta T_y - \Delta T_b \tag{8-5}$$ 其中，ΔT_y、ΔT_b 分别为采用装卸式运输工具运输混凝土时的温度降低和采用泵管输送混凝土时的温度降低，可按下列公式计算： $$\Delta T_y = (\alpha t_1 + 0.032 n) \times (T_1 - T_a) \tag{8-6}$$ $$\Delta T_b = 4\omega \times \frac{3.6}{0.04 + \frac{d_b}{\lambda_b}} \times \Delta T_1 \times t_2 \times \frac{D_w}{c_c \rho_c D_l^2} \tag{8-7}$$ 式中　T_2——混凝土拌合物运输与输送到浇筑地点时温度（℃） 　　　ΔT_y——采用装卸式运输工具运输混凝土时的温度降低（℃） 　　　ΔT_b——采用泵管输送混凝土时的温度降低（℃） 　　　ΔT_1——泵管内混凝土的温度与环境气温差（℃），当现场拌制混凝土采用泵送工艺输送时：$\Delta T_1 = T_1 - T_a$；当商品混凝土采用泵送工艺输送时：$\Delta T_1 = T_1 - T_y - T_a$ 　　　T_a——室外环境气温（℃） 　　　t_1——混凝土拌合物运输的时间（h） 　　　t_2——混凝土在泵管内输送时间（h） 　　　n——混凝土拌合物运转次数 　　　c_c——混凝土的比热容［kJ/（kg·K）］ 　　　ρ_c——混凝土的质量密度（kg/m³）

序号	项　目	内　　　容
1	混凝土搅拌、运输、浇筑温度计算	λ_b——泵管外保温材料导热系数［W/（m·K）］ d_b——泵管外保温层厚度（m） D_t——混凝土系管内径（m） D_w——混凝土系管外围直径（包括外围保温材料）（m） ω——透风系数，可按本书表8-12取值 α——温度损失系数（h^{-1}）；采用混凝土搅拌车时：$\alpha=0.25$；采用开散式大型自卸汽车时：$\alpha=0.20$；采用开敞式小型自卸汽车时：$\alpha=0.30$；采用封闭式自卸汽车时：$\alpha=0.1$；采用手推车或吊斗时：$\alpha=0.50$ （4）考虑模板和钢筋的吸热影响，混凝土浇筑完成时的温度可按下列公式计算： $$T_3 = \frac{c_c m_c T_2 + c_f m_f T_f + c_s m_s T_s}{c_c m_c + c_f m_f + c_s m_s} \qquad (8-8)$$ 式中　T_3——混凝土浇筑完成时的温度（℃） c_f——模板的比热容［kJ/（kg·K）］ c_s——钢筋的比热容［kJ/（kg·K）］ m_c——每立方米混凝土的重量（kg） m_f——每立方米混凝土相接触的模板重量（kg） m_s——每立方米混凝土相接触的钢筋重量（kg） T_f——模板的温度（℃），未预热时可采用当时的环境温度 T_s——钢筋的温度（℃），未预热时可采用当时的环境温度
2	混凝土蓄热养护过程中的温度计算	（1）混凝土蓄热养护开始到某一时刻的温度、平均温度可按下列公式计算： $$T_4 = \eta e^{-\theta V_{ce} \cdot t_3} - \varphi e^{V_{ce} \cdot t_3} + T_{m,a} \qquad (8-9)$$ $$T_m = \frac{1}{V_{ce} t_3}\left(\varphi e^{-V_{ce} \cdot t_3} - \frac{\eta}{\theta} e^{-\theta V_{ce} \cdot t_3} + \frac{\eta}{\theta} - \varphi \right) + T_{m,a} \qquad (8-10)$$ 其中θ、φ、η为综合参数，可按下列公式计算： $$\theta = \frac{\omega g \cdot K \cdot g M_s}{V_{ce} g \cdot c_c \cdot g \rho_c} \qquad (8-11)$$ $$\varphi = \frac{V_{ce} g \cdot Q_{ce} \cdot g m_{ce,1}}{V_{ce} g \cdot c_c \rho_c - \omega g \cdot K \cdot g M_s} \qquad (8-12)$$ $$\eta = T_3 - T_{m,a} + \varphi \qquad (8-13)$$ $$K = \frac{3.6}{0.04 + \sum_{i=1}^{n} \frac{d_i}{\lambda_i}} \qquad (8-14)$$ 式中　T_4——混凝土蓄热养护开始到某一时刻的温度（℃） T_m——混凝土蓄热养护开始到某一时刻的平均温度（t） t_3——混凝土蓄热养护开始到某一时刻的时间（h） $T_{m,a}$——混凝土蓄热养护开始到某一时刻的平均气温（℃），可采用蓄热养护开始至t_3时气象预报的平均气温，亦可按每时或每日平均气温计算 M_s——结构表面系数（m^{-1}） K——结构围护层的总传热系数［kJ/（m^2·h·K）］ Q_{ce}——水泥水化累积最终放热量（kJ/kg） V_{ce}——水泥水化速度系数（h^{-1}） $m_{ce,1}$——每立方米混凝土水泥用量（kg/m^3） d_i——第i层围护层厚度（m） λ_i——第i层围护层的导热系数［W/（m·K）］

序号	项　目	内　　容
2	混凝土蓄热养护过程中的温度计算	（2）水泥水化积累最终放热量 Q_{ce}、水泥水化速度系数 V_{ce} 及透风系数 ω 取值可按表 8-11、表 8-12 选用 （3）当需要计算混凝土蓄热冷却至 0℃ 的时间时，可根据本书公式（8-9）采用逐次逼近的方法进行计算。当蓄热养护条件满足 $\varphi/T_{m,a} \geqslant 1.5$，且 $KM_s \geqslant 50$ 时，也可按下式直接计算： $$t_0 = \frac{1}{V_{ce}} \ln \frac{\varphi}{T_{m,a}} \qquad (8\text{-}15)$$ 式中　t_0——混凝土蓄热养护冷却至 0℃ 的时间（h） 　　混凝土冷却至 0℃ 的时间内，其平均温度可根据本书公式（8-10）取 $t_3 = t_0$ 进行计算

水泥水化累积最终放热量 Q_{ce} 和水泥水化速度系数 V_{ce}　　　表 8-11

序号	水泥品种及强度等级	Q_{ce}（kJ/kg）	V_{ce}（h^{-1}）
1	硅酸盐、普通硅酸盐水泥 52.5	400	0.018
2	硅酸盐、普通硅酸盐水泥 42.5	350	0.015
3	矿渣、火山灰质、粉煤灰、复合硅酸盐水泥 42.5	310	0.013
4	矿渣、火山灰质、粉煤灰、复合硅酸盐水泥 32.5	260	0.011

透风系数 ω　　　表 8-12

序号	围护层种类	透风系数 ω		
		$V_w < 3\text{m/s}$	$3\text{m/s} \leqslant V_w \leqslant 5\text{m/s}$	$V_w > 5\text{m/s}$
1	围护层有易覆盖材料组成	2.0	2.5	3.0
2	易透风保温材料外包不易透风材料	1.5	1.8	2.0
3	围护层由不易透风材料组成	1.3	1.45	1.6

注：V_w——风速。

8.3.2　混凝土原材料加热、搅拌、运输和浇筑

混凝土原材料加热、搅拌、运输和浇筑如表 8-13 所示。

混凝土原材料加热、搅拌、运输和浇筑　　　表 8-13

序号	项　目	内　　容
1	混凝土原材料加热	（1）混凝土原材料加热宜采用加热水的方法。当加热水仍不能满足要求时，可对骨料进行加热，水、骨料加热的最高温度应符合表 8-14 的规定 　　当水和骨料的温度仍不能满足热工计算要求时，可提高水温到 100℃，但水泥不得与 80℃ 以上的水直接接触 　　（2）水加热宜采用蒸汽加热、电加热、汽水热交换罐或其他加热方法。水箱或水池容积及水温应能满足连续施工的要求 　　（3）沙加热应在开盘前进行，加热应均匀。当采用保温加热料斗时，宜配备两个，交替加热使用。每个料斗容积可根据机械可装高度和侧壁厚度等要求进行设计，每一个斗的容量不宜小于 3.5m³ 　　预拌混凝土用砂，应提前备足料，运至有加热设施的保温封闭储料棚（室）或仓内备用 　　（4）水泥不得直接加热，袋装水泥使用前宜运入暖棚内存放

序号	项　目	内　容
2	混凝土搅拌	混凝土搅拌的最短时间应符合表 8-15 的规定
3	混凝土运输和浇筑	（1）混凝土在运输、浇筑过程中的温度和覆盖的保温材料，应按本书表 8-10 进行热工计算后确定，且入模温度不应低于 5℃。当不符合要求时，应采取措施进行调整 （2）混凝土运输与输送机具应进行保温或具有加热装置。泵送混凝土在浇筑前应对泵管进行保温，并应采用与施工混凝土同配比砂浆进行预热 （3）混凝土浇筑前，应清除模板和钢筋上的冰雪和污垢 （4）冬期不得在强冻胀性地基土上浇筑混凝土；在弱冻胀性地基土上浇筑混凝土时，基土不得受冻。在非冻胀性地基土上浇筑混凝土时，混凝土受冻临界强度应符合本书表 8-9 序号 1 的规定 （5）大体积混凝土分层浇筑时，已浇筑层的混凝土在未被上一层混凝土覆盖前，温度不应低于 2℃。采用加热法养护混凝土时，养护前的混凝土温度也不得低于 2℃

拌合水及骨料加热最高温度　　表 8-14

序号	水泥强度等级	拌合水（℃）	骨料（℃）
1	小于 42.5	80	60
2	42.5、42.5R 及以上	60	40

混凝土搅拌的最短时间　　表 8-15

序号	混凝土坍落度（mm）	搅拌机容积（L）	混凝土搅拌最短时间（s）
1		<250	90
2	≤80	250～500	135
3		>500	180
4		<250	90
5	>80	250～500	90
6		>500	135

注：采用自落式搅拌机时，应较上表搅拌时间延长 30～60s；采用预拌混凝土时，应较常温下预拌混凝土搅拌时间延长 15～30s。

8.3.3　混凝土蓄热法和综合蓄热法养护

混凝土蓄热法和综合蓄热法养护如表 8-16 所示。

混凝土蓄热法和综合蓄热法养护　　表 8-16

序号	项　目	内　容
1	适用条件	（1）当室外最低温度不低于 −15℃时，地面以下的工程，或表面系数不大于 5m^{-1} 的结构，宜采用蓄热法养护。对结构易受冻的部位，应加强保温措施 （2）当室外最低气温不低于 −15℃时，对于表面系数为 5～15m^{-1} 的结构，宜采用综合蓄热法养护，围护层散热系数宜控制在 50～200kJ/（m3·b·K）之间 （3）综合蓄热法施工的混凝土中应掺入早强剂或早强型复合外加剂，并应具有减水、引气作用

序号	项 目	内 容
2	保温	混凝土浇筑后应采用塑料布等防水材料对裸露表面覆盖并保温。对边、棱角部位的保温层厚度应增大到面部位的 2~3 倍。混凝土在养护期间应防风、防失水

8.3.4 混凝土蒸汽养护法

混凝土蒸汽养护法如表 8-17 所示。

混凝土蒸汽养护法　　　　表 8-17

序号	项 目	内 容
1	混凝土蒸汽养护法	混凝土蒸汽养护法可采用棚罩法、蒸汽套法、热模法、内部通汽法等方式进行，其适用范围应符合下列规定： (1) 棚罩法适用于预制梁、板、地下基础、沟道等 (2) 蒸汽套法适用于现浇梁、板、框架结构，墙、柱等 (3) 热模法适用于墙、柱及框架结构 (4) 内部通汽法适用于预制梁、柱、桁架，现浇梁、柱、框架单梁
2	蒸汽养护混凝土要求	(1) 蒸汽养护法应采用低压饱和蒸汽，当工地有高压蒸汽时，应通过减压阀或过水装置后方可使用 (2) 蒸汽养护的混凝土，采用普通硅酸盐水泥时最高养护温度不得超过 80℃，采用矿渣硅酸盐水泥时可提高到 85℃。但采用内部通汽法时，最高加热温度不应超过 60℃ (3) 整体浇筑的结构，采用蒸汽加热养护时，升温和降温速度不得超过表 8-18 规定 (4) 蒸汽养护应包括升温——恒温——降温三个阶段，各阶段加热延续时间可根据养护结束时要求的强度确定 (5) 采用蒸汽养护的混凝土，可掺入早强剂或非引气型减水剂 (6) 蒸汽加热养护混凝土时，应排除冷凝水，并应防止渗入地基土中。当有蒸汽喷出口时，喷嘴与混凝土外露面的距离不得小于 300mm
3	其他说明	由于蒸汽养护法设备复杂笨重，排除冷凝水困难又费工，技术控制也费事，对混凝土的某些性能又可能带来不利影响，因此推荐了几种简单易行方法（表 8-19），并对不同方法的适用范围作出规定 混凝土蒸汽养护法的简述和特点见表 8-19

蒸汽加热养护混凝土升温和降温速度　　　　表 8-18

序号	结构表面系数（m⁻¹）	升温速度（℃/h）	降温速度（℃/h）
1	≥6	15	10
2	<6	10	5

混凝土蒸汽养护法的简述和特点　　　　表 8-19

序号	分类	简 述	特 点
1	棚罩法	用帆布或其他罩子扣罩，内部通蒸汽养护混凝土	设施灵活，施工简便，费用较小，但耗汽量大，温度不宜均匀
2	蒸汽套法	制作密封保温外套，分段送汽养护混凝土	温度能适当控制，加热效果取决于保温构造，设施复杂

序号	分类	简　　述	特　　点
3	热模法	模板外侧配置蒸汽管，加热模板养护	加热均匀、温度易控制，养护时间短，设备费用大
4	内部通汽法	结构内部留孔道，通蒸汽加热养护	节省蒸汽，费用较低，入汽端易过热，需处理冷凝水

8.3.5　电加热法养护混凝土

电加热法养护混凝土如表 8-20 所示。

电加热法养护混凝土　　　　　　　　　　　　　　　　　　　　　　　　　表 8-20

序号	项　　目	内　　容
1	养护混凝土的温度与适用条件	(1) 电加热法养护混凝土的温度应符合表 8-21 的规定 (2) 电极加热法养护混凝土的适用范围宜符合表 8-22 的规定
2	混凝土采用电极加热法养护规定	(1) 混凝土采用电极加热法养护应符合下列规定： 1) 电路接好应经检查合格后方可合闸送电。当结构工程量较大，需边浇筑边通电时，应将钢筋接地线。电加热现场应设安全围栏 2) 棒形和弦形电极应固定牢固，并不得与钢筋直接接触。电极与钢筋之间的距离应符合表 8-23 的规定；当因钢筋密度大而不能保证钢筋与电极之间的距离满足表 8-23 的规定时，应采取绝缘措施 3) 电极加热法应采用交流电。电极的形式、尺寸、数量及配置应能保证混凝土各部位加热均匀，且应加热到设计的混凝土强度标准值的 50%。在电极附近的辐射半径方向每隔 10mm 距离的温度差不得超过 1℃ 4) 电极加热应在混凝土浇筑后立即送电，送电前混凝土表面应保温覆盖。混凝土在加热养护过程中，洒水应在断电后进行 (2) 电极法不允许使用直流电，因直流电会引起电解、锈蚀及电极表面放出气体而造成屏蔽
3	混凝土采用电热毯法养护规定	(1) 混凝土采用电热毯法养护应符合下列规定： 1) 电热毯宜由四层玻璃纤维和中间夹以电阻丝制成。其几何尺寸应根据混凝土表面或模板外侧与龙骨组成的区格大小确定。电热毯的电压宜为 60~80V，功率宜为 75~100W 2) 布置电热毯时，在模板周边的各区格应连续布毯，中间区格可间隔布毯，并应与对面模板错开。电热毯外侧应设置岩棉板等性质的耐热保温材料 3) 电热毯养护的通电持续时间应根据气温及养护温度确定，可采取分段、间断或连续通电养护工序 (2) 电热毯养护工艺是将民用电热毯原理移植于混凝土冬期施工的一种加热养护工艺。在北京等地已应用多年，对于表面系数较大，气温较低，工艺周期要求较短的工程，具有使用价值。采用电热毯养护工艺，由于电热毯功率低，温度分布均匀，故其养护温度（指混凝土温度）接近于常温，因此与高温电热法相比，具有控制技术简单，安全和耗能低的特点 这里强调了两点： 1) 要按构件尺寸做好保温以便提高保温效果和节能，遇停电时可利用蓄热养护，以免混凝土冻坏 2) 保温材料要具备耐热性，由于有时电热毯接线可能出现短路，局部过热，用易燃材料将会引起火灾 由于模板边部（即上下左右）被吸收的热量散热较多，因此在北京、天津、太原、兰州、石家庄等轻寒地区可按本条布毯。若在沈阳、西宁、银川等小寒地区采用电热毯施工墙板，亦可按上述原则布毯，只是对通电和间断时间稍作调整即可，对大寒和严寒地区应提高布毯密度或通过试验增加电热毯功率解决

序号	项 目	内 容
4	混凝土采用工频涡流法养护规定	（1）混凝土采用工频涡流法养护应符合下列规定： 1）工频涡流法养护的涡流管应采用钢管，其直径宜为 12.5mm，壁厚宜为 3mm。钢管内穿铝芯绝缘导线，其截面宜为 25～35mm²，技术参数宜符合表 8-24 的规定 2）各种构件涡流模板的配置应通过热工计算确定，也可按下列规定配置： ①柱：四面配置 ②梁：当高宽比大于 2.5 时，侧模宜采用涡流模板，底模宜采用普通模板；当高宽比小于等于 2.5 时，侧模和底摸皆宜采用涡流模板 ③墙板：距墙板底部 600mm 范围内，应在两侧对称拼装涡流板；600mm 以上部位，应在两侧采用涡流和普通钢模交错拼装，并应使涡流模板对应面为普通模板 ④梁、柱节点：可将涡流钢管插入节点内，钢管总长度应根据混凝土量按 6.0kW/m³ 功率计算；节点外围应保温养护 3）当采用工频涡流法养护时，各阶段送电功率应使预养与恒温阶段功率相同，升温阶段功率应大于预养阶段功率的 2.2 倍。预养、恒温阶段的变压器一次接线为 Y 形，升温阶段接线应为 △ 形 （2）所谓工频涡流电指 50Hz 交流电作用下产生的涡电流 根据电磁感应原理，交变电流在单根导体中流动时，以导线为圆心产生交变磁场的圆柱体，若此导线外面套有铁管，则交变磁场将大部分集中在铁管壁内，由于铁管有一定厚度，就产生感应电动势和电流，这种在管壁中无规则流动的电流称为涡电流。又由于铁管存在电阻，涡电流则在管壁内产生热量，这就实现了电能向热能的转换，可用这种热量来加热混凝土
5	混凝土采用线圈感应加热养护	（1）线圈感应加热法养护宜用于梁、柱结构，以及各种装配式钢筋混凝土结构的接头混凝土的加热养护；亦可用于型钢混凝土组合结构的钢体、密筋结构的钢筋和模板预热，以及受冻混凝土结构构件的解冻 （2）混凝土采用线圈感应加热养护应符合下列规定： 1）变压器宜选择 50kVA 或 100kVA 低压加热变压器，电压宜在 36～110V 间调整。当混凝土量较少时，也可采用交流电焊机。变压器的容量宜比计算结果增加 20%～30% 2）感应线圈宜选用截面面积为 35mm² 铝质或铜质电缆，加热主电缆的截面面积宜为 150mm²。电流不宜超过 400A 3）当缠绕感应线圈时，宜靠近钢模板。构件两端线圈导线的间距应比中间加密一倍，加密范围宜由端部开始向内至一个线圈直径的长度为止，端头应密缠 5 圈 4）最高电压值宜为 80V，新电缆电压值可采用 100V，但应确保接头绝缘。养护期间电流不得中断，并应防止混凝土受冻 5）通电后应采用钳形电流表和万能表随时检查测定电流，并应根据具体情况随时调整参数 （3）线圈感应加热法或者简称感应加热，用于混凝土冬期施工，在原苏联 20 世纪 60～70 年代开始应用 众所周知，线圈内通入交变电流，则线圈周围会产生交变磁场，如果线圈内放入铁芯，铁芯内的磁感应强度大十几倍乃至几百倍。如此强的突变电磁场，会在铁芯中产生电流，涡电流的能量会变为热量。运用这个原理。可以用来加热内有钢筋、外有钢模板的混凝土结构。如果在柱、梁的模板外表面绕上感应线圈、线圈内通入交流电则在钢模板和钢筋内就会产生交变磁场，产生涡电流，因而产生热量，这些热量传给混凝土，就可使混凝土得到加热 混凝土感应加热的主要优点是：

序号	项　目	内　　容
5	混凝土采用线圈感应加热养护	1) 由于与加热构件不直接接触，操作安全 2) 加热条件与混凝土的电物理性能及其在加热期间的变化无关 3) 操作和维护简单 4) 能够预热钢筋、金属模板和被浇筑空间 5) 使用一般金属模板，不需改装 6) 不需金属的附加消耗，感应电线可重复使用 　　由于以上特点，感应加热可应用于条形结构和在横截面和长度方向上配筋均匀的混凝土构件的施工，如柱、梁、檐条、接点、框架结构的构件、管及类似构件等，还可以应用于预制构件接头浇筑 　　感应加热也可以用于非金属模板的施工，只是升温速度应更严格地进行控制，如表 8-25 所示
6	采用电热红外线加热器对混凝土加热养护	(1) 采用电热红外线加热器对混凝土进行辐射加热养护，宜用于薄壁钢筋混凝土结构和装配式钢筋混凝土结构接头处混凝土加热，加热温度应符合本表序号 1 之 (1) 的规定 (2) 红外线也是一种电磁波，具有辐射、定向、穿透、吸收和反射等基本功能。其波长称作近红外线，$4\eta m$ 以上的波长较长被称为远红外线。红外线射到物体表面时，一部分在物体表面被反射，其余部分射入物体内部，后者中又有一部分透过物体，另一部分被物体吸收，使混凝土不断获得热量

电加热法养护混凝土的温度（℃）　　　　　　　　　　　表 8-21

序号	水泥强度等级	结构表面（m^{-1}）		
		< 10	10～15	> 15
1	32.5	70	50	45
2	42.5	40	40	35

注：采用红外线辐射加热时，其辐射表面温度可采用 70～90℃。

电极加热法养护混凝土的适用范围　　　　　　　　　　　表 8-22

序号	分类		常用电极规格	设置方法	适用范围
1	内部电极	棒形电极	$\phi6～\phi12$ 的钢筋短棒	混凝土浇筑后，将电极穿过模板或在混凝土表面插入混凝土体内	梁、柱、厚度大于 150mm 的板、墙及设备基础
2		弦形电极	$\phi6～\phi12$ 的钢筋，长为 2.0～2.5m	在浇筑混凝土前将电极装入，与结构纵向平行。电极两端弯成直角，由模板孔引出	含筋较少的墙、柱、梁、大型柱基础以及厚度大于 200mm 单侧配筋的板
3	表面电极		$\phi6$ 钢筋或厚 1～2mm、宽 30～60mm 的扁钢	电极固定在模板内侧，或装在混凝土的外表面	条形基础，墙及保护层大于 50mm 的大体积结构和地面等

电极与钢筋之间的距离　　　　　　　　　　　表 8-23

序号	工作电压（V）	最小距离（mm）
1	65.0	50～70
2	87.0	80～100
3	106.0	120～150

工频涡流管技术参数　　　　　表 8-24

序号	项目	取值
1	饱和电压降值（V/m）	1.05
2	饱和电流值（A）	200
3	钢管极限功率（W/m）	195
4	涡流管间距（mm）	150～250

感应加热混凝土的最大容许升温速度　　　　表 8-25

序号	升温速度（℃/h） 构件表面系数（m^{-1}） 配筋类型	5～6	7～9	10～11
1	钢筋	3/5	5/8	8/10
2	劲性框架	5/8	8/10	10/15
3	钢筋与劲性框架复合	8/8	10/10	15/15

注：分子值用于非金属模板施工。

8.3.6　暖棚法施工

暖棚法施工如表 8-26 所示。

暖 棚 法 施 工　　　　表 8-26

序号	项目	内　　容
1	适用条件	（1）暖棚法施工适用于地下结构工程和混凝土构件比较集中的工程 （2）暖棚法指混凝土在暖棚内施工和养护的方法。暖棚可以是小而可移动的，在同一时间只加热几个构件；也可以很大，足以覆盖整个工程或者大部分。暖棚由于造价高，消耗材料多，因此应尽量利用在施结构。采取塑料薄膜搭暖棚，材料和用工均较低，且有利于工作场所的白天采光和利用太阳能取暖
2	施工规定	（1）暖棚法施工应符合下列规定： 1）应设专人监测混凝土及暖棚内温度，暖棚内各测点温度不得低于5℃。测温点应选择具有代表性位置进行布置，在离地面 500mm 高度处应设点，每昼夜测温不应少于 4 次 2）养护期间应监测暖棚内的相对湿度，混凝土不得有失水现象，否则应及时采取增湿措施或在混凝土表面洒水养护 3）暖棚的出入口应设专人管理，并应采取防止棚内温度下降或引起风口处混凝土受冻的措施 4）在混凝土养护期间应将烟或燃烧气体排至棚外，并应采取防止烟气中毒和防火的措施 （2）当采用燃料加热器（油、煤等炉子）且置于暖棚内时，将产生较多的 CO_2，新浇的混凝土吸收 CO_2 后极易与水泥中的 $Ca(OH)_2$ 反应，在混凝土表面形成碳化表面，不管如何刷洗无法清除，只有用砂轮才能彻底清除这一层。因此暖棚内应采取防止碳化的措施，如炉子的烟气应排至棚外，适当排气以控制含量；向棚内补充新鲜空气以供炉子助燃，特别是在养护的第一天内应尽可能地降低 CO_2 浓度

8.3.7　混凝土负温养护法

混凝土负温养护法如表 8-27 所示。

混凝土负温养护法　　　　　　　　　　　　表 8-27

序号	项　目	内　　容
1	适用条件	(1) 混凝土负温养护法适用于不易加热保温，且对强度增长要求不高的一般混凝土结构工程 (2) 负温养护法施工的混凝土，应以浇筑后 5d 内的预计日最低气温来选用防冻剂，起始养护温度不应低于 5℃ (3) 混凝土浇筑后，裸露表面应采取保湿措施；同时，应根据需要采取必要的保温覆盖措施
2	有关规定	负温养护法施工应按本书表 8-30 序号 3 规定加强测温；混凝土内部温度降到防冻剂规定温度之前，混凝土的抗压强度应符合本书表 8-9 序号 1 的规定

8.3.8　硫铝酸盐水泥混凝土负温施工

硫铝酸盐水泥混凝土负温施工如表 8-28 所示。

硫铝酸盐水泥混凝土负温施工　　　　　　　　　　　　表 8-28

序号	项　目	内　　容
1	适用条件	(1) 硫铝酸盐水泥混凝土可在不低于 −25℃ 环境下施工，适用于下列工程： 1) 工业与民用建筑工程的钢筋混凝土梁、柱、板、墙的现浇结构 2) 多层装配式结构的接头以及小截面和薄壁结构混凝土工程 3) 抢修、抢建工程及有硫酸盐腐蚀环境的混凝土工程 (2) 使用条件经常处于温度高于 80℃ 的结构部位或有耐火要求的结构工程，不宜采用硫铝酸盐水泥混凝土施工 (3) 采用硫铝酸盐水泥进行混凝土冬期施工是一种简单而可行的办法，在国内外都已有成功的应用经验。硫铝酸盐水泥具有快硬早强的特点，掺加适量 $NaNO_2$ 作为防冻早强剂，可进一步改善早期抗冻性能，提高负温强度增长率，特别适用于混凝土的负温快速施工。自 1976 年以来，铁道部科学研究院、北京、河北、新疆、辽宁、黑龙江等地得到推广应用 掺有防冻早强剂的硫铝酸盐水泥混凝土，在负温下强度仍能较快增长，但随温度下降，强度增长速度也减慢。根据铁道部科学研究院的试验资料和实际工程应用结果，可以在最低气温为 −25℃ 的负温环境下施工 硫铝酸盐水泥混凝土在 80℃ 以上时，由于水化产物钙矾石脱水，对强度将产生不利影响，所以，如冶金厂房等高温作业的建筑物或有耐火要求的结构，不能采用硫铝酸盐水泥混凝土 根据中国建筑材料科学研究院的研究，硫铝酸盐水泥具有快硬、早强的特性，硫铝酸盐水泥混凝土的抗硫酸盐腐蚀性能优于高抗硫硅酸盐水泥，故硫铝酸盐水泥适用于"抢修、抢建工程及有硫酸盐腐蚀环境的混凝土工程"
2	硫铝酸盐水泥混凝土冬期施工	(1) 硫铝酸盐水泥混凝土冬期施工可选用 $NaNO_2$ 防冻剂或 $NaNO_2$ 与 Li_2CO_3 复合防冻剂，其掺量可按表 8-29 选用 (2) 根据中国建筑材料科学研究院及唐山北极熊建材有限公司近十几年的研究和工程实践，$NaNO_2$ 与 Li_2CO_3 复合使用效果更佳。硫铝酸盐水泥混凝土在复合防冻剂、缓凝减水剂的作用下，既可以保证有充分的运输、输送、浇筑等时间，又可以在凝结后迅速硬化。特制的抢修混凝土在 5℃ ～ −5℃ 下，既可以有不小于 40min 的可工作时间，又可以在 4h 达到 $20N/mm^2$ 以上的强度 此外，掺复合防冻剂的硫铝酸盐水泥混凝土还具有一个重要特点，即混凝土受冻可以不受临界温度值限制，当混凝土成型后立即受冻，对后期强度没有不利影响

序号	项 目	内 容
3	拼装接头	（1）拼装接头或小截面构件、薄壁结构施工时，应适当提高拌合物温度，并应加强保温措施 （2）硫铝酸钠盐水泥混凝土凝结较快，坍落度损失较大。根据经验，在配合比设计时要适当增加坍落度值。用热水拌合时，可先将热水与砂石混合搅拌，然后投入水泥 　用于拼装接头或小截面构件、薄壁结构的硫铝酸盐水泥混凝土施工时，要适当提高拌合物温度，并应保温
4	其他规定	（1）硫铝酸盐水泥可与硅酸盐类水泥混合使用，硅酸盐类水泥的掺用比例应小于 10% （2）硫铝酸盐水泥混凝土可采用热水拌合，水温不宜超过 50℃，拌合物温度宜为 8～15℃，坍落度应比普通混凝土增加 10～20mm。水泥不得直接加热或直接与 30℃ 以上热水接触 （3）采用机械搅拌和运输车运输，卸料时应将搅拌筒及运输车内混凝土排空，并应根据混凝土凝结时间情况，及时清洗搅拌机和运输车 （4）混凝土应随拌随用，并应在拌制结束 30min 内浇筑完毕，不得二次加水拌合使用。混凝土入模温度不得低于 2℃ （5）混凝土浇筑后，应立即在混凝土表面覆盖一层塑料薄膜防止失水，并应根据气温情况及时覆盖保温材料 （6）混凝土养护不宜采用电热法或蒸汽法。当混凝土结构体积较小时，可采用暖棚法养护，但养护温度不宜高于 30℃；当混凝土结构体积较大时，可采用蓄热法养护 （7）模板和保温层的拆除应符合本书表 8-30 序号 6 之（1）的规定

硫铝酸盐水泥用防冻剂掺量　　　　　　　　　　　表 8-29

序号	环境最低气温（℃）		＞－5	－5～－15	－15～－25
1	单掺 $NaNO_2$（%）		0.50～1.00	1.00～3.00	3.00～4.00
2	复掺 $NaNO_2$ 与	$NaNO_2$	0.00～1.00	1.00～2.00	2.00～4.00
3	Li_2CO_3（%）	Li_2CO_3	0.00～0.02	0.02～0.05	0.05～0.10

注：防冻剂掺量按水泥质量百分比计。

8.3.9　混凝土质量控制及检验

混凝土质量控制及检验如表 8-30 所示。

混凝土质量控制及检验　　　　　　　　　　　表 8-30

序号	项 目	内 容
1	应符合的规定	混凝土冬期施工质量检查除应符合现行国家标准有关规定外，尚应符合下列规定： （1）应检查外加剂质量及掺量；外加剂进入施工现场后应进行抽样检验，合格后方准使用 （2）应根据施工方案确定的参数检查水、骨料、外加剂溶液和混凝土出机、浇筑、起始养护时的温度 （3）应检查混凝土从入模到拆除保温层或保温模板期间的温度 （4）采用预拌混凝土时，原材料、搅拌、运输过程中的温度检查及混凝土质量检查应由预拌混凝土生产企业进行，并应将记录资料提供给施工单位

序号	项　目	内　　　容
2	施工期间的测温规定	施工期间的测温项目与频次应符合表 8-31 的规定
3	混凝土养护期间的温度测量	混凝土养护期间的温度测量应符合下列规定： (1) 采用蓄热法或综合蓄热法时，在达到受冻临界强度之前应每隔 4～6h 测量一次 (2) 采用负温养护法时，在达到受冻临界强度之前应每隔 2h 测量一次 (3) 采用加热法时，升温和降温阶段应每隔 1h 测量一次，恒温阶段每隔 2h 测量一次 (4) 混凝土在达到受冻临界强度后，可停止测温 (5) 大体积混凝土养护期间的温度测量尚应符合现行国家标准《大体积混凝土施工规范》GB 50496 的相关规定
4	养护温度的测量规定	养护温度的测量方法应符合下列规定： (1) 测温孔应编号，并应绘制测温孔布置图，现场应设置明显标识 (2) 测温时，测温元件应采取措施与外界气温隔离；测温元件测量位置应处于结构表面下 20mm 处，留置在测温孔内的时间不应少于 3min (3) 采用非加热法养护时，测温孔应设置在易于散热的部位；采用加热法养护时，应分别设置在离热源不同的位置
5	混凝土质量检查规定	混凝土质量检查应符合下列规定： (1) 应检查混凝土表面是否受冻、粘连、收缩裂缝，边角是否脱落，施工缝处有无受冻痕迹 (2) 应检查同条件养护试块的养护条件是否与结构实体相一致 (3) 按本书表 8-32 成熟度法推定混凝土强度时，应检查测温记录与计算公式要求是否相符 (4) 采用电加热养护时，应检查供电变压器二次电压和二次电流强度，每一工作班不应少于两次
6	其他规定	(1) 模板和保温层在混凝土达到要求强度并冷却到 5℃ 后方可拆除。拆模时混凝土表面与环境温差大于 20℃ 时，混凝土表面应及时覆盖，缓慢冷却 (2) 混凝土抗压强度试件的留置除应按本书有关规定进行外，尚应增设不少于 2 组同条件养护试件

施工期间的测温项目与频次　　　　　　　表 8-31

序号	测　温　项　目	频　　次
1	室外气温	测量最高、最低气温
2	环境温度	每昼夜不少于 4 次
3	搅拌机棚温度	每一工作班不少于 4 次
4	水、水泥、矿物掺合料、砂、石及外加剂溶液温度	每一工作班不少于 4 次
5	混凝土出机、浇筑、入模温度	每一工作班不少于 4 次

用成熟度法计算混凝土早期强度　　　　　　　　表 8-32

序号	项　目	内　　容
1	成熟度法的适用范围及条件	成熟度法的适用范围及条件应符合下列规定： （1）本法适用于不掺外加剂在 50℃ 以下正温养护和掺外加剂在 30℃ 以下养护的混凝土，也可用于掺防冻剂负温养护法施工的混凝土 （2）本法适用于预估混凝土强度标准值 60% 以内的强度值 （3）应采用工程实际使用的混凝土原材料和配合比，制作不少于 5 组混凝土立方体标准试件在标准条件下养护，测试 1d、2d、3d、7d、28d 的强度值 （4）采用本法应取得现场养护混凝土的连续温度实测资料
2	用计算法确定混凝土强度	用计算法确定混凝土强度应按下列步骤进行： （1）用标准养护试件的各龄期强度数据，应经回归分析拟合成下式曲线方程 $$f = ae^{-\frac{b}{D}} \qquad (8\text{-}16)$$ 式中　f——混凝土立方体抗压强度（N/mm²） 　　　　D——混凝土养护龄期（d） 　　　　a、b——参数 （2）应根据现场的实测混凝土养护温度资料，按下列公式计算混凝土已达到的等效龄期： $$D_e = \Sigma(\alpha_T \times \Delta t) \qquad (8\text{-}17)$$ 式中　D_e——等效龄期（h） 　　　　α_T——等效系数，按表 8-33 采用 　　　　Δt——某温度下的持续时间（h） （3）以等效龄期 D_e 作为 D 代入公式（8-16），计算混凝土强度
3	用图解法确定混凝土强度	用图解法确定混凝土强度宜按下列步骤进行： （1）根据标准养护试件各龄期强度数据，在坐标纸上画出龄期—强度曲线 （2）根据现场实测的混凝土养护温度资料，计算混凝土达到的等效龄期 （3）根据等效龄期数值，在龄期—强度曲线上查出相应强度值，即为所求值
4	用蓄热法或综合蓄热法确定混凝土强度	（1）用标准养护试件各龄期的成熟度与强度数据，经回归分析拟合成下式的成熟度—强度曲线方程： $$f = a \times e^{-\frac{b}{M}} \qquad (8\text{-}18)$$ 式中　M——混凝土养护的成熟度（℃·h） （2）根据现场混凝土测温结果，按下列公式计算混凝土成熟度： $$M = \Sigma(T + 15) \times \Delta t \qquad (8\text{-}19)$$ 式中　T——在时间段 Δt 内混凝土平均温度（℃） （3）将成熟度 M 代入公式（8-18），可计算出现场混凝土强度 f （4）混凝土强度 f 乘以综合蓄热法调整系数 0.8，即为混凝土实际强度

8.3.10　用成熟度法计算混凝土早期强度例题

【例题 8-1】某混凝土经试验，测得 20℃ 标准养护条件下各龄期强度列于表 8-34，混凝土浇筑后，初期养护阶段测温记录列于表 8-35，求混凝土浇筑后 38h 的强度。

等效系数 α_T　　　　　　　　　　　　　　　　表 8-33

序号	温度（℃）	等效系数 α_T	序号	温度（℃）	等效系数 α_T	序号	温度（℃）	等效系数 α_T
1	50	2.95	23	28	1.41	45	6	0.45
2	49	2.87	24	27	1.36	46	5	0.42
3	48	2.78	25	26	1.30	47	4	0.39
4	47	2.71	26	25	1.25	48	3	0.35
5	46	2.63	27	24	1.20	49	2	0.33
6	45	2.55	28	23	1.15	50	1	0.31
7	44	2.48	29	22	1.10	51	0	0.28
8	43	2.40	30	21	1.05	52	-1	0.26
9	42	2.32	31	20	1.00	53	-2	0.24
10	41	2.25	32	19	0.95	54	-3	0.22
11	40	2.19	33	18	0.90	55	-4	0.20
12	39	2.12	34	17	0.86	56	-5	0.18
13	38	2.04	35	16	0.81	57	-6	0.17
14	37	1.98	36	15	0.77	58	-7	0.15
15	36	1.92	37	14	0.74	59	-8	0.13
16	35	1.84	38	13	0.70	60	-9	0.12
17	34	1.77	39	12	0.66	61	-10	0.11
18	33	1.72	40	11	0.62	62	-11	0.10
19	32	1.66	41	10	0.58	63	-12	0.08
20	31	1.59	42	9	0.55	64	-13	0.08
21	30	1.53	43	8	0.51	65	-14	0.07
22	29	1.47	44	7	0.48	66	-15	0.06

混凝土标准养护条件下各龄期强度　　　　　　　　　表 8-34

序号	龄期（d）	1	2	3	4
1	强度（N/mm²）	4.0	11.0	15.4	21.8

凝土浇筑后测温记录及等效龄期计算　　　　　　　　　表 8-35

序号	1 从浇筑起算的时间（h）	2 温度（℃）	3 持续时间 Δt（h）	4 平均温度 T（℃）	5 α_T	6 $\alpha_T \cdot \Delta t$
1	0	14	—	—	—	—
2	2	20	2	17	0.86	1.72
3	4	26	2	23	1.15	2.30
4	6	30	2	28	1.41	2.82
5	8	32	2	31	1.59	3.18
6	10	36	2	34	1.77	3.54
7	12	40	2	38	2.04	4.08
8	38	40	26	40	2.19	56.94
9	$D_e = \Sigma\ (\alpha_T \times \Delta t)$					74.58

【解】

(1) 计算法：

1) 根据表 8-34 数据进行回归分析，求得曲线方程式如下：

$$f = 29.459e^{-\frac{1.989}{D}} \tag{8-20}$$

2) 根据表 8-35 测温记录，经计算求得等效龄期 $D_e = 74.58h$

3) 取 D_e 作为龄期 D 代入公式（8-20）中，求得混凝土强度值：

$$f = 15.5(\text{N/mm}^2) \tag{8-21}$$

(2) 图解法：

1) 根据表 8-34 数据画出强度—龄期曲线如图 8-2 所示；

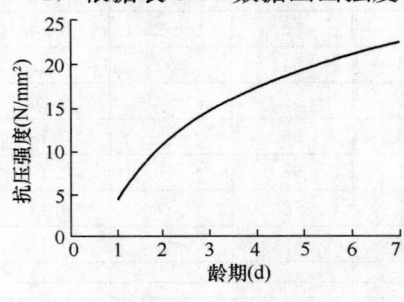

图 8-2　混凝土强度-龄期曲线

2) 根据表 8-35 数据计算等效龄期 D_e；

3) 以等效龄期 D_e 作为龄期，在龄期—强度曲线上，查得相应强度值为 15.6N/mm²，即为所求值。

【例题 8-2】某混凝土采用综合蓄热法养护，在标准条件下养护各龄期强度见表 8-34，浇筑后混凝土测温记录如表 8-35 所示，求混凝土养护到 80h 时的强度。

【解】

(1) 根据标准养护试件的龄期和强度资料算出成熟度，列于表 8-36。

(2) 用表 8-36 的成熟度—强度数据，经回归分析拟合成如下曲线方程：

$$f = 20.627e^{-\frac{2310.668}{D}} \tag{8-22}$$

(3) 根据养护测温资料，按公式（8-19）计算成熟度 M，列于表 8-37。

(4) 取成熟度 M 值代入公式（8-22）即求出 f 值：

$$f = 3.8\text{N/mm}^2 \tag{8-23}$$

(5) 将所得的 f 值乘以系数 0.8，即为经 80h 养护混凝土达到的强度：

$$f = 3.8 \times 0.8 = 3.04\text{N/mm}^2$$

标准养护各龄期混凝土强度和成熟度　　　　表 8-36

序号	龄期（d）	1	2	3	4
1	强度（N/mm²）	1.3	5.4	8.2	13.7
2	成熟度（℃·h）	840	1680	2520	5880

混凝土浇筑后测温记录及成熟度计算　　　　表 8-37

序号	1 从浇筑起算养护时间（h）	2 实测养护温度（℃）	3 间隔的时间 Δt（h）	4 平均温度 T（℃）	5 $(T+15)\Delta t$
1	0	15	—	—	—
2	4	12	4	13.5	114
3	8	10	4	11.0	104
4	12	9	4	9.5	98

续表 8-37

序号	1 从浇筑起算养护时间（h）	2 实测养护温度（℃）	3 间隔的时间 Δt（h）	4 平均温度 T（℃）	5 $(T+15)\,\Delta t$
5	16	8	4	8.5	94
6	20	6	4	7.0	88
7	24	4	4	5.0	80
8	32	2	8	3.0	144
9	40	0	8	1.0	128
10	60	−2	20	−1.0	280
11	80	−4	20	−3.0	240
12	$\Sigma\,(T+15)\,\Delta t$				1370

8.4　混凝土构件安装

8.4.1　构件的堆放及运输

构件的堆放及运输如表 8-38 所示。

构件的堆放及运输　　　　　　　　　　　　　　　　表 8-38

序号	项　目	内　　容
1	构件堆放及运输要求	（1）混凝土构件运输及堆放前，应将车辆、构件、垫木及堆放场地的积雪、结冰清除干净，场地应平整、坚实 （2）在回填冻土并经一部压实的场地上堆放构件时，当构件重叠堆放时间长，应根据构件质量，尽量减少重叠层数，底层构件支垫与地面接触面积应适当加大。在冻土融化之前，应采取防止因冻土融化下沉造成构件变形和破坏的措施 （3）构件运输时，混凝土强度不得小于设计混凝土强度等级值 75%。在运输车上的支点设置应按设计要求确定。对于重叠运输的构件，应与运输车固定并防止滑移
2	有关规定	混凝土构件在冻胀性土壤的自然地面上或冻结前回填土地面上堆放时，应符合下列规定： （1）每个构件在满足刚度、承载力条件下，应尽量减少支承点数量 （2）对于大型板、槽板及空心板等板类构件，两端的支点应选用长度大于板宽的垫木 （3）构件堆放时，如支点为两个及以上时，应采取可靠措施防止土壤的冻胀和融化下沉 （4）构件用垫木垫起时，地面与构件之间的间隙应大于 150mm

8.4.2　构件的吊装及构件的连接与校正

构件的吊装及构件的连接与校正如表 8-39 所示。

构件的吊装及构件的连接与校正　　　　　　　　　　表 8-39

序号	项　目	内　　容
1	构件的吊装	（1）吊车行走的场地应平整，并应采取防治措施。起吊的支撑点地基应坚实 （2）地锚应具有稳定性，回填冻土的质量应符合设计要求。活动地锚应设防滑措施 （3）构件在正式起吊前，应先松动、后起吊 （4）凡使用滑行法起吊的构件，应采取控制定向滑行，防止偏离滑行方向的措施 （5）多层框架结构的吊装，接头混凝土强度未达到设计要求前，应加设缆风绳等防止整体倾斜的措施

序号	项目	内容
2	构件的连接与校正	（1）装配整浇式构件接头的冬期施工应根据混凝土体积小、表面系数大、配筋密等特点，采取相应的保证质量措施 （2）构件接头采用现浇混凝土连接时，应符合下列规定： 1）接头部位的积雪、冰霜等应清除干净 2）承受内力接头的混凝土，当设计无要求时，其受冻临界强度不应低于设计强度等级值的 70% 3）接头处混凝土的养护应符合本书 8.3 中有关规定 4）接头处钢筋的焊接应符合本书 8.2 中有关规定 （3）混凝土构件预埋连接板的焊接除应符合有关规定外，尚应分段连接，并应防止累积变形过大影响安装质量 （4）混凝土柱、屋架及框架冬期安装，在阳光照射下校正时，应计入温差的影响。各固定支撑校正后，应立即固定

8.5 越冬工程维护

8.5.1 一般规定

一般规定如表 8-40 所示。

一 般 规 定 表 8-40

序号	项目	内容
1	编制越冬维护方案与采取越冬防护措施	（1）对于有采暖要求，但却不能保证正常采暖的新建工程、跨年施工的在建工程以及停建、缓建工程等，在入冬前均应编制越冬维护方案 （2）凡按采暖要求设计的房屋竣工后，应及时采暖，室内温度不得低于 5℃。当不能满足上述要求时，应采取越冬防护措施
2	其他要求	（1）越冬工程保温维护，应就地取材，保温层的厚度应由热工计算确定 （2）在制定越冬维护措施之前，应认真检查核对有关工程地质、水文、当地气温以及地基土的冻胀特征和最大冻结深度等资料 （3）施工场地和建筑物周围应做好排水，地基和基础不得被水浸泡 （4）在山区坡地建造的工程，入冬前应根据地表水流动的方向设置截水沟、泄水沟，但不得在建筑物底部设暗沟和盲沟疏水

8.5.2 在建工程

在建工程如表 8-41 所示。

在 建 工 程 表 8-41

序号	项目	内容
1	房屋基础	在冻胀土地区建造房屋基础时，应按设计要求做防冻害处理。当设计无要求时，应按下列规定进行： （1）当采用独立式基础或桩基时，基础梁下部应进行掏空处理、强冻胀性土可预留 200mm，弱冻胀性土可预留 100~150mm，空隙两侧应用立砖挡土回填 （2）当采用条形基础时，可在基础侧壁回填厚度为 150~200mm 的混砂、炉渣或贴一层油纸，其深度宜为 800~1200mm

序号	项　目	内　　容
2	其他要求	（1）设备基础、构架基础、支墩、地下沟道以及地墙等越冬工程，均不得在已冻结的土层上施工，且应进行维护 （2）支撑在基土上的雨篷、阳台等悬臂构件的临时支柱，入冬后当不能拆除时，其支点应采取保温防冻胀措施 （3）水塔、烟囱、烟道等构筑物基础在入冬前应回填至设计标高 （4）室外地沟、阀门井、检查井等除应回填至设计标高外，尚应覆盖盖板进行越冬维护 （5）供水、供热系统试水、试压后，不能立即投入使用时，在入冬前应将系统内的存、积水排净 （6）地下室、地下水池在入冬前应按设计要求进行越冬维护，当设计无要求时，应采取下列措施： 1）基础及外壁侧面回填土应填至设计标高，当不具备回填条件时，应填充松土或炉渣进行保温 2）内部的存积水应排净；底板应采用保温材料覆盖，覆盖厚度应由热工计算确定

8.5.3　停、缓建工程

停、缓建工程如表 8-42 所示。

停、缓建工程　　　　　　　　　　　　　　　　　　　　　　表 8-42

序号	项　目	内　　容
1	停工时的停留位置	冬期停、缓建工程越冬停工时的停留位置应符合下列规定： （1）混合结构可停留在基础上部地梁位置，楼层间的圈梁或楼板上皮标高位置 （2）现浇混凝土框架应停留在施工缝位置 （3）烟囱、冷却塔或筒仓宜停留在基础上皮标高或筒身任何水平位置 （4）混凝土水池底部应按施工缝要求确定，并应设有止水设施
2	其他要求	（1）已开挖的基坑或基槽不宜挖至设计标高，应预留 200～300mm 土层；越冬时，应对基坑或基槽保温维护，保温层厚度可按本表序号 3 计算确定 （2）混凝土结构工程停、缓建时，入冬前混凝土的强度应符合下列规定： 1）越冬期间不承受外力的结构构件，除应符合设计要求外，尚应符合本书表 8-9 序号 1 的规定 2）装配式结构构件的整浇接头，不得低于设计强度等级值的 70% 3）预应力混凝土结构不应低于混凝土设计强度等级值的 75% 4）升板结构应将柱帽浇筑完毕，混凝土应达到设计要求的强度等级 （3）对于各类停、缓建的基础工程，顶面均应弹出轴线，标注标高后，用炉渣或松土回填保护 （4）装配式厂房柱子吊装就位后，应按设计要求嵌固好；已安装就位的屋架或屋面梁，应安装上支撑系统，并应按设计要求固定 （5）不能起吊的预制构件，除应符合本书表 8-38 序号 2 规定外，尚应弹上轴线，作记录。外露铁件应涂刷防锈油漆，螺栓应涂刷防腐油进行保护 （6）对于有沉降观测要求的建（构）筑物，应会同有关部门作沉降观测记录 （7）现浇混凝土框架越冬，当裸露时间较长时，除应按设计要求留设伸缩缝外，尚应根据建筑物长度和温差留设后浇缝。后浇缝的位置，应与设计单位研究确定。后浇缝伸出的钢筋应进行保护，待复工后应经检查合格方可浇筑混凝土

序号	项目	内容
2	其他要求	（8）屋面工程越冬可采取下列简易维护措施： 1）在已完成的基层上，做一层卷材防水，待气温转暖复工时，经检查认定该层卷材没有起泡、破裂、皱折等质量缺陷时，方可在其上继续铺贴上层卷材 2）在已完成的基层上，当基层为水泥砂浆无法做卷材防水时，可在其上刷一层冷底子油，涂一层热沥青玛蹄脂做临时防水，但雪后应及时清除积雪。当气温转暖后，经检查确定该层玛蹄脂没有起层、空鼓、龟裂等质量缺陷时，可在其上涂刷热沥青玛蹄脂铺贴卷材防水层 （9）所有停、缓建工程均应由施工单位、建设单位和工程监理部门，对已完工程在入冬前进行检查和评定，并应作记录，存入工程档案 （10）停、缓建工程复工时，应先按图纸对标高、轴线进行复测，并应与原始记录对应检查，当偏差超出允许限值时，应分析原因，提出处理方案，经与设计、建设、监理等单位商定后，方可复工
3	土壤保温防冻计算	采用保温材料覆盖土壤保温防冻时，所需的保温层厚度可按下式进行计算： $$h = \frac{H}{\beta} \qquad (8\text{-}24)$$ 式中 h——土壤的保温防冻所需的保温层厚度（mm） H——不保温时的土壤冻结深度（mm） β——各种材料对土壤冻结影响系数，可按表 8-43 取用

各种材料对土壤冻结影响系数 β　　　　　　　表 8-43

序号	保温材料＼土壤种类	树叶	刨花	锯末	干炉渣	茅草	膨胀珍珠岩	炉渣	芦苇	草帘	泥炭土	松散土	密实土
1	砂土	3.3	3.2	2.8	2.0	2.5	3.8	1.6	2.1	2.5	2.8	1.4	1.12
2	粉土	3.1	3.1	2.7	1.9	2.4	3.6	1.6	2.04	2.4	2.9	1.3	1.08
3	粉质黏土	2.7	2.6	2.3	1.6	2.0	3.5	1.3	1.7	2.0	2.31	1.2	1.06
4	黏土	2.1	2.1	1.9	1.3	1.6	3.5	1.1	1.4	1.6	1.9	1.2	1.00

注：1. 表中数值适用于地下水位低于 1m 以下；
2. 当为地下水位较高的饱和土时，其值可取 1。

8.6　混凝土高温施工与雨期施工

8.6.1　混凝土高温施工

混凝土高温施工如表 8-44 所示。

混凝土高温施工　　　　　　　　　　　　　表 8-44

序号	项目	内容
1	粗、细骨料降温	高温施工时，露天堆放的粗、细骨料应采取遮阳防晒等措施。必要时，可对粗骨料进行喷雾降温

续表 8-44

序号	项　目	内　　容
2	其他规定	(1) 高温施工的混凝土配合比设计，除应符合有关的规定外，尚应符合下列规定： 1) 应分析原材料温度、环境温度、混凝土运输方式与时间对混凝土初凝时间、坍落度损失等性能指标的影响，根据环境温度、湿度、风力和采取温控措施的实际情况，对混凝土配合比进行调整 2) 宜在近似现场运输条件、时间和预计混凝土浇筑作业最高气温的天气条件下，通过混凝土试拌、试运输的工况试验，确定适合高温天气条件下施工的混凝土配合比 3) 宜降低水泥用量，并可采用矿物掺合料替代部分水泥；宜选用水化热较低的水泥 4) 混凝土坍落度不宜小于 70mm (2) 混凝土的搅拌应符合下列规定： 1) 应对搅拌站料斗、储水器、皮带运输机、搅拌楼采取遮阳防晒措施 2) 对原材料进行直接降温时，宜采用对水、粗骨料进行降温的方法。对水直接降温时，可采用冷却装置冷却拌合用水，并应对水管及水箱加设遮阳和隔热设施，也可在水中加碎冰作为拌合用水的一部分。混凝土拌合时掺加的固体冰应确保在搅拌结束前融化，且在拌合用水中应扣除其重量 3) 原材料最高入机温度不宜超过表 8-45 的规定 4) 混凝土拌合物出机温度不宜大于 30℃。出机温度可按下列公式计算： $$T_0 = \frac{0.22(T_gW_g + T_sW_s + T_sw_s + T_mW_m) + T_wW_w + T_gw_{wg} + T_sw_{ws} + 0.5T_{ice}W_{ice} - 79.6W_{ice}}{0.22(W_g + W_s + W_c + W_m) + W_w + W_{wg} + W_{ws} + W_{ice}}$$ (8-25) 式中　T_0——混凝土的出机温度（℃） T_g、T_s——粗骨料、细骨料的入机温度（℃） T_c、T_m——水泥、矿物掺合料的入机温度（℃） T_w、T_{ice}——搅拌水、冰的入机温度（℃）；冰的入机温度低于 0℃时，T_{ice} 应取负值 W_g、W_s——粗骨料、细骨料干重量（kg） W_c、W_m——水泥、矿物掺合料重量（kg） W_w、W_{ice}——搅拌水、冰重量（kg），当混凝土不加冰拌合时 $W_{ice}=0$ W_{wg}、W_{ws}——粗骨料、细骨料中所含水重量（kg） 5) 当需要时，可采取掺加干冰等附加控温措施 (3) 混凝土宜采用白色涂装的混凝土搅拌运输车运输混凝土输送管应进行遮阳覆盖，并应洒水降温 (4) 混凝土拌合物入模温度应符合本书表 6-1 序号 2 之 (1) 的规定 (5) 混凝土浇筑宜在早间或晚间进行，应连续浇筑。当混凝土水分蒸发较快时，应在施工作业面采取挡风、遮阳、喷雾等措施 (6) 混凝土浇筑前，施工作业面宜采取遮阳措施，并应对模板、钢筋和施工机具采用洒水等降温措施，但浇筑时模板内不得积水 (7) 混凝土浇筑完成后，应及时进行保湿养护。侧模拆除前宜采用带模湿润养护

原材料最高入机温度（℃）　　　　　　　　　　表 8-45

序号	原材料	最高入机温度
1	水泥	60
2	骨料	30
3	水	25
4	粉煤灰等矿物掺合料	60

8.6.2　混凝土雨期施工

混凝土雨期施工如表 8-46 所示。

混凝土雨期施工

表 8-46

序号	项　　目	内　　　容
1	防水和防潮	雨期施工期间，水泥和矿物掺合料应采取防水和防潮措施，并应对粗骨料、细骨料的含水率进行监测，及时调整混凝土配合比
2	其他规定	（1）雨期施工期间，应选用具有防雨水冲刷性能的模板脱模剂 （2）雨期施工期间，混凝土搅拌、运输设备和浇筑作业面应采取防雨措施，并应加强施工机械检查维修及接地接零检测 （3）雨期施工期间，除应采用防护措施外，小雨、中雨天气不宜进行混凝土露天浇筑，且不应进行大面积作业的混凝土露天浇筑；大雨、暴雨天气不应进行混凝土露天浇筑 （4）雨后应检查地基面的沉降，并应对模板及支架进行检查 （5）雨期施工期间，应采取防止模板内积水的措施。模板内和混凝土浇筑分层面出现积水时，应在排水后再浇筑混凝土 （6）混凝土浇筑过程中，因雨水冲刷致使水泥浆流失严重的部位，应采取补救措施后再继续施工 （7）在雨天进行钢筋焊接时，应采取挡雨等安全措施 （8）混凝土浇筑完毕后，应及时采取覆盖塑料薄膜等防雨措施 （9）台风来临前，应对尚未浇筑混凝土的模板及支架采取临时加固措施；台风结束后，应检查模板及支架，已验收合格的模板及支架应重新办理验收手续

第9章 高层建筑混凝土结构工程施工

9.1 一般规定

9.1.1 对施工单位的要求

对施工单位的要求如表 9-1 所示。

对施工单位的要求 表 9-1

序号	项 目	内 容
1	说明	高层建筑混凝土结构工程施工除应符合本书的有关规定外，尚应符合本章的规定与要求
2	施工单位	(1) 承担高层、超高层建筑结构施工的单位应具备相应的资质 (2) 高层建筑结构施工技术难度大，涉及深基础、钢结构等特殊专业施工要求，施工单位应具备相应的施工总承包和专业施工承包的技术能力和相应资质

9.1.2 施工准备

施工准备如表 9-2 所示。

施工准备 表 9-2

序号	项 目	内 容
1	熟悉图纸	(1) 施工单位应认真熟悉图纸，参加设计交底和图纸会审 (2) 施工单位应认真熟悉图纸，参加建设（监理）单位组织的设计交底，并结合施工情况提出合理建议
2	编制施工组织设计和施工方案	(1) 施工前，施工单位应根据工程特点和施工条件，按有关规定编制施工组织设计和施工方案，并进行技术交底 　高层建筑施工组织设计和施工方案十分重要。施工前，应针对高层建筑施工特点和施工条件，认真做好施工组织设计的策划和施工方案的优选，并向有关人员进行技术交底 (2) 编制施工方案时，应根据施工方法、附墙爬升设备、垂直运输设备及当地的温度、风力等自然条件对结构及构件受力的影响，进行相应的施工工况模拟和受力分析 　高层建筑施工过程中，不同的施工方法可能对结构的受力产生不同的影响，某些施工工况下甚至与设计计算工况存在较大不同；大型机械设备使用量大，且多数要与结构连接并对结构受力产生影响；超高层建筑高空施工时的温度、风力等自然条件与天气预报和地面环境也会有较大差异。因此，应根据有关情况进行必要的施工模拟、计算
3	季节性施工	(1) 冬期施工应符合《建筑工程冬期施工规程》JGJ 104 的规定。雨期、高温及干热气候条件下，应编制专门的施工方案 (2) 应符合本书第 8 章的规定

9.2 施 工 测 量

9.2.1 应符合国家标准与测量器具

应符合国家标准与测量器具如表 9-3 所示。

应符合国家标准与测量器具 表 9-3

序号	项 目	内 容
1	应符合的国家标准	(1) 施工测量应符合现行国家标准《工程测量规范》GB 50026 的有关规定，并应根据建筑物的平面、体形、层数、高度、场地状况和施工要求，编制施工测量方案 (2) 高层建筑混凝土结构施工测量方案应根据实际情况确定，一般应包括以下内容： 1) 工程概况 2) 任务要求 3) 测量依据、方法和技术要求 4) 起始依据点校测 5) 建筑物定位放线、验线与基础施工测量 6) ±0.000 以上结构施工测量 7) 安全、质量保证措施 8) 沉降、变形 9) 成果资料整理与提交 建筑小区工程、大型复杂建筑物、特殊工程的施工测量方案，除以上内容外，还可根据工程的实际情况，增加场地准备测量、场区控制网测量、装饰与安装测量、竣工测量与变形测量等
2	测量器具	(1) 高层建筑施工采用的测量器具，应按国家计量部门的有关规定进行检定、校准，合格后方可使用。测量仪器的精度应满足下列规定： 1) 在场地平面控制测量中，它使用测距精度不低于±(3mm+2×10⁻⁶×D)、测角精度不低于±5 级的全站仪或测距仪（D 为测距，以毫米为单位） 2) 在场地标高测量中，宜使用精度不低于 DSZ3 的自动安平水准仪 3) 在轴线竖向投测中，宜使用±2″级激光经纬仪或激光自动铅直仪 (2) 高层建筑施工测量仪器的精度及准确性对施工质量、结构安全的影响大，应及时进行检定、校准和标定，且应在标定有效期内使用。对主要测量仪器的精度提出要求

9.2.2 建筑物平面控制网与场地标高控制网

建筑物平面控制网与场地标高控制网如表 9-4 所示。

建筑物平面控制网与场地标高控制网 表 9-4

序号	项 目	内 容
1	建筑物平面控制网	(1) 大中型高层建筑施工项目，应先建立场区平面控制网，再分别建立建筑物平面控制网；小规模或精度高的独立施工项目，可直接布设建筑物平面控制网。控制网应根据复核后的建筑红线桩或城市测量控制点准确定位测量，并应作好桩位保护 1) 场区平面控制网，可根据场区的地形条件和建筑物的布置情况，布设成建筑方格网、导线网、三角网、边角网或 GPS 网。建筑方格网的主要技术要求应符合表 9-5 的规定 2) 建筑物平面控制网宜布设成矩形，特殊时也可布设成十字形主轴线或平行于建筑外廓的多边形。其主要技术要求应符合表 9-6 的规定 (2) 应根据建筑平面控制网向混凝土底板垫层上投测建筑物外廓轴线，经闭合校测合格后，再放出细部轴线及有关边界线。基础外廓轴线允许偏差应符合表 9-7 的规定

续表 9-4

序号	项　目	内　容
2	场地标高控制网	（1）高层建筑结构施工可采用内控法或外控法进行轴线竖向投测。首层放线验收后，应根据测量方案设置内控点或将控制轴线引测至结构外立面上，并作为各施工层主轴线竖向投测的基准。轴线的竖向投测，应以建筑物轴线控制桩位测站。竖向投测的允许偏差应符合表9-8的规定 高层建筑结构施工，要逐层向上投测轴线，尤其是对结构四廓轴线的投测直接影响结构的竖向偏差。根据目前国内高层建筑施工已达到的水平，这里的规定可以达到。竖向投测前，应对建筑物轴线控制桩事先进行校测，确保其位置准确 竖向投测的方法，当建筑高度在 50m 以下时，宜使用在建筑物外部施测的外控法；当建筑高度高于 50m 时，宜使用在建筑物内部施测的内控法，内控法宜使用激光经纬仪或激光铅直仪 （2）控制轴线投测至施工层后，应进行闭合校验。控制轴线应包括： 1）建筑物外轮廓轴线 2）伸缩缝、沉降缝两侧轴线 3）电梯间、楼梯间两侧轴线 4）单元、施工流水段分界轴线 施工层放线时，应先在结构平面上校核投测轴线，再测设细部轴线和墙、柱、梁、门窗洞口等边线，放线的允许偏差应符合表 9-9 的规定 （3）场地标高控制网应根据复核后的水准点或已知标高点引测，引测标高宜采用附合测法，其闭合差不应超过 $\pm 6\sqrt{n}$ mm（n 为测站数）或 $\pm 20\sqrt{L}$ mm（L 为测线长度、以千米为单位） 附合测法是根据一个已知标高点引测到场地后，再与另一个已知标高点复核、校核，以保证引测标高的准确性 （4）标高的竖向传递，应从首层起始标高线竖直量取，且每栋建筑应由三处分别向上传递。当三个点的标高差值小于 3mm 时，应取其平均值；否则应重新引测。标高的允许偏差应符合表 9-10 的规定 标高竖向传递可采用钢尺直接量取，或采用测距仪量测。施工层抄平之前，应先校测由首层传递上来的三个标高点，当其标高差值小于 3mm 时，以其平均点作为标高引测水平线；抄平时，宜将水准仪安置在测点范围的中心位置 建筑物下沉与地层土质、基础构造、建筑高度等有关，下沉量一般在基础设计中有预估值，若能在基础施工中预留下沉量（即提高基础标高），有利于工程竣工后建筑与市政工程标高的衔接
3	其他要求	（1）建筑物围护结构封闭前，应将外控轴线引测至结构内部，作为室内装饰与设备安装放线的依据 （2）高层建筑应按设计要求进行沉降、变形观测，并应符合国家现行标准《建筑地基基础设计规范》GB 50007 及《建筑变形测量规程》JGJ 8 的有关规定 设计单位应根据建筑高度、结构形式、地质情况等因素和相关标准的规定，对高层建筑沉降、变形观测提出要求。观测工作一般由建设单位委托第三方进行。施工期间，施工单位应做好相关工作，并及时掌握情况，如有异常，应配合相关单位采取相应措施

建筑方格网的主要技术要求　　　　　　　　　　　　　　　　表 9-5

序号	等级	边长（m）	测角中误差（"）	边长相对中误差
1	一级	100~300	5	1/30000
2	二级	100~300	8	1/20000

建筑物平面控制网的主要技术要求　　　　　　　　**表 9-6**

序号	等级	测角中误差（"）	边长相对中误差
1	一级	$7''\sqrt{n}$	1/30000
2	二级	$15''\sqrt{n}$	1/20000

注：n 为建筑物结构的跨数。

基础外廓轴线尺寸允许偏差　　　　　　　　**表 9-7**

序号	长度 L、宽度 B(m)	允许偏差(mm)
1	$L(B) \leqslant 30$	±5
2	$30 < L(B) \leqslant 60$	±10
3	$60 < L(B) \leqslant 90$	±15
4	$90 < L(B) \leqslant 120$	±20
5	$120 < L(B) \leqslant 150$	±25
6	$L(B) > 150$	±30

轴线竖向投测允许偏差　　　　　　　　**表 9-8**

序号	项　目		允许偏差（mm）
1	每层		3
2	总高 H（m）	$H \leqslant 30$	5
3		$30 < H \leqslant 60$	10
4		$60 < H \leqslant 90$	15
5		$90 < H \leqslant 120$	20
6		$120 < H \leqslant 150$	25
7		$H > 150$	30

施工层放线允许偏差　　　　　　　　**表 9-9**

序号	项　目		允许偏差（mm）
1	外廓主轴线长度 L（m）	$L \leqslant 30$	±5
2		$30 < H \leqslant 60$	±10
3		$60 < H \leqslant 90$	±15
4		$L > 90$	±20
5	细部轴线		±2
6	承重墙、梁、柱边线		±3
7	非承重墙边线		±3
8	门窗洞口线		±3

标高竖向传递允许偏差　　　　　　　　**表 9-10**

序号	项　目	允许偏差（mm）
1	每层	±3

序号	项 目		允许偏差（mm）
2	总高 H（m）	$H \leqslant 30$	± 5
3		$30 < H \leqslant 60$	± 10
4		$60 < H \leqslant 90$	± 15
5		$90 < H \leqslant 120$	± 20
6		$120 < H \leqslant 150$	± 25
7		$H > 150$	± 30

9.3 基 础 施 工

9.3.1 施工方案与深基础施工应符合的标准

施工方案与深基础施工应符合的标准如表 9-11 所示。

施工方案与深基础施工应符合的标准　　　　　　　　　　　　表 9-11

序号	项 目	内 容
1	施工方案	（1）基础施工前，应根据施工图、地质勘察资料和现场施工条件，制定地下水控制、基坑支护、支护结构拆除和基础结构的施工方案；深基坑支护方案宜进行专门论证 （2）深基础施工影响整个工程质量和安全，应全面、详细地掌握地下水文地质资料、场地环境，按照设计图纸和有关规范要求，调查研究，进行方案比较，确定地下施工方案，并按照国家的有关规定，经审查通过后实施
2	深基础施工应符合的标准	深基础施工，应符合国家现行标准《高层建筑箱形与筏形基础技术规范》JGJ 6、《建筑桩基技术规范》JGJ94、《建筑基坑支护技术规程》JGJ 120、《建筑施工土石方工程安全技术规范》JGJ 180、《锚杆喷射混凝土支护技术规范》GB 50086、《建筑地基基础工程施工质量验收规范》GB 50202、《建筑基坑工程监测技术规范》GB 50497˚等的有关规定

9.3.2 基础施工规定

基础施工规定如表 9-12 所示。

基础施工规定　　　　　　　　　　　　　　　　　　表 9-12

序号	项 目	内 容
1	基坑和基础施工	基坑和基础施工时，应采取降水、回灌、止水帷幕等措施防止地下水对施工和环境的影响。可根据土质和地下水状态、不同的降水深度，采用集水明排、单级井点、多级井点、喷射井点或管井等降水方案；停止降水时间应符合设计要求 （1）土方开挖前应采取降低水位措施，将地下水降到低于基底设计标高 500mm 以下。当含水丰富、降水困难时，或满足节约地下水资源、减少对环境的影响等要求时，宜采用止水帷幕等截水措施。停止降水时间应符合设计要求，以防水位过早上升使建筑物发生上浮等问题 （2）基坑施工时应加强周边建（构）筑物和地下管线的全过程安全监测和信息反馈，并制定保护措施和应急预案 （3）基础工程可采用放坡开挖顺作法、有支护顺作法、逆作法或半逆作法施工

序号	项 目	内 容
2	支护结构	（1）支护结构可选用土钉墙、排桩、钢板桩、地下连续墙、逆作拱墙等方法，并考虑支护结构的空间作用及与永久结构的结合。当不能采用悬臂式结构时，可选用土层锚杆、水平内支撑、斜支撑、环梁支护等锚杆或内支撑体系 （2）支护拆除应按照支护施工的相反顺序进行，并监测拆除过程中护坡的变化情况，制定应急预案
3	地基处理与工程桩质量检验	（1）地基处理可采用挤密桩、压力注浆、深层搅拌等方法 （2）工程桩质量检验可采用高应变、低应变、静载试验或钻芯取样等方法检测桩身缺陷、承载力及桩身完整性

9.4 垂直运输

9.4.1 基本要求与所采用起重设备应符合的标准

基本要求与所采用起重设备应符合的标准如表 9-13 所示。

基本要求与所采用起重设备应符合的标准　　　　　　　　　　表 9-13

序号	项 目	内 容
1	基本要求	垂直运输设备应有合格证书，其质量、安全性能应符合国家相关标准的要求，并应按有关规定进行验收
2	所采用起重设备应符合的标准	高层建筑施工所选用的起重设备、混凝土泵送设备和施工升降机等，其验收、安装、使用和拆除应分别符合国家现行标准《起重机械安全规程》GB 6067、《塔式起重机》GB/T 5031、《塔式起重机安全规程》GB 5144、《混凝土泵》GB/T 13333、《施工升降机标准》GB/T 10054、《施工升降机安全规程》GB 10055、《混凝土泵送施工技术规程》JGJ/T 10、《建筑机械使用安全技术规程》JGJ 33、《施工现场机械设备检查技术规程》JGJ 160 等的有关规定

9.4.2 垂直运输设备的配置与安装和使用规定

垂直运输设备的配置与安装和使用规定如表 9-14 所示。

垂直运输设备的配置与安装和使用规定·　　　　　　　　　　表 9-14

序号	项 目	内 容
1	垂直运输设备的配置	垂直运输设备的配置应根据结构平面布局、运输量、单件吊重及尺寸、设备参数和工期要求等因素确定。垂直运输设备的安装、使用、拆除应编制专项施工方案
2	安装和使用规定	（1）塔式起重机的配备、安装和使用应符合下列规定： 1）应根据起重机的技术要求，对地基基础和工程结构进行承载力、稳定性和变形验算；当塔式起重机布置在基坑槽边时，应满足基坑支护安全的要求 2）采用多台塔式起重机时，应有防碰撞措施 3）作业前，应对索具、机具进行检查，每次使用后应按规定对各设施进行维修和保养 4）当风速大于五级时，塔式起重机不得进行顶升、接高或拆除作业 5）附着式塔式起重机与建筑物结构进行附着时，应满足其技术要求，附着点最大间距不宜大于 25m，附着点的埋件设置应经过设计单位同意

序号	项　目	内　　容
2	安装和使用规定	(2) 混凝土输送泵配备、安装和使用应符合下列规定： 1) 混凝土泵的选型和配备台数，应根据混凝土最大输送高度、水平距离、输出量及浇筑量确定 2) 编制泵送混凝土专项方案时应进行配管设计；季节性施工时，应根据需要对输送管道采取隔热或保温措施 3) 采用接力泵进行混凝土泵送时，上、下泵的输送能力应匹配；设置接力泵的楼面应验算其结构承载能力 (3) 施工升降机配备和安装应符合下列规定： 1) 建筑高度超高 15 层或 40m 时，应设置施工电梯，并应选择具有可靠防坠落升降系统的产品 2) 施工升降机的选择，应根据建筑物体型、建筑面积、运输总量、工期要求以及供货条件等确定 3) 施工升降机位置的确定，应方便安装以及人员和物料的集散 4) 施工升降机安装前应对其基础和附墙锚固装置进行设计，并在基础周围设置排水设施

9.4.3　塔式起重机

塔式起重机如表 9-15 所示。

塔式起重机　　　　　　　　　　　　　　　　　表 9-15

序号	项　目	内　　容
1	塔式起重机的选择原则	(1) 应符合本书表 9-13 和表 9-14 中的有关规定 (2) 塔式起重机的分类和特点 按架设方式、变幅方式、回转方式、起重量大小，塔式起重机可分为多种类型，其分类和相应的特点如表 9-16 所示。 (3) 塔式起重机的选型 塔式起重机的选型如表 9-17 所示
2	外附塔式起重机的安装、附着、拆除	外附塔式起重机一般采用附着自升式，可为平壁式或动臂式塔式起重机。本节以平臂塔式起重机为例，阐述外附塔式起重机的安装、附着及拆除技术 (1) 安装前基础准备 外附塔式起重机的塔身着地，由于塔身超高，基础竖向荷载较大，因此一般采用独立承台桩基础。混凝土基础应符合下列要求： 1) 混凝土强度等级不低于 C35 2) 基础表面平整度允许偏差 1/1000 3) 埋设件的位置、标高和垂直度以及施工工艺符合出厂说明书要求 4) 当塔式起重机安装在建筑物基坑内底板上时，须对底板进行抗冲切强度验算，一般应加密纵横向配筋，并增加底板厚度 5) 当塔式起重机安装在坑侧支护结构上，必须对支护结构的强度和稳定性进行验算，如不满足安全要求，须对支护结构进行加固 6) 当塔式起重机安装在坑侧土地面上时，安装地点须与基坑保持一定安全距离，并应对坑侧土体进行抗滑动、抗倾覆验算和抗整体滑动验算，如不满足安全要求，须采取支护措施或采用桩基础 7) 塔式起重机的混凝土基础周围应修筑边坡和排水设施 8) 塔式起重机的基础施工完毕，经验收合格后方可使用

序号	项 目	内 容
2	外附塔式起重机的安装、附着、拆除	（2）塔式起重机的安装 1）安装准备工作 ①在塔式起重机基础周围，清理出场地，要求平整、无障碍物 ②留出塔式起重机进出场和堆放场地，起重机、汽车进出道路及汽车式起重机安装位置，路基必须压实、平整 ③塔式起重机安装范围内上空所有障碍物及临时施工电线必须拆除或改道 ④塔式起重机基础旁准备独立配电箱一只，符合一机一闸一漏一箱一锁的规定 ⑤按照审批的安装方案，做好员工进场前的三级安全教育，并做好书面记录；建立和健全安全应急预案，制定安全应急措施，确保安全工作始终处于受控状态 ⑥按照方案的要求，准备好捯链、力矩扳手、气动扳手、起重用钢丝绳、吊环、电工工具、机修工具、经纬仪、铅垂仪、水准仪、水平管（尺）、对讲机、电焊机、楔铁撬棍、麻绳、冲销等工具，对进场的安装起重设备和特殊工种人员进行报验 2）安装操作顺序 图 9-1 为某典型塔式起重机的组成示意图。对于外附塔式起重机，初始安装高度一般较低，塔身只需安装到满足爬升套架工作需要的高度即可 在塔式起重机桩承台底筋绑扎完毕后，应及时预埋固定支脚并加校正框定位和埋设避雷接地镀锌角铁，在基础混凝土达到 70% 强度要求后，取下校正框，按照以下顺序进行安装： ①安装基础节和标准节 ②安装顶升套架，装好油缸、平台、顶升横梁及爬梯 ③安装回转支承总成 ④安装塔头总成附驾驶室 ⑤安装平衡臂总成 ⑥安装起重臂附变幅小车总成 ⑦穿引变幅小车牵引钢丝绳、主卷扬机钢丝绳和吊钩 ⑧安装平衡配重并锁牢 ⑨安装电气系统通车试车，同时检查供电电源是否正常 ⑩如果安装完毕后塔式起重机即投入使用，则必须按有关规定的要求调整好安全装置 ⑪根据施工需要顶升 ⑫调试各限位、限制器等安全保险装置 ⑬验收合格后挂牌使用 ⑭埋设附墙预埋件 ⑮埋件混凝土强度达到设计强度的 80% 后开始安装塔式起重机附着装置 ⑯塔式起重机一次顶升到自由高度 ⑰重复⑭～⑯步，塔式起重机逐步顶升 3）安装注意事项 ①塔式起重机安装工作应在塔式起重机最高处风速不大于 8m/s 时进行 ②注意吊点的选择，根据吊装部件选用长度适当、质量可靠的吊具 ③塔式起重机各部件所有可拆的销轴，塔身连接螺栓、螺母均是专用特制零件 ④必须安装并使用安全和保护措施，如扶梯、平台、护栏等 ⑤必须根据起重臂长，正确确定配重数量 ⑥装好起重臂后，平衡臂上未装够规定的平衡重前，严禁起重臂吊载 ⑦标准节的安装不得任意交换方位 ⑧顶升前，应将小车开到规定的顶升平衡位置，起重臂转到引进横梁的正前方，然后用回转制动器将塔式起重机的回转锁紧

序号	项 目	内 容
2	外附塔式起重机的安装、附着、拆除	⑨顶升过程中，严禁旋转起重臂或开动小车使吊钩起升和放下 ⑩标准节起升（或放下）时，必须尽可能靠近塔身 （3）塔身附着 1）锚固装置及形式 　　自升塔式起重机的塔身接高到设计规定的独立高度后，须使用锚固装置将塔身与建筑物拉结（附着），以减少塔身的自由高度、改善塔式起重机的稳定性。同时，可将塔身上部传来的力矩、以水平力的形式通过附着装置传给已施工的结构 　　锚固装置的多少与建筑物高度、塔身结构、塔身自由高度有关。一般设置 2～4 道锚固装置即可满足施工需要。进行超高层建筑施工时不必设置过多的锚固装置。因为锚固装置受到塔身传来的水平力，自上而下衰减很快，所以随着建筑物的升高，在验算塔身稳定性的前提下，可将下部锚固装置周转到上部使用，以便节省锚固装置费用 　　锚固装置由附着框架、附着杆和附着支座组成，如图 9-2 所示。塔身中心线至建筑物外墙之间的水平距离称为附着距离，多为 4.1～6m，有时大至 10～15m。附着距离小于 10m 时，可用三杆式或四杆式附着形式，否则宜采用空间桁架，如表 9-18 所示 2）锚固装置安拆注意事项 　　塔式起重机的附着（锚固装置）的安装与拆卸，应按使用说明书的规定进行，切实注意下列几点： ①起重机附着的建筑物、其锚固点的受力强度应满足起重机的设计要求。附着杆系的布置方式、相互间距和附着距离等，应按出厂使用说明书规定执行、有变动时，应另行设计 ②装设附着框架和附着杆件，应采用经纬仪测量塔身垂直度，并应采用附着杆进行调整，在最高锚固点以下垂直度允许偏差为 2/1000；在附着框架和附着支座布设时，附着杆倾斜角不得超过 10° ③附着框架宜设置在塔身标准节连接处，箍紧塔身。塔架对角处在无斜撑时应加固 ④塔身顶升接高到规定锚固间距时，应及时增设与建筑物的锚固装置。塔身高出锚固装置的自由端高度，应符合出厂规定 ⑤起重机作业过程中，应经常检查锚固装置，发现松动或异常情况时，应立即停止作业，故障未排除，不得继续作业 ⑥拆卸起重机时，应随着降落塔身的进程拆卸相应的锚固装置。严禁先拆锚固装置再逐节拆卸塔身，以避免突然刮大风造成塔身扭曲或倒塌事故 ⑦遇有六级及以上大风时，严禁安装或拆卸锚固装置 ⑧应对布设附着支座的建筑物构件进行强度验算（附着荷载的取值，一般塔式起重机使用说明书均有规定），如强度不足，须采取加固措施。构件在布设附着支座处应加配钢筋并适当提高混凝土的强度等级 ⑨附着支座须固定牢靠，其与建筑物构件之间的空隙应嵌塞紧密 （4）顶升加节 1）顶升前的准备 ①按液压泵站要求给油箱加油 ②清理好各个标准节，在标准节连接处涂上黄油，将待顶升加高用的标准节在顶升位置时的吊臂下排成一排，这样在整个顶升加节过程中不用回转机构，节省时间 ③放松电缆长度略大于总的顶升高度，并紧固好电缆 ④将吊臂旋转至顶升套架前方，平衡臂处于套架的后方（顶升油缸位于平衡臂下方） ⑤在引进平台上准备好引进滚轮，套架平台上准备好塔身高强度螺栓（连接销轴） 2）顶升前塔式起重机的配平

序号	项 目	内 容
2	外附塔式起重机的安装、附着、拆除	①塔式起重机配平前，必须先将小车运行到参考位置，并吊起一节标准节或其他重物，然后拆除下支座 4 个支脚与标准节的连接螺栓 ②将液压顶升系统操纵杆推至"顶升方向"，使套架顶升至下支座支脚刚刚脱离塔身的主弦杆的位置 ③通过检验下支座支脚与塔身主弦杆是否在一条垂直线上，并观察套架导轮与塔身主弦杆间隙是否基本相同，来确定塔式起重机是否平衡，若不平衡，则微调小车的配平位置，直至平衡，使得塔式起重机上部重心落在顶升油缸梁的位置上 ④操纵液压系统使套架下降，连接好下支座和塔身标准节间的连接螺栓 3）顶升作业步骤 自升式塔式起重机的顶升接高系统由顶升套架，引进轨道及小车，液压顶升机组三部分组成。顶升接高的步骤如下（图 9-3）： ①回转起重臂使其朝向与引进轨道一致并加以锁定。吊运一个标准节到摆渡小车上，并将过渡节与塔身标准相连的螺栓松开，准备顶升 ②开动液压千斤顶，将塔式起重机上部结构包括顶升套架约上升到超过一个标准节的高度；然后用定位销将套架固定，于是塔式起重机上部结构的质量就通过定位箱传递到塔身 ③液压千斤顶回缩，形成引进空间，此时将装有标准节的摆渡小车开到引进空间内 ④利用液压千斤顶稍微提起待接高的标准节，退出摆渡小车；然后将待接高的标准节平稳地落在下面的塔身上，并用螺栓连接 ⑤拔出定位销，下降过渡节，使之与已接高的塔身连成整体 塔身降落与顶升方法相似，仅程序相反 （5）外附塔式起重机拆除 与内爬式塔式起重机相比，附着自升式塔式起重机的拆除相对比较容易。通过自升的逆过程完成自降，至地面后由地面起重机拆除塔式起重机的其他部件，关键问题是塔式起重机附着的位置要避开建筑物，能进行自降 1）塔式起重机拆除流程 将塔式起重机旋转至拆卸区域，保证该区域无影响拆卸作业的障碍，严格执行说明书的规定，按程序操作，拆卸步骤与立塔组装的步骤相反。拆塔具体程序如下： ①降塔身标准节（如有附着装置，相应地拆卸） ②拆下平衡臂配重 ③起重臂的拆卸 ④平衡臂的拆卸 ⑤拆卸塔顶 ⑥拆卸回转塔身 ⑦拆卸回转总成 ⑧拆卸套架及塔身加强节 ⑨拆除附墙机构 2）拆卸注意事项 ①塔式起重机拆出工地之前，顶升机构由于长期停止使用，应对顶升机构进行保养和试运转 ②在试运转过程中，应有目的地对限位器、回转机构的制动器等进行可靠性检查 ③在塔式起重机标准节已拆出，但下支座与塔身还没有用高强度螺栓连接好之前，严禁使应回转机构、变幅机构和起升机构 ④塔式起重机拆卸对顶升机构来说是重载连续作业，所以应对顶升机构的主要受力件经常检查

序号	项　目	内　容
2	外附塔式起重机的安装、附着、拆除	⑤顶升机构工作时，所有操作人员应集中精力观察各种相对运动件的相对位置是否正常（如滚轮与主弦之间，套架与塔身之间），如果套架在上升时，套架与塔身之间发生偏斜，应停止上升，立即下降 ⑥拆卸时风速应低于 8m/s。由于拆卸塔式起重机时，建筑物已建完，工作场地受限制，应注意工件程序和吊装堆放位置。不可马虎大意，否则容易发生人身安全事故
3	内爬塔式起重机的安装、爬升、拆除	一般地，内爬塔式起重机构附在核心筒结构上，当布置多台塔式起重机时，往往相距较近，为避免碰撞，常采用动臂式塔式起重机。下面以动臂式塔式起重机为例，介绍内爬塔式起重机的相关技术 （1）附着方式及基础 内爬塔式起重机与结构之间采用上、下两道爬升框来支承。从爬升框受力机制上看，下道爬升框承受塔式起重机竖向荷载（自重及吊重），上道爬升框不承受竖向荷载，只承受水平力及扭转 图 9-4 为国内超高层建筑普遍采用的某内爬塔式起重机的荷载说明，以塔式起重机说明书为准 内爬塔式起重机的基础，与其附着形式密切相关。由于内爬塔式起重机一般用于超高层建筑的施工，按附着方式的不同，大致可分为简支形式和悬挂形式。附着方式及相应的基础形式如表 9-19 所示 （2）内爬塔式起重机安装 1）安装工况 内爬塔式起重机的安装分两种情况：悬臂工况和爬升工况，其安装要点可见表 9-20 2）安装顺序 以某内爬塔式起重机为例，当采用悬挂的附墙形式时，其安装顺序一般可分为八步。第一步：安装悬挂支架；第二步：安装塔身；第三步：安装回转机构；第四步：安装机械平台；第五步：安装桅杆；第六步：安装卷扬机系统；第七步：安装主臂；第八步：安装配重 （3）内爬塔式起重机爬升 内爬塔式起重机爬升时，需先设置第三道爬升框，利用塔式起重机自带的爬升系统将塔式起重机整体顶升，原上道爬升框变成下道爬升框，新增的第三道爬升框则作为上道爬升框，原下道爬升框拆除，供下次爬升时周转使用。以下分别介绍爬升过程和爬升系统作业 1）爬升过程 内爬塔式起重机的爬升过程如图 9-7 所示 2）爬升系统 塔式起重机爬升主要通过布置在起重机标准节内的千斤顶和固定在上下爬升框（套架）之间的爬升梯的相对运动来实现，其爬升系统作业过程如表 9-21 所示 3）爬升作业注意事项 ①内爬升作业应在白天进行。风力在五级及以上时，应停止作业 ②内爬升时，应加强机上与机下之间的联系以及上部楼层与下部楼层之间的联系，遇有故障及异常情况，应立即停机检查，故障未排除，不得继续爬升 ③内爬升过程中，严禁进行起重机的起升、回转、变幅等各项动作 ④起重机爬升到指定楼层后，应立即拔出塔身底座的支承梁或支腿，通过内爬升框架固定在楼板上，并应顶紧导向装置或用楔块塞紧 ⑤内爬升塔式起重机的固定间隔应符合设备制造商的要求 ⑥对固定内爬升框架的楼层楼板，在楼板下面应增设支柱作为临时加固。搁置起重机底座支承梁的楼层下方两层楼板，也应设置支柱作临时加固

序号	项　目	内　　容
3	内爬塔式起重机的安装、爬升、拆除	⑦每次内爬升完毕后，楼板上遗留下来的开孔，应立即封闭 ⑧起重机完成内爬升作业后，应检查内爬升框架的固定、底座支承梁的紧固以及楼板临时支撑的稳固等，确认可靠后，方可进行吊装作业 （4）内爬塔式起重机拆除 1）拆除方法概述 内爬塔式起重机无法实现自降节至地面，其拆除工序比较复杂且是高空作业。国内比较成熟的方法是先另设一台屋面起重机，利用屋面起重机拆除大型内爬塔式起重机，然后用桅杆式起重机（或人字拨杆），逐步拆除屋面起重机。拆除后的屋面起重机组件通过电梯运至地面 屋面起重机也称为便携式塔式起重机、救援塔式起重机，其起重能力较小，组件质量和尺寸都比较小。使用时，一般安装于屋面开阔部位，利用主体结构作为基础，其安装高度、臂长、起重能力和起重钢丝绳卷筒容绳量应满足拆除内爬塔式起重机的需要 屋面起重机应能实现人工拆解和搬运。拆解后的组件的体积、质量应适合人工搬运和电梯运输。当不能满足人工拆解的要求时，应采用多台屋面起重机、逐级拆除，吊至地面，以实现最后一部人工拆除和电梯搬运的要求 2）拆除前的现场准备工作 ①清除现场内影响塔式起重机拆除工作的所有障碍物，清理屋面层，并封闭塔式起重机安装位置的电梯井，检查并做好相关的防护工作 ②对塔式起重机所在的各楼层洞口处预留的钢筋等进行清理，保证预留洞口的畅通无阻 ③检查塔式起重机各主要机构部分的机械性能是否良好，回转机构制动装置是否可靠 ④检查液压顶升机构，包括油泵、油缸、顶升横梁及保险锁。检查液压油位是否符合规定要求，油液是否变质，并按规定要求加足或更换 ⑤内爬塔式起重机在拆除前应降低高度，方便拆除。应在塔式起重机降节前，检查液压系统的工作状况是否完好 ⑥将屋面起重机安装在预定位置，进行调试，检查验收；另外，需对屋面起重机所在位置楼板下方进行加固 ⑦拆除平台由脚手架搭设，上面铺设 10mm 厚钢板，主要承受塔式起重机起重臂在拆除过程中产生的竖向压力 ⑧准备好拆除所需工具，在屋面预定堆放构件的区域作标记，铺设枕木 3）内爬式塔式起重机拆除 拆卸步骤与立塔组装的步骤相反，即按以下顺序进行：配重→起重臂→桅杆→卷扬机系统→机械平台→回转机构→塔身标准节
4	塔式起重机使用要点	（1）作业前检查： 1）轨道基础应平直无沉陷，接头连接螺栓及道钉无松动 2）各安全装置、传动装置、指示仪表、主要部件连接螺栓、钢丝绳磨损情况、供电电缆等必须符合相关规定 3）应按有关规定进行试验及试运转 （2）吊运重物时，不得猛起猛落，以防吊运过程中发生散落、松绑、偏斜等情况。起吊时必须先将重物吊起，离地面 0.5m 左右停住，确定制动、物料捆扎、吊点和吊具无问题后，方可继续操作 （3）不允许起重机超载和超风力作业，在特殊情况下如需超载，不得超过额定载荷的 10%，并由使用部门提出超载使用的可行性分析及超载使用申请报告

序号	项　目	内　　容
4	塔式起重机使用要点	（4）在起升过程中，当吊钩滑轮组接近起重臂 5m 时，应用低速起升，严防与起重臂顶撞 （5）提升重物，严禁自由下降。重物就位时，可采用慢就位机构或使用制动器使之缓慢下降 （6）作业中平移起吊重物时，重物高出其所跨越障碍物的高度不得小于 1m （7）作业中，临时停歇或停电时，必须将重物卸下，升起吊钩。将各操作手柄（钮）置于"零位"。如因停电无法升、降重物，则应根据现场具体情况，由有关人员研究，采取适当的措施 （8）起重机在作业中，严禁对传动部分、运动部分以及运动件所及区域做维修、保养、调整等工作 （9）多机作业时，应避免各起重机在回转半径内重叠作业。在特殊情况下，需要重叠作业时，必须符合《塔式起重机安全规程》（GB 5144）的规定 （10）凡是回转机构带有止动装置或常闭式制动器的起重机，在停止作业后，司机必须松开制动器。绝对禁止限制起重臂随风转动 （11）动臂式起重机将起重臂放到最大幅度位置、小车变幅起重机把小车开到说明书中规定的位置，并且将吊钩起升到最高点，吊钩上严禁吊挂重物

塔式起重机的分类和特点　　　　　　　　　　　　　　表 9-16

序号	分类方法	类型	特　　点
1		轨道行走式	底部设行走机构，可沿轨道两侧进行吊装，作业范围大，非生产时间少，并可替代履带式和汽车式等起重机 需铺设专用轨道，路基工作量大、占用施工场地大
2		固定式	无行走机构，底座固定，能增加标准节，塔身可随施工进度逐渐提高 缺点是不能行走，作业半径较小，覆盖范围很有限
3	按架设方式	附着自升式	须将起重机固定，每隔 16～36m 设置一道锚固装置与建筑结构连接，保证塔身稳定性。其特点是可自行升高，起重高度大，占地面积小 需增设附墙架，对建筑结构会产生附加力，必须进行相关验算并采取相应的施工措施
4		内爬式	特点是塔身长度不变，底座通过附墙架支承在建筑物内部（如电梯井等），借助爬升系统随着结构的升高而升高，一般每隔 1～3 层爬升一次 优点是节约大量塔身，体积小，既不需要铺设轨道，又不占用施工场地；缺点是对建筑物产生较大的附加力，附着所需的支承架及相应的预埋件有一定的用钢量；工程完成后，拆机下楼需要辅助起重设备
5	按变幅方式	动臂式	当塔式起重机运转受周围环境的限制，如邻近的建筑物、高压电线的影响以及群塔作业条件下，塔式起重机运转空间比较狭窄时，应尽量采用动臂塔式起重机，起重灵活性增强 吊臂设计采用"杆"结为，相对于平臂"梁"结构稳定性更好。因此，常规大型动臂式塔式起重机起重能力都能够达到 30～100t，有效解决了大起重能力的要求
6		平臂式	小车变幅式的起重小车在臂架下弦杆上移动，变幅就位快，可同时进行变幅、起吊、旋转三个作业 由于臂架平直，与变幅形式相比，起重高度的利用范围受到限制

序号	分类方法	类型	特　点
7	按回转方式	上回转式	回转机构位于塔身顶部，驾驶室位于回转台上部，司机视野广 均采用液压顶升接高（自升）、平臂小车变幅装置 通过更换辅助装置，可改成固定式、轨道行走式、附着自升式、内爬式等实现一机多用
8		下回转式	回转机构在塔身下部、塔身与起重臂同时旋转 重心低、运转灵活，伸缩塔身可自行架设，采用整体搬运，转移方便
9	按起重量	轻型	起重量 0.5～3t
10		中型	起重量 3～5t
11		重型	起重量 15～40t

塔式起重机的选型　　　　　　　　　　　　　　　　　　表 9-17

序号	结构形式	常用塔式起重机类型	说明
1	普通建筑	固定式	因不能行走，作业半径较小，故用于高度及跨度都不大的普通建筑施工
2	大跨度场馆	轨道行走式	因可行走，作业范围大，故常用于大跨度、体育场馆及长度较大的单层工业厂房的钢结构施工
3	高层建筑	附着自升式	因通过增加塔身标准节的方式可自行升高，故常用于高度在 100m 左右的高层建筑施工 国内使用的附着自升式塔式起重机多采用平臂式设计
4	超高层建筑	内爬式	常规的附着自升式塔式起重机，塔身最大高度只能达到 200m 左右 内爬式因塔身高度固定，依赖爬升框固定于结构，与结构交替上升。特别适用于施工现场狭窄的 200m 以上的超高层施工 与附着自升式相比，内爬式不占用建筑外立面空间，使得幕墙等围护结构的施工不受干扰 国内内爬式起重机多采用平臂式设计，国外产品多为动臂式

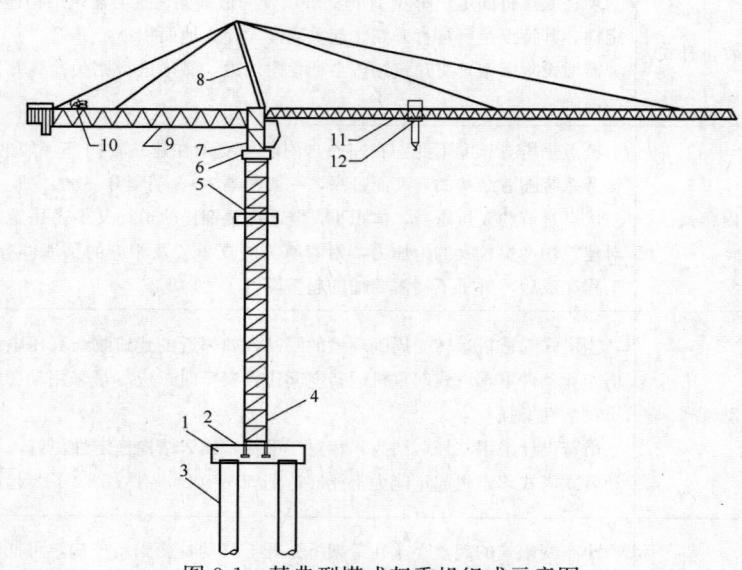

图 9-1　某典型塔式起重机组成示意图

1—承台基础；2—预埋基脚；3—桩基础；4—基础节和标准节；5—套架总成；6—回转支承总成；7—驾驶室节总成；8—撑架组件；9—平衡臂总成；10—起升机构；11—起重臂；12—小车总成

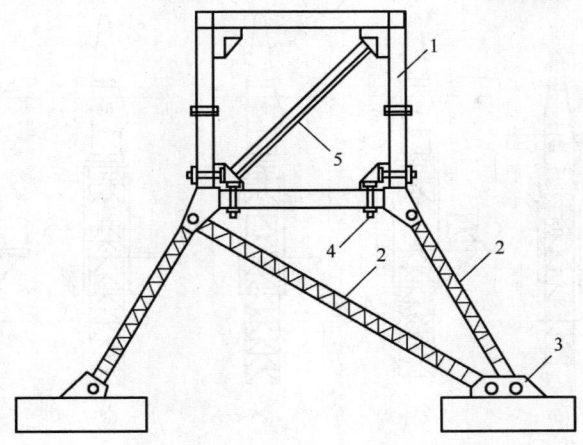

图 9-2 锚固装置的构造

1—附着框架；2—附着杆；3—支座；4—顶紧螺栓；5—加强撑

外附塔式起重机附着形式示意 表 9-18

序号	附着形式	示 意 图
1	三杆式附着	
2	四杆式附着	
3	空间焊接附着	

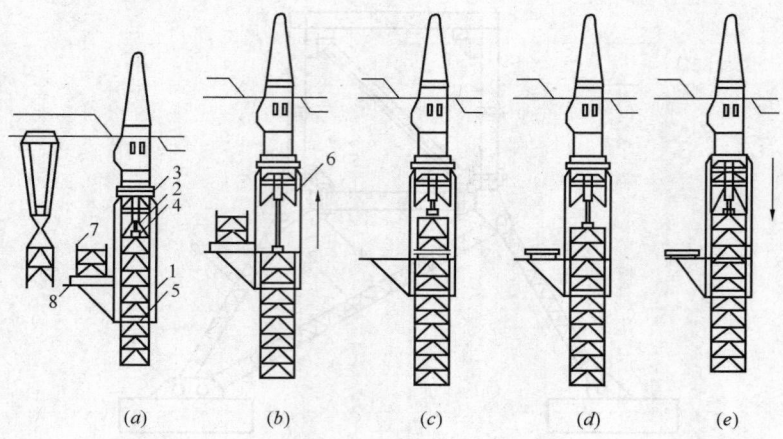

图 9-3　自升式塔式起重机的顶升接高过程

（a）准备状态；（b）顶升塔顶；（c）推人塔身标准节；

（d）安装塔身标准节；（e）塔顶与塔身连成整体

1—顶升套架；2—千斤顶；3—承座；4—顶升横梁；

5—定位销；6—过渡节；7—标准节；8—摆渡小车

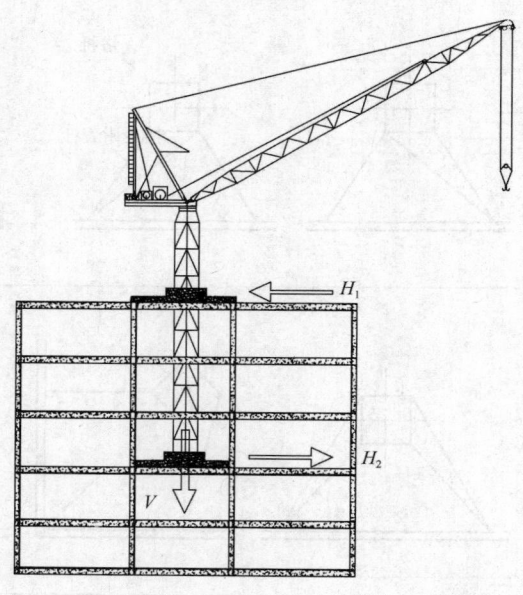

图 9-4　某内爬塔式起重机荷载

内爬塔身起重机附着方式及基础形式　　　　　表 9-19

序号	附着方式	基础形式	说　　　　明
2	剪支形式	直接支承	直接支承即爬升梁直接搁置在结构上 直接搁置于钢框架结构的梁面上，如图 9-5（a）所示 直接搁置在混凝土核心筒结构墙体上，但需开洞，如图 9-5（b）所示

序号	附着方式	基础形式	说　　　明
2	剪支形式	间接支承	间接支承是指通过设置临时牛腿等措施转换，通常在混凝土核心筒结构上爬升时多采用此法 临时牛腿可采用钢耳板，并与爬升梁端头的耳板销接，钢耳板应与核心筒墙体同步施工，待施工完成后再割掉，如图 9-5(c) 所示 临时牛腿也可采用钢牛腿形式，爬升梁搁置在牛腿上，此时应在墙体施工时预埋埋件，后焊钢牛腿，如图 9-5(d) 所示
3	悬挂形式	间接支承	塔式起重机一般悬挂在混凝土核心筒墙体上，此时基础形式只能是采用牛腿转换，属间接支承 悬挂形式有多种，如图 9-6 所示

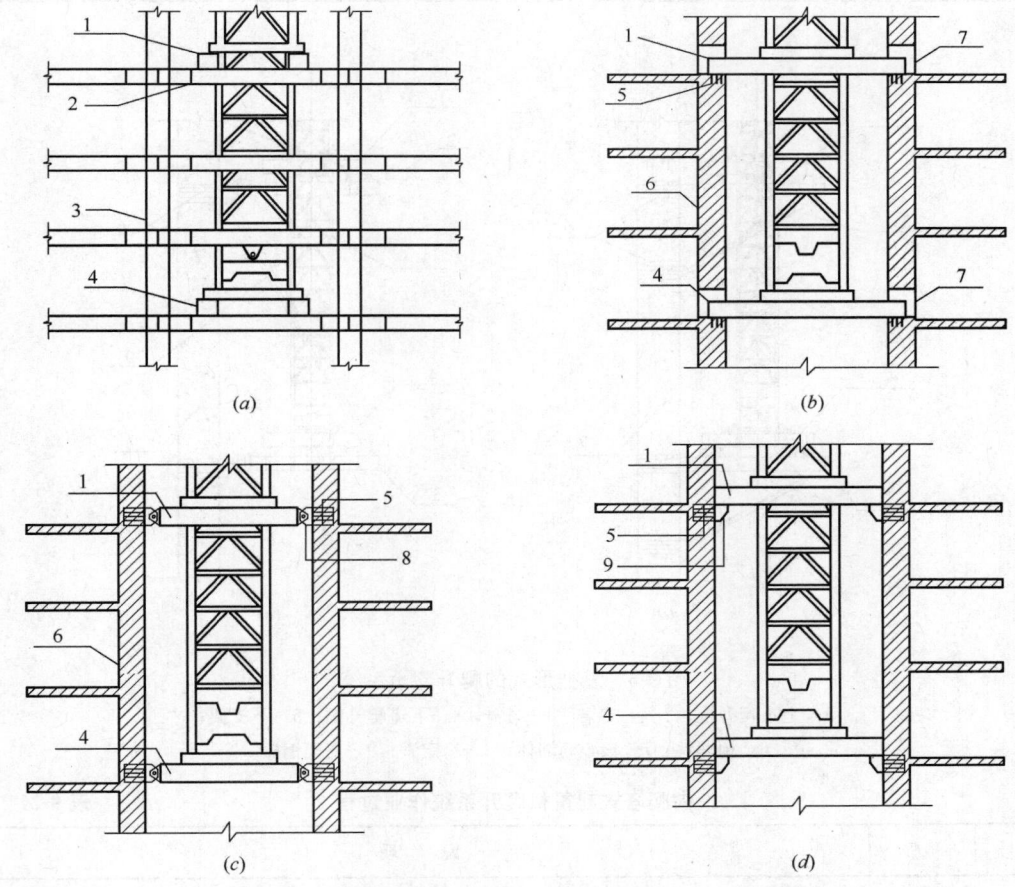

图 9-5　内爬塔式起重机的附着方式及基础形式（简支形式）

(a) 搁置于钢框架上；(b) 搁置于核心筒墙体洞门中；

(c) 核心筒墙体上设置钢耳板；(d) 核心筒墙体上设置钢牛腿

1—上道爬升梁；2—钢梁；3—钢柱；4—下道爬升梁；5—预埋件；

6—核心筒剪力墙；7—剪力墙留洞；8—钢耳板（与爬升梁销接）；9—钢牛腿

内爬塔式起重机的安装   表 9-20

序号	安装工况	说　明	安 装 考 虑
1	悬臂	悬臂工况即内爬塔式起重机初次安装采用固定式悬臂状态，待主体结构施工满足内爬要求后，改为内爬式 这种安装工况需要在结构底板上预埋塔身连接件，供塔式起重机固定	在地下室施工完成后进行安装时，结构应满足内爬塔式起重机支承及附着的要求，塔式起重机安装可以使用汽车式起重机，利用加固后的地下室顶板作为通道，进入塔楼区域进行安装 在条件允许的情况下，应优先考虑使用地下室施工阶段的塔式起重机进行安装
2	爬升	爬升工况即直接将内爬塔式起重机安装在上、下两道爬升框上，塔式起重机安装后即可爬升	塔式起重机安装宜采用基坑施工阶段的塔式起重机进行安装。如果因为吊装所使用的塔式起重机起重能力不足，则应考虑采用履带式起重机或汽车式起重机进入基坑进行安装 当起重机不能下到基坑时，可以采用搭设临时栈桥进入基坑吊装

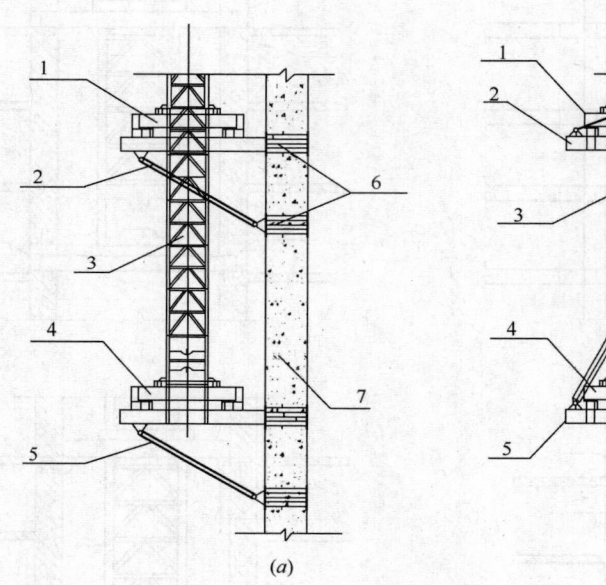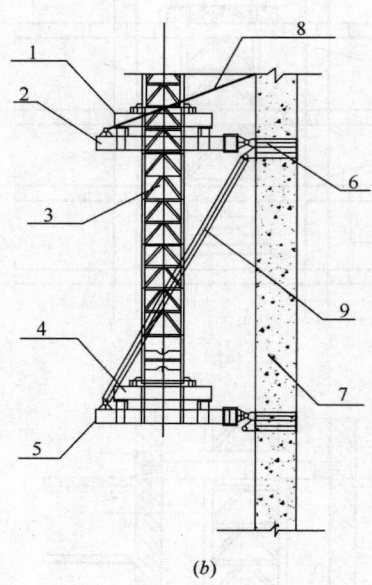

图 9-6　悬挂形式的爬升支承系统

1—上道爬升框；2—上支架；3—塔身；4—下道爬升框；5—下支架；

6—预埋件；7—核心筒墙体；8—稳定索；9—支架钢棒

内爬塔式起重机爬升系统作业过程   表 9-21

序号	步骤	说　明
1	第一步	安装第三道爬升框，千斤顶开始顶升
2	第二步	塔式起重机标准节固定在爬升梯孔内，千斤顶回缩
3	第三步	千斤顶重复步骤一、二，塔式起重机标准节向上移动
4	第四步	塔式起重机爬升到位，千斤顶缩回、爬升梯向上移动，完成一次爬升动作

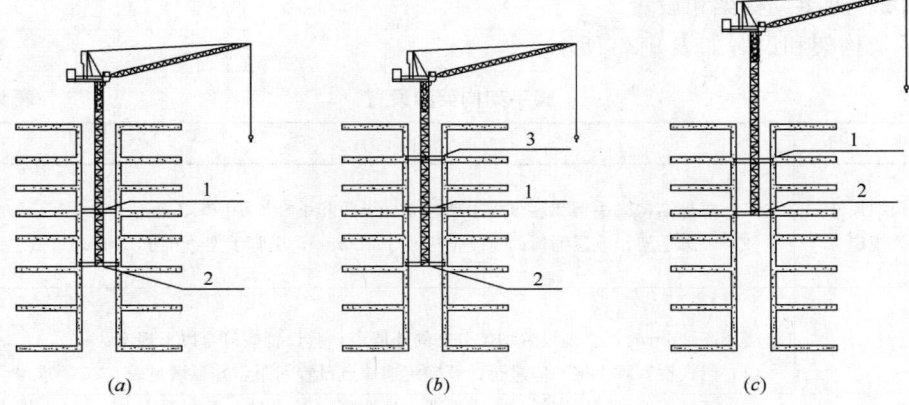

图 9-7 内爬塔式起重机爬升过程

(*a*) 第一步：原始状态；(*b*) 第二步：安装第三道爬升框；(*c*) 第三步：爬升到位

1—上道爬升框；2—下道爬升框；3—第三道爬升框

9.5 脚手架及模板支架

9.5.1 一般规定

一般规定如表 9-22 所示。

一 般 规 定　　　　　　　　　　　　　　表 9-22

序号	项 目	内 容
1	编制施工方案与荷载取值及采用工具式支架	(1) 脚手架与模板支架应编制施工方案，经审批后实施。高、大脚手架及模板支架施工方案宜进行专门论证 (2) 脚手架及模板支架的荷载取值及组合、计算方法及架体构造和施工要求应满足本书第11章、《建筑施工扣件式钢管脚手架安全技术规范》JGJ 130、《建筑施工门式钢管脚手架安全技术规范》JGJ 128、《建筑施工碗扣式钢管脚手架安全技术规范》JGJ 166、《建筑施工模板安全技术规范》JGJ 162 等有关规定 (3) 模板支架宜采用工具式支架，并应符合相关标准的规定
2	连接	(1) 外脚手架应根据建筑物的高度选择合理的形式： 1) 低于 50m 的建筑，宜采用落地脚手架或悬挑脚手架 2) 高于 50m 的建筑，宜采用附着式升降脚手架、悬挑脚手架 (2) 落地脚手架宜采用双排扣件式钢管脚手架、门式钢管脚手架、承插式钢管脚手架 (3) 悬挑脚手架应符合下列规定： 1) 悬挑构件宜采用工字钢，架体宜采用双排扣件式钢管脚手架或碗扣式、承插式钢管脚手架 2) 分段搭设的脚手架，每段高度不得超过 20m 3) 悬挑构件可采用预埋件固定，预埋件应采用未经冷处理的钢材加工 4) 当悬挑支架放置在阳台、悬挑梁或大跨度梁等部位时，应对其安全性进行验算 (4) 卸料平台应符合下列规定： 1) 应对卸料平台结构进行设计和验算，并编制专项施工方案 2) 卸料平台应与外脚手架脱开 3) 卸料平台严禁超载使用

9.5.2　脚手架构架和设置

脚手架构架和设置如表 9-23 所示。

脚手架构架和设置　　　　　　　　　　　　　　　　表 9-23

序号	项　目	内　容
1	构架尺寸规定	（1）双排结构脚手架和装修脚手架的立杆纵距和平杆步距应≤2.0m （2）外脚手架作业层铺板的宽度不应小于 750mm，里脚手架不小于 500mm
2	连墙点设置规定	当架高≥6m 时，必须设置均匀分布的连墙点，其设置应符合以下规定： （1）门式钢管脚手架：应进行计算确定连墙点设置间距，并且满足表 9-24 要求 （2）其他落地（或底支托）式脚手架：当架高≤20m 时，不大于 40m² 一个连墙点，且连墙点的竖向间距应≤6m；当架高＞20m 时，不大于 30m² 一个连墙点，且连墙点的竖向间距应≤4m （3）脚手架上部未设置连墙点的自由高度不得大于 6m （4）单片或非连续的脚手架两端连墙点应加密设置 （5）架体高度≤20m 时，连墙件必须采用可同时承受拉力和压力的构造，采用拉筋必须配用顶撑；架体高度＞20m 时，连墙件必须采用刚性构造形式 （6）当设计位置及其附近不能装设连墙件时，应采取其他可行的刚性拉结措施予以弥补
3	整体性拉结杆件设置规定	脚手架应根据确保整体稳定和抵抗侧力作用的要求。按以下规定设置剪刀撑或其他有相应作用的整体性拉结杆件： （1）周边交圈设置的单、双排扣件式钢管脚手架，当架高为 6～24m 时，应于外侧面的两端和其间按≤15m 的中心距并自下而上连续设置剪刀撑；当架高＞24m 时，应于外侧面满设剪刀撑 （2）碗扣式钢管脚手架，当高度≤24m 时，每隔 5 跨设置一组竖向通高斜杆；脚手架高度＞24m 时，每隔 3 跨设置一组竖向通高斜杆；脚手架拐角处及端部必须设置竖向通高斜杆；斜杆必须对称设置 （3）门式脚手架高度≤24m，在脚手架的转角处、两端及中间间隔不超过 15m 的外侧立面必须各设置一道剪刀撑，并应由底至顶连续设置；脚手架高度＞24m 时，应在脚手架外侧连续设置剪刀撑；悬挑脚手架外立面必须设置连续剪刀撑。当架高≤40m 时，水平框架允许间隔一层设置；当架高＞40m 时，每层均满设水平框架；此外，门式脚手架在顶层、连墙件层必须设置 （4）一字形单双排脚手架按上述相应要求增加 50% 的设置量 （5）满堂脚手架应按构架稳定要求设置适量的竖向和水平整体拉结杆件 （6）剪刀撑的斜杆与水平面的交角宜在 45°～60°之间，水平投影宽度应不小于 4 跨且不应小于 6m。斜杆应与脚手架基本构架杆件加以可靠连接 （7）横向斜撑的设置应符合下列规定：高度在 24m 以下的封闭型双排脚手架可不设横向斜撑，高度在 24m 以上的封闭型脚手架，除拐角应设置横向斜撑外，中间应每隔 6 跨设置一道，横向斜撑应在同一节间，由底至顶层呈之字形连续布置；一字型、开口型双排脚手架的两端均必须设置横向斜撑 （8）在脚手架立杆底端之上 100～300mm 处一律遍设纵向和横向扫地杆，并与立杆连接牢固

序号	项 目	内 容
4	杆件连接构造规定	脚手架的杆件连接构造应符合以下规定： （1）多立杆式脚手架左右相邻立杆和上下相邻平杆的接头应相互错开并置于不同的构架框格内 （2）扣件式钢管脚手架各部位杆件连接应符合下列规定： 1）纵向水平杆宜采用对接扣件连接，也可采用搭接 2）立杆接长除顶层顶步可采用搭接外，其余各层各步接头必须采用对接扣件连接 3）剪刀撑斜杆接长采用搭接或对接 4）搭接杆件接头长度应≥1m；搭接部分的固定点应不少于2道，且固定点间距应≤0.6m （3）杆件在固定点处的端头伸出长度应不小于0.1m （4）一般情况下，禁止不同材料和连接方式的脚手架杆配件混用。特殊情况可参见地方标准规定
5	安全防（围）护规定	脚手架必须按以下规定设置安全防护措施，以确保架上作业和作业影响区域内的安全： （1）作业层距地（楼）面高度≥2.0m时，在其外侧边缘必须设置挡护高度≥1.2m的栏杆和挡脚板，且栏杆间的净空高度应不大于0.5m （2）临街脚手架，架高≥25m的外脚手架以及在脚手架高空落物影响范围内同时进行其他施工作业或有行人通过的脚手架，应视需要采用外立面全封闭、半封闭以及搭设通道防护棚等适合的防护措施。封闭围护材料应采用阻燃式密目安全立网、竹笆或其他板材 （3）架高9～24m的外脚手架，除执行（1）规定外，可视需要加设安全立网维护 （4）挑脚手架、吊篮和悬挂脚手架的外侧面应按防护需要采用立网围护或执行（2）的规定；挑脚手架、附着升降脚手架和悬挂脚手架，其底部应采用密目安全网加小眼网封闭，并宜采用可翻转的闸板将脚手架体和建筑物之间的空隙封闭 （5）遇有下列情况时，应按以下要求加设安全网： 1）架高≥9m，未作外侧面封闭、半封闭或立网封护的脚手架，应按以下规定设置首层安全（平）网和层间（平）网 ①首层网应距地面4m设置，悬挑出宽度应≥3m ②层间网自首层网每隔3层设一道，悬出高度应≥3m 2）外墙施工作业采用栏杆或立网围护的吊篮，架设高度≤6m的挑脚手架、挂脚手架和附墙升降脚手架时，应于其下4～6m起设置两道相隔3m的随层安全网，其距外墙面的支架宽度应≥3m （6）门洞、通道口构造和防护要求： 脚手架遇电梯、井架或其他进出洞口时，洞口和临时通道周边均应设置封闭防护措施，脚手架体构造应符合下列要求： 1）扣件式单、双排钢管脚手架和木脚手架门洞宜采用上升斜杆、平行弦杆桁架结构形式，斜杆与地面的倾角α应在45°～60°之间 2）门式脚手架洞口构造规定：通道洞口高不宜大于2个门架，宽不宜大于1个门架跨距。当通道洞口高于2个门架跨距时，在通道口上方应设置经专门设计和制作的托架梁 3）双排碗扣式钢管脚手架通道设置时，应在通道上部架设专用梁，通道两侧脚手架应加设斜杆，通道宽度应≤4.8m （7）上下脚手架的梯道、坡道、栈桥、斜梯、爬梯等均应设置扶手、栏杆、防滑措施或其他安全防（围）护措施并清除通道中的障碍，确保人员上下的安全 采用定型的脚手架产品时，其安全防护配件的配备和设置应符合以上要求；当无相应安全防护配件时，应按上述要求增配和设置

序号	项 目	内 容
6	搭设高度限值	脚手架的搭设高度一般不应超过表 9-25 的限值 当需要搭设超过表 9-25 规定高度的脚手架时，可采取下述方式及其相应的规定解决： （1）在架高 20m 以下采用双立杆（钢管扣件式）和在架高 30m 以上采用部分卸载措施 （2）架高 50m 以上采用分段全部卸载措施 （3）采用挑、挂、吊形式或附着式升降脚手架
7	单排脚手架的设置规定	单排扣件式脚手架的横向水平杆支搭在建筑物的外墙上，外墙需要具有一定的宽度和强度，因为单排架的整体刚度较差，承载能力较低，因而在下列条件下不应使用： （1）单排脚手架不得用于以下砌体工程中： 1）墙体厚度小于或等于 180mm 2）空斗砖墙、加气块墙等轻质墙体 3）砌筑砂浆强度等级小于或等于 M2.5 时的砖墙 （2）在砌体结构墙体的以下部位不得留脚手眼： 1）设计上不允许留脚手眼的部位 2）过梁上与过梁两端成 60°的三角形范围内及过梁净跨度 1/2 的高度范围内 3）宽度小于 1m 的窗间墙 4）梁或梁垫下及其两侧各 500mm 的范围内 5）砖砌体的门窗洞口两侧 200mm 和转角处 450mm 的范围内，其他砌体的门窗洞口两侧 300mm 和转角处 600mm 的范围内 6）墙体厚度小于或等于 180mm 7）独立或附墙砖柱、空斗砖墙、加气块墙等轻质墙体 8）砌筑砂浆强度等级小于或等于 M2.5 的砖墙

连墙体最大间距或最大覆盖面积　　　　表 9-24

序号	脚手架搭设方式	脚手架高度（m）	连墙体间距（m）		每根连墙件覆盖面积（m²）
			竖向	水平向	
1	落地、密目式安全网全封闭	≤40	3h	3l	≤40
2			2h	3l	≤27
3		>40			
4	悬挑、密目式安全网全封闭	≤40	3h	3l	≤40
5		40~60	2h	3l	≤27
6		>60	2h	2l	≤20

注：1. 序号 4~6 为架体位于地面上高度；

　　2. 按每根连墙件覆盖面积选择墙体设置时，连墙件的竖向间距不应大于 6m；

　　3. 表中 h 为步距，l 为跨距。

脚手架搭设高度的限值　　　　表 9-25

序号	类 别	形式	高度限值（m）	备 注
1	扣件式钢管脚手架	单排	24	视连墙体间距、构架尺寸通过计算确定
		双排	50	

序号	类　别	形式	高度限值（m）	备　注
2	附着式升降脚手架	双排整体	20m 或不超过 5 个层高	—
3	碗扣式钢管脚手架	单排	20	视连墙件间距、构架尺寸通过计算确定
		双排	60	
4	门式钢管脚手架	落地	55	施工荷载标准值≤3.0（kN/m²）
			40	5.0≥施工荷载标准值＞3.0（kN/m²）
		悬吊	24	施工荷载标准值≤3.0（kN/m²）
			18	5.0≥施工荷载标准值＞3.0（kN/m²）

9.5.3　扣件式钢管脚手架

扣件式钢管脚手架（落地式脚手架）如表 9-26 所示。

扣件式钢管脚手架　　　　　　　　　　　　　　　表 9-26

序号	项　目	内　容
1	说明	扣件式钢管脚手架由钢管杆件用扣件连接而成的临时结构架，具有工作可靠、装拆方便和适应性强等优点，是目前我国使用最为普遍的脚手架品种
2	材料规格及用途	（1）钢管杆件 1）脚手架钢管宜采用 φ48.3×3.6 钢管。每根钢管的最大质量不应大于 25.8kg，尺寸应按表 9-27 采用 2）钢管要求 ①脚手架钢管应采用现行国家标准《直缝电焊钢管》GB/T 13793 或《低压流体输送用焊接钢管》GB/T 3091 中规定的 Q235 普通钢管，其质量应符合现行国家标准《碳素结构钢》GB/T 700 中 Q235 级钢的规定 ②钢管上严禁打孔 ③脚手架杆件使用的钢管必须进行防锈处理，即对购进的钢管先行除锈，然后外壁涂防锈漆一道和面漆两道。在脚手架使用一段时间以后，由于防锈层会受到一定的损伤，因此需重新进行防锈处理 3）钢管用途 按钢管在脚手架上所处的部位和所起的作用，可分为： ①立杆，又叫冲天、立柱和竖杆等，是脚手架主要传递荷载的杆件 ②纵向水平杆，又称牵杆、大横杆等，是保持脚手架纵向稳定的主要杆件 ③横向水平杆，又称小横杆、横愣、横担、楞木等，是脚手架直接接受荷载的杆件 ④栏杆，又称扶手，是脚手架的安全防护设施，又起着脚手架的纵向稳定作用 ⑤剪刀撑，又称十字撑、斜撑，是防止脚手架产生纵向位移的主要杆件 ⑥抛撑，用脚手架外侧与地面呈斜角的斜撑，一般在开始搭设脚手架时作临时固定之用 以上杆件如图 9-8 所示 4）低合金钢管技术指标 近年来，强度较高、耐腐蚀性较好的低合金钢管在扣件式钢管脚手架中已有试点应用，其与普碳钢管的技术经济指标列于表 9-28 中。其与扣件连接的性能（扣件抗滑力等）要符合要求。当脚手架的使用要求仅按其强度条件控制时，φ48×2.5 的低合金钢管的强度承载能力大致相当于 φ48.3×3.6 普碳钢管，但钢管截面积之比为 0.71：100，可使单位重量降低 29%，相同重量的长度增加 41%，但其失稳承载能力却不到后者的 80%，其应用需经验算合格才可 （2）扣件和底座 1）扣件和底座的基本形式 ①直角扣件（十字扣）：用于两根呈垂直交叉钢管的连接（图 9-9）

序号	项 目	内 容
2	材料规格及用途	②旋转扣件（回转扣）：用于两根呈任意角度交叉钢管的连接（图 9-10） ③对接扣件（筒扣、一字扣）：用于两根钢管对接连接（图 9-11） ④底座：扣件式钢管脚手架的底座用于承受脚手架立杆传递下来的荷载，可用可锻铸铁制造的标准底座的构造见图（9-12）。底座亦可用厚 8mm、边长 150mm 的钢板作底板，外径 60mm，壁厚 3.5mm、长 150mm 的钢管作套筒焊接而成（图 9-13） 2）扣件和底座的技术要求 ①扣件式钢管脚手架应采用可锻铸铁制作的扣件，其材质应符合现行国家标准《钢管脚手架扣件》GB 15831 的规定；采用其他材料制作的扣件，应经试验证明其质量符合该标准的规定后方可使用 ②扣件应经过 60N·m 扭力矩试压，扣件各部位不应有裂纹，在螺栓拧紧扭力矩达 65N·m 时，不得发生破坏 ③扣件用脚手架钢管应采用 GB/T3091 中公称外径为 48.3mm 的普通钢管，其他公称外径、壁厚的允许偏差及力学性能应符合 GB/T 3091 的规定 ④扣件用 T 形螺栓、螺母、垫圈、铆钉采用的材料应符合 GB/T 700 的有关规定。螺栓与螺母连接的螺纹均应符合 GB/T196 的规定，垫圈的厚度应符合 GB/T95 的规定，铆钉应符合 GB/T 867 的规定。T 形螺栓 M12，其总长应为（72±0.5）mm，螺母对边宽度为（22±10.5）mm，厚度应为（14±0.5）mm；铆钉直径应为（8±0.5）mm，铆接头应大于铆孔直径 1mm；旋转扣件中心铆钉直径应为（14±0.5）mm ⑤外观和附件质量要求： a. 扣件各部位不应有裂纹 b. 盖板与底座的张开距离不小于 50mm；当钢管公称外径为 51mm 时，不得小于 55mm c. 扣件表面大于 10mm² 的砂眼不应超过 3 处，且累计面积不大于 50mm² d. 扣件表面粘砂累计不应大于 150mm² e. 错缝不应大于 1mm f. 扣件表面凹（或凸）的高（或深）值不应大于 1mm g. 扣件与钢管接触部位不应有氧化皮，其他部位氧化皮面积累计不应大于 150mm² h. 铆接处应牢固，不应有裂纹 i. T 形螺栓和螺母应符合 GB/T 3098.1、GB/T 3098.2 的规定 j. 活动部位应灵活转动，旋转扣件两旋转面间隙应小于 1mm k. 产品的型号、商标、生产年号应在醒目处铸出，字迹、图案应清晰完整 l. 扣件表面应进行防锈处理（不应采用沥青漆），油漆应均匀美观，不应有堆漆或露铁 （3）脚手板 1）脚手板可采用钢、木、竹材料制作，每块质量不宜大于 30kg 2）冲压钢脚手板的材质应符合现行国家标准《碳素结构钢》GB/T 700 中 Q235-A 级钢的规定，并应有防滑措施。新、旧脚手板均应涂防锈漆 3）木脚手板应采用杉木或松木制作，其材质应符合现行国家标准《木结构设计规范》GB 50005 中 Ⅱ 级材质的规定。木脚手板的宽度不宜小于 200mm，脚手板厚度不应小于 50mm，两端应各设直径为 4mm 的镀锌钢丝箍两道，腐朽的脚手板不得使用 4）竹脚手板宜采用由毛竹或楠竹制作的竹串片板、竹笆板 （4）连接杆 又称固定件、附墙杆、连接点、拉结点、拉撑点、附墙点、连摇杆等。连接一般有软连接与硬连接之分。软连接是用 8 号或 10 号镀锌铁丝将脚手架与建筑物结构连接起来，软连接的脚手架在受荷载后有一定程度的晃动，其可靠性较硬连接差，故规定 24m 以上采用硬拉结，24m 以下宜采用软硬结合拉结。硬连接是用钢管、杆件等将脚手架与建筑物结构连接起来，安全可靠，已为全国各地所采用。硬连接的示意如图 9-14 所示

序号	项　目	内　　　容
2	材料规格及用途	（5）杆配件、脚手板的质量检验要求和允许偏差 1）钢管质量检验要求 ①新钢管的检查应符合下列规定： *a.* 应有产品质量合格证 *b.* 应有质量检验报告，钢管材质检验方法应符合现行国家标准《金属拉伸试验方法》GB/T 228 的有关规定 *c.* 钢管表面应平直光滑，不应有裂缝、结疤、分层、错位、硬弯、毛刺、压痕和深的划道 *d.* 钢管外径、壁厚、端面等的偏差，应分别符合表 9-29 的规定 *e.* 钢管必须进行防锈处理 ②旧钢管的检查应符合下列规定： *a.* 表面锈蚀深度应符合表 9-29 中的规定。锈蚀检查应每年一次。检查时，应在锈蚀严重的钢管中抽取 3 根，在每根锈蚀严重的部位横向截断取样检查，当锈蚀深度超过规定值时不得使用 *b.* 钢管弯曲变形应符合表 9-29 中的规定 2）扣件的验收应符合下列规定： ①新扣件应有生产许可证、法定检测单位的测试报告和产品质量合格证。当对扣件质量有怀疑时，应按现行国家标准《钢管脚手架扣件》GB 15831 的规定抽样检测 ②扣件进入施工现场应检查产品合格证，并应进行抽样复试，技术性能应符合现行国家标准《钢管脚手架扣件》GB 15831 的规定。扣件在使用前应逐个挑选，有裂缝、变形、螺栓出现滑丝的严禁使用 ③扣件活动部位应能灵活转动，旋转扣件的两旋转面间隙应小于 1mm ④当扣件夹紧钢管时，开口处的最小距离应不小于 5mm ⑤扣件表面应进行防锈处理 ⑥新、旧扣件均应进行防锈处理 3）脚手板的检查应符合下列规定： ①冲压钢脚手板的检查应符合下列规定： *a.* 新脚手板应有产品质量合格证 *b.* 尺寸偏差应符合表 9-29 中的规定，且不得有裂纹、开焊与硬弯 *c.* 新、旧脚手板均应涂防锈漆 ②木脚手板、竹脚手板的检查应符合下列规定： *a.* 木脚手板的宽度不宜小于 200mm，厚度不应小于 50mm；腐朽的脚手板不得使用 *b.* 竹脚手板宜采用由毛竹或楠竹制作的竹串片板、竹笆板 4）扣件式钢管脚手架的杆配件的质量检验要求分别列于表 9-29
3	搭设要求	（1）地基处理和底座安装 按一般要求或设计计算结果进行搭设场地的平整、夯实等地基处理，确保立杆有稳固可靠的地基。然后按构架设计的立杆间距 l_a 和 l_b 进行放线定位，铺设垫板（块）和安放立杆底座，并确保位置准确、铺放平稳，不得悬空。使用双立杆时，应相应采用双底座、双管底座或将双立杆焊于 1 根槽钢底座板上（槽口朝上） （2）搭设作业 1）搭设作业程序 放置纵向扫地杆→自角部起依次向两边竖立底（第 1 根）立杆，底端与纵向扫地杆扣接固定后，装设横向扫地杆并与立杆固定（固定立杆底端前，应吊线确保立杆垂直），每边竖起 3～4 根立杆后，随即装设第一步纵向平杆（与立杆扣接固定）和横向平杆（小横杆，靠近立杆并与纵向平杆扣接固定）、校正立杆垂直和平杆水平使其符合要求后，按 40～60N·m力

序号	项　目	内　　容
3	搭设要求	矩拧紧扣件螺栓，形成构架的起始段→按上述要求依次向前延伸搭设，直至第一步架交圈完成。交圈后，再全面检查一遍构架质量和地基情况，严格确保设计要求和构架质量→设置连墙件（或加抛撑）→把第一步架的作业程序和要求搭设第二步、第三步→随搭设进程及时装设连墙件和剪刀撑→装设作业层间横杆（在构架横向平杆之间加设的、用于缩小铺板支承跨度的横杆），铺设脚手板和装设作业层栏杆、挡脚板或围护、封闭措施 　　2）搭设作业注意事项 　　①严禁不同规格钢管及其相应扣件混用 　　②底立杆应按立杆接长要求选择不同长度的钢管交错设置，至少应有两种适合不同长度的钢管作立杆 　　③在设置第一排连墙件前，应约每隔6跨设一道抛撑，以确保架子稳定 　　④一定要采取先搭设起始段从后向前延伸的方式，当两组作业时，可分别从相对角开始搭设 　　⑤连墙件和剪刀撑应及时设置，滞后不得超过2步 　　⑥杆件端部伸出扣件之外的长度不得小于100mm 　　⑦在顶排连墙件之上的架高（以纵向平杆计）不得多于3步，否则应每隔6跨加设1道撑拉措施 　　⑧剪刀撑的斜杆与基本构架结构杆件之间至少有3道连接，其中斜杆的对接或搭接接头部位至少有1道连接 　　⑨周边脚手架的纵向平杆必须在角部交圈并与立杆连接固定，因此，东西两面和南北两面的作业层（步）有一交汇搭接固定所形成的小错台，铺板时应处理好交接处的构造。当要求周边钢板高度一致时，角部应增设立杆和纵向平杆（至少与3根立杆连接），如图9-15所示 　　⑩对接平板脚手板时，对接处的两侧必须设置间横杆 　　作业层的栏杆和挡脚板一般应设在立杆的内侧。栏杆接长亦应符合对接或搭接的相应规定 　　（3）脚手架搭设质量的检查与验收 　　1）搭设的技术要求、允许偏差与检验方法如表9-30所示 　　2）扣件连接质量检查 　　扣件紧固质量用扭力扳手检查，抽样按随机均布原则确定，检查数量与质量判定标准按表9-31的规定，不合格者必须重新拧紧并达到紧固要求 　　3）拆卸作业 　　拆卸作业按搭设作业的相反程序进行，并应特别注意以下几点： 　　①连墙件待其上部杆件拆除完毕（伸上来的立杆除外）后才能松开拆去 　　②松开扣件的平杆件应随即撤下，不得松挂在架上 　　③拆除长杆件时应两人协同作业，以避免单人作业时的闪失事故 　　④拆下的杆配件应吊运至地面，不得向下抛掷

脚手架钢管尺寸（mm）　　　　　　　　　　　　　　表 9-27

序号	钢管类别	截面尺寸		最大长度	
1	低压流体输送用焊接钢管、直缝电焊钢管	外径 ϕ, d	壁厚 t	双排架横向水平杆	其他杆
2		48.3	3.6	2200	6500

低合金钢管与普通碳钢管技术经济参数比较　　　　　　表 9-28

序号	钢材类别	低合金钢管		普通碳钢管	比值
	钢号	STK－51	SM490A	Q235	（2）／（3）
	代号	（1）	（2）	（3）	
1	外径（mm）×壁厚（mm）	$\phi48.6\times2.4$	$\phi48\times2.5$	$\phi48.3\times3.6$	—

序号	钢材类别		低合金钢管		普碳钢管	比值
	钢号		STK—51	SM490A	Q235	
	代号		(1)	(2)	(3)	(2)/(3)
2	屈服点 σ_s（N/mm²）		353	345	235	1.47
3	抗拉强度 σ_b（N/mm²）		500	490	400	1.23
4	截面积 A（mm²）		348.3	357.2	506	0.71
5	截面特性	惯性矩 I（cm⁴）	9.32	9.278	12.71	0.73
6		回转半径（cm）	1.636	1.645	1.59	1.03
7	按强度计的受压承载能力 P_N（kN）		—	≤87.52	≤84.79	1.03
8	可承受的最大弯矩 M（kN·m）		—	≤0.94	≤0.88	1.1
9	耐大气腐蚀性		—	1.20～1.38	1	1.2～1.38
10	每吨长度（m/t）		—	357	252	1.42

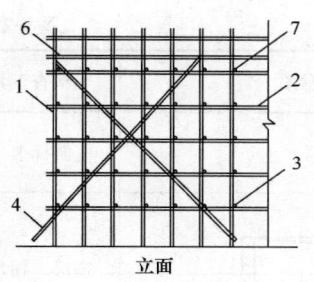
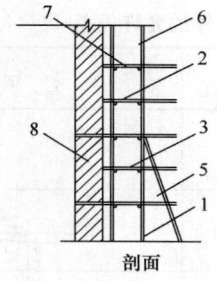

图 9-8　外脚手架示意图

1—立柱；2—大横杆；3—小横杆；4—剪刀撑；
5—抛撑；6—栏杆；7—脚手架；8—墙身

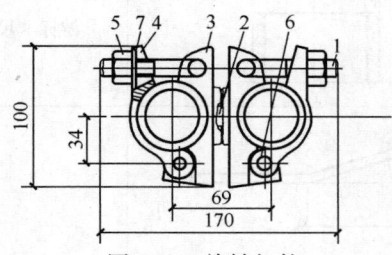

图 9-10　旋转扣件

1—螺栓；2—铆钉；3—旋转座；4—螺栓；
5—螺母；6—销钉；7—垫圈

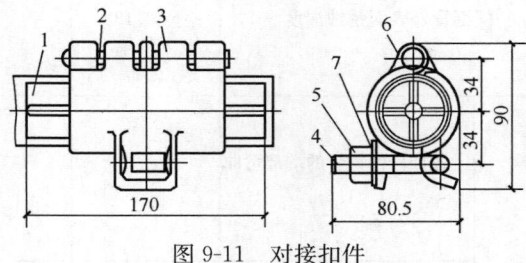

图 9-11　对接扣件

1—杆芯；2—铆钉；3—对接座；4—螺栓；
5—螺母；6—对接盖；7—垫圈

图 9-9　直角扣件

1—直角座；2—螺栓；3—盖板；
4—螺栓；5—螺母；6—销钉

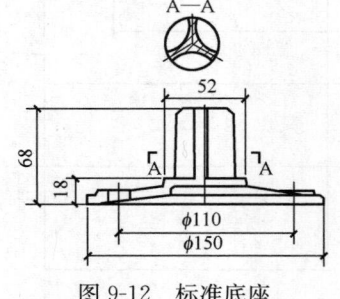

图 9-12　标准底座

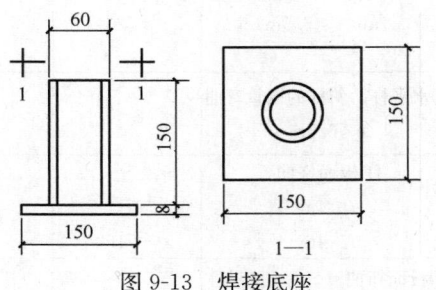

图 9-13　焊接底座

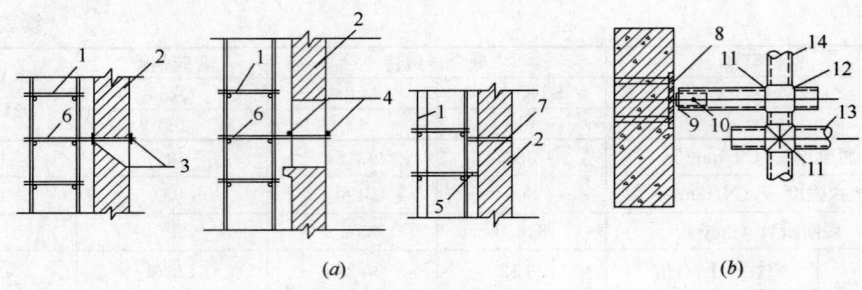

图 9-14　连接杆剖面示意

（a）用扣件钢管做的硬连接；（b）预埋件式硬连接

1—脚手架；2—墙体；3—两只扣件；4—两根短管用扣件连接；5—此小横杆顶墙；
6—此小横杆进墙；7—连接用镀锌钢丝，埋入墙内；8—埋件；9—连接角铁；
10—螺栓；11—直角扣件；12—连接用短钢管；13—小横杆；14—立柱

构配件的允许偏差　　　　　　　　　　　　　　　　　表 9-29

序号	项　　目		允许偏差 $\triangle$（mm）	示意图	检查工具
1	焊接钢管尺寸（mm）	外径 48.3	±0.5		游标卡尺
		壁厚 3.6	±0.36		
2	钢管两端面切斜偏差		1.70		塞尺、拐角尺
3	钢管外表面锈蚀深度		≤0.18		游标卡尺
4	钢管弯曲	①各种杆件钢管的端部弯曲 l≤1.5m	≤5		钢板尺
		②立杆钢管弯曲 3m<l≤4m 4m<l≤6.5m	≤12 ≤20		
		③水平杆、斜杆的钢管弯曲 l≤6.5m	≤30	—	
5	冲压钢脚手板	①板面挠曲 l≤4m l>4m	≤12 ≤16		钢板尺
		②板面扭曲（任一角翘起）	≤5	—	

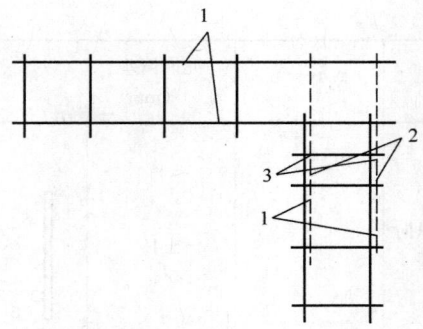

图 9-15　平层时角部纵向平杆交圈设置做法

1—平层纵向平杆；2—角部下层纵向平杆；3—增设立杆

脚手架搭设技术要求、允许偏差与检验方法　　　表 9-30

序号	项目		技术要求	允许偏差 △（mm）	示意图	检验方法与工具
1	地基基础	表面	坚实平整	—		观察
		排水	不积水			
		垫板	不晃动			
		底座	不滑动			
		降沉	—10			
2	立杆垂直度	最后验收垂直度 20～80m	—	±100		用经纬仪或吊线和卷尺

下列脚手架允许水平偏差（mm）

搭设中的检查偏差的高度（m）	总高度		
	50m	40m	20m
$H=2$	±7		
$H=10$	±20	±7	
$H=20$	±40	±25	±7
$H=30$	±60	±50	±50
$H=40$	±80	±75	±100
$H=50$	±100	±100	

中间档次用插入法

序号	项目	技术要求	允许偏差 △（mm）	示意图	检验方法与工具
3	间距	步距纵距横距	±20 ±50 ±20	—	钢板尺
4	纵向水平杆高差	一根杆的两端	±20		水平仪或水平尺

序号	项目		技术要求	允许偏差 △（mm）	示意图	检验方法与工具
4	纵向水平杆高差	同跨内两根纵向水平杆高差	—	±10		水平仪或水平尺
5	双排脚手架横向水平杆外伸长度偏差	外伸 500mm		−50	—	钢板尺
6	扣件安装	主节点处各扣件中心点相互距离	$a \leqslant 150mm$	—		钢卷尺
		同步立杆上两个相隔对接扣件的高差	$a \geqslant 150mm$	—		钢卷尺
		立杆上的对接扣件至主节点的距离	$a \leqslant h/3$	—		
		纵向水平杆上的对接扣件至主节点的距离	$a \leqslant l_a/3$	—		钢卷尺
		扣件螺栓拧紧力矩	$40 \sim 50N \cdot m$	—	—	扭力扳手
7	剪刀撑斜杆与地面的倾角		$45° \sim 60°$	—	—	角尺

序号	项目	技术要求	允许偏差⊿（mm）	示意图	检验方法与工具
8	脚手板外伸长度	对接 a＝130～150mm l≤300mm	—		卷尺
		搭接 a≥100mm l≤200mm	—		卷尺

注：图中1—立杆；2—纵向水平杆；3—横向水平杆；4—剪刀撑。

扣件紧固质量抽样数量及判定标准　　　　　　表 9-31

序号	检查项目	安装扣件数量（个）	抽检数量（个）	允许不合格数量（个）
1	连接立杆与纵（横）向水平杆或剪刀撑的扣件；接长立杆、纵向水平杆或剪刀撑的扣件	51～90	5	0
		91～150	8	1
		151～280	13	1
		281～500	20	2
		501～1200	32	3
		1201～3200	50	5
2	连接横向水平杆与纵向水平杆的扣件（非主节点处）	51～90	5	1
		91～150	8	2
		151～280	13	3
		281～500	20	5
		501～1200	32	7
		1201～3200	50	10

9.5.4　碗扣式钢管脚手架

碗扣式钢管脚手架（落地式脚手架）如表 9-32 所示。

碗扣式钢管脚手架　　　　　　表 9-32

序号	项目	内容
1	说明	碗扣式钢管脚手架是一种杆件轴心相交（接）的承插锁固式钢管脚手架，采用带连接件的定型杆件，组装简便，具有比扣件式钢管脚手架更强的稳定承载能力，不仅可以组装各式脚手架，而且更适合构建各种支撑架，特别是重载支撑架

序号	项 目	内 容
2	材料规格及用途	碗扣式钢管脚手架的原设计杆配件，共计有 23 类、56 中规格，按其用途可分为主构件、辅助构件、专用构件三类，如表 9-33 所示 （1）主构件 主构件系构成脚手架主体的杆部件，共有 6 类 25 种规格 1）立杆 立杆是脚手架的主要受力杆件，由一定长度的 $\phi48\times3.5$、Q235 钢管上每隔 0.60m 安装一套碗扣接头，并在其顶端焊接立杆连接管制成。立杆有 3.0m 和 1.8m 两种规格 2）顶杆 顶杆即顶部立杆，其顶端没有立杆连接管，便于在顶端插入托撑或可调托撑等，有 2.1m、1.5m、0.9m 三种规格。主要用于支撑架、支撑柱、物料提升架等的顶部，以解决由于立杆顶部有内销管，无法插入托撑的问题，但也相应增加了杆件种类，而且立杆、顶杆不通用，利用率低。有的模板脚手架公司将立杆的内销管改为下套管，取消了顶杆，实现了立杆和顶杆的统一，使用效果很好，改进后立杆规格为 1.2m、1.8m、2.4m、3.0m。两种立杆的基本结构如图 9-16 所示 3）横杆 组成框架的横向连接杆件，由一定长度的 $\phi48\times3.5$、Q235 钢管两端焊接横杆接头制成，有 2.4m、1.8m、1.5m、1.2m、0.9m、0.6m、0.3m 等 7 种规格。为适应模板早拆支撑的要求（模数为 300mm 的两个早拆模板间一般留 50mm 宽迟拆条），增加了规格为 950mm、1250mm、1550mm、1850mm 的横杆 4）单排横杆 主要用作单排脚手架的横向水平横杆，只在 $\phi48\times3.5$、Q235 钢管一端焊接横杆接头，有 1.4m、1.8m 两种规格 5）斜杆 斜杆是为增强脚手架稳定强度而设计的系列构件，在 $\phi48\times2.2$、Q235 钢管两端铆接斜杆接头制成，斜杆接头可转动、同横杆接头一样可装在下碗扣内，形成节点斜杆。有 1.69m、2.163m、2.343m、2.546m、3.00m 等五种规格，分别适用于 $1.20m\times1.20m$、$1.20m\times1.80m$、$1.50m\times1.80m$、$1.80m\times1.80m$、$1.80m\times2.40m$ 五种框架平面 6）底座 底座是安装在立杆根部，防止其下沉，并将上部荷载分散传递给地基基础的构件，有以下三种： ①垫座。只有一种规格（LDZ），由 150mm×150mm×8mm 钢板和中心焊接连接杆制成，立杆可直接插在上面，高度不可调 ②立杆可调座。由 150mm×150mm×8mm 钢板和中心焊接螺杆并配手柄螺母制成，按可调范围分为 0.3mm 和 0.6m 的两种规格 ③立杆粗细调座。基本上同立杆可调座，只是可调方式不同，由 150m×150mm×8mm 钢板、立杆管、螺管、手柄螺母等制成，只有 0.6m 一种规格 （2）辅助构件 辅助构件系用于作业面及附壁拉结等的杆部件，共有 13 类 24 种规格。按其用途又可分成 3 类： 1）用于作业面的辅助构件 ①间横杆 为满足其他普通钢脚板和木脚手板的需要而设计的构件，由 $\phi48\times3.5$、Q235 钢管两端

序号	项　目	内　　容
2	材料规格及用途	焊接"Π"形钢板制成，可搭设于主架横杆之间的任意部位，用以减小支撑间距或支撑挑头脚手板。有 1.2m、（1.2+0.3）m 和（1.2+0.6）m 三种规格 ②脚手板 配套设计的脚手板由 2mm 厚钢板制成，宽度为 270mm，其面板上冲有防滑孔，两端焊有挂钩，可牢靠地挂在横杆上，不会滑动。有 1.2m、1.5m、1.8m 和 2.4m 四种规格 ③斜道板 用于搭设车辆及行人栈道，只有一种规格，坡度为 1：3，由 2mm 厚钢板制成，宽度为 540mm，长度为 1897mm，上面焊有防滑条 ④挡脚板 挡脚板可设在作业层外侧边缘相邻两立杆间，以防止作业人员踏出脚手架。用 2mm 厚钢板制成，有 1.2m、1.5m、1.8m 三种规格 ⑤挑梁 为扩展作业平台而设计的构件，有窄挑梁和宽挑梁。窄挑梁由一端焊有横杆接头的钢管制成，悬挑宽度为 0.3m，可在需要位置与碗扣接头连接。宽挑梁由水平杆、斜杆、垂直杆组成，悬挑宽度为 0.6m，也是用碗扣接头同脚手架连成一整体，其外侧垂直杆上可再接立杆 ⑥架梯 用于作业人员上下脚手架通道，由钢踏步板焊在槽钢上制成，两端有挂钩，可牢固地挂在横杆上，只有 JT-255 一种规格。其长度为 2546mm，宽度为 540mm，可在 1800mm×1800mm 框架内架设。普通 1200mm 廊道宽的脚手架刚好装两组，可成析线上升，并可用斜杆、横杆作栏杆扶手 2) 用于连接的辅助构件 ①立杆连接销 立杆连接销是立杆之间连接的销定构件，为弹簧钢销扣结构，由 φ10mm 钢筋制成。有一种规格（LLX） ②直角撑 为连接两交叉的脚手架而设计的构件，由 φ48×3.5、Q235 钢管一端焊接横杆接头，另一端焊接"门"形卡制成，只有 ZJC 一种规格 ③连墙撑 连墙撑是使脚手架与建筑物的墙体结构等牢固连接，加强脚手架抵御风荷载及其他水平荷载的能力，防止脚手架倒塌且增强稳定承载力的构件。为便于施工，分别设计了碗扣式连墙撑和扣件式连墙撑两种形式。其中碗扣式连墙撑可直接用碗扣接头同脚手架连在一起，受力性能好；扣件式连墙撑是用钢管和扣件同脚手架相连，位置可随意设置，不受碗扣接头位置的限制，使用方便 ④高层卸荷拉结杆 高层卸荷拉结杆是高层脚手架卸荷专用构件，由预埋件、拉杆、索具螺旋扣、管卡等组成，其一端用预埋件固定在建筑物上，另一端用管卡同脚手架立杆连接，通过调节中间的索具螺旋扣，把脚手架吊在建筑物上，达到卸荷目的 3) 其他用途辅助构件 ①立杆托撑 插入顶杆上端，用作支撑架顶托，以支撑横梁等承载物。由 U 形钢板焊接连接管制成，只有 LTC 一种规格 ②立杆可调托撑 作用同立杆托撑，只是长度可调，有 0.6m 长一种规格（KTC-60），可调范围为 0～600mm

序号	项　目	内　　容
2	材料规格及用途	③横托撑 用作重载支撑架横向限位，或墙模板的侧向支撑构件。由 $\varphi48\times3.5$、Q235 钢管焊接横杆接头，并装配托撑组成，可直接用碗扣接头同支撑架连在一起，只有一种规格（HTC）。其长度为 400mm，也可根据需要加工 ④可调横托撑 把横托撑中的托撑换成可调托撑（或可调底座）即成可调横托撑，可调范围为 0～300mm，只有 KHC－30 一种规格 ⑤安全网支架 安全网支架是固定于脚手架上，用以绑扎安全网的构件，由拉杆和撑杆组成，可直接用碗扣接头连接固定，只有 AWJ 一种规格 （3）专用构件 专用构件是用作专门用途的构件，共有 4 类、6 种规格 1）支撑柱专用构件 由 0.3m 长横杆和立杆、顶杆连接可组成支撑柱，作为承重构杆单独使用或组成支撑柱群。为此，设计了支撑柱垫座、支撑柱转角座和支撑柱可调座等专用构件 ①支撑柱垫座 支撑柱垫座是安装于支撑柱底部，均匀传递其荷载的垫座。由底板、筋板和焊于底板上的四个柱销制成，可同时插入支撑柱的四个立杆内，从而增强支撑柱的整体受力性能，只有 ZDZ 一种规格 ②支撑柱转角座 作用同支撑柱垫座，但可以转动，使支撑柱不仅可用作垂直方向支撑，而且可以用作斜向支撑，其可调偏角为 $\pm10^\circ$，只有 ZZZ 一种规格 ③支撑柱可调座 对支撑柱底部和顶部均适用，安装于底部作用同支撑柱垫座，但高度可调，可调范围为 0～300mm；安装于顶部即为可调托撑，同立杆可调托撑不同的是，它作为一个构件需要同时插入支撑柱 4 根立杆内，使支撑柱成为一体 2）提升滑轮 提升滑轮是为提升小物料而设计的构件，与宽挑梁配套使用。由吊柱、吊架和滑轮等组成，其中吊柱可直接插入宽挑梁的垂直杆中固定，只有 THL 一种规格 3）悬挑架 悬挑架是为悬挑脚手架专门设计的一种构件，由挑杆和撑杆等组成，挑杆和撑杆用碗扣接头固定在楼内支承架上，可直接从楼内挑出，在其上搭设脚手架，不需要埋设预埋件。挑出脚手架宽度设计为 0.90m，只有 TYJ-140 一种规格 4）爬升挑梁 爬升挑梁是为爬升脚手架而设计的一种专用构件，可用它作依托，在其上搭设悬空脚手架，并随建筑物升高而爬升。它由 $\varphi48\times3.5$、Q235 钢管、挂销、可调底座等组成，爬升脚手架宽度为 0.90m，只有 PTL－90＋65 一种规格
3	碗扣式钢管脚手架形式、特点和构造要求	（1）碗扣式钢管脚手架功能特点 碗扣式钢管脚手架采用每隔仅 0.6m 设 1 套碗扣接头的定型立杆和两端焊有接头的定型横杆，并实现杆件的系列标准化

序号	项　目	内　　容
3	碗扣式钢管脚手架形式、特点和构造要求	碗扣接头是该脚手架系统的核心部件，它由上、下碗扣、横杆接头和上碗扣的限位销等组成（图 9-17） 上、下碗扣和限位销按 60cm 间距设置在钢管立杆之上，其中下碗扣和限位销则直接焊在立杆上。将上碗扣的缺口对准限位销后，即可将上碗扣向上抬起（沿立杆向上滑动），把横杆接头插入下碗扣圆槽内，随后将上碗扣沿限位销滑下并顺时针旋转以扣紧横杆接头（可使用锤子敲击几下即可达到扣紧要求）。碗扣式接头的拼接完全避免了螺栓作业 碗扣接头可同时连接 4 根横杆，可以相互垂直或偏转一定角度 此外，该脚手架还配有多种不同功能的辅助构件，如可调的底座和托撑、脚手板、架梯、挑梁、悬挑架、提升滑轮、安全网支架等 功能特点： 1）多功能：能根据具体施工要求，组成不同组架尺寸、形状和承载能力的单、双排脚手架，支撑架，支撑柱，物料提升架，爬升脚手架，悬挑架等多种功能的施工装备。也可用于搭设施工棚、料棚、灯塔等构筑物，特别适合于搭设曲面脚手架和重载支撑架 2）高功效：该脚手架常用杆件中最长为 3130mm，重 17.07kg。整架拼拆速度比常规快 3～5 倍，拼拆快速省力，工人用一把铁锤即可完成全部作业，避免了螺栓操作带来的诸多不便 3）通用性强：主构件均采用普通的扣件式钢管脚手架的钢管，可用扣件同普通钢管连接，通用性强 4）承载力大：立杆连接是同轴心承插，横杆同立杆靠碗扣接头连接，接头具有可靠的抗弯、抗剪、抗扭力学性能，而且各杆件轴心线交于一点，节点在框架平面内，因此，结构稳固可靠，承载力大 5）安全可靠：接头设计时，考虑到上碗扣螺旋摩擦力和自重力作用，使接头具有可靠的自锁能力。作用于横杆上的荷载通过下碗扣传递给立杆，下碗扣具有很强的抗剪能力（最大 199kN），上碗扣即使没被压紧，横杆接头也不致脱出而造成事故。同时配备有安全网支架、间横杆、脚手板、挡脚板、架梯、挑梁、连墙撑等杆件配件，使用安全可靠 6）易于加工：主构件用 $\phi48×3.5$、Q235 焊接钢管，制造工艺简单，成本适中，可直接对现有扣件式脚手架进行加工改造，不需要复杂的加工设备 7）不易丢失：该脚手架无零散丢失扣件，把构件丢失减少到最低程度 8）维修少：该脚手架构件消除了螺栓连接，构件耐碰、耐磕，一般锈蚀不影响拼拆作业，不需特殊养护、维修 9）便于管理：构件系列标准化，构件外表涂以橘黄色，美观大方，构件堆放整齐，便于现场材料管理，满足文明施工要求 10）易于运输：该脚手架最长构件 3130mm，最重构件 40.53kg，便于搬运和运输 （2）碗扣式钢管脚手架形式 1）双排外脚手架 用碗扣式钢管脚手架可方便地搭设双排外脚手架，拼装快速省力，且特别适用于搭设曲面脚手架和高层脚手架 ①构造类型 用于构造双排外脚手架时，一般立杆横距（即脚手架廊道宽度）取 1.2m（用 HG-120），步距取 1.8m，立杆纵距依建筑物结构、脚手架搭设高度及荷载等具体要求确定，可选用 0.9m、1.2m、1.5m、1.8m、2.4m 等多种尺寸。根据使用要求，有以下几种构造形式：

序号	项 目	内 容
3	碗扣式钢管脚手架形式、特点和构造要求	*a.* 重型架 这种结构脚手架取较小的立杆纵距（0.9m 或 1.2m），用于重载作业或作为高层外脚手架的底部架。对于高层脚手架，为了提高其承载力和搭设高度，采取上、下分段，每段立杆纵距不等的组架方式，见图 9-18。组架时，下段立杆纵距取 0.9m（或 1.2m），上段则用 1.8m（或 2.4m），即每隔一根立杆取消一根，用 1.8m（HG-180）或 2.4m（HG-240）的横杆取代 0.9m（HG-90）或 1.2m（HG-120）横杆 *b.* 普通架 普通架是最常用的一种，构造尺寸为 1.5m（立杆纵距）×1.2m（立杆横距）×1.8m（横杆步距）（以下表示同）或 1.8m×1.2m×1.8m，可作为砌墙、模板工程等结构施工用脚手架 *c.* 轻型架 主要用于装修、维护等作业荷载要求的脚手架，构架尺寸为 2.4m×1.2m×1.8m。另外，也可根据场地和作业荷载要求搭设窄脚手架和宽脚手架。窄脚手架构造形式为立杆横距取 0.9m，即有 0.9m×0.9m×1.8m，1.2m×0.9m×1.8m，1.5m×0.9m×1.8m，1.8m×0.9m×1.8m，2.4m×0.9m×1.8m 等五种构造尺寸 宽脚手架即立杆横距取为 1.5m，有 0.9m×1.5m×1.8m，1.2m×1.5m×1.8m，1.5m×1.5m×1.8m，1.8m×1.5m×1.8m，2.4m×1.5m×1.8m 等五种构造尺寸 ②组架构造 *a.* 斜杆设置 斜杆设置可增强脚手架结构的整体刚度，提高其稳定承载能力 斜杆同立杆连接的节点构造如图 9-19 所示，可装成节点斜杆（即斜杆接头同横杆接头装在同一碗扣接头内）或非节点斜杆（即斜杆接头同横杆接头不装在同一碗扣接头内），但一般斜杆应尽量布置在框架节点上。根据荷载情况，高度在 20m 以下的脚手架，设置斜杆的面积为整架立面面积的 1/2～1/5；高度超过 20m 的高层脚手架，设置斜杆的框架面积要不小于整架面积的 1/2。在拐角边缘及端部必须设置斜杆，中间则应均匀间隔布置 由于横向框架失稳是脚手架的主要破坏形式，因此，在横向框架内设置斜杆即廊道斜杆，对于提高脚手架的稳定强度尤为重要。对于一字形及开口形脚手架，应在两端横向框架内沿全高连续设置节点斜杆；30m 以下的脚手架，中间可不设廊道斜杆；20m 以上的脚手架，中间应每隔 5～6 跨设置一道沿全高连续设置的廊道斜杆；高层和重载脚手架，除按上述构造要求设置廊道斜杆外，荷载达到或超过 25kN 的横向平面框架应增设廊道斜杆。用碗扣式斜杆设置廊道斜杆时，除脚手架两端框架可以设于节点外，中间框架只能设成非节点斜杆 当设置高层卸荷拉结杆时，须在拉结点以上第一层加设廊道水平斜杆，以防止水平框架变形。斜杆既可用碗扣脚手架系列斜杆，也可用钢管和扣件代替，这样可使斜杆的设置更加灵活，而不受接头内所装杆件数量的限制。特别是用钢管和扣件设置大剪撑（包括竖向剪刀撑以及纵向水平剪刀撑），既可减少碗扣式斜杆的用量，又能使脚手架的受力性能得到改善 竖向剪刀撑的设置应与碗扣式斜杆的设置相配合，一般高度在 20m 以下的脚手架，可每隔 4～6 跨设置一组沿全高连续搭设的剪刀撑，每道剪刀撑跨越 5～7 根立杆，设剪刀撑的跨内不再设碗扣式斜杆；对于高度在 20m 以上的高层脚手架，应沿脚手架外侧以及全高方向连续设置，两组剪刀撑之间用碗扣式斜杆。其设置构造如图 9-20 所示 纵向水平剪刀撑可增强水平框架的整体性和均匀传递连墙撑的作用。对于 20m 以上的高层脚手架，应每隔 3.5 步架设置一层连续、闭合的纵向水平剪刀撑 *b.* 连墙撑布置 连墙撑是脚手架与建筑物之间的连接件，除防止脚手架倾倒、承受偏心荷载和水平荷载作用外，还可加强稳定约束、提高脚手架的稳定承载能力

序号	项　目	内　容
3	碗扣式钢管脚手架形式、特点和构造要求	一般情况下，对于高度在 20m 以下的脚手架，可四跨三步设置一个（约 40m²）；对于高层及重载脚手架，则要适当加密，60m 以下的脚手架至少应三跨三步布置一个（约 25m²）；60m 以上的脚手架至少应三跨二步布置一个（约 20m²） 连墙撑设置应尽量采用梅花形布置方式。另外，当设置宽挑梁、提升滑轮、安全网支架、高层卸荷拉结杆等构件时，应增设连墙撑，对于物料提升架也要相应地增设连墙撑数量 连墙撑应尽量连接在横杆层碗扣接头内，同脚手架、墙体保持垂直，并随建筑物及架子的升高及时设置，设置时要注意调整间隔，使脚手架竖向平面保持垂直。碗扣式连墙撑同脚手架连接与横杆同立杆连接相同，其构造如图 9-21 所示 　c. 脚手板设置 脚手板可以使用碗扣式脚手架配套设计的钢制脚手板，也可使用其他普通脚手板、木脚手板、竹脚手板等。使用配套的钢脚手板时，必须将其两端的挂钩牢固地挂在横杆上，不得浮放；其他类型脚手板应配合间横杆一块使用，即在未处于构架横杆之上的脚手板端间横杆作支撑 在作业层及其下面一层要满铺脚手板。当架设梯子时，在每一层架梯拐角处铺设脚手板作为休息平台 　d. 斜道板及人行梯设置 斜脚手板可作为行人及车辆的栈道，一般限在 1.8m 跨距的脚手架上使用，升坡为 1.3，在斜道板框架两侧，应该设置横杆和斜杆作为扶手和护栏。构造如图 9-22 所示 架梯设在 1.8m×1.8m 框架内，其上有挂钩，直接挂在横杆上。梯子宽为 540mm，一般 1.2m 宽脚手架正好布置两个，可在一个框架高度内折线布置。人行梯转角处的水平框架要铺设脚手板，在立面框架上安装斜杆和横杆作为扶手。其构造如图 9-23 所示 　e. 挑梁的设置 当遇到某些建筑物有倾斜或凹进凸出时，窄挑梁上可铺设一块脚手板；宽挑梁上可铺设两块脚手板，其外侧立柱可用立杆接长，以便安装防护栏杆。挑梁一般只作为作业人员的工作平台，不容许堆放重物。在设置挑梁的上、下两层框架的横杆层上要加设连墙撑，见图 9-24。把窄挑梁连续设置在同一立杆内侧每个碗扣接头内，可组成爬梯，爬梯步距为 0.6m，其构造如图 9-25 所示。设置时在立杆左右两跨内要增加护栏杆和安全网等安全设施，以确保人员上下安全 　f. 提升滑轮设置 随着建筑物的升高，当人递料不太方便时，可采用物料提升滑轮来提升小物料及脚手架物料，其提升重量应不超过 100kg。提升滑轮要与宽挑梁配套使用，使用时，将滑轮插入宽挑梁垂直杆下端的固定孔中，并用销钉锁定即可。其构造如图 9-26 所示。在设置提升滑轮的相应层加设连墙撑 　g. 安全网防护设置 一般沿脚手架外侧要满挂封闭式安全网（立网），并应与脚手架立杆、横杆绑扎牢固，绑扎间距应不大于 0.3m。根据规定在脚手架底部和层间设置水平安全网，使用安全网支架。安全网支架可直接用碗扣接头固定在脚手架上，其结构布置如图 9-27 所示 　h. 高层卸荷拉结杆设置 高层卸荷拉结杆主要是为减轻脚手架荷载而设计的一种构件，其设置依脚手架高度和荷载而定，一般每 30m 高卸荷一次，但总高度在 60m 以下的脚手架可不用卸荷（注：高层卸荷拉结杆所卸荷载的大小取决于卸荷拉结杆的几何性能及其装配的预紧力，可以通过选择拉杆截面尺寸、吊点位置以及调整索具螺旋扣等来调整卸荷的大小。一般在选择拉杆及索具螺旋时，按能承受卸荷层以上全部荷载来设计；在确定脚手架卸荷层及其位置时，按能承受卸荷层以上全部荷载的 1/3 来计算）

序号	项 目	内 容
3	碗扣式钢管脚手架形式、特点和构造要求	卸荷层应将拉结杆同每一根立杆连接卸荷，设置时，将拉结杆一端用预埋件固定在墙体上，另一端固定在脚手架横杆层下碗扣底下，中间用索具螺旋调节拉力，以达到悬吊卸荷目的，其构造形式如图 9-28 所示。卸荷层要设置水平廊道斜杆，以增强水平框架刚度。此外，尚应用横托撑同建筑物顶紧，且其上、下两层均应增设连墙撑 *i.* 直角交叉 对一般方形建筑物的外脚手架，在拐角处两直角交叉的排架要连在一起，以增强脚手架的整体稳定性 连接形式有两种：一种是直接拼接法，即当两排脚手架刚好整框垂直相交时，可直接将两垂直方向的横杆连接在一碗扣接头内，从而将两排脚手架连在一起，构造如图 9-29(*a*) 所示；另一种是直角撑搭接，当受建筑物尺寸限制，两垂直方向脚手架非整框垂直相交时，可用直角撑 ZJC 实现任意部位的直角交叉。连接时将一端同脚手架横杆装在同一接头内，另一端卡在相垂直的脚手架横杆上，如图 9-29(*b*) 所示 *j.* 曲线布置 同一碗扣接头内，横杆接头可以插在下碗扣的任意位置，即横杆方向是任意的，因此可进行曲线布置。两横杆轴线最小夹角为 75°，内、外排用同样长度的横杆可以实现 0°～15° 的转角，不同长度的横杆所组成的曲线脚手架曲率半径也不同（转角相同时）。当立杆横距为 1.2m，内外排用相同的横杆时，不同长度的横杆组成的曲线脚手架的内弧排架的最小曲率半径如表 9-34 所示 内、外排用不同长度的横杆可组装成不同转角、不同曲宰半径的曲线脚手架。表 9-35 列出了当立杆横向间距为 1.2m 时，内、外排用不同横杆组成的曲线脚手架其内弧排架的最大转角度数和最小曲率半径 曲线脚手架的平面布置构造如图 9-30 所示 实际布架时，可根据曲线曲率，选择弦长（即纵向横杆长）和弦切角 θ（即横杆转角），如果 $\theta<150°$，则选用内、外排相同的横杆，每跨转角 θ，当转角累计达 15° 时（即 $n\theta\leqslant15°$，n 为跨数），则选择内外排不同长度横杆实现不同转角，此为一组；如果布架曲线曲率相同，则由几组组合即可满足要求。用不同长度的横杆梯形组框与不同长度的横杆平行四边形组框混合组合，能组成曲率半径大于 1.70m 的任意曲线布架 ③ 组装方法及要求 根据布架设计，在已处理好的地基上安放立杆底座（立杆垫座或立杆可调座），然后将立杆插在其上，采用 3.0m 和 1.8m 两种不同长度立杆相互交错、参差布置，如图 9-31 所示，上面各层均采用 3.0m 长立杆接长，顶部再用 1.8m 长立杆找齐（或同一层用同一种规格立杆，最后找齐）以避免立杆接头处于同一水平面上。架设在坚实平整的地基基础上的脚手架，其立杆底座可直接用立杆垫座；地势不平或高层及重载脚手架底部应用立杆可调座；当相邻立杆地基高差小于 0.6m，可直接用立杆可调座调整立杆高度，使立杆碗扣接头处于同一水平面内；当相邻立杆地基高差大于 0.6m 时，则先调整立杆节间，即对于高差超过 0.6m 的地基，立杆相应增长一个节间（0.6m），使同一层碗扣接头高差小于 0.6m，再用立杆可调座调整高度，使其处于同一水平面内，如图 9-32 所示 在装立杆时应及时设置扫地横杆，将所装立杆连成一整体，以保证立杆的整体稳定性。立杆同横杆的连接是靠碗扣接头锁定，连接时，先将上碗扣滑至限位销以上并旋转，使其搁在限位销上，将横杆接头插入下碗扣，待应装横杆接头全部装好后，落下上碗扣预锁紧 碗扣式脚手架的底层组架最为关键，其组装的质量直接影响到整架的质量，因此，要严格控制搭设质量。当组装完两层横杆后，首先应检查并调整水平框架的直角度和纵向直线度（对曲线布置的脚手架应保证立杆的正确位置）；其次应检查横杆的水平度，并通过调整立杆

序号	项　目	内　　容
3	碗扣式钢管脚手架形式、特点和构造要求	可调座使横杆间的水平偏差小于$L/400$；同时应逐个检查立杆底脚，并确保所有立杆不浮地不松动。当底层架子符合搭设要求后，检查所有碗扣接头，并锁紧。在搭设过程中，应随时注意检查上述内容，并调整 　　立杆的接长是靠焊于立杆顶端的连接管承插而成，立杆插好后，使上部立杆底端连接孔同下部立杆顶端连接孔对齐，插入立杆连接销并销定 　　2）直线和曲线单排外脚手架 　　①组架结构及构造 　　搭设单排脚手架的单横杆长度有1.4m（DHG-140）和1.8m（DHF-180）两种，立杆与建筑物墙体之间的距离可根据施工具体要求在0.7～1.5m范围内调节。脚手架步距一般取1.8m，立杆纵距则根据荷载选取。单排脚手架斜杆、剪刀撑、脚手板及安全防护设施等杆部件设置参见双排脚手架 　　单排碗扣式脚手架最易进行曲线布置，横杆转角在0°～30°之间任意设置（即两纵向横杆之间的夹角为180°～150°），特别适用于烟囱、水塔、桥墩等圆形构筑物。当进行圆曲线布置时，两纵向横杆之间的夹角最小为150°，故搭设成的圆形脚手架最少为12边形。实际使用时，只需根据曲线及荷载要求，选择适当的弦长（即立杆纵距）即可，圆曲线脚手架的平面构造形式见图9-33。曲线脚手架的斜杆应用碗扣式斜杆，其设置密度应不小于整架的1/4；对于截面沿高度变化的圆形建筑物，可以用不同单排横杆以适应立杆至墙距离的变化，其中1.4m单横杆，立杆至墙间距离由0.7～1.1m可调；1.8m的单横杆，立杆至墙间距离由1.1～1.5m可调，当这两种单横杆不能满足要求时，可以增加其他任意长度的单排横杆，其长度可按两端铰接的简支梁计算设计 　　②组架方法 　　单排横杆一端焊有横杆接头．可用碗扣接头与脚手架连接固定，另一端带有活动夹板，用夹板将横杆与整体夹紧。构造如图9-34所示
4	搭设要求	（1）搭设与拆除 　　1）施工准备 　　①脚手架施工前必须制定施工设计或专项方案，保证其技术可靠和使用安全。经技术审查批准后方可实施 　　②脚手架搭设前工程技术负责人应按脚手架施工设计或专项方案的要求对搭设和使用人员进行技术交底 　　③对进入现场的脚手架构配件，使用前应对其质量进行复检 　　④构配件应按品种、规格分类放置在堆料区内或码放在专用架上，清点好数量备用。脚手架堆放场地排水应畅通，不得有积水 　　⑤连墙件如采用预埋方式，应提前与设计协商，并保证预埋件在混凝土浇筑前埋入 　　⑥脚手架搭设场地必须平整、坚实、排水措施得当 　　2）地基与基础处理 　　①脚手架地基基础必须按施工设计进行施工，按地基承载力要求进行验收 　　②地基高低差较大时，可利用立杆0.6m节点位差调节 　　③土壤地基上的立杆必须采用可调底座 　　④脚手架基础经验收立格后，应按施工设计或专项方案的要求放线定位 　　3）脚手架搭设 　　①底座和垫板应准确地放置在定位线上；垫板宜采用长度不少于2跨、厚度不小于50mm的木材板；底座的轴心线应与地面垂直

序号	项 目	内 容
4	搭设要求	②脚手架搭设应按立杆、横杆、斜杆、连墙件的顺序逐层搭设，每次上升高度不大于 3m。底层水平框架的纵向直线度偏差应≤$L/200$；横杆间水平度偏差应≤$L/400$ ③脚手架的搭设应分阶段进行，第一阶段的摺底高度一般为 6m，搭设后必须经检查验收后方可正式投入使用 ④脚手架的搭设应与建筑物的施工同步上升，每次搭设高度必须高于即将施工楼层 1.5m ⑤脚手架全高的垂直度偏差应小于 $L/500$，最大允许偏差应小于 100mm ⑥脚手架内外侧加挑梁时，挑梁范围内只允许承受人行荷载，严禁堆放物料 ⑦连墙件必须随架子高度上升及时在规定位置处设置，严禁任意拆除 ⑧作业层设置应符合下列要求： a. 必须满铺脚手板，外侧应设挡脚板及护身栏杆 b. 护身栏杆可用横杆在立杆的 0.6m 和 1.2m 的碗扣接头处搭设两道 c. 作业层下的水平安全网应按《建筑施工扣件式钢管脚手架安全技术规范》JGJ 130 的规定设置 ⑨采用钢管扣件作加固件、连墙件、斜撑时应符合《建筑施工扣件式钢管脚手架安全技术规范》JGJ 130 的有关规定 ⑩脚手架搭设到顶时，应组织技术、安全、施工人员对整个架体结构进行全面的检查和验收，及时解决存在的结构缺陷 4) 脚手架拆除 ①应全面检查脚手架的连接、支撑体系等是否符合构造要求，经按技术管理程序批准后方可实施拆除作业 ②脚手架拆除前现场工程技术人员应对在岗操作工人进行有针对性的安全技术交底 ③脚手架拆除时必须划出安全区，设置警戒标志，派专人看管 ④拆除前应清理脚手架上的器具及多余的材料和杂物 ⑤拆除作业应从顶层开始，逐层向下进行，严禁上下层同时拆除 ⑥连墙件必须拆到该层时方可拆除，严禁提前拆除 ⑦拆除的构配件应成捆用起重设备吊运或人工传递到地面，严禁抛掷 ⑧脚手架采取分段、分立面拆除时，必须事先确定分界处的技术处理方案 ⑨拆除的构配件应分类堆放，以便于运输、维护和保管 (2) 检查与验收 1) 进入现场的碗扣架构配件应具备以下证明资料： ①主要构配件应有产品标识及产品质量合格证 ②供应商应配套提供管材、零件、铸件、冲压件等材质、产品性能检验报告 2) 构配件进场质量检查的重点： 钢管壁厚；焊接质量；外观质量；可调底座和可调托撑丝杆直径、与螺母配合间隙及材质 3) 脚手架搭设质量应按阶段进行检验： ①首段以高度为 6m 进行第一阶段（摺底阶段）的检查与验收 ②架体应随施工进度定期进行检查；达到设计高度后进行全面的检查与验收 ③遇 6 级以上大风、大雨、大雪后特殊情况的检查 ④停工超过一个月恢复使用前 4) 对整体脚手架应重点检查以下内容： ①保证架体几何不变性的斜杆、连墙件、十字撑等设置是否完善 ②基础是否有不均匀沉降，立杆底座与基础面的接触有无松动或悬空情况 ③立杆上碗扣是否可靠锁紧 ④立杆连接销是否安装、斜杆扣接点是否符合要求、扣件拧紧程度

序号	项　目	内　　容
4	搭设要求	5）搭设高度在 20m 以下（含 20m）的脚手架，应由项目负责人组织技术、安全及监理人员进行验收；对于高度超过 20m 的脚手架、超高、超重、大跨度的模板支撑架应由其上级安全生产主管部门负责人组织架体设计及监理等人员进行检查验收 6）脚手架验收时，应具备下列技术文件： ①施工组织设计及变更文件 ②高度超过 20m 的脚手架的专项施工设计方案 ③周转使用的脚手架配件使用前的复验合格记录 ④搭设的施工记录和质量检查记录

碗扣式钢管脚手架构架种类与规格　　　　表 9-33

序号	类别	名称		型号	规格（mm）	单重（kg）	用途
1	主构件	立杆		LG-120	$\phi48\times3.5\times1200$	7.41	构架垂直承立杆
				LG-180	$\phi48\times3.5\times1800$	10.67	
				LG-240	$\phi48\times3.5\times2400$	13.34	
				LG-300	$\phi48\times3.5\times3000$	17.31	
2		顶杆		DG-90	$\phi48\times3.5\times900$	5.30	支撑架（架）顶端垂直立杆
				DG-150	$\phi48\times3.5\times1500$	8.62	
				DG-210	$\phi48\times3.5\times2100$	11.93	
3		横杆		HG-30	$\phi48\times3.5\times300$	1.67	立杆横向连接杆，框架水平承立杆
				HG-60	$\phi48\times3.5\times600$	2.82	
				HG-90	$\phi48\times3.5\times900$	3.97	
				HG-120	$\phi48\times3.5\times1200$	5.12	
				HG-150	$\phi48\times3.5\times1500$	6.82	
				HG-180	$\phi48\times3.5\times1800$	7.43	
				HG-240	$\phi48\times3.5\times2400$	9.73	
4		单排横杆		DHG-140	$\phi48\times3.5\times1400$	7.51	单排脚手架横向水平杆
				DHG-180	$\phi48\times3.5\times1800$	9.05	
5		斜杆		XG-170	$\phi48\times2.2\times1697$	5.47	1.2m×1.2m 框架斜撑
				XG-216	$\phi48\times2.2\times2160$	6.63	1.2m×1.8m 框架斜撑
				XG-234	$\phi48\times2.2\times2343$	7.07	1.5m×1.8m 框架斜撑
				XG-300	$\phi48\times2.2\times2546$	7.58	1.8m×1.8m 框架斜撑
				XG-300	$\phi48\times2.2\times3000$	8.72	1.8m×2.4m 框架斜撑
6		立杆底座	立杆底座	LDZ	150×150×150	1.7	立杆底部垫板
			立杆可调座	KTZ-30	0-300	6.16	立杆底部可调高度支座
				KTZ-60	0-300	7.86	
			粗细调座	CXZ-60	0-300	6.1	立杆底部有粗细可调高度支座

序号	类别		名称		型号	规格(mm)	单重(kg)	用途
7	辅助构件	作业面辅助构件	间横杆		JHG-120	$\phi48\times3.5\times1200$	6.43	水平框架之间连在两横杆间的横杆
					JHG-120+30	$\phi48\times3.5\times(1200+300)$	7.74	同上，有 0.3m 挑梁
					JHG-120+60	$\phi48\times3.5\times(1200+600)$	9.96	同上，有 0.6m 挑梁
8			脚手板		JB-120	1200×270	9.05	用于施工作业层面的台板
					JB-150	1500×270	11.15	
					JB-180	1800×270	13.24	
					JB-240	2400×270	17.03	
9			斜道板		XB-190	1897×540	28.24	用于搭设栈桥或斜道的铺板
10			挡板		DB-120	1200×220	7.18	施工作业层防护板
					DB-150	1600×220	8.93	
					DB-180	1800×220	10.68	
11			挑梁	窄挑梁	TL-30	$\phi48\times3.5\times300$	1.68	用于扩大作业面的挑梁
				宽挑梁	TL-60	$\phi48\times3.5\times600$	9.3	
12			架梯		JT-225	2546×540	26.32	人员上、下楼梯
13		用于连接的构件	立杆连接销		LLX	$\phi10$	0.104	立杆之间连接锁定用
14			直角撑		ZJC	125	1.62	两相交叉的脚手架之间的连接件
15			连墙撑	碗扣式	WLC	$415\sim625$	2.04	脚手架同建筑物之间连接件
16				扣件式	KLC	$415\sim625$	2	
17			高层卸荷拉结杆		GLC	—	—	高层脚手架卸荷用杆件
18		其他用途辅助构件	立托支撑	立托支撑	LTC	$200\times150\times5$	2.39	支撑架顶部托梁座
				立托可调支撑	KTC-60	$0\sim600$	8.49	支撑架顶部可调托梁座
			横托带	横拖带	HTC	400	3.13	支撑架横向支托撑
				可调横拖带	KHC-30	$400\sim700$	6.23	支撑架横向可调支托撑
19			安全网支架		AWJ	—	18.69	悬挂安全网支承架
20	专用构件	专用构件支撑柱	支撑柱垫座		ZDZ	300×300	19.12	支撑柱底部垫块
			支撑柱转角座		ZZZ	$0°\sim10°$	21.54	支撑柱斜向支撑垫块
			支撑柱可调座		ZKZ-30	$0\sim300$	40.53	支撑柱可调高度支座
21			提升滑轮		THL	—	1.55	插入宽挑梁提升小件物料
22			悬挑板		TYL-140	$\phi48\times3.5\times1400$	19.24	用于搭设悬挑脚手架
23			爬升挑梁		PTL-90+65	$\phi48\times3.5\times1500$	8.7	用于搭设爬升脚手架

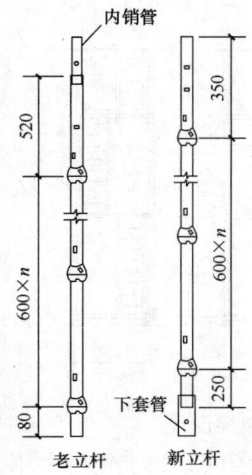

图 9-16 两种立杆的基本结构

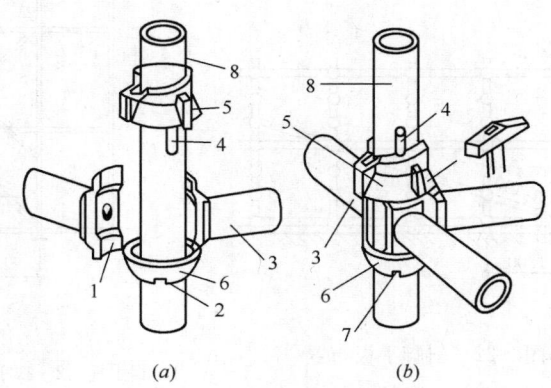

图 9-17 碗扣接头详图

(a)连接前；(b)连接后

1—横杆接头；2—焊缝；3—横杆；4—限位销；
5—上碗扣；6—下碗扣；7—流水槽；8—立杆

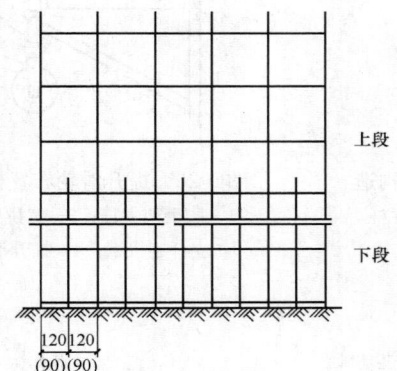

图 9-18 分段组架布置

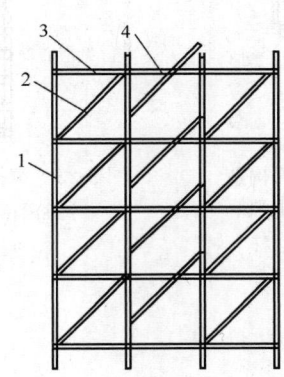

图 9-19 斜杆构造布置图

1—立杆；2—节点斜杆；3—横杆；4—非节点斜杆

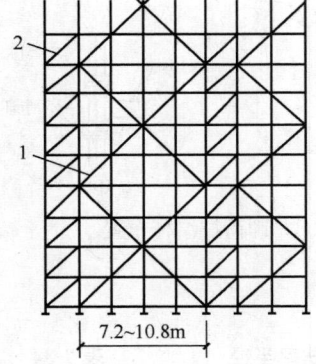

图 9-20 剪刀撑设置构造

1—剪刀撑；2—碗扣斜杆

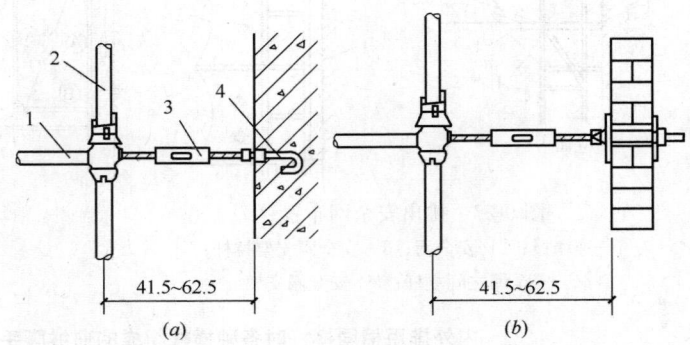

图 9-21 碗扣式连墙撑的设置构造

(a)混凝土墙固定连墙撑；(b)砖墙固定用连墙撑

1—碗扣斜杆；2—脚手架立杆；3—连墙撑；4—预埋件

473

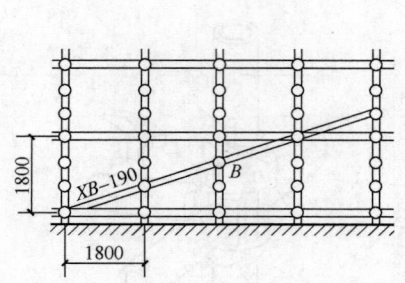

图 9-22 斜脚手板布置

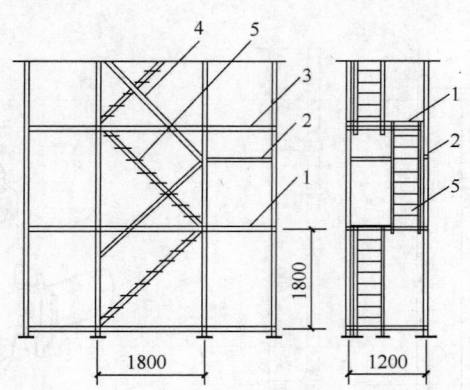

图 9-23 架梯设置
1—脚手板；2—扶手横杆；3—横杆；4—扶手斜杆；5—梯子

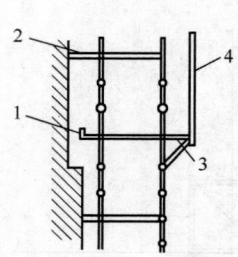

图 9-24 挑梁设置构造
1—窄挑梁；2—连墙撑；
3—宽挑梁；4—立杆

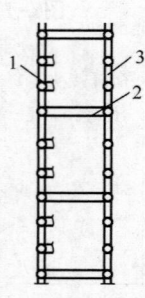

图 9-25 窄挑梁组成爬梯构造
1—窄挑梁；2—横杆；3—立杆

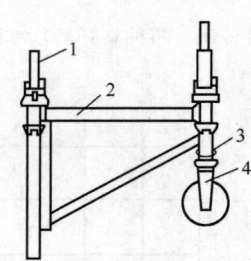

图 9-26 提升滑轮布置构造
1—脚手架立杆；2—宽挑梁；
3—立杆连接销；4—提升滑轮

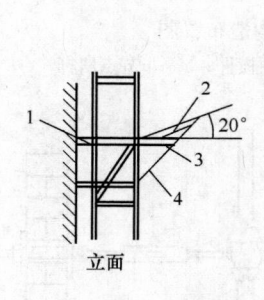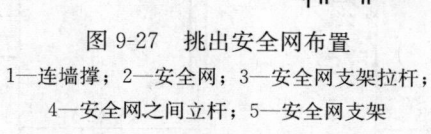

图 9-27 挑出安全网布置
1—连墙撑；2—安全网；3—安全网支架拉杆；
4—安全网之间立杆；5—安全网支架

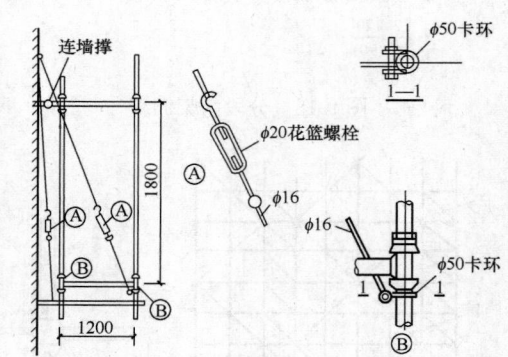

图 9-28 卸荷拉结杆布置

内外排用相同横杆时各种横杆组成的曲线脚手架曲率半径　　表 9-34

序号	横杆型号	HG-240	HG-180	HG-150	HG-120	HG-90
1	横杆长度(m)	2.4	1.8	1.5	1.2	0.9
2	最小曲率半径(m)	4.6	3.5	2.9	2.3	1.7

内外排用不同横杆时各种横杆组成的曲线脚手架最大转角及最小曲率半径　　表 9-35

序号	组合杆件名称	每组最大转角(°)	最小曲率半径(m)
1	HG-240，HG-180	28	3.7
2	HG-180，HG-150	14	6.1
3	HG-180，HG-120	28	2.5
4	HG-150，HG-120	14	4.8
5	HG-150，HG-90	28	1.9
6	HG-120，HG-90	14	3.6

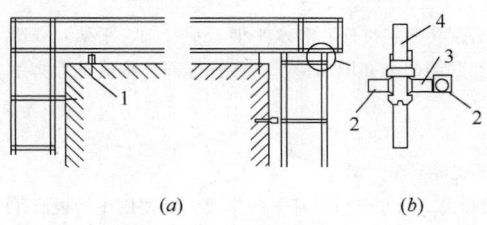

(a)　　　　　　(b)

图 9-29　直角交叉构造

(a)直接拼接；(b)直角撑搭接

1—连墙件；2—横杆；3—直角撑；4—立杆

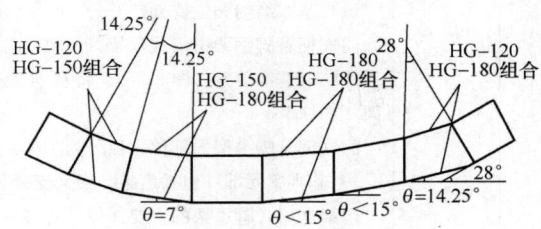

图 9-30　曲线脚手架平面布置

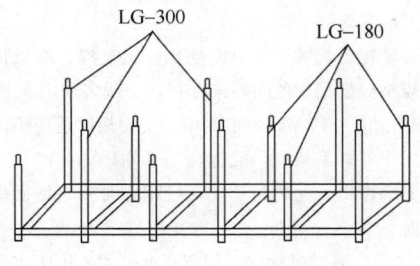

图 9-31　立杆平面布置

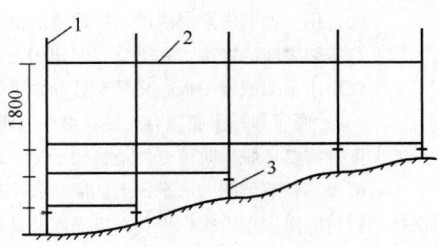

图 9-32　地基不平时立杆及其底座的设置

1—立杆；2—横杆；3—可调底座

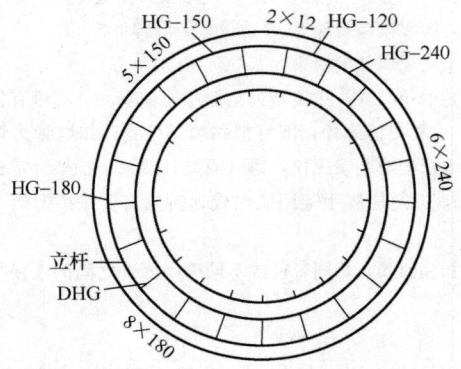

图 9-33　圆曲线单排脚手架

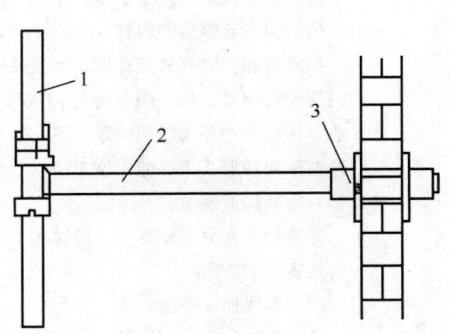

图 9-34　单排横杆设置构造

1—立杆；2—单排横杆；3—夹紧装置

9.5.5 门（框组）式钢管脚手架

门（框组）式钢管脚手架（落地式脚手架）如表 9-36 所示。

门（框组）式钢管脚手架   表 9-36

序号	项 目	内 容
1	说明	以门形、梯形以及其他变化形式钢管框架为基本构件，与连接杆（构）件、辅件和各种功能配件组合而成的脚手架，统称为"框组式钢管脚手架"。采用门形架（简称"门架"）者称为"门式钢管脚手架"，采用梯形架（简称梯架）者称为"梯式钢管脚手架"。可用来搭设各种用途的施工作业架子，如外脚手架、里脚手架、满堂脚手架、模板和其他承重支撑架、工作台等
2	材料规格及用途	（1）基本结构和主要部件 门式钢管脚手架由门式框架（门架）、交叉支撑（十字拉杆）和水平架（平行架、平架）或脚手板构成基本单元（图 9-35）。将基本单元相互联结起来并增加梯子、栏杆等部件构成整片脚手架（图 9-36） 门式钢管脚手架的部件大致分为三类： 1）基本单元部件包括门架、交叉支撑和水平架等（图 9-37） 门架是门式脚手架的主要部件，有多种不同形式。标准型是最基本的形式，主要用于构成脚手架的基本单元，一般常用的标准型门架的宽度为 1.219m，高度有 1.9m 和 1.7m。门型的重量，当使用高强薄壁钢管时为 13～16kg；使用普通钢管时为 20～25kg 梯形框架（梯架）可以承受较大的荷载，多用于模板支撑架、活动操作平台和砌筑里脚手架，架子的梯步可供操作人员上下平台之用。简易门架的宽度较窄，用于窄脚手板。还有一种调节架，用于调节作业层高度，以适应层高变化时的需要 门架之间的连接，在垂直方向使用连接棒和锁臂，在脚手架纵向使用交叉支撑，在架顶水平面使用水平架或脚手板。交叉支撑和水平架的规格根据门架的间距来选择，一般多采用 1.8m 2）底座和托座底座有三种：可调底座可调高 200～550mm，主要用于支模架以适应不同支模高度的需要，脱模时可方便地将架子降下来。用于外脚手架时，能适应不平的地面，可用其将各门架顶部调节到同一水平面上。简易底座只起支承作用，无调高功能，使用它时要求地面平整。带脚轮底座多用于操作平台，以满足移动的需要 托座有平板和 U 形两种，置于门架竖杆的上端，多带有丝杠以调节高度，主要用于支模架。底座和托座如图 9-38 所示 3）其他部件有脚手板、梯子、扣墙器、栏杆、连接棒、锁臂和脚手板托架等，如图 9-39 所示 脚手板一般为钢脚手板，其两端带有挂扣，搁置在门架的横梁上并扣紧。在这种脚手架中，脚手板还是加强脚手架水平刚度的主要构件，脚手架应每隔 3～5 层设置一层脚手板 梯子为设有踏步的斜梯，分别扣挂在上下两层门架的横梁上 扣墙器和扣墙管都是确保脚手架整体稳定的拉结件。扣墙器为花篮螺栓构造。一端带有扣件与门架竖管扣紧，另一端有螺杆锚入墙中，旋紧花篮螺栓，即可把扣墙器拉紧；扣墙管为管式构造，一端的扣环与门架拉紧，另一端为埋墙螺栓或夹墙螺栓，锚入或夹紧墙壁。托架分定长臂和伸缩臂两种形式，可伸出宽度 0.5～1.0m，以适应脚手架距墙面较远时的需要。小桁架（栈桥梁）用来构成通道 连接扣件亦分三种类型：回转扣、直角扣和简扣，相同管径或不同管径杆件之间的连接扣件规格如表 9-37 所示 （2）自锚连接构造 门式钢管脚手架部件之间的连接基本不用螺栓结构，而是采用方便可靠的自锚结构。主要形式包括： 1）制动片式。在作为挂扣的固定片上，铆上主制动片和被制动片，安装前使二者居于脱开位置，开口尺寸大于门架横梁直径，就位后，将被制动片推至实线位置，主制动片即自行落下，将被制动片卡住，使脚手板（或水平梁架）自锚于门架上（图 9-40）

序号	项　目	内　　　容
2	材料规格及用途	2）滑动片式。在固定片上设一滑动片，安装前使滑动片位于虚线位置，就位后利用滑动片的自重，将其推下（图 9-41），使开口尺寸缩小以锚住横梁 另一种滑动片式构造示于图 9-42。挂钩式联结片上设一限位片，安装前置于虚线位置，就位后顺槽滑至实线位置，因限位片受力方向异于滑槽方向达到自锚。这种构造多用于梯子与门架横梁的连接上 3）弹片式。在门架竖管的连接部位焊一外径为 12mm 的薄壁钢管，其下端开槽内设刀片式固定片和弹簧片（图 9-43）。安装时将两端钻有孔洞的剪刀撑推入，此时因孔的直径小于固定片外突出尺寸而将固定片向内挤压至虚线位置，直至通过后再行弹出，达到自锚 4）偏重片式。在门架竖管上焊一段端头开槽的 $\phi12$ 圆钢，槽呈坡形，上口长 23mm，下口长 20mm，槽内设一偏重片（用 $\phi10$ 圆钢制成厚 2mm，一端保持原直径），在其近端处开一椭圆形孔，安装时置于虚线位置，其端部斜面与槽内斜面相合，不会转动，就位后将偏重片稍向外拉，自然旋转到实线位置达到自锚（图 9-44） （3）杆配件的质量和性能要求 1）杆配件的一般要求 国产门架及其配件的规格、性能和质量应符合现行行业标准《门式钢管脚手架》JG 13 的规定进行质量类别判定、维修和使用 2）构配件基本尺寸的允许偏差（表 9-38） 3）门架及配件的性能要求（表 9-39）
3	门（框组）式钢管脚手架的形式、特点和构造要求	门（框组）式钢管脚手架有许多用途，除用于搭设内、外脚手架外，还可用于搭设活动工作台、梁板模板的支撑、临时看台和观礼台、临时仓库和工棚以及其他用途的作业架子 （1）外脚手架 外脚手架的一般形式见图 9-36，门架立杆离墙面净距不宜大于 150mm，否则应采取内挑架板或其他安全封盖措施。上人楼梯段的架设可以集中设置，亦可分开设置（图 9-45）。当施工场地狭窄时，最初几步脚手架可采用宽度较窄的简易门架，使用托架或挑梁过渡到标准门架（图 9-46）。脚手架下部需要留门洞时，可使用栈桥梁搭设，但最多不得超过 3 跨，且架高不宜超过 15 层，并应复算栈桥梁的承载能力。需要设置垂直运输井字架时，井字架应设在脚手架的外侧，进入建筑物的通道可采用扣件式钢管脚手架搭设（图 9-47） 一般外脚手架每 1000m² 墙面的材料用量列于表 9-40（计算标准用量部件时取架长 36.6m，架高 27.3m，即每层用 21 榀门架，共搭设 16 层）。折合为每平方米部件用量为 3.23~4.0 件，重量为 19.44~28.07kg （2）里脚手架 作为砌筑用里脚手，一般只需搭设一层。采用高度为 1.7m 的标准型门架，能适应 3.3m 以下层高的墙体砌筑；当层高大于 3.3m 时，可加设可调底座。使用 D2-40 可调底座时，可调高 0.25m，能满足 3.6m 层高的砌筑作业；使用 DZ-78 可调底座时，可调高 0.6m，能满足 4.2m 层高作业要求。当层高大于 4.2m 时，可再接一层高 0.9~1.5m 的梯形门架（图 9-48）。由于房间墙壁的长度不一定是门架标准间距 1.83m 的整倍数，一般不能使用交叉拉杆，可使用脚手钢管横杆，其门架间距为 1.2~1.5m，且需铺一般的脚手板 （3）满堂脚手架 将门架按纵排和横排均匀排开，门架间的间距在一个方向上为 1.83m，用剪刀撑连接；另一个方向为 1.5~2.0m，用脚手钢管连接，其上满铺脚手板，其高度的调节方法同里脚手架。当层高大于 5.2m 时，可使用 2 层以上的标准门架搭起，用于宾馆、饭店、展览馆等建筑物的高大的厅堂天棚装修，非常方便（图 9-49） （4）活动工作台

序号	项 目	内 容
3	门（框组）式钢管脚手架的形式、特点和构造要求	使用梯形门架可以搭设组装方便、使用灵活的操作平台，利用门架上的梯步上下，不用搭设上人梯。图 9-50 所示为用二棍架组成，底部设有带丝杠千斤顶的行走轮，可以调节高度。当小平台的操作面积不够时，也可用几排平行梯型门架组成大平台 （5）搭设技术要求和注意事项 1）基底处理 应确保地基具有足够的承载力，在脚手架荷载作用下不发生塌陷和显著的不均匀沉降。当采用可调底座时，其地基处理和加设垫板（木）的要求同扣件式钢管脚手架。当不采用可调底座时，必须采取以下三项措施，以确保脚手架的构造和使用要求： ①基底必须严格夯实抄平。当基底处于较深的填土层之上或者架高超过 40m 时，应加做厚度不小于 400mm 的灰土层或厚度不小于 200mm 的钢筋混凝土基础梁（沿纵向），其上再加设垫板或垫木 ②严格控制第一步门架顶面的标高，其水平误差不得大于 5mm（超出时，应塞垫铁板予以调整） ③在脚手架的下部加设通常的大横杆（φ48 脚手管，用异径扣件与门架连接），并不少于 3 步（图 9-51），且内外侧均需设置 2）分段搭设与卸载构造的做法 当不能落地架设或搭设高度超过规定（45m 或轻载的 60m）时，可分别采取从楼板伸出支挑构造的分段搭设方式或支挑卸载方式、如图 9-52 所示，或与前述相适合的支挑方式，并经过严格设计（包括对支承建筑结构的验算）后予以实施 3）脚手架搭设程序 一般门式钢管脚手架按以下程序搭设：铺放垫本（板）→拉线、放底座→自一端起立门架并随即装交叉支撑→装水平架（或脚手板）→装梯子→（需要时，装设作加强用的大横杆）装设连墙杆→按照上述步骤，逐层向上安装→装加强整体刚度的长剪刀撑→装设顶部栏杆 上、下榀门架的组装必须设置连接棒和锁臂，其他部件（如栈桥梁等）则按其所处部位相应装上 4）脚手架垂直度和水平度的调整 脚手架的垂直度（表现为门架竖管轴线的偏移）和水平度（门架平面方向和水平方向）对于确保脚手架的承载性能至关重要（特别是对于高层脚手架），其注意事项为： ①严格控制首层门架的垂直度和水平度。在装上以后要逐片地、仔细地调整好，使门架竖杆在两个方向的垂直偏差都控制在 2mm 以内，门架顶部的水平偏差控制在 5mm 以内。随后在门架的顶部和底部用大横杆和扫地杆加以固定 ②接门架时上下门架竖杆之间要对齐，对中的偏差不宜大于 3mm。同时，注意调整门架的垂直度和水平度 ③及时装设连墙杆，以避免在架子横向发生偏斜 5）确保脚手架的整体刚度≤45m 时，水平架应至少两步设一道；当架高＞45m 时，水平架必须每步设置（水平架可用挂扣式脚手板和水平加固杆替代），其间连接应可靠 ①因进行作业需要临时拆除脚手架内侧交叉拉杆时，应先在该层里侧上部加设大横杆，以后再拆除交叉拉杆。作业完毕后应立即将交叉拉杆重新装上，并将大横杆移到下一或上一作业层上 ②整片脚手架必须适量设置水平加固杆（即大横杆）前三层宜隔层设置，二层以上则每隔 3～5 层设置一道 ③在架子外侧面设置长剪刀撑（φ48 脚手钢管，长 6～8m），其高度和宽度为 3～4 个步距（或架距），与地面夹角为 45°～60°，相邻长剪刀撑之间相隔 3～5 个架距 ④使用连墙管或连墙器将脚手架和建筑结构紧密连接，连墙点的最大间距，在垂直方向为 6m，在水平方向为 8m。一般情况下，在垂直方向每隔 3 个步距和在水平方向每隔 4 个架距设一点，高层脚手架应增加布设密度，低层脚手架可适当减少布设密度，连墙点间距规定见表 9-24

序号	项　目	内　　容
3	门（框组）式钢管脚手架的形式、特点和构造要求	连墙点应与水平加固杆同步设置。连墙点的一般做法如图 9-53 所示 ⑤作好脚手架的转角处理。脚手架在转角之处必须作好连接和与墙拉结，以确保脚手架的整体性，处理方法为： a. 利用回转扣直接把两片门架的竖管扣接起来 b. 利用钢管（$\phi48$ 或 $\phi43$ 均可）和扣件把处于角部两边的门架连接起来，连接杆可沿边长方向或外向设置（图 9-54） 另外，在转角处应适当增加连墙点的布设密度
4	搭设要求	（1）搭设与拆除 1）施工准备 ①脚手架搭设前，工程技术负责人应按规定和施工组织设计要求向搭设和使用人员做技术和安全作业要求的交底 ②对门架、配件、加固件应按要求进行检查、验收；严禁使用不合格的门架、配件 ③对脚手架的搭设场地应进行清理、平整，并做好排水措施 ④地基基础施工应按规定和施工组织设计要求进行。基础上应先弹出门架立杆位置线、垫板、底座安放位置应准确 2）搭设 ①搭设门架及配件应符合下列规定： a. 交叉支撑、水平架、脚手板、连接棒和锁臂的设置应符合要求 b. 不配套的门架与配件不得混合使用于同一脚手架 c. 门架安装应自一端向另一端延伸，并逐层改变搭设方向，不得相对进行。搭完一步架后，应按要求检查并调整其水平度与垂直度 d. 交叉支撑、水平架或脚手板应紧随门架的安装及时设置 e. 连接门架与配件的锁臂、搭钩必须处于锁住状态 f. 水平架或脚手板应在同一步内连续设置，脚手板应满铺 g. 底层钢梯的底部应加设钢管并用扣件扣紧在门架的立杆上，钢梯的两侧均应设置扶手，每段梯可跨越两步或三步门架再行转折 h. 栏板（杆）、挡脚板应设置在脚手架操作层外侧、门架立杆的内侧 ②加固杆、剪刀撑等加固件的搭设除应符合要求外，尚应符合下列规定： a. 加固杆、剪刀撑必须与脚手架同步搭设 b. 水平加固杆应设于门架立杆内侧，剪刀撑应设于门架立杆外侧并连牢 ③连墙件的搭设除应符合要求外，尚应符合下列规定： a. 连墙件的搭设必须随脚手架搭设同步进行，严禁滞后设置或搭设完毕后补做 b. 当脚手架操作层高出相邻连墙件以上两步时，应采用确保脚手架稳定的临时拉结措施，直到连墙件搭设完毕后方可拆除 c. 连墙件宜垂直于墙面，不得向上倾斜，连墙件埋入墙身的部分必须锚固可靠 d. 连墙件应连于上、下两榀门架的接头附近 ④加固件、连墙件等与门架采用扣件连接时应符合下列规定： a. 扣件规格应与所连钢管外径相匹配 b. 扣件螺栓拧紧扭力矩宜为 $50\sim60\mathrm{N\cdot m}$，并不得小于 $40\mathrm{N\cdot m}$ c. 各构件端头伸出扣件盖板边缘长度不应小于 100mm ⑤脚手架应沿建筑物周围连续、同步搭设升高，在建筑物周围形成封闭结构；如不能封闭时，在脚手架两端应增设连墙件 （2）检查与验收

序号	项目	内　容
4	搭设要求	1) 脚手架搭设完毕或分段搭设完毕，应按规定对脚手架工程的质量进行检查，经检查合格后方可交付使用 2) 高度在 20m 及 20m 以下的脚手架，应由单位工程负责人组织技术安全人员进行检查验收。高度大于 20m 的脚手架，应由上一级技术负责人随工程进行分阶段组织单位工程负责人及有关的技术人员进行检查验收 3) 验收时应具备下列文件： ①根据要求所形成的施工组织设计文件 ②脚手架构配件的出厂合格证或质量分类合格标志 ③脚手架工程的施工记录及质量检查记录 ④脚手架搭设过程中出现的重要问题及处理记录 ⑤脚手架工程的施工验收报告 4) 脚手架工程的验收，除查验有关文件外，还应进行现场检查，检查应着重以下各项，并记入施工验收报告： ①构配件和加固件是否齐全，质量是否合格，连接和挂扣是否紧固可靠 ②安全网的张挂及扶手的设置是否齐全 ③基础是否平整坚实，支垫是否符合规定 ④连墙件的数量、位置和设置是否符合要求 ⑤垂直度及水平度是否合格 5) 脚手架搭设的垂直度与水平度允许偏差应符合表 9-41 的要求 （3）拆除 1) 脚手架经单位工程负责人检查验证并确认不再需要时，方可拆除 2) 拆除脚手架前，应清除脚手架上的材料、工具和杂物 3) 拆除脚手架时，应设置警戒区和警戒标志，并由专职人员负责警戒 4) 脚手架的拆除应在统一指挥下，按后装先拆、先装后拆的顺序及下列安全作业的要求进行： ①脚手架的拆除应从一端走向另一端、自上而下逐层地进行 ②同一层的构配件和加固件应按先上后下、先外后里的顺序进行，最后拆除连墙件 ③在拆除过程中，脚手架的自由悬臂高度不得超过两步，当必须超过两步时，应加设临时拉结 ④边墙杆、通长水平杆和剪刀撑等，必须在脚手架拆卸到相关的门架时方可拆除 ⑤工人必须站在临时设置的脚手板上进行拆卸作业，并按规定使用安全防护用品 ⑥拆除工作中，严禁使用榔头等硬物击打、撬挖、拆下的连接棒应放入袋内，锁臂应先传递至地面并放室内堆存 ⑦拆卸连接部件时，应先将锁座上的销板与卡钩上的锁片旋转至开启位置，然后开始拆除，不得硬拉，严禁敲击 ⑧拆下的门架、钢管与配件，应成捆用机械吊运或由井架送至地面，防止碰撞，严禁抛掷

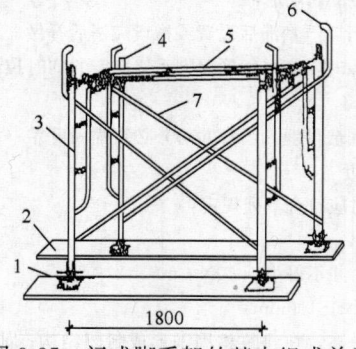

图 9-35　门式脚手架的基本组成单元
1—螺旋基脚；2—木板；3—门架；4—连接器；
5—平架；6—臂扣；7—剪刀撑

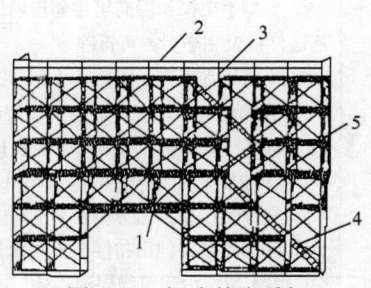

图 9-36　门式外脚手架
1—栈桥梁；2—栏杆；3—栏杆柱；
4—梯子；5—脚手架

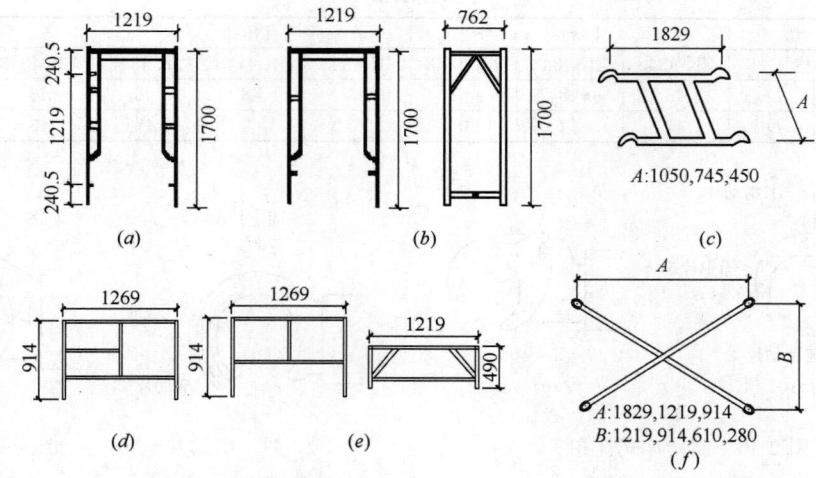

图 9-37 基本单元控制

（a）标准门架；（b）简易门架；（c）水平架；（d）轻型梯形门架；（e）接高门架；（f）交叉支撑

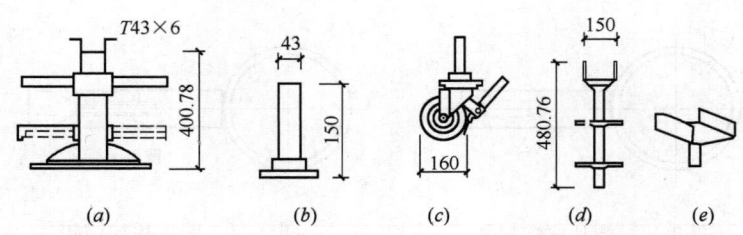

图 9-38 底座与托座

（a）可调底座；（b）简易底座；（c）脚轮；（d）可调 U 形顶托；（e）简易 U 形托

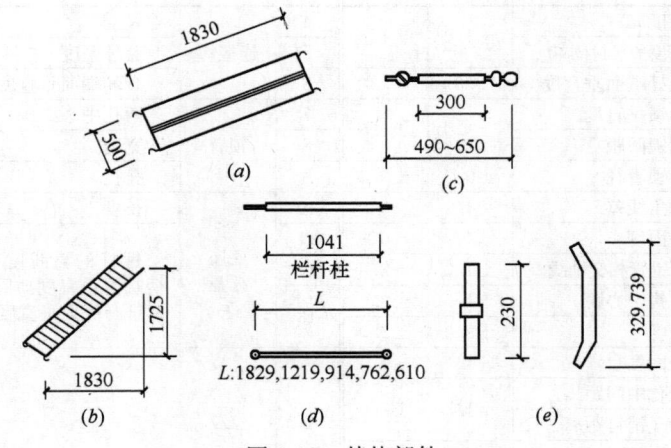

图 9-39 其他部件

（a）钢脚手板；（b）梯子；（c）扣墙管；（d）栏杆和栏杆柱；（e）连接棒和锁臂

扣件规格 表 9-37

序号	类 型		回转扣			直角扣			筒 扣	
1	规格		ZK-4343	ZK-4843	ZK-4848	JK-4343	JK-4843	JK-4848	TK-4343	TK-4848
2	扣径	D_1	43	48	48	43	48	48	43	48
	(mm)	D_2	43	43	48	43	43	48	43	48

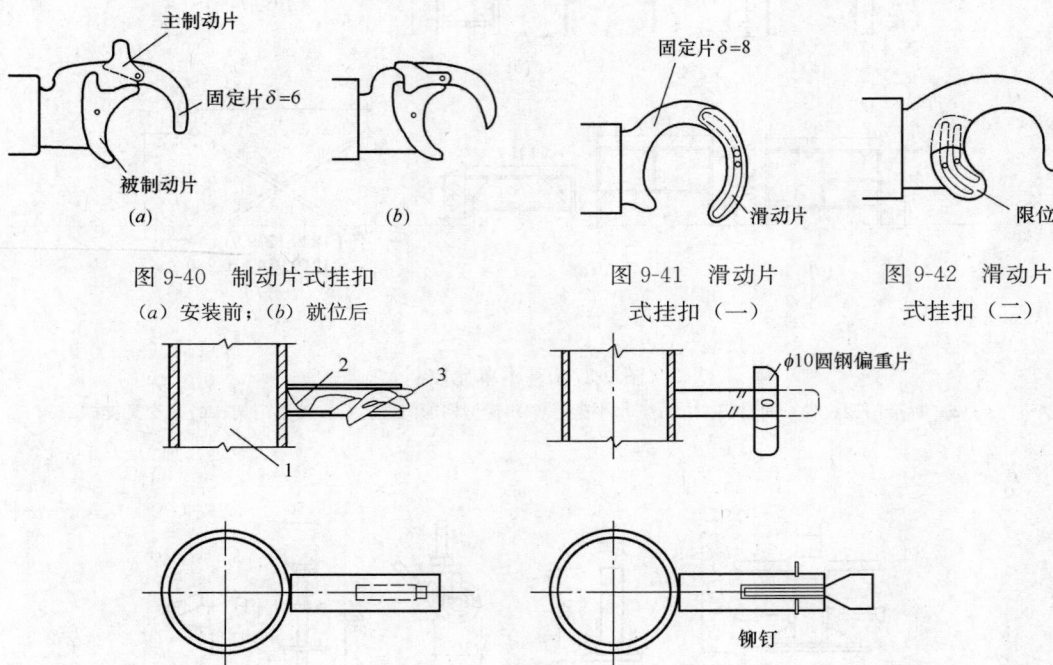

图 9-40 制动片式挂扣
(a) 安装前；(b) 就位后

图 9-41 滑动片
式挂扣（一）

图 9-42 滑动片
式挂扣（二）

图 9-43 弹片式连接扣
1—门架构件；2—弹片；3—刀片

图 9-44 偏重片式锚扣

门架、配件基本尺寸的允许偏差 表 9-38

序号	构配件	项 目	允许偏差（mm）		序号	构配件	项 目	允许偏差（mm）	
			优良	合格				优良	合格
1	门架	高度 h	±1.0	±1.5	4	连接棒	长度	±3.0	±5.0
		高度 b（封闭端）			5		套环高度	±1.0	±1.5
		立杆端面垂直度	0.3	0.3	6		套环端面垂直度	0.3	0.3
		销锁垂直度	±1.0	±1.5	7	锁臂	两孔中心距	±1.5	±2.0
		销锁间距			8		宽度	±1.5	±2.0
		销锁直径	±0.3	±0.3	9		孔径	±0.3	±0.5
		对角线差	4	6	10		长度	±3.0	±5.0
		平面度	4	6	11	底座托盘	螺杆的直线度手柄端面垂直度插管、螺杆与底面垂直度	±1.0 $L/200$	±1.0 $L/200$
		两钢管相交轴线差	±1.0	±2.0	12				
2	水平架脚手板钢梯	搭钩中心距	±1.5	±2.0	13				
		宽度	±2.0	±3.0					
		平面度	4	6					
3	交叉支撑	两孔中间距离	±1.5	±2.0					
		孔至销钉距离							
		孔直径	±0.3	±0.5					
		孔与钢管轴线	±1.0	±1.5					

门架及配件的性能要求　　　　　　　　　　　　表 9-39

序号	名称	项　目		规　定　值	
				平均值	最小值
1	门架	立杆抗压承重能力（kN）	高度 h＝1900mm	70	65
2			高度 h＝1700mm	75	70
3			高度 h＝1500mm	80	75
4		横杆跨中挠度（mm）		10	
5		锁销承载能力（kN）		6.3	
6	配件	水平架、脚手板	抗弯承载能力（kN）	5.4	5
7			跨中挠度（mm）	10	
8			搭钩（4个）承载能力（kN）	20	18
9			挡板（4个）抗脱承载能力（kN）	3.2	3
10		交叉支撑抗压承载能力（kN）		7.5	7
11		连接棒抗拉承载能力（kN）		10	10
12		锁臂	抗拉承载能力（kN）	6.3	6
13			拉伸变形（mm）	2	
14		连墙杆抗拉和抗压承载能力（kN）		10	9
15		可调底座抗压承载能力（kN）	$l_1 \leqslant 200$mm	45	40
16			$200 < l_1 \leqslant 250$mm	42	38
17			$250 < l_1 \leqslant 300$mm	40	36
18			$l_1 > 300$mm	38	34

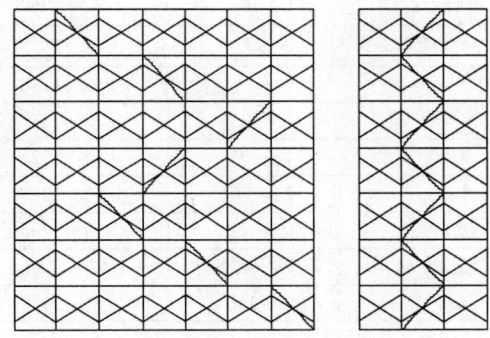

图 9-45　上人楼梯段的设置形式

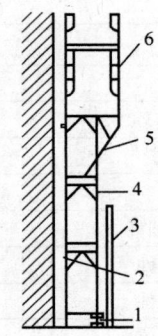

图 9-46　下窄上宽脚手架和托架
1—可调底座；2—扣墙管；3—围板；
4—托架；5—简易门架；6—标准门架

483

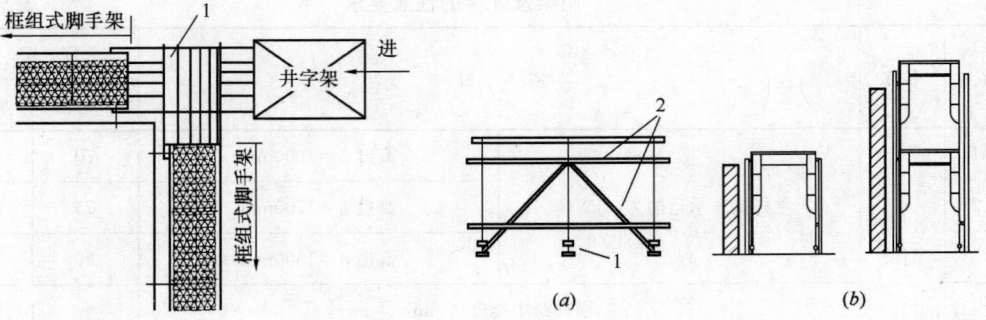

图 9-47　框组式脚手架与井字架的连接
1—扣件钢管连接通道

图 9-48　里脚手架
(a) 普通里脚手架；(b) 高里脚手架
1—可调底座；2—扣件钢管

1000m² 的外脚手架的材料（部件）用量　　　　　　　　表 9-40

序号	部件名称	规　格	单重（kg）	数量（件）	总重（kg）
一、标准用量部位					
1	标准门架	ML-1217	16～24.5	336	5376～8232
2	交叉拉杆	JG-1812	5.2～5.7	640	3328～3648
3	连接棒	JF-2	0.6～0.7	630	410～504
4	锁臂	CB-7	0.65～0.8	630	1229
5	长剪刀撑	ϕ48-80	30.75	40	168
6	回转扣件	ZK-4843	1.4	120	75～120
7	扣墙管	KG-10	2.5～4	30	42
8	直角扣件	TK-4343	1.4	30	11006～14242
小　计				2456	
二、同时使用的部件					
9	单独使用	水平梁架	PJ-1810	14-～18.5	320	4480～5920
10		钢脚手板	TB-4805	20～22	640	12800～14080
小　计		合用 3/4 水平梁架 1/4 钢脚手板		400	6560～7960
三、数量不定的部件					
11	梯子	T-1817	32～41	9～28	288～1148
12	底座	T-25	4.3	13～36	56～155
13	栏杆柱	LZ-12	3.4	13～36	44～122
14	栏杆	LG-18	1.8	24～70	43～126
15	水平加圆杆	ϕ48-40	15.36	54～180	829～2965
16	直角扣件	TK-4848	1.4	126～420	176～588
17	接长扣件	ϕ48	1.4	48～160	67～244
18	辅助支撑	ϕ48-25	9.6	30～60	288～567
19	回转扣件	ZK-4843	1.4	60～120	84～168
小　计			377～1110	1875～5872		
总　　计			3323～3966	19441～28074		

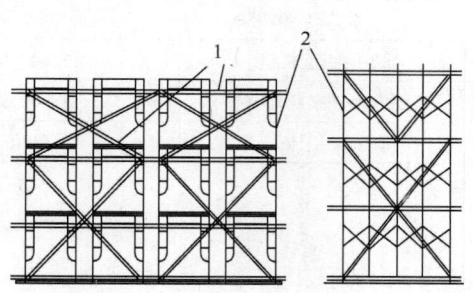 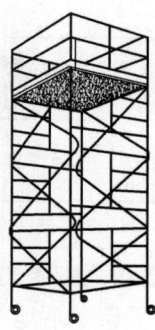

图 9-49　满堂脚手架
1—加强杆；2—门架

图 9-50　活动操作平台

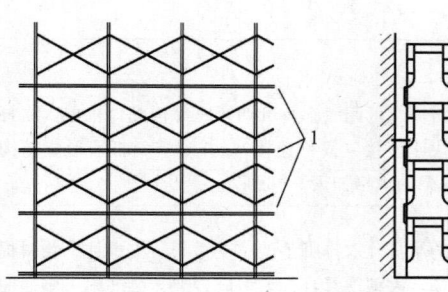 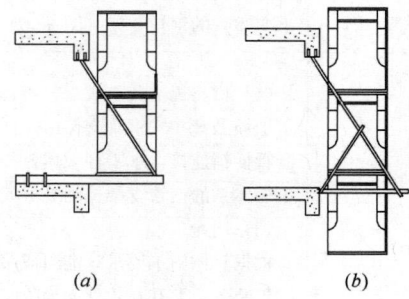

图 9-51　防止不均匀沉降的整体加固做法
1—扣件钢管加强横杆

图 9-52　架设的非落地支承形式
（a）分段搭设构造；（b）分段卸载构造

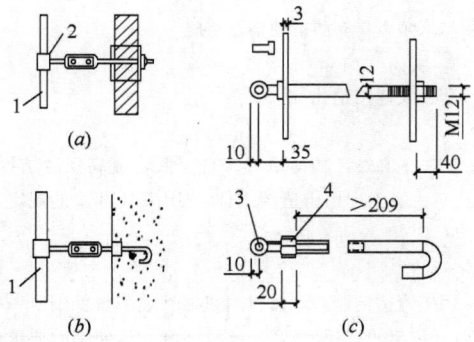 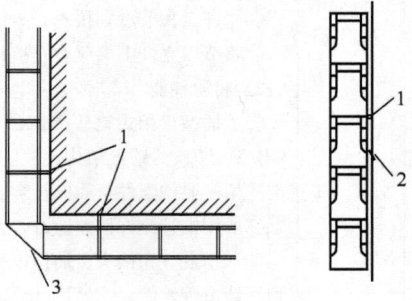

图 9-53　连墙点的一般做法
（a）夹固式；（b）锚固式；（c）预埋连墙件
1—门架立杆；2—扣件；3—接头螺钉；4—连接螺母 M12

图 9-54　框组式脚手架的转角连接
1—扣墙管；2—门架；3—钢管

脚手架搭设垂直度与水平允许偏差　　　　表 9-41

序号	项　目		允许偏差（mm）
1	垂直度	每步架	$h/1000$ 及 ± 2.0
		脚手架整体	$H/600$ 及 ± 50
2	水平度	一跨距内水平架两端高差	$\pm l/600$ 及 ± 3.0
		脚手架整体	$\pm L/600$ 及 ± 50

注：h—步距；H—脚手架高度；l—跨距；L—脚手架长度。

9.5.6　盘扣式脚手架

盘扣式脚手架（落地式脚手架）如表 9-42 所示。

盘扣式脚手架　　　　表 9-42

序号	项　目	内　　容
1	说明	承插型盘扣式钢管支架由立杆、水平杆、斜杆、可调底座及可调托座等构配件构成。立杆采用套管插销连接，水平杆采用盘扣、插销方式快速连接（简称速接），并安装斜杆，形成结构几何不变体系的钢管支架（图 9-55）
2	材料规格及用途	（1）材料规格及组成 承插型盘扣式钢管支架由立杆、水平杆、斜杆、可调底座及可调托座等构配件构成。立杆采用套管插销连接，水平杆采用盘扣、插销方式快速连接（简称速接），并安装斜杆，形成结构几何不变体系的钢管支架（图 9-56）。盘扣式脚手架的规格如表 9-43 所示 （2）用途 根据具体施工要求，能组成多种组架尺寸的单排、双排脚手架、支撑架、支撑柱、物料提升架施工装备，尤其在户外大型临时舞台、体育场、大型观看台、大型广告架、会展施工中遇曲线布置时，更突显出模块式拼装灵活多变 （3）主要构配件及材质性能 1）主要构配件 ①盘扣节点构成。由焊接于立杆上的八角盘、水平杆杆端扣接头和斜杆杆端扣接头组成（图 9-56） ②水平杆和斜杆的杆端扣接头的插销必须与八角盘具有防滑脱构造措施 ③立杆盘扣节点宜接 0.5m 模数设置 ④每节段立杆上端应设有接长用立杆连接套管及连接销孔 2）材质性能 ①承插型盘扣式钢管支架的构配件除有特殊要求外，其材质应符合《低合金高强度结构钢》GB/T 1591、《碳素结构钢》GB/T 700 以及《一般工程用铸造碳钢件》GB/T 11352 的规定，各类支架主要构配件材质应符合表 9-44 的规定 ②所用钢管允许偏差应符合表 9-45 的规定 ③八角盘、扣接头、插销以及调节手柄采用碳素铸钢制造，其材料机械性能不得低于《一般工程用铸造碳钢件》GB/T 11352 中牌号为 ZG230-450 的屈服强度、抗拉强度、延伸率的要求。八角盘的厚度不得小于 8mm，允许尺寸偏差 ± 0.5mm。铸钢件应符合 GB/T 11352 规定要求 ④八角盘、连接套管应与立杆焊接连接，横杆扣接头以及水平斜杆扣接头应与水平杆焊接连接，竖向斜杆扣接头应与立杆八角盘扣接连接。杆件焊接制作应在专用工装上进行，各焊接部位应牢固可靠。焊丝应采用符合《气体保护电弧焊用碳钢、低合金钢焊丝》GB/T 8110 中气体保护电弧焊用碳钢、低合金钢焊丝的要求，有效焊缝高度不应小于 3.5mm

序号	项 目	内　　容
2	材料规格及用途	⑤立杆连接套管有铸钢套管和无缝钢管套管两种形式。对于铸钢套管形式，立杆连接套长度不应小于90mm，外伸长度不应小于75mm；对于无缝钢管套管形式，立杆连接套长度不应小于160mm，外伸长度不应小于110mm。套管内径与立杆钢管外径间隙不应大于2mm ⑥立杆与立杆连接的连接套上应设置立杆防退出销孔，承插型盘扣式钢管支架销孔直径为ϕ14mm，立杆连接销直径为ϕ12mm ⑦构配件外观质量应符合以下规定要求： 　a. 钢管应无裂纹、凹陷、锈蚀，不得采用接长钢管 　b. 钢管应平直，直线度允许偏差为管长的1/500。两端面应平整，不得有斜口、毛刺 　c. 铸件表面应光整，不得有砂眼、缩孔、裂纹、浇冒口残余等缺陷，表面粘砂应清除干净 　d. 冲压件不得有毛刺、裂纹、氧化皮等缺陷 　e. 各焊缝有效焊缝高度应符合规定，且焊缝应饱满，焊药清除干净，不得有未焊透夹砂、咬肉、裂纹等缺陷 　f. 可调底座和可调托座的螺牙宜采用梯形牙，A型管宜配置ϕ48丝杆和调节手柄，B型管宜配置ϕ38丝杆和调节手柄。可调底座和可调托座的表面应镀锌，镀锌表面应光滑，在连接处不得有毛刺、滴瘤和多余结块。架体杆件及构配件表面应镀锌或涂刷防锈漆，涂层应均匀、牢固 　g. 主要构配件上的生产厂标识应清晰 ⑧可调底座及可调托座丝杆与螺母旋合长度不得小于4~5牙，可调托座插入立杆内的长度必须符合规定，可调底座插入立杆内的长度应符合规定
3	盘扣式脚手架的形式、特点和构造要求	(1) 模板支撑架 1) 模板支撑架应根据施工方案计算得出的立杆排架尺寸选用水平杆，并根据支撑高度组合套插的立杆段、可调托座和可调底座 2) 搭设高度不超过8m的满堂模板支架时，支架架体四周外立面向内的第一阶每层均应设置竖向斜杆，架体整体最底层以及最顶层均应设置竖向斜杆，并在架体内部区域每隔4~5跨由底至顶均设置竖向斜杆（图9-57）或采用扣件钢管搭设的大剪刀撑（图9-58）。满堂模板支架的架体高度不超过4m时，可不设置顶层水平斜杆，架体高度超过4m时，应设置顶层水平斜杆或钢管剪刀撑 3) 搭设高度超过8m的满堂模板支架时，竖向斜杆应满布设置，并控制水平杆的步距不得大于1.5m，沿高度每隔3~4个标准步距设置水平层斜杆或钢管大剪刀撑（图9-59），并应与周边结构形成可靠拉结。对于长条状的独立高支模架，应控制架体总高度与架体的宽度之比H/B不大于5（图9-60），否则应扩大下部架体宽度，或者按有关规定验算，并按照验算结果采取设置缆风绳等加固措施 4) 模板支撑架搭设成独立方塔架时，每个侧面每步均应设竖向斜杆。当有防扭转要求时，可在顶层及每隔3~4步增设水平层斜杆或钢管剪刀撑（图9-61） 5) 模板支撑架必须严格控制立杆可调托座的伸出顶层水平杆的悬臂长度（图9-62），严禁超过650mm，架体最顶层的水平杆步距应比标准步距缩小一个盘扣间距 6) 模板支撑架应设置扫地水平杆，可调底座调节螺母离地高度不得大于300mm，作为扫地杆的水平杆离地高度应小于550mm，架体底部的第一层步距应比标准步距缩小一个盘扣间距，并可间隔抽除第一层水平杆形成施工人员进入通道 7) 模板支撑架应与周围已建成的结构进行可靠连接 8) 模板支撑架体内设置人行通道时，应在通道上部架设支撑横梁，横梁截面大小应按跨度以及承受的荷载确定。通道两侧支撑梁的立杆间距应根据计算结果设置，通道周围的模板支撑架应连成整体（图9-63）。洞口顶部应铺设封闭的防护板，两侧应设置安全网。通行机动车的洞口，必须设置安全警示和防撞设施

序号	项 目	内 容
3	盘扣式脚手架的形式、特点和构造要求	（2）双排外脚手架 1）用承插型盘扣式钢管支架搭设双排脚手架时可根据使用要求选择架体几何尺寸，相邻水平杆步距宜选用 2m，立杆纵距宜选用 1.5m，立杆横距宜选用 0.9m 2）脚手架首层立杆应采用不同长度的立杆交错布置，错开应不小于 500mm。底部水平杆严禁拆除，当需要设置人行通道时，立杆底部应配置可调底座 3）承插型盘扣式钢管支架是由塔式单元扩大组合而成，在拐角为直角部位应设置二杆间的竖向斜杆。作为外脚手架使用时，通道内可不设置斜杆 4）设置双排脚手架人行通道时，应在通道上部架设支撑横梁，横梁截面大小应按跨度以及承受的荷载计算确定，通道两侧的手架应加设斜杆。洞口顶部应铺设封闭的防护板，两侧应设置安全网。通行机动车的洞口，必须设置安全警示和防撞设施 5）连墙件的设置应符合下列规定： ①连墙件必须采用可承受拉、压荷载的刚性杆件。连墙件与脚手架立面及墙体应保持垂直，同一层连墙件应在同一平面，水平间距不应大于 3 跨 ②连墙件应设置在有水平杆的盘扣节点旁，连接点至盘扣节点距离不得大于 300mm；采用钢管扣件作连墙杆时，连墙杆应采用直角扣件与立杆连接 ③当脚手架下部暂不能搭设连墙件时应用扣件钢管搭设抛撑。抛撑杆应与脚手架通长杆件可靠连接，与地面的倾角在 45°～60°之间，抛撑应在连墙件搭设后方可拆除 6）脚手板设置应符合下列规定： ①钢脚手板的挂钩必须完全落在水平杆上，挂钩必须处于锁住状态，严禁浮放；作业层脚手板应满铺 ②作业层的脚手架架体外侧应设挡脚板和防护栏，护栏应设两道横杆，并在脚手架外侧立面满挂密目安全网 7）人行梯架宜设置在尺寸不小于 0.9m×1.5m 的脚手架框架内，梯子宽度为廊道宽度的 1/2，梯架可在一个框架高度内折线上升；梯架拐弯处应设置脚手板及扶手
4	盘扣式脚手架的操作要求	（1）施工准备 1）模板支撑架及脚手架施工前应根据施工对象情况、地基承载力、搭设高度，按照有关规定编制专项施工方案，保证架体构造合理，荷载传力路线直接明确，技术可靠和使用安全，并应经审核批准后方可实施 2）搭设操作人员必须经过专业技术培训及专业考试合格，待证上岗。模板支撑架及脚手架搭设前工程技术负责人应按专项施工方案的要求对搭设作业人员进行技术和安全作业交底 3）应对进入施工现场的钢管支架及构配件进行验收，使用前应对其外观进行检查，并核验其检验报告以及出厂合格证，严禁使用不合格的产品 4）经验收合格的构配件应按品种、规格分类码放，宜标挂数量、规格铭牌备用。构配件堆放场地排水应畅通，无积水 5）采用预埋方式设置脚手架连墙件时，应确保预埋件在混凝土浇筑前埋入 （2）地基与基础处理 1）模板支撑架及脚手架搭设场地必须平整，且必须坚实，排水措施得当。支架地基与基础必须结合搭设场地条件综合考虑支架承担荷载、搭设高度的情况，应按现行国家标准《建筑地基基础工程施工质量验收规范》GB 50202 的有关规定进行 2）直接支承在土体上的模板支撑架及脚手架，立杆底部应设置可调底座，土体应采取压实、铺设块石或浇筑混凝土垫层等加固措施防止不均匀沉陷；也可在立杆底部垫设垫板，垫板宜采用长度不少于 2 跨，厚度不小于 50mm 的木垫板，也可采用槽钢、工字钢等型钢

续表 9-42

序号	项　目	内　　容
4	盘扣式脚手架的操作要求	3）地基高低差较大时，可利用立杆八角盘盘位差配合可调底座进行调整，使相邻立杆上安装的同一根水平杆的八角盘在同一水平面 （3）双排外脚手架搭设与拆除 1）脚手架立杆应定位准确，搭设必须配合施工进度，一次搭设高度不应超过相邻连墙件以上两步 2）连墙件必须随架子高度上升在规定位置处设置，严禁任意拆除 3）作业层设置应符合下列要求： ①必须满铺脚手板，脚手架外侧应设挡脚板及护身栏杆；护身栏杆可用水平杆在立杆的 0.5m 和 1.0m 的盘扣接头处搭设两道，并在外侧满挂密目安全网 ②作业层与主体结构间的空隙应设置马槽网 4）加固件、斜杆必须与脚手架同步搭设。采用扣件钢管作加固件、外撑时，应符合《建筑施工扣件式钢管脚手架安全技术规程》JGJ 130 有关规定 5）架体搭设至顶层时，立杆高出搭设架体平台面或混凝土楼面的长度不应小于 100mm，用作顶层的防护立杆 6）脚手架可分段搭设、分段使用，应由工程项目技术负责人组织相关人员进行验收，符合专项施工方案后方可使用 7）脚手架应经单位工程负责人确认不再需要并签署拆除许可令后方可拆除 8）脚手架拆除时必须划出安全区，设置警戒标志，派专人看管 9）拆除前应清理脚手架上的器具及多余的材料和杂物 10）脚手架拆除必须按照后装先拆、先装后拆的原则进行，严禁上下同时作业。连墙件必须随脚手架逐层拆除，严禁先将连墙件整层或数层拆除后再拆脚手架，分段拆除高度差应不大于两步，如高度差大于两步，必须增设连墙件加固 11）拆除的脚手架构件应保证安全地传递至地面，严禁抛掷

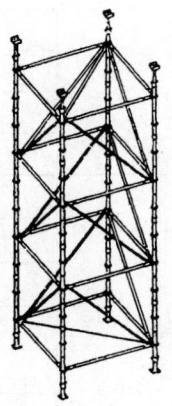

图 9-55　盘扣式钢管支架

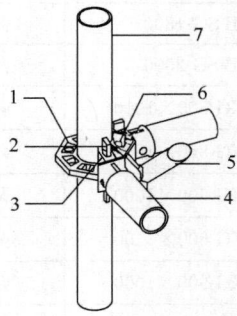

图 9-56　盘扣节点

1—八角盘；2—扣接头插销；3—水平杆
杆端扣接头；4—水平杆；5—斜杆；
6—斜杆杆端扣接头；7—立杆

承插型盘扣式钢管支架主要构、配件种类及规格　　　　　　表 9-43

序号	名　称	型　号	规格（mm）	材　质	设计重量（kg）
1	立杆	A-LG-500	$\phi 60 \times 3.2 \times 500$	Q345A	3.40
		A-LG-1000	$\phi 60 \times 3.2 \times 1000$		6.36
		A-LG-1500	$\phi 60 \times 3.2 \times 1500$		9.31
		A-LG-2000	$\phi 60 \times 3.2 \times 2000$		12.27
		A-LG-2500	$\phi 60 \times 3.2 \times 2500$		15.23
		A-LG-3000	$\phi 60 \times 3.2 \times 3000$		18.19
		B-LG-500	$\phi 48 \times 3.2 \times 500$		2.70
		B-LG-1000	$\phi 48 \times 3.2 \times 1000$		5.03
		B-LG-1500	$\phi 48 \times 3.2 \times 1500$		7.36
		B-LG-2000	$\phi 48 \times 3.2 \times 2000$		9.69
		B-LG-2500	$\phi 48 \times 3.2 \times 2500$		12.02
		B-LG-3000	$\phi 48 \times 3.2 \times 3000$		14.35
2	水平杆	A-SG-300	$\phi 48 \times 2.5 \times 240$	Q235B	1.67
		A-SG-600	$\phi 48 \times 2.5 \times 540$		2.58
		A-SG-900	$\phi 48 \times 2.5 \times 840$		3.50
		A-SG-1200	$\phi 48 \times 2.5 \times 1140$		4.41
		A-SG-1500	$\phi 48 \times 2.5 \times 1440$		5.33
		A-SG-1800	$\phi 48 \times 2.5 \times 1740$		6.24
		A-SG-2000	$\phi 48 \times 2.5 \times 1940$		6.85
		B-SG-300	$\phi 42 \times 2.5 \times 240$		2.23
		B-SG-600	$\phi 42 \times 2.5 \times 540$		3.04
		B-SG-900	$\phi 42 \times 2.5 \times 840$		3.84
		B-SG-1200	$\phi 42 \times 2.5 \times 1140$		4.65
		B-SG-1500	$\phi 42 \times 2.5 \times 1440$		5.45
		B-SG-1800	$\phi 42 \times 2.5 \times 1740$		6.25
		B-SG-2000	$\phi 42 \times 2.5 \times 1940$		6.78
3	竖向斜杆	A-XG-300×1000	$\phi 48 \times 2.5 \times 1058$	Q195	2.88
		A-XG-300×1500	$\phi 48 \times 2.5 \times 1555$		3.82
		A-XG-600×1000	$\phi 48 \times 2.5 \times 1136$		3.03
		A-XG-600×1500	$\phi 48 \times 2.5 \times 1609$		3.92
		A-XG-900×1000	$\phi 48 \times 2.5 \times 1284$		3.31
		A-XG-900×1500	$\phi 48 \times 2.5 \times 1715$		4.12
		A-XG-900×2000	$\phi 48 \times 2.5 \times 2177$		4.99
		A-XG-1200×1000	$\phi 48 \times 2.5 \times 1481$		3.68
		A-XG-1200×1500	$\phi 48 \times 2.5 \times 1866$		4.40
		A-XG-1200×2000	$\phi 48 \times 2.5 \times 2297$		5.22

序号	名　称	型　号	规格（mm）	材　质	设计重量（kg）
3	竖向斜杆	A-XG-1500×1000	$\phi48×2.5×1709$	Q195	4.11
		A-XG-1500×1500	$\phi48×2.5×2050$		4.75
		A-XG-1500×2000	$\phi48×2.5×2411$		5.43
		A-XG-1800×1000	$\phi48×2.5×1956$		4.57
		A-XG-1800×1500	$\phi48×2.5×2260$		5.15
		A-XG-1800×2000	$\phi48×2.5×2626$		5.84
		A-XG-2000×1000	$\phi48×2.5×2129$		4.90
		A-XG-2000×1500	$\phi48×2.5×2411$		5.55
		A-XG-2000×2000	$\phi48×2.5×2756$		6.34
		B-XG-300×1000	$\phi33×2.3×1057$		2.88
		B-XG-300×1500	$\phi33×2.3×1555$		3.82
		B-XG-600×1000	$\phi33×2.3×1131$		3.02
		B-XG-600×1500	$\phi33×2.3×1606$		3.91
		B-XG-900×1000	$\phi33×2.3×1277$		3.29
		B-XG-900×1500	$\phi33×2.3×1710$		4.11
		B-XG-900×2000	$\phi33×2.3×2173$		4.99
		B-XG-1200×1000	$\phi33×2.3×1472$		3.66
		B-XG-1200×1500	$\phi33×2.3×1859$		4.39
		B-XG-1200×2000	$\phi33×2.3×2291$		5.21
		B-XG-1500×1000	$\phi33×2.3×1699$		4.09
		B-XG-1500×1500	$\phi33×2.3×2042$		4.74
		B-XG-1500×2000	$\phi33×2.3×2402$		5.42
		B-XG-1800×1000	$\phi33×2.3×1946$		4.56
		B-XG-1800×1500	$\phi33×2.3×2251$		5.13
		B-XG-1800×2000	$\phi33×2.3×2618$		5.83
		B-XG-2000×1000	$\phi33×2.3×2119$		4.88
		B-XG-2000×1500	$\phi33×2.3×2111$		5.53
		B-XG-2000×2000	$\phi33×2.3×2756$		6.32
4	水平斜杆	A-SXG-900×900	$\phi48×2.5×1224$	Q235B	4.67
		A-SXG-900×1200	$\phi48×2.5×1452$		5.36
		A-SXG-900×1500	$\phi48×2.5×1701$		6.12
		A-SXG-1200×1200	$\phi48×2.5×1649$		5.96
		A-SXG-1200×1500	$\phi48×2.5×1873$		6.64
		A-SXG-1500×1500	$\phi48×2.5×2073$		7.25
		B-SXG-900×900	$\phi42×2.5×1224$		4.87
		B-SXG-900×1200	$\phi42×2.5×1452$		5.48
		B-SXG-900×1500	$\phi42×2.5×1701$		6.15
		B-SXG-1200×1200	$\phi42×2.5×1649$		6.01
		B-SXG-1200×1500	$\phi42×2.5×1873$		6.61
		B-SXG-1500×1500	$\phi42×2.5×2073$		7.14

续表 9-43

序号	名 称	型 号	规格（mm）	材 质	设计重量（kg）
5	可调托座	A-ST-500	$\phi48\times6.3\times500$	Q235B	7.12
		A-ST-600	$\phi48\times6.3\times600$		7.60
		B-ST-500	$\phi33\times5.0\times500$		4.38
		B-ST-600	$\phi33\times5.0\times600$		4.74
6	可调底座	A-XT-500	$\phi48\times6.3\times500$		5.67
		A-XT-600	$\phi48\times6.3\times600$		6.15
		B-XT-500	$\phi33\times5.0\times500$		3.53
		B-XT-600	$\phi33\times5.0\times600$		3.89

注：1. 立杆规格为 $\phi60\times3.2$mm 的为 A 型承插型盘扣式钢管支架；立杆规格为 $\phi48\times3.2$mm 的为 B 型承插型盘扣式钢管支架；

2. A-SG、B-SG 为水平杆，适用于 A 型、B 型承插型盘扣式钢管支架；

3. A-SXG、B-SXG 为斜杆，适用于 A 型（B 型）承插型盘扣式钢管支架。

承插型盘扣式钢管支架主要构配件材质 表 9-44

序号	型号	立杆	水平杆	竖向斜杆	水平斜杆	八角盘、调节手柄、扣接头、插销	连接套管	可调底座可调托座
1	A 型	Q345A	Q235B	Q195	Q235B	ZG230-450	ZG230-450 或 20 号无缝钢管	Q235B
2	B 型							

钢管允许偏差（mm） 表 9-45

序号	公称外径 D	管体外径允许偏差	壁厚允许偏差
1	$D\leqslant48$	+0.2 −0.1	±0.1
2	$D>48$	+0.3 −0.1	

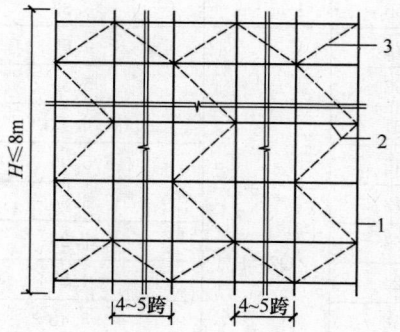

图 9-57 满堂架高度不大于 8m
斜杆设置立面图
1—立杆；2—水平杆；3—斜杆

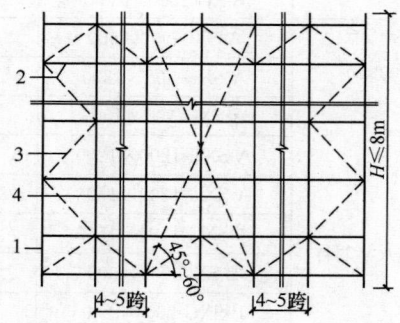

图 9-58 满堂架高度不大于 8m
剪刀撑设置立面图
1—立杆；2—水平杆；3—斜杆；4—大剪刀撑

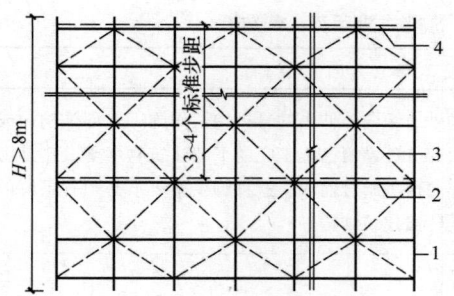

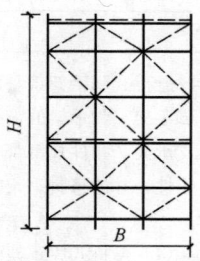

图 9-59 满堂架高度大于 8m 水平
斜杆设置立面图

1—立杆；2—水平杆；3—斜杆；
4—水平层斜杆或大剪刀撑

图 9-60 条状支模架
的高宽比

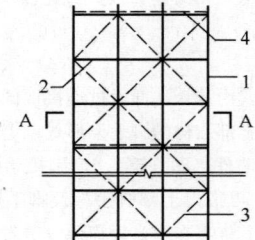

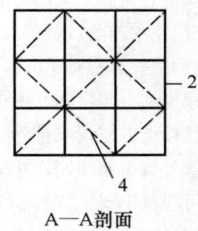

A—A剖面

图 9-61 独立支模塔架

1—立杆；2—水平杆；3—斜杆；4—水平层斜杆

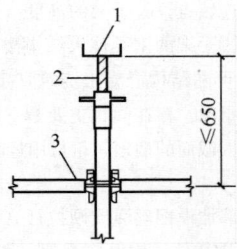

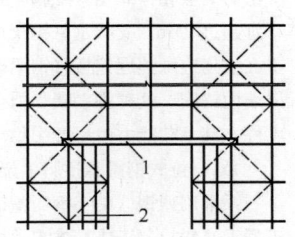

图 9-62 立杆带可调托座伸出
顶层水平杆的悬臂长度

1—可调托座；2—立杆悬臂端；3—顶层水平杆

图 9-63 模板支撑架人行
通道设置图

1—支撑横梁；2—立杆加密

9.5.7 悬挑式脚手架

悬挑式脚手架（非落地脚手架）如表 9-46 所示。

序号	项　目	内　　　　容
1	说明	悬挑式脚手架系利用建筑结构外边缘向外伸出的悬挑构架施工上部结构，或作外装修用的外脚手架。脚手架的荷载全部或大部分传递给已施工完的下部建筑物承受。它是由钢管挑架或型钢支承架、扣件式钢管脚手架及连墙件等组合而成。这种脚手架要求必须有足够的强度、刚度和稳定性，并能将脚手架的荷载有效传给建筑结构
2	悬挑式脚手架的形式、特点和构造要求	（1）悬挑式脚手架的形式与特点 是挑式脚手架的形式构造，大致可分为如下四类： 1）钢管式悬挑脚手架 采用钢管在每层楼搭设外伸钢管架施工上部结构，包括支模、绑钢筋、浇筑混凝土，并且可用于外墙砌筑以及外墙装修作业。图 9-64 为钢管搭设悬挑脚手架的三种型式。其中 a 型系在已完结构楼层上设悬挑钢管，下层设钢管斜撑形成外伸的悬挑架以施工上层结构的形式，可挑设 1～2 层向上周转施工；b 型系列用支模钢管架将横杆外挑出柱外，下部加设钢管斜撑，组成挑架形成双排外架，进行边梁及边柱的支模和现浇混凝土，可桃设 2～3 层量并周转向上；c 型系在建筑物边部门窗洞口位置搭设钢管悬挑梁，主要用作外装饰施工使用 钢管搭设的悬挑脚手架的优点是：材料简单，利用常规脚手钢管材料即可；搭设方便，每次只搭设 2～3 层流水作业，可节省大量材料 2）悬臂钢梁式悬桃脚手架 系用一根型钢（工字钢、槽钢）作悬挑梁，内伸入端部通过连接件同楼面预埋件固定。在钢梁外伸的悬挑段上方搭设双排外脚手架以施工上部结构的脚手架形式，上部脚手架搭设方法与一般扣件式钢管外脚手架相同，并按要求设置连墙件（图 9-65）。型钢挑梁的布置可按照立杆的纵距布置，也可在挑钢梁上立杆位置设置连梁，再搭设上部脚手架。脚手架的高度（或分段搭设高度）不宜超过 20m。这种形式的悬桃脚手架其优点在于搭设简便，节省材料，便于周转使用。存在问题主要是外挑悬臂梁为压弯杆件，需要有较大的承载能力，故选用型钢截面较大，钢材用量较多，且笨重 3）下撑式钢梁悬挑脚手架 系采用型钢（工字钢、槽钢）焊接三角桁架作为悬挑支承架，支架的上下支点与建筑主体结构连接固定，以形成悬挑支承结构。在支承架的上部搭设双排外脚手架（图 9-66），脚手架搭设方法与一般扣件式钢管外脚手架相同，并按要求设置连墙点，脚手架的高度（或分段搭设高度）不宜超过 24m。支架水平钢梁可按照悬臂钢梁式悬挑脚手架的钢梁伸入结构楼板的锚固方式，也可在结构边缘预埋钢板将钢梁端部与之点焊连接，也可随结构混凝土浇筑直接将钢梁浇进结构柱、墙内锚固。这种脚手架受力合理，安全可靠，节省材料。存在问题主要是三脚架的斜撑为受压杆件，其承载能力由压杆的稳定性控制，因而需用较大截面的型钢，钢材用量较多，且较为笨重 4）斜拉式钢梁悬挑脚手架 系采用型钢（工字钢、槽钢）作梁挑出，外挑端部加设钢丝绳或硬拉杆（钢筋法兰螺栓拉杆或型钢）斜拉，组成悬挑支承结构，在其上方搭设双排扣件式钢管脚手架（图 9-67），脚手架搭设方法与一般扣件式钢管外脚手架相同，并按要求设置连墙点，脚手架的高度（或分段搭设高度）不宜超过 24m。这种脚手架搭设较下撑式悬挑脚手架简便、快速，由于其挑出端支承杆件是斜拉索（或硬拉杆），其承载能力由拉杆的强度控制，因此，型钢挑梁截面较小，能节省 35% 钢材，且自重轻，装、拆省工省时。但应注意采用钢丝绳作斜拉的形式，由于钢丝绳为柔性材料，受力不均匀，变形较大，难以保证上部架体的垂直度以及与型钢梁的协同工作效能

序号	项　目	内　　容
2	悬挑式脚手架的形式、特点和构造要求	(2) 悬挑脚手架的构造要求 1) 悬挑脚手架的悬挑梁制作采用的型钢，其型号、规格、锚固端和悬挑端尺寸的选用应经设计计算确定，与建筑结构连接应采用水平支承于建筑梁板结构上的形式，锚固端长度应不小于 2.5 倍的外挑长度 2) 钢梁悬挑脚手架的型钢支承架与主体混凝土结构连接必须可靠，其固定可采用预埋件焊接固定、预埋螺栓固定等方式（如由不少于两道的预埋 U 形螺栓与压板采用双螺母固定，螺杆露出螺母应不少于 3 扣），连接强度应经计算确定。预埋 U 形螺栓宜采用冷弯成型，螺栓丝扣应采用机床加工并冷弯成型，不得使用板牙套丝或挤压滚丝，长度不小于 120mm 3) 悬挑钢梁锚固位置设置在楼板上时，楼板的厚度不得小于 120mm；楼板上应预先配置用于承受悬挑梁锚固端作用引起负弯矩的受力钢筋，否则应采取支顶卸载措施，平面转角处悬挑梁末端锚固位置应相互错开 4) 为保证钢梁悬挑脚手架的稳定，悬挑钢梁宜采用双轴对称截面的构件，如工字钢等 5) 悬挑钢梁采用焊接接长时，应按等强标准连接，焊缝质量满足一级焊缝的要求 6) 悬挑钢架宜按上部脚手架体立杆位置对应设置，每一纵距设置一根。若型钢支承架纵向间距与立杆纵距不相等时，可在支承架上方设置纵向钢梁（连梁）将支承架连成整体，以确保立杆上的荷载通过连梁传递到型钢支承架及主体结构 7) 斜拉式钢梁悬挑脚手架的斜拉杆宜采用钢筋法兰螺栓拉杆或型钢等硬拉杆 8) 钢梁悬挑脚手架的型钢支承架间应设置保证水平向稳定的构造措施。可以采用型钢支承架间设置横杆斜杆的方式，也可以采用在型钢支承架上部扫地杆位置设置水平斜撑的办法 9) 悬桃式脚手架架体立杆的底部必须支托在牢靠的地方，并有固定措施确保底部不发生位移。架体底部应设置纵向和横向扫地杆，扫地杆应贴近悬挑梁（架），纵向扫地杆距悬挑梁（架）不得大于 200mm；首步架纵向水平杆步距不得大于 1.5m
3	悬挑式脚手架的搭设要求	(1) 悬挑脚手架依附的建筑结构应是钢筋混凝土结构或钢结构，不得依附在砖混结构或石结构上。在悬挑式脚手架搭设时，连墙件、型钢支承架对应的主体结构混凝土必须达到设计计算要求的强度，上部脚手架搭设时型钢支承架对应的混凝土强度不应低于 C15 (2) 钢梁悬挑式脚手架立杆接长应采用对接扣件连接。两根相邻立杆接头不应设置在同步内，且错开距离不应小于 500mm，与最近主节点的距离不宜大于步距的 1/3 (3) 悬挑架架体应采用刚性连墙件与建筑物牢靠连接，并应设置在与悬挑梁相对应的建筑物结构上，并宜靠近主节点设置，偏离主节点的距离不应大于 300mm；连墙件应从脚手架底部第一步纵向水平杆开始设置，设置有困难时，应采用其他可靠措施固定。主体结构阳角或阴角部位，两个方向均应设置连墙件 (4) 连墙件宜采取二步二跨设置，竖向间距 3.6m，水平间距 3.0m。具体设置点宜优先采用菱形布置，也可采用方形、矩形布置。连墙件中的连墙杆宜与主体结构面垂直设置，当不能垂直设置时，连墙杆与脚手架连接的一端不应高于与主体结构连接的一端。在一字形、开口形脚手架的端部应增设连墙件 (5) 脚手架应在外侧立面沿整个长度和高度上设置连续剪刀撑，每道剪刀撑跨越立杆根数为 5~7 根，最小距离不得小于 6m，剪刀撑水平夹角为 45°~60°，将构架与悬挑梁（架）连成一体 (6) 剪刀撑在交接处必须采用旋转扣件相互连接，并且剪刀撑斜杆应用旋转扣件与立杆或伸出的横向水平杆进行连接，旋转扣件中心线至主节点的距离不宜大于 150mm；剪刀撑斜杆接长应采用搭接方式，搭接长度不应小于 1m，应采用不少于 2 个旋转扣件固定，端部扣件盖板的边缘至杆端距离不应小于 100mm (7) 一字形、开口形脚手架的端部必须设置横向斜撑；中间应每隔 6 根立杆纵距设置一道，同时该位置应设置连墙件；转角位置可设置横向斜撑予以加固。横向斜撑应由底至顶层呈之字形连续布置

序号	项 目	内 容
3	悬挑式脚手架的搭设要求	（8）悬挑式脚手架架体结构在平面转角处应采取加强措施 （9）钢管式悬挑架体的单层搭设高度不得超过 5.4m，双层不得超过 7.2m，搭设应符合下列要求： 1）斜撑杆及其顶支稳固杆件不得与模板支架连接 2）斜撑杆必须与内外立杆及水平挑杆用扣件连接牢固，每一连接点均应为双向约束；斜撑杆按每一纵距设置，斜撑杆上相邻两扣件节点之间的长度不得大于 1.8m，底部应设置扫地杆；斜撑杆应为整根钢管，不得接长 3）斜撑杆的底部应支撑在楼板上，其与架体立杆的夹角不应大于 30° 4）水平挑杆应通过扣件与焊于楼面上的短管牢固连接，出结构面处应垫实，与斜撑杆、内外立杆均应通过扣件连接牢固 5）立杆接长必须采用搭接 6）外立杆距主体结构面的距离不应大于 1.0m （10）悬挑架宜采取钢丝绳保险体系；钢丝绳不得参与架体的受力计算 （11）悬挑式脚手架的防护： 1）沿架体外围必须用密目式安全网全封闭，密目式安全网宜设置在脚手架外立杆的内侧，并顺扣逐个与架体绑扎牢固。安装时，密目网上的每个环扣都必须穿入符合规定的纤维绳，允许使用强力及其他性能不低于标准规定的其他绳索（如钢丝绳或金属线）代替 2）架体底层的脚手板必须铺设牢靠、严实。且应用平网及密目式安全网双层兜底 3）在每一个作业层架体外立杆内侧应设置上下两道防护栏杆和挡脚板（挡脚笆），上道栏杆高度为 1.2m，下道栏杆高度为 0.6m，挡脚板高度为 0.18m（挡脚笆高度不小于 0.5m）。塔式起重机处或开口的位置应密封严实 4）施工现场暂时停工时，应采取相应的安全防护措施

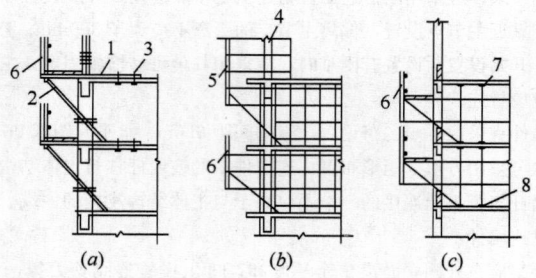

图 9-64　钢管式悬挑外脚手架

(a) a 型；(b) b 型；(c) c 型

1—悬挑脚手钢管；2—钢管斜撑；3—锚固用 U 形螺栓或钢筋拉环；

4—现浇钢筋混凝土；5—悬挑构架；6—安全网；7—木垫板；8—木楔

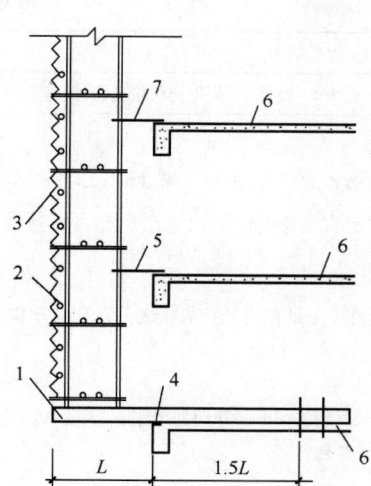

图 9-65　悬臂钢梁式悬挑脚手架
1—双轴对称型钢梁，在立柱位置加设加劲撑板；
2—防护栏杆；3—外挂安全网；4—在结构檐口处设
置一块 100×100×6 埋件和主梁满焊；5—连墙
杆，每二层设置封底平网；6—楼板；7—连墙杆

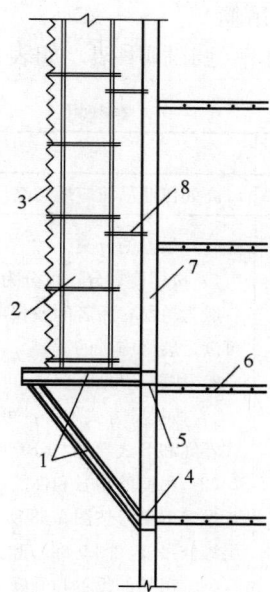

图 9-66　下撑式钢梁悬挑脚手架
1—双轴对称型钢；2—双排扣件式钢管脚手架；
3—安全网；4—焊接；5—埋件；6—楼板；
7—外墙；8—连墙杆

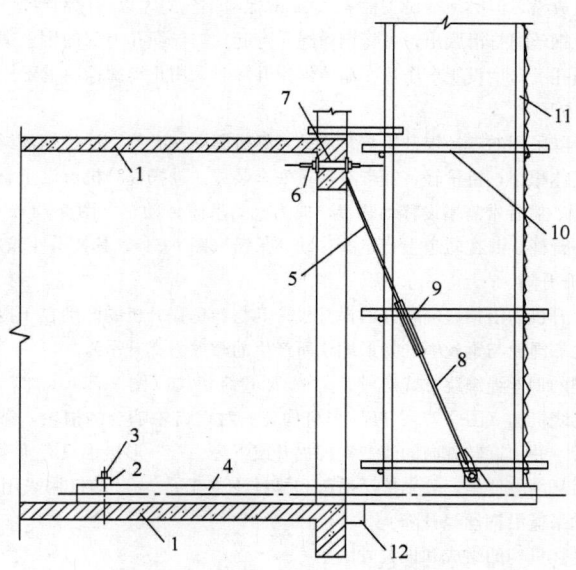

图 9-67　斜拉式钢梁悬挑脚手架
1—楼板；2—槽钢压梁；3—后锚固螺栓；4—悬挑钢梁；5—上部斜拉杆；6—锚固螺栓；
7—上锚固点；8—下部斜拉杆；9—花篮螺栓；10—双排扣件式钢管脚手架；
11—安全网；12—前端搁置垫块

9.5.8 吊篮

吊篮（非落地式脚手架）如表 9-47 所示。

吊　篮　　　　　　　　　　　　　　表 9-47

序号	项目	内　容
1	说明	高处作业吊篮应用于高层建筑外墙装修、装饰、维护、检修、清洗、粉饰等工程施工
2	吊篮的形式、特点和构造要求	(1) 吊篮的分类 1) 按用途划分：可分为维修吊篮和装修吊篮。前者为篮长≤4m、载重量≤5kN 的小型吊篮，一般为单层；后者的篮长可达 8m 左右，载重量 5～10kN，并有单层、双层、三层等多种形式，可满足装修施工的需要 2) 按驱动形式划分：可分为手动、气动和电动三种 3) 按提升方式划分：可分为卷扬式（又有提升机设于吊箱或悬挂机构之分）和爬升式（又有 α 式卷绳和 S 式卷绳之分）两种 (2) 吊篮的型号和性能 吊篮的型号按图 9-68 所示规定顺序编排。表 9-48 和表 9-49 则分别列出了：LGZ-300-3.6A 型高层维修吊篮（图 9-69）和其他几种常用吊篮的性能参数 (3) 吊篮的设置和升降方法 吊难吊挂设置于屋面的悬挂机构上，图 9-70 所示为吊篮的常见设置情况 吊篮的升降方式有以下 3 种： 1) 手扳葫芦升降 手扳葫芦携带方便，操作灵活，牵引方向和距离不受限制，水平、垂直、倾斜均可使用。常用手扳葫芦的规格性能列于表 9-50 中 用手扳葫芦升降时，在每根悬吊钢丝绳上各装一个手扳葫芦。将钢丝绳通过手扳葫芦的导向孔向吊钩方向穿入、压紧。往复扳动前进手柄，即可进行起吊和牵引；而往复扳动倒退手柄时，即可下落或放松，但必须增设 1 根 φ12.5mm 保险钢丝绳，以确保葫芦出现打滑或断裂时的安全 为避免钢丝绳打滑脱出，可将钢丝绳头弯起，与导绳孔上部的钢丝绳合在一起用轧头夹紧，同时在导绳孔上口增设 1 个压片，葫芦停止升降时，用止动螺栓通过压片压紧钢丝绳（图 9-71） 2) 卷扬升降 卷扬升降采用的卷扬提升机与常用的卷扬机属同一类型，通过钢丝绳的收卷和释放，带动吊箱升降。其体积小，重量轻，并带有多重安全装置。卷扬提升机可设于悬吊平台的两侧或屋顶之上（图 9-72）。后者常需增设移动装置，成为电动吊篮传动车（图 9-73）。在此基础上又出现了一种带有旋转臂杆，并在轨道上行走的移动式吊篮（图 9-74），其技术性能列于表 9-51 中 3) 爬升升降 爬升提升机为沿钢丝绳爬升的提升机。其与卷扬提升机的区别在于提升机不是收卷或释放钢丝绳，而是靠绳轮与钢丝绳的特形缠绕所产生的摩擦力提升吊篮 由不同的钢丝绳缠绕方式形成了"S"形卷绕机构（图 9-75）、"3"形卷绕机构（图 9-76）和"α"形卷绕机构（图 9-77）。"S"形机构为一对靠齿轮啮合的槽轮，靠摩擦带动其槽中的钢丝绳一起旋转，并依旋转方向的改变实现提升或下降；"3"形机构只有 1 个轮子，钢丝绳在卷筒上缠绕 4 圈后从两端伸出，分别接至吊篮和排挂支架上；"α"形机构采用行星齿轮机构驱动绳轮旋转，带动吊篮沿钢丝绳升降 (4) 悬挂机构的组成和设置方法 典型悬挂机构的组成及其设置情况见图 9-78～图 9-81 中，其挑梁多采用长度可调构造（图 9-82） (5) 安全锁 安全锁是吊篮的防坠装置。当提升机构的钢丝绳突然折断或吊篮因其他故障出现超速下滑时，安全锁立即动作，并在瞬间将吊箱锁定在安全钢丝绳上

序号	项　目	内　容
2	吊篮的形式、特点和构造要求	安全锁按其工作原理，可分为离心触发式（简称"离心式"）和摆臂防倾式（简称"摆臂式"）两类。前者具有绳速检测和离心触发机构（图 9-83a），当吊篮的下降速度超过一定数值，飞块产生的离心力克服弹簧的约束力向外甩到一定程度时，触动等待中的执行元件，带动锁绳机构动作，将锁块锁紧在安全钢丝绳上；后者具有锁绳角度探测机构，当吊篮发生倾斜或工作绳断裂、松弛时，其锁绳角度探测机构即发生角度位置变化，带动执行元件使锁绳机构动作，将吊篮锁住（图 9-83b） （6）非标准吊篮 　　如图 9-72 所示的为标准吊篮，但某些高度超高或是造型独特、构造复杂的建（构）筑物的外立面装饰或维护，如广州电视塔异型外筒钢结构的涂装作业、浙江宁海电厂海水冷却塔双曲面内壁的清洗等高危作业，难以使用标准吊篮进行施工操作，因此，需要根据建（构）筑物的构造特点专门设计制作一些非标准的吊篮 　　1）烟囱维护专用吊篮 　　江苏某建筑机械有限公司为电厂烟囱内筒壁防腐维护施工，专门研制的 ZLP（F）2000 型高处作业圆弧复式烟囱、井道施工吊篮（图 9-84），已在近千个电厂烟囱脱硫改造工程中发挥了重要作用。其与搭设脚手架施工方式相比较，可以缩短施工工期 2~4 倍，减少钢材占用量 90% 以上，降低施工成本 30% 以上，符合节能减排的产业政策 　　如图 9-84 所示，圆弧复式烟囱、井道专用吊篮由作业平台、升降吊篮、筒顶悬挂机构三大部件组成。作业平台底板呈环形，外圈因靠近筒壁，设有高 300mm 的盘边；内圈设有高 800mm 的护栏。整个作业平台依靠三吊点悬吊，每吊点各配备两台 LTD8 型提升机作为上下移动的动力。其主要功能是载人、载物接近作业面进行施工。升降吊篮底板呈圆形，外圈设有高 800mm 的护栏；圆周均布三个吊点，每吊点各配备一台 LTD8 型提升机作为升降运行的动力。其主要功能是为作业平台输送物料或操作人员。作业平台和升降吊篮均采用爬升式提升机牵引。每台提升机均配备一根安全钢丝绳和一具安全锁。筒顶悬挂机构是作业平台及升降吊篮的承载结构。作业平台及升降吊篮的所有牵引钢丝绳和安全钢丝绳均牢固地固结在筒顶悬挂机构上。悬挂机构由悬梁、吊点和连接副梁等组成。筒顶悬梁一般采用工字钢制作而成，安全系数应在 5 倍以上 　　2）电梯安装专用吊篮 　　江苏某建筑机械有限公司和广东某建筑机械有限公司，先后研制成功电梯安装专用吊篮（图 9-85）。该吊篮取代脚手架用于电梯安装、高效、省时、安全、便捷，优点十分突出，被越来越多的专业电梯安装公司认可，已批量用于电梯安装工程施工 　　电梯安装专用吊篮按照平台结构不同，有单层和双层之分；按照吊点设置不同，有单吊点和双吊点之分，以满足电梯安装施工的不同需求 　　以双层单吊点电梯安装吊篮为例，电梯安装专业吊篮主要由平台（上、下）、提升机、安全锁、悬挂机构和电控系统组成，再辅以提升架、连接架和防撞导向轮等功能性构件、来实现电梯安装施工所需全部功能
3	吊篮设计、制作和使用的安全要求	（1）国家与行业标准的主要规定 　　国家标准《高处作业吊篮》GB 19155 以及行业标准《建筑施工工具式脚手架安全技术规范》JGJ 202 规定了吊篮在设计、制作、安装、使用、维修保养等方面的安全要求 　　（2）吊篮平面布置与施工流程 　　1）吊篮悬挂高度在 60m 及其以下的，宜选用长边不大于 7.5m 的吊篮平台；悬挂高度在 100m 及其以下的，宜选用长边不大于 5.5m 的吊篮平台；悬挂高度在 100m 以下的，宜选用不大于 2.5m 的吊篮平台 　　2）吊篮设计平面布局宜从外墙大角的一端开始，沿建筑物外墙满挂排列，按最大组拼长度不大于 7.5m 进行标准篮组拼，两作业吊篮之间的距离不得小于 300mm。为施工方便，弧形外檐用以考虑优先使用弧形或折线形吊篮

序号	项 目	内　　容
3	吊篮设计、制作和使用的安全要求	3）施工工艺流程：吊篮组拼→悬挂机构及配重块安装→安装起重钢丝绳及安全钢丝绳→挂配重锤→连接电源→吊篮平台就位→检查提升装置、电气控制箱及安全装置→调试及荷载试验→安装跟踪绳→投入使用→拆除 （3）吊篮安装 1）采用吊篮进行外装修作业时，一般应选用设备完善的吊篮产品。自行设计、制作的吊篮应达到标准要求，并严格审批制度。使用境外吊篮设备时应有中文说明书；产品的安全性能应符合我国的行业标准 2）进场吊篮必须具备符合要求的生产许可证或准用证、产品合格证、检测报告以及安装使用说明书、电气原理图等技术性文件 3）吊篮安装前，根据工程实际情况和产品性能，编制详细、合理、切实可行的施工方案，并根据施工方案和吊篮产品使用说明书，对安装及上篮操作人员进行安全技术培训 4）吊篮标准篮进场后按吊篮平面布置图在现场拼装成作业平台，在离使用部位最近的地点组拼，以减少人工倒运。作业平台拼装完毕，再安装电动提升机、安全锁、电气控制箱等设备 5）使用吊篮的工程应对屋面结构进行复核，确保工程结构的安全 6）悬挂机构安装时调前支座的高度使梁的高度略高于女儿墙，且使悬挑梁的前端比后端高出 50～100mm。对于伸缩式悬挑梁，尽可能调至最大伸出量。配重数量应按满足抗倾覆力矩大于 2 倍倾覆力矩的要求确定，配重块在悬挂机构后座两侧均匀放置。放置完毕后，将配重块锁轴顶端用铁线穿过打死，以防止配重块被随意搬动 7）吊篮组拼完毕后，将起重钢丝绳和安全钢丝绳挂在挑架前端的悬挂点上，紧固钢丝绳的马牙卡不得少于 4 个。从屋面向下垂放钢丝绳时，先将钢丝绳自由盘放在楼面，然后将绳头仔细抽出后沿墙面缓慢滑下 8）连接二级配电箱与提升机电气控制箱之间的电缆，电源和电缆应单设，电器控制箱应有防水措施，电气系统应有可靠接零，并备灵敏可靠的漏电保护装置。接通电源，检查提升机，按动电钮提升机空转，看转动是否正常，不得有杂声或卡阻现象 9）将钢丝绳穿入提升机内，启动提升机，绳头应自动从出绳口内出现。再将安全钢丝绳穿入安全锁，并挂上配重锤。检查安全锁动作是否灵活，扳动滑轮时应轻快，不得有卡阻现象 10）钢丝绳穿入后应调整起重钢丝绳与安全锁的距离，通过移动安全锁达到吊篮倾斜 300～400mm，安全锁能锁住安全钢丝绳为止。安全锁为常开式，各种原因造成吊篮坠落或倾斜时，安全锁能够在 200mm 以内将吊篮锁在安全钢丝绳上 （4）其他使用与安全注意事项 1）吊篮在升降时应设专人指挥，升降操作应同步，防止提升（降）差异。在阳台、窗口等处，设专人负责推动吊篮，预防吊篮碰撞建筑物或吊篮倾斜 2）吊篮内的作业人员不应超过 2 个。吊篮正常工作时，人员应从地面进入吊篮内，不得从建筑物顶部、窗口等处或其他孔洞处出入吊篮 3）不得将吊篮作为垂直运输设备，不得采用吊篮运送物料 4）在吊篮内的作业人员应佩戴安全帽、系安全带，并应将安全锁扣正确挂置在独立设置的安全绳上 5）吊篮作升降运行时，不得将两个或三个吊篮连在一起升降，并且工作平台高差不得超过 150mm 6）发现吊篮工作不正常时，应及时停止作业、检查和消除隐患。严禁在带病吊篮上继续进行作业 7）当吊篮提升到使用高度后，应将保险安全绳拉紧卡牢，并将吊篮与建筑物锚拉牢固。吊篮下降时，应先拆除与建筑物拉接装置，再将保险安全绳放长到要求下降的高度后卡牢，再用机具将吊篮降落到预定高度（此时保险钢丝绳刚好拉紧），然后再将吊篮与建筑物拉接牢固、方可使用

序号	项　目	内　　　容
3	吊篮设计、制作和使用的安全要求	8）使用手扳葫芦升降时，在操作中应注意以下事项： ①切勿超载使用，必要时增设适当的滑轮组 ②前进手柄及倒退手柄绝对不可同时扳动 ③工作中严禁扳动松懈手柄（拉簧手柄）以免葫芦下滑 ④在任何情况下，机内结构不能发生纵向阻塞，务必使钢丝绳能顺利通过机体中心，机壳不得有变形现象 ⑤选用钢丝绳长度应比建筑物高度长 2～3m，并注意使绳子脱离地面一小段距离，以利于保护钢丝绳 ⑥使用时应经常注意保持机体内部和钢丝绳的清洁和润滑，防止杂物进入机体 ⑦扳动手柄时，葫芦如遇阻碍，应停止扳动手柄，以免损坏钢丝绳 ⑧几台扳手同时升降时应注意同步升降

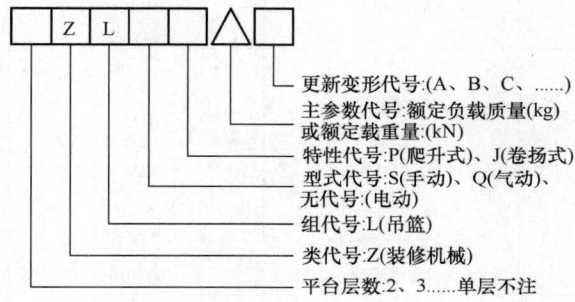

图 9-68　吊篮的型号

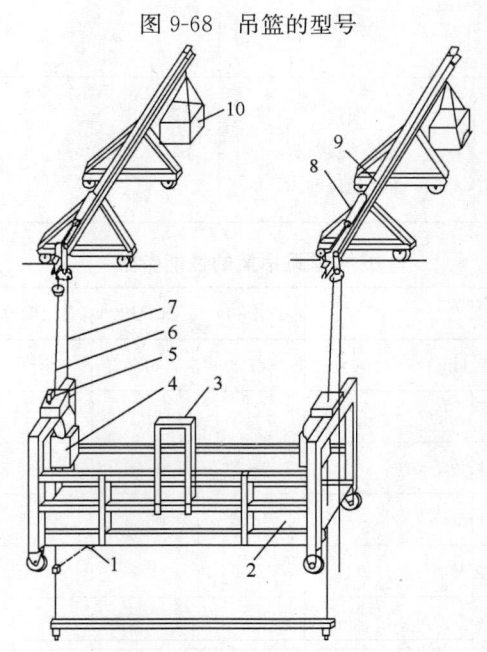

图 9-69　LGZ-300-3.6A 型高层维修吊篮

1—下限位开关；2—平台；3—操作仪表板；4—爬升机械；5—上限位开关；6—起重钢丝绳；

7—安全钢丝绳；8—伸缩油缸；9—吊架；10—配重

501

LGZ-300-3.6A 型吊篮的主要技术参数 表 9-48

序号	机构名称	项目名称	单 位	规格性能
1	吊篮	额定荷载 自重 升降速度 吊篮面积 操作方式	kN kg m/min m×m	3.0 450 5 3.6×0.7 电动或手动
2	吊架	自重 占地面积 油缸工作压力 油缸流量 油缸行程	kg m×m kN/cm² L/mm mm	690 4.8×3.9 0.16 2.94 600
3	升降机构	钢丝绳绕法 荷载 电机功率 电压 （三相交流） 额定转速 频率 温度	kN kW V r/min Hz ℃	"S"式回绕 4.0 0.8 380 1400 50 40
4	其他	配重 钢丝绳规格 钢丝绳拉断力	kg mm kN	470 YB261-73φ8.25航空钢丝绳 44.60

几种常见吊篮的性能参数 表 9-49

序号	型 号		ZLP800	ZLP630	ZLP500	ZLP300	ZLS300
1	额定负载质量（kg）		800	630	500	300	300
2	升降速度（m/min）		8～11	8～11	6～11	6～11	2
3	作业平台尺寸（长度，m）		2.5～7.5	2.0～6.0	2～6	2～4	2
4	钢丝绳直径（mm）		φ8.6	φ8.3	φ8.3	φ7	φ7
5	电机功率（kW）		2.2	1.5	1.1	0.55	（手动）
6	安全锁	锁绳速度（离心式）（m/min）	18～22				（手动断绳 保护锁）
7		锁绳角度（摆臂式）（℃）	3～8				
8	整机自重（kg）		2010	1715	1525	1160	950

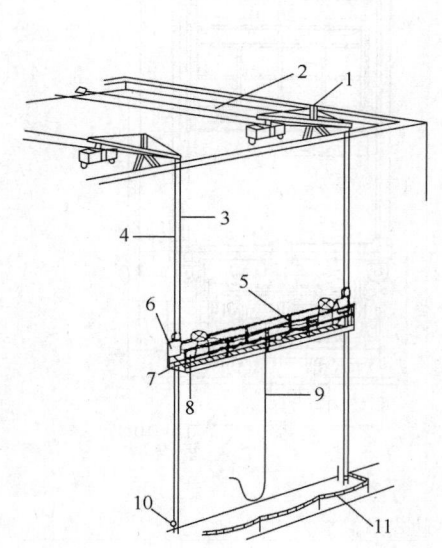

图 9-70　吊篮的设置全貌

1—悬挂机构；2—悬挂机构安全锁；3—工作钢丝绳；
4—安全钢丝绳；5—安全带及安全绳；6—提升机；
7—悬吊平台；8—电器控制柜；9—供电电缆；
10—绳坠铁；11—安全锁

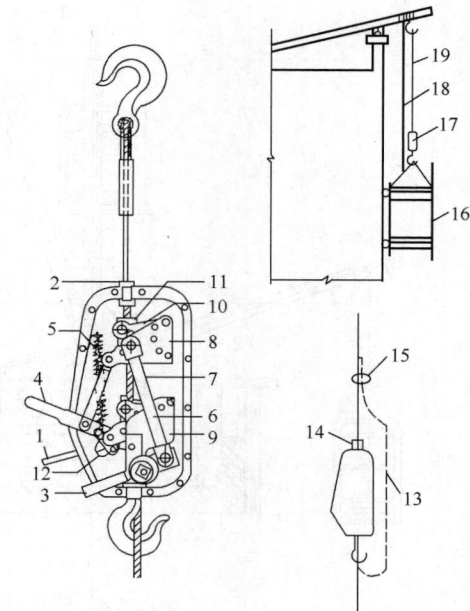

图 9-71　手扳葫芦构造及升降示意图

1—松懈手柄；2—导绳孔；3—前进手柄；4—倒退手柄；
5—拉伸弹簧；6—左连杆；7—右连杆；8—前夹钳；9—后平钳；
10—偏心板；11—夹子；12—松懈曲柄；13—弯起的钢丝绳头；
14—此处增加止动压片；15—此处用轧头夹住防滑；
16—吊篮；17 手扳葫芦；18—ϕ12.5 保险绳；19—ϕ9 钢丝绳

手扳葫芦的规格性能　　　　　　　　　　　　　　　表 9-50

序号	额定负荷（kN）	8	15	30
1	额定负荷的最大手扳力（kN）	0.35	0.45	0.45
2	手扳一次钢丝绳最大行程（mm）	50	50	25～30
3	手柄长度（mm）	800	1070	1200
4	机体重量（kg）	5.5	9.5	14.5
5	钢丝绳规格	$\phi7.7$（6×19+1）	$\phi9$（7×7）	$\phi13.5$（7×19）
6	钢丝绳长度（m）	10	20	10

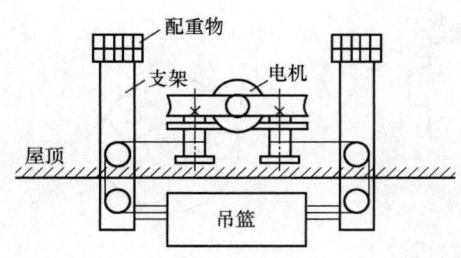

图 9-72　提升机设于屋顶的卷扬式吊篮

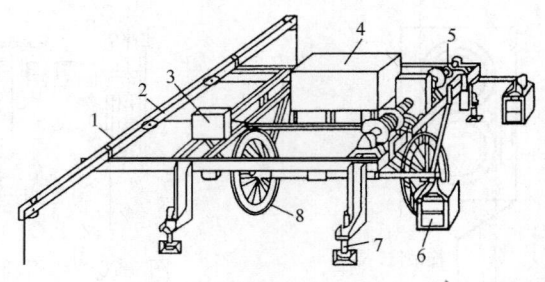

图 9-73　电动吊篮传动车示意图

1—钢丝绳；2—活动横担；3—电闸箱；4—电动机防护罩；
5—钢丝绳卷筒；6—配重箱；7—丝杆支脚；8—行走车

503

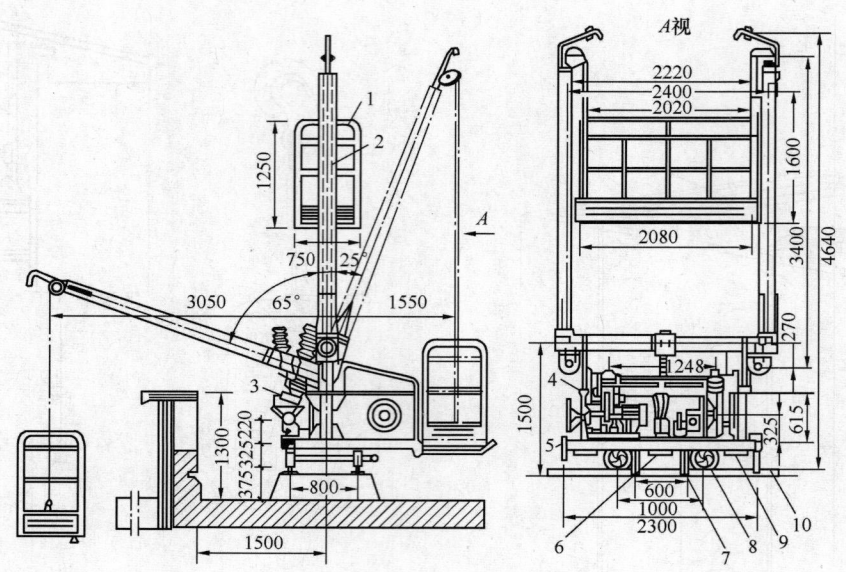

图 9-74 带旋转臂杆的移动式吊篮

1—吊篮；2—臂杆；3—调臂装置；4—卷扬机；5—制动器；6—配重；

7—夹具；8—行走机构；9-车架；10—轨道

移动式吊篮的技术性能　　　　　　　　　　　　　　表 9-51

序号	项　　目	甲　型	乙　　型
1	载重量（kg）	250	300
2	提升高度（m）	80	100
3	提升速度（m/min）	10	10
4	沿轨道行驶速度（m²/min）	12	12
5	轨距（mm）	800	1000
6	电动机总功率（kW）	3	3
7	吊篮重（kN）	1200	1200
8	总重（不计轨道）（kN）	3250	2860

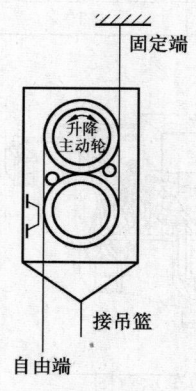

图 9-75 "S"形卷绕机构

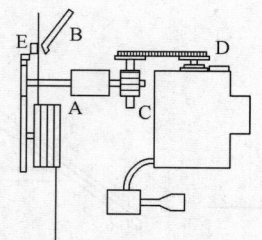

图 9-76 "3"形卷绕机构

A—制动器；B—安全锁；C—蜗轮蜗杆
减速装置；D—电机过热保护装置；
E—棘爪式刹车装置

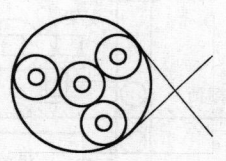

图 9-77 "α"型卷绕机构

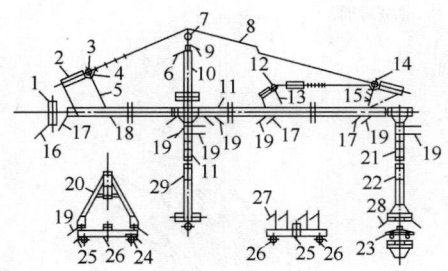

图 9-78　悬挂机构示意图

1—挂板；2—拉拽板；3—绳轮；4—垫片；5—螺栓；
6—销轴；7—小绳轮；8—拉纤钢丝绳；9—销轴；10—
上支架；11—中梁；12—隔套；13—销轴；14—绳轮；
15—螺栓；16—销轴；17—螺栓；18—前梁；19—螺
栓；20—内插架 1；21—内插架 2；22—后支架；23—
配重铁；24—脚轮；25—后底架；26—销轴；27—螺
栓；28—前底架；29—前支架

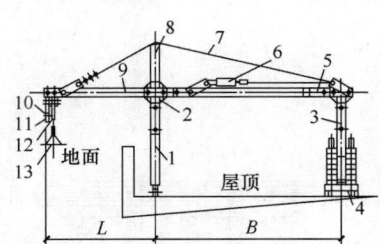

图 9-79　　悬挂机构组装示意图（一）

1—前导向支柱；2—前后支柱；3—后导向支柱；
4—配重小车；5—中间连接梁；6—开式索具螺
旋扣；7—拉纤钢丝绳；8—拉纤立柱；9—悬臂挑
梁；10—上限位块；11—安全钢丝绳；12—工作
钢丝绳；13—绳坠铁

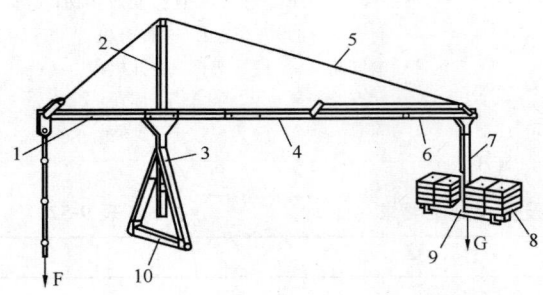

图 9-80　悬挂机构组装示意图（二）

1—前梁；2—上支柱；3—三角形支座；4—中梁；
5—拉纤钢丝绳；6—后梁；7—后座；8—配重；
9—后底座；10—前底

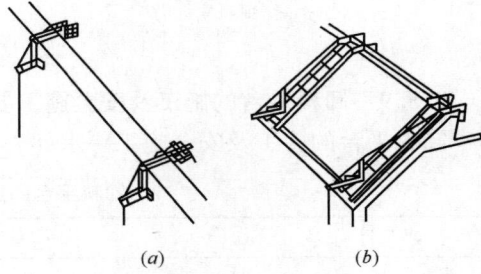

图 9-81　悬挂机构的骑墙和斜坡示意图
（a）骑墙设置；（b）斜坡设置

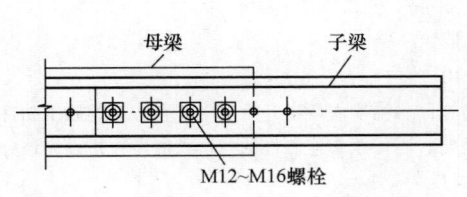

图 9-82　收缩式挑梁

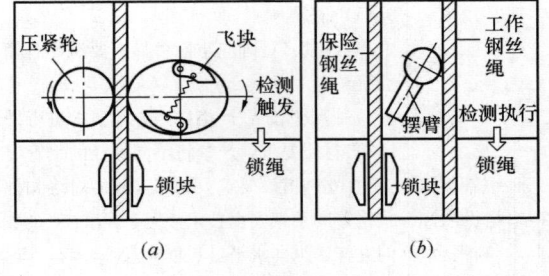

图 9-83　安全锁的工作原理示意图
（a）离心式；（b）摆臂式

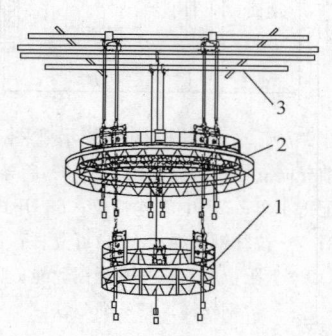

图 9-84　圆弧复式烟囱、井道专用
吊篮结构简图
1—升降吊篮；2—作业平台；
3—筒顶悬挂机构

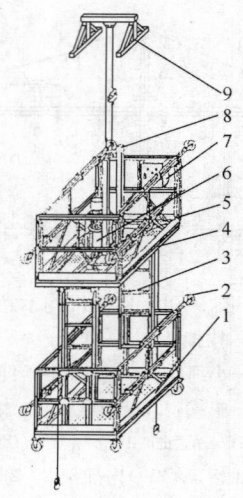

图 9-85　双层单吊点电梯安装
吊篮结构简图
1—下平台；2—防撞轮；3—连接架兼爬梯；
4—上平台；5—安全锁；6—提升机；
7—电气箱；8—提升架；9—悬挂机构

9.5.9　卸料平台的施工及安全施工要求

卸料平台的施工及安全施工要求如表 9-52 所示。

卸料平台的施工及安全施工要求 表 9-52

序号	项　目	内　　容
1	说明	（1）采用扣件式钢管脚手架，平台搭设、拆除及使用过程中的技术要求必须符合《建筑施工扣件式钢管脚手架安全技术规范》JGJ 130 中的相关规定要求 （2）卸料平台应设置在有大开孔的部位，台面与楼板取平或搁置在楼板上 （3）悬挑搭设的卸料平台在建筑物的垂直方向应错开设置，不得设在同一平面位置上，以避免上层的卸料平台阻碍其下层卸料平台吊运物品材料 （4）卸料平台搭设完成，必须经过安全验收，挂牌后才能正式使用
2	钢管落地搭设的卸料平台	（1）搭设 1）地基：处理应牢固可靠，要满足计算承载力的要求，并设置垫木或型钢。应铺设平稳，不能有悬空 2）搭设顺序：严格按照方案要求进行搭设 3）材质要求：严禁将不同外径的钢管混合使用 4）立杆搭设要求：相邻立杆的对接扣件不得在同一高度内，错开距离应符合《建筑施工扣件式钢管脚手架安全技术规范》JGJ 130 的相关规定；当搭至有连墙件的构造点时，在搭设该处的立杆、纵向水平杆、横向水平杆后，应立即设置连墙件 5）横杆搭设要求：应符合《建筑施工扣件式钢管脚手架安全技术规范》JGJ 130 中的相关规定。架横向水平杆的靠墙一端至墙装饰面的距离不宜大于 2000mm 6）纵向、横向扫地杆搭设应符合《建筑施工扣件式钢管脚手架安全技术规范》JGJ 130 规范的相关构造规定 7）连墙件、剪刀撑、横向斜撑等的搭设应符合下列规定：

序号	项 目	内 容
2	钢管落地搭设的卸料平台	①连墙件搭设应符合《建筑施工扣件式钢管脚手架安全技术规范》JGJ 130 规范的构造规定。施工操作层不应超出楼层的顶部 ②剪刀撑、横向斜撑搭设应符合《建筑施工扣件式钢管脚手架安全技术规范》JGJ 130 规范的规定，并应随立杆、纵向和横向水平杆等同步搭设，各底层斜杆下端均必须支承在垫块或垫板上 8）扣件安装应符合下列规定： ①扣件规格必须与钢管外径（$\phi48$ 或 $\phi51$）相同 ②螺栓拧紧扭力矩不应小于 40N·m，且不应大于 65N·m ③在主节点处固定横向水平杆、纵向水平杆、剪刀撑、横向斜撑等用的直角扣件、旋转扣件的中心点的相互距离不应大于 150mm ④对接扣件开口应朝上或朝内 ⑤各杆件端头伸出扣件盖板边缘的长度不应小于 100mm 9）搭设时要及时与建筑物结构拉结，或采用临时支顶，以确保搭设过程中的安全，并随搭随校正杆件的垂直度和水平偏差，同时适度拧紧扣件，螺栓的根部要放正，当用力矩扳手检查，应在 40～50N·m 之间，最大不能超过 80N·m，连接杆件的对按扣件，开口应朝架子内侧，螺栓要向上，以防雨水进入 10）拉结杆安装时必须避开脚手架各杆件（无连结），防止脚手架受到附加外力，影响脚手架体系的安全 （2）验收、维护和管理 1）卸料平台搭设完成必须按照本书第 11 章以及《建筑施工高处作业安全技术规范》JGJ 80 的有关内容进行检查，验收合格后方可使用 2）卸料平台应设专人管理，定期维护：对卸料平台的杆件、扣件等定期检测，发现松动及时加固 3）卸料平台必须挂设限载牌，严格按照其要求限载堆放 （3）拆除 1）架子拆除时应划分作业区，周围设围栏或竖立警戒标志 2）拆除顺序应遵循由上而下、先搭后拆、后搭先拆的原则。即先拆脚手板、斜拉杆，后拆横杆、纵杆、立杆等，并按一步一清的原则依次进行，要严禁上下同时进行拆除作业 3）拆立杆时，应先抱住立杆再拆开最后两个扣 4）连墙件应随拆除进度逐层拆除 5）拆除时如附近有外电线路，要采取隔离措施，严禁架杆接触电线 6）拆下的材料，应用绳索拴住，利用滑轮徐徐下运，严禁抛掷，运至地面的材料应按指定地点，随拆随运，分类堆放，当天拆当天清，拆下的扣件或钢丝要集中回收处理
3	悬挑搭设的卸料平台	（1）搭设 1）挑式钢平台的搁置点与上部拉结点，必须位于建筑物上，不得设置在脚手架等施工设备上 2）钢平台加工制作完成，必须经过验收合格，方可安装使用 3）平台安装时，钢丝绳应采用四角四根拉设，每根的承载力不小于设计计算值；卸夹和夹具应采用定型的专业产品。建筑物锐角利口围系钢丝绳处应加衬软垫物，钢平台外口应略高于内口 4）搭设完成必须按照《建筑施工高处作业安全技术规范》JGJ 80 的有关内容进行检查，验收合格后方可使用 （2）验收、周转使用、维护 1）平台吊装翻转时，需待横梁支撑点电焊固定，接好钢丝绳、调整完毕，经过检查验收，方可松懈起重吊钩，进行上翻操作

序号	项目	内容
3	悬挑搭设的卸料平台	2）每次安装完毕必须经过安全验收合格方可使用。使用过程中必须挂设限载牌，严格按照其要求限载堆放 3）卸料平台应设专人管理，定期维护，发现问题及时整改加固 （3）拆除 1）钢平台的拆除过程与安装过程相反 2）钢平台拆除前必须将钢平台上物料清除干净，同时拆除时在吊车未吊住钢平台前不允许松懈钢丝绳。吊车将钢平台吊紧后方可松懈钢丝绳并拆除钢平台与预埋钢管的连接 3）拆除钢平台时，地面应设围栏和警戒标志，并派专人看守，严禁非操作人员入内
4	卸料平台的安全施工要求	（1）卸料平台搭设和制作的各种材料，必须符合规范要求，不合格的材料严禁使用 （2）钢管式卸料平台在搭设之前，确定搭设位置已清理，尽量避开外防护架的剪刀撑，以防通道与剪刀撑冲突 （3）工人在搭设钢管式卸料平台时，应严格按照技术交底和安全操作规程进行作业，夜间施工必须有足够照明 （4）搭设完毕后，必须由生产部门组织，技术、质量、安全等部门相关人员参加，移要求对平台进行验收，合格后方可投入使用，并填写必要的资料 （5）钢管式卸料平台在向上搭接时，必须由专人监督，按技术交底和安全操作规程要求进行拆改，搭设到需要的高度时，同样必须经过验收合格后，方可投入使用 （6）悬桃式卸料平台制作过程中，严格按照技术交底和操作规程进行作业，焊缝的长度、高度和强度必须满足规范要求。制作完毕后，必须由生产部门组织技术、质量、安全等部门相关人员参加，对平台进行验收，合格后方可投入使用 （7）悬挑式卸料平台在首次吊装时，生产、技术、质量、安全等相关人员必须到场，对吊装和安装过程进行监控，信号工、塔式起重机司机和安装工人紧密配合，严格按照操作规程作业。在吊装就位、钢丝绳拉紧后，要对平台和各种相关防护进行验收，并做荷载试压试验。合格后方可投入使用，并填写必要的资料。平台在倒运过程中，必须由专人进行监督，按照安全操作规程进行作业，安装就位后，必须再次经过验收合格后，方可投入使用 （8）吊装时，利用平台四角的吊环将平台吊至安装位置，平行移动使主龙骨工字钢穿过外防护架（注意不要磕碰外防护架）就位，使定位角钢卡在结构边梁上（角钢下垫软物），然后拉结受力钢丝绳和保险绳，两道受力钢丝绳受力平衡后，慢慢放下平台，确认钢丝绳受力后，松去塔式起重机吊钩。钢绳要有防剪切保护，钢绳穿墙螺杆必须双垫双帽，平台倒运时，先用塔式起重机将平台四角吊起，使平台拉结钢丝绳松弛、拆卸，然后慢慢平行向外移动，待平台工字钢完全伸出外防护架后，再向上吊装。向上吊装时，平台严禁上人 （9）施工负责人要组织相关人员定期对搭设的卸料平台进行定期和不定期的检查，掌握平台的使用、维护情况，尤其是在大风大雨过后，要对卸料平台进行检查，对不合格的部位进行修复或更换，合格后方可继续使用 （10）平台上悬挂限重标志牌，标明吨位和卸料数量，严禁超载或长期堆放材料，随堆随吊；堆放材料高度不得超过平台护栏高度；工人限数 1~2 人，严禁将平台作为休息平台

9.5.10 脚手架工程的绿色施工及安全技术管理

脚手架工程的绿色施工及安全技术管理如表 9-53 所示。

脚手架工程的绿色施工及安全技术管理　　　　　表 9-53

序号	项　目	内　　容
1	脚手架工程的绿色施工	（1）脚手架总的趋势是向着轻质高强结构、标准化、装配化和多功能方向发展。材料由木、竹发展为金属制品；搭设工艺将逐步采用组装方法，尽量减少或不用扣件、螺栓等零件；脚手架的主要杆件，不宜采用木，竹材料。其材质宜采用强度高、重量轻的薄壁型钢、铝合金制品等 （2）随着我国大量现代化大型建筑体系的出现，应大力开发和推广应用新型脚手架。其中新型脚手架是指碗扣式脚手架、门式脚手架；在桥梁施工中推广应用方塔式脚手架；在高层建筑施工中推广整体爬架和悬桃式脚手架 （3）各地有关部门首先应制定政策鼓励施工企业采用新型脚手架，尤其是高大空间的脚手架，保证施工安全，避免使用扣件式钢管脚手架，尽快淘汰竹（木）脚手架。同时对扣件式钢管脚手架和碗扣式脚手架的产品质量及使用安全问题，应大力开展整治工作，引导施工企业采用安全可靠的新型脚手架。插销式脚手架是国际主流脚手架，这种脚手架结构合理，技术先进，安全可靠，当前在国内一些重大工程已得到大量应用 （4）脚手架工程的绿色施工应以扩大使用功能及其应用的灵活程度为方向。各种先进的脚手架系列已不仅是局限于满足搭设几种常用的脚手架，而是作为一种常备的多功能的施工工具设备，力求适应现代施工各个领域中不同项目的要求和需要 （5）努力提升脚手架的环保要求，成立制作、安装、拆除一体化与专业化的脚手架承包公司等
2	脚手架工程的安全技术管理	（1）脚手架安全管理工作的基本内容 1）制定对脚手架工程进行规范管理的文件（规范、标准、工法、规定等） 2）编制施工组织设计、技术措施以及其他指导施工的文件 3）建立有效的安全管理机制和办法 4）对脚手架搭、拆操作人员（上岗资格、安全装备、必要培训）进行管理 5）脚手架各类构配件质量控制 6）对脚手架搭、拆和使用过程中对周边环境影响因素的控制 7）对影响脚手架使用安全因素的控制 8）搭设过程中的安全监管 9）检查验收的实施措施 10）及时处理和解决施工中所发生的问题 11）施工总结 （2）防止事故发生的措施 脚手架设计必须确保脚手架的构架和防护设施达到承载可靠和使用安全的要求。在编制施工组织设计、技术措施和施工应用中，必须对以下方面做出明确的安排和规定： 1）对脚手架杆配件的质量和允许缺陷的规定 2）脚手架的构架方案、尺寸以及对控制误差的要求 3）连墙点的设置方式、布点间距，对支承物的加固要求（需要时）以及某些部位不能设置时的弥补措施 4）在工程体型和施工要求变化部位的构架措施 5）作业层铺板和防护的设置要求 6）对脚手架中荷载大、跨度大、高空间部位的加固措施 7）对搭设人员安全的保障措施 8）对实际使用荷载（包括架上人员、材料机具以及多层同时作业）的限制 9）对施工过程中需要临时拆除杆部件和拉结件的限制，以及在恢复前的安全弥补措施

序号	项目	内　容
2	脚手架工程的安全技术管理	10）安全网及其他防（围）护措施的设置要求 11）脚手架地基或其他支承物的技术要求和处理措施 12）与其他施工设备、设施交接处的加固和封闭措施 13）避免受其他施工设备，尤其是大型施工机械影响的措施 14）临街搭设脚手架时，外侧应有防止坠物伤人的防护措施 15）在脚手架上进行电、气焊作业时，必须有防火措施 16）脚手架接地、避雷措施 （3）脚手架工程技术与安全管理措施 1）施工企业和现场项目部必须加强以确保安全为基本要求的规范管理、健全规章制度、制定相应的管理细则和配备相应的管理人员、制止和杜绝违章指挥和违章作业、尽快完善有关脚手架方面的施工安全标准 2）施工企业和现场项目部必须完善防护措施和提高施工人员、管理人员的自我保护意识和素质 3）加强脚手架工程的技术与管理中值得注意的问题： ①高层、超高层以及复杂体型的建筑大量出现，对脚手架设计和应用提出了更高的要求。对于这些高难度工程，不能仅仅满足规范的基本要求和依靠过去的传统做法来应用脚手架，必须根据工程具体形式、使用要求和使用环境来进行针对性的设计，并让施工和管理人员充分掌握其搭设和使用要求 ②对于首次使用的高、难、新脚手架，在周密设计的基础上，还需要进行必要的形式试验，检验其承载能力和安全储备，在确保可靠后才能正式使用 ③对于高层、高耸、大跨建筑以及有其他特殊要求的脚手架，由于在安全防护方面的要求相应提高，因此，必须对其设置、构造和使用要求加以严格的限制，并认真监控 ④按提高综合管理水平的要求，除了技术的可靠性和安全保证性外，还要考虑进度、工效、材料的周转与消耗等综合性管理要求 ⑤对已经落后或较落后的脚手架形式的更新要求。比如，近年来，我国多个省市已对竹脚手架的使用范围作出了限制或禁止使用，仍在使用竹脚手架的地区应认真调研，严格规定，慎重使用

9.6 模　板　工　程

9.6.1　模板设计与选型

模板设计与选型如表 9-54 所示。

模板设计与选型　　　　　　　　　　　　　　表 9-54

序号	项目	内　容
1	模板设计	（1）模板工程应进行专项设计，并编制施工方案。模板方案应根据平面形状、结构形式和施工条件确定。对模板及其支架应进行承载力、刚度和稳定性计算 （2）模板的设计、制作和安装应符合国家现行标准《混凝土结构工程施工质量验收规范》GB 50204、《组合钢模板技术规范》GB 50214、《滑动模板工程技术规范》GB 50113、《钢框胶合板模板技术规程》JGJ 96、《清水混凝土应用技术规程》JGJ 169 等的有关规定

序号	项　目	内　　容
2	模板选型	（1）模板选型应符合下列规定： 1）墙体宜选用大模板、倒模、滑动模板和爬升模板等工具式模板施工 2）柱模宜采用定型模板。圆柱模板可采用玻璃钢或钢板成型 3）梁、板模板宜选用钢框胶合板、组合钢模板或不带框胶合板等，采用整体或分片预制安装 4）楼板模板可选用飞模（台模、桌模）、密肋楼板模壳、永久性模板等 5）电梯井筒内模宜选用铰接式筒形大模板，核心筒宜采用爬升模板 6）清水混凝土、装饰混凝土模板应满足设计对混凝土造型及观感的要求 （2）上述对现浇梁、板、柱、墙模板的选型提出基本要求。现浇混凝土宜优先选用工具式模板，但不排除选用组合式、永久式模板。为提高工效，模板宜整体或分片预制安装和脱模。作为永久性模板的混凝土薄板，一般包括预应力混凝土板、双钢筋混凝土板和冷轧扭钢筋混凝土板。清水混凝土楼板应满足混凝土的设计效果

9.6.2　现浇楼板与现浇空心楼板模板

现浇楼板与现浇空心楼板模板如表 9-55 所示。

现浇楼板与现浇空心楼板模板　　　表 9-55

序号	项　目	内　　容
1	现浇楼板模板	（1）现浇楼板模板宜采用早拆模板体系。后浇带应与其两侧梁、板结构的模板及支架分开设置 （2）现浇楼板模板选用早拆模板体系，可加速模板的周转，节约投资。后浇带模架应设计为可独立支拆的体系，避免在顶板拆模时对后浇带部位进行二次支模与回顶
2	现浇空心楼板模板	（1）现浇空心楼板模板施工时，应采取防止混凝土浇筑时预制芯管及钢筋上浮的措施 （2）空心混凝土楼板浇筑混凝土时，易发生预制芯管和钢筋上浮，防止上浮的有效措施是将芯管或钢筋骨架与模板进行拉结，在模板施工时就应综合考虑

9.6.3　大模板、滑动模板和爬升模板与模板拆除

大模板、滑动模板和爬升模板与模板拆除如表 9-56 所示。

大模板、滑动模板和爬升模板与模板拆除　　　表 9-56

序号	项　目	内　　容
1	大模板	大模板板面可采用整块薄钢板，也可选用钢框胶合板或加边框的钢板、胶合板拼装。挂装三脚架支承上层外模荷载时，现浇外墙混凝土强度应达到 7.5N/mm²。大模板拆除和吊运时，严禁挤撞墙体 　大模板的安装允许偏差应符合表 9-57 的规定
2	滑动模板	滑动模板及其操作平台应进行整体的承载力、刚度和稳定性设计，并应满足建筑造型要求。滑升模板施工前应按连续施工要求，统筹安排提升机具和配件等。劳动力配备、工序协调、垂直运输和水平运输能力均应与滑升速度相适应。模板应有上口小、下口大的倾斜度，其单面倾斜度宜取为模板高度的 1/1000～2/1000。混凝土出模强度应达到出模后混凝土不塌、不裂。支承杆的选用应与千斤顶的构造相适应，长度宜为 4～6m，相邻支撑杆的接头位置应至少错开 500mm，同一截面高度内接头不宜超过总数的 25%。宜选用额定起重量为 60kN 以上的大吨位千斤顶及与之配套的钢管支撑杆 　滑模装置组装的允许偏差应符合表 9-58 的规定

续表 9-56

序号	项　目	内　　容
3	爬升模板	爬升模板宜采用由钢框胶合板等组合而成的大模板。其高度应为标准层层高加 100～300mm。模板及爬架背面应附有爬升装置。爬架可由型钢组成，高度应为 3.0～3.5 个标准层高度，其立柱宜采取标准节分段组合，并用法兰盘连接；其底座固定于下层墙体时，穿墙螺栓不应少于 4 个，底部应设有操作平台和防护设施。爬升装置可选用液压穿心千斤顶、电动设备、捯链等。爬升工艺可选用模板与爬架互爬、模板与模板互爬、爬架与爬架互爬及整体爬升等。各部件安装后，应对所有连接螺栓和穿墙螺栓进行紧固检查，并应试爬升和验收。爬升时，穿墙螺栓受力处的混凝土强度不应小于 10N/mm²；应稳起、稳落和平稳就位，不应被其他构件卡住；每个单元的爬升，应在一个工作台班内完成，爬升完毕应及时固定 爬升模板组装允许偏差应符合表 9-59 的规定。穿墙螺栓的紧固扭矩为 40～50N·m 时，可采用扭力扳手检测
4	模板拆除	模板拆除应符合下列规定： (1) 常温施工时，柱混凝土拆模强度不应低于 1.5N/mm²，墙体拆模强度不应低于 1.2N/mm² (2) 冬期拆模与保温应满足混凝土抗冻临界强度的要求 (3) 梁、板底模拆模时，跨度不大于 8m 时混凝土强度应达到设计强度的 75%，跨度大于 8m 时混凝土强度应达到设计强度的 100% (4) 悬挑构件拆模时，混凝土强度应达到设计强度的 100% (5) 后浇带拆模时，混凝土强度应达到设计强度的 100%

大模板安装允许偏差 　　　　　　　　　　　　　　　　　　　表 9-57

序号	项　目	允许偏差（mm）	检测方法
1	位置	3	钢尺检测
2	标高	±5	水准仪或拉线、尺量
3	上口宽度	±2	钢尺检测
4	垂直度	3	2m 托线板检测

滑膜装置组装的允许偏差 　　　　　　　　　　　　　　　　　　表 9-58

序号	项　目		允许偏差（mm）	检测方法
1	模板结构轴线与相应结构轴线位置		3	钢尺检测
2	围圈位置偏差	水平方向	3	钢尺检测
3		垂直方向	3	
4	提升架的垂直偏差	平面内	3	2m 托线板检测
5		平面外	2	
6	安放千斤顶的提升架横梁相对标高偏差		5	水准仪或拉线、尺量
7	考虑倾斜度后横板尺寸的偏差	上口	−1	钢尺检测
8		下口	+2	
9	千斤顶安装位置偏差	平面内	5	钢尺检测
10		平面外	5	
11	圆模直径、方模边长的偏差		5	钢尺检测
12	相邻两块模板平面平整偏差		2	钢尺检测

爬升模板组装允许偏差　　　　　　　　　表 9-59

序号	项　目	允许偏差	检测方法
1	墙面留穿墙螺栓孔位置 穿墙螺栓孔直径	±5mm ±2mm	钢尺检测
2	大模板	同本书表 9-57	
3	爬升支架： 标高 垂直度	±5mm 5mm 或爬升支架高度的 0.1%	与水平线钢尺检测 挂线坠

9.7　钢　筋　工　程

9.7.1　应符合的国家标准与宜采用的钢筋

应符合的国家标准与宜采用的钢筋如表 9-60 所示。

应符合的国家标准与宜采用的钢筋　　　　　　　　　表 9-60

序号	项目	内　容
1	应符合的 国家标准	钢筋工程的原材料、加工、连接、安装和验收，应符合本书的有关规定和现行国家标准的有关规定
2	宜采用的 钢筋	（1）高层混凝土结构宜采用高强钢筋。钢筋数量、规格、型号和物理力学性能应符合设计要求 （2）高层建筑宜推广应用高强钢筋，可以节约大量钢材。设计单位综合考虑钢筋性能、结构抗震要求等因素，对不同部位、构件采用的钢筋作出明确规定。施工中，钢筋的品种、规格、性能应符合设计要求

9.7.2　钢筋连接与其他规定

钢筋连接与其他规定如表 9-61 所示。

钢筋连接与其他规定　　　　　　　　　表 9-61

序号	项目	内　容
1	钢筋连接	（1）粗直径钢筋宜采用机械连接。机械连接可采用直螺纹套筒连接、套筒挤压连接等方法。焊接时可采用电渣压力焊等方法。钢筋连接应符合现行行业标准《钢筋机械连接技术规程》JGJ 107、《钢筋焊接及验收规程》JGJ 18 和《钢筋焊接接头试验方法》JGJ 27 等的有关规定 （2）采用点焊钢筋网片时，应符合现行行业标准《钢筋焊接网混凝土结构技术规程》JGJ 114 的有关规定 （3）采用冷轧带肋钢筋和预应力用钢丝、钢绞线时，应符合现行行业标准《冷轧带肋钢筋混凝土结构技术规程》JGJ 95 和《钢绞线、钢丝束无粘结预应力筋》JG 3006 等的有关规定
2	其他规定	（1）框架梁、柱交叉处，梁纵向受力钢筋应置于柱纵向钢筋内侧；次梁钢筋宜放在主梁钢筋内侧。当双向均为主梁时，钢筋位置应按设计要求摆放 （2）箍筋的弯曲半径、内径尺寸、弯曲平直长度、绑扎间距与位置等构造做法应符合设计规定。采用开口箍筋时，开口方向应置于受压区，并错开布置。采用螺旋箍等新型箍筋时，应符合设计及工艺要求 （3）压型钢板—混凝土组合楼板施工时，应保证钢筋位置及保护层厚度准确。可采用在工厂加工钢筋桁架，并与压型钢板焊接成一体的钢筋桁架模板系统 （4）梁、板、墙、柱的钢筋宜采用预制安装方法。钢筋骨架、钢筋网在运输和安装过程中，应采取加固等保护措施

9.8 混凝土工程

9.8.1 混凝土的采用与浇筑

混凝土的采用与浇筑如表 9-62 所示。

混凝土的采用与浇筑　　　　　　　表 9-62

序号	项　目	内　容
1	混凝土的采用	(1) 高层建筑宜采用预拌混凝土或有自动计量装置、可靠质量控制的搅拌站供应的混凝土，预拌混凝土应符合现行国家标准《预拌混凝土》GB/T 14902 的规定。混凝土浇灌宜采用泵送入模、连续施工，并应符合现行行业标准《混凝土泵送施工技术规程》JGJ/T 10 的规定 (2) 混凝土工程的原材料、配合比设计、施工和验收，应符合现行国家标准《混凝土质量控制标准》GB 50164、《混凝土外加剂应用技术规范》GB 50119、《粉煤灰混凝土应用技术规范》GB 50146 和《混凝土强度检验评定标准》GB/T 50107、《清水混凝土应用技术规程》JGJ 169 等的有关规定 (3) 高层建筑宜根据不同工程需要，选用特定的高性能混凝土。采用高强混凝土时，应优选水泥、粗细骨料、外掺合料和外加剂，并应作好配制、浇筑与养护
2	混凝土的浇筑	(1) 预拌混凝土运至浇筑地点，应进行坍落度检查，其允许偏差应符合表 9-63 的规定 (2) 混凝土浇筑高度应保证混凝土不发生离析。混凝土自高处倾落的自由高度不应大于 2m；柱、墙模板内的混凝土倾落高度应满足表 9-64 的规定；当不能满足表 9-64 的规定时，宜加设串桶、溜槽、溜管等装置 (3) 混凝土浇筑过程中，应设专人对模板支架、钢筋、预埋件和预留孔洞的变形、移位进行观测，发现问题及时采取措施 (4) 混凝土浇筑后应及时进行养护。根据不同的地区、季节和工程特点，可选用浇水、综合蓄热、电热、远红外线、蒸汽等养护方法，以塑料布、保温材料或涂刷薄膜等覆盖 (5) 预应力混凝土结构施工，应符合国家现行标准《预应力筋用锚具、夹具和连接器》GB/T 14370 和《无粘结预应力混凝土结构技术规程》JGJ 92 等的有关规定 (6) 结构柱、墙混凝土设计强度等级高于梁、板混凝土设计强度等级时，应在交界区域采取分隔措施。分隔位置应在低强度等级的构件中，且与高强度等级构件边缘的距离不宜小于 500mm。应先浇筑高强度等级混凝土，后浇筑低强度等级混凝土

现场实测混凝土坍落度允许偏差　　　　　　　表 9-63

序号	要求坍落度	允许偏差（mm）
1	<50	±10
2	50～90	±20
3	>90	±30

柱、墙模板内混凝土倾落高度限值（m）　　　　　　　表 9-64

序号	条　件	混凝土倾落高度
1	骨料粒径大于 25mm	≤3
2	骨料粒径不大于 25mm	≤6

9.8.2 施工缝、后浇带与现浇混凝土结构的允许偏差

施工缝、后浇带与现浇混凝土结构的允许偏差如表 9-65 所示。

施工缝、后浇带与现浇混凝土结构的允许偏差 表 9-65

序号	项 目	内 容
1	施工缝	混凝土施工缝宜留置在结构受力较小且便于施工的位置
2	后浇带	后浇带应按设计要求预留,并按规定时间浇筑混凝土,进行覆盖养护。当设计对混凝土无特殊要求时,后浇带混凝土应高于其相邻结构一个强度等级
3	允许偏差	现浇混凝土结构的允许偏差应符合表 9-66 的规定

现浇混凝土结构的允许偏差 表 9-66

序号	项 目			允许偏差(mm)
1	轴线位置			5
2	垂直度	每层	≤5m	8
			>5m	10
3		全高		$H/1000$ 且≤30
4	标高	每层		±10
5		全高		±30
6	截面尺寸			+8,−5(抹灰)
				+5,−2(不抹灰)
7	表面平整(2m 长度)			8(抹灰),4(不抹灰)
8	预埋设施中心线位置	预埋件		10
		预埋螺栓		5
		预埋管		5
9	预埋洞中心线位置			15
10	电梯井	井筒长、宽对定位中心线		+25,0
11		井筒全高(H)垂直度		$H/1000$ 且≤30

9.9 大体积混凝土施工

9.9.1 大体积混凝土简述与施工

大体积混凝土简述与施工如表 9-67 所示

大体积混凝土简述与施工 表 9-67

序号	项 目	内 容
1	大体积混凝土简述	(1)大体积与超长结构混凝土施工前应编制专项施工方案,并进行大体积混凝土温控计算,必要时可设置抗裂钢筋(丝)网 大体积混凝土指混凝土结构物实体最小尺寸不小于 1m 的大体量混凝土,或预计会因混凝土中胶凝材料水化引起的温度变化和收缩而导致有害裂缝产生的混凝土。高层建筑底板、转换层及梁柱构件中,属于大体积混凝土范畴的很多,因此本书将大体积混凝土施工单独成节,以明确其主要要求 超长结构目前没有明确定义。这里所述超长结构,通常指平面尺寸大于下列规定的伸缩缝间距的结构:现浇框架结构 55m;现浇剪力墙结构 45m

序号	项目	内容
1	大体积混凝土简述	这里强调大体积混凝土与超长结构混凝土施工前应编制专项施工方案，施工方案应进行必要的温控计算，并明确控制大体积混凝土裂缝的措施 （2）大体积基础底板及地下室外墙混凝土，当采用粉煤灰混凝土时，可利用 60d 或 90d 强度进行配合比设计和施工 大体积混凝土由于水化热产生的内外温差和混凝土收缩变形大，易产生裂缝。预防大体积混凝土裂缝应从设计构造、原材料、混凝土配合比、浇筑等方面采取综合措施。大体积基础底板、外墙混凝土可采用混凝土 60d 或 90d 强度，并采用相应的配合比，延缓混凝土水化热的释放，减少混凝土温度应力裂缝，但应由设计单位认可，并满足施工荷载的要求 （3）大体积与超长结构混凝土配合比应经过试配确定。原材料应符合相关标准的要求，宜选用中低水化热低碱水泥，掺入适量的粉煤灰和缓凝型外加剂，并控制水泥用量 （4）超长大体积混凝土施工可采取留置变形缝、后浇带施工或跳仓法施工 在超长结构混凝土施工中，采用留后浇带或跳仓法施工是防止和控制混凝土裂缝的主要措施之一。跳仓浇筑间隔时间不宜少于 7d
2	大体积混凝土施工	大体积混凝土施工应符合现行国家标准《大体积混凝土施工规范》GB 50496 的规定

9.9.2 大体积混凝土浇筑、振捣与养护、测温

大体积混凝土浇筑、振捣与养护、测温如表 9-68 所示。

大体积混凝土浇筑、振捣与养护、测温　　　　表 9-68

序号	项目	内容
1	大体积混凝土浇筑、振捣	大体积混凝土浇筑、振捣应满足下列规定： （1）宜避免高温施工；当必须暑期高温施工时，应采取措施降低混凝土拌合物和混凝土内部温度 （2）根据面积、厚度等因素，宜采取整体分层连续浇筑或推移式连续浇筑法；混凝土供应速度应大于混凝土初凝速度，下层混凝土初凝前应进行第二层混凝土浇筑 （3）分层设置水平施工缝时，除应符合设计要求外，尚应根据混凝土浇筑过程中温度裂缝控制的要求、混凝土的供应能力、钢筋工程的施工、预埋管件安装等因素确定其位置及间隔时间 （4）宜采用二次振捣工艺，浇筑面应及时进行二次抹压处理
2	大体积混凝土养护、测温	（1）大体积混凝土养护、测温应符合下列规定： 1）大体积混凝土浇筑后，应在 12h 内采取保湿、控温措施。混凝土浇筑体的里表温差不宜大于 25℃，混凝土浇筑体表面与大气温差不宜大于 20℃ 2）宜采用自动测温系统测量温度，并设专人负责；测温点布置应具有代表性，测温频次应符合相关标准的规定 （2）上述对大体积混凝土养护、测温提出相关要求。养护、测温的根本目的是控制混凝土内外温差。养护方法应考虑季节性特点。测温可采用人工测量、记录，目前很多工程已成功采用预埋温度电偶并利用计算机进行自动测温记录。测温结果应及时向有关技术人员报告，温差超出规定范围时应采取相应措施

9.10　混合结构施工及复杂混凝土结构施工

9.10.1　混合结构施工

混合结构施工如表 9-69 所示。

混合结构施工　　　　　　　　　　　　　　　表 9-69

序号	项目	内　　容
1	施工规定	(1) 混合结构施工应满足国家现行标准《混凝土结构工程施工质量验收规范》GB 50204、《钢结构工程施工质量验收规范》GB 50205、《型钢混凝土组合结构技术规程》JGJ 138 等的有关要求 (2) 施工中应加强钢筋混凝土结构与钢结构施工的协调与配合，根据结构特点编制施工组织设计，确定施工顺序、流水段划分、工艺流程及资源配置 混合结构具有工序多、流程复杂、协同作业要求高等特点，施工中应加强各专业之间的协调与配合 (3) 钢结构制作前应进行深化设计 钢结构深化设计图是在工程施工图的基础上，考虑制作安装因素，将各专业所需要的埋件及孔洞，集中反映到构件加工详图上的技术文件 钢结构深化设计应在钢结构施工图完成之后进行，根据施工图提供的构件位置、节点构造、构件安装内力及其他影响等，为满足加工要求形成构件加工图，并提交原设计单位确认 (4) 混合结构应遵照先钢结构安装，后钢筋混凝土施工的原则组织施工 (5) 核心筒应先于钢框架或型钢混凝土框架施工，高差宜控制在 4～8 层，并应满足施工工序的穿插要求 (6) 型钢混凝土竖向构件应按照钢结构、钢筋、模板、混凝土的顺序组织施工，型钢安装应先于混凝土施工至少一个安装节 (7) 钢框架－钢筋混凝土筒体结构施工时，应考虑内外结构的竖向变形差异控制 (8) 压型钢板楼面混凝土施工时，应根据压型钢板的刚度适当设置支撑系统
2	型钢混凝土	(1) 型钢混凝土柱的箍筋宜采用封闭箍，不宜将箍筋直接焊在钢柱上。梁柱节点部位柱的箍筋可分段焊接 (2) 当利用型钢架钢骨架吊挂梁模板时，应对其承载力和变形进行核算 (3) 型钢剪力墙、钢板剪力墙、暗支撑剪力墙混凝土施工时，应在型钢翼缘处留置排气孔，必要时可在墙体模板侧面留设浇筑孔 (4) 型钢混凝土梁柱接头处和型钢翼缘下部，宜预留排气孔和混凝土浇筑孔。钢筋密集时，可采用自密实混凝土浇筑
3	钢管混凝土浇筑	钢管混凝土结构浇筑应符合下列规定： (1) 宜采用自密实混凝土，管内混凝土浇筑可选用管顶向下普通浇筑法、泵送顶升浇筑法和高位抛落法等 (2) 采用从管顶向下浇筑时，应加强底部管壁排气孔观察，确认浆体流出和浇筑密实后封堵排气孔 (3) 采用泵送顶升浇筑法时，应合理选择顶升浇筑设备，控制混凝土顶升速度，钢管直径宜不小于泵管直径的两倍 (4) 采用高位抛落免振法浇筑混凝土时，混凝土技术参数宜通过试验确定；对于抛落高度不足 4m 的区段，应配合人工振捣；混凝土一次抛落量应控制在 0.7m³ 左右 (5) 混凝土浇筑面与尚待焊接部位焊缝的距离不应小于 600mm (6) 钢管内混凝土浇灌接近顶面时，应测定混凝土浮浆厚度，计算与原混凝土相同级配的石子量并投入和振捣密实 (7) 管内混凝土的浇灌质量，可采用管外敲击法、超声波检测法或钻芯取样法检测；对不密实的部位，应采用钻孔压浆法进行补强

9.10.2 复杂混凝土结构施工

复杂混凝土结构施工如表 9-70 所示。

复杂混凝土结构施工 表 9-70

序号	项 目	内 容
1	编制专项施工方案	混凝土转换层、加强层、连体结构、大底盘多塔楼结构等复杂结构应编制专项施工方案
2	施工规定	(1) 混凝土结构转换层，加强层施工应符合下列规定： 1) 当转换层梁或板混凝土支撑体系利用下层楼板或其他结构传递荷载时，应通过计算确定，必要时应采取加固措施 2) 混凝土桁架、空腹钢架等斜向构件的模板和支架应进行荷载分析及水平推力计算 (2) 悬挑结构施工应符合下列规定： 1) 悬挑构件的模板支架可采用钢管支撑、型钢支撑和悬挑桁架等，模板起拱值宜为悬挑长度的 0.2%～0.3% 2) 当采用悬挂支模时，应对钢架或骨架的承载力和变形进行计算 3) 应有控制上部受力钢筋保护层厚度的措施 (3) 大底盘多塔楼结构，塔楼间施工顺序和施工高差、后浇带设置及混凝土浇筑时间应满足设计要求 (4) 塔楼连接体施工应符合下列规定： 1) 应在塔楼主体施工前确定连接体施工或吊装方案 2) 应根据施工方案，对主体结构局部和整体受力进行验算，必要时应采取加强措施 3) 塔楼主体施工时应按连接体施工安装方案的要求设置预埋件或预留洞

9.11 施工安全与绿色施工

9.11.1 施工安全

施工安全如表 9-71 所示。

施工安全 表 9-71

序号	项 目	内 容
1	应符合的规范、规程	高层建筑结构施工应符合现行行业标准《建筑施工高处作业安全技术规范》JGJ 80、《建筑机械使用安全技术规程》JGJ 33、《施工现场临时用电安全技术规范》JGJ 46、《建筑施工门式钢管脚手架安全技术规程》JGJ 128、《建筑施工扣件式钢管脚手架安全技术规范》JGJ 130 和《液压滑动模板施工安全技术规程》JGJ 65 等的有关规定
2	施工安全要求	(1) 附着式整体爬升脚手架应经鉴定，并有产品合格证、使用证和准用证 附着式整体爬升脚手架应采用经住房和城乡建设部组织鉴定并发放生产和使用证的产品，并具有当地建筑安全监督管理部门发放的产品准用证 (2) 施工现场应设立可靠的避雷装置 高层建筑施工现场避雷要求高，避雷系统应覆盖整个施工现场 (3) 建筑物的出入口、楼梯口、洞口、基坑和每层建筑的周边均应设置防护设施 高层建筑施工应严防高空坠落。安全网除应随施工楼层架设外，尚应在首层和每隔四层各设一道 (4) 钢模板施工时，应有防漏电措施 钢模板的吊装、运输、装拆、存放，必须稳固。模板安装就位后，应注意接地 (5) 采用自动提升、顶升脚手架或工作平台施工时，应严格执行操作规程，并经验收后实施 (6) 高层建筑施工，应采取上、下通信联系措施 (7) 高层建筑施工应有消防系统，消防供水系统应满足楼层防火要求 (8) 施工用油漆和涂料应妥善保管，并远离火源

9.11.2　绿色施工

绿色施工如表 9-72 所示。

绿 色 施 工
表 9-72

序号	项 目	内　　　　容
1	绿色施工规定	(1) 高层建筑施工组织设计和施工方案应符合绿色施工的要求，并应进行绿色施工教育和培训 (2) 应控制混凝土中碱、氯、氨等有害物质含量
2	绿色施工措施	(1) 施工中应采用下列节能与能源利用措施： 1) 制定措施提高各种机械的使用率和满载率 2) 采用节能设备和施工节能照明工具，使用节能型的用电器具 3) 对设备进行定期维护保养 (2) 施工中应采用下列节水及水资源利用措施： 1) 施工过程中对水资源进行管理 2) 采用施工节水工艺、节水设施并安装计量装置 3) 深基坑施工时，应采取地下水的控制措施 4) 有条件的工地宜建立水网，实施水资源的循环使用 (3) 施工中应采用下列节材及材料利用措施： 1) 采用节材与材料资源合理利用的新技术、新工艺、新材料和新设备 2) 宜采用可循环利用材料 3) 废弃物应分类回收，并进行再生利用 (4) 施工中应采取下列节地措施： 1) 合理布置施工总平面 2) 节约施工用地及临时设施用地，避免或减少二次搬运 3) 组织分段流水施工，进行劳动力平衡，减少临时设施和周转材料数量 (5) 施工中的环境保护应符合下列规定： 1) 对施工过程中的环境因素进行分析，制定环境保护措施 2) 现场采取降尘措施 3) 现场采取降噪措施 4) 采用环保建筑材料 5) 采取防光污染措施 6) 现场污水排放应符合相关规定，进出现场车辆应进行清洗 7) 施工现场垃圾应按规定进行分类和排放 8) 油漆、机油等应妥善保存，不得遗洒 (6) 降尘措施如洒水、地面硬化、围挡、密网覆盖、封闭等；降噪措施包括：尽量使用低噪声机具，对噪声大的机械合理安排位置，采用吸声、消声、隔声、隔振等措施

519

第 10 章　地下工程防水构造与做法

10.1　地下工程防水构造规定

10.1.1　总则与有关规定

地下建筑防水构造与做法的术语与分类如表 10-1 所示。

地下工程防水总则与有关规定　　　　　　　　　　　　　　表 10-1

序号	项 目	内　　　　容
1	地下工程防水总则	（1）地下工程由于深埋在地下，时刻受地下水的渗透作用，如防水问题处理不好，致使地下水渗漏到工程内部，将会带来一系列问题：影响人员在工程内正常的工作和生活；使工程内部装修和设备加快锈蚀。使用机械排除工程内部渗漏水，需要耗费大量能源和经费，而且大量的排水还可能引起地面和地面建筑物不均匀沉降和破坏等。另外，据有关资料记载，美国有 20% 左右的地下室存在氡污染，而氡是通过地下水渗漏渗入到工程内部聚积在内表面的。我国地下工程内部氡污染的情况如何，尚未见到相关报道，但如地下工程存在渗漏水则会使氡污染的可能性增加 　为适应我国地下工程建设的需要，使新建、续建、改建的地下工程能合理正常地使用，充分发挥其经济效益、社会效益、战备效益，因此为使地下工程防水的设计和施工符合确保质量、技术先进、经济合理、安全适用的要求，特编写本章内容，供工程中应用 　（2）本章内容适用于普遍性的、带有共性要求的新建、改建和续建的地下工程防水，包括： 　1）工业与民用建筑地下工程，如医院、旅馆、商场、影剧院、洞库、电站、生产车间等 　2）市政地下工程，如城市共用沟、城市公路隧道、人行过街道、水工涵管等 　3）地下铁道，如城市地铁区间隧道、地下铁道车站等 　4）防护工程，为战时防护要求而修建的国防和人防工程，如指挥工程、人员掩蔽工程、疏散通道等 　5）铁路、公路隧道、山岭及水底隧道等 　（3）地下工程防水的设计和施工应遵循"防、排、截、堵相结合，刚柔相济，因地制宜，综合治理"的原则 　（4）地下工程防水的设计和施工应符合环境保护的要求，并应采取相应措施 　（5）地下工程的防水，应积极采用经过试验、检测和鉴定并经实践检验质量可靠的新材料、新技术、新工艺 　（6）地下工程防水的设计和施工，除应符合本章内容外，尚应符合国家其他现行有关标准的规定
2	有关规定	（1）一般规定 　1）地下工程必须进行防水设计，防水设计应定级准确、方案可靠、施工简便、经济合理 　2）地下工程防水方案应根据工程规划、结构设计、材料选择、结构耐久性和施工工艺等确定 　3）地下工程的防水设计，应考虑地表水、地下水、毛细管水等的作用，以及由于人为因素引起的附近水文地质改变的影响确定。单建式的地下工程，应采用全封闭、部分封闭的防排水设计；附建式的全地下或半地下工程的防水设防高度，应高出室外地坪高程 500mm 以上

序号	项 目	内　　　　容
2	有关规定	4）地下工程迎水面主体结构应采用防水混凝土，并应根据防水等级的要求采取其他防水措施 5）地下工程的变形缝（诱导缝）施工缝、后浇带、穿墙管（盒）、预埋件、预留通道接头、桩头等细部构造，应加强防水措施 6）地下工程的排水管沟、地漏、出入口、窗井、风井等，应采取防倒灌措施；寒冷及严寒地区的排水沟应采取防冻措施 7）地下工程的防水设计，应根据工程的特点和需要搜集下列资料： ①最高地下水位的高程、出现的年代，近几年的实际水位高程和随季节变化情况 ②地下水类型、补给来源、水质、流量、流向、压力 ③工程地质构造，包括岩层走向、倾角、节理及裂隙，含水地层的特性、分布情况和渗透系数，溶洞及陷穴、填土区、湿陷性土和膨胀土层等情况 ④历年气温变化情况、降水量、地层冻结深度 ⑤区域地形、地貌、天然水流、水库、废弃坑井以及地表水、洪水和给水排水系统资料 ⑥工程所在区域的地震烈度、地热，含瓦斯等有害物质的资料 ⑦施工技术水平和材料来源 8）工程防水设计，应包括下列内容： ①防水等级和设防要求 ②防水混凝土的抗渗等级和其他技术指标，质量保证措施 ③其他防水层选用的材料及其技术指标，质量保证措施 ④工程细部构造的防水措施，选用的材料及其技术指标，质量保证措施 ⑤工程的防排水系统，地面挡水、截水系统及工程各种洞口的防倒灌措施 （2）其他要求 1）地下工程与城市给、排水管道的水平距离宜大于 2.5m，当不能满足时，地下工程应采取有效的防水措施 2）地下工程在施工期间对工程周围的地表水，应采取截水、排水、挡水和防洪措施 3）地下工程雨季进行防水混凝土和其他防水层施工时，应采取防雨措施 4）明挖法地下工程的结构自重应大于静水压力造成的浮力，在自重不足时应采取锚桩或其他抗浮措施 5）明挖法地下工程防水施工时，应符合下列规定： ①地下水位应降至工程底部最低高程 500mm 以下，降水作业应持续至回填完毕 ②工程底板范围内的集水井，在施工排水结束后应采用微膨胀混凝土填筑密实 ③工程顶板、侧墙留设大型孔洞时，应采取临时封闭、遮盖措施 6）明挖法地下工程的混凝土和防水层的保护层验收合格后，应及时回填，并应符合下列规定： ①基坑内杂物应清理干净、无积水 ②工程周围 800mm 以内宜采用灰土、黏土或亚黏土回填，其中不得含有石块、碎砖、灰渣、有机杂物以及冻土 ③回填施工应均匀对称进行，并应分层夯实。人工夯实每层厚度不应大于 250mm，机械夯实每层厚度不应大于 300mm，并应采取保护措施；工程顶部回填土厚度超过 500mm 时，可采用机械回填碾压 7）地下工程上的地面建筑物周围应做散水，宽度不宜小于 800mm，散水坡度宜为 5% 8）地下工程建成后，其他地面应进行整修，地质勘察和施工留下的探坑等应回填密实，不得积水。工程顶部不宜设置蓄水池或修建水渠 （3）安全与环境保护 1）防水工程中不得采用现行国家标准《职业性接触毒物危害程度分级》GB5044－8 中划分为Ⅲ级（中度危害）和Ⅲ级以上毒物的材料 2）当配制和使用有毒材料时，现场必须采取通风措施，操作人员必须穿防护服；戴口罩、手套和防护眼镜，严禁毒性材料与皮肤接触和入口 3）有毒材料和挥发性材料应密封贮存，妥善保管和处理，不得随意倾倒 4）使用易燃材料时，应严禁烟火 5）使用有毒材料时，作业人员应按规定享受劳保福利和营养补助，并应定期检查身体

10.1.2 防水等级与防水设防要求

地下工程防水等级与防水设防要求如表 10-2 所示

地下工程防水等级与防水设防要求

表 10-2

序号	项 目	内 容
1	防水等级	（1）地下工程的防水等级应分为四级，各等级防水标准应符合表 10-3 的规定 （2）地下工程不同防水等级的适用范围，应根据工程的重要性和使用中对防水的要求按表 10-4 选定 在进行防水设计时，可根据表 10-3 与表 10-4 中规定的适用范围，结合工程的实际情况合理确定工程的防水等级。如办公用房属人员长期停留场所，档案库、文物库属少量湿迹会使物品变质、失效的贮物场所，配电间、地下铁道车站顶部属少量湿迹会严重影响设备正常运转和危及工程安全运营的场所或部位，指挥工程极重要的战备工程，故都应定为一级；而一般生产车间属人员经常活动的场所，地下车库属有少量湿迹不会使物品变质、失效的场所，电气化隧道、地铁隧道、城市公路隧道、公路隧道侧墙属有少量湿迹基本不影响设备正常运转和工程安全运营的场所或部位，人员掩蔽工程属重要的战备工程，故应定为二级；城市地下公共管线沟属人员临时活动场所，战备交通隧道和疏散干道属一般战备工程，可定为三级。对于一个工程（特别是大型工程），因工程内部各部分的用途不同，其防水等级可以有所差别，设计时可根据表中适用范围的原则分别予以确定。但设计时要防止防水等级低的部位的渗漏水影响防水等级高的部位的情况
2	防水设防要求	（1）地下工程的防水设防要求，应根据使用功能、使用年限、水文地质、结构形式、环境条件、施工方法及材料性能等因素确定 1）明挖法地下工程的防水设防要求应按表 10-5 选用 2）暗挖法地下工程的防水设防要求应按表 10-6 选用 地下工程的防水可分为两部分，一是结构主体防水，二是细部构造特别是施工缝、变形缝、诱导缝、后浇带的防水。目前结构主体采用防水混凝土结构自防水其防水效果尚好，而细部构造，特别是施工缝、变形缝的渗漏水现象较多。针对目前存在的这种情况，明挖法施工时不同防水等级的地下工程防水方案分为四部分内容，即主体、施工缝、后浇带、变形缝（诱导缝）。对于结构主体，目前普遍应用的是防水混凝土自防水结构，当工程的防水等级为一级时，应再增设两道其他防水层，当工程的防水等级为二级时，可视工程所处的水文地质条件、环境条件、工程设计使用年限等不同情况，应再增设一道其他防水层。之所以做这样的规定，除了确保工程的防水要求外，还考虑到下面的因素：即过去人们一直认为混凝土材料是永久性材料，但通过长期实践，人们逐渐认识到混凝土在地下工程中会受地下水侵蚀，其耐久性会受到影响。现在我国地下水特别是浅层地下水受污染比较严重，而防水混凝土又不是绝对不透水的材料，据测定抗渗等级为 P8 的防水混凝土的渗透系数为（5～8）×10^{-10} cm/s。所以地下水对地下工程的混凝土结构、钢筋的侵蚀破坏已是一个不容忽视的问题。防水等级为一、二级的工程，多是一些比较重要、投资较大、要求使用年限长的工程，为确保这些工程的使用寿命，单靠防水混凝土来抵抗地下水的侵蚀其效果是有限的，而防水混凝土和其他防水层结合使用则可较好地解决这一矛盾。对于施工缝、后浇带、变形缝，应根据不同防水等级选用不同的防水措施，防水等级越高，拟采用的措施越多，一方面是为了解决目前缝隙渗漏率高的状况，另一方面是由于缝的工程量相对于结构主体来说要少得多，采用多种措施也能做到精心施工，容易保证工程质量。暗挖法与明挖法不同处是工程内垂直施工缝多，其防水做法与水平施工缝有所区别 （2）处于侵蚀性介质中的工程，应采用耐侵蚀的防水混凝土、防水砂浆、防水卷材或防水涂料等防水材料 （3）处于冻融侵蚀环境中的地下工程，其混凝土抗冻融循环不得少于 300 次 （4）结构刚度较差或受振动作用的工程，宜采用延伸率较大的卷材、涂料等柔性防水材料

地下工程防水标准　　　　　　　　　　　　　　　　　　　　　　表 10-3

序号	防水等级	防　水　标　准
1	一级	不允许渗水，结构表面无湿渍
2	二级	不允许漏水，结构表面可有少量湿渍 工业与民用建筑：总湿渍面积不应大于总防水面积（包括顶板、墙面、地面）的 1/1000；任意 100m² 防水面积上的湿渍不超过 2 处，单个湿渍的最大面积不大于 0.1m² 其他地下工程：总湿渍面积不应大于总防水面积的 2/1000；任意 100m² 防水面积上的湿渍不超过 3 处，单个湿渍的最大面积不大于 0.2m²；其中，隧道工程还要求平均渗水量不大于 0.05L/（m²·d），任意 100m² 防水面积上的渗水量不大于 0.15L/（m²·d）
3	三级	有少量漏水点，不得有线流和漏泥沙 任意 100m² 防水面积上的漏水或湿渍点数不超过 7 处，单个漏水点的最大漏水量不大于 2.5L/d，单个湿渍的最大面积不大于 0.3m²
4	四级	有漏水点，不得有线流和漏泥沙 整个工程平均漏水量不大于 2L/（m²·d）；任意 100m² 防水面积上的平均漏水量不大于 4L/（m²·d）

不同防水等级的适用范围　　　　　　　　　　　　　　　　　　　表 10-4

序号	防水等级	适　用　范　围
1	一级	人员长期停留的场所；因有少量湿渍会使物品变质、失效的贮物场所及严重影响设备正常运转和危及工程安全运营的部位；极重要的战备工程、地铁车站
2	二级	人员经常活动的场所；在有少量湿渍的情况下不会使物品变质、失效的贮物场所及基本不影响设备正常运转和工程安全运营的部位；重要的战备工程
3	三级	人员临时活动的场所；一般战备工程
4	四级	对渗漏水无严格要求的工程

明挖法地下工程防水设防要求　　　　　　　　　　　　　　　　　表 10-5

序号	工程部位		主体结构							施工缝							后浇带					变形缝（诱导缝）					
			防水混凝土	防水卷材	防水涂料	塑料防水板	膨润土防水材料	防水砂浆	金属防水板	遇水膨胀止水条（胶）	外贴式止水带	中埋式止水带	外抹防水砂浆	外涂防水涂料	水泥基渗透结晶型防水涂料	预埋注浆管	补偿收缩混凝土	外贴式止水带	预埋注浆管	遇水膨胀止水条（胶）	防水密封材料	中埋式止水带	外贴式止水带	可卸式止水带	防水密封材料	外贴防水卷材	外涂防水涂料
1	防水措施																										
2	防水等级	一级	应选	应选一至二种						应选二种						应选	应选	应选二种				应选	应选一至二种				
3		二级	应选	应选一种						应选一至二种						应选	应选	应选一至二种				应选	应选一至二种				
4		三级	应选	宜选一种						宜选一至二种						应选	应选	宜选一至二种				应选	宜选一至二种				
5		四级	宜选	—						宜选一种						应选	应选	宜选一种				应选	宜选一种				

暗挖法地下工程防水设防要求　　　　　　　　表 10-6

序号	工程部位		衬砌结构						内衬砌施工缝					内衬砌变形缝（诱导缝）				
1	防水措施	防水混凝土	塑料防水板	防水砂浆	防水涂料	防水卷材	金属防水层		外贴式止水带	预埋注浆管	遇水膨胀止水条（胶）	防水密封材料	中埋式止水带	水泥基渗透结晶型防水涂料	中埋式止水带	外贴式止水带	可卸式止水带	防水密封材料	遇水膨胀止水条（胶）
2	防水等级 一级	必选	应选一至二种						应选一至二种					应选	应选一至二种			
3	防水等级 二级	应选	应选一种						应选一种					应选	应选一种			
4	防水等级 三级	宜选	宜选一种						宜选一种					应选	宜选一种			
5	防水等级 四级	宜选	宜选一种						宜选一种					应选	宜选一种			

10.2　地下工程混凝土结构主体防水要求

10.2.1　防水混凝土

防水混凝土要求如表 10-7 所示。

防 水 混 凝 土　　　　　　　　表 10-7

序号	项目	内 容
1	一般规定	（1）防水混凝土可通过调整配合比，或掺加外加剂、掺合料等措施配制而成，其抗渗等级不得小于 P6。 （2）防水混凝土的施工配合比应通过试验确定，试配混凝土的抗渗等级应比设计要求提高 0.2N/mm² （3）防水混凝土应满足抗渗等级要求，并应根据地下工程所处的环境和工作条件，满足抗压、抗冻和抗侵蚀等耐久性要求
2	设计要求	（1）防水混凝土的设计抗渗等级，应符合有关的规定 （2）防水混凝土的环境温度不得高于 80℃；处于侵蚀性介质中防水混凝土的耐侵蚀要求应根据介质的性质按有关标准执行 （3）防水混凝土结构底板的混凝土垫层，强度等级不应小于 C15，厚度不应小于 100mm，在软弱土层中不应小于 150mm （4）防水混凝土结构，应符合下列规定： 1）结构厚度不应小于 250mm 2）裂缝宽度不得大于 0.2mm，并不得贯通 3）钢筋保护层厚度应根据结构的耐久性和工程环境选用，迎水面钢筋保护层厚度不应小于 50mm

序号	项 目	内　　　容
3	材料标准	（1）用于防水混凝土的水泥应符合下列规定： 1）水泥品种宜采用硅酸盐水泥、普通硅酸盐水泥，采用其他品种水泥时应经试验确定 2）在受侵蚀性介质作用时，应按介质的性质选用相应的水泥品种 3）不得使用过期或受潮结块的水泥，并不得将不同品种或强度等级的水泥混合使用 （2）防水混凝土选用矿物掺合料时，应符合下列规定： 1）粉煤灰的品质应符合现行国家标准《用于水泥和混凝土中的粉煤灰》GB 1596 的有关规定，粉煤灰的级别不应低于 Ⅱ 级，烧失量不应大于 5％，用量宜为胶凝材料总量的 20％～30％，当水胶比小于 0.45 时，粉煤灰用量可适当提高 2）硅粉的品质应符合表 10-8 的要求，用量宜为胶凝材料总量的 2％～5％ 3）粒化高炉矿渣粉的品质要求应符合现行国家标准《用于水泥和混凝土中的粒化高炉矿渣粉》GB/T18046 的有关规定 4）使用复合掺合料时，其品种和用量应通过试验确定 （3）用于防水混凝土的砂、石，应符合下列规定： 1）宜选用坚固耐久、粒形良好的洁净石子；最大粒径不宜大于 40mm，泵送时其最大粒径不应大于输送管径的 1/4；吸水率不应大于 1.5％；不得使用碱活性骨料；石子的质量要求应符合国家现行标准《普通混凝土用碎石或卵石质量标准及检验方法》JGJ53 的有关规定 2）砂宜选用坚硬、抗风化性强、洁净的中粗砂，不宜使用海砂；砂的质量要求应符合国家现行标准《普通混凝土用砂质量标准及检验方法》JGJ 52 的有关规定 （4）用于拌制混凝土的水，应符合国家现行标准《混凝土用水标准》JGJ 63 的有关规定。 （5）防水混凝土可根据工程需要掺入减水剂、膨胀剂、防水剂、密实剂、引气剂、复合型外加剂及水泥基渗透结晶型材料，其品种和用量应经试验确定，所用外加剂的技术性能应符合国家现行有关标准的质量要求 （6）防水混凝土可根据工程抗裂需要掺入合成纤维或钢纤维，纤维的品种及掺量应通过试验确定 （7）防水混凝土中各类材料的总碱量（Na_2O 当量）不得大于 $3kg/m^3$；氯离子含量不应超过胶凝材料总量的 0.1％
4	施工做法	（1）防水混凝土施工前应做好降排水工作，不得在有积水的环境中浇筑混凝土 （2）防水混凝土的配合比，应符合下列规定： 1）胶凝材料用量应根据混凝土的抗渗等级和强度等级等选用，其总用量不宜小于 $320kg/m^3$；当强度要求较高或地下水有腐蚀性时，胶凝材料用量可通过试验调整 2）在满足混凝土抗渗等级、强度等级和耐久性条件下，水泥用量不宜小于 $260k8/m^3$ 3）砂率宜为 35％～40％，泵送时可增至 45％ 4）灰砂比宜为 1：1.5～1：2.5 5）水胶比不得大于 0.50，有侵蚀性介质时水胶比不宜大于 0.45 6）防水混凝土采用预拌混凝土时，入泵坍落度宜控制在 120～160mm，坍落度每小时损失值不应大于 20mm，坍落度总损失值不应大于 40mm 7）掺加引气剂或引气型减水剂时，混凝土含气量应控制在 3％～5％ 8）预拌混凝土的初凝时间宜为 6～8h （3）防水混凝土配料应按配合比准确称量，其计量允许偏差应符合表 10-9 的规定 （4）使用减水剂时，减水剂宜配制成一定浓度的溶液 （5）防水混凝土应分层连续浇筑，分层厚度不得大于 500mm （6）用于防水混凝土的模板应拼缝严密、支撑牢固 （7）防水混凝土拌合物应采用机械搅拌，搅拌时间不宜小于 2min。掺外加剂时，搅拌时间应根据外加剂的技术要求确定

序号	项目	内　　容
4	施工做法	（8）防水混凝土拌合物在运输后如出现离析，必须进行二次搅拌。当坍落度损失后不能满足施工要求时，应加入原水胶比的水泥浆或掺加同品种的减水剂进行搅拌，严禁直接加水 （9）防水混凝土应采用机械振捣，避免漏振、欠振和超振 （10）防水混凝土应连续浇筑，宜少留施工缝。当留设施工缝时，应符合下列规定： 　1）墙体水平施工缝不应留在剪力最大处或底板与侧墙的交接处，应留在高出底板表面不小于300mm的墙体上。拱（板）墙结合的水平施工缝，宜留在拱（板）墙接缝线以下150～300mm处。墙体有顶留孔洞时，施工缝距孔洞边缘不应小于300mm 　2）垂直施工缝应避开地下水和裂隙水较多的地段，并宜与变形缝相结合 （11）施工缝防水构造形式宜按图10-1、图10-2、图10-3、图10-4选用，当采用两种以上构造措施时可进行有效组合 （12）施工缝的施工应符合下列规定： 　1）水平施工缝浇筑混凝土前，应将其表面浮浆和杂物清除，然后铺设净浆或涂刷混凝土界面处理剂、水泥基渗透结晶型防水涂料等材料，再铺30～50mm厚的1：1水泥砂浆，并应及时浇筑混凝土 　2）垂直施工缝浇筑混凝土前，应将其表面清理干净，再涂刷混凝土界面处理剂或水泥基渗透结晶型防水涂料，并应及时浇筑混凝土 　3）遇水膨胀止水条（胶）应与接缝表面密贴 　4）选用的遇水膨胀止水条（胶）应具有缓胀性能，7d的净膨胀率不宜大于最终膨胀率的60％，最终膨胀率宜大于220％ 　5）采用中埋式止水带或预埋式注浆管时，应定位准确、固定牢靠 （13）大体积防水混凝土的施工，应符合下列规定： 　1）在设计许可的情况下，掺粉煤灰混凝土设计强度等级的龄期宜为60d或90d 　2）宜选用水化热低和凝结时间长的水泥 　3）宜掺入减水剂、缓凝剂等外加剂和粉煤灰、磨细矿渣粉等掺合料 　4）炎热季节施工时，应采取降低原材料温度、减少混凝土运输时吸收外界热量等降温措施，入模温度不应大于30℃ 　5）混凝土内部预埋管道，宜进行水冷散热 　6）应采取保温保湿养护。混凝土中心温度与表面温度的差值不应大于25℃，表面温度与大气温度的差值不应大于20℃，温降梯度不得大于3℃/d，养护时间不应少于14d。 （14）防水混凝土结构内部设置的各种钢筋或绑扎铁丝，不得接触模板。用于固定模板的螺栓必须穿过混凝土结构时，可采用工具式螺栓或螺栓加堵头，螺栓上应加焊方形止水环。拆模后应将留下的凹槽用密封材料封堵密实，并应用聚合物水泥砂浆抹平（图10-5） （15）防水混凝土终凝后应立即进行养护，养护时间不得少于14d （16）防水混凝土的冬期施工，应符合下列规定： 　1）混凝土入模温度不应低于5℃ 　2）混凝土养护应采用综合蓄热法、蓄热法、暖棚法、掺化学外加剂等方法，不得采用电热法或蒸气直接加热法 　3）应采取保湿保温措施

硅粉品质要求　　　　　　　　　　　　　　　　　　　　　表 10-8

序号	项　　目	指　　标
1	比表面积（m²/kg）	≥15000
2	二氧化硅含量（％）	≥85

防水混凝土配料量允许偏差　　　　　　　　　表 10-9

序号	混凝土组成材料	每盘计算（%）	累计计量（%）
1	水泥、掺合料	±2	±1
2	粗、细骨料	±3	±2
3	水、外加剂	±2	±1

注：累计计量仅适用于微机控制计量的搅拌站。

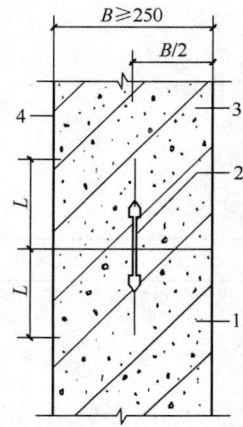

图 10-1　施工缝防水构造（1）

钢板止水带 $L \geqslant 150$；橡胶止水

带 $L \geqslant 200$；钢边橡胶止水带 $L \geqslant 120$；

1—先浇混凝土；2—中埋止水带；

3—后浇混凝土；4—结构迎水面

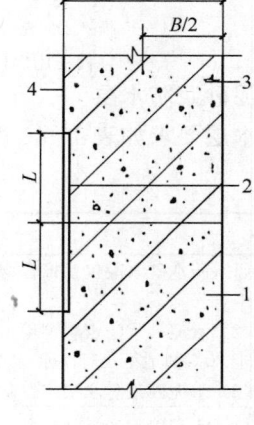

图 10-2　施工缝防水构造（2）

外贴止水带 $L \geqslant 150$；外涂防水涂料 $L = 200$；

外抹防水砂浆 $L = 200$；

1—先浇混凝土；2—外贴止水带；

3—后浇混凝土；4—结构迎水面

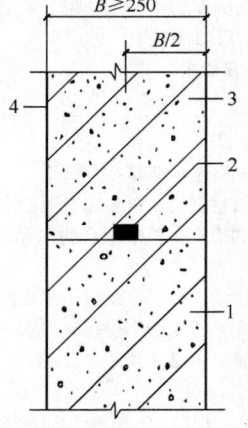

图 10-3　施工缝防水构造（3）

1—先浇混凝土；2—遇水膨胀止水条（胶）；

3—后浇混凝土；4—结构迎水面

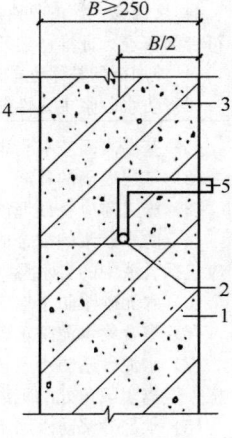

图 10-4　施工缝防水构造（4）

1—先浇混凝土；2—预埋注浆管；3—后浇混

凝土；4—结构迎水面；5—注浆导管

527

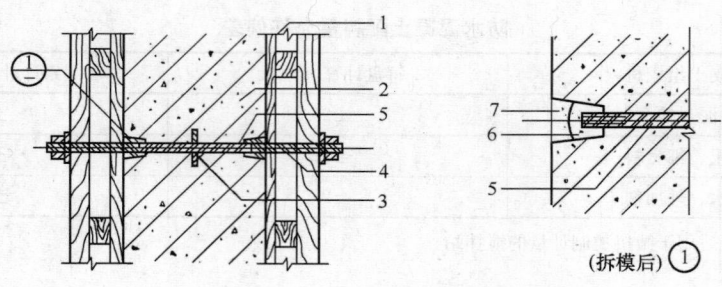

图 10-5　固定模板用螺栓的防水构造

1—模板；2—结构混凝土；3—止水环；4—工具式螺栓；

5—固定模板用螺栓；6—密封材料；7—聚合物水泥砂浆

10.2.2　水泥砂浆防水层

水泥砂浆防水层要求如表 10-10 所示。

水泥砂浆防水层　　　　　　　　　　　　　　表 10-10

序号	项　目	内　　　容
1	一般规定	（1）防水砂浆应包括聚合物水泥防水砂浆、掺外加剂或掺合料的防水砂浆，宜采用多层抹压法施工 （2）水泥砂浆防水层可用于地下工程主体结构的迎水面或背水面，不应用于受持续振动或温度高于 80℃ 的地下工程防水 （3）水泥砂浆防水层应在基础垫层、初期支护、围护结构及内衬结构验收合格后施工
2	设计要求	（1）水泥砂浆的品种和配合比设计应根据防水工程要求确定 （2）聚合物水泥防水砂浆厚度单层施工宜为 6～8mm，双层施工宜为 10～12mm；掺外加剂或掺合料的水泥防水砂浆厚度宜为 18～20mm （3）水泥砂浆防水层的基层混凝土强度或砌体用的砂浆强度均不应低于设计值的 80%
3	材料标准	（1）用于水泥砂浆防水层的材料，应符合下列规定： 1）应使用硅酸盐水泥、普通硅酸盐水泥或特种水泥，不得使用过期或受潮结块的水泥 2）沙宜采用中沙，含泥量不应大于±1%，硫化物和硫酸盐含量不应大于 1% 3）拌制水泥砂浆用水，应符合国家现行标准《混凝土用水标准》JGJ63 的有关规定 4）聚合物乳液的外观：应为均匀液体，无杂质、无沉淀、不分层。聚合物乳液的质量要求应符合国家现行标准《建筑防水涂料用聚合物乳液》JC/T1017 的有关规定 5）外加剂的技术性能应符合现行国家有关标准的质量要求 （2）防水砂浆主要性能应符合表 10-11 的要求
4	施工做法	（1）基层表面应平整、坚实、清洁，并应充分湿润、无明水 （2）基层表面的孔洞、缝隙，应采用与防水层相同的防水砂浆堵塞并抹平 （3）施工前应将预埋件、穿墙管预留凹槽内嵌填密封材料后，再施工水泥砂浆防水层 （4）防水砂浆的配合比和施工方法应符合所掺材料的规定，其中聚合物水泥防水砂浆的用水量应包括乳液中的含水量 （5）水泥砂浆防水层应分层铺抹或喷射，铺抹时应压实、抹平，最后一层表面应提浆压光 （6）聚合物水泥防水砂浆拌合后应在规定时间内用完，施工中不得任意加水 （7）水泥砂浆防水层各层应紧密粘合，每层宜连续施工；必须留设施工缝时，应采用阶梯坡形槎，但离阴阳角处的距离不得小于 200mm （8）水泥砂浆防水层不得在雨天、五级及以上大风中施工。冬期施工时，气温不应低于 5℃。夏季不宜在 30℃ 以上或烈日照射下施工 （9）水泥砂浆防水层终凝后，应及时进行养护，养护温度不宜低于 5℃，并应保持砂浆表面湿润，养护时间不得少于 14d 　聚合物水泥防水砂浆未达到硬化状态时，不得浇水养护或直接受雨水冲刷，硬化后应采用干湿交替的养护方法。潮湿环境中，可在自然条件下养护

防水砂浆主要性能要求 表 10-11

序号	防水砂浆种类	粘结强度 (N/mm²)	抗渗性 (N/mm²)	抗折强度 (N/mm²)	干缩率 (%)	吸水率 (%)	冻融循环 (次)	耐碱性	耐水性 (%)
1	掺外加剂、掺外料的防水砂浆	＞0.6	＞0.8	同普通砂浆	同普通砂浆	≤3	＞50	10%NaOH溶液浸泡14d无变化	—
2	聚合物水泥防水砂浆	＞1.2	≥1.5	≥8.0	≤0.15	≤4	＞50	—	≥80

注：耐水性指标是指砂浆浸水 168h 后材料的粘结强度及抗渗性的保持率。

10.2.3 卷材防水层

卷材防水层要求如表 10-12 所示。

卷材防水层 表 10-12

序号	项目	内容
1	一般规定	(1) 卷材防水层宜用于经常处在地下水环境，且受侵蚀性介质作用或受振动作用的地下工程 (2) 卷材防水层应铺设在混凝土结构的迎水面 (3) 卷材防水层用于建筑物地下室时，应铺设在结构底板垫层至墙体防水设防高度的结构基面上；用于单建式的地下工程时，应从结构底板垫层铺设至顶板基面，并应在外围形成封闭的防水层
2	设计要求	(1) 防水卷材的品种规格和层数，应根据地下工程防水等级、地下水位高低及水压力作用状况、结构构造形式和施工工艺等因素确定 (2) 卷材防水层的卷材品种可按表 10-13 选用，并应符合下列规定： 1) 卷材外观质量、品种规格应符合国家现行有关标准的规定 2) 卷材及其胶粘剂应具有良好的耐水性、耐久性、耐刺穿性、耐腐蚀性和耐菌性 (3) 卷材防水层的厚度应符合表 10-14 的规定 (4) 阴阳角处应做成圆弧或 45°坡角，其尺寸应根据卷材品种确定。在阴阳角等特殊部位，应增做卷材加强层，加强层宽度宜为 300～500mm
3	材料标准	(1) 高聚物改性沥青类防水卷材的主要物理性能，应符合表 10-15 的要求 (2) 合成高分子类防水卷材的主要物理性能，应符合表 10-16 的要求 (3) 粘贴各类防水卷材应采用与卷材材性相容的胶粘材料，其粘结质量应符合表 10-17 的要求 (4) 聚乙烯丙纶复合防水卷材应采用聚合物水泥防水粘结材料，其物理性能应符合表 10-18 的要求
4	施工做法	(1) 卷材防水层的基面应坚实、平整、清洁，阴阳角处应做圆弧或折角，并应符合所用卷材的施工要求 (2) 铺贴卷材严禁在雨天、雪天、五级及以上大风中施工；冷粘法、自粘法施工的环境气温不宜低于 5℃，热熔法、焊接法施工的环境气温不宜低于－10℃。施工过程中下雨或下雪时，应做好已铺卷材的防护工作 (3) 不同品种防水卷材的搭接宽度，应符合表 10-19 的要求 (4) 防水卷材施工前，基面应干净、干燥，并应涂刷基层处理剂；当基面潮湿时，应涂刷湿固化型胶粘剂或潮湿界面隔离剂。基层处理剂的配制与施工应符合下列要求： 1) 基层处理剂应与卷材及其粘结材料的材性相容 2) 基层处理剂喷涂或刷涂应均匀一致，不应露底，表面干燥后方可铺贴卷材

序号	项目	内 容
4	施工做法	(5) 铺贴各类防水卷材应符合下列规定： 1) 应铺设卷材加强层 2) 结构底板垫层混凝土部位的卷材可采用空铺或点粘法施工，其粘结位置、点粘面积应按设计要求确定；侧墙采用外防外贴法的卷材及顶板部位的卷材应采用满粘法施工 3) 卷材与基面、卷材与卷材间的粘结应紧密、牢固；铺贴完成的卷材应平整顺直，搭接尺寸应准确，不得产生扭曲和皱折 4) 卷材搭接处和接头部位应粘贴牢固，接缝口应封严或采用材性相容的密封材料封缝 5) 铺贴立面卷材防水层时，应采取防止卷材下滑的措施 6) 铺贴双层卷材时，上下两层和相邻两幅卷材的接缝应错开 1/3～1/2 幅宽，且两层卷材不得相互垂直铺贴 (6) 弹性体改性沥青防水卷材和改性沥青聚乙烯胎防水卷材采用热熔法施工应加热均匀，不得加热不足或烧穿卷材，搭接缝部位应溢出热熔的改性沥青 (7) 铺贴自粘聚合物改性沥青防水卷材应符合下列规定： 1) 基层表面应平整、干净、干燥、无尖锐突起物或孔隙 2) 排除卷材下面的空气，应辊压粘贴牢固，卷材表面不得有扭曲、皱折和起泡现象 3) 立面卷材铺贴完成后，应将卷材端头固定或嵌入墙体顶部的凹槽内，并应用密封材料封严 4) 低温施工时，宜对卷材和基面适当加热，然后铺贴卷材 (8) 铺贴三元乙丙橡胶防水卷材应采用冷粘法施工，并应符合下列规定： 1) 基底胶粘剂应涂刷均匀，不应露底、堆积 2) 胶粘剂涂刷与卷材铺贴的间隔时间应根据胶粘剂的性能控制 3) 铺贴卷材时，应辊压粘贴牢固 4) 搭接部位的粘合面应清理干净，并应采用接缝专用胶粘剂或胶粘带粘结 (9) 铺贴聚氯乙烯防水卷材，接缝采用焊接法施工时，应符合下列规定： 1) 卷材的搭接缝可采用单焊缝或双焊缝。单焊缝搭接宽度应为 60mm，有效焊接宽度不应小于 30mm；双焊缝搭接宽度应为 80mm，中间应留设 10～20mm 的空腔，有效焊接宽度不宜小于 10mm 2) 焊接缝的结合面应清理干净，焊接应严密 3) 应先焊长边搭接缝，后焊短边搭接缝 (10) 铺贴聚乙烯丙纶复合防水卷材应符合下列规定： 1) 应采用配套的聚合物水泥防水粘结材料 2) 卷材与基层粘贴应采用满粘法，粘结面积不应小于 90%，刮涂粘结料应均匀，不应露底、堆积 3) 固化后的粘结料厚度不应小于 1.3mm 4) 施工完的防水层应及时做保护层 (11) 高分子自粘胶膜防水卷材宜采用预铺反粘法施工，并应符合下列规定： 1) 卷材宜单层铺设 2) 在潮湿基面铺设时，基面应平整坚固、无明显积水 3) 卷材长边应采用自粘边搭接，短边应采用胶粘带搭接，卷材端部搭接区应相互错开 4) 立面施工时，在自粘边位置距离卷材边缘 10～20mm 内，应每隔 400～600mm 进行机械固定，并应保证固定位置被卷材完全覆盖 5) 浇筑结构混凝土时不得损伤防水层 (12) 采用外防外贴法铺贴卷材防水层时，应符合下列规定： 1) 应先铺平面，后铺立面，交接处应交叉搭接

序号	项　目	内　容
4	施工做法	2）临时性保护墙宜采用石灰砂浆砌筑，内表面宜做找平层 3）从底面折向立面的卷材与永久性保护墙的接触部位，应采用空铺法施工；卷材与临时性保护墙或围护结构模板的接触部位，应将卷材临时贴附在该墙上或模板上，并应将顶端临时固定 4）当不设保护墙时，从底面折向立面的卷材接槎部位应采取可靠的保护措施 5）混凝土结构完成，铺贴立面卷材时，应先将接槎部位的各层卷材揭开，并应将其表面清理干净，如卷材有局部损伤，应及时进行修补；卷材接槎的搭接长度，高聚物改性沥青类卷材应为150mm，合成高分子类卷材应为100mm；当使用两层卷材时，卷材应错槎接缝，上层卷材应盖过下层卷材 卷材防水层甩槎、接槎构造如图 10-6 所示 (13)采用外防内贴法铺贴卷材防水层时，应符合下列规定： 1）混凝土结构的保护墙内表面应抹厚度为 20mm 的 1：3 水泥砂浆找平层，然后铺贴卷材 2）卷材宜先铺立面，后铺平面；铺贴立面时，应先铺转角，后铺大面 (14)卷材防水层经检查合格后，应及时做保护层，保护层应符合下列规定： 1）顶板卷材防水层上的细石混凝土保护层，应符合下列规定： ①采用机械碾压回填土时，保护层厚度不宜小于 70mm ②采用人工回填土时，保护层厚度不宜小于 50mm ③防水层与保护层之间宜设置隔离层 2）底板卷材防水层上的细石混凝土保护层厚度不应小于 50mm 3）侧墙卷材防水层宜采用软质保护材料或铺抹 20mm 厚 1：2.5 水泥砂浆层

卷材防水层的卷材品种　　　　　　　　　　　　　　　　　　　表 10-13

序号	类　别	品　种　名　称
1	高聚物改性沥青类防水卷材	弹性体改性沥青防水卷材
2		改性沥青聚乙烯胎防水卷材
3		自粘聚合物改性沥青防水卷材
4	合成高分子类防水卷材	三元乙丙橡胶防水卷材
5		聚氯乙烯防水卷材
6		聚乙烯丙纶复合防水卷材
7		高分子自粘胶膜防水卷材

不同品种卷材的厚度　　　　　　　　　　　　　　　　　　　　表 10-14

序号	卷材品种	高聚物改性沥青类防水卷材			合成高分子类防水卷材			
		弹性体改性沥青防水卷材、改性沥青聚乙烯胎防水卷材	自粘聚合物改性沥青防水卷材		三元乙丙橡胶防水卷材	聚氯乙烯防水卷材	聚乙烯丙纶复合防水卷材	高分子自粘胶膜防水卷材
			聚酯毡胎体	无胎体				
1	单层厚度 (mm)	≥4	≥3	≥1.5	≥1.5	≥1.5	卷材：≥0.9 粘结料：≥1.3 芯材厚度≥0.6	≥1.2
2	双层总厚度 (mm)	≥（4+3）	≥（3+3）	≥（1.5+1.5）	≥（1.2+1.2）	≥（1.2+1.2）	卷材：≥（0.7+0.7） 粘结料：≥（1.3+1.3） 芯材厚度≥0.5	—

注：1. 带有聚酯毡胎体的自粘聚合物改性沥青防水卷材应执行国家现行标准《自粘聚合物改性沥青聚酯胎防水卷材》JC 898；

　　2. 无胎体的自粘聚合物改性沥青防水卷材应执行国家现行标准《自粘橡胶沥青防水卷材》JC 840。

高聚物改性沥青类防水卷材的主要物理性能 表 10-15

序号	项 目		性 能 要 求				
			弹性体改性沥青防水卷材			自粘聚合物改性沥青防水卷材	
			聚酯毡胎体	玻纤毡胎体	聚乙烯膜胎体	聚酯毡胎体	无胎体
1	可溶物含量 (g/m²)		3mm 厚≥2100 4mm 厚≥2900			3mm 厚≥2100	—
2	拉伸性能	拉力 (N/50mm)	≥800 (纵横向)	≥500 (纵横向)	≥140 (纵向) ≥120 (横向)	≥450 (纵横向)	≥180 (纵横向)
3		延伸率 (%)	最大拉力时 ≥40 (纵横向)	—	断裂时≥250 (纵横向)	最大拉力时 ≥30 (纵横向)	断裂时≥200 (纵横向)
4	低温柔度 (℃)		−25, 无裂纹				
5	热老化后低温柔度 (℃)		−20, 无裂缝		−22, 无裂纹		
6	不透水性		压力 0.3N/mm², 保持时间 30min, 不透水				

合成高分子防水卷材的主要物理性能 表 10-16

序号	项 目	性 能 要 求			
		三元乙丙橡胶防水卷材	聚氯乙烯防水卷材	聚乙烯丙纶复合防水卷材	高分子自粘胶膜防水卷材
1	拉伸强度	≥7.5N/mm²	≥12N/mm²	≥60N/10mm	≥100N/10mm
2	断裂伸长率	≥450%	≥250%	≥300%	≥400%
3	低温弯折性	−40℃, 无裂纹	−20℃, 无裂纹	−20℃, 无裂纹	−20℃, 无裂纹
4	不透水性	压力 0.3N/mm², 保持时间 120min, 不透水			
5	撕裂强度	≥25kN/m	≥40kN/m	≥20N/10mm	≥120N/10mm
6	复合强度 (表层与芯层)	—	—	1.2N/mm	—

防水卷材粘结质量要求 表 10-17

序号	项 目		自粘聚合物改性沥青防水卷材粘合面		三元二丙橡胶和聚氯乙烯防水卷材胶粘剂	合成橡胶胶粘带	高分子自粘胶膜防水卷材粘合面
			聚酯毡胎体	无胎体			
1	剪切状态下的粘合性 (卷材-卷材)	标准试验条件 (N/10mm) ≥	40 或卷材断裂	20 或卷材断裂	20 或卷材断裂	20 或卷材断裂	40 或卷材断裂
2	粘结剥离强度 (卷材-卷材)	标准试验条件 (N/10mm) ≥	15 或卷材断裂		15 或卷材断裂	4 或卷材断裂	—
3		浸水 168h 后保持率 (%) ≥	70		70	80	
4	与混凝土粘结强度 (卷材-混凝土)	标准试验条件 (N/10mm) ≥	15 或卷材断裂		15 或卷材断裂	6 或卷材断裂	20 或卷材断裂

聚合物水泥防水粘结材料物理性能　　　　　　　　　　　　　表 10-18

序号	项　　目		性能要求
1	与水泥基面的粘结拉伸强度（N/mm²）	常温 7d	≥0.6
2		耐水性	≥0.4
3		耐冻性	≥0.4
4	可操作时间（h）		≥2
5	抗渗性（N/mm²，7d）		≥1.0
6	剪切状态下的粘合性（N/mm，常温）	卷材与卷材	≥2.0 或卷材断裂
7		卷材与基面	≥1.8 或卷材断裂

防水卷材搭接宽度　　　　　　　　　　　　　表 10-19

序号	卷材品种	搭接宽度（mm）
1	弹性体改性沥青防水卷材	100
2	改性沥青聚乙烯胎防水卷材	100
3	自粘聚合物改性沥青防水卷材	80
4	三元乙丙橡胶防水卷材	100/60（胶粘剂/胶粘带）
5	聚氯乙烯防水卷材	60/80（单焊缝/双焊缝）
6		100（胶粘剂）
7	聚乙烯丙纶复合防水卷材	100（粘结料）
8	高分子自粘胶膜防水卷材	70/80（自粘胶/胶粘带）

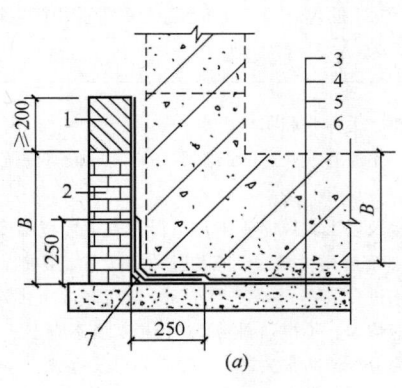 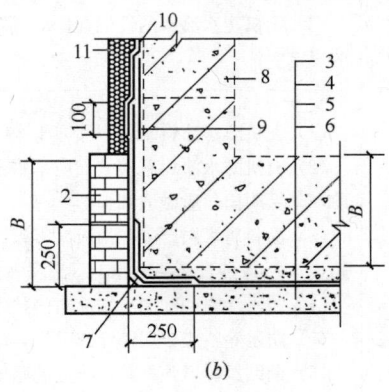

图 10-6　卷材防水层甩槎、接槎构造

（a）甩槎；（b）接槎

1—临时保护墙；2—永久保护墙；3—细石混凝土保护层；4—卷材防水层；5—水泥砂浆找平层；
6—混凝土垫层；7—卷材加强层；8—结构墙体；9—卷材加强层；10—卷材防水层；11—卷材保护层

10.2.4　涂料防水层

涂料防水层要求如表 10-20 所示。

表 10-20

涂料防水层

序号	项 目	内 容
1	一般规定	（1）涂料防水层应包括无机防水涂料和有机防水涂料。无机防水涂料可选用掺外加剂、掺合料的水泥基防水涂料、水泥基渗透结晶型防水涂料。有机防水涂料可选用反应型、水乳型、聚合物水泥等涂料 （2）无机防水涂料宜用于结构主体酌背水面，有机防水涂料宜用于地下工程主体结构的迎水面，用于背水面的有机防水涂料应具有较高的抗渗性，且与基层有较好的粘结性
2	设计要求	（1）防水涂料品种的选择应符合下列规定： 1）潮湿基层宜选用与潮湿基面粘结力大的无机防水涂料或有机防水涂料，也可采用先涂无机防水涂料而后再涂有机防水涂料构成复合防水涂层 2）冬期施工宜选用反应型涂料 3）埋置深度较深的重要工程、有振动或有较大变形的工程，宜选用高弹性防水涂料 4）有腐蚀性的地下环境宜选用耐腐蚀性较好的有机防水涂料，并应做刚性保护层 5）聚合物水泥防水涂料应选用Ⅱ型产品 （2）采用有机防水涂料时，基层阴阳角应做成圆弧形，阴角直径宜大于 50mm，阳角直径宜大于 10mm，在底板转角部位应增加胎体增强材料，并应增涂防水涂料 （3）防水涂料宜采用外防外涂或外防内涂（图 10-7、图 10-8） （4）掺外加剂、掺合料的水泥基防水涂料厚度不得小于 3.0mm；水泥基渗透结晶型防水涂料的用量不应小于 1.5kg/m²，且厚度不应小于 1.0mm；有机防水涂料的厚度不得小于 1.2mm
3	材料标准	（1）涂料防水层所选用的涂料应符合下列规定： 1）应具有良好的耐水性、耐久性、耐腐蚀性及耐菌性 2）应无毒、难燃、低污染 3）无机防水涂料应具有良好的湿干粘结性和耐磨性，有机防水涂料应具有较好的延伸性及较大适应基层变形能力 （2）无机防水涂料的性能指标应符合表 10-21 的规定，有机防水涂料的性能指标应符合表 10-22 的规定
4	施工做法	（1）无机防水涂料基层表面应干净、平整、无浮浆和明显积水 （2）有机防水涂料基层表面应基本干燥，不应有气孔、凹凸不平、蜂窝麻面等缺陷。涂料施工前，基层阴阳角应做成圆弧形 （3）涂料防水层严禁在雨天、雾天、五级及以上大风时施工，不得在施工环境温度低于 5℃ 及高于 35℃ 或烈日暴晒时施工。涂膜固化前如有降雨可能时，应及时做好已完涂层的保护工作 （4）防水涂料的配制应按涂料的技术要求进行 （5）防水涂料应分层刷涂或喷涂，涂层应均匀，不得漏刷漏涂；接槎宽度不应小于 100mm （6）铺贴胎体增强材料时，应使胎体层充分浸透防水涂料，不得有露槎及褶皱 （7）有机防水涂料施工完后应及时做保护层，保护层应符合下列规定： 1）底板、顶板应采用 20mm 厚 1:2.5 水泥砂浆层和 40～50mm 厚的细石混凝土保护层，防水层与保护层之间宜设置隔离层 2）侧墙背水面保护层应采用 20mm 厚 1:2.5 水泥砂浆 3）侧墙迎水面保护层宜选用软质保护材料或 20mm 厚 1:2.5 水泥砂浆

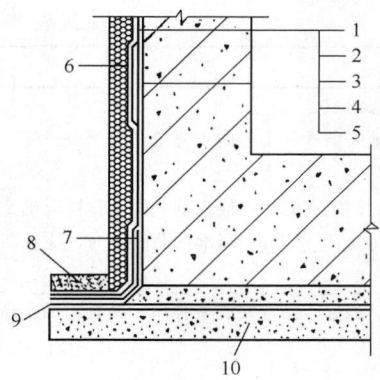

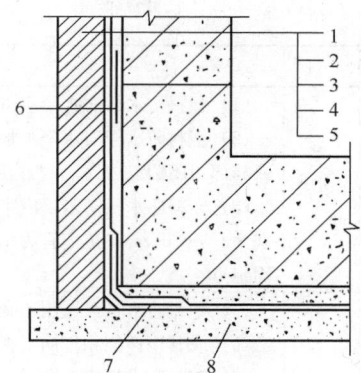

图 10-7　防水涂料外防外涂构造

1—保护墙；2—砂浆保护层；3—涂料防水层；4—砂
浆找平层；5—结构墙体；6—涂料防水层加强层；7—
涂料防水加强层；8—涂料防水层搭接部位保护层；
9—涂料防水层搭接部位；10—混凝土垫层

图 10-8　防水涂料外防内涂构造

1—保护墙；2—涂料保护层；3—涂料防水层；
4—找平层；5—结构墙体；6—涂料防水层加强层；
7—涂料防水加强层；8—混凝土垫层

无机防水涂料的性能指标　　　　　　　　　　　　　表 10-21

序号	涂料种类	抗折强度（N/mm²）	粘结强度（N/mm²）	一次抗渗性（N/mm²）	二次抗渗性（N/mm²）	冻融循环（次）
1	掺外加剂、掺合料水泥基防水涂料	＞4	≥1.0	＞0.8	—	＞50
2	水泥基渗透结晶型防水涂料	≥4	≥1.0	＞0.8	＞0.8	＞50

有机防水涂料的性能指标　　　　　　　　　　　　　表 10-22

序号	涂料种类	可操作时间（min）	潮湿基面粘结强度（N/mm²）	抗渗性（N/mm²）			浸水168h后拉伸强度（N/mm²）	浸水168h后断裂伸长率（%）	耐水性（%）	表干（h）	实干（h）
				涂膜（120min）	砂浆迎水面	砂浆背水面					
1	反应型	≥20	≥0.5	≥0.3	≥0.8	≥0.3	≥1.7	≥400	≥80	≤12	≤24
2	水乳型	≥50	≥0.2	≥0.3	≥0.8	≥0.3	≥0.5	≥350	≥80	≤4	≤12
3	聚合物水泥	≥30	≥1.0	≥0.3	≥0.8	≥0.6	≥1.5	≥80	≥80	≤4	≤12

注：1. 浸水 168h 后的拉伸强度和断裂伸长率是在浸水取出后只经擦干即进行试验所得的值。
　　2. 耐水性指标是指材料浸水 168h 后取出擦干即进行试验，其粘结强度及抗渗性的保持率。

10.2.5　塑料防水板防水层

塑料防水板防水层要求如表 10-23 所示。

塑料防水板防水层　　　　　　　　　　　　　表 10-23

序号	项　目	内　　　容
1	一般规定	（1）塑料防水板防水层宜用于经常受水压、侵蚀性介质或受振动作用的地下工程防水 （2）塑料防水板防水层宜铺设在复合式衬砌的初期支护和二次衬砌之间 （3）塑料防水板防水层宜在初期支护结构趋于基本稳定后铺设

序号	项　目	内　　容
2	设计要求	（1）塑料防水板防水层应由塑料防水板与缓冲层组成 （2）塑料防水板防水层可根据工程地质、水文地质条件和工程防水要求，采用全封闭、半封闭或局部封闭铺设 （3）塑料防水板防水层应牢固地固定在基面上，固定点的间距应根据基面平整情况确定，拱部宜为 0.5～0.8m、边墙宜为 1.0～1.5m、底部宜为 1.5～2.0m。局部凹凸较大时，应在凹处加密固定点
3	材料标准	（1）塑料防水板可选用乙烯—醋酸乙烯共聚物、乙烯—沥青共混聚合物、聚氯乙烯、高密度聚乙烯类或其他性能相近的材料 （2）塑料防水板应符合下列规定： 1）幅宽宜为 2～4m 2）厚度不得小于 l.2mm 3）应具有良好的耐刺穿性、耐久性、耐水性、耐腐蚀性、耐菌性 4）塑料防水板主要性能指标应符合表 10-24 的规定 （3）缓冲层宜采用无纺布或聚乙烯泡沫塑料，缓冲层材料的性能指标应符合表 10-25 的规定 （4）暗钉圈应采用与塑料防水板相容的材料制作，直径不应小于 80mm
4	施工做法	（1）塑料防水板防水层的基面应平整、无尖锐突出物；基面平整度 D/L 不应大于 1/6 注：D 为初期支护基面相邻两凸面间凹进去的深度，L 为初期支护基面相邻两凸面间的距离 （2）铺设塑料防水板前应先铺缓冲层，缓冲层应采用暗钉圈固定在基面上（图 10-9）。钉距应符合本表序号 2 之（3）条的规定 （3）塑料防水板的铺设应符合下列规定： 1）铺设塑料防水板时，宜由拱顶向两侧展铺，并应边铺边用压焊机将塑料板与暗钉圈焊接牢靠，不得有漏焊、假焊和焊穿现象。两幅塑料防水板的搭接宽度不应小于 l00mm。搭接缝应为热熔双焊缝，每条焊缝的有效宽度不应小于 l0mm 2）环向铺设时，应先拱后墙，下部防水板应压住上部防水板 3）塑料防水板铺设时宜设置分区预埋注浆系统 4）分段设置塑料防水板防水层时，两端应采取封闭措施 （4）接缝焊接时，塑料板的搭接层数不得超过三层 （5）塑料防水板铺设时应少留或不留接头，当留设接头时，应对接头进行保护。再次焊接时应将接头处的塑料防水板擦拭干净 （6）铺设塑料防水板时，不应绷得太紧，宜根据基面的平整度留有充分的余地 （7）防水板的铺设应超前混凝土施工，超前距离宜为 5～20m，并应设临时挡板防止机械损伤和电火花灼伤防水板 （8）二次衬砌混凝土施工时应符合下列规定： 1）绑扎、焊接钢筋时应采取防刺穿、灼伤防水板的措施 2）混凝土出料口和振捣棒不得直接接触塑料防水板 （9）塑料防水板防水层铺设完毕后，应进行质量检查，并应在验收合格后进行下道工序的施工

塑料防水板主要性能指标　　　　　　　　　　　表 10-24

序号	项　　目	性　能　指　标			
		乙烯—醋酸乙烯共聚物	乙烯—沥青共混聚合物	聚氯乙烯	高密度聚乙烯
1	拉伸强度（N/mm^2）	≥16	≥14	≥10	≥16
2	断裂延伸率（%）	≥550	≥500	≥200	≥550

序号	项　目	性　能　指　标			
		乙烯－醋酸 乙烯共聚物	乙烯－沥青 共混聚合物	聚氯乙烯	高密度聚乙烯
3	不透水性，120min（N/mm²）	≥0.3	≥0.3	≥0.3	≥0.3
4	低温弯折性	－35℃无裂纹	－35℃无裂纹	－20℃无裂纹	－35℃无裂纹
5	热处理尺寸变化率（%）	≤2.0	≤2.5	≤2.0	≤2.0

缓冲层材料性能指标　　　　　　　　　　　　　　　　　　　表 10-25

序号	材料名称　　性能指标	抗拉强度 （N/50mm）	伸长率 （%）	质量 （g/m²）	顶破强度 （kN）	厚度 （mm）
1	聚乙烯泡沫塑料	＞0.4	≥100	—	≥5	≥5
2	无纺布	纵横向≥700	纵横向≥50	＞300	—	—

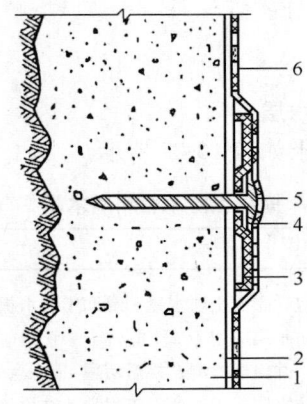

图 10-9　暗钉圈固定缓冲层

1—初期支护；2—缓冲层；3—热塑性暗钉圈；4—金属垫圈；5—射钉；6—塑料防水板

10.2.6　金属防水层

金属防水层要求如表 10-26 所示。

金属防水层　　　　　　　　　　　　　　　　　　　　　　　表 10-26

序号	项　目	内　　容
1	适用条件及有关要求	（1）金属防水层可用于长期浸水、水压较大的水工及过水隧道，所用的金属板和焊条的规格及材料性能，应符合设计要求 （2）金属板的拼接应采用焊接，拼接焊缝应严密。竖向金属板的垂直接缝，应相互错开 （3）金属板防水层应用临时支撑加固。金属板防水层底板上应预留浇捣孔，并应保证混凝土浇筑密实，待底板混凝土浇筑完后应补焊严密 （4）金属板防水层如先焊成箱体，再整体吊装就位时，应在其内部加设临时支撑 （5）金属板防水层应采取防锈措施
2	对主体结构要求	（1）主体结构内侧设置金属防水层时，金属板应与结构内的钢筋焊牢，也可在金属防水层上焊接一定数量的锚固件（图 10-10） （2）主体结构外侧设置金属防水层时，金属板应焊在混凝土结构的预埋件上。金属板经焊缝检查合格后，应将其与结构间的空隙用水泥砂浆灌实（图 10-11）

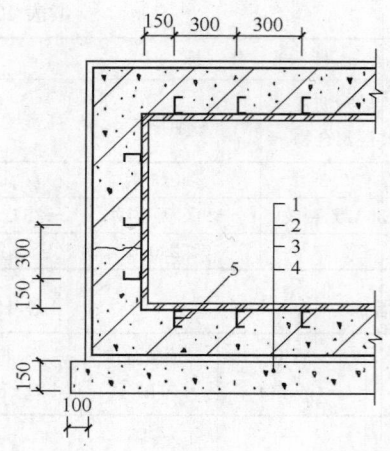 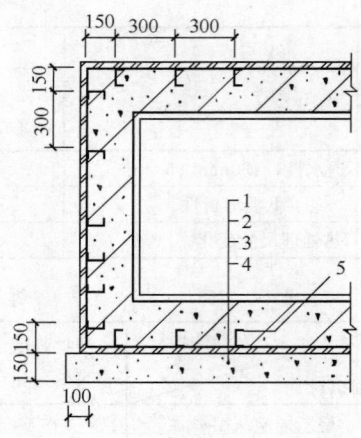

图 10-10　结构内侧设置金属板防水层　　　　　图 10-11　结构外侧设置金属板防水层
1—金属板；2—主体结构；3—防水砂浆；　　　　1—防水砂浆；2—主体结构；3—金属板；
4—垫层；5—锚固筋　　　　　　　　　　　　4—垫层；5—锚固筋

10.2.7　膨润土防水材料防水层

对膨润土防水材料防水层要求如表 10-27 所示。

膨润土防水材料防水层　　　　　　　　　　表 10-27

序号	项目	内　容
1	一般规定	（1）膨润土防水材料包括膨润土防水毯和膨润土防水板及其配套材料，采用机械固定法铺设 （2）膨润土防水材料防水层应用于 pH 值为 4～10 的地下环境，含盐量较高的地下环境应采用经过改性处理的膨润土，并应经检测合格后使用 （3）膨润土防水材料防水层应用于地下工程主体结构的迎水面，防水层两侧应具有一定的夹持力
2	设计要求	（1）铺设膨润土防水材料防水层的基层混凝土强度等级不得小于 C15，水泥砂浆强度等级不得低于 M7.5 （2）阴、阳角部位应做成直径不小于 30mm 的圆弧或 30×30mm 的坡角 （3）变形缝、后浇带等接缝部位应设置宽度不小于 500mm 的加强层，加强层应设置在防水层与结构外表面之间 （4）穿墙管件部位宜采用膨润土橡胶止水条、膨润土密封膏或膨润土粉进行加强处理
3	材料标准	（1）膨润土防水材料应符合下列规定： 1）膨润土防水材料中的膨润土颗粒应采用钠基膨润土，不应采用钙基膨润土 2）膨润土防水材料应具有良好的不透水性、耐久性、耐腐蚀性和耐菌性 3）膨润土防水毯非织布外表面宜附加一层高密度聚乙烯膜 4）膨润土防水毯的织布层和非织布层之间应连结紧密、牢固，膨润土颗粒应分布均匀 5）膨润土防水板的膨润土颗粒应分布均匀、粘贴牢固，基材应采用厚度为 0.6～1.0mm 的高密度聚乙烯片材 （2）膨润土防水材料的性能指标应符合表 10-28 的要求

序号	项　目	内　　　　　容
4	施工做法	（1）基层应坚实、清洁，不得有明水和积水。平整度应符合本书表 10-23 序号 4 之（1）条的规定 （2）膨润土防水材料应采用水泥钉和垫片固定。立面和斜面上的固定间距宜为 400～500mm，平面上应在搭接缝处固定 （3）膨润土防水毯的织布面应与结构外表面或底板垫层混凝土密贴；膨润土防水板的膨润土面应与结构外表面或底板垫层密贴 （4）膨润土防水材料应采用搭接法连接，搭接宽度应大于 100mm。搭接部位的固定位置距搭接边缘的距离宜为 25～30mm，搭接处应涂膨润土密封膏。平面搭接缝可干撒膨润土颗粒，用量宜为 0.3～0.5kg/m （5）立面和斜面铺设膨润土防水材料时，应上层压着下层，卷材与基层、卷材与卷材之间应密贴，并应平整无褶皱 （6）膨润土防水材料分段铺设时，应采取临时防护措施 （7）甩槎与下幅防水材料连接时，应将收口压板、临时保护膜等去掉，并应将搭接部位清理干净，涂抹膨润土密封膏，然后搭接固定 （8）膨润土防水材料的永久收口部位应用收口压条和水泥钉固定，并应用膨润土密封膏覆盖 （9）膨润土防水材料与其他防水材料过渡时，过渡搭接宽度应大于 400mm，搭接范围内应涂抹膨润土密封膏或铺撒膨润土粉 （10）破损部位应采用与防水层相同的材料进行修补，补丁边缘与破损部位边缘的距离不应小于 100mm；膨润土防水板表面膨润土颗粒损失严重时应涂抹膨润土密封膏

膨润土防水材料性能指标　　　　　　　　　　　　　表 10-28

序号	项　目		性　能　指　标		
			针刺法钠基膨润土防水毯	刺覆膜法钠基膨润土防水毯	胶粘法钠基膨润土防水毯
1	单位面积质量（g/m²、干重）		≥4000		
2	膨润土膨胀指数（ml/2g）		≥24		
3	拉伸强度（N/100mm）		≥600	≥700	≥600
4	最大负荷下伸长率（%）		≥10	≥10	≥8
5	剥离强度	非制造布-编织布（N/10cm）	≥40	≥40	—
6		PE 膜-非制造布（N/10cm）	—	≥30	—
7	渗透系数（cm/s）		$\leq 5\times10^{-11}$	$\leq 5\times10^{-12}$	$\leq 1\times10^{-13}$
8	滤失量（ml）		≤18		
9	膨润土耐久性（ml/2g）		≥20		

10.2.8　地下工程种植顶板防水

对地下工程种植顶板防水要求如表 10-29 所示。

地下工程种植顶板防水　　　　　　　　　　　　　　　　　表 10-29

序号	项　目	内　　容
1	一般规定	（1）地下工程种植顶板的防水等级应为一级 （2）种植土与周边自然土体不相连，且高于周边地坪时，应按种植屋面要求设计 （3）地下工程种植顶板结构应符合下列规定： 1）种植顶板应为现浇防水混凝土，结构找坡，坡度宜为 1%～2% 2）种植顶板厚度不应小于 250mm，最大裂缝宽度不应大于 0.2mm，并不得贯通 3）种植顶板的结构荷载设计应按国家现行标准《种植屋面工程技术规程》JGJ 155 的有关规定执行 （4）地下室顶板面积较大时，应设计蓄水装置；寒冷地区的设计，冬秋季时宜将种植土中的积水排出
2	设计要求	（1）种植顶板防水设计应包括主体结构防水、管线、花池、排水沟、通风井和亭、台、架、柱等构配件的防排水、泛水设计 （2）地下室顶板为车道或硬铺地面时，应根据工程所在地区现行建筑节能标准进行绝热（保温）层的设计 （3）少雨地区的地下工程顶板种植土宜与大于 1/2 周边的自然土体相连，若低于周边土体时，宜设置蓄排水层 （4）种植土中的积水宜通过盲沟排至周边土体或建筑排水系统 （5）地下工程种植顶板的防排水构造应符合下列要求： 1）耐根穿刺防水层应铺设在普通防水层上面 2）耐根穿刺防水层表面应设置保护层，保护层与防水层之间应设置隔离层 3）排（蓄）水层应根据渗水性、储水量、稳定性、抗生物性和碳酸盐含量等因素进行设计；排（蓄）水层应设置在保护层上面，并应结合排水沟分区设置 4）排（蓄）水层上应设置过滤层，过滤层材料的搭接宽度不应小于 200mm 5）种植土层与植被层应符合国家现行标准《种植屋面工程技术规程》JGJ 155 的有关规定 （6）地下工程种植顶板防水材料应符合下列要求： 1）绝热（保温）层应选用密度小、压缩强度大、吸水率低的绝热材料，不得选用散状绝热材料 2）耐根穿刺层防水材料的选用应符合国家相关标准的规定或具有相关权威检测机构出具的材料性能检测报告 3）排（蓄）水层应选用抗压强度大且耐久性好的塑料排水板、网状交织排水板或轻质陶粒等轻质材料
3	绿化改造	（1）已建地下工程顶板的绿化改造应经结构验算，在安全允许的范围内进行 （2）种植顶板应根据原有结构体系合理布置绿化 （3）原有建筑不能满足绿化防水要求时，应进行防水改造。加设的绿化工程不得破坏原有防水层及其保护层
4	细部构造	（1）防水层下不得埋设水平管线。垂直穿越的管线应预埋套管，套管超过种植土的高度应大于 150mm （2）变形缝应作为种植分区边界，不得跨缝种植 （3）种植顶板的泛水部位应采用现浇钢筋混凝土，泛水处防水层高出种植土应大于 250mm （4）泛水部位、水落口及穿顶板管道四周宜设置 200～300mm 宽的卵石隔离带

10.3 地下工程混凝土结构细部构造防水

10.3.1 变形缝

对变形缝的要求如表 10-30 所示。

变 形 缝   表 10-30

序号	项 目	内 容
1	一般规定	（1）变形缝应满足密封防水、适应变形、施工方便、检修容易等要求 （2）用于伸缩的变形缝宜少设，可根据不同的工程结构类别、工程地质情况采用后浇带、加强带、诱导缝等替代措施 （3）变形缝处混凝土结构的厚度不应小于 300mm
2	设计要求	（1）用于沉降的变形缝最大允许沉降差值不应大于 30mm （2）变形缝的宽度宜为 20～30mm （3）变形缝的防水措施可根据工程开挖方法、防水等级按本书表 10-5、表 10-6 选用。变形缝的几种复合防水构造形式，见图 10-12～图 10-14 （4）环境温度高于 50℃处的变形缝，中埋式止水带可采用金属制作（图 10-15）
3	材料标准	（1）变形缝用橡胶止水带的物理性能应符合表 10-31 的要求 （2）密封材料应采用混凝土建筑接缝用密封胶，不同模量的建筑接缝用密封胶的物理性能应符合表 10-32 的要求
4	施工做法	（1）中埋式止水带施工应符合下列规定： 1）止水带埋设位置应准确，其中间空心圆环应与变形缝的中心线重合 2）止水带应固定，顶、底板内止水带应成盆状安设 3）中埋式止水带先施工一侧混凝土时，其端模应支撑牢固，并应严防漏浆 4）止水带的接缝宜为一处，应设在边墙较高位置上，不得设在结构转角处，接头宜采用热压焊接 5）中埋式止水带在转弯处应做成圆弧形，（钢边）橡胶止水带的转角半径不应小于 200mm，转角半径应随止水带的宽度增大而相应加大 （2）安设于结构内侧的可卸式止水带施工时应符合下列规定： 1）所需配件应一次配齐 2）转角处应做成 45°折角，并应增加紧固件的数量 （3）变形缝与施工缝均用外贴式止水带（中埋式）时，其相交部位宜采用十字配件（图10-16）。变形缝用外贴式止水带的转角部位宜采用直角配件（图10-17） （4）密封材料嵌填施工时，应符合下列规定： 1）缝内两侧基面应平整干净、干燥，并应刷涂与密封材料相容的基层处理剂 2）嵌缝底部应设置背衬材料 3）嵌填应密实连续、饱满，并应粘结牢固 （5）在缝表面粘贴卷材或涂刷涂料前，应在缝上设置隔离层。卷材防水层、涂料防水层的施工应符合本书表 10-12 和表 10-20 的有关规定

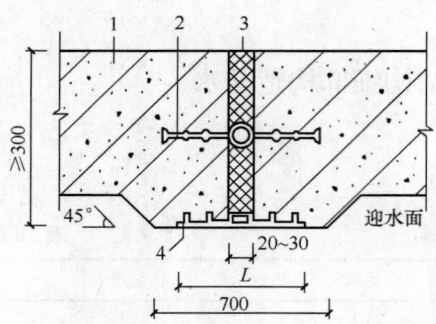

图 10-12 中埋式止水带与外贴
防水层复合使用

外贴式止水带 L≥300
外贴防水卷材 L≥400
外涂防水涂层 L≥400
1—混凝土结构；2—中埋式止水带；
3—填缝材料；4—外贴止水带

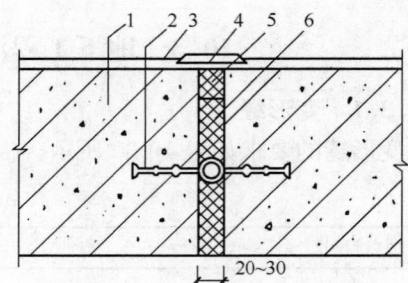

图 10-13 中埋式止水带与嵌缝
材料复合使用

1—混凝土结构；2—中埋式止水带；
3—防水层；4—隔离层；5—密封
材料；6—填缝材料

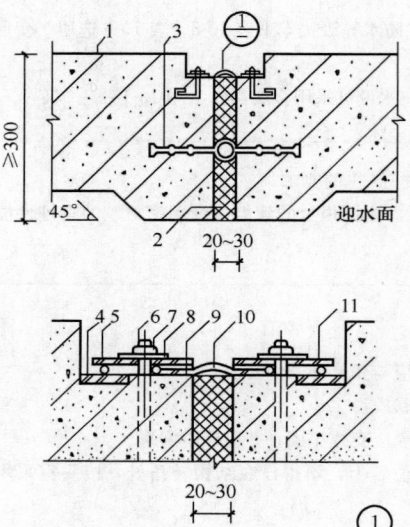

图 10-14 中埋式止水带与可卸式止水
带复合使用

1—混凝土结构；2—填缝材料；3—中埋式止水带；
4—预埋钢板；5—紧固件压板；6—预埋螺栓；7—螺
母；8—垫圈；9—紧固件压块；10—Ω型止水带；
11—紧固件圆钢

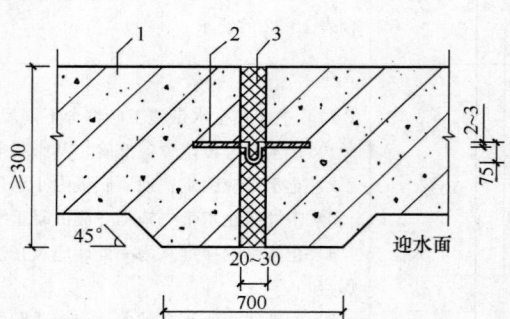

图 10-15 中埋式金属止水带

1—混凝土结构；2—金属止水带；3—填缝材料

橡胶止水带的物理性能   表 10-31

序号	项　　目	性 能 要 求		
		B 型	S 型	J 型
1	硬度（邵尔 A，度）	60±5	60±5	60±5
2	拉伸强度（N/mm²）	≥15	≥12	≥10

序号	项 目			性 能 要 求		
				B 型	S 型	J 型
3	扯断伸长率（%）			≥380	≥380	≥300
4	压缩永久变形		70℃×24h，%	≤35	≤35	≤25
5			23℃×168h，%	≤20	≤20	≤20
6	撕裂强度（kN/m）			≥30	≥25	≥25
7	脆性温度（℃）			≤−45	≤−40	≤−40
8	热空气老化	70℃×168h	硬度变化（邵尔 A，度）	≤8	≤8	—
9			拉伸强度（N/mm²）	≥12	≥10	—
10			扯断伸长率（%）	≥300	≥300	—
11		100℃×168h	硬度变化（邵尔 A，度）	—	—	+8
12			拉伸强度（N/mm²）	—	—	≥9
13			扯断伸长率（%）	—	—	≥250
14	橡胶与金属粘合			断面在弹性体内		

注：1. B 型适用于变形缝用止水带，S 型适用于施工缝用止水带，J 型适用于有特殊耐老化要求的接缝用止水带；
2. 橡胶与金属粘合指标仅适用于具有钢边的止水带。

建筑接缝用密封胶物理性能 表 10-32

序号	项 目			性 能 要 求			
				25（低模量）	25（低模量）	20（低模量）	20（低模量）
1	流动性	下垂度（N 型）	垂直（mm）	≤3			
2			水平（mm）	≤3			
3		流平性（S 型）		光滑平整			
4	挤出性（ml/min）			≥80			
5	弹性恢复率（%）			≥80		≥60	
6	拉伸模量（N/mm²）	23℃ −20℃		≤0.4 和≤0.6	>0.4 和>0.6	≤0.4 和≤0.6	>0.4 和>0.6
7	定伸粘结性			无破坏			
8	浸水后定伸粘结性			无破坏			
9	热压冷拉后粘结性			无破坏			
10	体积收缩率（%）			≤25			

注：体积收缩率仅适用于乳胶型和溶剂型产品。

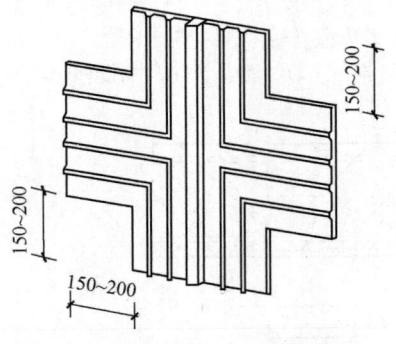

图 10-16 外贴式止水带在施工缝与
变形缝相交处的十字配件

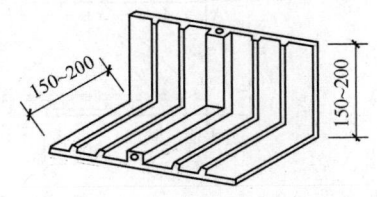

图 10-17 外贴式止水带在转角
处的直角配件

10.3.2 后浇带

对后浇带要求如表 10-33 所示。

后 浇 带 表 10-33

序号	项 目	内 容
1	一般规定	(1) 后浇带宜用于不允许留设变形缝的工程部位 (2) 后浇带应在其两侧混凝土龄期达到 42d 后再施工；高层建筑的后浇带施工应按规定时间进行 (3) 后浇带应采用补偿收缩混凝土浇筑，其抗渗和抗压强度等级不应低于两侧混凝土
2	设计要求	(1) 后浇带应设在受力、和变形较小的部位，其间距和位置应按结构设计要求确定，宽度宜为 700～1000mm (2) 后浇带两侧可做成平直缝或阶梯缝，其防水构造形式宜采用图 10-18～图 10-20 (3) 采用掺膨胀剂的补偿收缩混凝土，水中养护 14d 后的限制膨胀率不应小于 0.015%，膨胀剂的掺量应根据不同部位的限制膨胀率设定值经试验确定
3	材料标准	(1) 用于补偿收缩混凝土的水泥、砂、石、拌合水及外加剂、掺合料等应符合本书表 10-7 的有关规定 (2) 混凝土膨胀剂的物理性能应符合表 10-34 的要求
4	施工做法	(1) 补偿收缩混凝土的配合比除应符合本书表 10-7 序号 4 之 (2) 条的规定外，尚应符合下列要求： 1) 膨胀剂掺量不宜大于 12% 2) 膨胀剂掺量应以胶凝材料总量的百分比表示 (2) 后浇带混凝土施工前，后浇带部位和外贴式止水带应防止落入杂物和损伤外贴止水带 (3) 后浇带两侧的接缝处理应符合本书表 10-7 序号 4 之 (12) 条的规定 (4) 采用膨胀剂拌制补偿收缩混凝土时，应按配合比准确计量 (5) 后浇带混凝土应一次浇筑，不得留设施工缝；混凝土浇筑后应及时养护，养护时间不得少于 28d (6) 后浇带需超前止水时，后浇带部位的混凝土应局部加厚，并应增设外贴式或中埋式止水带（图 10-21）

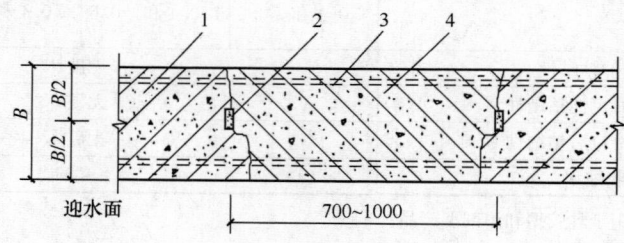

图 10-18　后浇带防水构造 (1)

1—先浇混凝土；2—遇水膨胀止水条（胶）；3—结构主筋；4—后浇补偿收缩混凝土

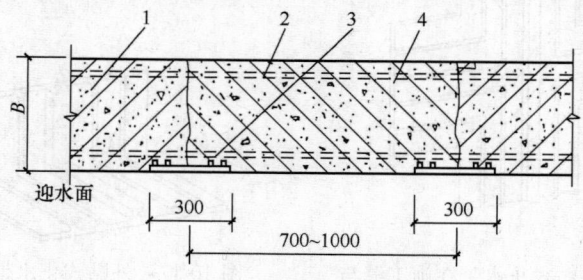

图 10-19　后浇带防水构造 (2)

1—先浇混凝土；2—结构主筋；3—外贴式止水带；4—后浇补偿收缩混凝土

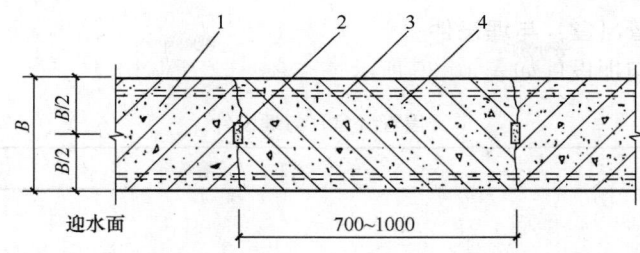

图 10-20　后浇带防水构造（3）

1—先浇混凝土；2—遇水膨胀止水条（胶）；3—结构主筋；4—后浇补偿收缩混凝土

混凝土膨胀剂物理性能　　　　　　　　　表 10-34

序号	项　　目			性 能 指 标
1	细度	比表面积（m²/kg）		≥250
2		0.08mm 筛余（%）		≤12
3		1.25mm 筛余（%）		≥0.5
4	凝结时间	初凝（min）		≤45
5		终凝（h）		≤10
6	限制膨胀率（%）	水中	7d	≥0.025
7			28d	≤0.10
8		空气中	21d	≥-0.020
9	抗压强度（N/mm²）	7d		≥25.0
10		28d		≥45.0
11	抗折强度（N/mm²）	7d		≥4.5
12		28d		≥6.5

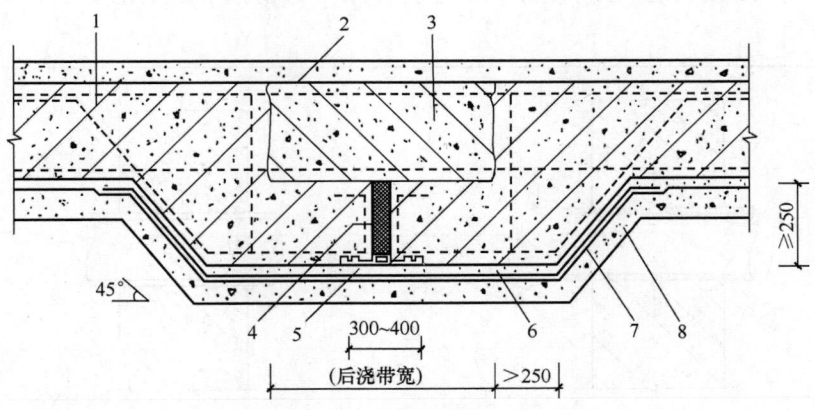

图 10-21　后浇带超前止水构造

1—混凝土结构；2—钢丝网片；3—后浇带；4—填缝材料；5—外贴式止水带；

6—细石混凝土保护层；7—卷材防水层；8—垫层混凝土

10.3.3 穿墙管（盒）与埋设件

穿墙管（盒）与埋设件如表 10-35 所示。

穿墙管（盒）与埋设件 　　　　　　　　　　　　　表 10-35

序号	项 目	内 容
1	穿墙管（盒）	（1）穿墙管（盒）应在浇筑混凝土前预埋 （2）穿墙管与内墙角、凹凸部位的距离应大于 250mm （3）结构变形或管道伸缩量较小时，穿墙管可采用主管直接埋入混凝土内的固定式防水法，主管应加焊止水环或环绕遇水膨胀止水圈，并应在迎水面预留凹槽，槽内应采用密封材料嵌填密实。其防水构造形式宜采用图 10-22 和图 10-23 （4）结构变形或管道伸缩量较大或有更换要求时，应采用套管式放水法，套管应加焊止水环（图 10-24） （5）穿墙管防水施工时应符合下列要求： 1）金属止水环应与主管或套管满焊密实，采用套管式穿墙防水构造时，翼环与套管应满焊密实，并应在施工前将套管内表面清理干净 2）相邻穿墙管间的间距应大于 300mm 3）采用遇水膨胀止水圈的穿墙管，管径宜小于 50mm，止水圈应采用胶粘剂满粘固定于管上，并应涂缓膨胀剂或采用缓胀型遇水膨胀止水圈 （6）穿墙管线较多时，宜相对集中，并应采用穿墙盒方法。穿墙盒的封口钢板应与墙上的预埋角钢焊严，并应从钢板上的预留浇注孔注入柔性密封材料或细石混凝土（图 10-25） （7）当工程有防护要求时，穿墙管除应采取防水措施外，尚应采取满足防护要求的措施 （8）穿墙管伸出外墙的部位，应采取防止回填时将管体损坏的措施
2	埋设件	（1）结构上的埋设件应采用预埋或预留孔（槽）等 （2）埋没件端部或预留孔（槽）底部的混凝土厚度不得小于 250mm，当厚度小于 250mm 时，应采取局部加厚或其他防水措施（图 10-26） （3）预留孔（槽）内的防水层，宜与孔（槽）外的结构防水层保持连续

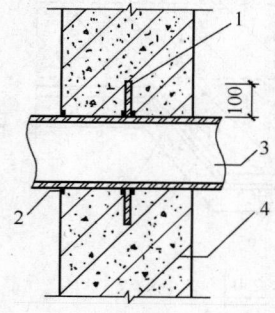

图 10-22　固定式穿墙管防水构造（1）
1—止水环；2—密封材料；3—主管；
4—混凝土结构

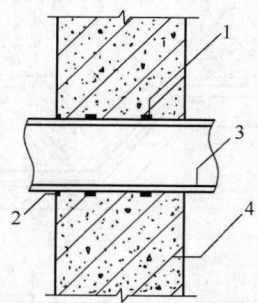

图 10-23　固定式穿墙管防水构造（2）
1—遇水膨胀止水圈；2—密封材料；3—主管；
4—混凝土结构

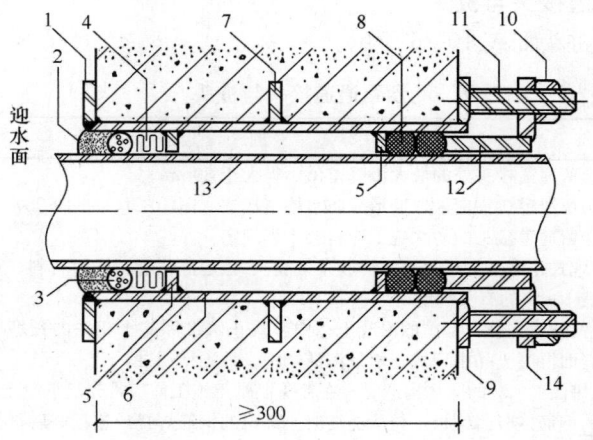

图 10-24　套管式穿墙管防水构造

1—翼环；2—密封材料；3—背衬材料；4—充填材料；5—挡圈；

6—套管；7—止水环；8—橡胶圈；9—翼盘；10—螺母；

11—双头螺栓；12—短管；13—主管；14—法兰盘

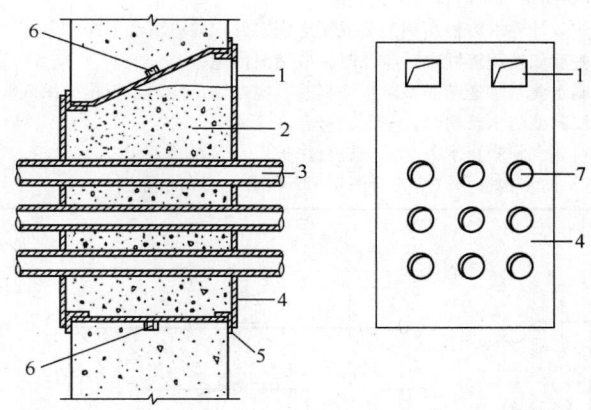

图 10-25　穿墙群管防水构造

1—浇注孔；2—柔性材料或细石混凝土；3—穿墙管；

4—封口钢板；5—固定角钢；6—遇水膨胀止水条；

7—预留孔

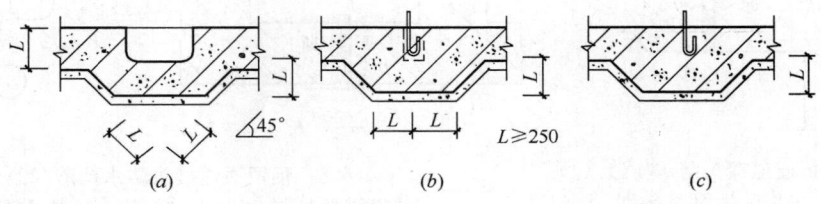

图 10-26　预埋件或预留孔（槽）处理

(a) 预留槽；(b) 预留孔；(c) 预埋件

10.3.4 预留通道接头与桩头

预留通道接头与桩头如表 10-36 所示。

预留通道接头与桩头 　　　　　　　　　　　　　　　　　　　　　　表 10-36

序号	项 目	内 容
1	预留通道接头	(1) 预留通道接头处的最大沉降差值不得大于 30mm。 (2) 预留通道接头应采取变形缝防水构造形式（图 10-27、图 10-28） (3) 预留通道接头的防水施工应符合下列规定： 　1) 中埋式止水带、遇水膨胀橡胶条（胶）、预埋注浆管、密封材料、可卸式止水带的施工应符合本书表 10-30 的有关规定 　2) 预留通道先施工部位的混凝土、中埋式止水带和防水相关的预埋件等应及时保护，并应确保端部表面混凝土和中埋式止水带清洁，埋设件不得锈蚀 　3) 采用图 10-27 的防水构造时，在接头混凝土施工前应将先浇混凝土端部表面凿毛，露出钢筋或预埋的钢筋接驳器钢板，与待浇混凝土部位的钢筋焊接或连接好后再行浇筑 　4) 当先挠混凝土中未预埋可卸式止水带的预埋螺栓时，可选用金属或尼龙的膨胀螺栓固定可卸式止水带。采用金属膨胀螺栓时，可选用不锈钢材料或用金属涂膜、环氧涂料等涂层进行防锈处理
2	桩头	(1) 桩头防水设计应符合下列规定： 　1) 桩头所用防水材料应具有良好的粘结性、湿固化性 　2) 桩头防水材料应与垫层防水层连为一体 (2) 桩头防水施工应符合下列规定： 　1) 应按设计要求将桩顶剔凿至混凝土密实处，并应清洗干净 　2) 破桩后如发现渗漏水，应及时采取堵漏措施 　3) 涂刷水泥基渗透结晶型防水涂料时，应连续、均匀，不得少涂或漏涂，并应及时进行养护 　4) 采用其他防水材料时，基面应符合施工要求 　5) 应对遇水膨胀止水条（胶）进行保护 (3) 桩头防水构造形式应符合图 10-29 和图 10-30 的规定

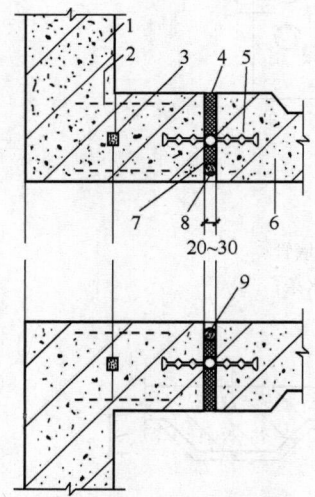

图 10-27 预留通道接头防水构造（1）
1—先浇混凝土结构；2—连接钢筋；3—遇水膨胀止水条（胶）；4—填缝材料；5—中埋式止水带；6—后浇混凝土结构；7—遇水膨胀橡胶条（胶）；8—密封材料；9—填充材料

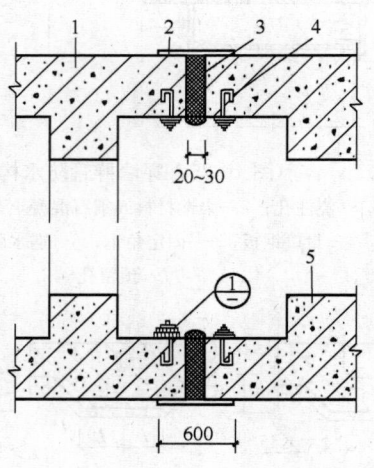

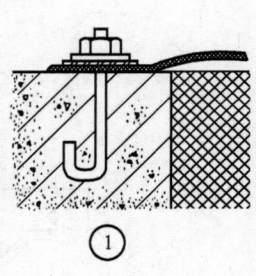

图 10-28 预留通道接头防水构造（2）
1—先浇混凝土结构；2—防水涂料；3—填缝材料；4—可卸式止水带；5—后浇混凝土结构

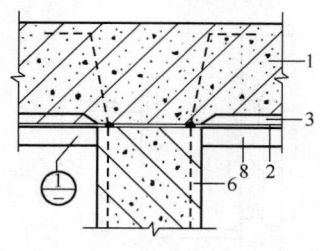 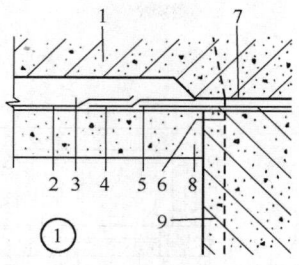

图 10-29　桩头防水构造（1）

1—结构底板；2—底板防水层；3—细石混凝土保护层；4—防水层；5—水泥基渗透结晶型防水涂料；
6—桩基受力筋；7—遇水膨胀止水条（胶）；8—混凝土垫层；9—桩基混凝土

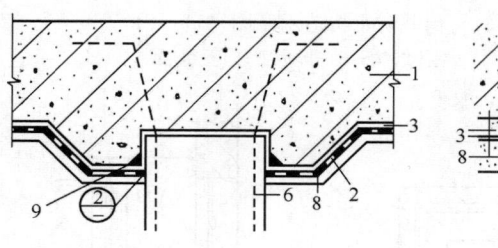 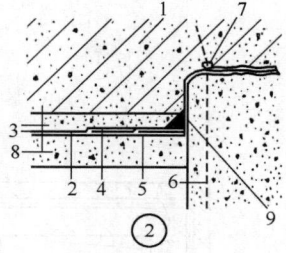

图 10-30　桩头防水构造（2）

1—结构底板；2—底板防水层；3—细石混凝土保护层；4—聚合物水泥防水砂浆；5—水泥基渗透结晶
型防水涂料；6—桩基受力筋；7—遇水膨胀止水条（胶）；8—混凝土垫层；9—密封材料

10.3.5　孔口与坑、池

孔口与坑池如表 10-37 所示。

孔口与坑、池　　　　　　　　　　　　　　　　　　表 10-37

序号	项　目	内　　容
1	孔口	（1）地下工程通向地面的各种孔口应采取防地面水倒灌的措施。人员出入口高出地面的高度宜为 500mm，汽车出入口设置明沟排水时，其高度宜为 150mm，并应采取防雨措施 （2）窗井的底部在最高地下水位以上时，窗井的底板和墙应做防水处理，并宜与主体结构断开（图 10-31） （3）窗井或窗井的一部分在最高地下水位以下时，窗井应与主体结构连成整体，其防水层也应连成整体，并应在窗井内设置集水井（图 10-32） （4）无论地下水位高低，窗台下部的墙体和底板应做防水层 （5）窗井内的底板，应低于窗下缘 300mm。窗井墙高出地面不得小于 500mm。窗井外地面应做散水，散水与墙面间应采用密封材料嵌填 （6）通风口应与窗井同样处理，竖井窗下缘离室外地面高度不得小于 500mm
2	坑、池	（1）坑、池、储水库宜采用防水混凝土整体浇筑，内部应设防水层。受振动作用时应设柔性防水层 （2）底板以下的坑、池，其局部底板应相应降低，并应使防水层保持连续（图 10-33）

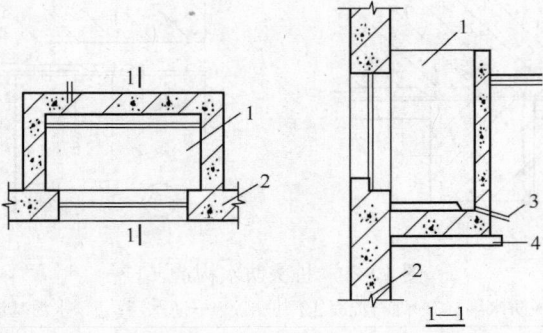

图 10-31　窗井防水构造示意图（1）

1—窗井；2—主体结构；3—排水管；4—垫层

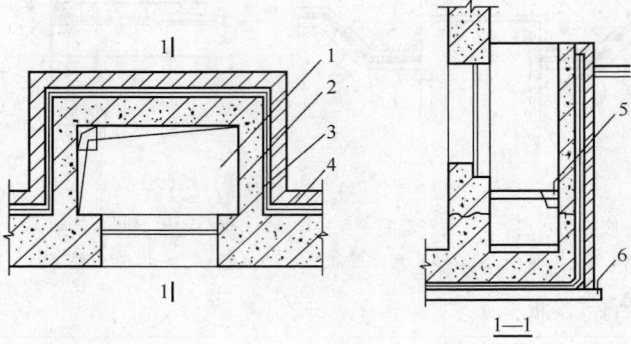

图 10-32　窗井防水构造示意图（2）

1—窗井；2—防水层；3—主体结构；4—防
水层保护层；5—集水井；6—垫层

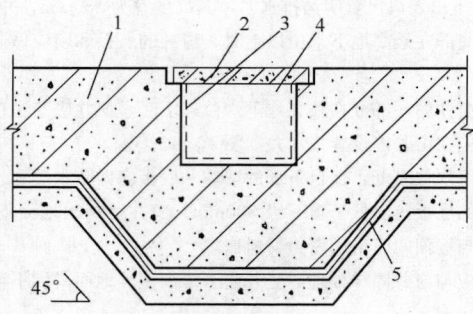

图 10-33　底板下坑、池的防水构造

1—底板；2—盖板；3—坑、池防水层；
4—坑、池；5—主体结构防水层

10.4　地下工程排水与注浆防水

10.4.1　地下工程排水

地下工程排水如表 10-38 所示。

地下工程排水　　　　　表 10-38

序号	项　目	内　　容
1	一般规定	（1）制定地下工程防水方案时，应根据工程情况选用合理的排水措施 （2）有自流排水条件的地下工程，应采用自流排水法。无自流排水条件且防水要求较高的地下工程，可采用渗排水、盲沟排水、盲管排水、塑料排水板排水或机械抽水等排水方法。但应防止由于排水造成水土流失危及地面建筑物及农田水利设施。通向江、河、湖、海的排水口高程，低于洪（潮）水位时，应采取防倒灌措施 （3）隧道、坑道工程应采用贴壁式衬砌，对防水防潮要求较高的工程应采用复合式衬砌，也可采用离壁式衬砌或衬套
2	设计要求	（1）地下工程的排水应形成汇集、流径和排出等完整的排水系统 （2）地下工程应根据工程地质、水文地质及周围环境保护要求进行排水设计 （3）地下工程采用渗排水法时应符合下列规定： 1）宜用于无自流排水条件、防水要求较高且有抗浮要求的地下工程 2）渗排水层应设置在工程结构底板以下，并应由粗砂过滤层与集水管组成（图 10-34） 3）粗砂过滤层总厚度宜为 300mm，如较厚时应分层铺填，过滤层与基坑土层接触处，应采用厚度 100～150mm，粒径 5～10mm 的石子铺填。过滤层顶面与结构底面之间，宜于铺一层卷材或 30～50mm 厚的 1：3 水泥砂浆作隔浆层 4）集水管应设置在粗砂过滤层下部，坡度不宜小于 1%，且不得有倒坡现象。集水管之间的距离宜为 5～10m。渗入集水管的地下水导入集水井后应用泵排走 （4）盲沟排水宜用于地基为弱透水性土层、地下水量不大或排水面积较小，地下水位在建筑底板以下或在丰水期地下水位高于建筑底板的地下工程，也可用于贴壁式衬砌的边墙及结构底部排水 盲沟排水应设计为自流排水形式，当不具备自流排水条件时，应采取机械排水措施 （5）盲沟排水应符合下列要求： 1）宜将基坑开挖时的施工排水明沟与永久盲沟结合 2）盲沟与基础最小距离的设计应根据工程地质情况选定；盲沟设置应符合图 10-35 和图 10-36 的规定 3）盲沟反滤层的层次和粒径组成应符合表 10-39 的规定 4）渗排水管宜采用无砂混凝土管 5）渗排水管应在转角处和直线段每隔一定距离设置检查井，井底距渗排水管底应留设 200～300mm 的沉淀部分，井盖应采取密封措施 （6）盲管排水宜用于隧道结构贴壁式衬砌、复合式衬砌结构的排水，排水体系应由环向排水盲管、纵向排水盲管或明沟等组成 （7）环向排水盲沟（管）设置应符合下列规定： 1）应沿隧道、坑道的周边固定于围岩或初期支护表面 2）纵向间距宜为 5～20m，在水量较大或集中出水点应加密布置

序号	项 目	内 容
2	设计要求	3）应与纵向排水盲管相连 4）盲管与混凝土衬砌接触部位应外包无纺布形成隔浆层 （8）纵向排水盲管设置应符合下列规定： 1）纵向盲管应设置在隧道（坑道）两侧边墙下部或底部中间 2）应与环向盲管和导水管相连接 3）管径应根据围岩或初期支护的渗水量确定，但不得小于 100mm 4）纵向排水坡度应与隧道或坑道坡度一致 （9）横向导水管宜采用带孔混凝土管或硬质塑料管，其设置应符合下列规定： 1）横向导水管应与纵向盲管、排水明沟或中心排水盲沟（管）相连 2）横向导水管的间距宜为 5～25m，坡度宜为 2% 3）横向导水管的直径应根据排水量大小确定，但内径不得小于 50mm （10）排水明沟的设置应符合下列规定： 1）排水明沟的纵向坡度应与隧道或坑道坡度一致，但不得小于 0.2% 2）排水明沟应设置盖板和检查井 3）寒冷及严寒地区应采取防冻措施 （11）中心排水盲沟（管）设置应符合下列规定： 1）中心排水盲沟（管）宜设置在隧道底板以下，其坡度和埋设深度应符合设计要求 2）隧道底板下与围岩接触的中心盲沟（管）宜采用无砂混凝土或渗水盲管，并应设置反滤层；仰拱以上的中心盲管宜采用混凝土管或硬质塑料管 3）中心排水盲管的直径应根据渗排水量大小确定，但不宜小于 250mm （12）贴壁式衬砌围岩渗水，可通过盲沟（管）、暗沟导入底部排水系统，其排水系统构造应符合图 10-37 的规定 （13）离壁式衬砌的排水应符合下列规定： 1）围岩稳定和防潮要求高的工程可设置离壁式衬砌，衬砌与岩壁间的距离，拱顶上部宜为 600～800mm，侧墙处不应小于 500mm 2）衬砌拱部宜作卷材、塑料防水板、水泥砂浆等防水层；拱肩应设置排水沟，沟底应预埋排水管或设置排水孔，直径宜为 50～100mm，间距不宜大于 6m；在侧墙和拱肩处应设置检查孔（图 10-38） 3）侧墙外排水沟应做成明沟，其纵向坡度不应小于 0.5% （14）衬套排水应符合下列规定： 1）衬套外形应有利于排水，底板宜架空 2）离壁衬套与衬砌或围岩的间距不应小于 150mm，在衬套外侧应设置明沟；半离壁衬套应在拱肩处设置排水沟 3）衬套应采用防火、隔热性能好的材料制作，接缝宜采用嵌缝、粘结、焊接等方法密封
3	材料标准	（1）环、纵向盲沟（管）宜采用塑料丝盲沟，其规格、性能应符合国家现行标准《软式透水管》JC 937 的有关规定 （2）中心盲沟（管）宜采用预制无砂混凝土管，强度不应小于 3N/mm² （3）塑料排水板的规格和性能应符合国家现行标准《塑料排水板质量检验标准》JTJ/T 257 和本书表 10-23 的有关规定
4	施工做法	（1）纵向盲沟铺设前，应将基坑底铲平，并应按设计要求铺设碎砖（石）混凝土层 （2）集水管应放置在过滤层中间

序号	项 目	内 容
4	施工做法	（3）盲管应采用塑料（无纺布）带、水泥钉等固定在基层上，固定点拱部间距宜为 300～500mm，边墙宜为 1000～1200mm，在不平处应增加固定点 （4）环向盲管宜整条铺设，需要有接头时，宜采用与盲管相配套的标准接头及标准三通连接 （5）铺设于贴壁式衬砌、复合式衬砌隧道或坑道中的盲沟（管），在浇灌混凝土前，应采用无纺布包裹 （6）无砂混凝土管连接时，可采用套接或插接，连接应牢固，不得扭曲变形和错位 （7）隧道或坑道内的排水明沟及离壁式衬砌夹层内的排水沟断面，应符合设计要求，排水沟表面应平整、光滑 （8）不同沟、槽、管应连接牢固，必要时可外加无纺布包裹

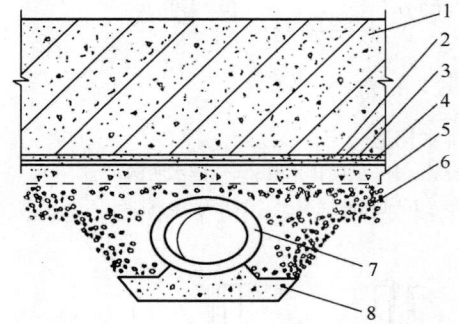

图 10-34 渗排水层构造

1—结构底板；2—细石混凝土；3—底板防水层；
4—混凝土垫层；5—隔浆层；6—粗砂过滤层；
7—集水管；8—集水管座

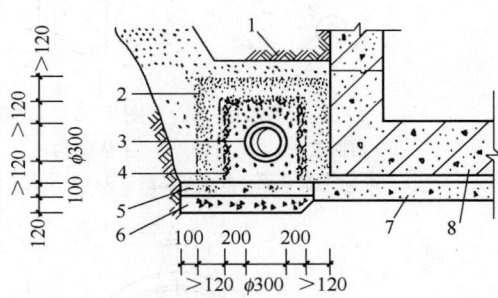

图 10-35 贴墙盲沟设置

1—素土夯实；2—中砂反滤层；3—集水管；
4—卵石反滤层；5—水泥/砂/碎石层；6—碎石夯实层；
7—混凝土垫层；8—主体结构

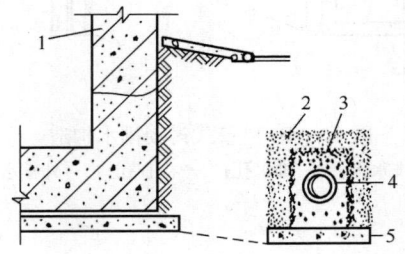

图 10-36 离墙盲沟设置

1—主体结构；2—中砂反滤层；3—卵石反滤层；4—集水管；5—水泥/砂/碎石层

盲沟反滤层的层次和粒径组成 表 10-39

序号	反滤层的层次	建筑物地区地层为砂性土时 （塑性指数 IP＜3）	建筑物地区地层为黏性土时 （塑性指数 IP＞3）
1	第一层（贴天然土）	用 1～3mm 粒径砂子组成	用 2～5mm 粒径砂子组成
2	第二层	用 3～10mm 粒径小卵石组成	用 5～10mm 粒径小卵石组成

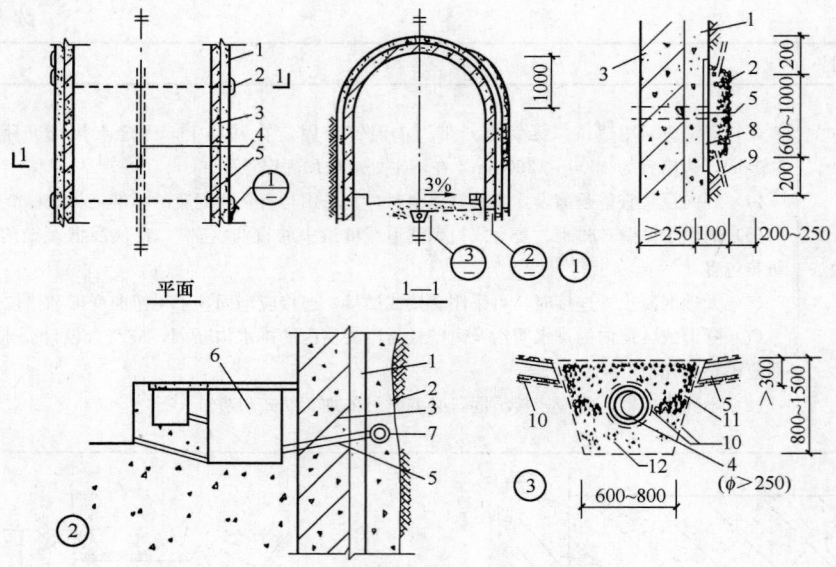

图 10-37　贴壁式衬砌排水构造

1—初期支护；2—盲沟；3—主体结构；4—中心排水盲管；5—横向排水管；6—排水明沟；
7—纵向集水盲管；8—隔浆层；9—引流孔；10—无纺布；11—无砂混凝土；12—管座混凝土

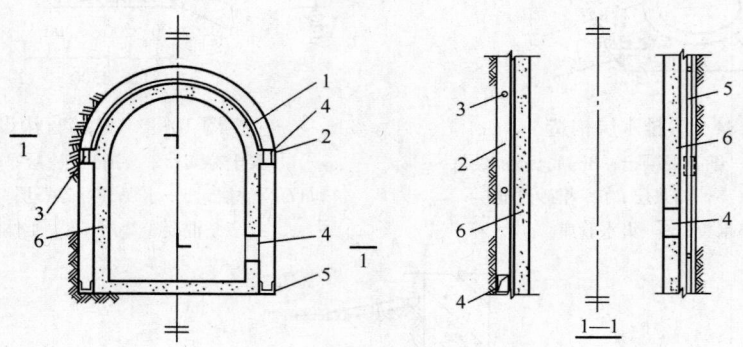

图 10-38　离壁式衬砌排水构造

1—防水层；2—拱肩排水沟；3—排水孔；4—检查孔；5—外排水沟；6—内衬混凝土

10.4.2　注浆防水

注浆防水如表 10-40 所示。

注　浆　防　水　　　　　　　　　　　　　　　　　　　表 10-40

序号	项　目	内　　容
1	一般规定	（1）注浆方案应根据工程地质及水文地质条件制定，并应符合下列要求： 1）工程开挖前，预计涌水量大的地段、断层破碎带和软弱地层，应采用预注浆 2）开挖后有大股涌水或大面积渗漏水时，应采用衬砌前围岩注浆 3）衬砌后渗漏水严重的地段或充填壁后的空隙地段，应进行回填注浆 4）衬砌后或回填注浆后仍有渗漏水时，宜采用衬砌内注浆或衬砌后围岩注浆 （2）注浆施工前应搜集下列资料：

序号	项　目	内　　容
1	一般规定	1）工程地质纵横剖面图及工程地质、水文地质资料，如围岩孔隙率、渗透系数、节理裂隙发育情况、涌水量、水压和软土地层颗粒级配、土壤标准贯入试验值及其物理力学指标等 2）工程开挖中工作面的岩性、岩层产状、节理裂隙发育程度及超、欠挖值等 3）工程衬砌类型、防水等级等 4）工程渗漏水的地点、位置、渗漏形式、水量大小、水质、水压等 （3）注浆实施前应符合下列规定： 1）预注浆前先施作的止浆墙（垫），注浆时应达到设计强度 2）回填注浆应在衬砌混凝土达到设计强度后进行 3）衬砌后围岩注浆应在回填注浆固结体强度达到 70％后进行 （4）在岩溶发育地区，注浆防水应从探测、方案、机具、工艺等方面做出专项设计
2	设计要求	（1）预注浆钻孔的注浆孔数、布孔方式及钻孔角度等注浆参数的设计，应根据岩层裂隙状态、地下水情况、设备能力、浆液有效扩散半径、钻孔偏斜率和对注浆效果的要求等确定 （2）预注浆的段长，应根据工程地质、水文地质条件、钻孔设备及工期要求确定，宜为 10～50m，但掘进时应保留止水岩垫（墙）的厚度。注浆孔底距开挖轮廓的边缘，宜为毛洞高度（直径）的 0.5～1 倍，特殊工程可按计算和试验确定 （3）衬砌前围岩注浆应符合下列规定： 1）注浆深度宜为 3～5m 2）应在软弱地层或水量较大处布孔 3）大面积渗漏时，布孔宜密，钻孔宜浅 4）裂隙渗漏时，布孔宜疏，钻孔宜深 5）大股涌水时，布孔应在水流上游，且自涌水点四周由远到近布设 （4）回填注浆孔的孔径，不宜小于 40mm；间距宜为 5～10m，并应按梅花形排列 （5）衬砌后围岩注浆钻孔深入围岩不应大于 lm，孔径不宜小于 40mm，孔距可根据渗漏水情况确定 （6）岩石地层预注浆或衬砌后围岩注浆的压力，应大于静水压力 0.5～1.5N/mm²，回填注浆及衬砌内注浆的压力应小于 0.5N/mm² （7）衬砌内注浆钻孔应根据衬砌渗漏水情况布置，孔深宜为衬砌厚度的 1/3～2/3，注浆压力宜为 0.5～0.8N/mm²
3	材料标准	（1）注浆材料应符合下列规定： 1）原料来源广，价格适宜 2）具有良好的可灌性 3）凝胶时间可根据需要调节 4）固化时收缩小，与围岩、混凝土、沙土等有一定的粘结力 5）固结体具有微膨胀性，强度应满足开挖或堵水要求 6）稳定性好，耐久性强 7）具有耐侵蚀性 8）无毒、低毒、低污染 9）注浆工艺简单，操作方便、安全 （2）注浆材料的选用，应根据工程地质条件、水文地质条件、注浆目的、注浆工艺、设备和成本等因素确定，并应符合下列规定： 1）预注浆和衬砌前围岩注浆，宜采用水泥浆液或水泥—水玻璃浆液，必要时可采用化学浆液 2）衬砌后围岩注浆，宜采用水泥浆液、超细水泥浆液或自流平水泥浆液等 3）回填注浆宜选用水泥浆液、水泥砂浆或掺有膨润土的水泥浆液 4）衬砌内注浆宜选用超细水泥浆液、自流平水泥浆液或化学浆液 （3）水泥类浆液宜选用普通硅酸盐水泥，其他浆液材料应符合有关规定。浆液的配合比，应经现场试验后确定

序号	项目	内　容
4	施工做法	（1）注浆孔数量、布置间距、钻孔深度除应符合设计要求外，尚应符合下列规定： 1）注浆孔深小于 10m 时，孔位最大允许偏差应为 100mm，钻孔偏斜率最大允许偏差应为 1％ 2）注浆孔深大于 10m 时，孔位最大允许偏差应为 50mm，钻孔偏斜率最大允许偏差应为 0.5％ （2）岩石地层或衬砌内注浆前，应将钻孔冲洗干净 （3）注浆前，应进行测定注浆孔吸水率和地层吸浆速度等参数的压水试验 （4）回填注浆时，对岩石破碎、渗漏水量较大的地段，宜在衬砌与围岩间采用定量、重复注浆法分段设置隔水墙 （5）回填注浆、衬砌后围岩注浆施工顺序，应符合下列规定： 1）应沿工程轴线由低到高，由下往上，从少水处到多水处 2）在多水地段，应先两头，后中间 3）对竖井应由上往下分段注浆，在本段内应从下往上注浆 （6）注浆过程中应加强监测，当发生围岩或衬砌变形、堵塞排水系统、窜浆、危及地面建筑物等异常情况时，可采取下列措施： 1）降低注浆压力或采用间歇注浆，直到停止注浆 2）改变注浆材料或缩短浆液凝胶时间 3）调整注浆实施方案 （7）单孔注浆结束的条件，应符合下列规定： 1）预注浆各孔段均应达到设计要求并应稳定 10min，且进浆速度应为开始进浆速度的 1/4 或注浆量达到设计注浆量的 80％％ 2）衬砌后回填注浆及围岩注浆应达到设计终压 3）其他各类注浆，应满足设计要求 （8）预注浆和衬砌后围岩注浆结束前，应在分析资料的基础上，采取钻孔取芯法对注浆效果进行检查，必要时应进行压（抽）水试验。当检查孔的吸水量大于 1.0L/min·m 时，应进行补充注浆 （9）注浆结束后，应将注浆孔及检查孔封填密实

10.5　特殊施工法的结构防水与地下工程渗漏水治理

10.5.1　特殊施工法的结构防水

特殊施工法的结构防水如表 10-41 所示。

特殊施工法的结构防水　　　　　　　　　　　　　　　　表 10-41

序号	项目	内　容
1	盾构法隧道	（1）盾构法施工的隧道，宜采用钢筋混凝土管片、复合管片等装配式衬砌或现浇混凝土衬砌。衬砌管片应采用防水混凝土制作。当隧道处于侵蚀性介质的地层时，应采取相应的耐侵蚀混凝土或外涂耐侵蚀的外防水涂层的措施。当处于严重腐蚀地层时，可同时采取耐侵蚀混凝土和外涂耐侵蚀的外防水涂层措施 （2）不同防水等级盾构隧道衬砌防水措施应符合表 10-42 的要求 （3）钢筋混凝土管片应采用高精度钢模制作，钢模宽度及弧、弦长允许偏差宜为 ±0.4mm 钢筋混凝土管片制作尺寸的允许偏差应符合下列规定： 1）宽度应为 ±1mm 2）弧、弦长应为 ±1mm

序号	项 目	内 容
1	盾构法隧道	3）厚度应为+3mm，-1mm （4）管片防水混凝土的抗渗等级应符合有关的规定，且不得小于 P8。管片应进行混凝土氯离子扩散系数或混凝土渗透系数的检测，并宜进行管片的单块抗渗检漏 （5）管片应至少设置一道密封垫沟槽。接缝密封垫宜选择具有合理构造形式、良好弹性及遇水膨胀性、耐久性、耐水性的橡胶类材料，其外形应与沟槽相匹配。弹性橡胶密封垫材料、遇水膨胀橡胶密封垫胶料的物理性能应符合表 10-43 和表 10-44 的规定 （6）管片接缝密封垫被完全压入密封垫沟槽内，密封垫沟槽的截面积应大于或等于密封垫的截面积，其关系宜符合下列公式： $$A = (1-1.15)A_0 \qquad (10\text{-}1)$$ 式中　A——密封垫沟槽截面积 　　　A_0——密封垫截面积 管片接缝密封垫应满足在计算的接缝最大张开量和估算的错位量下、埋深水头的 2～3 倍水压下不渗漏的技术要求；重要工程中选用的接缝密封垫，应进行一字缝或十字缝水密性的试验检测 （7）螺孔防水应符合下列规定： 1）管片肋腔的螺孔口应设置锥形倒角的螺孔密封圈沟槽 2）螺孔密封圈的外形应与沟槽相匹配，并应有利于压密止水或膨胀止水。在满足止水的要求下，螺孔密封圈的断面宜小 螺孔密封圈应为合成橡胶或遇水膨胀橡胶制品，其技术指标要求应符合本书表 10-43 和表 10-44 的规定 （8）嵌缝防水应符合下列规定： 1）在管片内侧环纵向边沿设置嵌缝槽，其深宽比不应小于 2.5，槽深宜为 25～55mm，单面槽宽宜为 5～10mm；嵌缝槽断面构造形状应符合图 10-39 的规定 2）嵌缝材料应有良好的不透水性、潮湿基面粘结性、耐久性、弹性和抗下坠性 3）应根据隧道使用功能和表 10-42 中的防水等级要求，确定嵌缝作业区的范围与嵌填嵌缝槽的部位，并采取嵌缝堵水或引排水措施 4）嵌缝防水施工应在盾构千斤顶顶力影响范围外进行。同时，应根据盾构施工方法、隧道的稳定性确定嵌缝作业开始的时间 5）嵌缝作业应在接缝堵漏和无明显渗水后进行，嵌缝槽表面混凝土如有缺损，应采用聚合物水泥砂浆或特种水泥修补，强度应达到或超过混凝土本体的强度。嵌缝材料嵌填时，应先刷涂基层处理剂，嵌填应密实、平整 （9）复合式衬砌的内层衬砌混凝土浇筑前，应将外层管片的渗漏水引排或封堵。采用塑料防水板等夹层防水层的复合式衬砌，应根据隧道排水情况选用相应的缓冲层和防水板材料，并应按本书表 10-23 和表 10-38 序号 4 的有关规定执行 （10）管片外防水涂料宜采用环氧或改性环氧涂料等封闭型材料、水泥基渗透结晶型或硅氧烷类等渗透自愈型材料，并应符合下列规定： 1）耐化学腐蚀性、抗微生物侵蚀性、耐水性、耐磨性应良好，且应无毒或低毒 2）在管片外弧面混凝土裂缝宽度达到 0.3mm 时，应仍能在最大埋深处水压下不渗漏 3）应具有防杂散电流的功能，体积电阻率应高 （11）竖井与隧道结合处，可用刚性接头，但接缝宜采用柔性材料密封处理，并宜加固竖井洞圈周围土体。在软土地层距竖井结合处一定范围内的衬砌段，宜增设变形缝。变形缝环面应贴设垫片，同时应采用适应变形量大的弹性密封垫 （12）盾构隧道的连接通道及其与隧道接缝的防水应符合下列规定： 1）采用双层衬砌的连接通道，内衬应采用防水混凝土。衬砌支护与内衬间宜设塑料防水板与土工织物组成的夹层防水层，并宜配以分区注浆系统加强防水 2）当采用内防水层时，内防水层宜为聚合物水泥砂浆等抗裂防渗材料 3）连接通道与盾构隧道接头应选用缓膨胀型遇水膨胀类止水条（胶）、预留注浆管以及接头密封材料

序号	项 目	内 容
2	沉井	(1) 沉井主体应采用防水混凝土浇筑，分段制作时，施工缝的防水措施应根据其防水等级按本书表 10-5 选用 (2) 沉井施工缝的施工应符合本书表 10-7 序号 4 的 (11) 条的规定。固定模板的螺栓穿过混凝土井壁时，螺栓部位的防水处理应符合本书表 10-7 序号 4 的 (14) 条的规定 (3) 沉井的干封底应符合下列规定： 1) 地下水位应降至底板底高程 500mm 以下，降水作业应在底板混凝土达到设计强度，且沉井内部结构完成并满足抗浮要求后，方可停止 2) 封底前井壁与底板连接部位应凿毛或涂刷界面处理剂，并应清洗干净 3) 待垫层混凝土达到 50% 设计强度后，浇筑混凝土底板，应一次浇筑，并应分格连续对称进行 4) 降水用的集水井应采用微膨胀混凝土填筑密实 (4) 沉井水下封底应符合下列规定： 1) 水下封底宜采用水下不分散混凝土，其坍落度宜为 200±20mm 2) 封底混凝土应在沉井全部底面积上连续均匀浇筑，浇筑时导管插入混凝土深度不宜小于 1.5m 3) 封底混凝土应达到设计强度后，方可从井内抽水，并应检查封底质量，对渗漏水部位应进行堵漏处理 4) 防水混凝土底板应连续浇筑，不得留设施工缝，底板与井壁接缝处的防水措施应按本书表 10-5 选用，施工要求应符合本书表 10-7 序号 4 的 (11) 条的规定 (5) 当沉井与位于不透水层内的地下工程连接时，应先封住井壁外侧含水层的渗水通道
3	地下连续墙	(1) 当沉井与位于不透水层内的地下工程连接时，应先封住井壁外侧含水层的渗水通道 (2) 沉井水下封底应符合下列规定： 1) 单层地下连续墙不应直接用于防水等级为一级的地下工程墙体。单墙用于地下工程墙体时，应使用高分子聚合物泥浆护壁材料 2) 墙的厚度宜大于 600mm 3) 应根据地质条件选择护壁泥浆及配合比，遇有地下水含盐或受化学污染时，泥浆配合比应进行调整 4) 单元槽段整修后墙面平整度的允许偏差不宜大于 50mm 5) 浇筑混凝土前应清槽、置换泥浆和清除沉渣，沉渣厚度不应大于 100mm，并应将接缝面的泥皮、杂物清理干净 6) 钢筋笼浸泡泥浆时间不应超过 10h，钢筋保护层厚度不应小于 70mm 7) 幅间接缝应采用工字钢或十字钢板接头，锁口管应能承受混凝土浇筑时的侧压力，浇筑混凝土时不得发生位移和混凝土绕管 8) 胶凝材料用量不应少于 400kg/m³，水胶比小于 0.55，坍落度不得小于 180mm，石子粒径不宜大于导管直径的 1/8。浇筑导管埋入混凝土深度宜为 1.5～3m，在槽段端部的浇筑导管与端部的距离宜为 1～1.5m，混凝土浇筑应连续进行。冬期施工时应采取保温措施，墙顶混凝土未达到设计强度 50% 时，不得受冻 9) 支撑的预埋件应设置止水片或遇水膨胀止水条 (胶)，支撑部位及墙体的裂缝、孔洞等缺陷应采用防水砂浆及时修补；墙体幅间接缝如有渗漏，应采用注浆、嵌填弹性密封材料等进行防水处理，并应采取引排措施 10) 底板混凝土应达到设计强度后方可停止降水，并应将降水井封堵密实 11) 墙体与工程顶板、底板、中楼板的连接处均应凿毛，并应清洗干净，同时应设置 1～2 道遇水膨胀止水条 (胶)，接驳器处宜喷涂水泥基渗透结晶型防水涂料或涂抹聚合物水泥防水砂浆

序号	项目	内　　容
3	地下连续墙	（3）地下连续墙与内衬构成的复合式衬砌，应符合下列规定： 1）应用作防水等级为一、二级的工程 2）应根据基坑基础形式、支撑方式内衬构造特点选择防水层 3）墙体施工应符合上述（2）条之3）～10）的规定，并应按设计规定对墙面、墙缝渗漏水进行处理，并应在基面找平满足设计要求后施工防水层及浇筑内衬混凝土 4）内衬墙应采用防水混凝土浇筑，施工缝、变形缝和诱导缝的防水措施应按本书表 10-5 选用，并应与地下连续墙墙缝互相错开。施工要求应符合本书表 10-7 和表 10-30 中的有关规定 （4）地下连续墙作为围护并与内衬墙构成叠合结构时，其抗渗等级要求可比有关规定的抗渗等级降低一级；地下连续墙与内衬墙构成分离式结构时，可不要求地下连续墙的混凝土抗渗等级
4	逆筑结构	（1）直接采用地下连续墙作围护的逆筑结构，应符合本表序号 3 之（1）条和（2）条的规定 （2）采用地下连续墙和防水混凝土内衬的复合式逆筑结构，应符合下列规定： 1）可用于防水等级为一、二级的工程 2）地下连续墙的施工应符合本表序号 3 之（2）条中 8）、10）的规定 3）顶板、楼板及下部 500mm 的墙体应同时浇筑，墙体的下部应做成斜坡形；斜坡形下部应预留 300～500mm 空间，并应待下部先浇混凝土施工 14d 后再行浇筑；浇筑前所有缝面应凿毛、清理干净，并应设置遇水膨胀止水条（胶）和预埋注浆管。上部施工缝设置遇水膨胀止水条时，应使用胶粘剂和射钉（或水泥钉）固定牢靠。浇筑混凝土应采用补偿收缩混凝土（图 10-40） 4）底板应连续浇筑，不宜留设施工缝，底板与桩头相交处的防水处理应符合本书表 10-36 序号 2 的有关规定 （3）采用桩基支护逆筑法施工时，应符合下列规定： 1）应用于各防水等级的工程 2）侧墙水平、垂直施工缝，应采取二道防水措施 3）逆筑施工缝、底板、底板与桩头的接缝做法应符合上述（2）条的 3）、4）的规定
5	锚喷支护	（1）喷射混凝土施工前，应根据围岩裂隙及渗漏水的情况，预先采用引排或注浆堵水 采用引排措施时，应采用耐侵蚀、耐久性好的塑料丝盲沟或弹塑性软式导水管等导水材料 （2）锚喷支护用作工程内衬墙时，应符合下列规定： 1）宜用于防水等级为三级的工程 2）喷射混凝土宜掺入速凝剂、膨胀剂或复合型外加剂、钢纤维与合成纤维等材料，其品种及掺量应通过试验确定 3）喷射混凝土的厚度应大于 80mm，对地下工程变截面及轴线转折点的阳角部位，应增加 50mm 以上厚度的喷射混凝土 4）喷射混凝土设置预埋件时，应采取防水处理 5）喷射混凝土终凝 2h 后，应喷水养护，养护时间不得少于 14d （3）锚喷支护作为复合式衬砌的一部分时，应符合下列规定： 1）宜用于防水等级为一、二级工程的初期支护 2）锚喷支护的施工应符合上述（2）条的 2）～5）的规定 （4）锚喷支护、塑料防水板、防水混凝土内衬的复合式衬砌，应根据工程情况选用，也可将锚喷支护和离壁式衬砌、衬套结合使用

不同防水等级盾构隧道的衬砌防水措施　　　　　表 10-42

序号	防水措施措施选择防水等级	高精度管片	接缝防水 密封垫	接缝防水 嵌缝	接缝防水 注入密封剂	接缝防水 螺孔密封圈	混凝土内衬或其他内衬	外防水涂料
1	一级	必选	必选	全隧道或部分区段应选	可选	必选	宜选	对混凝土有中等以上腐蚀的地层应选，在非腐蚀地层宜选
2	二级	必选	必选	部分区段宜选	可选	必选	局部宜选	对混凝土有中等以上腐蚀的地层宜选
3	三级	应选	必选	部分区段宜选	—	应选	—	对混凝土有中等以上腐蚀的地层宜选
4	四级	可选	宜选	可选	—	—	—	—

弹性橡胶密封垫材料物理性能　　　　　表 10-43

序号	项目		指标 氯丁橡胶	指标 三元乙丙胶
1	硬度（邵尔 A，度）		$45\pm5\sim60\pm5$	$55\pm5\sim70\pm5$
2	伸长率（%）		≥350	≥330
3	拉伸强度（N/mm²）		≥10.5	≥9.5
4	热空气老化 70℃×96h	硬度变化值（邵尔 A，度）	$\leq+8$	$\leq+6$
		拉伸强度变化率（%）	≥-20	≥-15
		扯断伸长率变化率（%）	≥-30	≥-30
5	压缩永久变形（70℃×24h）（%）		≤35	≤28
6	防霉等级		达到与优于 2 级	达到与优于 2 级

注：以上指标均为成品切片测试的数据，若只能以胶料制成试样测试，则其伸长率、拉伸强度的性能数据应达到本规定的120%。

遇水膨胀橡胶密封垫胶料物理性能　　　　　表 10-44

序号	项目		性能要求 PZ-150	性能要求 PZ-250	性能要求 PZ-400
1	硬度（绍尔 A，度）		42 ± 7	42 ± 7	42 ± 7
2	拉伸强度（N/mm²）		≥3.5	≥3.5	≥3
3	扯断伸长率（%）		≥450	≥450	≥350
4	体积膨胀倍率（%）		≥150	≥250	≥400
5	反复浸水试验	拉伸强度（N/mm²）	≥3	≥3	≥2
		扯断伸长率（%）	≥350	≥350	≥250
		体积膨胀倍率（%）	≥150	≥250	≥300
6	低温弯折（-20℃×2h）		无裂纹		
7	防霉等级		达到与优于 2 级		

注：1. 成品切片测试应达到本指标的80%；

　　2. 接头部位的拉伸强度指标不得低于本指标的50%；

　　3. 体积膨胀倍率是浸泡前后的试样质量的比率。

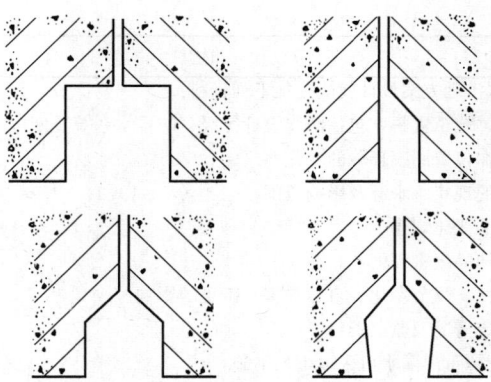

图 10-39 管片嵌缝槽断面构造形式

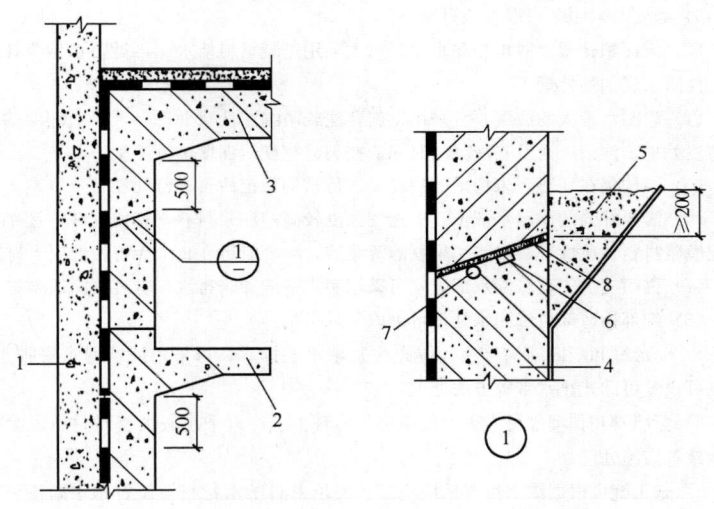

图 10-40 逆筑法施工接缝防水构造

1—地下连续墙；2—楼板；3—顶板；4—补偿收缩混凝土；5—应凿去的混凝土；

6—遇水膨胀止水条或预埋注浆管；7—遇水膨胀止水胶；8—粘结剂

10.5.2 地下工程渗漏水治理

地下工程渗漏水治理如表 10-45 所示。

地下工程渗漏水治理　　　　　　　　　　　　　　　表 10-45

序号	项　目	内　　容
1	一般规定	（1）渗漏水治理前应掌握工程原防水、排水系统的设计、施工、验收资料 （2）渗漏水治理施工时应按先顶（拱）后墙而后底板的顺序进行，宜少破坏原结构和防水层 （3）有降水和排水条件的地下工程，治理前应做好降水、排水工作 （4）治理过程中应选用无毒、低污染的材料 （5）治理过程中的安全措施、劳动保护应符合有关安全施工技术规定 （6）地下工程渗漏水治理，应由防水专业设计人员和有防水资质的专业施工队伍承担

序号	项 目	内 容
2	方案设计	(1) 渗漏水治理方案设计前应搜集下列资料： 1) 原设计、施工资料，包括防水设计等级、防排水系统及使用的防水材料性能、试验数据 2) 工程所在位置周围环境的变化 3) 渗漏水的现状、水源及影响范围 4) 渗漏水的变化规律 5) 衬砌结构的损害程度 6) 运营条件、季节变化、自然灾害对工程的影响 7) 结构稳定情况及监测资料 (2) 大面积严重渗漏水可采取下列措施： 1) 衬砌后和衬砌内注浆止水或引水，待基面无明水或干燥后，用掺外加剂防水砂浆、聚合物水泥砂浆、挂网水泥砂浆或防水涂料等加强处理 2) 引水孔最后封闭 3) 必要时采用贴壁混凝土衬砌 (3) 大面积轻微渗漏水和漏水点，可先采用速凝材料堵水，再做防水砂浆抹面或防水涂层等永久性防水层加强处理 (4) 渗漏水较大的裂缝，宜采用钻斜孔法或凿缝法注浆处理，干燥或潮湿的裂缝宜采用骑缝注浆法处理。注浆压力及浆液凝结时间应按裂缝宽度、深度进行调整 (5) 结构仍在变形、未稳定的裂缝，应待结构稳定后再进行处理 (6) 需要补强的渗漏水部位，应选用强度较高的注浆材料，如水泥浆、超细水泥浆、自流平水泥灌浆材料、改性环氧树脂、聚氨酯等浆液，必要时可在止水后再做混凝土衬砌 (7) 锚喷支护工程渗漏水部位，可采用引水带或导管排水，也可喷涂快凝材料及化学注浆堵水 (8) 细部构造部位渗漏水处理可采取下列措施： 1) 变形缝和新旧结构接头，应先注浆堵水或排水，再采用嵌填遇水膨胀止水条、密封材料，也可设置可卸式止水带等方法处理 2) 穿墙管和预埋件可先采用快速堵漏材料止水，再采用嵌填密封材料、涂抹防水涂料、水泥砂浆等措施处理 3) 施工缝可根据渗水情况采用注浆、嵌填密封防水材料及设置排水暗槽等方法处理，表面应增设水泥砂浆、涂料防水层等加强措施
3	治理材料	(1) 衬砌后注浆宜选用特种水泥浆，掺有膨润土、粉煤灰等掺合料的水泥浆或水泥砂浆 (2) 工程结构注浆宜选用水泥类浆液，有补强要求时可选用改性环氧树脂注浆材料；裂缝堵水注浆宜选用聚氨酯或丙烯酸盐等化学浆液 (3) 防水抹面材料宜选用掺各种外加剂、防水剂、聚合物乳液的水泥砂浆 (4) 防水涂料宜选用与基面粘结强度高和抗渗性好的材料 (5) 导水、排水材料宜选用排水板、金属排水槽或渗水盲管等 (6) 密封材料宜选用硅酮、聚硫橡胶类、聚氨酯类等柔性密封材料，也可选用遇水膨胀止水条（胶）
4	施工做法	(1) 地下工程渗漏水治理施工应按制订的方案进行 (2) 治理过程中应严格每道工序的操作，上道工序未经验收合格，不得进行下道工序施工 (3) 治理过程中应随时检查治理效果，并应做好隐蔽施工记录 (4) 地下工程渗漏水治理除应做好防水措施外，尚应采取排水措施 (5) 竣工验收应符合下列规定： 1) 施工质量应符合设计要求 2) 施工资料应包括施工技术总结报告、所用材料的技术资料、施工图纸等

第 11 章　建筑施工安全检查规定

11.1　建筑施工安全检查评定内容

11.1.1　安全管理与文明施工

安全管理与文明施工如表 11-1 所示。

安全管理与文明施工　　　　　　　　　　　　　　　　　表 11-1

序号	项 目	内　　　　　容
1	术语	（1）保证项目。检查评定项目中，对施工人员生命、设备设施及环境安全起关键性作用的项目 （2）一般项目。检查评定项目中，除保证项目以外的其他项目 （3）公示标牌。在施工现场的进出口处设置的工程概况牌、管理人员名单及监督电话牌、消防保卫牌、安全生产牌、文明施工牌及施工现场总平面图等 （4）临边。施工现场内无围护设施或围护设施高度低于 0.8m 的楼层周边、楼梯侧边、平台或阳台边、屋面周边和沟、坑、槽、深基础周边等危及人身安全的边沿的简称
2	安全管理	（1）安全管理检查评定应符合国家现行有关安全生产的法律、法规、标准的规定 （2）安全管理检查评定保证项目应包括：安全生产责任制、施工组织设计及专项施工方案、安全技术交底、安全检查、安全教育、应急救援。一般项目应包括：分包单位安全管理、持证上岗、生产安全事故处理、安全标志 （3）安全管理保证项目的检查评定应符合下列规定： 1）安全生产责任制 ①工程项目部应建立以项目经理为第一责任人的各级管理人员安全生产责任制 ②安全生产责任制应经责任人签字确认 ③工程项目部应有各工种安全技术操作规程 ④工程项目部应按规定配备专职安全员 ⑤对实行经济承包的工程项目，承包合同中应有安全生产考核指标 ⑥工程项目部应制定安全生产资金保障制度 ⑦按安全生产资金保障制度，应编制安全资金使用计划，并应按计划实施 ⑧工程项目部应制定以伤亡事故控制、现场安全达标、文明施工为主要内容的安全生产管理目标 ⑨按安全生产管理目标和项目管理人员的安全生产责任制，应进行安全生产责任目标分解 ⑩应建立对安全生产责任制和责任目标的考核制度 ⑪按考核制度，应对项目管理人员定期进行考核 对上述 1）的应用说明： 安全生产责任制主要是指工程项目部各级管理人员，包括：项目经理、工长、安全员、生产、技术、机械、器材、后勤、分包单位负责人等管理人员，均应建立安全责任制。根据本章和项目制定的安全管理目标，进行责任目标分解。建立考核制度，定期（每月）考核 工程的主要施工工种，包括：砌筑、抹灰、混凝土、木工、电工、钢筋、机械、起重司索、信号指挥、脚手架、水暖、油漆、塔吊、电梯、电气焊等工种均应制定安全技术操作规程，并在相对固定的作业区域悬挂

序号	项目	内　　容
2	安全管理	工程项目部专职安全人员的配备应按住建部的规定，1 万 m² 以下工程 1 人；1～5 万 m² 的工程不少于 2 人；5 万 m² 以上的工程不少于 3 人 　　制定安全生产资金保障制度，就是要确保购置、制作各种安全防护设施、设备、工具、材料及文明施工设施和工程抢险等需要的资金，做到专款专用。同时还应提前编制计划并严格按计划实施，保证安全生产资金的投入 　　2）施工组织设计及专项施工方案 　　①工程项目部在施工前应编制施工组织设计，施工组织设计应针对工程特点、施工工艺制定安全技术措施 　　②危险性较大的分部分项工程应按规定编制安全专项施工方案，专项施工方案应有针对性，并按有关规定进行设计计算 　　③超过一定规模危险性较大的分部分项工程，施工单位应组织专家对专项施工方案进行论证 　　④施工组织设计、专项施工方案，应由有关部门审核，施工单位技术负责人、监理单位项目总监批准 　　⑤工程项目部应按施工组织设计、专项施工方案组织实施 　　对上述 2）的应用说明： 　　施工组织设计中的安全技术措施应包括安全生产管理措施 　　危险性较大的分部分项工程专项方案，经专家论证后提出修改完善意见的，施工单位应按论证报告进行修改，并经施工单位技术负责人、项目总监理工程师、建设单位项目负责人签字后，方可组织实施。专项方案经论证后需做重大修改的，应重新组织专家进行论证 　　3）安全技术交底 　　①施工负责人在分派生产任务时，应对相关管理人员、施工作业人员进行书面安全技术交底 　　②安全技术交底应按施工工序、施工部位、施工栋号分部分项进行 　　③安全技术交底应结合施工作业场所状况、特点、工序，对危险因素、施工方案、规范标准、操作规程和应急措施进行交底 　　④安全技术交底应由交底人、被交底人、专职安全员进行签字确认 　　对上述 3）的应用说明： 　　安全技术交底主要包括三个方面：一是按工程部位分部分项进行交底；二是对施工作业相对固定，与工程施工部位没有直接关系的工种，如起重机械、钢筋加工等，应单独进行交底；三是对工程项目的各级管理人员，应进行以安全施工方案为主要内容的交底 　　4）安全检查 　　①工程项目部应建立安全检查制度 　　②安全检查应由项目负责人组织，专项安全员及相关专业人员参加，定期进行并填写检查记录 　　③对检查中发现的事故隐患应下达隐患整改通知单，定人、定时间、定措施进行整改。重大事故隐患整改后，应由相关部门组织复查 　　对上述 4）的应用说明： 　　安全检查应包括定期安全检查和季节性安全检查 　　定期安全检查以每周一次为宜 　　季节性安全检查，应在雨期、冬期之前和雨期、冬期施工中分别进行 　　对重大事故隐患的整改复查，应按照谁检查谁复查的原则进行 　　5）安全教育 　　①工程项目部应建立安全教育培训制度 　　②当施工人员入场时，工程项目部应组织进行以国家安全法律法规、企业安全制度、施工现场安全管理规定及各工种安全技术操作规程为主要内容的三级安全教育培训和考核

序号	项 目	内 容
2	安全管理	③当施工人员变换工种或采用新技术、新工艺、新设备、新材料施工时，应进行安全教育培训 ④施工管理人员、专职安全员每年度应进行安全教育培训和考核 对上述 5)的应用说明： 施工人员入场安全教育应按照先培训后上岗的原则进行，培训教育应进行试卷考核、施工人员变换工种或采用新技术、新工艺、新设备、新材料施工时，必须进行安全教育培训，保证施工人员熟悉作业环境，掌握相应的安全知识技能 现场应填写三级安全教育台账记录和安全教育人员考核登记表 施工管理人员、专职安全员每年应进行一次安全培训考核 6)应急救援 ①工程项目部应针对工程特点，进行重大危险源的辨识；应制定防触电、防坍塌、防高处坠落、防起重及机械伤害、防火灾、防物体打击等主要内容的专项应急救援预案，并对施工现场易发生重大安全事故的部位、环节进行监控 ②施工现场应建立应急救援组织，培训、配备应急救援人员，定期组织员工进行应急救援演练 ③按应急救援预案要求，应配备应急救援器材和设备 对上述 6)的应用说明： 重大危险源的辨识应根据工程特点和施工工艺，将施工中可能造成重大人身伤害的危险因素、危险部位、危险作业列为重大危险源并进行公示，并以此为基础编制应急救援预案和控制措施 项目应定期组织综合或专项的应急救援演练。对难以进行现场演练的预案，可按演练程序和内容采取室内桌牌式模拟演练 按照工程的不同情况和应急救援预案要求，应配备相应的应急救援器材，包括：急救箱、氧气袋、担架、应急照明灯具、消防器材、通信器材、机械、设备、材料、工具、车辆、备用电源等 (4) 安全管理一般项目的检查评定应符合下列规定： 1) 分包单位安全管理 ①总包单位应对承揽分包工程的分包单位进行资质、安全生产许可证和相关人员安全生产资格的审查 ②当总包单位与分包单位签订分包合同时，应签订安全生产协议书，明确双方的安全责任 ③分包单位应按规定建立安全机构，配备专职安全员 对上述 1)的应用说明： 分包单位安全员的配备应按住建部的规定，专业分包至少 1 人；劳务分包的工程 50 人以下的至少 1 人；50～200 人的至少 2 人；200 人以上的至少 3 人 分包单位应根据每天工作任务的不同特点，对施工作业人员进行班前安全交底 2) 持证上岗 ①从事建筑施工的项目经理、专职安全员和特种作业人员，必须经行业主管部门培训考核合格，取得相应资格证书，方可上岗作业 ②项目经理、专职安全员和特种作业人员应持证上岗 对上述 2)的应用说明： 项目经理、安全员、特种作业人员应进行登记造册，资格证书复印留查，并按规定年限进行延期审核 3) 生产安全事故处理 ①当施工现场发生生产安全事故时，施工单位应按规定及时报告 ②施工单位应按规定对生产安全事故进行调查分析，制定防范措施 ③应依法为施工作业人员办理保险 对上述 3)的应用说明：

序号	项 目	内 容
2	安全管理	工程项目发生的各种安全事故应进行登记报告，并按规定进行调查、处理、制定预防措施，建立事故档案。重伤以上事故，按国家有关调查处理规定进行登记建档 4）安全标志 ①施工现场入口处及主要施工区域、危险部位应设置相应的安全警示标志牌 ②施工现场应绘制安全标志布置图 ③应根据工程部位和现场设施的变化，调整安全标志牌设置 ④施工现场应设置重大危险源公示牌 对上述4）的应用说明： 施工现场安全标志的设置应根据工程部位进行调整。主要包括：基础施工、主体施工、装修施工三个阶段 对夜间施工或人员经常通行的危险区域、设施，应安装灯光警示标志 按照危险源辨识的情况，施工现场应设置重大危险源公示牌
3	文明施工	（1）文明施工检查评定应符合现行国家标准《建设工程施工现场消防安全技术规范》GB 50720 和《建筑施工现场环境与卫生标准》JGJ 146、《施工现场临时建筑物技术规范》JGJ/T 188 的规定 （2）文明施工检查评定保证项目应包括：现场围挡、封闭管理、施工场地、材料管理、现场办公与住宿、现场防火。一般项目应包括：综合治理、公示标牌、生活设施、社区服务 （3）文明施工保证项目的检查评定应符合下列规定： 1）现场围挡 ①市区主要路段的工地应设置高度不小于 2.5m 的封闭围挡 ②一般路段的工地应设置高度不小于 1.8m 的封闭围挡 ③围挡应坚固、稳定、整洁、美观 对上述1）的应用说明： 工地必须沿四周连续设置封闭围挡，围挡材料应选用砌体金属板材等硬性材料，并做到坚固、稳定、整洁和美观 2）封闭管理 ①施工现场进出口应设置大门，并应设置门卫值班室 ②应建立门卫值守管理制度，并应配备门卫值守人员 ③施工人员进入施工现场应佩戴工作卡 ④施工现场出入口应标有企业名称或标识、并应设置车辆冲洗设施 对上述2）的应用说明： 现场进出口应设置大门、门卫室、企业名称或标识、车辆冲洗设施等，并严格执行门卫制度，持工作卡进出现场 3）施工场地 ①施工现场的主要道路及材料加工区地面应进行硬化处理 ②施工现场道路应畅通，路面应平整坚实 ③施工现场应有防止扬尘措施 ④施工现场应设置排水设施，且排水通畅无积水 ⑤施工现场应有防止泥浆、污水、废水污染环境的措施 ⑥施工现场应设置专门的吸烟处，严禁随意吸烟 ⑦温暖季节应有绿化布置 对上述3）的应用说明： 现场主要道路必须采用混凝土、碎石或其他硬质材料进行硬化处理、做到畅通、平整，其宽度应能满足施工及消防等要求

序号	项 目	内　　　容
3	文明施工	对现场易产生扬尘污染的路面、裸露地面及存放的土方等，应采取合理、严密的防尘措施 4）材料管理 ①建筑材料、构件、料具应按总平面布局进行码放 ②材料应码放整齐，并应标明名称、规格等 ③施工现场材料码放应采取防火、防锈蚀、防雨等措施 ④建筑物内施工垃圾的清运，应采用器具或管道运输，严禁随意抛掷 ⑤易燃易爆物品应分类储藏在专用库房内，并应制定防火措施 对上述 4）的应用说明： 应根据施工现场实际面积及安全消防要求，合理布置材料的存放位置，并码放整齐 现场存放的材料（如：钢筋、水泥等），为了达到质量和环境保护的要求，应有防雨水浸泡、防锈蚀和防止扬尘等措施 建筑物内施工垃圾的清运，为防止造成人员伤亡和环境污染，必须要采用合理容器或管道运输，严禁凌空抛掷 现场易燃易爆物品必须严格管理，在使用和储藏过程中，必须有防爆晒、防火等保护措施，并应间距合理、分类存放 5）现场办公与住宿 ①施工作业、材料存放区与办公、生活区应划分清晰，并应采取相应的隔离措施 ②在建工程内、伙房、库房不得兼作宿舍 ③宿舍、办公用房的防火等级应符合规范要求 ④宿舍应设置可开启式窗户，床铺不得超过 2 层，通道宽度不应小于 0.9m ⑤宿舍内住宿人员人均面积不应小于 2.5m²，且不得超过 16 人 ⑥冬季宿舍内应有采暖和防一氧化碳中毒措施 ⑦夏季宿舍内应有防暑降温和防蚊蝇措施 ⑧生活用品应摆放整齐，环境卫生应良好 对上述 5）的应用说明： 为了保证住宿人员的人身安全，在建工程内、伙房、库房严禁兼做员工宿舍 施工现场应做到作业区、材料区与办公区、生活区进行明显的划分，并应有隔离措施；如因现场狭小，不能达到安全距离的要求，必须对办公区、生活区采取可靠的防护措施 宿舍内严禁使用通铺，床铺不应超过 2 层，为了达到安全和消防的要求，宿舍内应有必要的生活空间，居住人员不得超过 16 人，通道宽度不应小于 0.9m，人均使用面积不应小于 2.5m² 6）现场防火 ①施工现场应建立消防安全管理制度，制定消防措施 ②施工现场临时用房和作业场所的防火设计应符合规范要求 ③施工现场应设置消防通道、消防水源，并应符合规范要求 ④施工现场灭火器材应保证可靠有效，布局配置应符合规范要求 ⑤明火作业应履行动火审批手续，配备动火监护人员 对上述 6）的应用说明： 现场临时用房和设施，包括：办公用房、宿舍、厨房操作间、食堂、锅炉房、库房、变配电房、围挡、大门、材料堆场及其加工场、固定动火作业场、作业棚、机具棚等设施，在防火设计上，必须达到有关消防安全技术规范的要求 现场木料、保温材料、安全网等易燃材料必须实行入库、合理存放，并配备相应、有效、足够的消防器材 为了保证现场防火安全，动火作业前必须履行动火审批程序，经监护和主管人员确认、同意，消防设施到位后，方可施工

序号	项 目	内 容
3	文明施工	（4）文明施工一般项目的检查评定应符合下列规定： 1）综合治理 ①生活区内应设置供作业人员学习和娱乐的场所 ②施工现场应建立治安保卫制度，责任分解落实到人 ③施工现场应制定治安防范措施 2）公示标牌 ①大门口处应设置公示标牌，主要内容应包括：工程概况牌、消防保卫牌、安全生产牌、文明施工牌、管理人员名单及监督电话牌、施工现场总平面图 ②标牌应规范、整齐、统一 ③施工现场应有安全标语 ④应有宣传栏、读报栏、黑板报 对上述 2）的应用说明： 施工现场的进口处应有明显的公示标牌，如果认为内容还应增加，可结合本地区、本企业及本工程特点进行要求 3）生活设施 ①应建立卫生责任制度并落实到人 ②食堂与厕所、垃圾站、有毒有害场所等污染源的距离应符合规范要求 ③食堂必须有卫生许可证，炊事人员必须持身体健康证上岗 ④食堂使用的燃气罐应单独设置存放间，存放间应通风良好，并严禁存放其他物品 ⑤食堂的卫生环境应良好，且应配备必要的排风、冷藏、消毒、防鼠、防蚊蝇等设施 ⑥厕所内的设施数量和布局应符合规范要求 ⑦厕所必须符合卫生要求 ⑧必须保证现场人员卫生饮水 ⑨应设置淋浴室，且能满足现场人员需求 ⑩生活垃圾应装入密闭式容器内，并应及时清理 对上述 3）的应用说明： 食堂与厕所、垃圾站等污染及有毒有害场所的间距必须大于 15m，并应设置在上述场所的上风侧（地区主导风向） 食堂必须经相关部门审批，颁发卫生许可证和炊事人员的身体健康证 食堂使用的煤气罐应进行单独存放，不能与其他物品混放，且存放间有良好的通风条件 食堂应设专人进行管理和消毒，门扇下方设防鼠挡板，操作间设清洗池、消毒池、隔油池、排风、防蚊蝇等设施，储藏间应配有冰柜等冷藏设施，防止食物变质 厕所的蹲位和小便槽应满足现场人员数量的需求，高层建筑或作业面积大的场地应设置临时性厕所，并由专人及时进行清理 现场的淋浴室应能满足作业人员的需求，淋浴室与人员的比例宜大于 1：20 现场应针对生活垃圾建立卫生责任制，使用合理、密封的容器，指定专人负责生活垃圾的清运工作 4）社区服务 ①夜间施工前，必须经批准后方可进行施工 ②施工现场严禁焚烧各类废弃物 ③施工现场应制定防粉尘、防噪声、防光污染等措施 ④应制定施工不扰民措施 对上述 4）的应用说明：

序号	项 目	内 容
3	文明施工	为了保护环境，施工现场严禁焚烧各类废弃物（包括：生活垃圾、废旧的建筑材料等），应进行及时的清运 施工活动泛指施工、拆除、清理、运输及装卸等动态作业活动，在动态作业活动中，应有防粉尘、防噪声和防光污染等措施

11.1.2　扣件式钢管脚手架与门式钢管脚手架

扣件式钢管脚手架与门式钢管脚手架如表 11-2 所示。

扣件式钢管脚手架与门式钢管脚手架　　　　　　　　　表 11-2

序号	项 目	内 容
1	扣件式钢管脚手架	（1）扣件式钢管脚手架检查评定应符合现行行业标准《建筑施工扣件式钢管脚手架安全技术规范》JGJ130 的规定 （2）扣件式钢管脚手架检查评定保证项目应包括：施工方案、立杆基础、架体与建筑结构拉结、杆件间距与剪刀撑、脚手板与防护栏杆、交底与验收。一般项目应包括：横向水平杆设置、杆件连接、层间防护、构配件材质、通道 （3）扣件式钢管脚手架保证项目的检查评定应符合下列规定： 1）施工方案 ①架体搭设应编制专项施工方案，结构设计应进行计算，并按规定进行审核、审批 ②当架体搭设超过规范允许高度时，应组织专家对专项施工方案进行论证 对上述 1）的应用说明： 搭设高度超过规范要求的脚手架应编制专项施工方案，基础、连墙件应经设计计算，专项施工方案经审批后实施；搭设高度超过 50m 的架体，必须采取加强措施，专项施工方案必须经专家论证 2）立杆基础 ①立杆基础应按方案要求平整、夯实，并应采取排水措施，立杆底部设置的垫板、底座应符合规范要求 ②架体应在距立杆底端高度不大于 200mm 处设置纵、横向扫地杆，并应用直角扣件固定在立杆上，横向扫地杆应设置在纵向扫地杆的下方 对上述 2）的应用说明： 基础土层、排水设施、扫地杆设置对脚手架基础稳定性有着重要影响；脚手架基础应采取防止积水浸泡的措施，减少或消除在搭设和使用过程中由于地基不均匀沉降导致的架体变形 3）架体与建筑结构拉结 ①架体与建筑结构拉结应符合规范要求 ②连墙件应从架体底层第一步纵向水平杆处开始设置，当该处设置有困难时应采取其他可靠措施固定 ③对搭设高度超过 24m 的双排脚手架，应采用刚性连墙件与建筑结构可靠拉结 对上述 3）的应用说明： 脚手架拉结形式、拉结部位对架体整体刚度有重要影响；脚手架与建筑物进行拉结可以防止因风荷载而发生的架体倾翻事故，减小立杆的计算长度，提高承载能力，保证脚手架的整体稳定性；连墙杆应靠近节点位置从架体底部第一步横向水平杆开始设置 4）杆件间距与剪刀撑 ①架体立杆、纵向水平杆、横向水平杆间距应符合设计和规范要求 ②纵向剪刀撑及横向斜撑的设置应符合规范要求

序号	项 目	内 容
1	扣件式钢管脚手架	③剪刀撑杆件的接长、剪刀撑斜杆与架体杆件的固定应符合规范要求 对上述 4)的应用说明: 纵向水平杆设在立杆内侧,可以减少横向水平杆跨度,接长立杆和安装剪刀撑时比较方便,对高处作业更为安全 5) 脚手板与防护栏杆 ①脚手板材质、规格应符合规范要求,铺板应严密、牢靠 ②架体外侧应采用密目式安全网封闭,网间连接应严密 ③作业层应按规范要求设置防护栏 ④作业层外侧应设置高度不小于 180mm 的挡脚板 对上述 5)的应用说明: 架体使用的脚手板宽度、厚度以及材质类型应符合规范要求,通过限定脚手板的对接和搭接尺寸,控制探头板长度,以防止脚手板倾翻或滑脱 6) 交底与验收 ①架体搭设前应进行安全技术交底,并应有文字记录 ②当架体分段搭设、分段使用时,应进行分段验收 ③搭设完毕应办理验收手续、验收应有量化内容并经责任人签字确认 对上述 6)的应用说明: 脚手架在搭设前,施工负责人应按照方案结合现场作业条件进行细致的安全技术交底;脚手架搭设完毕或分段搭设完毕,应由施工负责人组织有关人员进行检查验收,验收内容应包括用数据衡量合格与否的项目,确认符合要求后,才可投入使用或进入下一阶段作业 (4) 扣件式钢管脚手架一般项目的检查评定应符合下列规定: 1) 横向水平杆设置 ①横向水平杆应设置在纵向水平杆与立杆相交的主节点处,两端应与纵向水平杆固定 ②作业层应按铺设脚手板的需要增加设置横向水平杆 ③单排脚手架横向水平杆插入墙内不应小于 180mm 对上述 1)的应用说明: 横向水平杆应紧靠立杆用十字扣件与纵向水平杆扣牢;主要作用是承受脚手板传来的荷载,增强脚手架横向刚度,约束双排脚手架里外两侧立杆的侧向变形,缩小立杆长细比,提高立杆的承载能力 2) 杆件连接 ①纵向水平杆杆件宜采用对接,若采用搭接,其搭接长度不应小于 1m,且固定应符合规范要求 ②立杆除顶层顶步外,不得采用塔接 ③杆件对接扣件应交错布置,并符合规范要求 ④扣件紧固力矩不应小于 40N·m,且不应大于 65N·m 3) 层间防护 ①作业层脚手板下应采用安全平网兜底,以下每隔 10m 应采用安全平网封闭 ②作业层里排架体与建筑物之间应采用脚手板或安全平网封闭 4) 构配件材质 ①钢管直径、壁厚、材质应符合规范要求 ②钢管弯曲、变形、锈蚀应在规范允许范围 ③扣件应进行复试且技术性能符合规范要求 5) 通道 ①架体应设置供人员上下的专用通道 ②专用通道的设置应符合规范要求

序号	项　目	内　　容
2	门式钢管脚手架	（1）门式钢管脚手架检查评定应符合现行行业标准《建筑施工门式钢管脚手架安全技术规范》JGJ128 的规定 （2）门式钢管脚手架检查评定保证项目应包括：施工方案、架体基础、架体稳定、杆件锁臂、脚手板、交底与验收。一般项目应包括：架体防护、构配件材质、荷载、通道 （3）门式钢管脚手架保证项目的检查评定应符合下列规定： 1）施工方案 ①架体搭设应编制专项施工方案，结构设计应进行计算，并按规定进行审核、审批 ②当架体搭设超过规范允许高度时，应组织专家对专项施工方案进行论证 对上述 1）的应用说明： 搭设高度超过规范要求的脚手架应编制专项施工方案，基础、连墙件应经设计计算，专项施工方案经审批后实施；搭设超过规范允许高度的架体，必须采取加强措施，所以专项方案必项经专家论证 2）架体基础 ①立杆基础应按方案要求平整、夯实，并应采取排水措施 ②架体底部应设置垫板和立杆底座，并应符合规范要求 ③架体扫地杆设置应符合规范要求 对上述 2）的应用说明： 基础土层、排水设施、扫地杆设置对脚手架基础稳定性有着重要影响；脚手架基础应采取防止积水浸泡的措施，减少或消除在搭设和使用过程中由于地基不均匀沉降导致的架体变形 3）架体稳定 ①架体与建筑物结构拉结应符合规范要求 ②架体剪刀撑斜杆与地面夹角应在 45°～60°之间，应采用旋转扣件与立杆固定，剪刀撑设置应符合规范要求 ③门架立杆的垂直偏差应符合规范要求 ④交叉支撑的设置应符合规范要求 对上述 3）的应用说明： 连墙件、剪刀撑、加固杆件、立杆偏差对架体整体刚度有着重要影响；连墙件的设置应按规范要求间距从底层第一步架开始，随脚手架搭设同步进行不得漏设；剪刀撑、加固杆件位置应准确，角度应合理，连接应可靠，并连续设置形成闭合圈，以提高架体的纵向刚度 4）杆件锁臂 ①架体杆件、锁臂应按规范要求进行组装 ②应按规范要求设置纵向水平加固杆 ③架体使用的扣件规格应与连接杆件相匹配 对上述 4）的应用说明： 门架杆件与配件的规格应配套统一，并应符合标准，杆件、构配件尺寸误差在允许的范围之内；搭设时各种组合情况下，门架与配件均能处于良好的连接、锁紧状态 5）脚手板 ①脚手板材质、规格应符合规范要求 ②脚手板应铺设严密、平整、牢固 ③挂扣式钢脚手板的挂扣必须完全挂扣在水平杆上，挂钩应处于锁住状态 对上述 5）的应用说明： 当使用与门架配套的挂扣式脚手板时，应有防止脚手板松动或脱落的措施 6）交底与验收

序号	项 目	内 容
2	门式钢管脚手架	①架体搭设前应进行安全技术交底，并应有文字记录 ②当架体分段搭设、分段使用时，应进行分段验收 ③搭设完毕应办理验收手续，验收应有量化内容并经责任人签字确认 对上述 6)的应用说明： 脚手架在搭设前，施工负责人应按照方案结合现场作业条件进行细致的安全技术交底；脚手架搭设完毕或分段搭设完毕，应由施工负责人组织有关人员进行检查验收，验收内容应包括用数据衡量合格与否的项目，确认符合要求后，才可投入使用或进入下一阶段作业 (4) 门式钢管脚手架一般项目的检查评定应符合下列规定： 1) 架体防护 ①作业层应按规范要求设置防护栏杆 ②作业层外侧应设置高度不小于 180mm 的挡脚板 ③架体外侧应采用密目式安全网进行封闭，网间连接应严密 ④架体作业层脚手板下应采用安全平网兜底，以下每隔 10m 应采用安全平网封闭 对上述 1)的应用说明： 作业后的防护栏杆、挡脚板、安全网应按规范要求正确设置，以防止作业人员坠落和作业面上的物料滚落 2) 构配件材质 ①门架不应有严重的弯曲、锈蚀和开焊 ②门架及构配件的规格、型号、材质应符合规范要求 3) 荷载 ①架体上的施工荷载应符合设计和规范要求 ②施工均布荷载、集中荷载应在设计允许范围内 4) 通道 ①架体应设置供人员上下的专用通道 ②专用通道的设置应符合规范要求

11.1.3 碗扣式与承插型盘扣式钢管脚手架

碗扣式与承插型盘扣式钢管脚手架如表 11-3 所示。

碗扣式与承插型盘扣式钢管脚手架 表 11-3

序号	项 目	内 容
1	碗扣式钢管脚手架	(1) 碗扣式钢管脚手架检查评定应符合现行行业标准《建筑施工碗扣式钢管脚手架安全技术规范》JGJ166 的规定 (2) 碗扣式钢管脚手架检查评定保证项目应包括：施工方案、架体基础、架体稳定、杆件锁件、脚手板、交底与验收。一般项目应包括：架体防护、构配件材质、荷载、通道 (3) 碗扣式钢管脚手架保证项目的检查评定应符合下列规定： 1) 施工方案 ①架体搭设应编制专项施工方案，结构设计应进行计算，并按规定进行审核、审批 ②当架体搭设超过规范允许高度时，应组织专家对专项施工方案进行论证 对上述 1)的应用说明： 搭设高度超过规范要求的脚手架应编制专项施工方案，基础、连墙件应经设计计算，专项施工方案经审批后实施；搭设超过规范允许高度的架体，必须采取加强措施，所以专项方案必须经专家论证

序号	项 目	内 容
1	碗扣式钢管脚手架	2）架体基础 ①立杆基础应按方案要求平整、夯实，并应采取排水措施，立杆底部设置的垫板和底座应符合规范要求 ②架体纵横向扫地杆距立杆底端高度不应大于 350mm 对上述 2）的应用说明： 基础土层、排水设施、扫地杆设置对脚手架基础稳定性有着重要影响；脚手架基础应采取防止积水浸泡的措施，减少或消除在搭设和使用过程中由于地基不均匀沉降导致的架体变形 3）架体稳定 ①架体与建筑结构拉结应符合规范要求，并应从架体底层第一步纵向水平杆处开始设置连墙件，当该处设置有困难时应采取其他可靠措施固定 ②架体拉结点应牢固可靠 ③连墙件应采用刚性杆件 ④架体竖向应沿高度方向连续设置专用斜杆或八字撑 ⑤专用斜杆两端应固定在纵横向水平杆的碗扣节点处 ⑥专用斜杆或八字形斜撑的设置角度应符合规范要求 对上述 3）的应用说明： 连墙件、斜杆、八字撑对架体整体刚度有着重要影响；当采用旋转扣件作斜杆连接时应尽量靠近有横杆、立杆的碗扣节点，斜杆采用八字形布置的目的是为了避免钢管重叠，斜杆角度应与横杆、立杆对角线角度一致 4）杆件锁件 ①架体立杆间距、水平杆步距应符合设计和规范要求 ②应按专项施工方案设计的步距在立杆连接碗扣节点处设置纵、横向水平杆 ③当架体搭设高度超过 24m 时，顶部 24m 以下的连墙件应设置水平斜杆，并应符合规范要求 ④架体组装及碗扣紧固应符合规范要求 对上述 4）的应用说明： 杆件间距、碗扣紧固、水平斜杆对架体稳定性有着重要影响；当架体高度超过 24m 时，在各连墙件层应增加水平斜杆，使纵横杆与斜杆形成水平桁架，使无连墙立杆构成支撑点，以保证立杆承载力及稳定性 5）脚手板 ①脚手板材质、规格应符合规范要求 ②脚手板应铺设严密、平整、牢固 ③挂扣式钢脚手板的挂扣必须完全挂扣在水平杆上，挂钩应处于锁住状态 对上述 5）的应用说明： 使用的工具式钢脚手板必须有挂钩，并带有自锁装置与廊道横杆锁紧，防止松动脱落 6）交底与验收 ①架体搭设前应进行安全技术交底，并应有文字记录 ②架体分段搭设、分段使用时，应进行分段验收 ③搭设完毕应办理验收手续，验收应有量化内容并经责任人签字确认 对上述 6）的应用说明： 脚手架在搭设前，施工负责人应按照方案结合现场作业条件进行细致的安全技术交底；脚手架搭设完毕或分段搭设完毕，应由施工负责人组织有关人员进行检查验收，验收内容应包括用数据衡量合格与否的项目，确认符合要求后，才可投入使用或进入下一阶段作业 （4）碗扣式钢管脚手架一般项目的检查评定应符合下列规定：

序号	项　目	内　　容
1	碗扣式钢管脚手架	1）架体防护 ①架体外侧应采用密目式安全网进行封闭，网间连接应严密 ②作业层应按规范要求设置防护栏用 ③作业层外侧应设置高度不小于180mm的挡脚板 ④作业层脚手板下应采用安全平网兜底，以下每隔10m应采用安全平网封闭 对上述1）的应用说明： 作业层的防护栏杆、挡脚板、安全网应按规范要求正确设置，以防止作业人员坠落和作业面上的物料滚落 2）构配件材质 ①架体构配件的规格、型号、材质应符合规范要求 ②钢管不应有严重的弯曲、变形、锈蚀 3）荷载 ①架体上的施工荷载应符合设计和规范要求 ②施工均布荷载、集中荷载应在设计允许范围内 4）通道 ①架体应设置供人员上下的专用通道 ②专用通道的设置应符合规范要求
2	承插型盘扣式钢管脚手架	（1）承插型盘扣式钢管脚手架检查评定应符合现行行业标准《建筑施工承插型盘扣式钢管支架安全技术规程》JGJ 231 的规定 （2）承插型盘扣式钢管脚手架检查评定保证项目包括：施工方案、架体基础、架体稳定、杆件设置、脚手板、交底与验收。一般项目包括：架体防护、杆件连接、构配件材质、通道 （3）承插型盘扣式钢管脚手架保证项目的检查评定应符合下列规定： 1）施工方案 ①架体搭设应编制专项施工方案，结构设计应进行计算 ②专项施工方案应按规定进行审核、审批 对上述1）的应用说明： 搭设高度超过规范要求的脚手架应编制专项施工方案，基础、连墙件应经设计计算，专项施工方案经审批后实施；搭设超过规范允许高度的架体，必须采取加强措施，所以专项方案必须经专家论证 2）架体基础 ①立杆基础应按方案要求平整、夯实，并应采取排水措施 ②立杆底部应设置垫板和可调底座，并应符合规范要求 ③架体纵、横向扫地杆设置应符合规范要求 对上述2）的应用说明： 基础土层、排水设施、扫地杆设置对脚手架基础稳定性有着重要影响；脚手架基础应采取防止积水浸泡的措施，减少或消除在搭设和使用过程中由于地基不均匀沉降导致的架体变形 3）架体稳定 ①架体与建筑结构拉结应符合规范要求，并应从架体底层第一步水平杆处开始设置连墙件，当该处设置有困难时应采取其他可靠措施固定 ②架体拉结点应牢固可靠 ③连墙件应采用刚性杆件 ④架体竖向斜杆、剪刀撑的设置应符合规范要求 ⑤竖向斜杆的两端应固定在纵、横向水平杆与立杆汇交的盘扣节点处

序号	项 目	内 容
2	承插型盘扣式钢管脚手架	⑥斜杆及剪刀撑应沿脚手架高度连续设置，角度应符合规范要求 对上述 3）的应用说明： 拉结点、剪刀撑、竖向斜杆的设置对脚手架整体稳定有着重要影响；当脚手架下部暂时不能设置连墙件时，宜外扩搭设多排脚手架并设置斜杆形成外侧斜面状附加梯形架，以保证架体稳定 4）杆件设置 ①架体立杆间距、水平杆步距应符合设计和规范要求 ②应按专项施工方案设计的步距在立杆连接插盘处设置纵、横向水平杆 ③当双排脚手架的水平杆未设挂扣式钢脚手板时，应按规范要求设置水平斜杆 对上述 4）的应用说明： 承插型盘扣式钢管脚手架各杆件、构配件应按规范要求设置；盘扣插销外表面应与水平杆和斜杆端扣接内表面吻合，使用不小于 0.5kg 锤子击紧插销，保证插销尾部外露不小于 15mm；作业面无挂扣钢脚手板时，应设置水平斜杆以保证平面刚度 5）脚手板 ①脚手板材质、规格应符合规范要求 ②脚手板应铺设严密、平整、牢固 ③挂扣式钢脚手板的挂扣必须完全挂扣在水平杆上，挂钩应处于锁住状态 对上述 5）的应用说明： 使用的挂扣式钢脚手板必须有挂钩，并带有自锁装置，防止松动脱落 6）交底与验收 ①架体搭设前应进行安全技术交底，并应有文字记录 ②架体分段搭设、分段使用时，应进行分段验收 ③搭设完毕应办理验收手续，验收应有量化内容并经责任人签字确认 对上述 6）的应用说明： 脚手架在搭设前，施工负责人应按照方案结合现场作业条件进行细致的安全技术交底；脚手架搭设完毕或分段搭设完毕，应由施工负责人组织有关人员进行检查验收，验收内容应包括用数据衡量合格与否的项目，确认符合要求后，才可投入使用或进入下一阶段作业 （4）承插型盘扣式钢管脚手架一般项目的检查评定应符合下列规定： 1）架体防护 ①架体外侧应采用密目式安全网进行封闭，网间连接应严密 ②作业层应按规范要求设置防护栏杆 ③作业层外侧应设置高度不小于 180mm 的挡脚板 ④作业层脚手板下应采用安全平网兜底，以下每隔 10m 应采用安全平网封闭 对上述 1）的应用说明： 作业层的防护栏杆、挡脚板、安全网应按规范要求正确设置，以防止作业人员坠落和作业面上的物料滚落 2）杆件连接 ①立杆的接长位置应符合规范要求 ②剪刀撑的接长应符合规范要求 对上述 2）的应用说明： 当搭设悬挑式脚手架时，由于同一步架体立杆的接头部位全部位于同一水平面内，为增强架体刚度，立杆的接长部位必须采用专用的螺栓配件进行固定 3）构配件材质 ①架体构配件的规格、型号、材质应符合规范要求 ②钢管不应有严重的弯曲、变形、锈蚀 4）通道 ①架体应设置供人员上下的专用通道 ②专用通道的设置应符合规范要求

11.1.4 满堂脚手架与悬挑式脚手架

满堂脚手架与悬挑式脚手架如表 11-4 所示。

满堂脚手架与悬挑式脚手架 表 11-4

序号	项 目	内 容
1	满堂脚手架	(1) 满堂脚手架检查评定应符合现行行业标准《建筑施工扣件式钢管脚手架安全技术规范》JGJ 130、《建筑施工门式钢管脚手架安全技术规范》JGJ 128、《建筑施工碗扣式钢管脚手架安全技术规程》JGJ 166 和《建筑施工承插型盘扣式钢管支架安全技术规程》JGJ 231 的规定 (2) 满堂脚手架检查评定保证项目应包括：施工方案、架体基础、架体稳定、杆件锁件、脚手板、交底与验收。一般项目应包括：梁体防护、构配件材质、荷载、通道 (3) 满堂脚手架保证项目的检查评定应符合下列规定： 1) 施工方案 ①架体搭设应编制专项施工方案，结构设计应进行计算 ②专项施工方案应按规定进行审核、审批 对上述 1) 的应用说明： 搭设、拆除满堂式脚手架应编制专项施工方案，方案经审批后实施；搭设超过规范允许高度的满堂脚手架，必须采取加强措施，所以专项方案必须经专家论证 2) 架体基础 ①架体基础应按方案要求平整、夯实，并应采取排水措施 ②架体底部应按规范要求设置垫板和底座，垫板规格应符合规范要求 ③架体扫地杆设置应符合规范要求 对上述 2) 的应用说明： 基础土层、排水设施、扫地杆设置对脚手架基础稳定性有着重要影响；脚手架基础应采取防止积水浸泡的措施，减少或消除在搭设和使用过程中由于地基不均匀沉降导致的架体变形 3) 架体稳定 ①架体四周与中部应按规范要求设置竖向剪刀撑或专用斜杆 ②架体应按规范要求设置水平剪刀撑或水平斜杆 ③当架体高宽比大于规范规定时，应按规范要求与建筑结构拉结或采取增加架体宽度、设置钢丝绳张拉固定等稳定措施 对上述 3) 的应用说明： 架体中剪刀撑、斜杆、连墙件等加强杆件的设置对整体刚度有着重要影响；增加竖向、水平剪刀撑，可增加架体刚度，提高脚手架承载力，在竖向剪刀撑顶部交点平面设置一道水平连续剪刀撑，可使架体结构稳固；增加连墙件也可以提高架体承载力；在有空间部位，也可超出顶部加载区域投影范围向外延伸布置 2～3 跨，以提高架体高宽比，达到提升架体强度的目的 4) 杆件锁件 ①架体立杆件间距、水平杆步距应符合设计和规范要求 ②杆件的接长应符合规范要求 ③架体搭设应牢固，杆件节点应按规范要求进行紧固 对上述 4) 的应用说明： 满堂式脚手架的搭设应符合施工方案及相关规范的要求，各杆件的连接节点应紧固、应可靠，保证架体的有效传力 5) 脚手板 ①作业层脚手板应满铺，铺稳、铺牢 ②脚手板的材质、规格应符合规范要求 ③持扣式钢脚手板的挂扣应完全挂扣在水平杆上，挂钩处应处于锁住状态 对上述 5) 的应用说明： 使用的挂扣式钢脚手板必须有挂钩，并带有自锁装置，防止松动脱落 6) 交底与验收 ①架体搭设前应进行安全技术交底，并应有文字记录 ②架体分段搭设、分段使用时，应进行分段验收

序号	项 目	内　　容
1	满堂脚手架	③搭设完毕应办理验收手续，验收应有量化内容并经责任人签字确认 对上述 6)的应用说明： 脚手架在搭设前，施工负责人应按照方案结合现场作业条件进行细致的安全技术交底；脚手架搭设完毕或分段搭设完毕，应由施工负责人组织有关人员进行检查验收，验收内容应包括用数据衡量合格与否的项目，确认符合要求后，才可投入使用或进入下一阶段作业 (4) 满堂脚手架一般项目的检查评定应符合下列规定： 1) 架体防护 ①作业层应按规范要求设置防护栏杆 ②作业层外侧应设置高度不小于 180mm 的挡脚板 ③作业层脚手板下应采用安全平网兜底，以下每隔 10m 应采用安全平网封闭 对上述 1)的应用说明： 作业层的防护栏杆、挡脚板、安全网应按规范要求正确设置，以防止作业人员坠落和作业面上的物料滚落 2) 构配件材质 ①架体构配件的规格、型号、材质应符合规范要求 ②杆件的弯曲、变形和锈蚀应在规范允许范围内 3) 荷载 ①架体上的施工荷载应符合设计和规范要求 ②施工均布荷载、集中荷载应在设计允许范围内 4) 通道 ①架体应设置供人员上下的专用通道 ②专用通道的设置应符合规范要求
2	悬挑式脚手架	(1) 悬挑式脚手架检查评定应符合现行行业标准《建筑施工扣件式钢管脚手架安全技术规范》JGJ 130、《建筑施工门式钢管脚手架安全技术规范》JGJ 128、《建筑施工碗扣式钢管脚手架安全技术规范》JGJ 166 和《建筑施工承插型盘扣式钢管支架安全技术规程》JGJ 231 的规定 (2) 悬桃式脚手架检查评定保证项目应包括：施工方案、悬挑钢梁、架体稳定、脚手板、荷载、交底与验收。一般项目应包括：杆件间距、架体防护、层间防护、构配件材质 (3) 悬挑式脚手架保证项目的检查评定应符合下列规定： 1) 施工方案 ①架体搭设应编制专项施工方案，结构设计应进行计算 ②架体搭设超过规范允许高度，专项施工方案应按规定组织专家论证 ③专项施工方案应按规定进行审核、审批 对上述 1)的应用说明： 搭设、拆除悬挑式脚手架应编制专项施工方案，悬挑钢梁、连墙件应经设计计算，专项施工方案经审批后实施；搭设高度超过规范要求的是挑架体，必须采取加强措施，所以专项方案必须经专家论证 2) 悬挑钢梁 ①钢梁截面尺寸应经设计计算确定，且截面形式应符合设计和规范要求 ②钢梁锚固端长度不应小于悬挑长度的 1.25 倍 ③钢梁锚固处结构强度、锚固措施应符合设计和规范要求 ④钢架外端应设置钢丝绳或钢拉杆与上层建筑结构拉结 ⑤钢梁间距应按悬挑架体立杆纵距设置 对上述 2)的应用说明： 悬挑钢梁的选型计算、锚固长度、设置间距、斜拉措施等对悬挑架体稳定有着重要影响；型钢悬挑梁宜采用双轴对称截面的型钢，现场多使用工字钢；悬挑钢梁前端应采用吊拉卸荷，结构预埋吊环应使用 HPB300 级钢筋制作，但钢丝绳、钢拉杆卸荷不参与悬挑钢梁受力计算

序号	项 目	内 容
2	悬挑式脚手架	3）架体稳定 ①立杆底部应与钢梁连接柱固定 ②承插式立杆接长应采用螺栓或销钉固定 ③纵横向扫地杆的设置应符合规范要求 ④剪刀撑应沿悬挑架体高度连续设置，角度应为 45°～60° ⑤架体应按规定设置横向斜撑 ⑥架体应采用刚性连墙件与建筑结构拉结，设置的位置、数量应符合设计和规范要求 对上述 3）的应用说明： 立杆在悬挑钢梁上的定位点可采取竖直焊接长 0.2m、直径 25～30mm 的钢筋或短管等方式；在架体内侧及两端设置横向斜杆并与主体结构加强连接；连墙件偏离主节点的距离不能超过 300mm，目的在于增强对架体横向变形的约束能力 4）脚手板 ①脚手板材质、规格应符合规范要求 ②脚手板铺设应严密、牢固，探出横向水平杆长度不应大于 150mm 对上述 4）的应用说明： 架体使用的脚手板宽度、厚度以及材质类型应符合规范要求，通过限定脚手板的对接和搭接尺寸，控制探头板长度，以防止脚手板倾翻或滑脱 5）荷载 架体上施工荷载应均匀，并不应超过设计和规范要求 对上述 5）的应用说明： 架体上的荷载应均匀布置，均布荷载、集中荷载应在设计允许范围内 6）交底与验收 ①架体搭设前应进行安全技术交底，并应有文字记录 ②架体分段搭设、分段使用时，应进行分段验收 ③搭设完毕应办理验收手续，验收应有量化内容并经责任人签字确认 对上述 6）的应用说明： 脚手架在搭设前，施工负责人应按照方案结合现场作业条件进行细致的安全技术交底；脚手架搭设完毕或分段搭设完毕，应由施工负责人组织有关人员进行检查验收，验收内容应包括用数据衡量合格与否的项目，确认符合要求后，才可投入使用或进入下一阶段作业 （4）悬桃式脚手架一般项目的检查评定应符合下列规定： 1）杆件间距 ①立杆纵、横向间距、纵向水平杆步距应符合设计和规范要求 ②作业层应按脚手板铺设的需要增加横向水平杆 2）架体防护 ①作业层应按规范要求设置防护栏杆 ②作业层外侧应设置高度不小于 180mm 的挡脚板 ③架体外侧应采用密目式安全网封闭，网间连接应严密 对上述 2）的应用说明： 作业层的防护栏杆、挡脚板、安全网应按规范要求正确设置，以防止作业人员坠落和作业面上的物料滚落 3）层间防护 ①架体作业层脚手板下应采用安全平网兜底，以下每隔 10m 应采用安全平网封闭 ②作业层里排架体与建筑物之间应采用脚手板或安全平网封闭 ③架体底层沿建筑结构边缘在悬挑钢梁与悬桃钢梁之间应采取措施封闭 ④架体底层应进行封闭 4）构配件材质 ①型钢、钢管、构配件规格材质应符合规范要求 ②型钢、钢管弯曲、变形、锈蚀应在规范允许范围内

11.1.5　附着式升降脚手架与高处作业吊篮

附着式升降脚手架与高处作业吊篮如表 11-5 所示。

表 11-5

附着式升降脚手架与高处作业吊篮

序号	项　目	内　　容
1	附着式升降脚手架	（1）附着式升降脚手架检查评定应符合现行行业标准《建筑施工工具式脚手架安全技术规范》JGJ 202 的规定 （2）附着式升降脚手架检查评定保证项目包括：施工方案、安全装置、架体构造、附着支座、架体安装、架体升降。一般项目包括：检查验收、脚手板、架体防护、安全作业 （3）附着式升降脚手架保证项目的检查评定应符合下列规定： 　1）施工方案 　①附着式升降脚手架搭设作业应编制专项施工方案，结构设计应进行计算 　②专项施工方案应按规定进行审核、审批 　③脚手架提升超过规定允许高度，应组织专家对专项施工方案进行论证 　对上述 1）的应用说明： 　搭设、拆除附着式升降脚手架应编制专项施工方案，竖向主框架、水平支撑桁架、附着支撑结构应经设计计算，专项施工方案经审批后实施；提升高度超过规定要求的附着架体，必须采取相应强化措施，所以专项方案必须经专家论证 　2）安全装置 　①附着式升降脚手架应安装防坠落装置，技术性能应符合规范要求 　②防坠落装置与升降设备应分别独立固定在建筑结构上 　③防坠落装置应设置在竖向主框架处，与建筑结构附着 　④附着式升降脚手架应安装防倾覆装置，技术性能应符合规范要求 　⑤升降和使用工况时，最上和最下两个防倾装置之间最小间距应符合规范要求 　⑥附着式升降脚手架应安装同步控制装置，并应符合规范要求 　对上述 2）的应用说明： 　在使用、升降工况下必须配置可靠的防倾覆、防坠落和同步升降控制等安全防护装置；防倾覆装置必须有可靠的刚度和足够的强度，其导向件通过螺栓连接固定在附墙支座上，不能前后左右移动；为了保证防坠落装置的高度可靠性，因此必须使用机械式的全自动装置，严禁使用手动装置；同步控制装置是用来控制多个升降设备在同时升降时，出现不同步状态的设施，防止升降设备因荷载不均衡而造成超载事故 　3）架体构造 　①架体高度不应大于 5 倍楼层高度，宽度不应大于 1.2m 　②直线布置的架体支承跨度不应大于 7m，折线、曲线布置的架体支撑点处的架体外侧距离不应大于 5.4m 　③架体水平悬挑长度不应大于 2m，且不应大于跨度的 1/2 　④架体悬臂高度不应大于架体高度的 2/5，且不应大于 6m 　⑤架体高度与支承跨度的乘积不应大于 $110m^2$ 　对上述 3）的应用说明： 　附着式升降脚手架架体的整体性能要求较高，既要符合不倾斜、不坠落的安全要求，又要满足施工作业的需要；架体高度主要考虑了 3 层未拆模的层高和顶部 1.8m 防护栏杆的高度，以满足底层模板拆除作业时的外防护要求；限制支撑跨度是为了有效控制升降动力设备提升力的超载现象；安装附着式升降脚手架时，应同时控制高度和跨度，确保控制荷载和安全使用 　4）附着支座 　①附着支座数量、间距应符合规范要求 　②使用工况应将竖向主框架与附着支座固定 　③升降工况应将防倾、导向装置设置在附着支座上 　④附着支座与建筑结构连接固定方式应符合规范要求 　对上述 4）的应用说明： 　附着支座是承受架体所有荷载并将其传递给建筑结构的构件，应于竖向主框架所覆盖的每一楼层处设置一道支座；使用工况时主要是保证主框架的荷载能直接有效的传递各附墙支座；附墙支座还应具有防倾覆和升降导向功能；附墙支座与建筑物连接，要考虑受拉端的螺母止退要求 　5）架体安装

序号	项目	内 容
1	附着式升降脚手架	①主框架和水平支承桁架的节点应采用焊接或螺栓连接，各杆件的轴线应汇交于节点 ②内外两片水平支承桁架的上弦和下弦之间应设置水平支撑杆件，各节点应采用焊接或螺栓连接 ③架体立杆底端应设在水平桁架上弦杆的节点处 ④竖向主框架组装高度应与架体高度相等 ⑤剪刀撑应沿架体高度连续设置，并应将竖向主框架、水平支承桁架和架体构架连成一体，剪刀撑斜杆水平夹角应为 45°～60° 对上述 5)的应用说明： 强调附着式升降脚手架的安装质量对后期的使用安全特别重要 6）架体升降 ①两跨以上架体同时升降应采用电动或液压动力装置，不得采用手动装置 ②升降工况附着支座处建筑结构混凝土强度应符合设计和规范要求 ③升降工况架体上不得有施工荷载，严禁人员在架体上停留 对上述 6)的应用说明： 升降操作是附着式脚手架使用安全的关键环节；仅当采用单跨式架体提升时，允许采用手动升降设备 （4）附着式升降脚手架一般项目的检查评定应符合下列规定： 1）检查验收 ①动力装置、主要结构配件进场应按规定进行验收 ②架体分区段安装、分区段使用时，应进行分区段验收 ③架体安装完毕应按规定进行整体验收，验收应有量化内容并经责任人签字确认 ④架体每次升、降前应按规定进行检查，并应填写检查记录 对上述 1)的应用说明： 附着式提升脚手架在组装前，施工负责人应按规范要求对各种构配件及动力装置、安全装置进行验收；组装搭设完毕或分段搭设完毕，应由施工负责人组织有关人员进行检查验收，验收内容应包括用数据衡量合格与否的项目，确认符合要求后，才可投入使用或进入下一阶段作业 2）脚手板 ①脚手板应铺设严密、平整、牢固 ②作业层里排架体与建筑物之间应采用脚手板或安全平网封闭 ③脚手板材质、规格应符合规范要求 3）架体防护 ①架体外侧应采用密目式安全网封闭，网间连接应严密 ②作业层应按规范要求设置防护栏杆 ③作业层外侧应设置高度不小于 180mm 的挡脚板 4）安全作业 ①操作前应对有关技术人员和作业人员进行安全技术交底，并应有文字记录 ②作业人员应经培训并定岗作业 ③安装拆除单位资质应符合要求，特种作业人员应持证上岗 ④架体安装、升降、拆除时应设置安全警戒区，并应设置专人监护 ⑤荷载分布应均匀，荷载最大值应在规范允许范围内
2	高处作业吊篮	（1）高处作业吊篮检查评定应符合现行行业标准《建筑施工工具式脚手架安全技术规范》JGJ 202 的规定 （2）高处作业吊篮检查评定保证项目应包括：施工方案、安全装置、悬挂机构、钢丝绳、安装作业、升降作业。一般项目应包括：交底与验收、安全防护、吊篮稳定、荷载

序号	项 目	内 容
2	高处作业吊篮	(3) 高处作业吊篮保证项目的检查评定应符合下列规定： 1) 施工方案 ①吊篮安装作业应编制专项施工方案，吊篮支架支撑处的结构承载力应经过验算 ②专项施工方案应按规定进行审核、审批 对上述 1) 的应用说明： 安装、拆除高处作业吊篮应编制专项施工方案，吊篮的支撑悬挂机构应经设计计算，专项施工方案经审批后实施 2) 安全装置 ①吊篮应安装防坠安全锁，并应灵敏有效 ②防坠安全锁不应超过标定期限 ③吊篮应设置为作业人员挂设安全带专用的安全绳和安全锁扣，安全绳应固定在建筑物可靠位置上，不得与吊篮上的任何部位连接 ④吊篮应安装上限位装置，并应保证限位装置灵敏可靠 对上述 2) 的应用说明： 安全装置包括防坠安全锁、安全绳、上限位装置；安全锁扣的配件应完整、齐全，规格和标识应清晰可辨；安全绳不得有松散、断股、打结现象，与建筑物固定位置应牢靠；安装上限位装置是为了防止吊篮在上升过程出现冒顶现象 3) 悬挂机构 ①悬挂机构前支架不得支撑在女儿墙及建筑物外挑檐边缘等非承重结构上 ②悬挂机构前梁外伸长度应符合产品说明书规定 ③前支架应与支撑面垂直，且脚轮不应受力 ④上支架应固定在前支架调节杆与悬挑梁连接的节点处 ⑤严禁使用破损的配重块或其他替代物 ⑥配重块应固定可靠，重量应符合设计规定 对上述 3) 的应用说明： 悬挂机构应按规范要求正确安装；女儿墙或建筑物挑檐边承受不了吊篮的荷载，因此不能作为悬挂机构的支撑点；悬挂机构的安装是吊篮的重点环节，应在专业人员的带领、指导下进行，以保证安装正确；悬挂机构上的脚轮是方便吊篮作平行位移而设置的，其本身承载能力有限，如吊篮荷载传递到脚轮就会产生集中荷载，易对建筑物产生局部破坏 4) 钢丝绳 ①钢丝绳不应有断丝、断股、松股、锈蚀、硬弯及油污和附着物 ②安全钢丝绳应单独设置，型号规格应与工作钢丝绳一致 ③吊篮运行时安全钢丝绳应张紧悬垂 ④电焊作业时应对钢丝绳采取保护措施 对上述 4) 的应用说明： 钢丝绳的型号、规格应符合规范要求；在吊篮内施焊前，应提前采用石棉布将电焊火花迸溅范围进行遮挡，防止烧毁钢丝绳，同时防止发生触电事故 5) 安装作业 ①吊篮平台的组装长度应符合产品说明书和规范要求 ②吊篮的构配件应为同一厂家的产品 对上述 5) 的应用说明： 安装前对提升机的检验以及吊篮构配件规格的统一对吊篮组装后安全使用有着重要影响 6) 升降作业

序号	项　目	内　　容
2	高处作业吊篮	①必须由经过培训合格的人员操作吊篮升降 ②吊篮内的作业人员不应超过 2 人 ③吊篮内作业人员应将安全带用安全锁扣正确挂置在独立设置的专用安全绳上 ④作业人员应从地面进出吊篮 对上述 6) 的应用说明： 考虑吊篮作业面小，出现坠落事故时尽量减少人员伤亡，将上人数量控制在 2 人以内 （4）高处作业吊篮一般项目的检查评定应符合下列规定： 1）交底与验收 ①吊篮安装完毕，应按规范要求进行验收，验收表应由责任人签字确认 ②班前、班后应按规定对吊篮进行检查 ③吊篮安装、使用前对作业人员进行安全技术交底，并应有文字记录 2）安全防护 ①吊篮平台周边的防护栏杆、挡脚板的设置应符合规范要求 ②上下立体交叉作业时吊篮应设置顶部防护板 对上述 2) 的应用说明： 安装防护棚的目的是为了防止高处坠物对吊篮内作业人员的伤害 3）吊篮稳定 ①吊篮作业时应采取防止摆动的措施 ②吊篮与作业面距离应在规定要求范围内 4）荷载 ①吊篮施工荷载应符合设计要求 ②吊篮施工荷载应均匀分布 对上述 4) 的应用说明： 禁止吊篮作为垂直运输设备，是因为吊篮运送物料易超载，造成吊篮翻转或坠落事故

11.1.6　基坑工程与模板支架

基坑工程与模板支架如表 11-6 所示。

基坑工程与模板支架　　　　　　　　　　　　　　　　表 11-6

序号	项　目	内　　容
1	基坑工程	（1）基坑工程安全检查评定应符合现行国家标准《建筑基坑工程监测技术规范》GB 50497 和现行行业标准《建筑基坑支护技术规程》JGJ 120、《建筑施工土石方工程安全技术规范》JGJ 180 的规定 （2）基坑工程检查评定保证项目应包括：施工方案、基坑支护、降排水、基坑开挖、坑边荷载、安全防护。一般项目应包括：基坑监测、支撑拆除、作业环境、应急预案 （3）基坑工程保证项目的检查评定应符合下列规定： 1）施工方案 ①基坑工程施工应编制专项施工方案，开挖深度超过 3m 或虽未超过 3m 但地质条件和周边环境复杂的基坑土方开挖、支护、降水工程，应单独编制专项施工方案 ②专项施工方案应按规定进行审核、审批 ③开挖深度超过 5m 的基坑土方开挖、支护、降水工程或开挖深度虽未超过 5m 但地质条件、周围环境复杂的基坑土方开挖、支护、降水工程专项施工方案，应组织专家进行论证 ④当基坑周边环境或施工条件发生变化时，专项施工方案应重新进行审核、审批

序号	项　目	内　　容
1	基坑工程	对上述 1) 的应用说明： 在基坑支护土方作业施工前，应编制专项施工方案，并按有关程序进行审批后实施。危险性较大的基坑工程应编制安全专项方案，施工单位技术、质量、安全等专业部门进行审核，施工单位技术负责人签字，超过一定规模的必须经专家论证 2）基坑支护 ①人工开挖的狭窄基槽，开挖深度较大并存在边坡塌方危险时，应采取支护措施 ②地质条件良好、土质均匀且无地下水的自然放坡的坡率应符合规范要求 ③基坑支护结构应符合设计要求 ④基坑支护结构水平位移应在设计允许范围内 对上述 2) 的应用说明： 人工开挖的狭窄基槽，深度较大或土质条件较差，可能存在边坡塌方危险时，必须采取支护措施，支护结构应有足够的稳定性 基坑支护结构必须经设计计算确定，支护结构产生的变形应在设计允许范围内。变形达到预警值时，应立即采取有效的控制措施 3）降排水 ①当基坑开挖深度范围内有地下水时、应采取有效的降排水措施 ②基坑边沿周围地面应设排水沟；放坡开挖时，应对坡顶、坡面、坡脚采取降排水措施 ③基坑底四周应按专项施工方案设排水沟和集水井，并应及时排除积水 对上述 3) 的应用说明： 在基坑施工过程中，必须设置有效的降排水措施以确保正常施工，深基坑边界上部必须设有排水沟，以防止雨水进入基坑，深基坑降水施工应分层降水，随时观测支护外观、测井水位，防止邻近建筑物等变形 4）基坑开挖 ①基坑支护结构必须在达到设计要求的强度后，方可开挖下层土方，严禁提前开挖和超挖 ②基坑开挖应按设计和施工方案的要求，分层 分段、均衡开挖 ③基坑开挖应采取措施防止碰撞支护结构、工程桩或扰动基底原状土土层 ④当采用机械在软土场地作业时，应采取铺设渣土或砂石等硬化措施 对上述 4) 的应用说明： 基坑开挖必须按专项施工方案进行，并应遵循分层、分段、均衡挖土，保证土体受力均衡和稳定 机械在软土场地作业应采用铺设砂石、铺垫钢板等硬化措施，防止机械发生倾覆事故 5）坑边荷载 ①基坑边堆置土、料具等荷载应在基坑支护设计允许范围内 ②施工机械与基坑边沿的安全距离应符合设计要求 对上述 5) 的应用说明： 基坑边沿堆置土、料具等荷载应在基坑支护设计允许范围内，施工机械与基坑边沿应保持安全距离，防止基坑支护结构超载 6）安全防护 ①开挖深度超过 2m 及以上的基坑周边必须安装防护栏杆，防护栏杆的安装应符合规范要求 ②基坑内应设置供施工人员上下的专用梯道；梯道应设置扶手栏杆，梯道的宽度不应小于 1m，梯道搭设应符合规范要求 ③降水井口应设置防护盖板或围栏，并应设置明显的警示标志 对上述 6) 的应用说明：

序号	项 目	内 容
1	基坑工程	基坑开挖深度达到 2m 及以上时，按高处作业安全技术规范要求，应在其边沿设置防护栏杆并设置专用梯道，防护栏杆及专用梯道的强度应符合规范要求，确保作业人员安全 （4）基坑工程一般项目的检查评定应符合下列规定： 1）基坑监测 ①基坑开挖前应编制监测方案，并应明确监测项目、监测报警值、监测方法和监测点的布置、监测周期等内容 ②监测的时间间隔应根据施工进度确定，当监测结果变化速率较大时，应加密观测次数 ③基坑开挖监测工程中，应根据设计要求提交阶段性监测报告 2）支撑拆除 ①基坑支撑结构的拆除方式、拆除顺序应符合专项施工方案的要求 ②当采用机械拆除时，施工荷载应小于支撑结构承载能力 ③人工拆除时，应按规定设置防护设施 ④当采用爆破拆除、静力破碎等拆除方式时，必须符合国家现行相关规范的要求 3）作业环境 ①基坑内土方机械、施工人员的安全距离应符合规范要求 ②上下垂直作业应按规定采取有效的防护措施 ③在电力、通信、燃气、上下水等管线 2m 范围内挖土时，应采取安全保护措施，并应设专人监护 ④施工作业区域应采光良好，当光线较弱时应设置有足够照度的光源 4）应急预案 ①基坑工程应按规范要求结合工程施工过程中可能出现的支护变形、漏水等影响基坑工程安全的不利因素制定应急预案 ②应急组织机构应健全，应急的物资、材料、工具、机具等品种、规格、数量应满足应急的需要，并应符合应急预案的要求
2	模板支架	（1）模板支架安全检查评定应符合现行行业标准《建筑施工模板安全技术规范》JGJ 162、《建筑施工扣件式钢管脚手架安全技术规范》JGJ 130、《建筑施工门式钢管脚手架安全技术规范》JGJ 128、《建筑施工碗扣式钢管脚手架安全技术规范》JGJ 166 和《建筑施工承插型盘扣式钢管支架安全技术规程》JGJ 231 的规定 （2）模板支架检查评定保证项目应包括：施工方案、支架基础、支架构造、支架稳定、施工荷载、交底与验收。一般项目应包括：杆件连接、底座与托撑、构配件材质、支架拆除 （3）模板支架保证项目的检查评定应符合下列规定： 1）施工方案 ①模板支架搭设应编制专项施工方案，结构设计应进行计算，并应按规定进行审核、审批 ②模板支架搭设高度 8m 及以上；跨度 18m 及以上，施工总荷载 15kN/m² 及以上；集中线荷载 20kN/m 及以上的专项施工方案，应按规定组织专家论证 对上述 1）的应用说明： 模板支架搭设、拆除前应编制专项施工方案，对支架结构进行设计计算，并按程序进行审核、审批 按照住房和城乡建设部建质［2009］38 号文件要求，模板支架搭设高度 8m 及以上；跨度 18m 及以上，施工荷载 15kN/m² 及以上；集中线荷载 20kN/m 及以上的专项施工方案，必须经专家论证 2）支架基础 ①基础应坚实、平整，承载力应符合设计要求，并应能承受支架上部全部荷载

序号	项　目	内　　容
2	模板支架	②支架底部应按规范要求设置底座、垫板，垫板规格应符合规范要求 ③支架底部纵、横向扫地杆的设置应符合规范要求 ④基础应采取排水设施，并应排水畅通 ⑤当支架设在楼面结构上时，应对楼面结构强度进行验算，必要时应对楼面结构采取加固措施 对上述 2）的应用说明： 　　支架基础承载力必须符合设计要求，应能承受支架上部全部荷载，必要时应进行夯实处理，并应设置排水沟、槽等设施 　　支架底部应设置底座和垫板，垫板长度不小于 2 倍立杆纵距，宽度不小于 200mm，厚度不小于 50mm 　　支架在楼面结构上应对楼面结构强度进行验算，必要时应对楼面结构采取加固措施 　　3）支架构造 ①立杆间距应符合设计和规范要求 ②水平杆步距应符合设计和规范要求，水平杆应按规范要求连续设置 ③竖向、水平剪刀撑或专用斜杆、水平斜杆的设置应符合规范要求 对上述 3）的应用说明： 　　采用对接连接，立杆伸出顶层水平杆中心线至支撑点的长度：碗扣式支架不应大于 700mm；承插型盘扣式支架不应大于 680mm；扣件式支架不应大于 500mm 　　支架高宽比大于 2 时，为保证支架的稳定，必须按规定设置连墙件或采用其他加强构造的措施 　　连墙件应采用刚性构件，同时应能承受拉、压荷载。连墙件的强度、间距符合设计要求 　　4）支架稳定 ①当支架高宽比大于规定值时，应按规定设置连墙杆或采用增加架体宽度的加强措施 ②立杆伸出顶层水平杆中心线至支撑点的长度应符合规范要求 ③浇筑混凝土时应对架体基础沉降、架体变形进行监控，基础沉降、架体变形应在规定允许范围内 对上述 4）的应用说明： 　　立杆间距、水平杆步距应符合设计要求，竖向、水平剪刀撑或专用斜杆、水平斜杆的设置应符合规范要求 　　5）施工荷载 ①施工均布荷载、集中荷载应在设计允许范围内 ②当浇筑混凝土时，应对混凝土堆积高度进行控制 对上述 5）的应用说明： 　　支架上部荷载应均匀布置，局部荷载、集中荷载应在设计允许范围内 　　6）交底与验收 ①支架搭设、拆除前应进行交底，并应有交底记录 ②支架搭设完毕，应按规定组织验收，验收应有量化内容并经责任人签字确认 对上述 6）的应用说明： 　　支架搭设前，应按专项施工方案及有关规定，对施工人员进行安全技术交底，交底应有文字记录 　　支架搭设完毕，应组织相关人员对支架搭设质量进行全面验收，验收应有量化内容及文字记录，并应有责任人签字确认 　　（4）模板支架一般项目的检查评定应符合下列规定： 　　1）杆件连接 ①立杆应采用对接、套接或承插式连接方式，并应符合规范要求

序号	项　目	内　　容
2	模板支架	②水平杆的连接应符合规范要求 ③当剪刀撑斜杆采用搭接时，搭接长度不应小于1m ④杆件各连接点的紧固应符合规范要求 2）底座与托撑 ①可调底座、托撑螺杆直径应与立杆内径匹配，配合间隙应符合规范要求 ②螺杆旋入螺母内长度不应少于5倍的螺距 3）构配件材质 ①钢管壁厚应符合规范要求 ②构配件规格、型号、材质应符合规范要求 ③杆件弯曲、变形、锈蚀量应在规范允许范围内 4）支架拆除 ①支架拆除前结构的混凝土强度应达到设计要求 ②支架拆除前应设置警戒区，并应设专人监护

11.1.7　高处作业与施工用电

高处作业与施工用电如表 11-7 所示。

高处作业与施工用电　　　　　　　　　　　　　　　表 11-7

序号	项　目	内　　容
1	高处作业	(1) 高处作业检查评定应符合现行国家标准《安全网》GB 5725 、《安全帽》GB 2118、《安全带》GB 6095 和现行行业标准《建筑施工高处作业安全技术规范》JGJ 80 的规定 (2) 高处作业检查评定项目应包括：安全帽、安全网、安全带、临边防护、洞口防护、通道口防护、攀登作业、悬空作业、移动式操作平台、悬挑式物料钢平台 (3) 高处作业的检查评定应符合下列规定： 1）安全帽 ①进入施工现场的人员必须正确佩戴安全帽 ②安全帽的质量应符合规范要求 对上述1)的应用说明： 安全帽是防冲击的主要防护用品，每顶安全帽上都应有制造厂名称、商标、型号、许可证号、检验部门批量验证及工厂检验合格证；佩戴安全帽时必须系紧下颚帽带，防止安全帽掉落 2）安全网 ①在建工程外脚手架的外侧应采用密目式安全网进行封闭 ②安全网的质量应符合规范要求 对上述2)的应用说明： 应重点检查安全网的材质及使用情况；每张安全网出厂前，必须有国家制定的监督检验部门批量验证和工厂检验合格证 3）安全带 ①高处作业人员应按规定系挂安全带 ②安全带的系挂应符合规范要求 ③安全带的质量应符合规范要求 对上述3)的应用说明： 安全带用于防止人体坠落发生，从事高处作业人员必须按规定正确佩戴使用；安全带的带体上缝有永久字样的商标、合格证和检验证，合格证上注有产品名称、生产年月、拉力试验、冲击试

序号	项　目	内　　容
1	高处作业	验、制造厂名、检验员姓名等信息 4）临边防护 ①作业面边沿应设置连续的临边防护设施 ②临边防护设施的构造、强度应符合规范要求 ③临边防护设施宜定型化、工具式，杆件的规格及连接固定方式应符合规范要求 对上述 4）的应用说明： 临边防护栏杆应定型化、工具化、连续性；护栏的任何部位应能承受任何方向的 1000N 的外力 5）洞口防护 ①在建工程的预留洞口、楼梯口、电梯井口等孔洞应采取防护措施 ②防护措施、设施应符合规范要求 ③防护设施宜定型化、工具式 ④电梯井内每隔 2 层且不大于 10m 应设置安全平网防护 对上述 5）的应用说明： 洞口的防护设施应定型化、工具化、严密性；不能出现作业人员随意找材料盖在预留洞口上的临时做法，防止发生坠落事故；楼梯口、电梯井口应设防护栏杆，井内每隔两层（不大于 10m）设置一道安全平网或其他形式的水平防护，并不得留有杂物 6）通道口防护 ①通道口防护应严密、牢固 ②防护棚两侧应采取封闭措施 ③防护棚宽度应大于通道口宽度，长度应符合规范要求 ④当建筑物高度超过 24m 时，通道口防护顶棚应采用双层防护 ⑤防护棚的材质应符合规范要求 对上述 6）的应用说明： 通道口防护应具有严密性、牢固性的特点；为防止在进出施工区域的通道处发生物体打击事故，在出入口的物体坠落半径内搭设防护棚，顶部采用 50mm 木脚手板铺设，两侧封闭密目式安全网；建筑物高度大于 24m 或使用竹笆脚手板等低强度材料时，应采用双层防护棚，以提高防砸能力 7）攀登作业 ①梯脚底部应坚实，不得垫高使用 ②折梯使用时上部夹角宜为 35°～45°，并应设有可靠的拉撑装置 ③梯子的材质和制作质量应符合规范要求 对上述 7）的应用说明： 使用梯子进行高处作业前，必须保证地面坚实平整，不得使用其他材料对梯脚进行加高处理 8）悬空作业 ①悬空作业处应设置防护栏杆或采取其他可靠的安全措施 ②悬空作业所使用的索具、吊具等应经验收，合格后方可使用 ③悬空作业人员应系挂安全带、工具袋 对上述 8）的应用说明： 悬空作业应保证使用索具、吊具、料具等设备的合格可靠；悬空作业部位应有牢靠的立足点，并视具体环境配备相应的防护栏杆、防护网等安全措施 9）移动式操作平台 ①操作平台应按规定进行设计计算 ②移动式操作平台轮子与平台连接应牢固、可靠，立柱底端距地面高度不得大于 80mm

序号	项 目	内 容
1	高处作业	③操作平台应按设计和规范要求进行组装,铺板应严密 ④操作平台四周应按规范要求设置防护栏杆,并应设置登高扶梯 ⑤操作平台的材质应符合规范要求 对上述 9)的应用说明: 移动式操作平台应按方案设计要求进行组装使用,作业面的四周必须按临边作业要求设置防护栏杆,并应布置登高扶梯 10)悬挑式物料钢平台 ①悬挑式物料钢平台的制作、安装应编制专项施工方案,并应进行设计计算 ②悬挑式物料钢平台的下部支撑系统或上部拉结点,应设置在建筑结构上 ③斜拉杆或钢丝绳应按规范要求在平台两侧各设置前后两道 ④钢平台两侧必须安装固定的防护栏杆,并应在平台明显处设置荷载限定标牌 ⑤钢平台台面、钢平台与建筑结构间铺板应严密、牢固 对上述 10)的应用说明: 悬挑式钢平台应按照方案设计要求进行组装使用,其结构应稳固,严禁将悬挑钢平台放置在外防护架体上;平台边缘必须按临边作业设置防护栏杆及挡脚板,防止出现物料滚落伤人事故
2	施工用电	(1) 施工用电检查评定应符合现行国家标准《建设工程施工现场供用电安全规范》GB 50194 和现行行业标准《施工现场临时用电安全技术规范》JGJ 46 的规定 (2) 施工用电检查评定的保证项目应包括:外电防护、接地与接零保护系统、配电线路、配电箱与开关箱。一般项目应包括:配电室与配电装置、现场照明、用电档案 (3) 施工用电保证项目的检查评定应符合下列规定: 1)外电防护 ①外电线路与在建工程及脚手架、起重机械、场内机动车道的安全距离应符合规范要求 ②当安全距离不符合规范要求时,必须采取隔离防护措施,并应悬挂明显的警示标志 ③防护设施与外电线路的安全距离应符合规范要求,并应坚固、稳定 ④外电架空线路正下方不得进行施工、建造临时设施或堆放材料物品 对上述 1)的应用说明: 施工现场所遇到的外电线路一般为 10kV 以上或 220/380V 的架空线路。因为防护措施不当,造成重大人身伤亡和巨额财产损失的事故屡有发生,所以做好外电线路的防护是确保用电安全的重要保证。外电线路与在建工程(含脚手架)、高大施工设备、场内机动车道必须满足规定的安全距离。对达不到安全距离的架空线路,要采取符合规范要求的绝缘隔离防护措施或者与有关部门协商对线路采取停电、迁移等方式,确保用电安全。外电防护架体材料应选用木、竹等绝缘材料,不宜采用钢管等金属材料搭设 目前场地狭窄的施工现场越来越多,许多工地经常在外电架空线路下方搭建宿舍、作业棚、材料区等违章设施,对电力运行安全和人身安全构成严重威胁,因此对施工现场架空线路下方区域的安全检查也是极为关键的环节 2)接地与接零保护系统 ①施工现场专用的电源中性点直接接地的低压配电系统应采用 TN-S 接零保护系统 ②施工现场配电系统不得同时采用两种保护系统 ③保护零线应由工作接地线、总配电箱电源侧零线或总漏电保护器电源零线处引出,电气设备的金属外壳必须与保护零线连接 ④保护零线应单独敷设,线路上严禁装设开关或熔断器,严禁通过工作电流 ⑤保护零线应采用绝缘导线,规格和颜色标记应符合规范要求

序号	项　目	内　　容
2	施工用电	⑥保护零线应在总配电箱处、配电系统的中间处和末端处作重复接地 ⑦接地装置的接地线应采用 2 根及以上导体，在不同点与接地体做电气连接。接地体应采用角钢、钢管或光面圆钢 ⑧工作接地电阻不得小于 4Ω，重复接地电阻不得大于 10Ω ⑨施工现场起重机、物料提升机、施工升降机、脚手架应按规范要求采取防雷措施，防雷装置的冲击接地电阻值不得大于 30Ω ⑩做防雷接地机械上的电气设备，保护零线必须同时作重复接地 对上述 2) 的应用说明： 　　施工现场配电系统的保护方式正确与否是保证用电安全的基础。按照现行行业标准《施工现场临时用电安全技术规范》JGJ 46（以下简称《临电规范》）的规定，施工现场专用的电源中性点直接接地的 220/380V 三相四线制低压电力系统必须采用 TN-S 接零保护系统，同时规定同一配电系统不允许采用两种保护系统。保护零线、工作接地、重复接地以及防雷接地在《临电规范》中都明确了具体的做法和要求，这些都是安全检查的重点 　　3）配电线路 ①线路及接头应保证机械强度和绝缘强度 ②线路应设短路、过载保护，导线截面应满足线路负荷电流 ③线路的设施、材料及相序排列、挡距、与邻近线路或固定物的距离应符合规范要求 ④电缆应采用架空或埋地敷设并应符合规范要求，严禁沿地面明设或沿脚手架、树木等敷设 ⑤电缆中必须包含全部工作芯线和用作保护零线的芯线、并应按规定接用 ⑥室内明敷主干线距地面高度不得小于 2.5m 对上述 3) 的应用说明： 　　施工现场内所有线路必须严格按照规范的要求进行架设和埋设。由于施工的特殊性，供电线路、设施经常由于各种原因而改动，但工地往往忽视线路的安装质量，其安全性大大降低，极易诱发触电事故。因此，对施工现场配电线路的种类、规格和安装必须严格检查 　　4）配电箱与开关箱 ①施工现场配电系统应采用三级配电、二级漏电保护系统、用电设备必须有各自专用的开关箱 ②箱体结构、箱内电器设置及使用应符合规范要求 ③配电箱必须分设工作零线端子板和保护零线端子板，保护零线、工作零线必须通过各自的端子板连接 ④总配电箱与开关箱应安装漏电保护器，漏电保护器参数应匹配并灵敏可靠 ⑤箱体应设置系统接线图和分路标记，并应有门、锁及防雨措施 ⑥箱体安装位置，高度及周边通道应符合规范要求 ⑦分配箱与开关箱间的距离不应超过 30m，开关箱与用电设备间的距离不应超过 3m 对上述 4) 的应用说明： 　　施工现场的配电箱是电源与用电设备之间的中枢环节，而开关箱是配电系统的末端，是用电设备的直接控制装置，它们的设置和使用直接影响施工现场的用电安全，因此必须严格执行《临电规范》中"三级配电，二级漏电保护"和"一机、一闸、一漏、一箱"的规定，并且在设计、施工、验收和使用阶段，都要作为检查监督的重点 　　近些年，很多省市在执行规范过程中，研发使用了符合规范要求的标准化电闸箱，对降低施工现场触电事故几率起到了积极的作用。施工现场应该坚决杜绝各类私自制造、改造的违规电闸箱，大力推广使用国家认证的标准化电闸箱，逐步实现施工用电的本质安全 　　（4）施工用电一般项目的检查评定应符合下列规定： 　　1）配电室与配电装置

序号	项 目	内 容
2	施工用电	①配电室的建筑耐火等级不应低于三级，配电室应配置适用于电气火灾的灭火器材 ②配电室、配电装置的布设应符合规范要求 ③配电装置中的仪表、电器元件设置应符合规范要求 ④备用发电机组应与外电线路进行连锁 ⑤配电室应采取防止风雨和小动物侵入的措施 ⑥配电室应设置警示标志、工地供电平面图和系统图 对上述 1)的应用说明： 随着大型施工设备的增加，施工现场用电负荷不断增长，对电气设备的管理提出了更高的要求。在工地，以在简单设置一个总配电箱逐步为配电室、配电柜替代。在施工用电上有必要制定相应的规定措施，进一步加强对配电室及配电装置的监督管理，保证供电源头的安全 2）现场照明 ①照明用电应与动力用电分设 ②特殊场所和手持照明灯应采用安全电压供电 ③照明变压器应采用双绕组安全隔离变压器 ④灯具金属外壳应接保护零线 ⑤灯具与地面、易燃物间的距离应符合规范要求 ⑥照明线路和安全电压线路的架设应符合规范要求 ⑦施工现场应按规范要求配备应急照明 对上述 2)的应用说明： 目前很多工程都要进行夜间施工和地下施工，对施工照明的要求更加严格。因此施工现场必须提供科学合理的照明，根据不同场所设置一般照明、局部照明、混合照明和应急照明，保证施工的照明符合规范要求。在设计和施工阶段，要严格执行规范的规定，做到动力和照明用电分设，对特殊场所和手持照明采用符合要求的安全电压供电。尤其是安全电压的线路和电器装置，必须按照规范进行架设安装，不得随意降低作业标准 3）用电档案 ①总包单位与分包单位应签订临时用电管理协议，明确各方相关责任 ②施工现场应制定专项用电施工组织设计、外电防护专项方案 ③专项用电施工组织设计、外电防护专项方案应履行审批程序，实施后应由相关部门组织验收 ④用电各项记录应按规定填写，记录应真实有效 ⑤用电档案资料应齐全，并应设专人管理 对上述 3)的应用说明： 用电档案是施工现场用电管理的基础资料，每项资料都非常重要。工地要设专人负责资料的整理归档。总包分包安全协议、施工用电组织设计、外电防护专项方案、安全技术交底、安全检测记录等资料的内容都要符合有关规定，保证真实有效

11.1.8 物料提升机与施工升降机

物料提升机与施工升降机如表 11-8 所示。

物料提升机与施工升降机   表 11-8

序号	项 目	内 容
1	物料提升机	(1) 物料提升机检查评定应符合现行行业标准《龙门架及井架物料提升机安全技术规范》JGJ 88 的规定

序号	项　目	内　　容
1	物料提升机	（2）物料提升机检查评定保证项目应包括：安全装置、防护设施、附墙架与缆风绳、钢丝绳、安拆、验收与使用。一般项目应包括：基础与导轨架、动力与传动、通信装置、卷扬机操作棚、避雷装置 （3）物料提升机保证项目的检查评定应符合下列规定： 1）安全装置 ①应安装起重量限制器、防坠安全器，并应灵敏可靠 ②安全停层装置应符合规范要求，并应定型化 ③应安装上行程限位并灵敏可靠，安全越程不应小于 3m ④安装高度超过 30m 的物料提升机应安装渐进式防坠安全器及自动停层、语音影像信号监控装置 对上述 1）的应用说明： 安全装置主要有起重量限制器、防坠安全器、上限位开关等 起重量限制器：当荷载达到额定起重量的 90% 时，限制器应发出警示信号；当荷载达到额定起重量的 110% 时，限制器应切断上升主电路电源，使吊笼制停 防坠安全器：吊笼可采用瞬时动作式防坠安全器，当吊笼提升钢丝绳意外断绳时，防坠安全器应制停带有额定起重量的吊笼，且不应造成结构破坏 上限位开关：当吊笼上升至限定位置时，触发限位开关，吊笼被制停，此时，上部越程不应小于 3m 2）防护设施 ①应在地面进料口安装防护围栏和防护棚，防护围栏、防护棚的安装高度和强度应符合规范要求 ②停层平台两侧应设置防护栏杆、挡脚板，平台脚手板应铺满、铺平 ③平台门、吊笼门安装高度、强度应符合规范要求，并应定型化 对上述 2）的应用说明： 安全防护设施主要有防护围栏、防护棚、停层平台、平台门等 防护围栏高度不应小于 1.8m，围栏立面可采用网板结构，强度应符合规范要求 防护棚长度不应小于 3m，宽度应大于吊笼宽度，顶部可采用厚度不小于 50mm 的木板搭设 停层平台应能承受 3kN/m² 的荷载，其搭设应符合规范要求 平台门的高度不宜低于 1.8m，宽度与吊笼门宽度差不应大于 200mm，并应安装在平台外边缘处 3）附墙架与缆风绳 ①附墙架结构、材质、间距应符合产品说明书要求 ②附墙架应与建筑结构可靠连接 ③缆风绳设置的数量、位置、角度应符合规范要求，并应与地锚可靠连接 ④安装高度超过 30m 的物料提升机必须使用附墙架 ⑤地锚设置应符合规范要求 对上述 3）的应用说明： 附墙架宜使用制造商提供的标准产品，当标准附墙架结构尺寸不能满足要求时，可经设计计算采用非标附墙架 附墙架是保证提升机整体刚度、稳定性的重要设施，其间距和连接方式必须符合产品说明书要求 缆风绳的设置应符合设计要求，每一组缆风绳与导轨架的连接点应在同一水平高度，并应对称设置，缆风绳与导轨架连接处应采取防止钢丝绳受剪的措施，缆风绳必须与地锚可靠连接

序号	项 目	内 容
1	物料提升机	4）钢丝绳 ①钢丝绳磨损、断丝、变形、锈蚀量应在规范允许范围内 ②钢丝绳夹设置应符合规范要求 ③当吊笼处于最低位置时，卷筒上钢丝绳严禁少于 3 圈 ④钢丝绳应设置过路保护措施 对上述 4）的应用说明： 钢丝绳的维修、检验和报废应符合现行国家标准《起重机钢丝绳保养、维护、安装、检验和报废》GB/T 5972 的规定 钢丝绳固定采用绳夹时，绳夹规格应与钢丝绳匹配，数量不少于 3 个，绳夹夹座应安放在长绳一侧 吊笼处于最低位置时，卷筒上钢丝绳必须保证不少于 3 圈，本条款依照行业标准《龙门架及井架物料提升机安全技术规程》JGJ 88 规定 5）安拆、验收与使用 ①安装、拆卸单位应具有起重设备安装工程专业承包资质和安全生产许可证 ②安装、拆卸作业应制定专项施工方案，并应按规定进行审核、审批 ③安装完毕应履行验收程序，验收表格应由责任人签字确认 ④安装、拆卸作业人员及司机应持证上岗 ⑤物料提升机作业前应按规定进行例行检查，并应填写检查记录 ⑥实行多班作业，应按规定填写交接班记录 对上述 5）的应用说明： 物料提升机属建筑起重机械，依据《建设工程安全生产管理条例》、《特种设备安全监察条例》规定，其安装、拆除单位应具有相应的资质。安装、拆除等作业人员必须经专门培训，取得特种作业资格，持证上岗 安装、拆除作业前应依据相关规定及施工实际编制安全施工专项方案，并应经单位技术负责人审批后实施 物料提升机安装完毕，应由工程负责人组织安装、使用、租赁、监理单位对安装质量进行验收，验收必须有文字记录，并有责任人签字确认 （4）物料提升机一般项目的检查评定应符合下列规定： 1）基础与导轨架 ①基础的承载力和平整度应符合规范要求 ②基础周边应设置排水设施 ③导轨架垂直度偏差不应大于导轨架高度 0.15% ④井架停层平台通道处的结构应采取加强措施 对上述 1）的应用说明： 基础应能承受最不利工作条件下的全部荷载，一般要求基础土层的承载力不应小于 80kN/m² 基础混凝土强度等级不应低于 C20，厚度不应小于 300mm 井架停层平台通道处的结构应在设计制作过程中采取加强措施 2）动力与传动 ①卷扬机、曳引机应安装牢固，当卷扬机卷筒与导轨架底部导向轮的距离小于 20 倍卷筒宽度时，应设置排绳器 ②钢丝绳应在卷筒上排列整齐 ③滑轮与导轨架、吊笼应采用刚性连接，滑轮应与钢丝绳相匹配 ④卷筒、滑轮应设置防止钢丝绳脱出装置

序号	项 目	内 容
1	物料提升机	⑤当曳引钢丝绳为 2 根及以上时，应设置曳引力平衡装置 3）通信装置 ①应按规范要求设置通信装置 ②通信装置应具有语音和影像显示功能 4）卷扬机操作棚 ①应按规范要求设置卷扬机操作棚 ②卷扬机操作棚强度、操作空间应符合规范要求 5）避雷装置 ①当物料提升机未在其他防雷保护范围内时，应设置避雷装置 ②避雷装置设置应符合现行行业标准《施工现场临时用电安全技术规范》JGJ 46 的规定
2	施工升降机	（1）施工升降机检查评定应符合现行国家标准《施工升降机安全规程》GB 10055 和现行行业标准《建筑施工升降机安装、使用、拆卸安全技术规程》JGJ 215 的规定 （2）施工升降机检查评定保证项目应包括：安全装置、限位装置、防护设施、附墙架、钢丝绳、滑轮与对重、安拆、验收与使用。一般项目应包括：导轨架、基础、电气安全、通信装置 （3）施工升降机保证项目的检查评定应符合下列规定： 1）安全装置 ①应安装起重量限制器，并应灵敏可靠 ②应安装渐进式防坠安全器并应灵敏可靠，防坠安全器应在有效的标定期内使用 ③对重钢丝绳应安装防松绳装置，并应灵敏可靠 ④吊笼的控制装置应安装非自动复位型的急停开关，任何时候均可切断控制电路停止吊笼运行 ⑤底架应安装吊笼和对重缓冲器，缓冲器应符合规范要求 ⑥SC 型施工升降机应安装一对以上安全钩 对上述 1）的应用说明： 为了限制施工升降机超载使用，施工升降机应安装超载保护装置，该装置应对吊笼内载荷、吊笼顶部载荷均有效。超载保护装置应在荷载达到额定载重量的 90% 时，发出明确报警信号，载荷达到额定载重量的 110% 前终止吊笼启动 施工升降机每个吊笼上应安装渐进式防坠安全器，不允许采用瞬时安全器。根据现行行业标准规定：防坠安全器只能在有效的标定期限内使用，有效标定期限不应超过 1 年。防坠安全器无论使用与否，在有效检验期满后都必须重新进行检验标定。施工升降机防坠安全器的寿命为 5 年 施工升降机对重钢丝绳组的一端应设张力均衡装置，并装有由相对伸长量控制的非自动复位型的防松绳开关。当其中一条钢丝绳出现相对伸长量超过允许值或断绳时，该开关将切断控制电路，制动器动作 齿轮齿条式施工升降机吊笼应安装一对以上安全钩，防止吊笼脱离导轨架或防坠安全器输出端齿轮脱离齿条 2）限位装置 ①应安装非自动复位型极限开关并应灵敏可靠 ②应安装自动复位型上、下限位开关并应灵敏可靠，上、下限位开关安装位置应符合规范要求 ③上极限开关与上限位开关之间的安全越程不应小于 0.15m ④极限开关、限位开关应设置独立的触发元件 ⑤吊笼门应安装机电连锁装置，并应灵敏可靠 ⑥吊笼顶窗应安装电气安全开关，并应灵敏可靠 对上述 2）的应用说明：

序号	项 目	内 容
2	施工升降机	施工升降机每个吊笼均应安装上、下限位开关和极限开关。上、下限位开关可用自动复位型，切断的是控制回路。极限开关不允许使用自动复位型，切断的是主电路电源 极限开关与上、下限位开关不应使用同一触发元件，防止触发元件失效致使极限开关与上、下限位开关同时失效 3）防护设施 ①吊笼和对重升降通道周围应安装地面防护围栏，防护围栏的安装高度、强度应符合规范要求，围栏门应安装机电连锁装置并应灵敏可靠 ②地面出入通道防护棚的搭设应符合规范要求 ③停层平台两侧应设置防护栏杆、挡脚板，平台脚手板应铺满、铺平 ④层门安装高度、强度应符合规范要求，并应定型化 对上述3）的应用说明： 吊笼和对重升降通道周围应安装地面防护围栏。地面防护围栏高度不应低于1.8m，强度应符合规范要求。围栏登机门应装有机械锁止装置和电气安全开关，使吊笼只有位于底部规定位置时围栏登机门才能开启，且在开门后吊笼不能启动 各停层平台应设置层门，层门安装和开启不得突出到吊笼的升降通道上。层门高度和强度应符合规范要求 4）附墙架 ①附墙架应采用配套标准产品，当附墙架不能满足施工现场要求时，应对附墙架另行设计，附墙架的设计应满足构件刚度、强度、稳定性等要求，制作应满足设计要求 ②附墙架与建筑结构连接方式、角度应符合产品说明书要求 ③附墙架间距、最高附着点以上导轨架的自由高度应符合产品说明书要求 对上述4）的应用说明： 当附墙架不能满足施工现场要求时，应对附墙架另行设计，严禁随意代替 5）钢丝绳、滑轮与对重 ①对重钢丝绳绳数不得少于2根且应相互独立 ②钢丝绳磨损、变形、锈蚀应在规范允许范围内 ③铜丝绳的规格、固定应符合产品说明书及规范要求 ④滑轮应安装钢丝绳防脱装置，并应符合规范要求 ⑤对重重量、固定应符合产品说明书要求 ⑥对重除导向轮或滑靴外应设有防脱轨保护装置 对上述5）的应用说明： 钢丝绳的维修、检验和报废应符合现行国家有关标准的规定 钢丝绳式人货两用施工升降机的对重钢丝绳不得少于2根，且相互独立。每根钢丝绳的安全系数不应小于12，直径不应小于9mm 对重两端应有滑靴或滚轮导向，并设有防脱轨保护装置。若对重使用填充物，应采取措施防止其窜动，并标明重量。对重应按有关规定涂成警告色 6）安拆、验收与使用 ①安装、拆卸单位应具有起重设备安装工程专业承包资质和安全生产许可证 ②安装，拆卸应制定专项施工方案，并经过审核、审批 ③安装完毕应履行验收程序，验收表格应由责任人签字确认 ④安装、拆卸作业人员及司机应持证上岗 ⑤施工升降机作业前应按规定进行例行检查，并应填写检查记录 ⑥实行多班作业，应按规定填写交接班记录

序号	项 目	内　　容
2	施工升降机	对上述 6)的应用说明： 施工升降机安装（拆卸）作业前，安装单位应编制施工升降机安装、拆除工程专项施工方案，由安装单位技术负责人批准后方可实施 验收应符合规范要求，严禁使用未经验收或验收不合格的施工升降机 （4）施工升降机一般项目的检查评定应符合下列规定： 1) 导轨架 ①导轨架垂直度应符合规范要求 ②标准节的质量应符合产品说明书及规范要求 ③对重导轨应符合规范要求 ④标准节连接螺栓使用应符合产品说明书及规范要求 对上述 1)的应用说明： 垂直安装的施工升降机的导轨架垂直度偏差应符合表 11-9 的规定 对重导轨接头应平直，阶差不大于 0.5mm，严禁使用柔性物体作为对重导轨 标准节连接螺栓使用应符合说明书及规范要求，安装时应螺杆在下、螺母在上，一旦螺母脱落后，容易及时发现安全隐患 2) 基础 ①基础制作、验收应符合说明书及规范要求 ②基础设置在地下室顶板或楼面结构上时，应对其支承结构进行承载力验算 ③基础应设有排水设施 对上述 2)的应用说明： 施工升降机基础应能承受最不利工作条件下的全部荷载，基础周围应有排水设施 3) 电气安全 ①施工升降机与架空线路的安全距离或防护墙面应符合规范要求 ②电缆导向架设置应符合说明书及规范要求 ③施工升降机在其他避雷装置保护范围外应设置避雷装置，并应符合规范要求 对上述 3)的应用说明： 施工升降机与架空线路的安全距离是指施工升降机最外侧边缘与架空线路边线的最小距离，见表 11-10。当安全距离小于表 11-10 规定时必须按规定采取有效的防护措施 4) 通信装置 施工升降机应安装楼层信号联络装置，并应清晰有效

施工升降机安装垂直度偏差　表 11-9

序号	导轨架架设高度 h（m）	$h \leqslant 70$	$70 < h \leqslant 100$	$100 < h \leqslant 150$	$150 < h \leqslant 200$	$h > 200$
1	垂直度偏差（mm）	不大于导轨架架设高度的 0.1%	$\leqslant 70$	$\leqslant 90$	$\leqslant 110$	$\leqslant 130$

施工升降机与架空线路边线的安全距离　表 11-10

序号	外电线路电压（kV）	<1	1~10	35~110	220	330~500
1	安全距离（m）	4	6	8	10	15

11.1.9　塔式起重机与起重吊装

塔式起重机与起重吊装如表 11-11 所示。

塔式起重机与起重吊装　　　　　　　　　　　　　　　　　　　表 11-11

序号	项 目	内 容
1	塔式起重机	（1）塔式起重机检查评定应符合现行国家标准《塔式起重机安全规程》GB 5144 和现行行业标准《建筑施工塔式起重机安装、使用、拆卸安全技术规程》JGJ 196 的规定 （2）塔式起重机检查评定保证项目应包括：荷载限制装置、行程限位装置、保护装置、吊钩、滑轮、卷筒与钢丝绳、多塔作业、安拆、验收与使用。一般项目应包括：附着、基础与轨道、结构设施、电气安全 （3）塔式起重机保证项目的检查评定应符合下列规定： 1）载荷限制装置 ①应安装起重量限制器并应灵敏可靠。当起重量大于相应挡位的额定值并小于该额定值的 110% 时，应切断上升方向的电源，但机构可做下降方向的运动 ②应安装起重力矩限制器并应灵敏可靠。当起重力矩大于相应工况下的额定值并小于该额定值的 110%，应切断上升和幅度增大方向的电源，但机构可做下降和减小幅度方向的运动 对上述 1）的应用说明： 塔式起重机应安装起重力矩限制器。力矩限制器控制定码变幅的触点或控制定幅变码的触点应分别设置，且能分别调整；对小车变幅的塔式起重机，其最大变幅速度超过 40m/min，在小车向外运行，且起重力矩达到额定值的 80% 时，变幅速度应自动转换为不大于 40m/min 2）行程限位装置 ①应安装起升高度限位器，起升高度限位器的安全越程应符合规范要求，并应灵敏可靠 ②小车变幅的塔式起重机应安装小车行程开关，动臂变幅的塔式起重机应安装臂架幅度限制开关，并应灵敏可靠 ③回转部分不设集电器的塔式起重机应安装回转限位器，并应灵敏可靠 ④行走式塔式起重机应安装行走限位器，并应灵敏可靠 对上述 2）的应用说明： 回转部分不设集电器的塔式起重机应安装回转限位器，防止电缆绞损。回转限位器正反两个方向动作时，臂架旋转角度应不大于 ±540° 3）保护装置 ①小车变幅的塔式起重机应安装断绳保护及断轴保护装置，并应符合规范要求 ②行走及小车变幅的轨道行程末端应安装缓冲器及止挡装置，并应符合规范要求 ③起重臂根部铰点高度大于 50m 的塔式起重机应安装风速仪，并应灵敏可靠 ④当塔式起重机顶部高度大于 30m 且高于周围建筑物时，应安装障碍指示灯 对上述 3）的应用说明： 对小车变幅的塔式起重机应设置双向小车变幅断绳保护装置，保证在小车前后牵引钢丝绳断绳时小车在起重臂上不移动；断轴保护装置必须保证即使车轮失效，小车也不能脱离起重臂 对轨道运行的塔式起重机，每个运行方向应设置限位装置，其中包括限位开关、缓冲器和终端止挡装置。限位开关应保证开关动作后塔式起重机停车时其端部距缓冲器最小距离大于 1m 4）吊钩、滑轮、卷筒与钢丝绳 ①吊钩应安装钢丝绳防脱钩装置并应完好可靠，吊钩的磨损、变形应在规定允许范围内 ②滑轮、卷筒应安装钢丝绳防脱装置并应完好可靠，滑轮、卷筒的磨损应在规定允许范围内 ③钢丝绳的磨损、变形、锈蚀应在规定允许范围内，钢丝绳的规格、固定、缠绕应符合说明书及规范要求 对上述 4）的应用说明： 滑轮、起升和动臂变幅塔式起重机的卷筒均应设有钢丝绳防脱装置，该装置表面与滑轮或卷筒侧板外缘的间隙不应超过钢丝绳直径的 20%，装置与钢丝绳接触的表面不应有棱角 钢丝绳的维修、检验和报废应符合现行国家有关标准的规定

序号	项 目	内　　容
1	塔式起重机	5) 多塔作业 ①多塔作业应制定专项施工方案并经过审批 ②任意两台塔式起重机之间的最小架设距离应符合规范要求 对上述 5) 的应用说明： 任意两台塔式起重机之间的最小架设距离应符合以下规定： ①低位塔式起重机的起重臂端部与另一台塔式起重机的塔身之间的距离不得小于 2m ②高位塔式起重机的最低位置的部件（或吊钩升至最高点或平衡重的最低部位）与低位塔式起重机中处于最高位置部件之间的垂直距离不得小于 2m 两台相邻塔式起重机的安全距离如果控制不当，很可能会造成重大安全事故。当相邻工地发生多台塔式起重机交错作业时，应在协调相互作业关系的基础上，编制各自的专项使用方案，确保任意两台塔式起重机不发生触碰 6) 安拆、验收与使用 ①安装、拆卸单位应具有起重设备安装工程专业承包资质和安全生产许可证 ②安装、拆卸应制定专项施工方案，并经过审核、审批 ③安装完毕应履行验收程序，验收表格应由责任人签字确认 ④安装、拆卸作业人员及司机、指挥应持证上岗 ⑤塔式起重机作业前应按规定进行例行检查，并应填写检查记录 ⑥实行多班作业，应按规定填写交接班记录 对上述 6) 的应用说明： 塔式起重机安装（拆卸）作业前，安装单位应编制塔式起重机安装、拆除工程专项施工方案，由安装单位技术负责人批准后实施 验收程序应符合规范要求，严禁使用未经验收或验收不合格的塔式起重机 (4) 塔式起重机一般项目的检查评定应符合下列规定： 1) 附着 ①当塔式起重机高度超过产品说明书规定时，应安装附着装置，附着装置安装应符合产品说明书及规范要求 ②当附着装置的水平距离不能满足产品说明书要求时，应进行设计计算和审批 ③安装内爬式塔式起重机的建筑承载结构应进行承载力验算 ④附着前和附着后塔身垂直度应符合规范要求 对上述 1) 的应用说明： 塔式起重机附着的布置不符合说明书规定时，应对附着进行设计计算，并经过审批程序，以确保安全。设计计算要适应现场实际条件，还要确保安全 附着前、后塔身垂直度应符合规范要求，在空载、风速不大于 3m/s 状态下： ①独立状态塔身（或附着状态下最高附着点以上塔身）对支承面的垂直度≤0.4% ②附着状态下最高附着点以下塔身对支承面的垂直度≤0.2% 2) 基础与轨道 ①塔式起重机基础应按产品说明书及有关规定进行设计、检测和验收 ②基础应设置排水措施 ③路基箱或枕木铺设应符合产品说明书及规范要求 ④轨道铺设应符合产品说明书及规范要求 对上述 2) 的应用说明： 塔式起重机说明书提供的设计基础如不能满足现场地基承载力要求时，应进行塔式起重机基础变更设计，并履行审批、检测、验收手续后方可实施

序号	项 目	内 容
1	塔式起重机	3）结构设施 ①主要结构构件的变形、锈蚀应在规范允许范围内 ②平台、走道、梯子、护栏的设置应符合规范要求 ③高强螺栓、销轴、紧固件的紧固、连接应符合规范要求，高强螺栓应使用力矩扳手或专用工具紧固 对上述 3）的应用说明： 连接件被代用后，会失去固有的连接作用，可能会造成结构松脱、散架，发生安全事故，所以实际使用中严禁连接件代用。高强螺栓只有在扭力达到规定值时才能确保不松脱 4）电气安全 ①塔式起重机应采用 TN-S 接零保护系统供电 ②塔式起重机与架空线路的安全距离或防护措施应符合规范要求 ③塔式起重机应安装避雷接地装置，并应符合规范要求 ④电缆的使用及固定应符合规范要求 对上述 4）的应用说明： 塔式起重机与架空线路的安全距离是指塔式起重机的任何部位与架空线路边线的最小距离，见表 11-12。当安全距离小于表 11-12 规定时必须按规定采取有效的防护措施 为避免雷击，塔式起重机的主体结构应做防雷接地，其接地电阻应不大于 4Ω。采取多处重复接地时，其接地电阻应不大于 10Ω。接地装置的选择和安装应符合有关规范要求
2	起重吊装	（1）起重吊装检查评定应符合现行国家标准《起重机械安全规程》GB 6067 的规定 （2）起重吊装检查评定保证项目应包括：施工方案、起重机械、钢丝绳与地锚、索具、作业环境、作业人员。一般项目应包括：起重吊装、高处作业、构件码放、警戒监护 （3）起重吊装保证项目的检查评定应符合下列规定： 1）施工方案 ①起重吊装作业应编制专项施工方案，并按规定进行审核、审批 ②超规模的起重吊装作业，应组织专家对专项施工方案进行论证 对上述 1）的应用说明： 起重吊装作业前应结合施工实际，编制专项施工方案，并应由单位技术负责人进行审核。采用起重拔杆等非常规起重设备且单件起重量超过 10t 时，专项施工方案应经专家论证 2）起重机械 ①起重机械应按规定安装荷载限制器及行程限位装置 ②荷载限制器、行程限位装置应灵敏可靠 ③起重拔杆组装应符合设计要求 ④起重拔杆组装后应进行验收，并应由责任人签字确认 对上述 2）的应用说明： 荷载限制器：当荷载达到额定起重量的 95％时，限制器宜发出警报；当荷载达到额定起重量的 100％～110％时，限制器应切断起升动力主电路 行程限位装置：当吊钩、起重小车、起重臂等运行至限定位置时，触发限位开关制停。安全越程应符合现行国家标准《起重机械安全规程》GB 6067 的规定 起重拔杆按设计要求组装后，应按程序及设计要求进行验收，验收合格应有文字记录，并有责任人签字确认 3）钢丝绳与地锚 ①钢丝绳磨损、断丝、变形、锈蚀应在规范允许范围内

序号	项　目	内　　容
		②钢丝绳规格应符合起重机产品说明书要求
		③吊钩、卷筒、滑轮磨损应在规范允许范围内
		④吊钩、卷筒、滑轮应安装钢丝绳防脱装置
		⑤起重拔杆的缆风绳、地锚设置应符合设计要求
		对上述 3)的应用说明:
		钢丝绳的维护、检验和报废应符合现行国家有关标准的规定
		4) 索具
		①当采用编结连接时,编结长度不应小于 15 倍的绳径,且不应小于 300mm
		②当采用绳夹连接时,绳夹规格应与钢丝绳相匹配,绳夹数量、间距应符合规范要求
		③索具安全系数应符合规范要求
		④吊索规格应互相匹配,机械性能应符合设计要求
		对上述 4)的应用说明:
		索具采用编结或绳夹连接时,连接紧固方式应符合现行国家标准《起重机械安全规程》GB 6067 的规定
		5) 作业环境
		①起重机行走作业处地面承载能力应符合产品说明书要求
		②起重机与架空线路安全距离应符合规范要求
		对上述 5)的应用说明:
		起重机作业现场地面承载能力应符合起重机说明书规定,当现场地面承载能力不满足规定时,可采用铺设路基箱等方式提高承载力
		起重机与架空线路的安全距离应符合国家现行标准《起重机安全规程》GB 6067 的规定
2	起重吊装	6) 作业人员
		①起重机司机应持证上岗,操作证应与操作机型相符
		②起重机作业应设专职信号指挥和司索人员,一人不得同时兼顾信号指挥和司索作业
		③作业前应按规定进行安全技术交底,并应有交底记录
		对上述 6)的应用说明:
		起重吊装作业单位应具有相应资质,作业人员必须经专门培训,取得特种作业资格,持证上岗
		作业前,应按规定对所有作业人员进行安全技术交底,并应有交底记录
		(4) 起重吊装一般项目的检查评定应符合下列规定:
		1) 起重吊装
		①当多台起重机同时起吊一个构件时,单台起重机所承受的荷载应符合专项施工方案要求
		②吊索系挂点应符合专项施工方案要求
		③起重机作业时,任何人不应停留在起重臂下方,被吊物不应从人的正上方通过
		④起重机不应采用吊具载运人员
		⑤当吊运易散落物件时,应使用专用吊笼
		2) 高处作业
		①应按规定设置高处作业平台
		②平台强度、护栏高度应符合规范要求
		③爬梯的强度、构造应符合规范要求
		④应设置可靠的安全带悬挂点,并应高挂低用
		对上述 2)的应用说明:
		高处作业必须按规定设置作业平台,作业平台防护栏杆不应少于两道,其高度和强度应符合规范要求。攀登用爬梯的构造、强度应符合规范要求

序号	项 目	内 容
2	起重吊装	安全带应悬挂在牢固的结构或专用固定构件上,并应高挂低用 3) 构件码放 ①构件码放荷载应在作业面承载能力允许范围内 ②构件码放高度应在规定允许范围内 ③大型构件码放应有保证稳定的措施 4) 警戒监护 ①应按规定设置作业警戒区 ②警戒区应设专人监护

塔式起重机与架空线路边线的安全距离 表 11-12

序号	安全距离(m)	电 压(kV)				
		<1	1~15	20~40	60~110	220
1	沿垂直方向	1.5	3.0	4.0	5.0	6.0
2	沿水平方向	1.0	1.5	2.0	4.0	6.0

11.1.10 施工机具

施工机具如表 11-13 所示。

施 工 机 具 表 11-13

序号	项 目	内 容
1	检查评定标准及评定项目	(1) 施工机具检查评定应符合现行行业标准《建筑机械使用安全技术规程》JGJ 33 和《施工现场机械设备检查技术规程》JGJ 160 的规定 (2) 施工机具检查评定项目应包括:平刨、圆盘锯、手持电动工具、钢筋机械、电焊机、搅拌机、气瓶、翻斗车、潜水泵、振捣器、桩工机械
2	应符合的规定	施工机具的检查评定应符合下列规定: (1) 平刨 1) 平刨安装完毕应按规定履行验收程序,并应经责任人签字确认 2) 平刨应设置护手及防护罩等安全装置 3) 保护零线应单独设置,并应安装漏电保护装置 4) 平刨应按规定设置作业棚,并应具有防雨、防晒等功能 5) 不得使用同台电机驱动多种刃具、钻具的多功能木工机具 (2) 圆盘锯 1) 圆盘锯安装完毕应按规定履行验收程序,并应经责任人签字确认 2) 圆盘锯应设置防护罩、分料器、防护挡板等安全装置 3) 保护零线应单独设置,并应安装漏电保护装置 4) 圆盘锯应按规定设置作业棚,并应具有防雨、防晒等动能 5) 不得使用同台电机驱动多种刃具、钻具的多功能木工机具 (3) 手持电动工具 1) Ⅰ类手持电动工具应单独设置保护零线,并应安装漏电保护装置 2) 使用Ⅰ类手持电动工具应按规定戴绝缘手套,穿绝缘鞋 3) 手持电动工具的电源线应保持出厂时的状态,不得接长使用

序号	项　目	内　　容
2	应符合的规定	（4）钢筋机械 1）钢筋机械安装完毕应按规定履行验收程序，并应经责任人签字确认 2）保护零线应单独设置，并应安装漏电保护装置 3）钢筋加工区应搭设作业棚，并应具有防雨、防晒等功能 4）对焊机作业应设置防火花飞溅的隔离设施 5）钢筋冷拉作业应按规定设置防护栏 6）机械传动部位应设置防护罩 （5）电焊机 1）电焊机安装完毕应按规定履行验收程序，并应经责任人签字确认 2）保护零线应单独设置，并应安装漏电保护装置 3）电焊机应设置二次空载降压保护装置 4）电焊机一次线长度不得超过 5m，并应穿管保护 5）二次线应采用防水橡皮护套铜芯软电缆 6）电焊机应设置防雨罩，接线柱应设置防护罩 （6）搅拌机 1）搅拌机安装完毕应按规定履行验收程序，并应经责任人签字确认 2）保护零线应单独设置，并应安装漏电保护装置 3）离合器、制动器应灵敏有效，料斗钢丝绳的磨损、锈蚀、变形量应在规定允许范围内 4）料斗应设置安全挂钩或止挡装置，传动部位应设置防护罩 5）搅拌机应按规定设置作业棚，并应具有防雨、防晒等功能 （7）气瓶 1）气瓶使用时必须安装减压器，乙炔瓶应安装回火防止器，并应灵敏可靠 2）气瓶间安全距离不应小于 5m，与明火安全距离不应小于 10m 3）气瓶应设置防振圈、防护帽，并应按规定存放 （8）翻斗车 1）翻斗车制动、转向装置应灵敏可靠 2）司机应经专门培训，持证上岗，行车时车斗内不得载人 （9）潜水泵 1）保护零线应单独设置，并应安装漏电保护装置 2）负荷线应采用专用防水橡皮电缆，不得有接头 （10）振捣器 1）振捣器作业时应使用移动配电箱，电缆线长度不应超过 30m 2）保护零线应单独设置，并应安装漏电保护装置 3）操作人员应按规定戴绝缘手套、穿绝缘鞋 （11）桩工机械 1）桩工机械安装完毕应按规定履行验收程序，并应经责任人签字确认 2）作业前应编制专项方案，并应对作业人员进行安全技术交底 3）桩工机械应按规定安装安全装置，并应灵敏可靠 4）机械作业区域地面承载力应符合机械说明书要求 5）机械与输电线路安全距离应符合现行行业标准《施工现场临时用电安全技术规范》JGJ 46 的规定

11.2 建筑施工安全检查评分方法与检查评定等级

11.2.1 检查评分方法

检查评分方法如表 11-14 所示。

检 查 评 定 方 法 表 11-14

序号	项 目	内 容
1	保证项目	建筑施工安全检查评定中，保证项目应全数检查
2	检查评分	建筑施工安全检查评定应符合本书表 11-1～表 11-13 中检查评定项目的有关规定，并应按本书表 11-15～表 11-34 的评分表进行评分。检查评分表应分为安全管理、文明施工、脚手架、基坑工程、模板支架、高处作业、施工用电、物料提升机与施工升降机、塔式起重机与起重吊装、施工机具分项检查评分表和检查评分汇总表
3	评分规定	各评分表的评分应符合下列规定： （1）分项检查评分表和检查评分汇总表的满分分值均应为 100 分，评分表的实得分值应为各检查项目所得分值之和 （2）评分应采用扣减分值的方法，扣减分值总和不得超过该检查项目的应得分值 （3）当按分项检查评分表评分时，保证项目中有一项未得分或保证项目小计得分不足 40 分，此分项检查评分表不应得分 （4）检查评分汇总表中各分项项目实得分值应按下列公式计算： $$A_1 = \frac{B \times C}{100} \qquad (11\text{-}1)$$ 式中　A_1——汇总表各分项项目实得分值 　　　　B——汇总表中该项应得满分值 　　　　C——该项检查评分表实得分值 （5）当评分遇有缺项时，分项检查评分表或检查评分汇总表的总得分值应按下列公式计算： $$A_2 = \frac{D}{E} \times 100 \qquad (11\text{-}2)$$ 式中　A_2——遇有缺项时总得分值 　　　　D——实查项目在该表的实得分值之和 　　　　E——实查项目在该表的应得满分值之和 （6）脚手架、物料提升机与施工升降机、塔式起重机与吊装项目的实得分值，应为所对应专业的分项检查评分表实得分值的算术平均值

表 11-15

建筑施工安全检查评分汇总表

年　月　日

企业名称:												
单位工程 (施工现 场名称)	建筑面积 (m²)	结构类型	总计得分 (满分 100分)	资　质　等　级								
				项目名称及分值								
				安全管理 (满分10分)	文明施工 (满分15分)	脚手架 (满分10分)	基坑工程 (满分10分)	模板支架 (满分10分)	高处作业 (满分10分)	施工用电 (满分10分)	物料提升 机与施工 升降机 (满分10分)	塔式起重机 与起重吊装 (满分10分)	施工机具 (满分5分)
评语:												

检查单位	负责人	受检项目	项目经理

603

安全管理检查评分表　　　　　　　　　　表 11-16

序号	检查项目		扣 分 标 准	应得分数	扣减分数	实得分数
1	保证项目	安全生产责任制	未建立安全生产责任制，扣 10 分 安全生产责任制未经责任人签字确认，扣 3 分 未备有各工种安全技术操作规程，扣 2～10 分 未按规定配备专职安全员，扣 2～10 分 工程项目部承包合同中未明确安全生产考核指标，扣 5 分 未制定安全资金保障制度，扣 5 分 未编制安全资金使用计划或未按计划实施，扣 2～5 分 未制定伤亡控制、安全达标、文明施工等管理目标，扣 5 分 未进行安全责任目标分解，扣 5 分 未建立对安全生产责任制和责任目标的考核制度，扣 5 分 未按考核制度对管理人员定期考核，扣 2～5 分	10		
2		施工组织设计及专项施工方案	施工组织设计中未制定安全技术措施，扣 10 分 危险性较大的分部分项工程未编制安全专项施工方案，扣 10 分 未按规定对超过一定规模危险性较大的分部分项工程专项施工方案进行专家论证，扣 10 分 施工组织设计、专项方案未经审批，扣 10 分 安全技术措施、专项施工方案无针对性或缺少设计计算，扣 2～8 分 未按施工组织设计、专项施工方案组织实施，扣 2～10 分	10		
3		安全技术交底	未进行书面安全技术交底，扣 10 分 未按分部分项进行交底，扣 5 分 交底内容不全面或针对性不强，扣 2～5 分 交底未履行签字手续，扣 4 分	10		
4		安全检查	未建立安全检查制度，扣 5 分 未有安全检查记录，扣 5 分 事故隐患的整改未做到定人、定时间、定措施，扣 2～6 分 对重大事故隐患整改通知书所列项目未按期整改和复查，扣 5～10 分	10		
5		安全教育	未建立安全培训制度，扣 10 分 施工人员入场未进行三级安全教育培训和考核，扣 5 分 未明确具体安全教育培训内容，扣 2～8 分 变换工种或采用新技术、新工艺、新设备、新材料施工时未进行安全教育，扣 5 分 施工管理人员、专职安全员未按规定进行年度教育培训和考核，每人扣 2 分	10		
6		应急救援	未制定安全生产应急救援预案，扣 10 分 未建立应急救援组织或未按规定配备救援人员，扣 2～6 分 未定期进行应急救援演练，扣 5 分 未配置应急救援器材和设备，扣 5 分	10		
		小计		60		

序号	检查项目		扣　分　标　准	应得分数	扣减分数	实得分数
7	一般项目	分包单位安全管理	分包单位资质、资格、分包手续不全或失效，扣 10 分 未签订安全生产协议书，扣 5 分 分包合同、安全生产协议书，签字盖章手续不全，扣 2～6 分 分包单位未按规定建立安全机构或未配备专职安全员，扣 2～6 分	10		
8		持证上岗	未经培训从事施工、安全管理和特种作业，每人扣 5 分 项目经理、专职安全员和特种作业人员未持证上岗，每人扣 2 分	10		
9		生产安全事故处理	生产安全事故未按规定报告，扣 10 分 生产安全事故未按规定进行调查分析、制定防范措施，扣 10 分 未依法为施工作业人员办理保险，扣 5 分	10		
10		安全标志	主要施工区域、危险部位未按规定悬挂安全标志，扣 2～6 分 未绘制现场安全标志布置图，扣 3 分 未按部位和现场设施的变化调整安全标志设置，扣 2～6 分 未设置重大危险源公示牌，扣 5 分	10		
		小计		40		
	检查项目合计			100		

文明施工检查评分表

表 11-17

序号	检查项目		扣　分　标　准	应得分数	扣减分数	实得分数
1	保证项目	现场围挡	在市区主要路段的工地未设置封闭围挡或围挡高度小于 2.5m，扣 5～10 分 一般路段的工地未设置封闭围挡或围挡高度小于 1.8m，扣 5～10 分 围挡未达到坚固、稳定、整洁、美观，扣 5～10 分	10		
2		封闭管理	施工现场进出口未设置大门，扣 10 分 未设置门卫室，扣 5 分 未建立门卫值守管理制度或未配备门卫值守人员，扣 2～6 分 施工人员进入施工现场未佩戴工作卡，扣 2 分 施工现场出入口未标有企业名称或标识，扣 2 分 未设置车辆冲洗设施，扣 3 分	10		
3		施工场地	施工现场主要道路及材料加工区地面未进行硬化处理，扣 5 分 施工现场道路不畅通、路面不平整坚实，扣 5 分 施工现场未采取防尘措施，扣 5 分 施工现场未设置排水设施或排水不通畅、有积水，扣 5 分 未采取防止泥浆、污水、废水污染环境措施，扣 2～10 分 未设置吸烟处、随意吸烟，扣 5 分 温暖季节未进行绿化布置，扣 3 分	10		

序号	检查项目		扣 分 标 准	应得分数	扣减分数	实得分数
4	保证项目	材料管理	建筑材料、构件、料具未按总平面布局码放，扣 4 分 材料码放不整齐，未标明名称、规格，扣 2 分 施工现场材料存放未采取防火、防锈蚀、防雨措施，扣 3～10 分 建筑物内施工垃圾的清运未使用器具或管道运输，扣 5 分 易燃易爆物品未分类储藏在专用库房、未采取防火措施，扣 5～10 分	10		
5		现场办公与住宿	施工作业区、材料存放区与办公、生活区未采取隔离措施，扣 6 分 宿舍、办公用房防火等级不符合有关消防安全技术规范要求，扣 10 分 在施工程、伙房、库房兼作住宿，扣 10 分 宿舍未设置可开启式窗户，扣 4 分 宿舍未设置床铺、床铺超过 2 层或通道宽度小于 0.9m，扣 2～6 分 宿舍人均面积或人员数量不符合规范要求，扣 5 分 冬季宿舍内未采取采暖和防一氧化碳中毒措施，扣 5 分 夏季宿舍内未采取防暑降温和防蚊蝇措施，扣 5 分 生活用品摆放混乱、环境卫生不符合要求，扣 3 分	10		
6		现场防火	施工现场未制定消防安全管理制度、消防措施，扣 10 分 施工现场的临时用房和作业场所的防火设计不符合规范要求，扣 10 分 施工现场消防通道、消防水源的设置不符合规范要求，扣 5～10 分 施工现场灭火器材布局、配置不合理或灭火器材失效，扣 5 分 未办理动火审批手续或未指定动火监护人员，扣 5～10 分	10		
		小计		60		
7	一般项目	综合治理	生活区未设置供作业人员学习和娱乐场所，扣 2 分 施工现场未建立治安保卫制度或责任未分解到人，扣 3～5 分 施工现场未制定治安防范措施，扣 5 分	10		
8		公示标牌	大门口处设置的公式标牌内容不齐全，扣 2～8 分 标牌不规范、不整齐，扣 3 分 未设置安全标语，扣 3 分 未设置宣传栏、读报栏、黑板报，扣 2～4 分	10		
9		生活设施	未建立卫生责任制度，扣 5 分 食堂与厕所、垃圾站、有毒有害场所的距离不符合规范要求，扣 2～6 分 食堂未办理卫生许可证或未办理炊事人员健康证，扣 5 分 食堂使用的燃气罐未单独设置存放间或存放间通风条件不好，扣 2～4 分 食堂未配备排风、冷藏、消毒、防鼠、防蚊蝇等设施，扣 4 分 厕所内的设施数量和布局不符合规范要求，扣 2～6 分 厕所卫生未达到规定要求，扣 4 分 不能保证现场人员卫生饮水，扣 5 分 未设置淋浴室或淋浴室不能满足现场人员需求，扣 4 分 生活垃圾未装容器或未及时清理，扣 3～5 分	10		

续表 11-17

序号	检查项目		扣　分　标　准	应得分数	扣减分数	实得分数
10	一般项目	社区服务	夜间未经许可施工，扣8分 施工现场焚烧各类废弃物，扣8分 施工现场未制定防粉尘、防噪音、防光污染措施，扣5分 未制定施工不扰民措施，扣5分	10		
		小计		40		
检查项目合计				100		

扣件式钢管脚手架检查评分表　　　　　　　表 11-18

序号	检查项目		扣　分　标　准	应得分数	扣减分数	实得分数
1	保证项目	施工方案	架体搭设未编制专项施工方案或未按规定审核、审批，扣10分 架体结构设计未进行设计计算，扣10分 架体搭设超过规范允许高度，专项施工方案未按规定组织专家论证，扣10分	10		
2		立杆基础	立杆基础不平、不实、不符合专项施工方案要求，扣5~10分 立杆底部缺少底座、垫板或垫板的规格不符合规范要求，每处扣2~5分 未按规范要求设置纵、横向扫地杆，扣5~10分 扫地杆的设置和固定不符合规范要求，扣5分 未设置排水措施，扣8分	10		
3		架体与建筑结构拉结	架体与建筑结构拉结方式或间距不符合规范要求，每处扣2分 架体底层第一步纵向水平杆处未按规定设置连墙件或未采用其他可靠措施固定，每处扣2分 搭设高度超过24m的双排脚手架，未采用刚性连墙件与建筑结构可靠连接，扣10分	10		
4		杆件间距与剪刀撑	立杆、纵向水平杆、横向水平杆间距超过设计或规范要求，每处扣2分 未按规定设置纵向剪刀撑或横向斜撑，每处扣5分 剪刀撑未沿脚手架高度连续设置或角度不符合要求，扣5分 剪刀撑斜杆的接长或剪刀撑斜杆与架体杆件固定不符合要求，每处扣2分	10		
5		脚手板与防护栏杆	脚手板未满铺或铺设不牢、不稳，扣5~10分 脚手板规格或材质不符合要求，扣5~10分 架体外侧未设置密目式安全网封闭或网间连接不严，扣5~10分 作业层防护栏杆不符合规范要求，扣5分 作业层未设置高度不小于180mm的挡脚板，扣5分	10		
6		交底与验收	架体搭设前未进行交底或交底未有记录，扣5~10分 架体分段搭设、分段使用未进行分段验收，扣5分 架体搭设完毕未办理验收手续，扣10分 验收内容未进行量化，或未经责任人签字确认，扣5分	10		
		小计		60		

序号	检查项目		扣　分　标　准	应得分数	扣减分数	实得分数
7	一般项目	横向水平杆设置	未在立杆与纵向水平杆交点处设置横向水平杆，每处扣2分 未按脚手板铺设的需要增加设置横向水平杆，每处扣2分 双排脚手架横向水平杆只固定一端，每处扣2分 单排脚手架横向水平杆插入墙内小于180mm，每处扣2分	10		
8		杆件连接	纵向水平杆搭接长度小于1m或固定不符合要求，每处扣2分 立杆除顶层顶步外采用搭接，每处扣4分 杆件对接扣件的布置不符合规范要求，扣2分 扣件紧固力矩小于40N·m或大于65N·m，每处扣2分	10		
9		层间防护	作业层脚手板下未采用安全平网兜底或作业层以下每隔10m未采用安全平网封闭，扣5分 作业层与建筑物之间未按规定进行封闭，扣5分	10		
10		构配件材质	钢管直径、壁厚、材质不符合要求，扣5分 钢管弯曲、变形、锈蚀严重，扣5分 扣件未进行复试或技术性能不符合标准，扣5分	5		
11		通道	未设置人员上下专用通道，扣5分 通道设置不符合要求扣2分	5		
		小计		40		
检查项目合计				100		

门式钢管脚手架检查评分表　　　　表 11-19

序号	检查项目		扣　分　标　准	应得分数	扣减分数	实得分数
1	保证项目	施工方案	未编制专项施工方案或未进行设计计算，扣10分 专项施工方案未按规定审核、审批，扣10分 架体搭设超过规范允许高度，专项施工方案未组织专家论证，扣10分	10		
2		架体基础	架体基础不平、不实、不符合专项施工方案要求，扣5～10分 架体底部未设置垫板或垫板的规格不符合要求，扣2～5分 架体底部未按规范要求设置底座，每处扣2分 架体底部未按规范要求设置扫地杆，扣5分 未采取排水措施，扣8分	10		
3		架体稳定	架体与建筑物结构拉结方式或间距不符合规范要求，每处扣2分 未按规范要求设置剪刀撑，扣10分 门架立杆垂直偏差超过规范要求，扣5分 交叉支撑的设置不符合规范要求，每处扣2分	10		
4		杆件锁臂	未按规定组装或漏装杆件、锁臂，扣2～6分 未按规范要求设置纵向水平加固杆，扣10分 扣件与连接的杆件参数不匹配，每处扣2分	10		

续表 11-19

序号	检查项目		扣 分 标 准	应得分数	扣减分数	实得分数
5	保证项目	脚手板	脚手板未满铺或铺设不牢、不稳，扣 5～10 分 脚手板规格或材质不符合要求，扣 10 分 采用挂扣式钢脚手板时挂钩未挂扣在横向水平杆上或挂钩未处于锁住状态，每处扣 2 分	10		
6		交底与验收	架体搭设前未进行交底或交底未有文字记录，扣 5～10 分 架体分段搭设、分段使用未办理分段验收，扣 6 分 架体搭设完毕未办理验收手续，扣 10 分 验收内容未进行量化，或未经责任人签字确认，扣 5 分	10		
		小计		60		
7	一般项目	架体防护	作业层防护栏杆不符合规范要求，扣 5 分 作业层未设置高度不小于 180mm 的挡脚板，扣 3 分 架体外侧未设置密目式安全网封闭或网间连接不严，扣 5～10 分 作业层脚手板下未采用安全平网兜底或专业层以下每隔 10m 未采用安全平网封闭，扣 5 分	10		
8		构配件材质	杆件变形、锈蚀严重，扣 10 分 门架局部开焊，扣 10 分 构配件的规格、型号、材质或产品质量不符合规范要求，扣 5～10 分	10		
9		荷载	施工荷载超过设计规定，扣 10 分 荷载堆放不均匀，每处扣 5 分	10		
10		通道	未设置人员上下专用通道，扣 10 分 通道设置不符合要求，扣 5 分	10		
		小计		40		
检查项目合计				100		

碗扣式钢管脚手架检查评分表　　　　　　　　　　　　表 11-20

序号	检查项目		扣 分 标 准	应得分数	扣减分数	实得分数
1	保证项目	施工方案	未编制专项施工方案或未进行设计计算，扣 10 分 专项施工方案未按规定审核、审批，扣 10 分 架体搭设超过规范允许高度，专项施工方案未组织专家论证，扣 10 分	10		
2		架体基础	基础不平、不实，不符合专项施工方案要求，扣 5～10 分 架体底部未设置垫板或垫板的规格不符合要求，扣 2～5 分 架体底部未按规范要求设置底座，每处扣 2 分 架体底部未按规范要求设置扫地杆，扣 5 分 未采取排水措施，扣 8 分	10		

序号	检查项目		扣 分 标 准	应得分数	扣减分数	实得分数
3	保证项目	架体稳定	架体与建筑结构未按规范要求拉结，每处扣2分 架体底层第一步水平杆处未按规范要求设置连墙件或未采用其他可靠措施固定，每处扣2分 连墙件未采用刚性杆件，扣10分 未按规范要求设置专用斜杆或八字形斜撑，扣5分 专用斜杆两端未固定在纵、横向水平杆与立杆汇交的碗扣节点处，每处扣2分 专用斜杆或八字形斜撑未沿脚手架高度连续设置或角度不符合要求，扣5分	10		
4		杆件锁件	立杆间距、水平杆步距超过设计或规范要求，每处扣2分 未按专项施工方案设计的步距在立杆连接碗扣节点处设置纵、横向水平杆，每处扣2分 架体搭设高度超过24m时，顶部24m以下的连墙件层未按规定设置水平斜杆，扣10分 架体组装不牢或上碗扣紧固不符合要求，每处扣2分	10		
5		脚手板	脚手板未满铺或铺设不牢、不稳，扣5～10分 脚手板规格或材质不符合要求，扣5～10分 采用挂扣式钢脚手板时挂钩未挂扣在横向水平杆上或挂钩未处于锁住状态，每处扣2分	10		
6		交底与验收	架体搭设前未进行交底或交底未有文字记录，扣5～10分 架体分段搭设、分段使用未进行分段验收，扣5分 架体搭设完毕未办理验收手续，扣10分 验收内容未进行量化，或未经责任人签字确认，扣5分	10		
		小计		60		
7	一般项目	架体防护	架体外侧未采用密目式安全网封闭或网间连接不严，扣5～10分 作业层防护栏杆不符合规范要求，扣5分 作业层外侧未设置高度不小于180mm的挡脚板，扣3分 作业层脚手板下未采用安全平网兜底或作业层以下每隔10m未采用安全平网封闭，扣5分	10		
8		构配件材质	杆件弯曲、变形、锈蚀严重，扣10分 钢管、构配件的规格、型号、材质或产品质量不符合规范要求，扣5～10分	10		
9		荷载	施工荷载超过设计规定，扣10分 荷载堆放不均匀，每处扣5分	10		
10		通道	未设置人员上下专用通道，扣10分 通道设置不符合要求，扣5分	10		
		小计		40		
检查项目合计				100		

承插型盘扣式钢管脚手架检查评分表　　　表 11-21

序号	检查项目		扣　分　标　准	应得分数	扣减分数	实得分数
1	保证项目	施工方案	未编制专项施工方案或未进行设计计算，扣10分 专项施工方案未按规定审核、审批，扣10分	10		
2		架体基础	架体基础不平、不实、不符合专项施工方案要求，扣5~10分 架体立杆底部缺少垫板或垫板的规格不符合规范要求，每处扣2分 架体立杆底部未按要求设置可调底座，每处扣2分 未按规范要求设置纵、横向扫地杆，扣5~10分 未采取排水措施，扣8分	10		
3		架体稳定	架体与建筑结构未按规范要求拉结，每处扣2分 架体底层第一步水平杆处未按规范要求设置连墙件或未采用其他可靠措施固定，每处扣2分 连墙件未采用刚性杆件，扣10分 未按规范要求设置竖向斜杆或剪刀撑，扣5分 竖向斜杆两端未固定在纵、横向水平杆与立杆汇交的盘扣结点处，每处扣2分 斜杆或剪刀撑未沿脚手架高度连续设置或角度不符合要求，扣5分	10		
4		杆件设置	架体立杆间距、水平杆步距超过设计或规范要求，每处扣2分 未按专项施工方案设计的步距在立杆连接插盘处设置纵、横向水平杆，每处扣2分 双排脚手架的每步水平杆，当无挂扣钢脚手板时未按规范要求设置水平斜杆，扣5~10分	10		
5		脚手板	脚手板不满铺或铺设不牢、不稳，扣5~10分 脚手板规格或材质不符合要求，扣5~10分 采用挂扣式钢脚手板时挂钩扣在水平杆上或挂钩未处于锁住状态，每处扣2分	10		
6		交底与验收	架体搭设前未进行交底或未有文字记录，扣5~10分 架体分段搭设、分段使用未进行分段验收，扣5分 架体搭设完毕未办理验收手续，扣10分 验收内容未进行量化，或未经责任人签字确认，扣5分	10		
		小计		60		
7	一般项目	架体防护	架体外侧未采用密目式安全网封闭或网间连接不严，扣5~10分 作业层防护栏杆不符合规范要求，扣5分 作业层外侧未设置高度不小于180mm的挡脚板，扣3分 作业层脚手板下未采用安全平网兜底或作业层以下每隔10m未采用安全平网封闭，扣5分	10		
8		杆件材质	立杆竖向接长位置不符合要求，每处扣2分 剪刀撑的斜杆接长不符合要求，扣8分	10		
9		构配件材质	钢管、构配件的规格、型号、材质或产品质量不符合规范要求，扣5分 钢管弯曲、变形、锈蚀严重，扣10分	10		

序号	检查项目		扣 分 标 准	应得分数	扣减分数	实得分数
10	一般项目	通道	未设置人员上下专用通道，扣 10 分 通道设置不符合要求，扣 5 分	10		
		小计		40		
检查项目合计				100		

满堂脚手架检查评分表　　　　　表 11-22

序号	检查项目		扣 分 标 准	应得分数	扣减分数	实得分数
1	保证项目	施工方案	未编制专项施工方案或未进行设计计算，扣 10 分 专项施工方案未按规定审核、审批，扣 10 分	10		
2		架体基础	架体基础不平、不实、不符合专项施工方案要求，扣 5～10 分 架体底部未设置垫板或垫板的规格不符合规范要求，每处扣 2～5 分 架体底部未按规范要求设置底座，每处扣 2 分 架体底部未按规范要求设置扫地杆，扣 5 分 未采取排水措施，扣 8 分	10		
3		架体稳定	架体四周与中间未按规范要求设置竖向剪刀撑或专用斜杆，扣 10 分 未按规范要求设置水平剪刀撑或专用水平斜杆，扣 10 分 架体高宽比超过规范要求时未采取与结构拉结或其他可靠的稳定措施，扣 10 分	10		
4		杆件锁件	架体立杆间距、水平杆步距超过设计和规范要求，每处扣 2 分 杆件接长不符合要求，每处扣 2 分 架体搭设不牢或杆件节点紧固不符合要求，每处扣 2 分	10		
5		脚手板	脚手板不满铺或铺设不牢、不稳，扣 5～10 分 脚手板规格或材质不符合要求，扣 5～10 分 采用挂扣式钢脚手板时挂钩未挂扣在水平杆上或挂钩未处于锁住状态，每处扣 2 分	10		
6		交底与验收	架体搭设前未进行交底或交底未有文字记录，扣 5～10 分 架体分段搭设、分段使用未进行分段验收，扣 5 分 架体搭设完毕未办理验收手续，扣 10 分 验收内容未进行量化，或未经责任人签字确认，扣 5 分	10		
		小计		60		
7	一般项目	架体防护	作业层防护栏杆不符合规范要求，扣 5 分 作业层外侧未设置高度不小于 180mm 挡脚板，扣 3 分 作业层脚手板下未采用安全平网兜底或作业层以下每隔 10m 未采用安全平网封闭，扣 5 分	10		
8		构配件材质	钢管、构配件的规格、型号、材质或产品质量不符合规范要求，扣 5～10 分 杆件弯曲、变形、锈蚀严重，扣 10 分	10		

续表 11-22

序号	检查项目		扣 分 标 准	应得分数	扣减分数	实得分数
9	一般项目	荷载	架体的施工荷载超过设计和规范要求，扣 10 分 荷载堆放不均匀，每处扣 5 分	10		
10		通道	未设置人员上下专用通道，扣 10 分 通道设置不符合要求，扣 5 分	10		
		小计		40		
检查项目合计				100		

悬挑式脚手架检查评分表　　　　　　　　　　　　表 11-23

序号	检查项目		扣 分 标 准	应得分数	扣减分数	实得分数
1	保证项目	施工方案	未编制专项施工方案或未进行设计计算，扣 10 分 专项施工方案未按规定审核、审批，扣 10 分 架体搭设超过规范允许高度，专项施工方案未组织专家论证，扣 10 分	10		
2		悬挑钢梁	钢梁截面高度未按设计确定或截面形式不符合设计和规范要求，扣 10 分 钢梁固定段长度小于悬挑段长度的 1.25 倍，扣 5 分 钢梁外端未设置钢丝绳或钢拉杆与上一层建筑结构拉结，每处扣 2 分 钢梁与建筑结构锚固处结构强度、锚固措施不符合设计和规范要求，扣 5～10 分 钢梁间距未按悬挑架体立杆纵距设置，扣 5 分	10		
3		架体稳定	立杆底部与钢梁连接处未设置可靠固定措施，每处扣 2 分 承插式立杆接长未采取螺栓或销钉固定，每处扣 2 分 未在架体外侧设置连续式剪刀撑，扣 10 分 纵横向扫地杆的设置不符合规范要求，扣 5～10 分 未按规定在架体内侧设置横向斜撑，扣 5 分 架体未按规定与建筑结构拉结，每处扣 5 分	10		
4		脚手板	脚手板规格、材质不符合要求，扣 5～10 分 脚手板未满铺或铺设不严、不牢、不稳，扣 5～10 分	10		
5		荷载	脚手架施工荷载超过设计规定，扣 10 分 施工荷载堆放不均匀，每处扣 5 分	10		
6		交底与验收	架体搭设前未进行交底或交底未有文字记录，扣 5～10 分 架体分段搭设、分段使用未进行分段验收，扣 5 分 架体搭设完毕未办理验收手续，扣 10 分 验收内容未进行量化，或未经责任人签字确认，扣 5 分	10		
		小计		60		
7	一般项目	杆件间距	立杆间距、纵向水平杆步距超过设计或规范要求，每处扣 2 分 未在立杆与纵向水平杆交点处设置横向水平杆，每处扣 2 分 未按脚手板铺设的需要增加设置横向水平杆，每处扣 2 分	10		

序号	检查项目		扣 分 标 准	应得分数	扣减分数	实得分数
8	一般项目	架体防护	作业层防护栏杆不符合规范要求，扣 5 分 作业层架体外侧未设置高度不小于 180mm 的挡脚板，扣 3 分 架体外侧未采用密目式安全网封闭或网间不严，扣 5～10 分	10		
9		层间防护	作业层脚手板下未采用安全平网兜底或作业层以下每隔 10m 未采用安全平网封闭，扣 5 分 作业层与建筑物之间未进行封闭，扣 5 分 架体底层沿建筑结构边缘、悬挑钢梁与悬挑钢梁之间未采取封闭措施或封闭不严，扣 2～8 分 架体底层未进行封闭或封闭不严，扣 2～10 分	10		
10		构配件材质	型钢、钢管、构配件规格及材质不符合规范要求，扣 5～10 分 型钢、钢管、构配件弯曲、变形、锈蚀严重，扣 10 分	10		
		小计		40		
检查项目合计				100		

附着式升降脚手架检查评分表　　　　　　　　表 11-24

序号	检查项目		扣 分 标 准	应得分数	扣减分数	实得分数
1	保证项目	施工方案	未编制专项施工方案或未进行设计计算，扣 10 分 专项施工方案未按规定审核、审批，扣 10 分 脚手架提升超过规定允许高度，专项施工方案未组织专家论证，扣 10 分	10		
2		安全装置	未采用防坠落装置或技术性能不符合规范要求，扣 10 分 防坠落装置与升降设备未分别独立固定在建筑结构上，扣 10 分 防坠落装置未设置在竖向主框架处并与建筑结构附着，扣 10 分 未安装防倾覆装置或防倾覆装置不符合规范要求，扣 5～10 分 升降或使用工况，最上和最下两个防倾装置之间的最小间距不符合规范要求，扣 8 分 未安装同步控制装置或技术性能不符合规范要求，扣 5～8 分	10		
3		架体构造	架体高度大于 5 倍楼层高，扣 10 分 架体宽度大于 1.2m，扣 5 分 直线布置的架体支承跨度大于 7m 或折线、曲线布置的架体支承跨度大于 5.4m，扣 8 分 架体的水平悬挑长度大于 2m 或大于跨度 1/2，扣 10 分 架体悬臂高度大于架体高度 2/5 或大于 6m，扣 10 分 架体全高与支撑跨度的乘积大于 110m² ，扣 10 分	10		
4		附着支座	未按竖向主框架所覆盖的每个楼层设置一道附着支座，扣 10 分 使用工况未将竖向主框架与附着支座固定，扣 10 分 升降工况未将防倾、导向装置设置在附着支座上，扣 10 分 附着支座与建筑结构连接固定方式不符合规范要求，扣 10 分	10		

序号	检查项目		扣 分 标 准	应得分数	扣减分数	实得分数
5	保证项目	架体安装	主框架和水平支承桁架的节点未采用焊接或螺栓连接，扣 10 分 各杆件轴线未汇交于节点，扣 3 分 水平支承桁架的上弦及下弦之间设置的水平支撑杆件未采用焊接或螺栓连接，扣 5 分 架体立杆底端未设置在水平支承桁架上弦各杆件节点处，扣 10 分 竖向主框架组装高度低于架体高度，扣 5 分 架体外立面设置的连续剪刀撑未将竖向主框架、水平支承桁架和架体构架连成一体，扣 8 分	10		
6		架体升降	两跨以上架体升降采用手动升降设备，扣 10 分 升降工况附着支座与建筑结构连接处混凝土强度未达到设计和规范要求，扣 10 分 升降工况架体上有施工荷载或有人员停留，扣 10 分	10		
		小计		60		
7	一般项目	检查验收	主要构配件进场未进行验收，扣 6 分 分区段安装、分区段使用未进行分区段验收，扣 8 分 架体搭设完毕未办理验收手续，扣 10 分 验收内容未进行量化，或未经责任人签字确认，扣 5 分 架体提升前未有检查记录，扣 6 分 架体提升后、使用前未履行验收手续或资料不全，扣 2～8 分	10		
8		脚手板	脚手板未满铺或铺设不严、不牢，扣 3～5 分 作业层与建筑结构之间空隙封闭不严，扣 3～5 分 脚手板规格、材质不符合要求，扣 5～10 分	10		
9		架体防护	脚手架外侧未采用密目式安全网封闭或网间连接不严，扣 10 分 作业层防护栏杆不符合规范要求，扣 5 分 作业层未设置高度不小于 180mm 的挡脚板，扣 3 分	10		
10		安全作业	操作前未向有关技术人员和作业人员进行安全技术交底或交底未有文字记录，扣 5～10 分 作业人员未经培训或未定岗定责，扣 5～10 分 安装拆除单位资质不符合要求或特种作业人员未持证上岗，扣 5～10 分 安装、升降、拆除时未采取安全警戒区及专人监护，扣 10 分 荷载不均匀或超载，扣 5～10 分	10		
		小计		40		
	检查项目合计			100		

高处作业吊篮检查评分表 表 11-25

序号	检查项目		扣 分 标 准	应得分数	扣减分数	实得分数
1	保证项目	施工方案	未编制专项施工方案或未对吊篮支架支撑处结构的承载力进行验算，扣 10 分 专项施工方案未按规定审核、审批，扣 10 分	10		

序号	检查项目		扣 分 标 准	应得分数	扣减分数	实得分数
2	保证项目	安全装置	未安装防坠安全锁或安全锁失灵，扣 10 分 防坠安全锁超过标定期限仍在使用，扣 10 分 未设置挂设安全带专用安全绳及安全锁扣或安全绳未固定在建筑物可靠位置，扣 10 分 吊篮未安装上限位装置或限位装置失灵，扣 10 分	10		
3		悬挂机构	悬挂机构前支架支撑在建筑物女儿墙上或挑檐边缘，扣 10 分 前梁外伸长度不符合产品说明书规定，扣 10 分 前支架与支撑面不垂直或脚轮受力，扣 10 分 上支架未固定在前支架调节杆与悬挑梁连接的节点处，扣 5 分 使用破损的配重块或采用其他替代物，扣 10 分 配重块未固定或重量不符合设计规定，扣 10 分	10		
4		钢丝绳	钢丝绳有断丝、松股、硬弯或有油污附着物，扣 10 分 安全钢丝绳规格、型号与工作钢丝绳不相同或未独立悬挂，扣 10 分 安全钢丝绳不悬垂，扣 5 分 电焊作业时未对钢丝绳采取保护措施，扣 5～10 分	10		
5		安装作业	吊篮平台组装长度不符合产品说明书和规范要求，扣 10 分 吊篮组装的构配件不是同一生产厂家的产品，扣 5～10 分	10		
6		升降作业	操作升降人员未经培训合格，扣 10 分 吊篮内作业人员数量超过 2 人，扣 10 分 吊篮内作业人员未将安全带用安全锁扣挂置在独立设置的专用安全绳上，扣 10 分 作业人员未从地面进出吊篮，扣 5 分	10		
		小计		60		
7	一般项目	交底与验收	未履行验收程序，验收表未经责任人签字确认，扣 5～10 分 验收内容未进行量化，扣 5 分 每天班前班后未进行检查，扣 5 分 吊篮安装使用前未进行交底或交底未留有文字记录，扣 5～10 分	10		
8		安全防护	吊篮平台周边的防护栏杆或挡脚板的设置不符合规范要求，扣 5～10 分 多层或立体交叉作业未设置防护顶板，扣 8 分	10		
9		吊篮稳定	吊篮作业未采取防摆动措施，扣 5 分 吊篮钢丝绳不垂直或吊篮距建筑物空隙过大，扣 5 分	10		
10		荷载	施工荷载超过设计规定，扣 10 分 荷载堆放不均匀，扣 5 分	10		
		小计		40		
检查项目合计				100		

基坑工程检查评分表　表 11-26

序号	检查项目		扣 分 标 准	应得分数	扣减分数	实得分数
1	保证项目	施工方案	基坑工程未编制专项施工方案，扣 10 分 专项施工方案未按规定审核、审批，扣 10 分 超过一定规模条件的基坑工程专项施工方案未按规定组织专家论证，扣 10 分 基坑周边环境或施工条件发生变化，专项施工方案未重新进行审核、审批，扣 10 分	10		
2		基坑支护	人工开挖的狭窄基槽，开挖深度较大或存在边坡塌方危险未采用支护措施，扣 10 分 自然放坡的坡率不符合专项施工方案和规范要求，扣 10 分 基坑支护结构不符合设计要求，扣 10 分 支护结构水平位移达到设计报警值未采取有效控制措施，扣 10 分	10		
3		降排水	基坑开挖深度范围内有地下水未采取有效的降排水措施，扣 10 分 基坑边沿周围地面未设排水沟或排水沟设置不符合规范要求，扣 5 分 放坡开挖对坡顶、坡面、坡脚未采取降排水措施，扣 5～10 分 基坑底四周未设排水沟和集水井或排除积水不及时，扣 5～8 分	10		
4		基坑开挖	支护结构未达到设计要求的强度提前开挖下层土方，扣 10 分 未按设计和施工方案的要求分层、分段开挖或开挖不均衡，扣 10 分 基坑开挖过程中未采取防止碰撞支护结构或工程桩的有效措施，扣 10 分 机械在软土场地作业，未采取铺设渣土、沙石等硬化措施，扣 10 分	10		
5		坑边荷载	基坑边堆置土、料具等荷载超过基坑支护设计允许要求，扣 10 分 施工机械与基坑边沿的安全距离不符合设计要求，扣 10 分	10		
6		安全防护	开挖深度 2m 及以上的基坑周边未按规范要求设置防护栏杆或栏杆设置不符合规范要求，扣 5～10 分 基坑内未设置供施工人员上下的专用梯道或梯道设置不符合规范要求，扣 5～10 分 降水井口未设置防护盖板或围栏，扣 10 分	10		
		小计		60		
7	一般项目	基坑监测	未按要求进行基坑工程监测，扣 10 分 基坑监测项目不符合设计和规范要求，扣 5～10 分 监测的时间间隔不符合监测方案要求或监测结果变化速率大未加密观测次数，扣 5～8 分 未按设计要求提交监测报告或监测报告内容不完整，扣 5～8 分	10		
8		支撑拆除	基坑支撑结构拆除方式、拆除顺序不符合专项施工方案要求，扣 5～10 分 机械拆除作业时，施工荷载大于支撑结构承载能力，扣 10 分 人工拆除作业时，未按规定设置防护设施，扣 8 分 采用非常规拆除方式不符合国家现行相关规范要求，扣 10 分	10		

序号	检查项目		扣 分 标 准	应得分数	扣减分数	实得分数
9	一般项目	作业环境	基坑内土方机械、施工人员的安全距离不符合规范技术，扣 10 分 上下垂直作业未采取防护措施，扣 5 分 在各种管线范围内挖土作业未设专人监护，扣 5 分 作业区光线不良，扣 5 分	10		
10		应急预案	未按要求编制基坑工程应急预备方案或应急预案内容不完整，扣 5～10 分 应急组织机构不健全或应急物资、材料、工具机具储备不符合应急预案要求，扣 2～6 分	10		
		小计		40		
检查项目合计				100		

模板支架检查评分表　　　　表 11-27

序号	检查项目		扣 分 标 准	应得分数	扣减分数	实得分数
1	保证项目	施工方案	未编制专项施工方案或结构设计未经设计计算，扣 10 分 专项施工方案未经审核、审批，扣 10 分 超规模模板支架专项施工方案未按规定组织专家论证，扣 10 分	10		
2		支架基础	基础不坚实平整，承载力不符合专项施工方案要求，扣 5～10 分 支架底部未设置垫板或垫板的规格不符合规范要求，扣 5～10 分 支架底部未按规范要求设置底座，每处扣 2 分 未按规范要求设置扫地杆，扣 5 分 未采取排水设施，扣 5 分 支架设在楼面结构上时，未对楼面结构的承载力进行验算或楼面结构下方未采取加固措施，扣 10 分	10		
3		支架构造	立杆纵、横间距大于设计和规范要求，每处扣 2 分 水平杆步距大于设计和规范要求，每处扣 2 分 水平杆未连续设置，扣 5 分 未按规范要求设置竖向剪刀撑或专用斜杆，扣 10 分 未按规范要求设置水平剪刀撑或专用水平斜杆，扣 10 分 剪刀撑或斜杆设置不符合规范要求，扣 5 分	10		
4		支架稳定	支架高宽比超过规范要求未采取与建筑结构刚性连接或增加架体宽度等措施，扣 10 分 立杆伸出顶层水平杆的长度超过规范要求，每处扣 2 分 浇筑混凝土未对支架的基础沉降、架体变形采取监测措施，扣 8 分	10		
5		坑边荷载	荷载堆放不均匀，每处扣 5 分 施工荷载超过设计规定，扣 10 分 浇筑混凝土未对混凝土堆积高度进行控制，扣 8 分	10		
6		安全防护	支架搭设、拆除前未进行交底或无文字记录，扣 5～10 分 架体搭设完毕未办理验收手续，扣 10 分 验收内容未进行量化、或未经责任人签字确认，扣 5 分	10		
		小计		60		

序号	检查项目		扣 分 标 准	应得分数	扣减分数	实得分数
7	一般项目	杆件连接	立杆连接不符合规范要求，扣 3 分 水平杆连接不符合规范要求，扣 3 分 剪刀撑斜杆接长不符合规范要求，每处扣 3 分 杆件各连接点的紧固不符合规范要求，每处扣 2 分	10		
8		底座与托撑	螺杆直径与立杆内径不匹配，每处扣 3 分 螺杆旋入螺母内的长度或外伸长度不符合规范要求，每处扣 3 分	10		
9		构配件材质	钢管、构配件的规格、型号、材质不符合规范要求，扣 5～10 分 杆件弯曲、变形、锈蚀严重，扣 10 分	10		
10		支架拆除	支架拆除前未确认混凝土强度达到设计要求，扣 10 分 未按规定设置警戒区或未设置专人监护，扣 5～10 分	10		
		小计		40		
检查项目合计				100		

高处作业检查评分表　　　　表 11-28

序号	检查项目	扣 分 标 准	应得分数	扣减分数	实得分数
1	安全帽	施工现场人员未佩戴安全帽，每人扣 5 分 未按标准佩戴安全帽，每人扣 2 分 安全帽质量不符合现行国家相关标准的要求，扣 5 分	10		
2	安全网	在建工程外脚手架架体外侧未采用密目式安全网封闭或网间连接不严，扣 2～10 分 安全网质量不符合现行国家相关标准的要求，扣 10 分	10		
3	安全带	高处作业人员未按规定系挂安全带，每人扣 5 分 安全带系挂不符合要求，每人扣 5 分 安全带质量不符合现行国家相关标准的要求，扣 10 分	10		
4	临边防护	工作面边沿无临边防护，扣 10 分 临边防护设施的构造、强度不符合规范要求，扣 5 分 防护设施未形成定型化、工具式，扣 3 分	10		
5	洞口防护	在建工程的孔、洞未采取防护措施，每处扣 5 分 防护措施、设施不符合要求或不严密，每处扣 3 分 防护设施未形成定型化、工具式，扣 3 分 电梯井内未按每隔两层且不大于 10m 设置安全平网，扣 5 分	10		
6	通道口防护	未搭设防护棚或防护不严、不牢固，扣 5～10 分 防护棚两侧未进行封闭，扣 4 分 防护棚宽度小于通道口宽度，扣 4 分 防护棚长度不符合要求，扣 4 分 建筑物高度超过 24m，防护棚顶未采用双层防护，扣 4 分 防护棚的材质不符合规范要求，扣 5 分	10		

序号	检查项目	扣 分 标 准	应得分数	扣减分数	实得分数
7	攀登作业	移动式梯子的梯脚底部垫高使用，扣 3 分 折梯未使用可靠拉撑装置，扣 5 分 梯子的材质或制作质量不符合规范要求，扣 10 分	10		
8	悬空作业	悬空作业处未设置防护栏杆或其他可靠的安全设施，扣 5～10 分 悬空作业所用的索具、吊具等未经验收，扣 5 分 悬空作业人员未系挂安全带或佩戴工具袋，扣 2～10 分	10		
9	移动式操作平台	操作平台未按规定进行设计计算，扣 8 分 移动式操作平台，轮子与平台的连接不牢固可靠或立柱底端距离地面超过 80mm，扣 5 分 操作平台的组装不符合设计和规范要求，扣 10 分 平台台面铺板不严，扣 5 分 操作平台四周未按规定设置防护栏杆或未设置登高扶梯，扣 10 分 操作平台的材质不符合规范要求，扣 10 分	10		
10	悬挑式物料钢平台	未编制专项施工方案或未经设计计算，扣 10 分 悬挑式钢平台的下部支撑系统或上部拉结点，未设置在建筑物结构上，扣 10 分 斜拉杆或钢丝绳未按要求在平台两侧各设置两道，扣 10 分 钢平台未按要求设置固定的防护栏杆或挡脚板，扣 3～10 分 钢平台台面铺板不严或钢平台与建筑结构之间铺板不严，扣 5 分 未在平台上明显处设置荷载限定标牌，扣 5 分	10		
检查项目合计			100		

施工用电检查评分表 　　　　表 11-29

序号	检查项目		扣 分 标 准	应得分数	扣减分数	实得分数
1	保证项目	外电防护	外电线路与在建工程及脚手架、起重机械、场内机动车道之间的安全距离不符合规范要求且未采取防护措施，扣 10 分 防护设施未设置明显的警示标志，扣 5 分 防护设施和外电线路的安全距离及搭设方式不符合规范要求，扣 5～10 分 在外电架空线路正下方施工、建造临时设施或堆放材料物品，扣 10 分	10		
2		接地与接零保护系统	施工现场专用的电源中性点直接接地的低压配电系统未采用 TN-S 接零保护方式，扣 20 分 配电系统未采用同一保护系统，扣 20 分 保护零线引出位置不符合规范要求，扣 5～10 分 电气设备未接保护零线，每处扣 2 分 保护零线装设开关、熔断器或通过工作电流，扣 20 分 保护零线材质、规格及颜色标记不符合规范要求，每处扣 2 分 工作接地与重复接地的设置、安装及接地装置的材料不符合规范要求，扣 10～20 分 工作接地电阻大于 4Ω，重复接地电阻大于 10Ω，扣 20 分 施工现场起重机、物料提升机、施工升降机、脚手架防雷措施不符合规范要求，扣 5～10 分 做防雷接地机械上的电气设备，保护零线未做重复接地，扣 10 分	20		

序号	检查项目		扣 分 标 准	应得分数	扣减分数	实得分数
3	保证项目	配电线路	线路及接头不能保证机械强度和绝缘强度，扣5～10分 线路未设短路、过载保护，扣5～10分 线路截面不能满足负荷电流，每处扣2分 线路的设施、材料及相序排列、挡距、与邻近线路或固定物的距离不符合规范要求，扣5～10分 电缆沿地面明设、沿脚手架、树木等敷设或敷设不符合规范要求，扣5～10分 线路敷设的电缆不符合规范要求，扣5～10分 室内明敷主干线距地面高度小于2.5m，每处扣2分	10		
4		配电箱与开关箱	配电系统未采用三级配电、二级漏电保护系统，扣10～20分 用电设备未有各自专用的开关箱，每处扣2分 箱体结构、箱内电器设置不符合规范要求，扣10～20分 配电箱零线端子板的设置、连接不符合规范要求，扣5～10分 漏电保护器参数不匹配或检测不灵敏，每处扣2分 配电箱与开关箱电器损坏或进出线混乱，每处扣2分 箱体未设置系统连接图和分路标记，每处扣2分 箱体未设门、锁，未采取防雨措施，每处扣2分 箱体安装位置、高度及周边通道不符合规范要求，每处扣2分 分配电箱与开关箱、开关箱与用电设备的距离不符合规范要求，每处扣2分	20		
		小计		60		
5	一般项目	配电室与配电装置	配电室建筑耐火等级未达到三级，扣15分 未配置适用于电气火灾的灭火器材，扣3分 配电室、配电装置布设不符合规范，扣5～10分 配电装置中的仪表、电气元件设置不符合规范或仪表、电气元件损坏，扣5～10分 备用发电机组未与外电线路进行连锁，扣15分 配电室未采取防雨雪和小动物侵入的措施，扣10分 配电室未设警示标志、工地供电平面图和系统图，扣3～5分	15		
6		现场照明	照明用电与动力用电混用，每处扣2分 特殊场所未使用36V及以下安全电压，扣15分 手持照明灯未使用36V以下电源供电，扣10分 照明变压器未使用双绕组安全隔离变压器，扣15分 灯具金属外壳未接保护零线，每处扣2分 灯具与地面、易燃物之间小于安全距离，每处扣2分 照明线路和安全电压线路的架设不符合规范要求，扣10分 施工现场未按规范要求配备应急照明，每处扣2分	15		

序号	检查项目		扣 分 标 准	应得分数	扣减分数	实得分数
7	一般项目	用电档案	总包单位与分包单位未订立临时用电管理协议，扣 10 分 未制定专项用电施工组织设计、外电防护专项方案或设计、方案缺乏针对性，扣 5～10 分 专项用电施工组织设计、外电防护专项方案未履行审批程序，实施后相关部门未组织验收，扣 5～10 分 接地电阻、绝缘电阻和漏电保护器检测记录未填写或填写不真实，扣 3 分 安全技术交底、设备设施验收记录未填写或填写不真实，扣 3 分 定期巡视检查、隐患整改记录未填写或填写不真实，扣 3 分 档案资料不齐全、未设专人管理，扣 3 分	10		
		小计		40		
	检查项目合计			100		

物料提升机检查评分表　　　　　　　　　　　　　　表 11-30

序号	检查项目		扣 分 标 准	应得分数	扣减分数	实得分数
1	保证项目	安全装置	未安装起重量限制器、防坠安全器，扣 15 分 起重量限制器、防坠安全器不灵敏，扣 15 分 安全停层装置不符合规范要求或未达到定型化，扣 5～10 分 未安装上行程限位，扣 15 分 上行程限位开关不灵敏、安全越程不符合规范要求，扣 10 分 物料提升机安装高度超过 30m，未安装渐进式防坠安全器、自动停层、语音及影像信号装置，每项扣 5 分	15		
2		防护设施	未设置防护围栏或设置不符合规范要求，扣 5～15 分 未设置进料口防护棚或设置不符合规范要求，扣 5～15 分 停层平台两侧未设置防护栏杆、挡脚板，每处扣 2 分 停层平台脚手板铺设不严、不牢，每处扣 2 分 未安装平台门或平台门不起作用，每处扣 5～15 分 平台门未达到定型化，每处扣 2 分 吊笼门不符合规范要求，扣 10 分	15		
3		附墙架与缆风绳	附墙架结构、材质、间距不符合产品说明书要求，扣 10 分 附墙架未与建筑结构可靠连接，扣 10 分 缆风绳设置数量、位置不符合规范，扣 5 分 缆风绳未使用钢丝绳或未与地锚连接，扣 10 分 钢丝绳直径小于 8mm 或角度不符合 45°～60°要求，扣 5～10 分 安装高度超过 30m 的物料提升机使用缆风绳，扣 10 分 地锚设置不符合规范要求，每处扣 5 分	10		
4		钢丝绳	钢丝绳磨损、变形、锈蚀达到报废标准，扣 10 分 钢丝绳夹设置不符合规范要求，每处扣 2 分 吊笼处于最低位置，卷筒上钢丝绳少于 3 圈，扣 10 分 未设置钢丝绳过路保护措施或钢丝绳拖地，扣 5 分	10		

序号	检查项目		扣　分　标　准	应得分数	扣减分数	实得分数
5	保证项目	安拆、验收与使用	安装、拆卸单位未取得专业承包资质和安全生产许可证，扣 10 分 未制定专项施工方案或未经审核、审批，扣 10 分 未履行验收程序或验收表未经责任人签字，扣 5～10 分 安装、拆除人员及司机未持证上岗，扣 10 个分 物料提升机作业前未按规定进行例行检查或未填写检查记录，扣 4 分 实行多班作业未按规定填写交接班记录，扣 3 分	10		
		小计		60		
6	一般项目	基础与导轨架	基础的承载力、平整度不符合规范要求，扣 5～10 分 基础周边未设排水设施，扣 5 分 导轨架垂直度偏差大于导轨高度 0.15%，扣 5 分 井架停层平台通道处的结构未采取加强措施，扣 8 分	10		
7		动力与传动	卷扬机、曳引机安装不牢固，扣 10 分 卷筒与导轨架底部导向轮的距离小于 20 倍卷筒宽度未设置排绳器，扣 5 分 钢丝绳在卷筒上排列不整齐，扣 5 分 滑轮与导轨架、吊笼未采用刚性连接，扣 10 分 滑轮与钢丝绳不匹配，扣 10 分 卷筒、滑轮未设置防止钢丝绳脱出装置，扣 5 分 曳引钢丝绳为 2 根及以上时，未设置曳引力平衡装置，扣 5 分	10		
8		通信装置	未按规范要求设置通信设置，扣 5 分 通信装置信号显示不清晰，扣 3 分	5		
9		卷扬机操作棚	未设置卷扬机操作棚，扣 10 分 操作棚搭设不符合规范要求，扣 5～10 分	10		
10		避雷装置	物料提升机在其他防雷保护范围以外未设置避雷装置，扣 5 分 避雷装置不符合规范要求的，扣 3 分	5		
		小计		40		
检查项目合计				100		

施工升降机检查评分表　　　　　　　　　　　　　表 11-31

序号	检查项目		扣　分　标　准	应得分数	扣减分数	实得分数
1	保证项目	安全装置	未安装起重限制器或起重量限制器不灵敏，扣 10 分 未安装渐进式防坠安全器或防坠安全器不灵敏，扣 10 分 防坠安全器超过有效标定期限，扣 10 分 对重钢丝绳未安装防松绳装置或防松绳装置不灵敏，扣 5 分 未安装急停开关或急停开关不符合规范要求，扣 5 分 未安装吊笼和对重缓冲器或缓冲器不符合规范要求，扣 5 分 SC 型施工升降机未安装安全钩，扣 10 分	10		

序号	检查项目		扣 分 标 准	应得分数	扣减分数	实得分数
2	保证项目	限位装置	未安装极限开关或极限开关不灵敏，扣10分 未安装上限位开关或上限位开关不灵敏，扣10分 未安装下限位开关或下限位开关不灵敏，扣5分 极限开关与上限位开关安全越程不符合规范要求，扣5分 极限开关与上、下限位开关共用一个触发元件，扣5分 未安装吊笼门机电连锁装置或不灵敏，扣10分 未安装吊笼顶窗电气安全开关或不灵敏，扣5分	10		
3		防护设施	未设置地面防护围栏或设置不符合规范要求，扣5~10分 未安装地面防护围栏门连锁保护装置或连锁保护装置不灵敏，扣5~8分 未设置出入口防护棚或设置不符合规范要求，扣5~10分 停层平台搭设不符合规范要求，扣5~8分 未安装层门或层门不起作用，扣5~10分 层门不符合规范要求、未达到定型化，每处扣2分	10		
4		附墙架	附墙架采用非配套标准产品未进行设计计算，扣10分 附墙架与建筑结构连接方式、角度不符合说明书要求，扣5~10分 附墙架间距、最高附着点以上导轨架的自由高度超过产品说明书要求，扣10分	10		
5		钢丝绳、滑轮与对重	对重钢丝绳数少于2根或未相对独立，扣5分 钢丝绳磨损、变形、锈蚀达到报废标准，扣10分 钢丝绳的规格、固定不符合产品说明书及规范要求，扣10分 滑轮未安装钢丝绳防脱装置或不符合规范要求，扣4分 对重重量、固定不符合产品说明书及规范要求，扣10分 对重未安装防脱轨保护装置，扣5分	10		
6		安拆、验收与使用	安装、拆卸单位未取得专业承包资质和安全生产许可证，扣10分 未编制安装、拆除专项方案或专项方案未经审核、审批，扣10分 未履行验收程序或验收表未经责任人签字，扣5~10分 安装、拆卸人员及司机未持证上岗，扣10分 施工升降机作业前未按规定进行例行检查，未填写检查记录，扣4分 实行多班作业未按规定填写交接班记录，扣3分	10		
		小计		60		
7	一般项目	导轨架	导轨架垂直度不符合规范要求，扣10分 标准节质量不符合产品说明书及规范要求，扣10分 对重导轨不符合规范要求，扣5分 标准节连接螺栓使用不符合产品说明书及规范要求，扣5~8分	10		
8		基础	基础制作、验收不符合产品说明书及规范要求，扣5~10分 基础设置在地下室顶板或楼面结构上，未对其支承结构进行承载力验算，扣10分 基础未设置排水设施，扣4分	10		

序号	检查项目		扣　分　标　准	应得分数	扣减分数	实得分数
9	一般项目	电气安全	施工升降机与架空线路距离不符合规范要求，未采取防护措施，扣10分 防护措施不符合规范要求，扣5分 未设置电缆导向架或设置不符合规范要求，扣5分 施工升降机在防雷保护范围以外未设置避雷装置，扣10分 避雷装置不符合规范要求，扣5分	10		
10		通讯装置	未安装楼层信号联络装置，扣10分 楼层联络信号不清晰，扣5分	10		
		小计		40		
检查项目合计				100		

塔式起重机检查评分表　　　　　　　　　　　　　　表 11-32

序号	检查项目		扣　分　标　准	应得分数	扣减分数	实得分数
1	保证项目	载荷限制装置	未安装起重量限制器或不灵敏，扣10分 未安装力矩限制器或不灵敏，扣10分	10		
2		行程限位装置	未安装起升高度限位器或不灵敏，扣10分 起升高度限位器的安全越程不符合规范要求，扣6分 未安装幅度限位器或不灵敏，扣10分 回转不设集电器的塔式起重机未安装回转限位器或不灵敏，扣6分 行走式塔式起重机未安装行走限位器或不灵敏，扣10分	10		
3		保护装置	小车变幅的塔式起重机未安装断绳保护及断轴保护装置，扣8分 行走及小车变幅的轨道行程末端未安装缓冲器及止挡装置或不符合规范要求，扣4~8分 起重臂根部绞点高度大于50m的塔式起重机未安装风速仪或不灵敏，扣4分 塔式起重机顶部高度大于30m且高于周围建筑物未安装障碍指示灯，扣4分	10		
4		吊钩、滑轮、卷筒与钢丝绳	吊钩未安装钢丝绳防脱钩装置或不符合规范要求，扣10分 吊钩磨损、变形达到报废标准，扣10分 滑轮、卷筒未安装钢丝绳防脱装置或不符合规范要求，扣4分 滑轮及卷筒磨损达到报废标准，扣10分 钢丝绳磨损、变形、锈蚀达到报废标准，扣10分 钢丝绳的规格、固定、缠绕不符合说明书及规范要求，扣5~10分	10		
5		多塔作业	多塔作业未制定专项施工方案或施工方案未经审批，扣10分 任意两台塔式起重机之间的最小架设距离不符合规范要求，扣10分	10		

序号	检查项目		扣 分 标 准	应得分数	扣减分数	实得分数
6	保证项目	安装、验收与使用	安装、拆卸单位未取得专业承包资质和安全生产许可证，扣10分 未编制安装、拆卸专项方案，扣10分 方案未经审核、审批，扣10分 未履行验收程序或验收表未经责任人签字，扣5~10分 安装、拆除人员及司机、指挥未持证上岗，扣10分 塔式起重机作业前未按规定进行例行检查，未填写检查记录，扣4分 实行多班作业未按规定填写交接班记录，扣3分	10		
		小计		60		
7	一般项目	附着	塔式起重机高度超过规定未安装附着装置，扣10分 附着装置水平距离不满足产品说明书要求，未进行设计计算和审批，扣8分 安装内爬式塔式起重机的建筑承载结构未进行承载力计算，扣8分 附着装置安装不符合产品说明书及规范要求，扣5~10分 附着前和附着后塔身垂直度不符合规范要求，扣10分	10		
8		基础与轨道	塔式起重机基础未按产品说明书及有关规定设计、检测、验收，扣5~10分 基础未设置排水措施，扣4分 路基箱或枕木铺设不符合产品说明书及规范要求，扣6分 轨道铺设不符合产品说明书及规范要求，扣6分	10		
9		结构设施	主要结构件的变形、锈蚀超过规范要求，扣10分 平台、走道、梯子、护栏的设置不符合规范要求，扣4~8分 高强螺栓、销轴、紧固件的紧固、连接不符合规范要求，扣5~10分	10		
10		电气安全	未采用TN-S接零保护系统供电，扣10分 塔式起重机与架空线路安全距离不符合规范要求，未采取防护措施，扣10分 防护措施不符合规范要求，扣5分 未安装避雷接地装置，扣10分 避雷接地装置不符合规范要求，扣5分 电缆使用及固定不符合规范要求，扣5分	10		
		小计		40		
检查项目合计				100		

起重吊装检查评分表　　　　　　表 11-33

序号	检查项目		扣 分 标 准	应得分数	扣减分数	实得分数
1	保证项目	施工方案	未编制专项施工方案或专项施工方案未经审核、审批，扣10分 超规模的起重吊装专项施工方案未按规定组织专家论证，扣10分	10		
2		起重机械	未安装荷载限制装置或不灵敏，扣10分 未安装行程限位装置或不灵敏，扣10分 起重拔杆组装不符合设计要求，扣10分 起重拔杆组装后未履行验收程序或验收表无责任人签字，扣5~10分	10		

续表 11-33

序号	检查项目		扣 分 标 准	应得分数	扣减分数	实得分数
3	保证项目	钢丝绳与地锚	钢丝绳磨损、断丝、变形、锈蚀达到报废标准，扣 10 分 钢丝绳规格不符合起重机产品说明书要求，扣 10 分 吊钩、卷筒、滑轮磨损达到报废标准，扣 10 分 吊钩、卷筒、滑轮未安装钢丝绳防脱装置，扣 5～10 分 起重拔杆的缆风绳、地锚设置不符合设计要求，扣 8 分	10		
4		索具	索具采用编结连接时，编结部分的长度不符合规范要求，扣 10 分 索具采用绳夹连接时，绳夹的规格、数量及绳夹间距不符合规范要求，扣 5～10 分 索具安全系数不符合规范要求，扣 10 分 索具规格不匹配或机械性能不符合设计要求，扣 5～10 分	10		
5		作业环境	起重机行走作业处地面承载能力不符合产品说明书要求或未采用有效加固措施，扣 10 分 起重机与架空线路安全距离不符合规范要求，扣 10 分	10		
6		作业人员	起重机司机无证操作或操作证与操作机型不符，扣 5～10 分 未设置专职信号指挥和司索人员，扣 10 分 作业前未按规定进行技术交底或技术交底未形成文字记录，扣 5～10 分	10		
		小计		60		
7	一般项目	起重吊装	多台起重机同时起吊一个构件时，单台起重机所承受的荷载不符合专项施工方案要求，扣 10 分 吊索系挂点不符合专项施工方案要求，扣 5 分 起重机作业时起重臂下有人停留或吊运重物从人的正上方通过，扣 10 分 起重机吊具载运人员，扣 10 分 吊运易散落物件不使用吊笼，扣 6 分	10		
8		高处作业	未按规定设置高处作业平台，扣 10 分 高处作业平台设置不符合规范要求，扣 5～10 分 未按规定设置爬梯或爬梯的强度、构造不符合规范要求，扣 5～8 分 未按规定设置安全带悬挂点，扣 8 分	10		
9		构件码放	构件码放超过作业面承载能力，扣 10 分 构件码放高度超过规定要求，扣 4 分 大型构件码放无稳定措施，扣 8 分	10		
10		警戒监护	未按规定设置作业警戒区，扣 10 分 警戒区未设专人监护，扣 5 分	10		
		小计		40		
检查项目合计				100		

施工机具检查评分表　　　　　　　　　　　表 11-34

序号	检查项目	扣 分 标 准	应得分数	扣减分数	实得分数
1	平刨	平刨安装后未履行验收程序，扣 5 分 未设置护手安全装置，扣 5 分 传动部位未设置防护罩，扣 5 分 未做保护接零或未设置漏电保护器，扣 10 分 未设置安全作业棚，扣 6 分 使用多功能木工机具，扣 10 分	10		
2	圆盘锯	圆盘锯安装后未履行验收程序，扣 5 分 未设置锯盘护罩、分料器、防护挡板安全装置和传动部位未设置防护罩，每处扣 3 分 未做保护接零或未设置漏电保护器，扣 10 分 未设置安全作业棚，扣 6 分 使用多功能木工机具，扣 10 分	10		
3	手持电动工具	Ⅰ类手持电动工具未采取保护接零或未做漏电保护器，扣 8 分 使用Ⅰ类手持电动工具不按规定穿戴绝缘用品，扣 6 分 手持电动工具随意接长电源线，扣 4 分	8		
4	钢筋机械	机械安装后未履行验收程序，扣 5 分 未做保护接零或未设置漏电保护器，扣 10 分 钢筋加工区未设置作业棚、钢筋对焊作业区未采取防止火花飞溅措施或冷拉作业区未设置防护栏板，每处扣 5 分 传动部位未设置防护罩，扣 5 分	10		
5	电焊机	电焊机安装后未履行验收程序，扣 5 分 未做保护接零或未设置漏电保护器，扣 10 分 未设置二次空载降压保护器，扣 10 分 一次线长度超过规定或未进行穿管保护，扣 3 分 二次线未采用防水橡皮护套铜芯软电缆，扣 10 分 二次线长度超过规定或绝缘层老化，扣 3 分 电焊机未设置防雨罩或接线柱未设置防护罩，扣 5 分	10		
6	搅拌机	搅拌机安装后未履行验收程序，扣 5 分 未做保护接零或未设置漏电保护器，扣 10 分 离合器、制动器、钢丝绳达不到要求，每项扣 5 分 上料斗未设置安全挂钩或止挡装置，扣 5 分 传动部位未设置防护罩，扣 4 分 未设置安全作业棚，扣 6 分	10		
7	气瓶	气瓶未安装减压器，扣 8 分 乙炔瓶未安装回火防止器，扣 8 分 气瓶间距小于 5m 或与明火距离小于 10m 未采取隔离措施，扣 8 分 气瓶未设置防震圈和防护帽，扣 2 分 气瓶存放不符合要求，扣 4 分	8		

序号	检查项目	扣　分　标　准	应得分数	扣减分数	实得分数
8	翻斗车	翻斗车制动、转向装置不灵敏，扣 5 分 驾驶员无证操作，扣 8 分 行车载人或违章行车，扣 8 分	8		
9	潜水泵	未做保护接零或未设置漏电保护器，扣 6 分 负荷线未使用专用防水橡皮电缆，扣 6 分 负荷线有接头，扣 3 分	6		
10	振捣器	未做保护接零或未设置漏电保护器，扣 8 分 未使用移动式配电箱，扣 4 分 电缆线长度超过 30 米，扣 4 分 操作人员未穿戴绝缘防护用品，扣 8 分	8		
11	桩工机械	机械安装后未履行验收程序，扣 10 分 作业前未编制专项施工方案或未按规定进行安全技术交底，扣 10 分 安全装置不齐全或不灵敏，扣 10 分 机械作业区域地面承载力不符合规定要求或未采取有效硬化措施，扣 12 分 机械与输电线路安全距离不符合规定要求，扣 12 分	12		
	检查项目合计		100		

11.2.2　检查评定等级

检查评定等级如表 11-35 所示。

检 查 评 定 等 级　　　　　　　　表 11-35

序号	项　目	内　　容
1	检查评定等级	应按汇总表的总得分和分项检查评分表的得分，对建筑施工安全检查评定划分为优良、合格、不合格三个等级
2	评定等级划分规定	建筑施工安全检查评定的等级划分应符合下列规定： (1) 优良 分项检查评分表无零分，汇总表得分值应在 80 分及以上 (2) 合格 分项检查评分表无零分，汇总表得分值应在 80 分以下，70 分及以上 (3) 不合格 1) 当汇总表得分值不足 70 分时 2) 当有一分项检查评分表为零时
3	等级不合格的处理	当建筑施工安全检查评定的等级为不合格时，必须限期整改达到合格

第12章 常 用 资 料

12.1 常用建筑结构荷载

12.1.1 常用材料和构件的自重

一般材料和构件的单位自重可取其平均值，对于自重变异较大的材料和构件，自重的标准值应根据对结构的不利或有利状态，分别取上限值或下限值。常用材料和构件单位体积的自重可按表 12-1 采用。

用材料和构件的自重 表 12-1

序号	名 称		自 重	备 注
1	一、木材（kN/m³）	杉木	4.0	随含水率而不同
2		冷杉、云杉、红松、华山松、樟子松、铁杉、拟赤杨、红椿、杨木、枫杨	4.0～5.0	随含水率而不同
3		马尾松、云南松、油松、赤松、广东松、桤木、枫香、柳木、檫木、秦岭落叶松、新疆落叶松	5.0～6.0	随含水率而不同
4		东北落叶松、陆均松、榆木、桦木、水曲柳、苦楝、木荷、臭椿	6.0～7.0	随含水率而不同
5		锥木（栲木）、石栎、槐木、乌墨	7.0～8.0	随含水率而不同
6		青冈栎（槠木）、栎木（柞木）、桉树、木麻黄	8.0～9.0	随含水率而不同
7		普通木板条、椽檩木料	5.0	随含水率而不同
8		锯末	2.0～2.5	加防腐剂时为 3kN/m³
9		木丝板	4.0～5.0	—
10		软木板	2.5	—
11		刨花板	6.0	—
12	二、胶合板材（kN/m²）	胶合三夹板（杨木）	0.019	—
13		胶合三夹板（椴木）	0.022	—
14		胶合三夹板（水曲柳）	0.028	—
15		胶合五夹板（杨木）	0.030	—
16		胶合五夹板（椴木）	0.034	—
17		胶合五夹板（水曲柳）	0.040	—
18		甘蔗板（按 10mm 厚计）	0.030	常用厚度为 13mm，15mm，19mm，25mm
19		隔音板（按 10mm 厚计）	0.030	常用厚度为 13mm，20mm
20		木屑板（按 10mm 厚计）	0.120	常用厚度为 6mm，10mm

序号	名　　称		自　重	备　注
21		锻铁	77.5	—
22		铁矿渣	27.6	—
23		赤铁矿	25.0～30.0	—
24		钢	78.5	—
25		紫铜、赤铜	89.0	—
26		黄铜、青铜	85.0	—
27		硫化铜矿	42.0	—
28		铝	27.0	—
29		铝合金	28.0	—
30		锌	70.5	—
31		亚锌矿	40.5	—
32		铅	114.0	—
33		方铅矿	74.5	—
34		金	193.0	—
35		白金	213.0	—
36	三、金属矿产（kN/m³）	银	105.0	—
37		锡	73.5	—
38		镍	89.0	—
39		水银	136.0	—
40		钨	189.0	—
41		镁	18.5	—
42		锑	66.6	—
43		水晶	29.5	—
44		硼砂	17.5	—
45		硫矿	20.5	—
46		石棉矿	24.6	—
47		石棉	10.0	压实
48		石棉	4.0	松散，含水量不大于15%
49		石垩（高岭土）	22.0	—
50		石膏矿	25.5	—
51		石膏	13.0～14.5	粗块堆放 $\varphi=30°$；细块堆放 $\varphi=40°$
52		石膏粉	9.0	
53	四、土、砂、砂砾、岩石（kN/m³）	腐殖土	15.0～16.0	干，$\varphi=40°$；湿，$\varphi=35°$；很湿，$\varphi=25°$
54		黏土	13.5	干，松，空隙比为1.0；
55		黏土	16.0	干，$\varphi=40°$，压实

序号	名 称		自 重	备 注
56		黏土	18.0	湿，$\varphi=35°$，压实
57		黏土	20.0	很湿，$\varphi=25°$，压实
58		砂土	12.2	干，松
59		砂土	16.0	干，$\varphi=35°$，压实
60		砂土	18.0	湿，$\varphi=35°$，压实
61		砂土	20.0	很湿，$\varphi=25°$，压实
62		砂子	14.0	干，细砂
63		砂子	17.0	干，粗砂
64		卵石	16.0～18.0	干
65		黏土夹卵石	17.0～18.0	干，松
66		砂夹卵石	15.0～17.0	干，松
67		砂夹卵石	16.0～19.2	干，压实
68		砂夹卵石	18.9～19.2	湿
69		浮石	6.0～8.0	干
70		浮石填充料	4.0～6.0	—
71		砂岩	23.6	
72		页岩	28.0	
73	四、土、砂、砂砾、岩石（kN/m³）	页岩	14.8	片石堆置
74		泥灰石	14.0	$\varphi=40°$
75		花岗岩、大理石	28.0	
76		花岗岩	15.4	片石堆置
77		石灰石	26.4	—
78		石灰石	15.2	片石堆置
79		贝壳石灰岩	14.0	—
80		白云石	16.0	片石堆置，$\varphi=48°$
81		滑石	27.1	—
82		火石（燧石）	35.2	—
83		云斑石	27.6	—
84		玄武岩	29.5	—
85		长石	25.5	—
86		角闪石、绿石	30.0	—
87		角闪石、绿石	17.1	片石堆置
88		碎石子	14.0～15.0	堆置
89		岩粉	16.0	黏土质或石灰质的
90		多孔黏土	5.0～8.0	作填充料用，$\varphi=35°$
91		硅藻土填充料	4.0～6.0	—
92		辉绿岩板	29.5	—

序号		名　称	自重	备　注
93		普通砖	18.0	240mm × 115mm × 53mm （684 块/m³）
94		普通砖	19.0	机器制
95		缸砖	21.0～21.5	230mm × 110mm × 65mm （609 块/m³）
96		红缸砖	20.4	—
97		耐火砖	19.0～22.0	230mm × 110mm × 65mm （609 块/m³）
98		耐酸瓷砖	23.0～25.0	230mm × 113mm × 65mm （590 块/m³）
99		灰砂砖	18.0	沙：白灰 = 92：8
100		煤渣砖	17.0～18.5	
101		矿渣砖	18.5	硬矿渣：烟灰：石灰 = 75：15：10
102		焦渣砖	12.0～14.0	—
103		烟灰砖	14.0～15.0	炉渣：电石渣：烟灰 = 30：40：30
104		黏土砖	12.0～15.0	—
105		锯末砖	9.0	
106	五、砖及砌块（kN/m³）	焦渣空心砖	10.0	290mm × 290mm × 140mm （85 块/m³）
107		水泥空心砖	9.8	290mm × 290mm × 140mm （85 块/m³）
108		水泥空心砖	10.3	300mm × 250mm × 110mm （121 块/m³）
109		水泥空心砖	9.6	300mm × 250mm × 160mm （83 块/m³）
110		蒸压粉煤灰砖	14.0～16.0	干重度
111		陶粒空心砌块	5.0	长 600mm、400mm，宽150mm、250mm，高 250mm、200mm
			6.0	390mm×290mm×190mm
112		粉煤灰轻渣空心砌块	7.0～8.0	390mm × 290mm × 190mm，390mm×240mm×190mm
113		蒸压粉煤灰加气混凝土砌块	5.5	—
114		混凝土空心小砌块	11.8	390mm×190mm×190mm
115		碎砖	12.0	堆置
116		水泥花砖	19.8	200mm × 200mm × 24mm （1042 块/m³）
117		瓷面砖	17.8	150mm × 150mm × 8mm （5556 块/m³）
118		陶瓷马赛克	0.12kg/m²	厚 5mm

序号		名　称	自　重	备　注
119		生石灰块	11.0	堆置，$\varphi=30°$
120		生石灰粉	12.0	堆置，$\varphi=35°$
121		熟石灰膏	13.5	—
122		石灰砂浆、混合砂浆	17.0	—
123		水泥石灰焦渣砂浆	14.0	—
124		石灰炉渣	10.0～12.0	—
125		水泥炉渣	12.0～14.0	—
126		石灰焦渣砂浆	13.0	—
127		灰土	17.5	石灰：土 ＝3：7，夯实
128		稻草石灰泥	16.0	—
129		纸筋石灰泥	16.0	—
130		石灰锯末	3.4	石灰：锯末 ＝1：3
131		石灰三合土	17.5	石灰、砂子、卵石
132		水泥	12.5	轻质松散，$\varphi=20°$
133		水泥	14.5	散装，$\varphi=30°$
134		水泥	16.0	袋装压实，$\varphi=40°$
135	六、石灰、水泥、灰浆及混凝土（kN/m³）	矿渣水泥	14.5	—
136		水泥砂浆	20.0	—
137		水泥蛭石砂浆	5.0～8.0	—
138		石棉水泥浆	19.0	—
139		膨胀珍珠岩砂浆	7.0～15.0	—
140		石膏砂浆	12.0	—
141		碎砖混凝土	18.5	—
142		素混凝土	22.0～24.0	振捣或不振捣
143		矿渣混凝土	20.0	—
144		焦渣混凝土	16.0～17.0	承重用
145		焦渣混凝土	10.0～14.0	填充用
146		铁屑混凝土	28.0～65.0	—
147		浮石混凝土	9.0～14.0	—
148		沥青混凝土	20.0	—
149		无砂大孔性混凝土	16.0～19.0	—
150		泡沫混凝土	4.0～6.0	—
151		加气混凝土	5.5～7.5	单块
152		石灰粉煤灰加气混凝土	6.0～6.5	—
153		钢筋混凝土	24.0～25.0	—
154		碎砖钢筋混凝土	20.0	—

序号	名 称		自 重	备 注
155	六、石灰、水泥、灰浆及混凝土（kN/m³）	钢丝网水泥	25.0	用于承重结构
156		水玻璃耐酸混凝土	20.0～23.5	—
157		粉煤灰陶砾混凝土	19.5	—
158	七、沥青、煤灰、油料（kN/m³）	石油沥青	10.0～11.0	根据相对密度
159		柏油	12.0	—
160		煤沥青	13.4	—
161		煤焦油	10.0	—
162		无烟煤	15.5	整体
163		无烟煤	9.5	块状堆放，$\varphi=30°$
164		无烟煤	8.0	碎块堆放，$\varphi=35°$
165		煤末	7.0	堆放，$\varphi=15°$
166		煤球	10.0	堆放
167		褐煤	12.5	—
168		褐煤	7.0～8.0	堆放
169		泥炭	7.5	—
170		泥炭	3.2～4.2	堆放
171		木炭	3.0～5.0	—
172		煤焦	12.0	—
173		煤焦	7.0	堆放，$\varphi=45°$
174		焦渣	10.0	—
175		煤灰	6.5	—
176		煤灰	8.0	压实
177		石墨	20.8	—
178		煤蜡	9.0	—
179		油蜡	9.6	—
180		原油	8.8	—
181		煤油	8.0	—
182		煤油	7.2	桶装，相对密度0.82～0.89
183		润滑油	7.4	—
184		汽油	6.7	—
185		汽油	6.4	桶装，相对密度0.72～0.76
186		动物油、植物油	9.3	—
187		豆油	8.0	大铁桶装，每桶360kg

序号	名 称		自 重	备 注
188		普通玻璃	25.6	—
189		钢丝玻璃	26.0	—
190		泡沫玻璃	3.0～5.0	—
191		玻璃棉	0.5～1.0	作绝缘层填充料用
192		岩棉	0.5～2.5	—
193		沥青玻璃棉	0.8～1.0	导热系数 0.035～0.047[W/(m·K)]
194		玻璃棉板（管套）	1.0～1.5	
195		玻璃钢	14.0～22.0	
196		矿渣棉	1.2～1.5	松散，导热系数 0.031～0.044[W/(m·K)]
197		矿渣棉制品（板、砖、管）	3.5～4.0	导热系数 0.047～0.07[W/(m·K)]
198		沥青矿渣棉	1.2～1.6	导热系数 0.041～0.052[W/(m·K)]
199		膨胀珍珠岩粉料	0.8～2.5	干、松散，导热系数 0.052～0.076[W/(m·K)]
200	八、杂项（kN/m³）	水泥珍珠岩制品、憎水珍珠岩制品	3.5～4.0	强度 1N/m²，导热系数 0.058～0.081[W/(m·K)]
201		膨胀蛭石	0.8～2.0	导热系数 0.052～0.07[W/(m·K)]
202		沥青蛭石制品	3.5～4.5	导热系数 0.081～0.105[W/(m·K)]
203		水泥蛭石制品	4.0～6.0	导热系数 0.093～0.14[W/(m·K)]
204		聚氯乙烯板（管）	13.6～16.0	
205		聚苯乙烯泡沫塑料	0.5	导热系数不大于 0.035[W/(m·K)]
206		石棉板	13.0	含水率不大于3%
207		乳化沥青	9.8～10.5	—
208		软性橡胶	9.30	—
209		白磷	18.30	—
210		松香	10.70	—
211		磁	24.00	—
212		酒精	7.85	100%纯
213		酒精	6.60	桶装，相对密度 0.79～0.82

序号	名　称		自　重	备　注
214		盐酸	12.00	浓度 40%
215		硝酸	15.10	浓度 91%
216		硫酸	17.90	浓度 87%
217		火碱	17.00	浓度 60%
218		氯化铵	7.50	袋装堆放
219		尿素	7.50	袋装堆放
220		碳酸氢铵	8.00	袋装堆放
221	八、杂项 （kN/m³）	水	10.00	温度 4℃ 密度最大时
222		冰	8.96	—
223		书籍	5.00	书架藏置
224		道林纸	10.00	
225		报纸	7.00	
226		宣纸类	4.00	
227		棉花、棉纱	4.00	压紧平均重量
228		稻草	1.20	—
229		建筑碎料（建筑垃圾）	15.00	
230		稻谷	6.00	$\varphi = 35°$
231		大米	8.50	散放
232		豆类	7.50～8.00	$\varphi = 20°$
233		豆类	6.80	袋装
234		小麦	8.00	$\varphi = 25°$
235		面粉	7.00	—
236		玉米	7.80	$\varphi = 28°$
237		小米、高粱	7.00	散装
238		小米、高粱	6.00	袋装
239		芝麻	4.50	袋装
240	九、食品 （kN/m³）	鲜果	3.50	散装
241		鲜果	3.00	装箱
242		花生	2.00	袋装带壳
243		罐头	4.50	箱装
244		酒、酱、油、醋	4.00	成瓶装箱
245		豆饼	9.00	圆饼放置，每块 28kg
246		矿盐	10.0	成块
247		盐	8.60	细粒散放
248		盐	8.10	袋装
249		砂糖	7.50	散装
250		砂糖	7.00	袋装

序号	名　称		自重	备　注
251		浆砌细方石	26.4	花岗石、方整石块
252		浆砌细方石	25.6	石灰石
253		浆砌细方石	22.4	砂岩
254		浆砌毛方石	24.3	花岗石，上下面大致平整
255		浆砌毛方石	24.0	石灰石
256		浆砌毛方石	20.8	砂岩
257		干砌毛石	20.8	花岗石，上下面大致平整
258		干砌毛石	20.0	石灰石
259		干砌毛石	17.6	砂岩
260		浆砌普通砖	18.0	—
261		浆砌机砖	19.0	—
262	十、砌体 （kN/m³）	浆砌缸砖	21.0	—
263		浆砌耐火砖	22.0	—
264		浆砌矿渣砖	21.0	—
265		浆砌焦渣砖	12.5～14.0	—
266		土坯砖砌体	16.0	—
267		黏土砖空斗砌体	17.0	中填碎瓦砾，一眠一斗
268		黏土砖空斗砌体	13.0	全斗
269		黏土砖空斗砌体	12.5	不能承重
270		黏土砖空斗砌体	15.0	能承重
271		粉煤灰泡沫砌块砌体	8.0～8.5	粉煤灰：电石渣：废石膏 ＝ 74：22：4
272		三合土	17.0	灰：砂：土＝1：1：9～1：1：4
273		双面抹灰板条隔墙	0.90	每面抹灰厚 16～24mm，龙骨在内
274		单面抹灰板条隔墙	0.50	灰厚 16～24mm，龙骨在内
275			0.27	两层 12mm 纸面石膏板，无保温层
276	十一、隔墙与墙面 （kN/m²）		0.32	两层 12mm 纸面石膏板，中填岩面保温板 50mm
277		C 形轻钢龙骨隔墙	0.38	三层 12mm 纸面石膏板，无保温层
278			0.43	三层 12mm 纸面石膏板，中填岩面保温板 50mm
279			0.49	四层 12mm 纸面石膏板，无保温层
280			0.54	四层 12mm 纸面石膏板，中填岩面保温板 50mm

序号	名 称		自 重	备 注
281	十一、隔墙与墙面（kN/m²）	贴瓷砖墙面	0.50	包括水泥砂浆打底，共厚25mm
282		水泥粉刷墙面	0.36	20mm 厚，水泥粗砂
283		水磨石墙面	0.55	25mm 厚，包括打底
284		水刷石墙面	0.50	25mm 厚，包括打底
285		石灰粗砂粉刷	0.34	20mm 厚
286		剁假石墙面	0.50	25mm 厚，包括打底
287		外墙拉毛墙面	0.70	包括 25mm，水泥砂浆打底
288	十二、屋架、门窗（kN/m²）	木屋架	0.07+0.007l	按屋面水平投影面积计算，跨度 l 以 m 计算
289		钢屋架	0.12+0.011l	无天窗，包括支撑，按屋面水平投影面积计算，跨度 l 以 m 计算
290		木框玻璃窗	0.20～0.30	—
291		钢框玻璃窗	0.40～0.45	—
292		木门	0.10～0.20	—
293		钢铁门	0.40～0.45	—
294	十三、屋顶（kN/m²）	黏土平瓦屋面	0.55	按实际面积计算，下同
295		水泥平瓦屋面	0.50～0.55	
296		小青瓦屋面	0.90～1.10	
297		冷摊瓦屋面	0.50	
298		石板瓦屋面	0.46	厚 6.3mm
299		石板瓦屋面	0.71	厚 9.5mm
300		石板瓦屋面	0.96	厚 12.1mm
301		麦秸泥灰顶	0.16	以 10mm 厚计
302		石棉板瓦	0.18	仅瓦自重
303		波形石棉瓦	0.20	1820mm×725mm×8mm
304		镀锌薄钢板	0.05	24 号
305		瓦楞铁	0.05	26 号
306		彩色钢板波形瓦	0.12～0.13	0.6mm 厚彩色钢板
307		拱形彩色钢板屋面	0.30	包括保温及灯具重 0.15kN/m²
308		有机玻璃屋面	0.06	厚 1.0mm
309		玻璃屋顶	0.30	9.5mm 夹丝玻璃，框架自重在内
310		玻璃砖顶	0.65	框架自重在内
311		油毡防水层（包括改性沥青防水卷材）	0.05	一层油毡刷油两遍

序号	名 称		自 重	备 注
312	十三、屋顶(kN/m²)	油毡防水层（包括改性沥青防水卷材）	0.25～0.3	四层作法，一毡二油上铺小石子
313		油毡防水层（包括改性沥青防水卷材）	0.3～0.35	六层作法，二毡三油上铺小石子
314		油毡防水层（包括改性沥青防水卷材）	0.35～0.4	八层作法，三毡四油上铺小石子
315		捷罗克防水层	0.1	厚 8mm
316		屋顶天窗	0.35～0.4	9.5mm 夹丝玻璃，框架自重在内
317	十四、顶棚(kN/m²)	钢丝网抹灰吊顶	0.45	—
318		麻刀灰板条顶棚	0.45	吊木在内，平均灰厚 20mm
319		沙子灰板条顶棚	0.55	吊木在内，平均灰厚 25mm
320		苇箔抹灰顶棚	0.48	吊木在龙骨内
321		松木板顶棚	0.25	吊木在内
322		三夹板顶棚	0.18	吊木在内
323		马粪纸顶棚	0.15	吊木及盖缝条在内
324		木丝板吊顶棚	0.26	厚 25mm，吊木及盖缝条在内
325		木丝板吊顶棚	0.29	厚 30mm，吊木及盖缝条在内
326		隔声纸板顶棚	0.17	厚 10mm，吊木及盖缝条在内
327		隔声纸板顶棚	0.18	厚 13mm，吊木及盖缝条在内
328		隔声纸板顶棚	0.20	厚 20mm，吊木及盖缝条在内
329		V 型轻钢龙骨吊顶	0.12	一层 9mm 纸面石膏板，无保温层
330			0.17	二层 9mm 纸面石膏板，有厚 50mm 的岩棉板保温层
331			0.20	二层 9mm 纸面石膏板，无保温层
332			0.25	二层 9mm 纸面石膏板，有厚 50mm 的岩棉板保温层
333		V 型轻钢龙骨及铝合金龙骨吊顶	0.10～0.12	一层矿棉吸声板厚 15mm，无保温层
334		顶棚上铺焦渣锯末绝缘层	0.20	厚 50mm 焦渣、锯末按 1：5 混合

序号	名 称		自重	备 注
335	十五、地面（kN/m²）	地板格栅	0.20	仅格栅自重
336		硬木地板	0.20	厚 25mm，剪刀撑、钉子等自重在内，不包括格栅自重
337		松木地板	0.18	—
338		小瓷砖地面	0.55	包括水泥粗砂打底
339		水泥花砖地面	0.60	砖厚 25mm，包括水泥粗砂打底
340		水磨石地面	0.65	10mm 面层，20mm 水泥砂浆打底
341		油地毡	0.02～0.03	油地纸，地板表面用
342		木块地面	0.70	加防腐油膏铺砌厚 76mm
343		菱苦土地面	0.28	厚 20mm
344		铸铁地面	4.00～5.00	60mm 碎石垫层，60mm 面层
345		缸砖地面	1.70～2.10	60mm 砂垫层，53mm 面层，平铺
346		缸砖地面	3.30	60mm 砂垫层，115mm 面层侧铺
347		黑砖地面	1.50	砂垫层，平铺
348	十六、建筑用压型钢板（kN/m²）	单波型 V-300（S-30）	0.120	波高 173mm，板厚 0.8mm
349		双波型 W-500	0.110	波高 130mm，板厚 0.8mm
350		三波型 V-200	0.135	波高 70mm，板厚 1mm
351		多波型 V-125	0.065	波高 35mm，板厚 0.6mm
352		多波型 V-115	0.079	波高 35mm，板厚 0.6mm
353	十七、建筑墙板（kN/m²）	彩色钢板金属幕墙板	0.11	两层，彩色钢板厚 0.6mm，聚苯乙烯芯材厚 25mm
354		金属绝热材料（聚氨酯）复合板	0.14	板厚 40mm，钢板厚 0.6mm
355			0.15	板厚 60mm，钢板厚 0.6mm
356			0.16	板厚 80mm，钢板厚 0.6mm
357		彩色钢板夹聚苯乙烯保温板	0.12～0.15	两层，彩色钢板厚 0.6mm，聚苯乙烯芯材厚 50～250mm
358		彩色钢板岩棉夹心板	0.24	板厚 100mm，两层彩色钢板，Z 型龙骨岩棉芯材
359			0.25	板厚 120mm，两层彩色钢板，Z 型龙骨岩棉芯材
360		GRC 增强水泥聚苯复合保温板	1.13	—

序号	名　　称		自重	备　　注
361	GRC 空心隔墙板		0.30	长（2400～2800）mm，宽 600mm，厚 60mm
362	GRC 内隔墙板		0.35	长（2400～2800）mm，宽 600mm，厚 60mm
363	轻质 GRC 保温板		0.14	3000mm×600mm×60mm
364	轻质 GRC 空心隔墙板		0.17	3000mm×600mm×60mm
365	轻质大型墙板(太空板系列)		0.70～0.90	6000mm×1500mm×120mm，高强水泥发泡芯材
366	轻质条型墙板(太空板系列)	厚度 80mm	0.40	准规格 3000mm×1000（1200、1500）mm 高强水泥发泡
367		厚度 100mm	0.45	芯材，按不同檩距及荷载配
368		厚度 120mm	0.50	有不同钢骨架及冷拔钢丝网
369	十七、建筑墙板（kN/m²）	GRC 墙板	0.11	厚 10mm
370		钢丝网岩棉夹芯复合板（GY 板）	1.10	岩棉芯材厚 50mm，双面钢丝网水泥砂浆各厚 25mm
371		硅酸钙板	0.08	板厚 6mm
372			0.10	板厚 8mm
373			0.12	板厚 10mm
374		泰柏板	0.95	板厚 10mm，钢丝网片夹聚苯乙烯保温层，每面抹水泥砂浆层 20mm
375		蜂窝复合板	0.14	厚 75mm
376		石膏珍珠岩空心条板	0.45	长（2500～3000）mm，宽 600mm，厚 60mm
377		加强型水泥石膏聚苯保温板	0.17	3000mm×600mm×60mm
378		玻璃幕墙	1.00～1.50	一般可按单位面积玻璃自重增大 20%～30%采用

12.1.2 雪荷载、风荷载及温度作用

雪荷载、风荷载及温度作用如表 12-2 所示。

雪荷载、风荷载及温度作用　　　　　　表 12-2

序号	项　目	内　　　容
1	雪荷载标准值及基本雪压	（1）屋面水平投影面上的雪荷载标准值，应按下列公式计算： $$s_k = \mu_r s_0 \tag{12-1}$$ 式中　s_k——雪荷载标准值（kN/m²） 　　　　μ_r——屋面积雪分布系数 　　　　s_0——基本雪压（kN/m²）

序号	项 目	内 容
1	雪荷载标准值及基本雪压	（2）基本雪压应采用按有关规定的方法确定的 50 年重现期的雪压；对雪荷载敏感的结构，应采用 100 年重现期的雪压 （3）全国城市的基本雪压值应按表 12-4 重现期 R 为 50 年的值采用。当城市或建设地点的基本雪压值在表 12-4 中没有给出时，基本雪压值应按有关规定的方法，根据当地年最大雪压或雪深资料，按基本雪压定义，通过统计分析确定，分析时应考虑样本数量的影响。当地没有雪压和雪深资料时，可根据附近地区规定的基本雪压或长期资料，通过气象和地形条件的对比分析确定；也可比照全国基本雪压分布图近似确定 （4）山区的雪荷载应通过实际调查后确定。当无实测资料时，可按当地邻近空旷平坦地面的雪荷载值乘以系数 1.2 采用 （5）雪荷载的组合值系数可取 0.7；频遇值系数可取 0.6；准永久值系数应按雪荷载分区Ⅰ、Ⅱ和Ⅲ的不同，分别取 0.5、0.2 和 0；雪荷载分区应按表 12-4 的规定采用
2	风荷载标准值及基本风压	（1）垂直于建筑物表面上的风荷载标准值，应按下列规定确定： 计算主要受力结构时，应按下列公式计算： $$w_k = \beta_z \mu_s \mu_z w_0 \qquad (12\text{-}2)$$ 式中　w_k——风荷载标准值（kN/m²） 　　　β_z——高度 z 处的风振系数 　　　μ_s——风荷载体型系数 　　　μ_z——风压高度变化系数 　　　w_0——基本风压（kN/m²） （2）计算围护结构时，应按下列公式计算： $$w_k = \beta_{gz} \mu_{sl} \mu_z w_0 \qquad (12\text{-}3)$$ 式中　β_{gz}——高度 z 处的阵风系数 　　　μ_{sl}——风荷载局部体型系数 （3）全国各城市的基本风压值应按表 12-4 重现期 R 为 50 年的值采用。当城市或建设地点的基本风压值在表 12-4 没有给出时，基本风压值应按有关规定的方法，根据基本风压的定义和当地年最大风速资料，通过统计分析确定，分析时应考虑样本数量的影响。当地没有风速资料时，可根据附近地区规定的基本风压或长期资料，通过气象和地形条件的对比分析确定；也可比照有关全国基本风压分布图近似确定 （4）风荷载的组合值系数、频遇值系数和准永久值系数可分别取 0.6、0.4 和 0.0
3	温度作用	（1）一般规定 1）温度作用应考虑气温变化、太阳辐射及使用热源等因素，作用在结构或构件上的温度作用应采用其温度的变化来表示 2）计算结构或构件的温度作用效应时，应采用材料的线膨胀系数 α_T。常用材料的线膨胀系数可按表 12-3 采用 3）温度作用的组合值系数、频遇值系数和准永久值系数可分别取 0.6、0.5 和 0.4

序号	项 目	内 容
3	温度作用	（2）基本气温 1）基本气温可采用按有关规定的方法确定的 50 年重现期的月平均最高气温 T_{max} 和月平均最低气温 T_{min}。全国各城市的基本气温值可按表 12-4 采用。当城市或建设地点的基本气温值在有关规定中没有给出时，基本气温值可根据当地气象台站记录的气温资料，按有关规定的方法通过统计分析确定。当地没有气温资料时，可根据附近地区规定的基本气温，通过气象和地形条件的对比分析确定；也可比照有关规定的方法近似确定 2）对金属结构等对气温变化较敏感的结构，宜考虑极端气温的影响，基本气温 T_{max} 和 T_{min} 可根据当地气候条件适当增加或降低 （3）均匀温度作用 1）均匀温度作用的标准值应按下列规定确定： ①对结构最大温升的工况，均匀温度作用标准值按下列公式计算： $$\Delta T_k = T_{s,max} - T_{0,min} \qquad (12\text{-}4)$$ 式中　ΔT_k——均匀温度作用标准值（℃） 　　　$T_{s,max}$——结构最高平均温度（℃） 　　　$T_{0,min}$——结构最低初始平均温度（℃） ②对结构最大温降的工况，均匀温度作用标准值按下列公式计算： $$\Delta T_k = T_{s,min} - T_{0,max} \qquad (12\text{-}5)$$ 式中　$T_{s,min}$——结构最低平均温度（℃） 　　　$T_{0,max}$——结构最高初始平均温度（℃） 2）结构最高平均温度 $T_{s,max}$ 和最低平均温度 $T_{s,min}$ 宜分别根据基本气温 T_{max} 和 T_{min} 按热工学的原理确定。对于有围护的室内结构，结构平均温度应考虑室内外温差的影响；对于暴露于室外的结构或施工期间的结构，宜依据结构的朝向和表面吸热性质考虑太阳辐射的影响 3）结构的最高初始平均温度 $T_{0,max}$ 和最低初始平均温度 $T_{0,min}$ 应根据结构的合拢或形成约束的时间确定，或根据施工时结构可能出现的温度按不利情况确定

常用材料的线膨胀系数 α_T　　　　　　　　　　表 12-3

序号	材 料	线膨胀系数 α_T（$\times 10^{-6}$/℃）
1	轻骨料混凝土	7
2	普通混凝土	10
3	砌体	6～10
4	钢，锻铁，铸铁	12
5	不锈钢	16
6	铝，铝合金	24

全国各城市的雪压、风压和基本气温

表12-4

序号	省市名	城市名	海拔高度 (m)	风压 (kN/m²)			雪压 (kN/m²)			基本气温 (℃)		雪荷载准永久值系数分区
				R=10	R=50	R=100	R=10	R=50	R=100	最低	最高	
1	(1) 北京	北京市	54.0	0.30	0.45	0.50	0.25	0.40	0.45	−13	36	Ⅱ
2	(2) 天津	天津市	3.3	0.30	0.50	0.60	0.25	0.40	0.45	−12	35	Ⅱ
3		塘沽	3.2	0.40	0.55	0.65	0.20	0.35	0.40	−12	35	Ⅱ
4	(3) 上海	上海市	2.8	0.40	0.55	0.60	0.10	0.20	0.25	−4	36	Ⅲ
5	(4) 重庆	重庆市	259.1	0.25	0.40	0.45	—	—	—	1	37	—
6		奉节	607.3	0.25	0.35	0.40	0.20	0.35	0.40	−1	35	Ⅲ
7		梁平	454.6	0.20	0.30	0.35	—	—	—	−1	36	—
8		万州	186.7	0.20	0.35	0.45	—	—	—	0	38	—
9		涪陵	273.5	0.20	0.30	0.35	0.35	0.50	0.60	1	37	Ⅱ
10		金佛山	1905.9	—	—	—	0.35	0.50	0.60	−10	25	Ⅱ
11	(5) 河北	石家庄市	80.5	0.25	0.35	0.40	0.20	0.30	0.35	−11	36	Ⅱ
12		蔚县	909.5	0.20	0.30	0.35	0.20	0.30	0.35	−24	33	Ⅱ
13		邢台市	76.8	0.20	0.30	0.35	0.25	0.35	0.40	−10	36	Ⅱ
14		丰宁	659.7	0.30	0.40	0.45	0.15	0.25	0.30	−22	33	Ⅱ
15		围场	842.8	0.35	0.45	0.50	0.25	0.30	0.35	−23	32	Ⅱ
16		张家口市	724.2	0.35	0.55	0.60	0.15	0.25	0.30	−18	34	Ⅱ
17		怀来	536.8	0.25	0.35	0.40	0.15	0.20	0.25	−17	35	Ⅱ
18		承德市	377.2	0.30	0.40	0.45	0.20	0.30	0.35	−19	35	Ⅱ
19		遵化	54.9	0.30	0.40	0.45	0.25	0.40	0.50	−18	35	Ⅱ
20		青龙	227.2	0.25	0.30	0.35	0.25	0.40	0.45	−19	34	Ⅱ
21		秦皇岛市	2.1	0.35	0.45	0.50	0.15	0.25	0.30	−15	33	Ⅱ
22		霸县	9.0	0.25	0.40	0.45	0.20	0.30	0.35	−14	36	Ⅱ
23		唐山市	27.8	0.30	0.40	0.45	0.20	0.35	0.40	−15	35	Ⅱ

续表 12-4

序号	省市名	城市名	海拔高度 (m)	风压 (kN/m²)			雪压 (kN/m²)			基本气温 (℃)		雪荷载准永久值系数分区
				R=10	R=50	R=100	R=10	R=50	R=100	最低	最高	
24	(5) 河北	乐亭	10.5	0.30	0.40	0.45	0.25	0.40	0.45	−16	34	Ⅱ
25		保定市	17.2	0.30	0.40	0.45	0.20	0.35	0.40	−12	36	Ⅱ
26		饶阳	18.9	0.30	0.35	0.40	0.20	0.30	0.35	−14	36	Ⅱ
27		沧州市	9.6	0.30	0.40	0.45	0.20	0.30	0.35	—	—	Ⅱ
28		黄骅	6.6	0.30	0.40	0.45	0.20	0.30	0.35	−13	36	Ⅱ
29		南宫市	27.4	0.25	0.35	0.40	0.15	0.25	0.30	−13	37	Ⅱ
30	(6) 山西	太原市	778.3	0.30	0.40	0.45	0.25	0.35	0.40	−16	34	Ⅱ
31		右玉	1345.8	—	—	—	0.20	0.30	0.35	−29	31	Ⅱ
32		大同市	1067.2	0.35	0.55	0.65	0.15	0.25	0.30	−22	32	Ⅱ
33		河曲	861.5	0.30	0.50	0.60	0.20	0.30	0.35	−24	35	Ⅱ
34		五寨	1401.0	0.30	0.40	0.45	0.20	0.25	0.30	−25	31	Ⅱ
35		兴县	1012.6	0.25	0.45	0.55	0.20	0.25	0.30	−19	34	Ⅱ
36		原平	828.2	0.30	0.50	0.60	0.20	0.30	0.35	−19	34	Ⅱ
37		离石	950.8	0.30	0.45	0.50	0.20	0.30	0.35	−19	34	Ⅱ
38		阳泉市	741.9	0.30	0.40	0.45	0.20	0.35	0.40	−13	34	Ⅱ
39		榆社	1041.4	0.20	0.30	0.35	0.20	0.30	0.35	−17	33	Ⅱ
40		隰县	1052.7	0.25	0.35	0.40	0.20	0.30	0.35	−16	34	Ⅱ
41		介休	743.9	0.25	0.40	0.45	0.15	0.25	0.30	−15	35	Ⅱ
42		临汾市	449.5	0.25	0.40	0.45	0.20	0.30	0.35	−14	37	Ⅱ
43		长冶县	991.8	0.30	0.50	0.60	—	—	—	−15	32	—
44		运城市	376.0	0.30	0.45	0.50	0.15	0.25	0.30	−11	38	Ⅱ
45		阳城	659.5	0.30	0.45	0.50	0.20	0.30	0.35	−12	34	Ⅱ
46	(7) 内蒙古	呼和浩特市	1063.0	0.35	0.55	0.60	0.25	0.40	0.45	−23	33	Ⅱ

续表 12-4

序号	省市名	城市名	海拔高度(m)	风压 (kN/m²)			雪压 (kN/m²)			基本气温 (℃)		雪荷载准永久值系数分区
				R=10	R=50	R=100	R=10	R=50	R=100	最低	最高	
47		额右旗拉布达林	581.4	0.35	0.50	0.60	0.35	0.45	0.50	-41	30	I
48		牙克石市图里河	732.6	0.30	0.40	0.45	0.40	0.60	0.70	-42	28	I
49		满洲里市	661.7	0.50	0.65	0.70	0.20	0.30	0.35	-35	30	I
50		海拉尔市	610.2	0.45	0.65	0.75	0.35	0.45	0.50	-38	30	I
51		鄂伦春小二沟	286.1	0.30	0.40	0.45	0.35	0.50	0.55	-40	31	I
52		新巴尔虎右旗	554.2	0.45	0.60	0.65	0.25	0.40	0.45	-32	32	I
53		新巴尔虎旗阿木古郎	642.0	0.40	0.55	0.60	0.25	0.35	0.40	-34	31	I
54		牙克石市博克图	739.7	0.40	0.55	0.60	0.35	0.55	0.65	-31	28	I
55		扎兰屯市	306.5	0.30	0.40	0.45	0.35	0.55	0.65	-28	32	I
56		科右翼前旗阿尔山	1027.4	0.35	0.50	0.55	0.45	0.60	0.70	-37	27	I
57		科右翼前旗索伦	501.8	0.45	0.55	0.60	0.25	0.35	0.40	-30	31	I
58	(7) 内蒙古	乌兰浩特市	274.7	0.40	0.55	0.60	0.20	0.30	0.35	-27	32	I
59		东乌珠穆沁旗	838.7	0.35	0.55	0.65	0.20	0.30	0.35	-33	32	II
60		额济纳旗	940.5	0.40	0.60	0.70	0.05	0.10	0.15	-23	39	II
61		额济纳旗拐子湖	960.0	0.45	0.55	0.60	0.05	0.10	0.10	-23	39	II
62		阿左旗巴彦毛道	1328.1	0.40	0.55	0.60	0.10	0.15	0.20	-23	35	II
63		阿拉善右旗	1510.1	0.45	0.55	0.60	0.05	0.10	0.10	-20	35	II
64		二连浩特市	964.7	0.55	0.65	0.70	0.15	0.25	0.30	-30	34	II
65		那仁宝力格	1181.6	0.40	0.55	0.60	0.20	0.30	0.35	-33	31	I
66		达茂旗满都拉	1225.2	0.50	0.75	0.85	0.15	0.20	0.25	-25	34	II
67		阿巴嘎旗	1126.1	0.35	0.50	0.55	0.30	0.45	0.50	-33	31	I
68		苏尼特左旗	1111.4	0.40	0.50	0.55	0.25	0.35	0.40	-32	33	I
69		乌拉特后旗海力素	1509.6	0.45	0.50	0.55	0.10	0.15	0.20	-25	33	II

续表 12-4

序号	省市名	城市名	海拔高度(m)	风压 (kN/m²) R=10	风压 (kN/m²) R=50	风压 (kN/m²) R=100	雪压 (kN/m²) R=10	雪压 (kN/m²) R=50	雪压 (kN/m²) R=100	基本气温(℃) 最低	基本气温(℃) 最高	雪荷载准永久值系数分区
70		苏尼特右旗朱日和	1150.8	0.50	0.65	0.75	0.15	0.15	0.25	-26	33	II
71		乌拉特中旗海流图	1288.0	0.45	0.60	0.65	0.20	0.20	0.35	-26	33	II
72		百灵庙	1376.6	0.50	0.75	0.85	0.25	0.35	0.40	-27	32	II
73		四子王旗	1490.1	0.40	0.60	0.70	0.30	0.45	0.55	-26	30	II
74		化德	1482.7	0.45	0.75	0.85	0.15	0.25	0.30	-26	29	II
75		杭锦后旗陕坝	1056.7	0.30	0.45	0.50	0.15	0.20	0.25	—	—	II
76		包头市	1067.2	0.35	0.55	0.60	0.15	0.25	0.30	-23	34	II
77		集宁市	1419.3	0.40	0.60	0.70	0.25	0.35	0.40	-25	30	II
78		阿拉善左旗吉兰泰	1031.8	0.35	0.50	0.55	0.05	0.10	0.15	-23	37	II
79		临河市	1039.3	0.30	0.50	0.60	0.15	0.25	0.30	-21	35	II
80		鄂托克旗	1380.3	0.35	0.55	0.65	0.15	0.20	0.20	-23	33	II
81	(7) 内蒙古	东胜市	1460.4	0.30	0.50	0.60	0.25	0.35	0.40	-21	31	II
82		阿腾席连	1329.3	0.40	0.50	0.55	0.20	0.30	0.35	—	—	II
83		巴彦浩特	1561.4	0.40	0.60	0.70	0.15	0.20	0.25	-19	33	II
84		西乌珠穆沁旗	995.9	0.45	0.55	0.60	0.30	0.40	0.45	-30	30	I
85		扎鲁特鲁北	265.0	0.40	0.55	0.60	0.20	0.30	0.35	-23	34	II
86		巴林左旗林东	484.4	0.40	0.55	0.60	0.20	0.30	0.35	-26	32	II
87		锡林浩特市	989.5	0.40	0.55	0.60	0.20	0.30	0.45	-30	31	I
88		林西	799.0	0.45	0.60	0.70	0.25	0.40	0.45	-25	32	I
89		开鲁	241.0	0.40	0.55	0.60	0.20	0.30	0.35	-25	34	II
90		通辽	178.5	0.40	0.55	0.60	0.20	0.30	0.35	-25	33	II
91		多伦	1245.4	0.40	0.55	0.60	0.20	0.30	0.35	-28	30	I
92		翁牛特旗乌丹	631.8	—	—	—	0.20	0.30	0.35	-23	32	II

续表12-4

序号	省市名	城市名	海拔高度 (m)	风压 (kN/m²)			雪压 (kN/m²)			基本气温 (℃)		雪荷载准永久值系数分区
				R=10	R=50	R=100	R=10	R=50	R=100	最低	最高	
93	（7）内蒙古	赤峰市	571.1	0.30	0.55	0.65	0.20	0.30	0.35	−23	33	II
94		敖汉旗宝国图	400.5	0.40	0.50	0.55	0.25	0.40	0.45	−23	33	II
95		沈阳市	42.8	0.40	0.55	0.60	0.30	0.50	0.55	−24	33	I
96		彰武	79.4	0.35	0.45	0.50	0.20	0.30	0.35	−22	33	II
97		阜新市	144.0	0.40	0.60	0.70	0.25	0.40	0.45	−23	33	II
98		开原	98.2	0.30	0.45	0.50	0.35	0.45	0.55	−27	33	I
99		清原	234.1	0.25	0.40	0.45	0.45	0.70	0.80	−27	33	I
100		朝阳市	169.2	0.40	0.55	0.60	0.30	0.45	0.55	−23	35	II
101		建平县叶柏寿	421.7	0.30	0.35	0.40	0.25	0.35	0.40	−22	35	II
102		黑山	37.5	0.45	0.65	0.75	0.30	0.45	0.50	−21	33	II
103		锦州市	65.9	0.40	0.60	0.70	0.30	0.40	0.45	−18	33	II
104		鞍山市	77.3	0.30	0.50	0.60	0.30	0.45	0.55	−18	34	II
105	（8）辽宁	本溪市	185.2	0.35	0.45	0.50	0.40	0.55	0.60	−24	33	I
106		抚顺市章党	118.5	0.30	0.45	0.50	0.35	0.45	0.50	−28	33	I
107		桓仁	240.3	0.25	0.30	0.35	0.35	0.50	0.55	−25	32	I
108		绥中	15.3	0.25	0.40	0.45	0.25	0.35	0.40	−19	33	II
109		兴城市	8.8	0.35	0.45	0.50	0.20	0.30	0.35	−19	32	II
110		营口市	3.3	0.40	0.65	0.75	0.30	0.40	0.45	−20	33	II
111		盖县熊岳	20.4	0.30	0.40	0.45	0.25	0.40	0.45	−22	33	II
112		本溪县草河口	233.4	0.25	0.45	0.55	0.35	0.55	0.60	—	—	I
113		岫岩	79.3	0.30	0.50	0.55	0.35	0.50	0.55	−22	33	II
114		宽甸	260.1	0.30	0.50	0.60	0.40	0.60	0.70	−26	32	II
115		丹东市	15.1	0.35	0.55	0.65	0.30	0.40	0.45	−18	32	II

续表12-4

序号	省市名	城市名	海拔高度 (m)	风压 (kN/m²)			雪压 (kN/m²)			基本气温 (℃)		雪荷载准永久值系数分区
				R=10	R=50	R=100	R=10	R=50	R=100	最低	最高	
116	(8) 辽宁	瓦房店市	29.3	0.35	0.50	0.55	0.20	0.30	0.35	-17	32	II
117		新金县皮口	43.2	0.35	0.50	0.55	0.20	0.30	0.35	—	—	II
118		庄河	34.8	0.35	0.50	0.55	0.25	0.35	0.40	-19	32	II
119		大连市	91.5	0.40	0.65	0.75	0.25	0.40	0.45	-13	32	II
120		长春市	236.8	0.45	0.65	0.75	0.30	0.45	0.50	-26	32	I
121		白城市	155.4	0.45	0.65	0.75	0.15	0.20	0.25	-29	33	II
122		乾安	146.3	0.35	0.45	0.55	0.15	0.20	0.23	-28	33	II
123		前郭尔罗斯	134.7	0.30	0.45	0.50	0.15	0.25	0.30	-28	33	II
124		通榆	149.5	0.35	0.50	0.55	0.15	0.25	0.30	-28	33	II
125		长岭	189.3	0.30	0.45	0.50	0.15	0.20	0.25	-27	32	II
126		扶余市三岔河	196.6	0.40	0.60	0.70	0.25	0.35	0.40	-29	32	II
127		双辽	114.9	0.35	0.50	0.55	0.20	0.30	0.35	-27	33	I
128		四平市	164.2	0.40	0.55	0.60	0.20	0.35	0.40	-24	33	II
129	(9) 吉林	磐石县烟筒山	271.6	0.30	0.40	0.45	0.25	0.40	0.45	-31	31	I
130		吉林市	183.4	0.40	0.50	0.55	0.30	0.45	0.50	-31	32	I
131		蛟河	295.0	0.30	0.45	0.50	0.50	0.75	0.85	-31	32	I
132		敦化市	523.7	0.30	0.45	0.50	0.30	0.50	0.60	-29	30	I
133		梅河口市	339.9	0.30	0.40	0.45	0.30	0.45	0.50	-27	32	I
134		桦甸	263.8	0.30	0.40	0.45	0.40	0.65	0.75	-33	32	I
135		靖宇	549.2	0.25	0.35	0.40	0.40	0.65	0.70	-32	31	I
136		抚松县东岗	774.2	0.30	0.45	0.55	0.80	1.15	1.30	-27	30	I
137		延吉市	176.8	0.35	0.50	0.55	0.35	0.55	0.65	-26	32	I
138		通化市	402.9	0.30	0.50	0.60	0.50	0.80	0.90	-27	32	I

续表12-4

序号	省市名	城市名	海拔高度(m)	风压 (kN/m²)			雪压 (kN/m²)			基本气温 (℃)		雪荷载准永久值系数分区
				R=10	R=50	R=100	R=10	R=50	R=100	最低	最高	
139	(9) 吉林	浑江市临江	332.7	0.20	0.30	0.30	0.45	0.70	0.80	−27	33	I
140		集安市	177.7	0.20	0.30	0.35	0.45	0.70	0.80	−26	33	I
141		长白	1016.7	0.35	0.45	0.50	0.40	0.60	0.70	−28	39	I
142	(10) 黑龙江	哈尔滨市	142.3	0.35	0.55	0.70	0.30	0.45	0.50	−31	32	I
143		漠河	296.0	0.25	0.35	0.40	0.50	0.65	0.70	−42	30	I
144		塔河	357.4	0.25	0.30	0.35	0.50	0.65	0.75	−38	30	I
145		新林	494.6	0.25	0.35	0.40	0.50	0.65	0.75	−40	29	I
146		呼玛	177.4	0.30	0.50	0.60	0.45	0.60	0.70	−40	31	I
147		加格达奇	371.7	0.25	0.35	0.40	0.45	0.65	0.70	−38	30	I
148		黑河市	166.4	0.35	0.50	0.55	0.60	0.75	0.85	−35	31	I
149		嫩江	242.2	0.40	0.55	0.60	0.40	0.55	0.60	−39	31	I
150		孙吴	234.5	0.40	0.60	0.70	0.45	0.60	0.70	−40	31	I
151		北安市	269.7	0.30	0.50	0.60	0.40	0.55	0.60	−36	31	I
152		克山	234.6	0.30	0.45	0.50	0.30	0.50	0.55	−34	31	I
153		富裕	162.4	0.30	0.40	0.45	0.25	0.35	0.40	−34	32	I
154		齐齐哈尔市	145.9	0.35	0.45	0.50	0.25	0.40	0.45	−30	32	I
155		海伦	239.2	0.35	0.55	0.65	0.30	0.40	0.45	−32	31	I
156		明水	249.2	0.35	0.45	0.50	0.25	0.40	0.45	−30	31	I
157		伊春市	240.9	0.25	0.35	0.40	0.50	0.65	0.75	−36	31	I
158		鹤岗市	227.9	0.30	0.40	0.45	0.45	0.65	0.70	−27	31	I
159		富锦	64.2	0.30	0.45	0.50	0.40	0.55	0.60	−30	31	I
160		泰来	149.5	0.30	0.45	0.50	0.20	0.30	0.35	−28	33	I
161		绥化市	179.6	0.35	0.55	0.65	0.35	0.50	0.60	−32	31	I

续表 12-4

序号	省市名	城市名	海拔高度(m)	风压 (kN/m²)			雪压 (kN/m²)			基本气温 (℃)		雪荷载准永久值系数分区
				R=10	R=50	R=100	R=10	R=50	R=100	最低	最高	
162		安达市	149.3	0.35	0.55	0.65	0.20	0.30	0.35	-31	32	I
163		铁力	210.5	0.25	0.35	0.40	0.50	0.75	0.85	-34	31	I
164		佳木斯市	81.2	0.40	0.65	0.75	0.60	0.85	0.95	-30	32	I
165		依兰	100.1	0.45	0.65	0.75	0.30	0.45	0.50	-29	32	I
166		宝清	83.0	0.30	0.40	0.45	0.55	0.85	1.00	-30	31	I
167	(10) 黑龙江	通河	108.6	0.35	0.50	0.55	0.50	0.75	0.85	-33	32	I
168		尚志	189.7	0.35	0.55	0.60	0.40	0.55	0.60	-32	32	I
169		鸡西市	233.6	0.40	0.55	0.65	0.45	0.65	0.75	-27	32	I
170		虎林	100.2	0.35	0.45	0.50	0.95	1.40	1.60	-29	31	I
171		牡丹江市	241.4	0.35	0.50	0.55	0.50	0.75	0.85	-28	32	I
172		绥芬河市	496.7	0.40	0.60	0.70	0.60	0.75	0.85	-30	29	I
173		济南市	51.6	0.30	0.45	0.50	0.20	0.30	0.35	-9	36	II
174		德州市	21.2	0.30	0.45	0.50	0.20	0.35	0.40	-11	36	II
175		惠民	11.3	0.40	0.50	0.55	0.25	0.35	0.40	-13	36	II
176		寿光县羊角沟	4.4	0.30	0.45	0.50	0.15	0.25	0.30	-11	36	II
177		龙口市	4.8	0.45	0.60	0.65	0.25	0.35	0.40	-11	35	II
178	(11) 山东	烟台市	46.7	0.40	0.55	0.60	0.30	0.40	0.45	-8	32	II
179		威海市	46.6	0.45	0.65	0.75	0.30	0.50	0.60	-8	32	II
180		荣成市成山头	47.7	0.60	0.70	0.75	0.25	0.40	0.45	-7	30	II
181		莒县朝城	42.7	0.35	0.45	0.50	0.25	0.35	0.40	-12	36	II
182		泰安市泰山	1533.7	0.65	0.85	0.95	0.40	0.55	0.60	-16	25	II
183		泰安市	128.8	0.30	0.40	0.45	0.20	0.35	0.40	-12	33	II
184		淄博市张店	34.0	0.30	0.40	0.45	0.30	0.45	0.50	-12	36	II

续表12-4

序号	省市名	城市名	海拔高度（m）	风压（kN/m²）			雪压（kN/m²）			基本气温（℃）		雪荷载准永久值系数分区
				R=10	R=50	R=100	R=10	R=50	R=100	最低	最高	
185		沂源	304.5	0.30	0.35	0.40	0.20	0.30	0.35	-13	35	Ⅱ
186		潍坊市	44.1	0.30	0.40	0.45	0.25	0.35	0.40	-12	36	Ⅱ
187		莱阳市	30.5	0.30	0.40	0.45	0.15	0.25	0.30	-13	35	Ⅱ
188		青岛市	76.0	0.45	0.60	0.70	0.15	0.20	0.25	-9	33	Ⅱ
189		海阳	65.2	0.40	0.55	0.60	0.10	0.15	0.15	-10	33	Ⅱ
190	（11）山东	荣城市石岛	33.7	0.40	0.55	0.65	0.10	0.15	0.15	-8	31	Ⅱ
191		菏泽市	49.7	0.25	0.40	0.45	0.20	0.30	0.35	-10	36	Ⅱ
192		兖州	51.7	0.25	0.40	0.45	0.25	0.35	0.45	-11	36	Ⅱ
193		营县	107.4	0.25	0.35	0.40	0.20	0.35	0.40	-11	35	Ⅱ
194		临沂	87.9	0.30	0.40	0.45	0.25	0.40	0.45	-10	35	Ⅱ
195		日照市	16.1	0.30	0.40	0.45	—	—	—	-8	33	—
196		南京市	8.9	0.25	0.40	0.45	0.40	0.65	0.75	-6	37	Ⅱ
197		徐州市	41.0	0.25	0.35	0.40	0.25	0.35	0.40	-8	35	Ⅱ
198		赣榆	2.1	0.30	0.45	0.50	0.25	0.35	0.40	-8	35	Ⅱ
199		盱眙	34.5	0.25	0.35	0.40	0.20	0.30	0.35	-7	36	Ⅱ
200		淮阴市	17.5	0.25	0.40	0.45	0.25	0.40	0.45	-7	35	Ⅱ
201	（12）江苏	射阳	2.0	0.30	0.40	0.45	0.15	0.20	0.25	-7	35	Ⅲ
202		镇江	26.5	0.30	0.40	0.45	0.25	0.35	0.40	—	—	Ⅲ
203		无锡	6.7	0.30	0.45	0.50	0.30	0.40	0.45	—	—	Ⅲ
204		泰州	6.6	0.25	0.40	0.45	0.25	0.35	0.40	—	—	Ⅲ
205		连云港	3.7	0.35	0.55	0.65	0.25	0.40	0.45	—	—	Ⅱ
206		盐城	3.6	0.25	0.45	0.55	0.20	0.35	0.40	—	—	Ⅲ
207		高邮	5.4	0.25	0.40	0.45	0.20	0.35	0.40	-6	36	Ⅲ

续表 12-4

序号	省市名	城市名	海拔高度(m)	风压 (kN/m²)			雪压 (kN/m²)			基本气温 (℃)		雪荷载准永久值系数分区
				R=10	R=50	R=100	R=10	R=50	R=100	最低	最高	
208	(12) 江苏	东台市	4.3	0.30	0.40	0.45	0.20	0.30	0.35	−6	36	Ⅲ
209		南通市	5.3	0.30	0.45	0.50	0.15	0.25	0.30	−4	36	Ⅲ
210		启东县吕泗	5.5	0.35	0.50	0.55	0.10	0.20	0.25	−4	35	Ⅲ
211		常州市	4.9	0.25	0.40	0.45	0.20	0.35	0.40	−4	37	Ⅲ
212		溧阳	7.2	0.25	0.40	0.45	0.30	0.50	0.55	−5	37	Ⅲ
213		吴县东山	17.5	0.30	0.45	0.50	0.25	0.40	0.45	−5	36	Ⅲ
214	(13) 浙江	杭州市	41.7	0.30	0.45	0.50	0.30	0.45	0.50	−4	38	Ⅲ
215		临安县天目山	1505.9	0.55	0.75	0.85	1.00	1.60	1.85	−11	28	Ⅱ
216		平湖县乍浦	5.4	0.35	0.45	0.50	0.25	0.35	0.40	−5	36	Ⅲ
217		慈溪市	7.1	0.30	0.45	0.50	0.25	0.35	0.40	−4	37	Ⅲ
218		嵊泗	79.6	0.85	1.30	1.55	—	—	—	−2	34	—
219		嵊泗县嵊山	124.6	1.00	1.65	1.95	—	—	—	0	30	—
220		舟山市	35.7	0.50	0.85	1.00	0.30	0.50	0.60	−2	35	Ⅲ
221		金华市	62.6	0.25	0.35	0.40	0.35	0.55	0.65	−3	39	Ⅲ
222		嵊县	104.3	0.25	0.40	0.50	0.35	0.55	0.65	−3	39	Ⅲ
223		宁波市	4.2	0.30	0.50	0.60	0.20	0.30	0.35	−3	37	Ⅲ
224		象山县石浦	128.4	0.75	1.20	1.45	0.20	0.30	0.35	−2	35	Ⅲ
225		衢州市	66.9	0.25	0.35	0.40	0.30	0.50	0.60	−3	38	Ⅲ
226		丽水市	60.8	0.20	0.30	0.35	0.30	0.45	0.50	−3	39	Ⅲ
227		龙泉	198.4	0.20	0.30	0.35	0.35	0.55	0.65	−2	38	Ⅲ
228		临海市括苍山	1383.1	0.60	0.90	1.05	0.45	0.65	0.75	−8	29	Ⅲ
229		温州市	6.0	0.35	0.60	0.70	0.25	0.35	0.40	0	36	Ⅲ
230		椒江市洪家	1.3	0.35	0.55	0.65	0.20	0.30	0.35	−2	36	Ⅲ

续表 12-4

序号	省市名	城市名	海拔高度 (m)	风压 (kN/m²)			雪压 (kN/m²)			基本气温 (℃)		雪荷载准永久值系数分区
				R=10	R=50	R=100	R=10	R=50	R=100	最低	最高	
231	(13) 浙江	椒江市下大陈	86.2	0.95	1.45	1.75	0.25	0.35	0.40	-1	33	Ⅲ
232		玉环县坎门	95.9	0.70	1.20	1.45	0.20	0.35	0.40	0	34	Ⅲ
233		瑞安市北麂	42.3	1.00	1.80	2.20	—	—	—	2	33	—
234	(14) 安徽	合肥市	27.9	0.25	0.35	0.40	0.40	0.60	0.70	-6	37	Ⅱ
235		砀山	43.2	0.25	0.35	0.40	0.25	0.40	0.45	-9	36	Ⅱ
236		亳州市	37.7	0.25	0.45	0.55	0.25	0.40	0.45	-8	37	Ⅱ
237		宿县	25.9	0.25	0.40	0.50	0.25	0.40	0.45	-8	36	Ⅱ
238		寿县	22.7	0.25	0.35	0.40	0.30	0.50	0.55	-7	35	Ⅱ
239		蚌埠市	18.7	0.25	0.35	0.40	0.30	0.45	0.55	-6	36	Ⅱ
240		滁县	25.3	0.25	0.35	0.40	0.30	0.50	0.60	-6	36	Ⅱ
241		六安市	60.5	0.20	0.35	0.40	0.35	0.55	0.60	-5	37	Ⅱ
242		霍山	68.1	0.20	0.35	0.40	0.45	0.65	0.75	-6	37	Ⅱ
243		巢湖	22.4	0.25	0.35	0.40	0.30	0.45	0.50	-5	37	Ⅱ
244		安庆市	19.8	0.25	0.40	0.45	0.20	0.35	0.40	-3	36	Ⅲ
245		宁国	89.4	0.25	0.35	0.40	0.30	0.50	0.55	-6	38	Ⅲ
246		黄山	1840.4	0.50	0.70	0.80	0.35	0.45	0.50	-11	24	Ⅲ
247		黄山市	142.7	0.25	0.35	0.40	0.30	0.45	0.50	-3	38	Ⅱ
248		阜阳市	30.6	—	—	—	0.35	0.55	0.60	-7	36	Ⅱ
249	(15) 江西	南昌市	46.7	0.30	0.45	0.55	0.30	0.45	0.50	-3	38	Ⅲ
250		修水	146.8	0.20	0.30	0.35	0.25	0.40	0.50	-4	37	Ⅲ
251		宜春市	131.3	0.20	0.30	0.35	0.25	0.40	0.45	-3	38	Ⅲ
252		吉安	76.4	0.25	0.30	0.35	0.25	0.35	0.45	-2	38	Ⅲ
253		宁冈	263.1	0.20	0.30	0.35	0.30	0.45	0.50	-3	38	Ⅲ

续表 12-4

序号	省市名	城市名	海拔高度 (m)	风压 (kN/m²)			雪压 (kN/m²)			基本气温 (℃)		雪荷载准永久值系数分区
				R=10	R=50	R=100	R=10	R=50	R=100	最低	最高	
254	(15) 江西	遂川	126.1	0.20	0.30	0.35	0.30	0.45	0.55	-1	38	Ⅲ
255		赣州市	123.8	0.20	0.30	0.35	0.20	0.35	0.40	0	38	Ⅲ
256		九江	36.1	0.25	0.35	0.40	0.30	0.40	0.45	-2	38	Ⅲ
257		庐山	1164.5	0.40	0.55	0.60	0.60	0.95	1.05	-9	29	Ⅲ
258		波阳	40.1	0.25	0.40	0.45	0.35	0.60	0.70	-3	38	Ⅲ
259		景德镇市	61.5	0.25	0.35	0.40	0.25	0.35	0.40	-3	38	Ⅲ
260		樟树市	30.4	0.20	0.30	0.35	0.25	0.40	0.45	-3	38	Ⅲ
261		贵溪	51.2	0.20	0.30	0.35	0.35	0.50	0.60	-2	38	Ⅲ
262		玉山	116.3	0.20	0.30	0.35	0.35	0.55	0.65	-3	38	Ⅲ
263		南城	80.8	0.25	0.30	0.35	0.20	0.35	0.40	-3	37	Ⅲ
264		广昌	143.8	0.20	0.30	0.35	0.30	0.45	0.50	-2	38	Ⅲ
265		寻乌	303.9	0.25	0.30	0.35	—	—	—	-0.3	37	—
266	(16) 福建	福州市	83.8	0.40	0.70	0.85	—	—	—	3	37	Ⅲ
267		邵武市	191.5	0.20	0.30	0.35	0.25	0.35	0.40	-1	37	Ⅲ
268		崇安县七仙山	1401.9	0.55	0.70	0.80	0.40	0.60	0.70	-5	28	Ⅲ
269		浦城	276.9	0.20	0.30	0.35	0.35	0.55	0.65	-2	37	Ⅲ
270		建阳	196.9	0.25	0.35	0.40	0.35	0.50	0.55	-2	38	Ⅲ
271		建瓯	154.9	0.25	0.35	0.40	0.25	0.35	0.40	0	38	Ⅲ
272		福鼎	36.2	0.35	0.70	0.90	—	—	—	1	37	—
273		泰宁	342.9	0.20	0.30	0.35	0.30	0.50	0.60	-2	37	Ⅲ
274		南平市	125.6	0.20	0.35	0.45	—	—	—	2	38	—
275		福鼎县台山	106.6	0.75	1.00	1.10	—	—	—	4	30	Ⅰ
276		长汀	310.0	0.20	0.35	0.40	0.15	0.25	0.30	0	36	Ⅲ

续表 12-4

序号	省市名	城市名	海拔高度 (m)	风压 (kN/m²)			雪压 (kN/m²)			基本气温 (℃)		雪荷载准永久值系数分区
				$R=10$	$R=50$	$R=100$	$R=10$	$R=50$	$R=100$	最低	最高	
277		上杭	197.9	0.25	0.30	0.35	—	—	—	2	36	—
278		永安市	206.0	0.25	0.40	0.45	—	—	—	2	38	—
279		龙岩市	342.3	0.20	0.35	0.45	—	—	—	3	36	—
280		德化县九仙山	1653.5	0.60	0.80	0.90	0.25	0.40	0.50	−3	25	Ⅲ
281	(16) 福建	屏南	896.5	0.20	0.30	0.35	0.25	0.45	0.50	−2	32	Ⅲ
282		平潭	32.4	0.75	1.30	1.60	—	—	—	4	34	—
283		崇武	21.8	0.55	0.85	1.05	—	—	—	5	33	—
284		厦门市	139.4	0.50	0.80	0.95	—	—	—	5	35	—
285		东山	53.3	0.80	1.25	1.45	—	—	—	7	34	—
286		西安市	397.5	0.25	0.35	0.40	0.20	0.25	0.30	−9	37	Ⅱ
287		榆林市	1057.5	0.25	0.40	0.45	0.20	0.25	0.30	−22	35	Ⅱ
288		吴旗	1272.6	0.25	0.40	0.50	0.15	0.20	0.20	−20	33	Ⅱ
289		横山	1111.0	0.30	0.40	0.45	0.15	0.25	0.30	−21	35	Ⅱ
290		绥德	929.7	0.30	0.40	0.45	0.20	0.35	0.40	−19	35	Ⅱ
291		延安市	957.8	0.25	0.35	0.40	0.15	0.25	0.30	−17	34	Ⅱ
292	(17) 陕西	长武	1206.5	0.25	0.30	0.35	0.20	0.30	0.35	−15	32	Ⅱ
293		洛川	1158.3	0.25	0.35	0.40	0.25	0.35	0.40	−15	32	Ⅱ
294		铜川市	978.9	0.20	0.35	0.40	0.15	0.20	0.25	−12	33	Ⅱ
295		宝鸡市	612.4	0.20	0.35	0.40	0.15	0.20	0.25	−8	37	Ⅱ
296		武功	447.8	0.20	0.35	0.40	0.20	0.25	0.30	−9	37	Ⅱ
297		华阴县华山	2064.9	0.40	0.50	0.55	0.50	0.70	0.75	−15	25	Ⅱ
298		略阳	794.2	0.25	0.35	0.40	0.10	0.15	0.15	−6	34	Ⅲ
299		汉中市	508.4	0.20	0.30	0.35	0.15	0.20	0.25	−5	34	Ⅲ

续表 12-4

序号	省市名	城市名	海拔高度 (m)	风压 (kN/m²) R=10	风压 (kN/m²) R=50	风压 (kN/m²) R=100	雪压 (kN/m²) R=10	雪压 (kN/m²) R=50	雪压 (kN/m²) R=100	基本气温 (℃) 最低	基本气温 (℃) 最高	雪荷载准永久值系数分区
300	(17) 陕西	佛坪	1087.7	0.25	0.35	0.45	0.15	0.25	0.30	−8	33	Ⅲ
301		商州市	742.2	0.25	0.30	0.35	0.20	0.30	0.35	−8	35	Ⅱ
302		镇安	693.7	0.20	0.35	0.40	0.20	0.30	0.35	−7	36	Ⅲ
303		石泉	484.9	0.20	0.30	0.35	0.20	0.30	0.35	−5	35	Ⅲ
304		安康市	290.8	0.30	0.45	0.50	0.10	0.15	0.20	−4	37	Ⅲ
305	(18) 甘肃	兰州市	1517.2	0.20	0.30	0.35	0.10	0.15	0.20	−15	34	Ⅱ
306		吉诃德	966.5	0.45	0.55	0.60	—	—	—	—	—	—
307		安西	1170.8	0.40	0.55	0.60	0.10	0.20	0.25	−22	37	Ⅱ
308		酒泉市	1477.2	0.40	0.55	0.60	0.20	0.30	0.35	−21	33	Ⅱ
309		张掖市	1482.7	0.30	0.50	0.60	0.05	0.10	0.15	−22	34	Ⅱ
310		武威市	1530.9	0.35	0.55	0.65	0.15	0.20	0.25	−20	33	Ⅱ
311		民勤	1367.0	0.40	0.50	0.55	0.05	0.10	0.10	−21	35	Ⅱ
312		乌鞘岭	3045.1	0.35	0.40	0.45	0.35	0.55	0.60	−22	21	Ⅱ
313		景泰	1630.5	0.25	0.30	0.35	0.10	0.15	0.20	−18	33	Ⅱ
314		靖远	1398.2	0.20	0.30	0.35	0.15	0.20	0.25	−18	33	Ⅱ
315		临夏市	1917.0	0.20	0.30	0.35	0.15	0.25	0.30	−18	30	Ⅱ
316		临洮	1886.6	0.20	0.30	0.35	0.30	0.50	0.55	−19	30	Ⅱ
317		华家岭	2450.6	0.30	0.40	0.45	0.25	0.40	0.45	−17	24	Ⅱ
318		环县	1255.6	0.20	0.30	0.35	0.15	0.25	0.30	−18	33	Ⅱ
319		平凉市	1346.6	0.25	0.30	0.35	0.15	0.25	0.30	−14	32	Ⅱ
320		西峰镇	1421.0	0.20	0.30	0.35	0.25	0.40	0.45	−14	31	Ⅱ
321		玛曲	3471.4	0.25	0.30	0.35	0.15	0.20	0.25	−23	21	Ⅱ
322		夏河县合作	2910.0	0.25	0.30	0.35	0.25	0.40	0.45	−23	24	Ⅱ

续表 12-4

序号	省市名	城市名	海拔高度 (m)	风压 (kN/m²)			雪压 (kN/m²)			基本气温 (℃)		雪荷载准永久值系数分区
				R=10	R=50	R=100	R=10	R=50	R=100	最低	最高	
323	(18) 甘肃	武都	1079.1	0.25	0.35	0.40	0.05	0.10	0.15	−5	35	III
324		天水市	1141.7	0.20	0.35	0.40	0.15	0.20	0.25	−11	34	II
325		马崇山	1962.7	—	—	—	0.10	0.15	0.20	−25	32	II
326		敦煌	1139.0	—	—	—	0.10	0.15	0.20	−20	37	II
327		玉门市	1526.0	—	—	—	0.15	0.20	0.25	−21	33	II
328		金塔县鼎新	1177.4	—	—	—	0.05	0.10	0.15	−21	36	II
329		高台	1332.2	—	—	—	0.10	0.15	0.20	−21	34	II
330		山丹	1764.6	—	—	—	0.15	0.20	0.25	−21	32	II
331		永昌	1976.1	—	—	—	0.10	0.15	0.20	−22	29	II
332		榆中	1874.1	—	—	—	0.15	0.20	0.25	−19	30	II
333		会宁	2012.2	—	—	—	0.20	0.30	0.35	−21	—	II
334		岷县	2315.0	—	—	—	0.10	0.15	0.20	−19	27	II
335	(19) 宁夏	银川市	1111.4	0.40	0.65	0.75	0.15	0.20	0.25	−19	34	II
336		惠农	1091.0	0.45	0.65	0.70	0.05	0.10	0.10	−20	35	II
337		陶乐	1101.6	—	—	—	0.05	0.10	0.10	−20	35	II
338		中卫	1225.7	0.30	0.45	0.50	0.05	0.10	0.15	−18	33	II
339		中宁	1183.3	0.30	0.35	0.40	0.10	0.15	0.20	−18	34	II
340		盐池	1347.8	0.30	0.40	0.45	0.20	0.30	0.35	−20	34	III
341		海源	1854.2	0.25	0.35	0.40	0.25	0.40	0.45	−17	30	II
342		同心	1343.9	0.20	0.30	0.35	0.10	0.10	0.15	−18	34	II
343		固原	1753.0	0.25	0.35	0.40	0.30	0.40	0.45	−20	29	II
344		西吉	1916.5	0.20	0.30	0.35	0.15	0.20	0.20	−20	29	II
345	(20) 青海	西宁市	2261.2	0.25	0.35	0.40	0.15	0.20	0.25	−19	29	II

续表 12-4

序号	省市名	城市名	海拔高度 (m)	风压 (kN/m²)			雪压 (kN/m²)			基本气温 (℃)		雪荷载准永久值系数分区
				R=10	R=50	R=100	R=10	R=50	R=100	最低	最高	
346		芒崖	3138.5	0.30	0.40	0.45	0.05	0.10	0.10	—	—	Ⅱ
347		冷湖	2733.0	0.40	0.55	0.60	0.05	0.10	0.10	−26	29	Ⅱ
348		祁连县托勒	3367.0	0.30	0.40	0.45	0.20	0.25	0.30	−32	22	Ⅱ
349		祁连县野牛沟	3180.0	0.30	0.40	0.45	0.15	0.20	0.20	−31	21	Ⅱ
350		祁连县	2787.4	0.30	0.35	0.40	0.10	0.15	0.15	−25	25	Ⅱ
351		格尔木市小灶火	2767.0	0.30	0.40	0.45	0.05	0.10	0.10	−25	30	Ⅱ
352		大柴旦	3173.2	0.30	0.40	0.45	0.10	0.15	0.15	−27	26	Ⅱ
353		德令哈市	2918.5	0.25	0.35	0.40	0.10	0.15	0.20	−22	28	Ⅱ
354		刚察	3301.5	0.25	0.35	0.40	0.20	0.25	0.30	−26	21	Ⅱ
355		门源	2850.0	0.25	0.35	0.40	0.20	0.30	0.30	−27	24	Ⅱ
356		格尔木市	2807.6	0.30	0.40	0.45	0.10	0.20	0.25	−21	29	Ⅱ
357	(20) 青海	都兰县诺木洪	2790.4	0.35	0.50	0.60	0.05	0.10	0.10	−22	30	Ⅱ
358		都兰	3191.1	0.30	0.45	0.55	0.20	0.25	0.30	−21	26	Ⅱ
359		乌兰县茶卡	3087.6	0.25	0.35	0.40	0.15	0.20	0.25	−25	25	Ⅱ
360		共和县恰卜恰	2835.0	0.25	0.35	0.40	0.10	0.15	0.20	−22	26	Ⅱ
361		贵德	2237.1	0.25	0.30	0.35	0.05	0.10	0.10	−18	30	Ⅱ
362		民和	1813.9	0.20	0.30	0.35	0.10	0.10	0.15	−17	31	Ⅱ
363		唐古拉山五道梁	4612.2	0.35	0.45	0.50	0.20	0.25	0.30	−29	17	Ⅰ
364		兴海	3323.2	0.25	0.35	0.40	0.15	0.20	0.20	−25	23	Ⅱ
365		同德	3289.4	0.25	0.35	0.40	0.20	0.30	0.35	−28	23	Ⅱ
366		泽库	3662.8	0.25	0.30	0.35	0.30	0.40	0.45	—	—	Ⅱ
367		格尔木市托托河	4533.1	0.40	0.50	0.55	0.25	0.35	0.40	−33	19	Ⅰ
368		治多	4179.0	0.25	0.30	0.35	0.15	0.20	0.25	—	—	Ⅰ

续表 12-4

序号	省市名	城市名	海拔高度 (m)	风压 (kN/m²)			雪压 (kN/m²)			基本气温 (℃)		雪荷载准永久值系数分区
				R=10	R=50	R=100	R=10	R=50	R=100	最低	最高	
369		杂多	4066.4	0.25	0.35	0.40	0.20	0.25	0.30	−25	22	II
370		曲麻莱	4231.2	0.25	0.35	0.40	0.15	0.25	0.30	−28	20	I
371		玉树	3681.2	0.20	0.30	0.35	0.15	0.20	0.25	−20	24.4	II
372		玛多	4272.3	0.30	0.40	0.45	0.25	0.35	0.40	−33	18	I
373		称多县清水河	4415.4	0.25	0.30	0.35	0.25	0.30	0.35	−33	17	I
374	(20) 青海	玛沁县仁峡姆	4211.1	0.30	0.35	0.40	0.20	0.30	0.35	−33	18	I
375		达日县吉迈	3967.5	0.25	0.35	0.45	0.20	0.25	0.30	−27	20	I
376		河南	3500.0	0.25	0.35	0.45	0.20	0.25	0.30	−29	21	II
377		久治	3628.5	0.20	0.30	0.35	0.20	0.25	0.30	−24	21	II
378		昂欠	3643.7	0.25	0.30	0.35	0.10	0.20	0.25	−18	25	II
379		班玛	3750.0	0.20	0.30	0.35	0.15	0.20	0.25	−20	22	II
380		乌鲁木齐市	917.9	0.40	0.60	0.70	0.65	0.90	1.00	−23	34	I
381		阿勒泰市	735.3	0.40	0.70	0.85	1.20	1.65	1.85	−28	32	I
382		阿拉山口	284.8	0.95	1.35	1.55	0.20	0.25	0.25	−25	39	I
383		克拉玛依市	427.3	0.65	0.90	1.00	0.20	0.30	0.35	−27	38	I
384		伊宁市	662.5	0.40	0.60	0.70	1.00	1.40	1.55	−23	35	I
385	(21) 新疆	昭苏	1851.0	0.25	0.40	0.45	0.65	0.85	0.95	−23	26	I
386		达板城	1103.5	0.55	0.80	0.90	0.15	0.20	0.20	−21	32	I
387		巴音布鲁克	2458.0	0.25	0.35	0.40	0.55	0.75	0.85	−40	22	I
388		吐鲁番市	34.5	0.50	0.85	1.00	0.15	0.20	0.25	−20	44	II
389		阿克苏市	1103.8	0.30	0.45	0.50	0.15	0.25	0.30	−20	36	II
390		库车	1099.0	0.35	0.50	0.60	0.15	0.20	0.30	−19	36	II
391		库尔勒	931.5	0.30	0.45	0.50	0.15	0.20	0.30	−18	37	II

续表12-4

序号	省市名	城市名	海拔高度 (m)	风压 (kN/m²)			雪压 (kN/m²)			基本气温 (℃)		雪荷载准永久值系数分区
				R=10	R=50	R=100	R=10	R=50	R=100	最低	最高	
392		乌恰	2175.7	0.25	0.35	0.40	0.35	0.50	0.60	−20	31	II
393		喀什	1288.7	0.35	0.55	0.65	0.30	0.45	0.50	−17	36	II
394		阿合奇	1984.9	0.25	0.35	0.40	0.25	0.35	0.40	−21	31	II
395		皮山	1375.4	0.20	0.30	0.35	0.15	0.20	0.25	−18	37	II
396		和田	1374.6	0.25	0.40	0.45	0.10	0.20	0.25	−15	37	II
397		民丰	1409.3	0.20	0.30	0.35	0.10	0.15	0.15	−19	37	II
398		安德河	1262.8	0.20	0.30	0.35	0.05	0.05	0.05	−23	39	II
399		于田	1422.0	0.20	0.30	0.35	0.10	0.15	0.15	−17	36	II
400		哈密	737.2	0.40	0.60	0.70	0.15	0.25	0.30	−23	38	II
401	(21) 新疆	哈巴河	532.6	—	—	—	0.70	1.00	1.15	−26	33.6	I
402		吉木乃	984.1	—	—	—	0.85	1.15	1.35	−24	31	I
403		福海	500.9	—	—	—	0.30	0.45	0.50	−31	34	I
404		富蕴	807.5	—	—	—	0.95	1.35	1.50	−33	34	I
405		塔城	534.9	—	—	—	1.10	1.55	1.75	−23	35	I
406		和布克赛尔	1291.6	—	—	—	0.25	0.40	0.45	−23	30	I
407		青河	1218.2	—	—	—	0.90	1.30	1.45	−35	31	I
408		托里	1077.8	—	—	—	0.55	0.75	0.85	−24	32	I
409		北塔山	1653.7	—	—	—	0.55	0.65	0.70	−25	28	I
410		温泉	1354.6	—	—	—	0.35	0.45	0.50	−25	30	I
411		精河	320.1	—	—	—	0.20	0.30	0.35	−27	38	I
412		乌苏	478.7	—	—	—	0.40	0.55	0.60	−26	37	I
413		石河子	442.9	—	—	—	0.50	0.70	0.80	−28	37	I
414		蔡家湖	440.5	—	—	—	0.40	0.50	0.55	−32	38	I

续表12-4

序号	省市名	城市名	海拔高度(m)	风压(kN/m²)			雪压(kN/m²)			基本气温(℃)		雪荷载准永久值系数分区
				R=10	R=50	R=100	R=10	R=50	R=100	最低	最高	
415	(21) 新疆	奇台	793.5	—	—	—	0.55	0.75	0.85	-31	34	I
416		巴仑台	1752.5	—	—	—	0.20	0.30	0.35	-20	30	II
417		七角井	873.2	—	—	—	0.05	0.10	0.15	-23	38	II
418		库米什	922.4	—	—	—	0.10	0.15	0.15	-25	38	II
419		焉耆	1055.8	—	—	—	0.15	0.20	0.25	-24	35	II
420		拜城	1229.2	—	—	—	0.20	0.30	0.35	-26	34	II
421		轮台	976.1	—	—	—	0.15	0.20	0.30	-19	38	II
422		吐尔格特	3504.4	—	—	—	0.40	0.55	0.65	-27	18	II
423		巴楚	1116.5	—	—	—	0.10	0.15	0.20	-19	38	II
424		柯坪	1161.8	—	—	—	0.05	0.10	0.15	-20	37	II
425		阿拉尔	1012.2	—	—	—	0.05	0.10	0.10	-20	36	II
426		铁干里克	846.0	—	—	—	0.10	0.15	0.15	-20	39	II
427		若羌	888.3	—	—	—	0.10	0.15	0.20	-18	40	II
428		塔吉克	3090.9	—	—	—	0.15	0.25	0.30	-28	28	II
429		莎车	1231.2	—	—	—	0.15	0.20	0.25	-17	37	II
430		且末	1247.5	—	—	—	0.10	0.15	0.20	-20	37	II
431		红柳河	1700.0	—	—	—	0.10	0.15	0.15	-25	35	II
432	(22) 河南	郑州市	110.4	0.30	0.45	0.50	0.25	0.40	0.45	-8	36	II
433		安阳市	75.5	0.25	0.45	0.55	0.25	0.40	0.45	-8	36	II
434		新乡市	72.7	0.30	0.40	0.45	0.20	0.30	0.35	-8	36	II
435		三门峡市	410.1	0.25	0.40	0.45	0.15	0.20	0.25	-8	36	II
436		卢氏	568.8	0.20	0.30	0.35	0.20	0.30	0.35	-10	35	II
437		孟津	323.3	0.30	0.45	0.50	0.30	0.40	0.50	-8	35	II

续表 12-4

序号	省市名	城市名	海拔高度 (m)	风压 (kN/m²)			雪压 (kN/m²)			基本气温 (℃)		雪荷载准永久值系数分区
				$R=10$	$R=50$	$R=100$	$R=10$	$R=50$	$R=100$	最低	最高	
438	(22) 河南	洛阳市	137.1	0.25	0.40	0.45	0.25	0.35	0.40	−6	36	II
439		栾川	750.1	0.20	0.30	0.35	0.25	0.40	0.45	−9	34	II
440		许昌市	66.8	0.30	0.40	0.45	0.25	0.40	0.45	−8	36	II
441		开封市	72.5	0.30	0.45	0.50	0.20	0.30	0.35	−8	36	II
442		西峡	250.3	0.25	0.35	0.40	0.20	0.30	0.35	−6	36	II
443		南阳市	129.2	0.25	0.35	0.40	0.30	0.45	0.50	−7	36	II
444		宝丰	136.4	0.25	0.35	0.40	0.20	0.30	0.35	−8	36	II
445		西华	52.6	0.25	0.45	0.55	0.30	0.45	0.50	−8	37	II
446		驻马店市	82.7	0.25	0.40	0.45	0.30	0.45	0.50	−8	36	II
447		信阳市	114.5	0.25	0.35	0.40	0.35	0.55	0.65	−6	36	II
448		商丘市	50.1	0.20	0.35	0.45	0.30	0.45	0.50	−8	36	II
449		固始	57.1	0.20	0.35	0.40	0.35	0.50	0.60	−6	36	II
450	(23) 湖北	武汉市	23.3	0.25	0.35	0.40	0.30	0.50	0.60	−5	37	II
451		郧县	201.9	0.20	0.30	0.35	0.25	0.40	0.45	−3	37	II
452		房县	434.4	0.20	0.30	0.35	0.20	0.30	0.35	−7	35	III
453		老河口市	90.0	0.20	0.30	0.35	0.25	0.35	0.40	−6	36	II
454		枣阳	125.5	0.25	0.40	0.45	0.25	0.40	0.45	−6	36	II
455		巴东	294.5	0.15	0.30	0.35	0.15	0.20	0.25	−2	38	III
456		钟祥	65.8	0.20	0.35	0.35	0.25	0.35	0.40	−4	36	II
457		麻城市	59.3	0.20	0.35	0.45	0.35	0.55	0.65	−4	37	II
458		恩施市	457.1	0.20	0.30	0.35	0.15	0.20	0.25	−2	36	III
459		巴东县绿葱坡	1819.3	0.30	0.35	0.40	0.65	0.95	1.10	−10	26	III
460		五峰县	908.4	0.20	0.30	0.35	0.25	0.35	0.40	−5	34	III

续表 12-4

序号	省市名	城市名	海拔高度 (m)	风压 (kN/m²)			雪压 (kN/m²)			基本气温 (℃)		雪荷载准永久值系数分区
				R=10	R=50	R=100	R=10	R=50	R=100	最低	最高	
461	(23) 湖北	宜昌市	133.1	0.20	0.30	0.35	0.20	0.30	0.35	-3	37	III
462		荆州	32.6	0.20	0.30	0.35	0.25	0.40	0.45	-4	36	II
463		天门市	34.1	0.20	0.30	0.35	0.25	0.35	0.45	-5	36	II
464		来凤	459.5	0.20	0.30	0.35	0.15	0.20	0.25	-3	35	III
465		嘉鱼	36.0	0.20	0.35	0.45	0.25	0.35	0.40	-3	37	III
466		英山	123.8	0.20	0.30	0.35	0.25	0.40	0.45	-5	37	III
467		黄石市	19.6	0.25	0.35	0.40	0.25	0.35	0.40	-3	38	III
468	(24) 湖南	长沙市	44.9	0.25	0.35	0.40	0.30	0.45	0.50	-3	38	III
469		桑植	322.2	0.20	0.30	0.35	0.25	0.35	0.40	-3	36	III
470		石门	116.9	0.25	0.30	0.35	0.25	0.35	0.40	-3	36	III
471		南县	36.0	0.25	0.40	0.50	0.30	0.45	0.50	-3	36	III
472		岳阳市	53.0	0.25	0.40	0.45	0.35	0.55	0.65	-2	36	III
473		吉首市	206.6	0.20	0.30	0.35	0.20	0.30	0.35	-2	36	III
474		沅陵	151.6	0.20	0.30	0.35	0.20	0.35	0.40	-3	37	III
475		常德市	35.0	0.25	0.40	0.50	0.30	0.50	0.60	-3	36	II
476		安化	128.3	0.20	0.30	0.35	0.30	0.45	0.50	-3	38	II
477		沅江市	36.0	0.25	0.40	0.45	0.35	0.55	0.65	-3	37	III
478		平江	106.3	0.20	0.30	0.35	0.25	0.40	0.45	-4	37	III
479		芷江	272.2	0.20	0.30	0.35	0.25	0.35	0.45	-3	36	III
480		雪峰山	1404.9	—	—	—	0.50	0.75	0.85	-8	27	II
481		邵阳市	248.6	0.20	0.30	0.35	0.20	0.30	0.35	-3	37	III
482		双峰	100.0	0.20	0.30	0.35	0.25	0.40	0.45	-4	38	III
483		南岳	1265.9	0.60	0.75	0.85	0.50	0.75	0.85	-8	28	III

续表12-4

序号	省市名	城市名	海拔高度 (m)	风压 (kN/m²)			雪压 (kN/m²)			基本气温 (℃)		雪荷载准永久值系数分区
				R=10	R=50	R=100	R=10	R=50	R=100	最低	最高	
484	(24) 湖南	通道	397.5	0.25	0.30	0.35	0.15	0.25	0.30	−3	35	III
485		武冈	341.0	0.20	0.30	0.35	0.20	0.30	0.35	−3	36	III
486		零陵	172.6	0.25	0.40	0.45	0.15	0.25	0.30	−2	37	III
487		衡阳市	103.2	0.25	0.40	0.45	0.20	0.35	0.40	−2	38	III
488		道县	192.2	0.25	0.35	0.40	0.15	0.20	0.25	−1	37	III
489		郴州市	184.9	0.20	0.30	0.35	0.20	0.30	0.35	−2	38	III
490	(25) 广东	广州市	6.6	0.30	0.50	0.60	—	—	—	6	36	—
491		南雄	133.8	0.20	0.30	0.35	—	—	—	1	37	—
492		连县	97.6	0.20	0.30	0.35	—	—	—	2	37	—
493		韶夫	69.3	0.20	0.35	0.45	—	—	—	2	37	—
494		佛岗	67.8	0.20	0.30	0.35	—	—	—	4	36	—
495		连平	214.5	0.20	0.30	0.35	—	—	—	2	36	—
496		梅县	87.8	0.20	0.30	0.35	—	—	—	4	37	—
497		广宁	56.8	0.20	0.30	0.35	—	—	—	4	36	—
498		高要	7.1	0.30	0.50	0.60	—	—	—	6	36	—
499		河源	40.6	0.20	0.30	0.35	—	—	—	5	36	—
500		惠阳	22.4	0.35	0.55	0.60	—	—	—	6	36	—
501		五华	120.9	0.20	0.30	0.35	—	—	—	4	36	—
502		汕头市	1.1	0.50	0.80	0.95	—	—	—	6	35	—
503		惠来	12.9	0.45	0.75	0.90	—	—	—	7	35	—
504		南澳	7.2	0.50	0.80	0.95	—	—	—	9	32	—
505		信宜	84.6	0.35	0.60	0.70	—	—	—	7	36	—
506		罗定	53.3	0.20	0.30	0.35	—	—	—	6	37	—

续表12-4

序号	省市名	城市名	海拔高度(m)	风压 (kN/m²)			雪压 (kN/m²)			基本气温 (℃)		雪荷载准永久值系数分区
				R=10	R=50	R=100	R=10	R=50	R=100	最低	最高	
507	(25)广东	台山	32.7	0.35	0.55	0.65	—	—	—	6	35	—
508		深圳市	18.2	0.45	0.75	0.90	—	—	—	8	35	—
509		汕尾	4.6	0.50	0.85	1.00	—	—	—	7	34	—
510		湛江市	25.3	0.50	0.85	0.95	—	—	—	9	36	—
511		阳江	23.3	0.45	0.75	0.90	—	—	—	7	35	—
512		电白	11.8	0.45	0.70	0.80	—	—	—	8	35	—
513		台山县上川岛	21.5	0.75	1.05	1.20	—	—	—	8	35	—
514		徐闻	67.9	0.45	0.75	0.90	—	—	—	10	36	—
515	(26)广西	南宁市	73.1	0.25	0.35	0.40	—	—	—	6	36	—
516		桂林市	164.4	0.20	0.30	0.35	—	—	—	1	36	—
517		柳州市	96.8	0.20	0.30	0.35	—	—	—	3	36	—
518		蒙山	145.7	0.20	0.30	0.35	—	—	—	2	36	—
519		贺山	108.8	0.20	0.30	0.35	—	—	—	2	36	—
520		百色市	173.5	0.25	0.45	0.55	—	—	—	2	37	—
521		靖西	739.4	0.20	0.30	0.35	—	—	—	5	32	—
522		桂平	42.5	0.20	0.30	0.35	—	—	—	5	36	—
523		梧州市	114.8	0.20	0.30	0.35	—	—	—	4	36	—
524		龙州	128.8	0.20	0.30	0.35	—	—	—	7	36	—
525		灵山	66.0	0.20	0.30	0.35	—	—	—	5	35	—
526		玉林	81.8	0.20	0.30	0.35	—	—	—	5	36	—
527		东兴	18.2	0.45	0.75	0.90	—	—	—	8	34	—
528		北海市	15.3	0.45	0.75	0.90	—	—	—	7	35	—
529		涠洲岛	55.2	0.70	1.10	1.30	—	—	—	9	34	—

续表 12-4

序号	省市名	城市名	海拔高度 (m)	风压 (kN/m²)			雪压 (kN/m²)			基本气温 (℃)		雪荷载准永久值系数分区
				R=10	R=50	R=100	R=10	R=50	R=100	最低	最高	
530		海口市	14.1	0.45	0.75	0.90	—	—	—	10	37	—
531		东方	8.4	0.55	0.85	1.00	—	—	—	10	37	—
532		儋县	168.7	0.40	0.70	0.85	—	—	—	9	37	—
533		琼中	250.9	0.30	0.45	0.55	—	—	—	8	36	—
534	(27) 海南	琼海	24.0	0.50	0.85	1.05	—	—	—	10	37	—
535		三亚市	5.5	0.50	0.85	1.05	—	—	—	14	36	—
536		陵水	13.9	0.50	0.85	1.05	—	—	—	12	36	—
537		西沙岛	4.7	1.05	1.80	2.20	—	—	—	18	35	—
538		珊瑚岛	4.0	0.70	1.10	1.30	—	—	—	16	36	—
539		成都市	506.1	0.20	0.30	0.35	0.10	0.10	0.15	−1	34	III
540		石渠	4200.0	0.25	0.30	0.35	0.35	0.50	0.60	−28	19	II
541		若尔盖	3439.6	0.25	0.30	0.35	0.30	0.40	0.45	−24	21	II
542		甘孜	3393.5	0.35	0.45	0.50	0.30	0.50	0.55	−17	25	II
543		都江堰市	706.7	0.20	0.30	0.35	0.15	0.25	0.30	—	—	III
544		绵阳市	470.8	0.20	0.30	0.35	—	—	—	−3	35	—
545	(28) 四川	雅安市	627.6	0.20	0.30	0.35	0.10	0.20	0.20	0	34	III
546		资阳	357.0	0.20	0.30	0.35	—	—	—	1	33	—
547		康定	2615.7	0.30	0.35	0.40	0.30	0.50	0.55	−10	23	II
548		汉源	795.9	0.20	0.30	0.35	—	—	—	2	34	—
549		九龙	2987.3	0.20	0.30	0.35	0.15	0.20	0.20	−10	25	III
550		越西	1659.0	0.25	0.30	0.35	0.15	0.25	0.30	−4	31	III
551		昭觉	2132.4	0.25	0.30	0.35	0.25	0.35	0.40	−6	28	III
552		雷波	1474.9	0.20	0.30	0.40	0.20	0.30	0.35	−4	29	III

续表 12-4

序号	省市名	城市名	海拔高度 (m)	风压 (kN/m²)			雪压 (kN/m²)			基本气温 (℃)		雪荷载准永久值系数分区
				R=10	R=50	R=100	R=10	R=50	R=100	最低	最高	
553	(28) 四川	宜宾市	340.8	0.20	0.30	0.35	—	—	—	2	35	—
554		盐源	2545.0	0.20	0.30	0.35	0.20	0.30	0.35	−6	27	Ⅲ
555		西昌市	1590.9	0.20	0.30	0.35	0.20	0.30	0.35	−1	32	Ⅲ
556		会理	1787.1	0.20	0.30	0.35	—	—	—	−4	30	—
557		万源	674.0	0.20	0.30	0.35	0.05	0.10	0.15	−3	35	Ⅲ
558		阆中	382.6	0.20	0.30	0.35	—	—	—	−1	36	—
559		巴中	358.9	0.20	0.30	0.35	—	—	—	−1	36	—
560		达县市	310.4	0.20	0.35	0.45	—	—	—	0	37	—
561		遂宁市	278.2	0.20	0.30	0.35	—	—	—	0	36	—
562		南充市	309.3	0.20	0.30	0.35	—	—	—	0	36	—
563		内江市	347.1	0.25	0.40	0.50	—	—	—	0	36	—
564		泸州市	334.8	0.20	0.30	0.35	—	—	—	1	36	—
565		叙永	377.5	0.20	0.30	0.35	—	—	—	1	36	—
566		德格	3201.2	—	—	—	0.15	0.20	0.25	−15	26	Ⅲ
567		色达	3893.9	—	—	—	0.30	0.40	0.45	−24	21	Ⅲ
568		道孚	2957.2	—	—	—	0.15	0.20	0.25	−16	28	Ⅲ
569		阿坝	3275.1	—	—	—	0.25	0.40	0.45	−19	22	Ⅲ
570		马尔康	2664.4	—	—	—	0.15	0.25	0.30	−12	29	Ⅲ
571		红原	3491.6	—	—	—	0.25	0.40	0.45	−26	22	Ⅱ
572		小金	2369.2	—	—	—	0.10	0.15	0.15	−8	31	Ⅱ
573		松潘	2850.7	—	—	—	0.20	0.30	0.35	−16	26	Ⅱ
574		新龙	3000.0	—	—	—	0.10	0.15	0.15	−16	27	Ⅱ
575		理塘	3948.9	—	—	—	0.35	0.50	0.60	−19	21	Ⅱ

续表 12-4

序号	省市名	城市名	海拔高度 (m)	风压 (kN/m²)			雪压 (kN/m²)			基本气温 (℃)		雪荷载准永久值系数分区
				R=10	R=50	R=100	R=10	R=50	R=100	最低	最高	
576	(28) 四川	稻城	3727.7	—	—	—	0.20	0.30	0.30	−19	23	Ⅲ
577		峨眉山	3047.4	—	—	—	0.40	0.55	0.60	−15	19	Ⅱ
578	(29) 贵州	贵阳市	1074.3	0.20	0.30	0.35	0.10	0.20	0.25	−3	32	Ⅲ
579		威宁	2237.5	0.25	0.35	0.40	0.25	0.35	0.40	−6	26	Ⅲ
580		盘县	1515.2	0.25	0.35	0.40	0.25	0.35	0.45	−3	30	Ⅲ
581		桐梓	972.0	0.20	0.30	0.35	0.10	0.15	0.20	−4	33	Ⅲ
582		习水	1180.2	0.20	0.30	0.35	0.15	0.20	0.25	−5	31	Ⅲ
583		毕节	1510.6	0.20	0.30	0.35	0.15	0.25	0.30	−4	30	Ⅲ
584		遵义市	843.9	0.20	0.30	0.35	0.10	0.15	0.20	−2	34	Ⅲ
585		湄潭	791.8	—	—	—	0.15	0.20	0.25	−3	34	Ⅲ
586		思南	416.3	0.20	0.30	0.35	0.10	0.20	0.25	−1	36	Ⅲ
587		铜仁	279.7	0.20	0.30	0.35	0.20	0.30	0.35	−2	37	Ⅲ
588		黔西	1251.8	—	—	—	0.15	0.20	0.25	−4	32	Ⅲ
589		安顺市	1392.9	0.20	0.30	0.35	0.20	0.30	0.35	−3	30	Ⅲ
590		凯里市	720.3	0.20	0.30	0.35	0.15	0.20	0.25	−3	34	Ⅲ
591		三穗	610.5	—	—	—	0.20	0.30	0.35	−4	34	Ⅲ
592		兴仁	1378.5	0.20	0.30	0.35	0.20	0.35	0.40	−2	30	Ⅲ
593		罗甸	440.3	0.25	0.35	0.35	—	—	—	1	37	—
594		独山	1013.3	—	—	—	0.20	0.30	0.35	−3	32	Ⅲ
595		榕江	285.7	—	—	—	0.10	0.15	0.20	−1	37	Ⅲ
596	(30) 云南	昆明市	1891.4	0.20	0.30	0.35	0.20	0.30	0.35	−1	28	Ⅲ
597		德钦	3485.0	0.25	0.35	0.40	0.60	0.90	1.05	−12	22	Ⅱ
598		贡山	1591.3	0.20	0.30	0.35	0.45	0.75	0.90	−3	30	Ⅱ

续表 12-4

序号	省市名	城市名	海拔高度 (m)	风压 (kN/m²)			雪压 (kN/m²)			基本气温 (℃)		雪荷载准永久值系数分区
				R=10	R=50	R=100	R=10	R=50	R=100	最低	最高	
599		中甸	3276.1	0.20	0.30	0.35	0.50	0.80	0.90	−15	22	II
600		维西	2325.6	0.20	0.30	0.35	0.45	0.65	0.75	−6	28	III
601		昭通市	1949.5	0.25	0.35	0.40	0.15	0.25	0.30	−6	28	III
602		丽江	2393.2	0.25	0.30	0.35	0.20	0.30	0.35	−5	27	III
603		华坪	1244.8	0.30	0.45	0.55	—	—	—	−1	35	—
604		会泽	2109.5	0.25	0.35	0.40	0.25	0.35	0.40	−4	26	III
605		腾冲	1654.6	0.20	0.30	0.35	—	—	—	−3	27	—
606		泸水	1804.9	0.20	0.30	0.35	—	—	—	1	26	—
607		保山市	1653.5	0.20	0.30	0.35	—	—	—	−2	29	—
608		大理市	1990.5	0.45	0.65	0.75	—	—	—	−2	28	—
609		元谋	1120.2	0.25	0.35	0.40	—	—	—	2	35	—
610	(30) 云南	楚雄市	1772.0	0.20	0.35	0.40	—	—	—	−2	29	—
611		曲靖市沾益	1898.7	0.25	0.30	0.35	0.25	0.40	0.45	−1	28	III
612		瑞丽	776.6	0.20	0.30	0.35	—	—	—	3	32	—
613		景东	1162.3	0.20	0.30	0.35	—	—	—	1	32	—
614		玉溪	1636.7	0.20	0.30	0.35	—	—	—	−1	30	—
615		宜良	1532.1	0.25	0.45	0.55	—	—	—	1	28	—
616		泸西	1704.3	0.25	0.30	0.35	—	—	—	−2	29	—
617		孟定	511.4	0.25	0.40	0.45	—	—	—	−5	32	—
618		临沧	1502.4	0.20	0.30	0.35	—	—	—	0	29	—
619		澜沧	1054.8	0.20	0.30	0.35	—	—	—	1	32	—
620		景洪	552.7	0.20	0.40	0.50	—	—	—	7	35	—
621		思茅	1302.1	0.25	0.45	0.50	—	—	—	3	30	—

续表12-4

序号	省市名	城市名	海拔高度 (m)	风压 (kN/m²)			雪压 (kN/m²)			基本气温 (℃)		雪荷载准永久值系数分区
				R=10	R=50	R=100	R=10	R=50	R=100	最低	最高	
622	(30) 云南	元江	400.9	0.25	0.30	0.35	—	—	—	7	37	—
623		勐腊	631.9	0.20	0.30	0.35	—	—	—	7	34	—
624		江城	1119.5	0.20	0.40	0.50	—	—	—	4	30	—
625		蒙自	1300.7	0.25	0.35	0.45	—	—	—	3	31	—
626		屏边	1414.1	0.20	0.40	0.35	—	—	—	2	28	—
627		文山	1271.6	0.20	0.30	0.35	—	—	—	3	31	—
628		广南	1249.6	0.25	0.35	0.40	—	—	—	0	31	—
629	(31) 西藏	拉萨市	3658.0	0.20	0.30	0.35	0.10	0.15	0.20	−13	27	Ⅲ
630		班戈	4700.0	0.35	0.55	0.65	0.20	0.25	0.30	−22	18	Ⅰ
631		安多	4800.0	0.45	0.75	0.90	0.25	0.40	0.45	−28	17	Ⅰ
632		那曲	4507.0	0.30	0.45	0.50	0.30	0.40	0.45	−25	19	Ⅰ
633		日喀则市	3836.0	0.20	0.30	0.35	0.10	0.15	0.15	−17	25	Ⅲ
634		乃东县泽当	3551.7	0.20	0.30	0.35	0.10	0.15	0.15	−12	26	Ⅲ
635		隆子	3860.0	0.30	0.45	0.50	0.20	0.15	0.20	−18	24	Ⅲ
636		索县	4022.8	0.30	0.40	0.50	0.15	0.25	0.30	−23	22	Ⅰ
637		昌都	3306.0	0.20	0.30	0.35	0.15	0.20	0.20	−15	27	Ⅱ
638		林芝	3000.0	0.25	0.35	0.45	0.10	0.15	0.15	−9	25	Ⅲ
639		葛尔	4278.0	—	—	—	0.10	0.15	0.15	−27	25	Ⅰ
640		改则	4414.9	—	—	—	0.20	0.30	0.35	−29	23	Ⅰ
641		普兰	3900.0	—	—	—	0.50	0.70	0.80	−21	25	Ⅰ
642		申扎	4672.0	—	—	—	0.15	0.20	0.20	−22	19	Ⅰ
643		当雄	4200.0	—	—	—	0.30	0.45	0.50	−23	21	Ⅱ
644		尼木	3809.4	—	—	—	0.15	0.20	0.25	−17	26	Ⅲ

续表 12-4

序号	省市名	城市名	海拔高度 (m)	风压 (kN/m²)			雪压 (kN/m²)			基本气温 (℃)		雪荷载准永久值系数分区
				R=10	R=50	R=100	R=10	R=50	R=100	最低	最高	
645	(31) 西藏	聂拉木	3810.0	—	—	—	2.00	3.30	3.75	−13	18	Ⅰ
646		定日	4300.0	—	—	—	0.15	0.25	0.30	−22	23	Ⅱ
647		江孜	4040.0	—	—	—	0.10	0.10	0.15	−19	24	Ⅲ
648		错那	4280.0	—	—	—	0.60	0.90	1.00	−24	16	Ⅲ
649		帕里	4300.0	—	—	—	0.95	1.50	1.75	−23	16	Ⅱ
650		丁青	3873.1	—	—	—	0.25	0.35	0.40	−27	22	Ⅱ
651		波密	2736.0	—	—	—	0.25	0.35	0.40	−9	27	Ⅲ
652		察隅	2327.6	—	—	—	0.35	0.55	0.65	−4	29	Ⅲ
653	(32) 台湾	台北	8.0	0.40	0.70	0.85	—	—	—	—	—	—
654		新竹	8.0	0.50	0.80	0.95	—	—	—	—	—	—
655		宜兰	9.0	1.10	1.85	2.30	—	—	—	—	—	—
656		台中	78.0	0.50	0.80	0.90	—	—	—	—	—	—
657		花莲	14.0	0.40	0.70	0.85	—	—	—	—	—	—
658		嘉义	20.0	0.50	0.80	0.95	—	—	—	—	—	—
659		马公	22.0	0.85	1.30	1.55	—	—	—	—	—	—
660		台东	10.0	0.65	0.90	1.05	—	—	—	—	—	—
661		冈山	10.0	0.55	0.80	0.95	—	—	—	—	—	—
662		恒春	24.0	0.70	1.05	1.20	—	—	—	—	—	—
663		阿里山	2406.0	0.25	0.35	0.40	—	—	—	—	—	—
664		台南	14.0	0.60	0.85	1.00	—	—	—	—	—	—
665	(33) 香港	香港	50.0	0.80	0.90	0.95	—	—	—	—	—	—
666		横澜岛	55.0	0.95	1.25	1.40	—	—	—	—	—	—
667	(34) 澳门	澳门	57.0	0.75	0.85	0.90	—	—	—	—	—	—

12.2 常用符号与代号

12.2.1 法定计量单位符号

（1）国际单位制（SI）的基本单位如表 12-5 所示。

国际单位制（SI）的基本单位　　　　表 12-5

序　号	量	单位名称	单位符号
1	长度	米	m
2	质量	千克（公斤）	kg
3	时间	秒	s
4	电流	安［培］	A
5	热力学温度	开［尔文］	K
6	物质的量	摩［尔］	mol
7	发光强度	坎［德拉］	cd

注：1. 人民生活和贸易中，质量习惯称为重量；
　　2. 单位名称栏中，方括号内的字在不致混淆的情况下可以省略。例："安培"可简称"安"，也作为中文符号使用。圆括号内的字，为前者的同义语。例："千克"也可称为"公斤"。

（2）国际单位制（SI）的辅助单位如表 12-6 所示。

国际单位制（SI）的辅助单位　　　　表 12-6

序　号	量的名称	单位名称	单位符号
1	平面角	弧度	rad
2	立体角	球面度	sr

（3）国际单位制（SI）的导出单位如表 12-7 所示。

国际单位制（SI）的导出单位　　　　表 12-7

序　号	量的名称	单位名称	单位符号	其他表示示例
1	频率	赫［兹］	Hz	s^{-1}
2	力；重力	牛［顿］	N	$kg \cdot m/s^2$
3	压力；压强；应力	帕［斯卡］	Pa	N/m^2
4	能量；功；热量	焦［耳］	J	$N \cdot m$
5	功率；辐射通量	瓦［特］	W	J/s
6	电荷量	库［仑］	C	$A \cdot s$
7	电位；电压；电动势	伏［特］	V	W/A
8	电容	法［拉］	F	C/V
9	电阻	欧［姆］	Ω	V/A

序 号	量的名称	单位名称	单位符号	其他表示示例
10	电导	西［门子］	S	A/V
11	磁通量	韦［伯］	Wb	V·s
12	磁通量密度；磁感应强度	特［斯拉］	T	Wb/m^2
13	电感	亨［利］	H	Wb/A
14	摄氏温度	摄氏度	℃	
15	光通量	流［明］	lm	cd·sr
16	光照度	勒［克斯］	Lx	Lm/m^2
17	放射性活度	贝克［勒尔］	Bq	s^{-1}
18	吸收剂量	戈［瑞］	Gy	J/kg
19	剂量当量	希［沃特］	Sv	J/kg

（4）国家选定的非国际单位制单位如表 12-8 所示。

国家选定的非国际单位制单位　　　　　　　　　　　**表 12-8**

序号	量的名称	单位名称	单位符号	换算关系和说明
1	时间	分	min	1min＝60s
		［小］时	h	1h＝60min＝3600s
		天（日）	d	1d＝24h＝86400s
2	平面角	度	°	$1°＝60'＝(\pi/180)rad$（π 为圆周率）
		［角］分	′	$1'＝60''＝(\pi/10800)rad$
		［角］秒	″	$1''＝(\pi/648000)rad$
3	体积	升	L，(1)	$1L＝1dm^3＝10^{-3}m^3$
4	质量	吨	t	$1t＝10^3kg$
		原子质量单位	u	$1u≈1.660540×10^{-27}kg$
5	旋转速度	转每分	r/min	$1r/min＝(1/60)s^{-1}$
6	长度	海里	n mile	1n mile＝1852m（只用于航行）
7	速度	节	kn	1kn＝1n mile/h＝(1852/3600)m/s（只用于航行）
8	能	电子伏	eV	$1eV≈1.602177×10^{-19}J$
9	级差	分贝	dB	
10	线密度	特［克斯］	tex	1tex＝10kg/m
11	面积	公顷	hm^2	$1hm^2＝10^4m^2$

注：1. 平面角单位度、分、秒的符号，在组合单位中应采用（°）、（′）、（″）的形式。例如：不用°/s 而用（°）/s；

2. 升的符号中，小写字母 1 为备用符号；

3. 公顷的国际通用符号为 ha；

4. r 为"转"的符号。

（5）构成十进倍数和分数单位的词头如表 12-9 所示。

构成十进倍数和分数单位的词头　　　　　　　　表 12-9

序号	所表示的因数	词头名称	词头符号	序号	所表示的因数	词头名称	词头符号
1	10^{18}	艾[可萨](exa)	E	9	10^{-1}	分(deci)	d
2	10^{15}	拍[它](peta)	P	10	10^{-2}	厘(centi)	c
3	10^{12}	太[拉](tera)	T	11	10^{-3}	毫(milli)	m
4	10^{9}	吉[咖](giga)	G	12	10^{-6}	微(micro)	μ
5	10^{6}	兆(mega)	M	13	10^{-9}	纳[诺](nano)	n
6	10^{3}	千(kilo)	k	14	10^{-12}	皮[可](pico)	p
7	10^{2}	百(hecto)	h	15	10^{-15}	飞[母托](femto)	f
8	10^{1}	十(deca)	da	16	10^{-18}	阿[托](atto)	a

注：10^4 称为万，10^8 称为亿，10^{12} 称为万亿。这类数词的使用不受词头名称的影响，但不应与词头混淆。

12.2.2　化学元素符号

化学元素符号如表 12-10 所示。

化学元素符号　　　　　　　　表 12-10

名称	符号	名称	符号	名称	符号	名称	符号	名称	符号	名称	符号	名称	符号
氢	H	氯	Cl	砷	As	铟	In	铽	Tb	铊	Tl	锫	Bk
氦	He	氩	Ar	硒	Se	锡	Sn	镝	Dy	铅	Pb	锎	Cf
锂	Li	钾	K	溴	Br	锑	Sb	钬	Ho	铋	Bi	锿	Es
铍	Be	钙	Ca	氪	Kr	碲	Te	铒	Er	钋	Po	镄	Fm
硼	B	钪	Sc	铷	Rb	碘	I	铥	Tm	砹	At	钔	Md
碳	C	钛	Ti	锶	Sr	氙	Xe	镱	Yb	氡	Rn	锘	No
氮	N	钒	V	钇	Y	铯	Cs	镥	Lu	钫	Fr	铹	Lr
氧	O	铬	Cr	锆	Zr	钡	Ba	铪	Hf	镭	Ra	铲	Rf
氟	F	锰	Mn	铌	Nb	镧	La	钽	Ta	锕	Ac	𨧀	Db
氖	Ne	铁	Fe	钼	Mo	铈	Ce	钨	W	钍	Th	𨭆	Sg
钠	Na	钴	Co	锝	Tc	镨	Pr	铼	Re	镤	Pa	𨨏	Bh
镁	Mg	镍	Ni	钌	Ru	钕	Nd	锇	Os	铀	U	𨭎	Hs
铝	Al	铜	Cu	铑	Rh	钷	Pm	铱	Ir	镎	Np	鿏	Mt
硅	Si	锌	Zn	钯	Pd	钐	Sm	铂	Pt	钚	Pu	𫟼	Ds
磷	P	镓	Ga	银	Ag	铕	Eu	金	Au	镅	Am	轮	Rg
硫	S	锗	Ge	镉	Cd	钆	Gd	汞	Hg	锔	Cm		

12.2.3　常用构件代号

常用构件代号如表 12-11 所示。

序号	地 名	海拔 (m)	大气压力 hPa（mbar）		室外计算相对湿度（%）		室外风速 (m/s)		年平均温度 (℃)	日平均温度 ≤+5℃的起止日期 （月、日）	极端最低温度 (℃)	极端最高温度 (℃)	最大冻结深度 (cm)
			冬季	夏季	最冷年月平均	最热年月平均	冬季平均	夏季平均					
61	武汉	23.3	1023.3	1001.7	76	79	2.7	2.6	16.3	12.16~2.20	−18.1	39.4	10
62	黄石	19.6	1023	1002	77	78	2.1	2.2	17.0	12.25~2.8	−11.0	40.3	6
63	岳阳	51.6	1015.7	998.2	77	75	2.8	3.1	17.0	12.25~2.9	−11.8	39.3	—
64	长沙	44.9	1019.9	999.4	81	75	2.8	2.6	17.2	12.26~2.8	−11.3	40.6	5
65	株洲	73.6	1015.7	995.7	79	72	2.1	2.3	17.5	12.31~1.30	−8.0	40.5	—
66	衡阳	103.2	1012.4	992.8	80	71	1.7	2.3	17.0		−7.9	40.8	—
67	韶关	69.3	1013.8	997.1	72	75	1.8	1.5	20.3	—	−4.3	42.0	—
68	汕头	1.2	1019.8	1005.5	79	84	2.9	2.5	21.3	—	0.4	37.9	—
69	广州	6.6	1019.5	1004.5	70	83	2.4	2.8	21.8	—	0.0	38.7	—
70	湛江	25.3	1015.3	1001.1	79	81	3.5	2.9	23.1	—	2.8	38.1	—
71	海口	14.1	1016	1002.4	85	83	3.4	2.8	23.8	—	2.8	38.1	—
72	桂林	161.8	1002.9	986.1	71	78	3.2	1.5	18.8	—	−4.9	39.4	—
73	柳州	96.9	1009.9	993.3	75	78	1.7	1.4	20.4	—	−3.8	30.2	—
74	南宁	72.2	1011.4	996	75	82	1.8	1.6	21.6	—	−2.1	40.4	—
75	北海	14.6	1017.1	1002.4	77	83	3.6	2.8	22.6	—	2.0	37.1	—
76	广元	487.0	965.3	949.2	60	76	1.7	1.4	16.1	12.30~1.27	−8.2	38.9	—
77	万县	186.7	1000.9	982.1	83	80	0.6	0.6	18.1	—	−3.7	42.1	—
78	成都	505.9	963.2	947.7	80	85	0.9	1.1	16.2	—	−5.9	37.3	—
79	重庆	259.1	991.2	973.2	82	75	1.2	1.4	18.3	—	−1.8	42.2	—
80	宜宾	340.8	982	964.9	82	82	0.8	1.3	18.0	—	−3.0	39.5	—
81	西昌	1590.7	838.2	834.8	51	75	1.7	1.2	17.0	—	−3.8	36.5	—
82	遵义	843.9	923.5	911.5	82	77	1	1.1	15.2	12.25~2.9	−7.1	38.7	—
83	贵阳	1071.2	897.5	887.9	78	77	2.2	2	15.3	12.26~2.5	−7.8	37.5	—
84	安顺	1392.9	862.5	855.6	82	82	2.4	2.2	14.0	12.25~2.10	−7.6	34.3	—
85	丽江	2393.2	762.6	761.1	45	81	3.9	2.2	12.6	—	−7.5	32.3	—
86	昆明	1891.4	811.5	808	68	83	2.5	1.8	14.7	—	−5.4	31.5	—
87	思茅	1302.1	871.4	865	80	86	1	0.9	17.7	—	−3.4	35.7	—
88	昌都	3306.0	679.4	681.4	37	64	1	1.4	7.5	10.31~3.25	−19.3	33.4	81
89	拉萨	3658.0	650	652.3	28	54	2.2	1.8	7.5	10.29~3.26	−16.5	29.4	26

序号	地 名	海拔（m）	大气压力 hPa（mbar）		室外计算相对湿度（%）		室外风速（m/s）		年平均温度（℃）	日平均温度≤+5℃的起止日期（月、日）（℃）	极端最低温度（℃）	极端最高温度（℃）	最大冻结深度（cm）
			冬季	夏季	最冷年月平均	最热年月平均	冬季平均	夏季平均					
90	日喀则	3836.0	651	638.3	27	53	1.9	1.5	6.3	10.21~3.29	−25.1	28.2	67
91	榆林	1057.5	902	889.6	58	62	1.8	2.5	8.1	11.2~3.26	−32.7	38.6	148
92	延安	957.6	913.3	900.2	54	72	2.1	1.6	9.4	11.4~3.16	−25.4	39.7	79
93	西安	396.9	978.7	959.2	67	72	1.8	2.2	13.3	11.21~3.1	−20.6	41.7	45
94	汉中	508.4	964.1	947.4	77	81	0.9	1.1	14.3	11.29~2.19	−10.1	38.0	—
95	敦煌	1138.7	893.3	879.6	50	43	2.1	2.2	9.3	10.27~3.15	−28.5	43.6	144
96	酒泉	1477.2	856	847	55	52	2.1	2.3	7.3	10.25~3.27	−31.6	38.4	132
97	兰州	1517.2	851.4	843.1	58	61	0.5	1.3	9.1	11.1~3.15	−21.7	39.1	103
98	天水	1131.7	892	880.7	62	72	1.3	1.2	10.7	11.14~3.10	−19.2	37.2	61
99	西宁	2261.2	775.1	773.5	48	65	1.7	1.9	5.7	10.20~4.2	−26.6	33.5	134
100	格尔木	2807.7	723.5	724	41	36	1.7	1.9	4.2	10.9~4.15	−33.6	33.1	88
101	玛多	4272.3	603.3	610.8	56	68	3	3.6	−4.1	9.2~6.14	−48.1	22.9	—
102	玉树	3681.2	647	651	43	69	1.2	0.9	2.9	10.10~4.21	−26.1	28.7	103
103	银川	1111.5	895.7	883.5	58	64	1.7	1.7	8.5	10.30~3.27	−30.6	39.3	103
104	固原	1753.2	826.5	821.1	52	71	2.8	2.7	6.2	10.21~3.31	−28.1	34.6	114
105	阿勒泰	735.3	941.9	925.2	71	47	1.4	3.1	4.0	10.17~4.10	−43.5	37.6	146
106	克拉玛依	427.0	980.6	958.9	77	32	1.5	5.1	8.0	10.28~3.25	−35.9	42.9	197
107	伊宁	662.5	947.1	983.5	78	58	1.7	2.5	8.4	10.31~3.22	−40.4	37.9	62
108	乌鲁木齐	917.9	919.9	906.7	80	44	1.7	3.1	5.7	10.24~3.29	−41.5	40.5	133
109	吐鲁番	34.5	1028.4	997.7	59	31	1	2.3	13.9	11.6~3.6	−23.0	47.6	83
110	台北	9.0	1019.7	1005.3	82	77	3.7	2.8	22.1	—	−2.0	33.0	—
111	香港	32.0	1019.5	1005.6	71	81	6.5	5.3	22.8	—	0.0	36.1	—

12.3.4 建筑气候区划

建筑气候的区划系统分为一级区和二级区两级：一级区划分为 7 个区，二级区划分为 20 个区。一级区划以 1 月平均气温、7 月平均气温、7 月平均相对湿度为主要指标；以年降水量、年日平均气温低于或等于 5℃的日数和年日平均气温高于或等于 25℃的日数为辅助指标；各一级区区划指标应符合表 12-15。在各一级区内，分别选取能反映该区建筑气候差异的气候参数或特征作为二级区区划指标，各二级区区划指标应符合表12-16。

一级区区划指标

表 12-15

区名	主要指标	辅助指标	各区辖行政区范围
Ⅰ	1 月平均气温≤−10℃ 7 月平均气温≤25℃ 7 月平均相对湿度≥50％	年降水量 200～800mm 年日平均气温≤5℃的日数 ≥145d	黑龙江、吉林全境；辽宁大部；内蒙古中、北部及陕西、山西、河北、北京北部的部分地区
Ⅱ	1 月平均气温−10～0℃ 7 月平均气温 18～28℃	年日平均气温≥25℃的日数 <80d 年日平均气温≤5℃的日数 145～90d	天津、山东、宁夏全境；北京、河北、山西、陕西大部；辽宁南部；甘肃中东部以及河南、安徽、江苏北部的部分地区
Ⅲ	1 月平均气温 0～10℃ 7 月平均气温 25～30℃	年日平均气温≥25℃的日数 40～110d 年日平均气温≤5℃的日数 0～90d	上海、浙江、江西、湖北、湖南全境；江苏、安徽、四川大部；陕西、河南南部；贵州东部；福建、广东、广西北部和甘肃南部的部分地区
Ⅳ	1 月平均气温>10℃ 7 月平均气温 25～29℃	年日平均气温≥25℃的日数 100～200d	海南、台湾全境；福建南部；广东、广西大部以及云南西南部和元江河谷地区
Ⅴ	7 月平均气温 18～25℃ 1 月平均气温 0～13℃	年日平均气温≤5℃的日数 0～90d	云南大部；贵州、四川西南部；西藏南部一小部分地区
Ⅵ	7 月平均气温<18℃ 1 月平均气温 0～−22℃	年日平均气温≤5℃的日数 90～285d	青海全境；西藏大部；四川西部；甘肃西南部；新疆南部部分地区
Ⅶ	7 月平均气温≥18℃ 1 月平均气温−5～−20℃ 7 月平均相对湿度<50％	年降水量 10～60mm 年日平均气温≥25℃的日数 <120d 年日平均气温≤5℃的日数 110～180d	新疆大部；甘肃北部；内蒙古西部

注：本表摘自《建筑气候区划标准》（GB 50178—93）。

二级区区划指标

表 12-16

区名	指标		区名	指标		
	1 月平均气温	冻土性质	ⅣA	最大风速 ≥25m/s		
ⅠA	≤−28℃	永冻土	ⅣB	<25m/s		
ⅠB	−28～−22℃	岛状冻土		1 月平均气温		
ⅠC	−22～−16℃	季节冻土	ⅤA	≤5℃		
ⅠD	−16～−10℃	季节冻土	ⅤB	>5℃		
	7 月平均气温	7 月平均气温日较差		7 月平均气温	1 月平均气温	
ⅡA	>25℃	<10℃	ⅥA	≥10℃	≤−10℃	
ⅡB	<25℃	≥10℃	ⅥB	<10℃	≤−10℃	
			ⅥC	≥10℃	>−10℃	
	最大风速	7 月平均气温		1 月平均气温	7 月平均气温	年降水量
ⅢA	>25m/s	26～29℃	ⅦA	≤−10℃	≥25℃	<200mm
ⅢB	<25m/s	≥28℃	ⅦB	≤−10℃	<25℃	200～600mm
ⅢC	<25m/s	<28℃	ⅦC	≤−10℃	<25℃	50～200mm
			ⅦD	>−10℃	≥25℃	10～200mm

注：本表摘自《建筑气候区划标准》（GB 50178—93）。

12.3.5 全国主要城镇区属号、降水、风力、雷暴日数

全国主要城镇区属号、降水、风力、雷暴日数如表 12-17 所示。

全国主要城镇区属号、降水、风力、雷暴日数　　　　　　　　表 12-17

序号	区属号	地 名	降 水 (mm)		大风(风力)≥8 级			雷暴日数
			年降水量	日最大降水量	全年	最多	最少	
1	ⅠA.1	漠河	419.2	115.2	10.3	35	2	35.2
2	ⅠB.1	加格达奇	481.9	74.8	8.5	18	3	28.7
3	ⅠB.2	克山	503.7	177.9	22.2	44	6	29.5
4	ⅠB.3	黑河	525.9	107.1	20.3	45	3	31.5
5	ⅠB.4	嫩江	485.1	105.5	21.8	56	0	31.3
6	ⅠB.5	铁力	648.7	109.0	12.3	31	0	36.3
7	ⅠB.6	格尔古纳右旗	363.8	71.0	19.5	40	6	28.7
8	ⅠB.7	满洲里	304.0	75.7	40.9	98	8	28.3
9	ⅠB.8	海拉尔	351.3	63.4	21.5	43	6	29.7
10	ⅠB.9	博克图	481.5	127.5	40.0	71	0	33.7
11	ⅠB.10	东乌珠穆沁旗	253.1	63.4	58.8	119	36	32.4
12	ⅠC.1	齐齐哈尔	423.5	83.2	21.3	38	6	28.1
13	ⅠC.2	鹤岗	615.2	79.2	31.0	115	9	27.3
14	ⅠC.3	哈尔滨	535.8	104.8	37.6	76	10	31.7
15	ⅠC.4	虎林	570.3	98.8	26.0	58	10	26.4
16	ⅠC.5	鸡西	541.7	121.8	31.5	62	5	29.9
17	ⅠC.6	绥芬河	556.7	121.1	37.4	75	5	27.1
18	ⅠC.7	长春	592.7	130.4	45.9	82	5	35.9
19	ⅠC.8	桦甸	744.8	72.6	12.3	41	2	40.4
20	ⅠC.9	图们	493.9	138.2	30.2	47	7	25.4
21	ⅠC.10	天池	1352.6	164.8	269.4	304	225	28.4
22	ⅠC.11	通化	878.1	129.1	11.5	32	1	35.9
23	ⅠC.12	乌兰浩特	417.8	102.1	25.1	77	0	29.8
24	ⅠC.13	锡林浩特	287.2	89.5	59.2	101	23	31.4
25	ⅠC.14	多伦	386.9	109.9	69.2	143	26	45.5
26	ⅠD.1	四平	656.8	154.1	33.4	60	11	33.5
27	ⅠD.2	沈阳	727.5	215.5	42.7	100	2	26.4
28	ⅠD.3	朝阳	472.1	232.2	12.5	35	1	33.8
29	ⅠD.4	林西	383.3	140.7	44.4	86	3	40.3
30	ⅠD.5	赤峰	359.2	108.0	29.6	90	9	32.0

序号	区属号	地　名	降　水　（mm）		大风（风力）≥8 级			雷暴日数
			年降水量	日最大降水量	全年	最多	最少	
31	ⅠD.6	呼和浩特	418.8	210.1	33.3	69	15	36.8
32	ⅠD.7	达尔罕茂明安联合旗	258.8	90.8	67.0	130	23	33.9
33	ⅠD.8	张家口	411.8	100.4	42.9	80	24	39.2
34	ⅠD.9	大同	380.5	67.0	41.0	65	11	41.4
35	ⅠD.10	榆林	410.1	141.7	13.7	27	4	29.6
36	ⅡA.1	营口	673.7	240.5	33.3	95	10	27.9
37	ⅡA.2	丹东	1028.4	414.4	14.8	53	0	26.9
38	ⅡA.3	大连	648.4	166.4	76.8	167	5	19.0
39	ⅡA.4	北京市	627.6	244.2	25.7	64	5	35.7
40	ⅡA.5	天津市	562.1	158.1	35.7	60	6	27.5
41	ⅡA.6	承德	544.6	151.4	19.4	58	5	43.5
42	ⅡA.7	乐亭	602.5	234.7	20.0	53	3	32.1
43	ⅡA.8	沧州	617.8	274.3	28.7	69	6	29.4
44	ⅡA.9	石家庄	538.2	200.2	16.8	41	4	30.8
45	ⅡA.10	南宫	498.5	148.8	12.8	40	2	28.6
46	ⅡA.11	邯郸	580.3	518.5	11.7	26	1	27.3
47	ⅡA.12	威海	776.9	370.8	50.3	96	26	21.2
48	ⅡA.13	济南	671.0	298.4	40.7	79	19	25.3
49	ⅡA.14	沂源	721.8	222.9	16.6	48	4	36.5
50	ⅡA.15	青岛	749.0	269.6	67.6	113	40	22.4
51	ⅡA.16	枣庄	882.9	224.1				31.5
52	ⅡA.17	濮阳	609.6	276.9				26.6
53	ⅡA.18	郑州	655.0	189.4	22.6	42	2	22.0
54	ⅡA.19	卢氏	656.6	95.3	2.3	15	0	34.0
55	ⅡA.20	宿州	877.0	216.9	9.1	36	0	32.8
56	ⅡA.21	西安	591.1	92.3	7.2	18	1	16.7
57	ⅡB.1	蔚县	412.8	88.9	18.8	50	3	45.1
58	ⅡB.2	太原	456.0	183.5	32.3	54	12	35.7
59	ⅡB.3	离石	493.5	103.4	8.5	14	2	34.3
60	ⅡB.4	晋城	626.1	176.4	22.9	100	3	27.7
61	ⅡB.5	临汾	511.1	104.4	7.3	12	1	31.1
62	ⅡB.6	延安	538.4	139.9	1.2	5	0	30.5
63	ⅡB.7	铜川	610.5	113.6	6.2	15	0	29.4

序号	区属号	地 名	降 水（mm）		大风（风力）≥8 级			雷暴日数
			年降水量	日最大降水量	全年	最多	最少	
64	ⅡB.8	白银	200.2	82.2	54.3	113	11	24.6
65	ⅡB.9	兰州	322.9	96.8	7.1	18	0	23.2
66	ⅡB.10	天水	537.5	88.1	3.8	15	0	16.2
67	ⅡB.11	银川	197.0	66.8	24.7	56	11	19.1
68	ⅡB.12	中宁	221.4	77.8	18.0	49	1	16.8
69	ⅡB.13	固原	476.4	75.9	21.4	47	10	30.9
70	ⅢA.1	盐城	1008.5	167.9	12.8	43	1	32.5
71	ⅢA.2	上海市	1132.3	204.4	15.0	35	1	29.4
72	ⅢA.3	舟山	1320.6	212.5	27.6	61	10	28.7
73	ⅢA.4	温州	1707.2	252.5	6.2	13	0	51.3
74	ⅢA.5	宁德	2001.7	206.8	5.1	21	0	54.0
75	ⅢB.1	泰州	1053.1	212.1	19.8	56	1	36.0
76	ⅢB.2	南京	1034.1	179.3	11.2	24	5	33.6
77	ⅢB.3	蚌埠	903.2	154.0	11.8	26	3	30.4
78	ⅢB.4	合肥	989.5	238.4	10.2	44	2	29.6
79	ⅢB.5	铜陵	1390.7	204.4	11.4	37	0	40.0
80	ⅢB.6	杭州	1409.8	189.3	6.9	18	0	39.1
81	ⅢB.7	丽水	1402.6	143.7	3.4	10	0	60.5
82	ⅢB.8	邵武	1788.1	187.7	1.2	4	0	72.9
83	ⅢB.9	三明	1610.7	116.2	8.0	15	3	67.4
84	ⅢB.10	长汀	1729.1	180.7	2.5	8	0	82.6
85	ⅢB.11	景德镇	1763.2	228.5	2.9	6	0	58.0
86	ⅢB.12	南昌	1589.2	289.0	19.9	38	5	58.0
87	ⅢB.13	上饶	1720.6	162.8	6.2	15	1	65.0
88	ⅢB.14	吉安	1496.0	198.8	5.2	20	0	69.9
89	ⅢB.15	宁冈	1507.0	271.6	2.4	13	0	78.2
90	ⅢB.16	广昌	1732.2	327.4	2.8	13	0	70.5
91	ⅢB.17	赣州	1466.5	200.8	3.8	16	0	67.4
92	ⅢB.18	沙市	1109.5	174.3	6.5	19	0	38.4
93	ⅢB.19	武汉	1230.6	317.4	7.6	16	2	36.9
94	ⅢB.20	大庸	1357.9	185.9	3.1	12	0	48.2
95	ⅢB.21	长沙	1394.5	192.5	6.6	14	0	49.5
96	ⅢB.22	涟源	1358.5	147.5	3.9	17	0	54.8

序号	区属号	地 名	降 水（mm）		大风（风力）≥8级			雷暴日数
			年降水量	日最大降水量	全年	最多	最少	
97	ⅢB. 23	永州	1419.6	194.8	16.4	42	2	65.3
98	ⅢB. 24	韶关	1552.1	208.8	2.4	11	0	77.9
99	ⅢB. 25	桂林	1894.4	255.9	14.5	26	6	77.6
100	ⅢB. 26	涪陵	1071.8	113.1	3.5	10	0	45.6
101	ⅢB. 27	重庆	1082.9	192.9	3.4	8	0	36.5
102	ⅢC. 1	驻马店	1004.4	420.4	5.6	20	1	27.6
103	ⅢC. 2	固始	1075.1	206.9	5.4	43	0	35.3
104	ⅢC. 3	平顶山	757.3	234.4	18.6			21.1
105	ⅢC. 4	老河口	841.3	178.7	4.0	14	0	26.0
106	ⅢC. 5	随州	965.3	214.6	4.1	12	1	35.1
107	ⅢC. 6	远安	1098.4	226.1	5.6	14	1	46.5
108	ⅢC. 7	恩施	1461.2	227.5	0.5	3	0	49.3
109	ⅢC. 8	汉中	905.4	117.8	1.7	8	0	31.0
110	ⅢC. 9	略阳	853.2	160.9	13	73	1	21.8
111	ⅢC. 10	山阳	731.6	95.5	2.9	13	0	29.4
112	ⅢC. 11	安康	818.7	161.9	5.4	18	0	31.7
113	ⅢC. 12	平武	859.6	151.0	0.9	5	0	30.0
114	ⅢC. 13	仪陇	1139.1	172.2	16.2	41	3	36.4
115	ⅢC. 14	达县	1201.3	194.1	4.4	14	0	37.1
116	ⅢC. 15	成都	1375.6	194.9	3.2	9	0	34.6
117	ⅢC. 16	内江	1058.6	244.8	6.5	22	0	40.6
118	ⅢC. 17	酉阳	1375.6	194.9	1.6	6	0	52.7
119	ⅢC. 18	桐梓	1054.8	173.3	3.6	14	0	49.9
120	ⅢC. 19	凯里	1225.4	156.5	4.7	23	3	59.4
121	ⅣA. 1	福州	1339.7	167.6	12.6	23	3	56.5
122	ⅣA. 2	泉州	1228.1	296.1	48.5	122	5	38.4
123	ⅣA. 3	汕头	1560.1	297.4	11.1	23	5	51.7
124	ⅣA. 4	广州	1705.0	248.9	5.5	17	0	80.3
125	ⅣA. 5	茂明	1738.2	296.2	15.2			94.4
126	ⅣA. 6	北海	1677.2	509.2	11.5	25	3	81.8
127	ⅣA. 7	海口	1681.7	283.0	13.9	28	1	112.7
128	ⅣA. 8	儋州市	1808.0	403.1	4.1	20	0	120.8
129	ⅣA. 9	琼中	2452.3	273.5	1.9	6	0	115.5

序号	区属号	地 名	降 水 (mm)		大风 (风力)≥8 级			雷暴日数
			年降水量	日最大降水量	全年	最多	最少	
130	ⅣA.10	三亚	1239.1	287.5	7.0	18	0	69.9
131	ⅣA.11	台北	1869.9	400.0				27.9
132	ⅣA.12	香港	2224.7	382.6				34.0
133	ⅣB.1	漳州	1543.3	215.9	1.9	6	0	60.5
134	ⅣB.2	梅州	1472.9	224.4	1.5	7	0	79.6
135	ⅣB.3	梧州	1517.0	334.5	9.5	25	0	92.3
136	ⅣB.4	河池	1489.2	209.6	4.9	18	0	64.0
137	ⅣB.5	百色	1104.6	169.8	2.7	8	0	76.8
138	ⅣB6	南宁	1307.0	198.6	3.5	10	0	90.3
139	ⅣB.7	凭祥	1424.8	206.5	0.7	3	0	82.7
140	ⅣB.8	元江	789.4	100.4	26.2	66	1	78.8
141	ⅣB.9	景洪	1196.9	151.8	3.4	11	0	119.2
142	ⅤA.1	毕节	952.0	115.8	2.3	10	0	61.3
143	ⅤA.2	贵阳	1127.1	133.9	10.2	45	0	51.6
144	ⅤA.3	察隅	773.9	90.8	1.1	6	0	14.4
145	ⅤB.1	西昌	1002.6	135.7	9.0	35	0	72.9
146	ⅤB.2	攀枝花	767.3	106.3	18.1	66	2	68.1
147	ⅤB.3	丽江	933.9	105.2	17.0	51	0	75.8
148	ⅤB.4	大理	1060.1	136.8	58.7	110	16	62.4
149	ⅤB.5	腾冲	1482.4	93.2	2.0	9	0	79.8
150	ⅤB.6	昆明	1003.8	153.3	11.0	40	0	66.3
151	ⅤB.7	临沧	1205.5	97.4	10.9	43	0	86.9
152	ⅤB8	个旧	1104.5	118.4	1.1	7	0	51.0
153	ⅤB.9	思茅	1546.2	149.0	5.0	15	0	102.7
154	ⅤB.10	盘县	1399.9	148.8	54.4	98	6	80.1
155	ⅤB.11	兴义	1545.1	163.1	14.9	38	2	77.4
156	ⅤB.12	独山	1343.8	160.3	2.9	10	0	58.2
157	ⅥA.1	冷湖	16.9	22.7	47.2	116	7	2.5
158	ⅥA.2	茫崖	48.4	15.3	113.3	163	57	5.0
159	ⅥA.3	德令哈	173.6	84.0	38.0	65	19	19.3
160	ⅥA.4	刚察	375.0	40.5	47.2	78	18	60.4
161	ⅥA.5	西宁	367.0	62.2	27.3	55	2	31.4
162	ⅥA.6	格尔木	39.6	32.0	22.9	46	7	2.8

序号	区属号	地 名	降 水（mm）		大风（风力）≥8级			雷暴日数
			年降水量	日最大降水量	全年	最多	最少	
163	ⅥA. 7	都兰	178.7	31.4	28.2	107	3	8.8
164	ⅥA. 8	同德	437.9	47.5	36.6	56	20	56.9
165	ⅥA. 9	夏河	557.9	64.4	19.9	53	4	63.8
166	ⅥA. 10	若尔盖	663.6	65.3	39.2	77	15	64.2
167	ⅥB. 1	取麻菜	399.2	28.5	120.4	172	68	65.7
168	ⅥB. 2	杂多	524.8	37.9	66.0	126	2	74.4
169	ⅥB. 3	玛多	322.7	54.2	63.1	110	12	44.9
170	ⅥB. 4	噶尔	71.8	24.6	134.8	231	48	19.1
171	ⅥB. 5	改则	189.6	26.4	164.5	219	129	43.5
172	ⅥB. 6	那曲	410.1	33.3	100.6	211	17	83.6
173	ⅥB. 7	申扎	294.3	25.4	111.3	179	27	68.8
174	ⅥC. 1	马尔康	766.0	53.5	35.0	78	7	68.8
175	ⅥC. 2	甘孜	640.0	38.1	102.6	163	34	80.1
176	ⅥC. 3	巴塘	467.6	42.3	25.6	68	0	72.3
177	ⅥC. 4	康定	802.0	48.0	167.4	257	31	52.1
178	ⅥC. 5	斑玛	667.3	49.6	56.6	96	21	73.4
179	ⅥC. 6	昌都	466.5	55.3	50.5	67	15	55.6
180	ⅥC. 7	波密	879.5	80.0	3.6	23	0	10.2
181	ⅥC. 8	拉萨	431.3	41.6	36.6	65	2	72.6
182	ⅥC. 9	定日	289.0	47.8	80.2	117	51	43.4
183	ⅥC. 10	德钦	661.3	74.7	61.7	135	5	24.7
184	ⅦA. 1	克拉玛依	103.6	26.7	76.5	110	59	30.6
185	ⅦA. 2	博乐阿拉山口	100.1	20.6	164.3	188	137	27.8
186	ⅦB. 1	阿勒泰	180.2	40.5	30.5	85	5	21.4
187	ⅦB. 2	塔城	284.0	56.9	39.9	88	6	27.7
188	ⅦB 3	富蕴	159.0	37.3	23.5	55	7	14.0
189	ⅦB. 4	伊宁	255.7	41.6	14.7	34	0	26.1
190	ⅦB. 5	乌鲁木齐	275.6	57.7	21.7	59	5	8.9
191	ⅦC. 1	额济纳旗	35.5	27.3	43.8	78	19	7.8
192	ⅦC. 2	二连浩特	140.4	61.6	72.2	125	44	23.3
193	ⅦC. 3	杭锦后旗	138.2	77.6	25.1	47	10	23.9
194	ⅦC. 4	安西	47.4	30.7	64.8	105	12	7.5
195	ⅦC. 5	张掖	128.6	46.7	14.7	40	3	10.1

序号	区属号	地 名	降 水（mm）		大风（风力）≥8级			雷暴日数
			年降水量	日最大降水量	全年	最多	最少	
196	ⅦD.1	吐鲁番	15.8	36.0	25.9	68	0	9.7
197	ⅦD.2	哈密	34.8	25.5	21.0	49	2	6.8
198	ⅦD.3	库车	64.0	56.3	19.6	41	2	28.7
199	ⅦD.4	库尔勒	51.3	27.6	30.9	57	15	21.4
200	ⅦD.5	阿克苏	62.0	48.6	13.4	45	2	32.7
201	ⅦD.6	喀什	62.2	32.7	21.8	36	11	19.5
202	ⅦD.7	且末	20.5	42.9	14.5	37	0	6.2
203	ⅦD.8	和田	32.6	26.6	6.8	17	0	3.1

12.4 地 震

12.4.1 地震震级

（1）地震和刮风、下雨一样是一种自然现象，是由地球内部引起的地表震动。地震的类型可分为三类：构造地震、火山地震、塌陷地震。构造地震，是由于地下深处岩层错动、断裂所造成，这类地震发生的次数最多，约占全世界地震的 95% 以上；火山地震，是由于火山作用，如岩浆活动、气体爆炸等引起，只有在火山活动地区才有可能发生，这类地震只占全世界地震的 7% 左右；塌陷地震，是由于地下岩洞或矿井顶部塌陷而引起，这类地震只在小范围发生，次数很少，往往发生在溶洞密布的石灰岩地区或大规模地下开采的矿区。

构造地震是造成灾害的主要地震，也是高层建筑及其他工程抗震设计需要考虑的地震。

（2）一次地震只有一个震级，地震震级是表示地震本身强度大小的等级，它是衡量地震震源释放出总能量大小的一种量度。震级与放出总能量的大小近似地如下列公式关系：

$$\lg E = 11.8 + 1.5M \tag{12-6}$$

式中　E——能量（erg），$1erg = 10^{-7}J$；

　　　M——地震震级。

12.4.2 地震烈度

地震烈度就是受震地区地面及房屋建筑遭受地震破坏的程度。烈度的大小不仅取决于每次地震时本身发出的能量大小，同时还受到震源深度、受灾区距震中的距离、震波传播的介质性质和受震区的表土性质及其他地质条件等的影响。

在一般震源深度（约 15～20km）情况下，震级与震中烈度的大致关系如表 12-18 所示。

震级与震中烈度大致对应关系　　　　　　　　表 12-18

震级 M（级）	2	3	4	5	6	7	8	8以上
震中烈度 I（度）	1～2	3	4～5	6～7	7～8	9～10	11	12

　　烈度是根据人的感觉、家具和物品的振动情况、房屋和构筑物遭受破坏情况等定性的描绘。目前我国使用的是十二度烈度表，对于房屋和结构物在各种烈度下的破坏情况如表12-19 所示。

中国地震烈度表（1980）

表 12-19

烈度	人的感觉	一般房屋		其他现象	参考物理指标	
		大多数房屋震害程度	平均危害指数		加速度（mm/s²）（水平向）	速度（mm/s）（水平向）
1	无感					
2	室内个别静止中的人感觉					
3	室内少数静止中的人感觉	门、窗轻微作响		悬挂物微动		
4	室内多数人感觉；室外少数人感觉；少数人梦中惊醒	门、窗作响		悬挂物明显摆动，器皿作响		
5	室内普遍感觉；室外多数人感觉；多数人梦中惊醒	门窗、屋顶、屋架颤动作响，灰土掉落，抹灰出现微细裂缝		不稳定器物翻倒	310（220～440）	30（20～40）
6	慌失措，仓皇逃出	损坏。个别砖瓦掉落、墙体微细裂缝	0～0.1	河岸和松软土上出现裂缝。饱和砂层出现喷砂冒水。地面上有的砖烟囱轻度裂缝、掉头	630（450～890）	60（50～90）
7	大多数人仓皇逃出	轻度破坏。局部破坏、开裂，但不妨碍使用	0.11～0.30	河岸出现坍方。饱和砂层常见喷砂冒水。松软土上地裂缝较多，大多数砖烟囱中等破坏	1250（900～1770）	130（100～180）
8	摇晃颠簸，行走困难	中等破坏。结构受损，需要修理	0.31～0.50	干硬土上亦有裂缝。大多数砖烟囱严重破坏	2500（1780～3530）	250（190～350）
9	坐立不稳；行动的人可能摔跤	严重破坏。墙体龟裂，局部倒塌；复修困难	0.51～0.70	干硬土上有许多地方出现裂缝，基岩上可能出现裂缝。滑坡、坍方常见。砖烟囱出现倒塌	5000（3540～7070）	500（360～710）
10	骑自行车的人会摔倒；处于不稳状态的人会摔出几尺远；有抛起感	倒塌。大部倒塌，不堪修复	0.71～0.90	山崩和地震断裂出现，基岩上的拱桥破坏。大多数砖烟囱从根部破坏或倒毁	10000（7080～14140）	1000（720～1410）

烈度	人的感觉	一般房屋		其他现象	参考物理指标	
		大多数房屋震害程度	平均危害指数		加速度（mm/s²）（水平向）	速度（mm/s）（水平向）
11		毁灭	0.91～1.00	地震断裂延续很长。山崩常见。基岩上拱桥毁坏		
12				地面剧烈变化、山河改观		

注：1. 1～5 度以地面上人的感觉为主；6～10 度以房屋侵害为主，人的感觉仅供参考；11、12 度以地表现象为主。11、12 度的评定，需要专门研究；

2. 一般房屋包括用木构架和土、石、砖墙构造的旧式房屋和单层或数层的、未经抗震设计的新式砖房。对于质量特别差或特别好的房屋，可根据具体情况，对表列各烈度的震害程度和震害指数予以提高或降低；

3. 震害指数以房屋"完好"为 0，"毁灭"为 1，中间按表列震害程度分级。平均震害指数指所有房屋的震害指数的总平均值而言，可以用普查或抽查方法确定之；

4. 使用本表时可根据地区具体情况做出临时的补充规定；

5. 在农村可以自然村为单位，在城镇可以分区进行烈度的评定，但面积以 1 平方公里左右为宜；

6. 烟囱指工业或取暖用的锅炉房烟囱；

7. 表中数量词的说明：个别：10% 以下；少数：10%～50%；多数：50%～70%；大多数：70%～90%；普遍：90% 以上。

参 考 文 献

[1] 中华人民共和国国家标准. 混凝土结构工程施工规范（GB 50666－2011）. 北京：中国建筑工业出版社，2011

[2] 中华人民共和国国家标准. 混凝土结构工程施工质量验收规范（GB 50204－2015）. 北京：中国建筑工业出版社，2015

[3] 中华人民共和国国家标准. 混凝土结构设计规范（GB 50010—2010(2015 年版)）. 北京：中国建筑工业出版社，2010

[4] 中华人民共和国国家标准. 建筑地基基础设计规范（GB 50007—2011）. 北京：中国建筑工业出版社，2011

[5] 中华人民共和国行业标准. 高层建筑混凝土结构技术规程（JGJ 3—2010）. 北京：中国建筑工业出版社，2010

[6] 中华人民共和国行业标准. 高层建筑筏形与箱形基础技术规范（JGJ 6—2011）. 北京：中国建筑工业出版社，2011

[7] 中华人民共和国国家标准. 建筑工程抗震设防分类标准（GB 50223－2008）. 北京：中国建筑工业出版社，2008

[8] 中华人民共和国行业标准. 建筑桩基技术规范（JGJ 94—2008）. 北京：中国建筑工业出版社，2008

[9] 中华人民共和国国家标准. 建筑结构荷载规范（GB 50009—2012）. 北京：中国建筑工业出版社，2012

[10] 中华人民共和国行业标准. 普通混凝土配合比设计规程（JGJ 55—2011）. 北京：中国建筑工业出版社，2011

[11] 中华人民共和国国家标准. 建筑结构制图标准（GB/T 50105—2010）. 北京：中国建筑工业出版社，2010

[12] 中华人民共和国行业标准. 钢筋机械连接技术规程（JGJ 107－2016）. 北京：中国建筑工业出版社，2016

[13] 中华人民共和国国家标准. 混凝土强度检验评定标准（GB/T 50107－2010）. 北京：中国建筑工业出版社，2010

[14] 中华人民共和国行业标准. 钢筋焊接及验收规程（JGJ 18—2012）. 北京：中国建筑工业出版社，2012

[15] 中华人民共和国行业标准. 混凝土泵送施工技术规程（JGJ/T 10—2011）. 北京：中国建筑工业出版社，2011

[16] 中华人民共和国国家标准. 滑动模板工程技术规范（GB 50113—2005）. 北京：中国计划出版社，2005

[17] 中华人民共和国国家标准. 组合钢模板技术规范（GB/T 50214—2013）. 北京：中国计划出版社，2013

[18] 中华人民共和国行业标准. 建筑工程大模板技术规程（JGJ 74—2003）. 北京：中国建筑工业出版社，2003

[19] 中华人民共和国行业标准. 建筑工程冬期施工规程（JGJ/T 104—2011）. 北京：中国建筑工业出

版社，2011
[20] 中华人民共和国国家标准. 地下工程防水技术规范(GB 50108—2008). 北京：中国建筑工业出版社，2009
[21] 中华人民共和国行业标准. 建筑施工安全检查标准(JGJ 59—2011). 北京：中国建筑工业出版社，2011
[22] 建筑施工手册(第五版)编委会. 建筑施工手册(第五版1、2、3). 北京：中国建筑工业出版社，2012
[23] 国振喜编. 建筑工程施工及验收手册(第二版). 北京：中国建筑工业出版社，2004
[24] 国振喜主编. 简明钢筋混凝土结构构造手册(第4版). 北京：机械工业出版社，2013
[25] 国振喜编. 高层建筑混凝土结构设计手册. 北京：中国建筑工业出版社，2012